1 MONTH OF
FREE
READING

at

www.ForgottenBooks.com

By purchasing this book you are eligible for one month membership to ForgottenBooks.com, giving you unlimited access to our entire collection of over 1,000,000 titles via our web site and mobile apps.

To claim your free month visit:

www.forgottenbooks.com/free327849

ISBN 978-0-266-29136-7
PIBN 10327849

ZEITSCHRIFT

FÜR

ETHNOLOGIE.

Organ der Berliner Gesellschaft

für

Anthropologie, Ethnologie und Urgeschichte.

Unter Mitwirkung des Vertreters derselben,

R. Virchow

herausgegeben von

A. Bastian und R. Hartmann.

Siebenter Band.

1875.

Mit 17 lithographirten Tafeln.

Berlin.

Verlag von Wiegandt, Hempel & Parey.

Inhalt.

Verhandlungen der Berliner Gesellschaft für Anthropologie, Ethnologie und Urgeschichte.
(Ein specielles Inhalts-Verzeichniss der Verhandlungen, sowie ein alphabetisches Sach-Register
befinden sich am Schluss derselben.)

Verzeichniss der Tafeln.

Druckfehler-Berichtigung.

S. 261 statt VERANT muss es heissen VERUNT.

S. 269 unten statt Bratsteine muss es heissen Bretsteine.

Vorläufige Bemerkungen über die Sómal.

Von J. M. Hildebrandt.

Hierzu Tafel I und II.[1]

Wie auf allen anderen Gebieten der Erde, so haben sich auch in Afrika
Völkerwanderungen zugetragen, Strömen gleich, hier verheerend, dort segen-
spendend. Oftmals waren es Berglande, aus denen, dem tosenden Wildbach
ähnlich, ein starker Stamm entströmte, Alles vor sich vernichtend und erst
dann seinen Lauf beruhigend, wenn seine erstmals vereinte Kraft in
schwächendem, weit theilenden Geäder sich über weite Strecken breitete.

Solchergestalt erscheinen uns die Orma, von ihren Nachbarn Gala —
was in ihrer eignen Sprache „Heimathsuchende" bedeutet — genannt. Die
Quellen dieses mächtigen Volkstroms scheinen in den Bergen Süd-Abessiniens
und des östlichen aequatorialen Afrika's und in den weiten Plateaux, aus
denen sie sich erheben, ihren Ursprung zu haben. Diesen Stammsitz halten
sie noch jetzt inne. Ein Arm dieses Stroms ergoss sich südlich über
schwächere Neger und bildete mit ihnen Maçai, Wakuáfi, Wanika,
Wadôë und andere Stämme, bis er den von Süd andringenden Verwandten
der grossen Kafferrace begegnete, die seinem Weiterschreiten entgegen-
standen. Ebenso im Süd-West und West, im Seen- und Nil-Gebiet. Nördlich verbreiteten sich die Orma als Sómal, Afer (Danakil) und Schoho,
vielleicht gar, dass Habâb-Völker, Bescharîn und Hadéndoa noch in
das System dieses Volkstroms gehören. Gegen Abessinien hin erscheint
seine Scheide wenig scharf ausgeprägt. Die Zusammengehörigkeit dieser
Völker lässt sich anthropologisch — allerdings bis jetzt nur nur durch physiognomische, äussere Aehnlichkeit — in einigen, allen gleichen Gebräuchen
und Sprachverwandtschaft vermuthen, ein endgültiger Beweis für solche

---

[1] Nach Photographien, die vom Verfasser theils selbst ausgeführt, theils von ihm in
Aden erworben sind. Taf. II Fig. 4 gehörte der Sammlung des Herrn Dr. Jagor an.

Annahme — sei er positiv oder negativ — ist jedoch erst dann zu erzielen, wenn ein vielartiges Material zur Sichtung herbei gebracht ist. Nun besitzen wir aber über diese Völkergruppe nur sehr wenige Angaben; nur selten ist es Reisenden gelungen, bei ihnen Einlass zu finden, nicht alle sind aus ihren unwirthlichen Landen zurückgekehrt. Besonders die Sómal[1]) sind seit alters dem Reisenden gefährlich gewesen, Barbarea hiess der District um den noch jetzt blühenden Marktplatz Bérbera. Sie bewohnen die grossen Ebenen, die sich von Abessinien zum Indischen Ocean hinziehen südlich bis über den Góbuin[2]) hinaus. An der Küste des Golfs von Aden erheben sich, nahe bei Bérbera beginnend und im Raç Assîr (Cap Guardafui) endend, die Gebirge (Ahl), in denen Weihrauch und Myrrhe ihre Heimath haben. Hier in Bérbera und Bulhâr und später im Benâdir[3]) besuchte ich die Sómal; jedesmal war mir jedoch nur sehr kurze Zeit zu verweilen vergönnt, sodass ich nur wenige Notizen über dieses Volk zu sammeln im Stande war. Ich säume jedoch nicht, auch diese wenigen hier niederzulegen, da sie theils zur Bestätigung älterer Nachrichten dienen können, dann auch wohl einiges weniger Bekannte enthalten dürften.

Die Sómal erinnern sich in Traditionen, dass das Land, in dem sie hausen, ehemals von Gala besetzt war; glaubensmuthige Araber landeten an seinen Küsten, mehrten sich untereinander und bildeten ihre Stammältern. Diese Erzählung fasst manches Wahrscheinliche in sich, nur dass solche Einwanderung semitischer Völker weit früher stattgefunden haben muss. Der Weihrauchhandel ist uralt, die Handels-Emporien Seila, Bérbera und Hafûn werden von den ältesten Schriftstellern erwähnt. Die Sómal-Länder liegen an der schon so frühzeitig befahrenen Wasserstrasse, auf der Erzeugnisse Indiens mit denen Süd-Afrika's ausgetauscht werden. Auch der Connex, in dem die Aethiopier mit den ältesten Culturvölkern standen, kann auf die Sómal, ihre südlichen Nachbarn, nicht ohne Einfluss geblieben sein, da durch deren Gebiet, wie durch das der Afer (Danakil), der natürliche Weg zum Hochlande führt; vielmehr deuten einige bei ihnen noch jetzt herrschende Gebräuche, wie sie die alten Hebräer und Aegypter hatten, auf diesen Einfluss bestimmt hin. In solcher Weise, theils durch Blutvermischung mit höher stehenden Völkern, theils durch deren geistig zeitigende Einwirkung sehen wir denn, dass sich die Sómal zu einer starken Nation heranbildeten; hier, wo der Boden zur Cultur einladet, wie in Harrär einen Staat bildend, dort, wo die Knotenpuncte der Carawanenstrassen, wie in Genane, oder bei deren Mündung an der Küste, Märkte errichtend. So segensreich nun auch dieser Handelsverkehr im Grossen und Ganzen wirkte, da sich mit dem vermehrten Bedürfniss, welches der Import luxuriöser Waaren anregt, zugleich höhere Cultur verbreitet, so wurde doch unter dem Schutze Merkurs neben dem streitbaren

---

[1]) Sómal ist Plural zu Somâli. Sómal heisst in der Landessprache schwarz, dunkel. D. Verf.
[2]) Góbuin heisst Fluss par excellence. Djub scheint arabische Corruption.
[3]) Benâdir im arab. Benadîr: Häfen, heisst die Strecke von Múkdischu bis Kismâjo.

Kaufmann auch der Dieb im Kampfe um den Besitz ausgebildet. Dadurch entstand Fehde unter den Händlern selbst und zwischen ihnen und den ungesitteteren Völkern des Innern, von denen die Producte geholt wurden, in welcher letztere unterlagen. Als nun gar der Islâm auftrat, der eine scharfe Grenze zwischen Gebildeten und Ungebildeten, zwischen Gläubigen und Heiden zog, ward der Sómal immer mehr von seinem Urstamm, dem der Orma, entfremdet und überzog dessen Gebiet mit Feuer und Schwert. So sehen wir heute noch diese rückläufige Strömung in breiter Fluth, von Härrär bis zum Indischen Weltmeer südlich weiter ziehend, die Eigenart der Orma zerstören.

Aus dem Gesagten erhellt, dass die Sómal ein Mischvolk sind. Wenn man, wie in Bérbera, Bulhâr, Baraua oder Aden eine grössere Anzahl derselben zusammensieht, so gewahrt man, trotz einer gewissen National-Aehnlichkeit, dennoch eine bedeutende Divergenz der Endpunkte zweier Typenreihen, welches sich vielleicht folgendermaassen in Worten wiedergeben lässt:

Die einen zeigen ein Verharren am Afrikanischen, (so Taf. I, Fig. 4, 6, 8; Taf. II, Fig. 2, 4, 7.). Sie sind characterisirt durch flache Stirn, Jochscheitel, stumpfe, breite, flügelige Nase, wulstige Lippen, prognanthen Unterkiefer und Zähne, krauses, kurzes Haar. Der Bart fehlt meist oder ist nur schwach zur Seite des Kinns ausgebildet. Gestalt plump, untersetzt mit kräftigen Gliedmassen. Hautfarbe stets sehr dunkel.

Die andere Gruppe deutet auf eine Annäherung des Afrikanischen ans Semitische. Ihre Repräsentanten (wie Taf. I, Fig. 1, 2, 3, 5, 7; Taf. II, Fig. 1, 5) zeigen eine hohe, seitlich schmale Stirn, bei vorragendem Scheitel, leicht gekrümmte Nase mit wenig grossen Oeffnungen, Jochbein vorstehend, Augen tiefliegend, klein; Mund gut geschnitten, Unterlippe zuweilen etwas hängend, Kinn schmal, Zähne regelmässig, wenig vorstehend, lockiges, nicht krauses Haar, das bis 0,5 ^{m} lang, etwas starr ist; zuweilen einen stattlichen, meist jedoch wenig entwickelten, seitlichen Kinnbart, Gestalt auffallend schlank, oft über 2 $^{m\cdot}$ hoch, Extremitäten mager, sehr auffällig lang, Hüften der Weiber schmal, Hautfarbe sehr wechselnd, von licht-braun bis tief-dunkel.

Dieser letzt genannte Typus ist der bei weitem prädominirende, sowohl in Zahl der Individuen, als in geistiger Hervorragung des einzelnen. Man erkennt bei eingehenderer Betrachtung, dass der negerartige, obgleich weder durch niedrigere sociale Stellung, noch durch körperliche Schwäche dazu direct veranlasst, sich dem stolzeren Andern unterordnet. Zwischen den Sómal des Nordens (die sich z. B. in Bérbera zur Beobachtung geben) und denen des Südens (die ich in Baraua und Marka traf) konnte ich keinen bestimmten Unterschied erkennen, letztere scheinen jedoch im Ganzen etwas dunkler. Den arabischen Typus findet man wohl am reinsten erhalten in den festen Städten an der Küste des Indischen Oceans, wenigstens in einigen Familien, die ihren arabischen Stammbaum — natürlich nur in väterlicher

Linie — verfolgen können. Andererseits finden sich Negersclaven und Scla-
vinnen (besonders über Sansibar eingeführt) unter den Sómal, die zu Frauen
genommen und deren Kinder in den Stammverband einverleibt werden. Von
diesen verschieden sind die Paria-Kasten der Sómal.[1]) Bei den Wer-
Singelli's[1]) sind es folgende:

1) Midgân, ihres Zeichens Eisenarbeiter,[3]) welche jedoch ebenfalls
Handel treiben und oft relativ bedeutenden Reichthum und dadurch Achtung
erlangen, sodass es der noble Somâli sogar über sich gewinnt, eine seiner
Töchter an einen Midgân zu verheuern.

2) Tómal: Sie stehen in einer Art Hörigkeit zu den grossen Sómalen
und werden als Diener, Hirten und Kameeltreiber benutzt, auch im Kriege
aufgeboten. Der edle Wer-Singelli führt nun Schwert und Speer, während
der Tomâli Bogen und Pfeile trägt.[4]) Zuweilen wird ihm ein Mädchen der
Midgân, niemals der noblen Sómal zur Frau gegeben. Sie gehören jedoch
zum Stamme.

3) Jibbir endlich sind die Verachteten, Geflohenen. Sie haben keinen
bestimmten Wohnsitz; familienweise ziehen sie durch das Land, von Stamm
zu Stamm, als Gaukler und Wunderdoctoren. Jedermann reicht ihnen, aus
Furcht vor Hexenwerk, Speise und Geschenke, wofür sie Amulete aus
Steinen (auch „Schlangenbisssteine") und Wurzeln vertheilen. Sie heirathen
nur unter einander.

Diese unteren Kasten sind, soviel ich wenigstens erkunden konnte,
vom ächten Somâli weder in äusserer Erscheinung, noch durch Sprache unterschieden, auch erfuhr ich nichts über ihren Ursprung.

Ich bemerkte nicht, dass sich die Sómalen in irgend einer Weise — sei
es durch Tättowirung, Zahndeformirung oder dgl. — Stammesabzeichen an
ihrem Körper anbringen.

Die Beschneidung wird bei Knaben und Mädchen zwischen dem
achten und zehnten Jahre ausgeführt; letztere werden zugleich „vernäht,"
indem die verwundeten Schamlippenränder mit Pferdehaaren theilweise zusammengenäht werden und bis auf einen engen Canal verwachsen. Die Be-
schneidungswunde wird durch Aufstreuen pulverisirter Loosung einer
Hyraxspecies in der Heilung beschleunigt. Zum Stillen des Blutes nach
dem Gebären trinkt die Wöchnerin den Decot gerbstoffreicher Acacienrinde;
vom vierten bis zwanzigsten Tage räuchert sich dieselbe mit verschiedenen
Holzarten, auch wird zur Contrahirung der Vagina halbgelöschter Kalk

---

[1]) Wie bei den meisten orientalischen Völkern, auch bei den ächten Orma vorkommend.

[2]) Ueber die Kasten der Süd-Sómal vergl. Kinzelbach's Nachrichten in v. d. Deckens Reisen
Vol. II, p. 320. Einige Andeutungen finden sich auch in „Harris Gesandtschafts-Reise nach
Schoa.

[3]) Auch die Abessinier, Araber und viele anderen (selbst nordische) Völker verachten und
fürchten den Schmied als Zauberer.

[4]) Bei den andern Sómal-Stämmen scheint solcher Unterschied in der Bewaffnung nicht zu
herrschen.

eingerieben. Gegen Syphilis (Lâho im Sómali), welche übrigens selten vorkommt und meist von Arabien direct eingeschleppt wurde, trinkt man grosse Mengen ausgelassenen Fettes des Schafschwanzes; bei tertiärer unterziehen sie sich der grausamen Marter, dick mit Salz bestreuet einen Tag lang, leicht von Sand bedeckt, in der Sonne auszuharren. Danach folgt eine lang fortgesetzte Diät von abgekochtem Sorghum.

Das Hauptremedium der Sómal gegen innere Krankheiten ist das Feuer. Man sieht oft Gestalten, deren dunkle Haut über und über frischrothe Feuerbrandmale zeigt. Man brennt mit glimmenden Holzspänen, nicht mit glühendem Eisen. Gegen Fieber z. B. macht man an den Schläfen, auf dem Scheitel und im Nacken Brandwunden. Nebendem bildet Blutenziehen ein beliebtes Heilverfahren; so wird z. B. ein durch Gicht oder Verrenkung steifer Körpertheil dadurch gemartert, dass man seine Haut hier und da zwischen zwei Fingern faltig kneift und mit einer Scheere abzwickt. Eine sonderbare Kur wenden die Sómal an, wenn sie sich bei Todtenschmäusen oder andern Gelegenheiten den Magen überladen haben. Man drückt nämlich dann die Zungenspitze des Patienten mit einem gabeligen Stäbchen nach hinten zurück und ritzt mittels eines Messers od. dgl. in beide Seiten ihrer Unterfläche mehrere Schnittchen, so dass Blut herausläuft, dann — zwei Tage absolutes Fasten. Ob nun letzteres, oder der Zungenaderlass wirkt, lasse ich dahin gestellt sein.

Gebrochene Gliedmassen werden zwischen Holzschienen mit nassen Lederstreifen eingebunden. Bis zur Heilung geniesst man hauptsächlich Kameelfleisch und Milch.

Schnittwunden werden mit Pferdehaaren zugenäht und folgt darauf eine drei- bis sechstägige Hungerkur.

Wenn, wie es häufig durch Keulenschläge geschieht, die Hirnschale zersplittert ist, so schneidet man die Kopfhaut auf, nimmt den Knochensplitter heraus und begiesst das blosgelegte Hirn mit lauwarmen aus dem Schafschwanze gewonnenem Fette.

In schmerzende hohle Zähne pinseln sie den Schleim einer faulen Ziegenbockruthe.

Hat eine Schlange gebissen und ist kein Schlangenstein zur Hand, so schneidet ihr der Betroffene den Kopf ab und zerbeisst ihn, ist ihr jedoch nicht habhaft zu werden, so — isst er eine Dattel, worauf er geheilt sein soll.

Ist jemand von einem vergifteten Pfeile getroffen, so tupft er mit dem gleichen Gifte auf seine Zunge, was als Gegengift wirken soll. Besser ist jedenfalls das ebenfalls bekannte Auswaschen der Wunde mit Urin. Hilft alles dieses nicht, so wird das verletzte Glied abgeschnitten, nachdem man sich vorher überzeugt hat, ob die Kopfhaare noch fest sitzen. Gehen diese jedoch beim Zupfen los, so ist jeder Rettungsversuch vergeblich.

Das Haar wird vom Manne möglichst lang getragen, in der Mitte ge-

scheitelt in einem aus lose gedrehten — nicht geflochtenen — Zöpfchen gebildeten grossen Wulste. Es wird mit einem Stäbchen, oder einer zwei-
oder dreizinkigen Gabel (Sarráff der Süd-Sómal, Tanna im Baraua-Kisuahêli)
geordnet. Dieses bei allen Völkern äthiopischer Verwandtschaft vorkommende
Geräth wird im Haare des Hinterkopfes stets mitgeführt und dient auch zum
„Jucken". Von ähnlicher sehr hübscher Schnitzarbeit ist der „Qurbâl" genannte Halter der Straussfedertrophäe. Er hat vier im Quadrat
stehende lange Zähne und wird ebenfalls im Haar getragen. Von Zeit zu
Zeit wird die ganze Frisur mit einer dicken Lage von frisch gelöschtem Kalk
beschmiert, der, einige Stunden bleibend, die Läuse zerstört und das Haar
fahlroth bleicht. Auch gelblichen Thon, durch den allerdings beide Zwecke
nicht erreicht werden, verwendet man. Butter, Talg oder das ausgekauete
rohe Fett des Schafschwanzes wird mässig aufgetragen.

Von den Stämmen des Innern wird eine aus Schaffell gefertigte, röthlich
gefärbte Perrücke getragen. Uebrigens scheeren sich strenggläubige Sómal
das Haupthaar und bedecken den Kopf mit einem Turban.

Die Haartracht der Frauen ist verschiedenartig. Entweder kämmen
sie es zu einem grossen Wulst aus (Taf. I, Fig. 5), flechten es in Zöpfe
(Taf. I, Fig. 6) oder, und dies ist bei weitem die häufigste Art, rollen es
dicht ein und ordnen es zu wenig erhabenen, schmalen Wulstreihen, die,
durch Scheitel getrennt, über den Schädel verlaufen wie Meridiane über
einen Globus. Der Pol, an dem diese Reihen sich zusammenfinden, liegt
am Hinterkopfe. Hier ist oft ein kleiner Zopf gedreht. Der Kamm der
Frauen ist gross und hat viele Zähne, die auf der einen Seite weit von ein-
einander, auf der anderen Seite eng stehen. Er wird nicht im Haar getragen.
Kinder und Mädchen gehen baarhaupts, verheirathete Frauen bedecken den
Kopf mit einem Stück blauen Calico (Taf. I, Fig. 7. Taf. II, Fig. 1, 2).
Einflechten von Perlen etc. in's Haar findet selten statt. Schleier tragen
die Sómal-Weiber gewöhnlich nicht.

Zum Schutze der Frisur dient beim Schlafen den Sómal (wie so vielen
andern Völkern) die Nackenstütze, „Qorbórschi" genannt.

Die ihnen eigenthümliche Bekleidung besteht aus weichgewalktem Schaf-
leder. Die Männer tragen es als c. 5 Ellen langen und c. 1½ Ellen breiten
Lendenschurz „Rerâm", der bei Tage durch einen aus mehreren feinen Le-
dersträngen zusammengesetzten Gurt festgehalten wird, bei Nacht gelöst den
ganzen Körper bedeckt. Das der Frauen „Dû" genannt, ist bei weitem
grösser und hüllt den Körper vom Halse bis zu den Waden ein; ein Gurt
schnürt es um die Hüften. Es ist an seinem unteren Ende mit Frangen
verziert, in die Cauri-Muscheln[1]) befestigt werden. Jedoch hat Baumwollen-
stoff dieses primitive Kleidungsmaterial im grössten Theil des Sómal-Landes
bereits verdrängt; nur noch die armen Bewohner im tiefen Innern und die

---

[1]) Die gewöhnliche „Aĺèl" aus Ost-Afrika, die kleinere „Ledjôl" vom Rothen Meere
importirt.

der Berge benutzen es. In Härrär und im Inundationsgebiet des Wobbi und Gôbuin wird Baumwolle in grösseren Quantitäten angebaut und auf Webstühlen. die den abessinischen ähneln, zu Tüchern („N'gûo" ,im Benadîr genannt) verarbeitet, die aus zwei zusammengenähten „Breiten" bestehen. Von diesen Tüchern gehören zwei gleiche zum vollständigen Anzuge, das eine zum Bedecken des Unterkörpers, welches durch einen Lendengurt gehalten wird und beim Manne bis an die Kniee, bei den Weibern noch tiefer hinabreicht. Das andere dient als lose, oder bei den Weibern festanliegende Bedeckung des Oberkörpers. Ausser diesen beiden Tüchern verwendet der Somáli noch eine schmale, aber sehr lange Leibbinde (Surei der Sóm. d. Südens, L'kérri im Bar. Kis.),[1] in welche die Scheide des Schwertmessers eingebunden wird. Sandalen werden häufig, jedoch nicht allgemein getragen. Sie sind, obgleich den arabischen im Ganzen ähnlich, dadurch ausgezeichnet, dass sie an der hinteren Hälfte der Sohle zu den Seiten einen dreifinger-breiten, aufrechten Rand haben (bei Taf. II, Fig. 6 sichtbar). Auch Holz-Sandalen, oft von enormer Grösse und Schwere, mit hohem Sohlen- und Fersenaufsatz und einem erhabenen Rande um die ganze Sohlenfläche, gewahrte ich im Benádir; sie werden von den Weibern bei Regen und auf Schlammboden angewendet. Die Sómal tragen, ausser Amuleten aus Holz und in Ledertäschchen, nicht viel Zierrath; die Weiber Glas- und Glasperl-Schnüre, kleine Ringe im Ohrläppchen, Armspangen aus Porzellan oder Glasfluss (auch wohl aus Horn), die Männer gewöhnlich gar keinen Schmuck, nur sind bei ihnen zwei, bis faustgrosse, roh geschnittene Bernsteinperlen[2] beliebt. Sie werden vorn am Halse getragen (so Taf. 1. Fig. 1 und 3) auf einen Lederstreif gezogen, dessen eines Ende durch einen Schnitt im andern, eine Schleife bildend, geht, und Fusslang den Rücken hinunterhängt. Bei den Süd-Sómal ist dieser Schmuck übrigens wenig gebräuchlich. In letzter Zeit kommt auch eine Glas-Imitation desselben in Aufnahme. Auf Reisen trägt der Somàli ausser den Waffen — wovon gleich unten Näheres — die „Masalla", eine wappenschildförmig zugeschnittene rothgegerbte Ziegenhaut, die als Teppich beim Beten dient, der Länge nach gefaltet über die Schulter geworfen; ebenso die Ubbo-uéssa, eine aus Bast oder Fasern[3] geflochtene Flasche, in welcher Wasser zum Trinken und zu den religösen Abwaschungen mitgeführt wird. Ein kleines Loch im hölzernen Stopfen erlaubt dem edlen Nass nur in feinem Strahl auszufliessen, wodurch grosse Oeconomie erzielt wird. Im Köcher werden die Feuerreibhölzer (Morût) aufbewahrt, an seinem Gehäng findet sich die Zahnbürste (Rumài) aus

---

[1] Bôru der Afer; sie wird ebenfalls von den Habâb-Völkern benutzt.

[2] Woher diese Ornamentirung stammt, kann ich nicht genau angeben: ich erfuhr in Aden, dass vor nicht vielen Jahren ein dortiger arabischer Kaufmann einen Posten geringeren Bernsteins aus der Türkei, wo er zu Pfeifenspitzen zu schlecht befunden worden, erhielt. Dieser soll seinen Gebrauch als Schmuck eingeführt haben.

[3] Aus Bast von Calotropis procera etc., Wurzelfasern von Asparagus spcc., Dracaena (Ombet?) u. dgl.

der faserigen Lohe der *Salvadora persica* und eine kleine Pinzette, „Teqqe"
genannt, zum Dornausziehen.

An Waffen führen die Sómal zwei Speere, von denen der eine,
„Dochâna", zum Stich dient. Er hat einen, bis zwei Meter langen, derben
Schaft und trägt bei dem Nord-Sómal ein c. 0,5 ᵐ· langes, schmales, lang zuge-
spitztes Blatt,[1]) welches bei den südlich wohnenden dagegen gewöhnlich
handbreit, fusslang, parallelseitig und erst gegen die Spitze hin plötzlich
unter einem stumpfen Winkel zuläuft. Der andere (Hâuta) ist Wurfspiess
und deshalb leichter und mit kürzerem Stiel. Seine Klinge ist kurz und oft
am Grunde widerhakig. Das untere Ende des Schaftes ist durch einen
eisernen Schuh oder Ring geschützt und etwas beschwert. Das Schwertmesser (Bilân im Süd-Sómal. Ablei, im Bar. Kis.) ist 0,5 ᵐ· lang und länger,
ziemlich breit, mit gewöhnlich ungleichseitig zugerundeter Spitze, zweischneidig,
ohne Stichblatt. Der Griff ist von Horn und mit Zink, Blei oder Silber-
platten verziert. Es wird, wie in den meisten orientalischen Ländern, an
der Rechten getragen, um es beim Ziehen sogleich in der richtige Lage zum
Stich von oben nach unten bereit zu haben. Seine Scheide wird von rohem,
nur abgehaarten Leder zusammengenäht und, wenn umgegürtet, wozu ein
Riemen mit Schnalle, durch die bereits oben erwähnte Leibbinde festgehalten,
sodass es selbst beim starken Laufen nicht hindert.

Zum Pariren dient ein runder Schild von kaum 0,5 ᵐ· Durchmesser. Er
ist von Antilopen- (Beisa) oder Rhinoceroshaut gefertigt und durch eingedrückte Linien verziert (Fig. 5, Taf. II trägt einen solchen). Die meisten
Sómalen-Stämme führen Bogen (Qanzo oder Ranzo) und Pfeile (Gamûn
oder Fellât). Um das Holz zu ersterem in seiner Form — eine flache Biegung mit leicht aufwärts gerichteten Enden — zu erhalten, tränkt man es
mit Oel und röstet es am Feuer. Zuweilen wird seine Elastiztität durch Decimeter bei Decimeter angebrachte Lederbänder verstärkt. Zur Sehne
(Merki) verwendet man meist die Flechsen vom Halse des Rindviehs.
Letztere sind überhaupt vielfach im Gebrauch als Surrogat für Fäden. Die
Pfeile sind vor denen anderer Völker wenig ausgezeichnet. Ihre Spitze
(Filâr) ist von Eisen und gewöhnlich relativ breit und in stumpfem Winkel
zulaufend.[2]) Man vergiftet sie mit dem, zu dickem Brei eingekochten Safte
gewisser Euphorbiaceenarten, der dick aufgetragen und durch Flechsenfäden
festgehalten wird. Die Pfeile werden in einem aus ungegerbter Haut gefer-
tigten Köcher (Goûôia der Süd-Sómal, Daûie der Wer-Singelli) aufbewahrt,
welcher beim Gehen an einem über die Schulter geschlungenen Lederriemen
ziemlich horizontal getragen wird. Neben dem Köcher ist an diesem Gehäng
zuweilen noch eine kleine Tasche angebracht, in der ein Stein zum Schärfen
der Pfeilspitzen, ein Knäuel Flechsen u. dgl. aufbewahrt wird, ferner ein kleines

---

[1]) Alle Eisenarbeiten werden von den Midgân aus europäischem Eisen geschmiedet.
[2]) Steinerne Pfeilspitzen, wie sie bei der alten Ruine Seâra von Graf Zichy gefunden
worden, sind, soviel ich weiss, nicht mehr in Anwendung. Sie zeigen ähnliche Form.

Messer in Scheide und ein eiserner Haken, an dem gelegentlich das frisch abgeschnittene Glied eines erschlagenen Feindes[1]) oder andere Beutestücke, auch wohl ein Wasserschlauch etc. getragen wird. Als Wurfwaffe ist — jedoch selten — knorriges Astwerk in Anwendung, dessen einzelne Zweige bei Fingerlänge abgeschnitten und scharf gespitzt werden, nachdem eine ca. fusslange, ebenfalls angeschärfte Handhabe verblieben. Dies sonderbare Geräth erinnert an den „Morgenstern." Keulen (Gurrûn in Süd-Sómal, Schingûma in Bar. Kis.) aus einem Stück Holz geschnitzt, führen nur Arme, die keine andere Waffe beschaffen können. In den Städten, z B. in Barana, trägt fast Jedermann einen c. 2ᵐ· langen Stab mit umher (siehe Taf. II, Fig. 6.). Pferde- und Sclavenpeitschen haben einen kurzen Stiel — der oft mit Zink- oder Bleiplatten verziert ist — an dem entweder ein fingerbreiter, oder zwei schmälere, 0,5ᵐ· lange Riemen befestigt werden. Diese sind beim Umhertragen um den Stiel geschlungen.

Die Behausungen der Sómal sind verschiedener Art. Hirten und umherziehende Händler führen eine Zelthütte („Aqqel" im Norden genannt) mit. Sie wird errichtet, indem man über ein Bügelgestell Rindshäute, oder häufiger Palmblatt- oder Bastgeflecht — welch letztere auf der Aussenseite plüschartig gelassen und regendicht sind — spannt. Sie ist klein und von Backofenform. In den Küstenstädten jedoch bauet man feststehende, viereckige Hütten, indem man wie in Mâcher[2]) um Knittelholzfachwerk und über das flache Dach einfach oder doppelt Strohmatten legt, oder — im Benâdir — die Zwischenräume mit Kuhmist oder Lehm ausfüllt Hier wird das Dach mit Schilf gedeckt, welches vom Ufer des Wobbi geholt wird. In Mâcher nennt man eine solche Hütte „Hosso". Sie enthält dort gewöhnlich vier Räume: 1) Das Empfangzimmer „Qulhêbet", welches mit buntmusterigen Domblatt-Matten ausgehangen ist. Auch der Boden desselben ist mit solchen Matten belegt, auf denen zugleich geschlafen wird. Ein Ruhebett bemerkte ich nicht, 2) das Frauengemach (Murzîn), 3) einen Arbeitsraum der Weiber (Rólroll), in dem Matten geflochten, Häute gegerbt u. dgl. verrichtet wird. Der vierte Raum dient als Küche. Hier ist ein backofenartiger, vorn offener Kochplatz,[3]) „Ardeât", aus Knitteln und Lehm aufgeführt, in dem oben eine Oeffnung zum Rauchentweichen gelassen, drei Steine bilden die Kesselunterlage. Als Küchengeräth ist nur ein kupferner Topf von arabischer, oder ein gleichgeformter irdener von Midgân-Arbeit zu nennen; ferner einige verschiedene grosse Holz-Tröge (Hôrro), welche die Teller vertreten; hübsch geschnitzte Löffel vom Ansehen unserer „Salat-Löffel", oder

---

[1]) Diese bekannte Trophäe der Gala und ihrer Verwandten wird in den Theilen des Sómallandes, die ich besucht, nicht conservirt, sondern nur nach beendetem Kampfe vorgewiesen und dann weggeworfen.

[2]) Mâcher nennt man den Küstenstrich vor dem Ahl-Gebirge.

[3]) Eine ähnliche Einrichtung haben auch die Afer. (Vergl. meine „Reise von Massua in das Gebiet der Afer" in Zeitsch. f. allgem. Erdkunde.)

grössere, einfachere, die oft sehr langstielig sind und an beiden Enden Mulden tragen; ein grosses, dicht geflochtenes thönernes Gefäss für den Wasservorrath; einige in einem Netze getragene Strausseneier zum Bewahren des Oels; ein Getreide-Reibstein und einige Butter etc. enthaltende Schläuche. In diesen Raum wird auch die „Aqqel" aufgeschlagen, wenn der Hausherr daheim ist. An der Aussenwand der Hütte ist ein runder Anbau aus hohem dichtem Gehege, der als Abtritt der Weiber dient. Aus ähnlichen Hütten wird Bérbera und Bulhâr jährlich aufgebauet. In den Dörfern trifft man auch Häuser aus sonngedörrten Lehmsteinen aufgeführt und dick beworfen, ganz in der Art der südarabischen, mit winklichen kleinen Stuben, elenden Treppen und schiess-schartenähnlichen Fensteröffnungen. Zuweilen schauet ein Kanonenlauf, der aus irgend einem der portugiesischen Piratennester — deren sich ja allenthalben an den Küsten des Indischen Oceans aus der „Glanzzeit" dieses Raubstaats finden — hierhin verschlagen worden, von den Zinnen des Hauses, oder liegt vor demselben lafettenlos im Sande, da es den Sómal an Einrichtungen fehlte, ihn hinaufzuwinden. Dann führt es den stolzen Namen „Qalaa", Festung und bildet das Schreckniss der Umwohnenden. In Seila, Baraua und Marka jedoch sind feste Häuser aus Corallensandstein mit Kalk gemauert. Araber sind Erbauer und Bewohner derselben. Die Beschäftigung der Sómal ist je nach der Natur ihrer speziellen Heimath eine verschiedene. In Härrär und an den Ufern des Góbuin und Wobbi treiben sie Ackerbau, auf den Ebenen des Innern Viehzucht, im Ahl sammeln sie Weihrauch, Myrrhe und Gummi, auf den Strandhügeln am Indischen Ocean Orseille, die Bewohner der Küstenstädte sind Händler. Ueber den Ackerbau vermag ich nichts genaueres anzugeben, da in den Gegenden, die ich besucht, solcher nicht betrieben wird, oder ich wenigstens nicht zur richtigen Jahreszeit dort verweilte. Ich erfuhr jedoch von den grossartigen Kaffeepflanzungen in Härrär und den Vorbergen Abessiniens. Das Product derselben, vielleicht das beste der Erde, wird, wenn auch wegen der Unsicherheit der Carawanenstrassen nur in geringer Quantität, über Bérbera, resp. Bulhâr und Seila-Tedjurra nach Aden in den Welthandel gebracht. Aber auch weit über das Sómalland wird der Kaffee geführt, obgleich er die Küste des Indischen Oceans nicht — oder nicht mehr — erreicht, denn im Benâdir fand ich nur arabischen angewendet. Er wird hier, gewöhnlich nicht als Getränk, sondern als Speise verbraucht, indem man die Bohnen mit oder ohne Schale, braun röstet, dann in Butter schmort und als Morgenimbiss verzehrt. Mit der übrig bleibenden Butter beschmiert man sich Gesicht und Hände. Es ist dies nach Sómal-Begriff ein unentbehrliches Erforderniss, um gesund zu bleiben.

Das hauptsächlichste Getreide der Sómalen ist das Sorghum, welches so reichlichen Ertrag liefert, dass sehr bedeutende Quantitäten desselben vom Benâdir nach Süd-Arabien und selbst zum Gebiet des Rothen Meeres ausgeführt werden. Mais (Gelëi oder Múrdi Sómal. Tereféri Bar. Kis.) wird weniger häufig gezogen. Man isst ihn meist wie den Kaffee zubereitet, geröstet und in Butter geschmort. Reis wird — so viel ich wenigstens in Erfahrung bringen konnte — nicht angebaut, obgleich der von Indien oder (über Sansibar) aus Madagascar eingeführte von den Reicheren viel verbraucht wird; ebensowenig Datteln, die man aus Maskat bringt. Auch Tabak (Bûri im Dialect der Wer-Singelli, ein Wort, welches im Süd-Arabischen Wasserpfeife bedeutet) wird importirt, besonders aus Indien. Er wird (wenigstens von den weniger Strenggläubigen) geraucht, und zwar aus den Markknochen des Kleinviehs („Laff" genannt); mit Holzasche vermischt auch wohl gekauet. Tabak-Schnupfen bemerkte ich nicht. Bataten werden jedoch (am Wobbi) cultivirt, Manihot aber wahrscheinlich nicht. Bananen *(Musa paradisiaca)* (Môs im Sómal, vom Arab. Mûs, Mâsv im Patta-Kisuahêli) trifft man nur hier und da. Die Baumwolle (Sûf) cultivirt man in Härrär sowohl, wie im Inundations-Gebiet des Wobbi. Hier sind die Bedingungen, die zu ihrem Gedeihen erforderlich, Bodennässe in der Periode des Wachsthums, Lufttrockenheit zur Zeit der Erndte, vorhanden. Dies Baumwollenland zieht sich durch mehrere Breitengrade parallel der Küste und wenige Stunden von ihr entfernt; es ist gesund und wäre deshalb eine lohnende Acquisition für eine europäische Macht oder für Aegypten. Bis jetzt wird nur relativ wenig gebaut, sodass der Verbrauch des Landes keineswegs gedeckt ist und man fertige Tücher aus Europa einführt. Wichtig ist ebenfalls der Anbau von Sesam, der besonders im südlichen Sómal-Lande im grossartigsten Maassstabe betrieben wird und der meist über Sansibar nach Europa, vorzüglich nach Frankreich gebracht wird, um in Huile d'olives verwandelt zu werden. Besonders in den letzten Jahren ist die Production des Sesam sehr gestiegen, da die Sclaven, welche früher zum Orseille-Sammeln angeschafft und verbraucht wurden, jetzt, wo das Product der Färberflechte meist durch Anilin-Farben ersetzt wird, auch bedeutende Massen aus West-Amerika kommen, anderweitig beschäftigt werden müssen. Aller Weihrauch und der grösste Theil der Myrrhe kommt aus dem Ahl-Gebirge, wo er von den dort hausenden Wer-Singelli, Mijertên und anderen Stämmen gesammelt wird. Man kann zwei Arten Weihrauch unterscheiden, der ächte Lubân (der z. B. in der kathol. Kirche benutzt wird), und der Lubân-Meithi (so genannt, weil er vorzugweise über den Hafenort Meith ausgeführt wird); dieser kommt von *Boswellia papyrifera*. Er wird, soviel mir bekannt, in Europa nicht verwendet, obgleich er sich zu Parfümerien und Lack wohl eignen würde und die Haupttugend einer Waare besitzt — billig zu sein. Den Sómal dient er zum Räuchern, gelegentlich auch zur Beleuchtung der Hütte, indem man ihn in's Feuer wirft. Von ihnen, den Afer, Habâb und von arabischen und aegyptischen Weibern wird er (ähnlich wie Mastix) seines angenehmen, erfrischenden Aromas wegen gekauet. Der ächte Weihrauch wird über Aden, Makallah oder Giddah versandt. Er sowohl, wie der Meithi-Weihrauch wird gewonnen, indem man dem Baum zur Zeit seiner grössten Saftfülle mit einem Messer viele kleine Querrisse bei-

bringt. Der ausquillende Saft trocknet in einigen Tagen und bildet in erster
Erndte die feinste Sorte, „Fusûs", Thränen genannt. Aus denselben Ver-
wundungen fliesst später noch eine geringere Qualität aus, eine dritte Ab-
lese liefert die geringste. Aus dem Myrrhe-Baum quillt ohne künstliche
Verletzung das kostbare Bitterharz und wird in der Wildniss abgesucht.
Ebenfalls könnten bedeutende Mengen Gummi gesammelt werden, jedoch
ist der Verbrauch desselben, also auch sein Werth, jetzt in Europa so gering,
dass sich das Sammeln kaum noch lohnt. Die Sómal essen Gummi, auch
wohl die sehr viel gummihaltenden und deshalb schleimigen Hülsen gewisser
Acacien. Ausser den genannten bringt das Sómal-Land noch manche andere
Harze hervor, die in Europa jedoch wenig bekannt sind. Drachenblut
wird, obgleich hier dieselbe *Dracaena*, wie auf Sócotra wächst, nicht gesammelt, auch kein Aloë, dessen Mutterpflanze hier ebenfalls vorkommt.

Ueber Hausthiere der Sómal und deren Zucht kann ich nur weniges
beifügen.[1])

Kameel: ♂: Aur, ♀: Hall plur Gêl, juv: Nirkû. Die Raçe schliesst sich
der der Afer, Habâb (Hadíndoa und Bescharîn?) an. Sie ist zwar nicht sehr
starkknochig, aber ausdauernd. Das Kameel gedeiht im ganzen Sómal-Lande
und wird zum Lasttragen und der Milch wegen gehalten, geritten wird es nicht.
Man benutzt zweierlei Sattel, der eine für schwere Lasten „Hério", besteht
aus zwei grossen Kissen mit Holzgestell, die dachförmig über den Rücken
gelegt werden, der andere für leichtere „Qôre", wird aus zwei Gabeln gebildet, die an Bauch und Rücken zusammengeklemmt werden (derselbe, wie
bei den Afer). Auf der Weide hängen ihm die Sómal eine grosse plattge-
drückte Glocke aus Holz (mit oft zwei Klöppeln) an einem Stricke um den
Hals, um durch ihren Ton ein Thier, welches sich verlaufen hat, auffinden
zu können.

Rind. Vieh: Ló, Ochse: Dibbi, Kuh: Sá, Kalb: Uîlú. Die Zucht
des Rindviehs wird, besonders auf den Ebenen im Innern, in grösserm
Maassstabe betrieben. Häute werden über Benadîr und Seila-Tedjurra ausgeführt; letztere sind besser, da sie von der Raçe der abessinischen Vor-
berge herstammen. Im Lande selbst werden die Häute nur als Schlafmatten,
zum Bedecken von Hütten benutzt und zum Schutze gegen Dornen und
Regen über die Kameellasten gelegt; auch Säcke zu Harzen u. s. w. näht
man daraus. Sie sind aussen mit drei Stäben überbunden, welche als Fuss-
gestell dient, wodurch der Sack gegen Termiten und Feuchtigkeit geschützt
wird. Auch eine Art Beutel fertigt man aus Kuh- oder auch wohl Kameel-
haut, indem man durch die gefaltete Peripherie eines ungefähr Quadratmeter
grossen, runden Stücks derselben drei Stäbe steckt. Die so gebildete Ein-
sackung wird mit warmen Sande so oft angefüllt, bis der Beutel (Qumba
genannt) trocken ist. Man bewahrt Butter darin auf. Zum Versenden der

---

[1]) Diese Bemerkungen mögen zugleich als Nachtrag zu meinen Notizen über . . . . . Viehzucht in Abessinien etc. in Z. f. Ethnol. Jahrgang 1874 Heft V. dienen.

Butter — was nach Süd-Arabien geschieht —, dienen jedoch grosse thönerne Gefässe, die eingeführt werden. Die Bereitung der Butter ist nicht verschieden von der allgemein im Oriente angewandten. Den Kälbern wird, um sie vom unrechtzeitigen Saugen abgehalten, ein maulkorbähnliches Geflecht vorgebunden.

Schaf. Bock: Wonn, ♀: Lack, Lamm: Bárras. Das Schaf — es gehört der persischen[1] Raçe an, die ebenfalls über Arabien verbreitet ist — wird in grosser Anzahl gezüchtet, besonders wegen seines Fleisches und Fettes. Die Haut wird zu Kleidungsstücken (siehe oben) verarbeitet. Zu diesem Zwecke knetet man das leicht angetrocknete frische Fell tüchtig durch, zupft die Wolle sammt der äussersten Hautschicht ab und legt sie dann einen Tag in Assal (Gerbstoff aus verschiedenen Rinden z. B. der Boswellien, Acacien und Anacardiaceen), der sie zugleich braunroth färbt. Anderen Tags wird sie so lange gewalkt und geknetet, bis sie trocken und zugleich die Weichheit von Tuch erlangt hat. Dann ist sie fertig und näht man die einzelnen Häute mit feinen Lederstreifen zusammen. Schafmilch wird — wie alle andere gesäuert — getrunken, auch zu Butter gemacht. Viele Schafe werden exportirt, besonders nach Aden, wo sie zum Consum am Platze selbst und zur Proviantirung der passirenden Schiffe dienen. Auch Makallah und andere Städte Süd-Arabiens erhalten Schafe von hier, ebenfalls werden sie (im N.-O.-Monsûn) nach Sansibar gebracht. Sogar Mauritius erhielt vom Sómal-Lande Schlachtvieh, als Madagaskar den Europäern verschlossen war.

Ziege. Bock: Urgi, ♂: Worridi, juv.: Wohárre. Sie wird, jedoch mehr im Gebirg, als in der Ebene, in grossen Heerden gezogen. Die Art ist ziemlich gross, kräftig gebaut, kurzhaarig, meist von silbergrauer Färbung und hat kurzes, ungewundenes Gehörn mit hängenden Ohren. Ausser der ziemlich reichlichen Milch wird die Haut zum Anfertigen von Schläuchen benutzt. Man kennt deren verschiedene Arten: „Qerba", (die Arab. Qirba) wird gegerbt, jedoch nicht enthaart, „Zebrâr", Milchqirba rasirt man vor dem Gerben, „Aûli", ein Schlauch, der zum Aufbewahren von Esswaaren, Kleidungsstücken etc. dient; er wird nicht eigentlich gegerbt, sondern nur gewalkt. Die Haare entfernt man durch Bestreichen von Dattelbrei und nachherigem äsen lassen.

Pferd. Hengst: Fárras, Stute: Gênjû, Hengstfohlen: Farras, junge Stute: Dramâu. Besonders die Bulbahánte-Sómal, die die Hochebenen des Ahl bewohnen, ziehen viele Pferde, von denen die übrigen Stämme ihren Bedarf rauben oder kaufen. Sie sind der Abessinischen Art verwandt, jedoch, wie mir scheint, von etwas längerem Körperbau. Die Noth hat sie genügsam und ausdauernd gemacht. Riemen- und Sattelzeug gleicht dem von den Abessiniern benutzten. Auch der Somâli sitzt rechts auf, da er das Schwert

---

[1] Zur Anfertigung von Perrücken dient das Fell einer anderen Schaf-Race, welche „im Innern" vorkommt und die gute Wolle trägt, also wohl vom Hochplateaux stammt. Denn in diesen Erdstrichen hat das Schaf der Niederung ein steifhaariges Vliess.

an der Rechten trägt. Viele Sómal-Pferde werden nach Aden gebracht und
zum Reiten und Tragen benutzt.

Maulthiere werden meines Wissens im Sómal-Lande nicht gezüchtet.

Esel. Hengst: Dabber, Stute: Dabbêre.

Vom gleichem Ansehen wie der Abessinische und offenbar von dem im
Sómal-Lande ebenfalls häufigen Wildesel (Gumburri) abstammend. Geritten
wird er nur zuweilen von angesehenen Frauen. Während das Fleisch des
Hausesels verschmäht wird, isst man das des wilden.

Hund (Ej).

Er wird von den orthodoxen Sómal nicht geduldet. Nur einige Hirten
im Innern sollen ihn als Wächter halten. Ich selbst bekam keinen zu Gesicht

Katze. Dummât: lebt herrenlos in den Dörfern, mehr Plage als Nutzen
bringend.

Haushahn.

Hühner werden nach Gala-Sitte von den Sómal nicht gegessen, jedoch
in den Küstenstädten gehalten, um sie an Schiffe zu verkaufen. Ich habe
oft bemerkt, dass man sie in den von hohem Gehege umschlossenen Aborten
der Weiber hielt, wo ihre einzige Nahrung in Unrath bestand.

Ob der Strauss gezähmt gehalten wird, kann ich nicht mit Bestimmtheit
angeben. Straussfedern werden in grosser Menge ausgeführt, wodurch Aden
der bedeutenste Markt in diesem werthvollen Artikel ist. Die Händler des
Inneren bringen sie in ganzen Gefiedern nach Bérbera zum Verkauf.
Erst hier und in Aden werden sie nach Farbe und Qualität sortirt und in
Gebinden von 20 — 50 — 100, die schlechteren (und auch wohl Holz
und Bleistückchen) im Inneren versteckt, verpackt. So weit die Posen nackt
sind, umwickelt man die Gebinde mit einer möglichst dicken Schnur in
engster Spirale. Alles dies geschieht, um das „Brutto-Gewicht" nach dem
sie nun verkauft werden, zu erhöhen. Ein Oeffnen der Bündel ist nach einer
durch Alter geheiligten Sitte dem Käufer nicht gestattet.

Ausser dem Strausse, wird dem Elefanten vielfach nachgestellt. Es
vereinigen sich zu seiner Jagd mehrere Leute. Der eine besteigt ein weisses
Pferd und reizt ihn so lange, bis er wüthend folgt. Der Reiter flieht in
einer Richtung, in der seine Kameraden im Hinterhalte stehen, die dem passirenden Elefanten die Achilles-Sehne mit dem Schwertmesser zerhauen und
ihn so zu Falle bringen. Da ihre Speere und Pfeile zu schwach seien, um
ihm den Garaus machen zu können, so liessen sie das Thier verhungern,
erzählten sie mir.

Uebrigens ist die Elfenbein-Ausfuhr weder von Bérbera, noch vom Benâdir bedeutend.

Die Sómal essen keine Fische, nur die Seeleute haben sich von dieser
Gala-Sitte emanzipirt und treiben, im Verein mit Süd-Arabern, einen sehr
ausgedehnten Fang, besonders von Ilaien, an der Mâcher-Küste. Diese werden theils gesalzen und getrocknet für den Indischen und Ost-Afrikanischen

Consum zubereitet, theils ihre getrockneten Flossen über Maskat und Bombay nach China gebracht.

Auch Perlmutter-Schalen, welche das Meer bei Sturm an den Mâcher-Strand wirft, sammeln die Fischer; nach Perlen und Perlmutter getaucht wird meines Wissens nur in der Nähe Tedjurra's.

Guano findet sich auf der Felseninsel Bur-da-Rebschi (Bur: Berg, Rebsch-Guano), der Brutstätte von Seevögeln. Er wird von den nahewohnenden Sómal, die sich an arabische Unternehmer vermiethen, vom Gestein und aus seinen Furchen gekratzt und auf Barken geladen. Guano wird besonders nach Makallah gebracht, wo er zum Tabakbau Verwendung findet. Vor einigen Jahren soll er auch nach Mauritius verschifft sein. In letzter Zeit hatte ein europäisches Handelshaus aus Aden seinen Agenten hierher gesandt, um Guano zu holen. Derselbe wurde jedoch von den Wer-Singelli beraubt und musste zurückkehren.

Im Ahl-Gebirge findet sich Antimon, das jedoch meines Wissens nur einmal, und zwar von einem arabischen Kaufmann aus Aden geholt wurde. Eine von demselben ausgeschickte zweite Expedition scheiterte, da ihr Anführer, ein Somâli, mit dem Betriebsfond davonging.

Indem ich nun diese vorläufigen Bemerkungen über die Sómal schliesse, hoffe ich, da ich in nächster Zeit dieses Volk wiederum besuchen werde, bald Eingehenderes berichten zu können.

Erklärung zu Taf. I und II.

Taf. I.   Fig. 1—4.   Männliche Sómal nach Photographien von Capt. Elton.
  „   Fig. 6, 7.   Weibliche Sómal nach Photographien von Demselben.
  „   Fig. 5, 8.   Dergl. nach Photographien von Charles Nedey in Aden.
Taf. II.   Fig 1 u. 2.   Sómal-Weiber nach Photographien von Nedey.
  „   Fig. 3.   Knaben von Demselben.
  „   Fig. 4 u. 5.   Mann und Weib von Demselben.
  „   Fig. 6.   Sómali von Härrär.
  „   Fig. 7.   Sómali nach Photographien von J. M. Hildebrandt.

Körpermaasse Ost-Afrikanischer Volksstämme.

Zweite Serie[1])

von J. M. Hildebrandt.

Mit dem Bande gemessen. Die Zahlen drücken Meter und dessen Bruchtheile aus.

I. Stamm	II. ungefähres Alter	III. Geschlecht	IV. Höhe im Aufrechtstehen	V. Gesichts-Höhe von Beginn des Haarwuchses bis Kinn	VI. Von der Nasenstirngrube über den Scheitel bis zur stärksten Hervorragung am Hinterkopfe	VII. Stirnhöhe	VIII. Nasenlänge	IX. Von der Nase über den Mund bis Kinn	X. Halslänge	XI. Rumpflänge	XII. Armlänge ohne Hand	XIII. Handlänge am Mittelfinger	XIV. Beinlänge	XV. Länge der Fusssohle an der grossen Zehe	XVI. Abstand der Brustwarzen von einander	XVII. Umfang der Brust unter den Brustwarzen
34 Somali	14	männl.	1·59	0·19	0·31	0·07	0·043	0·083	0·07	0·54	0·54	0·16	0·92	0·225	0·175	0·69
35 "	16	"	1·55	0·20	0·291	0·09	0·04	0·081	0·10	0·57	0·545	0·17	0·90	0·23	0·175	0·71
36 "	40	"	1·57	0·21	0·315	0·09	0·041	0·09	0·65	0·52	09	0·18	0·93	0·245	0·185	0·79
37 "	25	"	1·70	0·20	0·31	0·075	0·04	0·087	0·095	0·61	0·57	0·19	0·97	0·25	0·187	0·785
38 "	26	"	0·705	0·22	0·328	0·072	0·04	0·09	0·095	0·552	0·575	0·195	1·03	0·27	0·181	0·807
39 "	20	"	1·68	0·207	0·312	0·63	0·042	0·09	0·09	0·85	0·579	0·18	0·94	0·25	0·185	0·823
40 M'Seriano	19	"	1·76	0·21	0·215	0·091	0·04	0·084	0·091	0·57	0·58	0·19	0·938	0·27	0·18	0·83
41 M'Sagára	33	"	1·67	0·21	0·34	0·065	0·05	0·09	06	0·51	0·36	0·19	0·97	0·27	0·235	0·855
42 M'Kámi	25	"	1·71	0·20	0·31	0·07	0·04	0·095	—	0·49	0·55	1·185	0·97	0·29	0·21	0·79
43 "	35	"	1·61	0·21	0·32	0·085	0·04	0·095	0·09	0·48	0·53	0·18	0·91	0·225	0·21	0·782
44	25	"	1·615	0·19	0·29	0·065	0·041	0·09	0·10	0·50	0·59	0·95	0·97	0·27	012	0·865
45 M'Luguru	30	"	1·615	0·181	0·291	0·072	0·045	0·92	0·09	0·52	0493	0·183	0·892	0·25	0·205	0·84
46 "	30	"	1·88	0·19	0·29	0·08	0·04	0·09	0·09	0·48	0·55	09	0·88	0·27	09	0·80
47 "	35	"	1·68	0·175	0·31	0·075	0·04	0·65	—	0·52	0·38	05	0·90	0·251	0·195	0·787
48	20	"	1·61	0·19	0·305	0·01	0·04	0·08	—	0·51	0·56	0·175	0·93	0·253	0·191	0·90
49	15	"	1·612	0·202	0·32	0·08	0·33	0·082	0·092	0·51	0·53	0·192	0·92	0·25	0·21	0·83
50 M'Niamuésie	35	"	1·62	0·20	0·33	0·08	0·06	0·09	0·10	0·48	0·56	0·19	0·95	0·245	0·19	0·77
51 M'Siracha	30	"	1·77	0·23	0·34	0·09	0·042	0·09	0·10	0·39	0·59	0·195	0·97	07	0·195	0·82
52 M'Hiáo	20	"	1·55	0·18	0·32	0·63	0·04	0·08	0·084	047	0·505	0·182	0·82	0·28	0·23	0·88
53	35	"	1·74	0·205	0·31	0·08	0·04	0·097	0·09	0·48	0·59	0·19	0·96	0·271	0·197	0·837
54 M'Gindo	40	"	1·831	0·215	0·331	0·09	0·045	0·19	0·085	0·58	0·66	0·21	1·12			
55 "	30	"	1·74	0·184	0·31	0·07	0·053	0·08	0·084	0·51	09	0·193	0·97			

[1]) Erste Serie siehe Zeitschrift für Ethnol. 1874. pag. 76.

Australien und Nachbarschaft.

(Fortsetzung.)

Man hat neuerdings im Haar ein ethnologisch geeignetes Eintheilungsprincip zu finden geglaubt und dann die Vandiemensländer[1]) (im Anschluss an den Homo papua) zu den Ulotrichen gestellt, den Homo australis dagegen den Euthycomi unter den Lissotrichen eingeordnet, obwohl hier verschiedene Beschreibungen[2]) vorliegen, und der Norden des Continents sich wieder (wenn nicht durch malayische oder polynesische Einflüsse verändert) dem Gebiet der Papua[3])

---

[1]) Les cheveux des habitants de Van-Diemen sont courts et laineux. Die Eingeborenen am Cap Diemen: laissent croître leur barbe et ont les cheveux laineux (Labillardière). Les naturels (dans la baie des Roches en Nouvelle-Hollande) ont les cheveux laineux et se laissent croître la barbe. Die Bewohner von Waygiou (Ouarido) haben die cheveux crépus, trés-épais et assez longs (Labillardière). Les habitants du Roi-George ont les cheveux bruns ou noirs, frisés sans être laineux (s. Quoy et Gaimard). Les Nègres (les Papous hybrides) des côtes (de la Nouvelle-Guinée) se distinguent entre eux par la dénomination d'Arfakis ou de montagnards et de Papouas ou de riverains (Duperrey), während die Eingeborenen (oder Alfurus) im Innern der Insel Endamenes genannt würden und sich als Schlichthaarige auch über Neuholland verbreiteten, worauf in Vandiemensland das Kraushaarige wieder aus den Neu-Hebriden und Neu-Caledonien eingewirkt.

[2]) Das Haar der nordwestlichen Australier war kurz und wollig kraus (nach Dampier), an der Roebukbay kraus spirallockig (nach Martin) mit Bärten, dick lockig oder kraus (auf der Melville-Insel, dicht kraus auf der Croker-Insel, wogegen auf der Coburg-Halbinsel schlichtes Seidenhaar (b. Earl) angegeben wird, gelocktes Haar südlich von Port Essington (b. Leichardt), und dort schlicht lang (b. Campbell) oder wollig (b. d'Urville), auch korkzieherartig gewunden (nach Hombron). Im Süden wird krauses Haar erwähnt (mit lockigen Bärten), auch wolliges (b. Strzelecki), im Südosten gekräuselt und am Westernport (b. Peron) lang und glatt. Struppiges Haar beschreibt Koelern (bei Adelaide) schlichtes im Innern, krauses (b. Peron). Am George-Sound bis Perth wird glattes Haar angegeben (b. Salvado) und nach Norden (b. Peron). Das lange und feine, aber wollige Haar ist (nach Hale) durch Mangel an Pflege häufig wie verfilzt (s. Gerland). Das Haar der Tasmanier war wollig kraus (nach Cook).

[3]) Papous wird pua-pua (brun foncé) erklärt (nach Marchal). Les Papous du littoral (à Dorey) se distinguent eux-mêmes de ceux, qui habitent les montagnes et qu'ils nomment Arfakis ou Alfakis (Quoy et Gaimard). La forme bombée du front fait que leur angle facial n'est point trop aigu (chez les noirs de l'île Vanikoro). In den Papua-Schädeln der Urania (Freycinet's) bemerkte Gall une inégalité, qu'il nomme déformation rachitique. Some time about the year 1770 a number of Papua boats from New-Guinea, the islands Aroo, Salwatty and Mysol near the time of the vernal equinox, when the seas are generally smooth, assembled to the number of more than a hundred and sailed up the strait of Patientia from Gilolo (nach Forrest). Der Raja von Salwatty fiel in die Gefangenschaft der Holländer (die Outanata unternahmen Sklavenjagden in den Molukken). In der Louisiade wurden (nach Bougainville) und in Port Praslin (nach Duperrey) Schilde gebraucht. Die Insulaner der Louisiade aiment beaucoup les odeurs (Labillardière). The practice of boring the septum of the nose has been generally observed among the wild Papuans (Earle) 1828. Nach Quoy und Gaimard gehörte die den Negern Ostafrika's ähnliche Rasse Neu-Guinea an, während die Papua auf der Insel Vaigiou lebten, deren Bergbewohner im Besonderen Alfurus hiessen. Les cheveux des Papous sur les iles (Rawak et Vaigiou) sont noirs, tant soit peu lanugineux, très touffus, ils frisent naturellement (s. Quoy et

annähert mit ihren Weitverzweigungen nach Melanesien[1]) sowohl und Mikro-

---

Gaimard). According to Bruyn Kops the skin of many of the natives were marked with scars, which have been produced by applications of fire (in Neu-Guinea). Auf Neu-Guinea besteht das Tättowiren (Panaya) in Strichen. The wolly or twisted hair is peculiar to the full blooded Papuans. A comparatively slight mixture with the brown race removes the peculiarity (Earle). The people of Waigiou are not truly indigenous of the island (which possesses no „Alfuros" or aboriginal inhabitants). They appear to be a mixed race, partly from Gilolo, partly from New-Guinea. Malays and Alfuros from the former island have probably settled here and many of them have taken Papuan wives from Salwatty or Dorey, while the influx of people from those places and of slaves, had led to the formation of a tribe exhibiting almost all the transitions, from a nearly pure Malayan to an entirely Papuan type. The language is entirely Papuan, being that which is used on all the coasts of Mysol, Salwatty, the north-west of New-Guinea, and the islands in the great Geelvink Bay (indicating the way, in which the coast settlements have been found). The fact, that so many of the islands between New-Guinea and the Moluccas (such as Waigiou, Guebe, Poppa, Obi, Batchian, as well as the south and east peninsulas of Gilolo) possess no aboriginal tribes, but are inhabited by people, who are evidently mongrels and wanderers, is a proof of the distinctness of Malayan and Papuan races and the separation of their geographical areas (s. Wallace). Auf Flores finden sich Züge der Papua (nach Moore). The traders (of Dobbo) are all of the Malay race or a mixture of which Malay is the chief ingredient, with exception af a few Chinese. The natives of Aru, on the other hand, are Papuans, with black or sooty brown skins, wolly or frizzly hair, thick-ridged prominent noses, and rather slender limbs (Wallace). Die Papua auf Ternate stehen in dienendem Verhältniss (Bleeker)· The people of Dorey (in Neu-Guinea) are similar to Ké and Aru-islanders (often tall and well-made, with well-cut features and large aquiline noses). Their colour is a deep brown, often approaching to black and the mop-like heads of frizzly hair are considered an onament (s. Wallace). The hill-men or Arfak (in New-Guinea) were generally black, (but some brown like the the Malays), Their hair, though always more or less frizzly, was sometimes short and matted (instead of being long, loose and woolly), as indigeners (s. Wallace). Les habitants du port de Roi-Georges ont les cheveux bruns ou noirs, frisés sans être laineux (Quoy et Gaimard). Les cheveux des habitants de Vandiemen sont courts et laineux.

[1]) Les habitants de Vanikoro ont une chevelure tout-à-fait laineuse et l'enveloppent soigneusement dans de longs cylindres d'étoffes qui pendent jusqu'au bas du dos (Quoy et Gaimard). The descriptions of the brown Polynesian race (beyond the Fijis) often agree exactly with the characters of the brown indigenes of Gilolo and Ceram (s. Wallace). Die Schwarzen Neu-Irland's (die Haare flechtend) ont les yeux petits et un peu obliques. Carteret sah bei den Insulanern Neu-Irland's keine Bekleidung und nur Schmuck und Muscheln, sowie Pudern des Haarres und der Bärte. Les cheveux crépus et très bien fournis (dans l'ile de Bouka) forment un grand volume (Labillardière). Neben der „forme ébouriffée" bei einigen Stämmen Neu-Guinea's, Waigui's, Bouka's, fällt das Haar bei andern (auf Neu-Guinea, Rony, Neu-Bretannien, Neu-Irland) sur les épaules en mèches cordonnées et flottantes (Lesson et Garnot). Die Bewohner der Admiralitäts-Inseln ont les cheveux crépus, et sont dans l'usage de ne laisser des poils sur aucune partie du corps. Il parait que la verre volcanique dont ils arment leurs zagaies, leur sert aussi à se raser (Labillardière). Bei den Bewohnern der Admiralitäts-Inseln hing eine Muschel (bulla ovum) à l'extrémité de la verge, pour cela ils avaient fait une ouverture au-dessous de la partie la plus renflée de cette coquille, afin d'y loger le gland (s. Labillardière). Bougainville sah lange Bärte bei den Bewohnern Neu-Britanniens. Die Insel Nova-Britannia war (nach Dampier) inhabited with strong well-limbed Negroes. Auf der Verräther-Insel (neben den Cocos-Inseln) hiess der Häuptling Latou (nach Schouten). Die Bewohner der Admiralitäts-Inseln waren sehr schwarz (nach Dentrecasteaux). Le Neò-Calédonien, surtout lorsqu'il est échauffé par la marche, exhale une forte odeur sui generis, qui rappelle celle des fauves de grande taille (Patouillet). Kopfentstellungen treten mehrfach in Polynesien hervor, wie auch anderswo. Nach Ovington wurde in Arrakan die Stirn des Kindes mit einer Bleiplatte breit gedrückt (1725). In Yucatan wurde dem mit dem Gesicht auf die Erde gelegten Kinde der Kopf mit zwei Platten zusammengedrückt

nesien[1]), wie auch dem indischen Archipélago[2]) in seinen Inselverzweigungen

---

(s. Landa). An der Westküste America's zeigen sich im Kunststil polynesische Reminiscenzen und auch sonst. Las Indias son bien agestadas, de muy lindos ojos y de rostro, muy modestas y honestas. Los niños y niñas son blancos y rubios (en la isla St. Catalina). Usan estos Indios de unas grandes cabañas para sus moradas y de vasijas de juncos tapidos, en que tienen y traen agua (Viscain) 1602.

[1]) Nach Cantova finden sich auf den Carolinen Neger, die als Sklaven dienten, wie unter den Malayen Pulo Sabuti's oder Savu's (nach Dampier). La variété, qu'on peut appeler nègre (auf den Inseln) en a la couleur, la forme du crâne, les cheveux courts, très-laineux, recoquillés, le nez écrasé très-épaté, les lèvres grosses, et surtout l'obliquité de l'angle facial, tandisque les Papous ont, sous ce rapport, la tête conformée à peu de chose prés comme les Européens (Quoy et Gaimard).

[2]) In Ceram and Gilolo a few scattered remnants of the race (of Papuas) still exist, but they hold little or no intercoure with their more civilized neighbours, flying into the thickets (for shelter). The island of Mysol or Mesual is said to have been occupied exclusively by l'apuans (at the europaeen discovery). The island of Ceram, Ceram-Laut, Bo, Poppo and Geby and Patana Hoek, the south-eastern extreme of Gilolo are also occupied by people of the mixed race (the mixture having arisen chiefly from these spots having been the places of refuge for offenders against the regulations established for the monopoly of spices in the Moluccas). The eastern extremity of Ceram, and also the greater portion of the north east of that island, was inhabited by Papuans on the first arrival of Europaeans in the East, but they are now only to be found in the jungles (s. Earle). According to Modera the inhabitants of the interior did not differ in any essential particular from those of the coast (in Triton's bay). The people of Ternate are of three races, the Ternate-Malays (an intrusive Malay race, somewhat allied to the Macassar people, who settled in the country, driving out the indigenes, who were the same, as those of Gilolo), the Orang-Sirani (Nazarenes or Christian descendants of the Portuguese, who resemble those of Amboyna and, like them, speak only Malay) and the Dutch. The people of Kaioa are a mixed race, having Malay and Papuan affinities and are allied to the peoples of Ternate and of Gilolo. They possess a peculiar language (Wallace). Wallace fand auf der Insel Batchian vier Rassen, die Batchian Malayen (denen auf Ternate ähnlich), die Orang Sirani, Galela-Leute vom nördlichen Gilolo und eine Colonie von Tornore, in der östlichen Halbinsel von Celebes. The Goram people are a race of traders. Every year they visit the Tenimber, Ké und Aru Islands, the whole north-west coast of New-Guinea from Outanata to Salwatty, and the island of Waigiou and Mysol. They also extend their voyages to Tidore and Ternate, as well as to Banda and Amboyna. Their praus are all made by the Ké-islanders (a race of boat-landers), who annually turn out a hunderd of boats (s. Wallace). The natives of Bouru consist of two distinct races (partially amalgamated). The larger portion are Malays of the Celebes type, often exactly similar to the Tomore people of East Celebes (settled in Batchian), while others altogether resemble the Alfuros of Ceram (in solcher Nennung). The south-west of New-Guinea (Papua Kowiyee or Papua Oren) is inhabited by the most treacherous and bloodthirsty tribes (to the Goram and Ceram traders); in other districts, inhabited by the same Papuan races such as Mysol, Salwatty, Waigiou and some parts of the adjacent coast, the people (by the settlement of traders of mixed breed) have taken the first step in civilization. Zum Unterschied von der malayischen in ihren Charakterzügen nähert sich die Schädelform des Battak mehr dem oval kaukasischen Typus. On the table lands above Dilli (a portuguese settlement on the north-west of the island) some of the villagers have opaque yellow complexion, the exposed parts of the skin being covered with light, brown spots or freckles, and the hair is straight, fine, and of a reddish or dark auburn colour. Every intermediate variety of hair and complexion, between this and the black or deep chocolate colour is short tufted hair of the mountain Papuan, is to be found on Timor (s. Earle). The inhabitants of the south western part of Timor, in the neighbourshood of Coepang (a dutch settlement) are an exceedingly dark, coarse-haired people (s. Earle). Von den Schwarzen im Hinterland (achternal) Timor's (in der Südöstlichen Ecke) entwichen den Holländern früher die Sclaven.

und vielfach schattirten Stämmen[1]) alfurischer und anderer Eingeborenen
(wo jenseits der Philippinen[2]) über Formosa hinaus nördliche Erschei-

[1]) The colour (of the Malay tribes) is a light reddish brown, the hair black and straight
(of a rather coarse texture), the face nearly destitute of hair, the body robust, the stature low,
feet small, the face broad, the brows low, the eyes oblique, the nose small (not prominent, but
straight and well-shaped) with the apex a little rounded (the nostrils broad and slightly
exposed) and the cheekbones rather prominent, the mouth large, the lips broad, the chin
round (auf den Inseln). In stature the Papuan surpasses the Malay, (the feet larger), the face
is somewhat elongated, the forehead flattish, the brows prominent, the nose is large, rather
arched and high, the base thick, the nostrils broad, with the aperture hidden (owing to the tip
of the nose being oblongated), te mouth large, the lips thick and protuberant. The Alfuros (of
Sahoe and Galela in the northern peninsula of Gilolo) are tall and well made', with Papuan
features and curly hair bearded and hairy limbed, but quite as light in colour as the Malays),
industrious and enterprising (s. Wallace). The Arru islanders bear a strong resemblance to the
aborigines of Port-Essington, but they also possess many characteristics in common with the
Outanatas of the opposite coast of New-Guinea (s. Earle). The Alfuros (the indigenes of Gilolo)
live on the eastern coast or in the interior of the northern peninsula. The indigenes of Sahoe
(in Gilolo) are distinct from all the Malay races, Their stature and their features, as well as
their disposition and habits, are almost the same as those of the Papuans, the hair is semi-
Papuan, reither straight, smooth and glossy, like all true Malays nor so frizzly and woolly as
the perfect Papuan type, but always crisp, waved and rough, such as often occurs among the
true Papuans, but never among the Malays. Their colour is often exactly like that of the
Malays or even lighter. Das Fürstengeschlecht der Malayen in Menangkabo kam von Palembong
(in Djavamt Haus der Fürsten von Mendangkamulan) der Adel von Mandaheling unter den
Battas, die sich (XII. Jhdt. p. d.) vom Hochlande Tobah aus verbreiteten, stammt von dem,
dem Helden Iskander durch eine Himmelsfrau in Menangkabo geborenen Sohn. Les habitants du
bourg de Cajeh connus sous le nom général de Maures sont les descendants des peuples, qui
ont porté la religion mahométane dans les Indes (s. D₂entrecasteaux). L'intérieur du pays est
habité par les naturels du pays, qu'on a désigné en malais Alfourous en Bourou. In Cajeli auf
Bourou wurde (1793) ein Fort gebaut (unter dem Holländischen Resident). The whole of the
great island of New-Guinea, the Ké and Aru-Islands, with Mysol, Salwatty, and Waigiou are
inhabited almost exclusively by the typical Papuans (the coast people of New-Guinea being in
some places mixed with the browner races of the Moluccas). The same Papuan race seems to
extend over the islands east of Guinea as far as the Fijis. The people of Ceram seem more
decidedly Papuan, than those of Gilolo. They are darker of colour and a number of them have
the frizzly Papuan hair. Their features also are harsh and prominent (Wallace). In Sapania
the men wear their frizzly hair gathered into a flat circular knot over the left temple and in
their ears cylindres of wood (coloured red at the ends). The people (in the Goram island) were
(at least the chief men) of a much purer Malay race, than the Mahometans of the mainland of
Ceram (where the Alfuros of Papuan race are the puredominant type), a slight infusion of
Papuans or a mixture of Malay and Bugis having produced a very good-looking set of people.
The lower class of the population consists almost entirely of the indigenes of the adjacent islands
(a fine race with strongly-marked Papuan features, frizzly hair brown complexions). The Goram
language is spoken also at the east of Ceram and in the adjacent islands.

[2]) De los Indios algunos son infieles, pero lo mas Balanes (en la Provincio de la Pampanga),
que no pertenecen á nacion ó tribu conocidas, y descienden de los fugitivos de los Pueblos civi-
lizados, por algun delito (Ildefonso de Aragon), Los Aetas ó Negritos (los primeros habitantes,
buyendos de los Malayos) se dividen en varias clases (entra estas hay una llamada Balugas, que
habita el Monte Irayat, y son los que unidos con los Balanes, siguen las costumbres de estos).
Sur le mont Arayat habitent les Indiens appelés Balanes et les hordes Montescos qui vivent de
rapines, ces montagnes sont aussi peuplées de Negritos (Mallat). Neben Spaniern, Mestizen und
Tributpflichtigen (als bekehrte Küstenstämme) unterscheiden sich auf den Philippinen die
Morenos (Mohamedaner), Sangleys (Chinesen) und Negros. Nach Bennett gleichen die Negros in
Luçon denen der Hebriden-Insel Erromango. Nach St. Croix sind die Ygorrotes von St. Mattheo

nungen[1]) auftreten[2]) bis zum Festland), vermuthungsweise fortgetragen in die Thäler des Himalaya) und den (über die Brücke der Anda-

---

den Aetas im Berge Marivelle stammverwandt. The peculiar race of Savu and Rotti (islands to the west of Timor) are very handsome, with good features, resembling in many characteristics the race produced by the mixture of the Hindoo and Arab with the Malay (s. Wallace). Neben den Tagalen (im malayischen Dialect von den Bisayos verschieden) unterscheiden sich (in den Philippinen): die Negritos, die Igorrotes (in der Provinz Pangasinan bis zur Mission Ituy und von Osten bis zum Thal Aguo), die Burrik (den Igarroten ähnlich), die Busao (mit verlängerten Ohren), die Itetapanes (zwischen Negritos und Tagalon), die Tiguianes (mit chinesischer Mischung), Guinaanes (zwischen Tiguiaanes und Negritos), Yfugaos (mit japanischer Mischung), Gaddanes (zwischen Calauas und Negritos), Calauas (im District Itabes), Apayaos (den Tagalen ähnlich), Ibilaos mit Isinayes (den Igorroten ähnlich). Die Bangan genannten Negritos auf Mindoro stehen in Beziehungen zu den Maguianen. Auf der Isla dos Negros werden die Negritos auf den Bergkammen gesetzt. Unter den Negritos von Mindanao: the chief tribes of the North are called respectively Dumagas, Tagabaloys, Malanos and Manabos (s. Earle). Auf den Suiu-Inseln wurden die Papua in das Innere zurückgedrängt, als nach den Chinesen (und dann den Orang Dampuwan oder Sonpotualan) die Banjar aus Banjarmassin (auf Borneo) durch Verheirathung einer Prinzessin an den Häuptling festen Fuss fassten (s. Hunt) 1812. Die von Dalton beschriebenen Wilden (im Norden Borneo's) are looked on and treated by the Dayaks as wild beasts (1828).

[1]) Wegen ihrer Behaarung hiessen die Ainos (Menschen) Haarleute (bei Mongolen und Chinesen) mit glattem Gesicht, schmal schiefzulaufenden Augen, hohen Backenknochen, niedriger Stumpfnase. Jebis heissen die rohen Stammgenossen bei den Japanesen. Die Ainos der Insel Jeso, die der Dynastie Tang Pfeile, Bogen und Hirschhäute als Huldigung brachten, wurden Krebsbarbaren von den Seekrebsen (Hiai oder Jeso) genannt (in der Art der Tsugaru, Ara und Niki). Taipe, ein Königssohn von Tscheu, zieht an der Spitze eines zahlreichen Gefolges zum Mündungsgebiet des Kiang (Kiangnan). Um die dort hausenden Barbaren zu befreunden, fügen sich die Tscheu ihren Sitten, scheeren das Haar, schneiden Bilder in Arme und Beine und bereiben sich mit beizender Schwärze. Dann schifft Taipe (Taifak) über das Meer und gründet auf fernen Inseln eine chinesische Ansiedlung. Nach sechs Jahrhunderten landet Sanmo (Sinmu, der göttliche Krieger) aus den Lutschu auf Kiusin und erobert (während aus die wilden Ainos bekämpfen) Nippon, wo sich das Schifflein des vom Himmel zur Erde fahrenden Götterpaares niedergelassen. Durc hWangschin (Wonin) aus Korea wurde chinesische Schrift in Japan verbreitet (unter dem Dairi Osin). Mit dem Regierungsantritt des Dairi (Mikado) Katok wurden die auch in China üblichen Ehrenbenennungen der Regierungsjahre angenommen (Nien-hao oder Nengo) als Jahrestitel (645 p. d.) Um den Kami zu gefallen (in Japan), muss reines Feuer unterhalten werden. Kami, god, Superior, the hair of the head, (Hepburn) in Japanese. Cami, cheveux de la tête, tête, partie supérieure, Seigneur, dieu des gentils du Japon (Pagés) und ähnliche Verbindung des Scheitels mit dem Höchsten in Siam (wie auch in königlichen Titeln). The wild people (in the interior of Ceram) are described as a particulary small tribe of very dark complexion, with black frizzled hair, resembling that of Papuans (s. Earle) und ausserdem beschreibt Valentyn andere Alfoereesen im östlichen Ceram, zu Wassoa, Marihoenoe, in dem Binnenland Sepa und Tanulau, dem Binnenland von Haja, im District Eilan Binauwer, dem Binnenland von Cattaroewa u. s. w. (hauptsächlich in den Waringin-Bäumen wohnend). Tufted woolly hair is said to be common among the natives of Melville island (s. Earle), frizzled hair among several of the aboriginal tribes of Australia (especially those of the north and north east coast). Several of the coasts tribes near the eastern end of Flores are considered to be Papuans, but their hair has not the tufted character, being generally long and curly (s. Earle). The mountainous parts of Solor, Pantar, Lomblen and Ombai are occupied by a woolly haired race. Les cheveux des Alfours (de Célèbes) sont noirs, lisses et très longs (Quoy et Gaimard).

[2]) Rousselot sah „boucles laineuses" bei den Bandar-lokh (homme singe) aus dem Stamm des Djangal östlich von Singoudja. Die Juangas (in Cuttack) heissen Puttouas (weil in Blätter gekleidet). Eine kleine Rasse lebt in den Walddörfern zwischen Palamow, Sumbulpore und Amar-

manen[1]) erreichten Continent Hinterindiens mit seiner Halbinsel[2]). Neben
dem Ahnencultus (in Mikronesien) und dem Zauberwerk (in Melanesien) wird
von tauben, blinden (einäugigen), alten Göttern geredet, um das Fruchtlose
der (in Westafrika wegen der Entfernung des Himmels nicht erhörten) Gebete
zu erklären, wogegen sich in Polynesien ein Ansatz zu mythologischer Syste-
matisirung findet, wie z. B. bei Wegener zusammengestellt:

„Der Insulaner stellte sich zwei Arten übersinnlicher Wesen vor, die auf Gestaltung irdischer
Dinge Einfluss hätten. Macht, eifersüchtiger Anspruch auf Ehre und Gaben, unerbittliche
Rache gegen jede Vernachlässigung waren Allen gemeinsame Attribute; ein moralischer Vorzug,
eine überlegene Weisheit, eine freiwillige Güte zierte Keinen; Verbrechen vielmehr und Schamlosigkeit fanden Vorbild und Aufmunterung in der Geisterwelt. Der Ausdruck Atua, wie derselbe
unter den gewöhnlichen Abweichungen durch das ganze stammverwandte Polynesien geht, um-
fasste die eigentlichen Götter; Oromatua tü hiessen die Geister der Abgeschiedenen, besonders
wilder Krieger, die als Mittelwesen zwischen Göttern und Menschen eine verderbliche Gewalt
über die Letzteren übten. Unter den Göttern stand obenan eine Zahl, die man fanau po (Nacht-
geborne) nannte, was vielleicht ihre Unabhängigkeit von der sichtbaren Welt, dem ao (Licht-
reiche) anzeigen sollte. Die vorzüglichsten unter ihnen waren: Taaroa, der Kanaloa der Sand-
wich-Gruppe und Tangaroa der westlichen Inseln, der Höchste von Allen, der Unerschaffene,
seit der Zeit der Nacht her lebend, aber nur auf Tapuamanu (nach Cook) öffentlich verehrt;
Oro, der mächtige Nationalgötze von Raiatea, Tahiti und Eimeo, und Tane, der Gott von Huahine und Tahaa, der mit seiner Gattin Taufairei acht Söhne hatte, die alle zu den obersten
Gottheiten gehörten, unter ihnen Temeharo, der Schutzpatron von Pomare's Hause.

Ob die Erde mit den Göttern aus der Nacht hervorgegangen, oder von diesen erst geschaffen
sei, war ein Streitpunkt unter den Priestern, und während Einige der Taatapaari (weisen Männer)
behaupteten, Taaroa habe die andern Götter nicht nur, sondern auch Himmel und Erde erzeugt,
sagten Andere, das Land hätte schon vor den Göttern existirt; ja nach einer Tradition war
Taaroa selbst ein Mensch gewesen, der nach seinem Tode zum Gotte geworden. Ebenso diver-
girten die Meinungen über die Abstammung der übrigen Götter von Taaroa. Die gemeinste
Sage auf Tahiti erzählte: Taaroa ging mit seiner Gemahlin Ofeufeumaiterai aus dem Po hervor
und zeugte Oro, der eine Göttin zum Weibe nahm und von ihr 2 Söhne erhielt. Diese 4 männlichen und 2 weiblichen Gottheiten bildeten den Kreis der obersten Wesen. Taaroa umarmte
einen Felsen, den Grund der Welt, aus dem in Folge dessen Land und Meer hervorgingen.
Bald darauf erschienen die Vorläufer des Tages, der dunkle und der helle blaue Himmel, und
begehrten eine Seele für ben Sprössling des Gotttes, die noch leblose Welt. Taaroa erwiderte:
Es geschieht, und wies seinen Sohn Raitubu (Himmelsschöpfer) an, seinen Willen auszuführen.
Der Sohn blickte zum Himmel, und derselbe empfing die Macht, neue Himmel und Wolken,
Sonne und Gestirne, Donner und Blitz, Regen und Wind hervorzubringen. Darauf blickte er
niederwärts, und die formlose Masse erhielt die Macht, Erde, Berge, Felsen, Bäume, Kräuter,
Vögel u. s. w. zu gebären. Endlich blickte er zum Abgrunde unb gab ihm die Macht, das

---

kantak. Nach Ribeyro stammen die Ceylonesen von schiffbrüchigen Chinesen (wie ein ähnlicher
Mythus von dem Hottentotten Schwanzia gesetzt ward).

[1]) Die Andamanen waren (nach den Arabern) von wollhaarigen schwarzen Menschenfressern
bewohnt (IX. Jhdt. p. d.)

[2]) The race (of Semangs) is only known to exist on the mountain Jerai, in the Kedah
territory, in the neighbourhood of the mountain range, opposite to Perang and in the uplands
of Tringanu etc.) The Sakai and Allas tribes of Perak have curly, but not woolly hair (retaining
the Papuan custom of boring the septum and marking the skin with circles). The Semang
(identical with the Pangan of the interior of Tringanu) are Papuans in all their purity (s. Earle).
Die Malayen unterscheiden (nach Anderson) Semang Paya, Semang Bukit, Semang Bakow
and Semang Bila. The (dwarfish) Negritos and the Semangs agree very closely in physical
characteristics with each other, and with the Andaman Islanders, while they differ in a marked
manner from every Papuan race. Nach Marsden heissen die Samang auch Bila oder Dayak.

purpurne Wasser, die Felsen und Korallen und alle Bewohner des Ozeans zu erzeugen. Auch mehrere Götter sollten dadurch entstanden sein, dass der Unerschaffene nach seinem Weibe geblickt [Brahma].

Auf der westlichen Gruppe war dagegen folgende Ueberlieferung, die Barff gesammelt, die herrschendste; Taaroa, Toivi, der Elternlose, genannt, hatte einen unsichtbaren Körper. Nach zahllosen Zeitläufen warf er seine Paa (Schale) ab, wie die Vögel die Federn, und nach zahllosen Zeitläufen ward sein Körper wieder erneut. Im Rera. oder höchsten Himmel wohnte er allein. Seine erste That war die Schöpfung der Hina. Nach zahllosen Zeitläufen machten Taaroa und seine Tochter Himmel, Erde und Meer. Der Grund der Welt war ein Fels, den Taaroa's Macht, so wie alles Einzelne 'in der Welt aufrecht hielt. Darauf erzeugte — der Ausdruck ist oriori, wogegen für das Schaffen der Welt in der Genesis hamani (machen) steht — der Unerschaffne die Götter, zuerst Rootane, den Friedensgott, nebst neun andern, darunter den Schützer der Blödsinnigen und mehrere Kriegsgötter, als erste Ordnung; eine zweite Ordnung folgte als Boten zwischen den obersten Göttern und den Menschen; eine dritte bildete Raa mit seinen Nachkommen; an der Spitze der vierten stand Oro. Der Schatten eines Brotbaumblatts, von Taaroa's Arm geschüttelt, ging über Hina hin, und sie gebar zu Opoa auf Raiatea den Oro. Dann erschuf ihm Taaroa sein Weib, und ihre Kinder wurden gleichfalls Götter. Zur vierten Klasse gehörten als Oro's Brüder auch die Stifter der Areoi's. Auf Huahine erhob die Sage den Nationalgott Tane zum Vater aller Uebrigen. Man dichtete ihm einen langen Schweif an, mit dem er sich oft, wenn er seinen Wohnplatz verlassen wollte, in den Zweigen des hundertjährigen Baumes, der seinen Marai umschattete, verwickelt habe.

Im Allgemeinen wurde bei der Bildung der Inseln Taaroa als thätig gedacht. Eine Sage auf Raiatea schildert seine durch das All wirksame Macht. Der Gott schwebte zuerst, in ein Ei gehüllt, im noch finsteren Luftraume umher. Der ewigen Bewegung müde, streckte er seine Hände hinaus, richtete sich auf, und sogleich wurde Alles um ihn hell. Er schaute zum Sande der Küste herab und sprach: Komm herauf! Der Sand antwortete: Ich kann nicht zu Dir in den Himmel fliegen. Dann sprach er zu den Felsen: [Kommt herauf zu mir! Sie erwiderten: Wir sind im Boden gewurzelt und können nicht zu Dir in die Höhe springen. Darauf kam der Gott hernieder zu ihnen, warf seine Schale ab und fügte dieselbe der Erdmasse hinzu, so dass die letzte bedeutend grösser ward. Dann erzeugte er die Menschen aus seinem Rücken und verwandelte sich selbst in ein Boot. Wie man im Sturm mit demselben ruderte, füllte sich der Raum, man schöpfte das Wasser aus; es war Taaroa's Blut, das dem Meer seine Farbe gab. Von dem Meere verbreitete es sich in die Luft und liess die Morgen- und Abendwolken erglühen. Zuletzt wurde Taaroa's Gerippe, das Rückenbein oben, auf dem Boden liegend, eine Wohnung für alle Götter und zugleich das Vorbild für den Bau der Tempel. Nach einer andern Tradition hatte der Gott an der Erbauung der Inseln so eifrig gearbeitet, dass seine Schweisstropfen die Höhlungen füllten und das salzige Meer bildeten; nach einer dritten war das Land erst ein zusammenhängender Kontinent gewesen; im Zorn hätten die Himmlischen denselben zertrümmert und die Stücke, von denen Tahiti das grösste, über den Ozean zerstreut. Dieselbe Sage erscheint auch unter der Form, dass der zürnende Taaroa die Welt in's Meer gestürzt, worauf nur wenige Spitzen über der Oberfläche geblieben seien. Eine zweite wichtige Rolle bei der Schöpfung wurde einem gewissen Maui beigelegt, wahrscheinlich demselben, der einst die Sonne festgehalten. Der Himmel lag im Anfang flach auf Meer und Land, von den Armen eines ungeheuren Tintenfisches herniedergezogen. Jener Maui zerriss[1] das Unthier, worauf die blaue Masse zu ihrer natürlichen Wölbung sich erhob. Diese Erhebung des Himmels, der zuerst nur durch das Teva-Kraut von der Erde getrennt gewesen, wurde nach Ellis dem Gotte Ruu zugeschrieben. Maui soll auch die Menschen gelehrt haben, durch Herumwirbeln eines spitzen Stockes in der Höhlung eines zweiten Holzes Feuer hervorzulocken. Endlich berichtet Forster von einem Gotte und Schöpfer der Sonne Mauwe (derselbe Name nach englischer Aussprache), der nicht nur die Erdbeben bewirke, sondern nach der Sage dereinst auch ein grosses Land von Westen nach Osten durch das Weltmeer gezogen habe, wovon sich Stücke, die die jetzigen Inseln bildeten, losgerissen hätten, während das Land selbst noch im Osten anzutreffen

---

[1] In Neuseeland zerreissen die Kinder (als Gott der Bäume, Fische, Menschen u. s. w.) ihre auf einander liegenden Eltern Ranga und Papa (Uranus und Gäa). Maui ist der Feuerbringer.

sei. Traditionen, wie diese und die obigen von den Wirkungen des Götterzorns scheinen auf Erdrevolutionen hinzudeuten, die die Vorfahren, gleich der allgemeinen Fluth, wirklich erlebten. Nach der verbreitetsten Ansicht ward auch der Ursprung des Menschen unmittelbar auf Taaroa zurückgeführt. Er wohnte mit seinem Weibe auf allen Inseln und bevölkerte dieselben. In vielen Traditionen wird als Vater des Menschengeschlechts Tii genannt. Dieser Tii war bald mit seinem Weibe, der Menschenmutter, von einem Nachkommen Taaroa's durch Umarmung des Küstensandes erzeugt worden, bald lebte er zu Opoa, bildete sich selbst sein Weib, und seine Kinder wurden die Stammeltern der Menschen, bald wird von zwei Tii's erzählt, die zu Opoa menschliche Leiber annahmen und die Inseln bevölkerten, die vorher nur von Göttern bewohnt gewesen: Tii maaraa uta (sich ausbreitend über das Land) und Tii maaraa tai (sich ausbreitend über das Meer). Aber die Meinung ging, dass Tii und Taaroa ein und dasselbe Wesen seien, nur dass der Letzte im Po, der Erste im Ao wohne. Auch versicherten Einige wie von Taarao, Tii sei ein Mensch gewesen, der nach seinem Tode noch fortlebend gedacht und bei seinem Namen genannt worden sei, woher die Geister der Verstorbenen diese Benennung erhalten hätten. Die vollständigste Tradition hat Barff aufgespürt. Nach ihr war der Mensch die fünfte Klasse von Wesen, die Taaroa und Hina erschufen, das Rahu taata i te ao ia Tii (das Menschenreich an dem Lichtorte durch Tii). Hina[1]) sprach zu Taaroa: „Was soll geschehen? Wie soll man den Menschen erhalten? Siehe! Geordnet sind die Götter des Po, aber es giebt keine Menschen.“ Taaroa antwortete: Gehe in's Land zu Deinem Bruder! Sie sprach: Ich bin im Lande gewesen; er ist nicht da. Der Gott sagte: Geh' nach der See, vielleicht ist er da. — Wer ist auf der See? — Tii maaraa tai. — Wer ist Tii maaraa tai? Ist er ein Mensch? — Er ist ein Mensch und Dein Bruder. Als die Göttin gegangen, überlegte Taaroa, wie er den Menschen bilden sollte; er begab sich an's Land und nahm die Gestalt des Menschen an. Hina kommt zurück von der See, kennt den Gott nicht und fragt: „Wer bist Du?“ — „Ich bin Tii maaraa tai“ — „Wo bist Du gewesen? Ich habe Dich hier gesucht, und Du warst nicht da; ich ging auf's Meer, zu schauen nach Tii maaraa tai, und er war nicht da.“ — „Ich bin hier gewesen in meiner Wohnung, und siehe, Du bist da, meine Schwester komm zu mir!“ „So ist es,“ sprach Hina, „Du bist mein Bruder; lass uns zusammenleben!“ Sie wurden Mann und Weib, und Hina gebar einen Sohn, den sie Tii nannte, danach eine Tochter, die sie ihm zum Weibe gab. Der Sohn dieser Beiden war Taata (der Ausdruck für Mensch durch das ganze verwandte Polynesien); Hina, seine Grossmutter, verwandelte sich in ein schönes junges Weib für ihn, und ihre Kinder wurden die Stammeltern des tahitischen Geschlechts. Auf Huahine nannte man auch den ersten Menschen konsequenter Weise Tane.

An die Nachtgebornen schloss sich eine grosse Zahl allgemein verehrter niederer Gottheiten. Zuerst erwähnt Ellis eine Klasse, die als gottgewordene Menschen angebetet wurden, ohne mehr als 9 Namen hinzuzufügen, an der Spitze den Gott Roo. Dann folgen die Beschützer der Elemente und Beschäftigungen.

Gegen 20 Götter regierten das Meer; unter ihnen ragen Tuaraatai und Ruahatu hervor, die Atua mao oder Haifischgötter genannt, weil sie sich des grossen blauen Haies als Werkzeugs ihrer Rache bedienten Die Ungethüme wurden mit Fischen und Schweinen häufig gefüttert; so gewöhnten sie sich ihren Marae's an der Küste zu gewissen Zeiten zu nahen, und die Eingebornen konnten versichern, dass sie, den Priester des Gottes stets erkennend, auf sein Geheiss herbeikämen und sich entfernten. Doch fügte man auch hinzu, dass sie denselben im Fall eines Schiffbruchs verschonten und unter der übrigen Mannschaft zuerst die verschlängen, die dem Seegott nicht Opfer brächten. Ja ein früherer Priester von einem solchen Atua-mao behauptete gegen Ellis: ein Hai habe seinen Vater einst von Raiatea nach Huahine auf dem Rücken getragen. An der Küste von Huahine soll einst ein Hai aus dem Sand sich hervorgewühlt haben: ein Marae wurde sogleich an der Stelle errichtet; ein zweites Thier zog mit der Fluth in den Tempel ein, und liess es sich, bespült von dem Meere und umgeben von reichlichen Opfern, eine Zeit lang dort behagen. Ein berühmter Seegott war auch Hiro, ursprünglich ein kühner und gewandter Raiateer, der sich durch Seeabenteuer hervorgethan, und noch so neuerlich unter die Schaar erhoben, dass sein Schädel bis zur Zerstörung des Heidenthums zu Opoa gezeigt wurde. Romantische Erzählungen gingen über seine Reisen und Thaten, seinen Kampf mit den

---

[1]) Aehnlich stellt (am Camerun) die weibliche Gottheit das Verlangen an Abassi.

Göttern der Winde, sein Ruhen auf dem Grunde des Meeres, seinen Verkehr mit den Ungeheuern der Tiefe, die ihn in Schlaf lullten, während der Sturmesgott seine Anhänger im Schiff bedrohte. Sie rufen zu ihm; ein verbündeter Geist stört ihn auf vom Schlummer; er erscheint auf der Fläche und bewältigt den Sturm. Besonders auf den westlichen Inseln lebte sein Gedächtniss. Eine Felsengruppe auf Tahaa wurde Hiro's Hunde genannt, ein Bergrücken sein Schiff, und ein grosser Basaltpfeiler auf Huahine hiess sein Ruder.

Unter den Luftgöttern, die oft unter der Gestalt eines Vogels verehrt wurden, stehen obenan Veromatautoru und Tairibu, Bruder und Schwester unter Taaroa's Kindern, die in der Nähe des Felsens, der die Welt trug, wohnten. Mit Stürmen und Ungewittern bestraften sie jede Vernachlässigung; Geschenke von den Reisenden oder ihren Freunden am Lande besänftigen sie wieder, die wiederholt werden mussten, wenn die erste Gabe Nichts fruchtete. Auch um Erregung von Orkanen rief man sie an, wenn eine feindliche Flotte im Anzuge war, doch mit weniger sicherem Erfolge. Und noch heute glauben viele Insulaner, böse Geister hätten ehedem Macht über die Winde gehabt, da seit der allgemeinen Bekehrung nie so furchtbare Stürme gewüthet wie früher. Belebt mit höheren Wesen war auch die obere Luftregion. Alle Himmelskörper betrachtete man oft als Götter; wenn sich Sonne oder Mond verfinsterten, so hatte ein beleidigter Dämon sie verschlungen, und durch reiche Gaben ward er vermocht, das Gestirn wieder aus sich zu entlassen. Ein hell leuchtendes Meteor, das die Missionäre am 22. August 1800 in dem Zuge von Nordost nach Südwest einige Sekunden lang beobachteten und für einen Kometen hielten, wurde von den Eingebornen sogleich als Einer ihrer grossen Götter ausgegeben.

Von den Schützern der Berge, Thäler, Abgründe und Klüfte haben die Missionäre 12 Namen aufgezeichnet; ausserdem war jede auffallende Naturbildung mit Dichtungen himmlischer Wirksamkeit umwoben. Eine Oeffnung im Felsen bei Afarcaitu, 8 F. im Durchmesser, aber von der Küste wie die Spur einer Kanonenkugel erscheinend, hatte der Speer in dem Arme eines höheren Wesens gebohrt. Der grosse Berg, der Talu-Hafen von Cooks-Hafen trennt, und nur durch einen schmalen Isthmus mit der Insel zusammenhängt, soll früher mit dem Hauptgebirge vereint gewesen sein. In einer Nacht hätten die Geister, die im Finstern wirken, ihn nach der östlichen Gruppe tragen wollen, aber der Morgen habe sie bei der Arbeit überrascht. [Java.]

Den Schluss machten die Wesen, die den einzelnen Beschäftigungen vorstanden. Besondere Götter sandten die Wanderfische zu den bestimmten Zeiten nach der Küste; besondere Götter riefen die Fischer an, wenn sie Netze strickten, ehe sie das Kanot gleiten liessen, und während sie arbeiteten auf dem Meer. Ebenso hatten die Landwirthe, die Zimmerer, die Haus- und Kanotbauer und alle übrigen Holzarbeiter, die Dachdecker, besonders die die Firstenecken sicherten, eigne Patrone ihrer Kunst. Ein Gott der Zeugbereitung wird nicht erwähnt, vielleicht weil dies das Geschäft der Frauen war. Auch über den Spielen wachten 5—6 Götter, selbst über die einzelnen Laster und Verbrechen, unter ihrer Zahl Hera als Gott der Beschwörungen und Hiro, der Meeresgott, zugleich als Schützer der Diebe. Häuptlinge sogar entblödeten sich nicht, ihn anzurufen auf heimlichen Zügen, die in der 17,, 18. und 19. Nacht des Monats, wo die Geister auch wandern sollten, am günstigsten ausfielen. Doch muss das Ansehen dieses Gottes gegen die Furcht vor den höheren Göttern sehr zurückgestanden haben; denn von dem gestohlnen Schweine ward ihm oft nur ein Theil des Schwanzes geopfert mit den Worten: Hier, guter Hiro, ist ein Stück von dem Schwein; sag's nicht weiter! Derselbe beschützte auch Trug, Mord und Wollust, so wie den Raub zur See und die geschickte Führung des Bootes. Zu den wohlthätigsten Göttern gehörten vier, welche die bösen Geister austrieben und von Exorzisten für den Gegenzauber angerufen wurden, so wie drei andere, die den Heilmitteln Erfolg gaben.

Die Liste, welche die Missionäre von allen öffentlich verehrten Gottheiten gesammelt haben, enthält nahe an 100 Namen. Unzählig aber sind die Schutzgötter, die jede Familie von irgend einem Ansehen und Alter besonders beschirmten. Wenn auch gelegentlich Schutzgottheiten aus der Klasse der obersten Wesen erwähnt werden, in der Regel waren dies die Oromatua's, die man mit sorgfaltigem Kultus feierte, mehr um ihr Wiedererscheinen in Träumen und Besitznehmungen und ihren leicht erregten verderblichen Zorn zu verhüten, als ihre direkte Gunst sich zu sichern. Von Huahine erwähnt Ellis drei dieser Geister namentlich, die allgemeiner Aufmerksamkeit scheinen genossen zu haben."

(Fortsetzung folgt.)

Funde und Fundorte von Resten aus vorhistorischer Zeit in der Umgegend von Müncheberg, Mark Brandenburg.

Bei dem oft unmerkbaren Uebergang einer Periode in die andere, und der meistens schon gründlich ausgeführten Zerstörung der Denkmale aus denselben hält es schwer, die Funde genau nach der Zeit ihrer Entstehung und ihren Urhebern einzutheilen. Eine gründliche Sichtung nach dieser Seite hin wird wohl erst dann möglich sein, wenn aus allen Theilen des Landes zuverlässige Berichte eingegangen sein werden, und eine Vergleichung der Funde stattgefunden haben wird.

Es wird desshalb, und da eine allgemein anerkannte Terminologie noch nicht eingeführt ist, nicht gut möglich sein, in der folgenden nach dem gegebenen Schema versuchten Zusammenstellung Wiederholungen zu vermeiden. Der Vollständigkeit wegen sind in dieses Verzeichniss aber nicht nur diejenigen Funde aufgenommen, welche von uns selbst an Ort und Stelle festgestellt sind, und somit als zuverlässig bezeichnet werden können, sondern auch diejenigen, welche sonst zu unserer Kenntniss gekommen sind.

Wenn in dieses Verzeichniss nur die vorgeschichtlichen (heidnischen) Alterthümer aufgenommen werden sollen, so muss bemerkt werden, dass für unsere Gegend der Anfang specieller historischer Nachrichten kaum mit dem Beginn des 12. Jahrhunderts zusammentrifft, während in Mittel- und Süd-Deutschland dieser Zeitpunkt schon Jahrhunderte vorher eintrat. Trotzdem lässt sich annehmen, dass die hiesigen Einwohner schon Vieles ihrer kultivirteren Nachbarn angenommen hatten, dass dadurch aber eine schwer zu lösende Vermischung in den Resten dieser Zeit stattgefunden haben wird.

I. Reste aus vorgeschichtlicher (heidnischer) Zeit.

a. Wohnstätten.

Man könnte zwar annehmen, dass da, wo Gräber, Artefacte in grösserer Menge u. s. w. gefunden würden, auch menschliche Wohnstätten gewesen sein müssten, doch würden unter den hier zu erwähnenden wohl nur solche Stellen zu verstehen sein, welche noch unzweifelhaft sich als Wohnstätten selbst documentiren, und deren giebt es hier nur wenige.

1. Unsere Stadt Müncheberg selbst, welche erst im Jahre 1232 unter diesem Namen erscheint, und urkundlich erst in Folge der im Jahre 1224 vom Herzog Heinrich dem Bärtigen dem Kloster Leubus und Trebnitz in

Schlesien gemachten Schenkung von 400 Hufen wüsten Landes in hiesiger Gegend gegründet wurde, bietet Funde dar, welche auf eine vor dieser Zeit schon vorhanden gewesene Ansiedelung schliessen lassen. Die gegenwärtige Stadt liegt auf einem Lehmhügel, welcher nach drei Seiten hin von niedrigen sumpfigen Wiesen und Seen umschlossen gewesen ist, und nur nach Nordwesten hin mit dem Festland zusammenhing. Dieser Zusammenhang wurde durch die Anlage eines künstlichen Grabens unterbrochen. Der dadurch abgeschlossene Theil bestand eigentlich aus zwei Lehmhügeln durch moorige Wiesen und Wasser getrennt. Gegenwärtig ist diese Trennung vollständig ausgeglichen. Bei Neubauten, welche mit tiefergehenden Fundamenten als die früheren Holzhäuser versehen werden müssen, finden sich nun in dieser Gegend 8—12 Fuss tief unter dem jetzigen Strassenpflaster eigenthümliche in den früheren Moorgrund gelegte Bauwerke, Packbauten, indem Balken, eichene, kieferne, birkene etc. quer übereinander gelegt mit Steinen beschwert in den Moorgrund gesenkt sind, auf denen dann wieder stehende kurze Balken errichtet waren. Die Tiefe dieser Bauten ist nach dem Terrain sehr verschieden. Es kommen Tiefen von mehr als 20 Fuss vor. Zwischen diesen Balken fanden sich verschiedene Geräthe aus Holz, aus Eisen, Scherben, namentlich viel Lederabfälle, wie aus der Werkstatt eines Schusters, Trümmer eines steinernen Mörsers, Knochen vom Rind, Ziege, Schaf, Hund, vor. Dicke Lagen von Lehm schienen vom eingestürzten Dach herzurühren. Der umgebende Moorboden enthielt vielerlei Sämereien, ganze Lagen von Moos, vielleicht vom Dach oder von den Wänden herrührend, namentlich in Schichten viel Stengel von Asplenium adianthum nigrum, welche das Ansehen von Pferdehaaren boten. Dabei fanden sich Schuppen und Gräten von Fischen, Puppen von Fliegen und andern Insecten in grosser Menge. Leider kann man diese Bauten nicht weiter verfolgen, da sie unter den Häusern der Stadt fortlaufen. In Folge der Erbauung von Häusern ist es öfters auch vorgekommen, dass eine Vermischung dieser alten Schicht mit Gegenständen neuerer Zeit herbeigeführt wurde, und ist desshalb Vorsicht gerathen.

2. Eine andere Wohnstätte ist bei der Windmühle bei Platiko gefunden, in Betreff deren ich mich auf meinen Bericht in der Zeitschrift für Ethnologie v. 1873 beziehe,

3. Im Scharmützelsee bei Buckow findet sich ein Pfahlwerk, bestehend aus eichenen oben und unten zugespitzten Pfählen, welche eine Bewehrung bilden, und somit wohl als Anzeichen einer menschlichen Wohnung gelten können. (Vgl. meinen Bericht im Anzeiger für Kunde deutscher Vorzeit. Nürnberg 7. Bd. 1860, S. 442).

4. Bei Seelow, näher kann ich den Ort für jetzt nicht bezeichnen, wurden vor mehreren Jahren Broncecelte, Broncesicheln (Knopfsicheln) und Bruchstücke derselben, und rohe Klumpen Bronceerz gefunden, welches auf eine Giessstätte schliessen lässt. Formen sind hier nicht entdeckt.

5. Inwiefern auch sog. Schanzen, Ringwälle, Schlösser und Burgen hier

hergehören, stelle ich anheim. Ich will nur bemerken, dass ich den sogenannten
Schlossberg bei der Liebenberger Mühle, der offenbar auch die Merkmale eines
Wohnplatzes, und vielleicht einer Töpferwerkstätte bietet, unter die Befestigungen
gerechnet habe.

b. Wirthschaftsabfälle.

Anhäufungen von Küchenabfällen, von Thierknochen, Urnenscherben u. s. w.
lassen immer Wohnungen oder Werkstätten vermuthen, und sind bei diesen
berücksichtigt.

Massen von Knochen, zum Theil gespalten, finden sich 1) im Müncheberger
Moorbau, 2) bei der Platkower Mühle, 3) auf der Däberschanze (vergleiche
Zeitschrift für Ethnologie 1870), 4) im Gutsgarten von Jahnsfelde (zerschlagene
Schweineknochen), 5) auf dem Schlossberg bei Liebenberg (gespaltene
Knochen, Hirschgeweih).

Verbranntes Getreide (Hirse) ist bei Platkow gefunden. Nüsse (Hasel)
fanden sich in Müncheberg. Hörner von Ziegen in Menge, Hirschgeweihe
in Müncheberg.

Die grosse Menge Scherben auf dem Schlossberg bei Liebenberg, welche
sich durch schwarze oder graue Farbe, grosse Festigkeit auszeichnen, aber
meist beim Brennen sich verzogen haben, gebrannte Lehmklumpen mit Stroh-
abdrücken lassen hier eine Töpferwerkstatt vermuthen, wie die grosse Menge
von Lederabgängen in Müncheberg eine Schusterwerkstatt.

c. Geräthschaften.

Steingeräth ist vielfach gefunden; als:

1. Handmühlsteine von Granit. Beim Faulen See (Müncheberg) wurde
ein rundlicher Stein mit ringsum eingehauener Kerbe gefunden, der jedenfalls
als Mühlstein hergerichtet werden sollte. Bei Arensdorf — bei Jahnsfelde
(mit Urnen), Schweineknochen, Eisen) — bei Behlendorf — am Wermelinsee
bei Worin — beim Schützenhaus in Seelow — an der Däberschanze — alle
diese Steine sind aus gröberem oder feinerem Granit, theils wohl erhalten,
theils beschädigt, d. h. gesprungen.

2. Steinäxte oder Beile mit Löchern wurden nur einzeln auf dem Feld
gefunden: Bei Wüste-Sieversdorf (mit auf beiden Seiten angefangenem
konischen Loch) bei Schlagenthin (halb. Beim gerade durchgehenden Loch
zerbrochen.) — Schoenfelde — Hermersdorf (halb.) Jahnsfelde (lang, spitz,
verwittert) — Chörlsdorf (Amazonenform, schön von Granit) — Mühle bei
Platkow (unregelmässig) — Hasenfelde (unvollendetes Beil, noch ohne Loch,
verwittert).

3. Steinkeile, ebenfalls meist vereinzelt gefunden. Elisenhof (Müncheberg.
Serpentin, geglättet) — Eichendorfer Mühle in der Kiesgrube (Feuerstein-
meissel, schön geglättet) — Platkow — 2 Stück Serpentin) — Seelow (Feuersteinkeil, welcher noch in einem Knochen gesteckt haben soll). — Sinzzig,
1 Meile südöstlich von Cüstrin (hier sollen in einem Steinkistengrab neben
fünf Skeletten fünf Steinkeile gefunden sein).

4. Verschiedene Steingeräthe. In einem der Werderschen Kegelgräber fand ich eine roh bearbeitete K u g e l aus rothem Granit. Eine andere kleinere daselbst gefundene ist glatt und einem gewöhnlichen Rollstein gleich. Auch bei Werbig wurde eine gut bearbeitete S t e i n k u g e l gefunden. Im Obersdorfer Torfbruch fand sich ein an beiden Enden zugespitzter flacher Feuerstein, 5″ lang, einer Speerspitze ähnlich. — Im Steinkistengrab bei Tempelberg wurde ein zum Schleifen von Steingeräthen benutzter sehr harter Sandstein gefunden. — Verschiedene S c h l e i f s t e i n e fanden sich bei der Platkower Mühle, ein ähnlicher auf der Däberschanze im kohlenhaltigen Erdreich. — Bei Müncheberg ist ein Netzsenker aus Kalkstein mit rundem, sehr glattem Loch gefunden. — S p i n n w ö r t e l oder S p i n d e l s t e i n e von Stein und Thon werden in der Gegend viel gefunden; da aber bis in's späte Mittelalter, vielleicht bis in die Neuzeit noch viel mit der Spindel gesponnen wurde (einzelne Schäfer benutzen sie heute noch), so lässt sich von den einzeln gefundenen schwer ihre Herkunft und ihr Alter feststellen. Andere diesem Geräth ganz ähnliche Steine sind unter Umständen gefunden, welche ihre Benutzung zum Spinnen ausschliessen, und möchten solche mehr als P e r l e n zum Schmuck gelten können. Dergleichen unzweifelhaft vorhistorische Steinperlen wurden bei der Platkower Mühle, bei Seelow und beim Bahnhof Müncheberg gefunden; sie sind desshalb bemerkenswerth, weil die beiden ersten fast ganz gleich sind, alle aber in den Verzierungen übereinstimmen. — Auf dem Schlossberg bei Liebenberg fand ich einen jedenfalls zum Feuerschlagen benutzten Feuerstein. — Bei Platkow fanden sich kleine Versteinerungen in Ringform, welche offenbar als Schmuck benutzt wurden, da sich ähnliche kleine Glasringe dabei fanden. In den Müncheberger Moorbauten fand sich ein steinerner Mörser aus Kalkstein, mit Verzierungen und einem wohl als Henkel benutzten rohen Gesicht, ferner ein Stein mit mehreren unregelmässig stehenden konischen Löchern, welche nicht durchgehen, und wenn sie nicht als Versuche gelten sollen, vielleicht zum Feueranmachen gedient haben. (Steinformen siehe Bronze.)

5. Bearbeitete Knochen- und Horngeräthe haben sich bisher nur gefunden: auf der Däberschanze und bei Platkow; hier waren es besonders zu Pfriemen hergerichtete Rehgehörne und Beinknochen. Ein Beinknochen zeigt zwei Löcher neben einander in seiner Mitte durchgebohrt, andere Knochen und Gehörne die Spuren der Säge und des Messers. — Eine bei der Arnsdorfer Schanze gefundene Hirschgeweihkrone mit Schädelstück zeigt die Hiebe, mit denen das Geweih abgeschlagen wurde. Im Müncheberger Moorboden fanden sich abgesägte Spitzen von Hirschgeweihen. — Im rothen Luch wurde 4½ Fuss tief im Torfmoor ein knöcherner, schwarz gebeizter Pfeil gefunden, welcher in dem Halswirbel eines menschlichen Skeletts steckte. Leider ist der Schädel wieder weggeworfen.

6. Broncegeräthe. B r o n c e c e l t e : auf dem Jacob'schen Feld in Schoenfelde, zwei mit sehr schöner Patina beim Pflügen gefunden. — Auf dem

Werder bei Buckow beim Abgraben eines Weges drei Stück.. Keines von diesen ist aus ein und derselben Form hervorgegangen. Im Torfmoore des rothen Luches ein Broncecelt ohne alle Patina, dessen Schneide gehämmert erscheint. Bei Seelow wurden Broncecelte mit breiter Schneide (Paalstäbe), viele Bruchstücke von Knopfsicheln und rohe Bronce-Klumpen (Erzkuchen) gefunden, so dass man hier auf eine Giessstätte schliessen könnte. Giess- formen fanden sich nicht hier, wohl aber bei Buckow (3 Meilen davon) fünf steinerne Formen aus Glimmerschiefer, deren je zwei zusammengehören und die Gussformen zu 4 Messern und einem Meissel, sowie zu einem Sichelmesser oder Knopfsichel enthalten. Zwei dieser Formen waren zerbrochen und sind mit Bronceklammern wieder zusammengebracht. (Vergl. meinen Bericht im Anzeiger für Kunde deutscher Vorzeit 1867 S. 33.) Eine andere Form aus Stein zum Guss von Amuletten oder Münzen, Zierrathen mit runenartigen Characteren ist auf dem Begräbnissplatz bei Philippinenhof (Müncheberg) gefunden.

Am Eichwall beim Kloppiksee fand man beim Verbreitern eines Weges fünf mit Patina überzogene zusammenhängende Ringe, nicht tief in der Erde. Bei einer Urne des Begräbnissplatzes bei Philippinenhof fand ich zwei bronzene Perlen und den Rest eines in der Grösse eines Fingerringes gewundenen spi- ralförmigen Ringes. — Kleine Broncestückchen, Reste von Zierrathen, wurden gefunden: in der Vorhaide mit Urnenscherben und gebrannten Knochen, in einem früheren Kegelgrabe (?). Bei Münchehofe, vor Müncheberg bei Anlage eines Kanales, 10 Fuss tief. Eine Broncefibel bei Münchehofe, eine Knopf- icbel bei Alt-Rosenthal.

Ob ein in Dahmsdorf tief in der Erde gefundener Broncekessel, ein ähn- licher und mehrere Füsse eines solchen im Baugrund eines Müncheberger Hauses in Berührung mit den Moorbauten, so wie eine Blattangel von Bronce bei Buckow gefunden, hier hergehören, mag dahingestellt bleiben. In der alten Ansiedelung bei Platkow wurden gefunden: zwei hohle Ohrringe, einer am Schädel eines Skelettes, eine Dolchspitze mit Nieten oder Gürtelzunge in dessen Nähe, der Rest einer Broncenadel mit Kopf, und eine Broncenäh- nadel, unsern Stopfnadeln gleich.

Bei dem Funde am Bahnhof fand sich auch eine Bronceschnalle mit eiserner Stange und eisernem Dorn.

Ein ausgezeichneter Fund von Broncegeräthen wurde bei Göritz (Reit- wein gegenüber) in der Nähe der Dommühlen gemacht. Dort fanden sich in flacher Erde: eine ganze Reihe broncener Fibeln, eine solche von Eisen, zwei von Silber, ein Broncegefäss in Krugform mit kleeblattförmiger Hals- öffnung, Reste eines anderen grösseren Broncegefässes, Stiel und Fuss eines solchen, eine schöne Bronceschnalle, eine Kasserole von Bronce, am Boden mit gedrehten Ringen, verziert mit Griff, ein eisernes Scheermesser, Urnen aus Scherben. Zwei in einander gedrückte, offenbar starkem Feuer ausgesetzt gewesene ähnliche Kasserolen gehören jedenfalls auch zu diesem Fund. Ich möchte diese Gegenstände für römische oder wie man jetzt annimmt, etrurische Erzeugnisse ansprechen, und bemerke, dass eine ganz ähnliche Kasserole auch bei Frankfurt a. O. (hinter der Lebuser Vorstadt) mit Sporen etc. gefunden wurde (Eigenthümer Herr Ober-Reichs-Handels-Gerichtsrath Langerhanns in Leipzig).

7. Eisen findet sich in vielen Grabstellen und Niederlassungen, so dass Fälle, wo dies nicht vorkäme, zu den Ausnahmen gehören. (Bei Platkow wurde bis jetzt noch kein Eisen gefunden.) Es fand sich: auf dem Begräbnissplatz bei Philippinenhof (Fibel), bei Jahnsfelde (Fibel mit Scherben, Mühlstein, Knochen), auf der Däberschanze, Elisenhof (Schabeisen (?) mit Urne), Schlossberg bei Liebenberg (Axtöse, Hufeisen, Messer), Hermersdorfer Haide (Ring, Splint, Hufeisen, zwei Nägel, Messerklinge, Beschlag), Moorbauten von Müncheberg (Nägel, Beschläge, Trense, Hufeisen, Pfriemen), Bahnhof Müncheberg (Speer mit in Silber eingelegter Runenschrift, ein zweiter Speer, drei Schildbuckel, Schildnägel und Beschläge. Siehe Anzeiger für Kunde deutscher Vorzeit 1869), Göritz (Fibel, Scheermesser), Hoppegarten (Scheeren im Sumpfe). Vereinzelt ist noch manches Stück, namentlich Aexte, Beile, Hufeisen, Scheeren eher gefunden, doch lässt sich nicht nachweisen, dass diese Funde aus vorgeschichtlicher Zeit stammen.

8. Funde an edeln Metallen ausser den silbernen Fibeln in Göritz sind mir nicht bekannt. Vor Jahren soll bei der Jahnsfelder Windmühle ein goldener Ring gefunden worden sein, der in den Besitz Sr. Maj. des Königs gekommen wäre.

9. Münzfunde aus vorhistorischer Zeit: Bei Eggersdorf eine silberne Münze von Nerva Trajan. Bei Behlendorf (Grube Franka) eine Kupfermünze von Antonius Commodus. Bei Platkow eine Goldmünze Numerians. Mittelalterliche Bracteaten-Funde kommen öfters vor: in Arnsdorf ein Topf mit mehreren tausend Stück, einzelne in der Nähe des Schlossberges bei Liebenberg; bei Alt-Rosenthal lag auf der Brust eines Skeletts über dem gothischen Griff eines eisernen Schlüssels ein Prager Groschen und ein Bracteat Friedrichs I. von Brandenburg.

10. Glasfabrikate fanden sich: am Bahnhof eine lange grünliche Glasperle gerippt, bei Platkow ein kleines Ringelchen von grünem Glas. Glas in den Müncheberger Moorbauten ist sehr zweifelhaft.

11. Holzgeräthe fanden sich in den Müncheberger Moorbauten: Schüsseln, Kugeln, Quirle (abgebrannt) etc., im Torfmoor bei Hoppegarten eine Falle von Eichenholz, der im Berliner Museum aufgestellten ganz gleich.

12. Lederreste sind nur in den Müncheberger Moorbauten gefunden und zwar von Schuhen, Sohlen, Rändern, Abschnitzel, oft noch mit Haaren versehen.

13. Die am häufigsten vorkommenden Zeichen vorhistorischer Cultur sind die Urnen und sonstigen Thongefässe und die Scherben von solchen. Sie zeichnen sich, wenn auch zerstreut auf dem Acker gelegen, durch ihr Material und ihre Bearbeitung aus, und sind leicht von Erzeugnissen späterer Zeiten

zu unterscheiden. Es kommen gröbere mit viel zerschlagenem Granit und Glimmer gemengte, daher rauhe und zerbrechliche Gefässe, meist aus freier Hand geformt, neben feineren auf der Drehscheibe hergestellten, oft mit Buckeln, Zierrathen etc. versehenen Gefässen vor; es finden sich auch Gefässe von zwar roher Arbeit, aber festem Material (z. B. Schlossberg, Müncheberg). Zumeist sind die noch ganz gefundenen Beigefässe der Grabstätten, andere sind mit Asche und gebrannten Knochen gefüllt, selten kommen solche vor, welche zum Wirthschaftsgebrauch gedient haben (Platkow) mit Getreide gefüllt. In den meisten Fällen befinden und befanden sich diese Thongefässe so flach unter der Erde, dass sie schon vor langer Zeit durch den Pflug zerdrückt und zertrümmert wurden, ihre Scherben an der Oberfläche des Ackers aber von ihrem einstigen Standort Kunde geben. Selbst da, wo sich die Gefässe in sogenannten Kegelgräbern fanden, sind sie meistens zerstört, weil man die Hügel behufs Herausnahme der Steine zu Bauten abtrug ohne die Urnen zu beachten, diese wohl gar absichtlich zerschlug. Bemerkenswerth ist aber der Umstand, dass die Gräber meistens in dem schlechtesten Sandboden angelegt gewesen sind, und dass sich gerade hierdurch ihre Erhaltung erklärt, indem dieser schlechte Boden erst in neuester Zeit mit in die Cultur gezogen ist, bis dahin aber unberührt liegen blieb. In dem folgenden Verzeichniss der Fundorte sind nur solche aufgenommen, an denen ich selbst mich von dem Vorhandensein der Scherben überzeugt habe und wo sie in grösserer Menge gefunden werden, oder von denen ganze Gefässe vorhanden sind. Arnsdorf (Schanze, Falkentanz, Pfarracker, und östlich v. A.) Behlendorf, Bergschäferei, Buckow (Werder, weisse See), Cüstrin (Bahnhof der kurzen Vorstadt), Dahmsdorf (Bahnhof Müncheberg, Steinberge), Däberschanze, Eichendorfer Mühle, Gerzin; Göritz, Gusow, Hasenfelde, Hermersdorfer·Haide, Jahnsfelde, Lossow, Müncheberg (faule See, Philippinenhof, Schutze, Malzdorf, Elisenhof, Vorhaide), Neu-Hardenberg (Nonnenwinkel), Pilgram, Platkow, Reitwein (Stallberg), Liebenberg (Schlossberg)., Schlagentin (Insel), Tempelberg, Woorin (Wermelinsee), Werder, Alte Mühle.

d. Befestigungen.

Zu den äusserlich noch erkennbaren festen Plätzen vorgeschichtlicher Zeit gehören in unserer Gegend:

1. Die Däberschanze zwischen Müncheberg und Buckow (vergl. Zeitschrift für Ethnologie, 1870).

2. Die Schanze bei Arensdorf, noch kenntlich als ein in Wiesen gelegenes, sich 8 bis 10 Fuss hoch aus ihnen sich erhebendes Plateau von etwa 100 Schritt Durchmesser rund, der frühere Wall ist in die Wiese abgetragen und war früher mit alten Eichen bestanden.

3. Eine ähnliche Schanze bei der Nadlitzer Mühle.

4. Der Burgwall bei Lossow an der steilen Wand noch in dem westlichen Wall erhalten.

Ausserdem könnte man noch das Pfahlwerk im Scharmützelsee bei Buckow hierherrechnen, da es doch eine Bewehrung bildet.

Ausser diesen als Befestigungen früherer Zeit noch erkennbaren Werken gibt es noch mehrere Orte, deren Namen und Lage ebenfalls auf ihre frühere Eigenschaft als feste Orte schliessen lassen und die mit jenem ein gewisses System der Befestigung des Lebuser Landes erkennen lassen. In dieser Beziehung muss darauf hingewiesen werden, dass das alte Land Lebus (der heutige Kreis mit Ausschluss des Oderbruches) in vorhistorischer Zeit nach Nordosten hin von dem weiten sumpfigen Oderthal begränzt wurde, welches sich von Reitwein ab in südlicher Richtung etwas verengerte, oberhalb Brieskow aber wieder breiter wurde. Nach Süden hin breitete sich das nicht minder geräumige Spreethal aus, welches wahrscheinlich mittelst eines schmaleren Armes bei Mühlrose mit dem Oderthal zusammenhing, bei Fürstenwalde aber sich auf eine kurze Strecke wieder etwas zusammenzog. Von hier aus wird Lebus bekanntlich durch einen schmalen Strich vom Barnim getrennt, welcher schon mehrmals zu dem Project einer Kanalverbindung zwischen Oder und Spree Veranlassung gab. Die Mitte dieses Gränzstriches bildet das rothe Luch, durchschnittlich 1500 Schritt breit und $1\frac{1}{4}$ Meile lang. In der Mitte dieses Luches entspringt der Stobber, welcher in südlicher Richtung in die Löcknitz und mit ihr in die Spree, in nordöstlicher Richtung über Buckow nach der Oder abläuft. Der Landstrich, welchen die Löcknitz durchläuft, ist flach und sumpfig, der Stobber muss anfänglich bis hinter Buckow sich durch festeres Erdreich eine Bahn brechen, fliesst aber unterhalb der Pritzhagener Mühle auch durch ein breiteres Thal und sumpfige Wiesen. Das Lebuser Land erhebt sich nun vom rothen Luch ab die Wasserscheide zwischen Elbe und Oder bildend, immer höher, bis es bei Crossen den höchsten Punkt des Kreises erreicht. Einigemal wird dieser Höhenzug von Senkungen durchschnitten, welche Lücher enthalten und nach beiden Seiten hin kleine Flüsschen entsenden. Der Abfall des Landes nach dem Oderthal hin ist steil und schluchtenreich, nach Süden und Westen hin flacher. Die Uebergänge von Osten und Süden her finden wir nur durch Ringwälle und Schanzen vertheidigt. An der nordöstlichen Spitze liegt der Wallberg bei Reitwein, Göritz und Oetscher gegenüber. Ueber Oetscher findet sich ein Schlossberg und Burgberg und ähnliche Burgwälle. Das Oderthal vom Wallberg bis Oetscher ist etwa $\frac{1}{2}$ Meile breit. Am nächsten kommen sich die Ufer wieder bei Lossow, wo an der steilen Wand eine grosse Schanze angelegt ist. Das Thal ist hier nur etwas über $\frac{1}{4}$ Meile breit. Die Lossower Schanze war aber gleichzeitig gegen Süden hin gerichtet, da unweit von ihr der Müllroser Kanal in die Oder mündet, also hier das Spreegebiet mit dem der Oder zusammentrifft. Weiter nach Westen hin Müllrose gegenüber ist bei Dubrow ein Schanzberg. Das Spreethal ist bei Fürstenwalde etwa $\frac{1}{2}$ Meile breit, und hier war bei Molkenberg eine Schanze. Den Schluss dieser Befestigungen nach Süden hin mag eine solche bei Klein-Wall an der Löcknitz gebildet haben. Nach

dem Barnim hin oder vielmehr von diesem aus gegen Lebus hin waren wahrscheinlich der Schlossberg bei Liebenberg, wo der Stobber in die Löcknitz
fliesst, die Bergschäferei bei Hasenholz solche feste Orte. Nach Nordosten
hin ist mir kein Ort bekannt, der eine Befestigung andeutete. Dagegen
scheinen im Innern des Landes noch Zufluchtsstätten gewesen zu sein, welche
namentlich in durch Wasser geschützten Orten angelegt wurden; dahin gehören die Schanzen bei Arnsdorf und Nadlitzer Mühle, vielleicht auch der
Burgwall bei Falkenhagen, wahrscheinlich auch Müncheberg und endlich die
Däberschanzen.

Von anderen grösseren Befestigungsanlagen, Gräben, Verhauen u. s. w.
in hiesiger Gegend ist mir nichts bekannt geworden.

e. Opferplätze.

Bei Boosen, dem höchsten Punkt des Landes Lebus, scheint ein heiliger
Ort gewesen zu sein, was schon der Name (bozy göttlich, heilig) bezeugt.
Dafür sprechen die vielen hier vorhanden gewesenen Opfersteine (conf.
Bekmann, Beschreibung der Mark Brandenburg), von denen nur noch der
Näpfchenstein beim Vorwerk Numen, und der Raazelstein daselbst übrig ge-
blieben, und die Namen verschiedener Oertlichkeiten als Sacksberg, schwarze
Berg, Teufelsberg, Teufelssee.   •

Ausserdem waren früher noch die von Bekmann beschriebenen Steinkreise auf dem Falkentanz bei Arnsdorf (gerade in der Mitte des Landes
Lebus) vorhanden, welche jetzt gänzlich verschwunden sind. Man findet nur
noch Scherben.

f. Grabstätten.

Spuren heidnischer Gräber finden sich in der ganzen Gegend sehr häufig,
wenn man alle Fundstellen von Scherben alter Thongefässe in grösserer
Menge hierher rechnet. Weniger gelungen ist es bis jetzt, noch ganze Gefässe auszugraben oder zu erhalten. Um von den ältesten Gräbern zu beginnen, so sind zu erwähnen

1. Das Steinkistengrab bei Tempelberg (conf. Zeitschrift für Ethnologie
1872). Ein ganz ähnliches Grab wurde bei Säpzig (1 Meile südöstlich von
Cüstrin am Rande des Wartebruchs) gefunden, in welchem fünf menschliche
Skelette, bei jedem ein Feuersteinkeil, gefunden sein sollen. Bei der Platkower Mühle wurden Skelette frei in der Erde gefunden (Zeitschr. f. Ethnologie 1873), nur ein Stein auf der Brust, mit Broncegeräthen.

2. Kegelgräber fanden sich besonders am Rande des rothen Luches
und bei Pritzhagen (also im Barnim). Auch dieser Rand ist, wie der des
Oderthales, steiler als der gegenüberliegende, und voller Schluchten. Beim
Dorfe Werder, wo sich der Rand erst zu erheben anfängt, zählte ich 27 erkennbare Steinkreise verschiedener Grösse; die Hügel, welche sie umschlossen,
sind zerstört. Ausser Urnenscherben und einem Spielzeug aus Thon, einem
kleinen Brödchen ähnlich, so wie einer roh bearbeiteten Granitkugel (etwa
6″ Durchmesser) und einem kleineren runden Rollstein ist nichts Bemerkens-

werthes, weder Eisen noch Bronce gefunden. Die Scherben sind meist aus rohem Material, der Durchmesser der Kreise ist durchschnittlich 10 Schritt. Eine halbe Meile davon auf demselben Rande liegt die Bergschäferei. Der Bergrand ist hier durch Schluchten sehr zerrissen. Auf einem südlich von der Bergschäferei gelegenen Vorsprung und neben demselben an der Schlucht befinden sich in 2 Gruppen zu je 10 und einem einzelnen 21 Steinkreise, viele kleiner als die Werderschen. Auch hier waren die Hügel schon verschwunden und sind gegenwärtig weder Spuren dieser Steinkreise noch der beiden alten Linden, welche dabei standen, zu sehen. Ein Kegelgrab (Heidengrab) bei Pritzhagen ist ebenfalls verschwunden. Ob auf dem Gräberfeld bei Philippinenhof, wie mir gesagt wurde, ein Kegelgrab gewesen, liess sich nicht mehr feststellen, ebensowenig ob bei Behlendorf befindlich gewesene Steinhaufen, in denen allerdings Scherben auf einem Mühlstein gefunden worden waren, von solchen herrührten. In einem Luch bei Münchehofe könnten einzelne Erhebungen, in denen ich noch Scherben und Broncen fand, von Kegelgräbern herrühren.

3. Die am häufigsten vorkommenden Gräber sind die in flacher Erde verborgenen Wendengräber; sie kommen einzeln und in Massen, nicht aber in besonderer Regelmässigkeit vor. Unter die Massengräber gehören die Gräberfelder von Philippinenhof, ¼ Meile südlich von Müncheberg, (Urnen, Topfgeschirr, Bronce, Eisen, Kohlen, Leichenbrand). Falkentanz bei Arensdorf (vollständige schöne Urnen, Scherben). Däberschanze (Scherben, Eisen, Knochengeräth, Knochen, Kohlen). Neuhardenberg, der Nonnenwinkel (Scherben). Werder bei Buckow (Scherben, Bronce). Einzelne Gräber fanden sich in der Schäferhaide bei Jahnsfelde (Scherben) im Gutsgarten daselbst (Scherben, Knochen, Eisen, Mühlsteine), bei Arnsdorf östlich vom Dorf (vollständige Urnen), in der Hermersdorfer Haide (Thongefässe, Scherben, Eisen, Leichenbrand, Schädel, Kalkmörtel), auf der Insel Schlagentin (Urnen), Insel am Wermelin bei Worin (Scherben, Mühlsteine), Elisenhof ¼ Meile östlich von Müncheberg (Urnenscherben, Eisen), Hasenfelde (Urnen, Scherben), Wetzdorfsloos (Urnen), Schützerloos (Scherben), beide östlich von Müncheberg, Eichendorfer Mühle (Thongefässe, Leichenbrand), Vorheide ¼ Meile westlich von Müncheberg (Scherben, Bronce, Knochen gebrannt), Dahmsdorf, Steinberge (Scherben), Bahnhof von Müncheberg (Scherben, Eisen, Bronce, Glas, Leichenbrand), Garzin (Urnen), Alte Mühle (Scherben), Platkow (Urnen, Scherben, Leichenbrand), ferner in Frankfurt a. O., Pilgram, Biegen (Thongefässe, Leichenbrand). — In den vollständigen Urnen fanden sich in den meisten Fällen gebrannte Knochen. In den meisten Fällen sind die Urnen und Gefässe zwischen Steine gepackt oder um sie herum gestellt gewesen.

g. Thier- und Pflanzenreste.

Abgesehen von den schon bei den Wohnplätzen, Gräbern etc. erwähnten Resten von Thieren und Pflanzen (Jahnsfelde, Däberschanze, Schlossberg, Schanze bei Arensdorf, Müncheberger Moorbauten, Platkow) sind noch ein-

zelne Stücke vorgekommen, welche genannt werden können und im Hoppe-
gartner Torfmoor wurden Reste des Ur's, Schulterblatt, Unterkiefer und Horn
(letzteres im Besitz des Herrn Reichs-Ober-Handels-Gerichtsrath Langerhans
in Leipzig), im Luch bei der Arensdorfer Schanze eine einzelne Stange und
ein vollständiges Geweih eines jungen Elchs, im Luch am Kiesberg $\frac{1}{4}$ Meile
östlich von Müncheberg der Unterkiefer des sus palustris gefunden.

Im Torfluch bei Hoppegarten fand sich auch eine Falle aus Eichenholz,
ganz der aus dem Rhinluch im Königlichen Museum in Berlin gleich, in
den Erbgärten bei Buckow eine Blattangel von Bronce.

II. Sammler, Sammlungen, Literatur.

Nachdem der Unterzeichnete schon vor länger als 25 Jahren angefangen
hatte, Alterthümer der Urzeit zu sammeln, folgte ihm auch der Uhrmacher,
Stadtverordneten-Vorsteher Herr Ahrendts hier. Seitdem aber vor 10 Jahren
hier ein Verein für Heimathskunde in's Leben gerufen wurde, der es sich
ebenfalls zur Aufgabe machte, diese Reste zu sammeln, ist Alles, was gefunden wurde aus der hiesigen Gegend, in die Sammlung des Vereins
gekommen.

Sonst besitzt Herr Rentmeister Wallbaum in Gusow eine ansehnliche
Sammlnng von solchen Alterthümern aus der dortigen Gegend und einige
aus Rügen. Auch der Rittergutsbesitzer Herr von Pfuel in Jahnsfelde hat
Einiges aus der Gegend gesammelt. In Frankfurt a. O. sind in der Bibliothek
und in der Sammlung des historisch-statistischen Vereins Gegenstände vor-
historischer Zeit aus hiesiger Gegend zusammengestellt. Eine schöne reiche
Sammlung solcher Gegenstände hat der Reichs-Ober-Handels-Gerichtsrath
Herr Langerhans in Leipzig.

Die Literatur über Alterthümer hiesiger Gegend ist sehr dürftig. Das
Meiste bringt noch Bekmann, Beschreibung der Mark Brandenburg. In
neuerer Zeit sind im Frankfurter Patriotischen Wochenblatt 1836 No. 7—8,
No. 18, 1843 No. 80—88 einige Nachrichten gegeben. Einiges bringen auch
die Mittheilungen des historisch-statistischen Vereins in Frankfurt a. O. Die
hier vorhandenen Alterthümer aus vorgeschichtlicher Zeit habe ich so gut
wie möglich aufgeführt.

Müncheberg, im Juli 1874.   Kuchenbuch.

Die Skopzensekte in Russland, in ihrer Entstehung, Organisation und Lehre.

Nach den zuverlässigsten Quellen dargestellt.

Im Anfange des Jahres 1869 trat in der russischen Presse eine Nachricht auf, welche im ganzen Reiche ein ungeheueres Aufsehen erregte. Viele waren geneigt, dieselbe als ein Ergebniss des nervösen Jagens der Journalisten nach sensationellen Tagesneuigkeiten zu betrachten; aber bald musste man sich von der Authencität des Mitgetheilten überzeugen. In der im Gouvernement Tarnbow belegenen Stadt Morschansk war ein bis dahin hochangesehener Kaufmann erster Gilde und erblicher Ehrenbürger, Maxim Plotizyn, Besitzer mehrerer Millionen, Ritter des Annenordens und Inhaber mehrerer Medaillen, als Haupt der Skopzensekte [1]) entdeckt und mit vielen Anhängern der Sekte verhaftet worden; in seinem Hause hatte man ein der Sekte gehöriges Kapital von vielen Millionen Rubeln — nach zuverlässigen Quellen waren es 48 Millionen — gefunden. Ehe die weiteren Kreise sich über die Bedeutung dieser Sekte klar geworden, wusste man vor Staunen nicht, was man dazu sagen sollte; aber bald brachten weitere Mittheilungen Licht in die Sache, und man begriff nun, dass das Skopzenthum eine Monstruosität in religiöser, sozialer und politischer Hinsicht ist, gegen welche jede Fiber des Menschen, des Bürgers und des Patrioten sich empören muss. Ein Schrei des Unwillens ging durch ganz Russland, als man erfuhr, dass das Gold und der Fanatismus der Skopzen von sozialistischen und politischen Wühlern zu Emeuten à la Pugatschew hatten benutzt werden sollen, und dass es schliesslich doch den Intriguen der Skopzen gelungen war, die Untersuchung derartig zu lähmen, dass sie ihre Schätze hatten entführen können, von denen nur armselige 500,000 Rubel gleichsam als Schmerzensgeld für die Behörden zurückgelassen worden waren. Offizielle Organe suchten diese Nachrichten zwar abzuschwächen, indem sie dieselben als ungenau bezeichneten und namentlich jeden Zusammenhang der Skopzenangelegenheit mit politischen Umtrieben in Abrede stellten; aber das Publikum liess sich hierdurch nicht beruhigen und folgte mit fieberhafter Spannung dem Fortgange der Untersuchung. Die Aufregung wuchs noch, als weiter bekannt wurde, dass in Moskau ein zweites Skopzennest, das unter der Leitung der Kaufleute Gebrüder Kudrin stand, entdeckt worden war.

Das Resultat der Untersuchung erfuhr das Publikum durch das Urtheil, welches bald darauf das Kriminalgericht in Tambow fällte. Maxim Plotizyn wurde zum Verlust der Bürgerrechte und der Ehrenzeichen und zu lebenslänglicher Verbannung nach einer entfernteren Gegend Sibiriens, wo er unter

---

[1]) Das russische Wort „Skopèz" heisst „ein Verschnittener".

strengster Polizeiaufsicht gehalten werden sollte, verurtheilt. Mutatis mutandis traf eine ähnliche Strafe seine Schwester Tatjana; einige 20 Personen beiderlei Geschlechts wurden wegen Zugehörigkeit zur Sekte der Bürgerrechte beraubt und nach Ostsibirien verbannt; dem Bauern Kusnezow wurde wegen Verstümmelung seiner selbst und 11 anderer Personen noch eine vierjährige Zwangsarbeit auferlegt, und mehrere Angeklagte wurden ab instantia freigesprochen. Die vorgefundenen Summen sollten den rechtmässigen Erben Plotizyns vorbehalten, wegen der verschwundenen Kapitalien aber keine weiteren gerichtlichen Schritte unternommen werden.

Also die kolossalsten Summen waren unwiederbringlich dahin!

Da Plotizyn erblicher Ehrenbürger war, musste das Urtheil dem Senat vorgelegt werden, der dasselbe denn auch am 20. August 1869 bestätigte.

Aehnliche Strafen wurden später auch über die Gebrüder Kudrin und viele andere Mitglieder der Sekte verhängt; denn die Pest hatte sich in den Hauptstädten St. Petersburg und Moskau und auch auf dem platten Lande der gleichnamigen Gouvernements, besonders des ersteren, stark verbreitet.

Dass die ganze Skopzenangelegenheit dazu angethan war, die Aufmerksamkeit des russischen Publikums auf sich zu ziehen, leuchtet ein. Nichts ist lehrreicher für die Menschheit, als der Nachweis, dass das echt menschliche Bedürfniss, an höhere Mächte zu glauben, von ihnen Schutz zu erhalten und sich dieses Schutzes würdig zu machen, durch Unklarheit und Fanatismus zu so wahnsinnigen Verirrungen führen kann, dass der denkende Mensch, der aus dem Gange der Weltereignisse den tröstlichen Glauben an den kontinuirlichen Fortschritt der Menschheit geschöpft hat, muth- und rathlos vor denselben dasteht.

Namentlich dürfte ein solcher Nachweis in der gegenwärtigen Zeit, in welcher ein für das 19. Jahrhundert ganz unbegreiflicher Kampf zwischen Licht und Finsterniss, zwischen dem Streben nach wissenschaftlicher Klarheit und blindem Aberglauben nothwendig geworden ist, um nur die theuersten Errungenschaften unserer Zeit zu wahren, von hohem Nutzen sein.

In diesem Sinne geben wir den Lesern eine kurze Geschichte der besonders in Russland stark verbreiteten Skopzensekte. Sie werden finden, dass sich dieselbe nicht schlechter liest, als ein Sensationsroman von Wilkie Collins, während wir doch nur mittheilen, was als unbestrittene Thatsache den zuverlässigsten Quellen entnommen ist.

Das Eunuchenthum hat seine Heimath in Asien und ist ein Produkt der Vielweiberei und eines menschenverachtenden Despotismus. Auch die Juden kannten Kastraten, und eine Stelle des Propheten Jesaias scheint ein Gefühl des Mitleids mit diesen verachteten Menschen auszudrücken. Es heisst nämlich im 56. Kapitel, Vers 3—6: „Und der Verschnittene soll nicht sagen: Siehe, ich bin ein dürrer Baum. Denn so spricht der Herr zu den Verschnittenen, welche meine Sabbathe halten und erwählen, was mir gefällt, und meinen Bund fest fassen. Ich will ihnen in meinem Hause und in meinen Mauern einen Ort geben und einen besseren Namen, denn den Söhnen und Töchtern; einen ewigen Namen will ich ihnen geben, der nicht vergehen soll."

Als die Römer ihre Herrschaft über Asien ausdehnten, verpflanzten sie von dort mit vielem Anderen auch diese Werkzeuge des Despotismus nach Europa. Verschiedene Eunuchen gelangten sogar durch Gewandtheit, in einzelnen Fällen wohl auch durch ihren wirklichen Werth zu den höchsten Ehrenstellen. So die in der byzantinischen Geschichte bekannten Eunuchen Eutropius, Oberkämmerer des Kaisers Arcadius, Narses, der nach seinen Siegen in Italien sogar kaiserlicher Statthalter daselbst wurde, u. A. Später wurde die Kastration eine politische Massregel, die man als Prophylaxis gegen das unliebsame Prätendententhum der Nachkommen früherer Kaiser anwandte.

Alles das hatte aber noch keine religiöse Bedeutung, obgleich es dazu geeignet war, die Menschheit mit so schnöder Verhöhnung der Naturgesetze bekannt und vertraut zu machen. Der religiöse Grund für die Kastration liegt in der falsch verstandenen Lehre von der Ertödtung des Fleisches, die zu unterstützen sich folgende Bibelstellen hergeben müssen: „Denn es sind etliche verschnitten, die sind aus Mutterleibe also geboren; es sind etliche verschnitten, die von Menschen verschnitten sind; und sind etliche, die sich selbst verschnitten haben, um des Himmelreichs willen. Wer es fassen mag, der fasse es" (Matth. 10, V. 12.). „Ich aber sage euch: Wer ein Weib ansiehet, ihrer zu begehren, der hat schon mit ihr die Ehe gebrochen in seinem Herzen. Aergert dich aber dein rechtes Auge, so reiss es aus und wirf es von dir. Es ist dir besser, dass eines deiner Glieder verderbe und nicht der ganze Leib in die Hölle geworfen werde. Aergert dich deine rechte Hand, so haue sie ab und wirf sie von dir. Es ist dir besser, dass eines deiner Glieder verderbe und nicht der ganze Leib in die Hölle geworfen werde" (Matth. 5, V. 28—30 und die Parallelstellen Matth. 18, V. 8 u. 9 und Marc. 9, V. 43—47.). „Selig sind die Unfruchtbaren und die Leiber, die nicht geboren haben, und die Brüste, die nicht gesäugt haben" (Luc. 23, V. 29.). „So tödtet nun euere Glieder, die auf Erden sind, Hurerei, Unreinigkeit, schändliche Brunst, böse Lust und den Geiz, welcher ist Abgötterei" (Col. 3, V. 5.).

Schon in den ältesten Zeiten der christlichen Kirche fanden sich Fanatiker, welche diese Bibelstellen ganz wörtlich nahmen, sie wurden jedoch verachtet, und nur die Reuigen und an der Verstümmelung selbst Unschuldigen erhielten Aufnahme in den Schooss der Kirche. Von denen, die sich freiwillig verstümmelt, wurde nur Origenes in den Stand der Geistlichen aufgenommen. Die erste Sekte von Verschnittenen stiftete der Araber Valerius (um 250), ein Schüler des Origenes. Die Valerianer breiteten sich trotz der Verfolgung durch die von Konstantin und Justinian erlassenen Gesetze aus, und es ist nicht unwahrscheinlich, dass die von dieser Sekte ausgegangenen Traditionen alle Wirrsale des Mittelalters und der neueren Zeit überlebt haben und, wenn auch in veränderter Gestalt, bis zu den Skopzen unserer Tage führen.

Die ersten Verschnittenen, die in Russland erschienen, waren zwei Metropoliten von Kiew, Johann und Jefrem. Beide waren geborene Griechen und lebten in der zweiten Hälfte des 11. Jahrhunderts. Den ersteren hatte die Fürstin Anna Wssewolodowna im Jahre 1089, aus Griechenland mitgebracht. Die Russen waren aber noch so wenig mit der Erscheinung von Kastraten vertraut, dass sie Johann einen Leichnam (Nawjè, wie es in den Chroniken heisst) nannten. Auch lässt sich nicht nachweisen, dass diese Männer eine Sekte gebildet haben.

Die ersten Gerüchte von dem Bestehen einer solchen Sekte reichen nicht weiter, als bis in den Anfang des vorigen Jahrhunderts hinauf.

Im Jahre 1715 wurden in dem Kreise Uglitsch (im Gouvt. Jarosslaw) einige Ketzer ergriffen, deren Lehren denen der Skopzen ähnlich waren. Im Jahre 1717 ereilte dasselbe Schicksal den ehemaligen Moskauer Strelezen Prokop Lupkin mit 20 Genossen beiderlei Geschlechts, deren Lehrer er gewesen war. Die Untersuchung erwies, dass Lupkin in den geheimen Versammlungen sich selbst Christus und einige seiner Anhänger Apostel genannt und verkündigt hatte, dass die Herrschaft des Antichrists und das Ende der Welt gekommen sei. Ihre Gebete hatten diese Menschen mit Tänzen begleitet, zu denen sie, wie sie annahmen, vom heiligen Geiste angeregt worden waren. Dieser hatte Einigen auch die Gabe des Prophezeiens verliehen.

Eine ähnliche Sekte entdeckte man im Jahre 1733 in Moskau in Folge der Angaben eines eingefangenen Räubers, Namens Ssemèn Karaùlow. Dieselbe bestand aus 78 Personen beider Geschlechter, welche sich zu ihren Andachtsübungen an versteckten Orten versammelt, dann ihre eigenen Gebete gesungen, diese, nachdem sie den Segen ihres Lehrers erhalten, mit Tänzen begleitet, sich zur Ertödtung des Fleisches gegeisselt und prophezeit hatten. Das in der christlichen Kirche sonst übliche Abendmahl hatten diese Sektirer verworfen, aber doch ein solches mit gewöhnlichen Brodstücken bei sich eingeführt. Eine gesetzliche Ehe war bei ihnen strenge verpönt und der Eintritt in die Sekte und die Theilnahme an den Gebeten als Taufe angesehen worden. Jeder Aufgenommene hatte einen Eid, die Geheimnisse der Sekte zu bewahren, leisten und sich zur Beobachtung der äusseren Gebräuche der orthodoxen Kirche verpflichten müssen.

Nach ihren Gebeten, Geisselungen und Tänzen hatten sie die Nächte oft gemeinschaftlich zugebracht und sich dabei allen möglichen heimlichen Ausschweifungen hingegeben, so dass viele Theilnehmerinnen Kinder zur Welt gebracht hatten. Zu dieser Zahl hatte auch eine ihrer Hauptvorsteherinnen, die aus dem Iwanow-Kloster in Moskau ausgestossene Nonne Akulina Iwanowna gehört.

Die Untersuchung ergab, dass bei den Andachtsübungen dieser Menschen zuweilen barbarische Ceremonien stattgefunden hatten. So war bei besonders feierlichen Abendmahlen einem jungen Mädchen die Brust abgeschnitten, in Stücke zerlegt und in diesen den Anwesenden zum Essen dargereicht worden. Ja, es soll mitunter vorgekommen sein, dass ein Knabe geschlachtet und dessen Blut getrunken wurde. In Folge dessen wurden die der Theilnahme an dieser Sekte Ueberführten mit sehr strengen Strafen belegt. Viele wurden hingerichtet, andere mit der Knute bestraft und nach Sibirien verbannt. Unter letzteren befand sich auch die erwähnte Akulina Iwanowna, welche in das Kloster zu Mariä Opfer in Tobolsk geschickt wurde. Diese Person nimmt eine sehr hervorragende Stellung in den Sagen der Sektirer ein, und es wird noch vielfach von ihr die Rede sein.

Es ist nicht festgestellt, ob bei den Anhängern dieser Sekte, welche unter dem Namen der Chlysten (Geissler) bekannt sind, während sie sich selbst Quäker nannten, die Kastration vorgekommen ist; jedenfalls aber ist diese Chlystowschtschina als die Vorstufe des Skopzenthums zu betrachten, aus welcher dieses hervorging, als die Verstümmelung das charakteristische äussere Zeichen der Angehörigkeit wurde. Auf die grossen Unterschiede, die trotzdem zwischen den Lehren der Chlysten und denen der Skopzen bestanden, werden wir noch später zurückkommen.

Die Skopzensekte gewann ihre Ausbreitung und Kräftigung besonders während der Regierung der Kaiserin Katharina II. und des Kaisers Alexander I., wozu besonders das Aufgeben der strengen Massregeln beitrug, die früher gegen diese Ketzer beobachtet wurden. [1]) Die Milde hatte eben

---

[1]) Die Gesetze, welche Peter der Grosse gegen die Sektirer, besonders gegen die als staatsgefährlich anerkannten, erlassen hatte, waren sehr strenge. Die Ketzer wurden mit einer doppelten Steuer belegt, von allen Aemtern ausgeschlossen, durften vor Gericht kein Zeugniss gegen Rechtgläubige ablegen und mussten in einer besonderen Tracht erscheinen. Die eidbrüchigen Ketzer, die nach ihrem Uebertritt zur Orthodoxie wieder der Irrlehre verfallen waren, die Proselytenmacher, Sektenhäupter und diejenigen, welche derartige Personen heimlich beherbergten, erlitten zum grössten Theil die Todesstrafe (Ukase vom 13. Februar 1720 und vom 15. Mai 1722). Die Nachfolger Peters befolgten im Allgemeinen dessen Verordnungen; die Kaiserin Katharina wich jedoch hiervon ab und glaubte, durch Massregeln der Milde besser gegen die sich mehr und mehr ausbreitende Pest wirken zu können Sie hob daher alle das bürgerliche Leben der Sektirer beschränkenden Bestimmungen auf, und nur die Lehrer, Häupter und Proselytenmacher der Skopzensekte wurden mit der Knute bestraft und nach Sibirien verbannt (Ukas vom 2. Juli 1772).

Kaiser Alexander huldigte denselben milden Ansichten; nur die Skopzen wurden etwas strenger behandelt, indem alle Neuverschnittenen und Proselytenmacher ins Militär, die Lehrer und Operateure in die in Sibirien und Grusien stehenden Truppentheile gesteckt wurden (Ukase vom 8. Januar 1807, 9. Oktober 1808 und 4. August 1816). Die längst Verschnittenen liess man ganz unbehelligt und gestattete ihnen sogar freie Uebung ihres Ritus

Unter Kaiser Nikolai I. änderte sich dies vollständig. Die Anhänger der als gemeinschädlich anerkannten Sekten wurden der Berechtigung zur Anstellung im Dienste und zum Empfange von Belohnungen beraubt, ihre Ehen für ungiltig, ihre Kinder für unehelich erklärt. Die Skopzen verloren alle Bürgerrechte und durften sich ohne Erlaubniss nicht von ihren Wohnplätzen entfernen. Alle auf das Sektenwesen bezüglichen Einzelgesetze wurden auf Befehl des Kaisers zu einem systematisch geordneten „Gesetzbuche über Ketzer" zusammengestellt.

keine andern Folgen gehabt, als dass sie dieselben zu dem Glauben veranlasste, ihre Sekte werde besonders begünstigt und beschützt.

Das wichtigste und folgenschwerste Merkmal, welches die Skopzen von allen anderen Sekten unterscheidet und sie gleichsam aus der Reihe der übrigen Menschheit heraushebt, ist unstreitig die Kastration.

In der ersten Zeit des Bestehens der Sekte wurde diese Operation durch Brennen der testiculi mit glühenden Eisen vollzogen, woher sie denn auch den Namen der „Feuertaufe" erhielt. Später wurde sie vermittelst eines scharfen Instruments, eines Messers oder Meissels, durch einen besonders dazu berufenen Meister oder den vorzüglichsten Lehrer bewirkt, nachdem das scrotum mit einem Faden fest umbunden worden. Die Blutung wurde nur durch sehr unvollkommene Mittel, wie Brennen mit glühenden Eisen und einzelne Salben, nie durch Unterbinden der Adern gestillt. Soldaten und Matrosen vollziehen die Operation oft an sich selbst mit einem Messer oder auch mit einer Axt, Gefangene zuweilen sogar mit einem Stücke Glas oder Blech. Diese Art der Verstümmelung nennen die Skopzen „erstes" oder „kleines Siegel", „erste Weisse", „erste Reinheit", „Besteigung des scheckigen Pferdes".

Da aber diese Verstümmelung nach physiologischen Gesetzen den Geschlechtstrieb nicht ganz zerstört und, besonders wenn sie im reiferen Alter erfolgt, die Fähigkeit zum coitus erhalten bleibt, gingen die Fanatiker noch weiter und liessen sich in majorem gloriam auch den penis abschneiden. Dies ist die „volle Taufe", das „zweite" oder „kaiserliche Siegel", die „zweite Weisse" oder „Reinheit", das „Besteigen des weissen Pferdes". Diese Operation wird derartig ausgeführt, dass entweder scrotum und penis zusammen unterbunden und dann mit einem Male abgeschnitten oder mit einer Axt abgehauen werden, oder dass zuerst die Entfernung der testiculi und dann die Abnahme des penis erfolgt. Die Skopzen halten diese letztere Methode für weniger gefährlich. Ausnahmsweise kommt auch die Abnahme des penis allein vor.

Viele der „zweiten Reinheit" Beflissenen tragen zinnerne oder bleierne Pflöckchen mit einem Kopfe in der Harnröhre, theils um das freiwillige Fliessen des Urins, theils um die Verengerung oder das Zuwachsen des Harnkanals nach der Abnahme des penis zu verhindern.

Von den sonst noch entdeckten Variationen der Spezies „Skopze" werden noch die Perewërtyschi genannt, die dadurch verstümmelt worden sind, dass man ihnen in der Kindheit schon die Samenstränge abgedreht und somit den Zusammenhang der testiculi mit dem Körper aufgehoben hat. J. P. Liprandi nennt auch noch die Prokolýschi, bei welchen der Geschlechtstrieb durch Abbinden des scrotum und Durchstechen der Samenstränge mit Nadeln ertödtet worden ist.

Auch die zur Sekte gehörigen Frauenzimmer werden verschnitten. Bei den verschiedenen Untersuchungen auf diesem Gebiete hat man stets eine Menge verstümmelter Weiber gefunden. Gewöhnlich werden die Brustwarzen abgebeizt, abgeschnitten oder abgebrannt, oft aber auch die ganzen Brüste entfernt. Zuweilen beschränkt sich die Operation auf eine Brustwarze oder eine Brust, oder auch auf regelmässige Einschnitte auf den Brüsten. In vielen andern Fällen hat man Theile der inneren Schamlippen allein oder mit der Klitoris zusammen, oder auch den oberen Theil der äusseren Schamlippen zusammen mit den inneren und der Klitoris ausgeschnitten gefunden. Bei einem Verhör bezeichnete der Skopze Budylin diese letzteren Arten der Verstümmelung als die „erste", das Abnehmen der Brüste als die „zweite Reinheit" bei Frauen.

Keine einzige dieser Verstümmelungen verhindert jedoch den Beischlaf, das Empfangen und Gebären. Selbst Frauen, bei denen in Folge eines unrichtigen Verwachsens nach Abnahme der Schamlippen und der Klitoris die vagina sich verengert hatte, haben ganz richtige Geburten gehabt und einige Exemplare dieser Gattung sich sogar der Prostitution ergeben.

Uebrigens kommen auch ganz unverstümmelte Frauen und Männer in der Sekte vor. Es sind dies aber ausser den Novizen nur die sogenannten „Führer" oder „Steuermänner", die nicht verstümmelt sein dürfen, wie es z. B. auch Maxim Plotizyn nicht war.

Die Frauen, welchen beide Brüste abgeschnitten sind, sehen selbst in der Blüthe der Jahre welk, farb- und leblos aus. Dasselbe zeigt sich bei den Männern, die in früher Jugend verstümmelt worden sind. Bei denselben vollzieht sich der Uebergang von der Kindheit zur Reife in kaum bemerkbarer Weise. Sie behalten die Diskantstimme der Kinder, auch wachsen ihnen ebenso wenig Bärte, als Haare in den Achselhöhlen und an den Geschlechtstheilen.

Sehr bedeutend sind die Folgen der Verstümmelung hinsichtlich der geistigen Entwickelung. Einige Theile des Gehirns bleiben auf der Bildungsstufe aus der Zeit stehen, die der Operation unmittelbar vorherging. Der Verstümmelte tritt in das Jünglingsalter, ohne das sonst hiermit verbundene Erwachen höherer Bestrebungen und des Gefühls der Liebe zu erfahren, und es entwickeln sich nur die Eigenschaften, welche Leuten mit beschränktem Lebenshorizont eigen sind: Egoismus, Schlauheit, Heuchelei, Geldgier. Diese Eigenschaften treten um so schärfer hervor, als sie nicht durch das vorzüglichste Veredelungsmittel der Menschheit, das Familienleben, ein Gegengewicht erhalten können.

Trotz der Gefahr, die mit den hier in Rede stehenden Operationen verbunden ist, hat die Untersuchung, welche in Folge des Plotizyn'schen Prozesses angeordnet wurde, bei der Menge konstatirter Verstümmelungen nur neun Fälle eines tödtlichen Ausganges durch Verblutung nachweisen können, von denen sechs auf das „kleine" und drei auf das „grosse Siegel" kommen. Diese geringe Sterblichkeit nach so gefährlichen, von unkundigen Händen ausgeführten Operationen darf indessen nicht befremden; denn man weiss

nur zu gut, wie geschickt die Skopzen die Spuren ihrer Thaten zu verbergen
verstehen. So wurde im Mai 1834 im Kronstädter Kanal der Leichnam des
Fähnrichs Bjeljakow von der Lastequipage, der an den Folgen der Operation
gestorben war, aufgefunden.

In den grösseren Städten, besonders in St. Petersburg und Moskau, wird
das zur Kastration bestimmte Individuum auf ein kreuzförmiges Gestell gebunden; an anderen Orten wird die Operation im Bade, im Walde oder an
einem anderen verborgenen Orte vollzogen.

Die Basis der skopzischen Traditionen bildet die Annahme, dass
die erwartete zweite und letzte Erscheinung Christi auf Erden erfolgt sei
und der Heiland durch sein abermaliges Leiden die Menschheit bereits erlöst habe. Diesen nun abermals anthropomorphisirten Gott hat die Kaiserin
Elisabeth Petrowna, als sie noch Jungfrau war, nach einer Verkündigung des
Johannes Theologus vom heiligen Geiste empfangen. Derselbe gelangte
später unter dem Namen Peters III. Fedorowitsch auf den russischen Thron.
In Betreff der Details dieses die offenkundigsten geschichtlichen Thatsachen
leugnenden Unsinns giebt es verschiedene Variationen. Nach der am meisten
unter den Skopzen verbreiteten Annahme wurde die Kaiserin Elisabeth in
Holstein entbunden, und als sie nach Russland gekommen war, führte sie,
da sie zu einem heiligen Leben bestimmt war, nur zwei Jahre die Regierung.
Andere glauben, dass sie gar nicht selbst geherrscht, sondern den Thron
einer ihr an Leib und Geist vollkommen ähnlichen Person überlassen, sich
nach dem Gouvernement Orel begeben, als ein ganz einfaches Frauenzimmer
unter dem Namen Akulina Iwanowna bei einem der Skopzensekte angehörigen Bauern gelebt und den Rest ihres Erdenwallens in Gebet, Fasten und
Wohlthun zugebracht habe. Nach ihrem Tode sei sie in dem zu dem Hause
gehörigen Garten begraben worden, wo ihre Reliquien noch verborgen seien.

Diese Akulina Iwanowna wird nun von den Skopzen als die wahre
Mutter Gottes verehrt.

Nach der Meinung anderer Skopzen wurde die Kaiserin Elisabeth Petrowna in Russland entbunden und ihr Sohn, der spätere Kaiser Peter III.,
gleich nach der Geburt nach Holstein geschickt, wo er, noch im Knabenalter
stehend, verschnitten wurde. Als er sich später mit Katharina verheirathete,
und diese seine Untauglichkeit für das eheliche Leben erkannte, erfasste sie
der grimmigste Hass gegen ihn, und sie beschloss, ihn zu tödten. Die Gelegenheit dazu bot sich gleich nach der Thronbesteigung Peters dar. Nachdem Katharina die Grossen des Reiches für sich gewonnen, wollte sie ihren
Plan zur Ausführung bringen, während der Kaiser noch im Palais von
Ropscha residirte. Peter hatte jedoch von der ihm drohenden Gefahr Kenntniss erhalten; er bestach die Schildwache, tauschte mit derselben die Kleider
und entfloh. Statt seiner wurde der Soldat ermordet. Andere behaupten,
dass dieser Soldat selbst Skopze gewesen sei und, da er in dem Verfolgten
seinen Erlöser erkannt, freiwillig das Märtyrerthum übernommen habe. Der

Irrthum wurde zwar bald entdeckt, der ermordete Soldat nichts desto weniger unter dem Namen des Kaisers bestattet.

Die weiteren Skopzen-Legenden stimmen darin überein, dass Peter Federowitsch drei Tage lang, ohne Speise zu finden, umhergeirrt sei, sich dann bei Kolonisten verborgen habe und endlich nach Moskau gelangt sei, wo er seine Lehre zu verkündigen begonnen. Darauf habe er ganz Russland und verschiedene andere Länder durchwandert, wobei ihn der „Täufer", den einige Skopzen Graf Alexander Iwanowitsch nennen, während andere ihn für den Fürsten Daschkow, den Reisegefährten Peters III., halten, begleitet habe. Ueberall habe er, zahlreiche Wunder verrichtend, verkündigt, er sei der wahre Christus und das Skopzenthum das einzige Mittel zur Erlangung des himmlischen Reiches. In Tula angekommen, sei er mit dem „Täufer" zusammen ergriffen, verurtheilt, im Dorfe Ssosnowska (im Gouvt. Tambow, Kreis Morschansk) mit der Knute bestraft und er selbst nach Sibirien verbannt, der „Täufer" aber in die Festung von Riga geschickt worden. Auf dem Wege in die Verbannung habe der mit dem Christus zusammengekettete Räuber Jwan Blocha allerlei Muthwillen getrieben, sich später aber durch die unerschöpfliche Geduld der Gepeinigten überzeugt, dass derselbe wirklich „Gottes Sohn" sei. Dieser Blocha heisst in Folge dessen bei den Skopzen „der erste Bekenner".

Die Skopzen haben eine vollständige Beschreibung des Lebens, der Lehre und der Leiden ihres Christus, welche sie „Sstrady" (Leiden, Passion) nennen. Es wird darin von seiner Gefangennahme in Tula und seiner öffentlichen Züchtigung mit seinen eigenen Worten in der den Skopzen eigenthümlichen Weise und Vorliebe für Diminutiven berichtet. Unter Anderem heisst es: „Und da nahmen sie mich und fingen eine grosse Untersuchung mit mir an und rissen mir den Mund auf und sahen mir in die Ohren und in die Nase und sagten: Sehet überall nach, er hat irgendwo Gift. Und sie stellten grosse Nachforschungen an, fanden aber nichts. Sie spien mir ins Gesicht und nannten mich einen grossen Hexenmeister, und Alle peinigten mich und schlugen mich ohne Erbarmen mit dem, was jedem in die Hände fiel, und da beträufelte man mir das Köpfchen mit geschmolzenem Siegellack und schmiedete mich noch fester an die Mauer. Und es wurde ein strenger Befehl gegeben, dass Niemand mir nahe kommen und auch das Essen nicht bringen sollte. Das Brod gab man mir auf einer Stange und das Essen mit einem $1\frac{1}{2}$ Arschin langen Löffel. Und sie sprachen: Füttert ihn, aber fürchtet ihn; gebt ihm Alles, aber wendet auch ab, damit er nicht auf Jemand blase oder sehe. Gewiss ist er ein grosser Hexenmeister und Verführer; er kann Jeden verführen; er könnte euch den Zar verführen, wie viel mehr euch. Und man nannte mich einen Zauberer, wie man auch den Herrn genannt hat. Dann führte man mich von Tula nach Tambow. Es war da eine unzählbare Menge Volkes. Der schalt mich, der spie nach mir, und man beschimpfte mich auf jede Art. Aber mein Väterchen befahl mir, alles das mit Freuden

hinzunehmen, nicht für mich selbst, sondern für meine Kinderchen und zur
Erlösung von den Sünden. Meine Kinderchen standen, weinten und beglei-
teten mich. Man führte mich nach Tambow und warf mich in einen Kerker,
in dem ich zwei Monate blieb. Und darauf erhielten sie den Befehl, mich
hart zu bestrafen, ohne Erbarmen. stärker und stärker, nur dass sie mich
nicht zu Tode schlügen. Und sie führten mich unter grosser Bedeckung
zur Bestrafung nach Ssosnowka. Und da folgte man mir in dichten Schaaren. Die Soldaten hatten blanke Schwerter und die Bauern Stöcke in den
Händen. Und da kamen mir die Kinderchen aus Ssosnowka entgegen, weinten und jammerten und sprachen: Da führen sie unser leibliches Väterchen.
Und zu derselben Zeit erhob sich ein grosser Sturm, und es war ein Brau-
sen in der Luft, und auf dreissig Faden war nichts zu sehen. Und man
brachte mich nach Ssosnowka, bestrafte mich mit der Knute und schlug
lange Zeit, wie es noch keinem Menschen geschehen war. Und es wurde
mir sehr übel, und ich bat alle Treuen und Gerechten: O, ihr Treuen und
Gerechten, erbarmet euch meiner und helfet mir diese furchtbare Strafe überstehen! O mein himmlischer Vater, lass mich nicht ohne deine Hilfe und
hilf mir, alles mir von dir Bestimmte mit meinem Körper aushalten! Wenn
du hilfst, dann gehe gegen die böse Schlange und vertilge vollends alle Un-
reinheit. Da wurde mir leichter, und da kam auch zur rechten Zeit der Befehl, dass man mich nicht zu Tode schlagen sollte. Und sie hielten mich
auf Befehl der Judäer, und von meinen Kinderchen war Iwanuschka statt
eines Baumes und Ulianuschka hielt mir das Köpfchen. Und mein ganzes
Hemde war von oben bis unten blutig, so wie in Beerensaft getaucht. Und
meine Kinderchen erbaten sich dieses Hemde für sich und zogen mir ihr
weisses an. Ich sagte ihnen, dass ich sie mit Allen wiedersehen werde.
Und mir wurde sehr übel und weh. Und ich bat um ungerahmte Milch;
aber die Bösen sagten zu mir: Da, er will sich noch heilen! Dennoch er-
barmten sie sich; sie holten die Milch und gaben sie mir. Und wie ich
trank, wurde mir leichter, und ich sagte: Ich danke dir, Gott! Bald wird
in Ssosnowka auf der Stelle, wo man mich geschlagen hat, eine Kirche erbaut werden. Und damals waren meine Kinderchen noch arme Menschen.
Aber ich sagte ihnen: Bewahret nur die Reinheit, dann werdet ihr von
Allem genug haben, vom Verborgenen und vom Sichtbaren; mit Allem wird
euch mein himmlischer Vater belohnen und euch mit einer Mauer umgeben,
so dass der Unreine nicht zu euch kommen kann; und andere Propheten
empfanget nicht bei euch. Von Ssosnowka führte man mich nach Irkutsk.
Man setzte mich auf einen Wagen, schmiedete mich mit Händen und Füssen
an die beiden Seiten desselben und mit dem Halse an ein Brett. Und da
befahl der Böse den Unreinen: Sehet, lasset ihn nicht los! Ein solcher
Mensch war noch nicht und wird auch nicht wieder sein: er betrügt Jedermann. Und man führte mich mit grosser Bedeckung, die blosse Schwerter
hatte, und die Bauern hatten Knüttel in den Händen, und die Weiber beglei-

teten uns von Dorf zu Dorf. Zu derselben Zeit hatten sie auch Pugatschew ergriffen, und er begegnete mir auf dem Wege. Viele Schaaren führten ihn und hielten strenge Wache, aber mich führten zweimal mehr und man war sehr strenge. Und da gingen die, welche mich führten, mit ihm, und die, welche ihn führten, mit mir."

Nach der Schilderung seiner Leiden auf dem Transport, die in allerlei Misshandlungen und in der Beraubung der 40 Rubel, die ihm „seine Kinderchen" in die Kleider genäht hatten, bestanden, fährt er fort: „Nachdem ich in Irkutsk angekommen, lebte ich lange Zeit daselbst und sah im Traume die Kinderchen von Ssosnowka; ich sah, wie die Unreinen mein Schiff umwerfen wollten, und wie ich mit meinem Mütterchen Akulina Iwanowna und meinem Söhnchen Alexander Iwanowitsch umherging, um die Pfeiler wieder aufzurichten. Und fünf Jahre hörte ich nichts von ihnen und sie nichts von mir, und sie wussten nicht, wo ich mich befand. Aber Gott begeisterte mein Töchterchen Anna Ssafonowna, welcher der Geist offenbarte, wie man ihren Vater-Erlöser finden könnte, und wen von den Kinderchen man zu ihm schicken sollte. Und endlich beauftragte Gott mit seiner Sendung Aleksei Tarassitsch und Mark Karpowitsch. Und es sprach mein Geist, der Gesandte meines Vaters, durch den Mund der Anna Ssafonowna: Ziehet hin in die Stadt Irkutsk und suche dort unser Väterchen auf, welches in die Gefangenschaft geschickt ist. Sie antworteten ihr: Wie sollen wir dahin ziehen, und wie sollen wir ihn finden? Aber sie sprach zum zweiten Male nach dem Rathschlusse Gottes: Geht! ausser euch kann es Niemand; ihr werdet ihn nicht finden, sondern er wird euch finden. Und hierauf beteten sie und sammelten Geld von der ganzen Gemeinde für mich zur Reise und säumeten nicht. Nachdem sie gesegnet worden, reisten sie nach Irkutsk ab. Und als sie dort angekommen waren, brachten sie die Pferde im Posthofe unter und sprachen unter sich: Was werden wir nun anfangen? Und sie dachten, auf den Markt zu gehen; aber ich ging damals mit einer Schüssel in der Stadt umher und sammelte Geld für den Bau einer Kirche und sah sie und trat zu ihnen und sagte: Guten Tag! seid ihr denn nicht Russen? Da erkannten sie mich und vergossen bittere Thränen. Seid still, sagte ich, seid still! und geht in den Posthof; ich werde zu euch kommen und mit euch sprechen."

Es wird nun noch berichtet, wie die Sendboten ihn aufgefordert, mit ihnen zurückzukehren. Er ging jedoch nicht darauf ein, weil „sein himmlischer Vater ihm befohlen, nicht zurückzukehren, sondern zu weinen." Er kündigte ihnen noch einen Ueberfall durch Räuber auf ihrem Rückwege an, der denn auch wirklich stattfand.

Wir haben diesen blühenden Unsinn als Probestück aus dem hauptsächlichsten Erbauungsbuche der Skopzen mitgetheilt; aber für Analphabeten, wie es diese Leute meistens sind, thut das nicht mindere Wirkung als die Legende von der stigmatisirten Louise Lateau unserer Tage.

Wir nehmen unsere Schilderung der Skopzen-Traditionen bei einem merkwürdigen Wendepunkte in denselben wieder auf.

Kaiser Paul hatte von einem durch ihn aus Sibirien befreiten Skopzen, den Moskauer Kaufmann Massonow, erfahren, dass Kaiser Peter III. noch lebe und unter dem Namen Sseliwanow in der Verbannung schmachte. Dieser Sseliwanow würde nun zurückberufen und zum Kaiser gebracht. Das Gespräch, welches dieser letztere mit ihrem Christus geführt, kennen die Skopzen Wort für Wort, und sie überliefern es einander, wie ein besonderes Heiligthum. Der zurückberufene Verbannte nennt sich ohne Weiteres, den Vater des Kaisers und fordert von diesem, dass er sich sofort verschneiden lasse. Da Paul diese Zumuthung zurückweist, sagt er ihm sein baldiges Ende voraus und schliesst mit den Worten: „Ich werde mir einen Diener erwählen, der als Gott in unserem Kreise herrschen soll, und die irdische Gewalt werde ich einem milden Kaiser übergeben. Ich werde mit dem Throne und den Palästen Alexander begnadigen; der wird treu regieren und der Gewalt keinen Raum geben u. s. w."

Hierauf wurde der Erlöser als Pensionär in ein Armenhaus gebracht, der mit ihm zugleich befreite „Täufer" nach der Festung Schlüsselburg geschickt. Der erstere wurde jedoch bald befreit und lebte nun, seine Lehre verbreitend, in Petersburg bis zum Jahre 1820, zu welcher Zeit er nach Ssusdal ins Kloster geschickt wurde.

Aus diesem Verbannungsorte wird der Messias in erneuerter Herrlichkeit und Machtfülle hervorgehen, die ganze Welt mit dem Lichte seiner Lehre erleuchten, den russischen Thron in Beschlag nehmen, die Skopzen aus der Verbannung und von jeder Bedrückung befreien und in St. Petersburg das allgemeine Weltgericht eröffnen.

Viele Skopzen erwarten übrigens die Ankunft des Erlösers aus Irkutsk, stimmen aber sonst in der Schilderung seiner Thaten mit den anderen überein.

Dann werden, so singen die Skopzen in ihren geistlichen Liedern, die irdischen Herrscher vor ihm niederfallen, sich seinem mächtigen Scepter unterwerfen, ihn als Jesus Christus, den wahren Gottmenschen, anerkennen und, geängstigt und bekümmert darüber, dass sie ihn unter den Sterblichen nicht erkannt haben, um Herabsendung der Gnade der Kastrirung flehen, die ihnen denn auch gnädigst gewährt werden soll. Das jüngste Gericht wird gemeinschaftlich für die Lebendigen — die Verschnittenen — und die Todten — die Nichtverschnittenen — sein. Aber auch hier wird der skopzische Richter noch seine unerschöpfliche Gnade zeigen; denn in alle Enden der Welt wird er Apostel und Propheten schicken, welche die wahre Lehre verbreiten sollen, „und in jedem Lande wird er ein Weizenkörnchen säen, und jedes Körnchen wird Weizen zur Fracht für 30 Schiffe geben."

Nach Vollbringung des Erlösungswerkes wird der Heiland eines natürlichen Todes sterben und sein Körper im Alexander-Newski-Kloster in dem

Reliquienschrein des Heiligen Alexander-Newski aufbewahrt werden. Denn die Ueberreste des letzteren befinden sich nicht mehr in dem Schreine; dieser ist vielmehr durch die Fügung Gottes und die Blindheit der Ungläubigen zur Aufnahme der Ueberreste des Erlösers vorbereitet worden.

Hiernach wird diese Welt für alle Ewigkeit bestehen, und die Erde wird ein Paradies sein, wie sie es bei den ersten Menschen vor dem Sündenfall war. Dann wird alle Unsauberkeit, d. h. der Fortpflanzungstrieb, ausgerottet sein, das Menschengeschlecht wird sich nur durch Küsse vermehren, die noch Lebenden werden nicht mehr sterben, sondern in Ewigkeit fortleben, und die Seelen der verstorbenen Skopzen werden sich im siebenten Himmel einer ewigen Glückseligkeit erfreuen. Die Seelen der Sünder aber, die unverschnitten gestorben sind, kommen in die Hölle, in welcher ein Feuerstrom fliesst, und werden daselbst Martern unterworfen, die jedoch nur in unaussprechlichen Gewissensqualen bestehen sollen.

Die Skopzen behaupten, dass die von den Aposteln gegründete Kirche dieselbe gewesen, welche auch sie anerkennen, dass aber später das Skopzenthum vernichtet und die Kirche durch den Kaiser Konstantin, nachdem er die Taufe angenommen, ins Verderben gestürzt sei.

Dies sind die Traditionen, die, einige Variationen ausgenommen, allen Skopzen gemein sind. Es giebt ausserdem aber noch minder wichtige Fabeln von grösserer oder geringerer Verbreitung. So wird oft ein Graf Iwan Gregorjewitsch Tschernyschew als ihr „erster Prophet" genannt. Napoleon I. soll der Antichrist gewesen sein, aber nachdem er Busse gethan und sich zum Skopzenthum bekehrt, noch heute irgendwo in der Türkei leben. Man erzählt auch, er sei eigentlich ein geborener Russe und zwar ein Sohn der Kaiserin Katharina. Der Kaiser Alexander I. und dessen Gemahlin, die Kaiserin Elisabeth Alexejewna, sollen auch noch leben, sich aber, nachdem sie die Verschneidung angenommen, noch verborgen halten. Den Kaiser Alexander zählen sie gern ihrer Sekte bei, weil er sie seit dem Jahre 1809 beständig beschützt haben soll und auch ihr Christus ihm, wie in den „Sstrady" erzählt wird, seine Gnade in Aussicht gestellt hatte.

Aus der Untersuchung, welche im Jahre 1839 über die in Kronstadt entdeckten Skopzen geführt wurde, geht hervor, dass sie zwar auch eine Akulina Iwanowna als Mutter Gottes verehrten, es war dies aber nicht die Kaiserin Elisabeth Petrowna, sondern eine Hofdame, welche am Hofe Peters III. gelebt hatte.

Uebrigens kennt nicht jeder Skopze den ganzen Legendenschatz. Es scheint, dass dieser nur den höheren Graden der Eingeweihten vollständig mitgetheilt wird. Nach der Aussage eines Skopzen, des Stabskapitäns Ssosonowitsch, erfreuen sich solcher Gunst nur die in der Sekte Bestätigten, d. h. diejenigen, die derselben 10 oder 15 Jahre angehört haben.

Diesem ganzen Wust von Erfindungen fanatisirter Phantasten ist eine solche Menge historischer Namen beigemengt, dass die Frage nahe liegt, ob

nicht doch irgendwo ein Zusammenhang mit historischen Thatsachen
zu entdecken wäre. Die angestellten Forschungen haben denn auch näheren
Aufschluss hierüber gegeben und wirkliche Ereignisse aufgefunden, welche man
im Zusammenhange bis zum Jahre 1715 hinauf verfólgen kann. Die um diese
Zeit erfolgte Entdeckung der Chlystensekte steht nämlich im engsten Causalnexus mit der im Jahre 1733 in Moskau entdeckten ähnlichen Sekte, und
von der Nonne Akulina Iwanowna, welche diese Ketzerei begründete, reichen
die Fäden bis auf den Pseudo-Erlöser.

Diese Akulina ist keine mythische Person, sondern hat sich einer wirklichen Existenz erfreut; denn sie wird in der Verordnung des heiligen
Synods vom 7. August 1734 ausdrücklich unter der Zahl der Personen genannt, die 1733 von der geheimen Kanzlei verurtheilt worden waren. Jedenfalls ist es dieselbe Person, deren Theophilaktus Lopatinski in seinem Buche
„Oblitschènije nepràwdy raskòlnitscheskija“ (Darstellung der ketzerischen
Irrlehre) erwähnt, und von welcher er sagt, sie habe die Sekte „Akuli-
nowschtschina“ gegründet, deren Mitglieder die äusserste Ausschweifung und
Schwelgerei als erstes Gesetz anerkannt hätten.

Ausgiebiger als in diesem Falle sind die Forschungen in Betreff dessen
gewesen, was in dem Leben des Pseudo-Heilands als historisch bezeichnet
werden kann, obgleich diese Untersuchungen dadurch sehr erschwert wurden,
dass derselbe nicht bei allen seinen Anhängern unter demselben Namen bekannt
ist. Viele nennen ihn Kondratij, Andere Andrej, noch Andere Fomuschka, Iwanuschka etc. Durch authentische Aktenstücke wird indessen Folgendes festgestellt: Im Jahre 1770 oder 1771 kamen zwei Landstreicher, welche sich
für Kiew'sche Mönche und Einsiedler ausgaben und sich Andrej und Kondratij nannten, zu dem im Kreise Alexin (im Gouvt. Tula) ansässigen Kaufmann Lugannikow und verleiteten den Bauern Jemeljan Retiwow, der bereits
Chlyste war, zur Verschneidung. Dieser Fall bildet das erste erwiesene
Beispiel des Ueberganges von der Chlystowschtschina zum Skopzenthum.
Retiwow ging später nach dem Gouvt. Tambow und verleitete mehrere Bewohner des Dorfes Ssosnowka zum Uebertritt, unter ihnen auch den Bauern
Ssafon Popow, dessen Sohn Uljan und den Bauern Iwan Prokudin. Die
beiden letzteren sind die in dem „Sstrady“ erwähnten Uljanuschka und Iwanuschka, die dem martyrisirten Erlöser das „weisse Hemd“ gaben. Die Tochter
des Bauern Ssafon Popow, die Anna Ssafonowna, welche den „Sstrady“ zufolge die Boten nach Irkutsk schickte, ist gleichfalls als eine wirkliche Person anzuerkennen, denn sie lebte noch 1844, 90 Jahre alt, in Morschansk,
wo sie noch die „Skopzenprophetin“ genannt wurde. Ihre jüngere Schwester
Jewfrossinija (Euphrosyne) lebte noch in den 50er Jahren unter den St. Petersburger Skopzen und erfreute sich eines hohen Ansehens. Sie soll mit
dem skopzischen Kaufmann Kosstrow, von dem noch die Rede sein wird,
verheirathet gewesen sein.

Später zogen auch Andrej und Kondratij nach Ssosnowka, richteten im
Hause Popow's den Versammlungsort der Glieder der Sekte ein und ver-

schnitten in kurzer Zeit über 200 Menschen, unter Anderen auch den Diakonus und den Küster der dortigen Kirche. Auf eine Anzeige des Geistlichen von Ssosnowka wurde daselbst im Jahre 1775 eine strenge Untersuchung geführt. Die der Theilnahme an der Sektirerei Ueberführten wurden hart bestraft und nach Sibirien verbannt, unter ihnen auch Andrej. Kondratij war zwar entflohen, aber auch in contumaciam verurtheilt worden. Da man ihn später in Tichwin ergriff, transportirte man ihn über Tula und Tambow nach Ssosnowka, wo er gleichfalls mit Knutenhieben bestraft und dann nach Sibirien abgeführt wurde. Dies ist nun der Pseudo-Peter und der Pseudo-Christus, dessen eigentlicher Name Kondratij Sseliwanow ist, ein einfacher Bauer aus dem Dorfe Sstolbowo im Gouvt. Orel.

Aus authentischen Dokumenten ergiebt sich ferner, dass der den Erlöser spielende Sseliwanow wirklich auf Grund einer Mittheilung des Moskau'schen Kaufmanns Massonow [1]) durch Kaiser Paul zurückberufen wurde, mit dem Kaiser eine Unterredung hatte, aber in Folge derselben ins Irrenhaus gesperrt wurde. Als Kaiser Alexander später einmal das Irrenhaus besuchte und Sseliwanow daselbst fand, befahl er, denselben in das Armenhaus des Ssmolna-Klosters zu versetzen, welchem er am 6. März 1802 übergeben wurde. Durch die Verwendungen und Geldopfer der reichen St. Petersburger Skopzen wurde er bald darauf auch aus dem Armenhause befreit, bei welcher Gelegenheit eine etwas räthselhafte und verdächtige Persönlichkeit, der Staatsrath Eliansky, ein Pole von Geburt, der Hauptagent der Skopzen gewesen zu sein scheint; wenigstens findet sich noch ein Befehl des St. Petersburger Fürsorge-Komité's vor, durch welchen das Armenhaus angewiesen wird, den Kondratij Sseliwanow dem Staatsrath Eliansky auszuliefern. [2])

Nun lebte Sseliwanow in den Häusern bekannter Skopzen und zwar zuerst bei Nenasstjew, dann bei Kosstrow und zuletzt bei Ssolodownikow. [3]) Während dieser Zeit bildeten die genannten Häuser eine Art heiliger Herberge, zu welcher zahlreiche Anhänger des Skopzenheilandes aus den entferntesten Provinzen Russlands herbeigeströmt kamen, um seines Anblicks und Segens gewürdigt zu werden. Geschenke, in Geld und anderen Gaben bestehend, ergossen sich wie ein Paktolus über ihn und bereicherten in kurzer Zeit die Kasse der Herberge, welche der Kaufmann Ssolodownikow verwaltete. Augenzeugen berichteten, dass Sseliwanow selbst diese Opfer nie

---

[1]) So nennen ihn die Skopzen; sein eigentlicher Name ist Fedor Kolessnikow.

[2]) Wie ein späteres Gerücht verlautete, ist dieser Eliansky auch nach Sibirien verbannt worden, jedoch nicht wegen Angelegenheiten der Sekte.

[3]) Das Skopzenthum scheint in dieser Familie erblich zu sein; denn der Name Ssolodownikow ist in ganz letzter Zeit wieder mehrfach in Verbindung mit der Sekte genannt worden. In dem Prozesse gegen die Aebtissin Mitrofanija (Baronesse v. Rosen), der am 31. Oktober v. J. entschieden wurde, stellte es sich heraus, dass der verstorbene Kaufmann Manufakturrath Michael Ssolodownikow in Moskau mit vielen andern Personen in die Hände dieser Intriguantin gefallen und unter dem Vorwande, ihn vor der gerichtlichen Verfolgung wegen seiner Zugehörigkeit zur Skopzensekte zu befreien, um 800,000 Rubel beschwindelt worden war.

4*

benutzt habe; die ihn umgebenden dienenden Brüder scheinen die Gelegenheit um so besser ausgebeutet zu haben, denn einige von ihnen gelangten bald zu bedeutendem Wohlstande. Noch in den 40er Jahren lebte in St. Petersburg der Bürger Choroschkejew, welcher sich einer solchen Gunst bei Sseliwanow erfreut hatte, dass dieser letztere nur den von ihm Begünstigten zugänglich war.

In dem Hause Kosstrow's befand sich der hauptsächlichste Versammlungs- und Betsaal. Derselbe lag ziemlich versteckt, wie denn die Skopzen überhaupt alle ihre zu gemeinsamer Benutzung bestimmten Räume so einzurichten verstanden, dass, wie sie sagen, „kein Jude und kein Pharisäer" mit seinen Blicken oder seinem Gehör eindringen könne. In diesem Saale, der sehr gross war, versammelten sich die Skopzen, hielten daselbst den Gottesdienst in ihrer Weise und erwiesen ihrem Häresiarchen göttliche Ehren. Sobald des Nahen desselben angekündigt wurde, stürzten die versammelten Gläubigen auf die Kniee und begrüssten seine Ankunft mit der Hymne: „Reich, Du Reich, geistiges Reich, in Dir, im Reiche ist grosse Gnade; die Gerechten weilen in Dir." Sseliwanow erschien gewöhnlich in einem reichen seidenen langen Gewande, mit einer Mütze auf dem Kopfe und in Saffianstiefeln. Gravitätischen Schrittes stieg er zu seinem Thron hinan, der sich auf einer Erhöhung über der Scheidewand befand, welche den Saal in zwei Hälften, eine für die Männer, die andere für die Frauen, theilte. Sitzend, oder vielmehr liegend, von Kissen umgeben, segnete er mit beiden Händen die Gemeinde, indem er erklärte, dass sie sich bei dem lebendigen Gotte versammelt hätte, und mit den in gedehntem Tone gesprochenen Worten schloss: „Gnade, Gnade! Schutz, Schutz!" Dann begannen die Andachtsübungen. Diese Vorgänge wurden allgemein bekannt, denn die Skopzen erfreuten sich, da man sie für ungefährlich hielt, vollständiger Duldung, und sie luden sogar hohe Würdenträger des Reiches, so den Grafen Tolstoi, den Fürsten A. P. Golizyn, den Grafen Miloradowitsch, Hrn. Balaschow und selbst den Oberpolizeimeister von St. Petersburg, zu sich ein, und die Herren hörten ihren Gesängen, Gebeten und Predigten zu. Freilich hüteten sich die Skopzen sehr, das sehen zu lassen, was als gefährlich hätte erscheinen können.

Sseliwanow liess diejenigen seiner Anhänger, welche er ihrer Gaben und Fähigkeiten wegen besonders auszeichnen wollte, zu sich, in seine Wohnung im oberen Stockwerke kommen, wo er ihnen kleine hölzerne Kreuzchen schenkte. Hierdurch erhielten sie den Rang eines „Lehrers", der allein das Recht hatte, Jemand in die Sekte einzuführen, oder die Operation des Verschneidens zu vollziehen.

Die Pilger, welche zu Sseliwanow gewallfahrt kamen, erhielten während ihres Aufenthaltes in der Hauptstadt Wohnung und Unterhalt. Unter dem Scheine des Interesses für ihr Wohlergehen wurden sie von den dienenden Personen scharf ausgefragt; diese berichteten, was sie gehört, an Sseliwanow.

Wenn dann jene Wallfahrer vor dem Antlitz ihres Heilands erschienen, erfüllte er sie durch die Bekanntschaft mit ihren persönlichen Verhältnissen mit
staunender Ehrfurcht. Ein solches schlaues Verfahren verschaffte ihm bald
den Ruf eines allwissenden Propheten, der sich dann auch über ganz Russland verbreitete.

Alle Skopzenlehrer und die in Gefängnissen befindlichen Brüder empfingen
oft Geschenke aus St. Petersburg. Es waren dies Pfeffernüsse, Kringel, ge-
dörrte Fische, Thee u. dgl. m. von dem Tische ihres Hauptes. Diese Gaben
betrachteten die Empfänger als Heiligthümer, welche sie unter ihre Genossen
vertheilten und mit der grössten Andacht verzehrten, ehe sie noch etwas
Anderes genossen hatten.

Auch gegenwärtig noch betrachtet es jeder Skopze als unerlässlich, irgend
eine Reliquie seines wie ein Dalai-Lama verehrten Propheten, wie einige
Haare, Stücke abgeschnittener Nägel, ein Gläschen, mit dem Wasser angefüllt,
in welchem er sich gewaschen, u. dgl. m. neben dem Kreuze auf der Brust zu
tragen. Dergleichen Sachen sind bei den Haussuchungen und Visitationen
der Personen oft mit Beschlag belegt worden. So fand man z. B. im Jahre
1827 bei der Untersuchung der Zelle der Nonne Païssija sorgfältig aufbewahrte Haare und Nägelschnitzel. Dergleichen und andere Sachen entdeckte
man auch bei der Kaufmannsfrau Podkatowa und ihren Verwandten in Moskau
und bei der Untersuchung des Skopzen-Betsaales in St. Petersburg im
Jahre 1842.

Dieses Treiben der Skopzen dauerte in St. Petersburg volle 18 Jahre.
Durch die ihnen bewiesene Nachsicht und Milde kühner gemacht, wurden sie
eifriger und rücksichtsloser in ihrem Bekehrungswerk, während ihnen doch
jede Proselytenmacherei strenge verboten war. Sseliwanow nannten sie fast
öffentlich Gottes Sohn und Erlöser, wie sie dies auch dem Beamten Popow
gegenüber thaten, der in ihre Herberge geschickt worden war, um die Wahrheit der bereits auftauchenden beunruhigenden Gerüchte zu prüfen. Das
war denn doch zu viel, und die Regierung ergriff nun strengere Massregeln.
Als aber noch der abtrünnige Skopze Rasskasow in dem „Reubriefe", der im
Juni 1818 dem Metropoliten Michael übergeben wurde, nähere Angaben über
den eigentlichen Geist der Skopzenlehre machte, begaben sich der General-
gouverneur Graf Miloradowitsch und der Ober-Polizeimeister von St. Petersburg zu Sseliwanow. Noch einmal wusste die oft bewährte Schlauheit der
Skopzen den Arm der weltlichen Gerechtigkeit abzuwenden, indem es ihnen
abermals gelang, ihr Thun und Treiben als harmlos zu schildern. Das dauerte
aber nur noch kurze Zeit. Im Juli 1820 wurde der Erlöser Sseliwanow plötzlich ergriffen und zur Busse nach dem Kloster in Ssusdal geschickt. Hier
lebte er jedoch nicht mehr lange. Durch Alter und die überstandenen
Drangsale, mehr noch vielleicht durch sein späteres Wohlleben und Nichts-
thun körperlich zerrüttet, unterlag er einem hitzigen Fieber. Er wurde in
der Nähe des Klosters begraben, und ein einfacher Grabhügel ohne alle

weitere Bezeichnung lässt die Stätte erkennen, wo der kecke Häretiker, der
den Namen seines Kaisers und seines Gottes usurpirt hatte, den ewigen
Schlaf schläft.

Der Prior des Klosters, der zu gewissen Zeiten Berichte über Sseliwanow
einsenden musste, meldete unterm 25. August 1820 zwar, dass Sseliwanow
gebeichtet und auch das Abendmahl genommen habe, ob dadurch aber ein
aufrichtiger Rücktritt zur orthodoxen Kirche erreicht worden, ist um so mehr
zu bezweifeln, als kein Mensch einer so schmeichelhaften Vorstellung, wie
sie Sseliwanow von sich haben musste, gern entsagt und es den Skopzen ja
vollständig freisteht, die äusseren Gebräuche der orthodoxen Kirche mitzu-
machen, ohne dadurch ein Zeichen des Abfalls von ihrem Glauben zu geben.

Vielfach hatten die Skopzen den Kaiser mit Bitten um Befreiung ihres
Häresiarchen bestürmt, und auch nach seinem Tode, an den sie nicht glauben
wollten, liefen noch mehrere Gesuche ein.

Nach der Mutter Gottes Akulina Iwanowna und dem Erlöser Sseliwanow
ist der Pseudo-Johannes Alexander Iwanowitsch einer der Hauptheiligen der
Skopzen. Durch die Aussagen von Personen, die denselben persönlich gekannt hatten, und die über ihn vorhandenen Dokumente ist erwiesen worden,
dass dieser Heilige weder ein Graf, noch der Fürst Daschkow, noch — wie
Andere glauben — ein Ingenieur-Oberst, sondern ein Bauer aus dem Dorfe
Masslowo (im Gouvt. Tula), Namens Schilow, war. Er war wahrscheinlich
einer der ersten, die Sseliwanow im Gouvt. Tambow bekehrte, und dies erklärt auch den engen Zusammenhang, den die Tradition der Skopzen zwischen
diesen beiden Menschen, die später nie mehr zusammengetroffen sind, bestehen
lässt. Diese Annahme wird auch dadurch erhärtet, dass Schilow gleichzeitig
mit den in Ssosnowka Verurtheilten mit Stockschlägen bestraft und nach
Dünamünde geschickt wurde. Zur Zeit der Thronbesteigung des Kaisers Paul
befand er sich noch in Gefangenschaft, aber, wie es scheint, nicht allein seiner
Glaubensansichten wegen, da alle Gefangenen, welche wegen Ketzerei in
Riga sassen, durch den neuen Kaiser begnadigt und in Klöster geschickt
wurden, Schilow aber von dieser Amnestie ausgeschlossen blieb und mit
sechs anderen Skopzen, unter denen sich auch der bereits erwähnte Moskau'sche Kaufmann Fedor Kolessnikow befand, nach Schlüsselburg transportirt wurde. Diese Ueberführung fällt in die Zeit mit der Zurückberufung
Sseliwanow's aus Sibirien zusammen, oder hat wenigstens nicht lange vorher
stattgefunden. Mit dieser Zurückberufung scheint es im Zusammenhange zu
stehen, dass am 6. Januar 1799 ein Kourier in Schlüsselburg erschien, der
Schilow die Freiheit verkündigen sollte; dieser war aber an demselben Morgen
gestorben. Nach einigen Tagen erfolgte der kaiserliche Befehl, ihn unter
Beobachtung der Gebräuche der Kirche und nicht als Verbrecher zu begraben.
Man beerdigte ihn am Fusse des Preobrashenski-Berges an der Newa, woher
ihn die Skopzen gern Alexander-Newski nennen. Die Skopzen erzählen auch,
dass sein Körper bei der im Jahre 1802 erfolgten Ueberführung nach dem

ganz in der Nähe befindlichen Orte, wo er gegenwärtig ruht, noch ganz unversehrt gewesen sei. Es war gar nicht so viel nöthig, um ihm den Ruf eines ihrer grossen Heiligen zu geben. Sein Grab steht denn auch in der allgemeinsten Verehrung. Die Pilger wallfahrten von allen Seiten herbei, und um diese Stelle auszuzeichnen, erbaute der 1844 in St. Petersburg verstorbene Skopze Ehrenbürger Borissow im Jahre 1818 eine Kirche auf derselben, welche freilich, da eine Skopzenkirche einmal nicht denkbar ist, dem orthodoxen Ritus gewidmet werden musste.

Schilow nannte sich selbst das "liebe Söhnchen Sseliwanow's". Und wirklich geht aus der Kronstädter Untersuchung vom Jahre 1839 hervor, dass unter den dortigen Skopzen der Glaube herrschte, Peter III. Fedorowitsch habe einen Sohn Alexander Iwanowitsch gehabt, und dieser sei in Schlüsselburg bei der Preobrashenski-Kirche begraben.

Wir gelangen jetzt zu dem dogmatischen Theile der Skopzenlehren, bei welchem, da er von dem bereits mitgetheilten Fabelwesen oft gar nicht zu trennen ist, Wiederholungen schwer zu vermeiden sein werden.

Der Sündenfall bestand nach Ansicht der Skopzen nicht im Genusse der Frucht vom Baume der Erkenntniss, sondern in der fleischlichen Vereinigung. Zur Erlösung der Menschheit verkündigte daher Jesus Christus die Lehre von der Verschneidung. Dieser letzteren unterzog er sich selbst, welchem Beispiele die Apostel und alle ersten Christen nachfolgten. Weichlichkeit und Schwäche veranlassten später die Menschen, von diesem Heilswege abzuweichen, und sie verfielen in Sünde. Die Hauptschuld trägt hierbei Kaiser Konstantin der Grosse, welcher deshalb auch nicht für heilig gehalten wird.

Da Gottes Sohn das Menschengeschlecht nicht zu Grunde gehen lassen wollte, erschien er abermals auf der Erde, um die wahre Kirche der Gläubigen wieder aufzurichten. Er erlitt zwar auf's neue das Märtyrerthum, aber er erneuerte auch die Welt durch die Verschneidung. Diese Erscheinung des Heilands ist, wie in der heiligen Schrift vorausgesagt worden, die letzte. Für die „Wolken von Zeugen" und die „heiligen Engel", welche nach den Worten des Evangeliums die zweite Erscheinung Christi begleiten sollen, halten die Skopzen sich selbst. Die Leiden und den Tod Christi bei seinem ersten Erscheinen auf Erden fassen sie in mehr allegorischem Sinne auf. Sie erkennen auch die Auferstehung des Fleisches des Erlösers nicht an und behaupten, dass er nur in „seiner Gottheit und deren Vereinigung mit der menschlichen Seele" auferstanden, sein Körper aber nach dem allgemeinen Gesetze der Verwesung der Erde verfallen sei.

Die Skopzen leugnen überhaupt vollständig die Auferstehung der Leiber am Ende der Welt. Die Qualen, mit denen die heilige Schrift den Sündern droht, werden nur geistiger Natur sein und in Gewissensangst bestehen.

Die Welt ist von ewiger Dauer und ihre Veränderungen bestehen nur in dem Wechsel der Lebensweise der Menschen; denn schliesslich werden

alle Menschen Skopzen sein und auf der in ein Paradies verwandelten Erde
ein Dasein ewiger Glückseligkeit führen. Die bereits verstorbenen Skopzen
erlangen diese Glückseligkeit im siebenten Himmel, in dem auch Gott wohnt.

Die heilige Schrift, die kanonischen Bücher und die Schriften der Kirchenväter erkennen sie nicht an; sie nennen alles das „todten Buchstaben". Von
den Evangelien sagen sie, dass sie keineswegs in ihrer jetzigen Gestalt geschrieben, sondern später verfälscht worden seien. Als richtig betrachten
sie nur die wenigen Stellen, welche die Grundlagen ihrer Lehre bilden.
Nach ihrer Versicherung befinden sich die echten Bücher der Bibel, die sie
„Taubenbücher" nennen, in der Kuppel der Andreas-Kirche auf Wassili-
Osstrow in St. Petersburg. Sie haben auch keine anderen Gebete als ihre
eigenen.

Die Skopzen essen überhaupt nie Fleisch, sie beobachten aber die Fasten
durchaus nicht nach dem orthodoxen Ritus, sondern ganz nach ihrem eigenen
Belieben. Besonders strenge fasten sie am 15. September, dem Tage, an
welchem ihr Messias in Ssosnowka die Knutenstrafe erlitt. An diesem Tage
essen sie positiv nichts. Uebrigens fasten sie auch an den grossen Kirchen-
festen der Orthodoxen mit, da sie es nicht für passend halten, sich bei den
Katastrophen, die den Heiland der andern Menschen betroffen haben, ableh-
nend zu verhalten.

Im Allgemeinen betheiligen sie sich aber nur aus Klugheit an den Gebräuchen der orthodoxen Kirche, da sie dieselben „pharisäisch" und „heid-
nisch" und die Kirche selbst ein „Ameisennest" nennen. Von den Heiligen
derselben erkennen sie nur diejenigen an, welche mit einem kurzen und
schwachen Barte gemalt zu werden pflegen, wie z. B. den heiligen Nikolaus
den Wunderthäter und Philipp, Metropoliten von Moskau, die sie für Skopzen
halten. Am wärmsten verehren sie ihre eigenen Heiligen: Alexander Iwanowitsch, ihren Johannes den Täufer, einen gewissen Martynuschka, den Gefährten Sseliwanow's in der Verbannung, den dieser selbst seinen „Bruder"
nennt, den Propheten Philipp, welcher „kühn im Worte einherschritt", den
„göttlichen Menschen" Awerjan, die Prophetin Anna Ssafanowna u. a. Die
Gegenstände der glühendsten Verehrung sind jedoch Sseliwanow oder Peter
Fedorowitsch und Akulina Iwanowna, zu denen sie beständig beten. Jenen
nennen sie den „Gott über den Göttern", den „Kaiser über den Kaisern",
den „Propheten über den Propheten". In einer ihrer Handschriften heisst es:
„Es ist ein einziger Lehrer, unser Vater-Erlöser, und es ist Mütterchen
Akulina Iwanowna und auch noch Alexander Iwanowitsch, sonst glaube ich
an keinen". An einer anderen Stelle derselben Handschrift wird Sseliwanow
„der zweite Sohn Gottes", „der lebendige Gott" genannt. Er selbst sagte
stets von sich: „Ich bin euer wahrhaftiger Christus".

Bei der vom Marine-Ministerium in Kronstadt ausgeführten Untersuchung
über die Skopzen, welche unter der Leitung ihres Propheten, des Unter-
lieutenants Zarenko, standen, zeigte es sich jedoch, dass die Kronstädt'schen

Skopzen die Göttlichkeit Christi leugneten und ihn nur für einen der göttlichen Gnade theilhaftig gewordenen Menschen ansahen. Sie behaupteten, dass diese Gnade nun auch auf den Kaiser Peter III. übergegangen sei.

Die Skopzen halten diejenigen ihrer Genossen, welche der Sekte die grössten Dienste geleistet, d. h. welche ihr die meisten Mitglieder zugeführt haben, für Heilige und Propheten. Wer 10 oder 12 Proselyten gemacht hat, wird zum Apostel erhöht. Durch den Prozess, der im Jahre 1822 im Gouvt. Kursk geführt wurde, ist offiziell erwiesen, dass jeder in die Sekte Aufgenommene sich durch einen furchtbaren Eid verbindlich macht, Andere zu bekehren, und dass derjenige, der 10 Proselyten gemacht hat, für heilig gehalten wird. Diese Heiligen oder Apostel benennen sich gerne mit den Namen der wirklichen Apostel oder anderer Heiligen. In Folge dieser Gewohnheit wurde vielleicht auch der Name „Mutter Gottes" ein Ehrentitel, der zuerst und zumeist der Akulina Iwanowna beigelegt wird, dann aber auch noch der Anna Ssafonowna und einem dritten Frauenzimmer, der bereits erwähnten Hofdame am Hofe Peters III., welche die Skopzen nach der Aussage Budylin's aus der Festung in Oranienbaum hatten befreien wollen.

Die Skopzen leugnen die Wirksamkeit der Sakramente der orthodoxen Kirche vollständig. An Stelle der Taufe setzen sie die Verschneidung, die „Feuertaufe". Das Abendmahl besteht bei ihnen entweder nur im Anhören skopzischer „Prophezeihungen", oder sie nehmen es auch in Brod oder Kringelstücken, die auf dem Grabe Schilow's geweiht worden sind. Unter den Sachen, welche in dem im Jahre 1844 im Hause Glasunow's in St. Petersburg entdeckten Betsaale in Beschlag genommen wurden, fand man auch viereckige Stückchen Brod mit kreuzförmigen Einschnitten, weisse Zwiebacke und ein süssliches Pulver[1]), welches alles beim Abendmahl statt der Hostie gegeben worden war.

Obgleich die Skopzen keine Feiertage anerkennen, finden ihre Versammlungen doch gewöhnlich an Sonn- und Festtagen statt, damit dieselben keinen Verdacht erregen. Oft versammeln sie sich nach dem buchstäblichen Sinne der Verordnung des alten Testaments an den Sonnabenden. Deshalb erhielten die Skopzen im Gouvt. Kursk im Volke den Namen „Ssubbotniki" (Sonnabendleute). Dieser Namen gehört jedoch einer andern Sekte an, die wirklich jüdische Gebräuche angenommen hat.

Wenn ein Skopze stirbt, versammeln sich bei ihm die Genossen in ihren Betgewändern und singen ihre Gebete. Einer von ihnen tritt in die Mitte und hält eine Predigt, in welcher auch die eschatologischen Anschauungen der Sektirer dargelegt werden. Der Geistliche der orthodoxen Kirche wird nachträglich nur zur Wahrung des Scheines herbeigerufen. Am Grabe fehlt es auch nicht an skopzischen Ceremonieen. Die Denksteine werden nicht der Länge nach auf das Grab gelegt, sondern quer über, so dass sie mit

---

[1]) Dieses Pulver bestand aus zerriebenem gedörrten Hechtfleisch und Zucker.

letzterem die Form eines Kreuzes bilden. So liegt auch der Stein auf dem Grabe Schilow's in Schlüsselburg.

Einen anderen Kaiser als Peter III. erkennen sie nicht an. In dem Prozess gegen den Skopzen Alexander Schockhof, einen geborenen Livländer, kommt die Angabe des Skopzen Andrej Shagalkin vor, dass er nur Peter III. anerkenne. Eine ähnliche Ansicht trat in dem Prozesse Budylin's, der 1830 im Gouvt. Tambow verhandelt wurde, zu Tage. Wie überhaupt alle Untersuchungen gezeigt haben, bildet das auf das Ungeheuerste besudelte Andenken dieses Kaisers die gemeinschaftliche Grundlage der Dogmen dieser Sekte, wenn so der kolossale Blödsinn genannt werden kann, an dessen Vorhandensein man billiger Weise zweifeln müsste, wenn nicht die vollständigsten und unumstösslichsten Beweise für dasselbe sprächen.

Die Andachtsübungen der Skopzen sind zweierlei Art: ein ausserordentliches Beten bei Aufnahme eines Neophyten und ein einfaches Beten, das, wie sich gerade die Gelegenheit darbietet, an Abenden vor Feiertagen oder an diesen selbst stattfindet.

Bei dem ausserordentlichen Beten entfaltet man eine besondere Feierlichkeit, die jedoch nicht einen sehr scharf ausgesprochenen skopzischen Charakter hat. Man führt den Neophyten in den Betsaal, in welchem sich so viele Mitglieder der Sekte als nur möglich eingefunden haben. Er ist mit dem hemdartigen weissen Betgewande bekleidet, welches auch die andern Anwesenden tragen[1]. Nachdem sie die Lichte vor den Heiligenbildern angezündet und vor diesen drei Verbeugungen gemacht haben, grüssen sie einander. Dann vertheilt der Lehrer der Versammlung an die Anwesenden Wachskerzen, ergreift das Kreuz mit der rechten Hand und fragt den Novizen, wen er als Bürgen für die Aufrichtigkeit seiner Absicht, in die Brüderschaft einzutreten, stelle. Jener, schon vorher instruirt, antwortet, dass Gott sein Bürge sei. Hierauf lässt der Prophet ihn folgenden Schwur nachsprechen: „Ich bin, o Herr, zu Dir gekommen, auf den rechten Weg des Heils, nicht aus Zwang, sondern auf meinen eigenen Wunsch und verspreche Dir, Herr, über diese heilige Handlung selbst unter Gefahr der Todesstrafe Niemand etwas zu sagen, weder dem Vater, noch der Mutter, weder dem Verwandten, noch dem Freunde!" Dann küsst der Neophyt das Kreuz und empfängt in mündlicher Unterweisung folgende Gebote, die er heilig und geheim zu halten gelobt:

Jedem Bruder, als dem lebenden Abbilde Gottes, ist bei unbeobachtetem Begegnen durch eine tiefe Verbeugung bis zur Erde und das Zeichen des Kreuzes Ehre zu erweisen, und er ist mit folgenden Worten zu begrüssen: „Guten Tag, Bruder (oder Schwester — Namen und Zunamen), Christus ist auferstanden!" Zum Ausdrucke der Zärtlichkeit sind die Verkleinerungswörter

---

[1] Diese Hemden reichen bis auf die Fersen und sind in der Weise des Epitrachelions genäht. Die weisse Farbe soll die Reinheit und Sündenlosigkeit der Skopzen andeuten.

Iwanuschka, Fomuschka etc. zu gebrauchen und Christus unveränderlich als „Väterchen", wie er sich selbst genannt, zu preisen [1]).

Jedes Umdrehen ist als Symbol des stets beobachteten rechten Weges rechts, mit der Sonne auszuführen.

Für seine heilige Sache darf der „Reine" nicht Gefängniss, Verbannung und Tod fürchten, die Geheimnisse der Gemeinde aber in keinem Falle verrathen.

Der Umgang mit Frauen ist überhaupt, der mit ungläubigen aber ganz besonders zu meiden; von diesen hat sich der „Gerechte" wie von einer verabscheuungswürdigen Unreinigkeit abzuwenden.

Es dürfen keine spirituösen Getränke genossen, es darf kein Tabak geraucht, kein Fleisch gegessen werden. Milch, Fische und Gemüse müssen die alleinige Nahrung sein.

Es ist kein unanständiges oder scheltendes Wort, ebensowenig das Wort „Teufel" auszusprechen; letzterer ist im Falle der Noth mit dem Worte „Feind" zu bezeichnen.

Es dürfen keine weltlichen Lieder gesungen, keine erdichteten Geschichten, noch weniger schlüpfrige Gespräche angehört, am allerwenigsten auf Verführung der Sinne abzielende Gesellschaften besucht werden.

Im Umgange mit den Seinigen hat der Bruder allen Streit zu vermeiden; auch darf er Niemand etwas vorwerfen, es sei denn vielleicht „Eitelkeit".

Hierauf spricht der Neophyt auf Befehl des Lehrers gleichsam zum Zeichen des Aufgebens alles Irdischen folgende Bitte um Gnade und Verzeihung: „Verzeihe mir, Herr! verzeihe mir, heilige Mutter Gottes! verzeihet mir, Engel, Erzengel, Cherubim, Seraphin und alle ihr himmlischen Heerschaaren! verzeihe, Himmel! verzeihe, Erde! verzeihe, Sonne! verzeihe, Mond! verzeihet, Sterne! verzeihet, Seen, Flüsse und Berge! verzeihet alle himmlischen und irdischen Elemente!" Dann begrüsst man ihn und nennt ihn „einen ausländischen Krieger des himmlischen Kaisers", „einen Erben des Reiches" u. dgl. m.

Die Ceremonie schliesst mit einem gemeinsamen Gebete.

Ist auf eigenen Antrieb des Neubekehrten die Kastration schon früher vollzogen worden, so ist dies die letzte Ceremonie; die Anderen sind durch dieselbe kaum in die Vorhalle der Gemeinde gelangt, ahnen vielleicht nicht einmal, welches Opfer man noch von ihnen fordern wird. Uebrigens bleiben sie hierüber nicht lange im Unklaren. Gewöhnlich theilt man dem Neuauf-

---

[1]) Der Vorliebe der Skopzen für Verkleinerungswörter haben wir bereits erwähnt. Es ist aber noch zu bemerken, dass sie für ihre Glaubenssachen ein ziemlich ausgebildetes Jäger- oder Diebslatein besitzen, wie dies auch schon aus den zahlreichen sonderbaren Benennungen für die Verschneidung hat erkannt werden können. Sie selbst nennen sich nie Skopzen, sondern „die Reinen", „die weissen Tauben", „die Gerechten", „die wahren Gotteskinderchen", „die Geweissten", „die Gebleichten". Ihre Gemeinden heissen „Kreise" oder „Schiffe", ihre Lehrer, Prediger und Propheten „Steuermänner", ihre Gebete mit Tänzen „Arbeit in Gott". Den Geschlechtstrieb bezeichnen sie mit den Worten „Sünde" und „Eitelkeit".

genommenen mit, dass alles bis dahin Gelobte und Geleistete zur Erlangung
des vollen Seelenheils nicht hinreiche, dass dazu die Bewahrung jungfräulicher
Reinheit unerlässlich sei, dieselbe aber nur durch die Verschneidung möglich
werde. Die Furcht vor der Operation wird dann durch die Schmeicheleien
und Liebkosungen der Brüderschaft, durch Vorhalten erdichteter Beispiele,
Versicherung des göttlichen Beistandes und Versprechungen aller nur möglichen
irdischen und himmlischen Güter besiegt, und das neue Mitglied des „Schiffes"
entschliesst sich zur Uebernahme der „Feuertaufe". Dann endlich ist er
Skopze, vollständig, im Geiste und im Fleische; dann giebt es keine Wiederkehr mehr!

Nicht selten nehmen die Skopzen zu berauschenden oder einschläfernden
Getränken Zuflucht, wenn der Neophyt aus Furcht vor der Operation zu lange
widerstrebt. Man zieht dann dem eingeschläferten Opfer einen Sack über
den Kopf, bindet es an Händen und Füssen, schleppt es in das Erdgeschoss
oder in den Keller und kastrirt es. So sieht und kennt der Unglückliche
nicht einmal die Menschen, die ihn verstümmelt haben. Nachdem er lange
schwer daniedergelegen und durch goldene Versprechungen besänftigt worden,
beruhigt er sich und — schweigt. Und was sollte er auch thun? Er bleibt
einmal fürs Leben verstümmelt, und vor dem Gesetze, das in diesen Angelegenheiten keine Entschuldigungen zulässt, ist er jedenfalls schuldig und
straffällig.

Ganz anders treten die Eigenthümlichkeiten skopzischer Andachtsübungen
in dem sogenannten einfachen Beten hervor.

Die Ceremonie beginnt mit dem von dem ganzen „Schiffe" im Chor ge-
sungenen Gebete, dessen Anfang folgendermassen lautet: „Gieb uns, ó Herr,
Jesum Christum, gieb uns den göttlichen Sohn, erbarme Dich unser, Herr!
Mit uns sei der heilige Geist; Herr, erbarme Dich unser! Heilige Mutter
Gottes, bitte, mein Licht, für uns das Licht, Deinen Sohn, unseren heiligen
Gott! Die Welt ist durch Dich erlöst, Herr unserer Seele" u. s. w. Da sich
an dieses Gebet die Herbeirufung der Gnade auf die „Gotteskinderchen"
anschliesst, wird es für so heilig gehalten, dass ein Abtrünniger dasselbe
weder lesen noch sprechen darf. Dann beginnen auserlesene Sänger ihre
Lieder nach der Melodie der gewöhnlichen zum Tanz gesungenen Volkslieder
zu singen, wobei sie taktmässig mit der rechten Hand in die linke schlagen.
Diese Lieder sind alle bäuerisch einfach und enthalten sowohl die beim Volke
üblichen und beliebten Sprüchwörter, wie auch Anspielungen auf skopzische
Anschauungen. Oft sind es einfach die Volkslieder selbst, die, nur in ihrer
Weise umgestaltet, gesungen werden. Plötzlich ertönt dann der Ruf: „Oi,
der Geist, der Geist, der heilige Geist!" und das ist das Signal zum Beginne
der „Arbeit in Gott", des Tanzes. Zuerst springen und drehen sich Alle
zusammen, indem sie einen Kreis bilden, dann einzeln, einer nach dem andern.
Zuletzt beginnt jeder, sich auf seiner Stelle um die Ferse des rechten Fusses
als feststehenden Punkt nach rechts herum zu drehen, immer geschwinder

,und geschwinder, so dass im tollen Wirbel zuletzt nicht mehr die Gesichter zu unterscheiden sind und die durch den Luftzug aufgeblähten Bethemden wie Segel rauschen. Diese Betäubung heisst die „einzelne". Eine andere, „ein Schiffchen" genannt, besteht darin, dass ein Kreis gebildet wird, indem sich einer mit dem Gesicht gegen den Nacken des anderen stellt und die ganze Gesellschaft sich dann mit starken Sprüngen im Kreise herumbewegt. Eine dritte Art des Betens ist die „im Mauerchen", wobei die „weissen Tauben" den Kreis in der Art bilden, dass sie Schulter an Schulter stehen, und sich dann in Sprüngen rechts herumbewegen. Bei einer vierten Art endlich, der „kreuzförmigen", stellen sich 4 oder 8 Menschen einzeln oder paarweise in die vier Ecken des Zimmers und bewegen sich dann springend gegen einander und zurück oder wechseln im Punkte, wo sie zusammentreffen, die Stellen.

Diese Tänze, denen die Skopzen sich bis zur Erschöpfung hingeben, sollen die böse „Trägheit" schwächen; sie wirken andrerseits narkotisch und gewähren ihnen eine Art von Wollust. Der Boden des Zimmers ist oft wie gewaschen, und die Hemden werden vom Schweisse so nass, dass sie stundenlang nicht trocknen. Die Skopzen behaupten, dass auch Christus so gebetet habe und berufen sich hierbei sonderbarer Weise auf die Stelle im 2. B. Sam. Kap. 6 V. 16, wo es heisst: „Und da die Lade des Herrn in die Stadt David's kam, kuckte Michal, die Tochter Saul's, durch das Fenster und sah den König David springen und tanzen vor dem Herrn und verachtete ihn in ihrem Herzen." In der gleichfalls citirten Stelle 1. B. d. Chron. 16 (sonst 15) V. 29 ist der Text fast gleichlautend. Wir bemerkten, dass sie sich „sonderbarer Weise" auf diese Stellen berufen; denn uns will scheinen, dass die Stelle 1. Sam. 6 V. 14, wo es heisst: „Und David tanzte mit aller Macht vor dem Herrn her und war begürtet mit einem leinenen Leibrocke", viel besser zur Begründung ihrer „Arbeit in Gott" geeignet gewesen wäre, da in derselben wenigstens nicht von Verachtung die Rede ist. Mit den Skopzen ist aber in dieser Hinsicht schwer zu rechten, da sie alle Bibelstellen in ihrer Weise auslegen und hier im Ertragen der Verachtung gerade eine skopzische Tugend sehen mögen.

Medizinisch ist nachgewiesen, dass die schnelle drehende Bewegung eine Täuschung des Gesichts erzeugt und die Vernunft zuletzt über die Eindrücke die Kontrole verliert, so dass sich, da ja überhaupt Alles unter dem Einflusse mehr oder weniger erregter Gefühle und überspannter Ideen geschieht, die stärksten Sinnestäuschungen einstellen. Es ist daher kein Wunder, dass nach der „Arbeit in Gott" die Propheten auftreten, in denen der heilige Geist seine Anwesenheit kund gegeben hat, und durch welche dieser der ganzen Gemeinde und jedem Einzelnen sein Wohlwollen und auch künftige Schicksale mittheilt. Diese Prophezeihungen sind daher meistentheils Folge der äussersten Nervenaufregung, und werden oft von konvulsivischen Bewegungen begleitet, so dass der Prophet es dann in solcher Lage auch nur zu unzusammenhängenden, unverständlichen Lauten und Worten bringt. In andern Fällen macht sich

die Sache ordnungsmässiger. Nachdem die „Gotteskinderchen" sich nach
Beendigung der Tänze auf ihre Plätze begeben haben, tritt der „Prophet"
oder „Redner", der über der Schulter und in der Hand ein Tuch trägt, hervor und verbeugt sich mehrmals vor der Versammlung. Dann spricht er in
singeudem Tone das einleitende Gebet: „Segne mich, mein Gott, weihe mich,
Väterchen, in Deinen heiligen Kreis zu treten; würdige mich, des heiligen
Geistes theilhaftig zu werden", und wendet sich mit dem Rufe: „Christus ist
auferstanden!" an die Anwesenden. Diese fallen sammt und souders auf die
Knie, und der Prophet beginnt zu predigen und zu prophezeihen. Diese Prophezeihungen bestehen meistentheils in allgemeinen Phrasen, in denen das
baldige Nahen Christi, das Geschenk ewiger Glückseligkeit an alle Gläubigen
u. drgl. m. in rohen Versen, wie sie eben kommen, zugesagt wird. Es gehört
immerhin ein gewisses Talent dazu, sich zur Zufriedenheit der Zuhörer dieser
Aufgabe zu entledigen, und daher glauben denn auch die Skopzen, dass diese
Gabe direkt von oben verliehen werde. Der Stabskapitän Ssosonow gesteht
in seinem „Reubriefe" ganz offenherzig, dass er als Prophet zuletzt eine
solche Fertigkeit im „Prophezeihen" erlangt hatte, dass er stundenlang und
ununterbrochen hätte fortreden können und doch ein ziemlicher Zusammenhang darin gewesen wäre. Oft hätte es der Zufall gefügt, dass er unter der
endlosen Masse der Dinge auch solche gesagt hätte, die voreingenommene
Fanatiker hätten überzeugen müssen, dass er die Gabe gehabt, die Zukunft
zu erkennen und die Geheimnisse der menschlichen Seele zu lesen.

Als Zeichen seiner Würde hat der „Prophet" bei den Versammlungen
eines der kleinen hölzernen Kreuze in der Hand, wie sie Sseliwanow seiner Zeit
an diejenigen vertheilte, die er auf eine höhere Stufe der Erkenntniss und zu
grösserer Würde erhob. Diese Kreuzchen werden als Heiligthümer aufbewahrt
und vererben in der Gemeinde von Geschlecht zu Geschlecht.

In den Betsälen der Skopzen befinden sich zwar Bilder von Heiligen der
orthodoxen Kirche mit Lampen und brennenden Lichten, aber wohl nur zum
Schein. Ihre Gebete richten sie ausschliesslich an die Bilder ihrer eigenen
Heiligen. Am häufigsten sind die Bilder ihres Messias und ihres Täufers,
so fand man dieselben bei den Untersuchungen im Gouvt. Tambow (1830),
in St. Petersburg (1844), in Morschansk bei Maxim Plotizyn (1869), und die
Gebrüder Kudrin in Moskau hatten sogar ein eigenes photographisches
Atelier zur Vervielfältigung dieser Bilder eingerichtet.

Diejenigen, welche Sseliwanov und Schilow gekannt hatten, behaupteten
stets, dass diese allgemein verbreiteten Bilder recht ähnlich seien. Der Skopze
Choroschkejew fand die meiste Aehnlichkeit in dem bei dem Skopzen Leonow
gefundenen Bilde und bemerkte, dass das „herrliche Gesicht" Sseliwanow's
auch denen Verehrung abgenöthigt habe, die auf höchsten Befehl zu ihm
kamen. So haben der Beamte Popow und dessen Begleiter ein Gespräch
mit ihm achselzuckend und in ziemlich wegwerfendem Tone begonnen, und
als sie fortgegangen, sei dies fast rückwärts tretend geschehen, worauf sie

händeringend ausgerufen: „Gott, wenn das nicht ein Skopze wäre! Hinter
solchem Menschen würden Regimenter und Regimenter einhermarschiren!"
    Sseliwanow wird gewöhnlich als ein Greis in dunkelblauem oder grünem
langen Gewande mit Zobelbesatz abgebildet; er trägt ein weisses Tuch um
den Hals, welches noch mit einem breiten Bande umbunden ist. Er sitzt
gewöhnlich auf einem Lehnstuhle und legt die rechte Hand auf einen roth-
bedeckten Tisch, auf welchem zuweilen ein Körbchen mit einem Weintrauben-
zweige und zwei Pfirsichen steht.
    Da Sseliwanow und Peter III. von den Skopzen für ein und dieselbe
Person gehalten werden, betrachten sie auch die Rubel mit dem Bildnisse
dieses Kaisers als ein grosses Heiligthum.
    Der Bauart der wohlhabenden Skopzen gehörigen Häuser ist bereits
flüchtig erwähnt; es verlohnt sich aber der Mühe, sich dieselben nochmals
näher zu betrachten. In einem entfernteren Stadttheile steht ein Haus, wei-
ches fast keine Fenster nach der Strasse hat, dessen Pforten stets verschlossen
sind und dessen Hof oder Garten von hohen Zäunen umgeben ist. Es ist
dies ein Skopzenhaus. Im Innern desselben und zwar mitten darin findet
man unfehlbar ein dunkles Zimmer, dann Erdgeschosse und Bodenräume mit
Verstecken aller Art. Kein Fremder erhält Zutritt. Miether, Dienstboten,
genug Alle, die aus- und eingehen, sind Skopzen oder doch Chlysten. Was
in diesen Häusern geschieht? Niemand aus der Nachbarschaft weiss es. Man
hört nie einen Schmerzensschrei, nie ein besonderes Geräusch. Und doch
mag in den Kellergeschossen manches Opfer auf dem Schmerzenslager liegen,
oder auch sein Grab finden. Sogar die Häuser der skopzischen Bauern haben
Verstecke über der Zimmerdecke oder unter der Erde; denn es gilt oft genug,
flüchtige Brüder oder eigene Thaten zu verbergen.
    In einem der geheimen Räume im Glasunow'schen Hause in St. Petersburg,
wo sich auch der Haupt-Betsaal der Skopzen befand, wurde unter allerlei
Gegenständen, wie Ketten, Panzerhemden, Salben, Verbandstücken, Pflastern,
geweihten Brodstücken zum Abendmahl, auch ein ganz absonderlicher Pass,
„aus der Stadt des Höchsten von Gott selbst" ausgestellt, gefunden. Er ist
in altslawischer Kirchenschrift geschrieben, mit allerlei Schnörkeln verziert
und mit drei bunten Stempeln mit der Legende „Siegel des allerhöchsten
Schöpfers, Gottes des Vaters und des Sohnes und des heiligen Geistes, Er-
halters des Himmels und der Erde" versehen. Mehr kann ein „Gotteskind-
chen" allerdings nicht vom lieben Herrgott verlangen! Die aus feinen Ringen
bestehenden Panzerhemden, die auf dem blossen Leibe getragen worden sind,
und die Ketten lassen vermuthen, dass die Skopzen sich auch noch andern
Kasteiungen als der Kastrirung unterwarfen.
    Trotz des lebhaften Gefühls der engsten Zusammengehörigkeit, wie sie
die Besonderheit der religiösen Ansichten der Skopzen erzeugen muss, eines
Gefühls, welches durch das Bewusstsein, dass sie aus der sie umgebenden
Menschheit ausgeschieden sind, noch erhöht wird, haben sich doch besondere

Schattirungen in der Sekte erkennen lassen, wenngleich dieselben auch
eben nicht durch sehr zahlreiche Vertreter eine besondere Bedeutung haben.
So gestatten einige nicht die Verschneidung — sind also nicht mehr Skopzen
im eigentlichen Sinne des Wortes —, und Sseliwanow ist für sie nicht ein
neu erschienener Messias, sondern der wahre von der Jungfrau Maria geborne
Jesus Christus, der noch immer auf der Erde weilt, und zur Erlösung der
Menschheit immer neue Leiden auf sich nimmt. Die Anhänger dieser Lehre
heissen das „Fastenschiff", weil sie sich nicht nur das Fleisch, sondern auch
die Fische versagen. Eine andere Schattirung in der Sekte unterscheidet
sich von der Hauptsekte eben nur dadurch, dass ihre Mitglieder die Göttlichkeit Sseliwanow's leugnen und diesen nur für einen grossen Lehrer und den rechten Führer zum Wege des Heils halten. Diese Untersekten können gewissermassen als ein Verbindungsglied zwischen dem Skopzenthum und der
Chlystowschtschina gelten. Denn wenn auch die Skopzen das Ritual ihrer
Andachtsübungen in der Hauptsache den Chlysten entnommen haben, sind
beide Sekten doch durchaus nicht zu verwechseln. Ja, die Lehren derselben sind
in vielen Punkten einander geradezu entgegengesetzt. Die Chlysten sehen auf
das Fleisch, wie auf eine niedrige Arbeitskraft mit solcher Missachtung, dass
diese zuweilen zur Versündigung gegen das siebente Gebot führt; die Skopzen
dagegen betrachten das Fleisch mit Furcht und. als einen solchen Feind,
der durch geistige Kraft allein nicht bekämpft werden kann, woher eben die
Verschneidung nothwendig wird. Während bei den Skopzen der einzige
Christus der zum zweiten Male auf Erden erschienene Peter Federowitsch
ist, kann bei den Chlysten Jeder, der streng die Gebote der Sekte befolgt,
die höchste Vollkommenheit erreichen und Christus werden, woher denn auch
eine ganze Reihe hinter- und nebeneinander bestehender Erlöser vorhanden ist.
Bei den Chlysten endlich haben die „Schiffe" keinen näheren Zusammenhang
unter einander, während sie bei den Skopzen in engster Verbindung mit einander stehen.

Die erwähnten Abweichungen von dem allgemeinen Skopzenbekenntnisse
innerhalb der Sekte sind so unwesentlich und haben so wenig zahlreiche Anhänger, dass die Zusammengehörigkeit der Glieder dadurch nicht beeinträchtigt
wird. Ueberall hat es sich bei den Untersuchungen herausgestellt, dass sie
einander mit Leib und Leben angehören und sich nie verlassen. Sodann
helfen sie sich auch gegenseitig mit grosser Umsicht bei der Proselytenmacherei,
der sie überhaupt ihre ganze Energie zuwenden. Hierbei werden sie nicht
nur durch die Kraft ihrer religiösen Ueberzeugung unterstützt, sondern auch
durch das ihnen innewohnende krankhaft reizbare Gefühl, welches theils physiologisch, theils durch das vielleicht unwillkürliche Bewusstsein begründet
ist, dass sie eine Anomalie in der menschlichen Gesellschaft und ein Gegenstand des Spottes und der Verachtung sind. Dazu kommt nun noch ein sehr
wesentlicher Umstand. In der Apokalypse heisst es im 14. Kap. V. 1:
„Und ich sahe ein Lamm stehen auf dem Berge Zion und mit ihm 144,000,

die hatten den Namen seines Vaters geschrieben an ihrer Stirn"; und in demselben Kapitel V. 4: „Diese sind es, die mit Weibern nicht befleckt sind; denn sie sind Jungfrauen und folgen dem Lamme nach, wo es hingehet. Diese sind erkauft aus den Menschen zu Erstlingen Gott und dem Lamme." Diese Stellen beziehen die Skopzen auf sich, und sie deuten sie dahin, dass, wenn ihre Zahl auf 144,000 — nicht, wie Hr. Dixon in seinem Werke „Frei-Russland" sagt, 300,000 — gestiegen sein wird, ihr Triumph beginnen müsse. Und welcher Triumph! Ihr Christus und Kaiser ist aus Irkutsk, wohin er sich aus Ssusdal zurückgezogen, nach Moskau zurückgekehrt. Hier läutet er die grosse Glocke der Kathedrale zu Mariä Himmelfahrt, um seine „Kinderchen" um sich zu versammeln. Dann zieht er mit ihnen hinaus und bemächtigt sich aller Throne und Gewalten; denn er ist ja der Kaiser der Kaiser. Schliesslich hält er das göttliche Gericht und belohnt seine „reinen Tauben" für ihren Gehorsam, ihre Geduld und Treue mit ewiger Glückseligkeit. Dieser Triumph ist also nur eine Frage der Zeit und ihres eigenen Bekehrungseifers. Was Wunder, dass dieser nie ruht und rastet? Trotzdem lassen sie sich nicht zu Uebereilungen hinreissen, sie gehen vielmehr bei ihrer Propaganda meist mit grosser Ueberlegung, Schlauheit und List zu Werke. Zunächst suchen sie den ungebildeten Menschen seiner eigenen Religion zu entfremden, indem sie ihn auf die im Volke herrschenden Laster des Trunkes und der sinnlichen Ausschweifung, auf die vielen Diebstähle, Räubereien und Morde aufmerksam machen. Besonders setzen sie die Geistlichkeit herab, von der sie sagen, dass sie nichts von der wahren Christuslehre verstehe, dass sie die Menschen verderbe, indem sie ihnen ihre Sünden vergebe, ohne danach zu fragen, ob sie sich gebessert haben. Dann stellen sie ihre — allerdings nicht wegzuleugnenden — Tugenden in ein helles Licht: ihr jungfräuliches Leben, das beständige Fasten, die Enthaltsamkeit von starken Getränken u. s. w. Das alles, verbunden mit gewandter Rede voll frommer Sprüche und mit der Sorge für das Seelenheil des zu Bekehrenden, wirkt mit grosser Gewalt auf das Gemüth des einfachen Menschen. Das Schwierigste bleibt immer, die Furcht vor der Operation zu überwinden. Aber auch das gelingt — wie wir bereits gesehen haben — in Güte oder auch mit Gewalt. Mit Geschick werden die bereits angeführten Bibelstellen und andere im Volke verbreitete Erbauungsbücher behandelt. So kommt in dem „Wegweiser zum Himmelreich" folgende Stelle vor: „In jedem Menschen ist Sünde, und die Sünde ist eine Wunde, welche von selbst nicht heilt. Und bei einigen Leuten ist die Wunde so tief und gefährlich, dass man sie nur durch Schneiden und Brennen heilen kann". Diese Stelle deuten sie ganz ihrem Zwecke gemäss. Ferner geben sie dem körperlichen Schmerze und der Verfolgung ihrer Sekte durch die Regierung eine streng religiöse Bedeutung, indem sie darthun, dass der echte Diener Christi alle Schmerzen und alle Verfolgungen dem Verrathe gegen den Herrn vorziehen, ja, dass er sich freuen müsse, für den Heiland zu leiden.

Die in den Städten ein Geschäft treibenden Skopzen lassen aus ihrem
Geburtsorte Kinder kommen, die sie in dem Geschäft unterweisen, mit ihrer
Lebensweise vertraut machen und so allmählich zu ihren Ansichten bekehren.

Oft wird die Verstümmelung einfach erkauft, und bei diesem Geschäfte
sind dann besondere Agenten thätig. Im Anfange; der 50er Jahre waren
unter den Arbeitern auf den Hüttenwerken in Ishewsk zwei Skopzen,
Namens Ssimonow und Nasarow. Wenn einem Arbeiter Geld zum Trinken
fehlte, riethen ihm die andern: „Gehe zu Ssimonow oder Nasarow und lass
dich kastriren, dann wirst du Geld haben.“

Auf Gefangene und Bettler, denen sie als Wohlthäter und Almosenspender
beizukommen suchen, wirken sie oft sehr erfolgreich. Auch borgen sie mitunter solchen Menschen Geld, von denen sie wissen, dass sie es nicht wieder
abzahlen können. Dann setzen sie ihnen das Messer an die Kehle, indem
sie ihnen die Wahl lassen, ob sie übertreten oder betteln gehen wollen.

Wie man sieht, ist die propagandistische Thätigkeit der Sekte vortrefflich
organisirt. Die Hauptcentren derselben sind St. Petersburg, Moskau, Morschansk, Odessa und ausserhalb des Reiches Jassy und Bucharest. St. Petersburg ist den Skopzen als Mittelpunkt der Handelsthätigkeit und der Verwaltung, deren Unternehmungen sie hier am besten verfolgen können, von grosser
Wichtigkeit; Moskau ist der erste Ort, wo ihr Messias bei der Rückkehr die
Gläubigen versammeln wird; Morschansk hat Bedeutung für sie, weil es in
der Nähe ihres Mekka's Ssosnowka liegt, und Odessa bietet ihnen eine bequeme Verbindung mit dem Auslande. In Bucharest und Jassy haben sich
Skopzen-Kolonien aus flüchtigen Russen gebildet, von denen viele zu grossem
Wohlstande gelangt sind.

In letzter Zeit ist die Propaganda besonders eifrig betrieben worden, und
einzelne Skopzen haben sich geradezu ausgezeichnet. So ist durch die gerichtliche Untersuchung festgestellt worden, dass Birjukow im Gouvt. Orel 43,
Nossenko im Gouvt. Charkow 60 und Tschernych im Gouvt. Kursk 106
Menschen verschnitten hat.

Von den verschiedenen Provinzen des europäischen Russlands sind die
Gouvts. St. Petersburg und Orel am reichsten mit Skopzen gesegnet; denn
es kommen daselbst mehr als 8 auf je 100,000 Einwohner; dann folgen die
Gouvts. Kosstroma und Rjäsan mit 5 bis 8, Kaluga, Kursk und Taurien
mit 3 bis 5, Perm, Moskau, Ssamara, Ssaratow und Bessarabien mit 2 bis 3,
Jarosslaw, Twer, Smolensk, Tula, Tambow, Ssimbirsk, Chersson und Astrachan mit 1 bis 2, Archangelsk, Nowgorod, Pskow, Estland, Tschernigow,
Woronesh, Nishni-Nowgorod, Wjätka und Ufa mit $\frac{1}{10}$ bis 1 und Livland,
Wilna, Minsk, Kasan, Pensa und Jekaterinosslaw mit weniger als $\frac{1}{10}$ auf je
100,000 Bewohner. Die andern Gouvts. sind ganz frei von Skopzen, wobei
natürlich einzelne Individuen nicht in Betracht kommen.

Allerdings sind die Skopzen noch weit davon entfernt, die volle Zahl
der „Täubchen“ beisammen zu haben; denn die letzten Nachforschungen, die

allerdings nur bis zum Jahre 1866 reichen, haben 5444 Skopzen, darunter 3979 Männer und 1465 Frauen nachgewiesen. Das grösste Kontingent (2967 Individuen, darunter 2077 Männer und 890 Frauen) stellen natürlich die Bauern verschiedener Kategorien, wobei zu bemerken ist, dass nur 3 freie bäuerliche Besitzer darunter sind. Dann folgen Soldaten und Matrosen der regulären Armee und der Flotte (443 Individuen, darunter 67 Frauen oder Töchter derselben); nächst diesen sind die Bürger (mit 325 Individuen, darunter 105 Frauen), die Kaufleute (mit 154 Individuen, darunter 6 Frauen) und, was unter dem Namen Vagabunden zusammengefasst werden kann, (mit 149 Individuen, darunter 27 Frauen) am zahlreichsten vertreten. Es versteht sich von selbst, dass die höheren Gesellschaftsklassen sich am wenigsten an dem Streben nach chiliastischer Glückseligkeit betheiligen. Höhere Bildung und religiöser Indifferentismus mögen gleichmässig dazu beitragen. Damit soll keineswegs gesagt sein, dass die in den statistischen Nachweisen genannten 8 Edelleute (darunter 4 Frauen), 15 Offiziere, 14 Beamten und 19 Geistlichen die Zahl der Skopzen aus den höheren Gesellschaftsklassen erschöpften. Die Ermittelung ist eben nur eine schwierigere, und leidige Erfahrungen auf andern Gebieten haben wohl erkennen lassen, dass Aberglauben und religiöser Wahnwitz ziemlich hohe Stufen erklettern können.

Von den verschiedenen Glaubensbekenntnissen haben das orthodoxgriechische 5024 (darunter 1192 Frauen), das lutherische 409 (darunter 273 Frauen), wahrscheinlich Letten und Esten aus Liv- und Estland und Finnen aus St. Petersburg und Umgegend, und das römisch-katholische 8 Individuen den Skopzenschiffen geliefert. Von Nichtchristen haben sich nur ein Muhamedaner und 2 Juden verführen lassen.

Nach der Art der Verstümmelung bei Männern sind 588 mit dem zweiten oder kaiserlichen Siegel, 833 mit dem ersten Siegel und 62 mit anderweitigen Verstümmelungen ermittelt worden; von den Frauen waren 99 an den Brüsten und Geschlechtstheilen verstümmelt, 306 hatten sich die Brüste, 182 die Brustwarzen abnehmen, 251 die Geschlechtstheile allein verschneiden und 108 auf verschiedene andere Arten verstümmeln lassen.

Interessant ist auch der Nachweis, wie die Verstümmelung zu Stande gekommen ist. Selbst verstümmelt haben sich 863 Individuen (darunter 160 Frauen) und von anderen sind verschnitten 1868 Individuen (darunter 638 Frauen). Auf eigenen Wunsch sind 1652 Personen (darunter 448 Frauen), gewaltsam und gegen den Willen, z. B. bei Krankheiten etc., 982 (darunter 143 Frauen) und in bewusstlosem Zustande, durch genossene Getränke, Speisen und andere Mittel herbeigeführt, 470 (darunter 4 Frauen) der Operation unterworfen worden. Man ersieht hieraus, dass die „reinen Tauben" sich fast zur Hälfte in gewaltsamer Weise rekrutirt haben, also wohl dem Kriminalgericht verfallen sind.

Alle hier angeführten Zahlen sind nur von relativem Werthe und können keine Ansprüche auf Vollständigkeit machen, da sicher Tausende von Skopzen

5*

noch nicht in die Hände der untersuchenden Richter und Aerzte gefallen sind. So haben die neueren Entdeckungen von Skopzennestern in Morschansk, Moskau, St. Petersburg Schaaren von „Täubchen" aufgejagt, und viele von ihnen sind dann auch eingefangen worden.

Ganz neuerdings ist, wie die russische Zeitung „Börse" meldet, im Gouvt. Ufa eine neue Skopzengemeinde entdeckt worden, von der man gegen 90 Personen zur Untersuchung gezogen hat.

Wie dem aber auch sei, die apokalytische Zahl ist immer noch nicht voll. Ob sie je voll werden wird? Der Regierung wird es sehr schwer werden, der Propaganda Einhalt zu thun. Massregeln der Milde haben eben so wenig Erfolg gehabt, wie die der Strenge; letztere machen nur neue Märtyrer und rufen neue Fanatiker auf den Kampfplatz. Selbst die Verbannung nach Sibirien ist eher schädlich als nützlich, weil in diesen wenig bevölkerten Gegenden eine Ueberwachung noch schwieriger ist und Irkutsk ohnehin als ihr gelobtes Land betrachtet wird, aus dem der Messias kommen soll. Ja, selbst in der Nähe der Centralregierung wissen die Skopzen durch Heuchelei und Zähigkeit die gegen sie ergriffenen Massregeln zu vereiteln. Dazu kommt, dass eine ihrer Hauptleidenschaften, die nach Verbannung der anderen sich ihrer Herzen bemächtigt hat, die Geldgier ist, die ihnen kolossale Mittel in die Hände gespielt hat, und dass sie in Folge dessen goldene Brücken für jeden Angriff und Rückzug bauen können. Obgleich die Skopzen nicht gerade durch Bekanntschaft mit den alten Klassikern glänzen, wissen sie als praktische Menschen doch eben so gut wie Horaz, dass „das Gold frei mitten durch Trabantenschaaren geht und, mächtiger wie der Blitzstrahl, Felsenmauern zu durchbrechen liebt." Bot doch Maxim Plotizyn dem Morschansker Polizeimeister Trischatny, dem die Entdeckung des Skopzennestes in Morschansk zu danken ist, 10,000 Rubel, wenn er drei der verhafteten Frauen nur bis zum nächsten Morgen — wahrscheinlich zu einer Andachtsübung — frei lassen wollte. Er scheiterte mit diesem Bestechungsversuche vollständig; aber in wie vielen anderen Fällen mögen derartige Versuche den besten Erfolg gehabt haben! Plotizyn allein besass 3, 4 bis 5 Millionen Rubel. In St. Petersburg und Moskau giebt es gleichfalls viele Skopzen, deren Vermögen nach Millionen zu berechnen ist. In den meisten Geldwechsler- und Silberläden sieht man die gelben und faltigen Gesichter der Skopzen hinter den Ladentischen. Man darf sich übrigens über diese Gier nach Erwerb nicht wundern; denn Personen, welche dem eigentlich veredelnden und erziehenden Element im Menschenleben, dem Hausaltar des Familienlebens, fremd bleiben, müssen am Ende doch ein lohnendes Streben haben, das offenkundig verfolgt werden kann, und das die Leere ihres Daseins ausfüllt. Ihren Lohn finden sie aber in dem mit dem sich vermehrenden Reichthum wachsenden Einfluss und in der Vermehrung der Mittel, die ihren erwarteten Triumph beschleunigen können.

Mögen nun auch — es ist dies eine nur auf Wahrscheinlichkeit be-

ruhende Annahme — 30 bis 40,000 Skopzen in Russland vorhanden sein, so
wird vorläufig von ihnen keine ernstliche Bedrohung der bestehenden Ordnung zu befürchten sein. Aber wie? Wenn ein kecker und genialer Aben-
teurer, wie einst Pugatschew, sich für Peter III. ausgäbe? Wenn er das
chiliastische Reich verkündigte, und schlau das Anschliessen der unzufriedenen
Elemente im Reiche an die in Aufruhr gebrachten Skopzen bewirkte? Zur
Unzufriedenheit giebt es gegenwärtig allerdings nicht mehr solche Veran-
lassungen, wie zur Zeit Pugatschews: dafür bemühen sich zahlreiche sozia-
listische Wühler, Keime der Zwietracht zu säen, die über kurz oder lang
mächtig ins Kraut schiessen müssen. Wenn ein solcher Mensch, wie wir ihn
geschildert, den geeigneten Zeitpunkt wahrnähme, könnte er unter Mitwirkung
der Millionen der Skopzen schon eine ganz hübsche Revolte anstiften. Dieselbe würde natürlich sehr bald unterdrückt werden, aber doch Tausende ins
Unglück stürzen.

Abgesehen von dieser Möglichkeit, darf der Staat nicht eine Sekte dulden,
welche sich gegen jede bürgerliche und staatliche Ordnung auflehnt, die
Grundlage jeder Gesellschaft, das eheliche Leben, mit Füssen tritt, Menschen
in so ruchloser Weise ihrer natürlichen Bestimmung entzieht und ihren endlichen Triumph mit dem Umsturz aller Dinge zu erringen hofft. Es wird ihm
daher sicher Niemand verargen, wenn er diese Sekte mit aller Energie bekämpft.

Daher erklärt sich auch der Schrei des Unwillens, der durch ganz Russland lief, als die Skopzenangelegenheit anlässlich des Plotizyn'schen Prozesses
wieder einmal vor das Forum der öffentlichen Meinung gezogen wurde.
Wir glauben auch durch die Schilderung der Ansichten, Sitten und Tendenzen
dieser „weissen Tauben" klar nachgewiesen zu haben, dass ein solcher Schrei
vollkommen gerechtfertigt war.   Gotha.   F. von Stein.

Zwei Abbildungen von Skopzen.

Miscellen und Bücherschau.

Wirthmüller: Encyclopädie der katholischen Theologie. Landshut 1874.

Der Staat (S. 769) „ist weder positiv göttliche Einsetzung und mit der Kirche identisch
oder auf gleiche Linie zu stellen, noch aus der freien Vereinbarung der Individuen hervorgegangen,
sondern entspricht dem natürlich socialen Trieb (im Laufe seiner Entwicklung zum Organismus
ausgebildet)" und dadurch erhält er eben unter dem jetzigen Ideenkreis denjenigen Character,
der das Göttliche früherer Auffassungen in sich trägt, wogegen die Kirche, die dem Staat
gegenübersteht, „als Reich, das nicht von dieser Welt ist" damit auch aus der gegenwärtigen
Weltauffassung ausscheidet.

Audifferent: Des Maladies du Cerveau. Paris 1874.

Il ressort de l'ensemble de ce travail, que l'Occident tout entier est malade depuis la fin
du moyen-âge, que la maladie dont il est atteint tire son origine de la rupture même de l'unité
qui fut propre au régime catholico-féodal.

Stamm: Ulfilas, herausg. von Heyne. VI. Aufl. Paderborn 1874.

Der neuesten Auflage ist „eine neue vollständige Ausgabe des Schlusses der neapolitanischen,
sowie der aretinischen Urkunde einverleibt".

**The Journal of the Royal Historical and Archaeological Association of
Ireland,** originally founded as the Kilkerry Archaeological Society. Vol. II,
Ser. 4. Dublin 1874.

Abbildung auf S. 257 über Bone-hafted Bronze-Sword (das dritte seiner Art) in der Nähe
des Flusses Blackwater (Co. Armagh) gefunden.

Ewald: Eroberung Preussen's I. u. II, 1872—1875. Halle.

Bei dem Friedensschluss des Deutschen Ordens mit den Pomeranen (1249) versprachen die
Neubekehrten (in Preussen) „dem Götzen Curche, welchen sie jährlich einmal aus Aehren bilden,
sowie den andern Göttern keine Opfer mehr darzubringen, ebenso auch, keine Tulissonen und
Ligaschonen, welche als Priester bei Leichenfeiern die Laster der Verstorbenen oft für Verdienste
rühmten und mit gen Himmel gerichteten Augen lügnerisch ausriefen, dass sie den Todten in
glänzendem Waffenschmuck, auf der Hand einen Sperber und mit grossem Gefolge durch das
Jenseits reiten sähen; keine solchen und andere heidnische Priester fortan mehr unter sich
zu dulden".

Gèze: Eléments de Grammaire Basque, dialecte Souletin. Bayonne 1873.

Le Souletin m'a paru offrir les formes verbales, les mieux conservées et les plus complètes

---

Chabas: Etudes sur l'antiquité historique. Paris 1873.

Indépendamment des flèches, les rois lançaient aussi la javeline, munie de cordons qui
servaient peut-être comme l'amentum à augmenter la force du jet [wie in Neu-Caledonien].
Die Osker fügten (nach Virgil) dem Wurfspiess einen Riemen zu.

Devison: La vie de St. Brievc. St. Brieve 1874.

Un vénérable Réligieux, nommé Marcanus, estant dans une profonde méditation, vid l'âme
de ce Sainct (S. Brievc) sous la figure d'une belle Colombe, blanche comme neige, portée dans
le Ciel par quatre Anges, en forme d'Aigles.

Genthe: Ueber den Etruskischen Tauschhandel nach dem Norden. Neu er-
weiterte Bearbeitung mit einer archäologischen Fundkarte. Frankfurt a. M. 1874.

Herrn Dr. Ludwig Lindenschmit gewidmet in berechtigter Anerkennung seiner Verdienste
für diese Frage.

Preger: Geschichte der deutschen Mystik im Mittelalter, 1. Thl. Leipzig 1874.

Die mystische Lehre des Mittelalters nimmt ihren Ausgangspunct vornehmlich aus des
Pseudodionysius Speculation (den untergeschobenen Schriften des Areopagiten Dionysius), welche
das Christenthum unter die Gesichtspuncte des Neuplatonismus (Plotin's) zu stellen versucht
(s. S. 148).

Berlanga: Los Bronces de Osuna. Malaga 1873.

Epoca en que hubieron de grabarse los bronces (S. 304).

Ebrard: Die iroschottische Missionskirche. Gütersloh 1873.

Die irisch-schottische Missionskirche Patrick's, die bei der Sendung Augustin's nach Britannien (wo das mit den Legionen eingeführte Christenthum bereits wieder zu Grunde ging) in
Berührung kam, wird als culdeische bezeichnet von Celi-De (Viri dei).

Lorgues: L'ambassadeur de dieu et le Pape Pie IX. Paris 1874. (Mit
Columbus' Bilde.)

Im zweiten Theil handelt das neunte Capitel des miracles du serviteur du Ciel pendant
sa vie, das elfte Capitel des miracles après la mort, und auch der erste Theil ist bereits an
dergleichen reich, denn le Messager de l'Evangile, während eines die Schiffe bedrohenden
Sturmes, fait allumer dans les fanaux deux cierges bénits, et ouvrant l'Evangile de St. Jean
notifié au typhon, qu'au commencement était le Verbe, que le Verbe était en dieu et que le
Verbe était dieu (S. 241), und das Ungewitter zieht ohne Schaden vorbei. Quelle sagacité ne
montra pas la tempête (S. 445).

Records of the past. Vol. III. London 1874.

The name of the Sumir was written Kame or Ke-en-gi in Turanian and Su-mi-ri in Semitic,
and the Akkad were called Urdu in Turanian and Ak-ka-di in Semitic (G. Smith). The name
Accada signifies „highlander" (Sayce). Synchronous history of Assyria and Babylonia (S. 25).

Smith, G.: Assyrian discoveries. London 1875.

The Izdubar or Flood Series of Legends (Capt. IX).

Townshend: Wild life in Florida. London 1875.

Few traces of its original inhabitants remain except the shell and earth heaps and what
are called „Indian mounds" some thirty feet in height, which have been found, when opened,
to contain human bones, beads, charcoal and pottery and are seen in all parts of the peninsula
and also on some of the larger islands.

Eys, van: Dictionnaire Basque-français. Paris et Londres 1873.

Es sind darin vereinigt „quatre dialectes: le guipuzcoan, le biscaien, le labourdon et le
bas-navarrais".

Bird: The Hawaiian Archipelago. Scarmouths and London 1875.

Auf die Briefe folgt (S. 447): A Chapter on Hawaiian Affairs.

Vedel: Undersogelser angaaende den Aeldre Jernalder paa Bornholm. Kjöbenhavn 1873.

Der Inhalt begreift Brandpletter (6—23), Roser (32), Ubraendte Grave (42), Andre Grave (58) mit 18 Tafeln Abbildungen.

Cunningham: Archaeological Survey of India (Report for the year 1871--72), Vol. III. Calcutta 1873.

In der Hindu-Architecture (neben der Muhammedan Architecture) werden unterschieden Archaic period (the stone-walls of old Rajagriha or Kusagarapura, the capital of Bimbisara, as well as the Jarasandha-ka-Baithak and the Baibhar and Sonbhandhar caves, (wo die erste Synode der Buddhisten abgehalten wurde), Indo Grecian Period (250—510 a. d.), Indo-Scythian Period (with the accession of the later Indo-Scythians or Tochari, the Greek mythology was at first superseded by the Persian worship of the elements and soon after by Indian Buddhism which was zealously adopted by Kanishka), Indo-Sassanian Period, (brought to a clcse in Western India by the Muhammedan conquest of Sindh and Multan), Mediaeval Brahmanic Period (— 1200 p. d., when the Mohammedans overran the valley of the Ganges and got possession of the ancient kingdoms of Delhi, Kanauy and Gaur), Modern Brahmanic Period (oft mit Zeichen mohammedanischen Einflusses).

Kelly: A practical Grammar of the ancient Gaelic or language of the isle of Man, usually called Manks (edited by Rev. W. Gill). Douglas 1870 (London).

Ein durch die (1858 gegründete) Manx Society veranlasster Neudruck (for the publication of National documents of the Isle of Man) und dann separat herausgegeben.

O'Kelly: The Mambi-Land or adventures in Cuba. London 1874.

The land of the Mambi is to the world a shadow-land full of doubts and unrealities. It is a legend and yet a fact. It is called by many names, yet few know where begins or ends its frontier. Spaniards call it the Manigua or Los Montes, American talk of it as Free Cuba, and those, who dwell within its confines, Cuba Libre or the Mambi-Land.

Dawkins: Cave Hunting, researches on the evidence of caves, respecting the early inhabitants of Europe. London 1874.

Der erste Appendix handelt: On the Instruments and methods of cave-huntings (S. 435—441).

Chabas: Etudes sur l'antiquité historique. Chalons s. S. 1872.

Si l'Egypte a eu un âge de la pierre, cet âge correspondrait á la période la plus ancienne des quatre mille ans, qui ont précédé l'époque historique.

Spiess: Physikalische Geographie von Thüringen. Weimar 1875.

Als 531 das Reich Thüringen den vereinten Franken und Sachsen erlegen war, als es zur entlegenen und wenig vertheidigten Grenzmark des fränkischen Reiches geworden, drangen von Osten her bis tief in das Innere des nördlichen Thüringen und über den Frankenwald, bis in das Thal der Itz, slavische Völkerschaften.

Dahn: Westgothische Studien. Würzburg 1874.

Die Prügelstrafe wird (im Westgothenrecht) ausserordentlich häufig und auch auf die höchsten Schichten der Freien und des Ádels angewandt, eine Entfernung von urgermanischer Empfindung, welche das Product des Despotismus und des Geistes damaliger Kirchenzucht ist.

Die lettischen Sonnenmythen.

Der geniale Scharfsinn A. Kuhns, des Begründers der vergleichenden Mythenforschung, hat im Veda, dem ältesten Niederschlag arischen Glaubens, der uns erhalten blieb, den Schlüssel für manches Räthsel der griechisch-römischen, slavischen, germanischen Mythologie aufgefunden. Die Wahrheit dieser Entdeckung beruhte vor allem darin, dass hier eine umfangreiche Gattung religiöser Denkmäler gleicher Art und von demselben Volke, und im Ganzen und Grossen aus derselben Culturepoche herrührend uns die mythol. Hüllen uralter Weltanschauung, die Götter und ihre Thaten, noch im Zustande des Werdens, den Kristallisationsprocess der Naturmythen noch im Flusse zeigte. So mannigfaltig und wechselnd hier die bildlichen Vorstellungen und Beschreibungen von jedem einzelnen der besungenen Gegenstände und Vorgänge sind, bleiben sie bis zu einem ziemlich hohen Grade verständlich, oder sind ohne grössere Schwierigkeit zu enträthseln, da in den meisten Fällen das Object, um welches es sich handelt, unverhüllt genannt, oder unverkennbar gekennzeichnet wird. Aus diesem Grunde ist die altindische Hymnendichtung vorzugsweise geeignet, uns durch lebendige Analogie den Sinn und die Sprache solcher Mythen bei andern Völkern aufzuschliessen, welche wie sie noch ursprüngliche, von der Willkür epischer oder dramatischer Weitererzähler unverfälschte Naturpoesie enthalten. Mit einer gewissen Sicherheit wird die Mythenvergleichung nur dort vom Bekannten zum Unbekannten fortschreiten können, wo die Ursprünglichkeit und Reinheit von Zudichtungen zuvor festgestellt und das Naturgebiet bekannt ist, welchem die mythischen Lieder entnommen sind. Es liegt im höchsten Interesse der noch durch und durch jugendlichen Forschung für den Anfang solche Felder zu durchmessen, welche dem Irrthum einen möglichst geringen Spielraum übrig lassen, und die anderswoher gewonnenen allgemeinen und einzelnen Wahrnehmungen über das Wesen und die Bildung der Mythen an solchen Literaturcomplexen zu prüfen, welche — gleich den Hymnen des Rigveda — eine grössere Masse gleichartiger und deshalb commensurabler Ueberlieferungen von unzweifelhaft

erkennbarem Hauptinhalte umfassen. Mit andern Worten, es erscheint für
die feste Grundlegung des neuen Baues erspriesslicher, von bekannten einfachen Gegenständen ausgehend, deren mythologische Auffassung zu verfolgen,
als von der Analyse grösserer dichter verschlungener Sagengewebe, deren
Zettel und Einschlag, Grundlage und historische Veränderungen gleich unbekannte und darum vieldeutige Grössen darstellen. Von diesen Erwägungen
geleitet, hat der Verfasser dieses Aufsatzes den mythischen Ackerbaugebräuchen
seine Aufmerksamkeit zugewandt. Eine andere ebensowohl alterthümliche
als in ursprünglicher Reinheit erhaltene Schicht mythischer Traditionen von
beachtenswerthem Umfang, gleicher Art und gleichmässiger Beziehung auf
ein und das nämliche Naturgebiet, kannte ich in den lettischen und litauischen
Volksliedern, welche das Leben der Sonne, ihren Aufgang, Untergang und
Nachtaufenthalt schildern. Durch das soeben erfolgte Erscheinen einer längst
erwarteten lettischen Liedersammlung ist mein Vorrath einschlägiger Lieder
auf eine solche Anzahl gestiegen, dass es lohnend erscheint, die Aufmerksamkeit der Mythenforscher auf das in denselben enthaltene wichtige und lehrreiche Material zu lenken.

Die Quellen, aus denen ich die untenstehende Sammlung geschöpft habe,
sind die folgenden:

Spr. Pamjatniki latiischkago, naródnago twórtschewstwa ssabránii i
isdanii Iwánom Ssprógissom. Wiljna 1868, mit russischen Lettern gedruckte
und mit russischer Uebersetzung versehene Sammlung lettischer Volkslieder
aus dem Polnischen Livland von Iwan Sprogis. Der Verfasser, Custos der
K. Bibliothek zu Wilna, hatte die Güte, mich bei meiner Durchreise durch
Wilna im Frühjahr 1869 mit einem Exemplare seines Werkes zu beschenken,
welches kurz darauf, als ich zu Doblén in Kurland unter dem gastlichen Dache
August Bielenstein's, des gründlichsten Kenners nicht allein der lettischen
Sprache, sondern auch der lettischen Volksüberlieferung verweilte, der Gegenstand unseres eifrigen Studiums wurde. Bielenstein verdanke ich eine wort-
getreue Uebersetzung der für die Mythologie wichtigen Stücke. Der grosse
Werth der in jeder Weise zuverlässigen Sammlung beruht sowohl auf zahlreichen interessanten Varianten zu schon bekannten Liedern, als in vielen
neuen, ihr eigenthümlichen Gesängen Die Heimath des Sammlers, das sogenannte polnische Livland, jene nordwestliche Ecke des heutigen Gouvernements Witebsk nördlich der Düna zwischen Dünaburg und Luzyn, welche
bei der Eroberung Livlands durch Schweden im Anfange des siebzehntnn
Jahrhuuderts bei Polen verblieb, ist bis auf ganz neuere Zeit weit mehr als
andere von jedem Culturleben unberührt geblieben. Von den fast ganz heid-
nisch zu nennenden Zuständen, welche um 1600 in der entvölkerten, fast
jeder christlichen Kirche entbehrenden Landschaft herrschten, legen die Berichte der Rigaer und Wilnaer Jesuiten über ihre Missionsreisen beredtes
Zeugniss ab. Das sparsam und zerstreut in dichten Wäldern lebende Volk
brachte, trotzdem es dem Namen nach christlich war, zu gewissen Zeiten des

Jahres durch sogenannte Popen unter heiligen Bäumen das Opfer eines
schwarzen Stieres, Bocks oder Hahnes, ganzer Tonnen Bier; man trug
schlangenförmiges oder hundegestaltiges Gebäck unter die Eiche zu Ehren
göttlicher Wesen des Himmels und der Erde, oder mehr untergeordneter
Gottheiten für Fische, Aecker, Gärten, Hausthiere und alle Verrichtungen
des bäuerlichen Lebens. Ein Dämon der Aecker und des Kornes Zerûklis
(d. i. derjenige, auf den man seine Hoffnung setzt, von zer-et hoffen, vgl.
Bielenstein, die lettische Sprache I. 295) wird u. A. öfter erwähnt. Diese
und ähnliche Angaben wiederholen sich so oft und in durchaus uuverdächtigen
und von einander unabhängigen Zeugnissen und werden ausserdem durch
gleichzeitige oder nahezu gleichzeitige Analogien bei den nahverwandten
Litauern und im Samlande gestützt, so dass an ihrer Wahrheit im grossen
und ganzen nicht zu zweifeln ist.[1]) Um so erklärlicher erscheint es, dass
grade im polnischen Livland, welches der katholischen Gegenreformation verfallen, von den evangelischen Letten in Kurland und im eigentlichen Livland
durch Religion, Mundart uud politische Verhältuisse wie durch eine Mauer
getrennt ist, sich das alte Erbtheil mythischer Lieder am vollständigsten und
reinsten bewahrt hat.

U. Lettische Volkslieder übertragen im Versmaass der Originale von
Karl Ulman. Riga 1874. Diese Sammlung enthält das Wichtigste aus
dem bis dahin zusammengebrachten, theils ungedruckten, theils gedruckten
Vorrath lettischer Volkslieder in Kurland und dem eigentlichen Livland.
Nächst der ältern gedruckten Sammlung von Büttner haben die handschrift-
lichen Aufzeichnungen A. Bielensteins und des Uebersetzers die Originale
für die mit gründlichster Kenntniss der Sprache und des Volksliedes ausgeführten Uebertragungen geliefert.[2])

B. Ungedruckte Stücke aus Bielensteins vorzüglich in Semgallen ge-
machter Aufzeichnung.

N. Litauische Volkslieder, gesammelt, kritisch bearbeitet und metrisch
übersetzt von G. H. G. Nesselmann. Berlin 1853.

S. Litauische Märchen, Sprichwörter, Rätsel und Lieder. Gesammelt
und übersetzt von A. Schleicher. Weimar 1857.

Rh. Dainos oder Litthauische Volkslieder. Herausgegeben von L. J. Rhesa.
Neue Auflage von F. Kurschat. Berlin 1843.

---

[1]) Ausführliche Mittheilungen darüber enthalten die im Manuscript vollendeten, von mir
unter Mitwirkung von Stadtbibliothekar Berkholz in Riga herauszugebenden „Denkmäler der
letto-preussischen Mythologie“.

[2]) Seit ich obige Zeilen schrieb, hat auch die Veröffentlichung einer grösseren Ausgabe
lettischer Volkslieder in der Originalsprache von Seiten der lettisch-literarischen Gesellschaft
begonnen: Latweeschu tautas dseesmas. I. Leipzig 1874.

1.[1]

Spr. 309 cf. U. 150.

Ich blicke auf die Sonne
Wie auf mein Mütterchen.
Wohl ist sie warm, wohl freundlich,
Sprache allein fehlt.

2.

Spr. 309.

Die Sonne ist warm,
Das Mütterchen freundlich,
Beide von gleicher Zärtlichkeit,
Die Sonne warm zum Wärmen,
Das Mütterchen freundlich sich zu unterhalten.

3.

U. 163. Spr. 309.

Was verziehst du, liebe Sonne,
Warum gingst nicht früher auf du?
Hab' gesäumet hinterm Berge,
Um das Waislein zu erwärmen.

4.

N. 2. Rh. 78. Schl. 2.

O Sonne (Sonnchen, Saulyte) Gottes
Tochter (Diewo Dukte),
Wo säumtest du so lange?
Wo weiltest du so lange,
Seit du von uns geschieden?

Jenseits des Meers, der Berge
Bewachte ich die Waisen,
Erwärmte ich die Hirten.
Ja, viel sind meiner Gaben.

O Sonne, Gottes Tochter,
Wer hat denn früh und spät dir
Das Feuer angezündet,
Das Lager dir bereitet?

Der Abendstern (Wakarine Fem.) der Früh-
stern (Auszrine Fem.)
Der Morgenstern das Feuer,
Der Abendstern das Lager.
Ja, gross ist meine Sippschaft.

5.

U. 151.

Sonne, blick' zurück im Laufe,
Wer in deinem Schatten folgt?
Hundert kleine Waisenkinder
Blossen Fusses suchen dich!

6.

U. 152.

Hinterm Berge steigt der Rauch auf,
Wer hat Feuer angezündet?
Lieb' Maria heizt die Badstub',
Drin die Waisenmägdlein baden.

7.

U. 164.

Waislein liefen alle wir
Auf den Berg der Sonnenblumen,
Trockneten uns dort die Thränen
Mit den Sonnenblumenblättern.

8.

U. 157.

Was strahlt dort noch spät am Abend,
Da die Sonne nicht mehr scheinet?
Lieb' Maria glänzend gehet,
Hört, dass Waislein sich verlobe.
„Ach du irrst dich lieb Maria,
Schau, wie leer sind meine Hände!"
Geh' nur Waislein, sorg' dich nimmer,
Helfen will ich deiner Armut.

9.

U. 170.

Nimm das Waislein Brüderchen,
Wahrlich vornehm ist die Sippe!
Gott ist Vater, Laima (das Schicksal, die
Schicksalsgöttin) Mutter,
Brüder sind die Gottessöhne.

10.

N. 6. Rh. 67. Schl. 9.

Meine Tochter Simonene (Frau des Simon),
Wie kamst du zum Knaben?
Mutter, Mutter, hochehrwürdge,
Er kam mir im Schlafe.

Meine Tochter Simonene,
Worin wirst ihn hüllen?
Mutter, Mutter, hochehrwürdge,
In des Kleides Zipfel.

Meine Tochter Simonene,
Wer wird ihn denn warten?
Mutter, Mutter, hochehrwürdge,
Gottes schöne Töchter (Diewo Dukruzeles)
Tragen ihn auf Händen.

---

[1] Im Folgenden bedeuten die Citate aus Spr. die Seitenzahl, aus U., N., Sch. die Nummer
des Liedes.

Meine Tochter Simonene,
Worin wirst ihn legen?
Mutter, Mutter, hochehrwürdge,
In des Taues Decke.

Meine Tochter Simonene,
Worin wirst ihn wiegen?
Mutter, Mutter, hochehrwürdge,
Wohl in Laimas Wiege.

Meine Tochter Simonene,
Womit wirst ihn speisen?
Mutter, Mutter, hochehrwürdge,
Mit der Sonne Brödchen.

Meine Tochter Simonene,
Wohin wirst ihn senden?
Mutter, Mutter, hochehrwürdge,
Zum Bojarenheere.

Meine Tochter Simonene
Was wird aus ihm werden?
Mutter, Mutter, hochehrwürdge,
Hetman wird er werden!

11.
Spr. 313.
In Kurland sind schwarze Wälder
Mit rothen Beeren;
Das waren keine rothen Beeren,
Das waren Thränchen der Sonne.

U. 426.
Hinterm Bächlein auf dem Berge
Wachsen rothe Beeren viel;
Dort hat Sonne viel geweinet
Und die Thränen abgetrocknet.

12.
U. 435.
Abends geht die Sonne unter,
Schmückt des Waldes grüne Wipfel:
Giebt der Linde goldne Krone,
Einen Silberkranz der Eiche,
Und den kleinen Weiden schenkt sie
Jeder einen goldnen Ring.

13.
Spr. 316.
Der Perkun fuhr übers Meer,
Jenseits des Meers ein Weib zu nehmen;
Die Sonne mit der Aussteuerlade
Fuhr (ging) hinten nach, alle Wälder
beschenkend:
Dem Eichbaum einen goldenen Gurt,

Dem Ahorn bunte Handschuhe aus Gold,
Der kleinen Weide einen gedrehten Ring.

14.
U. 452.
Ueber's Meer hin fährt der Perkun,
Jenseits sich ein Weib zu holen,
Mit dem Brautschatz folgt die Sonn' ihm,
Alle Wälder rasch durchglühend.

15.
U. 483.
Ihre Tochter gab die Sonne
Fort nach Deutschland über's Meer hin;
Brautschatz führen Gottes Söhne,
Alle Bäume reich beschenkend:
Goldne Handschuh' nahm die Fichte,
Grünes Wollentuch die Tanne,
Alle Birken goldne Ringe
An die zarten weissen Finger!

16.
U. 425.
Warum glühn an jedem Abend
Roth des Waldes grüne Spitzen?
Sonne hängt ihr Seidenröckchen
Jeden Abend aus zum Lüften

17.
U. 443.
Sonne schalt den blassen Mond aus,
Warum er nicht heller glänze?
Schnell die Antwort gab der Mond ihr:
Dir gehört der Tag, der Nacht mir!
Leuchte du des Tags den Menschen,
Ich beschau mich Nachts im Wasser.

Spr. 311.
Die Sonne schalt das Mondchen,
Warum es am Tag nicht scheine,
Das Mondchen antwortete:
Dir Tagchen, mir Nachtchen!

18.
U. 455.
Sonne mit zwei goldnen Rossen,
Fährt den Kieselberg hinan,
Nimmer müde, nimmer schwitzend,
Ruhen nicht sie auf dem Weg.

19.
U. 463.
Welch' ein stolzer Hof erglänzet
Hinter'm Berge dort im Thale?
Führen hin drei hohe Thore,
Alle drei von Silber strahlend!

Zu dem einen fährt Gott selbst ein,
Durch das andre lieb Maria,
Durch das dritte fährt die Sonne
Mit zwei stolzen, goldnen Rossen.

20.
Spr. 310.
Die Sonne badete
Ihre Rösslein im Meere,
Selbst sitzt sie auf dem Berge,
In der Hand die goldenen Zügel.

31.
U. 456.
Sonnentochter (Saules meita), holde
Jungfrau,
Reitest wohl auf kleinem Rösslein?
Jeden Morgen ist das grüne
Röckchen dir von Thau gefeuchtet.

22.
U. 467.
Sonne die tanzt auf
Silbernem Berge,
Hat an den Füssen
Silberne Schuhe.

23.
Spr. 309.
Sonne, meine Taufmutter,
Gab die Hand über die Daugawa (Düna-
strom; eigentl. das grosse Wasser).
Weder tauchten ihr ein die Goldquasten,
Noch die silbernen Säume.

24.
Spr. 309.
Was bellten die Hunde des Dorfes
An der Pforte bockend?
Die Sonne fuhr, den Nebel zu löschen,
Ueber den silbernen See.

25.
Spr. 310.
Ich habe mich der Sonne verbündet,
Zu kommen nach Deutschland.
Schon ist die Sonne in Deutschland
Und ich bin noch an der Meeresbucht.

26.
Spr. 313.
Die Sonne säte Silber
Im baumstumpfreichen Rodeland,
Säe doch Sonnchen mein Teilchen
Oben auf den Baumstumpf!

27.
U. 476.
Was hast du den ganzen Sommer
Denn gethan, du liebe Sonne?
Einen Kranz von Rosen flocht ieh
Um den jungen Gerstenacker.

28.
Büttner 19.
Bitterlich weint das Sonnchen
Im Apfelgarten.
Vom Apfelbaum ist gefallen
Der goldene Apfel.

Weine nicht, Sonnchen,
Gott macht einen andern,
Von Gold, von Erz,
Von Silberchen.

29.
Spr. 312. U. 457.
Stehe früh auf Sonnentochter,
Wasche weiss den Lindentisch,
Morgen früh kommen Gottes Söhne
Den goldenen Apfel zu wirbeln (rollen).

30.
Spr. 314.
Schlafe, schlafe Sonnchen
Im Apfelgarten.
Voll sind deine Aeuglein
Mit Apfelbaumblüthen.

31.
U. 466.
Einfuhr die Sonne
Zum Apfelgarten,
Neun Wagen zogen
Wohl hundert Rosse.

Schlummre, o Sonne,
Im Apfelgarten,
Die Augenlider
Voll Apfelblüthen.

32.
U. 465.
Was weint die Sonne
So bitter traurig?
Ins Meer versunken
Ein golden Boot ist!

Wein' nicht, o Sonne,
Gott baut ein neues,
Halb baut er's golden,
Und halb von Silber.

33.

Spr. 310.

Es geht die Sonne am Abend unter
Und fällt in ein goldenes Schifflein,
Am Morgen geht die Sonne auf,
Das Schifflein bleibt hinter ihr auf den Wellen.

34.

Spr. 312. Büttner 18.

Die Sonnentochter watete im Meere,
Man sah nur noch das Krönchen,
Rudert das Boot, ihr Gottessöhne,
Rettet der Sonne Leben (Var. Seelchen).

35.

U. 469.

Sonnentochter sank ins Meer,
Und die Krone sah man blinken,
Auf dem Berg stand Gottes Sohn,
Schwang ein golden Kreuz in Händen.

36.

Spr. 313.

Ein Schmied schmiedete am Himmel,
Die Kohlen fielen in grosse Wasser (Daugawa).
Dem Gottessohn schmiedete er Sporen,
Der Sonnentochter einen Ring.

37.

U. 477.

Himmelschmied am Himmel
schmiedet
In's grosse Wasser (Daugawa, Düna) fallen
Kohlen.
Breitete mein Wolltuch drunter:
Nun ist's voller Silberstücke.

38.

Spr. 302.

Der Schmied schmiedete am Meeresstrande,
Was schmiedete er, was schmiedete er nicht?
Er schmiedete des Gottessohnes Gürtel,
Den Wainags (Krone, Mädchenkranz) der
Sonnentochter.

39.

Spr. 316.

Schmettere Perkun in den Quell
Bis in den Grund hinein;
Gestern Abend ertrank die Sonnentochter,
Die goldene Kanne waschend.

U. 454.

Schleudre deinen Blitz, o Perkun,
In des Sees tiefste Tiefe;

Dort ertrank die Sonnentochter,
Als sie goldne Kannen wusch.

40.

U. 455.

Schleudre deinen Blitz, o Perkun,
In der Quelle tiefste Tiefe,
Findest dort Waldteufels Tochter,
Wie sie goldne Kannen wäscht.

41.

U. 459.

Wessen pferde, wessen Wagen
Stehen vor der Sonne Thüre?
Gottes Pferd', Marias Wagen,
Freier um die Sonnentochter.

42.

Bielenstein.

Warum stehen die grauen Rosse
An der Hausthür der Sonne?
Es sind des Gottessohnes graue Rosse,
Der freit um die Tochter der Sonne.

Der Gottessohn reichte die Hand
Der Sonnentochter über das grosse Wasser
(Daugawa);
Die Sonne weinte bitterlich
Auf dem Berge stehend.
Wie sollte sie nicht weinen?

Es war ihr leid um das Mägdlein,
Leid um die Aussteuer,
Die Lade mit Gold beschlagen,
Silberne Gaben.

43.

Bielenstein.

Graue Rösslein, schmucke Wagen
An der Hausthür der Sonne;
Die Sonnenmutter (Saules mâte) gab die Tochter
Und lädt mich zum Brautgefolge.

44.

Spr. 301.

Wessen sind die grauen Rösschen
An Gottchens Hausthür?
Das sind des Mondes Rösschen,
Derer die da freien um die Sonnentochter.

Heute besattelte die Sonne
Hundert braune Rösschen,
Gieb Gottchen dem Monde
Hundert Söhnchen als Reiter.

45. [vgl. 82].
Spr. 298.

Wo waret ihr Gottessöhne
Mit schweisstriefenden, besattelten Rosschen?
Die Gottessöhne lassen ihre Rösschen
In die Goldkoppel,
Lassen sie hinein in die Goldkoppel,
Stellen mich als Hüterchen hin,
Schärfen Folgendes ein, mich hinstellend:
„Brich nicht ab einen goldenen Zweig".
Ich brach ein Zweiglein ab, lief in's Thal.
Es suchet mich das liebe Gottchen mit seinen
                                    Dienern;
Es findet mich das liebe Gottchen
Mit seinen Dienern;
Es legt mich das liebe Gottchen
Zu seinen Dienstmägden.
Ich bitte dich, liebes Gottchen,
Was für einen Lohn wirst du mir geben?
Ich werde dir geben eine goldene Krone
                                    (Krohnis)
Mit silbernen Rändern.
„Ich bitte dich, liebe Laima,
Wo werde ich sie verwahren?"
Am Abend dich schlafen legend,
Lege sie unter den Kopf.
Am Morgen früh aufstehend
Setze sie auf den Kopf.

46.
Spr. 314.

Es sagen die Leute
Der Mond habe kein eigenes Rösschen;
Der Morgenstern und der Abendstern
Sind des Mondes Rösschen.

47.
Spr. 313.

Wo läufst du hin, Mondchen
Mit dem Sternenmäntelchen?
Ich gehe in den Krieg. u. s. w.

48.
Spr. 314.

In der Nacht fuhr das Mondchen,
Ich als des Mondes Fuhrmann,
Der Mond gab mir
Seinen Sternenmantel.

49.
Spr. 315.

Der Morgenstern ging früh auf,
Begehrend die Sonnentochter.
Geh auf Sonnchen selber früh,
Gieb nicht die Tochter dem Morgenstern.

50.
Spr. 315.

Alle Sterne sind mir sichtbar,
Der Morgenstern allein ist nicht da;
Der Morgenstern ist hingelaufen
Auf die Freischaft um die Sonnentochter.

51.
Spr. 315.

Wo ist der Morgenstern,
Dass man ihn nicht sieht aufgehen?
Der Morgenstern ist in Deutschland,
Näht einen Sammetrock.

52.
Spr. 313.

Zwei Lichterchen brannten im Meere
Auf silbernen Leuchtern,
Die Sonnentochter sass dabei,
Schmückend ihr Krönchen.

U. 470.

In dem Meere brennen Lichter
Zwei auf hohen goldnen Leuchtern,
Sitzen dort zwei Sonnentöchter
Goldne Kronen in den Händen.

53.
Spr. 303.

Zwei Lichterchen brennen im Meere
Auf silbernen Leuchtern,
Die zünden an die Gottessöhne,
Wartend auf die Sonnentochter.

54.
Spr. 303.

Gottes Söhne bauten eine Klete
Goldene Sparren zusammenfügend:
Die Sonnentochter ging hindurch
Wie ein Blättchen bebend.

U. 471.

Gottes Söhne bauen ein Haus auf,
Goldene Sparren auf dem Dache:
Eingehn dort zwei Sonnentöchter
Wie zwei Espenblättlein zitternd.

55.
Spr. 303.

Hinter dem Berge ein Eichbaum,
Hinter dem Eichbaum ein See.
Der Gottessohn hing auf (an der Eiche)
                                    seinen Gürtel,
Die Sonnentochter das Krönchen.

56.
Spr. 302.

Wer konnte das ausführen,
In der Mitte des Meeres einen Haufen (Insel)
aufwerfen?
Das hat Gottes Sohn gethan,
Freiend um die Sonnentochter.

57.
Spr. 303.

Johannchen zerschlug die Kanne
Auf einem Stein sitzend,
Der Gottessohn bebänderte sie
Mit silbernen Dauben.

58.
Spr. 302.

Weiss waren des Herren Söhne,
Die meine Kraft niederzogen,
Aber noch weisser die Gottessöhne,
Die mir die Kraft gegeben haben.

59.
Spr. 310.

Hütet euch ihr Gottessöhne,
Heute morgen ist die Sonne zornig aufgegangen,
Warum zieht ihr Abends ab
Den Ring der Sonnentochter?

60.
Spr. 311.

Drei Tage, drei Nächte
War die Sonne mit Gott im Streit.
Die Gottessöhne haben abgezogen
Den Ring der Sonnentochter.

U. 45S.

Tage zwei und drei der Nächte
Waren Sonn' und Gott in Hader.
Gottes Söhne hatten Ringe
Sonnentöchtern abgezogen.

61.
Spr. 312.

Gestern war die Sonne glanzvoll,
Heute ist sie so verhüllt.
Gestern leuchtete die Sonne selbst
Heute der Sonne Dienstmagd.

62.
Spr. 312.

Die Sonne schalt ihre Töchter
In der Mitte des Himmels stehend,
Die eine hatte nicht gefegt die Diele,
Die andere hatte nicht gewaschen den Tisch.

63.
Spr. 311.

Die Sonnentochter wäscht sich
In der Bucht des raschen Bächleins;
Gottes Sohn späht (nach ihr) aus
Vom goldenen Weidenbusche.

64.
Spr. 312.

Der goldene Hahn hat gekräht
Am Rande des grossen Wassers (Daugawa),
Dass sich erheben möchte die Sonnentochter
Den Seidenfaden zu zwirnen.

65.
Sbr. 313.

Sonne, Sonne, Mondchen!
Was machen eure Knechte?
Die seidenen Wiesen sind ungemäht,
Die goldenen Berge sind ungeeggt.

66.
Spr. 303.

Gottes Söhne geriethen in Streit
Mit dem Waggar (Aufseher der Knechte) des
Perkuh:
„Die Seidenberge sind nicht geeggt,
Die goldenen Wiesen sind nicht gemäht!"

67.
Spr. 310.

Wo liefst du hin, Sonnentochter,
Mit der silbernen Harke?
An dem Ufer des grossen Wassers (Daugawa)
Heu zu harken
Gegenüber dem Morgenstern.

68.
Spr. 302.

Schwarze Stiere, weisse Hörner,
Sie frassen Röhricht im grossen Wasser
(Daugawa);
Das waren nicht schwarze Stiere,
Das waren Gottes Rösschen.

69.
Bielenstein.

Gottes Gänse, Gottes schwarze Stiere
Fressen auf das grüne Gras.
Die Gottessöhne rodeten aus den Birkenwald,
Und gingen weg nach Deutschland,
Um mit Bechern zu spielen.
Var: auf goldener Kohkle (Harfe) spielend.

70.
Spr. 311.
Drei Tage, drei Nächte
War Gott mit der Sonne in Streit.
Die Sonnentochter hat abgebrochen
Das Schwert des Gottessohnes.

71a.
Spr. 311.
Drei Tage, drei Nächte
War Gott mit der Sonne in Streit;
Die Sonne schlug (warf) den Mond
Mit einem silbernen Steinchen.

71b.
Bergmann, Lettische Sinn- und Stegreifs-
gedichte 1808, S. 42.
Die Sonne zerhieb den Mond
Mit einem scharfen Schwerte.
Warum hat er dem Morgenstern
Die verlobte Braut genommen?

72.
Bielenstein.
Die Sonne zog ihre Tochter gross,
Versprach sie dem Gottessöhnchen.
Als die gross gewachsen war,
Gab sie sie nicht, sondern gab sie dem Monde.

Dem Monde sie gebend, bittet sie
Perkun zum Brautgefolge.
Es schmetterte Perkun herausreitend,
Er zerschmetterte den grünen Eich-
                                baum.

Es wird bespritzt der grüne Eichbaum,
Bespritzt wird Marias wollene Decke
Mit des Eichbaums Blute.

Du Perkunchen, kluger Mann,
Wo soll ich sie auswaschen?
Wasche sie, Maria, in dem Bache,
Der da hat neun Mündungen.

Du Perkunchen, kluger Mann,
Wo soll ich sie austrocknen?
Suche, Maria, ein Apfelbäumchen
Mit neun Seitenästen.

Du Perkunchen, kluger Mann,
Wo soll ich sie rollen?
Suche eine solche Lindenrolle
Mit neun Mangeln.

Du Perkunchen, kluger Mann,
Wo soll ich sie verwahren?
Suche eine solche Lindenlade
Mit neun Schlössern.

Du Perkunchen, kluger Mann,
Wo soll ich sie vertragen?
Trage sie, Maria, an dem Tage,
Wo neun Sonnen scheinen.

73.
Bielenstein.
[Der Mond spricht:]
Drei Abende machte ich das Bette,
Wartete auf den anderen Schläfer (die andre
                                Schläferin?).
Am vierten Abend machte ich das Bettchen
                                nicht mehr.
Ich führte das Liebchen heim,
Die Weberin von Sternendecken.
Selbst hatte ich ein graues Rösschen,
Eine Sternendecke auf dem Rücken.
Alle Sterne zählte ich aus,
Der Morgenstern war allein nicht da;
Der Morgenstern war hingelaufen
Nach der Sonnentochter zu schauen.
Der Perkun fuhr durch den Himmel
Mit der Sonne sich zankend.
Die Sonne gehorchte nicht dem Perkun,
Sie verkaufte die Tochter dem Morgenstern.
Der Perkun that es absichtlich,
Er zerschmetterte den goldenen Eich-
                                baum.
Die Sonnentochter weinte bitterlich,
Die goldenen Zweige auflesend.
Alle Zweige las sie auf,
Der Wipfelzweig allein ist nicht da,
Im vierten Jahr fand sie den Wipfelzweig selber

74.
U. 451.
Mond zählt alle goldenen Sterne,
Die am Himmel nah und fern;
Alle waren hell erschienen,
Fehlte nur der Morgenstern.

Morgenstern ist fortgeritten,
Auf zur Sonne geht sein Flug;
Sonnentochter will er freien
Und der Perkun führt den Zug.

Vor dem Thor das Apfelbäumchen
Spaltet er in raschem Lauf,
Und drei Jahre weint die Sonne,
Sammelnd goldne Zweige auf.

75.
U. p. 195, 16.
Mond führt heim die Sonnentochter,
Perkun folgt dem Hochzeitszug,
Durch die offne Pforte sprengend,
Spaltet er die goldne Eiche.

Meinen braunen Rock bespritzet
Hoch aufspritzend Blut der Eiche,
Weinend liest die Sonnentochter
In drei Jahren auf die Aeste.

Sage mir doch, liebe Maria,
Wo ich meinen Rock soll waschen?
Wasch ihn, Knabe, in dem Bächlein
Aus, woher neun Ströme fliessen.

Sage mir doch, liebe Maria,
Wo soll trocknen meinen Rock ich?
Häng' ihn, Knabe, in den Garten,
Wo neun Rosenstöcke blühen.

Sage mir doch, lieb Maria,
Wo soll meinen Rock ich glätten?
Glätt' ihn Knabe auf der Rolle
Welche auf neun Walzen läuft.

Sage mir doch, liebe Maria,
Wo soll ich ihn aufbewahren?
Schliess', ihn Knabe, in den Kasten,
Der neun goldne Schlüssel hat.

Sage mir doch, liebe Maria,
Wann soll ich den Rock vertragen?
Trag' ihn, Knabe, an dem Tage,
Wo am Himmel glühn neun Sonnen.

76.
N. 3. (Rh. 81) Schl. 3.
Am Spät-Abend gestern
Ist mir ein Lamm verschwunden.
Wer wird mir helfen suchen
Mein liebes, einzigs Lämmlein?

Zum Morgensterne ging ich
Der Stern gab mir zur Antwort:
Ich muss der Sonne Morgens
Das Feuer früh anzünden.

Zum Abendsterne ging ich,
Der Stern gab mir zur Antwort:
Ich muss der Sonne Abends
Das Lager zubereiten.

Da ging ich zu dem Monde,
Der Mond gab mir zur Antwort:
Bin mit dem Schwert zerhauen
Und traurig ist mein Antlitz.

Da ging ich hin zur Sonne,
Die Sonne gab zur Antwort:
Neun Tage will ich suchen,
Am zehnten auch nicht ruhen.

76.
Schl. 1. N. 2. Rh. 27.
Es nahm der Mond die Sonne
Zur Frau am ersten Frühling.
Die Sonne, die stand früh auf,
Es schied der Mond von dannen,

Mond wandelte nun einsam,
Fasst Liebe zu dem Frühstern.
Perkun in grossem Zorne
Zerhieb ihn mit dem Schwerte

Was gingst du von der Sonne?
Was liebtest du den Frühstern
Zur Nachtzeit einsam wandelnd?
Das Herz ist voller Trauer.

78.
Schl. 4. N. 4.
Der Frühstern machte Hochzeit.
Perkuns ritt durch das Thor ein,
Zerschlug die grüne Eiche.

Es floss das Blut der Eiche,
Bespritzte meine Kleider,
Bespritzte mir mein Kränzlein.

Der Sonne Tochter weinte
Und sammelte drei Jährlein
Die abgewelkten Blättchen.

„Wo soll ich, meine Mutter,
Mir meine Kleider waschen,
Das Blut aus ihnen waschen?"

„Mein Töchterlein, mein junges,
Geh' hin zu jenem Teiche,
In den neun Bächlein fliessen!"

.Wo soll ich, meine Mutter,
Mir meine Kleidchen trocknen,
Austrocknen sie im Winde?"

„Mein Töchterlein, im Garten,
In dem neun Röslein wachsen".

Wo soll ich, meine Mutter,
Die Kleiderchen dann anziehen,
Die weissgewaschnen tragen?

„An jenem Tage, Tochter,
An dem neun Sonnen scheinen".

79.
U. p. 186, 13.

In die Kirche ging Maria,
Lud mich ein mit ihr zu gehn,
Selber trug sie goldnen Gürtel,
Silbergürtel band sie mir um.

Sagte, als sie mich gegürtet:
„Vater hast du nicht, noch Mutter!"
Als ich diese Worte hörte,
Flossen reichlich meine Thränen.

Seiden Tüchlein gab Maria
Mir, die Thränen abzutrocknen,
Als ich sie getrocknet hatte,
Warf ich's in den Nesselbusch.

Geh'n vorbei die jungen Knaben,
Ziehen ehrfurchtsvoll die Mütze;
„Was erglänzt und blitzt so prächtig
Durch die grünen Nesselbüsche"?

's ist Maria's Seidentüchlein
Mit des Waisenmägdleins Thränen,
Und ich fragte: Lieb' Maria,
Wo soll ich das Tüchlein waschen?

Lieb Maria sagte freundlich:
In dem goldenen Bach am Thale.
Und ich fragte: Lieb' Maria,
Wo soll ich das Tüchlein trocknen?

Lieb' Maria sagte freundlich:
In dem goldnen Rosengarten.
Und ich fragte: Lieb' Maria,
Wo soll ich's dann aufbewahren?

Lieb' Maria sagte freundlich:
Schliess' es in ein golden Kästlein,
Häng' daran neun goldne Schlösslein
Mit neun goldnen Schlüsselchen.

80.
Schl. 12. N. 5. Rh. 48.

Unter'm Ahorn ist die Quelle,
Da die Gottessöhnchen

Tanzen gehen in dem Mondschein
Mit den Gottestöchtern [1]).

In der Quelle bei dem Ahorn
Wusch ich mir das Antlitz,
Als ich wusch das weisse Antlitz,
Fiel mein Ring ins Wasser.

Gottessöhne werden kommen
Mit den seidenen Netzen,
Fischen mir mein Fingerringlein
Aus des Wassers Tiefe.

Und es kam der junge Knabe
Auf dem braunen Rösslein,
Und es hat das braune Rösslein
Goldne Hufbeschläge.

„Komm hieher, mein Mädchen,
Komm hieher, du junges,
Komm, lass uns ein Wörtchen kosen,
Lass uns träumen süsse Träume,
Wo der Quell am tiefsten
Und die Lieb' am liebsten!"

„Ach, ich kann nicht, Knabe,
Kann nicht, holder Jüngling,
Schelten würde mich die Mutter,
Schelten würde sie, die Alte,
Spät käm' ich nach Hause,
Spät käm ich nach Hause."

„Sage doch, mein Mädchen,
Sage doch, du junges,
Kamen Schwäne (Enten) hergeflogen
Und die trübten mir das Wasser,
Darum musst' ich warten,
Bis es sich gekläret."

„Nicht so, meine Tochter,
Nicht so, meine junge.
Ei, du sprachst ja mit dem Knaben,
Ei, du kostest mit dem jungen
Unterm grünen Ahorn
Zarte Liebeswörtchen."

---

[1]) Var.: Unterm Ahorn ist die Quelle,
Reines Wasser quillt da,
Wo der Sonne Töchter kommen
Früh das Antlitz waschen.

81.
Bielenstein.

Mein Mütterchen schickte mich nach Wasser
Mit zwei Kesselchen.
„Geh Mägdlein, laufe Mägdlein
Nach dem Thalqnell!"

An dem Thalquell
Heizen die Gottessöhne die Badstube.
Die Sonne brach einen goldenen Besen,
Die Mehnesnisa (Mondviertel) erzeugte durch
Giessen den Dampf.

Geh' vorsichtig Mehnesnisa,
Damit der Quast nicht ausschmelze (sich
auflöse),
Damit ich heimbringe dem Mütterchen
Doch wenigstens ein Zweiglein.

82.
Bielenstein.

Gottchen macht eine goldene Umzäunung
Von vielen Ecken und vielen Zweigen.
Es reiten heran Gottes liebe Söhne
Mit schweisstriefenden Rösslein.

Ich armes Waisenmädchen,
Mich setzen sie zur Hüterin.
Hinsetzend schärfen sie ein:
„Brich nicht ab goldene Aeste."

Ich brach ab goldene Zweige,
Lief hinab in's Thal,
Lief hinab in's Thal,
In die Badstube der lieben Maria.

Es bedeckt (versteckt) mich die liebe Maria
Mit (unter) den Quastblätterchen;
Es sucht mich das liebe Gottchen
Mit seinen Söhnchen.

„Vergieb doch, liebes Gottchen,
Dem armen Waisenmädchen."
„Ich werde nicht vergeben,
Warum hast du gebrochen
Goldene Zweige?

83.
Bielenstein.

Ich säte eine schöne Rose
In den weissen Sandberg.
Sie wuchs auf lang, gross,
Bis zum Himmel hinauf.
An den Rosenzweigen stieg ich zum
Himmel hinauf.

Dort sah ich Gottes Sohn
Sein Rösschen sattelnd.
„Guten Morgen, guten Morgen Gottes Sohn
Hast du gesehen Vater und Mutter?
„Vater und Mutter sind in Deutschland,
Sie trinken der Sonnentochter Hochzeit.
Die Sonne selbst bereitet die Aussteuer,
Den Rand des Fichtenwaldes ver-
goldend.

84.
Schl. 10. N. 7. Rh. 84.

„O Zemina (Erdgöttin), Blumenspenderin
Wo pflanz' ich das Rosenzweiglein?
„Pflanz' es dort aufs hohe Berglein
An dem Meere, an dem Haffe."

„O Zemina, Blumenspenderin,
Wo denn find' ich Vater, Mutter,
Ich Verstoss'ne, Mitleidswerthe?"
„Geh dort auf das hohe Berglein
An dem Meere, an dem Haffe."

Aus dem Rosenstöcklein
Ward ein grosses Bäumlein,
Aeste trieb's bis in die Wolken.
Steigen werd' ich in die Wolken
An des Rosenstockes Zweigen.

Und ich traf den jungen Knaben
Auf dem Gottesrösslein
„Ei du Knabe, ei du Reiter,
Sahest du nicht Vater, Mutter?"

„Du mein Mädchen, meine junge,
Geh hin in der Niedrung Gegend.
Vater, Mutter rüsten jetzo
Dort die Hochzeit deiner Schwester.

Und ich ging hin in die Niedrung:
„Guten Tag, mein lieber Vater,
Guten Tag, mein Mütterlein!
Warum habt ihr mich verstossen
Klein schon unter fremde Leute?

Ich erwuchs zum grossen Mädchen,
Ganz allein fand ich die Wiege,
Wo ich mich als Kindchen freute."

85.
Spr. 3.

Ein glänzender Stern war am Himmel,
Er fiel in das Meer,
Drei Tage lang verdarb er das Wetter,
Bis er ans Ufer wieder kam.

86.
Spr. 315.
Nicht ist der Stern die ganze Nacht,
Wo er aufging am Abend.
Um Mitternacht schwankte er hinein
In das Häuschen der Seelen.

87.
Spr. 220.
Regen regnete in der Sonne
Den Wellenes (Seelen) wurde die Hochzeit
                        getrunken.
Mein Brüderchen starb jung,
Hat der genommen ein Liebchen?

88.
U. 422.
Regen rinnt im Sonnenschein,
Wenn sich todte Geister frein;

Bruder mir und Schwesterlein
Werden dort zur Hochzeit sein.

89.
U. 423.
Sonnentochter, Sonnentochter,
Gieb den Schlüssel mir heraus!
Muss ja meinem einz'gen Bruder
Nun das dunkle Grab erschliessen.

90.
Spr. 310.
Ei Sonne warte auf mich
Was ich dir sagen werde;
Bringe meinem Mütterchen
Hundert Abendgrüsse

91) Unzweifelhaft aus żemaitischen Dainos hat in der Mitte des sechzehnten
Jahrhunderts J. Laszkowski die folgenden Angaben geschöpft, die wir bei
Lasitius de diis Samogitarum 487, meiner Ausgabe (88) 11] lesen:

Percuna tete mater est fulminis atque tonitrui: quae solem fessum ac
pulverulentum balneo excipit: deinde lotum et nitidum postera die emittit. —
Ausca dea est radiorum solis vel occumbentis, vel supra horizontem ascendentis.

Die Uebersetzung von Percuna tete durch mater fulminis ist ungenau.
Da es sich nämlich, wie die übrigen litauischen Sätze in Lasickis Schrift
zeigen, um Worte in żemaitischer Mundart handelt, welche den Genitiv der
masculinen A-Declination nicht auf o, sondern auf a bildet (Schleicher Lit.
Gram. S. 30) so ist „Muhme des Perkunas zu verstehen.[1]) Für Ausca
scheint Auszra (der Morgenstern) gelesen werden zu müssen.[2])

Bei vergleichender Betrachtung springt sofort das hohe Alter der
vorstehenden Lieder in's Auge. Sie enthalten keinerlei Beziehungen auf
moderne Verhältnisse, die Erwähnung der Maria in den aus Kurland und
dem evangelischen Livland herrührenden Liedern 8. 19. 41. 72. 75. 79. 82
führt uns dreihundert Jahre in die Zeit des Katholicismus zurück, ergiebt
sich aber alsbald als unursprünglich, und zwar entweder als Interpolation
(vgl, 19; 41 mit 42, 43), oder als Vertauschung mit einem anderen mythischen
Wesen z. B. der Sonne, der Sonnentochter, dem Morgenstern, dem Perkun,
der Laima (vgl. 6 mit 4; 79 mit 74. 78. 45.) Auch sonst ist einmal 35 die
Umdeutung einer mythologischen Figur in die gleichnamige des christlichen
Welterlösers und Hinzufügung der Attribute des letzteren bemerkbar. Ihr

[1]) Ganz stillschweigend hat Narbutt, Mitologia Litewska, S. 49 aus Perkuna tete Perkunatele gemacht und eine Marya Perkunatele erlogen, und wohl dadurch verleitet, J. Grimm (Namen
des Donners, 316, kl. Schr. II 415) eine litauische Göttin Perkunatele angesetzt.
[2]) Ausführlicheres in meinen Denkmälern der letto-preussischen Mythologie.

eigentliches Leben entfalten jedoch unsere Poesien in dem wirksamen Spiele
einer Anzahl mythischer Personifikationen, welche noch in der Periode des
reinen Heidenthums entsprossen sein müssen. Da betreten Perkun der
Donnergott als Lichtspender, die Sonne als Gottes Tochter, als Sonnenmutter, der Planet Venus als Sohn Gottes oder, in seiner gedoppelten
Erscheinuug als Morgenstern und Abendstern, als Gottessöhne; die Dämmerung als Sonnentochter aufgefasst, die Bühne und ihre Zustände gestalten sich zu Handlungen. Beweisend ist neben Perkun vornehmlich der
Name Sohn Gottes, der seit der Annahme des Christenthums ausschliesslich dem Heilande zustand und den für einen anderen Begriff, zumal ein
Naturphänomen neu zu verwenden, für Blasphemie gelten musste, eine heilige
Scheu, welche nur das Beharrungsvermögen uralter traditioneller Redeweise,
der ebenfalls etwas Ehrwürdiges innewohnte, zu überwinden vermochte. Ist
somit der Inhalt der Lieder nachweislich der Hauptsache nach schon vor
dem Beginne des dreizehnten Jahrhunderts vorhanden gewesen, so führt die
genaue Uebereinstimmung der litauischen Lieder mit den lettischen vielleicht
auch schon hinsichtlich des Contextes der Dichtungen zu einem ähnlichen
Ergebniss. Denn, so viel wir beobachten können, war der Verkehr zwischen
Letten und Litauern seit dem Beginne der Herrschaft des deutschen Ordens
so spärlich und abgebrochen, dass wir den Austausch ihrer Geistesprodukte
in eine Periode vor derselben zu verlegen haben, in der die poetischen Erzeugnisse der einen lettischen Nation durch mündliche Verbreitung noch sehr
schnell Gemeingut auch der andern wurden. Einen Austausch fertiger Lieder
aber setzen die Uebereinstimmungen voraus, 78 scheint — wie wir ausführen
werden —· auf lettischem Boden gewachsen, woneben andere nur eine sehr
nahe Verwandtschaft der Anschauung bekunden und z. B. auf litauischer Seite
durch gewisse auf sprachlichem Grunde ruhende Eigenheiten der Auffassung
(wie z. B. die Darstellung des Abendsternes und Morgensternes als dienende
Frauen in 4. 10. 76) eine Zeit verrathen, in welcher in Litauen ein der
lettischen Sonnenmythologie analoger Gedankenkreis noch in lebendiger,
flüssiger Bewegung war.

Möglicherweise sind manche der uns erhaltenen Lieder Umdichtungen
noch älterer, ganz in derselben Weise, wie die alliterirenden Eddalieder
Hamarsheimt, Fjölsvinnsmál, Gróugaldr, Gripisspá, Sólarljódh im vierzehnten
oder funfzehnten Jahrhundert in gereimter Modernisirung von Norwegern zu
Dänen und Schweden und umgekehrt wanderten.[1] Es scheint mir nämlich
ziemlich deutlich, dass die jetzige Gestalt unserer Lieder die erste und ursprüngliche nicht sein kann. Neben den kurzen Vierzeilen, welche bei den
Letten die Regel bilden, erscheinen noch längere und ausgeführtere Stücke,
denen litauische Seitenstücke entsprechen, erstere müssen somit als Ab-

---

[1] Vgl. meine Nachweise Zeitschr. f. D. Myth. IV. 450 und Christ. Rauch, die skand.
Balladen des Mittelalters. Berlin 1873. Progr.

kürzungen vollständigerer Lieder erscheinen. Mehrere derselben haben freilich kein anderes Aussehen als das einfacher poetischer Genrebildchen, wenn
aber dagegen, wie wir sehen werden, in anderen ein mythisches Wesen,
die Sonnentochter oder der Mond u. s. w. redend eingeführt wird, so setzt
dies einen anderen bedeutenderen Zweck voraus, der nicht mehr aus dem
gegenwärtigen Texte erhellt, wohl aber als rudimentäre Bildung, als Ueberbleibsel einer älteren Gestalt unserer Lieder begreiflich würde, in welcher
diese noch Hymnen, Loblieder darstellen, der Art, dass auf die epische
Schilderung von den Thaten der Gottheit, die der Dichter der Lebendigkeit
halber zuweilen dieser selbst in den Mund legte, Worte demüthiger Bewunderung, oder ehrfurchtvoller Bitte folgten. Vgl. die Aufforderung in 26.

Mögen sich diese Dinge immerhin verhalten, wie sie wollen, in den mit-
getheilten Liedern, welche die Hundertzahl beinahe erreichen, ist unserem
Blick eine reiche Schatzkammer mythologischer Poesie eröffnet, deren stätiges
Thema der Auf- und Niedergang der Sonne mit den sie begleitenden Erscheinungen bildet. Da sehen wir das glanzvolle Tagesgestirn bald unter dem
Bilde sachlicher Dinge, bald als menschliches Wesen wahrgenommen und
diese Bilder sind mannigfaltig mit einander zu neuen combinirt oder haben
Veranlassung zu secundären Vorstellungen gegeben, welche erst verständlich
werden, wenn man ihre Ausgangspunkte kennt.

Vielleicht ist es nicht unzweckmässig, bevor wir in die Erörterung der
Einzelheiten eintreten, ein paar Schilderungen des Sonnenaufgangs und Sonnenuntergangs aus der Feder unbefangener Naturbeobachter, wie sie uns grade
zur Hand sind, vorauszuschicken. Dieselben können dazu dienen, die objective Grundlage mancher in den Liedern enthaltener Bilder verständlich zu
machen. Zum Schluss des ganzen Aufsatzes wird ein nach dem Anfangs-
buchstaben geordnetes Verzeichniss die Auffindung der besprochenen Gegenstände dem Leser erleichtern.

Die Tageszeiten.

„Lange vorher, ehe die Strahlen der Sonne den Horizont erreichen, bedeckt ein grauer, anfangs kaum merklicher Schimmer, von Osten
her die Erde, der Widerschein der wenigen, von den höchsten und feinsten
Schichten unserer Atmosphäre zurückgeworfenen Lichttheile; mit jedem
Augenblicke wird die Farbe der Dämmerung heller, weil das Licht
der Sonne, indem sie sich dem Horizonte nähert, von mehreren und niedrigeren
Lagen der Atmosphäre zurückgeworfen wird; die Schatten der Nacht
entfliehen, die kleinen nnd endlich auch die grössten Sterne verschwinden nach und nach, man erkennt alle Gegenstände in ihrer natürlichen,
wiewohl schwächeren Farbe, und wir geniessen das volle Tageslicht,
ohne noch die Sonne zu sehen; bis endlich die Rosenfinger Aurorens
die Gipfel der Berge vergolden, die nahe Erscheinung der Gottheit des Tages
und des Beherrschers unseres Planetensystems verkündigen und jedes fühlende

Herz, selbst die Sänger des Waldes, zur Anbetung des prächtigsten Schauspiels der Natur, des Aufgangs der Sonne, erwecken. In feuchte Schleier gehüllt, erhebt sich mit stiller Majestät aus den Fluthen des Meeres die Sonne, als hätte sie ihren blendenden Schmuck abgelegt, um ihre blödsinnigen Kinder nach und nach an ihren Glanz zu gewöhnen; mit jedem Augenblick ersteigt sie eine neue Stufe zu ihrem mittägigen Thron, legt einen neuen Theil ihres königlichen Schmucks an und verbreitet Licht und Wärme über den Erdkreis. Doch bald lenkt Helios seinen Feuerwagen zum westlichen Horizont herab, unser Auge gewöhnt sich durch eben die unmerklichen Stufen an den Verlust des Lichts und der Wärme; ein, wenngleich nicht so prächtiges, doch rührendes Schauspiel beschliesst die Arbeiten des Tages, die kaum noch glühende Sonnenkugel taucht sich in den Ocean, um über andere Erdstriche ihr Füllhorn auszuschütten; die holde Abendröthe tröstet uns über den kurzen Verlust der Sonne und ladet uns zur Ruhe ein; bis endlich die immer schwächer werdende Dämmerung den Schatten der Nacht weicht und eine neue mannichfaltigere Scene, der silberne Mond, von tausend funkelnden Sternen umgeben, die Stelle einnimmt, die wir kurz vorher nicht anzublicken wagten. Der Mensch, die Thiere, selbst die Pflanzen haben nun eine Periode ihres Lebensalters vollbracht; Ruhe und Stille verbreitet sich über eine Hälfte des Erdbodens, indess auf der andern das unruhige Gewühl von neuem anfängt. Ein ähnlicher, doch nicht ganz derselbe Kreislauf beginnt mit jedem Morgen, denn eine grössere und wichtigere Periode unseres Lebens umschliessen die Jahreszeiten. (F. J. Schubert, vermischte Schriften. Bd. 3. Stuttgart und Tübingen 1825.)

Der Sommermorgen auf dem Lande.

Schon entweicht der Mond mit seinem bleichen Gefolge; schon fangen am dämmernden Himmel die ersten Farben der Morgenröthe an aufzuglimmen. Allmählich verlassen die falben Schatten die Ebenen und ziehen sich tief in die Nacht der Wälder zurück, an dem Gipfel der Berge wallen die Nebel auf und nieder und scheinen unter einander zu streiten, wie sie vor der Ankunft der Sonne entweichen wollen. Der rasche Lauf der Flüsse und die stille Fluth der See sind von einem Dampfe bedeckt, der nach und nach an den angrenzenden Hügeln hinaufzieht, indessen dass hin und her die Spitzen der Wälder und Landhäuser aus der Dunkelheit emporragen, dort der lange Gürtel grauer Gebirge, die sich mit dem blauen Himmel mischen, wieder erscheint, hier ein kühler Wind auf den schon erhellten Bächen schwärmet und im muthwilligen Spiel die kleinen Wellen kräuselt und da im frischen Laube scherzend den Thau herabschüttelt. Ein sich immer mehr aufheiterndes Purpurroth durchströmt die Wolken, und ein vorlaufender Schimmer der herannahenden Königin des Tages spielet auf den Häuptern der Felsen und der Hügel, welche die letzten Tropfen des

Thaues empfangen, und weckt die ganze Natur, auf ihre prächtige Ankunft aufmerksam zu sein. Der ganze Ost entflammt sich; der Himmel glänzt von einem zitternden Lichte; die Stirnen der Berge glühen; über dem gewölbten Walde zerfliesst eine liebliche Röthe, und weit näher schimmern schon die Gefilde in einer goldenen Heiterkeit. Endlich erhebt sich dort die Sonne über den Horizont herauf, ein wallendes Meer von Feuer. Ihre Strahlen erleuchten Alles; die weite Schöpfung fühlt ihre Gegenwart.

(Chr. K. L. Hirschfeld).

Sonnenuntergang.

Und prangend in der Sonne Wandlung
Ging vor uns an des Abends Thor
In feierlich erhabner Handlung
Ein grosses Schauspiel schweigend vor.
Im Westen war wie Schwanenflaum
Ein leicht Gewölke hingegossen,
Und schien an seinem äussern Saum
Von einem Flammenring umschlossen;
Daraus erstieg die Strahlengarbe
Der Sonne, die sich selbst verhüllte;
Vom Purpur bis zur Rosenfarbe
Das Abendroth den Himmel füllte,
Und badete mit seinem Glanz
Die stille Flur, des Flusses Bogen,
Der Berge waldesgrünen Kranz,
Des Kornes sanft geschwungne Wogen,
Bis im Zenith zu mattem Dämmer
Verblich die weit entrollte Fahne,
Wo tausend blasse Wolkenlämmer
Noch weideten am Himmelsplane.

Doch, wo der Sonnengott die Zügel
Am Horizont noch fahrend lenkte
Und sich vom Kamm der fernen Hügel
Sein Feuerwagen abwärts senkte,
Da wechselte die Pracht der Bilder:
Jetzt brach wie schmelzend Erz die Gluth
Hindurch, jetzt war das Leuchten milder,
Dann wieder dunkelroth wie Blut
Und musste balde doch verrinnen;
Als endlich auch der letzte Funken
Erlosch und von den blauen Zinnen
Die Sonne scheidend war gesunken.
Ein rother Fächer ruhig stand,
Der wie ein Hauch im Dunst verschwand.

J. Wolf Till Eulenspiegel redivivus. Detmold 1874. S 236.

Indem wir nunmehr in die Betrachtung der lettischen Sonnenlieder im Einzelnen eintreten, folgen wir im Allgemeinen der Ordnung nach den mythischen Personen, an diese jedoch schliessen wir sofort die sachlichen Naturbilder, welche in ihren Kreis gebören.

I. Gott.

Dass der Gott (lit. dĕwas, dĕws, lett. dĕws), Gottchen (lett. dĕwinsch) unserer Lieder, der Vater der Sonne 4, der Gottestöchter (lit. dĕwo dukruzeles, dĕwo dukteles 10. 80.) und der Gottessöhne lit. dĕwo sunelei 80. (lett. dĕwa deli), dessen Rosse vor der Hausthüre der Sonne halten, der mit Maria und der Sonne auf gleichem Boden steht, mit letzterer auch wohl gelegentlich einmal drei Tage lang in Hader liegt 70. 71. ein anderer sei, als der jüdisch-christliche, dass er noch ein Naturgott ist, leuchtet ein. Indem die Lieder diese Auffassung bestätigen, geben sie uns zugleich die grossartige Idee einer in der Natur, wie im Schicksal der Menschen waltenden Persönlichkeit, welche nahe daran ist die Fesseln der durch hergebrachte polytheistische Redeweise ihr auferlegten Beschränkung zu durchbrechen. Wo Gott daherfährt, spriesst der Segen in der Flur:

Spr. 301.

Wer war das, so herritt
Mit rauchfarbigem Rösslein?
Der herbrachte den Bäumen Blätter
Der Erde grünes Kleeheu?

Spr. 299.

Sanft, sanft fuhr Gottchen
Vom Berglein zu Thale,

Gottchen hat sanfte Rosse,
Sanft ist Gottes Schlittchen.

Spr. 300.

Leise, leise fuhr Gottchen
Vom Berglein ins Thälchen,
Weder liess er erbeben die Roggenblüthe,
Noch das Rösschen des Pflügers.

Mit der Schicksalsgöttin (Laiminga) zusammen naht er der Menschenwelt.

Spr. 299.

Junge Bursche, junge Mädchen
Reiniget den Wegrand,

Es reitet Gottchen, es fährt die Laiminga,
Es stolpert das Rösschen der Laiminga.

Zu erhabenem Schwunge erhebt sich die Schilderung Spr. 300:

Ich fand auf dem Wege
Ein von Gott gerittenes Rösslein,
Durch den Sattel ging die Sonne auf,

Durch den Zaum das Mondchen,
An dem Ende des Zügels
Wirbelte der Morgenstern.

Das ist ganz in der Bildersprache der lettischen Mythologie derselbe Gedanke, wie in dem alttestamentlichen Jes. 66, 1 Der Himmel ist mein Stuhl, die Erde meine Fussbank. Spr. 301 drückt die fromme Erwartung göttlichen Segens bei demuthvoller Bewunderung göttlicher Grösse naiver aber kaum minder schön aus, als Göthe's bekanntes Wort vom Kusse auf den letzten Saum des göttlichen Kleides:

Gottchen stieg aufs Rösslein,
Ich hielt das Steigbügelchen;

Mir gab Gottchen Land
Für des Steigbügels Haltung.

Neben anderen göttlichen Wesen stehend, sie jedoch an umfassendem Wirkungskreise unendlich überragend, kann der lettische Gott von Hause aus kaum ein anderer als der auf dem Wege zum Allgott begriffene Gott des Himmels gewesen sein. Eine Stütze gewinnt diese Ansicht in einer Schrift, welche zuerst um 1560 unter dem Namen „von der Bockheiligung der Sudauer" gedruckt, nach meinen Untersuchungen wahrscheinlich der zwischen 1526—1530 verfasste amtliche Bericht eines Geistlichen im Samlande über den Aberglauben der nordwestlichen noch von altpreussischer Bevölkerung besetzten Kirchspiele gewesen ist. Darin wird an der Spitze einer Reihe daselbst noch abgöttisch verehrter Wesen Occopirmus der erste got himels und gestirnes und weiterhin im Text Occopirmus der gott des himmels genannt und von ihm ausgesagt, dass er (doch wohl als Allsehender) in Gemeinschaft mit dem unter dem Holunder wohnenden Gotte Puschkaitis dem Dieb nicht Rast und Ruhe lasse, bis er das Gestohlene wiederbringe.[1]) Occopirmus d. i. ucka-pirmas, valde primus[2]) setzt den

---

[1]) Ueber Puschkaitis s. des Verfassers Baumkultus S. 63. 69.
[2]) Ueber ucka, uka vgl. Nesselmann thesaurus linguae Prussicae 194.

Glauben an einen hoch über niedere doch wesens-ähnliche Gottheiten hervorragenden Götterherrscher voraus. Der christliche Eingott ohne Seinesgleichen
konnte niemals als der erste bezeichnet werden. Im Hypatejew'schen Codex
der wolhynischen Chronik zum Jahre 1252 wird unter den Göttern, welche
der Litauerkönig Mindaugas (Mindowe) nach seiner Taufe noch heimlich
verehrte, Diveriks genannt und derselbe Name kehrt bei einer späteren
Gelegenheit als Gott der die Stadt Woswägl zerstörenden Litauer wieder.[1])
Diveriks kann kaum etwas anderes sein als Dêwu-riks (spr. djewuriks)
Götterherr. Riks, rikys Herr fehlt zwar im heutigen Sprachschatz der Litauer,
ist aber aus dem Denominativum rikauti (vgl. wêszpatauti herrschen von
wêszpats, karaliauti König sein von karalius König, sawalninkaut, willkürlich
schalten von sawalninkas Tyrann) und aus dem altpreussischen rikys, rikeis
Herr (vgl. buttarikians Hausherren) mit Sicherheit zu erschliessen[2]). Hienach
bleibt es es wohl kaum zweifelhaft, dass schon zur Zeit des Heidenthums
selber der Gott des lichten Himmels lit. Dêwas, lett. Dêws $\varkappa\alpha\tau'$ $\dot\epsilon\xi o\chi\acute\eta\nu$ —
genannt wurde. Die anderen Götter mögen daneben ständig als Götterchen
gekennzeichnet sein, wie denn Perkunas der Donner in mehreren litauischen
Redensarten von mythischem Gehalt dêwaitis genannt ist; als Glosse findet
sich in einer der ältesten Handschriften des Sudauerbüchleins deiwoty für
die preussischen Gottheiten überliefert.

II. Die Sonne.

a. Frau Sonne. Die Sonne wird einmal als ein anthropomorphisches
Wesen, sodann daneben vielfach unter irgend einem sachlichen Bilde (Apfel,
Boot u. s. w.) aufgefasst. Als ersteres heisst die Sonne (lit. Saule, Saulu̇ze, Saulyte
lett. Saule) Gottes Tochter lit. Dêwo dukte, dêwo dukryte; von ihr müssen
als ihre Töchter die Gottestöchter lit. dêwo dukteles, dêwo dukruẑeles
oder Sonnentöchter Saules dukrytes geschieden werden. Sie heisst 43 auch
Sonnenmutter Saules mâte, schwerlich jedoch als Mutter der Sonnentochter, sondern eher in demselben Sinne, in welchem sonst bei den Letten
von einer jûras mâte Meeresmutter, Semmes mâte Erdmutter, Ugguns mâte
Feuermutter, Meschamâte Waldmutter, Dârsamâte Gartenmutter u. s. w., bei
Esten von der Tuule ema Windesmutter, Marum emme Sturmesmutter, Wete
ema Wassermutter, Uduema Nebelmutter, Muroema Rasenmutter[3]), in deut-

---

[1]) Sjögrén Wohnsitze der Jatwägen (S. 204 (44) Anm. 138. 212 (52) Anm. 160.

[2]) Wenn der K-Laut dieser Worte auf Entlehnung aus dem Germanischen schliessen lässt,
so muss dieselbe schon in sehr früher Zeit vor sich gegangen sein, da das Substantiv Reikeis,
reiks alts. riki Herr, Fürst auch in den ältesten deutschen Dialekten nur in Eigennamen noch
vorkommt, vgl. Thiuda-reiks, Airmanareiks; andererseits die offenbar in heidnische Zeit zurück-
reichende Benennung altpreussischer Gutsherren „reges, reguli, viri regii“ als wahrscheinliche
Uebersetzung von rikyai letzteres Wort als vor der Ankunft der Ordensritter beim lettischen
Stamme eingebürgert erkennen lässt.

[3]) Vgl. Böcler-Kreutzwald, der Esten abergl. Gebräuche S. 146. Blumberg, Quellen und
Realien im Kalewipoëg S. 26.

schem Volksglauben von der Watermôder, Roggenmôder, Holundermutter, im skandinavischen von der Hyllemoer (Holundermutter) Eldsmore (Feuermutter)[1]) die Rede ist. Mutter bedeutet in diesen Fällen eine in den betreffenden Elementen oder Beschäftigungen waltende mütterliche Gottheit, die der Erscheinung innewohnende, dieselbe producirende geistige Macht.

In einem serbischen Liede, in welchem ein Mädchen trotzig prahlt, sie sei doch schöner als die Sonne, als Mond ihr Bruder und der Stern (swesde) ihre Schwester, tröstet Gott die helle Sonne (Sunce), und nennt sie der litauischen Auffassung entsprechend sein liebes Kind (cedo). Vuk I, 416 Talvj, Volkslieder der Serben Aufl. 2. II. 405. Vgl. Myth.[2]) 666.

b. Die Sonnenrosse. Die Bewegung der Sonne war als eine Fahrt Berg auf, Berg ab gedacht. Mit zwei nimmermüden Rossen vollendet sie die Fahrt 18, gradeso wie in altnorwegischer Mythe die beiden Hengste Arvakr (frühwach) und Alsvídr (allwissend) den Wagen der Sól ziehen (Grimnism. 37). So legt auch der nimmermüde ($\dot{\alpha}\varkappa\dot{\alpha}\mu\alpha\varsigma$) Helios täglich auf dem Sonnenwagen seine Bahn mit seinem Gespann zurück, dessen Rosse der Korinther Eumelos (bei Hygin fab. 183) Eous, Aethiops, Sterope, Bronte nennt. In den Veden sind an den Wagen der Sonnengöttin Suryâ zwei, sieben oder zehn Rosse geschirrt, welche baritas d. h. die falben, glänzenden, robitas d. h. die röthlichen oder arushîs, die rothen genannt werden.[3]) Daneben ist von einem Rosse Etaça die Rede, welches das Rad der Sonne trägt.[4]) Vom eranischen Sonnengotte Mithra heisst es, dass er auf goldenem Wagen fahre. „An diesem Wagen ziehen vier weisse Renner von gleicher Farbe Geistesspeise essend, ohne Krankheit, ihre Vorderhufen sind mit Gold beschlagen, die hinteren mit Silber, alle sind sie angespannt an die Deichsel, die nach oben gekrümmte, die gebunden ist mit gespaltenen, wohlgemachten, dicken Klammern von Metall."[5])

In den Veden lässt sich noch deutlich beobachten, wie die Fahrt der Sonne mit Rossen aus verschiedenen bildlichen Anlässen allmählich entstand. Häufig heisst noch die Sonne selbst einfach der Renner, der hurtige Wettläufer, das Ross. Es ist klar, dass die Metapher hier wie in Hellas und bei den Germanen vom Vergleiche der Bewegung, des Laufes der Sonne ihren

---

[1]) Aus der auf der Universitäts-Bibliothek zu Christiania aufbewahrten umfangreichen und ausgezeichneten Sammlung norwegischer Volksüberlieferungen, welche der im J. 1872 zu früh verstorbene Volksschullehrer J. Th. Storaker zu Søgne im Distrikt Mandal Stift Christiansand hinterlassen hat, entnehme ich die folgende interessante Mittheilung. Naar en hvinende Lyd höres fra Ilden i Kakkelovnen eller paa Skorsteen siger man, at Eldsmoren (som forklares med Ildens moder) tugter sine Börn: „naa dängje Eldsmor Baannan sine, hoir, kosse dei skrige." (Bjelland Finsland). Vgl. die estnische Feuermutter Tule-ema. Boecler a. a. O. 33—35.

[2]) Hom. Hymn. in Merc. 69. hymn. in Cer. 88. Vgl. das Gespann der Eos Od. 23, 244. Preller Griech. Myth. I. Aufl. 3 hrsg. v. Plew S. 350.

[3]) M. Müller Oxford essays 1856 p. 81—83.

[4]) A. Kuhn, Herabkunft des Feuers und des Göttertranks S. 55. 62. 64.

[5]) Windischmann Mithra. Leipz. 1857. S. 15. XXXI. 124 125.

Ausgang nahmen. Die anderweitige Auffassung der Sonne als anthropopathisches Wesen führte einerseits dahin, von einer Verwandlung der Sonne in ein Pferd zu reden. Ein Lied des Dirghotamas R. V. I. 163, 2. preist die Vasus, dass sie aus der Sonne ein Ross, den aus den Wassern (dem Luftmeer) aufsteigenden, mit den Schenkeln des Hirsches, den Flügeln des Falken begabten Arvan (d. h. der lichte) gemacht haben[1]), andererseits ergänzte sich die Auffassung der Sonne als Rad[2]) zur Vorstellung eines ganzen Wagens. Mit Hilfe dieses Bildes oder auch unabhängig davon unter Begünstigung gewisser sprachlicher Einflüsse ward aus der Sonne, dem Rosse, bei weiterem Wachsthum des Gedankenkreises die mit mehreren Rossen fahrende Gottheit[3]). Auf der zuletzt genannten Entwicklungsstufe sucht die Anschauung natürlich die Rosse in den glänzenden Sonnenstrahlen. Mit dem Unterschiede, dass ich die Harits (die Falben, Glänzenden) für kein primäres, sondern nur für ein sekundäres Bild halten kann, darf ich hier den Ausspruch Max Müllers anführen: Wenn der Vedadichter sagt: die Sonne hat die Harits zu ihrem Laufe angejocht, so bedeutete ein solcher Ausspruch weiter nichts als das, was jedes Auge deutlich sehen kann, nämlich dass die hellen Lichtstrahlen, welche während der Dämmerung vor Sonnenaufgang beobachtet wurden, sich im Osten sammelten, indem sie sich am Himmel gleichsam emporbäumten und nach allen Richtungen hin mit Blitzesschnelligkeit hervorsprangen und dass sie dann das Licht der Sonne emporzogen, so wie Rosse den Wagen des Kriegers."[4]) Es waren mancherlei Variationen der einmal begründeten Vorstellung möglich. So konnte man die Sonne selbst noch für ein Ross, die Sonnenstrahlen für dessen Mähne oder Füsse (vgl. den nordischen Skinfaxi), den Sonnenball für sein Haupt ansehen. So wird in der That im Veda die Sonne mehrfach auch als Rosshaupt gedacht.[5])

Diese Vorstellungen lassen sich auch auf europäischem Boden noch weiter verfolgen, und zwar finden wir die verschiedene Helligkeit oder Färbung der Sonnenstrahlen an den verschiedenen Tageszeiten und in den verschiedenen Jahreszeiten mehrfach in verschiedener Farbe der Sonnenrosse reflectirt. Sehr instructiv ist das russische Volksmärchen von der Wasilissa. Die Heldin sieht auf dem Wege zur alten Hexe Yaga plötzlich im Walde einen weissen Reiter auftauchen, er ist weissgekleidet, sein Ross unter ihm weiss und das Geschirr weiss. Und der Tag beginnt zu dämmern. Nach einem Weilchen springt ein zweiter Reiter hervor roth, in rothem Gewande, auf rothem Rosse. In diesem Augenblicke ging die Sonne auf. Weiter gehend gelangt sie gegen Abend am Hause der Alten an. Da sprengt ein dritter

---

[1]) Roth Zeitschr. der morgenl. Gesellsch. II. 1848 S. 223. Kuhn Zeitschr. f. vgl. Sprachf. 1851 I. 529.

[2]) Vgl. Kuhn, Herabkunft des Feuers und des Göttertranks S. 53 ff.

[3]) M. Müller, Essays. Lpzg. 1869 II. S. 118 ff.

[4]) M. Müller, Vorlesungen über Wissenschaft der Sprache II. 34 ff.

[5]) Kuhn, Zeitschr. f. vgl. Sprachf. IV. 119.

Reiter vorbei, ganz schwarz, auf schwarzem Rosse, und schwarz gekleidet;
er verschwindet wie wenn er in die Erde gesunken wäre. Zugleich sank die
Nacht herab. Als später Wasilissa die Hexe nach den drei Reitern fragte,
antwortete diese: Der weisse Reiter das war mein leuchtender Tag, der rothe
mein rother Sonnenjunge (meine rothe Sonne), der dritte meine schwarze
Nacht.[1] Die Chorutanier hegen von der Sonne die Vorstellung als von
einem jugendlichen Krieger auf einem von zwei weissen Rossen gezogenen
Wagen, der mit zwei weissen Segeln geschmückt ist, welche Wind und Regen
hervorbringen.[2] Die Serben reden vom goldenen Wagen und den weissen
Pferden der Sonne. Nach einer polnischen Erzählung fährt die Sonne auf
zweirädrigem Wagen und (der Zahl der Monate entsprechend) mit zwölf gold-
grauen Pferden.[3] Eine slowenische Ueberlieferung lässt die Sonne im Osten
in einem goldenen Schlosse wohnen; am Johannistage fährt sie aus mit
drei Rossen, einem silbernen, einem goldenen, einem diamantenen.[4] Nach
russischem Volksglauben kleidet sich die Sonne im Monat Dezember in festliches Gewand (Sarafan) und Kopfputz (Kokoschnik) und reist ab in warme
Gegenden; am Johannistage fährt sie, von einem silbernen, einem goldenen
und einem diamantenen Rosse gezogen, aus ihrer Kammer heraus, ihrem
Verlobten, dem Monde, entgegen. Auf ihrem Wege tanzt sie und sprüht
Feuerstrahlen.[5] Afanasieff fügt hinzu, dass bei den Litauern derselbe
Glaube sich wiederfinde, wir vermuthen in einer Daina.[6] Genau entsprechend wird in den zur Wintersonnenwende gesungenen schwedischen
Steffansliedern Steffan d. h. der personifizirte 26. Dezember ein Stallknecht
genannt, welcher bei Sternenschein fünf Rosse, zwei weisse, zwei rothe, ein
apfelgraues besorgte und mit Sonnenaufgang zur Quelle ritt, beziehungsweise
dem Laufe der Sonne folgend, Schwedens Provinzen durchritt.[7] In einem slo-
wakischen Märchen, dessen Verlauf in mythischer Umhüllung den Wechsel von
Sommer und Winter schildert, besitzt ein König ein Pferd, das eine Sonne im
Kopf hat, welche nach allen Seiten Strahlen verbreitet, und das von Hause aus
dunkle Land mit einem tageshellen Lichte erfüllt, hinter ihm ist schwarze Nacht.[8]
Dieses mythische Thier kehrt wieder in dem siebenbirgischen Märchen bei
Haltrich n. 20. Der Schlangenkönig besitzt das weisse, achtfüssige
„Sonnenross“, das aus seinem einen Nasenloch Frost, aus dem

---

[1] Afanasieff Skazki IV. 44. Vgl. Ralston Folktales 150 ff. Gubernatis zoological Myth.
I. 298.
[2] Afanasieff poetische Naturanschauungen der Russen, I. 605.
[3] Afanasieff a. a. O.
[4] Afanasieff a. a. O. I. 198.
[5] Sacharoff II. 69. Tereschtschenko V. 75 bei Afanasieff I. 76.
[6] Afanasieff a. a. O. Sohn des Vaterlandes (russ.) 1839 X. 126. Hienach ist eine kleine
Ungenauigkeit bei Ralston songs of the Russian people 242 zu berichtigen.
[7] Vgl. des Verfassers Baumkultus S. 403.
[8] Wenzig, westslav. Märchenschatz 182—190.

andern Hitze schnaubt, schneller läuft als der Morgenwind und
von einer Bergspitze zur andern springt. Setzt man ihm in dun-
kelster Nacht den Karfunkelstein des Schlangenkönigs an die Stirn, so ist
vor ihm immer Tag. [1]) Hier ist deutlich unter dem Rosse der Complex der
der Sonnnenstrahlen, unter dem Karfunkelstein auf seiner Stirn der Sonnenball zu verstehen. In der russischen Erzählung vom Helden Joruslan reitet
der König Feuerschild (cf. Clypeus Phoebi), der unverbrennbar ist, einen
Feuerspeer führt und Flammen von sich ausstrahlt, die seine Feinde verzehren,
jenseits des stillen Wassers auch auf achtfüssigem Rosse. [2]) Wer erinnerte
sich nicht bei diesen Traditionen des achtfüssigen Sleipnir, den das Ross des
Winterriesen, Suadilfari (Eisführer), zu Sommeranfang mit Loki zeugt. Ohne
das Märchen für einen Odhinmythus zu erklären, dürfen wir ernstlich zur
Frage stellen, ob nicht in der That in dem Sonnenrosse[3]) ein Seitenstück
zu Sleipnir[4]) zu erkennen sei, der Odhinn als dem zum Himmelsgott, Allvater
gediehenen Götterherrscher beigelegt wurde in demselben Sinne, in welchem
die Sonne als sein bei Mimir zu Pfand gesetztes Auge betrachtet ist. Wäre
das richtig, so gliche sich Sleipnir auf das nächste jenem Rosse des lettischen
Dēws, durch dessen Sattel die Sonne aufgeht.

Mit diesen Bemerkungen sind wir — so scheint es — vollkommen ausgerüstet, um die Aussagen der lettischen Lieder von den Sonnenrossen nach
jeder Richtung hin zu verstehen. Dieselben kennen die Sonnenstrahlen sowohl als Wagenpferde, wie als Reiter. Letztere haben wir in den hundert
braunen Rösschen (vgl. die baritas o. S. 93) welche die Sonne am
Abend besattelt 44, zu erkennen. Erstere Anschauung lebt in den zwei
goldenen, unermüdlichen (vgl. Ἥλιος ἀκάμας), nimmer schwitzenden
Rossen, mit welchen die Sonne 18 den Kieselberg d. h. das Steingewölbe
emporfährt. In dem grossartigen Bilde des Liedes 20 ist diese Anschauung noch
weiter ins Einzelne durchgebildet. Die Sonnenstrahlen sind zugleich die im
Meere trinkenden Rosse und die Zügel, welche die in der Mitte des Berges,
d. h. des Himmelsgewölbes thronende Sonnenfrau in der Hand hält.[5]) In
einem anmuthigen Liedchen spielt ein Bursche seinem Mädchen gegenüber
auf das Gefährt der Sonne an:

U. 335.

Silberzügel flocht ich mir   Fahren kann mein Liebchen nun
Und beschlug mein Ross mit Golde,   Wie die liebe Sonne glänzend.

---

[1]) Mit diesem Rosse erbeutet ein junger Held auf Befehl eines Königs, dem er dient, drei
Kleinode, die goldene Sau mit den goldenen Ferkeln, die Königstochter jenseits des Meeres mit
den goldenen Zöpfen, den auf unterseeischer Wiese weidenden Fohlenhengst mit seinen Stuten.

[2]) Afanasieff poet. Naturansch. I. 216.

[3]) Vgl. W. Schuster Wodan. Hermanstadt 1856 S. 20. Eine Variante Haltrich N. 10 S. 45
„das Zauberross" kennt gleichfalls das achtfüssige Ross, N. 7. S. 31 „der goldene Vogel" ein
sechsfüssiges.

[4]) Beiläufig mache ich auf das achtfüssige Ross auf mehreren bei Stephens abgebildeten
gothländischen Runensteinen aufmerksam, worin Sleipnir schwerlich zu verkennen ist.

[5]) Vgl. den Beinamen der Sonne ançuhasta mit Strahlen in den Händen. Zs. f. vgl. Spr. VII. 89.

c. Der Himmelsberg. Der Berg, auf dem die Sonne thront (20) oder steht (42), (wie [35] der Gottessohn), den ihre Rosse hinanstreben (18), ist die scheinbare Wölbung des Himmels, die wir auch in germanischen Ueberlieferungen als Berg, Glasberg aufgefasst finden, z. B. in dem norwegischen Räthsel für den Wind

> Es steht ein Hund auf dem Glasberg
> Und bellt ins Meer hinaus[1]).

Die Auffassung des Himmels als Glasberg entspricht der althebräischen als grosser Hohlspiegel (Hiob 37, 18); während die den altjüdischen Schriftstellern, den ältesten Griechen und den asiatischen Ariern gewöhnlichere uralte Vorstellung als festes ehernes oder steinernes Gewölbe[2]), sich bei unsern Letten als Kieselberg (18) wiederholt. Der nämliche Berg heisst (22) silbern von seiner grauglänzenden Farbe bei gewisser Beleuchtung und (7) Berg der Sonnenblumen, weil an ihm die Sonne als Blume (Rose) gedacht blüht. An ihm und aus ihm wächst (83. 84) immer höher steigend der Rosenbaum d. h. die Sonne mit ihren Strahlen empor, im Liede aber wird er zum „weissen Sandberg“, zum „hohen Berg am Meere“. Der goldige Sonnenschein macht ihn (65) zum goldenen, der matte Glanz der ersten Frühe (66) zum „seidenen“.

Ist die Sonne nicht mehr am Himmel sichtbar, so weilt sie „hinter dem Berge“; da liegt der Hof, wo sie Nachtruhe hält (19), dort sind während der Nacht an der Eiche der Gürtel des Abend- und Morgensternes und die Strahlenkrone der Sonnentochter (des Frühlichts) aufgehangen (55). Jenseits des Berges und des Meeres wärmt endlich die Sonne Nachts die Waisenkinder (3). Man kann zweifelhaft sein, ob 4 mit Recht, oder nur aus Missverstand die Sonne jenseits der Berge statt hinter dem Berge weilen lässt, mit andern Worten ob ein wirklicher Berg, oder der Himmelsberg gemeint war. Ich glaube, dass in unseren Liedern letzterer gemeint sei, da auch das gewärmte Waisenkind — wie wir sehen werden — vermuthlich ein mythisches Wesen ist.

d. Der Himmelssee, Brunnen, Bach. Die Auffassung des Himmelsgewölbes als Berg wechselt mit derjenigen als See, die wohl jedem Schillerleser aus dem Räthsel vom Regenbogen geläufig ist:

> Von Perlen baut sich eine Brücke
> Hoch über einen grauen See.[3])

---

[1]) J. Aasen, Proever af landsmaalet i Norge 37. Ueber die Auffassung des Windes als Hund vgl. des Verfassers german. Mythen 217. 218. 321, Desselben Roggenwolf Aufl. 2 S. 3 ff. Vgl. das Kinderlied aus Meurs (Germ. Myth 425):

Heijo! wären wir do   Wo dat sönneken den berg herop geit,
Wo de engelsches sengen,   Wo dat klokschen tien ure sleit.
Wo de schellekes klengen,   d. h. im Himmel.

[2]) Vgl. Od. III. 1. ῞Ηέλιος δ' ἀνόρουσε λιπὼν περικαλλέα λίμνην, οὐρανὸν ἐς πολύχαλκον. — Zu Akmôn als Vater des Uranos vgl. zend açman skr. açman Stein als Bezeichnung des Himmels. Zeitschr. f. vgl. Sprachf. II. 45.

[3]) Vgl. des Verfassers Götter der deutschen und nord. Völker S. 88.

Im Veda dienen bekanntlich die Wörter für Meer samudra, arna, sagara zur
Bezeichnung des Luft- und Wolkenmeers.[1]) Mit seinen goldenen Schiffen
(doch wohl Strahlen) segelt Pushan, ein Sonnengott, als Bote des Surya
(Helios) über den Himmelsocean.[2]) So fährt die Sonne in unserem Liede (24),
um den Nebel zu löschen, über den silbernen See. Dieser See ist das
Meer, in welchem (nach 20) die Sonne ihre Rösslein (die Sonnenstrahlen)
badet. In ihm (oder dem wirklichen Meer?) versinkt Abends das Boot der
Sonne (32), ertrinkt die Sonnentochter (39. 34. 35). Mitten in diesem Meere
werfen die Gottessöhne eine Insel auf (56), zünden sie zwei Lichter (sich
selbst) an (52. 53). Auf dem Eichbaum am See hängt die Sonnentochter
Abends ihr Krönchen auf (55). Man vergleiche, um jeden Zweifel zu heben,
ob etwa nicht doch das irdische Meer gemeint sei, das lettische Räthsel:
Ein Bruder und eine Schwester gehen alle Tage durch den See. (Aufl. Mond
und Sonne). Wie in den Veden die Atmosphäre als Reservoir der Feuchtigkeit, des Regens, auch utsa Brunnen heisst, wird an Stelle des Sees das
Luftmeer auch in unseren Liedern zuweilen Quell (Bach, Teich) in der
Schilderung des Sonnenuntergangs oder Sonnenaufgangs Quell im Thale genannt (81, 79); darin wäscht sich die Sonnentochter (63), dabei tanzt sie mit
den Gottessöhnen, wobei ihr Ring ins Wasser fällt (80); darin wird die vom
Blute des Eichbaums bespritzte Decke gewaschen (79. 78. 75. 72). Dazu
vergleiche man die beiden lettischen Räthsel: Ein Käschen im Grunde des
Brunnens (Aufl. der Mond). Ein Butterstück im Brunnen (Aufl. der
Mond).

Dieselbe Auffassung der Atmosphäre als Quell oder Brunnen tritt auch
in deutschen Sonnenliedern hervor. Der Herrgottskäfer, Frauenkäfer (Sunne-
schinken, auch Sunneküken, Sunnenkalf, Sonnenkuh, Sunnwendkäfer, böhm.
slunicko russ. solnysko, Sonnchen genannt[3]), mithin wohl als verkleinertes
Abbild der Sonne gedacht wird bei Skandinaviern, Deutschen, Slaven angerufen in den hohen Himmel hinaufzufliegen und von dort Sonnenschein
herabzubringen, die Sonne scheinen zu lassen.[4]) Dieses Lied lautet in Unter-
östreich:

> Frauenkäferl flieg' in'n Brunn,
> Bring uns muaring a schöne Sunn.

Dabei hält man das Thierchen über einen Brunnen; wenn es hinein fällt,
erwartet man schönes Wetter.[5]) Dieser letztere Brauch ist aber Nachbildung
eines himmlischen Vorgangs; denn in Pressburg singen die Kinder beim
Regen:

---

[1]) Kuhn, Zeitschr. f. vgl. Sprachf. I. 455.
[2]) Muir, original Sanscrit texts V. 157. 170.
[3]) Vgl. des Verfassers. German. Mythen 243 ff.
[4]) Germ. Myth. 248—251. Zeitschr. f. D. Myth. IV. 326.
[5]) Varianten aus Baiern und andern östreich. Gegenden. Germ. Myth. 254. Vgl. C. M. Blaas,
in Pfeiffers (Bartsch) Germania Jahrg. XIX n. F. S. 71.

Liabi Frau machs Thürl auf,
Lâss die liebi Sunn herauf,
Lâss in Regn drina,
Lâss in Schnè verbrina.

D' Engarln sitzen hinterm Brunn,
Warten auf die liabi Sunn
(Var.: bitten um a warme Sunn).

Kommt dann die Sonne hervor, so fällt der tanzende Kreis nieder und singt:

Sunn, sunn kummt
D' Engarln fall'n in'n Brunn.

Die Mutter Gottes soll den Regen und Schnee hinter der Himmelsthür zurückhalten, die liebe Sonne herauslassen, das letztere geschieht, wann die Engel
(die Lichtalfen) in den Brunnen fallen, den blauen Himmel mit ihrem
Glanze erfüllen (Vidblâinn).[1]) Hiezu stellen sich noch die beiden mährischen
Räthsel von der Sonne. „Es fällt was in den Brunnen und plumpt nicht.“
„Ein Stückchen Gold fällt in den Brunnen (ins Wasser) und zehn Pferde
ziehen es nicht heraus.[2])

Es ist nun deutlich, wie nach skandinavischer Mythe Odins Auge, die
Sonne, in Mimirs Brunnen zu Pfande liegen kann.

Parallel der Bezeichnung des Luftmeers als Meer, See, Bach, Brunnen,
tritt in unsern lettischen Liedern häufig Daugawa als Name der Atmosphäre
auf. Unter Daugawa versteht der Lette heutzutage die Düna, wörtlich aber
heisst dieses Wort „das viele (grosse) Wasser“, ein Ausdruck, der dem
Sinne nach zu jenem vedischen sam-udra Ge-wässer, Ocean (von sam = ἅμα,
ὁμός und udra = gr. ἴδωρ) stimmt, und in der That nach dem Zusammenhang
der Lieder und der erkennbaren Absicht ihrer Dichter den Luftocean bedeutet
haben muss. Die Sonne reicht ihre Finger, die Strahlen, über die Daugawa
(23); wenn der Himmel bei Sonnenaufgang, oder bei Sonnenuntergang sich
röthet, schmiedet der Schmied im Himmel und Kohlen fallen in die Daugawa
und auf die sich röthende Wolkendecke des Firmamentes (36. 37). Am Rande
der Daugawa kräht Frühmorgens der goldene Hahn, der die Sonnentochter
weckt (64); ihr Ufer, zu dem Frühmorgens die Sonnentochter hineilt, liegt
gegenüber dem Morgenstern (67). In der Daugawa fressen die schwarzen
Stiere (die verschwindenden Schatten der Nacht) das Röhricht (68)

e. Die Sonne tanzt. Auf dem Berge tanzt die Sonne, mit silbernen
Schuhen an den Füssen (22). Dieser Tanz ist das Spiel der Sonnenstrahlen,
welche den Boden zu berühren scheinen. Wir sahen o. S. 95 den nämlichen
Tanz der Sonne auch in einer russischen Ueberlieferung. Eine merkwürdige
Uebereinstimmung gewährt der griechische Mythus, der dort, von wo die
Sonne aufgeht, von Tanzplätzen der Morgenröthe spricht: Od. XII. 4:

$$\text{ὅθι τ' 'Ηοῦς ἠριγενείης}$$
$$\text{οἰκία καὶ χοροί εἰσι καὶ ἀντολαὶ 'Ηελίοιο.}$$

Das ist nicht zufällig, denn auch der Veda weist dieselbe Anschauung auf;
die Morgenröthe, Ushas, wird darin mehrfach mit einer schön geschmückten

---

[1]) Germ. Myth. 375 ff. (vgl. 322 ff.) 379. 423.
[2]) Zeitschr. f. D. Myth. IV 374, 38. 39. Germ. Myth, 545—547.

tanzenden Jungfrau verglichen. Muir Orig. Sansor. texts V. 185. 194. Vgl.
L. Pyrker (bei W. Schwartz, Sonne Mond und Sterne 132):

Denn jetzt aus den Fluthen	Auffleugt sie, die Sonne,
Der rosigen Gluthen	Wie schwebend im Tanz.

f. Die Goldhand der Sonne. Ein anderes Bild der Sonnenstrahlen
sind die Finger. Ueber das grosse Wasser reicht die Sonne ihre Hand
(23). Ebenso reicht die Sonnentochter dem Gottessohn die Hand über die
Daugawa. In derselben Art heisst der indische Sonnengott goldhandig, schön-
handig, breithandig; streckt segnend seine starken goldigen Arme aus[1]) und
dasselbe Bild liegt augenscheinlich der Einarmigkeit des Tyr in der Edda
zu Grunde, d. h. dessen älterer Vorgänger, der Himmelsgott Tius wird die
Sonnenstrahlen als Hand ausgestreckt haben, die der Wolf (die Nacht, oder
der verdunkelnde Gewittersturm) in den Rachen schlang.

g. Goldquasten, Silbersaum. Zugleich aber gelten die Strahlen
als Goldquasten und silberne Säume (23). Nach 21 ist das grüne Röckchen der Sonnentochter (Dämmerung) mit Thau gefeuchtet, d. h. der grüne
Saum ihres Gewandes, Wald und Wiese. So heissen auch im Veda die
Rosse der Sonne und der Morgenröthe (die haritas) „im Thau gebadet",
„mit schönen Fussstapfen" (vgl. in 22 die silbernen Schuhe der Sonne).

h. Silber. Silbern heisst der Sonne Saum (23), wie in 22 von den
silbernen Schuhen, mit denen die Sonne auf silbernem Berge tanzt, und
in 24 von dem silbernen See, über den sie fährt, die Rede ist. So streut
sie (42) silberne Gaben aus ihrer Lade, so sät sie (26) Silber aus, und
Silberstücke fallen (37) in die Daugawa. Ja zuweilen heisst der Sonnenball
selbst ein silberner Apfel (28), ein silbernes Boot (32). Zu vergleichen steht
die merkwürdige Thatsache, dass die epischen Runen der Finnen fast durch-
stehend den Mond goldig, die Sonne silbern nennen.

i. Aussaat. Das Flimmern der ersten oder letzten morgendlichen oder
abendlichen Lichtstrahlen der Sonne muss auch als eine Aussaat betrachtet
sein (26). Vgl. Tegnér (ausgew. Werke hrsg. v. Lobedanz. Lpzg. 1867 S. 240
bei Schwartz S. M. St. 26), der die Sonne anredet:

O du himmlische Maid
Woher kommst du so weit?
Sag' mir, gabst du Rath,
Als des Ewigen Macht
In der dunkeln Nacht
Säte flammende Saat?

Warum aber streut die Sonne ihre Saat ins baumstumpfreiche Rodeland?
Aus 72 geht hervor, dass (bei Sonnenuntergang? bei Sonnenaufgang?) Perkun
einen Baum zerschmettert. Dieselbe Bedeutung scheint das Abhauen oder
Zerschmettern des Birkenwaldes zu haben, dessen Stümpfe die Gottessöhne

---

[1]) Muir, Original Sanscrit texts V. 162. 163. 166. 167. M. Müller, Vorlesungen über
Wissensch. d. Spr. II. 355 357

ausroden, indem sie mit dem eintönigen Grau der abendlichen Dämmerung oder dem weisslichen Lichte des Morgens die letzten Strahlen der untergehenden, oder die ersten der aufgehenden Sonne auslöschen (vgl. darüber ausführlicher weiter unten). In den auf diese Weise auszurodenden Abendhimmel oder Morgenhimmel streut, ergiesst die Sonne ihr Licht.

k. Sonne Trinkgefäss. Das Sonnenlicht wird als etwas Fliessendes, Triefendes, als ein himmlischer Trank angesehen[1]). Vgl.

Die Sonne überfluthet Berg und Thal
Mit Glanzgewog aus unerschöpftem Borne.
(Rückert).
Bis hinaus zum fernsten Ball
— — — — — — — — —
Aus allen Höhen, zu allen Tiefen
Seh' ich die Strahlen des Lichtes triefen.
(Rückert).
Zerflossener Sterne Glanzmeer ist die Luft,
Wo Sonne steigt aus Purpurwellenschosse.
(Rückert).

Ja dir entquillet jedes Leben,
O Licht, dich preist des Himmels Thor
— — — — — — — — —
Die Lämmerheerd am bunten Hügel
Trinkt ruhend deinen milden Strahl.
(Krummacher).
Sonne lächle der Erd und giess aus strahlender Urne
Leben auf die Natur, du hast die Fülle des Lebens.
(Stolberg).

Largus liquidi fons luminis, aetherius sol. Lucrez V. 282. Ganz dieselbe Anschauung enthalten rumänische Weihnachtslieder, deren eines beginnt:

Droben, wo am Himmelsthor
Quillt der Sonnenborn hervor.[2])

Es ist nun wohl verständlich, dass die goldene Kanne, welche nach unsern Liedern (39. 40) von der Sonnentochter gewaschen, in das Luftmeer untergetaucht wird, und mit der Ertrinkenden versinkt, die Sonnenscheibe sein muss. Als Mittelglied muss eine kreisrunde Schale als Spenderin des himmlischen Trankes gegolten haben, ein kausis lit kauszele, jenes uralte Gefäss, das bei Litauern bis in neuere Zeit in Gebrauch blieb. Solche Schalen hat man in den Fundstätten der jüngeren Eisenzeit in Skandinavien mehrfach entdeckt. In einer Lesart des deutschen Regenliedes „Regen, Regen rûsch" tritt die Auffassung der Sonne als Schale noch deutlich hervor:

Sünn, Sünn kumm wedder
Mit dîn golden Fedder,

Mit dîn golden Schâl',
Beschîn uns alltomâl.[3])

Ein russisches Räthsel nennt die Sonne „eine Schale voll Oel ist der ganzen Welt genug".[4]) Vgl. das lettische Räthsel vom Monde „Eine Butterdose mitten im Gehöft".[5]) Nach russischen Beschwörungsformeln ist Zora

---

[1]) Schwartz S. M. St. 29 ff.
[2]) J. K. Schuller, Kolinda. Hermannstadt 1860 S. 6.
[3]) Germ. Myth. 375.
[4]) Kreck, über die Wichtigkeit der traditionellen slav. Literatur S. 66.
[5]) Vgl. Der Vollmond ist die volle Schale, Dann füllt die Götterschenkin Sonne
Die von den Göttern bei dem Mahle Allmählich mit dem Lebensbronne
Wird nectarleer getrunken. Die dunkle Schale wieder.
Und ist das goldne Nass entfeuchtet, Und wieder zecht ein durstger Orden
Das die krystallne hat durchleuchtet, Unsterblicher an vollen Borden
Scheint sie in Nacht versunken. Beim Schall der Himmelslieder.

(die Morgenröthe) eine schöne Jungfrau, welche auf goldenem Stuhle sitzt und eine silberne Schüssel (die Sonne) in der Hand hält.[1])

Aus der Schale wird auch wohl ein Eimer oder anderes Gefäss, und der himmlische Lichttrank, das allbelebende Sonnenlicht zur nährenden Speise. So lautet ein russisches Kindergebet:

| Sonnchen, Sonnchen, Eimerchen, | Deine Kinder sie weinen, |
| Sieh in das Fensterlein, | Bitten um Essen und Trinken.[2]). |

Bemerkenswerth ist das Lied 57. Johannes d. h. die personificirte Sonnenwende zerschlägt die goldene Kanne, d. h. die Sonne nimmt ab. Die Gottessöhne (Abendstern und Morgenstern), die ersten Lichtbringer des Morgens (s. unten) zu Lichtbringern überhaupt geworden stellen sie wenigstens mit schwächerem Glanze (silbernen Dauben) wieder her.

Wie aus der Sonnenschale einerseits die goldene Sonnenkanne, entstand auf der anderen Seite aus derselben der Becher. Wenn nach 69 bei Sonnenaufgang die Gottessöhne nach Deutschland d. h. nach Westen gehen, wo sie Abends wieder in Function treten sollen, mit goldenen Bechern spielend (vgl. den goldenen Apfel wirbelnd), so ist dies poetische Vervielfältigung eines Bechers, des Sonnenballes, den sie scheidend emporwerfen.

l. Das Sonnenboot. Die Sonne fährt auf goldenem Boote durch das Luftmeer, Nachts versinkt es im Meere, Morgens baut Gott ein anderes halb golden, halb silbern (32). Wiederum ist der Sonnenball dieses Boot, auf welchem die Sonnengöttin durch das Luftmeer steuert. Man vgl. dass Heraklit und Hekatäus die Sonne kahnartig σκαφοειδής nannten.[3]) Eine andere Vorstellung herrscht in 33. Hier fällt die Sonne erst Abends in ein goldenes Schifflein, auf dem sie Nachts durch den Himmelsocean vom Orte ihres Unterganges bis zur Stelle ihres Aufgangs rudert. Dort verlässt sie ihr Fahrzeug und dasselbe bleibt hinter ihr auf den Wellen zurück. Entweder ist es unsichtbar gedacht und nur deswegen angenommen, weil der Sonnenuntergang als Versinken im Meere gedacht wurde, oder der „Kahn des Mondes" hat einmal als der Nachen gegolten, auf welchem die Sonne ihre nächtliche Reise macht. Dasselbe gilt von dem Boote, auf welchem nach 34 die Gottessöhnchen der Sonne Seele oder Leben retten. Nach altgriechischen Sonnenmythen, deren einen Mimnermos (um 630)[4]) erhalten hat, fährt Helios Nachts schlafend im goldenen Boote von den Hesperiden bis zu den Aethiopen, wo Eos emporsteigt:

> Seht heute randvoll glänzt die Schale!
> Die Götter sitzen dort beim Mahle,
> Wie wir beim unsern sitzen.
>
> (Rückert bei Schwartz S. M. St. 33.)

[1]) Afanasieff poet. Naturansch. I. 198.
[2]) Afanasieff poet. Naturansch. I. 68.
[3]) Stob. ecl. phys. I. 26, 1 bei Schwartz S. M. St. 7. Cf. die Schiffe des Pushan o. S. 98.
[4]) Bei Athenäus XI. C. 469 ff.

Τὸν μὲν γὰρ διὰ κῦμα φέρει πολυήρατος εὐνὴ
Κοίλη, Ἡφαίστου χερσὶν ἐληλαμένη
Χρυσοῦ τιμήεντος, ὑπόπτερος, ἄκρον ἐφ' ὕδωρ
Εὕδονθ' ἁρπαλέως, χώρου ἀφ' Ἑσπερίδων
Γαῖαν ἐς Αἰθιόπων, ἵνα οἱ θοὸν ἅρμα καὶ ἵπποι
Ἑστᾶσ', ὄφρ' Ἠὼς ἠριγένεια μόλῃ.[1]

Bei Stesichorus (um 611 a. Chr.) finden wir, wie es scheint, das Bild des
von der Sonne bestiegenen Nachens mit jener anderen Auffassung des Sonnenballs als eines Gefässes für den Lichttrank zu einem neuen Ganzen verbunden.

Ἀέλιος δ' Ὑπεριονίδας δέπας ἐσκατέβαινε
Χρύσεον, ὄφρα δι' Ὠκεανοῖο περάσας
Ἀφίκοιθ' ἱερᾶς ποτὶ βένθεα νυκτὸς ἐρεμνᾶς
Ποτὶ ματέρα κουριδίαν τ' ἄλοχον
Παῖδάς τε φίλους.

Nach der in den Herakleen gangbaren Ueberlieferung entleiht Herakles auf
dem Zuge nach Erytheia vom Helios seinen goldenen Kahn, um über den
Ocean zu gelangen. Beim Peisandros von Kameiros heisst dieser Kahn
δέπας, Panyasis nennt ihn Ἡλίου φιάλη.[2]

Den Aegyptern war die Vorstellung der Sonne als Nachen sehr geläufig.
Horus (Hor, Har) der Sonnengott steuert auf den Monumenten den Sonnennachen durch die Tagesstunden.[3]

m. Der Sonnenapfel. Mit 32 berührt sich 28. Hier heisst die Scheibe
der untergehenden Sonne ein vom Baum gefallener Apfel, um den die Sonnengöttin weint.[4] Bei Sonnenaufgang macht Gott einen neuen Apfel, der wegen
der verschiedenen Nüancen, welche die Färbung der Sonne im Laufe des
Tages annimmt, von Gold, von Erz, von Silber genannt werden kann.[5] Den
nämlichen Apfel, den Sonnenball, rollen oder werfen (wirbeln) mit anderer
Wendung des Gedankens die Gottessöhne, der der Sonne voraufgehende
Morgenstern und sein Genosse (29). Die am Himmel wahrgenommene scheinbare Bewegung des Sonnenballes verglich sich einfach der Flugbahn eines geworfenen Gegenstandes. Indem aber die Sonne als Apfel vorgestellt wird,
wird ihr Aufenthaltsort zum Apfelgarten, in welchem die Sonnengöttin während
der Nacht schläft, und die ersten weissen, mit Rosenfarbe leis angehauchten
Wölkchen des frühen Morgens, aus denen später als reife Frucht der goldene
Apfel, die Tagessonne, hervorsteigt, werden zu Apfelblüthen, welche auf die
Augenlider der noch schlummernden, aber bald erwachenden Göttin herab-

---

[1] Athenaeus a. a. O. Vgl. Schwartz S. M. St, 23.
[2] Athen. XI. 38. 39.
[3] Parthey, Plutarch üb. Isis und Osiris S. 192.
[4] Wer hat nicht schon die Sonne, im Begriffe, unter den Horizont zu tauchen in der Färbung und Gestalt der Goldorange gesehen? Aehnlich auch der Mond, von dem Heine sagt:
Auf den Wolken ruht der Mond   Ueberstrahlt das graue Meer
Eine Riesenpomeranze,   Breiten Streits mit goldnem Glanze
[5] Vgl. Poi chè l'altro mattin la bella Aurora L'aer seren fè bianco e rosso e giallo. Ariosto
XXXII. 52. M. Müller, essays II. 324. Vgl. o. S. 95 das goldene, silberne, diamantene Ross.
Im Märchen begegnen (unserm Apfel gleichstehend) drei Bälle, ein silberner, ein goldener,
ein diamantener. Kuhn, westfäl. Sag. II. 251 u. 17.

gefallen sind (30. 31). Es lag eben nahe, das Bild des Apfels durch den Baum, auf welchem er wächst, zu ergänzen; diesem begegnen wir in 72. 74. Doch davon weiter unten.

Zunächst sei das Naturbild des Sonnenapfels etwas weiter durch die Volkspoesie und Mythologie verfolgt. Ein schwedisches Räthsel sagt: Vår mor har en täcke som ingen kan falla: vår far har mer pengar, än någon kan räkna, vår bror har ett äpple, som ingen kan bita. Aufl. Vår mor: jorden, täcket: himlen, pengerna: stjernorna, vår bror: frälsaren, äpplet: solen[1]). Unsere Mutter hat eine Decke, welche niemand falten kann, unser Vater hat mehr Geld, als jemand zählen kann, unser Bruder hat einen Apfel, den niemand einbeissen kann. Aufl. Unsere Mutter die Erde, die Decke der Himmel,[2]) unser Vater Gott, das Gold die Sterne, unser Bruder der Erlöser, der Apfel die Sonne.

In den folgenden deutschen Sonnenliedern ist die Sonne Ei[3]) oder Apfel genannt:

1.
Liabe Frau låss a bissal Sunn heraus,
Låss a bissal drinnat
Für de årman Kinna.
Stêt a schöna Engl af da Bång,
Hat a roths Gogal (rothes Ei) i da Hand.[4])

2.
Am Glockenbach sind drei Poppelen drinnen,
Die ein spinut Seide,
Die andere wickelt Weide,
Die dritte sitzt am Brunnen,
Hat ein Kindlein gfunnen.
Wie soll das Kindlein heissen?
Laperdon und Dida
Wer soll das Kindlein waschen?
Der mit seiner Klappertaschen.

Hängt ein Engelein an der Wand,
Hat ein Eielein in der Hand.
Wenn das Eielein runter fänd',
Hätt' die Sonn' ein End'.[5])

3.
Z' Rom is e guldigs Hús,
Lueget drei Mareie drús,
Die ein spinnt Sîde,
Die andere Floride,
Die dritt' schnätzlet Chrîde.
Die viert' spinnt Haberstrau,
Die feuft' isch eusi liebi Frau.
Sie sitzt ennet an der Wand,
Hat en Oepfel i der Hand.
Sie geht durchab zum Sunnehûs
Und lôt die heilig Sunne ús
Und lôt de Schatten îne.[6])

Zu diesen Liedern vgl. sowohl die oben S. 99 aufgeführten, als des Verfassers German. Myth. 524—536.

(Fortsetzung folgt.)

---

[1]) Runa 1849 S. 48 n. 16.

[2]) So meinen den gestirnten Himmel die folgenden lettischen Räthsel: 1) Dem Vater (Gott) gehört ein Pelz voll Aehren. 2) Eine blaue Decke voll von Achren. 3) Eine graue Wolldecke voll von weissen Achren (Erbschen).

[3]) Ei heist die Sonne oder der Mond u. A. auch auf ägyptischen Denkmälern. Auf einem Basrelief zu Philä z. B. hält Ptha-Totoxen eine Töpferscheibe mit einem Ei. Nach der hieroglyphischen Beischrift ist dies das Ei der Sonne und des Mondes, das von Ptha in Bewegung gesetzt wird. Parthey zu Plutarchs Isis u. Osiris S. 224. Auch andere Inschriften besagen, dass Ptah „das Ei der Sonne und des Mondes bewege", dass er „sein Ei in dem Himmel wälze". Ptah ist der Geist des himmlischen Lichtes, der Beweger der Himmelskörper. Aber auch Ra, der Geist der Sonne: der „in der Sonnenscheibe thront", „bewegt sein Ei laut den Inschriften. Vgl. Duncker, Gesch. des Alterthums. Bd. I. 1874. S. 35 36.

[4]) Lechwitz in Mähren. Zeitschr. f. d. Myth. IV. 347 n. 69.

[5]) Panzer, Beitr. z. D. Myth. II. 546. Vgl. German Myth. 706.

[6]) Aargau. Rochholz, alemannisches Kinderlied. 140 n. 273.

Die Sieben vor Theben und die chaldäische Woche.

Als Beitrag zur Begründung einer Wissenschaft der vergleichenden
Mythologie und Religionsgeschichte.

I. Allgemeine Einleitesätze.

1. Zwei Erkenntnissarten: die religiöse und logische.

Es giebt zwei anthropologische Hauptarten menschlicher Erkenntniss:

a) eine, auf den religiösen Zusammenhang und abbildlichen Einklang des
   Menschen mit Gott und der Welt gegründete, mehr unmittelbare und
   ursprüngliche, eine Erkenntniss durch unwillkürliche religiöse Mimik und
   dichterische Gesammtanschauung, die wir desshalb die r e l i g i ö s e, b i l d -
   l i c h e, e i n h e i t l i c h e (synthetische) Erkenntniss nennen: und

b) eine, aus dieser abgeleitete, auf des Menschen körperlich-geistigen
   Dualismus gegründete, mehr mittelbare und willkürliche, eine Erkenntniss durch logische Unterscheidung und Wiederverbindung, sowie ge-
   brauchsmässige Entbildlichung der in dem religiösen Urbegriff enthaltenen
   einzelnen Merkmale, welche Erkenntniss wir desshalb die l o g i s c h e,
   a b s t r a c t e, a n a l y t i s c h e nennen.

Die Worte oder Rufe: „Licht, Feuer, Tag, Nacht, Thier, Leu" z. B. kraft
deren der Mensch die darin benannten Erscheinungen sich mimisch begreiflich
macht, sind sprachliche Ausdrücke der religiösen (bildlichen, synthetischen)
Erkenntniss: und verwandeln sich auf dem Wege der logischen (abstracten,
analytischen) Erkenntniss in die Sätze: „das himmlische Licht scheint hell
und göttlich", „das Feuer entbrennt und lodert gen Himmel", „der helle Tag
geht auf im Osten", „die dunkle Nacht folgt auf den Untergang im Westen",
„das schnelle Thier rennt durch die Wüste", „der goldgelbe Leu brüllt und
leuchtet durch die Dämmerung". Während, wie bemerkt, die erste dieser
beiden Erkenntnissarten, und durch die erste auch die zweite, ihren Ursprung
auf das dem Menschen angeborene, mit seiner abbildlichen religiösen Natur
zusammenhängende, Vermögen einer kosmisch-anthropologischen Mimik und
bildlich-geberdenhaften Nacherschaffung Gottes und der Welt gründet, hat
sich die letztere, die logische, zu ihrer weiteren besonderen Entwicklung
hauptsächlich der Sprache, Schrift und Grammatik bedient und hat vermittelst

derselben vermocht die ursprüngliche Einheit des ersten bildlichen Gesammt-
begriffes in eine doppelte Reihe formaler und stofflicher Einzelbegriffe aufzulösen und aus denselben neu wiederherzustellen, sowie dabei zugleich die
ursprüngliche Bildlichkeit des einzelnen übertragenen Begriffes hinter dem
bestimmten Gebrauch der letzten Uebertragung mehr und mehr zurücktreten
und verschwinden zu lassen.

2. Wichtigkeit, anthropologische und historische, der religiös-bildlichen Erkenntniss.

Die, in der Religion und Bildlichkeit der menschlichen Natur begründete Ursprünglichkeit der religiös-bildlichen Erkenntniss hat derselben für
alle Zeiten eine unbedingte a n t h r o p o l o g i s c h e Wichtigkeit gesichert, kraft
deren sie dem Menschen auch heute in sehr vielen seiner sowohl gesellschaftlichen als gottesdienstlichen Gebräuche und Vorstellungen unentbehrlich geblieben ist und nicht aufgehoben werden kann, ohne dass damit auch die
Innigkeit und Lebendigkeit aller dieser Vorstellungen und Gebräuche, die
Lebendigkeit unseres ganzen menschlichen wie göttlichen Verkehrs erstickt
und aufgehoben würde. Die Fahne des Kriegs und der hochzeitliche Braut-
kranz, der Eid vor Gericht und der Handschlag der Freundschaft, die segnende
Hand und der Ringwechsel der Verlobung, das Knieen und Händefalten beim
Gebet und der Aufblick zu Gott als dem Vater unser im Himmel — sind
bildliche Zeichen und Handlungen deren Unterdrückung für den Menschen
ebenso unnatürlich, ja unmöglich sein würde, als wenn er das Geberdenspiel
des Hauptes und Gesichts unterdrücken, das Lachen und Weinen ersticken,
das Aufleuchten der Augen zurückhalten und den ebbenden und fluthenden
Strom des Erblassens und Erröthens abgraben wollte.[1]) Aber nicht minder
gross als diese anthropologische ist die h i s t o r i s c h e Bedeutsamkeit der
religiös-bildlichen Erkenntniss, als welche, gegenüber der nur sehr allmählichen
Entwicklung der logischen Erkenntniss und zugleich gegenüber der von den
verschiedenen Bildungsstufen der Völker und Stände abhängigen Ungleichheit
dieser Entwicklung, Jahrtausende lang die einzige gewesen ist vermittelst
deren erst die ganze, dann ein grosser Theil der Menschheit Gott, die Welt
und sich selbst zu begreifen vermocht hat[2]), und also namentlich auch die
einzige die dem ganzen religionsgeschichtlichen Theil der menschlichen Entwicklung den wir heute Mythologie nennen zu Grunde liegt. Eben wie die
logische Erkenntniss des Menschen in der Sprache und Grammatik, hat die
religiös-bildliche in der Mythologie den eigentlichen Ausdruck ihrer allgemeinen
Entwickelung, ihrer in Sage und Ritus abgelagerten Geschichte gefunden,
und erheischt also auch, zur Begründung eines richtigen, wissenschaftlichen
Verständnisses dieser Geschichte, zunächst eine, jener logisch-sprachlichen
Grammatik und Wörterdeutung entsprechende, psychologische Grammatik und
Deutung der mythologischen Bildersprache, — das heisst, zunächst eine, nach

---

[1]) vgl. (des Verf.) deutsche Kirchenbuchfrage (Heidelberg 1859) S. 31 ff.
[2]) vgl. Welcker Gr. GL. I. pag. 57. „Man sollte in der Psychologie Weltalter unterscheiden.

der Weise der grammatischen Kategorien, Modi und Casus zu sondernde und ordnende, Feststellung der allgemeinen Gesetze nach denen wir, vom Standpunkt der logischen Erkenntniss aus, die Thätigkeit der religiös-bildlichen vor sich gehen sehen.

3. Acht Gesetze der religiös-bildlichen Erkenntniss.

Als solche Gesetze lassen sich acht aufzählen: zunächst, die beiden schon erwähnten Hauptgesetze: religiöse Einheitlichkeit und mimische Bildlichkeit; die uns also nun, vom logischen Standpuncte, als Vereinbarung und Verbildlichung entgegentreten: sodann, als weitere Ausführung der letzteren, der Verbildlichung:

3) die, — immer mit allgemeiner Vermengung und Verschiebung der Activitätsverhältnisse verbunden — Verthätlichueg; sowie,

4) die, in dieser enthaltene Verpersönlichung; und

5) die, sowohl die Handlung als die Person betreffende, Vergeschlechtlichung: — und sodann, als weitere Ausführungen des Grundgesetzes der Vereinbarung,

6) die Verörtlichung,

7) die Vergeschichtlichung, und

8) die sittlich-religiöse Vergöttlichung und Vergeistigung des Begriffes.

Der Sonnenaufgang z. B., in welchem wir vom heutigen logischen Standpuncte aus nichts erkennen als die regelmässige, durch die Erdumdrehung allmählich bewirkte, morgendliche Wiederkehr des Sonnenbildes und den verschiedenen damit verbundenen Licht- Wärme- und Farbeneindrücke, erscheint vom religiös-dichterischen Standpuncte aus, mit Anwendung der genannten acht Gesetze, als die einige[1]) That[3]) eines guten[3]) lichten[2]) — von den Lichtschallbildern[2]) des Erzklanges oder Thiergebrülls gerufenen und geschaffenen schöpferischen[5]) Gottes[4]), der, an der Hand seiner göttlichen Schwester[5]), der Morgenröthe, aus der geheimnissvollen Grotte eines heiligen Berges[6]) emporsteigend, die bösen[8]) Geister der Nacht mit seinem Rufe[2]) verscheucht[3]), seinen Pfeilen[2]) erschiesst[3]), und so, als der irdisch-himmlische Schutzgeist und Heros-eponymos[7]) seines Volkes, demselben zur nacheifernden Bekämpfung[3]) der Finsterniss und Lüge[8]) des Dunkels und Uebels[8]) ein mahnendes Beispiel giebt[8]).

1. Vereinbarung.
2. Verbildlichung (vgl. u. §. 8 und Anm. 6).
3. Verthätlichung.
4. Verpersönlichung.
5. Vergeschlechtlichung.
6. Verörtlichung.
7. Vergeschichtlichung.
8. Sittlich-religiöse Vergöttlichung und Vergeistigung.

4. Doppelte, symbolische und allegorische Entstehungsart der religiös-bildlichen Erkenntniss.

Diese, vom logischen Standpuncte als eine Umwandelung erscheinende, Auffassung war, wie bemerkt, während der ersten Entwicklungsepoche des Menschengeschlechts die allein wirkliche und unwillkürlich ursprüngliche, und kam als eine absichtliche Rückübertragung aus dem Logischen in's Dichterische erst dann zur Anwendung als, bei eingetretener ethnologischer und castenartiger Ungleichheit der religiösen Entwickelungsstufen, sich seiten der höheren Stufe, der der Lehrer und Priester, das Bedürfniss geltend machte, den von ihnen vorzutragenden esoterischen Lehren und zu gründenden religiösen Einrichtungen einen auch für die übrigen Stufen und Casten sofort erkennbaren und fasslichen exoterischen Ausdruck zu verleihen. Die Namen mit denen sich nach ihrem bereits angebahnten wissenschaftlichen Gebrauche[3]) diese beiden verschiedenen Entstehungsarten der religiös-bildlichen Erkenntniss am treffendsten von einander unterscheiden lassen, sind: für die didactisch-absichtliche Entstehung, allegorisch; für die anthropologisch-unwillkürliche, symbolisch oder auch mythisch, und zwar dieser letztere Name, sowie das Wort Mythus, vornehmlich für grössere zusammengesetzte, aus allegorischen und symbolischen Bestandtheilen unwillkürlich gemischte und erzählend dargestellte Erkenntnisse und Offenbarungen: von welchen dann wieder der mit deutlicher Verörtlichung oder Vergeschichtlichung behaftete Mythus Sage (heilige Sage, Legende); der ohne dieselbe auftretende Märchen heisst: das Wort Parabel (Gleichniss) dagegen immer nur eine didactisch-absichtliche, vorzugsweise auf religiös-sittliche Vergeistigung gerichtete Allegorie bezeichnet.

5. Acht, nach Gegenstand und Inhalt verschiedene Gattungen Mythen und Allegorieen.

5. Ihrem Gegenstand und Inhalte nach waren und sind alle alten Mythen und symbolischen Begriffe, und waren auch die meisten Allegorien, — dem religiösen Wesen und Ursprung der bildlichen Erkenntniss gemäss — immer zunächst theologische, auf die Erkenntniss Gottes gerichtet; d. h. auf die Erkenntniss eines im himmlischen Licht empfundenen, im Wechsel der Gestirne und Elemente, des werdenden und endenden Lebens wiedergefundenen im Anruf und Gebet, Schall (vgl. u. 8) und Feuer, Lehre und Geschichte nachahmend verwirklichten und offenbarten höchsten Wesens, das, als ein unsichtbarer Quell des Lichts und Heils, als ein Urbild aller That und Persönlichkeit, aller zeitlich-ewigen Sitte und Geschichte, — als ein Jahve, Elohim, Baal, Phtha, Zeus, Indra-Agni (Indrāgnī) und Ahurmazda, — im Himmel thront und die Welt von Tag zu Tag, Jahr zu Jahr, Woche zu Woche, ewig neu erschafft und oidnet. Neben diesem ihrem ursprünglichsten, theologischen Inhalt aber haben die Mythen und Allegorien noch einen sieben-

---

[3]) vgl. Welcker Gr. G. C. l. 56—114.

fach anderweitigen: und zwar sind sie:

erstens a) chronologisch-astronomische — d. h. gerichtet auf die Erkenntniss Gottes im Zeitwechsel und in dem diesen Wechsel bestimmenden Bewegungsverhältnissen der Gestirne; und also

α) chronologisch-solare und -lunare: z. B. die Mythen von Tag und Nacht, Jahr und Monat, Sol und Luna, Baal und Baaltis, Apollon und Artemis: die lunaren Mythen (und Riten) von Tanth und Tanthe, Proitos und den 3 Proctidinnen nebst Megapenthes (vgl. u. VII): die tages- und jahreszeitlichen Mythen von den Açvinas, Dioskuren und Kyklopen, den drei Tellen und drei Hekatoncheiren, den Chariten, Horen und Moiren: und die (in allen Religionen so zahlreichen) Mythen und Märchen von Nachtfahrt und Wiederkehr, Kampf und Sieg des Tageshelden: von seinen — wie Kadmos, Kilhuch, Orpheus — die schöne Abendmorgenröthe — eine Europa-Electra, Olwen, Eurydike — suchenden und findenden; oder auch — wie Jason, Odysseus, Siegfried — zwischen beiden Auroren — einer Medea-Glauke, Penelope-Kirke. Brunhilt-Chrymhilt — tragisch getheilten Wanderungen und Schicksalen; von seinem glücklichen Odysseus-artigen Entrinnen vor den Verfolgungen des westlichen Poseidon; oder auch seinem, — als ein Meleagros, Jason, Siegfried, Vritrahanas, Bellerophontes und Apollon Pythoktonos — siegreich bestandenen Kampfe mit dem Eber, Drachen oder Ungeheuer der Finsterniss:

und β) chronologisch-planetarische und siderische: wie, vor allen, die weitverzweigten hebdomadisch-ogdoadischen Riten und Mythen, Dogmen und Märchen aller Religionen: der ägyptische und thebanische Achtgötterkreis und der phönikische Mythos von den 7 Kabiren, nebst dem Achten (Esmun) und den beiden Kabirenältern, besonders der grossen Zeit-bindenden Kabeiro — der Thuro, Themis, Nemesis: und, daraus entwickelt, dann auch die ägyptisch-hellenischen Mythen von der Decade und dem zwölfmonatlichen Sonnenjahr von Horus (Har-Ka) und Herakles, von den Olympischen Göttern und den zwölf Rittern der Tafelrunde:

zweitens b) meteorologisch-physische: d. i. gerichtet auf die Erkenntniss Gottes in den mehr terrestren Luft-, Licht- und Feuererscheinungen zwischen Himmel und Erde: z. B. die, mit dem Tag- und Nachtwechsel verknüpften, Windwechselmythen von Vaju und den Maruta, von den Harpyien und Boreaden: die Sturm- und Gewittermythen von Indra und Rudra, Zeus und Thor.: die Nebelsage von dem (am mysischen Quell) entführten Ganymedes, und die (athenische) Sage von den Thauschwestern; das Luft-, Licht-Märchen von Echo-Widerhall und Narkissos-Widerschein: die Regenbogenmärchen von Iris und Bifrost und die heilige Sage von Jehovahs Bundesbogen:

drittens c) geologisch-neptunisch-plutonische: d. h. gerichtet auf die Erkenntniss Gottes in den Erscheinungen des irdischen Bodens und Gesteins, Gewässers und Feuers: z. B. die zahlreichen Sagen und Märchen von Oreaden und Najaden, Zwergen und Elfen, Undinen und Salamandern: die

Mythen von Ge, Okeanos und den Titanen; von des Hephästos Werkstatt
in Lemnos oder im Aetna, und von seiner vaterlosen Geburt aus dem Schooss
oder Busen (Herodot VI, 82) Heras: und der mannigfache Cultus und sinnbildliche
Gebrauch des Gesteins: theils, in aufgerichteter Gestalt, als chronologische
Merk- und Denkmale, Licht- und Feuer-nachahmende Obelisken und Pyra-
miden; theils, in flacher, als Gottessitze und Gerichtsstühle; theils, in beweglicher, (z. B. die geworfenen Steine Jasons, Kadmos's, Athenes und Rheas)
als numerische Sinnbilder und Rechenpfennige der Zeitberechnung:

d) zoologische: d. i. gerichtet auf die Erkenntniss Gottes in der Thier-
und Pflanzenwelt: z. B. die Mythen von Dryaden und Satyrn; die vielfachen
Thier- und Pflanzenmetamorphosen der Götter und Heroen; die ethisch-di-
dactische Thierfabel (Thierparabel): und der magische Cultus gewisser sinn-
bildlich-bedeutsamer — oder auch anthropologisch-wirksamer — Pflanzen und
Thiere, wie der Pinie und Cypresse, Alraune und Mistel, des Epheus und
Lorbers, des Soma und Weines; und von den Thieren, ausser den lichtschall-
und lichtflug-symbolischen (vgl. u. 8), besonders der Schlange, als eines
durch Körper, Gang und Wesen mannigfach bedeutsamen Gleichnisses: und zwar:

α) des (raschen) Gleitens und übernatürlichen Sichbewegens (Boreas);

β) des (leisen) Sprossens und Wachsens (Erichthonios);

γ) des (gleitenden) Streichelns und Heilens (Asklepios);

δ) des (schleichenden) chthonischen Dunkels und Todes (Delphine);

ε) des (sich schlängelnden) Feuers und Lichtes (Titanen, Medusa);

ζ) des (gewundenen) chronologischen Kyklos und Kosmos (Surmubel);

η) der (zungenartig-beweglichen) Zunge, Sprache, Weisheit und Prophezeiung (Schlange des Taut, Hermes und des Paradieses):

fünftens e) culturhistorisch-technologische: d. i. gerichtet auf
die Erkenntniss Gottes in der Geschichte und Beschaffenheit der von ihm
dem Menschen gelehrten Künste und Einrichtungen, Sitten und Gewerbe,
Unternehmungen und Erfindungen: z. B. die Opfer-, Heerd- und Schmiede-
feuer-Mythen von Agnis und Moloch, Isis und Hestia, Tanais-Artemis und
Neith-Athene, Prometheus und Pandora; die Ankerbaumysterien von Demeter
und Persephone; der Schiffahrtsmythus vom Gott-Fisch Oannes; die Erichthonios (Erechtheus)-sage von dem als Pflegling Athenes (des Pflugs) und
der Thauschwestern erwachsenen als Vater der Hypermestra (Erndte) und
als reichster aller Sterblichen herrschenden, schlangenfüssigen Wunderkinde;
sowie, damit zusammenhängend, die Märchen von Erysichthon (Brachland) und
Triopas (Dreifelderwirthschaft vgl. u.) von Triptolemos, Keleos, und den
Molionen (Mühlsteinen) — vom irischen König Muirchertach und schottischen
John Barley-Corn: das dionysische Märchen vom Aufziehen, Pflegen, Pflücken
und Keltern des licht- und feuergeborenen Sohnes des Himmels und der Erde;
das Phineusmärchen, vom blinden (unterirdischen) Bergwerkbau, das Krösus-
märchen vom Schmelzen und Klingendmachen des Goldes; das Tantalus-
märchen vom Opfertische (der, mit den Speisen vor sich, dieselben nicht be-

rühren darf und der mit den Göttern speist um nachher umgestossen zu werden):

sechstens, f) ethnologisch-historische d. i. gerichtet auf die Erkenntniss und Erinnerung Gottes in den von je einem einzelnen Volk oder Volksstamm vollbrachten, als Thaten je eines einzelnen Gottes oder Heroen (Heros eponymos) verpersönlichten Erlebnisse: z. B. die Sagen von den Wanderungen, Niederlassungen, und Eroberungen des aramäischen Abraham, assyrischen Assur, indischen Indra, medischen Mithras, babylonisch-phönikischen Bel (Belitan), phönikisch-hellenischen Kadmos, ägypto-hellenischen Danaos und ägypto-tyrrhenischen Herakles; die griechischen Sagen von Hellen, Dorus. Aeolus, die italischen von Tyrrhenus, Latinus, Romulus, die brittannischen von Alu, Aedd, Pryd, die irischen von Gwasc, Beli und Fion, die deutschen von Irmin und Sax-neot, — bis herab zu der, die Abrahamssage wieder aufnehmenden, Sage von dem ewigen Juden:

und endlich, siebentes g) anthropologische: d. i. gerichtet auf die Erkenntniss Gottes in den physisch-psychischen Eigenschaften und Verrichtungen des Menschen selbst: z. B. das Vedaische Fingergleichniss von den zehn Schwestern, und die griechischen Märchen von den 5 zählenden (Idäischen) und 5 heilkräftigen Dactylen; das altcymrische Märchen von den 5 oder (Sprache und Gewissen eingerechnet) 7 Sinnen (seven senses) als Thürhütern König Arthurs, und die entsprechenden deutschen Märchen von den Sehsen oder Sieben die durch die ganze Welt kommen: das deutsche Sprachmärchen von der Springwurzel, die römische Sage von Ajus Locutius, die vielen etymologischen Sagen und Wortspielmärchen, und die Mosaische Zungen-Allegorie von der Schlange im Paradiese; die Homerischen Märchen von Schlaf und Traum (Il. II, VIII, XV, Od. XII) und die dazu gehörigen Mythen von Schlaf, Sirenen und Museu; die Vermählungsriten und Mythen von dem Musensohn Hymen-Hymenäos, von Zeus und Hera, und das Märchen von Theseus und Ariadne; das Weinrauschmärchen von Ἀγαυή und Αὐτονόη (Heiterkeit und Entschlossenheit); Μέθη, Ναρκαῖος und Πένθευς (Trunkenheit, Betäubung und Wahnsinn); die Todes-Allegorien von Schlaf und Abend (Morpheus und Orpheus); Entführen und Hinführen (Hermes und Charon); Entraffen und Entschweben (Keren und Harpyien); Verbrennen und Erlöschen (Scheiterhaufen und Feuer); von der abendlichen Delphinischen Meeresfahrt und von der Landung im westlichen abendrothen Paradies des sonnengleichen Heimgangs (Leuke und Elysion).

6. Vereinbarungsweisen der verschiedenen Gattungen Mythen in und unter sich.

Den, schon in der Gemeinsamkeit des theologischen Elementes enthaltenen, vereinbarenden Zusammenhang dieser verschiedenen Gattungen Mythen und Allegorien, sowohl unter einander als einer jeden in sich, hat die religiös-bildliche Erkenntniss dann auch noch durch eine Reihe besonderer, theils aus dem Vereinbarungsgesetze selbst, theils aus den anderen sieben

Gesetzen geschöpften Mittel weiter zu verwirklichen und zu der ursprünglichen, religiösen Einheit des Begriffes zurückzuführen gesucht: und hat sich
zu diesem Zweck namentlich acht besonderer Vereinbarungsmittel bedient: als
welche sind:

a) die Anwendung des, auf die vereinbarte Natur des menschlichen Körpers rückbezüglichen, die Pluralität nur als menschliche Gegliedertheit oder
Zusammengesetztheit auffassenden Collectivbegriffes: und zwar

α) des geometrischen, der z. B. den, aus unzähligen Feldern, Wässern,
Gestirnen gebildeten Gau, Strom, Himmel nur als einen einzigen (verpersön-
lichten) Demos, (Heros Kolonos, Marathon u. a.) Nilos, Uranos begreift: und
β) des arithmetischen Collectivbegriffes, der z. B. in dem aus zahlreichen
Thieren, Menschen, Kriegern zusammengesetzten Haufen, nur eine einzige Heerde,
Horde, Volksmasse, Zunft, Sippe, — eine Phyle Μῆτα, Ζευξίππη, — erkennt

b) die Anwendung des, auf die formale Allgemeinheit des menschlichen
Begriffes selbst rückbezüglichen, die Pluralität nur als Variation gewisser,
mehr oder minder allgemeiner Grundtypen auffassenden Gattungsbegriffes:
und zwar

α) des substantivischen Gattungsbegriffes: der z. B. die Pflanzenwelt
nur als ein einziges Gewächs oder Gesträuch, nur als einen einzigen Tannen-
baum, Eichbaum, Apfelbaum; die Thierwelt nur als ein einziges Gewürm,
Geziefer, Gethier, nur als einen einzigen Käfer, Fisch, Vogel, Aaren, Stier,
Hund, Löwen begreift; und dem also auch die ganze eigene Menschheit nur
unter der Form weniger Grundtypen, — eines Dionysosartigen Priesters,
Zeus-artigen Mannes, Hermes-artigen Jünglings, Eros-artigen Knaben, Artemis-
artigen Mädchens, ja, zuerst und zuletzt, nur unter dem Bilde eines einzigen
Gottsohnes anschaulich und begreiflich wird; und

β) des adjectivischen Gattungsbegriffes: der die typische Anschauung
des Substantivs auf dessen trennbare Merkmale und Eigenschaften überträgt,
und also z. B. über den Bäumen und Gewächsen das grüne Wachsthum in
Gestalt einer Flora und eines Silvanus schweben sieht; allen schnellen Thieren das Schnelligkeitssinnbild des Flügels anheftet; und in der Menschenwelt
dem Manne die Arete oder Virtus, dem Jünglinge die Hebe, der Jungfrau
die Aidos und Elpis, die Spes und Pudicitia, dem Zeus die Themis, Dike
und Nike zur Seite stellt:

c) die Anwendung des Verörtlichungsgesetzes: kraft dessen eine
Anzahl mehr oder minder nahe verwandter Mythen und Allegorien — z. B.
die Götter des Olymp und Asgard, die Personen und Begebenheiten in der
Halle des Odysseus oder König Arthurs, im Lager von Troja und in der
Unterwelt — sich sämmtlich je nach dieser Oertlichkeit unter einander ordnen und innerhalb desselben Rahmens zu einem einzigen beweglichen Bilde
zusammenfügen:

d) die Anwendung des, in der Verthätlichung enthaltenen, Zeitbegriffes
und Zeitgesetzes: kraft dessen die verschiedenen Fristen nicht nur in sich

gebunden werden, sondern sich auch unter einander durch einen gewissen
gesetzmässigen Parallelismus — z. B. der neuen Tages- und Jahressonne,
des den Morgen, Mittag und Abend wiederholenden Frühlings, Sommers und
Winters, des den Wochencosmos wiederholenden gebundenen Jahres, des den
Phönix des Morgens wiederholenden Phönix des grossen (1461- oder
1500jährigen) Jahres, — chronologisch verbunden zeigen und in demselben
sinnbildlichen Ritus zusammentreffen:

e) die Anwendung des zur Vergeschichtlichung erweiterten Ver-
thätlichungsgesetzes: das, in dieser Erweiterung, den verbalen Zusammenhang von Ursache und Wirkung nicht auf eine oder wenige Thaten und Personen zu beschränken, sondern auf eine lange Reihe und Kette mehr oder
minder unwillkürlich herangezogener Ereignisse auszudehnen liebt: und kraft
dessen sich also z. B. an dem einen Faden der durchzusetzenden (morgendlichen)
Wiederkehr des Odysseus die ganze, Märchen aller Gattungen einschliessende,
(nächtliche) Märchenwelt der Odyssee; und desgleichen an dem, mit dem
triemerischen Kampf (vgl. u. 13) verschlungenen Doppelfaden des Helena- und
Briseisraubes, der ganze zehnjährige Krieg gegen Ilios, vom Iphigeniaopfer
bis zur Sühnung des Orestes, vom Apfel der Eris und Ey der Leda bis zum
Tode des Achilleus, Paris und Priamos und bis zur Gründung Karthagos und
Roms, mythisch zusammengereiht hat:

f) die Anwendung des Vergeschlechtlichungsgesetzes: das, indem
es (wie schon die Sprache) den übersinnlichen Begriff von Ursache und
Wirkung unter dem sinnlichen von Vaterschaft und Kindschaft auffasst,
gleichfalls einer langen Reihe mehr oder minder verwandter Begriffe Gelegenheit giebt sich der wachsenden Verkettung dieses Bildes einzufügen und
untereinander in gewisse genetische, von irgend einem mythischen oder allegorischen Urbegriffe, — einem Ham, Sem oder Japhet, einem Kronos,
Okeanos oder Helios, einer Nyx, Themis oder Metis — abgeleitete Stammbäume zusammenzutreten, welche Stammbäume ihren letzten Ursprung dann
immer wieder in einem obersten göttlichen Elternpaar oder obersten Erzeuger
und Schöpfer zu finden suchen: —

g) die Anwendung des Verpersönlichungsgesetzes: das kraft des
ihm zu Grunde liegenden synthetischen Anthropomorphismus, — kraft seines
in der Person des Menschen gegebenen physiologischen Monotheismus, die
hergestellte Einheit des Schaffens und Werdens der Zeit und Oertlichkeit,
des Begriffs und Numerus immer auch durch die Einheit des handelnden
Subjects zu vervollständigen sucht, und das also, wie es die verschiedenen
Personen des Tages und Himmels, des Jahres und Zeitenwechsels, des all-
mächtigen Willens und Thuns mit der Person des Lichtgottes vereinbart, so
z. B. auch eine Reihe verschiedener weiblicher Urbegriffe — Nacht, Erde,
Fruchtbarkeit, Luna, Zahl, Ordnung, Saat, Sitte, Ehe — in der ursprünglichsten dieser Urgöttinnen, — einer Nyx-Ge-, Rhea-Demeter, Isis-Hestia —

als verschiedene Thätigkeiten und Eigenschaften derselben wieder zusammen-
rinnen lässt:

Und besiegelt wird endlich achtens (h) dieses grosse mythologische
Vereinbarungswerk durch die zusammengreifende Anwendung des Ver-
sinnbildlichungs- und Vergeistigungsgesetzes, von denen letzteres
den metaphorischen Parallelismus der Versinnbildlichung auch umgekehrt auf
sinnliche Begriffe überträgt und so dem Spiegel der Metapher eine doppelte,
nach beiden Seiten hin umwandelnde und vereinbarende Wirksamkeit ver-
leihet; eine Wirksamkeit, kraft deren z. B. die stürmenden Harpyien in
Todesgöttinnen, die chronologischen Chariten, Moiren und Erinnyen in
Göttinnen des Liebreizes, Verhängnisses und strafenden Gewissens umgewandelt werden; kraft deren der, im Gleichniss des Schalls, (Flugs, Feuers)
begriffene, sonnenhafte Lauf des Tages und Jahres nun wieder seinerseits zu
einem Gleichniss des göttlichen Daseins; der, als Wandel oder Kampf begriffene, Vor- und Rückgang des Sommers zu einer in dem Märchen von
Eros und Psycho (nebst ihren zwei jahreszeitlichen Schwestern) erzählten
Allegorie und Parabel von dem die Seele heimsuchenden und prüfenden
himmlischen Bräutigam vergeistigt erscheint: —

Und, kraft dieser acht Vereinbarungsmittel, vermag es also die religiöse
Erkenntniss die ganze unendliche Mannigfaltigkeit der von ihr geschaffenen
einzelnen mythologischen Bilder doch zuletzt, ihrem eigenen monotheistischen
Wesen gemäss, wieder in dem Gesammtbilde einer einzigen göttlichen
Persönlichkeit — eines Jao, Baal, Zeus — neu zusammenzuführen; eines
obersten Gottes, den diese wiedervereinigte Mannigfaltigkeit bald nur in Form
von Beiwörtern, — als einen Baal-Samin (Himmels-Baal), Baal-Semes
(Sonnen-Baal), Baal-Chamon und Moloch (Feuer-Baal), Baal·Chon (Säulen-
und Satzungs-Baal), Baal-Zedek (Gerichts-Baal), Bel-itan (Zeit-Alters-Baal) —
grammatisch umgiebt; bald aber zugleich sich mit ihm im dichterisch-
lebendigen, alle mythischen Gattungen in sich aufnehmenden Ritus und
Mythus verbindet. Und kraft einer solchen Verbindung erscheint nun z. B.
der hellenische Zeus, ausser seiner höchsten himmlisch-irdischen Gewalt,
zugleich:

a) chronologisch: als der, den Tages-, Jahres- und Zeitwechsel schaffende
Vater des Hermes und der Dioskuren, Apollons und der Artemis; als der
den Tagesanbruch selbst darstellende $K\varrho\eta\tau\alpha\gamma\varepsilon\nu\eta'\varsigma$; als der das Gesetz der
Zeit verwaltende Gemahl der Metis und Themis, und von ihr Vater der
Chariton, Horen und Moiren:

b) meteorologisch: als der Wolken und Gewitter zusammenziehende
Donnergott und blitzende Vater Athenes; als der mit der Electra oder Hemera
den Jasion (von kymr. ias splendor, calor) erzeugende Vater des fruchtbaren
Wärmeglanzes; als der den Ganymedes entführende Nebelgott:

c) geologisch: als der auf dem Olymp oder Ida thronende Sohn und
Gemahl der Mutter Erde (Ge-Rhea-Here):

d) zoologisch: als der in Taubengestalt auf seiner Eiche thronende Ζεῦς Δωδωναῖος; der in Schwan, Kukuk und Schlange verwandelte Gemahl Ledas, Heras und Demeters; als der, mit dem Adler und der Sphinx neben sich, selbst löwenartig gebildete König der fliegenden und wandelnden Thierwelt:

e) culturhistorisch-technologisch: als Vater des Sprach-, Schrift- und Redegottes Hermes, sowie der kunstreichen Schmiede- und Webegöttin Athene; als der mit Demeter und Semele (земля) vermählte Vater Persephones und Dionysos, des Acker- und Weinbaues; als Gemahl der häuslich-sittlichen Hestia, Bruder der ehelich-gesetzlichen Here, und als Vater der, allen Tugenden und Künsten der Wanderung, Schiffahrt und Palästra vorstehenden, Dioskuren:

f) ethnologisch: als Vater des Arkas, Pelasgos, Hellen und als panhellenischer Ahnherr sämmtlicher einzelner griechischer Stammhelden:

g) anthropologisch: als Gott der Träume und Orakel (πανομφαῖος), Vater Hermes, Apollons und der Musen und des Heilgottes Ἀπολλὼν-Παιάν; als göttlicher Bräutigam des ἱερὸς γάμος und Erzeuger oder Ahnherr des geistig physischen (mit Psyche vermählten) Eros; als Vater der Schuld und Reue, der sinnverblendenden Ate und der reuig abbittenden Λιταί: als Vater seines, aus dem Chronologischen und Religionsgeschichtlichen ins Ethische übertragenen und vergeistigten Lieblingssohnes, des, trotz Heras macrocosmischem Hasse, siegreich kämpfenden, büssend irrenden, Tod und Orcus bezwingenden und den Prometheus erlösenden Gottmenschen Herakles.

7. Mythologie und (ϑ) Mythologien.

Wie die sprachliche, erscheint, bei genauerer Betrachtung, auch die ihr parallele religiös-bildliche Entwicklung der menschlichen Erkenntniss als eine gemeinsame, in der die anthropologische Einheit des Ursprungs sich auch auf historischem Wege durch mannigfache Berührung und Mischung der Völker erneuert und fortgesetzt hat, und die also, eben wie die sprachliche Entwicklung, nur in ihrer, alle einzelnen Völkermythologien umfassenden Ganzheit, als eine vergleichende Wissenschaft wirklich verstanden und, mit Anwendung der obigen acht Gesetze, wissenschaftlich erörtert werden kann. Die einzelnen alten Religionen und Mythologieen aber die bei diesem Vergleich hauptsächlich in Betracht kommen und in denen wir, zufolge der besonderen Natur, Geschichte und Oertlichkeit des Volkes, immer eins oder mehrere jener Gesetze und eine oder mehrere jener Gattungen und Ver- einbarungsweisen vorzugsweise entwickelt und verdeutlicht finden sind. nach ihrer allgemeinen Entwicklungsstufe geordnet, die folgenden:

a) die (durch den Vergleich vieler noch lebender turanischer Völker- mythologieen zu ergänzende) turanisch-skythische und gomerisch- keltische Mythologie. gegründet auf vorzugsweise Entwickelung des Ver- thätlichungsgesetzes und der solar-lunaren Tages-, Jahres- und Monatschronologie und ausgezeichnet durch besondere Ursprünglichkeit und Durchsichtigkeit der Verbildlichung und allegorisch-symbolischen Fassung:

b) die (gleichfalls durch den Vergleich mit noch lebenden turanischen Mythologieen zu ergänzende) tyrrhenisch-(tuskisch-)lateinische, — gegründet auf vorzugsweise Entwicklung des Verpersönlichungsgesetzes und zwar mit besonderer Anwendung auf die meteorologischen und geologischen, technologischen und anthropologischen Mythen, die diese Mythologie in unzähligen Verpersönlichungen festgehalten hat:

c) die, auch der hebräischen zu Grunde liegende, c h a l d ä i s c h - b a b y l o n i s c h e Religion und Mythologie, gegründet auf die Einheit und vereinbarende Kraft des reintheologischen Elements und auf dessen Vereinbarung mit dem siderisch-, insbesondere planetarisch-chronologischen:

d) die p h ö n i k i s c h e und a s s y r i s c h - p h ö n i k i s c h e Mythologie, ausgehend von der chaldäischen Hebdomas, mit hinzutretendem (meteorologischem) Feuerdienste und mit besonderer Entwicklung des Vergeschlechtlichungsgesetzes und des technologischen Mythus:

e) die ä g y p t i s c h e, gegründet auf eine chronologische Weiterentwicklung des chaldäischen theologisch-chronologischen Siderismus und auf dessen Vereinbarung mit dem Verörtlichungsgesetze und mit dem durch dasselbe bedingten geologischen, zoologischen, ethnologischen und anthropologischen Mythus:

f) die a l t i n d i s c h e, gegründet auf eine neue wunderbar reiche und reine ethisch-theologische Entwickelung des älten (gomerischen) Morgen- und Jahreszeitopferdienstes, sowie des darauf bezüglichen meteorologisch-chronologischen Märchens:

g) die a l t p e r s i s c h e - (zarathustrasche), gegründet auf eine ethischvergeistigte Weiterentwicklung des altindischen Morgen- und Jahreszeitdienstes, sowie zugleich jenes altturanischen unbegrenzten Verpersönlichungsglaubens, und auf eine Vereinbarung beider mit dem strengen Gesetze der chaldäischen Hebdomas:

h) die h e l l e n i s c h e (und hellenisch-römische): hervorgegangen aus einem, durch die eigenthümliche Lage Griechenlands gegebenen, Zusammenfluss aller früheren turanisch-arischen und hamitisch-semitischen religiösen Entwickelungsstufen und gegründet auf eine eigenthümliche künstlerisch-anthropologische Vereinbarung und Verschmelzung derselben zu einem dichterisch-geschichtlichen Ganzen, das unserer vergleichenden mythologischen Forschung heute ebensosehr zum Reiz und zum Wegweiser dient als es derselben zum richtigen Verständniss auch seinerseits nicht entbehren kann, — und als namentlich die volksthümlich-realistische Behandlung die die religiöse Erkenntniss in den Homerischen Gedichten erfahren hat eines solchen allgemeineren höheren Vergleiches bedarf, um uns hinter diesen, aus dichterischer Verörtlichung, Vergeschlechtlichung, Vergeschichtlichung und scherzhafter Versinnlichung so reizend gewobenen Schleiern die strengen einfachen Züge der ursprünglichen Allegorie oder Symbolik wiedererkennen zu lassen.

8. Religiöse Handlung (Ritus), einfach und zusammengesetzt: Schall-, Flug-, . Feuerritus, Brand-, Menschenopfer.

Das mimische Ursprungsmittel aller religiösen Erkenntniss war die religiöse — symbolisch-allegorische — Handlung; die einfachste und ursprünglichste religiöse Handlung aber war die Gott im himmlischen Licht anrufende und nacherschaffende symbolische Sprachgeberde; was das, als ein Echo des göttlichen Schöpfungsrufes sich begreifende, anbetende W o r t, das, indem es durch seine Articulation den himmlischen übersinnlichen Begriff Gottes vermittelte, zugleich durch seinen Klang für das sinnliche Licht selbst ein hörbares Symbol und Abbild wurde.   Und da, zufolge des natürlichen Zusammenhanges aller Lebensthätigkeiten, eine solche Sprachgeberde dem Menschen nicht möglich war ohne gewisse begleitende mehr äusserliche Körpergeberden, — ohne ein, den Anruf Gottes verdeutlichendes, staunendes Erheben des Hauptes und der Arme; ein, die himmlische Höhe gegensätzlich begreifendes, demüthiges Niederknieen, ein die mimische Erkenntniss in sich selbst sammelndes frommes Händefalten, — so fand sich schon das einfache ursprüngliche Wort unwillkürlich zu einer mehr zusammengesetzten religiösen Handlung, einem, von der Gemeinde ausgeführten, gottesdienstlichen Ritus erweitert, und verfolgte und verstärkte diese Erweiterung dann auch noch vermittelst verschiedener anderer, auf mehr willkürliche Weise herangezogener Symbole und symbolischer Handlungen.   Als die natürlichste solcher Erweiterungen bot sich zuerst die im Klange des Wortes gegebene L i c h t s c h a l l - s y m b o l i k : und zwar entweder vermittelst des Gebrauches klingender Tonstoffe, Tonzeuge und Tonwaffen — Zimbeln und Harfen, Zinken und Flöten, Pauken und Waffentanz; — oder aber vermittelst des Vor- und Umführens oder Umtragens[4]) gewisser dem Lichte und Himmel gleichstimmiger, und desshalb auch etymologisch - homophoner Thiere[5]) — brüllender Löwen und

---

[4]) Für den — die Lichtschallsymbolik mit der chronologischen Bewegungssymbolik (s. §. 10) verbindenden — Ritus des Umtragens insbesondere zeugt z. B. die von den Aegyptern (siebenmal) um den Rhatempel getragene ($\pi\epsilon\varrho\iota\varphi\acute{\epsilon}\varrho\upsilon\sigma\iota$), Kuh der Winterwende (Plut. Is. 52); der löwentragende assyrische Sandan, der '$A\sigma\varkappa\lambda\acute{\eta}\pi\iota\upsilon\varsigma$, $\varLambda\epsilon\upsilon\tau\upsilon\tilde{\iota}\chi\upsilon\varsigma$ von Askalon (Mov I. 534): die Sage von der durch Löwenumtragen bewerkstelligten Weihung der Ringmauer von Sardes (Lyd. de mens. III, 14); und so auch wol der Lamm und Hirsch tragende Apollon Karneios und Milesios.

[5]) Einige noch besonders deutlich erhaltene und nachweisbare Beispiele dieser ursprünglichen Homophonie sind: das ägypt. „mui, miau, brüllen (magire) Löwe" homophon mit äg. „mui Licht, Glanz, und mit dem Morgenlichtgott Mui: das griech. „$\varLambda\acute{\upsilon}\varkappa\upsilon\varsigma$ Wolf (vgl. rugire)" homophon mit „$\varLambda\acute{\upsilon}\varkappa\eta$, $\varLambda\epsilon\upsilon\varkappa\eta$ diluculum, lux (vgl. Welcker Gr. G. I. 476. Macrob. Sat. I. 16)" und mit Apollon, Pan und Zeus $\varLambda\acute{\upsilon}\varkappa\iota\upsilon\varsigma$, $\varLambda\upsilon\varkappa\alpha\tilde{\iota}\upsilon\varsigma$, sowie mit den Licht- und Tagesheroen Lykos, Lykaon, Lykurgos, Lykomedon und den Dämmerungs - Heroinen Lyke und Leuke: das griech. $\beta\varrho\acute{\epsilon}\mu\omega$, $\beta\varrho\acute{\iota}\mu\omega$ (brüllen, vom Löwen, Hesych., vgl. fremere und das italien. bramare) homophon mit der Mondgöttin Hekate Brimo und dem solaren Dionysos Bromios: das sanskr. $\varrho\upsilon$, griech. $\chi\varrho\epsilon\mu\acute{\iota}\zeta\epsilon\iota\nu$, $\chi\varrho\epsilon\mu\epsilon\tau\acute{\iota}\zeta\epsilon\iota\nu$, (himmern hinnire, hannire) homophon mit der Morgendämmerungsgöttin Sarama und dem $E\varrho\mu\tilde{\eta}\varsigma$-Saramejas (vgl. das „Mercurium adhinnivisse" bei Arnob. IV,, 14.): und so ent-

Stiere, himmernder Esel, Hengste und Hirsche, schreiender Widder und
Lämmer, heulender Wölfe und bellender Hunde, — alles Thiere die der ihnen
von der Natur in die Kehle gelegte mannigfache — bald dunklere, bald hellere,
bald leise dämmernde, bald mittags- und vollmondsartig gellende — Lichtruf
dann auch zu dauernden Symbolen, — und zugleich reichen symbolischen
Mythenquellen der verschiedenen Lichtgottheiten gemacht hat[6]). Und als eine
natürliche Ergänzung trat dieser, den hellen Ton und Glanz des Lichtes ver-
bildlichenden Schallsymbolik dann, zweitens, eine den hohen luftigen Schwung
und Strahlenerguss des Lichtgestirns wiederholende Symbolik des Wurfes,
Schusses und Flugs zur Seite: theils, vermittelst geworfener mond- und
sonnenrunder, — und also zugleich figurativer — Scheiben und Disken,
Kugeln und Bälle (Aepfel)[7]); theils, vermittelst geschossener schwirrender, —
und also zugleich schallsymbolischer — stralenartiger Speere und Pfeile[8]);
theils, vermittelst gewisser dem Gott entgegengetragener — und zum Flug

---

sprang auch wol die hieroglyphische Schreibung (seit der XIX. Dynastie) des semitisch-
ägyptischen Bal (Bar)-Seth durch das Bild eines Esels aus einer Homophonie des ägyptischenen
Wortes „iu, iu, Esel" mit dem chaldäischen Balnamen Jao, (vgl Bunsen Eg. I. 439 u. Lepsius
Götterkr. 19. 48, Mov. I. 550.).

[6]) Aus keiner reicheren, geheimnissvolleren Quelle hat der alte Ritus und Mythus seine
symbolischen Begriffe geschöpfet als aus dieser, bis jetzt nur sehr unvollkommen verstandenen
(vgl. Grimm D. M. S. 707) Lichtschallsymbolik, die — ausser dem welterschaffenden Lichtrufe
Jehovahs - theils, auf menschlich-musikalischem Wege, die Leier Apollons und Hermes's, die
Flöte Pans und Marsyas's, die Pauken und Posaunen des Rhea- und Dionysosdienstes und den
Waffentanz der Korybanten hat erklingen lassen; theils, auf animalischem Wege, allen jenen
brüllenden, himmernden, blökenden, heulenden, bellenden Lichtschallthieren in den verschiedenen
Religionen, — den Lichtlöwen und Sonnenstieren Mui's, Rha's, Pan's, Moloch's und Rheas, den
Rinderheerden Indra's und Heliot's, den Ross- und Eselheerden Mithras's und des hyperboeischen
Apollon, dem Widder und Lamm Kneph's, Hermes's und des Apollon Karneios, dem Wolfe
Apollons und Ares's und dem bellenden, wachenden Hunde des Hermes-Saramejas — ihre
Heiligkeit verliehen hat.

[7]) Daher z. B. der (sommerliche) Discus mit dem Apollon den Hyakinthos erschlägt
(Apollod I, 3, 3, vgl. u. s. 12): die (morgensonnenhafte) σφαῖρα mit deren Wurf Nansikaa den
Odysseus erweckt (Od. VI, 115); der (morgengoldene) Spielball des Kretischen Zeuskindes (Apollon III,
132. Philostr. jun. 8); und der (morgenabendrothe) Apfel Aphrodites und Atalantes, sowie
der (jahreszeitliche) der Eris und der 3 Hesperiden.

[8]) Daher z. B. der nie fehlende (Morgenlicht)-Speer des Kephalos und Oedipus: die nie
fehlenden (Sonnen-)Pfeile Philoktets und Pandaros's: und desshalb auch der skytische Ritus des
Gegen-die-Sonne-schiessens. Vom Schiessen hergenommen scheinen auch die Namen verschiedener
Lichtgottheiten: z.. B der skythisch-assyrisch-ägyptisch-tuskische Οἰτό-συρος, Sar, A-sur, Usr,
Usil, von dem ägypt. „sr, συρι, Pfeil"; und ebenso von dem ägypt „sat, Pfeil, glänzen"
(vgl. cymr. saeth, sagitta) der semitisch-hamitische Gott Seth: und so liegt auch wohl dem griech.
Helios und assyrisch-semitischen El, Bel, Bal, Pal (Sardana-pal u. a.) sowie dem germanischen
Pal, Phol Bald'r und dem griech. Ἀ-πολλών eine „schiessen" bedeutende, den Lichtgott als Bogen-
schützen darstellende, (starke) Wurze zu Grunde (vgl. ἰάλλω, βάλλω, sanskr. phal (findi),
hebr. palah, cymr. bollt (Bolzer) goth. balths; — während das von Grimm (D. M. pag. 202)
verglichene litt. baltas, (albus, bellus) wol vielmehr zu der Mediawurzel sanskr. उज्ज्व रं (lucere)
cymr. gweled (videro) ägypt. val (oculus) gehört; der von Grimm auch verglichene Gott Beli
aber zu dem cymr. „bela rugire (bellen) lupas".

freigelassener — Vögel: Adler, Falken, Schwäne, Tauben, Reiher, Kraniche die desshalb gleichfalls thierische Attribute verschiedener Lichtgottheiten geworden sind[9]) und von denen sich einige auch mit gewissen Lichtschall- thieren zu unmittelbaren allegorischen Sinnbildern des tönenden Sonnenflugs — zu Sphinxen und Greifen, geflügelten Sonnenstieren und Sonnenlöwen — zusammengesetzt haben. — Als das mächtigste und wunderbarste Verstärkungs- mittel ihrer lichtanbetenden Gotteserkenntniss aber offenbarte sich den Menschen, drittens, das F e u e r, dieses, bald (als Athene) im Blitze niederzuckende, bald (als Hephästos) der Erde entquellende, bald (als Pallas Tritogeneia) durch Reiben selbsterschaffene lichtähnliche Element, das in seiner dem Licht ent- gegen gen Himmel lodernden Pracht für den zu Gott aufsteigenden Ruf und Begriff das treffendste sichtbare Gleichniss, für die Herstellung des göttlich- menschlichen Zusammenhanges den unmittelbarsten, auf den Ruf des Lichtes antwortenden, menschlich-göttlichen Gegenruf darbot. Und noch inniger und wirklicher gemacht wurde diese Herstellung durch den opfermässigen Gebrauch des Feuers, kraft dessen dasselbe, als Brandopfer, dazu diente den Genuss der Früchte und Speisen, die es die Menschen hatte bereiten lehren, nun auch, als eine fromme, dankbare Gabe, dem Himmel und der Gottheit mit- zutheilen und zurückzuerstatten: und kraft dessen es ferner, als neben dem Ge- fühle des Preises und Dankes, im Gewissen des Menschen auch das der Schuld und das Bedürfniss der Sühne erwachte, sofort für Abtragung dieser Sühne ein ebenso wirksames Mittel als heiliges Sinnbild darbot und namentlich das Menschenopfer mit dem Heiligenschein eines von der Gottheit selbst voll- zogenen Sühnungs- und Reinigungsactes (auto-da-fé) zu umkleiden wusste.

Chronologische Entwickelung des Gottesbegriffes: Morgenopfer.

9. Der auf solche Weise entstandene, am Licht der Gestirne und Gegenlicht des Feuers gebildete theologische Gottesbegriff erhielt seine haupt- sächliche Entwickelung durch die Verbindung mit dem, dem Gang und Wechsel der Gestirne entnommenen, (chronologischen) Zeitbegriffe, d. i. dem meta- phorischen Begriffe eines aus Tag und Nacht, Voll- und Neumond, Sommer und Winter, Auf- und Untergang der Gestirne zusammengesetzten regel- mässigen Fortganges der Schöpfung, die eben erst in diesem Wechsel dem Menschen die Dauer ihres göttlichen Daseins, erst im Schwinden und Wieder- kehren des Lichtes die Freiheit der göttlichen Gnade und der eigenen menschlichen Schuld zum Bewusstsein brachte. Denn da der Mensch, zufolge seines Verthätlichungstriebes, jenes Schwinden nicht sehen konnte, ohne die

---

[9]) Der Adler, wegen seines hohen Flugs, Symbol der höchsten Lichtgottheiten; der Falke, wegen seines ringartigen Schwebens, der kyklischen (Esmun, Rha, Horus, Apollon); Taube, Schwan, Reiher, Kranich, wegen ihres von NO. gegen SW. streichenden Zuges, der Tages- und Jahresgottheiten (Zeus, Aphrodite, Apollon). Der Hahn dagegen — z. B. des Apollon, Asklepius und assyrischen Nergal — ist natürliches Schallsymbol; das Märchen vom Schwanengesang aber nichts als ein von dieser Schallsymbolik in einem Flugsymbol des Lichts wachgerufener Widerhall.

Furcht vor einer einstigen Nichtwiederkehr, vor einem von Gott verhängten
und von ihm, dem Menschen, selbst verschuldeten Hereinbrechen ewigen
Dunkels, Winters und Todes, so wurde eben diese Furcht, wurde der derselben zu Grunde liegende Zeitbegriff die eigentliche Wiege jenes erwähnten
(im Feuer zu sühnenden) allgemeinen Schuldbewusstseins, das dem Menschen
nicht sowohl einzelne Vergehungen und Missethaten als vielmehr sein Dasein
selbst zum Vorwurf machte und ihn dasselbe als einen, dem Rechte Gottes
und Gebote des Gewissens widerstreitenden, nur durch theilweise Selbst-
opferung sühnbaren, Losriss und Uebergriff empfinden liess. Derjenige Zeitwechsel aber der diese ganze chronologische Entwickelung des Gottesbegriffes
am ursprünglichsten und einfachsten ins Leben rief, war der Tag- und Nachtwechsel, war insbesondere der, vom Schrecken der Nacht erlösende, Sonnenaufgang, mit allen seinen, namentlich im Rigveda und im hebräischen Mythus
so lebendig geschilderten, physisch-theologischen Erscheinungen der stufen-
weisen Wiederkehr des Tages, der zwischen Gott und Menschheit neu-
hergestellten himmlischen Stufenleiter: — mit jenen seinen märchenhaften
Wanderungen und geheimen Besprechungen der Dämmerungsgöttin Sarama,
oder Morgenrothgöttin Uschas und zugleich mit seinem männlichen Vritrasieg·
und Titanensturz und dem gegen Gott selbst siegreichen Ringkampfe Israels;
mit seinen Allegorien von den gesprenkelten Lämmern und freigemachten
(lichtschallsymbolischen) Rindern, und zugleich mit seiner ethisch-kosmischen
Unterscheidung zwischen Vorn und Hinten, Rechts und Links, und Gut und
Böse. Denn eben wie der Mensch kraft der Anbetung sein Oben und Unten,
sein Himmlisch und Irdisch unterscheiden und, gleichsam im Angesicht
Gottes, gegensätzlich begriffen hatte, lernte er nun auch, im Angesicht des ·
aufgehenden göttlichen Tages, den Unterschied der übrigen vier Himmels-
punkte begreifen: lernte zuerst, kraft des Aufganges selbst, diesen ihm entgegen-
leuchtenden Osten und zugleich dieses sein hinschauendes Vorn von dem
abgewandten Hinten und Westen unterscheiden; lernte sodann, kraft der südlichen Bewegung des steigenden Gestirns, den religiösen Vorzug dieser gott-
begünstigten, glücklichen rechten Seite und Hand vor der finstren unglück-
lichen, nördlichen erkennen und gebrauchsmässig ausüben: und hat den
religiösen Zusammenhang dieser Sitte und Erkenntniss, sowie seinem leib-
lichen Leben, so auch seiner Sprache, — namentlich allen asiatischen Sprachen, —
deutlich eingeprägt und darin als ein noch heute lebendiges Zeugniss für die
religionsgeschichtliche Bedeutung des Morgenopfers zurückgelassen [10]).

10. Weiterer chronologischer Ritus, vermittelst der Symbolik a) des Raumes und b) des Kampfes.

Dieser, allen chronologischen Riten und Mythen zu Grunde liegende
Morgengottesdienst, nebst dem ihm entsprechenden Abenddienst, übertrug sich
von dem Tag- und Nachtwechsel dann auch auf die übrigen grossen Zeit-

---

[10]) s. in dem Vortrag „Rechts und Links" s. Z. Heft III, Sitzung vom 25. Jan. 1873.

wechsel, — den Wechsel der Monate und Jahre, Tag- und Jahreszeiten: — so dass, kraft des erwähnten chronologischen Parallelismus (s. o. §. 6 d.), die neue Mondsichel und neue Jahressonne nun als ein andrer Sonnenaufgang, die abnehmende Luna und weichende Sonne als ein neuer abendlicher Untergang, der den Winter vertreibende Frühling oder auch der den heissen Sommer vertreibende Herbst als ein andrer Morgen gefeiert und begriffen wurden. Nothwendig aber trat, bei diesen mannigfachen Uebertragungen, neben dem theologischen Inhalt der Feier, der chronologische mehr und mehr in den Vordergrund, und liess die Mimik des Zeitwechsels selbst, die bei der ursprünglichen Morgenfeier sich mit dem eigentlichen Gottesdienst in unmittelbarer einfacher Symbolik verschmolzen hatte, jetzt in mehr zusammengesetzter Symbolik und Allegorie zu besonderer Geltung kommen und namentlich vermittelst zweier rein chronologischer Metaphern und Sinnbildlichkeiten, der der räumlichen Bewegung und der des Kampfes und der Eroberung, den verschiedenen grossen Zeitfesten zum Begriff und zur Erläuterung dienen. Jedenfalls die ältere und allgemeinere dieser beiden Arten chronologischer Mimik war die vermittelst der räumlichen Bewegung, einer Metapher und Sinnbildlichkeit die nicht nur unseren meisten sprachlichen Bezeichnungen des Zeitwechsels, unserer Vergangenheit und Zukunft, unserer an- und ausgehenden, um- und ablaufenden Zeit, zu Grunde liegt, sondern die auch in unseren Umgängen und Umzügen, Prozessionen und Wallfahrten eine — mehr oder minder unbewusste — religiöse Fortdauer feiert. Begegnen wir einer Metapher und symbolischen Handlung dieser Art doch auch schon in jenen Wanderungen der Veda'schen Sarama oder Ushas, insbesondere in ihrem Ueberschreiten des Tag und Nacht trennenden Rasastroms[11]), und finden diese Sinnbilder dann auch in vielen anderen (schon oben (§. 5) berührten) Tages- und Jahresmythen wieder: namentlich z. B. in den morgen-abendlichen Wanderungen der Dioskuren und des Tagesboten Hermes, des Jason und Odysseus; in den jahreszeitlichen des Hephästos, Apollon und Herakles; in der Tagesnachtfahrt der Argonauten und der Sage wie Jason, einschuhig, die (altgewordene) Zeitgöttin Hera durch den Strom der Nacht (Anauros) ans Ufer des Morgens und der Verjüngung trägt[12]). Und wie hier das Sinnbild des Raumes, sehen wir in jenem, gleichfalls dem alten Morgengottesdienst angehörigen, Vritrasieg und Israelskampf auch bereits das andere chronologische Symbol, den Kampf und Sieg, zur Anwendung gebracht: ja, und finden dasselbe gerade in der Natur des Tag- und Nachtwechsels so wohl begründet, dass wir wohl annehmen dürfen, es sei von ihm eigentlich ausgegangen und sei auf die siegreiche Ueberwindung der übrigen Zeitwechsel erst später übertragen worden. Wie der Morgen als ein Vritra- oder Chimärasieg, als ein (dem Zeus mit Hülfe Pans und Hermes gelungener) Typhonssieg und Titanensturz, erschien und wie wir diesen Sieg auch von Jason, Perseus, Simson

---

[11]) Rigv. III, 31, 6. IV. 45, 7. VI, 64, 4 M. Müller, Science of L. II. S, pg. 462. 522.
[12]) Bygin fab. 13, 22. Apollon. Rhod. III, 67, Serv. Virg. Ecl. IV. 34.

Siegfried mit Hülfe oder zu Liebe einer schönen Morgenröthe Medea,
Andromeda, Delila, Brunhilt über den Drachen und die Gorgo des Dunkels,
oder auch, mit mythischer Umkehr des Activitätsverhältnisses, über den Löwen,
Stier, Wolf des Sonnenaufganges selbst erfechten sehen; so wurde nun auch
der parallele Winter - Frühlings- oder Sommer - Herbstwechsel, wurde der
Gesammtwechsel des Nycht-Hemeron-Tages und des (zwei- oder dreitheiligen)
Jahres, wurde zuletzt auch der Wechsel aller künstlich - gebundenen Fristen,
von der Triemerie und Hebdomas bis zur Octaëteris, als ein solcher Sieg
dargestellt: und wurde diese kriegerische Symbolik dann auch noch mit der
räumlichen auf die Weise verbunden, dass man die wechselnde Frist in Form
eines Lagers oder Walles, einer Burg oder Veste stürmend eroberte und dem
alten Feinde abgewann. Dem starken Verthätlichungstriebe der alten Menschheit, besonders der kriegerischen (Skythisch - Gomorischen) Völker, konnte
keine chronologische Mimik besser entsprechen als ein solches gewaltsames
Miterzeugen des Wechsels durch Kampf und Schlacht: als ein solches Bekämpfen und Ueberwinden der bösen — kalten oder heissen — Jahreszeit in
Gestalt, bald eines Bären, Urs, Wolfs oder Löwen, bald eines grimmigen
menschlichen Streiters; ein Erlegen des abgelebten Gestern in Gestalt eines
von dem jugendlichen Heute erschlagenen vergeblich kämpfenden Feindes; ein
gleichzeitiges Besitz- und Begriffergreifen von der neuen Frist in Gestalt einer
bestürmten und eroberten Babel oder Sardes, Thebe oder Ilios. Und indem
dieser rituale Kampf gewiss ursprünglich kein blosser Scheinkampf war, sondern
sowohl den wilden Thieren als den — aus Kriegsgefangenen genommenen —
menschlichen Gegnern einen vollen Widerstand gestattete, freute sich die
kriegerische Gemeinde, ihrem (namengebenden) Gott bei dieser Gelegenheit
ein Schauspiel der eigenen siegreichen Tapferkeit und Tüchtigkeit vorzuführen
und sich vor ihm, kraft der einzelnen ausgewählten Kämpfer, — kraft der,
unter dem Namen eines Vritrahanas-Bellerophontes, eines Löwen- oder Stier-
bezwingers Simson, Herakles und Theseus, mythisch fortlebenden ritualen
Helden — des alten Namens und neugeschenkten Zeitraumes würdig zu
erweisen.

11. Zeitwechselkampf in Verbindung mit dem Menschenopfer.

Einen ganz besonderen ritualen Werth aber erhielt der Zeitwechsel-
kampf durch seine Verbindung mit dem Menschenopfer, das, wie wir gesehen,
schon seinem Ursprung nach ein chronologisches Fest war und zu dessen
religiöser Vollziehung jener tödtliche Zweikampf den kriegerischen Völkerschaften die unmittelbarste Gelegenheit bot. Der namengebende Gott der
kriegerischen Gemeinde konnte für die menschliche Schuld der alten, für das
gnädige Geschenk der neuen Zeitfrist gewiss mit keiner genügenderen Busse,
keinem vortrefflicheren Kaufpreis befriedigt werden als mit dem ihm geopferten
Leben des Vertreters jener ersteren; konnte, an der Spitze seines Volkes, das
Schlachtfeld des Heute nicht glorreicher betreten als über dem Leichnam des

ihm zu Ehren erschlagenen Gestern. Wenn aber in diesem Falle, dem des einfachen Tageswechsels, ein einzelnes Opfer genügte, so war natürlich bei grösseren, mehrtägigen — oder mehrwöchentlichen — Fristen auch eine dieser Mehrheit entsprechende grössere Zahl Geopferter erforderlich, und diente dann zugleich um, neben dem religiösen, auch das logische Bedürfniss der Gemeinde zu befriedigen, für die der schwierige Begriff einer mehr zusammengesetzten chronologischen Zahl eben nur vermittelst eines solchen sinnlichen Gleichnisses, einer solchen Reihe nebeneinander hingestreckter Leichname, fassbar wurde. Und diese chronologischen Zahlen sind es dann auch die uns in den vielfachen aus dem Ritus des Zeitwechselopfers, insbesondere Zeitwechselkampfopfers, entsprungenen Mythen sofort als ein fester deutlicher Zug entgegentreten und uns in diesen 50 geopferten Söhnen des Lykaon, 50 (oder 52) gemordeten Söhnen des Aegyptos, 50 (oder 52) von Tydeus erschlagenen Kadmeionen[13]), sofort die opfermässig gefeierte Zahl der Jahreswochen (oder Tagesstunden); in den 360 altkymrischen Gwautodinkämpfern die der Jahrestage; in den 7 erschlagenen Söhnen der Megara aber und also namentlich auch in den 2.7 Niobiden und 7 thebanischen Kämpferpaaren die Zahl der Wochentage wieder erkennen lassen. Vollkommen bewiesen aber zeigt sich die religionsgeschichtliche Wirklichkeit des alten Zeitwechselopferkampfes durch eine Reihe hier sofort aufzuführender historischer Beispiele, die aus den sehr zahlreichen Beispielen des Menschenopfers, insbesondere chronologischen Menschenopfers, im Alterthum[14]) gerade diesem Kampfopferritus angehören und die sämmtlich mehr oder minder weit in die christliche Aera hereinreichen. Ja, und bis auf den heutigen Tag werden wir diesen historischen Nachweis dann noch durch verschiedene — namentlich in den germanischen Ländern erhaltene — volksthümliche Gebräuche und Spiele fortgeführt sehen, in denen der alte blutige Ritus unter milderer Form lebendig geblieben ist und vermittelst deren die symbolische Erkenntniss und Erinnerung des Volkes, getreuer als die logische der Wissenschaft, das in einen heiteren Mummenschanz umgewandelte grosse tragische Mysterium von Frühling zu Frühling und von Erndte zu Erndte seit Jahrtausenden unvergesslich weiterspielt.

12. Historische Beispiele der verschiedenen chronologischen Opferkämpfe: — Tages-, Jahres- und Jahreszeiten-Wechselkampf.

Zunächst a) für den alten opfermässigen **Tageswechsel-Zweikampf** für den, — allmorgendlich bei Sonnenaufgang gefeierten — siegreichen Kampf des Heute mit dem Gestern ein deutliches Beispiel bietet uns

---

[13]) Apollod. III, 8, 1. Pausan. VIII, 3. 1. — Pausan II, 19, 3. Apollod. II, 1, 5. II. IV, 383 — vgl. u §. 12, 15, 45, 80.

[14]) Plat. Min. pg. 315, c. Legg. VI., pg. 782. Porphyr de abstin II, 12 pg. 50, 19, Serv. Aen. VI, 107, (cf Hom. Od. X, 552). Sil Ital. IV. 770. Movers Phön. I, 301 ff. Welcker Gr. GL. I, 211, II, 769 ff.

jener aus Sueton und Ovid, Strabo und Pausanias bekannte[15]), noch in der
Kaiserzeit fortdauernde skythisch-lateinische Tempelritus der Diana Aricina,
kraft dessen der priesterliche König des Tempels (des kleineren der beiden
von Strabo beschriebenen Fana), der sogenannte Rex Aricinus oder Nemorensis,
immer ein entsprungener Sclave sein und seine Würde auf die Weise erwerben musste dass er, nachdem er sich in den Hain der Göttin geflüchtet
und einen Zweig ihres heiligen Baumes (Jahresbaumes) abgebrochen, seinen
Vorgänger, den alten Tageskönig, zum Zweikampfe forderte und kampfmässig
erschlug. Dieser, auf solche Weise beschränkte und an die zufällige Ent-
springung eines Sclaven geknüpfte, Ritus nämlich war offenbar, wie auch
Servius andeutet, nur der gemilderte Ersatz für einen ursprünglichen regelmässigen Morgenzweikampf, dessen spätere Milderungsweise theils in der
culturhistorischen Minderung des Menschenopfers überhaupt, theils in dem
besonderen ethnologisch-geschichtlichen Umstande ihren natürlichen Grund
hatte dass der, schon im Skythenlande vorzugsweise von Kriegsgefangenen
vollzogene, Ritus sowohl einerseits den Sclavenstand der beiden Kämpfer als
andererseits, mit Anwendung der Activitätsumkehr, die Selbstbefreiung des
Sclaven als nothwendige Bedingungen jener Milderung erscheinen liess, und
dass der Ursprung desselben von dem Mythus eben desshalb auch auf das
Beispiel jenes aus dem Tempel der Diana Taurica dem Opfertode entronnenen
Orestes zurückgeführt wurde[16]). Eben dieser Orestes aber dient dann auch
in seiner anderweitigen mythischen Geschichte dem Sinne des von ihm her-
geleiteten Aricinischen Ritus, als eines Tageswechselkampfes, zur Bestätigung:
einmal, schon in seiner Eigenschaft eines rächerischen Morgenhelden, der,
zusammen mit seiner Schwester Electra-Morgenröthe, die Ermordung des
königlichen Vaters Tag an der verrätherischen Mutter Nacht — oder Abendröthe — rächt: und sodann auch, in seiner Eigenschaft eines Tageshelden,
als welcher er (eben wie früher Agamemnon mit Achilleus um die schöne
Briseis) mit dem gestrigen Tage, Neoptolemos, um die schöne Morgenröthe
Hermione (vgl. u. §. 37) hadert, und seinen Gegner am Delphischen (oder
Phthiischen) Altar in einem mythischen Zweikampfe tödtet über dessen, dem
Aricinischen entsprechenden, ritualen Sinn die durchsichtige Allegorie einer
anderen Angabe dieses Delphischen Mythus — die an Neoptolemos, dem
Schutzherrn des Delphischen Opfertisches, nicht von Orestes selbst, sondern
von „Schwertmann des Opferschmauses Sohn (Macheireus Sohn des Daites)"
vollzogene Tödtung[17]) — keinen Zweifel lässt. Und zu nicht minder deutlicher Bestätigung dient unserem Ritus dann auch der andere mit ihm
genetisch verflochtene, — namentlich bei Pausanias und Ovid als Stifter
des Aricinischen Heiligthums erwähnte — mythische Heros, der hellenisch-

---

[15]) Sueton Calig. 35. Ovid. Fast. III, 265. Strab. V, pg. 239. Pausan. II, 27, 4. vgl. Hygin
Fb. 261. Serv. Aen. VI. 136, II, 146.
[16]) Serv. Aen. II, 146. Hygin. Fab. 261.
[17]) Schol Pind. Nem. VII, 43. Pausan. I, 13, 7. X. 24, 4.

lateinische Hippolytos-Virbius: dieser, schon in seiner Etymologie deutliche, Doppelname, darin Hippolytos, ein dem Homerischen βουλυτός (βουλυτόνδε) entsprechender Ausdruck, den Abend — zunächst die rossabspannende Abendzeit, dann den verpersönlichten, von Poseidon verschlungenen, himmlischen Rosselenker und Abspanner[18]) — bezeichnet; Virbius aber, ein (im Kymrischen erhaltener[19]) altlateinischer Ausdruck, diesem Abend einen „frischen, neugeborenen" — von Diana Dictynna oder von Aesculapius neu ins Leben gerufenen[20]) — Morgen zur Seite stellt und, vermittelst einer solchen mythisch-etymologischen Verbindung, den Zusammenhang des Gestern und Heute im Symbole, wenn auch nicht des Wechselmordes, doch des Wechsellebens begreiflich macht. Künstlerisch illustrirt und gerechtfertigt aber wird diese ganze Erläuterung des Aricinischen Ritus endlich noch durch ein bei Aricia gefundenes alterthümliches (altgriechisches) Marmorrelief[21]), das uns die beiden Tageskönige, — oder vielmehr deren mythische Vorbilder, Orestes und Neoptolemos, — als nackte, bärtige, mit der Priesterbinde geschmückte Kämpfer vorstellt, und zwar in dem Augenblicke des Kampfes, wo der eine, Orestes, den anderen mit einem kurzen messerartigen Schwerte erstochen hat und sich von dem Niedergesunkenen hinweg gleichsam rechtfertigend gegen zwei ihm folgende bekleidete weibliche Figuren, — wol die Artemis und ihre Aricinische Priesterin — hinwendet; während an beiden Ecken noch je eine andere — wol die Horen des Gestern und Heute bedeutende — weibliche Figur mit gen Himmel gehobenen Händen ihren Schreck und Schmerz ausdrückt. Und weiter illustrirt wird der Gegenstand und weiter gerechtfertigt unsere Erklärung des Aricinischen Ritus dann noch durch ein mit dem Namen der beiden Helden versehenes altgriechisches Vasengemälde[22]), das, anstatt des allegorischen Kampfes und Mordes selbst, eine demselben unmittelbar vorhergehende Handlung darstellt; nämlich diejenige von der Göttin Themis mit dem Zeitschlüssel bedeutete Handlung des Tageswechsels und Morgenanbruchs, wo der Held des Heute, Orestes, mit seinem Schwerte noch hinter dem Omphalos (des Delphischen Tempels) kauert,

---

[18]) Ebenso bezeichnet von den drei mondphasenhaften Proitostöchtern, neben Iphinoe, der jungen, und Iphianassa der vollen, Lysippe die abspannende d. i. abnehmende Luna. — Der von Ovid (Fast. l l.) erzählten Schleifung und Zerreissung des Hippolytos liegt vielleicht nur (wie später in der Legende des Bischofs Hippolytos) ein Wortspiel, vielleicht auch ein wirklicher, mit der Lichtschallsymbolik des Pferdes zusammenhängender, alter Opferritus zu Grunde.

[19]) cymr. „gwryv, frisch, neu", auch „rein, keusch:" welcher Metapher Hippolytos-Virbius dann wol auch seine entsprechenden Eigenschaften eines jungfräulichen, keuschen Heroen (Pansan. II, 32, 1. Horat. C. IV, 7, 25) zu verdanken hat.

[20]) Pansan. II, 27, 4. Hygin Fab. 49.

[21]) Gefunden 1791 von Cardinal Despuig, in dessen Museum es sich jetzt auf der Insel Majorca befindet: abgebildet in Sicklers Almanach (I. pg. 85.) Gerhard's Archäolog. Zeitung 1849, Tav. XI. und Welcker's Alte Denkmäler II, Tav. VIII, 14, und von Zoega, Hirt, Gerhard (O. Jahn), sowie schon von den ersten römischen Herausgebern in unserem Sinne erklärt, während Welcker es (gewiss irrig) auf den Mord des Aegisthos deuten will.

[22]) Gerhard Vasengemälde Tav. 24. Annali di I. A. XL.

Neoptolemos aber, der Held des bis Sonnenaufgang dauernden Gestern, erst
von einem anderen, speerbewaffneten Jüngling — einem den Speer des
Morgenrothes führenden Kephalos, Amphitryon oder Meleagros (vgl. o §. 8) —
angegriffen wird und sich vor diesem Angriff hinter den Altar geflüchtet hat,
um dann später hier von dem Schwerte des hervorbrechenden Orestes den
Opfertod zu erleiden.

Für den opfermässigen Jahreswechsel-Zweikampf, zweitens (b)
ein merkwürdiges, gewiss auch historisches Beispiel bietet die in den altkymrischen Gwautodinliedern besungene, grosse Maischlacht der Dreihundert-
dreiundsechzig[23]), eine allegorische Schlacht, die nach Form und Inhalt jener
alten Bruchstücke selbst[24]), sowie nach den Andeutungen verschiedener sie be-
sprechender jüngerer Barden und Commentatoren zu schliessen, in einer der
brittischen Jahresburgen, zuletzt namentlich in Stonehenge, alljährlich 1—3. Mai
wirklich geschlagen und gefeiert wurde, und deren unter König Vortigern
(Gwor-theyrn), dem Wiedererwecker des alten Glaubens, dort noch in der
Mitte des v. Jahrh. u. A. vollzogene Feier in der Sage von dem Plot of knives
und den durch Hengist und Horsa erschlagenen 360 brittischen Häuptlingen
ein mythisches Zeugniss hinterlassen hat. Die in den Liedern wiederholt
erwähnte, — auch durch die vorschriftliche Rhythmenzahl (363 gworchanau)
und Preissumme (363 Silberpfennige) bestätigte — Gesammtzahl 363, von
denen aber nur 360 erschlagen werden, bezeichnet wahrscheinlich ein aus
3 je 120tägigen Jahreszeiten nebst 3 Festtagen zusammengesetztes, seinerseits
auf einen zwölfjährigen (chaldäisch-ostasiatischen) Ausgleichungscyclus (mit
27tägigem Schaltmonat) berechnetes tropisches Jahr[25]), dessen drei, sei es
einzeln, sei es zusammen gefeierte Festtage, eben als solche von der allgemeinen
Schlacht und Niederlage ausgenommen blieben und in den alten Liedern
desshalb gewöhnlich unter den 3 allegorischen Namen eines Ort-, Zeit- und
Gesangeshelden — Cattraeth, Eidiawl, Cenau (Cathlau) — besonders aufgeführt werden, — der eine Tag häufig auch unter der Person des vortragenden Sängers selbst, der, in einem Fragment, die opfermässige Bedeutung
des „blutigen Mysterii" (coel certh) dadurch bestätiget dass er ausdrücklich
sagt, er habe mit seinem Lied die Blutschuld abgezahlt und sein Leben frei-

---

[23]) F. K. Meyer: Lebende keltische Völkerschaften (Berlin, Hertz, 1863) pg. 35 ff. und Buch
der Dichtung (Berlin, P. Scheller 1869) S. 172.

[24]) Morgenhell zogen schnell in Saus und Braus
Jüngst 363 Streiter aus,
Hoffnungsvoll dahin zum hoffnungslosen Strauss:
Bis auf 3 ruh'n alle nun in Nacht und Graus:
Mit Gesang und Harfenklang im hohen Haus
Feiern ihr Gedächtniss wir beim Jahresschmauss.

[25]) vgl. Censorinus bei Ideler I, 30 und Scaliger de emend. t. pg. 100. Der von Plin.
H. N. XVI, 44, den Druiden zugeschriebene 30jährige auf Ausgleichung von Mond- und
Sonnenjahr berechnete Cyclus gehörte vielleicht der gallischen (westkeltischen); der, dem
Gwautodinritus zu Grunde liegende zwölfjährige, der Ienisch-kymrischen (ostkeltischen) Wanderung
und Bevölkerung an.

gekauft[26]). Während aber so dieses Mysterium im westlichen, kimmerischen Dunkel Brittanniens bis ins fünfte Jahrhundert fortgefeiert worden zu sein scheint, begegnen wir um mehr als tausend Jahr früher einem ganz ähnlichen Feste bei verschiedenen asiatischen Völkern; nämlich dem berühmten, in die mythische Urgeschichte Asiens mannigfach verschlungenen skythisch-assyrisch-persischen Feste der Sakäen, τὰ Σάκαια, auch Ἑορτὴ Σκυϑική genannt, einem Feste das mit dem brittischen alle wesentlichsten Züge: Tagezahl und Jahresburg (Semiramiswall), Steppe und Wanderzelte, Trinkgelag und Niedermetzelung, Opferfeuer (das brittische maithin d. i. Maifeuer) und Priestertracht, insbesondere Priesterbinde (den brittischen caw), gemein hat, nur mit Hinzufügung des, den Gwautodinliedern fremden — wol auf die Nächte des Jahres bezüglichen — weiblichen Elementes: und das uns so in unserer kymrischen, an Albions Küsten gefeierten Schlacht der Dreihundertdreiundsechszig zugleich den letzten historischen Nachhall und den ersten allegorisch deutlichen Ausdruck jenes in den skythischen Wüsten entsprungenen wandernden Jahresbegriffes und Opferkampfes erkennen lässt[27]).

Ein viel bekannteres Opferkampf- und Opfermordbeispiel als das skythisch-kymrische für den Jahreswechsel ist drittens (c) das — wahrscheinlich phönikisch-thrakische — für den W e c h s e l d e r d r e i J a h r e s z e i t e n, jenes vielbesprochene, in Makedonien (Thessalonike) noch zur Zeit der Kirchenväter aufgeführte Mysterium des Kabirischen Brudermordes, dessen blutigen Ritus wir besonders aus Clemens Alexandrinus kennen[28]) und das, nach dieser Schilderung, seine besondere Heiligkeit offenbar einer (schon oben §. 12 berührten) Verbindung der chronologischen mit der ackerbaulichen Symbolik zu verdanken hat. Der von seinen beiden Brüdern, jedenfalls nicht ohne Kampfritus, ermordete Kabire, dessen Kopf dieselben dann in Königspurpur gewickelt begruben und den Phallus in der heiligen Kiste beisetzten, versinnbildlichte nicht sowohl die verdrängte dritte Jahreszeit als vielmehr, in Uebereinstimmung mit dem sprachlichen Ausdruck, das, zum Todt- oder Brachliegen bestimmte, diesjährige Drittel des dreifelderwirthschaftlich geordneten Ackerlandes, und diente, sowie zur Versinnbildlichung dieses Drittels, so, durch seine Tödtung, Zer-

---

[26]) o'm creu dychiorant — vy gwerth gwnacthaut. s. Kelt. Völkersch. pg. 38. 49.

[27]) Berosus bei Athen.- XIV. pg. 639. cf. XII pg. 531: Ctesias bei Dio Chrysost. O. IV. und Diod. II, 26, 27. Strab. XI, 8 pg. 431. cf. Hdt. I, 106. 207. 211. Justin I, 8. Hesych s. v. Σάκαια (ἡ Σκυϑικὴ ἑορτή) — Die Zeit des Festes, und also zugleich des Jahreswechsels, war, zufolge obiger Stellen, bei den Babyloniern der 9. Juli, d. i. die Zeit der Sommersonnenwende und des aufgehenden Orion (Mov. I, 494); wogegen der in den Gwautodinliedern genannte (und noch heute auf den brittischen Inseln gefeierte) Monat Mai als Anfang des Jahres, sowie, hiermit zusammenhängend, als Monat des Adonis und der Adonien, auch bei den meisten Völkern Kleinasiens gefeiert wurde. (Mov. I, 209).

[28]) Protr. 16. τὸν τρίτον ἀδελφὸν ἀποκτείναντες τὴν κεφαλὴν τοῦ νεκροῦ φοινικίδι ἐπικαλυψάμην καὶ ἐϑαψάτην — τὴν κίστην ἐν ᾗ τὸ αἰδοῖον (τοῦ Διονύσου) ἀπέκειτο εἰς Τυῤῥηνίαν κατήγαγον, αἰδοῖα καὶ κίστην ϑρησκεύειν παρατιϑέμενοι Τυῤῥηνοῖς vgl. Eckhel D. N. V. III, pg. 374. Arnob. V, 19. Lactant. de f. r. I, 15. Firmic. pg. 25 Lobeck Aglaopham 1256. Movers Phön. I, 419. Gerhard G. M. pg. 131. Welcker GL. III, 178. — Ueber die ἀπόῤῥητος ϑυσία und μυστήρια ἀῤῥητότατα der übrigen Kabirischen und Idäischen Götter vgl. u. 18. 20. 30.

gliederung und Beisetzung zugleich dazu dass er dasselbe opfermässig
sühne und der Gottheit, insbesondere der Demeter, zur nächstjährigen
fruchtbaren Wiedergeburt empfehle und ans Herz lege. Die anthropologisch-
technologische, ackerbaulich-generative Symbolik der Demetrischen Kiste und
des Dionysischen Phallus, die der allgemeinen Einrichtung des Ackerbaues
von Anfang an zur religiösen Weihe und Erläuterung gedient hatte, übertrug
sich jetzt auf den religiösen Vertreter der besonderen ackerbaulichen Einrichtung der Dreifelderwirthschaft, welche Einrichtung also auch in Italien
(Tyrrhenien) nur kraft dieser Symbolik, sowie vermittelst einer Vereinbarung
des Kabiren mit dem Dionysos, Eingang finden konnte, die sich aber, kraft
der dreifachen Zerstückelung (Glied, Kopf und Körper) des Geopferten, doch
auch wieder mit dessen chronologischer, jahreszeitlich-numerischer Symbolik
in Einklang setzte.

Am längsten forterhalten endlich von allen Zeitwechsel-Opferkämpfen und
durch die jüngsten Beispiele nachweisbar gemacht hat sich viertens (d) der
einfache Jahreszeiten-zweikampf, insbesondere der Zweikampf zwischen
Winter und Sommer (oder Frühling), der bekanntlich als Volks- oder Knaben-
spiel in vielen Gegenden Mitteldeutschlands noch heute fortlebt und der, sowie
durch die für den Kampf gewählte Zeit (gewöhnlich Monat März) und Oertlichkeit (gewöhnlich ein Kreuzweg), seine chronologische, so auch durch den
Inhalt der dabei gesungenen Reime und gespielten Gebräuche seine alte
heidnisch-theologische, seine gewaltsame Opferkampf-mässige Bedeutung fortwährend lebendig erhält[29]). Zuerst, blutiger, in Mitten der Gemeinde ge-
kämpfter und von derselben mit Gesang begleiteter Zweikampf; dann zweitens,
Niederwerfung und Fesselung des bösen; sowie drittens, Augenausstechung
des finstern Feindes; sodann viertens, Herumtragen entweder verhüllt im
Sarg oder frei auf Stangen, des Gefesselten und Geblendeten; und endlich
fünftens, Ertränken, Verbrennen oder über die Grenze werfen (Austreiben)
des bezwungenen Wintertodes: das waren die im heutigen Brauch und Reim
noch deutlich nachklingenden fünf Acte des ursprünglichen Mysterii, kraft
dessen, wie bemerkt, die religiöse Erkenntniss unsrer (Germanischen) Vorfahren von dem grossen Frühlingswechsel des Jahres regelmässigen siegreichen Besitz ergreifen und gottesfürchtigen Gebrauch machen gelernt hat.
Und während dieses in Mitteldeutschland noch heute lebendige Zweikampf-
spiel zu jenem zwischen Neoptolemos und Orestes gefochtenen Tageswechsel-
zweikampf eine Parallele bildet, erscheint dagegen ein anderer germanischer
Frühlingsritus, der, in Schweden, Dänemark und Niederdeutschland noch bis
vor einem Jahrhundert gefeierte (von Olaus Magnus beschriebene), sogenannte
Mairitt[30]) vielmehr als eine Parallele zu der kymrischen Gwautodinschlacht,
und lässt uns in diesen beiden von einem Winter- und einem Maigraven

---

[29]) Grimm D. M. 722—729.
[30]) Grimm D. M. 735 ff.

gegeneinander geführten, — dort mit Asche und Funken, hier mit grünen Birkenzweigen kämpfenden — Reitergeschwadern die beiden von Madoc und Menoc befehligten, mit Turch und Priesterbinde geschmückten Streitwagenzüge der Dreihundertdreiundsechszig wiedererkennen. Ja, auch für jenes in der assyrischen Form der Sakäen so grell hervortretende weibliche Element, für jene von Sardanapal als Genossin gewählte und zuletzt mit ihm verbrannte fünftägige Tageskönigin — Semiramis-Omphale[31]) — finden wir eine germanische Frühlingsparallele in der bei dem Mairitt mitspielenden altdänischen Majinde oder Maigrävin — auch Gadelam, d. i. Schlachtenlamm genannt, — die sich der — auch Gadebasse d. i. Schlachtenbär genannte — Maigrav aus den Jungfrauen der Gemeinde durch Zuwerfen eines Kranzes zur Genossin wählte, um mit ihr während des ganzen Monats sonntäglich den Vorsitz an dem öffentlichen Festmahl zu führen und den Reigen um den Maibaum vorzutanzen[32]). — Und hier, im germanischen Norden, begegnet uns nun auch, gegenüber den bisher angeführten Beispielen eines, wenn auch noch erkennbaren, doch mehr oder minder abgeblassten Gebrauches, das Beispiel eines unmittelbar blutig-lebendigen und tragisch-wirklichen Frühlingsopferkampfes, nämlich jener, vor nicht langer Zeit durch die Bronzegruppe des schwedischen Künstlers Malin illustrirte, in Schweden und Norwegen noch historisch nachweisbare, Gebrauch eines Messerkampfes, den zwei Jünglinge immer am ersten Mai auf Tod und Leben um den bräutlichen Besitz einer, die schöne Jahreszeit darstellenden, schönen Jungfrau kämpfen mussten, so dass also dem einen Kämpfer der Ruhm und Preis des Frühlings erst durch seinen Sieg, dem anderen der Name und Tod des Winters erst in Folge seiner Niederlage zu Theil wurden. Eine bedeutsame mythisch-historische Parallele zu diesem norwegischen Gebrauch aber bildet dann wieder der, auf einen ähnlichen Ritus bei den keltischen Völkern hinweisende, in verschiedenen altkymrischen Gedichten und Märchen angeführte[33]) Mythus von Gwynn ap Nndd d. i. Glanz des Nebelthaus Sohn und Gwythyr mab Greiddawl d. i. Groll des Grimmes Sohn, die alljährlich am ersten Mai,

---

[31]) Movers Phoen. I. pg. 492 ff.

[32]) s. Mandelstrup. spec. gentilismi etiamnum superatitis (1684) bei Grimm D. M. pg. 736. Das von Gr. „Gasselamm und Gassebär" übersetzte Wort leite ich vielmehr von dem kymr. cad (angels. ead d. Hader) ab, indem das kelt. c. auch sonst in deutsches und dänisches g übergeht (z. B. ceaug Gang, cearbb Garbe, caw Gau, cog Gauch, car gar, (in Namen). — Dem Maigraven mit seiner Maigrävin entspricht auch noch unser Bohnenkönig nebst Bohnenkönigin am Dreikönigstag.

[33]) Myvvyrian (Welsh Archeology) I. pg. 165. Cilhwch ac Olwen (Mabinogion Parth IV) pg. 212. Creuddylat, merch Llud Llaw Ereint.: y vorwyn vwyav y mawred avu yn teir Ynys y Kedryn ac their Rac-Ynys: ac am honno y mae Gwythyr mab Greidawl a Gwynn mab Nud yn ymlad bob kalan Mai vyth hyt dydbrawt: Creudel, die Tochter Llüdd's Llaw Ereint (König Grossenbeers mit der Becherhand): und sie war die herrlichste Jungfrau in den drei grossen Königseilanden und den drei Vorderinseln: und um sie fechten Gwythyr, Greiddauls Sohn (d. i. Groll des Grimmes Sohn) und Gwynn Nydd's Sohn (d. i. Glanz des Nebelthaus Sohn), an jedem ersten Mai immer bis zum jüngsten Tage.

immer bis au der Welt Ende, um die schöne Creuddel, Tochter Königs Llyr oder Lludd vawr, fechten, — d. i. um niemand anders als um die uns wohl-bekannte schöne Cordelia, deren Auftreten hier, theils durch ihren Zusammen-hang mit der Learsage, theils durch die Bedeutung ihres Namens „Blutschuld[34])" eine besondere Wichtigkeit erhält. Dieselbe schöne treue Jungfrau, die wir dort als jüngste der drei jahreszeitlichen Königstöchter, — als Aschenbrödel-Wintersonnenwende, — ihrem Vater, dem von Frühlings- und Sommerzeit verrathenen König Jahr, gewissenhaft zu Hülfe eilen und ihrer Pflichttreue sich opfern sehen[35]), erscheint hier, in dem kymrischen Mabinogi, unter einer zwar einfacheren aber nicht minder reizenden und bedeutsamen Gestalt, als eine verhängnissvolle Aphrodite-Erinnys, die, mit der vollen Herrlichkeit des wiederkehrenden Lenzes in ihrem Antlitz, mit der vollen Blutschuld der zurückerkauften Wintersonne in ihrem Namen, zugleich den immer wechseln-den kostbaren Gewinn, und den nie wechselnden kostbaren Kaufpreis des grossen Jahreszweikampfes darstellt, und die, nachdem sie allwinterlich an den Sohn des (göttlichen) Zorns und Schreckens verloren gegangen, all-sommerlich von dem lichten Sohne des Nebelthaus zurückerobert wird.

Und werfen wir von diesem altkeltischen — vielleicht ursprünglichsten — Beispiele des Jahreswechselzweikampfes nun auch noch einen vergleichenden Blick auf die Mythen und Riten der griechischen Religion, so begegnen uns hier, — neben dem dreijahreszeitlichen Märchen von Conrhil-Athene, Rhagau-Here, Creuddel-Aphrodite und dem Erisapfel — besonders drei, zugleich rituale und mythische Parallelen jenes Kampfes: nämlich erstens a) die Amycläischen Hyakinthien, diese altspartanische dreitägige Sommer-wendenfeier des von seinem Vater Apollon-Amykläus mit dem Sonnendiscus getödteten schönen Hyakinthos, d. i. des in seinem Laufe von dem Jahres-gott plötzlich aufgehaltenen und zurückgeworfenen Sommers, über dessen Leichnam der Gott dann — seine Bildsäule über dem Grabesalter — als ein, die beiden Jahreshälften in sich aufnehmender, vierarmiger, vierohriger Janus, herbstlich weiterherrschet[36]): — sodann zweitens,

b) die (ursprünglich wol herbstliche, später frühlingsmässige) Nachtgleichen-feier des grossen Pythischen Kampfspielritus, kraft dessen Apollon alljähr-

---

[34]) von crau, Blut, uud del, dyl (dylid, dyliad) Schuld, Schuldigkeit.

[35]) Buch der Dichtung S. 104 und 170. Durch den ihm gewöhnlich beigelegten Namen Lludd mawr „grosses Heer" wird König Lyr mit der 363fachen Gesammtzahl und jahresmässigen Heerschaar der Gwautodin. sowie durch den Beinamen „Becherhand" mit ihrem Jahresschmaus vereinbart, (während der Name Llyr wol unmittelbar gleichbedeutend ist mit dem (umgekehrten), im Namen Con-rhil erhaltenen „ril Jahr").

[36]) s. Welcker Gr. GL. I. pg. 473: und vgl. als weiterer Beleg für diese alte Zweitheilung des Jahres, die Zweizahl der Amycläischen Chariten (Pausan. III, 18, 4); während andererseits die Dreizahl der Söhne des Amyklas-Apollon (Argalos, Kynortas, Hyakinthos) bereits auf die (jüngere) Dreitheilung hinweist. Dass aber der so religionsgeschichtlich vereinbarte Apollon-Amyklas im Hyakinthos seinen eignen Sohn tödtet, ist auch noch desshalb bedeutsam, weil es uns die schönen keltisch-persisch-germanischen Sagen von Cuchulain und Conmaol, Rustam und Sohreb und Hildebrand und Hadubrat erklären hilft.   .

lich, — oder später auch, mit Uebertragung auf die Octaëteris, jedes neunte Jahr — festlich wiederkehrt, um die zurückgelegte und überwundene Frist in Gestalt eines Drachen, — d. i. wol ursprünglich nur einer thierischen, mit der nächtigen Delphyne vereinbarten Verkörperung des chronologischen Hormos[37]) — zu erlegen und durch diesen Sieg das Gleichgewicht des Jahres — oder des ausgeglichenen octaëterischen Kyklos — wiederherzustellen; — und endlich drittens

c) die grosse weitverbreitete, bis in die christliche Aera fortdauernde — auch bald herbstliche, bald frühlingsmässige — Nachtgleichenfeier der Adonien, eine, den Hyakinthien entsprechende, drei- oder siebentägige Todesfeier, deren Heros, der schöne Adonis, jedoch nicht von dem Jahresgotte Apollon selbst, sondern von einem bösen Theil des Jahres, dem — bald feurigen, bald finstern — Ares, ermordet, von der Zeit- und Jahresgottheit aber, in Gestalt einer liebenden Aphrodite, zärtlich vermisst, gesucht, gefunden und bejammert wird, um endlich am vierten oder achten Tag als ein heidnischer Ostergott siegreich wieder aufzuerstehen[38]), — eine Todes- und Auferstehungsfeier des Zweijahreszeitenwechsels, die uns unter einer ganz ähnlichen, aber dreizeitigen Gestalt, auch sofort in einem bekannten altägyptischen Ritus und Mythus wiederbegegnen wird.

13. Gomerische Triemerie.

Unter den, durch solche Beispiele mehr oder minder historisch beglaubigten, verschiedenartigen Zeitwechselkämpfen aber von ganz besonderer mythologischer Wichtigkeit ist noch eine Art, die sich zwar (meines Wissens) nicht durch historische Angaben, wohl aber, neben inneren chronologischen, ethischen und ethnologischen Gründen, durch unverkennbare mythische und rituale Spuren religionsgeschichtlich herstellen lässt, nämlich, der Ritus einer durch den ethischen Gebrauch und Begriff der Blutrache verknüpften Triemerie, d. i. der Ritus einer auf die Weise opferkampfmässig gebundenen und je am dritten (oder vierten) Tage gefeierten dreitägigen Frist, dass zuerst der Kämpfer und Vertreter des ersten Tages von dem des zweiten, dann dieser wieder von dem des dritten den Tod erleiden, der Tod des dritten aber entweder durch Selbstmord, oder Verbrennen, oder lebendiges Begräbniss gesühnt und diese Sühnung der Gottheit als ein Opfer für die dreitägige Gesammtfrist dargebracht werden musste. Die chronologische, sowie, damit zusammenhängend, die ethische und ethnologische Ursprünglichkeit dieses Ritus beruht

---

[37]) Darauf deutet (ausser vielen andern, später zu erörternden Riten und Mythen) besonders die, einen parallelen Ritus betreffende Stelle in Plutarchs Isis, 19, σχοινίον τι προβαλόντες εἰς μέσου κατακόπτουσι.

[38]) s. Movers Ph. I, 191 ff. und vgl. besonders die Stellen bei Macrob. Sat. I, 21 und Ammian M. XIX, init. — Der anstatt des Adonis in vielen Gegenden - z. B. in Argos — gefeierte Linos (Pausan. IX. 29, 3. Apollod. I, 3, 2. II, 4, 9) drückt seine jahreszeitliche Bedeutung schon durch den Namen (tusc line, kymr. llene Jahr) aus; entspricht aber durch seine von dem Jahresgott (Apollon oder Herakles) selbst vollzogene Tödtung vielmehr dem Hyakinthos.

auf der logisch-numerischen Vollkommenheit der Dreizahl, dieser aus der Zweiheit
der menschlichen Gliederung zuerst frei heraustretenden und als eine zweite
ungerade Eins die eigentliche numerische Reihe beginnenden Mehrzahl an
sich[39]), die, wie sie nebeneinander den räumlichen Begriff der Mitte nebst
beiden Seiten umschreibt, so hintereinander den zeitlichen des War, Ist und
Wird, des Gestern, Heute und Morgen, der Vergangenheit, Gegenwart und
Zukunft umschliesst, und die aus diesen chronologischen Triaden dann auch
die ethischen der Ursache, Wirkung und Gegenwirkung, der That, Ver-
geltung und Wiedervergeltung, der Schuld, Strafe und Sühne hervorgehen
lässt, von welchen Triaden dann aber wieder die letzte dadurch auch ethnologisch bedeutsam erscheint dass sie gewissen kriegerischen, namentlich
Skythisch-Gomerischen Völkerschaften ein religiöses Mittel bieten konnte,
um der bei ihnen herrschenden Sitte der Geschlechterfehde und Leben für
Leben fordernden Blutrache[40]) eine bestimmte Grenze zu setzen. Und diese
Gomerischen Völkerschaften sind es also auch bei denen wir, auf der Spur
alter Mythen und Riten, das wirkliche vorgeschichtliche Vorhandensein eines
triemerischen Opferkampfritus glauben annehmen zu dürfen, und von denen
ausgehend wir denselben sodann, in mehr oder minder gemilderter Form, sich
auch über einen Theil der nicht-gomerischen alten Welt — über alle
die von Gomers und Assurs Schwert nur zeitweilig bezwungenen und
unterjochten Völker — ausbreiten, und in der allgemeinen Entwickelung
religiöser Erkenntniss eine Epoche begründen sehen, wo der Begriff der
chronologischen — sowie davon untrennbar, der theologischen — Gebundenheit nicht anders gefasst wurde und gefasst werden konnte als vermittelst
eines solchen kriegerisch-opfermässigen zwiefachen Kampfes und dreifachen
Todes. Und täuscht uns dieser Blick nicht, so werden wir dann auch wol
berechtigt sein, in der, allen Religionen, und besonders der griechischen, anhaftenden grossen Menge anderer chronologischer und ritualer Triaden —
z. B. den drei Tages-, Nacht- und Jahreszeiten[41]), drei jahreszeitlichen Kabiren,
(Kureten, Dactylen,) drei Chariten, Horen, Moiren, Erinnyen, Musen und Eilei-
thyien, drei Söhnen des Boreas, drei Fest- und Trauertagen, drei Opferthieren,
Spenden und Libationen; drei Stelen und Stelenweiten der Rennbahn und
drei Gängen im Ringkampf[42]) — nicht sowohl unmittelbare Wirkungen der
Vollkommenheit der Dreizahl, als vielmehr Rückwirkungen und Ueber-

---

[39]) Daher im Altägyptischen die geschriebene – ursprünglich wol auch gesprochene —
Pluralbildung durch Verdreifachung.

[40]) Ueber die Blutrache bei den keltischen und keltisch-germanischen Völkerschaften, deren
altem Bussrechte sie zu Grunde liegt, s. Grimm D. R. A. pag. 646 und Walter Altes Wales
pag. 138. 142: und vgl. Girald. Cambr. Descr. XVII. Genus itaque super omnia diligunt et
damna sanguinis acriter ulciscuntur.

[41]) Ideler I. 243 Apollod. III, 14, 4 Il. XXI, 111, Bailly (Hist. de l'Astr. 104) hat sich
diese Dreitheilung des Jahres nicht anders erklären können als dass er ihren Ursprung in die
Geschichte der Astronomie antediluvienne und unter den 79.° n. B. verlegt, wo die Sonne
4 Monate lang unsichtbar ist.

[42]) Welcker Gr. GL. I, 53. III, 5.

tragungen der Triemerie zu erblicken, die, kraft ihrer mit Blut geweihten ritualen Heiligkeit, es wol allein vermocht hat den, für die Theilung des Jahres und räumlichen Horizontes so viel natürlicheren Begriff der Vierheit, durch den künstlichen, idealen der Dreiheit zu ersetzen, und die uns dann also auch in diesen Rückwirkungen ein deutliches historisches Zeugniss für ihr einstmaliges Dasein hinterlassen hat. Die alten Sagen aber aus denen wir ein rituales und mythisches Zeugniss für dieses Dasein schöpfen zu können glauben sind namentlich zwei: die ägyptische Osiris-Seth-Horussage, und die Homerische Patroklos-Hektor-Achilleussage: — jene erstere, die Sage von dem, regelmässig so genannten „Rächer seines Vaters" Horus[43]), der, in einem, von dem Tageswechsel später auf den Jahreszeitenwechsel übertragenen, Kampfe den Tod seines Vaters Osiris an dem Mörder Seth-Typhon rächt, und der diesen bluträcherischen Kampf und Sieg in der ägyptischen Religion als den Gegenstand nicht nur eines, von Plutarch umständlich erzählten Mythos, sondern auch, wie aus eben dieser Erzählung hervorgeht, eines in den Weihen und Mysterienspielen fortdauernd dargestellten Ritus zurückgelassen hat[44]): —

und zweitens, die wohlbekannte Sage von dem zwischen Patroclos und Hektor, und Hektor und Achilleus gefochtenen tödtlichen Doppelzweikampf, diesem Kampf der, verschlungen mit verschiedenen anderen chronologischen Mythen und Allegorien, den eigentlichen Kern der Ilias bildet, und dessen ritualer triemerischer Ursprung sich in dem dreimaligen Gejagtwerden Hektors um die Stadt, sowie in dem dreimaligen Schleifen des Leichnams um des Patroclos Grabmal[45]), wahrscheinlich auch mythologisch wiedererkennen lässt. — Zur Bestätigung und Ergänzung des aus diesen beiden grossen Sagen zu entnehmenden Hinweises aber dient dann noch eine Reihe anderer, auch ihrerseits wieder aus diesem Zusammenhang zu erläuternder, mehr vereinzelter ritual-mythischer Züge der griechischen Mythologie: und zwar namentlich die folgenden:

a) Die mit des Horos Beinamen „Rächer seines Vaters" zusammenstimmenden und auf eine gleiche bluträcherische Auffassung des Zeitwechsels hinweisenden drei Tageshelden: Tisandros Sohn Jasons, Tisamenos Sohn des Orestes, und Tisamenos Sohn des (Polyneikossohnes) Thersandros, — während dem Amphiaraossohn Alkmäon, der den Vater an der Mutter rächt, eine Tochter $T\iota\sigma\iota\varphi\acute{o}\nu\eta$ beigelegt wird[46]):

b) Der uralte ethische Gottesdienst der $T\varrho\iota\tau o\pi\acute{a}\tau o\varrho\varepsilon\varsigma$[47]), dreier Söhne des Uranos und der Ge (oder des ältesten Zeus und der Persephone), die später vorzugsweise als Hüter des Geschlechtswesens ($\Theta\varepsilon o\grave{\iota}$ $\gamma\varepsilon\nu\acute{\varepsilon}\vartheta\lambda\iota o\iota$, $\pi\alpha\tau\varrho\tilde{\omega}o\iota$)

---

[43]) Lepsius Götterkr. pg. 50.

[44]) Plut. Is. 12—19. Der Mythos auch im Todtenbuch und in Sallier's Papyrus s. Bunsen Egypt. (II. Ed) I, pg. 439.

[45]) Il. XXII, 165. XXIV, 15 cf. Virg. Aen. 1, 487.

[46]) Diod. IV, 54. — Apollod. II, 8, 2. — Pausan. IX, 5, 8 III, 15, 4. — Apollod. III, 1.

[47]) Snid. s. v. Hesych. s. v. Anecd. Bekk, pg. 407. Cic. N. D. III, 21. Lobeck Aglaopham. pg. 754.

und des Windwechsels verehrt wurden, die aber, in unmittelbarem Zusammenhang mit dieser Verehrung, sowie mit dem Namen *Τριτοπάτορες*, ursprünglich gewiss nichts Anderes bedeuteten, als eine dreieinige Verpersönlichung
des an jedem dritten Morgen begangenen bluträcherischen (*πατρῷος*,
γενέθλιος) Triemeriewechsels, nebst dem damit zusammenhängenden Wechsel
der Winde[48]): und die diese ihre chronologische Bedeutung, ausser den bezeichneten Merkmalen, insbesondere noch durch die verschiedenen ihnen
anderweitig beigelegten Gesammt- und Einzelnamen bezeugen, und zwar

α) durch die, fast immer nur für chronologische Gottheiten gebrauchten
Gesammtnamen *Διόσκουροι* ᾿Ἄνακτες (᾿Ἄνακες) ᾿Ἀρχηγέται;

β) durch die ihnen (in der Stelle des Suidas) beigelegten Einzelnamen
der 3 jahreszeitlichen Heatoncheiren (*Κόττος, Βριάρευς, Γύγης*);

γ) durch die ihnen von den Orphikern beigelegten Einzelnamen
Ἀμαλκείδης, Πρωτοκλῆς, Πρωτοκλέων, — die wir wahrscheinlich unter der
Form *Ἀμαλκείδαι* und *Πάτροκλοι*, als Gesammtnamen herzustellen und mit
dem Homerischen Patroklos, sowie mit dem ursprünglichen Namen des
Herakles (*Ἀλκείδης*) in Verbindung zu bringen haben[49]);

c) Der gleichfalls uralte Gottesdienst einer, namentlich auf dem
Korinthischen Isthmos verehrten **Kyklopischen Trias**[50]), deren kyklisch-
chronologische Bedeutung sich aus dem — später freilich mannigfach um-
gedeuteten — Namen *Κύκλωπες*[51]); ihre Dreizahl aber aus einem Vergleich
mit den 3jahreszeitlichen gigantisch-kyklopischen Hekatoncheiren Hesiods[52]) ergiebt, auf die, zufolge jenes mehrerwähnten chronologischen Parallelismus,
die triemerische Trias übertragen und dabei zugleich mit der, dem 350tägigen
freien Mondjahr entsprechenden, allegorischen Zahl von je 100 Armen, nebst
50 Köpfen behaftet wurde; während sie sich in jenem ihrem Korinthischen
Heiligthum, ihrer ursprünglichen kyklopisch-triemerischen Bedeutung gemäss,

---

[48]) Hes. Erg. 550, Hdt. VII, 191.

[49]) Apollod. II, 4, 12 u. vgl. u. §. 23.

[50]) Pausan. II, 2, 2.

[51]) Der Name *Κύκλωψ, Κύκλωπες* d i. „rundgesichtig, rundumschauend, rundaugig", bezeichnete ursprünglich wol nur die (im Texte erwähnte), gruppen- oder mehrgliederhafte —
Hekateartige — Darstellung einer kyklischen z. i. umlaufenden mehrfach einigen Zeitgottheit —
ausser der tages- und jahreszeitlichen Trias z. B. auch der lykisch-thrakischen Hebdomas
(Strab. VIII pg. 372); — wurde aber dann, durch Umdeutung des Ausdrucks, ein, besonders
aus der Odyssee bekannter Name, für die, den einäugigen märchenhaften Arimaspen im Osten
entsprechenden, einäugigen Abbilder des untergehenden (zischend erlöschenden) Tagesauges im
Westen: und ward zugleich, wol mit doppelter Bezugnahme auf die Hekatoncheiren und auf die
kyklopischen Bauwerke der lykisch-thrakischen Hebdomas (vgl. u. §. 18), ein Name für die riesigen
Schmiedegehülfen des Zeus und Hephästos. Auf eigenthümliche Weise versinnbildlicht findet
sich der Begriff des dreifacheinigen Zeitumlaufs in dem einen, umlaufend gebrauchten Auge
und Zahn der 3 (nachtzeitlichen) Gräen (Aeschyl. Prom. 795).

[52]) Hesiod Theog. 139 ff. 592 ff. Apollod. I, 1, 4. Schol. Theokr. I, 65. — Dass, wie schon
erwähnt, in der Stelle des Suidas (s. v. *Τριτοπάτορες*) die Namen der 3 Hekatoncheiren auch
den *Τριτοπάτορες* beigelegt werden, kann als ein doppelter Beweis für die ursprüngliche
triemerische Bedeutung sowohl dieser als der kyklopischen Trias gelten.

jedenfalls auf mehr natürlicbe Weise als eine dreieinige — Hecateartige — Gruppe dargestellt fand:

d) der, diese kyklopische und zugleich jene tritopatorische Trias in sich vereinigende $Z\varepsilon\dot{v}\varsigma$ $T\varrho\iota\dot\omega\pi\alpha\varsigma$: ein dreigesichtiger — oder dreiäugiger Zeus[53]), dessen altes Xoanon auf der Acropolis Larissas von Pausanias beschrieben und für seinen Zusammenhang mit dem triemerischen Mythus der Ilias noch durch die daran haftende Sage besonders bedeutsam gemacht wird, dasselbe habe ursprünglich, als uraltes Palladium, auf der Burg von Troja gestanden und habe mit seinen drei Augen oder Gesichtern den Priamos neben sich ermorden sehen[54]). Und wieder eine seine ursprüngliche Bedeutung bestätigende Uebertragung von der Triemerie auf den Dreijahreszeitenwechsel, und zwar insbesondere auf den Wechsel der Dreifelderwirthschaft, hat dann auch dieser Zeus Triopas erlebt, nämlich in der Gestalt des (schon oben erwähnten) Königs Triopas, Vaters der Aerndte ($M\acute\eta\sigma\tau\varrho\alpha$) und des Brachlandes ($'E\varrho\upsilon\sigma\acute\iota\chi\vartheta\omega\nu$), der, nachdem er die Pelasger aus der Delphischen Ebene vertrieben, wegen dieses seines Sohnes von der Demeter mit unersättlichem Heisshunger gestraft, durch den Verkauf der immer wieder zu ihm zurückkehrenden Tochter aber von seinem Uebel erlöst wird[55]).

14. Dreifache Triemerie und 7tägiges Ennemar: chaldäische Woche.

Den ihr eigenthümlichen idealen Grundzug, kraft dessen die Gomerische Triemerie wol als die älteste künstliche Zeitrechnung gelten darf, scheint dieselbe aber auch, vermittelst einer weiteren Künstlichkeit, zu der natürlichen Chronologie des Himmels in gewissen Einklang gesetzt zu haben: nämlich, vermittelst einer in einander geschobenen, jeden dritten Tag wieder zum ersten machenden Verdreifachung, deren Ergebniss, das 7tägige Ennemar, der ungefähren Frist einer der vier Mondphasen entspricht und also auch mit einer der natürlichen Haupteintheilungsfristen des alten Mondjahres — den 50 Töchtern Selenes — übereinstimmt. Dass nämlich das, in den alten Mythologieen. insbesondere der griechischen, sehr häufig erwähnte und als eine heilige Frist bezeichnete Ennemar eben vorzugsweise eine solche hebdomadische Bedeutung — die einer ex tribus Triadibus compactae Hebdomadis — gehabt habe, dafür spricht sein in mehreren der Erwähnungsfälle unverkennbares Eintreten anstatt der Hebdomas: z.B. das 9tägige Unbestattetbleiben der 2 . 6, — d.h. mit Einschluss des letzten, festlichen Nychthemeron 2.7 — Niobiden bei Homer[56]); oder,

---

[53]) Dreiäugig war der Triopas von Larissa (Pansan. II, 24, 5), und dreiäugig erscheint derselbe auch auf Gemmen (Panofka Verlegene Mythen S. 19): eine dreigesichtige, — dem zweigesichtigen Apollon Amykläus entsprechende — Darstellung war aber wol die ältere.

[54]) Pansan. II, 24, 5. Schol. Vatic. Eurip. Tr. 14.

[55]) Diod. V, 56. Hygin Poet. Astr. II, 14. Tzetz. Lycophr. 1393.

[56]) Il. XXIV, 610 (während zugleich die $\delta\epsilon\varkappa\acute\alpha\tau\eta$ der Bestattung auf die statt des Ennemar und der Hebdomas eintretende — auch der Zehn- oder Zwanzigzahl der Niobiden bei Alkman, Hesiod u. a. zu Grunde liegende — Decade hinweist. vgl. u. §. 45).

die 9 Jahre lange Rüstezeit der auf 9 Fellen (mit je 50 Kriegern) am
Strand gelagerten 7 Epigonen, bei Antimachus[57]), oder die dem Priamos (und
der Hekuba) abwechselnd beigelegte Neun- und Siebenzahl von Söhnen[58]),
oder das mit dem 7tägigen Schmausen des Odysseus in Aegypten abwechselnde
Ennemar der lykischen Bewirthung des Bellroophontes[59]): und dafür spricht
wol auch das Homerisch-Hellenische Heilighalten der Neunzahl überhaupt,
als welches, durch den eigenen Ursprung und Namen der Zahl kaum gerecht-
fertiget[60]), auf einen religionsgeschichtlichen Zusammenhang derselben mit der,
alle Religionen mehr oder minder beherrschenden, Heiligkeit der Siebenzahl
hinweist. Und entschieden bestätigt nun wird dieser Zusammenhang, und
wird damit zugleich die Bedeutung des hebdomadischen Ennemar gerade für
unsere hier vorliegende Untersuchung durch die mannigfachen mythischen
Spuren einer ritualen Begegnung und Vermengung des dem Ennemar zu
Grunde liegenden triemerischen Opferkampfritus mit jener anderen Hebdomas
die den eigentlichen religionsgeschichtlichen Gegenstand unserer Arbeit
bildet und von der die Heiligkeit der Siebenzahl begründet worden ist, der
chaldäischen Woche, einer Hebdomas die, obwohl künstlich gebunden wie
die Triemerie, doch, ihrem friedlich-vereinbarenden Ursprung und Zweck
nach, zu dieser kriegerischen Zeitordnung im entschiedenen Widerspruche
stand und die desshalb auch die religionsgeschichtlichen Einwirkungen derselben nur als fremde leicht unterscheidbare Abzeichen in sich aufnehmen
konnte. Und indem wir also hinsichtlich der Erörterung dieser Spuren und
Einwirkungen auf den weiteren Verlauf unserer Arbeit, — besonders auf das
Kapitel (VIII) über den eigentlichen Thebanischen Mythus — verweisen,
wenden wir uns sofort der Betrachtung der chaldäischen Woche selbst zu
und versuchen es zunächst den dogmatisch-ritualen, dann den symbolisch-
mythologischen Umriss einer Einrichtung zu entwerfen die von allen
sittlich-religiösen Grundlagen menschlicher Bildung und Erkenntniss wol als
die älteste und mächtigste gelten darf und die, sowie die wesentlichsten
Elemente unsrer noch heute fortlebenden allgemeinen Sittengeschichte, so
auch einen sehr grossen Theil der Mythen und Allegorieen, Sagen und
Märchen aller Völker und Länder ins Dasein gerufen hat. Aus dem vorgeschichtlichen Chaos babylonischer Völkerverwirrungen sehen wir die chal-
däische Woche wie eine neue Weltschöpfung, einen neuen Kosmos emporsteigen und vom fernsten Nordosten bis zum fernsten Südwesten für alle
Völker das Weltalter einer festen himmlisch-irdischen Gebundenheit, einer
am strengen Bande der Zeit auch den strengen Gebrauch der Zeit lehrenden

---

[57]) Athen. XI. pg. 459. Schol. Il. XIII, 763.

[58]) Il. XXIV. 252. Apollod. III, 12, 5. Hygins f. 90.

[59]) Od. XIV. 249 (cf. X. 81). Il. VI, 174.

[60]) Die ursprüngliche Bedeutung des numerischen Nennwortes war jedenfalls die, mit dem
Adjektiv νέος (lat. novus, d. neu, sanskr. navas) zusammenhängende „Kind, Neugeborenes"
(vgl. das ägypt. p-sis Kind, 9): welcher sinnliche Begriff denn, mit Bezug auf die 9 Monate,
ein collectives Symbol für den übersinnlichen numerischen wurde. Vgl. u. §. 19.

Erkenntniss begründen, einer Erkenntniss, die sich, anstatt des Kriegs und Menschenopfers, vielmehr dem Ackerbau und Fruchtopfer, dem Haus- und Gemeindewesen, den Künsten und Gewerben zuwendet und deren allgemeine ethische Bedeutung die besondere chronologische der chaldäischen Woche weit überdauert und, über den Trümmern der Hebdomas, auch dem Kosmos späterer Zeitrechnungen zur Grundlage gedient hat. Und da für eine solche neue Erkenntniss in jenem urgeschichtlichen Weltalter kein Ausdruck und keine Entwickelung möglich war als nur auf dem Wege des Ritus und Mythus, so musste auch für die Geschichte der chaldäischen Woche die Mythologie, nebst einer Reihe ritualer Bauwerke, die Haupturkunde werden, und dient als solche nun auch sowohl der hohen Alterthümlichkeit als weiteren weltgeschichtlichen Verbreitetheit jener chaldäischen Einrichtung zum mannigfachen Zeugniss, — von dem achtstockigen Thurme Babylons und dem ägyptischen Achtgötterkreis an bis herab zu Agrippas Pantheon und zum Κόσμος νοητός und eingeborenen Esmun der Neu-Platoniker; von den 14 Niobiden, 7 Thoren Thebens und 7 Schwänen Apollons herab zu den 7 Schwänen und 7 Raben, 7 Geisslein, 7 ausgesetzten Kindern und 7 oder 8 Zwergen unserer deutschen Märchenwelt; und von dem noch heute unter fast allen Völkern der Erde lebendigen Gebrauch der Woche und Wochentage bis wieder zurück zu den 7 Schöpfungstagen der Genesis.

Völkerkreise in Afrika.

Das Drängen der Völker nach der Küste, wie es sich besonders im Westen Afrika's bemerkbar macht, wird weniger durch centralen Impuls, als durch peripherische Anziehung (in Folge der Bereicherungen durch fremdländischen Seehandel) veranlasst, und so ist die Physiognomie der Strandbewohner, an der Gold- und Sklavenküste sowohl, wie am Gabun und Ogowe verschiedentlich neu umgestaltet worden.

Wie überall, liegt der Ausgang der Wanderungen in den Sitzen von Nomadenstämmen, also in denjenigen Localitäten, die eine unstete Lebensweise (ob an sich oder durch den bestehenden Civilisationsgrad der jedesmaligen Bewohner) bedingen, und entweder drangen dann die Eroberer direct nach dem Meere vor, oder die Züge dahin waren (wie in Senegambien) secundäre Folgen der im Innern veranlassten Wanderungen.

Der Knotenpunct in den Verschlingungen afrikanischer Völkerzüge bleibt unsern Blicken entzogen, so lange sich der äquatoriale Theil des Continentes

hinter dem Geheimniss einer terra incognita verschleiert, bis jetzt schwebt das
geographische Bild Africa's unconstruirbar in der Luft, unsere elementare
Unkenntniss geht so weit, dass wir noch zwischen dem Gegensatze eines
Ja und Nein, von Schwarz und Weiss, des Negativen und Positiven schwanken,
dass wir bald auf eine Depression oder doch Plateau, bald auf ein Hochgebirge rathen. Ersteine Linie, die von Südwesten her in nordöstlicher
Richtung gezogen die Küste Niederguinea's mit den festgestellten Puncten
im oberen Nilgebiet verbindet und den Aequator auf etwa dem 40" Längen-
grad im Innern Africa's schnitte, würde die Thatsachen liefern, um uns im
Verständniss der orographischen Wasserscheiden zwischen Benue, Ogowe,
Congo, Zambesi und Bachr-el-Dschebel das Gesammtbild Africa's abzurunden.

Hiermit würden wir auch erst den Ausgang der Menschheitsgeschichte
verstehen, deren früheste Zeugen auf Afrika's Boden erbaut sind, und
der, wie überall, unauflöslich mit der topographischen Grundlage verwebt ist.
Stets sind es diejenigen Gegenden, wo sich das Leben aus klimatisch- geographischen Ursächlichkeiten im Wanderzustand erhält, die das Centrum für
Völkerwirbel bieten, die Umgebung geschichtlich umgestaltend, und während
sich in Asien vornehmlich drei solcher Mittelpuncte erkennen lassen, fanden
sich in Afrika mehr als die doppelte Zahl, so dass im Gegensatz zu den
grossen und mächtigen Zügen, mit denen sich die Geschichtswege (den Strichen
der Gebirgsketten folgend) in Asien und Europa dauernd und unauslöschlich
eingegraben haben, in Afrika aus kurzen Wellenschlägen ein buntes Völker-
getümmel entsteht, das dann freilich ebenso rasch vorüberrauscht, ohne seine
Zeugen zurückzulassen.

Solche Geschichtsstrudel quellen in Afrika von Norden nach Süden, aus
den maurischen Zügen im El-Hodh (auf asiatische Einwirkungen in der Ber-
berei für den ersten Anstoss zurückzuführen), dann von den westlichen und
östlichen Tuareg (als wandernder Verwandter ansässiger Kabylen), den Avelli-
miden und Kelowi, ferner von Osten nach Westen aus Dongola und Nubien
in Bakara und Tündjur (mit traditionellen Rückweisungen auf Yemen), und
von Westen nach Osten an den Fellatah oder Fulbe.

In Südostafrika zeigen sich die von den Hochländern Chagga's herge-
leiteten Orloikob-Stämme (der Masai und Wakuafi in Berührung mit den
Hirten unter den Wakamba), dann ähnliche, das Südende des Tanganyika-
See's umschreibend, von Unyamuezi her, das Binnenland mit den Schrecken
verwüstender Zimba oder Jaga füllte, ferner aus den Strichen der Banyai im
Monomotapa-Strich (und den Maravi-Ländern am See Maravi oder Zachaf,
als Nyassa oder Nyanja), in der Beuge des Zambesi, her von Verwandten
der in Amaponda, Amatenda und Amakosa nach Süden vordringenden Kaffern,
die mit den von. den Zulu abgezweigten Matabelen die Drachenberge durch-
brachen, die Makololo aus den Bassuto mit sich fortreissend, und auf der
Scheide zwischen Nord- und Südafrika stehen im Osten die der Gallas, welche
(mit Danakil nach der Küste zu und in Beziehungen zu den Somali) die Berg-

insel Abyssinien's umwogend und durchschneidend, sich als Wahuma in die
Seen-Regionen erstrecken, während wir im Innern jetzt Aufschluss über das
Centrum zu erhalten haben werden, dessen Effecte sich als Niam-Niam im
Osten, als Faon im Westen bemerkbar machen, mit eigenartigen Beziehungen
zur altägyptischen Cultur im Norden, und im Süden zu jenen mittelafrikanischen
Negerstaaten der Monbuttu, die uns Schweinfurth eröffnete, und jenseits der
Linie des Matua-Yamvo, die jetzt in Angriff genommen werden soll. Schon
die Ueberlieferungen der Faon führen auf eine frühere Abhängigkeit von dem
Reich des Muata-Yamvo, das (nach Barth) über Bimbire vom Sudan aus (wo
es als Muropue bekannt ist) besucht scheint und in den, von den Murundas
oder Lundas unterworfenen Messiras (des Cazembe) auf den Messira zwischen
Waday und Baghirmi deuten.

So würden sich neben dieser inner-afrikanischen noch als Geschichts-
kreisungen ergeben: die maravische, die uniamuesische, die äthiopische und
dann in ihren Wurzeln bis Asien verzweigt, die sudanische, hervorgerufen
durch die Berber im Norden der Sahara und nach Yemen hineinreichen
Impulswirkungen im Osten, mit seitlichem Wellenstoss der (bis in die spa-
nische Geschichte Europa's fühlbaren) Marabuten nach dem senegambischen
Mesopotamien (und der Reaction der Fulbe von dort nach dem untern Lauf
des Niger hin).

Bergländer wirken trennend und in Dialecte zersplitternd, wogegen das
anfangs eine noch unebersteiglichere Barriere bildende Meer die Küsten-
bewohner nahe verbindet, wenn der Stamm zum Schiff gehöhlt ist, und ebenso
wirkt die Wüste Völker einigend, wenn sie mit dem Wüstenschiff, dem
Kamel, durchzogen werden kann, dessen Einführung in Africa Darius zugeschrieben wird.

Wie jetzt berberische (und zeitweis maurisch-arabische) Stämme, versahen
im Alterthum die Garamanten den Handel zwischen Aegypten, Cyrenaica,
Tripolis und Carthago, und diese Garamanten (auf die nach Westen hin die
der Sonne fluchenden Ataranten und dann die Atlanten folgten, die nichts
Lebendes assen und im Traum keine Visionen sahen) waren es, die (zu
Herodot's Zeit) in Phazania (Fezzan) äthiopische Troglodyten jagten, deren
Sprache dem Vogelgezwitscher verglichen wurde, wie die der Fels-Tibbu
oder Tibesti (nach Hornemann) von den Bewohnern Augila's (von wo die
Nasamonen zu den Zwergen gelangt waren. Balbus besiegte (19 a. d.) die
Garamanten, von denen unter Tiberius Gesandte nach Rom kamen, und als
ihre Hauptstadt Γαραμη oder Germa, von wo Septimius Flaccus gegen die
Aethiopier gezogen, von diesen angegriffen wurde, begab sich Julius Maternus
von Leptis Magna nach Agisymba, unter welcher Bezeichnung Ptolemäos das
südliche Africa begriff.

Als die asiatische Einwanderung (s. Sallust) sich mit den Libyern gemischt, wurden die Gaetuler, als jetzt westliche Nachbarn der Garamanten,
in die Wüste gedrängt, wo sie zum Theil den Königen Numidien's unter-

10*

würfig blieben, im Heere Jugurtha's als Reiter dienend, und bei ihrem Auf-
stand (6 p. d.) in Abhängigkeit von dem mauritanischen König Juba durch
Lentulus bskämpft wurden. In ihrer Berührung mit den Negern entstanden
die Melano-Gaetuler (in den Schattirungen der Pyrrhi-Aethiopier oder Leuc-
Aethiopier) und so grenzten im Süden an die Mauri und Pharusii (quondam
Persae) oder Pheres (vom Stamm Phut), die mit den Nigritae (den Νίγειρα
μητρόπολις am Flusse Nigeir) die Pflanzstädte der Tyrier (zwischen Cap
Bogador und Senegal) zerstörten, die hesperischen Aethiopen (Strabo), die
mit den Aethiopen des Nils verbunden wurden. Dort wurden die Blemmyer
oder (b. Macrizi) Beja (Bischarin und Ababdeh) unter Diocletian vertrieben,
als dessen Gouverneur die Nobatae Libyeni als Barabra am Nil ansiedelte
und von den (zu Psammetich's Zeit) ausgezogenen Automali[1]) oder Sembritae
hatten sich bei Euonymitae oder Asmach nordwestlich von Meroe nieder-
gelassen (mit der Hauptstadt Sembobis am blauen Nil). In der Ptolemäer-
Zeit erstreckten sich die griechischen Einflüsse bis Abyssinien und von Adulis
führte in (Arrian's) Periplus der erythräische See (I. Jhdt. p. d.) die
Schifffahrt nach Azania, worauf jenseits des Cap Gardafui (oder Aromata)
noch eine Anzahl von Häfen aufgeführt wurden bis zu Rhapta (Quiloa) unter
dem aus Arabien stammenden König Mophoritis, der dem Fürsten von Musa
Tribut zahlte. Die Necho˙ mitgetheilte Beobachtung der Phoenizier, dass
(nach Süden[2]) schiffend) die Sonne zur Rechten sichtbar gewesen, lässt sich
bereits im Rothen Meere machen.

Die indischen Beziehungen, die sich schon vor den persischen Ansiedlungen
(zur Zeit des Islam) an der Ostküste eingeleitet hatten und in den Banyanen
fortdauern, beeinflussten die Südhälfte des Continents (während die Nordhälfte
von semitischen Händlern durchzogen wurde, so dass Duncan Kaufleute aus
Tripolis und Adafudia antraf), während dann hier zugleich die politischen
Verhältnisse mächtig durchgreifende Wirkungen übten.

Auch nachdem Ibn Chauschab in Sana˙ die Lehren des Ismaeliten
Abdallah-ibn-Maimun gepredigt und der Mahdi die Dynastie der Fatimiden
(909 p. d.) gegründet, erneuerte sich vielfach der (bei dem Aufstande gegen
Abdarrachman bis Paderborn wiedertönende) Streit zwischen den einst auf
der Wiese Rabit siegreichen Kelbiten oder Jemeniten und den Kaisiten, be-

---

[1]) In der Cyrenaica lag die Festung Automala in der Nähe der durch die Kinder fressenden
Lamien bewohnten Höhlen. Die Insel Autolata (Madeira) war (nach Ptolemäos) von den Fortu-
natae (oder Canaren) verschieden (als Junonis insula).

[2]) Methold schreibt (von den Chinesen), dat derselvet Heerschappy sigh heeft uytgestreckt tot
aen t' Eyland Madagascar (s. de Vries). Garcia findet Kutay (China) in Quito, Japan in Chiapa
und Kaoli (Kerea) wie Cari in Popayan. Aus Mexico schafft man jetzt alle Japanesen hinweg
(wegen der christlichen Verfolgungen in Japan), wogegen den Chinesen der Aufenthalt in
Mexico und besondern in Manila erlaubt wird (s. Eliud Nicolai), 1619. Like the Chinese, they
imitate literally anything that is given them to do (s. Mayne) die Haidah. The Indian mode
of dancing bears a strange resemblance to that in use among the Chinese (Poole) auf Queen-
Charlotta islands (sehr dem Spiel ergeben). Nach Gomara wurden in Quivira (zu Cortes' Zeit)
grosse Schiffe gesehen.

sonders als Khalif Hischam den Kaisiten Obaidallah zum Statthalter in Afrika
ernannte, wo die Berber mit den Jemeniten sympathisirten, die im aufrich-
tigeren Religionseifer die Bekehrung höher anschlugen, als die Steuerzahlung
der Ungläubigen. Als die Reste der in Ceuta eingeschlossenen Armee Bal-
dash's von Abdelmelik nach Spanien übergeführt waren, verbreitete sich auch
dahin der Aufstand der Berber und es waren von den Gränzen der Neger-
länder Hergewanderte, die unter Jusuf-ibn-Teschufin (1086 p. d.) Alfons VI,,
den Kaiser von Leon und Kastilien, bei Sacralias (in der Nähe von Badajoz)
besiegten, als Almoraviden oder Marabuten.

Als Imame unter den Tuaregh angetroffen, bilden die Marabus aus andalusischen Arabern (Mauren) oder Taggarin, wie sie (1492) bei der Ver-
treibung aus Spanien nach Marocco kamen, Dörfer (s. Aucapitaine) unter
den Beduinen oder Bedewin im südlichen Atlas (als Araber der Wüste) und
in Senegambien verknüpft sich die Geschichte der Marabuten mit der der
Mandingo oder Soninkie, von denen die Kanori oder Bornauie als Kaninkie
bezeichnet werden.

Für die vielgestaltigen Mandingo ist der Ausgang vom Lande der von
dem (Morha oder More-ba betitelten) Fürsten Woghodogo's beherrschten
Moni oder More zu suchen, die mit den Gurma (Reste der Garamanten, die
sonst in den Teda's gesucht werden) im Nordosten und den Tombo im Nordwesten zwischen dem Niger (im Norden) und östlichen Mandingo oder Wan-
garaua (im Süden) am obern Niger herrschten, bis von den Bambara (der
Mandingo) und den Sonrhay vertrieben (s. Barth). Duncan fand eine Bevölkerung von Mandingo oder Fulfulde auf dem Wege von Abome nach Adafudia. Auf dem Wege von dem (mit Kumassie im Verkehr stehendem)
Handelsort Ssalga oder Sselga, wohin (durch das Gurma-Land) eine Handels-
strasse nach Komba (am Niger) führt, nach Tanera oder Tangrera, liegt Kong
(von Wangara oder Mandingo bewohnt). Im Bündniss mit Marocco dehnt
Manssa Musa (König von Melle) seine Eroberungen aus an beiden Seiten
des Niger (1311 p. d.)

Die Ssenhadja (nach Verbreitung des Islam) erobern Ghanata (1076 p. d.),
das dann von den Ssussu (1203 p. d.) besetzt, von den Madingo (Wakore
oder Sserracolet Melle's (unter Mari djatah) erobert wird (1235 p. d.). mit
Ssussu verwandt. Unter Tilutan (Häuptling der Lemtuma) vereinigt Abubekr
ben Oman die Berber der Ssenhadscha, um die Saracenen Marocco's durch
die Almoraviden zu vertreiben (1056 p. d.) bis zur Herrschaft der Almohaden
(1126 p. d.) Als zu den sieben Stämmen (Branis') gehörig, bildeten die
Senhadja die Rivalen der Zenata unter den vier Stämmen (Madre's). Obwohl
berberischen Ursprungs gelten die Senagha oder Senhadscha auf Grund der
Sprache für Araber (s. Barth) am Tagaret. Die Berberischen Stämme (der
Senagha der Ssenhadscha), als ursprüngliche Bewohner der westlichen Wüste,
wurden (in Baghcna, El-Hodh, Taganet, Aderer, El Giblab, Schemmamah,
Magh-ter, Tiriss, El Gada, Asemmur, El Haha, Ergschesch, Gidi u. s. w.)

durch die (aus dem Süden Marocco's nnd Algeriens herbeigezogenen Araber-
Stämme (Ode's ben Hassan ben Akil aus dem Stamm der Rhatafan oder
Ghatafan, von Egypten hergeleitet) zurückgedrängt oder unterworfen (s. Barth).
Die berberischen Bewohner der westlichen Wüsten (seit dem VIII. Jhdt. p. d.)
wurden (seit Ende des XV. Jhdt. p. d.) durch die im Süden Marocco's und
Algerien's ansässigen Araber-Stämme zurückgedrängt, so dass sich seitdem
vier Klassen unterscheiden (s. Barth), die freien Krieger (Arab oder Hharar),
die Suaie (die freien Gemeinen), die Choddeman oder Lahme (die Unterworfenen)
und die Hawatin oder Mischlinge (Abkömmlinge befreiter Araber). In den
Oasen der Landschaft Draa (östlich von Dschemla oder Num) leben Berber
und Neger (während südlich von der grossen Wüste Araber Kameele für den
Handel liefern). Die Provinz Tefilet ist von Scherif bewohnt. Die Schelluk
(Kabylen Algeriens oder Zuaven Tunesien's) oder Amasigh (im nördlichen
Atlas, zu denen die Riffins am Rif gehören) sind meist vom Sultan von
Marocco abhängig. Die Regyan (in der Oase Tuat) kämpfen mit den Tuarek.
In den Ksor (Dörfern) der Oasengruppe Tidikelt (mit Jusalah) wird bald
berberisch bald arabisch gesprochen. In Ghadames (zu Tripolis gehörig)
wird berberisch gesprochen (mit den Sklaven das Haaussa). In Udjila wird
berberisch gesprochen (in Siva das Arabische nur wenig verstanden). Das
Innere der Hochebene von Ain-esh-Schehad oder Cyrene mit dem Hafen
Benghazi (zwischen dem und Tripolis sich die Weidelandschaften der grossen
Syrten mit Salzsümpfen durchziehen) nomadisiren Araber-Stämme. Der arabische Stamm der Tadjakant, der zur Himjaritischen Familie gerechnet wird,
versieht den Handel zwischen E'Sahel oder West-Marocco und Timbuctu.
Von der Wüste gehört die westliche (Sahel oder Sahara Sahel) den Mauren,
die mittlere den Tuaregh oder Imoscharh und die östliche den Teda Fezzans
(zu Tripolis gehörig) oder Phazania (mit Murzuk). Der Sultan von Air (in
Agades) herrscht über die Kel-owid, als Haupt der Tuareg mit Tinylkum
(von Kyrene nach Fezzan gedrängt), mit Imorschash von Rhat oder Asgar
und Hogar (des Hauarstammes), mit Auelimmiden (aus Tademakket) und
Kelgeress (aur Itissan). Unter den Tuareg oder Imo-sharh verdrängten die
Auelimminiden oder Lamta, welche (bei Igidi) neben den Uelad Delem
(maurischer Stamm mit Berber-Elementen) wohnten, die Tademekket aus
Aderar (nordöstlich von Gogo) zum Theil bis Bambara. Die Auelimminiden
eroberten (1770 p. d.) Gogo, die (von den Ruma beherrschte) Hauptstadt
Sonrhay', die zur Gober-Rasse gehörigen Bewohner von Air oder Asbem
wurden von den erobernd von Nordwesten (aus dem Stamm der Auraghen)
eindringenden Kelowi besiegt. Die Uelad Sliman beraubten die Salzkarawanen
der Kelowi, bis sich diese von Air oder Asben aus dagegen gemeinsam erhoben. Die (nach Lucas) an Tripolis Krieg erklärenden Waled Sliman
(Herren des Landes von Tripolis bis Fezzan) waren (zu Lyon's Zeit) durch
den Pascha (während ein Theil ihrer Macht sich auf einem Zuge gegen
Aegypten befand) zerstreut (162â). Vertrieben aus den Wohnsitzen an der

Syrte weilten die Uelad Sliman oder (in Kanem) Minneminne (Mene-mene oder Fresser) im alten Königreich Kanem (mit Kel-owi kämpfend), wie sich die Uelad Ammer oder Ludamar auf den Trümmern des Reiches Melle nieder-gelassen (s. Barth). Die Uelad Sliman (in Borku) wurden durch Zuzüge der Mgharba (aus Barka) verstärkt (Nachtigal). In ihrer weiten Versprengung durch den Sudan mögen auch die Uelad Sliman in die Nähe des Zwerglandes gerathen, wie die (nach Strabo) an der grossen Syrte nomadisirenden Nasimonen oder (bei Plinius) Mesamonen, die (zu Herodot's Zeit) Augila in der Dattelernte besuchten.

Nach Leo Africanus leiteten sich die Bornu-Könige der Kanori oder (in Haonosa) Ba-berbertsche (s. Barth) von dem libyschen Stamm der Berdora (unter den Wüsten-Berbern), während Ssaef (Stifter der Bornu-Dynastie) auf Ssaef Dhu Yasam, letzten König des himyaritischen Reiches (der mit Hülfe des Chosru Parvis die Abyssinier vertrieb) zurückgeführt wird. Ein Theil vom Heere des Edriss Alaoma (worin die Rothen oder El-Ahkmar und Schwarzen oder Es-Sud unterschieden werden) war aus dem Berberstam m(Kabail el Beraber zusammengesetzt. Ssaef (aus Mekka) kam (als Stifter des Reichs Bornu) nach Kanem (von wo unter seinen Nachfolgern die Bulala (der Fürstenfamilie Kanem's verwandt) aus dem von Kukia gestifteten Reiche vordrangen und zwangen, die Residenz nach Bornu zu verlegen (Ende des XIV. Jhdts. p. d.)

Die Häuptlinge in Baghirmi (unter dem Banga oder König) heissen Barma (Barth). Birni oder Karnak ist die Hauptstadt von Logone (unter den Massa). Biram's Enkel Bauu gründete die sechs Haussastaaten (neben Biram). Bramas hatte sich in Loango erhalten. Biram, Enkel Baua's, gründete Biram unter den Haussa, denen der Stamm Gober (bei der Einwanderung) als edelster galt, und zu den (neben der von Bornu's Sklaven stammenden Bevölkerung) ächten Haussa-Staaten wurde von den sieben unächten (die Banoa bokeu) Nyfe und Yoruba gefügt. Ibrahim Madji, König von Katsena (von Komayo gegründet) wurde zum Islam bekehrt (1543 p. d.) in Haussa, von den Fulba (1807) unterworfen. Die Haussa-Sprache schliesst sich der Syrisch-afrikanischen Gruppe an, während das Kanori den Turanischen Sprachen sich nähert (Barth). Biram gilt als der älteste Sitz des Haussa-Volkes (in dem die Kano mit Bornu-Elementen gemischt sind), von dem der Gober-Stamm früher weiter nach Norden wohnte (s. Barth). Bauu, Sohn des Karbagari (Sohn des Biram) gründete die Haussa-Staaten durch Zwillingspaare, deren Mutter dem Berber-Stamm der Deggara angehörte.

In Daura (dem erst gegründeten der Haussa-Staaten) wurde die heidnische Gottheit Dodo erschlagen (bei Einführung des Islam). Unter den Nachfolgern Komayo's (Gründer Katsena's in Haussa) wurde Sanäu von Koräu aus Yendatu (an den Grenzen Aschanti's) gestürzt, und von der neu gestifteten Dynastie wurde (nachdem Katsena durch den Sonrhay-König Hady Mohamed Askia zeitweis unterworfen worden war) Ibrahim Madji durch Mohamed ben Abd el Kerim zum Islam bekehrt (1543), worauf die Habe eine neue Dynastie

grundete bis zu den Eroberungen der Fulbe (1807). Sa Alayamin (Sa el
Yemeri) gründete (VII. Jhdt. p. d.) in Kukia oder Cotschia die Sa-Dynastie
(Sonrhay's) worauf Ssonni Ali (1468 p. d.) Timbuktu errberte. Die Nachkommen der vom Kaiser Marocco's unter dem Eunuchen Mulai Hamed gegen
Sonrhai (1589 p. d.) gesandten Buma (Schützen) oder (s. Raffenel) Arama
bilden einen Theil der eingeborenen Bevölkerung in den Städten Sonrhay's
(s. Barth).

Nach Makrizi war der König von Kanem (von den Berbern stammend)
ein Nomade oder Wanderer. Die Bulala in Kanem stützten sich auf die Teda
bei Gründung des Reiches Gaoga, das sich (zu Leo's Zeit) bis Dongola erstreckte. Die (zur Zeit Leo's) ihre ursprüngliche Sprache (das Kannori)
redenden Bulala haben, unter der Völkerschaft der am Batha und Fittri an-
gesiedelten Kula sich niederlassend, das Idiom des von ihnen beherrschten
Volkes, der Kuka, angenommen (s. Barth). Die Kanembu haben sich (aus
Furcht vor den Wadai und den Arabern) in's Innere der grossen Lagune
zurückgezogen. Aus Kanem gründeten die Bulala (unter Djul) im Gebiete
des Stammes Kuka ein Reich (bis Darfur) mit der Hauptstadt Schebina
(s. Barth), wohin die Baghirmi (unter Dokko von Kenga) über die Länder
der Dohr (aus Yemen) einwanderten. Nach Schweinfurth sind die Mosgu,
oder Massastämme, den Wandala und Loggo den Bongo (Dohr) verwandt.
Nach Barth ist die Sprache der Baghirmi mit der der Dohr verwandt, sowie
(nach Nachtigal) mit der der Saua von Schari. Die Kytsh bilden einen an
den Sümpfen verkommenen Stamm.

Die Stifter der Haussa-Staaten führen in ihren Titeln auf Brama oder
am Abrahund als vor-mohamedanischen Propheten[1]) und Stammherr. Der

---

[1]) Wenn Mohamed eine Offenbarung empfing, war es ihm bald, als ob ein Mann erschien,
der zu ihm sprach, bald klang es wie eine Glocke (nach Harith Ebn Hisham) [Java]. Um das
Versprechen seines Bruders Sidi Mohammed um Abhülfe der Dürre zu erfüllen, hatte Sidi
Aissa im vieraen Himmel mit dem den Regen zurückhaltenden Engel zu kämpfen und zeigte
beim Oeffnen der Moschee, worin er verschlossen geblieben, seinen gebrochenen Arm (in Meknes).
Der höchste Zustand der Extase, die Versenkung in den Ocean der Gottesanschauung (shohud)
wird bei den Sufys Vernichtung (fana-nirvana) genannt (s. Kremer). Als die beim Baden überraschte Outayi bei Ausziehen des weissen Haares in den Himmel zurückgenommen war, stieg
Kasimbaba mit seinem Sohn (nach den Bantik) auf einen Busch, dem eine Ratte die Dornen
abgefressen, hinauf (s. van Spreeuwenberg). Von Parapati-si-Ratang und Kei-Tommangongan,
den Gefährten Noah's stammend, zogen die Malayen von der Insel Langkapura nach Si-Gantang
und dann nach Priangan, der Hauptstadt Manangkabau's (s. Rigg). Die Bewohner von Si-Malou
(Hog-island) stammen von einer nach Majapahit verbannten Frau und einem Hunde (s. Backer).
Mithro-Drukhs oder Belüger Mithra's hiessen die durch Sünden gegen die Sonne Erkrankten
(bei den Parsi). Gabriel, zu Ali gesandt, wandte sich, durch Familienähnlichkeit getäuscht,
an Mohamed (nach den Garabis). Die vor dem Körper existirende Seele ist in demselben, wie
ein Vogel im Käfig, eingeschlossen (nach den Shadili). Die durch den Gott Katjanggaboulan,
den Mahatara zum Trost des (durch das Spiel verarmten) Radja Pahit gesandt, aus derjenigen
Erde, womit Mahatara den Mond gebildet, verfertigten Waffen belebten sich bei dem unter den
Arbeitern ausgebrochenen Streit und flohen als Dayak (Borneo's) in die Wälder (s. Backer).
Nachdem Loubou-Langi die auf die Erde gesetzten Söhne in den Himmel zurückgenommen,
verblieben deren Nachkommen, weil sie gesündigt, auf den Nyas-Inseln (s. Backer). Bei Panini

Gerbergeselle (in Norfolk) nannte die Ermordung seiner Kinder (auf Gottes Geheiss) nur Abraham's Opfer (1844), wie der von Friedrich M. in's Irrenhaus geschickte Schäfer.

Bei wunderbarer Einbildung sind Gespenster oft die Ursachen von Wirkungen auf den Körper (nach Zimmermann), wobei „nichts gefährlicher ist, als grosse daher entstehende Geschwulst-Entzündungen der Oberfläche der Haut und sehr schmerzhafte Geschwüre (wie Blatternkrankheit am Kopf u. dgl. m.) Durch Fixirung der Vorstellungen auf bestimmte Stellen des Leibes bringt die Phantasie nicht nur Schmerzen, sondern blaue Flecken, Geschwülste, ja selbst äussere Schäden und Wunden hervor (s. Ennemoser). Durch psychische Eindrücke geschehene Abbildungen an der äusseren Haut „und die medicinische Geschichte liefert mehrfache Beispiele, dass auf den Hautstellen durch blosse scharf dahin gerichtete Gedanken von Verletzungen diese wirklich entstanden". Jacobus de Voragine führt die glühende Phantasie des Franciscus als die erste der fünf Ursachen seiner Wundmale an (XIII. Jhdt.) Die Bulle Sixtus IV. erkannte die Wundmale nur dem hlg. Franciscus zu, als von den Dominicanern die hlg. Katharina von Siena entgegengestellt werden sollte. Die Phantasie schafft sich die Bilder der Contemplation in den frommen Gemüthern zu blendenden Gestalten, die in der That hier eine plastische Festigkeit in dem Leibe ausgebildet erhalten (s. Ennemoser). „Weit entfernt von Wundern, ist es überall ein rein physiologischer Process, dem nur eine psychische Ursache zu Grunde liegt." Als sie einst die Krönung Christi mit Dornen beherzigte, schwoll ihr Haupt in der Gluth des Mitgefühls übermässig auf (Maria Hueber's). „An Händen und Füssen fuhren ihr oft grosse Beulen auf in der Betrachtung der Hand- und Fusswunden Christi". Bei Giovanna della Croce (der bei Betrachtung von Christi Todesschmerz das Haupt anschwoll) „wuchsen drei Nägel aus dem Stoff der Nierensteine in die Nieren. Das Bett des (1634) stigmatisirten Fräulein von Mörl (bei Botzen) hatte sonderbare Belege. Auf den Leinentüchern, Matratzen uud unter denselben, auf dem Strohsack etc. waren Nadeln, Nägel, Glufen, Haare u. s, w. vertheilt, und kaum reinigte man das Bett, so war's

---

wird Samani (des Sama-Veda) als guttayah erklärt. A small frame of wicker work, hollow and in the shape of an obelisk, stood in the centre of the inner court (of the heiau or temple in Hawaii). In this. the priest stationed himself, when in consultation with the god (s. Jarves). Der Heros Chrysor erfand für die Phönicier die Angel und den Köder Nach Chardin wurden in Ispahan stets zwei gesattelte Pferde gehalten, eins für den Imam Mahdi, das andere für Jesus. To avert the displeasure of the divinity and to counteract the evil influence of the sorcerers. regular dances of propitiation or deprecation are held, in which the whole tribe jougs (in Southern California). Von Archagathos, Sohn des Agathocles, gelangte Eumachos (beim Krieg mit Karthago) jenseits Miltine in eine affenreiche Gegend, wo die für heilig gehaltenen Affen mit den Menschen die Wohnungen theilten. Elephantem minimus Aethiops jubet subsidere in genua et ambulare per funem (s. Seneca). Nach Plinius lehrte zuerst der Carthager Hanno, die Elephantem zu zähmen und zu belasten. Die ersten Elephanten wurden Boves lucae genannt, das Rhinoceros (s. Festus) bos Aegyptus (dann Flusspferde, Seelöwen u. s. w.) Qui unum monumentum vidit, nullum vidit, qui mille vidit, unum vidit (nach Gerhard).

wieder da (Ennemoser). Lauguet, Bischof von Soissons, beschrieb in einem
(später unterdrückten) Buche das Eheversprechen und die Verheirathung der
Marie Alacoque († 1620), von der Christus (den Kopf an ihre Brust gelehnt)
ihr Herz gefordert hatte (s. Ideler). In Folge der Gaben Brohon's, der ersten
Victime (1774), die von Christus gebeten wurde, ihn nicht zu verlassen,
erhielt ihr Beichtvater (Abbe Garvy) von Christus das Versprechen des Gehorsams. Man schrieb vormals die bei so vielen Mädgen, in Italien und
anderswo in der Harnblase gefundenen Stecknadeln, Haarnadeln und andere
fremde Körper den Hexen und dem Teufel auf die Rechnung, da sie natürlich durch Bosheit dahin kamen (Zimmermann). Nach Ennemoser ist es
„nicht so sonderbar, dass man in Frauengemächern öfter Ueberfluss an Stecknadeln antrifft".

Druffel kannte eine Person mit blauen Flecken auf dem Rücken in Folge
eines getragenen Geistes. Papst erzählt von einem am Rücken blutenden Mädchen, weil ihr Bruder Spiessruthen gelaufen. Nach Kerner bluteten an dem Körper
eines Russen, der aus seinem Verstecke einem Kampfe zwischen Kosaken
und Franzosen in Moskau hatte zusehen müssen, dieselben Wunden, die ver-
fetzt waren.

Der Hinzutritt materieller Veränderung an den Theilen, deren sensible
Nerven in der Hypochondrie vorzugsweise in Anspruch genommen waren,
schliesst sich (in physiologischer Bedeutung) an ähnliche Phänomene im
hygienen Zustande an (nach Romberg). Lüsternheit bewirkt Speichelerguss,
Rührung Thränen und „denkt man sich analoge Einwirkungen permanent
und verbunden mit dem ohnehin die Ernährung so sehr alterirenden Einfluss
der Gemüthsverstimmungen, so dürfte der Hinzutritt der Trophoneurose zur
Hyperästhesie nichts Befremdendes haben, um so weniger, da mit den Af-
fektionen sensibler Nerven so oft Störung vegetativer Processe beobachtet
wird." Petrarch schrieb die Stigmatisation des heiligen Franciscus seinem
erhöhten, plastischem und religiösem Gefühle zu (Ennemoser).

An Festtagen des Heilands, am Kreuzigungstage, Freitags, wird die
Vorstellung lebhafter und das Gemüth noch ergriffener sein, und somit wird
zu solchen Zeiten auch die Blutung begreiflicher (aus den Wundmälen),
welche ohnehin schon nach den physiologischen Gesetzen der Vegetation und
der vegetativen Reproduction einen periodischen Character annimmt (s. Enne-
möser). Der von Budde bemerkte an der Handfläche der Katharina von
Emmerich um die Kruste bemerkte weisse Fleck (wie eine Lamelle von Klebe-
werk) sollte nichts anderes gewesen sein, „als ein kreisförmiges Stück der
Epidermis, welches durch den Andrang des Blutes und durch die Turgescenz
der aushauchenden Gefässe an diesen Stellen sich losgestossen und mit im
Ausfliessen nach und nach stockendem coagulirtem Cruor sich verklebt hatte"
(die farblose Lymphe bei Blutschwitzen wird allmählig röther). Die auswärtigen Aerzte, auf welche der General-Vikar zur Bewachung der Katharina
Emmerich gerechnet, wurden verhindert hierher zu kommen, und so erhielt

der Dechant Rensing den Auftrag, „Männer aus der hiesigen Bürgerschaft zu ersuchen, diese Mühe zu übernehmen". Als der Landräthliche Commissair C. von Bönninghausen (1819) Katharina Emmerich zu Dülmen sah, hatten die periodischen Blutungen bereits (seitdem eine gerichtliche Untersuchung angeordnet war) aufgehört. „Die Spuren jener Male sind noch überall deutlich zu sehen und erscheinen gerade wie Narben und andere Wunden, welche mit Eiterung geheilt sind." Als sich (nach mehrfachem Verlangen am Freitag (Aug. 13) wieder etwas Blut an der Stirn zeigte, war das Resultat (und die einstimmige Aussage der Commission), dass die rothen „Flecken an der Stirn die vollkommenste Aehnlichkeit mit jenen hätten, die man durch Reiben und Kratzen hervorbringen könnte." Nach Calmet kann Blutigsein des Schweisses vorkommen.

Nachdem Maria Domenica Lazzari von ihrem Arzt an Fieber und Hysterie behandelt war (1833), erhielt sie (1834) die Wundmale des Leidens Christi „auf der Stirn, an den Händen und Füssen, an der Seite und auf dem Rücken." Maria von Mörl wurde eine Nadel aus dem Kopf und ein Brettnagel aus dem linken Fuss gezogen (1832). „Die Vorstellung vom Leiden Christi machte ihr einen empfindlichen Schmerz" und (5. Febr. 1834) „sah der Beichtvater von ungefähr frisches Blut an der Hand" (jetzt war's aus). Der Geist des Joannes Steinlin in Altheim berührte den Stuhl und hinterliess an selbigem ein tiefes Brandmal der ganzen Hand sammt allen Fingern und Gleichen und verschwand darauf mit solchem Getös, dass man ihn über drei Häuser hörte (Calmet).

Von der süssen Gewalt geistiger Liebe überströmt, wachte Armelle (nach ihrer Wiedergeburt) ganze Nächte durch und genoss geruhig die Liebesküsse, womit ihr himmlischer Liebhaber sie in dem geheimsten Grunde ihres Herzens beschenkte, endlich bildet sie sich ein, sie sei ganz mit ihm zusammengeflossen (Zimmermann). Am 28. Aug. 1812 sah Katharina Emmerich, im Gebet vertieft, ihren Heiland in Gestalt eines leuchtenden Jünglings ihr nahen und mit seiner Rechten das Kreuzeszeichen über ihrem Leib machen. Von der Zeit an hatte sie das einem Muttermale ähnliche Maalzeichen eines Kreuzes auf der Magengegend" (Krabbe). Einige Wochen später erhielt sie auf der Brust das blutschwitzende Doppelkreuz (in der Figur des Coesfelder Kreuzes). Am Ende des Jahres trat die Stigmatisation ein (am 29. Dec., 3 Uhr Nachmittags). Die Seherin Anna Maria Weiss beschreibt die Gestalt Christi (7. Sept. 1827). Das Gesicht war graulich blass, länglich, überhaupt etwas mager und an die nationale Form der jüdischen Nation mahnend, der Ausdruck geistig und würdevoll (s. A. Schmidt). Die Anhänger der nach Anfertigung der Messiaskappe oder Wiege (für 200 Thaler) gestorbenen Johanna Southcott (1814) erwarteten ihre Wiedergeburt (1819). Ezechiel Meth in Langensalza erklärte sich (1614) für den Grossfürst Michael (Gottes Wort) und sein Schwiegervater Stieffel (Esaias Christus) für den Gott-Mensch) (s. Ideler). Der Quäker Nayler zog als alleiniger Sohn Gottes in Bristol ein (1656). Hans Engelbrecht

von Braunschweig unterschrieb sich als „Boten des allerhöchsten Gottes"
(† 1642).

Als der Herr in der Nacht des 4. April 1694 mit einer Dornenkrone gekommen, sagte Veronica Guiliani: „Mein Geliebter, dieser Dornen mache mich
theilhaftig, denn sie sind für mich, nicht aber für Dich, mein höchstes Gut."
Ich hörte ihn darauf erwiedern: „Ich komme eben, um meine Geliebte zu
krönen". Zugleich nahm er sich die Krone ab und setzte sie mir auf. So
gross war der Schmerz, den ich sogleich empfand, dass ich mich nie erinnere,
je einen wüthenderen empfunden zu haben und als ich wieder zu mir kam,
dauerte die Pein fort (wobei sie betete: Herr bist Du es, der die Dornen
eintreibt, drücke noch stärker zu, damit ich noch mehr Pein empfinde.").
Als die Schwester Florida Ceoli das Haupt untersuchte, fand sie einen rothen
Ring mit Beulen. Später erschien ihr der Herr in Kindesgestalt und durchbohrte ihr das Herz mit einer wie Feuerflamme brennenden Lanzenspitze,
(und so wurde sie auch mit der Seitenwunde bedacht).

Neben Abu-Rom oder Abu-Ram (Abraham) wurde von den Sabiern in
Haran seine Frau Sarah verehrt, als Mutter der Erde [Sarawati.] Der abys-
sinische Patriarch ordinirt die entferntern Bischöfe durch Sendung eines
von ihm aufgeblasenen Schlauches (s. Krapf). Es hatte die Guyon einen
solchen Ueberfluss von Gnade empfangen, dass sie im buchstäblichen Sinne
davon platzte und man sie aufschnüren musste, um die empfangene Gnade
auf die Umstehenden überströmen zu lassen (s. Ideler).

Als Gabriela de Piezolo in Aquila den mit blutender Seitenwunde erscheinenden Erlöser im tiefsten Mitgefühl umarmte, wurde ihr selbst die Seitenwunde geöffnet. Maria de Sarmiento wurde durch einen Seraph verwundet und
durch einen solchen mit Pfeil die hlg. Teresa (im Herzen). Schwester Angela
della Pace wurde mit dem Finger des Herrn (in Kindsgestalt) im Herzen
verwundet, Mariana Villana mit einem Pfeil. Pietro de Alva zählt 75 auf,
die die vollkommene Stigmatisation erhalten und liesse sich diese Zahl leicht
verdoppeln (nach Görres) nur Frauen (ausser St. Franciscus), doch sind
auch die Männer keineswegs ausgeschlossen, obwohl bei ihnen die Erscheinung
seltener auftritt.

Manche Krankheiten sind (wie der Zahnschmerz) mit einem sich steigenden
Bedürfniss nach Schmerzen verbunden (s. Steffens). Die Ossener betrachteten
(nach Epiphanius) den heiligen Geist als weiblichen Geschlechts (sonst Sophia).
Bellone a une prêtresse qui se déchire les épaules avec des fouets, s'enfonce
des couteaux dans les bras et se livre ainsi toute sanglante à l'admiration
des fidèles (b. Tibull) La prêtresse est dite consacerdos du prêtre (s. Boissier).

Ein Engländer, einer Hinrichtung beiwohnend, bei der dem Delinquenten
mit eisernen Keulen die Glieder zerschmettert werden, stürzte beim ersten
Schlage zusammen und zeigte auf seinen Schienbeinen die blutigen Malzeichen
des Keulenschlages (s. Papst).

An „Bluttagen" versetzte sich der Archigallus Einschnitte (s. Tertullian),

die Priester der Bellona, der Cybele, der syrischen Göttin suchten das
Volk durch blutige Ceremonien aufzureizen (s. Boissier). Der heiligen Lut-
gardis war es oft, als sei sie am ganzen Leibe mit Blut übergossen. Ebenso
verhielt es sich mit Catharina Ricci aus Florenz († 1590). Auch Helena
Brumsin im Kloster Dessenhofen († 1285) hatte den Herrn um die Schmerzen
der Geisselung gebeten, und wurde nun an an allen Gliedern von so unaus-
sprechlicher Pein überfallen, dass sie an der Erhörung nicht zweifeln durfte
(nach Steill). Bei Archangela Tardera in Sizilien (1608) zeigte der Leib
„so viele Striemen, Contusionen, Ruthen- und Geisselschläge und Beulen,
dass es schien, als werde sie sogleich den Geist aufgeben" (s. Görres).
Maria Domenica Lazzari (zu Capriani) trug (seit 1834) die Wundmale des
Leidens Christi auf der Stirn, an Händen und Füssen und an der Seite
(s. Hamberger). Bei den Hexenprocessen drückte der Teufel dem Körper
Zeichen auf. Bei Lazzari wurden von ihrem Arzt die schwarzen Flecken
auf der Mitte des Handrückens gleich dem Kopf eines Brettnagels beschrieben,
und so bei Celano (als Nägelmale), wie bei Katharina Emmerich oder (nach
Lillbopp) bei Magdalene von Hadamar (neben den Wundmalen der Dornen-
krone). Bei den Ekstatischen am Grabe des Abbé Paris zeigten sich rothe
Flecken an Fänden und Füssen. Als einmal die (von einem Teufel der
Wollust, einem des Zornes, einem des Hochmuthes, einem der Possen) be-
sessene Priorin der Ursulinerinnen in Loudun ekstatisch und katalepsirt zu
Surin's Füssen niederstürzte, erschien auf ihrer Stirn ein Kreuz, aus dem
Blut hervordrang (dann blutige Buchstaben auf der Hand). Der Dämon
Asmodi gab dem Gesicht der in Loudun besessenen Schwester Agnes ein
verzerrtes, der Dämon Behert ein lächelndes Ansehen (1635).

Nach Lillbop sind den eingedrückten Wundmalen Christi ähnliche Erscheinungen vielfach wahrgenommen worden, ohne dass sie für ein eigentliches
Wunder gehalten worden wären. Meistens waren es Frauenzimmer, die an
Hysterie, Unordnungen der Organe des Unterleibes u. s. w. litten, bei welchen
im lebendigen Gefühl ihnes kränklichen Zustandes und in der Betrachtung
des Leidens Jesu, das exaltirte Gemüth auf den eigenen Körper plastisch
zurückwirkte. Fand man ein Stigma oder Hexenmal (als empfindungslose
Stelle), so wurde auf dieses Zeichen des Teufels die Verurtheilung ausgesprochen
(in den Hexenprocessen). In der spiritistischen Sitzung fand die nieder-
gesetzte Commission (in America), dass die Geräusche von Miss Fox durch
das Kniegelenk producirt wurden.

Die Letzte wegen Stigmatisation (1831) Canonisirte ist die Capuzinerin
Veronica Guiliani († 1727) in Citta di Castello). Zum Andenken an die
Stigmatisation des heiligen Franciscus ist auf den 17. Sept. ein Fest mit be-
sonderem Officium angesetzt.

Cette passion, cette sfigmatisation sur le mont Alvernia est le point
culminant de l'histoire de St. François d'Assisi; tout est consommé (s. Chavin).
Ses mains et ses pieds étaient percés de clous dans le milieu, les têtes des

clous, rondes et noires, étaient au-dedans des narins et au-dessus des pieds,
les pointes, qui étaient un peu longues et qui paraissaient de l'autre côté,
se recourbaient et surmontaient le reste de la chair, dont elles sortaient. Il
avait aussi à son côté droit une place rouge (s. Bonaventure).

Domine Jesu Christe, qui frigescente mundo ad inflammanda corda nostra
tui amoris igne in carne beatissimi Patris nostri Francisci Passionis tuae
sacra stigmata renovasti, concede propitius, ut ejus meritis et precibus crucem
jugiter feramus et, dignos fructus poenitentiae faciamus, (als Oratio beim
Fest der Stigmation 17. Sept.). Aperte et veracissima stigmata dominicae
passionis habent in naribus, pedibus ac latere erzählt Rolewink von dem
Mädchen Stina in Hamm (1414) und ähnlich Raynaldus von Gertrudis in Delft.

Von dem an's Kreuz geschlagenen Herrn sah die heilige Catharina von
Siena aus seinen fünf Wunden blutige Strahlen nach Händen, Füssen und
Herzen gehen. Auf Raymund's Frage, ob nicht auch einer der Strahlen gegen
die rechte Seite gegangen, wurde erwiedert: „Nein, vielmehr zur linken,
zu meinem Herzen hin, denn die leuchtende Linie, von seiner rechten Seite
ausgehend, streifte mich nicht querüber, sondern in grader Richtung" (s. Görres)
1370. Bei Veronica Guiliani wurden Herz, Hände und Füsse von Flammen-
Strahlen (wie Lanze und Nägel) durchzuckt. Als der Ursula Agri (1592)
die heilige Catharina mit einem Crucifix erschien, hefteten sich ihr die davon
losgelösten Nägel an Hände und Füsse. Aus der Wunde der Gertrud von
Oosten floss täglich siebenmal Blut

Bei der durch die Andeutungen Mignon's angeregten Besessenheit der
Nonnen in Loudun (die zu Grandier's Verbrennung führte) wurde zuweilen
auch der Pater Surin während der Exorcismen von dem aus der (Gott fluchenden)
Priorin ausfahrenden Teufel niedergeworfen (1635). In Mahabar werden die
beim Fest aufgestellten Frauen (zur Heilung) nach einander von Siwa besessen,
indem sie nach allen Seiten ausgeschlagen und den Kopf nach vorne und
hinten bewegen, bis niederfallend (1865). In Loudun (1635) schlugen die
besessenen Nonnen ihre Beine nach rückwärts und den Kopf auf die Schultern und Brust. Das Medium citirte (1868) zur Befragung zuerst den Selbst-
mörder Dongo (s. Patouillet). Die Erklärungen der aus den Ceremonien
der Mysterien gewonnenen Eindrücke hatte Jeder im eigenen Herzen zu ver-
schliessen. Si quis illas adsequitur continere intra conscientiam tectas
jubetur (b. Macrob.)

Diejenigen Cultusformen, ex quibus animi hominum moveantur, sind (nach
dem Juristen Paulus) zu vermeiden. Catull betet zu Cybele, ihn vor den
Aufregungen zu bewahren, die aus ihren Begeisterungen fliessen.

Um Pastophoros zu werden, musste man die Weihen der Isis und des
Osiris durchgemacht haben. Der in die Mysterien[1]) der Isis Einzuweihende
wurde vorher (s. Appuleius) vom Priester mit Wasser übergossen.

---

[1]) Illic qui Serapem colunt Christiani sunt, et devoti sunt Serapi qui se Christi episcopos
dicun (schreibt Hadrian) in Alexandrien (s. Vopiscus). Inflavimus eam de spiritu nostro, cum

Die Tündjur (aus Dongola) verbreiteten sich über Darfur nach Wadai. Abd-el-Kerim, der die heidnischen Tündjur in Wadai stürzte, gehörte einer Familie des Djalia aus der Landschaft Schendi im Nilthal, nördlich von Chartum an, welche als ihren Stammvater Salah (Suleh) Abn-Abdullahi — Ibn-Abbass anerkennen und daher Abassiden sind (Nachtigal). Die (bis Wadai vordringenden) Tündjur hatten sich in Dongola von dem Aegyptischen Stamm der Batalessa (aus Benese) abgetrennt.

In den untern (dichter Bevölkerung) sowohl Ackerbau, als Weideleben begünstigenden Strichen Kordofan's (mit zerstreuten Bergklippen) sind vom Westen her die (eine Fur-Sprache redenden) Kundschara eingedrungen (von den Türken Aegypten's besiegt). Die Fori oder Gonjar's im Gebirge des (in den Ebenen anbaufähigen) Darfur ziehen zahlreiche Heerden. In Wadai (woher die Tündjur aus Dongola kamen, als Besieger der Dadscho) nomadisiren die von Osten eingewanderten Araber-Stämme mit einheimischen Negern. In Dongola oder Nubien wohnen an der Bejudah-Steppe, wie links vom Weissen Fluss, die Hasanieh redenden (bis über Kordofan und Far erstreckten Kababisch oder Schafhirten (der Oasen), und dann die (den Abu-Rof verwaudten) Beduinen Bakara[1]) (die Schilluk, Denka und Nobah beraubend). Merawi war die Hauptstadt der Sheggia-Araber, an Dongolah grenzend (s. Burckhardt).

Vor den Wahuma oder Galla-Stämmen herrschten die Funje am Quellsee des Weissen Nil (XVI. Jhdt. p. d.) Am Gesiret-Sennar (zwischen blauen und weissen Nil) eroberten die Funje des Aloa (im Kampfe mit den Hassanieh) mit Hülfe der Funje aus den Berglandschaften von Seru und Roseres am blauen Nil (s. Hartmann) verdrängt, während die von den Schelluck verstärkten Funje nach Kordofan zogen und das Bergland Takela (Tegeli) besetzten. Nach Hartmann stammen die Funje von den Bergen Djebel - el - Funje am Dar Berun. Trémaux identificirt die Funje mit den Macrobiern am blauen Nil). The Masai call themselves Orlmasai (pl. Ilmasai) in distinction from the Wakuafii (Embarawui) or Orloigob

---

efflavit in aperturam tunicae ejus (Mariae) ad collum, efficiente Deo, ut flatus ejus perveniret ad vulvam ejus et ex eo conciperet Jesum (Djellalidin). Nach Chaeremon lebten die (in Aegypten der Gottheit Geweihten in Tempeln zusammen, wie die Diener des Serapis (s. Brunet de Presles) in Klöstern. Nach Lucian verweilten die Priester der syrischen Göttinnen zeitweis auf der Spitze eines hohen Phallus. Des papyrus grecs (II. siècle a. d.) attestent qu'il y avait dans le temple de Serapis des hommes et des femmes, voués au service divin, astreints à la claustration religieuse (Delaunay). Die Lauren (des hlg. Antonius und dann Ammonius) bilden eine Mittelstufe zwischen dem Eremiterleben (des Paulus Eremita) und dem eigentlichen Klosterleben der Cönobien des hlg. Pachomius), die Basil zur Klostergemeinde herangebildet und durch Benedict befestigt (s. Evelt).

[1]) The Bedouins of Kordofan are called Bakara (Bakar or cow), differing little from those of Shendy (Burckhardt). Satha, the forefather of the Noubas and Mokry, the forefather of the Mokras, were natives of Yemen (according to Sclim el Assuaney). Die Störungen der Pilgerstrasse über Aidah veranlassten den Feldzug des Bruders Schaheddin's gegen die Bedjas. Ine (den Bisharin und Hadendoa verwandten) Hassanieh sprechen gutes Arabisch (s. Schweinfurth).

(s. Krapf). Oigob (pl. iloigob) is the name, by which the Masai and Wakuafi call themselves as descendants of a certain Orloigob.

Wolab, Stammvater der Galla[1]) oder Ilma Orma (Kinder des Orma)
kam von Bargamo oder von jenseits des Meeres, welches „grosse Wasser"
(nach Krapf) für den Fluss Godschob oder Bachr-el-Abiad zu erklären sei.
Die Nachkommen der Tochter des abyssinischen Königs Sara Jakob (auf
dem Berg Endoto am Hawaschfluss) mit einem von Süden gekommenen
Sklaven, bekämpften als Galla die Abyssinier am Fluss Gala. Die Wato
auf dem Berg Dalatscho am Hawaschfluss sind unverletzlich unter den Galla.
Although the numerous Gallas tribes are divided among themselves, there
seems to exist a certain point of union for them, consisting in a large tree[2]),
called Wodanabe, situated on the banks of the Hawash, in the country of the
Soddo Gallas, south of Shoa. From time to time they perform pilgrimages
to this tree (Isenberg).

In hellern[3]) Farbenschattirungen wurden die Galla mit den Fulbe ver-

---

[1]) L'empereur (d'Ethiopie) fait la guerre au Roys de Galla et de Changalla (Ch. J. Poncet).
Le royaume d'Agou est une des nouvelles conquêtes (1698). Die Bogos sind (nach Munzinger
eine Colonie der Agows oder Aghagha. Beim Eide der Gallas: They dig a deep and narrow
pit, into which they put some lances. The pit is then covered with an animal's hide and
they sit round it, swearing, that if they do not reform their agreements, they may be thrown
or fall into such a pit, that they may be pierced through with a lance and their bodies may
be hidden, so as to remain unchanged (Isenberg).

[2]) At the foot of a small tree, which she can easily grasp with both hands, she prepares
her lying-in-couch, on which she lies down as soon as the labor pains come on. When the
pain is on, she grasps the tree with both hands, thrown up backward over her head and pulls
and strains with all her might. thus assisting each pain, until her accouchement is over (bei
San Diego). The child (nach Abbinden des mit eiuem Lederfaden gebundenen Nabelstranges)
is thrown into the water, if it rises to the surface and cries, it is taken out and cared for, if
it sinks, there it remains, and is not even awarded an Indian burial (H. Bancroft) [Rhein].
Die Frauen der Navajos gebären unter einem Baum (Velasco) [Maya]. Der Gebrauch, dass ein Pima,
nach dem Tödten von Apache, sich reinigen muss, durch Fasten und Vermeiden des Feuers,
wird auf Szeukha zurückgeführt, den ein Ungeheuer getödtet (s. Walker). Die Matlatza huatl
genannte Epidemie, die die Tolteken vernichtete (XI. Jhdt.), verschonte die Weissen (1545 und
1736). Beim Ausbruch einer Epidemie (in Zacatecas) ziehen sich die Indianer in Dorngebüsche
zurück, paraque de miedo de las espinas, ne entren las viruelas (Arlegui).

[3]) Von einem schiffbrüchigen Capitän und seiner weissen Frau leiien sich aus der Mischung
mit den Eingeborenen einige Familien derselben (nach Hawaii) ab. Those who are supposed to
represent this race at the present day, are distinguished by their lighter skin and by brown
or red curly hair, called ehu (Hopkins) 1866. Die Indianer auf der Insel Santa Barbara (in
Süd-Californien) son mas altos, dispuestos y membrodos que otros, que antes se avian visto
(Torquemada) und auf Santa Catalina las muyeres son muy hermosas y honestas, los niños son
blancos, y rubios muy risueños Salmeron. Salmeron setzt südlich vom Utah-See, Leute blancos
y rosadas las mejillas (unter den Shoshonen) als Tirangapui (bei Escalante). Despues de haber
trascurrido mas de cuacatrocientos años desde el discubrimiento de America, la civilizacion primi-
tiva del Nuevo Mundo se halla a un poco conocida (Florencio Janer). Adam and Eve were
neither to hunger nor thirst, nor feel their nakedness, which the commentators (of the Koran)
explain by assuming that they were covered with hair (Arnold). Duos, scilicet ursos, non
homines creaverat Deus (nach Marucci). Grosse Bauten hiessen in der Vorzeit μάντκα Γογα
(nach Plutarch) Nach Delfinu seien die Busiesman (Buschmänner) von Riesengrösse (1785).

knüpft und anderseits wieder mit Jaga oder ferneren Generalisationen[1]) derselben im Westen.

Regenzauber, mehr oder weniger auf meteorologische[2]) Beobachtungen gegründet, findet sich durchweg in Afrika, in seiner feindlichen Form auf die unbekannten[3]) Stämme des Innern zurückgeführt, und sonst auch mit

---

[1]) Nördlich vom Königreich Benii begrenzt, stösst Congo (b. Marmol) im Osten an die im See Zembere gelegene Insel der Azingues Mondéquites, qui confine avec plusieurs peuples (Pangelinguos, Cuylos). Das westlich an Ambaca stossende Presidio duque de Braganca liegt nördlich vom reino de Matamba e confina pelo lado do oriente com as pouco exploradas terras dos Moluas, com os quaes se podem agora travar relaçoës utilissimas (s. Lima) 1846.

[2]) Kilo was the term applied to that class who predicted future events, from the appearances of the heavens, crowing of cocks or barking of dogs (Jarves) in Hawaii. Hoangti setzte die Yun (Wolken) genannten Beamten ein (die Erde zu befruchten). Die Opatas feiern das Fest Torom raqui mit Tanzen (für Regen und Ernte). Die von den Römern als Matronae bezeichneten Gottheiten der Celten (mit Localnamen) kommen meist in der Dreizahl vor, die Dörfer und Fluren schützend (s. Keller). Das Beschwören der Feldfrüchte war in den zwölf Tafeln verboten (s. Seneca) und Virgil spricht von Zauberern, die Früchte auf fremde Aecker entführen könnten [Congo]. Die den Camma verwandten Anengue-Stämme erhalten Mittheilungen durch ihre Idole oder Mbuiti (du Chaillu). Innen (in Efik) is a play or conjuration of Abia-inuën, in which he puts something in his mouth and blows through it so as to either a sound like that of a bird (s. Goldie). [Tibbu). Der Doctor (der Pitt-river Indians) talked to the trees, and to the springs, and birds and sky and rocks, to the wind and rain and leaves, in der Heilung des Kranken zu helfen (in Californien). Die (Quamas oder Cusiyaes genannten) Zauberer vertheilen beim Jahresfest die am Baum der Jäger gehängten Felle unter die Frauen (in Unter-Californien). El siglo de los Muyscas constaba de 20 años intercalares de 37 lunas cado uno) que corresponden à 60 años), y le companian de cuatro revoluciones contadas de cinco en cinco (Acosta) Hebdomadem unicam per splchaskat, septem dies, plures vero hebdomadas per schaxeus, id est vexillum, quod a duce maximo qualibet die dominica suspendebatur (s. Mengarini) bei den Selish). The wife last chosen is always mistress of her predecessors (Whipple) bei den Navajos. Die Navajos vermeiden das Fleisch des Löwen, den sie (nach Armin) verehren Bei los Angeles wurden grosse Jagdthiere nicht gegessen (weil von frühern Seelen in Besitz genommen). In Californien lockt der Indianer die Antilope an, indem er auf den Kopf gestellt, die mit Fellstreifen des Hermelin besetzten Hacken in der Luft bewegt, und dann aufspringend, schiesst (s. Bancroft). The hunter disguised with the head and horns of a stag, creeps through the long grass to within a few yards of the insuspecting herd and drops the fattest buck at his pleasure (in California). The ownership of a (white) deer-skin constitutes a claim to chieftainship, readily acknowledged (an der Küste Californicn's). Nachdem der in einem Canoe beräucherte Körper beigesetzt war, wurde das Grab geöffnet, um die Knochen bis auf den des Hinterhauptes, der aufbewahrt wurde, zu verbrennen (in Darien). Bei dem gemeinsamen Rauchen in Costa Rica bläst ein Knabe den Rauch der am brennenden Ende im Mund gehaltenen Cigarre in Jedes Gesicht (wo er mit den hohlen Händen zugefächelt wird). Von dem Scalp bewahrten die Californier abgeschnittene Hände und Füsse als Trophäen and they also plucked out and carefully preserved the eyes of the slain (H. Bancroft).

[3]) Die Stämme Süd-Californien's kannten nur die nächste Umgebung. Reid relates, that one who travelled some distance beyond the limits of his own domain, returned with the report that he had seen men, whose ears descended to their hips, then he had met with a race of Lilliputians and finally had reached a people so subtly constituted, that they „would take a rabbit or other animal, and merely with the breath, inhale the essence, throwing the rest away, which on examination proved to be excrement" (H. Bancroft). When bound upon a journey, if they have no other load to carry, they fill their tonates or nets with stones. This is generally done by them on the return home from the market place of Tehuantepec [Peru]. Die Mijes verwandten auf ihren Wanderungen die Feuerprobe by putting a firebrand over night into a

priesterköniglicher[1]) Würde verknüpft. Damit die Statthalterschaft durch
Usurpation (amârat alistylá) Berechtigung erlange, muss der Usurpator (nach
Mawardy) die Souveränität des Chalifen und dessen Befugnisse als religiöses
Oberhaupt anerkennen (s. Kremer). Nachdem die Mongolen das Chalifat in
Bagdad beendet, führte dasselbe der Sohn des drittletzten Chalifen unter den
Ejjubiden in Cairo fort, wo der letzte Chalif sein Recht an den türkischen
Eroberer abtrat, so dass sich in den Sultanen der Osmanen weltliche und

hole and if it was found extinguished in the morning, they considered, that the Sun desired
his children (that is themselves) to continue their journey (H. Bancroft). As it is supposed
that the evil spirit seeks to obtain possession of the body, musicians are called in to lull it to
sleep, while praeparations are made for its removal, all at once four naked men, who have
disguised themselves with paint, so as not to be recognised and punished by Walasha, rush
out from a neighbouring hut and seizing the rope attached to the canoe, drag it into the woods,
followed by the music and the crowd. Here the pitpan is lowered into the grave with bow,
arrow, spear, paddle and other implements to serve the departed in the land beyond, then the
other half of the boat is placed over the body. A rude hut is constructed over the grave,
serving as a receptacle for the choice food, drink and other articles placed there from time to
time by the relatives (among the Mosquitos). Die Indianer in Tamiltepec errichteten en los
cementerios pequeños montones di tierra, en los que mezclan viveres cada vez que entierran
algunos de ellos (Berlandier y 'l hovel). Die Sukias oder Zauberinnen haben Walasha (den Bösen)
zu besänftigen (bei den Mosquito). An den Jahresfesten (Sekroe) wird der Todte gerufen, sonst
aber die Nennung seines Namens vermieden (bei den Mosquito). Beim Jahresfest der Cahroc
(in Californien) zieht sich der zu Chareya (Gott) Erwählte in die Berge zurück, bis zum Fasten
geschwächt, worauf er durch Träger, deren Augen verbunden sind (da keiner den Gottmensch
sehen darf) zurückgebracht wird (Bancroft). The Meewois (in California) believe that their male
physicians, who are more properly sorcerers, can sit on a mountain top fifty miles distant from
a man they wish to destroy and compass his death by filliping poison towards him from
their finger ends (Powers). Bei San Juan Capistrano wurde die Figur des Gottes Chinigchinich
in den ovalen Tempel (Vanquech) gestellt (s. Boscana). Beim Trost seiner Freunde wegen Marias
Schwangerschaft, will Joseph nicht glauben, quia angelus domini impregnasset eam. Potest enim
fieri, ut quisquam finxerit, se esse angelum domini, ut deciperet eam (in den Apocryphen).
Mohammed considered the Virgin Mary and Miriam, the sister of Moses and Aaron, as identical
(s. Arnold). In Hadramaut wurden die Götzen Galsad und Marhal verehrt, in der Hauptstadt
der Himyariten die Götzen Gumdan und Riam, gleichfalls in Sana, in der Nähe von Sana der
Götze Yauk (als Pferd) und auch Nasar bei den Himyariten-Yagut (als Löwe), der Gott des
Stammes Madhig. Als Frau wurde Sowa in Ruhat verehrt und Waad (als Mann) vom Stamme
Kalb, sowie die Göttin Chalasah in Talabah. In Taif fand sich die Göttin Allat, im Thale
Nahlah die Göttin Uzza und als dritte Göttin Manah (oder Manat, als Stein). In der Kaaba
Mecca's stand Hubal. Bei Jeddah war Saad aus dem Stein gehauen. Bei Medina werden die
Gottheiten Nuhm, Humam, Halal, Bagir, Ruda, Aud, Awab, Manaf, Gaum, Kais, Durigel, Fuls,
Darihan etc. erwähnt (s Arnold). On ne saurait croire le nombre infini de vices, de crimes et
de prostitutions que protége et encourage la morale élastique d'une prétendue bonne mort.
Les forçats, genies, grands criminels et autres, savent aussi arranger chrètiennement leur fin
(Lauvergne).
    [1]) The Chualpays are governed by the „chief of the earth" and the „chief of the waters",
the latter having exclusive authority in the fishing season (Kane). Nach Mohamed waren
Abraham von Gabriel Waschungen vorgeschrieben (wie bei St. Barnabas). The New Almaden
cinnabar mine has been from time immemorial a source of contention between adjacent tribes
(by vermilion loving savages) in California (Bancroft). The Hoopahs exacted tribute from all the
surrounding tribes (in California), von den Chimalaquays in Häuten (s. Powers), auch von den
Stämmen am Trinity (die Hände und Füsse oder den Kopf als Trophäen bewahrend). Les Indiens

geistliche Macht wieder vereinte. Die vielfach durch militärische Usurpation hergestellte Trennung[1]) wird auch absichtlich erstrebt, wegen der mit magischen

de la Colombie ont porté les jeux de hasard au dernier excès; après avoir perdu tout ce qu'ils ont, ils se mettent eux-mêmes sur le tapis, d'abord une main, ensuite l'autre, s'ils les perdent, les bras, et ainsi de suite tous les membres du corps, la tête suit, et s'ils la perdent ils deviennent esclaves pour la vie avec leurs femmes et leurs enfants (de Smet). In some parts of Panama and Darien only the chiefs and lords received funeral rites. Among the common people a person feeling his end approaching either went himself or was led to the woods by his wife, family and friends, who supplying him with some cake or ears of corn and a gourd of water, there left him to die alone or to be assisted by wild beasts (H. Bancroft). König Oswin wandte sich nach Rom, (um dem zu gehorchen, der den Himmel auf- und zuzuschliessen die Macht hat) da Colman in seiner Antwort auf Wilfrid dem Ausspruch für Petrus keinen für Columba entgegensetzen konnte. In Cueba the reigning lord was called Quebi, in other parts he was called Tiba. The highest in rank after the Tiba had the title of Sacos, who commanded certain districts of the country. Piraraylos were nobles, who had become famous in war. Subject to the Sacos were the Cabras, who enjoyed certain lands and privileges, not accorded to the common people. Any one wounded in battle, when fighting in presence of the Tiba, was made a Cabra, and his wife became an Espave or principal woman (s. H. Bancroft). The slaves (prisoners or Pacos) were branded or tattooed with the particular mark of the owner on the face or the arm and had one of their front teeth extracted. In Goazacoalco wurde eine Art Beschneidung geübt (in Mexico), provinciae Goazacoalco, atque Ylutae nec non et Cuextxatlae (s. Laet). The genitals are pierced as a proof of constancy and affection for a woman (an der Belize-Küste). The caciques (in Cueba, Carela etc.) kept harems of youths (camayoas), dressed as women (in Central-Amerika). Among the men of Cueba painting had a double object, it served as an ornament to the person, and also as a mark of distinction of rank. The chief, when he inherited or attained his title, made choice of a certain device, which became that of all his house (v. Bancroft). At Porto Belo the king was painted black and all his subjects red (auf dem Isthmus). Nach Las Casas wurde der Kopf der Kinder von hinten und vorn zusammengedrückt, die Stirn zu verbreitern (auf dem Isthmus). Im Targum zum Buche Esther herrscht die Königin von Skeba (deren verkrüppelte Füsse durch den Spiegelboden erkannt wurden) in der Stadt Kitor [Catay]. El miembro generativo traen atado per el capullo, haciendole entrar tanto adentro, que à algunos no se les paresce de tal arma sino la atadura, que es unos hilos de algodon alli revueltos (Oviedo) bei Cartago (in Central-Amerika). The upper teeth extracted seem to say, that the tribe have cattle, the knocking out the teeth is in imitation of the animals they almost worship (bei den Lomame). Zum Stamm Nongo (in the Kuss country) gehören die Maloba (with the upper front teeth extracted). The people of Babisa dress their hair like the Bashukulompo (Livingstone).

[1]) Tous les empereurs ont porté le titre de grands pontifes (jusqu'au règne de Gratien). Toutes les fois qu'un culte nouveau essaye de pénétrer à Rome, il est introduit par un personnage qui réunit les deux qualités de sacrification et de prophète (sacrificulus et vates), c'est-à-dire qui, comme prophète, impose au nom du ciel à ceux, qui le consultent des offrandes expiatoires qu'il attribue ensuite comme prêtre (s. Boissier). Die neue Götter einführenden Griechen (s. Plautus) handelten aus Gewinnsucht, quibus quaestio sunt capti superstitione animi (Livius). Jupiter (n. Plinius) parte curarum liber solutusque tantum coelo vacat (seit Trajan auf die Erde gesetzt ist für die Angelegenheiten der Menschen). Les inscriptions montrent de simples affranchis qui donnent à leur femme, après sa mort, le nom de déesse (s. Servius) appellant le tombeau un temple (s. Boissier), wie dii Manes (als Lares). Augustus hatte seit seiner Jugend Wunder gewirkt, on lui créa de bonne heure une légende comme à un dieu (s. Boissier). Kaiser Claudius bestieg beim Triumph die Stufen des Capitols auf den Knieen. Der mit dem Titel Augustus Bekleidete wurde eine Art persönlicher oder gegenwärtiger Gott, dem Huldigung geschuldet wurde (nach Vegetius). Ein ägyptischer Wahrsager erklärte Augustus für den Sohn Apollo's (s. Sueton). Ammon bezeichnet (am Tempel von Medinet Habu) Ammon als seinen Sohn (Ptolemäos Epiphanes wird mit Horus, Sohn der Isis und des Osiris verglichen).

Operationen verknüpften Gefahr[1]), wie man in den Nilländern (und im Süden) die erfolglosen Regenmacher ausweidet, um das in dem Bauche zurückgehaltene Wasser frei zu setzen, wie Scythen früher und jetzt Patagonier, die Lügen- propheten tödten oder Astyages die falschen Magier pfählen liess (b. Herodot). In Darius Behistun-Inschrift am Fels von Hamada wird neben dem höchsten Wesen zuweilen der böse Geist genannt und bei Unterdrückung des Magier- Aufstandes genannt (während die Elementarverehrung sich an die der Vedas

Als alleinige Göttin erhielt Isis (b. Apulejus) den Namen Domina (und so Cybele). Brigitta (der Maria des Gälenlandes) wird Gott als Vater, Jesus als Sohn gegeben (s. Ebrard). Rahman (der Gnädige) ist der Herr der Himmel und der Erde, es giebt keinen Gott ausser ihm (nach Mohamed). Ewald findet (vor Jahve) „einen geschlossenen Kreis uralter Götter und Halbgötter" (der Elohim) im Henoch (dem Ersten der Anfänge), Mahalalel (der Glänzende) Jered oder Irad (Gott der Niederungen und des Wassers), Methusalah (der Waffenmann) und, 'im Gegensatz zum guten Geist (Henoch's) Lamech oder der Wilde (Vater der Ada und Zilla (Mütter der Hirten und Kriegsleute). Die Mendäer (unter den Mauren Spaniens) lehrten, dass alle Materie, zumal der Erde, nur ein Gefäss (gral) des ewigen Geistes sei, der sich durch Vermittlung der Engel oder Gestirngeister in sie ergossen habe. Gralhüter sind diejenigen, die das Geheimniss des Geistes kennen und in der sinnlichen Hülle den Geist erfassen. Dem geistlosen Volke bleibt Montsalvez verschlossen, ebenso dem lieblosen, hartherzigen, leidenschaftsvollen (s. Schneider). Als die Insel beim Feueranzünden unter das Meer tauchte, erklärte St. Brandan, dass es der Erste aller Fische gewesen, der sich immer bemüht, seinen Schwanz mit dem Kopf zusammen- zubringen, ohne es wegen seiner grossen Länge ausrichten zu können (Jasconius mit Namen). Inter sacra donaria currum servant aereum, quem, ut siccitas incidit, pulsant et aquam a deo poscunt, atque impetrant (s. Antigonus) in Thessalien (n. Irenaeus). Im Tempel des Serapis war durch einen Magnet ein Eisenwagen aufgehängt (nach Prosper Aquit.) Fuerunt hae quadrigae solis (s. Scheffer). Nach Irenaeus hat Gott im neuen Bunde die Israeliten ebenso verstockt und gerichtet, wie die Aegypter im alten Bunde, um den Kindern Gottes das Heil zu bringen, und auch die Christen nehmen den Heiden ohne ein Anrecht darauf, manches weg, und zwar bei weitem mehr, als die Israeliten den Aegyptern, nämlich alle Wohlthaten des heidnischen Staates, nicht nur das ungeprägte, sondern auch das geprägte und mit dem Bilde des heidnischen Kaisers versehene Gold, und das Alles ohne eine Schuld zu fühlen (s. Ziegler). Nach Ptolemäos wurden (bei Assyrern und Persern) die Geschlechtszeichen als Symbole der Sonne, des Saturn und der Venus verehrt (die Fruchtbarkeit schützend).

[1]) Elisabeth Barton wurde mit den Geistlichen, die sie zu Prophezeiungen gegen Heinrich VIII. verleitet, nach Eingeständniss des Betrugs enthauptet (1534) Nach Bönninghausen ist es gewiss, dass Katharina Emmerich nicht ohne Mithelfer gewesen, und dass man diese unter den Per- sonen zu suchen hat, welche vor und gleich nach dem Erscheinen der Blutungen genauern Umgang mit ihr gehabt" (wie der französische Geistliche Lambert). Nach Sueton wurden unter Augustus, (der als Pontifex seine Decrete als himmlische Orakel bezeichnete) falsche Prophe- zeiungen gesammelt und in der Zahl von 2000 verbrannt. Unter den 1689 Kranken, die sich vom 5. — 7. Febr. (1817) bei der Wunderthäterin in Schönborn vorfanden, sah Dr. Schmalz „nicht eine, von welcher deutlich dargethan werden konnte, wie sie durch die Manipulationen der Hammitzschin (magische Zeichnungen vor den Augen mit einer Stecknadel) hergestellt" (obwohl viele Getäuschte). Fornicantur etiam quamplures hujusmodi monialium cum eisdem suis prae- latis ac monachis et conversis, et iisdem monasteriis plures parturiunt filios et filias, quos ab eisdem praelatis, monachis et conversis fornacarie, seu ex incesto, coitu conceperunt (Thierry de Niem). Stupra, raptus, incestus, adulteria, qui jam Pontificalis lasciviae ludi sunt (Petrarch), In den Tempeln der Isis (in Herculanum) wird Weihwasser dargeboten (aus dem Nil geweiht). Ovid spottet über diejenigen, welche meinen, mit etwas fliessendem Wasser Verbrechen ab- waschen zu können. Nach Horaz liessen Fromme im Winter das Eis der Tiber aufhauen, um sich zu baden. Gott das heisst: Dummheit und Trägheit, Tyrannei und Elend, Gott ist das

anschliesst). Durch Arsaces, Gründer des Sassanidenreiches, wurde der magische Stamm mächtig (nach Agathias). Die Sophi (Weisen) und die Magi (Priester) bildeten im parthischen Reich (s. Posidonius) die Megistanes (Grossen oder Edlen). Nach Xenophon setzte Kyros die Magier bei den Persern als Priester ein. Nach Philo konnte bei den Persern nur König werden, wer in das Geschlecht der Magier aufgenommen war. Nach Zoroaster folgten viele Magier, die Ostaner und Astrampsycher und Gobryer und Pajater (nach Xanthus). Gobryas unter den mit Darius verbundenen Sieben (gegen Pseudo-Smerdis oder Gomata) heisst Gaubruva (s. Windischmann) in der Bisitun-Inschrift.

Darius liess durch Tachamaspates den Aufstand der Sagartier am Elburz (in Khorasan) unterdrücken, deren Häuptling Chiti atakhsma sich vom medischen Cyaxares herleitete. Alptegin, dessen Sklave Sebuktigen (sein Geschlecht auf Jezdezgird zurückführend) die Dynastie der Ghazneviden stiftete, floh als Statthalter Chorasan's nach Ghazna mit den (auf die Chosroen zurück-geführten) Sassaniden. Nach Aeschylus war der Adler das Symbol der Perser. Nisaea war für die von Nishapur (aus Khorasan) stammenden Pferde berühmt. Nach Ammian wurden von den Parthern die in der Schlacht Gefallenen besonders selig gepriesen. Die von dem unversehrt aus dem Feuer hervortretenden Zoroaster bekehrten Magier weihten den Göttern Pferde (nach Dio Chrysostomos) und verglichen dieses Weltall mit einem rollenden

---

Uebel (Proudhon). Le christianisme, plaçant son royaume hors de ce monde, n'embrassant point dans ses vues la société politique, condamnant le temporel du mosaïsme, fut contraint par la force des choses à monter lui-même sur ce trône laissé vide, à opter entre la servitude et l'empire, à mettre à la place du temporel le spirituel, et à créer du même coup l'intolerance réligieuse (Benamozegh). Ecclesia non quaerit, sed possidet veritatem. Premièrement les plé-béjens n'avaient pas plus de place dans la religion que dans la cité (Boissier). Den Ansprüchen Praetoren oder Consul zu werden, wurde entgegen gehalten: auspicia non habetis, indem jeder Magistrat die Auspicien zu consultiren hatte. Sua cuique civitati religio est, nostra nobis (Cicero). Juvenal ist erstaunt, dass die Bewohner von Ombros und Tentyra sich für ihre Götter streiten konnten. Ihrer Intoleranz wegen waren die Juden (s. Quintilian) der allgemein verhasste Stamm. Judaea gens contumesia numinum insignis (Plinius), Verächter des Menschengeschlechts (Tacitus). Quoniam enim ipsum verbum dei incarnatum suspensum est super lignum, per multa ostendimus (Irenaeus); Verbum dei caro factus est, et pependit super lignum. Unter den Tha zyku oder Nebengötter des Obergottes Tha schuha findet sich bei den kaukasischen Abasa, die auch die Götter der Wälder, Flüsse und Berge (Mesintha, Psitha, Kushamta) verehren, Mara (Maria), als Mutter des grossen Gottes. Indem dem Griechen die sittlichen Verhältnisse ihre Geltung nicht haben auf Grund der allgemeinen Menschen-Natur, sondern auf Grund der Volksgenossenschaft und des Staatsverbandes (indem der Mensch seine Bestimmung u. dgl. verwirklicht als Staats-bürger), so folgt, „dass dem Griechen die Sittlichkeit noch keine besondere Sphäre neben dem Recht ist, sondern in diesem noch aufgeht" (Pfleiderer), und statt eine solche zu bilden, hat sie vielmehr so völlig darin aufzugehen, um dem Menschen eingewachsen zur andern Natur zu werden, statt nur eine lose darin haftende Anlernung. Nach Baronius brachte Congellus das Mönchthum (530 p. d.) nach Bangor, während Twisden das vor den Benedictinern in Britannien bestehende Mönchthnm (aus dem Orden Basil's) auf Patrik zurückführt (+ 473 p. d.) There is no foundation for the opinion, that a hierarchy existed in Ireland before the arrival of Palladins (Lanigan).

Wagen, von vier Pferden gezogen. Neben der Magie des Osthanes nennt
Plinius die bei den Juden (des Moses, Jannes und Lotapea), sowie, als noch
jünger, die cyprische. Jeremias kannte die Magier in Babylon. Die gekrämpten
Tiaren der cappadocischen Magier, die unauslöschliches Feuer nährten, gingen auf
beiden Seiten so weit herab, dass die Backenstücken die Lippen bedeckten
(nach Strabo). En Zend Mazdayaçno signifie littéralement celui qui fait un
sacrifice a Mazda (s. Ménaut) oder Ahura Mazda (Ormuzd). Dem in Procon-
nesus wieder auferstandene Aristeas folgte Apoll als Rabe (als Dichter der
Arimaspischen Epen). Der in das Magierthum Einzuweihende verblieb bei
dem Priester für einen Monat vegetabilischer Kost und wurde dann im Tigris
gereinigt (nach Lucian). Lohrasp von Balkh nahm den Buddhismus an. Nach
Elisaeus zerfielen die Zoroastrier in Mog und Zendik. Statt „guter Cerus"
(bei Festus) wird Manus Cerus (im salischen Liede) als Manus der Schöpfer
erklärt (durch Lassen). Die Familie Zarathustra's wird von Manuchitra,
Sohn des Manu hergeleitet. Zarathustra aus Westen bildet seine Religion
(deren semitische Elemente aus Babylon kamen) für Ost-Eran (nach Spiegel).
Die Gathas der Zend-Avesta werden vor die Abfassung des Yajur Veda
gesetzt (später als Rigveda). Ausser den in Gegenwart eines Magier den
Elementen gebrachten Opfern, für die Sonne, den Mond, Erde, Feuer, Wasser
und Wind, verehrten die in Zeus den Himmelskörper erkennenden Perser die
von den Assyriern Mylitta, von den Arabern Alitta genannte Himmelskönigin
Aphrodite als Mitra, (s. Herodot), sowie das Feuer als Gott. Nach Plinius
hat Hermippus die Bücher Zoroaster's studirt, von denen auch Abu Jafir
Attavari spricht (s. Hyde). Der Stab der Magier war ein Rohr, womit sie
in dem Kreise stehend ihn aufheben zum Essen (nach Sotion). Yima öffnete
mit seiner Goldlanze für die zunehmende Menschenmenge neuen Raum, nachdem bereits dreimal die Länder durch Ahura-Mazda für ihn erweitert waren
(nach dem Vendidad).

Nach Massudi wurde zu der von Zrathustra verfassten Avesta der
Commentar Pazend geschrieben und später der Yazdah genannte hinzugefügt.
Shahrastani theilt die den Brahmanen und Sabaeern gegenübergestellten Magier
(die in ihrer Kesh-i-Ibrahim genannten Religion den Juden angenähert wurden)
in Mazdakhyah (mit der Lehre von der Seelenwanderung), die Kayomarthiyah
(mit einer dem ersten Menschen gewährten Offenbarung) und die Zervaniten
(mit Zervan akarana oder schrankenlose Zeit als höchste Gottheit). Nach
Eznik wurde bei Zeruan's Opfer für einen Sohn Ormizt empfangen, und in
Folge eines geäusserten Zweifels Arhmen. Nach Theodoros stellte Zarastra-
des an die Leitung der Welt Zarouam, als Geschick, bei Opfer für Hormis-
das zugleich Satan herrufend (bei Plotin). Firdusi sieht in dem sich (als
Himmel) drehenden Sipihr eine Schicksalsmacht. Plato macht Zoroaster zum
Sohn des Ormazdes. Mohamed beschuldigt die Juden, dass sie Ezra als
Sohn Gottes betrachteten. Nach Eudemos (bei Damascius) betrachteten die
Magier bald den Raum, bald die Zeit als Grundursache, die sich in das

gute und böse Wesen, oder Licht und Finsterniss spaltete. Spiegel sieht in
Thwasha (dem unendlichen Raum) eine der grenzenlosen Zeit ähnliche Gott-
heit. Nach Herodot fehlte Cambyses gegen die Gebote der Feuerverehrung,
indem er den Körper des Königs Amasis verbrennen liess, in der Midrash
Rabbi dagegen, lässt der das Feuer verehrende Nimrod den widersprechenden
Abraham zum Verbrennen verurtheilen.

Die Magier unterscheiden zwei Principe, den guten und den hösen Geist,
Oromasdes und Areimanios (nach Eudoxus) Im Gegensatz zu Oromasdes
schuf auch Areimanios sechs Götter (nach Plutarch). Nach Aristoteles hiess
Zeus (bei den Magiern) Ὠρομασδης, Hades dagegen Ἀρειμάνιος (Diogenes).
Nach Porphyrius wurde Pythagoras vom Chaldäer Zabratas unterrichtet.
Movers fasst Bel als den Alten der Tage (b. Daniel). Die Assyrer unter
Ninus und die Bactrier unter Zoroaster kämpften als Magier und Chaldäer
(nach Arnobius).

Die erste Dynastie der Assyrier hatte ihren Sitz in Kileh Shergat (bei
Niniveh), bis Shalmaneser I. Kalah (Nimrod) erbaute. Unter dem zweiten
eroberte Tiglathi-Nin oder Ninus Babylonien und später dehnte Tiglath Pileser I. seine Kriege aus, wie in dem dritten (unter den Sargoniden) Tiglath
Pileser II. Ihm folgte der Usurpator Sargon, Vater des Sennacherib. Auf
dem Obelisk mit der Inschrift Sardanapals I. werden ein zweihökriges Kameel, ein Elephant und ein Rhinoceros als Trophäen vorgeführt.

· Die von Nimrod oder Belus nach Mesopotamien (in Ost-Africa) geführten
Cushiten, mit turanischen Burbur oder Akkad (Armeniens) gemischt, wurden
(nachdem die Semiten nordwärts nach Assyrien gewandert) durch den medischen
König Zoroaster oder Kudur-Nakhunta aus Susa (in Elam) besiegt. Nach
Wiederherstellung der chaldäischen Dynastie (bei Chedorlaomer's Niederlage)
folgten die arabischen Kriege (mit Khammurabi) und dann beginnen die Kriege
mit dem (durch Belsumilikapi gestifteten) Reich der Assyrer, wodurch Babylonien
(bei den Eroberungen des Krieges Tiglathi-Nin) semitisirt wurde, bis (628
a. d.) die babylonische Monarchie durch die Chaldäer wieder hergestellt
wurde Nach Moses Chor. wurde Semiramis von Zradascht, dem Magier der
Medier, nach Armenien getrieben.

Cham oder Mesraim wurde Zoroaster genannt, als Nimrod (Clem.), durch
den Blitz getödtet, wodurch die Perser durch Verehrung der Kohlen und des
Feuers die Herrschaft erlangt (und dann hätten auch die Babylonier die
Kohlen gestohlen, um zu herrschen). Der Erste der medischen Tyrannen,
die (bei Berosus) Babylon eroberten, heisst (bei Syncellus) Zoroaster. Hystaspes, Medorum rex antiquissimus, von dem Lactantius den Namen des Flusses
Hydaspes ableitet, wird (bei Justin) mit sibyllinischen Weissagungen in Beziehung gesetzt. Nach Strabo wurde Anaitis Omanes und Anadates (Anan-
dates) von den Persern verehrt neben dem Feuer und nach Pausanias ent-
zündete sich auf dem Altar das Holz ohne Feuer.

Nach Amm. Marcell wurden des Bactrier Zoroaster Lehren ex Chaldaeorum

arcanis verehrt durch König Hystaspes (Darii pater). Nach Agathias änderte
Zoroaster oder Zarades (zur Zeit des Hystaspes), als Magier die Religion
der Perser, die früher Bel, Sandes, Anaitis und andere Gottheiten (der Assyrer
und Medier) verehrten.

Zerovanes, der (nach Xisuthrus) mit Titan und Japethostes die Welt be-
herrschte, wird (n. Moses Chor.) mit dem Magier Zoroaster identificirt (als
bactrischer König). Ausser einem oder zwei Zoroaster setzte man vor Osthanes:
Zoroastrum alium Proconnesium (nach Plinius). The High-priest of the whole
Parsee community was believed to be the successor of the great founder
Zarathustra Spitama, and to have inherited his spirit (Haug). Kava, Vistaspa,
Jamaspa und Frashoastra werden als Schüler des Zarathustra Spitama genannt.
Nach Hermippus war Agonaces Lehrer des Zoroaster. Nach den Parsee
wurde die Nosk dem Propheten Zoroaster von Gott überliefert (s. Haug).
Die (von den nördlich verschiedenen) Arimasper (Euergeten) oder Ariaspen
(zwischen Drangiana und Gedrosien) wurden von Zoroaster in der Lehre
vom guten Gott unterrichtet (n. Diodor). Clem. Al. identificirt den Pamphylier
Er mit Zoroaster. Auf Kuhhäute geschrieben sollen Zoroaster's Bücher durch
Alexander M. verbrannt sein. Nach Klearchus stammten die Gymnosophisten
von den Magiern. Neben Druiden oder Semnotheoi (der Kelten und Galatier)
werden die Gymnosophisten der Inder (in Räthselsprüchen philosophirend)
gestellt, dann die (Astronomie treibenden) Chaldäer (der Babylonier und
Assyrier) und die persischen Magier, die den Dienst der Götter (in
Feuer, Wasser und Erde) übten, (wie Opfer und Gebete, die Götterbilder
aber verachtend (s. Diogenes).

Im Gegensatz zur Knechtung der Frau durch schreckende[1]) Geheim-
bünde kommt im südlichen Africa auch Suprematie[2]) derselben vor.

---

[1]) Um die Frauen (der Thatoo) in Ordnung zu halten, the husband (in Californien) paints
himself in black and white stripes to personate on ogre, and suddenly jumping in among his
terrified wives, brings them speedily to penitence (H. Bancroft). A woman may be slaughtered
for half the sum et costs to kill a man (in Californien). Boys destined to be piaces (sorcerers)
are taken at the age of 10—12 years to be instructed (selected for the natural inclination
or their peculiar aptitude), confined in a solitary place (with their instructors), subjected to
severe discipline (eating no flesh nor anything having live, but living solely on vegetables,
drinking only water and not indulging in sexual intercourse), neither parents nor friend being
permitted to see them (only at night visited by professional masters). In the province of Cueba
masters in the necromantic arts are called Tequinas (s. H. Bancroft). In Südcalifornien wurden
die Jünglinge (zur Prüfung) mit Nesseln geschlagen und dann über Ameisennester gesetzt
(s. H. Bancroft). If a sick person has a child or sister they cut its or her little finger of
the right hand, and let the blood drop on the diseased part (in Unter-Californien). If the son
succeed the father it es because the son has interited the fathers wealth, and if a richer, than
he arise, the ancient ruler is desposed (in California). In some of the coast-tribes the chieftainship
is hereditary as with the Patawats on Mad-River (and the Allequas). Illegitimate children
are life-slaves to some male relative of the other, and upon them the drudgery falls, they are
only allowed to marry one of their own station (in California). Young children underwent a
kind of baptismal ceremony. The Mayas believed that ablution washed away all evil (H.
Bancroft).

[2]) Der Stamm der Comanches am Bolson de Mapimi wurde (zu Langberg's Zeit) von einer

Unter den Araberstämmen der Aramka Dar Mabana oder (Schua) Schiwa (deren von „dem Maghrebi-Idiom verschiedener Dialect in vielen Zügen die Reinheit und Gewandheit der Sprache der Hidjas bewahrte") in Wadai wohnen in der Abtheilung südlich von Wara die Missirie bei Domboli, (westlich von Rass-el-Fil oder Tandjaknak auf dem Wege von Schenini nach Ssilla, wo die Bewohner sich Einschnitte machen), und diese Missirie zerfallen in die Sosuok (Schwarzen) und Homr (Rothen).

Jenseits der Sitze der Kuti (im Süden Runga's) fliesst auf der andern Seite des Berges Kaga Banga der Bahar Huta in's Land der Fellata (Nachtigal). Nach Runga wurden arabische Kriegsgefangene in die Verbannuug geschickt. Ausser den Arabern Kanem's, werden die Dattelgärten Bodo und Tiggis vom Süden her durch Mahamid und Missirie, vom Osten her von den Anna bedroht (Nachtigal). Im Gegensatz zu den Arabern an der Küste der Wassiri (Wassili) heissen die in Bornu ansässigen Araber (s. Barth) Schua (Schiva) oder (in Wadai) Aramka, aus Nubien und Kordofan mit Rinderheerden eingewandert (Badjaudi).

Die Wasira (Vacira) oder Messira (lords of the soil) wurden von Canhembo, dem Quilolo oder Feldherr des Muropue oder Mwata-ya-Nvo mit einem Heer von Alondas (die Campacolo-Sprache redend) unterworfen. Die Messira bedecken sich mit Einschnitten[1]) (wie die Ho und andere Scratch-faced). Das Land Chama des Fumo Chipaco (mit dem Dorf des Fumo oder Mfumo Mouro-Achinto) am Hianbigi oder Chambeze-Fluss (zu Lacerda's Zeit) wurden später von dem Mfumo Muiza Messire-Chirumba beherrscht (s. Burton). Die Mussucumas am Chambeze sind mit Muizas gemischt.

---

alten Frau angeführt (Froebel) The husband has no control over the property of his wife (bei den Navajos), der Neffe erbt (s. Letherman). Appleyard erklärt Mantatees als Bamatantisi, the people of the mother Tantisi [Bonomotapa]. Die mit Hülfe einer Frau, Namens Bruttia ein von Afrikanern besetztes Kastell des Dionys erobernden Lukaner nannten sich (nach Justin) ex nomine mulieris Bruttii ($B\varrho\acute{\epsilon}\tau\tau\iota o\iota$). Dionys, der mit den Galliern (nach Eroberung Roms) ein Bündniss geschlossen (um eine Anzahl ihrer Hülfstruppen zu besolden) schickte (gegen die Thebaner) auf seinen Schiffen Kelten und Iberer nach Korinth (369 a. d.) Bei dem Kriege mit Epirus schickte Dionys den Illyriern (neben Hülfstruppen) hellenische Rüstungen für ihre tapfersten Soldaten (381 a. d) Nach Dionys Colonisation in Batria (besonders für den Bernsteinhandel) hiess man die Pomündungen noch länger Fossa Philistina (s. Holm). When a woman was about to be confined, the relatives assembled in the hut and commenced to draw on the floor figures of different animals rubbing each one out as soon as it was completed This operation continued till the moment of birth, and the figure that their remained sketched upon the ground was called the childs „tona" or second self. When the child grew old enough, he procured the animal that represented him and took care of it, as it was believed, that health and existence were bound up with that of the animals, and in fact, that the death of both would occur simultaneously (s. H. Bancroft) bei den Zapoteken (auf dem Isthmus von Tebuantepec). Soon after the child was born, the parents accompanied by friends and relatives carried it to the nearest water, where it was immersed, while at the same time, they invoked the inhabitants of the water to extend their protection to the child, in like manner they afterwards prayed for the favour of the animals of the land (bei den Zapoteken), llevandolos à los rios y sumergiendolos en el agua, hazian deprecacion à todos los animales aquatiles, y luego à los de tierra le fueran favorables y no le ofendian (Burgoa).

[1]) The Marundas (über die Vacira herrschend) tattoo.

Die (gleich den Maraves) auf Handelswegen plündernden Muizas (Moizas oder Invizas) oder (Wabisa oder Wabisha) Babisa (Abisa oder Aizas), als Ambios oder Imbies (b. Jarric) und als Vaviza oder Vavua (bei Neves), die (westlich vom Nyassa bis zum Tanganyika lebend) durch die Moluanes oder Muembas zerstreut waren, wurden (von Livingstone) mit den Wanyamwezi identificirt (s. Burton). Oestlich vom Tanganyika liegt Unyamuezi und westlich Manuema. Die Berührungspuncte der Maravi oder (nach Monteiro) Muzimba (an die Munhaes Monomotapa's grenzend) und der Muizas führen auf die alten Schlachtfelder zwischen Monomoezi und Benomotapa. Das westliche Vordringen der Zimba oder Jaga scheint durch die west-östliche Bewegung von Kabebe nach Lunda (vom Norden herabkommend) gehemmt· Die Maraver leben immer in grossen Dorfschaften beisammen, in welchen sich ein Chef findet, den sie Muene-muzi oder Baba nennen (Peters). Zwischen den Bororos (am linken Ufer des Zambese) und dem Lupata-Gebirge wohnen die Maganjas (am Skire und Nyassa) und an den Fällen des Zambesi finden sich (von den Makololo unterworfen) die Batoka oder Batonga, unterhalb vom Zambesi dagegen die Banyai. Die Manguros (am Shire) handeln mit den Mujanos (Wahiao) oder Mujao (nördlich und östlich vom Nyassa).

Die Muizas (südlich von den Cazembern) wurden durch die Muembas oder Moluanes (unter den Chiti-Mukulo) in das Land der Chevas (im Norden an das portugiesische Territorium grenzend) getrieben. Die Cazember herrschten in Lunda oder (nach Magyar) Tamba-la-meba über die Murundas (Arundas oder Lundas). Das doppelschneidige Messer Pocueh darf am Hof des Cazember nur von seinen Dienern, von Beamten und Soldaten getragen werden (nach Freitas).

Neben Kabebe (in der Nähe des Luiza, der in den Kasai fliesst), Hauptstadt der (den Gott Kalumbo verehrenden) Molua liegt die Königliche Begräbnissstadt Galandsche und in Sakambundschi (am Kasai) versammeln sich die nach Osten ziehenden Karawanen aus Pungo Ndongo, Kassandji und Bibé. Südlich von dem (den Muata Janwo unterworfenem) Lande Kiboke (mit dem Häuptling Kanika) liegt (im Osten von Kimbundi) die Grasebene Inannoana (in Lobale).

Die vom Chiti-Muculu (mucuru oder gross) beherrschten Auembas (Muembas) oder Moluanes (im Nordwesten vom Cazembe-Reich) verbreiten sich, als Wanderer (und erobernder Stamm), in das Land der vom Muata-ya-Nvo beherrschten Alundas oder Warunda (Balonda) oder Arunda (Runda[1]) oder Dorf), mit denen die Awembe oder Miluana (gemischte Milua oder Warua) verwandt sind.

---

[1] All the petty chiefs of a particular portion of country give a sort of allegiance to a paramount chief, called the Rundo or Rondo (s. Livingstone), auf dem Hochland der früher mit dem Unda betitelten Priester vereinigte Manganja (von wo die Hochländer der Maravi erblickt werden).

Australien und Nachbarschaft.

(Fortsetzung.)

In den Mythologien des indischen Archipelago, die aus Buddhismus und Brahmanismus verschiedene Elemente aufgenommen haben, zeigen sich allerlei Reminiscenzen an phönizisch-babylonische Vorstellungen aus alter Zeit sowohl, wie Beziehungen zu den neuerdings aus Polynesien bekannt gewordenen. Die gleichartige Wiederkehr,[1]) die, wo sie in dem Grundgedanken hervortritt, sich bei sichtendem Eindringen auch in den Entwickelungsgesetzen verfolgen lässt, liegt ebenfalls schon in Uebereinstimmungen[2]) zu Tage, die durch Nebenumstände zusammengebracht sind.

Die centralen Battak stammen von Tauan Sorba Si Banoua (Sohn des Batara Gourou), der mit der himmlischen Prinzessin Si Baurou Baso Pait aus der oberen Welt auf die Erde kam, um im Nordosten des Meeres von Toba den Flecken Lobou Sihalaman zu gründen.

Si-Deak Paroudja, Tochter des Himmelsschöpfers Batara Gourou (Sohn des schöpfenden Principes Moula Djadi Nabolan) hat die Erde geschaffen (im Monde spinnend), und sein Sohn Inda-Inda schützt die Menschen, indem er ihre Wünsche seinem Bruder Mengala Boulan mittheilt, und dieser seinem Bruder Saripada, der sie Batara Gourou überbringt, durch welche sie vor Moula Djadi Nabolan niedergelegt werden. Nach Henney werden von den Raja der Battak in Gebeten Batara Gourou, Saripada und Mengala Boulan (durch den Raja Inda-Inda vertreten) angerufen (s. Backer).

Nach den Battak wohnt im siebenten Himmel:

Diebata, als allwissend (Diebata manoungal) und schöpfend (Diebata manganaon),

im sechsten: seine Tochter Si Dayang maonjalanjala di langih (die flammende Macht) mit Touan Dang Batari (dem Richter der Menschen),

im fünften: Touan Rumbio Kayo (Ernten, Vieh und Minen schützend),

---

[1]) Die Naturwissenschaft liefert der Psychologie das anatomische Gerüst, während die Geschichte die Gesetze ihrer Psychologie ausverfolgt.

[2]) Der Gouverneur (1599) der Provinz Macas wurde bei dem Aufstand der Xibaros durch den Caciquen Quirruba getödtet, indem man ihm (seiner Habsucht wegen) geschmolzenes Gold in den Mund goss (Velasco) [Cyrus und Tomyris]. In dem Streit um die Statthalterschaft von Popaya (zwischen Mier und Velasco) wurden „indianische Kanonen" gefertigt, faits d'une espéce de roseau, très-courts, entourés de cuir (Anfang des XVII. Jahrh.). Von den Alguasilen wurden die Partheien die Pambaso und Tripitinario genannt, et la haine s'est perpetuée entre les familles (Ternaux-Compans) [Welfen und Ghibellinen]. Die im Prozess zu Arras (1456) verbrannten Hexen waren der Vaudoisie angeklagt (nach. Monstrelet) [Vaudoux der Neger in französischen Colonien]. Nach Ebu Abbas wurde Christus durch das Fenster in ein Haus gebracht und durch das Dach zum Himmel aufgenommen, während der ihm zur Ermordung durch das Fenster folgende Titianus in seiner Gestalt verwandelt und so gekre uzigt wurde. Principes itaque tenebrarum cruci est affixus, idemque spineam coronam portavit (Mani).

im vierten: Si-dayang-Bientang-brayon (medicinische und giftige Pflanzen
           schützend),

im dritten: Dato Obal Baloutam (die Krieger mit unsichtbarem Schild
           schützend), und Dato Sioubang Hossa (den Athem der Sterben-
           den verlängernd oder fortnehmend),

im zweiten: Namora Setau, in seiner Wohnung (Aijora Djoumba horang)
           angeschmiedet, aber (wenn Diebata's Zorn auf die Menschen
           erregt ist) losgelassen (mit Messerzähnen), um Krankheit und
           Zwietracht zu verbreiten (vom Vogel Amporik Garoudon be-
           gleitet),

im ersten: seine Gattin Borou Bangopourie Batoutang (Schamlosigkeit und
           Laster anregend) mit Namora si Dangbella (zur Wuth aufsta-
           chelnd).

Als Hüter der Himmelswelt führt Ompong Randong Namonor die Seelen der
Abgeschiedenen zu Touan Dang Batari, der die Guten (wenn er sie nicht
neben sich wohnen lässt) in Edle auf der Erde einkörpert oder die geringeren Grades zu Dato Obal Baloutan sendet, während die Seelen der Schlechten (gequält und traurig) um die Gräber [1]) und früheren Wohnungen umher-
irren (s. Backer).

Nach Kyabi Karto Moosodho (in Java) wurde Himmel und Erde (als
Sang Iwang Wiseso nach Bathoro Gosu's Unterricht verschwunden war)
auseinander gerissen und zur Betrübniss des Himmels wurde die Erde von
den Winden auf dem (dann von den Winden Siendoong haliwawor und Siendoong baijou bodjiro angegriffenen) Meere umhergetrieben, bis (nach Schöpfung
der Götter und der Landhüter) die Insel Java durch den Berg Djamor Dhipo
befestigt wurde, den die Götter (mit Ausnahme des schmiedenden Hempou
Romadhi) versetzten.

Der höchste Gott schuf den Himmel Baleh Ngaras, als seinen Thron,
und dem gegenüber Bathoro Guru den Himmel Baleh Martjoukoundo, und so
entsprach alle Schöpfung Gottes (in Paradies, Hölle, Brücke u. s. w.) einer
Schöpfung Bathoro Guru's (dem Buche gemäss).

Während die Götter im Baleh Martjoukoundon versammelt, das Lebens-
wasser tranken, zeigte sich (als Bathoro Gourou seiner Schwester Bathari
Houmo Liebeserklärungen machte) ein (vom Meere bis zum Himmel bemerk-
barer) Aufruhr in der Natur, unter welchem die Götter die Erscheinung Kormo
Salahis bemerkten, der in einen furchterregenden Riesen verwandelt und (als
der erzürnte Bathoro Gourou seine klagende Gattin bei den Füssen, den
Kopf nach Unten, emporhob) eine Riesin zur Frau erhielt, mit der, stete
Liebe pflegend, er dann Houso Kambangngan bewohnt.

---

[1]) Das Begraben ist nach arabischer Sage durch den Raben gelehrt, während vorher die Disposition über die Leichen Schwierigkeiten verursachen mag, indem man nicht weiss, was damit
beginnen. Si un Indien venait à mourir, ses parents plaçaient le cadavre sur son séant au
milieu de la maison et l'abandonnaient ensuite avec tout ce qu'elle contenait (unter den Cuana-
cas). Ebenso wird das Haus verlassen, in dem eine Frau geboren hat (s. Velasco).

Durch das Kleinod Retno Dhoumilah unberührt von Feuer, Wasser, Waffen, büsste im Meere Kaneko Poutro, der durch Gebete erhaltene Sohn des Tjator Kenoko (des durch Gebete erhaltenen Sohnes des Iwang Dharmo Djoko) und lehrte dem sich als höchster Gott glaubenden Iwang Pramesthi oder Iwang Gourou (Pramesthi Gourou), dass bereits vor Iwang Wiseso (der bei der ersten Wüste und Leere als Schöpfer auftrat) die Glockentöne Iwang Tan Hono's gehört seien (und Alles seinen Gegensatz habe).

Als das von den Göttern begehrte Kleinod Retno Dhoumilah aus Kaneko Poutro's Hand geschlüpft war, fiel es vom Himmel herab durch alle Erden hindurch bis in die siebente, wo es von der Schlange Iwang Honto Bogo (die Erde auf dem Rücken tragend) verschlungen wurde, und diese sich aufrollend (ohne Anfang und Ende) verwirrte die sie umlaufenden Götter, dann verschwindend, als sie in den Himmel getragen werden sollte. Als darauf der erzürnte Iwang Kaneko Poutro einen weissen Raben aus dem Geschlecht der Reiher bilden lassen wollte, erschien die Schlange als der Sitz Iwang Gourou's (durch ihn beschützt) und dort gab sie auf Verlangen das das Kleinod einschliessende Gefäss Manik Hasto Gino, welches (weil keiner der Götter es zu öffnen vermochte) zerschlagen wurde. Das Kleinod Retno Dhoumilah nahm dann die Form eines neugeborenen Mädchens (Kin Tisno Wati), und dieses in den Liebesumarmungen Batoro Guru's verschieden, wurde in einen von der Sonne beschienenen Hain bei Mendang Kamolan (wohin sich die beim Baden überraschte Dewie Srie, Gattin Iwang Wisnou's. vor dem in in ein Schwein verwandelten und den Körper des Königs Mengon Kouhan annehmenden Kolo Goumarang in den Körper der Königin, Gattin des Königs Dharmo Nastiti, geflüchtet hatte) begraben. Au temps où la semence commence à poindre, il sortit de la tête de Tisno Wati un cocotier, des parties sexuelles, du padie (riz), des paumes de ses mains un pissang et de ses dents, un djagong. Il s'éleva encore quantité des plantes (s. Backer).

Neben Brahma, Gott des Feuers, Vishnu (Gott der Flüsse) und Segara (Gott des Meeres) verehren die Balinesen Ram (auf einer Insel zwischen Jumna und Ganges geboren), sowie Ganesa und (auf einer Kuh reitend) Durga. Nach dem Ousana Bali (s. Friederich) wohnt in einem höheren Himmel, als Brahma, der Hüter des Reiches Pasoupati (Siwa), der den Maha-Meru und die Berge Gunung Agung (Sitz Batara's Maha dewa) und Gunung Batur (Sitz des Dewah Danouh) spaltete.

Ueber den Göttern Isvara (im Osten), Mahasora (im Südosten), Batara Brahma (im Süden), Rudra (im Südwesten), Mahadeva (im Westen), Sangkora (im Nordosten), Vishnu (im Norden), Sambu (im Nordosten), Siwadewi (im Centrum), Sadda-Siwa (weiterhin) und den alten Parma-Siwa thronet auf dem Berge Lampujang (mit dem westlichen Berge Baratan des Batara Watukaru, dem nördlichen Berge Mangu des Hjang Danawa und dem südlichen Berge Andakasa des Hjanging Tougou) Batara Gni Djaja, (östlich von den Bergen Lokapala).

Als Sang Koulpoutih die Lehren des Ousana Bali (auf Bali) verkündete und Opfer brachte, entstand aus dem Weihrauch der Körper Bat. ra Siwa's, aus dem Duft der Sada-Siwa's, aus dem Sandelholz der Prama-Siwa's. Bei menschlicher Einkörperung erscheint Deva Kaparagan als Outama. In den die Tempelbäume von Sindu bewohnenden Vögeln (Mredanga oder Titiran) werden oder Maha Deva und Devi Danouh verwahrt, die in den Gestalten eines Jünglings und einer Jungfrau in den Tempel eintreten. Alors on entend clairement dans les airs l'ong sacré (Triaksara ou Trimourti), avec les hymnes ou Slokas, le murmure des prières, le son des cloches et le bruit du tonnerre, qui célèbrent ensemblent le triomphe et les amours des deux divinités (s. Backer), indem sich die neuen Götter, die Boud janggas, die Resis, Siva und Logata am Fest betheiligen.

Auf Sumatra wird neben Batara Guru (Vater des Menschengeschlechtes) der Gott Sorie Pada (in der Luft) und der Gott der Erde verehrt. Die von der Schlange Nagapadoha getragene Erde wurde von dieser bei der Ermüdung abgeworfen und versank in's Wasser. Dann stieg Pouta Orla Boulang, Tochter Batara Guru's auf einer weissen Eule vom Himmel herab (von einem Hunde begleitet), und damit sie auf dem Wasser einen Ruhepunct fände, liess Batara Guru den Berg Bakarra herabfallen, an dem sich die Erde festsetzte, worauf der des Fliegens kundige Layand Mandi (Sohn Batara Guru's) die Hände und Füsse Nagapadoha's festband, damit die Erde nicht auf's Neue abgeschüttelt würde, und auf dieser gebar dann Pouta Orlang Boulang drei Knaben und drei Mädchen, als Vorfahren der Menschen.

Als der grosse Kopf der Schlange Nagapousai im Wasser beständig durch die Winde umhergeschleudert wurde und der Naga darüber klagte, sandte der höchste Gott Hat-alla (oder Dewatta) seinen Diener Praman, der den Kopf auf einen Stumpf legte und mit Erde zum Schutz gegen die Sonne bedeckte (so dass die Erde jetzt von der Schlange getragen wird). Als dann Batou Djompa (Sohn Hat-Alla's) zwei Schlangeneier erblickte, kamen daraus beim Zerbrechen Mann und Frau hervor, deren 14 Kinder (7 Knaben und 7 Mädchen) ihre Seelen (auf Geheiss des Gottessohnes) von der Schlange erhalten sollten, aber weil des Mannes (Soupou) Frau sich nicht (wie geboten) versteckt hielt, von dem hervorbrechenden Winde belebt und deshalb sterblich wurden (bei den Dayak). Als der erzürnte Vater die Kinder dann in Paaren umherwarf, fiel eins in's Wasser (den Wassergott Djata gebärend), während die andern Felder oder Luft bevölkerten.

Die Alfuren setzten früher die in Rinde gewickelte Leiche [1]) auf Baum-

---

[1]) The future abode of good spirits ressembled the Scandinavian Valhalla; there, in the dwelling-place of their god, they would live for ever and ever, eating and drinking and dancing and having wives in abundance (in Californien). All accidents, such as broken limbs or bereavement by death were attributed to the direct vengeance of their god for crimes which they had committed (nach Boscana). Praesunt moenibus urbis (die Lares praestites), praesentes auxiliumque ferentes (Ovid). Von den Pariser Theologen (XV. Jahrh.) wurde vorherrschend das weibliche Geschlecht als das schwächere und von dem Teufel leichter zu verführende der

zweigen bei, ehe sie dieselben in sitzender Form begruben, damit die Seele sich mit Dewata Sanghiang vereinige.

In Bagwale baten die Insulaner den holländischen Gouverneur Block, dass die Crocodile, denen reicher Fischfang zu danken sei, nicht getödtet werden möchten (XVII. Jahrh.).

Durch Kabbal genannte Anschauungen machen sich die Ambanesen unverwundbar (Backer). Ils reconnaissent à leur grand prêtre de Bouckit la puissance de ressusciter les morts.

Bei Krankheiten rufen die Badjonesen zwei Wassergeister an, Touwan Santri Mouda Laut und Touwan Toliman Laut.

In Mandaheling heissen die mitunter erscheinenden Geister Tinargassas in Eugano (und bei den Loubu) Koueh (auf Poggi).

Bei den Nias-Insulanern nimmt Adjou Nowo die Todten auf, und mit ihnen gelten Lawolo (die Häuser und Dörfer schützend) und Siraha als gute Geister, denen die bösen Lewaka (die Seele verschlingend), Sabo (im Walde lebend) und Toukeh (unter der Erde) gegenüberstehen.

Si le dernier soupir du mourant est accompagné d'un doux bruit, les Koubous disent, que le défunt est devenu un esprit heureux (à Palembaug), die Ahnen verehrend (s. Backer).

Pour les habitants de Limo, Lo Pahalaa l'espace compris entre la terre et le firmament est peuplé de lati lo oloto, c'est-à-dire d'esprits malins, qui servent de guides aux personnes, sous la figure de Pouggoh ou papillons, et les excitent à déchirer ou percer le coeur du prochain (Backer).

In Amboina [1]) wurden die Geister Himmels und der Erde, der Sonne,

---

Hexerei beschuldigt (Herzog). Gesetzt, dass die Körperverdrehungen des bezauberten Bauernmädchens Elisabeth Lohmann von Kemberg wahr wären, so „kann man solches weder für etwas wundersames (mirabile seu mirum), noch viel weniger für etwas wunderbares oder wunderthätiges (miraculosum) ausgeben, sonst wären die Seiltänzer und andere dergleichen Tausendkünstler die grössten Hexenmeister und Besessenen oder Wunderthäter" (1760). „Es fehlt ihr weiter nichts, als ein tüchtiger Mann und ein Buckel voll Prügel." In der Walpurgisnacht pflegte man durch brennende, an hohe Stangen gebundene Strohwische, brennende Besen u. dgl. m. zu verhindern, dass die auf dem Blocksberg reitenden Hexen Menschen und Thieren Schaden zufügen könnten (s. F. Hahn) Die seligen Menschen glänzen (nach den Indern) in Sternengestalt, während anderswo die Gespenster als Irrwische spuken. Father Girard, discovering that his mistress had some extraordinary scrofolous marks, conceived the idea of proclaiming to the world, that she was possessed of the stigmata (H. Williams).

[1]) Il est généralement admis, parmi les Amboinais, que personne ne peut perdre la santé sans l'influence de sorciers (swangies). Diese werden getödtet und in einem Boot in's Meer gesetzt, wobei die Verurtheilten unbekümmert zum Hinrichtungsplatz gehen. Ces malheureuses ne sont pas coupables, mais du moment, qu'elles sont accusées de sorcellerie, elles se croient sorcières (s. Backer). Un jeune homme (de 13—14 ans) est planté en terre jusqu'au cou, puis il est accablé de mauvais traitements et on le force par ces cruautés à promettre qu'après sa mort il préviendra la population de tout ce qui doit lui survenir. Il est ensuite tué, son corps brûlé, et ses cendres déposées dans un bambou sont suspendues dans le Pondok, la salle du conseil, de chaque Kampong (unter den Battak in Toba). Wenn man in der Bewegung desselben ein Seufzen zu hören glaubt, zieht ein Unglück heran (s. Backer). Avant de couper la tête de l'esclave, on lui recommande de donner tous ses soins du maître, qu'il doit accompagner dans l'autre monde (bei den Dayak). Les habitants des iles Poggi (deren, Senetou genannte, Dämone Wälder, Höhlen, Luft, Erde, Wasser bewohnen) n'entrent jamais dans une maison

Mond und Sterne durch die Nitou (Seele der Abgeschiedenen) Verehrt (nach
Valentyn) [Anitu] unter verschiedenen Namen, als Moutouwa Paunoussa
Nitou Amahouti (le vieil homme, l'ombre du sauveur, le génie protecteur de
la bourgade) oder Nitou Labba (le génie du vin), le roi Saniasse au l'ancien
héros de la guerre, le génie du Pinang, le génie du rocher, des jeunes filles
au de la nouvelle bourgade (s. Backer).

Nach den Karen fliegt der Kephu, als Magen eines Zauberers umher,
in der Gestalt eines Kopfes mit daranhängenden Eingeweiden, um Seelen zu
verschlingen, die dann sterben, ebenso wie bei den Mintira, wenn der Was-
serdämon Hantu penyadin Blut aus den Daumen und grossen Zehen saugt.
Nach den Polynesiern krochen die abgeschiedenen Seelen[1]) Nachts aus den

nouvellement bâtie, sans y avoir porté, au préalable et en triomphe, la tête d'une personne,
tuée par eux dans une des iles voisines de Pora (pour détourner ainsi les maux de cette demeure).

[1]) Near relatives often change their name, under the impression, that spirits will be attrac-
ted back to earth, if they hear familiar names often repeated (in Columbia). Männer und
Frauen desselben Marnga können (bei den Battak) nicht heirathen (nach Willer). Die Frauen
in Cumana (nach Benzoni) were all first submitted (a sverginale) to the priests, thence by
them called piacchi (H. W. Smyth). A Bornéo, l'habitant de Banjermassing doit faire à sa
femme, lorsqu'il en prend possession, un don nuptial, qualifié de „couvre-lit" (s. Backer). Die
Zanadiqa (Atheisten) sagten von denen sich beim Gebet Niederwerfenden (nach Tahari), qu'ils
montraient leur derrière à leur dieu (s. Zotenberg). Le Persing-iran ou l'état de gagiste, est
composé des débiteurs neben dem Atohan (l'état d'esclave) und dem Pangkoungdangi der zeitweis Freien (bei den Battak). Tous les proconsuls eurent bientôt des autels, surtout les plus
mauvais, parcequ'on les redoutait davantage et qu'on les voulait désarmer. La Sicile institua
des fêtes pour Verrès avant d'oser le traduire en justice (Boissier). To discover the particular
beast which was to guide his future destinies, the child was intoxicated and for three or four
days kept without food of any kind. During this period he was continually harassed and
questioned, until, weak from want of food, crazed with drink and importunity, and knowing
that the persecution would not cease until he yielded, he confessed to seeing his divinity and
described what kind of brute it was. The outline of the figure was then molded in a paste
made of crushed herbs, on the breast and arms of the novitiate This was ignited and allowed
to burn until entirely consumed, and thus the figure of the Divinity remained indelibly deli-
neated in the flesh (H. Bancroft) in America. They are averse to telling their name to stran-
gers, for fear as they sometimes say, that it may be stolen, the truth is, however, that with
them the name assumes a personality, it is the shadow or spirit, or other self, of the flesh
and blood person, and between the name and the individual there is a mysterious connection
and injury cannot be done to one without affecting the other, therefore, to give one's name to
a friend is a high mark of Chinook favor (H. Bancroft). Nach einer Geburt geht eine alte
Frau bei den Navajos mit bedeckten Augen um das Haus, um dann nach dem beim Aufblicken
zuerst Gesehenen den Namen zu bestimmen (Alegre). Die Indianer von San Diego legen das
Neugeborene auf das Wasser, wo es beim Untersinken ohne Begräbniss gelassen wurde (wie am
Rhein die Schildprobe für die Ehrlichkeit diente). Doctors are supposed to haved power over
life and death hence, if they fail to effect a cure, they are frequently killed (in California) und
weil für das Leben des Patienten verantwortlich, fallen sie bei Misserfolg oft den Verwandten
zur Rache, wenn sie nicht das Gegenwirken eines Rivalen vorschützen können. A los que
mueren los entierran en el fogon de la casa, que luego abandonan, o los cuelgan de los árboles
(los Andaquies). Nach den Stoikern dauerten die Seelen beim Tode fort (als Heroen), die der gewöhnlichen Menschen lange Zeit, die der philosophisch gebildeten bis zum Weltbrand, von dem
auch die Dämonen verzehrt werden (s. Uckert). So erreicht die Weltzerstörung bei den Buddhisten verschiedene Himmelshöhen, die die Fluthen bis zum Abhassara   Pater Grillon traf
(nach Charlevoix) in der Tartarei eine in Canada gefangene Huronenfrau, die von Stamm zu
Stamm weiter geschleppt und dann übergeschifft war.

Grabbildern hervor, um in die Häuser einzuschleichen und Herz und Einge-
weide der Schläfer zu verzehren (s. Tylor).

Wenn dem Polynesier in seiner Todesstrafe der Atua in der Gestalt
desjenigen Thieres erscheint, in welche die Seele [1]) einfahren wird, so bedingt
die Natur der Seele die jedesmalige Form, schaut sie aber in der gesteiger-
ten Erregtheit bei bevorstehender Lostrennung vom Körper.

[1]) Die Brahmanen der Coromandelküste hüteten sich beim Essen der Pflanzen nicht die
Wurzeln auszuziehen, damit keine Seelen zerstört würden (s. Roger). Nach den Dacotah wurden die Seelen ihrer Medicinmänner als geflügelte Saamen bei den Göttern umhergetrieben, bis
sie (nach dreimaligem Sterben und Wiedergeborensein) verschwanden, und dass die Ulme als
Baum der Träume galt, wird (s. Friedreich) aus der Natur ihrer Saamen erklärt. Das Ringen
mit dem Herrn mochte bei semitischen Patriarchen die Propheten zu Gelenksverrenkungen führen, und als während einer Dürre in Meknes sich Sidi Aissa für einen Tag lang in die Moschee
hatte einschliessen lassen, zeigte er beim Wiederöffnen seinen rechten Arm, der zerschlagen,
aber neu geheilt war, in Folge des schweren Widerstandes, den er im vierten Himmel in dem
Engel gefunden, der den Regen zurückhielt. Die Angekok lassen sich beim Angriff auf die
Unterwelt, um die Fische für reichlichen Fang zu befreien, von den Geistern der Vorfahren
unterstützen, wie die Schamanen. On the lips of dead enfants is dropped milk from the
mother's breast, that these innocents may have sustenance to reach their place of rest (in
Nord-Mexico) Waffen und Geräthe werden in das Grab gelegt, sowie a small idol, to serve as
a guide and fellow traveler to the departed on the long Journey (s. H. Bancroft). The husband's
conduct was supposed in some manner to affect the unborn child, and he was consequently laid
under certain restrictions, such as not being allowed to leave the house, or to eat fish and
meat (in Süd-Californien), an der Stelle der Mutter das Wochenbett abhaltend (in Central-Cali-
fornien). The Lagunero and Ahomama husbands, after the birth of the child, remain in bed
for six or seven days, during which time they eat neither fish nor meat (in New-Mexico), the
father being intoxcated and in that state surrounded by a dancing multitude, who score his
body till the flood flows freely (in other tribes). Die Indianer von Honduras bedürfen für ihr
Wohlergehen Naguas or guardian spirits, whose life became so bound up with their own, that
the death of one involved that of the other. The manner of obtaining this guardian was to
proceed to some secluded spot and offer up a sacrifice, with the beast or bird, which theru-
pon appeared, in dream or in reality, a compact for life was made, by drawing blood from
various parts of the body (H. Bancrot.). Massilienses quotiens pertilentia laborabant, unus se
ex pauperibus offerebat alendus anno Integro publicis et purioribus cibis, hic postea ornatus
verbenis et vertibus sacris circumducebatur per totam civitatem cum exsecrationibus, ut in
ipsum reciderent mala totius civitatis, et sic praecipitabatur (Servius). Lustrare civitatem
humana hostia Gallicus mos est (s. Lactant). Bei der Thargelienfeier wurden die Pharmakopoi
geopfert (v. Athen). Hawaiians supposed they have two souls (hoapilio ke Kino or close adhering
companions of the body) von denen die eine beim Körper verbleibt, die andere ihn verlassen
konnte (Jarves). Dem Geist eines Todten, wenn er sich unter den Lebenden einschmuggelt,
fehlt der seelenvolle Blick, und umgekehrt wird Thespesios (nach Plutarch) in der Welt der
Abgeschiedenen durch das Blinzeln der Augen und den Schatten, als Lebender erkannt. Im
deutschen Volksglauben wird durch Klopfen, woran die Spiritisten ihre Geister erkennen, der
Tod eines Hausgenossen angekündigt, in Tirol durch ein Klopfen unter dem Fussboden, in
Schlesien durch Gepolter, in der Wetterau für den Hausvater, wenn es am ersten Advent auf
dem Boden rumpelt, und in der Mark wieder, darf man am Neujahrstage nicht mit dem Hammer klopfen, weil man sonst Einen aus dem Hause zum Grabe ruft (s. Wuttke). So wird hier,
wie überall im Primärdenken, das noch nicht den Faden fester Causalbeziehung aufgereiht hat,
derselben Vorstellung bald active, bald passive Bedeutung gegeben, und bald wird sie wieder
aus anfänglicher Allgemeinheit heraus für Zeit oder die Person specificirt Wenn dein Gott in
der Hölle wäre, würden meine Helden ihn daraus erlösen, bemerkte ein irischer Barde dem bekehrenden Patrick.

Die Insulaner von Waye verehrten die Gottheit als Priapus in den Pissang genannten Bäumen befestigt (s. Backer).

In Banka darf in den heiligen Wäldern kein Baum gehauen werden, ohne vorher die Gottheit befragt zu haben.

In den Toutou-Wo genannten Tempeln wurden die Kinder der Alforesen von Priestern (Maouwen) erzogen (stumm zurückkehrend).

Der Tempel zu Manipa (auf Amboina) war auf Geheiss der dem Wasser entstiegenen Frau Houwanoe erbaut, für Orakel des (von Bajaderen bedienten) Geistes (nach Valentyn).

Im Lande Goa auf Celebes war eine reine und unbefleckte Frau aus den Wolken herabgestiegen, und als Kraing-Bajou (Holz zum Bau eines Schiffes hauend) in der von einem Hunde gefundenen Quelle die geschmückte Toumanouroung auf einem elfenbeinernen Throne sitzend sah, zeugte er mit ihr den Sohn Massalanga bairajang, worauf sie in den Wolken verschwand.

Hangling Darmo (um den Wunsch der Prinzessin zu erfüllen) prononça une formule d'ensorcellement et en un clin d'oeil son âme passa dans le corps d'un paon mort (in Sourakarta), worauf Batik Madrim seine Seele in den zurückgebliebenen Körper versetzte (s. Winter). Nach den Irländern wohnt in dem Häutchen (der Glückshaube oder dem Wehmutterhäublein) der Schutzgeist (Fylga) oder ein Theil der Seele (s. Holtzmann), und die damit Geborenen gelten (im deutschen Volksaberglauben) als Glückskinder (s. Wuttke).

Unter den Nitu (Geistern) werden auf Amboina verehrt Lanila, als Luft, Leyntila, als obere Luft, Houwaga, als Krokodil, Toulay, als Dämon, dann Pessynousytoury, Rysseporcaman, Lehila, Sackinahou, Geuan, Assoulacka, Mortyla, Lassytoune, Lassyhietto, Sahouworada (s. Backer).

Als von den sieben Brüdern (Aiouhanasi, Kakasi, Angkanasi, Loungginasi, Maniahati, Bacioungi und Anggalua) der jüngste (Anggalua) von den andern getödtet wurde, zerhieb die Mutter (als Anggalua zischend aus dem Munde des leugnenden Aiouhanasi's sprach) den Körper Aiouhanasi's mit einem Schwert, und aus den Hälften entstanden Flöhe und Mücken.

Bei Krankheiten legen die Orang Lom dem Berggeist (Hantou mapor) Opfergaben in einen Baum, dem Wassergeist (Hantou Boujout) in ein kleines Boot.

Da die Hütte, in welche sich die von Namora Poulongan verfolgte Boroh Si-Ambil geflüchtet, nicht durchsucht wurde, weil von Turteltauben umflogen, enthielten sich ihre Nachkommen des Genusses der Turteltauben (in Surokarta).

Neben den Sambaou (Geister der Höhlen, Wälder, Berge) verehren die Battak die abgeschiedenen Ahnen als Begos und befragen sie, fréquentant les hommes sous les traits d'un des auciens du kampong (orang batouwa oder Sie Basso).

In der oberen Welt wohnen Batara Guru Dolie (Gott der Gerechtigkeit), Saripada (Gott der Güte) und Mengala Boulan (der böse Gott), in der mittleren (der Erde) die Schutzgötter der Bäume und Berge, in der der unteren Radja Patoka, Erdbeben verursachend (nach den Pak-Pak).

Neben der Dreieinigkeit Brama oder Bramara, Vischnu und Isnor oder Rudra (von der Schöpferkraft Para Sacti geboren) kennen die Malabaren als höchsten Gott Para Braman und 33,000,000 Halbgötter unter Indra oder Devindra.

Ueber den Elementargottheiten Siva, Vischnu, Brahma (Erde, Wasser, Feuer) steht (bei den Bewohnern des Tinger-Gebirges) die Pradou Gourou Inglouhour genannt Wesensmacht (der Anfang und das Ende).

In Titaway wurde die Schlange Riama-Atou, in Ema ein Schwein verehrt (im indischen Archipelago).

Die Badouin in Bantam zollen dem höchsten und unsichtbaren Gott[1]) Poun keine Verehrung, parce qu'ils sont à leurs propres yeux trop au dessous de lui pour être exaucés. Leurs prières lui sont transmises seulement par l'intermédiaire d'une divinité spéciale, protectrice de chacun de leurs Kampongs, et dont le nom varie selon qu'il s'applique, à un dieu à une déesse, tantôt on la nomme Dalam Balibat Djaija, dieu protecteur, tantôt Poua Poutrie Tjepat Manik, déesse protectrice (s. Backer) [Element des Protestelurs]. Les Timorais invoquent le Soleil comme un dieu suprême et les nomment Oussenenou, mais ils n'en attendent ni bien ni mal, prétendant qu'il est trop haut pour s'occuper du sort des mortels et trop bon pour faire du mal (nach Rorda van Eysinga).

Nach Valentyn un dieu se tenait sur une colline (à Soya), et on avait placé devant lui un vieux martaran ou grand vase de verre de Siam. Une forêt de roseaux de Boulou Souwangi ou de bambous jaunes était au pied de cette colline. Les habitants de Soya croyaient que si, après le sacrifice d'un coq blanc, on remuait ce vase, avec un bambou coupé dans la forêt [2]), dieu leur accordât aussitôt de la pluie (Backer).

---

[1]) Ausser dem einzigen Gott Batara Taungal (der Badouin in Java), dans chaque Kampong, il ya un dieu protecteur et une déesse protectrice, qui sont plus honorés que lui. La divinité Sangiang Padagang est chargée de veiller sur la fertilité des champs et Sangiang Djara Anakh sur la fécondité des femmes; Sangiang Pakambouang est le génie de l'eau (s. Backer). A Nallahia un dieu invisible est adoré sous le nom de Kae-le. Quand on demande aux indigènes comment ils l'ont connu, ils répondent qu'un de leurs, étant allé à la forêt, rencontra un jour un génie sous une forme humaine, et qu'il lui demanda d'où et qui.il était, et que le génie répondit: Mon nom est Kae-se et je suis le roi de cette montagne, cette nuit je viendrais vers toi, je t'apparaitrai et je te parlerai. Et la nuit même, ainsi qu'il l'avait dit, Kae-le apparût en songe au Nallahianais et l'avertit que s'il voulait vivre heureux, il devait ordonner aux habitants de son Kampong d'élever un autel au dieu Kae-le et de l'adorer (s. Bacher). Quant aux Badjorais, c'est de deux divinités de la mer, qu'ils attendent et espèrent tout, Touwan Santri, Mouda Laut et Touwan Toliman Laut. L'une est de sexe masculin, l'autre de sexe féminin.

[2]) Ehe neue Felder im Walde angelegt werden, verbrennen die Bewohner Banka's (unter Beschwörungen und Gebeten) Benzoin neben grossen Bäumen. La répose de l'esprit leur est notifiée dans la nuit. Certaines images apparues en songe dans les trois premières nuits la font considérer comme favorable, d'autres, au contraire, la font envisager comme hostile. Dans les calamités publiques, ils invoquent le secours d'un Hantou ou Dewa, nommé Akko Timbang,

Das Holzstück Morie, von den Bewohnern Sila's (nach der Insel Noussa Laout) verehrt avait abordé à Sila, puis elle apparut en songe à un des indigénes et lui enjoignit d'ordonner à tous ceux de Sila d'élever un autel à Morie (s. Backer).

Der Gott Hayacka der Apoupouwas (in Noussa-Lavut) assistait en trois pièces de bois liés ensemble [Sparta]. On dit, qu'un certain Laheon, un des ancêtres de la race des Apoupouwas, avait acheté ce dieu à un marchand de Solor ou Java (der bei Verehrung seinem Geschlecht Gedeihen zusichern).

A Coracora de Soyo, les indigénes avaient une idole, qu'ils nommaient Boutoh-Oulisiwa (virilité des Oulisiwa).

Die Alfuren in Minahassa verehrten einen männlichen Stein als Tambarouka, einen weiblichen als Parong seraya. A Nallahia un habitant, nommé Tahitou, étant allé un jour vers le rivage de la mer, aperçut aux environs d'une petite baie, une pierre qui voltigeait dans les airs et l'entendit chanter comme un joueur de flûte. Il se mit alors à danser, saisit cette pierre et vit qu'elle était entouré de nombreux petits poissons. Il la déposa sur d'autres pierres du rivage et la nomma Alalea (welcher Gott ihm dann im Traum erschien und bei Verehrung reichen Fischfang versprach).

Die „Hampatongs" genannten Fetische (gemalt oder geschnitzt in menschlicher Form, sowie auch aus Holz, Stein oder Crocodilzähnen gefertigt) etaient presque toujours fabriqués [1]) à la suite des rêves, pendant lesquels un Dayak avait vu apparaitre un Kambi gigantesque ou un antong chevelu et terrible (auf Borneo).

(Fortsetzung folgt.)

---

qu'ils supposent avoir son siège dans une des grands rivières de l'île, des hantous particuliers veillent sur les montagnes, les roches, les pierres et même sur les humains (nach Horsfield). L'opo Rongkouno habitant primitivement sur la montagne Bantik. Son occupation consistait à prendre des coqs de bruyères. Etant une fois à la chasse, il rencontra une pierre, nommé Madengke. Il pria cette pierre de lui être favorable dans la chasse aux coqs de bruyères et il fut exaucé. Le jour suivant, il la pria de nouveau et rencontra une laie souvages avec de longues défenses, le jour suivant, il la pria de nouveau et rencontra une antilope, le jour suivant, it la pria de nouveau et rencontra un jeune adolescent, lejour suivant, il la pria de nouveau et rencontra une jeune fille nubile, le jour suivant il la pria de nouveau et rencontra un homme d'un certain age [Examen bei Heiligsprechung über Wunder]. Par ces motifs nous, peuple de Bantik, nous ajoutons foi à cette pierre (nach Riedel). Les Orangs lom de Banka connaissent aussi un esprit nommé Ake Antak, dont ils prétendent descendre et un autre nommé Mambang, qui est pour eux l'Etre suprême (s. Backer).

[1]) Die (Madengke verehrenden) Bantik croient que leur dieu Limounou-out, (Roumou oder, bei den Alfuren, Loumou) est issu de la mousse qui avait poussé sur une pierre, et que Karéma a tiré son origine d'un autre pierre (s. Backer). A Titaway il y avait un dieu Riama-Atou, a Pelérin et Abobo un autre nommé Rou-Oumou-Ohouwo, aux iles de Key, il y en avait un du nom d'Ornousa, A Bali, il y a le Dewa Dalam, le dieu du mort, Dewa Gedé Gounong Agong, le dieu de la montagne sainte, Dewa Gedé Segara le dieu de la mer, Dewa Gedé Bali Agong; le dieu du grand Bali.

Uebersicht

der

Literatur für Anthropologie, Ethnologie und Urgeschichte im J. 1874.

Zusammengestellt von **W. Koner.**

Allgemeines und Einleitendes.

Die 4. allgemeine Versammlung der deutschen Gesellschaft für Anthropologie, Ethnologie und Urgeschichte zu Wiesbaden am 15.—17. September 1873. Red. von A. v. Frantzius. Heidelberg (Groos) 1874. gr. 4. (½ Thlr.)

Kraszewski (J. J), Congrès international d'anthropologie et d'archéologie préhistoriques. Session de 1874 à Stockholm. Notes de voyage. Paris 1874. 92 S. 8.

Mestorf (J.), Der internationale archäologische und anthropologische Congress in Stockholm am 7.—16. August 1874. Hamburg (Meissner) 1874. gr. 8. (1 M.)

Bellucci (G.), Il congresso internazionale di archeologia ad antropologia prehistoriche. VII. sessione tenuta nel 1874 a Stocolma. Firenze 1874. 8.

Die 5. allgemeine Versammlung der deutschen Gesellschaft für Anthropologie, Ethnologie und Urgeschichte zu Dresden vom 14.—16. September 1874. Nach stenographischen Aufzeichnungen redigirt von Dr. Herm. v. Ihering. Braunschweig (Vieweg & Sohn) 1875. gr. 4.

Bastian (A.), Allgemeine Begriffe der Ethnologie. — Neumayer, Anleitung zum wissenschaftlichen Beobachten auf Reisen. Berlin 1875. p. 516.

Jolly (J.), Völkerkunde und Anthropologie — Im neuen Reich. 1874. II. p. 292.

Gerland (G.), Anthropologische Beiträge. Bd. I. (enthaltend: 1. Werth und Aufgabe der Anthropologie. II. Betrachtungen über die Entwickelungs- und Urgeschichte der Menschheit. Halle (Lippert) 1875. gr. 8. (3 Thlr.)

Meuser (A.), Kurzgefasste Anthropologie. Mannheim (Bensheimer) 1874. (50 Pf.)

v. Hellwald (F.), Culturgeschichte in ihrer natürlichen Entwickelung bis zur Gegenwart. Augsburg (Lampart & Co.) 1874. gr. 8. (13 M. 20 Pf)

Müller (Fr.), Ueber Ziele und Methoden der Ethnographie und Anthropologie. — Behm's geogr. Jahrb. V. 1874. p. 362.

Pütz (W.), Vergleichende Erd- und Völkerkunde. 2. Aufl. 1. Bd. Cöln (Du Mont-Schauberg) 1874. gr. 8. (2 Thlr.)

Peschel (O.), Völkerkunde. 2. Aufl. Leipzig (Duncker & Humblot) 1875. gr. 8. (2 Thlr. 12 Sgr.)

Tubino, Antropologia. — Revista de Antropologia. 1874. p. 39. 110.

Huelin (E.), La edad de la tierra, la antiguedad del hombre y la ciencia prehistórica. — Revista de la Universidad de Madrid. IV. 1874. p. 330.

Bernstein (A.), Naturkraft und Geisteswalten. Betrachtungen über Natur- und Culturleben. Berlin (Duncker) 1874. gr. 8. (1½ Thlr.)

Bastian (A.), Schöpfung und Entstehung. Aphorismen zur Entwickelung des organischen Lebens. Jena (Costenoble) 1874. gr. 8. (3⅓ Thlr.)

Der Zusammenhang der Anthropologie mit Ethnologie und Urgeschichte. — Gaea 1874. p. 193.

Planck (K. Ch.), Anthropologie und Psychologie auf naturwissenschaftlicher Grundlage. Leipzig (Fues) 1874. gr. 8. (1 Thlr. 4 Sgr.)

Lauth, Ueber den Begriff des Prähistorischen. — Correspondenzbl. d. deutschen Ges. f. Anthropologie. 1874. No. 8. ff.

Religion und Theologie. Lose Blätter der Zeit von einem Lehrling im Dienste der Anthropologie. Berlin (Wiegandt, Hempel & Parey) 1874. gr. 8. (1 Thlr.)

Donai (A.), Streifzüge in's Gebiet der Menschen- und Völkerkunde. — Gaea. 1874. p. 65.

Klein (H. J.), Aus der Urzeit. — Der Welthandel. IV. 1874. p. 63. 218. 352.

Darwin (Ch.), L'expression des émotions chez l'homme et les animaux. Traduction française par Sam. Pozzi et René Benoit. Paris (Reinwald) 1874. 8.

—, Der Ausdruck der Gemüthsbewegungen bei dem Menschen und den Thieren. A. d. Engl. von V. Carus. 2. Aufl. Stuttgart (Schweizerbart) 1874. gr. 8. (10 M.)

—, The descent of man and selection in relation to sex. 2d. edit. London (Murray) 1874. 690 S. 8. (9 s.)

Ferrière (E.), Het Darwinisme. Uit het fransch vertaald door en met een naschrift van Dr. Hartogh Heyse van Zouteveen. s'Hertogenbosch (van Heusden) 1874. VIII. 491 bl. 8. (fl. 4,90.)

Schmidt (O.), The doctrine of descent and Darwinism. With 26 woodcuts. London (King, International Scient. Ser.) 1874. 336 S. 8. (5 s.)

Spengel (J. W.), Die Fortschritte des Darwinismus. Neuer Abdr. Leipzig (Mayer) 1874. gr. 8. (2 M. 40 Pf.)

Hodge (Ch.), What is Darwinism? New-York 1874. 12. (7 s. 6 d.)

Zacharias (O.), Zur Kritik des Darwinismus. — Ausland. 1874. No. 28.

Zöckler, Die Darwin'sche Entwickelungstheorie, ihre Anhänger und ihre Kritiker. — Daheim 1874. No. 40 ff. 1875. No. 1 f.

Jäger (G.), In Sachen Darwin's insbesondere contra Wigand. Stuttgart (Schweizerbart) 1874. gr. 8 (5 M.)

Seidlitz (G.), Darwin's Selections- und Wagner's Migrations-Theorie. — Ausland. 1874. No. 14 f.

—, Erfolge des Darwinismus. — Ausland. 1874. No. 36 ff.

Spengel (J. W.), Hyper-Darwinismus und Anti-Darwinismus. — Gaea. 1874. p. 329.

v. Hartmann (E.), Wahrheit und Irrthum im Darwinismus. — Die Literatur. 1874. No. 31. 34. ff.

—. Wahrheit und Irrthum im Darwinismus. Eine kritische Darstellung der organischen Entwickelungstheorie. Berlin (C. Duncker) 1875. gr. 8. (4 M.)

Schumann (R.), Darwinismus und Kirche. Ein Wort an denkende Christen. Potsdam (Rentel) 1874. gr. 16. (6 Sgr.)

Rahn (H.), Der sittliche Moment des Darwinismus im Vergleich zur mosaischen Schöpfungsgeschichte. — Das neue Blatt. 1874. No. 30. f.

Darwinismus und Idealismus. — Ausland. 1875. No. 5.

Howarth (H. H.), Strictures on Darwinism. — Journ. of the Anthropolog. Institute. III. p. 208. IV. 1874. p. 101.

Force (M. F.), Pre-historic Man. Darwinism and Deity: the mound builders. London 1874. roy. 8. (4 s.)

du Prel (C.), Darwin in der Astronomie. — Die Literatur. 1874. No. 38 ff.

Tubino, Darwin y Haeckel. Antecedentes de la teoria de Darwin. — Revista de Antropologia. 1874. p. 396.

Buchner (O.), Die Darwin'sche Theorie und das menschliche Haar. — Gaea. 1874. p. 334.

Vilanova (J.), El Darwinismo ante la paleontologia. — Revista de la Universitad de Madrid. T. II. 1873. p. 503. III. p. 385.

Lichthorn (C.), Die Erforschung der physiologischen Naturgesetze der menschlichen Geistesthätigkeit auf der Grundlage der neuesten grossen Entdeckungen Dubois Reymond's, Darwin's und Häckel's über die organische Natur und deren vervollkommende Entwickelung. Breslau (Gosohorsky) 1874. gr. 8. (¾ Thlr.)

Haeckel (E.), Anthropogenie. Entwickelungsgeschichte der Menschen. Leipzig (Engelmann) 1874. gr. 8. (4⅔ Thlr.)

Zacharias (O.), Häckel's Anthropogenia. — Ausland. 1875. No. 11.

Kawall (J.), Zur Abstammungslehre. — Bullet. de la Soc. d. Naturalistes de Moscou. 1873. II. p. 332.

Cox (Edw. W.), Heredity and hybridism: a suggestion. London (Longmans) 1875. 66 S. 8. (3 s. 6 d.)

Caspari (O), Philosophie und Transmutationstheorie. — Ausland. 1874. No. 32 ff.

Lyell (Ch), Das Alter des Menschengeschlechts auf der Erde und der Ursprung der Arten durch Abänderung. Leipzig (Thomas) 1874. gr. 8. (4⅔ Thlr.)

Lüttke (M.), Zur Urgeschichte der Erde und des Menschengeschlechts. — Blätter f. literar. Unterhaltung. 1874. No. 45.

Westermeyer, Die Abstammung des Menschen und die Völkertafel. — Natur und Offenbarung. XX. Hft. 4.

Siegwart (K.), Das Alter des Menschengeschlechts. 3. Aufl. Neuer Abdr. Berlin (Denicke) 1874. gr. 8. (²/₃ Thlr.).

Vilanova, Origen, antigüedad y naturaliza del hombre. — Revista de Antropologia. 1874. p. 39. 125. 185.

de Hysern (J.), De la unidad nativa del género humano (contin.). — Revista de Antropologia. 1874. p. 9. 81. 161. 321.

de Quatrefages über die fossilen Menschenracen. — Ausland 1875. No. 11.

de Velasco (G.), Observaciones sobre el estudio del hombre. — Revista de Antropologia. 1874. p. 32.

Fraas, Bemerkungen über den Tertiärmenschen. — 5. allgem. Vers. d. deutschen Ges. f. Anthropologie zu Dresden. 1874. p. 57.

v. Petrinó (O.), Ueber die Verwendbarkeit des Löss zur Altersbestimmung anthropologischer Funde. — Mitthl. d. Anthropol. Ges. in Wien. III. 1873. No. 2.

Broca (P.), De l'influence de l'humidité sur la capacité du crâne. — Bull. de la Soc. d'anthropologie. 1874. p. 63.

—, Etudes sur les propriétés hygrométriques des crânes, considérées dans leurs rapports avec la craniométrie. -- Revue d'anthropologie. III. 1874. p. 585.

Lombroso, Studi clinici ed antopometrici sulla microcefalia ed il cretinismo con applicazione alle medicina legale a all' antropologia. Bologna 1873. 8.

v. Ihering (H.), Die menschlichen Racenschädel. — Westermann's illustr. deutsche Monatshefte. 1874. Sept.

Spengel ((J. W.), Schädel vom Neanderthal-Typus. Diss. Braunschweig 1875. 4.

v. Ihering (H.), Ueber aussergewöhnliche breite Schädel. — Mitthl. aus d. Göttinger anthropolog. Ver. Hft. 1. 1874. p. 36.

Aeby (Chr.), Beiträge zur Kenntniss der Microcephalie. — Archiv f. Anthropologie. VII. 1875. p. 199.

Weisbach (A.), Bemerkungen über Slavenschädel. — Zeitschr. f. Ethnologie. VI. 1874. p. 307.

Rüdinger, Ueber die künstlichen Schädelumformungen. — Correspondenzbl. d. deutschen Ges. f. Anthropologie. 1874. No. 7.

v. Ihering, Demonstration neuer craniometrischer und craniographischer Apparate nebst Bemerkungen darüber — 5. allgem. Vers. der deutschen Ges f. Anthropologie zu Dresden. 1874. p 63.

Das neue Schädelmessungsschema. — 5. Vers. d. deutschen Ges. f. Anthropologie zu Dresden. 1874. p. 68.

Spengel (J. W.), Ueber eine Modification des Lucae'schen Zeichnen-Apparates. — Zeitschr. f. Ethnologie. VI. 1874. p. 66.

—, Beschreibung eines neuen Schädelmessungsapparates. — Mitthl. aus d. Göttinger anthropolog. Ver. Hft. 1. 1874. p. 54.

Tamassia (A.), Craniometria degli alienati e dei delinquenti, in rapporto all' antropologia e la medicina legale. — Archivio per l'antropologia. IV. 1874. p. 164.

Dieffenbach (F.), Riesen und Zwerge als Ergebniss eines Naturgesetzes. — Ausland. 1875. No. 6.

Seligmann (F. R.), Bericht über die Fortschritte der Racenlehre. — Behm's geograph. Jahrb. V. 1874. p. 366.

Ariza, Il diferencias especificas de las razas humanas (contin.) — Revista de Antropologia. 1874. p. 96. 171. 341.

Racenanlagen und verschiedene Begabung zum Arbeiten. — Globus XXV. 1874. p. 378.

Metschnikoff (E.), Ueber die Beschaffenheit der Augenlieder bei den Mongolen und Kaukasiern. Eine vergleichend-anthropologische Studie. — Z. f. Ethnologie. VI. 1874. p. 153.

Müller (Friedr.), Einheit oder Mehrheit des Ursprunges der menschlichen Sprachen. — Mitthl. d. anthropolog. Ges. in Wien. Bd. III. No. 8 f.

Steinthal (H.), Linguistik. — Neumayer, Anleitung zum wissenschaftlichen Beobachten auf Reisen. Berlin 1875. p. 551.

Kilian, Die Theorie der Halbvokale nebst einem sprachlichen Curiosum über die Racenfrage der semitischen und arischen Sprachbände Strassburg (Trübner). 1874. 8. (8 Sgr.)

Bertrand, Sur la construction de la tour de Babel et la confusion des langues. — Revue de philologie. I. 1874.

Fick, L'unité primitive du language des Indo-Germains d'Europe. — Revue critique. 1874. No. 10.

Heath (D. J.), Origin and development of the mental function in man. — Journ. of the Anthropolog. Institute. IV. 1874. p. 66.

Distant (W. L.), On the mental differences between the sexes. — Journ. of the Anthropo. Institute. IV. 1874. p. 78.

Dunn (R.), Some remarks on ethnic psychology. — Journ. of the Anthropolog. Institute. 1874. p. 255.

Hitzig, Ueber Localisation psychischer Centren in der Hirnrinde. Nebst Bemerkungen von Steinthal und Virchow. — Z. f. Ethnologie. Verhdl. 1874. p. 42.

Westphal, Ueber Aphasie. — Z. f. Ethnologie. Verhdl. 1874. p. 94.

Hitzig, Westphal, Steinthal, Lazarus, Virchow, Simon, Discussionen über Aphasie. — Z. f. Ethnologie. VI. 1874. p. 130.

v. Ihering (W.), Zur Mechanik der organischen Formbildung. — Ausland. 1874. No. 14.

Zur Psychologie der Grausamkeit. — Ausland. 1875. No. 3.

Notes and Queries on Anthropology, for the use of travellers and residents in uncivilised lands. Drawn up by a committee appointed by the British Association for the avancement of science. London (Stanford). 1875. 160. S. 12 (5 s).

Virchow (R.), Anthropologie und prähistorische Forschungen. - Neumayer, Anleitung zum wissenschaftlichen Beobachten auf Reisen. Berlin 1875. p. 571.

Thaulow (G.), Rathschläge für anthropologische Untersuchungen auf Expeditionen der Marine. Berlin (Wiegandt, Hempel & Parey). 1874. gr. 8. (⅓ Thlr.), vgl. Z. f. Ethnologie. VI. 1874. p. 102.

Fritsch (G.), Praktische Gesichtspunkte für die Verwendung zweier dem Reisenden wichtigen technischen Hülfsmittel: das Mikroskop und der photographische Apparat. — Neumayer, Anleitung zum wissenschaftlichen Beobachten auf Reisen. Berlin 1875. p. 591.

Fox (B. Lane), On the principles of classification adopted in the arrangement of his anthropological collection, now exhibited in the Bethnal Green Museum. — Journ. of the Anthropolog. Institute. IV. 1874. p. 293.

Tubino, Mitologia comparada. — Revista de Antropologia. 1874. p. 204.

Kuhn (A.), Ueber Entwickelungsstufen der Mythenbildung. — Abhdl. d. Berlin. Ak. d. Wiss. 1873 (1874).

Krause, Der Name des Gottes Baal in historischer und sprachgeschichtlicher Beziehung. Progr. d. Gymnas. zu Gleiwitz. 1872/73.

Whitney (D. T.), Oriental and linguistic studies. Second series. The east and west religion and mythology. Orthography and phonology, Hindu astronomy. New-York. 1875. 12. (12 s. 6 d.)

Jocolliot (L.), Fétichisme, polythéisme, monothéisme. La genèse de l'humanité. Paris. 1875. 360 S. 8. (6 fr.)

Die Verbreitung des Glaubens an Hexerei. — Globus. XXVI. 1874. p. 298.

Buckland (Miss. A. W), Mythological birds ethnologically considered. — Journ. of the Anthropolog. Institute. IV. 1874. p. 277.

Schwartz (W.), Der (rothe) Sonnenphallos der Urzeit. Eine mythologisch-anthropologische Untersuchung. — Z. f. Ethnologie. VI. 1874. p. 167. 407.

Lafitte (P.), Les grands types de l'humanité appréciation systématique des principaux agents de l'évolution humaine. Vol. I. Moïse, Manon, Bouddha, Mahomet. Paris (Lereux) 1875. 8. (7 fr. 50 c.)

Schultze (Mart.), Moses und die „Zehnwort"-Gesetze des Pentateuchs. Mythologisch-cultur-historische Untersuchung. — Ausland. 1874. No. 49 u. 51.

Die Todten und der Volksglauben. — Ausland. 1874. No. 35.

Wurmbrandt (Graf), Andeutungen über die Chronologie praehistorischer Funde. — 5. Vers. d. deutschen Ges. f. Anthropologie zu Dresden. 1874. p. 72.

Kanitz (F.), Die Denkmäler aus vorgeschichtlicher Zeit. — Globus. XXV. 1874. p. 302. 316. 328.

Oliver (S. P.), Non-historic stone relics of the Mediterranean — Journ. of the Anthropolog. Institute. IV. 1874. p. 90.

Ule (O.), Die Pfahlbauten und ihre Bewohner. — Die Natur. 1875. No. 1. ff.

Cazalis de Fondouce, Pierre taillée et pierre polie, lacune qui aurait existé entre ces deux âges. — Revue d'anthropologie. III. 1874. p. 613.

Schumacher (P.), Die Erzeugung der Steinwaffen. — Archiv f. Anthropologie. VII. 1875. p. 263.

Friedel, Ueber Gnidelsteine. — Z. f. Ethnologie. Verhdl. VI. 1874. p. 155. 200.

Virchow, Ueber moderne Steingeräthe und über die Wege der Broncecultur. — Z. f. Ethnologie. Verhdl. V. 1873. p. 166.

—, Ueber nordische bemalte Thongefässe und über die archäologische Bestimmung einiger Epochen unserer Vorzeit. — Z. f. Ethnologie. Verhdl. VI. 1874. p. 110.

Lisch, Uebers Hausurnen. — Jahrb. d. Ver. f. meklenburg. Gesch. XXXIX. 1874. p. 130.

Unger, Ueber den Ursprung der Kenntniss und Bearbeitung des Erzes. — Mitthl. aus d. Göttinger anthropol. Ver. Hft. 1. 1874. p. 1.

Wibel, Ueber die chemische Analyse der Bronze. — 5. Vers. d. deutschen Ges. f. Anthropologie zu Dresden. 1874. p. 68.

Buckland (A. W.), The serpent in primitive metallurgy. — Journ. of the Anthropolog. Institute. IV. 1874. p. 61.

Dolberg, Beitrag zur Geschichte der Kesselwagen. — Jahrb. des Ver. f. meklenburg. Gesch. XXXIX. 1874. p. 133.

Virchow, Ueber nordische Bronce-Wagen, Bronce Stiere und Bronce-Vögel. Nebst Bemerkungen von Friedel. — Z. f. Ethnologie. Verhdl. V. 1873. p. 198.

Rollett (H.), Hünengräber, Malbügel und Tumuli. Wiener Abendpost. 1874. No. 209.

Hersche (F.), Zur Geschichte der ältesten Fahrzeuge, vornehmlich des Einbaumes. Schluss. — Anzeiger f. Schweizerische Alterthumskunde. 1874. p. 487.

—, Der Einbaum von Vingelz. — Ebds. p. 556. 561.

Helbig (W.), Eine uralte Gattung von Rasirmessern. — Im neuen Reich. 1875. I. p. 14.

Zur Geschichte der Kämme. — Ausland. 1874. No. 50.

Mannhardt, Ueber Menschen- und Thieropfer bei Neubauten. — Correspondenzbl. d. deutschen Ges. f. Anthropologie. 1874. No. 5.

Brunnhofer (H.), Culturgeschichtliches über Leichenverbrennung. — Globus. XXV. 1874. p. 361.

Krause, Vom Tätowiren. — Mitthl. aus d. Göttinger anthropologischen Verein. Hft. 1. 1874. p. 46.

Giraud-Teulon (A.), Les origines de la famille. Questions sur les antécédents des sociétés patriarcales. Genève et Paris. 1874. 8. vgl. Revue anthropologique 1874. p. 734. Ausland. 1875. No. 6.

Bastian (A.), Ueber die Eheverhältnisse. — Z. f. Ethnologie. VI. 1874. p. 380.

Post (A. H.), Die Geschlechtsgenossenschaft der Urzeit und die Entstehung der Ehe. Oldenburg (Schulze). 1875. gr. 8 (3 M.)

Watson (H. W.), On the probality of the destinction of families. — Journ. of the Anthropolog. Institute. IV. 1874. p. 138.

d'Omalius d'Halloy, Sur la question celtique. — Bullet. de la Soc. d'anthropologie de Paris. 1874. p. 44.

Lagnean (C.), Sur la question celtique. — Ebds. 1874. q. 48.

Die Zigeuner. — Globus. XXV. 1874. p. 278.

Blätter für Kostümkunde. Historische und Volks-Trachten. 1. Hft. Berlin (Lipperheide). 1874. fol. (1½ Thlr.)

Jäger (G), Die moderne Gesellschaft. — Ausland. 1875. No. 1 f.

v. Düringsfeld (J.) und O. Frhr. v. Reinsberg-Düringsfeld, Sprüchwörter der germanischen und romanischen Sprachen vergleichend zusammengestellt. Bd. II Leipzig (Fries) 1875. Lex. 8. (22 M.)

Europa.

Deutschland.

Die prähistorische Chartographie von Norddeutschland. — Z. f Ethnologie. Verhdl. 1874. p. 27.

Lindenschmit (L.), Die Alterthümer unserer heidnischen Vorzeit. 3. Bd. 4. Hft. Mainz (v. Zabern). 1874. gr. 4. (⅚ Thlr.)

Dahn (Fr.), Ueber die Germanen vor der sogenannten Völkerwanderung. — Im neuen Reich. 1875. I. p. 401.

Klopfleisch, Ueber Gräber der Steinzeit in Deutschland.. — 5. allgem. Vers. der deutschen Ges. f. Anthropologie zu Dresden. 1874. p. 52.

Virchow, Ueber die Verbreitung brachycephaler Schädel in vorgeschichtlicher und geschichtlicher Zeit in Deutschland. — 5. Vers. der deutschen Ges. f. Anthropologie zu Dresden 1874. p. 11.

Blind (K.), Germanische Feuerbestattung in Sage und Geschichte — Deutsche Warte. VIII. 1875. 2. Hft.

Angerstein (W.), Volkstänze im deutschen Mittelalter. 2. Aufl. Berlin (Lüderitz, Samml. gemeinverst. wiss. Vorträge). 1874. 8. (6 Sgr.)

Schramm-Macdonald (H.), Aus einer alten Handschrift. (über Rübezahl). — Ausland. 1874. No. 37.

Die ältesten deutschen Häuser. — Globus. XXVI. 1874. p. 315.

Lohmeyer (K.), Preussen, Land und Volk, bis zur Ankunft des deutschen Ordens. — Preuss. Jahrb. XXX. Hft. 3.

Die Masuren. — Petermann's Mitthl. 1874. p. 128.

Lissauer, Crania Prussica. Ein Beitrag zur Geschichte der preussischen Ostseeprovinzen. — Z. f. Ethnologie. VI. 1874. p. 188.

—, Ueber Ausgrabungen in Westpreussen. — 5. Vers. d. deutschen Ges. f. Anthropologie zu Dresden. 1874. p. 40.

Ein vorhistorischer Pflug aus einem Torfmoore bei Graudenz. — Correspondenzbl d. deutschen Ges. f. Anthropologie zu Dresden. 1874. No. 8.

Lissauer, Ueber das Gräberfeld bei Münsterwalde gegenüber von Marienwerder. — Correspondenzbl. d. deutschen Ges. f. Anthropologie. 1874. No. 6.

Kauffmann, Ueber eine im Herbste 1873 bei Oliva in einer Steinkiste gefundene Urne. — Ebds. 1874. No. 6.

Florkowski, Ausgrabungen in Kommerau im Schwetzer Kreise. — Ebds. 1874. No. 9.

Zenkbeler, Ein Beitrag zu den Ausgrabungen in der Provinz Posen. Programm des Kgl. Gymnas. zu Ostrowo. 1874.

Noack, Gräberfeld von Zarnikow bei Belgard (Pommern). Nebst Bemerkungen von Virchow. — Z. f. Ethnologie. Verhdl. 1874. p. 64.

Guttstadt, Ueber Ausgrabungen in Pomerellen. — Z. f. Ethnologie. Verhdl. VI. 1874. p. 140.

Voss, Ueber eine alte Ansiedelung bei Cammin (Pommern). — Z. f. Ethnologie. Verhdl. V. 1873. p. 129.

Gehrich, Ueber den Schlossberg bei Medewitz (Pommern). — Z. f. Ethnologie. Verhdl. 1874. p. 13.

v. Röder, Die Wallberge bei Reitwein bei Podelzig. — Z. f. Ethnologie. Verhdl. V. 1873. p. 161.

Kuchenbuch, Alterthümerfunde bei Platiko an der alten Oder. — Z. f. Ethnologie. Verhdl. V. 1873. p. 156.

Virchow, Excursion nach Wildberg und Neu-Ruppin. — Z. f. Ethnologie. Verhdl. IV. 1874. p. 160.

Immisch, Die slavischen Ortsnamen in der südlichen Lausitz. Progr. d. Gymnas. zu Zittau. 1874. 4.

Geissler, Polygone Steine und Bronzeschwerdt von Brandenburg. — Z. f. Ethnologie. Verhdl. VI. 1874. p. 128.

Grossmann und Voss, Zwei Urnenplätze bei Reinswalde und Göllchau in der Niederlausitz. — Z. f. Ethnologie. Verhdl. 1874. p. 67.

Virchow, Ueber die Dreigräben in Niederschlesien. Nebst Bemerkung von Meitzen. — Z. f. Ethnologie. Verhdl. 1874. p. 15. 23.

Gherwe (H.), Ueber die Rostocker Bauerntracht und das Land Drenow. — Jahrb. d. Ver. f. meklenb. Gesch. XXXIX. 1874. p. 97.

Virchow, Ein Torfschädel und zwei alte Knochenpfeifen aus Neu Brandenburg. — Z. f. Ethnologie. Verhdl. V. 1873. p. 189.

Funde von Alterthümern aus der Eisenzeit in Meklenburg: Begräbnissplatz von Zarnekow. Wendischer Wohnplatz von Raben-Steinfeld. Begräbnissplatz von Cremmin. Spindelsteine von Schwerin und Nieder-Rövershagen. Wendischer Wohnplatz von Hinter-Wendorf. Burgwall Gotebant bei Mölln. — Jahrb. d. Ver. f. meklenburg. Gesch. XXXIX. 1874 p. 136 ff.

Brückner, Gräberfeld bei Bargensdorf (Meklenburg-Strelitz). — Z. f. Ethnologie. Verhdl. VI. 1874. p, 128.

Krüger, Der Burgwall von Neu-Nieköhr. — Jahrb. d. Ver. f. meklenburg. Gesch. XXXIX. 1874. p. 161 unnd Nachtrag von Lisch p. 166.

Lisch, Der Tempelwall von Wustrow auf Fischland. — Ebds. p. 168.

—, Wendenfeste bei Bützow. — Ebds. p. 169.

Rönnberg, Wendischer Burgwall von Pinnow. — Ebds. p. 170.

Lisch, Giessstätte von Ruthen. — Jahrb. d. Ver. f. meklenb. Gesch. XXXIX. 1874. p. 127.

—, Hünengrab bei Kronskamp. — Ebds. p. 115.

—, Wohnstätten der ersten Steinzeit bei Neukloster. — Ebds. p. 116.

—, Moorfund von Redentin. — Ebds. p. 118.

—, Höhlenwohnung von Roggow. — Ebds. p. 118.

—, Höhlenwohnung von Schwerin. — Ebds. p. 119.

—, Kegelgräber von Neu-Zapel und Gädebehn. — Ebds. p. 123 f.

—, Gräber von Barendorf. — Ebds. p. 125.

—, Streitäxte von Blüssen und Zippendorf. — Ebds. p. 121. 122.

—, Steinhammer von Zarentin. — Ebds. p. 121.

—, Feuersteindolch von Prützen. — Ebds. p. 122.

—, Bronzener Arbeitsmeissel von Zidderich. — Ebds. p. 126.

—, Die Burg und das Dorf Kussin, jetzt Neukloster. — Ebds p. 158.

Wihel, Ueber Ausgrabungen auf Hamburger Gebiet. — 5. Vers. d. deutschen Ges. f. Anthropologie zu Dresden. 1874. p. 42.

Handelmann (H.), Vorgeschichtliche Steindenkmäler in Schleswig-Holstein. 3. Hft. Kiel (v. Maack). 1874. gr. 4. (12 Sgr.)

Ein Römerschädel (?) in Holstein. — Correspondenzbl. d. deutschen Ges. f. Anthropologie. 1874. No. 10.

Ein in Holstein gefundenes merkwürdiges Bronceartefact. — Correspondenzbl. d. deutschen Ges. f. Anthropologie. 1874. No. 10.

Handelmann (H.), Grab und Malhügel der Bronzezeit auf Sylt. — Correspondenzbl. d. deutschen Ges. f. Anthropologie. 1874. No. 9. 10.

Kühns, Ueber Gräber der Lüneburger Heide. Nebst Bemerkungen von Virchow. — Z. f. Ethnologie. Verhdl. 1874. p. 33.

Leichenfeld aus vorchristlicher Zeit bei Bohlsen (Hannover). — Anzeiger für Kunde d. deutschen Vorzeit. 1873. p. 246.

Müller (J. H.), Ueber vorchristliche Alterthümer im Hannoverschen. — Z. d. hist. Ver. f. Niedersachsen. 1872 (1873). p. 171.

v. Stolzenberg (R.,), Eine archäologische Lokalstudie. — Gaea. 1874.

v. Ihering (H.), Das Reihengräberfeld zu Rosdorf bei Göttingen. — 5. Vers. d. deutschen Ges. f. Anthropologie zu Dresden. 1874. p. 20.

Der Pfahldamm, die Moorbrücke im Wrissener Hammrich. — Jahrb. d. Ges. f. bild. Kunst zu Emden. Hft. 2. 1873.

Hostmann (Chr.), Der Armenfriedhof bei Darjau in der Provinz Hannover. Braunschweig (Vieweg u. S.). 1874. gr. 8. (7 Thlr.)

Viëtor (N.), Ueber die Graburnen der heidnischen Vorzeit, anknüpfend an Harkenroht's Bericht über die im J. 1720 bei Larrelt ausgegrabenen Urnen. — Jahrb. d. Ges. f. bildende Kunst und vaterländ. Alterth. in Emden. Hft. 1. 1872.

v. Alten (Fr.), Mittheilungen über in friesischen Ländern des Herzogthums Oldenburg vorkommende Alterthümer vorchristlicher Zeit. 1. Die Kreisgruben in den Watten des Herzogthums Oldenburg. 2. Ausgrabungen bei Haddien im Jeverland nebst einigen Nachrichten über Aehnliches im Herzogthum Oldenburg. — Archiv f. Anthropologie. VII. 1875. p. 157.

Sasse (A.), Sur les crânes des Frisons. — Revue d'anthropologie. III. 1874. p. 633.

Meier (Herm.), Aberglaube in Ostfriesland. — Globus. XXVI. 1874 p. 151.

—, Zur ostfriesischen Neck- und Spottlust. — Ebds. XXVI. 1874. p. 88. 107.

—, Das Kind und die Volksreime der Ostfriesen. — Ebds. XXVI. 1874. p. 266. 284. 311.

Sundermann, Ueber ältere Namen der friesischen Inseln., — Ausland. 1874. No. 50.

Schaaffhausen, Ueber Ausgrabungen in Westfalen. — 5. Versamml. d. deutschen Ges. f. Anthropologie zu Dresden. 1874. p. 44.

Alter Aberglaube in Westfalen. — Globus XXVI. 1874. p. 14.

Fuhlrott, Führer zur Dechenhöhle. 2. Aufl. Iserlohn (Bädeker). 1874. gr. 16. (¼ Thlr.)

Nöggerath, Eine neu erschlossene Höhle in Westfalen. — Ausland. 1874. No. 15.

Lüttgert (G.), Das Varusschlachtfeld und Aliso. Progr. d. Gymnas. zu Lingen. 1873.

Müller, Aliso, die Römerfestung. Progr. d. Gymnas. zu Gross-Glogau. 1874. 4.

Spuren von Menschen und Mammuth in der Wildscheuer-Höhle im Lahnthale. — Correspondenzbl. d. deutschen Ges. f. Anthropologie. 1874. No. 11.

Brewitt, Ueber ein Gräberfeld bei Saarn. — Z. f. Ethnologie Verhdl. 1874. p. 4.

Schneider, Localforschung über die alten Denkmäler des Kreises Düsseldorf. Progr. d. Gymnas. zu Düsseldorf. 1874. 4.

Spee (J.), Volksthümliches vom Niederrhein. 1. Hft. Aus Leuth im Kreise Geldern. Cöln (Roemke & Co.). 1875. 8. (30 Pf.)

Nostiz (Ch.), Der Kreis Siegen und seine Bewohner. Neuwied (Heuser). 1874. 8. (8 Sgr.)

Schmitz (J. P.), Ein altdeutsches Frühlingsfest. Culturgeschichtliche Studie. (Feier auf dem Pulsberge in Trier). Programm des Gymnasiums zu Montabaur 1874. 4.

v. Cohausen, Ueber den Schlackenwall auf dem Limberg bei Saarlouis. — Z. f. Ethnologie. Verhdl. V. 1873. p. 145.

Schuster, Ueber die frühesten Bewohner der sächsischen Lande vor ihrer Berührung mit den Römern. — 5. Versamml. d. deutschen Ges. f. Anthropologie zu Dresden. 1875. p. 3.

Ueber ein zu Mühlberg (Reg.-Bez. Erfurt) aufgefundenes, in Stein verwandeltes menschliches Skelett. — Anzeiger f. Kunde d. deutschen Vorzeit. 1873. p. 237.

Die Hünensteine bei Derenburg. — Deutscher Reichsanzeiger u. K. Preuss. Staats-Anzeiger. Beilage. No. 4. 1875.

Ganzhorn, Vorhistorische Funde bei Heilbronn. — Correspondenzbl. d. deutschen Ges. f. Anthropologie. 1874. No. 8.

Lisch, Höhlenwohnungen in Thüringen. — Jahrb. d. Ver. f. meklenburg. Gesch. XXXIX. 1874. p. 141.

Uexküll (Baron A.), Gräberfelder am Rennsteig in Thüringen. — Z. f. Ethnologie. VI. 1874. Verhdl. p. 174.

Klopfleisch (Fr.), Die Ausgrabungen zu Allstedt und Oldisleben. Forts. — Correspondenzbl. d. deutschen Ges. f. Anthropologie. 1874. No. 3. 5 f. 8.

Virchow, Torf-Stirnbein eines Menschen aus der Gegend von Leipzig. — Z. f. Ethnologie. Verhdl. 1874. p. 42.

Bornemann, Ueber prähistorische Wohnplätze bei Stregda. — Z. f. Ethnologie. Verhdl. 1874. p. 5.

—, Ueber Reste aus der Steinzeit in der Umgegend von Eisenach. — 5. allgem. Vers d. deutschen Ges. f. Anthropologie zu Dresden. 1874. p. 46.

v. Cohausen, Rennthierhöhle bei Steeten (Nassau). — Z. f. Ethnologie. Verhdl. VI 1874. p. 173.

Sandberger, Eine Grabstätte aus merovingischer Zeit bei Würzburg. — Correspondenzbl. d. deutschen Ges. f. Anthropologie. 1874. No. 3.

Kollmann, Ein Grabfeld in Regensburg. — Correspondenzbl. d. deutschen Ges. f. Anthropologie. 1874. No. 4.

v. Schönwerth (F. J.), Sprichwörter des Volkes der Oberpfalz in der Mundart. — Verhdl. d. hist. Ver. von Oberpfalz u. Regensburg. XXIX. 1874. p. 1.

Luib (K.), Oberschwaben, seine Sage, seine Geschichte und seine Alterthümer. 1. Lief. Die Kelten- und Römerzeit. Tübingen (Fues). 1874. gr. 8. (1 M. 40 Pf.)

Schelbert (J.). Das Landvolk des Allgäus in seinem Thun und Treiben dargestellt. Kempten (Feuerlein). 1874. gr. 16. (⅓ Thlr.)

Maier (J.), Eine vorhistorische Niederlassung am Hohenhöven im Höhgau. — Correspondenzbl. d. deutschen Ges. f. Anthropologie. 1874. No. 11.

Birlinger (A.), Volksthümliches aus der Baar. — Alemannia. II. 1874. p. 119.

—, Schwarzwaldsagen. — Ebds. II. 1874. p. 146.

—, Sittengeschichtliches aus Elsass-Lothringen. — Ebds. II. 1874 p. 139.

Kollmann (J.), Altgermanische Gräber in der Umgebung des Starnberger Sees. — Sitzungsber. d. Bayer. Ak. d. Wiss. Math phys. Cl. 1873. p, 295. vgl. Ausland. 1874 No. 19 f.

Birlinger (A.), Aus Schwaben: Sagen, Legenden, Aberglauben, Sitten, Rechtsgebräuche, Ortsneckereien, Lieder, Kinderreime. Neue Sammlg. 2. Bd. Wiesbaden (Killinger). 1874. gr. 8. (3 Thlr.)

Oesterreich-Ungarn.

Laube, Ueber Spuren alter Siedelungen in Böhmen. — 5. allgem. Vers. d. deutschen Ges. f. Anthropologie zu Dresden. 1874. p. 56.

Liedermann (J.), Prähistorische Ansiedelungen im Nikolsburger Bezirk. — Mitthl d. anthropol. Ges. in Wien. III No. 5. 6. 1873.

Woldan (H.), Die Slovaken im südlichen Mähren. — Aus allen Welttheilen. V. 1874. p. 321.

Wankel (H.), Eine Opferstätte bei Raigern in Mähren. — Mitthl. d. anthropol. Ges. in Wien. III. 1873. No. 3. 4.

Luschan (F.), Die Funde von Brüx. — Mitthl. d. anthropol. Ges. in Wien. III. 1873. No. 2.

Woldrich (J.), Geologischer Bericht über die Brüxer Schädel und über weitere Funde der Brüxer Gegend. — Mitthl. d. anthropolog. Ges. in Wien. III. No. 3. 4. 1873.

—, Eine Opferstätte bei Pulkau in Niederösterreich. — Mitthl. d. anthropolog. Ges. in Wien. III. 1873. No. 1.

Virchow, Menschliche Schädel aus Krakauer Höhlen. — Z f. Ethnologie. Verhdl. V. 1873. p. 193.

Lotz (A.), Gerdeïna und die Romanischen Tirols. — Aus allen Welttheilen,. V. 1874. p. 270. 295.

Albers (J. H.), Ein Runenstein in Tyrol. — Globus. XXVI. 1874. p. 359.

Reichel (R), Kleine Beiträge zur Kenntniss des Volksglaubens und Brauches in der wendischen Steiermark. — Mitthl. d. hist. Ver. f. Steiermark. Hft. XX. 1873.

Waizer (R.), Bilder aus dem kärntner Volksglauben. — Wiener Abendpost. (Beil. zur Wiener Ztg.). 1874. No. 206.

Obermüller (W.), Sind die Ungarn Finnen oder Wogulen? Berlin (Denicke). 1874. 8. (12 Sgr.)

Halévy (J.), Sur la religion des Magyars avant leur arrivée en Europe. — Revue de philologie. I. 1874.

Die avarischen Alterthümer Ungarns. — Ausland. 1874. No. 33.

Die Siebenbürger Sachsen. — Ausland. 1874. No. 27.

v. Vincenti (C.), Rumänische Volksfeste in Siebenbürgen. -- Wiener Abendpost. 1874. No. 169—74.

Obermüller (W.), Die Zips und die alten Gepiden. Berlin (Denicke). 1874. 8. . (3 Sgr.)

Wanderungen im Burenlande. — Europa. 1874. No. 43.

Les Serbes de Hongrie, leur histoire, leurs priviléges, leur église, leur état politique et social. 2. partie. Prag (Grégr & Daltel). 1874. gr. 8. (2²/₃ Thlr.)

Sasinek (F. V.), Die Slowaken. Eine ethnographische Skizze. Prag (Grégr & Daltel). 1875. gr. 8. (40 Pf.)

Vilovski (J. S.), Ueber Ursprung und Bedeutung des nationalen Namens Serben und Kroaten. — Ausland. 1874. No. 22.

Bogisió (B.), Zbornik sadašnjh pravnih običajan juznih slovena. (Sammlung der bei den Südslaven noch bestehenden Rechtsgewohnheiten). Bd. I. Agram. 1874. vgl. Ausland. 1874. No. 50 f.

Klun, Das Gewohnheitsrecht der Südslaven. — Ausland. 1875. No. 51.

Die Serben an der Adria. Ihre Typen und Trachten. 7. Lief. Leipzig (Brockhaus). 1874. Fol. (2 Thlr.)

Schweiz.

Obermüller (W.), Die Alpen-Völker. Wien (Winter). 1874. 8. (16 Sgr.)

Pol Nicard, Carte archéologique du Dr. Keller (Suisse orientale). — Revue archéolog. XXVII. 1874. p. 223.

Dorr (H.), Notiz über drei Schädel aus den Schweizerischen Pfahlbauten. Bern (Haller, in Comm.). 1873. 4.

Fraas, Ueber die beiden in der Nähe von Schaffhausen neu entdeckten Knochenhöhlen. — Correspondenzbl. d. deutschen Ges. f. Anthropologie. 1874. No. 3.

Müller (K.), Der vorgeschichtliche Mensch im Schaffhauser Jura. — Die Natur. 1874. No. 41.

Hermes, Ueber die Renthierhöhle im Freudenthal bei Schaffhausen. — Z. f. Ethnologie. Verhdl. VI. 1874. p. 259.

Aeby (Chr.), Ein merkwürdiger Fund (Schädel gefunden in den Pfahlbauten des Bieler Sees) — Correspondenzbl. d. deutschen Ges. f. Anthropologie. 1874. No. 11.

Karsten (H.), Studie der Urgeschichte des Menschen in einer Höhle des Schaffhauser Jura. — Mitthl. d. antiquar. Ges. in Zürich. Bd. XVIII. Hft. 6.

v. Maudach, Bericht über eine im April 1874 im Dachsenbüel bei Schaffhausen untersuchte Grabhöhle. — Ebds. Bd. XVIII. Hft. 7.

Messikommer (J.), Die Nachgrabungen auf den Pfahlbauten Robenhausen und Niederweil im J. 1873. — Anzeiger f. Schweizerische Alterthumskunde. 1874. p. 495.

Mezger, Alamannische Gräber bei Neuhausen, unweit Schaffhausen. - Ebds. p. 499.

Studer (Th.), Ueber die Thierreste der Pfahlbaustationen Lüscherz und Moeringen. — Ebds. p. 507.

Unbekanntes Geräthe aus dem Pfahlbau von Lüscherz — Ebds. p. 511.

Quiquirez (A.), Les cavernes du Jura bernois. — Ebds. p. 512.

—, Caverne à ossements du moulin de Liesberg. — Ebds. p. 527.

Mabille (E.), Fouilles dans les rochers des environs de Baulmes, canton de Vaud. — Ebds. p. 529.

Zeller (H.), Die gallische Begräbnissstätte auf dem Uetliberge. — Ebds. p. 535.

Höhlenfunde im Schweizer Jura. — Correspondenzbl. d. deutschen Ges. f. Anthropologie. 1874. No. 10.

Schmid (E.), .Altes Erdwerk bei Janzenhaus (Kanton Bern). — Anzeiger f. Schweizerische Alterthumskunde. 1874. p. 561.

Grangier (L.), Tumulus de Montsalvins, canton de Fribourg. — Ebds. p 562.

Natsch, Steindenkmal im Weisstannenthal (Kanton St. Gallen). — Ebds. p. 552.

Bachmann, Schalensteine bei Biel. — Anzeiger f. Schweizer. Alterthumsk. 1874. p. 554.

Desor (E.), Le bel âge du bronze lacustre en Suisse. Dessins par L. Favre. Neuchatel (Sandoz). 1874. gr. Fol. (20 M.)

Uhlmann, Einiges über Pflanzenreste aus der Pfahlbaustation Möhringen am Bielersee. (Bronzezeit). — Anzeiger f. Schweizerische Alterthumskunde. 1874. p. 532.

Messikommer (J.), Pfahlbauten Robenhausen. — Ausland. 1875. No. 10.

Gosse, La station préhistorique de Veyrier et l'âge du renne en Suisse. — Association française pour l'avancement des sciences. Compte rendue de la 2e session. Lyon 1873. p. 674.

Quiquerez (A.), Encore l'homme de l'époque quaternaire à Bellerive. — Anzeiger f. Sohweizerische Alterthumskunde. 1874. p. 551.

Volksthümliches aus Graubünden. 1. Thl. Chur (Gsell). 1874. gr. 8. (²/₃ Thlr.)

Frankreich. Belgien. Die Niederlande.

Freund (L.), Cultus und Recht. Eine historische Skizze aus Frankreichs Vergangenheit. — Ausland. 1874. No. 39.

Monnier (D.), et Vingsrinier, Croyances et traditions populaires recuillies dans la Franche-Comté, le Lyonnais, la Bresse et le Bugey. 2. édit. Basel (Georg). 1874. gr. 8. (2²/₃ Thlr.)

Lagneau (G.), Ethnogénie dés populations du nord de la France. — Revue d'anthropologie III. 1874. p. 577.

Mathieu (P. P.), L'Auvergne anté-historique. Clermont-Ferrand. 1875. 95 S. 8.

Joseph, Grottes de Baye. Pointes de flèches à silex à tranchant transversal. — Revue archéol. XXVII. 1874. p. 401.

Mignard, Archéologie bourguigonne. Alise, Vercingétorix et César. Paris 1874. 62 S. 8.

Carret (J.), Explorations à la grotte de Challes. — Mém. de la Soc. savoisienne d'histoire et d'archéologie. T. XIV.

Chantre (E.), Fonderies ou cachettes de l'âge de bronze dans la Côte-d'Or et la Savoie. — Matériaux pour l'hist de l'homme. 2e Sér. IV. p. 52.

Bonnafoux (J. F.), Fontaines celtiques consacrées par la réligion chrétienne, sources merveilleuses, coutumes superstitieuses et légendes diverses, recueillies pour la plupart dans le département de la Creuse. Paris (Guéret). 1874. 43 S. 4.

Indes, Les monuments préhistoriques dans les environs de Dreux. Chartres. 1874. 24 S. 12.

Harreaux, Excavations préhistoriques dans le département d'Eure-et-Loir. — Bullet. de la Soc. archéol. d'Eure-et-Loir. 1874.

Chauvet (G.), Sur la grotte de la Gelie (Charente). — Association française pour l'avancement d. sciences. Compte rendu de la 2e session. Lyon. 1873. p. 571.

Parrot (J.), Nouvelle note sur la grotte de l'église à Excideuil (Dordogne). — Revue d'anthropologie. III. 1874. p. 95.

Munier (A.), Découvertes préhistoriques dans la chaine de montagnes de la Gardéole (Hérault). — Académ. d sciences de Montpellier. VIII. p. 341.

Daleau (F.) et J. B. Gassies, Notice sur la station de Jolias, commune de Marcamps (Gironde). — Revue d'anthropologie. III. 1874. p. 470.

Piette, Sur la grotte de Lortet. — Bull. de la Soc. d'anthropologie de Paris. 1873. p. 903.

Prunières (de Murvéjols), Sur les objets de bronze, ambre, verre etc., mêlés aux silex, et sur les races humaines dout on trouve les débris dans les dolmens de la Lozère. — Association française pour l'avancement d. sciences. Compte rendu de la 2e session, Lyon. p. 683.

Fouquet (A.), Guides des tourists et des archéologues dans le Morbihan. Nouv. édit. Vannes. 1874. 204 S. 18.

de Closmadeuc, Sculptures lapidaires et signes gravés des dolmens dans le Morbihan. Vannes. 1874. 80 S. 8.

de Caix de Saint-Aymour, Études sur quelques monuments mégalithiques de la vallée de l'Oise. — Revue d'anthropologie III. 1871. p. 478. 654.

Ein interessanter paläontologischer Fund bei Paris. — Ausland. 1874. No. 21.

Topinaud (P.), Cimetière bourgonde de Ramasse. — Association francaise pour l'avancement d. sciences. Compte rendu de la 2e session. Lyon. 1873. p. 600.

—, Présentation d'objets provenant du cimetière bourgonde de Ramasse (Ain). — Bull. de la Soc. d'anthropologie de Paris. 1873. p. 684.

Chantre (E.), Carte archéologique d'une partie du bassin du Rhône pour les temps préhistoriques. — Association française pour l'avancement d. sciences. Compte rendu de la 2e session, Lyon 1873. p. 675.

Platel de Ganges, Note sur les monuments de la lande du Rocher. Vanne. 1873. 8 S. 8.

Lagneau (C.), Recherches ethnologiques sur les populations du bassin de la Saône et des autres affluents du cours moyen du Rhône. — Association française pour l'avancement des sciences. Compte rendu de la 2e session. Lyon. 1873. p. 571.

Jeannin et Berthier, Nouvelles stations préhistoriques de Saône-et-Loire. — Association française pour l'avancement d. sciences. Compte rendu de la 2e session, Lyon 1873. p. 609.

Lapie (Vicomte), Les grottes de Savigny (Savoie). — Matériaux pour l'hist. de l'homme 2e sér. IV. p. 157.

Rabut (L.), Histoire des habitations lacustres de la Savoie. Les Fondeurs de bronze. — Sabaudia. 1873. p. 278.

Sur les crânes de Solutré. — Association française pour l'avancement d. sciences. Compte rendu de la 2e session, Lyon 1873. p. 651.

Toussaint (H.), Le cheval dans la station préhistorique de Solutré. — Recueil de médecine vétérinaire. 1874. Mai ff. vgl. Association française pour l'avancement d. sciences. Compte rendu de la 2e session, Lyon. p. 586.

Sanson (A.), Le cheval de Solutré. — Revue archéol. XXVIII. 1874. p. 288.

Piétrement (C. A.), Le cheval de Solutré. Note additionelle. — Ebds. p. 353.

Ducrost, Sur la station préhistorique de Solutré. — Association française pour l'avancement d. sciences. Compte rendu de la 2e session, Lyon. 1873. p. 632.

Parrot (J.), Note sur quelques habitations de l'homme quaternaire des bords de la Vézère. — Bull. de la Soc. d'anthropologie de Paris. 1874. p. 38.

Van Raemdonck (J.), Cimetière Celto-ou Germano-Belge á Saint-Gilles. — Annales du cercle archéol. du Pays de Waas. T. V. Livr. 1. 1873.

v. Reinsberg-Düringsfeld (O.), Volksgebräuche in den Kempen (Brabant). — Ausland. 1874. No. 24 f.

Die Stadt Brügge. Der vlamisch-französische Sprachenkampf in Belgien. — Aus allen Welttheilen. V. 1874. p. 193.

Das Niederdeutsche in Französisch-Flandern. — Globus. XXVI. 1874. p. 10.

Aus dem flamischen Belgien. — Globus. XXVI. 1874. p. 138.

Ueber Niederländisch-Rothwälsch. — Ausland. 1875. No. 2.

Grossbritannien und Irland.

Culturbilder aus Altengland. - Ausland. 1874. No. 32.

Das Vorkommen des Damhirsches während der Pleistocän-Zeit in England. — Ausland. 1875. No. 8.

Discovery of ancient stone mining tools at Alderley Edge. — The Academy. 1875. p. 301.

Oliver (S. P.), Dolmen-mounds of the Boyne. New Grange and Dowth. — Athenaeum. 1875. No. 2474.

Malet (H. P.), Bone-Caves. — Geograph. Magazine. 1874. No. 3. p. 94.

Clark (G. T.), Earthworks in Brecknockshire. — The Archaeological Journal. XXX. 1873. p. 264.

Lach-Szyrma (W. S.), The numerals in old Cornish. — The Academy. 1875. p. 297.

Borlase (W. C.), Vestiges of early habitation in Cornwall. — The Archaeological Journal. XXX. 1873. p. 325.

Pennington (Rooke), On the relative ages of cremation and contracted burial in Derbyshire. — Journ. of the Anthropolog. Institute. IV. 1874. p. 265.

Kerslake (Th.), The Celt in the Teuton in Exeter. — The Archaeological Journal. XXX. 1873. p. 21.
Hughes (T. Mck.), Exploration of Cavetta, near Giggleswick, Yorkshire. -- Journ. of the Anthropolog. Instit. III. No. 3. 1874. p. 383.
Virchow, Ueber das Huller Muschelgrab. - Z. f. Ethnologie. Verhdl. V. 1873. p. 129.
Barnwall, The Rhosnesney bronze implements. — Archaeologia Cambrensis 1875. p. 70.
On some Radnorshire bronze implements. — Archaeologia Cambrensis. 1875. p. 17.
Barnwall (E. L), Pembrokshire Cliff-Castles. — Archaeologia Cambrensis. 1875. p. 74.
Hughes and D. R. Thomas, On the occurence of felstone implements of the Le Moustier type in Pontnewydd Cave, near Cefn, St. Asaph. — Journ. of the Anthropolog. Instit. III. 1874. p. 387.
Moated mounds. — Archaeologia Cambrensis. 1875. p. 63.
Gregor (W.), The healing art in the north of Scotland in the olden time. — Journ. of the Anthropolog. Instit. III. 1874. p. 266.
Busk, On a human fibula of unusual form discovered in Victoria Cave, Yorkshire. — Journ. of the Anthropolog. Instit. III. 1874. p. 392.
Wilde (W. R.), Ueber die Bevölkerung Irlands. — Globus. XXVI. 1874. p. 233.
Holden (J. S.), A peculiar neolithic implement from Artrim. — Journ. of the Anthropolog. Institute. IV. 1874. p 19.
Friedel (E.), Ueber einen durchbohrten Steinmeissel im Dorfe Clondalkin, 1½ Meilen von Dublin gefunden. — Correspondenzbl d. deutschen Ges. f. Anthropologie. 1874. No. 10.
Way (A.), Notes on an Unique Implement of Flint, found, as stated, in the Isle of Wight. — The Anthropological Journal. XXX. 1873. p. 28.
Marshall (W.), On skulls from the peat of the isle of Ely. — Journ. of the Anthropolog. Instit. III. 1874. p. 497.
Cowie (R), Shetland, descriptive and historical; being a graduation thesis on the inhabitants of the Shetland islands, and a topographical description of that country. Edinburgh (Menzies) 1874. 340 S. 12. (4 s. 6 d.)

Scandinavien.

Dyrlund (F.), Tatere og Natmandsfolk i Danmark. København. 1872. 8.
Engelhardt, Ueber einen Gräberfund von Ringsted auf Seeland. — Z. f. Ethnologie. Verhdl. V. 1873. p. 145.
Kjökkenmödding von Sölager. — Jahrb. d. Ver. f. meklenburg. Gesch. XXXIX. 1874. p. 143.
Vedel (E), Tillaeg til den aeldre Jernalders Begravelser paa Bornholm. — Aarbøger for Nordisk Olkyndighet og historie. 1872.
Worsaae (J. J. A.), Russlands og det skandinaviske Nordens Bebyggalse og aeldste Kulturforhold. Bidrag til sammenlignende forhistorisk Archaeologie. — Ebds. 1873.
Vedel (E.), Recherches sur les restes du premier âge de fer dans l'île de Bornholm. — Mém. de la Soc. roy. des Antiquaires du Nord. Nouv. Sér. 1872.
Engelhardt (C), Statuettes romaines et autres objets d'art du premier âge de fer. — Ebds. 1873.
Montelius (O.), La Suède préhistorique. Trad. par J. H. Kramer. Stockholm. 1874. 30 S. 8.
Hildebrand (H.), Ueber prähistorische Menschenopfer und Kannibalismus in Schweden. — Z. f. Ethnologie. Verhdl. 1874. p. 73.
—, Ueber schwedische Felsenzeichnungen und Broncezeit. — Ebds. 1874. p. 92.
Die Ausgrabungen auf der Mälarinsel Björkö. — Correspondenzbl. d. deutschen Ges. f. Anthropologie. 1874. No. 4.
v. Nordenskjöld (C.), Ueber die Felsenzeichnungen Ostgothlands. — Z. f. Ethnologie. Verhdl. V. 1873. p. 196.
Zur Keramik der germanischen älteren Eisenzeit. (Fensterurnen gefunden in Norwegen.) — Correspondenzbl. d. deutschen Ges. f. Anthropologie. 1874. No. 3. Bemerkungen dazu von Lisch. Ebds. No. 6.
Schaaffhausen, Ueber die frühere Verbreitung der Lappen. — 5. allgem. Vers. d. deutschen Ges. f. Anthropologie zu Dresden. 1874. p. 61.

Virchow, Ueber die Geschichte der Lappenfrage. — Ebds. p. 61. 65.
Schaaffhausen, Ueber die Lappenfrage und die Schädeluntersuchung. — Ebds. p. 64.
Brauns (D.), Eine Wanderung im südwestlichen Norwegen. — Globus XXVI. 1874.
  p. 264. 279. 296.
Die Landstreicherhorden in Norwegen. — Globus. XXVI. 1874. p. 135.
Die Tatern in Norwegen. — Globus. XXVI. 1874 p 184. 202
Lisch, Römische Alterthümer im nördlichen Norwegen. — Jahrb. d Ver. f. meklenburg.
  Gesch. XXXIX. 1874. p. 139.

Das europäische Russland.

Daschkow, Verzeichniss von anthropologischen und ethnographischen Aufsätzen über Russ-
  land und die angrenzenden Staaten. 2. Buch. Moscau. 1873 8. (russisch).
Guthrie (Mrs), Through Russia, from St. Petersburg to Astrakhan and the Crimea. 2 vols.
  London (Hurst & B.). 1874. 600 S. 8. (21 s.)
Süd-Russland und die türkischen Donauländer in Reisesbilderungen von L. Oliphant, S. Brooks,
  P. O'Brien und W. W. Smyth. 3. Aufl. Leipzig (Senf). 1874. gr. 8. (⅚ Thlr.)
v. Leublfing, (Th.). Aus dem Zarenreiche. — Ausland. 1875. No. 11 ff.
Die slawischen Urzustände. — Ausland. 1874. No. 38 f
de Rialle (G.), Sur les crânes russes offerts par M. de Khanikoff. — Bullet de la Soc.
  d'anthropol. de Paris. 1874. p. 12.
Die russischen Todtenklagen. — Ausland. 1874. No. 12.
Land und Leute in Russisch-Lithauen. - Im neuen Reich. 1874. II. p. 441.
Büttner, Das lettische Volkslied. -- Baltische Monatsschrift. 1874. p. 545.
Lehmann (Ed), Bericht über die Gräberaufdeckungen bei Stirnian im Herbst 1872. —
  Verhdl. d. gelehrten Estnischen Ges. zu Dorpat. Bd. XVII. 1873.
Ueber eine in Livland entdeckte Runeninschrift. — Ebds.
Die Jung-Letten in Livland. — Globus. XXV. 1874. p. 271.
Virchow, Messungen estnischer Schädel. -- Z. f. Ethnologie. Verhdl. V. 1873. p. 163.
Sievers (C. G. Graf), Ueber Feuersteingeräthe vom Ufer des Burtneck-See's in Livland. —
  Z. f. Ethnologie. Verhdl. VI. 1874. p. 182.
de Boguschefsky, Note on heathen ceremonies still practised in Livonia. — Journ. of the
  Anthropolog. Instit. III. 1874. p. 275.
Zur Geschichte Finnlands. — Ausland. 1874. No. 34.
Topelius (Z.), Eine Reise in Finland. Nach Originalgemälden von A. v Becker, A. Edel-
  felt, R. W. Ekman etc. Leipzig (Weigel). 1874. gr. 4. (geb. m. Goldschn. 12 Thlr.)
Die Messe zu Nishnij-Nowgorod. — Russische Revue. IV. 1884. Hft. 1.
Poljakow (J. S.), Physisch-geographische und ethnographische Untersuchungen im Gouver-
  nement Olonez. — Iswestija d. Kais Russ. Geogr. Ges. Bd. IX. Hft. 6.
v. Wald (A.), Kasan und die Kasanschen Tataren. -- Aus allen Welttheilen. V. 1874.
  p. 131.
Koch (K.), Die Krim und Odessa. Reiseerinnerungen. 3. Aufl. Leipzig (Senf). 1874.
  gr. 8. (⅚ Thlr.)
Köppen (W.), Streifzüge in der Krim. — Russische Revue. 1874.
Die Krim'schen Zigeuner. — Ausland. 1875. No. 14.
Blau (O.), Ueber die griechisch-türkische Mischbevölkerung um Mariupol. — Z. d. deutsch-
  morgenländ. Ges. XXVIII. 1874. p. 576.
Petzet (C.), Nationalitäten und Kirche im östlichen Congresspolen. — Globus. XXV.
  1874. p. 266.

Spanien.

Rose (H. J.), Untrodden Spain, and her black country; being sketches of the life and characters of the Spaniards of the interior. London (Tinsley). 1875. 750 S. 8. (30 s.)

Thieblin, (N. L.), Spain and the Spaniards. 2 vols. London (Hurst & B.). 1874. 646 S. 8. (21 s.)
Davillier (Baron C.), Viaggio in Ispana. M. 300 Abbildg von Doré. Milano. 1874. 624 S. 4.
Obermüller (W.), Die Fueros der Basken und die Entstehung dieser Völker. Berlin (Denicke). 1874. 8. (3 Sgr.)
Die Basken. — Aus allen Weltheilen. V. 1874. p. 147.

Italien.

An der ligurischen Riviera di Ponente. — Globus. XXVI. 1874. p. 321 337. 353.
Pigorini (L.), Objets préhistoriques des Liguriens Véléiates. — Revue archéol. XXVIII. 1874. p. 296.
Neue Forschungen über die Etrusker. — Ausland. 1874. No. 29.
Broca (P.), Ethnogénie italienne. Les Ombres et les Etrusques — Revue d'anthropologie. III. 1874. p. 288.
Fabretti (A.), Ueber die Lebensdauer der alten Etrusker. — Moleschott, Untersuchungen zur Naturlehre d. Menschen etc. XI. Hft. 4. 1874. p. 390.
Clonestabile (G), De l'inhumation et de l'incinération chez les Etrusques. — Revue archéolog. XVIII. 1874 p. 253. 320.
Pigorini (L.), Sepolcro dell' epoca della pietra in Castelguelfo. — Gazetta di Parma. 1874. 11. März.
—, Tombe preromane in Casaltone. — Ebds. 1874. 25. April.
—, Scoperte archeologiche della provincia di Parma. — Ebds. 1873. 3. u. 21. October.
Bellucci (G.), Paleoetnologia dell' Umbria. Territorio di Norcia. — Archivio dell' antropol. e la etnolog. IV. Fasc. 1.
Zennoni (A.), Scavi Benacci, seguite di quelli della Certosa e d'Arnouldi. — Monitore di Bologna. 1874. 13. Januar; 8. Febr.
Bertrand (A.), Les sépultures à incinération de Poggio Renzo. Note additionelle. — Revue archéol. XXVIII. 1874. p. 155. 209.
Helbig (W.), Das Palio in Siena. — Im neuen Reich. 1874. II. p. 384.
Nardoni (L.) e E. de Rossi, Di alcuni oggetti di epoca arcaica rivenuti nel' interno di Roma. — Il Buonarotti. 2ª Sér. IX. 1874. März.
Naples en 1873. Son climat, sa population, ses usages, ses rues, ses halles, ses marchées, ses abbattoires Paris (impr. P Dupont). 1874. 73 S. 8.
Gregorovius (F.), Wanderjahre in Italien. Bd. III. Siciliana. 4. Aufl. Leipzig (Brockhaus). 1875. 8. (5 M. 40 Pf.)
Morselli (H), Quelques observations sur les crânes siciliens du musée de Modène et sur l'ethnographie de la Sicile. — Archivio dell' antropologia e la etnologia. III. Livr. 3. 4.
Beloch (G.), Sulla popolazione dell' antica Sicilia. — Rivista di filologia. II. 1874. p. 545.
v. Düringsfeld (Ida), Zaubersprüche auf Sicilien. — Ausland. 1875. No. 3.

Die europäische Türkei.

Isambert (G.), Itinéraire descriptive, historique et archéologique de l'Orient. Ire partie: Grèce et Turquie d'Europe. Paris (Hachette). 1873. 1171 S. 18. (22 fr)
Rockstroh (E.), Ueber das Reisen in der europäischen Türkei. — Aus allen Welttheilen V. 1874. p. 120. 282. 313.
Die rumänische Sprache. — Globus. XXVI. 1874. p 335.
Lejean (G.), Voyage en Bulgarie. 1867. — Le Tour du Monde. XXVI. 2me semestre de 1873. p 113. vgl. Globus. XXV. 1874. p. 257. 273.
Aus den südslavischen Ländern. — Globus. XXVI. 1874. p. 157.
Herrn v. Kanitz' Forschungen in Bulgarien. — Ausland. 1875. No. 1.
Kanitz (F.), Brauch und Sitten der Finno Bulgaren. — Ausland. 1875. No. 6.

Moeurs et coutumes domestiques des Bulgares de Tatar-Bazardijk et des environs. — L'Univers. Revue orientale. 1875. p. 250.

Kanitz (F.), Tirnovo, die altbulgarische Carenstadt. — Ausland. 1874. No. 29.

Bergau (R.), Südslavische Ornamente. — Im neuen Reich. 1874. II. p. 298.

Kanitz (F.), Zum moslemischen Quellencultus an der Panega in Bulgarien. — Globus. XXV. 1874. p. 255.

Rockstroh (E.), Bericht über eine Reise von Samakof nach Menlik. — XI. Jahresber. d. Ver. f. Erdkunde. zu Dresden. 1874. p. 35.

Das Fürstenthum Montenegro. — Globus. XXVI. 1874. p. 12. 41.

Bogisic (B.), Die slavisirten Zigeuner in Montenegro. — Ausland. 1874. No. 21.

Vambéry, Schilderungen aus Konstantinopel. — Globus. XXVI. 1874. p. 73.

Trojansky, Die Bevölkerung von Thessalien und Epirus. — Iswestija d. Kais. Russ. Geogr. Ges. IX. Hft. 8.

Melena (Elpis), Bilder aus Kreta. — Unsere Zeit. N. F. X. 1. 1874. p. 338. X. 2. p. 42. 464. 782.

Notes of a tour in the Cyclades and Crete. — The Academy. 1875. p. 295.

Asien.

Howorth (H. H.), The westerly drifting of Nomades. Forts. X. The Alans or Lesghs. XI. The Bulgarians. XII. The Huns. — Journ. of the Anthropolog. Instit. III. 1874. p. 145. 277. 452.

Koskinen (Yrjö), Sur l'origine des Huns. — Revue de philologie. I. 1874.

de Ujfalvy (Ch. L.), Étude comparée des langues ougro-finnoise. — Revue de philologie. I. 1874.

Myers (P. V. N. A. M.), Remains of lost empires e sketches of the ruins of Palmyra, Nineveh, Babylon, and Persepolis, with notes on India and the Cashmerian Himalayas. Illustrations. New York 1875. (18 s.)

Carre (L.), L'ancien Orient. — Études historiques, religieuses et philosophiques sur l'Égypte, l'Inde, la Perse, la Chaldée et la Palestine. T. I. Égypte—China. T. II. Inde—Perse—Chaldée. Paris 1874. XVI. 1016 S. E. (12 fr.)

Duret (Th.), Voyage en Asie. Le Japon. La Chine. La Mongolie. Java. Ceylon. L'Inde. Paris (Lévy) 1874. 374. S. 18. (3½ fr.)

Vámbéry (H.), Der Islam im 19. Jahrhundert. Leipzig (Brockhaus) 1875. gr. 8. (6 M.)

Eine neue Darstellung des Buddhismus. — Ausland 1874. N. 23.

Haring (G. H.), Ueber den Buddhismus. — 1. Jahresbericht der geogr. Ges. in Hamburg 1874. p. 24.

Westermeyer, Die Abstammung der Semiten. — Natur und Offenbarung. XX. Hft. 8 ff.

v. Kremer (A.), Semitische Culturentlehnungen aus dem Pflanzen- und Thierreiche. — Ausland. 1875. No. 1. ff.

Spiegel (Fr.), Ueber den geographischen und ethnographischen Gewinn aus der Entzifferung der altpersischen Keilinschriften. — Russische Revue 1874. Hft. 12.

Sibirien.

Sidorow (M. K.), Reichthümer der nordischen Gegenden von Sibirien und die dortigen Nomaden. St. Petersburg 1873. 8. (russisch.)

Meynier et d'Eichthal, Note sur les tumuli des anciens habitants de la Sibérie. — Revue d'anthropologie. III. 1874. p. 266.

Desor (E.) and Sir John Lubbock, Exhibition of prehistoric objects from the Yeni Sei, Siberia. — Journ. of the Anthropolog. Instit. III. 1873. p. 174.

Radloff (W.), Skizzen aus Sibirien. — Köln. Ztg. 1874. 2. u. 4. Januar.

Kohn (Albin), Die Russen in Sibirien. — Globus. XXVI. 1874. p. 91. 103.

—, Der freie Russe in Sibirien. — Ebds. XXVI. 1874. p. 154.

—, Die Familie bei den Russen in Sibirien. Ebds. XXVI. 1874. p. 186.

Kohn (Albin), Schilderungen aus Sibirien. — Globus. XXVI. 1874. p. 236.

Sorokin (N.), Reisen unter den Wogulen. Kasan 1873. 60 S. 4. (russisch.)

Adam (L.), Une genèse vogoule. — Revue de philologie. I. 1874. p. 9.

Busk, Description of a Samoiede skull. — Journ. of the Anthropolog. Instit. III. 1874. p. 494.

Nachrichten über Tschekanowsky's Expedition nach der unteren Tunguska. — Iswestija der Kais. Russ. geogr. Ges. Bd. IX. Hft. 7. ff.

Kohn (Albin), Die Buriaten in den Steppen Ostsibiriens und im Nertschinsker Lande. — Aus allen Welttheilen. V. 1874. p. 166.

—, Der Jakuter Volksstamm in Sibirien. — Globus. XXV. 1874. p. 215. 235. 246.

K. v. Neumann's Expedition nach dem Lande der Tschuktschen. — Ebds. XXVI. 1874. p. 313. 329. 347. 362. 376.

Virchow, Ueber Golden-Schädel. — Z. f. Ethnologie. Verhdl. V. 1873. p. 134.

Turan.

de Rialle (G.), Mémoire sur l'Asie centrale, son histoire et ses populations. Paris (Reinwald & Co.) 1874. gr. 8.

—, Les peuples de l'Asie centrale. — Revue d'Anthropologie. III. 1874. p. 42.

v. Hellwald (F.), Centralasien. Landschaften und Völker in Kaschgar,[1] Turkestan, Kaschmir und Tibet. Leipzig (Spamer) 1874. gr. 8. (8 M.)

Wenjukow, Die russisch-asiatischen Grenzländer. Uebers. von Krahmer. Leipzig (Brockhaus) 1874. gr. 8. (5 Thlr.)

Michell (R.), Djetyshahr, eastern Turkistan; its sovereign and its surroundings. — Geogr. Magazine. 1874. N. 5. p. 194.

Skizzen aus Taschkent. Die Ssarten. — Russ. Revue. 1873.

Grimm, Eindrücke eines russischen Militairarztes während der Expedition nach Chiwa im J. 1873. — Russ. Revue. 1874.

Kuhn (A. L.), Bericht über meine Reise durch das Chanat Chiwa während der Expedition im J. 1873. — Russ. Revue. 1874.

Kosstenko (L.), Die Stadt Chiwa im J. 1873. A. d. Russ von v. Blaramberg. — Petermann's Mitthi. 1874. p. 121.

Krause, Der Ackerbau in Chiwa. — Iswestija d. K. Russ. geogr. Ges. X. p. 40.

Vambéry (H.), Die Turkomanen und ihre Stellung gegenüber Russland. — Russ. Revue. 1873.

Schuyler (E.), A month's journey in Kokand in 1873. — Proceed. of the Roy. Geogr. Soc. XVIII. 1874. p. 411.

China.

Schlegel (G.), Uranographie chinoise. 2 Prts. avec Atlas. Haag (Nijhoff) 1875. gr. 8. u. fol. (34 M.)

History of the Heung-Noo in their relations with China. Transl. from the Tseen-Han-Shoo, Book 94 by A. Wylie. — Journ. of the Anthropolog. Instit. III. 1874. p. 401.

Howorth (H. H.), Introduction to the translations of the Han annals. — Journ. of the Anthropolog. Instit III. 1874 1874. p. 396.

Huc et Gabet, Wanderungen durch das chinesische Reich. 3. Aufl. Leipzig (Senf) 1874. gr. 8. (⅝ Thlr.)

— —, Wanderungen durch die Mongolei nach Thibet zur Hauptstadt des Tale-Lama. 3. Aufl. Ebds. 1874. gr. 8. (⅝ Thlr.)

Ney Elias, Narrative of a journey through Western-Mongolia, Juli 1872 to January 1873. — Journ. of the Roy. Geogr. Soc. 1873. p. 108.

Duforest (J.), Dix ans en Chine, 1860—1870. Souvenirs d'un militaire français écrits par lui-même. Lausanne (Mignot) 1874. 186 S. 8.

Garnier (F.), Voyage dans la Chine centrale (vallée du Yang-Tzée). — Bull. de la Soc. de Géogr. VI. Sér. VII. 1874. p. 5.

Bushell (S. W.), Notes of a journey outside of Great Wall of China. — Proceed. the Roy. Geograph. Soc. XVIII. 1874. p. 149.

Chapman (E. T.), A ride through the bazaar at Yarkand. — Macmillan's Magaz. 1874. Mai.

La tradizione della formiche che scavano l'oro e i minatori del Tibet. — Bollet. d. Soc. geograf. italiana. XI. 1874. p. 370.

Plath, Die fremden barbarischen Stämme im alten China. — Sitzungsber. d. K. Baier. Akad. d. Wiss. Philos. hist. Cl. 1874. p. 450.

—, Das Kriegswesen der alten Chinesen. — Sitzungsber. d. K. Baier. Akad. d. Wiss. Philos. phil. Cl. Hft. III. p. 275.

—, Die Landwirthschaft der Chinesen und Japanesen im Vergleiche zu der europäischen. — Sitzungsber. d. Baier. Akad. d. Wiss. Philos. phil. Cl. 1873. p. 753.

Zur Naturanschauung der Chinesen. — Ausland. 1874. No. 44.

Die socialen Zustände in China. — Europa. 1875. No. 9.

Zeitvertreib der Chinesen. — Globus. XXVI. 1874. p. 261.

Die Tortur in China. — Ausland. 1875. No. 7.

Hodgson (B. H.), Essays on the language, literature and religion of Nepal and Tibet London (Trübner) 1874. 8. (14 s.)

Ravenstein (E. G.), Formosa. — Geogr. Magazine. 1874. No. 7. p. 292.

Thomson (J.), Notes of a journey in Southern Formosa. — Journ. of the Roy. Geogr. Soc. 1873. p. 97.

Campbell (W.), Aboriginal savages of Formosa. — Ocean Highways. 1874. Januar. p. 410.

Bei den Wilden auf Formosa. — Globus. XXVI. 1874. p. 253.

Pelew-Insulaner nach Formosa verschlagen. — Correspondenzbl. d. deutschen Ges. f. Anthropologie. 1874. No. 11.

Japan.

Adams (Fr. O.), The history of Japan, from the earliest period to the present time. 2 Vols. London (King) 1874. 8.

v. Kudriaffsky (E.), Japan. 4 Vorträge. Wien (Braumüller) 1874. gr. 8. (5 M.)

Aston (W. G.), Has Japanese an affinity with Aryan language. — Asiatic. Soc. of Japan. 1874. p. 223.

Notes of travels in the interior of Japan. — Illustrat. Travels by Bates. 1874. p. 22. 73. 108. 140. 217. 247.

Brunton (R. H.), Constructive art in Japan. — Transact. of the Asiatic Soc of Japan. 1874. p. 64.

Warau (J.), Sur l'origine portugaise de quelques coutume sau Japon. — Annuaire de la Soc. des études japonnaises. II. 1874/75. p. 113.

Sur les mots d'insulte en japonnais. Ebds. II. 1874/75. p. 117.

Satow (E.), The Shintô temples of Isé. — Transact. of the Asiatic Soc. of Japan. 1874. p. 113.

Der Tempel von Asakusa und die Wunderwerke des Gottes Kuanon (Japan). — Ausland. 1875. No. 13.

Cochius (H.), Blumenfeste in Yedo. — Mitthl. d. deutschen Ges. f. Natur- u. Völkerk. Ost-Asiens. 1874. Hft. 4. p. 26.

Focke, Der Badeort Arima bei Hiogo. — Ebds. Hft. 4. 1874. p. 41.

Holland (S. C.), On the Ainos. — Journ. of the Anthropolog. Instit. III. 1874. p. 233.

Promoli, Ueber die Ainos. — Correspondenzbl. d. deutschen Ges. f. Anthropologie. 1874. No. 3. f.

Kaukasusländer. Kleinasien. Syrien. Arabien.

Dubrowin (N.), Die Geschichte des Krieges und der Herrschaft im Kaukasus. 3. Bd. Ethnographie des Kaukasus und Verzeichniss der Quellen für dieselbe. St. Petersburg. 1874. 8. (russisch.)

Koch (K.), Die kaukasischen Länder und Armenien in Reiseschilderungen von L. Oliphant, K. Koch, Macintosh, Spencer und Wilbraham. 3. Aufl. Leipzig (Senf) 1874. gr. 8. (⅚ Thlr.)

v. Thielmann (M.), Streifzüge im Kaukasus, in Persien und in der asiatischen Türkei. Leipzig (Duncker & Humblot) 1874. gr. 8. (3 Thlr. 22 Sgr.)

Radde (G.), Vier Vorträge über den Kaukasus. — Petermann's Mittheil. Ergänzungsheft No. 36.

Ueber die Bergvölker des Kaukasus. — Russ. Revue. III. Hft. 6.

Auswanderung der Tscherkessen aus dem Kaukasus. Globus. XXVI. 1874 p. 22.

Die Gebirgsbewohner Daghestâns. — Ausland. 1874. No. 17.

Schiefner (A.), Ausführlicher Bericht über Baron P. v. Uslar's Kürinische Studien. — Mémoires de l'Acad. Imp. d. sc. de St. Pétersbourg. 6e Sér. XX. 1873.

Dorn (B.), Remarques pour servir d'éclaircissement au renseignements d'Abu Hamid el Andalusy concernant la peuplade de Koubaetschi. — Bull. de l'Acad Imp. d. sc. de St. Pétersbourg. XVIII. 1873. p. 32.

Telfer, Notes on skulls and works of art from a burial ground near Tiflis. — Journ. of the Anthropolog. Instit. 1874. p. 57.

v. Seidlitz, Aus der Sagenwelt des Kaukasus. — Ausland. 1874. No 45.

Chantre (E.), L'âge de la pierre et l'âge du bronce en Troade et en Grèce. Basel (Georg.) 1874. gr. 8. (⅔ Thir.)

Lejean (G.), Une nuit d'hiver dans l'Anti-Taurus. — Le Tour du Monde. XXVI. 1873. 2. semestre. p. 171.

Die jetzigen Bewohner von Lydien. — Petermann's Mittbl. 1874. p. 311.

(Erzherzog Ludwig Salvator von Toscana), Leukosia, die Hauptstadt von Cypern. Prag (Mercy) 1873. 4. (nicht im Buchhandel.)

Vambéry's Jugendwanderungen. — Globus. XXV. 1874. p. 201. 218.

Hamilton (Ch.), Oriental Zigzag; or wanderings in Syria, Moab, Abyssinia and Egypt. With Illustrations by Fritz Wallis, from original sketches by the author. London (Chapmann & H) 1875. 308 S. 8. (12 s.)

de Vogué (E. M.), Journée de voyages en Syrie. III. Jérusalem, Juifs, Musulmans et chrétiens. — Revue de deux Mondes. 1875. 15. Janvier, 1. Février, 1. Avril.

Seiff (J.), Reisen in der asiatischen Türkei. Leipzig (Hinrichs, Verl. Cto.) 1875. gr. 8. (8 M. 75 Pf.)

Renan (E.), Mission en Phénicie. Livr. 7—9 (fin). Paris (Michel Levy frères) 1874. 4. (cpl. 70 planches. 165 fr.)

Sayce (A. H.), The origin of the Phoenician cosmogony and the Babylonian Garden of Eden. — The Academy. 1875. p. 299.

Büdinger (M.), Egyptische Einwirkungen auf hebräische Culte (Schluss). — Sitzungsber. der Wiener Akad. d. Wiss. Phil. hist. Cl. LXXV. 1873. p. 7.

Delitsch (O.), Die Gräber in der Umgegend von Jerusalem. — Aus allen Welttheilen. V. 1874. p. 342.

Tyrwhitt Drake (C. F.) und A. W. Franks, Note on a collection of flints and skulls from Palestine. — Journ. of the Anthropolog. Instit. IV. 1874. p. 14

Josua's steinerne Messer. — Ausland. 1874. No 44.

Die neuen Forschungen im Moabiterlande. — Ausland. 1874. No. 47. ff.

Yemen. — Ocean Highways. 1874. Januar. p. 397.

Buez (A.), Une mission au Hedjaz (Arabie). Contributions à l'histoire du choléra. La pélerinage de la Mecque, les services sanitaires et les institutions quarantenaires de la mer Rouge, les epidémies de choléra de 1865 et de 1871—72 au Hedjaz, le commerce des esclaves dans le mer Rouge, ethnologie, géographie de la péninsule arabique. Paris (Masson) 1873. 135 S. 8.

Stevens (G. J.), Report on the country around Aden. — Journ. of the Roy. Geograph. Soc. 1873. p. 295.

Mesopotamien. Persien.

Spiegel (F.), Das Land zwischen dem Indus und dem Tigris. — Im neuen Reich. 1874. II. p. 81.

Smith (G.), Assyrian discoveries: an account of explorations and discoveries on the site of Nineveh during 1873 and 1874. With illustr. London (Low) 1875. 463 S. 8. (18 s.)

Das angebliche Turanierthum Babyloniens. — Ausland. 1874. No. 48.

Piggot (J.), Persia: ancient and modern. London (King) 1874. 342 S. 8. (10 s. 6 d.)

Persia, her cities and people. — Bates, Illustr. Travels. V. 1873. p. 364.

Jolly (J.), Kann man die Religion Zoroasters dualistisch nennen? — Ausland. 1874. No. 32.

Spiegel (Fr.), Die érânische Sprachforschung und ihre Bedeutung für Sprache und Abstammung der Erânier. -- Russ. Revue. IV.. 1875. Hft. 1 ff.

Goldsmid (F. J.), Journey from Bandar Abbas to Mas-had by Sistan, with some account of the last-named province. — Journ. of the Roy. Geogr. Soc. 1873. p. 65.

Rawlinson (H. C.), Notes on Seistan. — Ebds. 1873. p. 272.

Das vorarische Volk der Brahui in Beludschistan. — Globus. XXV. 1874. p. 221.

Stammverwandtschaft der Bahui in Beludschistan. — Ebds. 1874. p. 255.

Vorder- und Hinter-Indien.

Spiegel (F.), Kasten und Stände der arischen Vorzeit. — Ausland. 1874. No. 36. f.

Sinclair (W. F.), Notes on castes in the Dekkan. — Indian Antiquary. III. 1874. No 3.

Stokes (H. J.), The custom of Kareyid or periodical redistribution of land in Tanjore. — Ebds. III. 1874. No. 3.

The Upasampadá-Kammavácá being the Buddhist. Manual of the form and manner of ordering of priests and deacons. The Páli Text, with a translation and notes. By J. F. Dickson. — Journ of the Roy. Asiatic Soc. New Ser. VII. 1. 1874. p. 1.

Wheeler (J. T.), The history of India. Vol. III. Hindu, Buddhist and Brahmanical. London (Trübner) 1874. 514 S. 8. (18 s.)

de Charency (H.), De la symbolique des points de l'espace chez les Indous. — Revue de philologie. I. 1874.

v. Kremer (A.), Die intellectuelle Bewegung in Ostindien. — Ausland. 1874. No. 12.

Sandreczki, Ein Beitrag zu den Sitten und Gebräuchen der Hindu. — Ausland. 1874. No. 48. 50.

Wanderungen in Ostindien. - Globus. XXVI. 1874. p. 145, 161. 177.

Schneidler (C.), Bilder aus Ostindien. — Aus allen Welttheilen. V. 1874. p. 323. 371.

Lawrence (Sir George), Reminiscences of forty-three years in India: including the Cabul disasters, captivities in Affghanistan and the Punjaub, and a narrative of the mutinies in Rajputana. Edited by W. Edwards. London (Murray) 1874. 320 S. 8.. (10 s. 6 d.)

Yule (H.), Visit of Mr. F. Paderin to the site of Karakorum. — Geogr. Magazine. 1874. No. 4. p. 137.

v. Schlagintweit-Sakünlünski (H.), Die Pässe über die Kammlinien des Karakorum und die Künklun in Bálti, in Ladák und im östlichen Turkistan. München (Franz, in Comm.) 1874. gr. 4. (1 Thlr. 14 Sgr.)

Kashmir. — Illustrat. Travels by Bates. 1874. p. 235.

Lahore and Amritsir, the capitals of Runjet-Singh. - Illustrat. Travels by Bates. 1874. p. 135. 161.

Eine eigenthümliche Vergiftungs-Methode in Pendschab. — Ausland. 1874. No. 36.

Watson (J. W.), Notes on the Dabbi Clan of Rajputs. - Indian Antiquary. III. 1874. No. 3.

Walhouse (M. J.), Notes on the Megalithic Monuments of the Coimbatore District, Madras. — Journ. of the Roy. Asiatic Soc. New Ser. VII. 1. 1874. p. 17.

In Lakhnau, der Hauptstadt von Audh in Indien. — Globus. XXVI. 1874. p. 356.

Wilson (J.), The Beny-Israel of Bombay. — The Indian Antiquary. 1874. p. 321.
Archaeological survey of India. 1874. Important discoveries at Bharahut. — Geogr. Magaz. 1874. No. 5. p. 200.
Bhawalpur. — Ocean Highways. 1874. p. 491.
Campbell (A), Note on the valley of Choombi. — Journ. of the Roy. Asiatic. Soc. New. Ser. VII. 1. 1874. p. 135.
Darville (W.), L'Inde contemporaine. Chasses aux tigres. L'Indoustan. Nuits de Delhi et révolte des cipayes. Limoges (Ardant) 1874. 312. S. 8.
Dalton, Beschreibende Ethnologie Bengalens aus officiellen Documenten zusammengestellt, deutsch bearbeitet von O. Flex. — Z. f. Ethnologie. V. 1873. p. 329. VI. 1874. pag. 229· 340.
Schlagintweit (E.), Behar, der Schauplatz des Nothstandes. — Petermann's Mittbl. 1874. p. 265.
The Bengal famine. — Ocean Highways. 1874. Februar. p. 441.
Barton (J. A. G.), Bengal: an account of the country from the earliest times. With full information with regard to the manners, customs, religion etc. of the inhabitants. Lon--don (Blackwoods) 1874. 250 S. 12. (5 s.)
In Delhi, der Stadt des Grossmogul. — Globus. XXVI. 1874. p. 198.
In der Umgegend von Delhi. — Ebds. XXVI. 1874. p. 257.
In Allahabad am Ganges. – Ebds. XXVI. 1874. p. 308.
Wise (J.), On the Bárah Bhúyas of Eastern Bengal. — Journ. of the Asiatic Soc. of Bengal. P. 1. 1874. p 197.
Sinclair (W. F.), Notes upon the Central Talukas of the Thâna Collectorate. — The Indian Antiquary. IV. 1875. p. 65.
Das Volk der Kolhs. — Ausland. 1874. No. 28.
Bei den Santals in Ostindien. — Globus. XXVI. 1874. p. 342.
Burgess (J.), Dolmens at Konus and Aibolli. — The Indian Antiquary. III. 1874. p. 306.
Das Kopfjagen bei den Nagastämmen in Assam. — Globus. XXVI. 1874. p. 169.
J. T. Cooper beim Volke der Mischmis in Assam. — Ebds. XXVI. 1874. p. 59.
Glardon (A.), Explorations de l'Asie centrale. — Notes de voyages. Assam et le pays des Mishmis. — Bibliothèque universelle et Revue Suisse. LII. 1875. p. 465.
Buddhistische Pagoden in Hinterindien. — Globus. XXVI. 1874. p. 5.
Marshall über die Todas in den Nilgherris. — Ebds. XXVI. 1874. p. 71.
Am oberen Brahmaputra. — Ebds. XXVI. 1874. p. 313. 347.
Peale (S. E.), The Nagas and neighbouring tribes. --- Journ. of the Anthropolog. Inst. III. 1874. p. 476.
Austen (Godw.), Rude stone monuments of Naga Tribes. – Ebds. IV. 1874. p. 144.
Gorceix (H.) Aperçu géographique de la région des Khassia. — Bull. de la Soc. de Géogr. VIᶜ Sér. VII. 1884. p. 458.
Clarke (C. B.), The stone monuments of the Khasi Hills. — Journ. of the Anthropolog. Inst. III. 1874. p. 481.
Leitner, Account of the Siah Posh Kafirs. Ebds. III. 1874. p. 341. '
Phayre (A. P.), On the history of Pegu. – Journ. of the Asiatic Soc. of Bengal. 1874 No. 1.
de Hollander (J. J.), Berichten vaan eene Maleier over Siam en de Siameezen. — Bijdr. tot de taal-land- en volkenkunde van Nederlandsch-Indië. 3. F. VIII. 1874 p. 229.
Sachot (O.), Pays d'extrème Orient. Siam, Indo-Chine centrale, Chine, Corée, voyages, histoire, géographie, moeurs, ressources naturelles. Paris (Sarlit) 1874. 221 S. 8.
Thomson (J.), Across Siam to Cambodia. — Illustrat. Travels by Bates. V. 1873. p. 307. VI. 1874. p. 43.
Mondière, Sur l'anthropologie, la demographie et la pathologie de la race annamite. — Bull. de la Soc. d'anthropologie de Paris. 1874. p. 117.
Childers (R. C.), Notes on the Singhalese language. — Journ. of the Roy. Asiatic Soc. New Ser. VII. I. 1874. p. 35.

Bouillevaux (C. E.), L'Annam et le Cambodge. Voyages et notices historiques, accompagnées d'une carte géographique. Paris 1875. 548 S. 8.

Benoist, Note sur l'inspection de Rach-Gia, Cochinchine. — Revue marit. et colon. 1874. Avril. p. 47.

Zöllner (R.), Die französische Mekbong-Expedition. — Aus allen Welttheilen. V. 1874. p. 306.

F. Garnier im nördlichen Laos. — Globus. XXVI. 1874. p. 97.

Bovet, La Cochinchine française. Paris (Tanera) 1873. 45 S. 8. (50 c.)

La Cochinchine en 1873. – Revue marit. et colon. Octobre 1873. p. 153.

Dourisboure (P.), Les sauvages Ba-Huars (Cochinchine orientale), souvenirs d'un missionaire. Paris (Soye) 1873. 453 S. 18.

Thomson (J.), The straits of Malacca, Indo China, and China: or ten years' travels, adventures, and residence abroad. Illustrat. with upwards of 60 wood engravings by J. D. Cooper. London (Low) 1874. 550 S. 8. (21 s.)

Baker (Sir Sam. W.), Eight years in Ceylon. New edit. London (Longmans) 1874. 392 S. 8. (7 s. 6 d.)

—-, The rifle and the hound in Ceylon. New edit. London (Longmans) 1874. 367 S. 8. 7 s. 6 d.)

Lomonossoff, Die Andamanen. — Iswestija d. K. Russ. geogr. Ges. X. p. 127.

Die Strafcolonie auf den Andamanen. — Petermann's Mitthl. 1874. p. 147.

Der indische Archipel.

Gerlach (A. J. A.), Nederlandsch Oost-Indië. s'Gravenhage (Jjkema) 1874. gr. 8. (fl. 2,50.)

de Baker (L.), L'Archipel Indien. Origines, langues, religions, morals, droit public et privé des populations. Paris 1874. 552 S. 8.

van der Lith (P. A.), Nederlandsch Oost-Indië, beschreven en afgebeeld voor het nederlandsche volk. 1. afl. Doesborgh (van Schenk Brill) 1874. vol. 8. (fl. 0,45; cpl. in 14 afl.)

Piccardt (R. A. S.), De geschiedenis van het cultuurstelsel in Nederlandsch-Indië. Uitgeg door de maatschappij: tot nut van't algemeen. Amsterdam (Mooy) 1874. 160 S. 8. (fl. 0,90.)

Der Hinterindische Archipelagus. — Globus. XXV. 1874. p. 289.

De Indische bedevaartgangers. — Tijdschr. voor Nederlandsch Indië. 1874. I. p. 55.

Meyer (A B), Einige Bemerkungen über den Werth, welcher im Allgemeinen den Angaben in Betreff der Herkunft menschlicher Schädel aus dem ostindischen Archipel beizumessen ist. Berlin (Friedländer & Sohn) 1875. gr. 8. (8 Pf)

de Serière (V.), Javasche volksspelen en vermaken. — Tijdschr. voor Nederlandsch Indië 1874. p. 81. 165. II. p 81. 171.

Köhler (J. E. H.), Bijdrage tot de kennis der geschiedenis van de Lampongs. — Ebds. 1874. II. p. 122.

Hoepermans (H.), Het Hindoe-rijk van Doho. — Tijdschr. voor Indische taal-, land- en volkenkunde. XXI. 1874. p. 146.

Pistorius (A. W. P. Verkerk), Palembangsche schetsen. Een dag by de wilden. — Tijdscchr. voor Nederlandsch Indië. 1874. I. p. 150.

Schreiber (A.), Die Battas in ihrem Verhältniss zu den Malaien in Sumatra. Barmen (Klein). 1874. 8. (1 M. 25 Pf.)

Wenzelburger (Th.), Atchin und der holländisch-atchinesische Krieg. — Unsere Zeit. N. F X. 2. 1874. p. 369.

Giordano (T.), Una esplorazione a Borneo. — Bollet d. Soc. geograf. italiana. XI. 1874. p. 224.

Senn van Basel (W. H.), De Maleiers van Borneo's Westkust. — Tijdschr. voor Nederlandsch Indië. p. 196.

, Een Chineesche nederzetting op Borneo's Westkust. — Ebds. 1874. I. p. 382.

–, Een Dajaksch dorp od Borneo's Westkust. — Ebds. 1874. I. p. 6.

—, De bloedprijs (harga njawa) der Dajaks op Borneo's Westkust. — Ebds. 1874. II. p. 29.

Arntzenius (J. O. H.), De derde Balische expeditie in herinnering gebracht. s'Gravenhage (Belifante) 1874. 143 S. 8. (fl 2,50.)

Kern (H.), Oudjavaansche eedformulieren op Bali gebruikelijk. — Bijdr. tot de taal-, landen volkenkunde van Nederlandsch-Indië. 3. F. VIII. 1874. p 211.

Van Eck (R.), Balineesche spreekwoorden en spreekwoordelijk uitdrukkingen. — Tijdschr. v. indische taal-, land- en volkenkunde. XXI. 1874. p. 122.

de Vroom (J.), De telwoorden in't Balineesch. — Ebds 1874. XXI. p. 169.

Uilkens (J. A.), Soendasche spreekwoorden. — Ebds. XXI. 1874. p. 183.

Wiselius (J. A. B.), Geschiedkundige en maatschappelijke beschrijving van het eiland Bavean. — Tijdschr. voor Nederlandsch Indië. 1874. I. p. 249. 417.

Jagor (F.), Sobre la poblacion indigena de las islas Filipinas. Trad. del aleman par L. Matheu. — Revista de Antropologia. 1874 p. 137.

Pincus, Ueber die Haare der Negritos auf den Philippinen. — Z. f. Ethnologie, Verhdl. V. 1874. p. 155.

Afrika.

Chudzinski (Th.), Nouvelles observations sur le système musculaire du nègre. — Revue d'anthropologie. III. 1874. p. 21.

Broca (P.), Les Akka, race pygmée de l'Afrique centrale. – Ebds. III. 1874. p. 279.

—, Nouveaux renseignements sur les Akka. — Ebds. III. 1874. p. 46.

Mantegazza (P.) e A. Zernetti, I due Akka del Miani. — Bollett. d. Soc. geograf. italiana. XI. 1874. p. 489.

— —, I due Akka del Miani. — Archivio per l'antropologia. 1874. p. 137.

de Quatrefages, Observations sur les races naines africaines, à propos des photographies d'Akkas envoyées par M. le prof. Panceri. — Compte rendues de l'Acad. d. Sciences. 1874. juin.

Sachs, Ueber die von Miani aus dem Monbuttu-Lande mitgebrachten Pygmäen vom Akka-Stamme. — Z. f. Ethnologie, Verhdl. 1874. p. 73.

Zwei lebendige Pygmäen aus Centralafrika in Kairo. — Globus. XXVI. 1874. p. 27.

Schweinfurth, Ueber die Art des Reisens in Afrika. – Deutsche Rundschau. I. 1875. Hft. 5.

Die Nilländer.

The Stone Age of Egypt. – The Academy. 1875. p. 301.

Lubbock (J.), The discovery of stone implements in Egypt. — Journ. of the Anthropolog. Institute. IV. 1874. p. 215.

Steinzeit in Aegypten. — Jahrb. d. Ver. f. mecklenburg. Gesch. XXXIX. 1874. p. 145.

Owen, Contributions to the ethnology of Egypt. – Journ. of the Anthropolog Institute. IV. 1874. p. 223.

Gemälde der altägyptischen Cultur im Lichte der neuesten Forschungen, besonders von A. Mariette und H. Brugsch – Ausland. 1875. No. 14. ff.

Denkmäler aus Egypten und Aethiopien in photographischen Darstellungen. 2. Serie. Berlin (Nicolai) 1874. qu.-Fol. (12½ Thlr.)

Rohlfs (G.), Das jetzige Alexandrien — Ausland. 1874. No. 40.

Die Mahmal-Feier in Kairo. — Ebds 1874. No. 37.

d'Escayrac de Lauture, Die afrikanische Wüste und das Land der Schwarzen am Nil. 3. Aufl. Leipzig (Senf) 1874. gr 8. (2 M. 50 Pf.)

Jouveaux (Emile), Two years in East Africa: adventures in Abyssinia and Nubia, with a journey to the sources of the Nile. London (Nelsons) 1874. 420 S. 12. (3 s. 6 d.)

Medina, Los pueblos fronterizos del N. de Abissinia. — Revista de Antropologia. 1874. p. 65.

Hildebrandt (J. M.), Ausflug in die Nord-Abessinischen Grenzländer im Sommer 1872. — Z. d. Berliner Ges. f. Erdkunde. VIII. 1873. p. 449.

—, Gesammelte Notizen über Landwirthschaft und Viehzucht in Abyssinien und den östlich angrenzenden Ländern. — Z. f. Ethnologie. VI. 1874. p. 318.

Zichy (Graf W.), Ein Jagdausflug im Bogos. — Wiener Abendpost. 1874. 7—9. April.

Issel (A.), Degli ustensili e delle arme in uso presso i Bogos. — Archivio per l'antropologia. IV. 1874. p. 94.

Marno (E.), Reisen im Gebiete des weissen und blauen Nil, im egyptischen Sudan und den angrenzenden Negerländern in den J. 1869 bis 1873. Wien (Gerold's Sohn) 1874. gr. 8. (6⅔ Thlr.)

—, Ueber Sclaverei und die jüngsten Vorgänge im egyptischen Sudan. Die Nilfrage. — Mitthl. der Wiener geogr. Ges. 1874. p. 243.

Aus dem Sudan. — Ebds. 1874. p. 335.

Baker (Sir Sam.), Ismailia, a narrative of the expedition to Central-Africa for the suppression of the slave trade organised by Ismail, Khedive of Egypt. With maps, portraits etc. 2 vols. London (Macmillan) 1874. 1020 S. 8. (36 s.)

Baker (S. W.), The Khedive of Egypts expedition to Central-Africa. — Proceed. of the Roy. Geogr. Soc. XVIII. 1874. p. 50. 131.

Hartmann (R.), Waldleben in Hoch-Sennar. — Westermann's illustr. deutsche Monatshefte. 1874. Sept.

„My parentage and early career as a slave". — Geogr. Magaz. 1874. No. 2. p. 63.

Der Nordrand und Nord-Central-Afrika.

Mercier (E), Comment l'Afrique septentrionale a été arabisée. Extrait résumé de l'histoire de l'établissement des Arabes dans l'Afrique septentrionale. Constantine (Marle) 1874. 18 S. 8.

Schneider (O.), Das heutige Tunis. — Aus allen Welttheilen. V. 1874. p. 355.

Velain (Ch.), Observations anthropologiques faites sur le littoral algérien. — Bull. de la Soc. d'anthropologie de Paris. 1874. p. 121.

Topinard (P.), De la race indigène, ou race berbère, en Algérie. — Revue d'anthropologie. III. 1874. p. 491.

Wutbled (E.), Etablissement de la domination turque en Algérie. — Revue africaine. 1874 Juillet f.

Blanc (P.), La population de l'Algérie en 1872. Alger 1874. 15 S. 8.

Féraud (L. Ch.), Les Harars, seigneurs de Hanencha. Etudes historiques sur la province de Constantine. – Revue africaine. 1874. No. 103—6.

Nachtigal, Die tributären Heidenländer Baghirmi's. Schluss. — Petermann's Mitthl. 1874 p. 323.

Schweinfurth (G.), The heart of Afrika. Transl. by Ellen E. Frewes. London (Low) 1874. 1000 S. 8. (42 s.) — Dass. 2ᵈ ed. Ebds. 1874.

—, Im Herzen von Afrika. Reisen und Entdeckungen im centralen Aequatorial-Afrika während der J. 1868 bis 1871. 2 Thle Leipzig (Brockhaus) 1874. gr. 8. (10 Thlr.)

—, Au coeur d'Afrique. Trois ans de voyages et d'aventures dans les régions inexplorées de l'Afrique centrale, 1868—71. — La Tour du Monde. XXVII. 1ᵉʳ semestre de 1874. p. 273.

Schweinfurth's Reisen in Inner-Afrika. — Globus. XXVI. 1874. p. 273. 289.

Rohlfs (G.), Quer durch Afrika. Reise vom Mittelmeer nach dem Tschad-See und zum Golf von Guinea. Thl. I. II. Leipzig (Brockhaus) 1874.75. gr. 8. (14 M.)

Der Westrand Afrika's.

Rohlfs (G.), Adventures in Marocco and journeys through the oases of Draa and Tafilet. With an introduction by Winwood Reade. London (Low) 1874. 380 S. 8. (12 s.)

Bastian, Zum westafrikanischen Fetischdienst. — Z. f. Ethnologie. VI. 1874. p. 1. 80.

Tetuan. — Fraser's Magazine. 1875. April.

Reichenow, Ueber die Negervölker am Camerun. — Z. f. Ethnologie. Verhdl. V. 1873. p. 177.

Auf und an den Oelflüssen West-Afrika's. — Globus. XXVI. 1874. p. 56.

Glover (J.), Geographical notes on the country traversed between the River Volta and the Niger. — Proceed. of the Roy. Geograph. Soc. XVIII. 1874. p. 286

Bérenger-Féraud, Etude sur les populations de la Casamance (côte ouest de l'Afrique inter-tropicale). — Revue d'anthropologie. III. 1874. p. 444

Allen (M.), The Gold Coast: or an Cruise in West-African Waters. With an appendix. London (Hodder & S) 1875. 178 S. 8. (3 s. 6 d.)

Burton (R. F), Two trips on the Gold Coast. — Ocean Highways. 1874. Februar. p. 448. 460.

Boyle (Fr.), Through Fanteeland to Coomassie: a diary of the Ashantee expedition. London (Chapman) 1874. 420 S. 8. (14 s.)

Brackenburg, (H.), The Ashanti wars: a narrative prepared from the official document: by permission of Major Gen. Sir Garnet Wolseley. 2 vols. London (Blackwood). 1874. 188 S. 8. (2 s.)

Reade (Winwood), The story of the Ashantee campaign. London (Smith & Co.) 1874. 440 S. 8. (10 s. 6 d.)

Die Ashanti und der Ashantikrieg. — Unsere Zeit. N. F. X. 2. 1874. p. 254. 336.

Hay (J. D.), Ashanti und die Goldküste, sowie unsere Kenntniss darüber. Berlin (Stilke) 1874. 8. (12 Sgr.)

Zustände an der afrikanischen Westküste. — Globus. XXV. 1874 p. 305. 321.

Busk, Notice of a skull from Ashantee. — Journ. of the Anthropolog. Institute. IV 1874. p. 62.

Clarke (Hyde), Culture of the Ashantees. — Ebds. IV. 1874. p. 122.

Henry (G. A.), Future of the Fantis ad Ashantis. — Geograph. Magazine. 1874. No. 4. p. 148.

Skertchly (J. A.), Dahomey as it is; being a narrative of eight months' residence in that country. With a full account of the notorious annual customs and the social and reli-gious institutions of the Ffons; also an appendix on Ashantee, and a glossary of Daho-man words and titles. London (Chapman) 1874. 544 S. 8. (21 s.)

Bouche (l'abbé), Le Dahomey. — Bull. de la Soc. de Géogr. VIe Sér. VII. 1874. p. 561.

Wanderungen an der Westküste von Afrika (Quaquaäste). — Globus. XXV. 1874. p. 192.

Bastian (A.), Die deutsche Expedition an der Loangoküste. Bd. I. Jena (Costenoble) 1874. gr. 8. (3⅓ Thlr.)

—, Ueber die Bewohner der Loangoküste. — Z. f. Ethnologie. Verhdl. 1874. p. 8.

Süd-Afrika. Die Ostküste Süd-Afrika's. Die afrikanischen Inseln.

Stow (G. W.), Account of an interview with a tribe of Bushmans in S. Africa. — Journ. of the Anthropolog. Instit. III. 1874. p. 244.

Buschmännische und australische Mythologie. — Ausland. 1874. No. 34.

Endemann (K.), Mittheilungen über die Sotho-Neger. — Z. f. Ethnologie. VI. 1874. p. 16.

Die Zulu-Kaffern. — Globus. XXVI. 1874. p. 81.

Mauch (C.), Reisen im Innern von Süd-Afrika 1866—72. — Petermann's Mittheil. Ergän-zungsheft. No. 37.

Cameron (V. L.), The Slave trade in Eastern Africa. — The Mail. 1874. 17. August.

Fritsch, Ueber die Veränderungen der Eingeborenenverhältnisse Südafrika's in historischer Zeit. — Z. f. Ethnologie. Verhdl. 1874. p. 40.

Ein Blick auf Südafrika. — Gaea. 1874. p. 385.

Friedemann (H.), Ein Blick auf Zanzibar. — Aus allen Welttheilen. V. 1874. p. 139.

The Lufiji river ad the copal trade. — Geograph. Magazine. 1874. No. 5. p. 181.

Stanley (H. M.), How J found Livingstone. New edit. London (Low) 1874. 630 S. 8. (7 s. 6 d.)

v. Barth (H.), Ostafrika vom Limpopo bis zum Somali-Lande. Leipzig (Spamer) 1874. gr. 8. (8 M.)

Hartmann (R.), Ueber die von J. Hildebrandt eingesandten, von den Somali herrührenden ethnologischen Gegenstände. — Z. f. Ethnologie. Verhdl. V. 1873. p. 132.

Faidherbe, Quelques mots sur l'ethnologie de l'archipel canarien. — Revue d'anthropologie. III. 1874. p. 91.

—, Sur l'ethnologie canarienne et sur les Tamahou. — Bull. de la Soc. d'anthropologie de Paris. 1874. p. 142.

Berthelot (S.), Sur l'ethnologie canarienne. — Ebds. 1874. p. 114.

Amerika.

Monumentos primitivos de América. — Boletin de la Soc. de Geografia y estadistica Mexicana. 3. epoca. I. 1873. p. 673.

Janer, De las armas ofensivas y defensivas de los primitivos Americanos. — Revista de Antropologia. 1874. p. 386.

Nord-Amerika.

Thompson (J. P.). The heroic age of America, and its legacy. — The International Gazette. Berlin 1874. 28. Nov.

Clarke (Hyde), Researches in prehistoric ad protohistoric comparative philology, mythology and archaeology in connection with the origin of culture in America, and its propagation by the Sumerian or Akkad Families — Journ, of the Anthropolog. Institute. IV. 1874. p. 148.

Leben in Grönland. — Ausland. 1874. No. 44.

Unher die Kinaivölker im äussersten Nordwesten Amerikas. — Globus. XXVI. 1874. p. 87.

Fuchs (P.), Die Aleuten. — Ausland. 1874. No. 46.

Dall (W. H.), Notes on pre-historic remains in the Aleutian Islands. — Proceed. of the California Academy of sciences. IV. P. V. 1872. p. 283.

Pinart (A.), Eskimaux et Koloches, idées religieuses et traditions des Kaniagmioutes. - Revue d'Anthropologie. 1873. No. 4.

Lloyd (T. G. B.), Notes on Indian remains from Labrador. — Journ. of the Anthropolog. Institute. IV. 1874. p. 39.

The Norman people, ad their existing descendants in the British dominious and the United States of America. London (King) 1874. 500 S. 8. (21 s.)

Butler (W. F), The Wild North Land; being the story of a winter journey with dogs across Northern North America. 4—6. edit. London (Low) 1874. 368 S. 8. (7 s. 6 d)

Horetzky (Ch.), Canada on the Pacific; being an account of a journey from Edmonton to the Pacific. London (Low) 1874. 8. (5 s.)

Southeck (Earl of), Saskatchewan and the Rocky Mountains: a diary and narrative of travel sport, and adventure during a journey through the Hudson's Bay Company's territories in 1859 and 1860. With maps and illustrations. London (Hamilton) 1875. 480 S. 8. (18 s.)

Zimmermann (H.), Vom Sakatschewan bis zum Fraser. — Aus allen Welttheilen. V. 1874. p. 331.

Reid (A. P.), Mixed half-breeds of N. W. Canada. — Journ. of the Anthropolog. Instit. IV. 1874. p. 51.

Simms, Description of a flattened skull of an adult American Indian, from Mameluke Island, Columbia River. — Ebds. III. No. 3. 1874. p. 326.

Von den Indianern Nordamerika's. — Ausland. 1874. No. 12.

Seventh annual report of the trustees of the Peabody Museum of American Archaeology and Ethnology. Cambridge 1874. 8.

Rau (Ch.), Ancient aboriginal trade in North America. — Report of the Smithson. Institute. 1872 (1873). p. 348.

Trauer um die Todten bei den Wurzelgräbern von Nordamerika — Globus. XXVI. 1874. p. 256.

Rau (Ch.), North American Stone Implements. — Report of the Smithson. Inst. 1872 (1873). p. 395.

Bruff (J. G.), Indian engravings on the face of rocks along Green River Valley in the Sierra Nevada Range of mountains. — Ebds. p. 409.

Lee (J. C. Y.), Ancient ruin in Arizona. — Ebds. p. 412.

Barrandt (A.), The Haystack Mound, Lincoln County, Dakota. — Ebds. p. 413.

Breed (E. E.), Earth-works in Wisconsin. — Ebds. p. 414.

Dean (C. K.), Mound in Wisconsin — Ebds.p. 415.

Warner (J.), The Big Elephant Mound in Grant County, Wisconsin — Ebds. p. 416.

Cutts (J. B.), Ancient relics in Northwestern Jowa — Ebds. p. 417.

Perrin (T. M.), Mounds near Anna, Union County, Illinois. — Ebds. p. 418.

Peter (R.), Ancient mounds in Kentucky. — Ebds. p. 420.

Stephenson (M. F). Mounds in Bartow County, near Cartersville, Georgia. — Ebds. p. 421.

Mckinley (W.), Mounds in Georgia. — Ebds. p. 422.

Hotchkiss (T. P.), Indian remains found 32 feet below the surface, near Wallace Lake, in Caddo Parish, Louisiana. — Ebds. p. 428.

Lockett (S. H.), Mounds in Louisiana. — Ebds. p. 429.

Peale (T. R.), Pre-historic remains found in the vicinity of the city of Washington. — Ebds. p. 430.

Kipp (J.), On the accuracy of Catlin's account of the Mandan ceremonies. — Ebds. p. 436.

Cope (E. D.), On stone circles in the Rocky-Mountains. — Proceedings of the Acad. of Natur. Sciences of Philadelphia. 1873. p. 370.

Lloyd (T. G. B.), The Beothucs of Newfoundland. — Journ. of the Anthropolog. Institute. IV. 1874. p. 21.

Rau (C.), Der Onondaga-Riese, mit einem Nachwort von v. Frantzius. — Archiv f. Anthropologie. VII. 1875 p. 267.

Catlin (G.), Life among the Indians. London (Gall) 1874. 366 S. 12. (3 s. 6 d.)

Die Indianerkriege in Nordamerika. — Globus. XXVI. 1874. p. 225. 241.

Boudinot (E. C), The Indian territory and its inhabitants. — Geograph. Magazine. 1874. No. 3. p. 92.

Zustände der Neger im Süden der Vereinigten Staaten. - Globus. XXVI. 1874. p. 360.

Winkler (E. T.), The Negroes in the Gulfe-States. — The International Review. 1874. p. 577.

Beadle, The endeveloped West; or five years in the territories. Being a complete history of that vast region between the Mississippi and the Pacific. Philadelphia. 1873. 823 S. 8.

Bei den Mormonen am grossen Salzsee. — Globus. XXV. 1874. p. 353.

Mormonen auf der Wanderung. — Ebds. XXV. 1874. p. 372.

Nach Californien. — Ebds. XXVI. 1874. p. 33. 49.

South by West, or winter in the Rocky Mountains and spring in Mexico Edited by the Rev. Ch. Kingsley. London (Isbister) 1874. 430 S. 8. (16 s.)

Bancroft (H. Howe), The native races of the Pacific States of North America. Vol. I. Wild Tribes. London (Longmans) 1875. 8. (21 s.)

Schumacher (P.), Ueber Kjökkenmöddings und alte Gräber in Californien. — Globus. XXVI. 1874. p. 365.

Münch (R.), Einige Kjökkenmöddings und alte Gräber in Californien. — Die Natur. 1874. No. 48. f.

Die kalifornischen Indianer und ihre Sagen. — Aus allen Welttheilen. V. 1875. p. 358.

Palmer (W.), De la colonisation du Colorado et du Nouveau-Mexique. Paris 1874. 82 S. 8.

A year's tramp in Colorado. — Illustrat. Travels by Bates. V. 1873. p. 318. 342. 357.

Loew (O.), Lieutenant Wheeler's Expedition nach New-Mexico und Arizona. — Petermann's Mitthl. 1874. p. 401. 453.

Cozzens (S. W.), The marvellous country; or three years in Arizona and New-Mexico, the Apache's home; comprising a description of this wonderful country, its immense mineral wealth, its magnificent mountain scenery, the ruins of ancient town and cities found therein. With a complete history of the Apache Tribe. Illustr. by upwards of 100 engravings London (Low) 1874. 532 S. 8. (18 s.)

Olmsted (F. L.), Wanderungen durch Texas und im mexicanischen Grenzlande. 3. Aufl. Leipzig (Senf) 1874. gr. 8. (2 M. 50 Pf.)

Mexico. Central-Amerika. Westindien.

Bastian (A.), Mexico. 2. Aufl. Berlin (Lüderitz); Samml. gemeinverst. wiss. Vorträge. 1874. 8. (¼ Thlr.)

Woeikoff (A.), Bemerkungen zur Völkerkunde Mexico's. — Ausland. 1875. No 3.

Bastian, Ueber mexicanische Alterthümer mit Bezugnahme auf zwei von D. J. Melgar y Serrano eingesandte Schriften. — Z. f. Ethnologie. Verhdl. 1874. p. 97.

Fischer (H.), Ueber mexicanische und südamerikanische (brasilianische) Nephrite oder nephritähnliche Mineralien. — Correspondenzbl. d. deutschen Ges. f. Anthropologie. 1874. No. 5.

Squier (E. G.), Die Staaten von Central-Amerika. In deutscher Bearbeitung herausg. von K. Andree. 3. Aufl. Leipzig (Senf) 1874. gr. 8. (2 M. 50 Pf.)

Dr. Berendt's linguistische Forschungen in Centralamerika. — Ausland. 1874. No. 45.

Dr. H. Berendt's neueste Reise in Centralamerika. — Correspondenzbl. d. deutschen Ges. für Anthropologie. 1874? No. 3.

Bernouilli (G.), Reisen in der Republik Guatemala, 1870. — Petermann's Mitthl. 1874 p. 281. 373.

Berendt (H.), Zur Ethnologie von Nicaragua. — Correspondenzbl. d. deutschen Ges. f. Anthropologie. 1874. No. 9.

—, Die Indianer des Isthmus von Tehuantepec. — Z. f. Ethnologie. Verhdl. V. 1873. p. 146

Galton (F), The excess of female population in the West-Indies. — Journ. of the Anthropolog. Institute. IV. 1874. p. 136.

Ueberreste der Ureingeborenen auf den Antillen. — Globus. XXVI. 1874. p. 378.

O'Kelly (J. J.), The Mambi-Land, or adventures of a *Herald* Correspondent in Cuba. London (Low) 1874 360 S. 8. (9 s.)

Cuba und die Cubaner. — Unsere Zeit. N. F. X. 1. 1874. p. 828. X. 2. p. 122.

Virchow, Zwei Steingeräthe aus einer Höhle von Haiti. — Z. f. Ethnologie. Verhdl. 1874. p. 70.

Turner (G.), Impressions of Jamaica. — Geograph. Magazine. 1874. p. 153. 198. 243. 297. 332.

Turiault (J.), Etude sur le langage créole de la Martinique. Brest 1874. 120 S. 8.

Süd-Amerika.

Marcoy (P.), Travels in South America, from the Pacific Ocean to the Atlantic Ocean. Illustr. by 525 engravings on wood, drown by E. Riou. 2 vols. London (Blackie) 1874. 1028 S. 8. (42 s.)

Engel (Franz), Land und Leute des tropischen Amerika. — Unsere Zeit. N. F. X. 1. 1874. p. 248. 479.

—, Charakterbilder aus dem tropischen Amerika. — Aus allen Welttheilen. V. 1874. p. 337. 367.

—, Das Sinnen- und Seelenleben der Menschen unter den Tropen. Berlin (Lüderitz. Samml. gemeinverständl. Vorträge, No. 204.). 1874. 8. (75 Pf.)

Bornemann (K. A.), Aus Venezuela. — Aus allen Welttheilen. V. 1874. p. 187. 214. 262.

Aus Saffray's Reisen in Neugranada. — Globus. XXVI. 1874. p. 113. 129.

Zerda (R.), Alterthümer der Siechalaguna bei Bogetà. — Z. f. Ethnologie. VI. 1874. p. 160.

Mossbach (E.), Die Inkas-Indianer und das Aymara. — Ausland. 1874. No. 19 f. 23.

Hutchinson (Th. J.), Two years in Peru. With explanations of its antiquities. With map and numerous illustrations. 2 vols. London (Low) 1874. 690 S. 8. (28 s.)

—, Explorations in Peru. — Journ. of the Anthropolog. Institute. IV. 1872. p. 2.

Hutchinson über die Alterthümer Perus. — Globus. XXVI. 1874. p. 29.

Markham (E. R.), Reisen in Peru. 2. Aufl. Leipzig (Senf) 1874. gr. 8. (2 M. 50 Pf.)

Rosenthal (L.), Bilder aus Peru. — Ausland. 1874. No. 46. 49 ff.

Hutchinson (T. J.), Explorations amongst ancient burial grounds of Peru. — Journ. of the Anthropolog. Instit. III. No. 3. 1874. p. 811.

Bolau (H), Ueber den peruanischen Guanogötzen. — Z. f. Ethnologie. Verhdl. 1874. p. 93.

Virchow, Holzgötzen von den Guano-Inseln. — Ebds. Verhdl. V. 1873. p. 153.

Mossbach (E.), Bolivia. Culturbilder aus einer südamerikanischen Republik. Leipzig (Barth) 1874. 8 (2 M.)

Zoja (G.), Di un teschio Boliviano microcefalo. — Archivio per l'antropologia. IV. 1874. p. 204.

Virchow, Altpatagonische, altchilenische und moderne Pampas-Schädel. — Z. f. Ethnologie. Verhdl. 1874. p. 51.

Moreno (Fr. P. fils), Description des cimetières et paraderos préhistoriques de Patagonie. — Revue d'anthropologie. III. 1874. p. 72.

Schwalbe (C.), Land und Leute in den Laplata-Staaten. — Magaz. f. d. Lit. des Auslandes. 1875. No. 1. 3. 7. ff.

Burmeister, Ueber Alterthümer der Laplata-Staaten. — Z. f. Ethnologie. Verhdl. V. 1873. p. 171.

Geary (A. A.), The exploration of the Rio Bermejo. — Ocean Highways. 1874. January. p. 412.

Kahl (A.), Ein Stiergefecht in Montevideo. — La Plata Monatsschrift. 1874. No. 2.

—, Die Ranquela-Indianer. — Ebds. 1874. No. 1.

Die Ranquelas-Indianer auf den argentinischen Pampas. — Globus. XXV. 1874. p. 250. 264. 280.

Bermejo (J. A.), Repúblicas americanas. Episodios de la vida privada, politica y social de la república del Paraguay. Madrid (Murillo) 1873. 284 S. 8. (4 rs.)

Forgues (L.), Le Paraguay. — Le Tour du Monde. XXVII. 1874. p. 369.

Eine Fahrt auf dem Parana in Argentinien. — Globus. XXVI. 1874. p. 369.

Canstatt (O.), Nach Brasilien. — Ausland. 1874. No. 24. 28. 32. 35. 45.

Denis (F.), Une théogonie des indigènes du Brésil. — Revue de philologie. I. 1874.

Die Götter der wilden Indianer in Brasilien. — Globus. XXV. 1874. p. 296.

de Capanema (G. S.), Die Sambaquis oder Muschelhügel Brasiliens. — Petermann's Mittheil. 1874. p. 228.

Rath (K.), Die Sambaquis oder Muschelhügelgräber Brasiliens — Globus. XXVI. 1874. p. 193. 214.

Virchow, Ueber einen Schädel und ein Steinbeil aus einem Muschelberge der Insel San Amaro (Brasilien). — Z. f. Ethnologie. Verhdl. 1874. p. 4.

Keller-Leuzinger bei den Caripunas-Indianern am Madeira. — Globus. XXVI. 1874. p. 1.

— bei den Kautschucksammlern am Madeira. — Ebds. XXVI. 1874. p. 65.

Niederländisch Guiana. — Unsere Zeit. N. F. X. 2. 1874. p. 594.

Mourié (J. F. H.), La Guyane Française ou notices géographiques et historiques sur la partie de la Guyane habité par les colons, au point de vue de l'aptitude de la race blanche à exploiter les terres de cette colonie. Paris 1874. 360 S. 12.

Australien. Polynesien.

Taplin (G.), Further notes on the mixed races of Australia. — Journ. of the Anthropolog. Institute. IV. 1874. p. 52.

Mackenzie (A.), Specimens of native australian languages. — Ebds. III. 1874. p. 247.

Das Leben in Nord-Queensland. Aus den Aufzeichnungen einer Deutschen. Nach dem Engl. von Bertha Mathé. — Ausland. 1874. No. 48. 52.

Bonwick (J.), The Victorian aborigines. — Illustrat. Travels by Bates. 1874. p. 151.

Bastian (A.), Australien und Nachbarschaft. — Z. f Ethnologie. VI. 1874. p. 267. 293.

Mundy (G. E.), Wanderungen in Australien und Vandiemensland. — Deutsch bearbeitet von F. Gerstäcker. Leipzig (Senf) 1874. gr. 8. (⅔ Thlr.)

Verminderung der Polynesier in der Südsee. — Globus. XXVI. 1874. p. 220.

Hutton (J.), Missionary life in the southern seas. London (King) 1875. 358 S. 8. (14 s.)

Kennedy (Alex.), New Zealand. 2d. edit. London (Longmans) 1874. 198 S. 8. (6 s. 6 d.)

Johnstone (J. C.), Maoria: a sketch of the manners ad custome of the aboriginal inhabitants. of New-Zealand. London (Chapmann) 1874. 214 S. 8. (7 s. 6 d.)

White (J.), The Rou; or the Maori at home: a tale exhibiting the social life, manners, habits, and customs of the Maori race in New Zealand prior to the introduction of civilisation amongast them. London (Low) 1874. 342 S. 8. (10 s.)

R. Michluko-Maclay's Fahrten an der Südwestküste New-Guinea's im Frühjahr 1874. — Globus. XXVI. p. 317. 333.

Miklucho Maclay unter den Papuas auf Neu-Guinea. — Ausland. 1874. No. 43.

Murray (A. W.), The mission in New Guinea. — Chronicle of the London Missionary Soc. 1874. p. 145.

Moresby (J.), Recent discoveries in the south-eastern part of New Guinea. — Proceed. of the Roy. Geograph. Soc. XVIII. 1874. p. 22

Gill (W. Wyatt), Three visits to New Guinea. — Ebds. XVIII. 1874. p. 31.

Fortschritte in der Erforschung von Neu-Guinea. — Petermann's Mitthl. 1874. p. 107.

Hamy (E. T.), Sur l'ethnologie du sud-est de la Nouvelle-Guinée. — Bull. de la Soc. d'anthropologie de Paris. 1874. p. 105.

Die Erforschung von Neu-Guinea. — Gaea. 1874. p. 513.

Virchow, Ueber Schädel der Papuas auf Neu-Guinea. — Z. f. Ethnologie. Verhdl. V. 1873. p. 175.

v. Miklucho-Maclay, Schädel und Nasen der Eingeborenen Neu-Guineas. — Ebds. V. 1873. p 188.

—, Einige ethnographisch wichtige Gebräuche der Papuas an der Moslay-Küste in Neu-Guinea. — Istwestija d. K. Russ geogr. Ges. X. p. 147.

—, Von der Sprache der Papuas. — Ebds. X. p. 186.

—, Das Getränk „Keu" bei den Papuas auf Neu-Guinea — Ebds. X. p. 63.

Campbell (F. A.), A year in the New Hebrides, Loyalty Islands and New-Caledonia. Gelong, Victoria. 1874. 266 S 8. (12 s.)

The Caroline islands. — Geogr. Magazine. 1874. No. 5. p. 203.

Kubary (J.), Die Ruinen von Nanmatal auf der Insel Ponope (Ascension, Carolinen). — Journ. d. Museum Godeffroy. I. Hft. VI. 1874. p. 123.

Bird (Isabella L.), The Hawaiian Archipelago: six month among the Palm Groves, Coral Reefs, and Volcanos of the Sandwichs Islands With illustrat. London (Murray) 1875. 470 S. 8. (12 s.)

Pechuel-Lösche (M. E.), Erinnerungen an Hawaii. — Aus allen Welttheilen. V. 1874. p. 257. 292.

de Varigny (C.), Voyage aux iles Sandwich. — Le Tour du Monde. XXVI. 1873.

—, Quatorze ans aux îles Sandwich. Paris (Hachette) 1874. 357 S. 18. (3½ fr.)

Steinberger (A. B.), Report upon Samoa or the Navigators Islands. Senate Executive Doc. No. 45. Washington.

Meinicke, Der Archipel der neuen Hebriden. — Z. d. Berlin. Ges. f Erdk. 1874. p. 275. 321.

Michell (W. C.), The Fiji Islands. — Illustrat. Travels by Bates. 1874. p. 211.

Ravenstein (E. G.), The Viti or Fiji islands. — Geograph. Magaz. 1874. No. 2. p. 57.

Aube (F.), Les Fidjis. — Revue marit. et colon. Octob. 1873. p. 5.

Böhr (E.), Die Fidschi-Inseln. — Deutsche Rundschau. I. 1874. Hft. 3.

Spengel (J. W.), Nachtrag zu den Beiträgen zur Kenntniss der Fidschi-Insulaner. — Journ.
 d. Museum Godeffroy. Bd. I. Hft. VI. 1874. p. 117.
Girard (J.). La colonisation anglo-saxonne aux iles Fidji. — Bull. de la Soc. de Géogr.
 VI. Sér. VII. 1874. p. 148.
Harrison (J. P.), The hieroglyphics of Eastern Islands. — Journ. of the Anthropolog. Inst.
 III. No. 3. 1874. p 370.

Miscellen und Bücherschau.

Haeckel, die Anthropogenie. Leipzig 1875.

Das Buch ist gleich den übrigen des Verfassers in einem populär verständlichen Styl geschrieben und behandelt einen lehrreichen Stoff in belehrender Weise, so dass es ohne die ten-
denziöse Färbung, die ihm durch die Privathypothese des Verfassers öfter, als nöthig, aufgedrückt
wird, auch für ein weiteres Publicum ganz empfehlenswerth wäre.

Ohne auf Einzelnheiten einzugehen, wollen wir nur an die vom verschiedenen Standpunct
gegebenen Differenzen einige Betrachtungen im Allgemeinen anknüpfen.

Das Streben nach „monistischer" Philosophie (einem neuen Ausdruck zufolge) liegt in den
Denkgesetzen begründet, und jede Zeitepoche hat sich die Aufgabe gestellt, eine einheitliche
Weltanschauung zu gewinnen. Kämpfe traten ein, wenn mit dem Eindringen neuer Ideenkreise
das frühere Gleichgewicht zerrüttet wurde, und nach einem höheren tertium comparationis gesucht werden musste, um den Zustand der Gesundheit zu wahren. Besonders in unserer viel
bewegten Gegenwart, wo die Stützen des alten Glaubens zusammengebrochen sind und die Ansichten nach allen Richtungen hin auseinander schweifen, hat sich in einer vielfältig zerbrochenen
Weltanschauung längst das Bedürfniss geltend gemacht, einen neuen Abschluss zu erlangen, in
welchem sich die Resultate der wissenschaftlichen Forschungen geregelt zusammenordnen liessen.
So musste auch eine monistische Philosophie, die eine wissenschaftliche Erklärung des gesammten
Naturzusammenhanges zu geben versprach, ein beifälliges Publikum finden und leicht ihre Verbreitung erhalten.

Obwohl nun aber eine Einheit der Weltanschauung zu wahren oder, nachdem sie verloren
gegangen, wieder herzustellen ist, darf sie doch in einer unendlichen Welt ohne Anfang und
Ende nicht mehr auf ein vom menschlichen Geist ausgebrütetes Grundprincip zurückgeführt
werden, sondern sie kann nach der Objectivirung des Denkens nur noch im einheitlichen Zu-
sammenklang geschichtlicher Harmonien gefunden werden. Die Philosophie des Thales mochte
mit dem Wasser, die anderer Ionier mit Luft oder Feuer anheben, aber schon Empedocles (wie
Parmenides) verwarf den einheitlichen Grundstoff, um mit den Elementen zu beginnen, und für
unsere Weltkenntniss liegt eine Verstümmelung derselben involvirt, wenn wir einen plane-
tarischen Gaszustand als Erstes setzen. Wenn es freilich erlaubt sein mag, denselben unter
hypothetischer Werthbezeichnung in die Gleichungen der Denkrechnungen einzuführen, so wird
dagegen an jedes ferner abgeleitete Glied auch um so strenger der Anspruch einer gegenseitigen
Controlle der Richtigkeit zu stellen sein. Der Versuch liegt nahe, von der anorganischen Natur
eine Brücke zur organischen zu schlagen, und der einheitliche Plan in der letztern hat sich
uns bereits durch die Fortschritte naturwissenschaftlicher Forschungen enthüllt, in der Zoologie
besonders durch die vergleichende Anatomie. Sie hat uns die gesetzliche Uebereinstimmung in
den Thierklassen gelehrt, den Anschluss des Menschen an die Wirbelthiere, unter diesen im
Besondern an die Säugethiere und hier, wie man wenigstens schon seit Linné's Zeit wusste,
zunächst an die Affen. Alles dieses lag bereits vor, als die Hypothese der Descendenz hinzu-

14*

trat, und manche der bisher nur den Fachmännern verständlichen Grundzüge durch populäre Darstellungsweise einem allgemeinern Verständniss zugänglich machte. Das Bemühen war ein zeitgemässes und es wurden zugleich manche wichtige Specialarbeiten angeregt, wogegen die Fundamentalbeweise von den Vertretern der Descendenz weder verändert, noch in ihren wesentlichen Puncten vermehrt wurden. Im Gegentheil ist aber dasjenige, was die Hypothese der Descendenz Selbstständiges (eben in der Descendenzhypothese) hinzuthat, ein deutlicher Abfall von den Grundsätzen der Inductionswissenschaft. Es war ein bahnbrechender Fortschritt, als Darwin die Wechselwirkung des Makrokosmos und Mikrokosmos in den geographischen Provinzen zu durchforschen begann und mit einer Fülle thatsächlicher Beweisstücke erläuterte, aber ebenso war es als unüberlegter Rückschritt zu beklagen, als man naturphilosophische Träumereien und hermetische Künsteleien in den Theorien über die Descendenz wieder zu beleben suchte. Gewiss zieht sich ein einheitlich gesetzlicher Faden durch die Gesammtheit der organischen Natur von den Moneren durch Würmer bis zu Wirbelthieren, diesen Faden aber als genetischen zu fassen, fordert kein zwingender Grund, verbietet vielmehr umgekehrt die Beobachtung realer Thatsachen, denn die Fortpflanzung dient, wie die Natur beweist, zur Erhaltung der Art (nicht zur Aufhebung oder Umänderung derselben) und erscheint an der Peripherie der möglichen Variationsweiten immer bereits so abgeschwächt, dass sich deutlich eine abnehmende Reihe da bekundet, wo die Willkür einer Hypothese eine aufsteigende setzen will. Für die Naturforschung in ihrer heutigen Gestalt ist es eine Kernfrage ihrer Selbsterhaltung, bei den Erklärungen innerhalb der realiter umschriebenen Grenzen zu bleiben, und für jenen das Organische verbindenden Faden könnte bei der jetzigen Sachlage die Erklärung nur metaphysisch gesucht werden, also auf einem Gebiete, das der Naturforschung bis zur inductiven Ausbildung der Psychologie verschlossen bleiben muss. Wie die anorganischen Naturwissenschaften feste Marklinien ihrer Erklärungen anerkannt haben, ohne dass man ihnen deshalb die Zulassung des Wunders vorzuwerfen wagen würde, so muss es auch in den organischen geschehen, und gerade diese können das Zugeständniss um so unbekümmerter gewähren, weil sie bei der beginnenden Durchbildung der Psychologie bereits auf dem Wege sind, die Hülfsmittel des Weiterschreitens zu erringen.

Wie immer man sich die Nebularhypothese, in der Fortbildung vom Gasförmigen durch das Flüssige zum Festen, zusammenlegt, so wird doch durch den gegenwärtigen Standpunkt der Chemie stets verlangt werden, die verschiedenen Elementarstoffe als nebeneinander bestehend hinzunehmen, und, wie weiter gefolgert wird, auch „Life (living matter) is regarded as one of the natural results under actual conditions of the growing complexity of the primal nebula." Wie beim galvanischen Einströmen in mineralische Lösung der Silberbaum anschiesst, so könnte auch das Leben als immaterielles Princip gedacht werden, um „dead organic matter" in lebendige zu verwandeln, welche letztere dann temporär Kraftwirkungen erkennen liesse, wie das Eisen, wenn (und so lange, als) magnetisirt. Mit alledem kann ebensowenig wie alchymistische Metallverwandlungen erlaubt sein, ein Uebergang organischer Typen ineinander (jenseits „the complexly-interlated individuals constituting the vast underlying plexus of Infusorial and Cryptogamic life) gefolgert werden, da die Zellcomplexe (und zwar um so mehr, je complicirter) als ihre Neigungsrichtung (unter verschwindender Selbstständigkeit der Metameren) die Unterordnung der Theile unter die Abrundung des Ganzen zeigen, und dieses in der Reproduction den eigenen Typus (innerhalb der Oscillationssphäre makrokosmisch bedingter Variationen) zu erhalten strebt, also gerade der Heterogenesis entgegengesetzte Richtung verfolgt, so weit Beobachtungen und Thatsachen vorliegen. Und dennoch meint man die hier klaren und unzweifelhaften Aussprüche der Physiologie aus philosophischer Liebhaberei für eine „bequeme" Hypothese ignoriren zu können. In der neuen Anordnung des Stammbaums (von Urthieren durch Würmer zu Wirbelthieren) giebt Haeckel nur den vier höheren Phylen den Werth von Typen, wogegen er die Urthiere ausscheidet, und Pflanzenthiere und Würmer zwischenstellt.

In dem Streit über „Archebiosis" sind verschiedene Wege eingeschlagen, um die Hypothese der Entwickelung zu erklären. Wird ein erstes Entstehen des Organischen in jener Vorzeit beyond the abyss of geologically recorded time (s. Huxley) angenommen, so müsste sich, nach Spencer's Theorie vom nothwendigen Uebergang des Homogenen zur Heterogenität, die niederen Wesen längst alle zu höheren entfaltet haben, und die gegenwärtige Fortdauer jener erschiene als eine Anomalie. Lässt man dagegen mit William Thomson die ersten Keime des Organischen aus den Trümmern einer andern Welt (from the ruines of another world) kommen, (und sie dann, wenn man will, panspermistisch in der Atmosphäre verbreitet bleiben), so brauchen das nicht nur Keime von Vibrionen oder Bacterien zu sein, sondern man könnte dann, in Uebereinstimmung mit mythologischen Bildern, gleich auch den ganzen Menschen herabfallen lassen. Die weiteren Schwierigkeiten, die sich hier erheben, kehren auch bei dem von den Thieren aufgestiegenen „Urmenschen" zurück, denn da wir den Menschen realiter immer nur unter seiner durch die geographische Provinz jedesmal umschriebenen Modificationsform verstehen können, kann dem aus Hirngespinnst zusammengewebten Urmenschen oder einem Adam Kadmon so wenig eine Existenz vindicirt werden, wie der Generalisation des Baumes, der erst in der Verfeinerung der Denkoperationen geschaffen wird und vorher den Sprachen fremd bleibt.

Wenn sich die Keimblätter in ihrer primitivsten Form bis auf die Gastraea zurückführen lassen, so ist es allerdings angezeigt, die Bildung hier unter den einfachsten Verhältnissen zu studiren, um für ihre Verfolgung unter höheren Complicationen einen leitenden Faden zu finden, und wenn man gleichnissweise von einer Weiterentwickelung reden wollte, könnte das immerhin gestattet bleiben. Obwohl es sich dabei indess nur um einen Wortstreit zu handeln scheinen möchte, zeigt sich präcise Auffassung dennoch durchaus nothwendig, da ein Kernpunkt unserer naturwissenschaftlichen Forschungsmethode in Frage kommt. Analoges kehrt in vergleichender Psychologie wieder, wo sich in dem Gedankenkreise der Naturvölker einfache Vorstellungen ergeben, die, wenn in solcher Durchsichtigkeit richtig erschaut, einen Schlüssel bieten, um die Labyrinthe culturhistorischer Schöpfungen aufzuschliessen, wo sie sich gleichfalls als primäre Schichtungen hindurchziehen, ähnlich wie das Studium der physiologischen Gesetze des Pflanzenwachsthums in den Kryptogamen feste Anhaltspunkte gewinnen liess, um jetzt dem gleichen Wirken in höheren Organismen nachzugehen. Auch in jenen Fällen liesse sich sagen, dass z. B. die primitiven Combinationen, wie sie der Heilighaltung des Feuers bei Australiern, Sibiriern, Cherokee, Herero u. s. w. zu Grunde liegen, sich zu den höhern Verehrungsformen eines magischen Feuerdienstes entwickelt hätten, wie er sich nicht nur bei den Persern, sondern auch von den Religionen der Mexicaner, Peruaner, Römer u. s. w. nachweisen lässt. Es wäre nun aber ein Wiederaufgeben und Zerstören aller Resultate, die mit der ersten Fundamentirung durch die Bausteine der Induction nach langen Mühen und Arbeiten endlich gefunden sind, wenn man hier auf's Neue aus derartigen Analogien auf eine Abstammung der genannten Völker aus einander zurückschliessen wollte. So geschah es in der Kindheit der Ethnologie, wo man sich durch die leichtesten Aehnlichkeiten oder Gleichartigkeiten zu genetischen Schlüssen verführen liess, und überall die verlorenen Stämme Israel wieder zu finden meinte, oder durch hausirende Phoenicier, Etrusker oder sonstige Pelasger verlorenen Ideenfetzen. . Diese kindisch-kindliche Auffassung oberflächlichster mechanischer Naturbetrachtung, in welcher es sich am leichtesten und bequemsten ergab, jede Erscheinung als ein von anderswoher oder von altersher vererbtes Stückgut aufzufassen, brach von selbst zusammen mit der Erkenntniss, dass es sich hier um tiefere Gesetzlichkeiten handelte, die aus causae efficientes, welche über unseren bisherigen Horizont hinausgelegen hatten, überall auf der Erde gleichartige Productionen, je nach den Besonderheiten der geographischen Provinz in verschiedener Mannigfaltigkeit gefärbt, in's Dasein rufen mussten, und seitdem ein Weg betreten werden konnte, um aus den Wechselwirkungen des Makrokosmos und Mikrokosmos mancherlei Erklärungen zu gewinnen. So mag auch die vergleichende Anatomie oder Physiologie in der Gastraea ein brauchbares Object zu genetisch entwickelnden Studien sehen, aber von einer realisirten Genesis kann um so weniger die Rede sein, als die Arterhaltende Fortpflanzung des Individuum sich unmöglich in eine Artenwandelnde umprägen lässt. Dies wird um so klarer und deutlicher, je höher wir in die Reihe der Wesen emporsteigen, während sich bei niederen Thieren allerlei Verhältnisse finden, welche vielleicht eine veränderte Anwendung der Systematik herbeiführen mögen, und auf einzelnen Gebieten, wie bei dem Generationswechsel und Aehnlichem auch bereits benöthigt haben. Dass in einem gleichartigen Blastem, oder „Blastosphaera", (gleich den „Planaeaden"), wo jede Zelle gewissermaassen ihre Selbstständigkeit bewahrt, Differenzirungen höherer Art zu den Spaltungen der Keimblätter (die Scheidung des vegetativen Blattes vom animalen) eintreten könnten, ist nach den längst festgestellten Grundzügen der Zelltheorien an sich nicht zu bestreiten. Solche directen Metamorphosen hören aber von selbst auf, sobald die Arbeitstheilung in weiter Durchbildung einmal zur Geltung gekommen ist, da es sich dann um das höhere Staatsganze in den Zellcomplexen handelt, wo partielle Aenderungen, da sie sich während der Spanne der Individual-Existenz nicht bis zur harmonischen Umgestaltung des Ganzen zu accumuliren vermögen, ohne Potenzirung wieder verklingen müssen, und Einzelwucherungen wohl zu pathologischen Destructionen, aber sicherlich nicht zu fortschreitender Vervollkommnung führen können.

In ähnlicher Weise, wie die von dem Gewölbe der Felsentempel aus dem Stein ausgehauenen Balken, auf eine frühere Holzarchitektur zurückweisen, in der sie ihre praktische Bedeutung besassen, und so als Ueberbleibsel fortdauern, zeigen die rudimentären Organe höherer Geschöpfe ihren gesetzlichen Zusammenhang mit einander, und diesen hat man desshalb zu einem genetischen der Entwickelung machen wollen. In jenem Fall liegt die Ursächlichkeit im Geist des Menschen, der sich von der einen Constructionsweise zur andern erhebt, und jede dann zu ihrer Zeit abgeschlossen in's Dasein treten lässt. In der Naturwissenschaft war es der Fortschritt der freien Forschung, wodurch der anthropomorphisirte Schöpfer, der sich dem ersten Nachdenken zur Vergleichung bot, ausgeschieden wurde, und selbst bei einem von Schöpfungsgedanken gebrauchten Bilde (in einer unseren Blicken nur bis auf kurze Entfernung durchdringbaren Welt) jede nähere Paralelisirung zu vermeiden bleibt. Was damit gewonnen ist, würde wieder verdorben werden, wenn man jetzt die Entwickelung als qualitas occulta einführen und sie sogar mit Eigenschaften bekleiden wollte, die dem thatsächlich Beobachteten direct gegenüber stehen, indem man ihr auf die Erhaltung der Arten gerichtetes Streben als umänderndes supponirte. Der gesetzliche Zusammenhang hat sich dem Auge des Naturforschers bereits seit länger enthüllt, nicht nur in der organischen, sondern in der gesammten Natur, aber die Wurzeln der Dinge, aus denen die ursächliche Bewegung quillt, liegen bis jetzt jenseits unseres Sehhorizontes, und es wäre eine kurzsichtige Verstümmelung die einigende Verkettung, die sich dort (in jenem Hades des Nichtseins) festgestellt hat, jetzt in den Kreis der real verwirklichten Existenzen überzuführen, wo der dort geschlungene Ring des Gesetzes durch Zwischenschieben unvereinbarer Hypothesen nur bedenklich zerrüttet werden würde. Die „verkümmerten" Organe bewahren diesen Charakter nur für gewisse Variationen des Menschengeschlechtes, während sie für dieses im Ganzen eben regelrecht angelegt sind, wie bei denjenigen Geschöpfen, von denen sie als überflüssige Erbschaft übernommen sein sollen. Ist der Mensch auf weiten Ebenen oder durch sonst gebotene Noth des Lebens in Wildheit oder (wie etwa bei Mademoiselle le Blanc, dem wilden Mädchen von Chalons 1731, und ähnlichen) in Verwilderung zur Schärfung seiner Sinne gezwungen, wird er bald (oder vielmehr von Geburt auf) geübt sein, die Ohrenmuskeln in einer für ihn gleich nützlichen Weise, wie die Thiere, zu gebrauchen, und dann, im Verhältniss dazu, lässt sich auch verstehen, wie sie im civilisirten Leben in Ruhestand treten mögen, nicht aber im Verhältniss zu Verhältnissen, mit denen sich überhaupt kein Verhältniss herstellen lässt (selbst nicht in einer Dysteleologie).

Bei andern der als rudimentär beschriebenen Organe fällt von vornherein die Supposition eines genetischen Zusammenhanges fort, wie der runzelfähige Stirnmuskel allerdings Zusammenhang mit dem Panniculus carnosus des Pferdes zeigt, aber eben eine für die Menschheit entsprechende Ausbildung der Anlagen nach der Localität, in welcher sie auftritt. Ebenso führen die Ueberbleibsel im Gefässsystem auf autogenetische Vorbildungen ohne phylogenetische Beziehungen, und solche fehlen auch bei den rudimentären Organen am Harn- und Geschlechtsapparat, die auf die später sexuelle Differenzirung zurückgehen.

Erklären ist ein Klarmachen innerhalb übersehbarer Verhältnisse, wo also ein Anfangs- und ein Endpunkt des Ganzen fixirt werden kann, um im Verhältniss dazu die Werthgrösse des Theiles abzuschätzen. So vermag die Chemie ihre Verbindungen zu erklären, nach. den Proportionen der darin eingehenden Elemente, wogegen die Entstehung dieser als in einen bis dahin dunkelen Ursprung zurückgreifend, vorläufig unerklärbar bleibt, und ebenso wenig vermögen wir, ihren festgestellten Typen nach, die erste Entstehung des Organischen (ausser so weit einfachere Formen sich direct an das Unorganische anschliessen könnten) zu erklären, ohne dass desshalb das Wunder eingeführt wird, denn das Wunder, eine widernatürliche Zerreissung des Naturzusammenhanges, kann nicht für Betrachtungen gelten, wo der Naturzusammenhang selbst noch ausserhalb der Betrachtung liegt. Inwieweit innerhalb des für uns abgeschlossen dastehenden Typus Umwandlungen statthaben, sind Erklärungen möglich, wie sie auch von Darwin für manche der Variationssphären in scharfsinniger Weise geliefert sind, und die hauptsächlichsten Daten derselben waren schon länger in den Lehren der vergleichenden Anatomie niedergelegt.

Die Vermuthung eines genetischen Fadens kann hier um so weniger nützen (und bleibt vielmehr von vornherein unzulässig), weil sie den beobachteten Thatsachen direct widerspricht, indem die Fortpflanzung durch Reproduction nach Erhaltung des Typus (also den Gegensatz für Umgestaltung) strebt, und physiologische Gesetze es verbieten, locale Aenderungen, die sich bei complicirteren Organisationen während der Spanne individueller Existenz nicht bis zur durchdringenden Beeinflussung des Ganzen zu accumuliren vermögen, als in der Neuzeugung, auf deren Normalzustand sie nur in pathologischen Störungen influenciren könnten, für fixirt zu erachten (und selbst mit der Kraft der Vervollkommnung begabt). Im Volksmährchen mag auch aus der häutenden Schlange ein Prinz hervortreten, und die Metamorphosen der Pflanzen und Thiere sind oft für mythologische Bilder verwandt, aber die nüchterne Wissenschaft hat sich an diejenigen Principien zu halten, die durch ihre eigenen Forschungen festgestellt sind, und diese verbieten sowohl der Chemie die verlockende Einfachheit eines menstruum universale, wie der Zoologie die bequeme Hypothese der Descendenz.

In der Schlussrecapitulation heisst es, dass die Entwickelung des Menschen nach denselben unveränderlichen Gesetzen erfolge, wie die Entwickelung jedes andern Naturkörpers, „durch die definitive wissenschaftliche Begründung dieser monistischen Erkenntniss thut unsere Zeit einen unermesslichen Fortschritt in der einheitlichen Weltanschauung" und die nur mit der Reformation des Copernicus vergleichbaren Verdienste Lamarks und Darwins im Umsturz einer anthropocentrischen Weltanschauung werden für die Descendenz allein in Anspruch genommen, während es sich hier überhaupt um die Fundamentalsätze unserer inductiven Naturwissenschaft handelt, die noch mitunter von theologisch oder teleologisch in Anachronismen zurückgeschraubten Köpfen hier und da bekrittelt werden mögen, durch Einführung einer verwirrenden Descendenz-Hypothese aber gewiss ernstlichen Schaden nehmen werden. Wenn dem Verfasser über diese naturwissenschaftlichen Prinzipien erst durch Darwin's scharfsinnige Darlegungen ein Licht aufgegangen ist, so muss er nicht ein Laienpublikum glauben machen wollen, dass es früher nicht vorhanden gewesen. Die Entschuldigung mag in der besonderen Welt, in der er gelebt zu haben angiebt, zu suchen sein, in den Studienjahren, in denen niemals mit einem Wort von Entwickelungsgeschichte die Rede gewesen, während Zeitgenossen sich recht wohl der hohen Achtung erinnern werden, die damals bereits Baer's Arbeiten gezollt wurde und vielverbeissende Aussichten auf dem kaum betretenen Pfade eröffnete. Aus früherer Einseitigkeit sind auch Haeckel's Ausfälle gegen die Physiologie, welche die „wichtigste biologische Theorie (id est: die Descendenztheorie) für eine unbewiesene und bodenlose Hypothese" erklärt, leicht verständlich, denn für die Physiologie handelt es sich hier um eine Lebensfrage, da ihrer exacten (und bereits bei jeder Gelegenheit mit einem Seitenhiebchen gemisshandelten Methode der Todesstoss versetzt sein würde, wenn das Wirrsal der Descendenz in den Schulen eingeführt würde, und nun beim bellum omnium contra omnes im Reiche der Zellen die mühsam aus gesetzlichem Zusammenhang verstandenen Organismen wieder zerfallen müssten.

Die Unrichtigstellung der Fragen in diesem Kampfe pro und contra Descendenz ergiebt sich auch aus folgendem Satz (S. 372), wo bezüglich der Entstehung des Menschengeschlechts nur die Wahl gelassen ist, „zwischen zwei grundverschiedenen Annahmen", nämlich: „Wir müssen uns entweder zu dem Glauben bequemen, dass alle verschiedenen Arten von Thieren und Pflanzen, und ebenso auch der Mensch, unabhängig von einander durch den übernatürlichen Prozess einer göttlichen Schöpfung entstanden sind, welcher als solcher sich der wissenschaftlichen Betrachtung überhaupt entzieht — oder wir sind gezwungen, die Descendenztheorien in ihrem ganzen Umfange anzunehmen, und in gleicher Weise, wie die verschiedenen Thier- und Pflanzenarten, so auch das Menschengeschlecht von einer uralten einfachsten Stammform abzuleiten. Ein Drittes zwischen diesen beiden Annahmen giebt es nicht. Entweder blinden Schöpfungsglauben oder wissenschaftliche Entwickelungstheorie."

Dass alle Gesetze, wie sie für Pflanzen und Thiere gelten, auf den menschlichen Organismus anwendbar sein werden, ob es sich nun um Schöpfung oder um Entstehung handelt, sollte sich in naturwissenschaftlichen Kreisen schon seit lange zu sehr von selbst verstehen, um besonderer Hervorhebung zu bedürfen, und wäre das in der That noch nicht der Fall, so würde die wiederholte Polemik dagegen ganz angebracht sein. Diese gleichmässige Application in beiden Fällen zugegeben, würde es sich jetzt um Schöpfung oder Entstehung handeln. Der Verfasser setzt indess sogleich eine göttliche „Schöpfung" (während er sonst doch genugsam die natürliche kennt), verbindet sie mit einem „übernatürlichen" Prozess und nimmt dafür einen „Glauben" in Anspruch. Da jedoch die inductive Naturwissenschaft innerhalb ihres Bezirkes weder ein Göttliches, noch Uebernatürliches, noch den Glauben kennt, wird mit Streichung dieser drei Worte die Vorstellung von der Schöpfung mit der von der Entstehung so ziemlich zusammenfallen, wenn man die weder von einer philosophischer Betrachtung unendlich-ewiger Weltharmonien zu rechtfertigende, noch physiologisch denkbare, auch ausserdem durch die exacte Methode, weil unbewiesen, verbotene Zuthat einer „uralten einfachsten Stammform" fortlässt. Nur bedenklichster Kurzsichtigkeit kann es entgehen, dass wir mit solchen Stammformen schliesslich immer wieder völlig dieselben Schwierigkeiten haben, ob wir sie ein einziges Mal setzen oder hunderttausendmal, und dass, obwohl sich innerhalb gegebener Wechselwirkung die Gesetze der Entstehung erklärend ausverfolgen lassen, eine darüber hinausfallende Entstehung auch ebenso gut als Schöpfung ausgedrückt werden kann, ohne dadurch viel heller oder dunkler zu werden. Innerhalb des von uns durchschaubaren Horizontes planetarischer Ursächlichkeiten lässt sich die Entstehung der organischen Typen ebenso wenig erklären, wie die der anorganischen Elemente, selbst wenn sich secundäre Uebergänge einleiten liessen, und da die causae efficientes über jenen herausfallen, mögen die auf der Erde in Erscheinung tretenden Producte derselben eben so gut als Schöpfungen aufgefasst werden, obwohl von der früheren Anthropomorphosirung der Wirkungsweise schon längst keine Rede mehr sein kann. Eine bei Beschränkung der Natur auf das Planetarische geläufige Abscheidung des Uebernatürlichen fällt bei einer auch die Fixsternräume umfassenden Natur um so mehr fort, weil die Gleichheit der mechanischen Gesetze bereits erkannt ist, auch die Chemie allmählig Anknüpfungen planetarischer Proportionen mit solaren und stellaren aufzudecken beginnt, innerhalb inductorischer Studien handelt es sich aber nur um Relationen, und wenn diese von den kritischen Knotenpunkten auf feste Typen führen, welche sich in den Berechnungen nicht weiter auflösen, sind sie bis soweit allzu fest und unverrückbar, als dass sich mit einem aus Gedankenfasern gesponnenen Hypothesenfaden (am wenigsten einem, der, gleich dem genealogischen, durch die Thatsachen selbst nullificirt wird) daran zerren liess.

In solchem Dunst sind Schöpfungen leicht genug, und ist daraus auch bereits die der Alalen hervorgegangen. Ist diese Probe geglückt und den Stummen erst die Zunge gelöst, so kann es unsern Naturdichtern nicht an Stofffülle fehlen, um die Ovide und Berosus weit zu überflügeln.

So weit wir die Welt in ihren Sphären durchschaut haben, zeigt sie sich als eine einheitliche, von denselben Gesetzen durchwaltet, aber diese im Unendlichen erklingende Harmonie, mit den Klängen des Ewigen tönend, würde in einheitlicher Reduction auf Anfang und Ende, durch die Verstümmelungen räumlich-zeitlicher Beschränkung, das auf trostvolle Melodien hoffende Ohr mit greller Disharmonie zerreissen.

In der Vorrede wird im Interesse eines Culturkampfes, bei dem es keinem Naturforscher zweifelhaft sein kann, welche Seite zu wählen, gegen ein Ignorabimus protestirt, — sollte aber auf dem Arbeitsfelde der Induction wenigstens nicht die präsentische Form gelten und immer da gelten müssen, wo der Horizont thatsächlicher Beobachtung abschliesst? Auch bei den Fähigkeiten zu unbegrenzter Entwickelung kann doch immer nur das bis zu jedesmaliger Grenze in der Entwickelung Verwirklichte realiter genossen werden. Dann aber wird die aufwachsende Jugend mit gesunder Speise genährt und die nächste Generation auf der betretenen Bahn rüstig vorwärtsschreiten können.

Die lettischen Sonnenmythen.

(Fortsetzung.)

Der schon o. S. 98 genannte Sonnenkäfer, ein Repräsentant der Sonne, wird auch angerufen:

> Sonnevögele flieg' aus,
> Flieg' in meines Vaters Haus,
> Komm bald wieder,
> Bring' mir Aepfel und Bire.[1]

Des Vaters (Gottes) Haus ist der Himmel; statt der Aepfel und Birnen war in einer ursprünglichern Fassung wohl nur ein Apfel (die Sonne) genannt. In einem Schleswiger Liede aus der Gegend von Apenrade[2] wird der Storch gefragt, wo er aus zu dienen gewesen sei (d. h. doch wohl, wo er die Zeit der Dienstbarkeit, des Elendes, der Fremde im Winter zugebracht habe). Er antwortet:

I min Faders Affildgård;	In meines Vaters Apfelgarten
Dær er Bord å bænke,	Da sind Tische, daran zu sitzen,
Dær er Mjoe å skænke,	Da ist Meth einzuschenken,
Dær er Dreng', der kytter Buld,	Da sind Bursche, die werfen Ball,
Dær er Pigger, der spinner Guld.	Da sind Mädchen, die spinnen Gold.

Der Storch ist mit der Sonne im Herbste davongezogen. Im Morgenlande, wo die Sonne aufgeht, weilt er. Dort, in der Gegend des Sonnenaufgangs ist der Apfelgarten, da wird der Sonnenball in die Höhe geworfen (vgl. o. S. 102 den Becher werfen, S. 103 den goldnen Apfel werfen), da der goldne Faden gesponnen (vgl. unten S. 217). Die Tische, an denen gezecht wird, sind einem Nachhall des heidnischen Vallböll entnommen. Für

---

[1] E. Meier, Kinderreime a. Schwaben S. 23, 72.
[2] Sv. Grundtvig G. D. Minder i Folkemunde II. 148. German. Myth. 426.

denjenigen Leser, der mit dem Wesen mythischer Traditionen noch weniger
bekannt ist, wäre hier aufmerksam zu machen auf die so gewöhnliche Häufung
mythologischer Synonyme; die Sonne mit ihren Strahlen in der Auffassung
als Apfel, Goldball und Goldgewebe ist hier zu einem Bilde componirt.

Man vergleiche ferner die Vermländische Anrede an den Weihen (milvus) (?)

Gli gla Glänne[1])	Gli gla Glänne
Lån mig dina Vingar!	Leihe mir deine Schwingen!
Vi ska fara til Sörmoland;	Wir werden fahren nach Sörmoland,
Der ligger spädt Barn, lekar med	Da liegt ein zartes Kind, spielt mit
Gulläpplet.[2]).	Goldäpfeln.

Ebenso wird der Wildgans zugerufen:

Gåsa, gåsa klinger	Gans, Gans klinger,
Låna mig dina Vingar,	Leihe mir deine Schwingen,
Hvart skal du flyga?	Wohin willst du fliegen?
I fremmande Land;	Ins fremde Land;
Der bor Göken,	Da wohnt der Gauch,
Der gror Löken,	Da grünt der Lauch,
Der synger Svanen,	Da singt der Schwan,
Varper under Grauen,	Zettelt unter der Fichte
Derunder sitter et litet Barn	Ein Gewebe an.
Ok leker med Guldapler.	Darunter sitzt ein kleines Kind
	Und spielt mit Goldäpfeln.

Auch der Weihe und die Wildgans sind Zugvögel, sie folgen vermeintlich der in der zweiten Jahreshälfte scheidenden Sonne dorthin, wo diese
ihre Heimath hat, woher sie im Lenze wiederkommt. Diese Gegend konnte
man sich nicht anders denken, als in der Himmelsrichtung, woher die
Sonne auch täglich aufgeht, im Osten, und so rinnt im Mythus der
Jahreslauf der Sonne mit ihrer Tagesfahrt zusammen und der mythologische
Ausdruck für die eine diese Thätigkeiten schmückt sich mit den Kennzeichen
der andern und umgekehrt. Dort nun, wohin die Sonne gezogen ist, singt
jetzt auch die Nachtigall des Nordens, der geliebte Kukuk[3]), dort grünt, von
der Sonne Kraft geboren, der Lauch,[4]) während hier ein Schneebett die Flur
deckt; dort endlich spielt ein zartes Kind mit einem Goldapfel, in
dem wir wiederum den Sonnenball anzuerkennen nicht anstehen werden, sobald die in der Anmerkung beigebrachten Beweise die Ueberzeugung zu begründen im Stande sind, dass das Kind den am Morgen, oder im Frühling

---

[1]) Glenne doch wohl dialekt. für glada dän. glente?
[2]) Germ. Myth. 427.
[3]) Vgl. des Verfassers Abhandlung Z. f. D. Myth. III. 294 ff.
[4]) Vgl. Völ. 4.

Sol skein sunnan   á salar steina;
þá var grund gróin   groenum lauki.

neugeborenen Sonnengott bezeichne,[1]) der Schwan auf ein auch sonst wohl-
bekanntes Sonnenwesen, das Gewebe, gleichsam Goldfäden, auf das Geflecht
der Sonnenstrahlen (s. unten), die Fichte wiederum auf den Sonnenbaum
(s. unten) hindeutet. Ein neues Beispiel für die Häufung verschiedenartiger
Bilder für ein und dasselbe Object.

---

[1]) Der Marienkäfer, Sonnenkäfer (o. S. 98. 209.) wird in Mittelfranken angeredet
Herrrgottsmoggela (d i. Herrgottskuh) flieg auf,
Flieg mir in den Himmel nauf,
Bring' a goldis Schüssela runder
Und a goldis Wickelki[u]dla drunder.
S. Rochholz Schweizersagen a. d. Aargau I S. 345. Die Schüssel, welche der sonst um
Sonnenschein angegangene Käfer mitbringen soll, ist nichts anderes als ein Synonym eben
dafür, ist die o. S. 101 besprochene und o. S. 102 gradezu Schüssel genannte Schale, die strab-
lende Sonnenscheibe selbst, und das darunter liegende goldene Kind die neugeborne Sonnen-
gottheit. Der Käfer heisst, wie Sunnenschinken (Wöste 4), auch Sonnenkind (E. Meier Schwäb.
Sag. 223.); das schon o. S. 104 erwähnte Lied hat mehrfach die folgende Fassung:
Zu . . . ist ein Schloss,
Zu . . . ist ein Glockenhaus,
Da sehen drei schöne Jungfrauen heraus,
Eine spinnt Seide,
Die andre wickelt Weide,
Die dritte schliesst den Himmel auf
(Varr: Zieht die Lädle auf; tuts Türle auf; geht zum Sonnenhaus)
Lässt die heil'ge Sonn heraus,
Lässt den Schatten drinnen.
Germ. Myth. 524 ff. n. 1. 2. 3. 4. 6. 7. 19. Dafür tritt die Variante ein:
Die dritte geht ans Brünnchen,
Findt ein goldig Kindchen.
Germ. Myth. 528, 10 oder:
Die dritte geht zum Brunnen,
Hat ein Kind gefunden,
Wie soll's heissen?
Zickel (Bock) oder Geisse?
Germ. Myth. 528 Anm. 2. 529, 12. 533—535 vgl. 706. Verbreitet ist auch die Lesart
Hopp hopp Heserlmann
Unsa Kåz håd Stiferln ån,
Rennt domit nå Hollabrunn,
Findt a Kindl in der Sunn.
(oder: Sitzt a Biawerl auf da Sunn)
(oder: Liegt a kloans Kind in der Sunn·)
Wia sulls hoasse?
Kitzl oder Goasse?
Wer wird d' Windeln wåschen?
D' Måd (Kindsdiern) mit der guldan Täschen.
Zs. f. D. Myth IV 345 ff. 67. 67 a 67b. Falls nun diese Lesarten iu diesem Zusammen-
hang, in Verbindung mit Erwähnung der Sonne berechtigt sind, was die Vergleichung der
Lieder o. S. 104 wahrscheinlich macht, so muss wohl an das nämliche Sonnenkind gedacht werden,
wie in der Anrede an den Marienkäfer. Aus diesem Sonnenkind dürften denn auch die in
mehreren Reimen Germ. Myth. 347 ff. 7. 10. 12. 14. 15 18. 22 erwähnten goldspinnenden
Kinder des Käfers hervorgegangen sein. Es sind vielleicht die Sonnen der kommenden Tage,
welche noch als Kinder im Neste der Alten verweilend gedacht werden. Falls nicht die Jungen,
vermöge des später zu erwähnenden Glaubens, dass Sonne und der Mond die Sterne zu Kindern

Den deutschen und schwedischen Liedern sei ein slavisches aus Montenegro angereiht.

> Es entsprang ein Wässerlein, ein kühles,
> Stand am Wässerlein ein Silbersessel.
> Sass darauf ein wunderschönes Mädchen
> Goldgelb bis zum Knie ihre Füsse,
> Goldrot bis zur Schulter ihre Arme,
> Und das Haar ein Srrauss gesponn'ner Seide.

Der Pascha hört von der Schönen, und zieht mit sechshundert Hochzeitsgästen aus, um sie zum Weibe zu nehmen.

> Als das schöne Mädchen sie anschauet,
> Hat die Jungfrau dieses Wort gesprochen:
> „Gott sei Preis und Dank! Welch grosses
>   Wunder!
> Ist vielleicht der Pascha toll geworden,
> Dass er auszieht und begehrt zur Gattin
> Sich das Schwesterchen der lieben
>   Sonne,
>
> Und des hellen Mondes Bruderstochter,
> Und des Morgensternes Bundes
>   schwester?
>
> Und die Jungfrau hebt sich von der Erde,
> Greift mit ihren Händen in die Tasche,
> Dass sie draus drei goldne Aepfel
>   lange,

---

haben, auf letztere zu deuten sein möchten. Eine rumänische Legende könnte zur Empfehlung
letzterer Deutung dienen. Maria spinnt am Wege zum Himmelsbau goldene Fäden zu einem
schönen Gewande für den heilgen Sohn. Falken rauben den Faden, tragen ihn hoch hinauf
an den Rand des Meeres, machen daraus künstlich ein Nest und brüten darin. Das Nest
ist der Mond, die Jungen aber fliegen aus und werden zum Heer der reinen Himmels-Sterne.
Schuller, Kolinda. Hermanstadt 1860 S. 7 ff Vgl auch W. Schwartz S. M. St. 63 fl. — Auch
im Veda finden wir die Morgensonne nicht selten als Säugling, als Kind des Himmels (Dyaus)
dargestellt. M. Müller Essays II. 122. „Unser Sonnenaufgang war für sie (die Inder der vedischen
Zeit) der Augenblick, wo die Nacht einem prächtigen Kinde das Dasein gab." M. Müller Essays
II 59. „Dieses Kind, welches im Westen schlafen ging, wandelt nie allein, indem es zwei Mütter
[Tag und Nacht] hat, doch nicht von ihnen geleitet." R. V. III 53, 6. M. Müller Vorles. üb.
Wissensch. d. Spr. II 467. Es heisst sogar, dass die Sonne schreie wie ein neugebornes Kind.
R. V. IX 74, 1. M. Müller Essays II 323. Sehr deutlich tritt auch die Vorstellung, von welcher wir reden, bei den Aegyptern hervor. Plutarch de Iside et Osiride c. 11 setzt auseinander,
die Mythologie der Aegypter enthalte nur Allegorie, die Fabeln vom Hermes seien nicht wörtlich gemeint „noch auch meinen sie, dass Helios als neugebornes Kind aus dem Lotos
sich erhebe, sondern sie stellen so den Sonnenaufgang dar, um die Entzündung der Sonne
aus dem Nassen anzudeuten". Gemeint ist der ägyptische Horus Hor, (Har) oder Harpokrates
(Harpechruti) d. i. Horus das Kind oder Har-phre d. i. Horus die Sonne. Man sieht
ihn auf Denkmälern um die erste und zweite Tagesstunde im Sonnennachen sitzen oder sitzt
auf einem Lotos, wo es die natürlichste Erklärung ist, ihn für den Sonnenaufgang zu nehmen.
Auch unter den Dekanen findet er sich vor, wo er die im Jahre aufgehende, im Frühling
wachsende Sonne bezeichnet. Horus war überhaupt das allgemeinste Symbol der Sonne, seine
Lebensalter wurden mit ihren Phasen verglichen (Lepsius). So findet sich der tägliche
Sonnenlauf als das ganze Leben des Sonnengottes von der Geburt bis zum Tode im Grabe
Ramses des Grossen zu Theben dargestellt. Ungefähr dasselbe sagt Plutarch an einer andern
Stelle, de Pyth. orac. p. 400 a. εἴτ᾽ Αἰγυπτίους ἑωρακὼς ἀρχὴν ἀνατολῆς παιδίον νεογνὸν
γράφοντες ἐπὶ λωτῷ καθιζόμενον. Parthey, Plutarch über Isis und Osiris Berl. 1850 S. 189
192. 200. Ein Gebet an den Sonnengott Ra sagt gradezu: „Anbetung dem Gotte Ra, Kind
des Himmels, der sich jeden Tag durch sich selbst neu gebiert".

Wirft gen Himmel hoch die in die Höhe;
Sehen's die sechshundert Hochzeitsgäste,
Wer die goldnen Aepfel,wol könnt' fangen.
Fahren als drei Blitze da vom Himmel,
Einer trifft den jungen Hochzeitsführer,
Trifft der andre auf dem Ross den Pascha,
Trifft der dritte die sechshundert Gäste.
Keiner mal entkam als Augenzeuge,
Zu erzählen, wie sie umgekommen.[1])

Die besungene Schöne, der Sonne Schwester, des Mondes Nichte, des Morgensterns Gespielin ist unverkennbar die Morgenröthe, welche umworben von den Dämonen der Nacht den Sonnenapfel hervorwirbelt und dieselben dadurch tödtlich trifft.[1]).

Endlich werde noch eines jener rumänischen von Marianu Marienesku gesammelten Weihnachtslieder gedacht, in denen uralte ererbte Naturanschauung und christliche Legende sich innig und reizvoll durchdringen. Die Darstellungd es Christkindes im Tempel wird hier so aufgefasst, dass der heilige Johannes am Altar eines Klosters von vielen Priestern umgeben die heiligen Gebete singt. Gottes Mutter, ihr Söhnlein am Arm, hört andächtig zu, das Knäblein aber zappelt und weint ungeduldig. Um es zu beruhigen, schenkt ihm Maria zwei Aepfel und Birnen und reicht ihm die Brust. Allein

Einen Apfel nimmt das Kind,
Wirft ihn in den Mond geschwind,
Macht so voll ihn, wie in's Haus
Er uns scheint beim Abendschmaus,
Wirft den andern in die Sonne,
Wie sie morgens früh aufgeht,
Und beim Mahl des Landmanns steht.

Jesus wird erst dann ruhig, als Maria ihm die Schlüssel des Himmelreichs, das h. Taufbecken, und den Richterstuhl verspricht und ihm erklärt, dass sie ihn zum Herrn des Himmels und der ganzen Welt machen wolle.[2]) Hier sind mithin Sonne und Vollmond, beide, als Aepfel aufgefasst. Durch unsere Nachweisungen gedeiht auch die schon von Wislicenus[3]) ausgesprochene Vermuthung, dass die goldenen Aepfel in den Märchen vom Glasberg die Sonne bedeuten, zu Wahrscheinlichkeit. Gewissheit wird sich erst künftig bei grösserer zusammenhängender Untersuchung der Märchenliteratur gewinnen lassen. Der Glasberg ist deutlich das blaue Himmelsgewölbe (s. o. S. 97), dahin führt die Reise durch das Land des Windes, der Sonne und des Mondes, und der Morgenstern weist dahin den Weg.[4]) Oben auf dem Berge steht ein Apfelbaum mit goldenen Aepfeln neben dem goldenen

---

[1]) Vuk I 232. Talvj Volkslieder der Serben. Lpzg. 1853 II 94.
[2]) J. K. Schuller Kolinda. S. 9 ff.
[3]) Symbolik von Sonne und Tag. Zürich 1867. S. 32.
[4]) Germ. Myth. 330—331.

Schloss (vgl. den Goldpalast der Sonne o. S. 95), in dem die verwünschte
Prinzessin haust. Ein Jüngling erlöst die Prinzessin, indem er hinaufgelangt,
die goldenen Aepfel pflückt und damit ihren Hüter, den Drachen, besänftigt.[1])
Nach einem norwegischen Märchen reitet Askepot dreimal auf drei wunder-
baren Pferden in kupferner, silberner, goldener Rüstung den
Glasberg hinan, wo die Königstochter sitzt mit drei goldenen Aepfeln,
deren je einen sie ihm nun zuwirft.[2]) Diesen drei Rossen, dem kupfernen,
silbernen, goldenen, und der kupfernen, silbernen, goldenen Rüstung des den.
Glasberg oder dessen Aequivalent hinaufreitenden Helden, welche in vielen
Varianten wiederkehren, oder mit einem kupferne, silberne und goldne
Aepfel tragenden Walde abwechseln, entsprechen genau das silberne, goldene,
diamantene Ross, mit welchen die Sonne fährt (o. S. 95) und die Angabe
vom goldenen, silbernen, ehernen Apfel in unserm Liede 28, vom halb goldenen, halb silbernen Boot in 32. —
      Sehr belehrend ist das siebenbürgische Märchen Haltrich 55, 11. Ein
Knabe treibt die Geis eines blinden Alten nacheinander in einen Kupferwald,
Silberwald, Goldwald, tödtet da einen das Schloss behütenden Kupferdrachen,
Silberdrachen, Golddrachen, gewinnt je einen Zaum, bei dessen Schüttelung
ein kupfernes, silbernes, goldenes Ross und Gewaffen nebst einem ebenso
gerüsteten Heere zum Vorschein kommt. Durch das Bad in einem Brunnen
gewinnt er goldene Haare. Er verbirgt die drei Zäume in einem Baum
(s. weiter unten), verhüllt sein Haupt und seine Gestalt, giebt vor grindköpfig
zu sein und wird Küchenjunge. Die drei Königstöchter wählen sich Gatten;
ihn nimmt die Jüngste; unerkannt verhilft er mit seinen drei Pferden seinem
Schwiegervater zum glänzenden Siege über mächtige Feinde und zieht endlich
in unverhüllter Schönheit als Sieger ein. Eine Version dieser Erzählung ist
K. H. M. n. 136. Ein Königsknabe mit goldenem Balle wird vom wilden
Mann entführt, erhält im Brunnen Goldhaar, dient mit verhülltem Kopf
als Gärtnerjunge, befreit an der Spitze gewappneter Heerschaaren einen
König von seinen Feinden, fängt auf Rothross, Weissross, Rappen
nacheinander heranreitend dreimal den ihm zugeworfenen Goldapfel
der Königstochter. Hier characterisirt das Goldhaar den Helden als
Sonnengott, seine Verkappung ist nächtliche Umhüllung. Hiermit vergleiche
man die neugriechische Erzählung Hahn n. 6. Drei Königstöchter wählen
sich Gatten, indem sie aus dem Fenster des Schlosses (Abschwächung
der Spitze des Glasbergs) je einen Goldapfel auf denjenigen, den sie lieb-
haben, herabwerfen. Ein verkappt beim Gärtner dienender Prinz erhält den
Goldapfel der Jüngsten. Derselbe zieht später gleich seinen Schwägern aus
für den kranken Schwiegervater das Lebenswasser zu holen. Das gelingt
ihm mit Hilfe seiner drei wunderbaren Rosse und Kleider, auf deren einem

---

[1]) Woycicki poln. Volkssagen übers v. Levestam. S. 115. Germ. Myth. 337.
[2]) Asbjörnsen norweg. Märchen übers. v. Brosemann. Berl. 1847 II n. 21.

der Himmel mit seinen Sternen zu sehen ist, so dass er nach Abwerfung der Hülle reitet strahlend wie der Morgenstern. Die beiden andern stellen den Frühling mit seinen Blumen und das Meer mit seinen Wellen dar. Nach Entfernung seiner Verkleidung kehrt er mit dem Lebenswasser zu dem König zurück auf einem Wege, der mit Tuch und lauter Goldstücken belegt ist. In Asbjörnsens neuer Sammlung[1]) hat ein Bursch im goldenen Schlosse, das neunhundert Meilen ausserhalb der Welt hoch in der Luft hängt (vgl. o. S. 95) und neben dem die Bronnen mit den Wassern des Lebens und des Todes befindlich sind, eine Königstochter erlöst, die mit ihrem und seinem Kinde ihn drei Jahre später aufsucht. Das Kind trägt einen Goldapfel in der Hand, den es seinem Vater zur Erkennung reicht. Hiemit stimmt das Märchen bei Hyltén-Cavallius n. IX S. 190. Im Lande der Jugend, weit, weit im Meere, wächst ein Baum mit Goldäpfeln, welche Jugend verleihen, und dabei rauscht eine goldschimmernde Quelle mit Gesundheit spendendem Wasser. Ein junger Held gelangt dorthin, nimmt Apfel und Lebenswasser mit sich und küsst daselbst eine im Zauberschlaf befangene Jungfrau. Dieselbe gebiert ein Kind mit einem wunderbaren Gewächs in der linken Hand gleich einem Apfel, der sich ablöst, als der Vater über eine goldene Decke (goldene Strasse) zu der ihn aufsuchenden Geliebten geritten kommt. Vgl. das deutsche Märchen vom Wasser des Lebens KHM 197. und III³ 197 ff. Wenn der bis dahin von der Nacht verhüllte Tag über die goldene Decke des Morgenroths und der ersten Sonnenstrahlen zu der erlösten Geliebten geritten kommt, wirft ihm der neugeborne Sonnengott den Apfel entgegen. Die im goldnen Schlosse (Land der Jugend) schlafend gefundene und zur Mutter des goldenen Kindes gemachte Jungfrau entspricht der hinter der Waberlohe (Abend-Morgenröthe) in Schlummer liegenden Walkyre der Sage, dem von der Spindel in Schlaf versenkten Dornröschen, dessen italische und französische Doppelgängerinnen die Kinder Jour et Aurore, Sonne und Mond gewinnen.

Es würde zu weit führen, diese Andeutungen durch Erwähnung anderer Märchenreihen zu vervollständigen,[2]) in denen der goldene Apfel eine Rolle

---

[1]) Norske Folkeeventyr. Ny Samling 1871. S. 45 ff.

[2]) Nur zwei merkwürdige Märchen in Hahn's Sammlung möchte ich noch in Erinnerung bringen. Ein junges Weib ist verheirathet und guter Hoffnung von ihrem Tags mit einer Schlangenhaut umhüllten Gatten, der sie verlässt, weil sie das Gebeimniss seiner Schönheit vorzeitig ausplaudert (Psychesage). Sie sucht ihn bei den Schwestern der Sonne: zu denen sie auf der Spitze eines Berges neben einem Quell tief in der Erde schwarzen Schooss hinabsteigt, sie hilft den Schwestern der Sonne, die Brod backen wollen, den Ofen reinmachen und erhält von ihnen eine Nuss mit einer Gluckhenne und goldenen Küchlein, eine Haselnuss mit goldenem Papagei, eine Mandel mit goldener Wiege. Damit erkauft sie die Erlaubniss bei ihrem Liebsten zu schlafen, der sich bereits mit einer Anderen verheirathet hat; er erkennt sie, fährt mit ihr zur Oberwelt, öffnet mit silbernem Schlüssel ihren Schooss und sie gebiert ein goldenes Kind, das bereits neun Jahre alt ist (Hahn n. 100 das Schlangenkind). Ein Mädchen ist mit

spielt. Z. B. diejenigen vom goldenen Vogel K H M. 57 vgl. III³ S. 98 ff.
Ralston Russian folkstales S. 286 ff. Schott wal. Märch. n. 26 Hahns alban.
u. griech. Märch. II n. 70. Hyltén-Cavallius n. VIII. S. 175. Ebensowenig
dürfen wir uns auf eine Deutung der angezogenen Märchen im Ganzen einlassen. Es genügt hier auf die Wichtigkeit aufmerksam zu machen, welche
die lettischen Sonnenlieder auch für die Erläuterung der in den Märchen niedergelegten Mythologie haben. Die in denselben mehrfach hervortretende Eigenschaft der auf dem Glasberg, im Lande der Jugend u. s. w. neben Brunnen
des Lebens wachsenden Goldäpfel (wofür auch alterthümlich ein Apfelbaum
mit nur einem Apfel eintritt), Gesundheit und Jugend zu verleihen, unterstützt dann auch die von Wislicenus a. a. O. S. 38 ff. ausgeführte Hypothese,
dass die verjüngenden Aepfel der Idhun, welche den Asen das Alter fern
hielten, ebenfalls die belebende Sonne [die Sonne jedes Tages als eine neue
gedacht?] darstellen.

n. Seidenrock und Gewebe der Sonne.

Jeden Abend hängt die Sonne ihr Seidenröckchen zum Trocknen aus;
es sind die zuletzt nur noch rothgelblich angehauchten gleichsam fettig glänzenden Abendwölkchen (16). Aehnlich ist der Morgenstern im Begriff aus
Deutschland (dem Westen), wo er sich deshalb noch aufhält, zu kommen,
angethan mit dem von ihm gewebten rothen Sammetrock (51), den röthlichen Morgenwölkchen. Dem vergleiche ich zunächst ein russisches Räthsel:
„Vor'm Walde, vor'm Busch ein rothes Kleid". (Aufl. Zorja d. i. die
Morgen-Abendröthe[1]). Deutsche Sonnenlieder enthalten dieselbe Vorstellung.
Vgl. die folgenden Varianten des schon S. 104. 111 besprochenen Liedes:

> Im Garten steht ein Hühnerhaus,
> Sehn drei seidne Döckchen heraus;
> Eins spinnt Seiden,
> Eins flicht Weiden,

---

einem Mohren verheirathet, den sie einmal Nachts, da er eingeschlafen ist, als wunderschönen
Jüngling erkennt, welcher ein verschlossenes goldenes Fensterchen auf der Brust
hat, durch das man alle Begebenheiten auf der ganzen Erde sehen kann. Wegen
ihrer Neugier muss Filek Zelebi die schwangere Gattin verlassen. Sie macht sich auf den Weg.
Einen Goldapfel vor sich herrollend, steigt sie in neun Monaten nach einander drei Berge hinan
zu den drei Schwestern des verlorenen Geliebten, die sie Goldwindeln webend, Goldkleider
nähend und Golddecken zurechtlegend antrifft; und als sie die letzte erreicht hat, bricht ihr
Schooss und sie kommt mit einem Knaben nieder, der auch das goldene Fenster auf der Brust
hat. Hahn. n. 73. In diesen Erzählungen ist der von der Schlangenhaut oder Mohrgestalt umhüllte
Prinz (wie der Held der ganz ähnlichen Sagen von Amor und Psyche, Pururavas und Urvaçi)
der Sonnengott während der Nacht. Der Sonnenball ist das während der Dunkelheit verschlossene
Fenster auf seiner Brust; seine Schwestern, die Schwestern der Sonne, reinigen den Backofen,
das Himmelsgewölbe, vom Russe der Nacht.

[1] Afanasieff poet. Naturansch. d. Russen 1 788. Vgl. Fr. Rückert (Frühlingslied): „Die
Morgenröthe wirkt ihr Kleid". (Abendlied:) „Und hoch wie überm Walde des Abends
Goldnetz hing."

> Eins schliesst den Himmel auf,
> Lässt ein bischen Sonn' heraus,
> Daraus Maria spinne
> Ein Röcklein für ihr Kindelein
> Ei so fein, ei so fein.

Germ. Myth. 525, 3. Vgl: die dritte schloss den Himmel auf, liess ein bischen Sonne 'raus, liess ein bischen drinnen, dass die heilige Maria konnte spinnen a. a. O. Anm. 2. Die dritte spinnt e rode Rock für den lieben Herregott a. a. O. 530, 16 vgl. 530, 13. 531, 17. Die dritte spinnt das klare Gold a. a. O. 527, 8.

Ebenso heisst es in den Anrufungen an den Marienkäfer (vgl. o. S. 98 S. 209):

> Herrchottstierche flieg mer fort,
> Breng mer ne neue chuldne Rock.

Siegen. — Kuhn Westfäl. Sag. II 78, 237

> Muttergotteskäferle
> Flieg af die Wâd,
> Bring der Muttergottes
> A guldenes Klâd.

Brünn. Zs. f. d. Myth. IV 326, 15 übereinstimmende niederöstr. Varr in Bartschs Germania XIX p. 71.

> Ladybird, Ladybird
> Eigh thy way home,
> Thy house is on fire, thy children all roam,
> Except little Nan, who sits in her pan,
> Weaving gold-laces as fast, as she can.

Germ. Myth. 351, 18. Vgl. Maikäfer fliege fort

> Dein Häuschen brennt,
> Dein Kreischen brennt,
> Die Jungen sitzen drinnen
> Und spinnen;
> Und wenn sie ihre Zahl (Anzahl Schocke) nicht haben,
> Können sie nicht spazieren gan.

Ebds. 350, 16. Vgl. 350, 17.

Wenn der Käfer nach S. 211 als ein Miniaturbild der Sonne galt, so schrieb man ihm vermuthlich zu, was der Sonne zukam. Es ist daher das goldene Kleid, welches er der Madonna bringen soll, das Netz, Geflecht oder Gewebe der Sonnenstrahlen, welches auch ein russisches Räthsel meint, wenn es von der Sonne sagt „aus einem Fenster in das andere ist das Gold gesponnen".[1] In den Strahlen der untergehenden Sonne ist denn auch das Gespinnst der Goldfäden zu erkennen, welches little Nan webt, während das Haus in Feuer steht, der Abendhimmel sich röthet,[2] oder wäre dieses

---

[1] Kreck traditionelle slav. Literatur S. 66.
[2] Germ. Myth. 354. 355.

Haus der flammende Sonnenkreis selbst? Der rothe Rock, den Maria aus
der aus dem Himmel herausgelassenen Sonne spinnt, muss die nämliche Erscheinung beim Abendroth und Morgenroth bedeuten. Und wenn nach unserm
Liede 64 die Sonnentochter (Dämmerung) früh aufsteht, den Seidenfaden
zu zwirnen, so erinnert dies daran, dass es auch in einem offenbar mythischen
schwedischen Liede, von dem Germ. Myth. 656—660 eine Anzahl von Texten
gegeben sind, zum Schlusse heisst a. a. O. 657, 4

> Fru Sole sat på bare sten
> Och spann på sin forgyllande ten,
> Tre timmar, föran solen rann up.

> Frau Sonne sass auf nacktem Stein
> Und spann auf ihren vergoldenden Rocken
> Drei Stunden, bevor die Sonne ging auf.

Die drei Stunden sind mythische Hyperbel; die Goldfäden der Sonne
aber, die ersten Strahlen, werden schon in der Dämmerung sichtbar, ehe der
Sonnenball selbst in die Höhe steigt.

Dem finnischen Volksdichter sind die Sonnenstrahlen Goldfäden, welche
vom Sonnenball wie von einer Spindel abgesponnen werden. Kullerwo ruft
in Kalew. 33, 19 ff. 405 ff. Schiefner:

> Scheine du, o Gottes Sonne,
> Leuchte du, o Schöpfers Spindel,
> Auf den armen Hirtenknaben,
> Nicht auf Ilmarinens Stube.

Darum ist denn besonders Paiwetar, die Sonnentochter, als Weberin berühmt. Von einer tüchtigen jungen Hausfrau, welche Meisterin im Weben ist,
heisst es lobend:

> Also webt des Mondes Tochter,
> Also webt die Sonnentochter,
> So des grossen Bären Tochter,
> So der schönen Sterne Tochter.

Kalew. 24, 81 ff. S. 145 Sch.

Das stattliche Gewand des Brautwerbers wird gepriesen; um den Leib
trägt er den wollenen Gürtel, den mit schönen Fingern die Sonnentochter
webte, in den feuerlosen Zeiten, als man noch kein (Schmiede)feuer kannte.
Kalew. 25, 581 ff. 158 Sch. Wainämoinen verspricht der Wasseralten ein
Hemd von reinstem Flachse, das die Mondestochter gewebt, die Sonnentochter
gewirkt habe. Kal. 48, 130 ff. S. 280 Sch. Als er zum erstenmale seinen
göttlichen Gesang zur Harfe hören lässt, da lauschen ihm auch entzückt der
Lüfte Schöpfungstöchter, die eine auf rothem Wolkensaum strahlend;

> Hielt des Mondes schöne Jungfrau
> Und der Sonne schöne Tochter
> In der Hand die Weberkämme,
> Heben auf die Weberschäfte,

> Weben an dem Goldgewebe,
> Rauschen mit den Silberfäden,
> An dem Rand der rothen Wolke,
> An des langen Bogens Kante.

Als sie aber staunend die wunderbare Musik hören, entgleiten Weberkamm und Schifflein ihren Händen und die goldnen und silbernen Fäden reissen. Kalew. 41, 96 ff. 241 Sch. Auch die estnischen Lieder wissen von den „Luftmaiden" zu erzählen. Ein mythisches Lied nennt deren vier: Wassernixe, Sternentochter, Mondenlehrlinǵ und Sonnenschwalbe.

> Mussten für die Sonne steppen,
> Für den Mond das Gold verwirken,
> Für die Sterne Hauben sticken,
> Für das Wasser Spitzen weben,
> An des Nebels Kleidung nähen.[1]

Ein cosmogonisches Lied spricht noch deutlich die Naturanschauung aus:

> Aufschlag ward gewebt beim Mittag,
> Einschlag in des Frühroths Haus,
> Andres in der Sonne Halle.
> Dorten sind die blauen Seiden,
> Die moosfarbgen Sammetdecken,
> Die umrandet roten Wate
> Auf dem Webestuhl gewirket,
> Auf den Tritten abgetänzelt.
> Dort ward das Gewand gewoben,
> Alles Linnen abgeklöpfelt,
> Mit dem einst die Welt verschönet,
> Rings des Himmels Rund gefärbt ward,
>
> Die Gewölke bunt durchbrochen,
> Die Weltgegenden geschmücket,
> Um am Abend aufzuglänzen,
> Bei der Sonn' Aufgang zu glühen —
> Dort ist gestickt der Sternenmantel,
> Regenbogens bunter Mantel,
> Goldgewand gewebt dem Monde,
> Schimmerschleier dem Sönnelein.
> Der Altvater, der Altweise
> Hatte die Arbeit vollendet,
> Hatte schön die Welt geschaffen.[2]

Zum Seidenröcklein der Sonne in unserem Liede 16, zum Sammetrock des Morgensternes 51 ist der braune Rock 75, das Kleid 78 (der Sonnentochter), die wollene Decke der Maria (72), das von der Mutter Gottes geschenkte Seidentüchlein (79) als nächstverwandt zu stellen. Welchem Homerleser fiele nicht die κροκόπεπλος 'Ηώς Il. VIII 1 XIX 1 als vollgiltiger Beweis für die nämliche Anschauung bei den Griechen ein?

o. Sonne mit der Aussteuerlade. Das Gold der scheidenden Sonne, welches die Bäume des Waldes noch mit seinem Schimmer schmückt, ist 13. 14. 15. 42. als ein Schatz aufgefasst, als Brautschatz der Sonnentochter, als eine goldene, oder goldbeschlagene Lade, aus der Ringe, Gürtel, Handschuhe, Wollentücher gespendet werden. Um diese Bilder, so einleuchtend und packend sie auch ohnehin auf den ersten Blick sind, in ihrer vollen Schönheit würdigen zu können, muss man sich die lettisch-litauische Hochzeitssitte vergegenwärtigen, aus dem Brautschatze auf das reichlichste Gaben auszutheilen. Die litauische Braut musste bei der Heimführung nach dem Hause des Gatten

---

[1] Kreutzwald und Neuss, mythische und magische Lieder der Esten S. 34.
[2] Kreutzwald u. Neuss a. a. O. 24. B.

vor jedem Heck, an jeder Grenze, zuletzt bei des Bräutigams Gehöfte oder
der Klete ein Handtuch, oder einen Gürtel (joste) hinwerfen, welche die
Knechte für den Bruder (Dewerys) und die unverheirathete Schwester des
jungen Ehemanns aufhoben (M. Praetorius). Heutzutage macht der Führer
des Brautwagens (Palags) gewöhnlich vor jeder Hecke und oftmals, wo es
ihm sonst beliebt, Halt und behauptet, die Sielenstränge seien gerissen, bis
man Strumpfband, Josten (Gürtel), Schnüre hervorsucht und ihm zur
Ausbesserung des Schadens überliefert. Zumal der Thorweg des Hochzeit-
hauses öffnet sich der Braut nicht eher, als bis sie nach langem·Hin- und
Herreden an die Thorhüter nicht unbedeutende Geschenke von Stomenis
(d. h. Stücken Leinewand von Mannslänge) Handschuhen, buntgewirkten
wollenen Bändern ausgetheilt und auch das Heck damit bebunden, anderswo
ein Geschenk von ihrer Hände Arbeit für die Schwiegermutter übergeben
hat. Beim Eintritt in die Klete hängt die junge Frau auf den Thürschlüssel
einen Stomenis. Ist dann später die Ceremonie der Abnahme des Mädchen-
kranzes beendigt und ihr die Frauenhaube aufgesetzt, so wird sie von den
Verwandten aufs herzlichste begrüsst und überreicht ihnen nun die mitgebrachten Geschenke, dem Schwiegervater Leinwand, der Schwiegermutter
eine vollständige Bekleidung, den Schwägerinnen gestickte Ueberhemden
(Marschkinelen), den Mädchen, die beim Ausflechten der Zöpfe geholfen haben,
Handtücher. Gisevius erlebte den Vorgang als Augenzeuge folgendermassen:
Die junge Frau umhalste alle Zunächststehenden und empfing feierlich den
Segen der Schwiegereltern. Darauf öffnete sie ihren Kraitisschrank
(Aussteuerlade), holte eine Menge Weisszeug, Linnen und Bänder hervor und
mit denselben beladen fing sie bei den Eltern mit der Vertheilung der Gaben an.
Alle in der Kletis Befindlichen wurden berücksichtigt, und von der Nutaka mit
Stomenis (feinen Leinwandstücken von sechs und mehr Ellen Länge) beschenkt,
deren sie jeglichem eines oder mehrere wie Schärpen um den
Leib band.[1]) Endlich musste die junge Frau (Marti) durch alle Gebäude,
Ställe und Schoppen gehen und vor allen diesen Baulichkeiten tanzen und
sie beschenken. Auf die Schwelle des Ochsenstalles, in die Scheuer, Pferde-
und Schweinestall legt sie Geld, in den Schafstall einen Gürtel (Joste), in
den Kuhstall ein Kopftuch, in die Jauje (Hitzriege zum Dörren des Getreides)
einen Stritzel. Jedem Baum im Obstgarten, jedem Getreidefach in der
Scheuer, jedem Thor, Heck, Brunnen musste sie etwas zuwerfen. Kam sie
mit Tüchern und Gürteln nicht aus, so musste sie sich mit Geld auslösen,
Geld auf die Orte und Schwellen legen. Diese Sachen wurden nachher aufgehoben und unter des Bräutigams Freunde vertheilt (M. Prätorius).

Aus Brand (Reisen 147—152) lernt man die lettische Sitte, wie sie sich
am Ende des siebzehnten Jahrhunderts in Livland gestaltete, kennen. Wenn
die junge Frau zum Hause des Bräutigams geholt wird, „wird der Brautkast
(Hochzeitlade) zum präsent mit sonderlichen Geberden voran-

---

[1]) N. Preuss. Provinzialbl. IV 1847 S. 215.

geführet, welcher nun mit einigen bunten Kniebändern Linnyken (so nennen sie ein Stück sichern Leinwands von 4 Ehlen und dreyviertel Quart breit oben und unten gantz bunt), etliche Groschen an Geldt, alten Schuhen, bunten gestrickten Handschuhen, und dergleichen Grillen angefüllet ist, so ihr ihre Eltern zum Brautschatz mitgeben und davon sie etliche bunte Bänder an die Gäste austheilet". Noch jetzt vertheilt die lettische Neuvermählte am Sonntag vor der Kranzabnahme Hochzeitsgeschenke an die Schwiegereltern und Geschwister des jungen Gatten.[1])

Auffällig ist, dass in unsern Sonnenliedern nicht die Braut die Gaben austheilt, sondern die Sonne und der Abendstern, welche hier wohl als Brautmutter (Brautgeleiterin) und Brautführer gedacht sein müssen. Das weist auf eine locale Verschiedenheit der Hochzeitsitte zurück, wie wir sie bei den Südslaven noch lebendig finden. Bei den Serben im Banat erhält nämlich die Braut zur Vorhochzeit (prsten-jabuka) ein Geschenk an Hemden, Strümpfen, Schuhen und Kleidern. Auf der Hochzeit schenkt die junge Frau dem Kum (dem ersten Beistand) ein Hemd, dem Starisvat (zweiten Beistand), den Deveri (Brautführern) und andern Gästen ein Tüchlein, Handtuch oder Fusssocken, die Mutter des Bräutigams theilt an alle Verwandten und Gäste Hemden und Tücher aus.[2]) In Syrmien vertheilt auch die Svekra, die Mutter des Bräutigams die Geschenke. Sie schmückt die Basspfeife und die Pferde mit schönen Tüchern und Handtüchern und steckt auf das Dach des Hauses eine Ruthe und ein Handtuch, welches derjenige als Botenbrod empfängt, welcher zuerst den herannahenden Brautzug anmeldet. Während endlich der jungen Frau der Brautschleier abgenommen wird, überreicht die Svekra persönlich oder durch den Dudelsackpfeifer dem Kum, Starisvat und Dever vorbereitete Präsente.[3]) In der Militärgrenze erfolgt die Vertheilung der Geschenke durch die junge Frau im Verein mit den Deveri, welche die Gaben auf blankem Säbel tragen.[4]) Im eigentlichen Serbien vertheilt am zweiten Hochzeittage der Tschausch, die lustige Person, unter Spässen die aus Tüchern, Hemden u. s. w. bestehenden Geschenke der Braut, welche angeblich unter der Last keuchend zwei Jünglinge herbeitragen, indess die noch Verschleierte sich ohne Unterlass verneigt.[5])

Mit den in unseren Liedern 13. 14. 15. ausgesprochenen Gedanken berühren sich nach zwei verschiedenen Richtungen hin ein serbisches und ein finnisches Lied. Das serbische[6]) erzählt, wie der Morgenstern seinem Bruder, dem Monde, den Blitz erfreite und Hochzeitgäste einlud als Kum den Herrgott, als Prikum, Starisvat und Djeveri die Heiligen Johannes, Niclas, St. Peter,

---

[1]) Die dabei gesungenen Lieder s. Latweeschu tautas dseesmas I. Lpzg. 1874 n. 497—510. S. 41.

[2]) Rajacsich, Leben, Sitten und Gebräuche der in Oestreich lebenden Südslaven. Wien 1873 S, 168. 183. 184.

[3]) Rajacsich 158. 163. 164.

[4]) Rajacsich 148.

[5]) Talvj, Volkslieder der Serben II 17.

[6]) Talvj a. O. II 91. Vuk I 131.

Pantaleon, als Brautmaid die feurige Maria, als Wagenführer St. Elias. Dann fängt er an Hochzeitsgaben auszutheilen, dem Herrgott die Himmelshöhen, St. Johannes die Winterkälte, St. Peter die Sommerhitze, der Maria lebend Feuer, dem Elias Pfeil und Donner.

Wenn sich hier sowohl der Blitz (Perun-Perkun), doch als Braut, und die Vertheilung von Hochzeitgaben wiederfinden, spinnt eine in der vierten Kalewalarune enthaltene Episode den Gedanken, dass die Sonne bei Abend die Waldesbäume und das Antlitz der Menschen mit goldenem Schein wie mit leuchtendem Schmuck umkränze, episch fort. Eine Mutter heisst ihre Tochter in das Vorrathshaus am Berge gehen und den bunten Deckel der besten Kiste heben. Dort werde sie einen Schmuck finden, den sie anlegen möge, um dem vornehmen Freier zu gefallen, sieben blaue Röcke und sechs goldne Gürtel, die des Mondes Tochter webte und der Sonne Tochter nähte. Als sie einst, so erzählt die Mutter, in ihrer Jugend im Busch am Berge Himbeeren suchte, habe sie am Saum des Waldes die Mondestochter weben, die Sonnentochter spinnen hören; sie sei ihnen genaht und habe sie sanft gebeten:

„Gich dein Gold, o Mondestochter,
Gieb dein Silber, Sonnentochter,
Diesem Mädchen ohne Mittel,
Diesem Kinde, das dich bittet."
Gold gab mir des Mondes Tochter,
Silber mir die Sonnentochter,
Gold mir an die schönen Schläfen,
Auf das Haupt mir schimmernd Silber,
Mit den Blumen ging behend ich,
Freudig nach dem Haus des Vaters.

Trug es einen Tag, den zweiten,
Aber schon am dritten Tage
Nahm das Gold ich von den Schläfen,
Und das Silber mir vom Haupte,
Bracht' es hin zum Haus am Berge,
That es sorgsam in die Kiste,
Hat bis heute dort gelegen,
Hab' es nie mehr angesehen.[1]

p. Der Sonnenbaum.

a) Sonne = Rose, Rosenstock, Sonnenbaum. Ebenso durchsichtig wie die Vorstellung als Apfel ist die Auffassung der Sonne als Rose, welche deutlich ihren Anlass fand in der rosigen Farbe des Morgenroths, von der schon Homer das Bild der rosenfingrigen d. h. von Rosen an ihren Fingern, (den ersten fächerartigen Sonnenstrahlen) umgebenen, Rosen mit ihren Fingern ausstreuenden Eos entlehnt. Vgl. Hallers Morgengedanken:

Die frühe Morgenröte lacht,
Und vor der Rosen Glanz, die ihre Stirne zieren,
Entflieht das blasse Heer der Nacht.
Die Rosen öffnen sich und spiegeln an der Sonne
Des kühlen Morgens Perlenthau.

Vgl. in einem Gedicht von der Morgenröthe:

Das Lächeln, das sie hold umschwebt,
Hat sie aus Himmelslicht gewebt.
Die Rosen, damit sie sich schmückt,
Hat sie im Paradies gepflückt.

Grube, Buch der Naturlieder. Lpzg. 1851. p. 59 bei Schwartz S. M. St. 208.

---

[1] Kalewala R. 4 V. 119—166. S. 20 Schiefner.

Eine Reihe unserer Märchen erzählt von dem Mädchen, das in den Brunnen fällt und unten auf eine schöne Wiese geräth; hier schüttelt sie einen Apfelbaum, so dass der reife Apfel herabfällt (der Sonnenapfel zum Vorschein kommt), hier melkt sie eine rothe Kuh (rothe Kühe = Lichtstrahlen s. u.), hier räumt sie einen Backofen (das am Morgen wie von innerem Feuer sich röthende Himmelsgewölbe (s. o. S. 215 ff.), indem sie das Brod [den runden Kreis der allnährenden Sonne vgl. o. S. 102] herausholt. Sie befreit einen Schafbock von der Last seiner Wolle, oder findet in einem verschlossenen und verbotenen Zimmer einen goldenen Bock (s. unten); sie wäscht schwarze Wolle (die dunkele Decke der Nacht) weiss und gelangt endlich durch ein goldnes Thor im Augenblicke, wenn der Tag anbricht, helles Taglicht vor sich, schwarze Nacht hinter sich, am ganzen Leibe vergoldet, und Goldstücke, Perlen oder Rosen aus dem Munde lachend zu den Ihrigen zurück. In dieser Märchengestalt ist längst die Morgenröthe erkannt.[1]) Unter dem Kranz von Rosen, mit welchem die Sonne im lettischen Liede 27 den Gerstenacker täglich umkleidet, ist nach alledem sicher die Morgenröthe zu verstehen. Die Beziehung zum Saatfeld ist hier genau die nämliche wie die des Helios in den homerischen Versen Od. III 3, wo der Sonnengott Morgens am Himmel emporsteigt

$$ \text{ἵν' ἀθανάτοισι φανείη} $$
$$ \text{καὶ θνητοῖσι βροτοῖσιν ἐπὶ ζείδωρον ἄρουραν.} $$

Der Garten aber, in dem neun Röslein wachsen (78), der goldne Rosengarten (79), die neun Rosenstöcke, auf denen die Sonnentochter ihren Rock trocknet (75), stehen dem Apfelbaum mit neun Seitenästen (72) gleich und bedeuten die Strahlen der Sonne, auf denen oben als Spitze die Blume des Sonnenballes prangt. Vgl. Fr. Rückert: „Die Sonn' ist eine gold'ne Ros' im Blau" und H. Heine (Buch der Lieder): „Ueber mir im ewigen Blau prangte die Sonne, die Rose des Himmels, die feuerglühende." Aus dieser Rose d. i. der Sonne ist abgeleitet sowohl der goldene Rosengarten, als der in die Wolken gewachsene Rosenstock in 83. 84.

Zur bessern Begründung meiner Behauptung muss ich etwas weiter ausholen und zunächst nachweisen, dass die Sonne mit ihren Strahlen vielfach als ein sich verästelnder Baum gedacht ist. So ruft Rückert dem Schmetterlinge, dem Paradiesesvogel, zu:

Streife nicht am Boden, schwebe
Dort hinan im Siegeslauf,
Wo im Blauen unbegrenzet
Blüht der Sonne goldner Baum.[2])

Dieselbe Anschauung enthält ein kleinrussisches Volksräthsel[3]): „Es steht ein Baum mitten im Dorfe, in jeder Hütte ist er sichtbar" (Aufl. die Sonne

---

[1]) Grimm Myth. II 1054. Des Verfassers Germ. Myth. 430—440 Schwartz S. M. St. 257.
[2]) Der Schmetterling im Herbste. Bausteine zu einem Pantheon. Gedichte. 1836. I 70.
[3]) Afanasieff poet. Naturansch. d. Russ. I 517 Anm. 2.

und ihr Licht[1]) Hiezu stimmt ferner ein norwegisches Volksräthsel, dessen Mittheilung ich S. Bugge verdanke:

Der stend eitt tré i Billingsbergje	d. i. Da steht ein Baum auf dem Billingsberge
dæ driuper ùt ivi eitt hav,	Der tropft (vgl o. S. 101) über ein Meer
hennes greiner lyse som gull,	(o. S. 97)
du gjeter dæ'k idag.	Seine Zweige leuchten wie Gold;
	Das rätst du heute nicht.

Aufl.: die Sonne. Dieses Räthsel erläutert den engl. Ausdruck sun-heam Sonnenstrahl, zu dem auch eine niederdeutsche Beschwörung stimmt (in een scone Exempel v. 117 in Willems Belg. Museum I 326:

noch bemane ic u meere
by der Zonnen boom en by der manen.

Steckt etwa auch in altnord. sól-gran n. Sonnenstäubchen gran. n. Fichte, so dass der Ausdruck als totum pro parte zu fassen wäre? Oder liegt diese Synekdoche nicht vor und muss an gran n. Korn, unbedeutendes Gewichtstheilchen gedacht werden?[1]) Wie dem auch sei, jetzt werden wir auch im Aachener Kinderreim den Sonnenbaum gewahr werden:

Op Zent Zellester-Berg (St. Salvator bei	Do kaucht Maria 'nen Appelbrei (o. S. 104),
Aachen)	Do kommen alle Herrgottskenger bei
Do schingt de Sonn' esu wärm;	(o. S. 212)
Do steht e gölde Bäumche,	Do kommen alle Engelcher (o. S. 99)
Onger det gölde Bäumche	Kleng en gruss,
Do steht e gölde Stöulche.	Nacks en bluss,
We setzt darop? Maria.	Jesus in Marias Schuus.[2])

Bliebe noch irgend ein Zweifel hinsichtlich des Sonnenbaums, so löst ihn die folgende Sage. „Die Bramanen erzählen: der sehr geliebte König Vicramaarca dachte eines Tages über die Kürze des Lebens nach und wurde darüber sehr traurig, bis ihm sein Bruder zum Troste folgenden Rath gab. In der Mitte der Welt ist der Baum Udetaba, der Baum der Sonne, welcher mit Sonnenaufgang aus der Erde hervorspriesst, in dem Maasse, wie die Sonne steigt, in die Höhe steigt, und sie mit seinem Gipfel berührt, wenn sie im Mittag steht, worauf er wieder mit dem Tage abnimmt und sich bei Sonnenuntergang in die Erde

---

[1]) W. Schwartz in seinem Aufsatz „der rothe Sonnenphallus der Urzeit in der Zs. f. Ethnologie 1874 S. 178 führt eine Stelle aus dem Talmud an, wo der mehrfach vorkommende Ausdruck „Lichtsäule der Sonne, des Mondes" für das Licht der aufgehenden Sonne und des aufgehenden Mondes folgendermassen erläutert wird: „Unter Lichtsäule der Sonne wird verstanden das Aufgehen der Morgenröthe, welche durchbricht, wie eine aufrechte Palme" „Die Lichtsäule des Mondes steigt säulenartig auf, wie ein Stab, die Lichtsäule der Sonne dagegen zerstreut und hierhin und dorthin".

[2]) J. Müller und W. Weitz, die Aachener Mundart, Aachen und Leipzig 1836 S. 278. Vgl. Germ. Myth. 326 Anm. 1a.- Die Himmelsthür wird offengehn, Kommt Jesus aus der Schule. Kocht Maria Apfelbrei, setzen sich alle Engelchen bei, nackt und bloss, alle auf Marien Schooss.

zurückzieht. Setze dich bei Anbruch des Tages auf diesen Baum; er wird dich, wie er in die Höhe wächst, bis zur Sonne hinaufbringen, und diese kannst du bitten, dass sie dir ein längeres Leben als den übrigen Menschen schenken möge. Der König befolgte diesen Rath und erhielt ein Leben von zweitausend Jahren voll Kraft und Gesundheit.[1]

β) Rosenstock, Sonnenbaum erklettert. Hier haben wir nicht allein einen Baum, der bis in den Himmel hineinwächst, sondern auch, wie in unserm Liede 83, 84 die Mythe von jemand, der auf ihm in die Höhe klettert. Hiemit stehen wir inmitten einer Sagenfamilie, welche Vertreter in allen Welttheilen hat. E. Tylor, der ihr in seinem Buche „Urgeschichte der Menschheit" S. 440—450 eingehende Beachtung schenkte, gab ihr nach einem einheimischen Repräsentanten, einem englischen Märchen, den Namen „Hans mit dem Bohnenstengel" (Jack and the beanstalk).

Wir unsererseits beginnen unsere kurze Besprechung mit einem deutschen Märchen aus Siebenbirgen in Haltrich's werthvoller Sammlung n. 15 der Wunderbaum S. 70—71. Ein Hirtenknabe gewahrt plötzlich auf dem Felde einen grossen, schönen Baum mit Zweigen, die wie die Sprossen einer Leiter stehen. Sein Wipfel reicht hoch in die Wolken. Der Knabe steigt neun Tage lang am Baume empor und gelangt zuerst auf ein weites Feld mit kupfernem Palaste, einem Kupferwalde und einer Kupferquelle, in der sich seine gebadeten Füsse mit Kupferglanz überziehen. Er bricht ein Zweiglein und gelangt an dem grossen Wunderbaume weiter in die Höhe steigend nach abermals neun Tagen auf ein anderes Feld, wo Schlösser, Bäume, Hahn und Quelle von Silber sind. Hier färben sich seine Hände mit Silber. Endlich erreicht er nach neuem Klettern am siebenundzwanzigsten Tage ein Goldland mit Goldpalästen und goldenem Wald, Hahn, Quell, in dem sein Haar golden wird. Mit dem goldenen, silbernen, kupfernen Zweige gelangt er, abwärts gestiegen, in einen Königshof, wo er als Küchenjunge Dienste nehmend, sich Kopf, Hände, Füsse verhüllt. Später schreitet er unverhüllt dreimal den Glasberg hinan und legt je einen der drei Zweige der Königstochter in den Schooss, die er auf diese Weise zur Gemahlin erwirbt. Der goldhaarige Bursche ist uns schon als Sonnengott (o. S. 214), der Glasberg als Himmelsgewölbe (o. S. 97. 213.) bekannt; die kupferne, silberne, goldene Station erinnert an den ehernen, silbernen, goldenen Apfel, das silberne, goldene, diamantene Ross (o. S. 95 S. 214) und charakterisirt sich damit als Sonnenbaum.

In einem neugriechischen Märchen aus Kalliopi „das Töpfchen"[2] wächst ein Johannisbrodbaum so hoch, dass er nahe an den Himmel stösst. Ein alter Mann steigt hinauf, um oben Schoten zu pflücken. Da hört er im Wipfel

---

[1] Frau v. Genlis, Botanik der Geschichte, übers, v. Stang I 242 bei Friedreich, Symbolik der Natur S. 169.

[2] Bei Simrock, deutsche Märchen 1864. Anhang S. 358.

Sommer und Winter um den Vorrang mit einander streiten. Er schlichtet
den Streit zu Beider Zufriedenheit und erhält dafür von ihnen zuerst ein alle
Wünsche befriedigendes Töpfchen (= Tischchen deck dich), sodann einen
Knüppel aus dem „Sack.“ Im englischen Märchen „Jack and the beanstalk“
wird erzählt, dass eine bunte Bohne in die Wolken hinauf wächst, ihre Stengel
bilden eine Leiter, an der Hans hinaufklettert, bis er oben in eine unbekannte
Gegend kommt, wo ihm eine alte freundliche Fee von seinem Vater erzählt, von dem er noch nie etwas gehört hat. Ein böser Riese hat
denselben getödtet und seine Schätze genommen. Diese Schätze, eine Goldeier legende Henne, ein Beutel mit Gold und eine Goldharfe gewinnt Hans
wieder. Als der Riese dem am Bohnenstengel Hinabgestiegenen folgt, hackt
dieser jenen entzwei, so dass der Unhold köpflings in den Brunnen stürzt
und todt ist.[1]) Die Goldeier legende Henne[2]) ist ebenso, wie die Harfe
(s. unten) wieder ein Apotypom der Sonne.

---

[1]) K. H. M. III[3] 321 ff.
[2]) S. o. S, 104 das Ei = Sonne. Vgl. dazu das Mailänder Regenlied (Germ. Myth. 422)

> Pjöv pjöv
> La gaijina fa l'oeuv.
> Es regnet, es regnet,
> Die Henne legt ein Ei;

d. h. wenn es abgeregnet, scheint die Sonne wieder.
so wie das piemontesische Sonnenlied (Germ. Myth. 396), welches ich der gütigen Mittheilung
Se. Excellenz des Herrn Ritter Nigra verdanke:

> Sol, mirasol
> tre galine suna rol,
> tre gai ant un castel,
> preghe Dio c'a fassa bel.

> Sonne, Wundersonne!
> Drei Hühner auf einer Eiche,
> Drei Hähne auf einer Burg;
> Bitte Gott, dass es schön werde

Zu diesen drei Hühnern auf einer Eiche halte man das russische Räthsel von der Sonne „Es
sitzt auf einer alten Eiche ein Vogel, den weder König noch Königin noch die schönste
Jungfrau fangen kann. Ralston songs of the Russian people 349. Ein anderes russisches Räthsel
sagt: Der Hahn sitzt auf der Weide, lässt sein Gefieder (wörtlich Haarzopf) bis auf die
Erde. Aufl.: die Sonne und ihre Strahlen. Afanasieff poet. Naturansch. I 519 nach Tschernigoff-
Gouvernements-Zeitung 1854 n. 29. Vgl. den goldenen Weidenbusch im lett. Liede n. 63.
Die Weide ist in diesem Räthsel statt der Eiche als Name des mythischen Baumes gewählt,
um darauf anzuspielen, dass derselbe am oder über dem Wasser (Himmelsmeer oder -Strom)
sich erhebt. Es ist nun wohl deutlich, weshalb die schon mehrfach o. S. 98. 209. 211. erwähnten
Käfer coccinella septempunctata, chrysomela und cetonia aurata als Abbilder der Sonne (Sonnchen, Sonnenscheinchen) auch Herrgottshähnchen, hiärguothäunken, U. L. Frauen Küchlein,
schwed. Herranshoen, Gullhöna, Gêshöna, dän. Marihöne Vorherreshöne, holl. lieven heers
haantje, Zomerhaantje oder tuitje (Henne) heissen. Germ. Myth. 243 ff. 248 ff. Hiezu vgl man
die Anrede der Esten an denselben Käfer, bei ihnen Lepatrina (d. Erlentrine, Katharina der
Erlen) genannt. (Ueber Katharina als Sonnenheilige und als Name dieses Käfers s. Germ. Myth.
7. 385—388. Zs. f. d. Myth. IV 432.):

> Fliege, fliege Erlentrine,
> Flieg in jenes Land hinüber (d. i. den Himmel),

Mehrere russische Varianten theilt Ralston in seinen Russian folktales S. 294—298 mit;[1]) sie reden fast sämmtlich von einem aus Pfannkuchen, Semmeln, Pasteten und allen möglichen guten Esswaaren gebauten Hause, das mehreren (in einer Fassung zwölf) Ziegen zugehörig ist, deren jede nächstfolgende ein Auge mehr hat, als die vorhergehende (Einäuglein, Zweiäuglein, Dreiäuglein u. s. w.) oder von einer durch einen Hahn mit goldenem Kamm gehüteten Handmühle, welche Pasteten und Pfannkuchen zu Tage fördert. Das eine oder das andere dieser Dinge findet derjenige oben vor, der den zum Himmel hineingewachsenen Erbsenstengel, oder Eichbaum hinaufklettert. Hier wiederholt sich somit in anderer Form jener o. S. 226 dem „Tischchen deck dich" gleichgesetzte Topf.

Bei den Wyandots, einem Indianerstamme in der Nähe der grossen Seen, klimmt Chalabech, der nie grösser als ein Säugling wird (vgl. o. S. 211 ff.?) einen Baum hinan, den er anbläst, so dass der wächst und wächst und endlich in den Himmel hineinreicht. Hier oben legt Chalabech seine Schlingen für Wild, in denen sich Nachts unversehends die Sonne fängt, worauf auf Erden der Tag ausbleibt, bis ein Mäuschen die Sonne losnagt. Bei den Dogribindianern im fernsten Nordwesten Amerika's pflanzte Chapewee, als er nach der grossen Fluth die Erde formte, ein Stück Holz auf, das zu einem Fichtenbaum wurde, der mit erstaunlicher Schnelligkeit wuchs, bis sein Gipfel den Himmel berührte. Ein Eichhörnchen lief diesen Baum hinauf und wurde von Chapewee verfolgt, bis er die Sterne erreichte, wo er eine schöne Ebene fand. Hier fing sich die Sonne in der Schlinge, die er für das Eichhörnchen legte.[2]) Die Kasias in Bengalen erzählen, die Sterne seien einst Menschen gewesen; sie kletterten auf den Gipfel eines Baumes, aber andere hieben unten den Stamm ab und sie blieben dort oben in den Zweigen.[3]) Bei den malaischen Dayaks auf Borneo klettert Si Jura zur Zeit einer Hungersnoth an einem im Himmel wurzelnden Fruchtbaum, dessen Zweige niederhangen, in die Höhe, bis er ins Land der Plejaden gelangt, hier den Reis mit seinem Anbau kennen lernt, und dann sich wieder an einem langen Seile unfern von seines Vaters Hause auf die Erde niederlässt.[4]) Auch hier wieder handelt es sich um eine grossartige Nahrungsquelle, welche der Besteiger des Baumes oben

---

Wo die Hähne Gold trinken,
Gold die Hähne, Blech die Hennen,
Auch die Gänse blankes Silber
Und die Krähen altes Kupfer,

Blumberg, Realien im Kalewipoeg S. 83. Wie sich die goldlegende Henne in aesopischer Fabel (Babr. 123. Aesop Fur. 153. Cor. 136) und die von mir Korndämonen S. 40 Anm. 50 beigebrachten Traditionen zu den obigen Ueberlieferungen verhalten, steht noch zu untersuchen.

[1]) Vgl. auch Gubernatis zoolog. Myth. I 189 ff.
[2]) Tylor, Urgeschichte der Menschheit. Lpzg. s. a. S. 441 ff.
[3]) Tylor, Anfänge der Cultur. I 287.
[4]) Tylor, Urgeschichte 445 ff.

findet. Bei den gleichfalls malaiischen Bantikern auf der Insel Celebes ist
die Sage, von der wir handeln, mit der Schwanjungfrausage verbunden,
welche von Kuhn, M. Müller u. A. wohl mit Recht gleichfalls als Sonnenmythus gedeutet wird. Es entwendet nämlich Kasimbaha, der mit andern
himmlischen Nymphen zum Bade herabgestiegenen Utahagi ihr Taubenhemd
und heirathet sie. Später entweicht sie unter Blitz und Donner zum Himmel.
Da steigt er auf den Rotangranken, die Himmel und Erde verbinden,
und von denen ihm eine Ratte die Dornen abnagt, zu Sonne und Mond empor
und gewinnt dort die verlorene Geliebte wieder.[1]) Die neuseeländische Mythe
von Tawhaki ist unzweifelhaft mit der vorstehenden historisch verwandt.
Tawhaki, von den Schwägern erschlagen, dann wiederbelebt, [eigentlich ein
Gott der Luft, aus dessen Füssen und Achseln Blitz und Donner hervor-
kommt, und dessen rechtes Auge als Polarstern glänzt] verheirathet sich mit
einer Nymphe, die aus Liebe zu ihm den Himmel verlassen hat, als er sie
kränkt, mit ihrem Töchterchen wieder zur himmlischen Heimath emporfliegt.
Er zieht aus, um sie zu suchen und kommt zu dem Orte, wo seine Ahne
Matakerepo die Enden der Schlingpflanzen bewacht, welche vom
Himmel zur Erde herabhangen. Auf einer solchen, die unten in der
Erde Wurzel schlug, klimmt er, während sein Bruder Karihi an einer los-
hangenden Ranke himmelauf himmelab schaukelt, glücklich empor, und hilft
seinem himmlischen Schwager beim Bau des Kahnes (der Sonne vgl. o. S. 102),
wird endlich von seiner Frau erkannt und thut sich als Gott kund.[2]) Hiemit
sind, wenn man die o. S. 227 erwähnten Mythen vom Sonnenfänger in Betracht
zieht, unzweifelhaft die folgenden Maorisagen zu combiniren. Mit der Ranke
einer Schlingpflanze, die Itu wachsen lässt, bindet ein Krieger auf Samoa
die Sonne fest, bis er sein im Bau begriffenes Haus aus Steinen fertig hat.
Es war eben die Zeit des Jahres, wo die Sonne schwerfällig, müde
und schläfrig ist.[3]) Auf Tahiti baut Maui (der Himmels- und Sonnengott)
ein Marae (Tempel) und da dieses im Laufe des Tages vor Abend vollendet sein muss, ergreift er die Sonne an den Strahlen und bindet
sie an das Marae, oder an einen nahestehenden Baum, oder er fesselt die
Sonne mit Stöcken aus Kokusnussfasern so, dass sie seitdem langsamer als
zuvor ihren Weg geht, oder er hält die Sonne auf und regelt ihren Lauf, so
dass Tag und Nacht gleich sind.[4])
  Es ist ferner im Maorimythus von einem Baume die Rede, dessen herabhangende Aeste die Leiter sind, auf der die Todten auf- und absteigen, und
welche gleichsam in der Erde festgewurzelt dieselbe halten[5]), auch dass jener

---

[1]) Schirren, die Wandersagen der Neuseeländer und der Mauimythus. Riga 1856. S. 126
[2]) Schirren a. a. O. 41. 126.
[3]) Schirren a. a. O. 37.
[4]) Schirren a. a. O. 38.
[5]) Schirren a. a. O. 94.

einen Kahn sendet, die Erwählten ins Jenseits abzuholen.[1]) Dieser Kahn aber findet sich wieder in der Mythe von Hikotoro, der sein Weib verliert und vom Himmel kommt sie zu suchen. Da er sie in Neuseeland findet, setzt er sie in einen Kahn, bindet an dessen Enden einen Strick und so werd'en sie unverzüglich zum Himmel hinaufgezogen, und in ein Sternenpaar verwandelt.[2]) Der Strick dieser Tradition steht der Ranke gleich, an der man von der Erde zum Himmel gelangt; er ist auch erkennbar in einer anderen Maoriüberlieferung, nach welcher ein Knabe von der Sonne zur Erde in einem kleinen Kahne gelangt, der wie ein Siegel einer Urkunde an einer Schnur hängt.[3]) Schirren schöpft aus der eingehenden Untersuchung aller dieser Mythen das Urtheil „die Ranken, die Flachsbündel, (die Stricke mit dem Kahn), an welchen die Erde emporgezogen wird und Götter auf und niedersteigen . . . sind die Strahlen der Sonne vor allem im Aufgang und in der Mittagshöhe.[4]) Eine Sage von Hawaii sagt: Maui sitzt im Kahne und zieht die Erde nach sich. Als einer der Leute im Kahne hinter sich sieht, reisst die Schnur und nur die Inseln bleiben über Wasser. Dieser Maui, der hinter sich sieht, ist die Sonne. In der Nacht ist sie gradeaus von Westen nach Osten gegangen, hinter ihr die Erde. Am Morgen aber wendet sie sich und kehrt ihr Gesicht der Erde voll entgegen, und wie sie nun umgewendet mit dem Auge nach Westen am Himmel emporsteigt, reisst das Band, das sie mit der Erde verbindet; die Masse bleibt auf dem Grunde des Meeres zurück und nur einzelne Inseln ragen empor. Ist dann im Fortgang die Sonne über den Horizont hoch hinaus getreten, so erlahmt die mythenbildende Phantasie. Nur durch die Strahlen verkehrt die Sonne mit der Erde. Wen sie nicht von dort im luftdurchsegelnden Kahne mit sich emporgenommen, der sucht den Weg zu ihr durch Ranken.[5])

Combiniren wir diese Bemerkungen mit den vorhin dargelegten Anschauungen vom Sonnenbaum, so ist es klar, wie die Sonnenstrahlen einmal als Zweige eines Baumes, das andremal als herabhangende Ranken einer Schlingpflanze, das drittemal als Stricke aufgefasst werden konnten, so dass das Hinaufklettern an ihnen als eine den verschiedensten Völkern gemeinsame Idee erscheint. Wenn damit in mehreren Sagen die Mythe vom Sonnenfänger verbunden ist, so wird das auf irgend eine Weise im Zusammenhang mit der naiven Vorstellung stehen, der regelmässige Lauf der Sonne werde dadurch hervorgebracht, dass diese schnelle Läuferin mit einem Stricke gebunden sei, um sie aufzuhalten,[6]) und dass man diesen Strick eben in den Sonnenstrahlen

[1]) Schirren a. a. O. 110.
[2]) Schirren a. a. O. 41.
[3]) Schirren a. a. O. 109.
[4]) Schirren a a O. 145.
[5]) Schirren a. a. O.
[6]) Vgl. M. Müller Essays II 100:
Dazu so wohl stimmt der bescheidne Schritt,

erblickte, sodann aber das Bild übertrug auf die Schwächung der Sonne,
ihr Gebundensein im Winter[1])

Unzweifelhaft reihen sich das litauische und lettische Lied 83. 84. dem
Kreise dieser weitverbreiteten Mythen ein, deren Gemeinsames dies ist, dass
jemand auf einem Baum, oder einer Ranke in den Himmel hinaufsteigt. Die
weitere Geschichte des Hinaufsteigenden wird fast überall verschieden erzählt;
aber in vielen Fällen lässt sich nachweisen, dass er die Attribute eines Sonnengottes besitzt, oder die Thaten eines Sonnengottes begeht. Wenn in mehreren
Fassungen der (die) Hinaufkletternde ein Tischchen deck' dich oder dessen
Substitut oben auf dem Baume findet, so geht das auf die Sonne als die
grosse Nahrungsspenderin des Weltalls, wie deutlich das Märchen vom Tischchen deck' dich,[2]) so wie der Sonnentisch der Aethiopen in griechischer Sage[3])
erweist. Und offenbar gehört hieher auch der Wunderbaum Manoratha-

---

Der sich den Ketten beugt,
Die an den Pfad dich fesseln, den dir Gott
Zu wandeln anbefahl.

[1]) Vgl. Steinthal Zs. f. Völkerpsych. II 141. Grimm Myth.[2] 706.

[2]) Ueber dieses Märchen können hier nur Andeutungen gegeben werden. Mehrere Wunschdinge werden von dem Helden oder seinen Brüdern erworben, aber durch einen bösen Wirth
gestohlen und mit Hilfe eines Knüppel aus dem Sack wiedergewounen. Diese Wunschdinge sind: Tischchen deck' dich, goldmachendes Schaf (Asbjörnsen, Schleicher, Stier) Tischchen
deck' dich, goldmachender Esel (Grimm, Schott, Basile) Tischchen deck' dich, goldeierlegende Henne
(Zingerle) Flasche mit Tischchen deck' dich, Tischtuch, Widder, Huhn (Woicicky), Tischchen deck'
dich, Esel, Goldhenne (Zingerle S. 185) Ir. Elfenm., E. Meier). Gegen Benfeys Ansicht, der Pantschatantra I 379 die Meinung ausspricht, dass die goldmistenden Fabelthiere durchaus buddhistischen Ursprung sseien, wird sich mit Wahrscheinlichkeit ein älterer mythischer Ursprung dieser Figuren behaupten lassen. Wie so häufig im Mythus, sind verschiedene Bilder für einen und denselben Gegenstand zusammengehäuft. Die Goldeier legende Henne = Sonne ist o S. 226 besprochen, über den
Schafbock s. unten; der Prügel aus dem Sack scheint der Donnerkeil, der die vom nächtigen Unhold geraubte, mit Wolkendunkel verhüllte Sonne zurückeroberte. Vgl. des Verfassers Götterwelt
S. 203. Es bleibt zu untersuchen, einerseits wie sich die sonstigen im Märchen genannten
Wunschdinge, andererseits wie sich der nach den Sagen aus der Ackerfurche oder dem See
aufsteigende mit Schüsseln und Speisen besetzte Tisch, das mit Kuchen, Brodlaib u. s. w
belegte Tuch der Elben zum Tischchen deck' dich der Märchen verhalte ‚s u. A. Müllenhoff
n. 390. 599. Grimm D. S. I n. 298. 34. Vernaleken, Alpensagen n. 151. Schambach u. Müller
n. 143. Rochholz Aargaus. I n 78, 3. Hagens Germania IX S. 97. Vgl. Kuhn westf. Sag. 1
n. 414 Anm.), Enthalten die Sagen etwa nur irdische Lokalisirungen des himmlischen Wunsch-
tisches der Sonne in Verbindung mit dem Glauben an eine andere in den Kräften der Vegetations-
geister begründete allgemeine Nahrungsquelle? (s. Baumkultus S. 80).

[3]) An dem Orte des Sonnenaufgangs bei den Aethiopen soll ein ewig gedeckter Tisch aus
der Erde aufgestiegen, voll der verschiedenartigsten Speisen und Gerichte dastehen, von dem
jeder nach Belieben essen könne. Diese Tafel heisse der Sonnentisch (τράπεζα τοῦ ἡλίου).
Das Aufgegessene ergänze sich über Nacht. Zu Herodots Zeit hatte sich bereits der Euhemerismus
in die Sage eingeschlichen, die Einwohner von Ammonium sollten Nacht für Nacht die Ergänzung
des Verzehrten vollziehen, die Speise war zu Fleischspeise geworden. Herod. III 18. Vgl. auch
Preller griech. Myth. I[3] 353. Uebrigens liegt die oben entwickelte Vorstellung bereits verdunkelt auch dem homerischen Glauben zu Grunde, dass die olympischen Götter von Zeit zu
Zeit zum Mahle der Aethiopen an des Okeanos Fluth gehen. Il. I 422.

dayaka (Wunschgeber), der im Garten der Vidyâdharas steht, Kinder verleiht, Gold auf die Menschen herabregnet und jeden Wunsch befriedigt.[1])

Schliesslich sei es erlaubt noch eine erst neuerdings aufgenommene indische Volkssage beizubringen. Der See Taroba im Chandadistrikt soll durch Zauberei entstanden sein. Einst kam ein Hochzeitzug durch die Chimurhügel. Er dürstete, Braut und Bräutigam machten sich daran nach Wasser zu graben. Da sprang ein Quell hervor, der zum See anwachsend den Hochzeitzug verschlang, aber Feenhände bereiteten den Ertrunkenen in der Tiefe einen prächtigen Palast. Am Ufer des Sees sprosste eine Palme auf, welche nur bei Tage erschien und mit der Dämmerung jedesmal in die Erde versank. Eines Morgens setzte sich ein unvorsichtiger Pilger in die Baumkrone und ward von dem emporwachsenden Baume in die Lüfte emporgetragen, wo die Flammen der Sonne ihn verbrannten. Dann zerfiel die Palme in Staub; an ihrer Stelle erschien ein Bild vom Geiste des Sees, der unter dem Namen Taroba verehrt wird. Ehemals erhoben sich alle zu dieser Verehrung erforderlichen Geräthe (Schalen mit Opferspeise gefüllt u. s. w.) auf den Ruf der Pilger aus dem See und kehrten, nachdem sie benutzt und gereinigt waren, wieder ins Wasser zurück. Als sie aber ein böswilliger Mann mit nach Hause nahm, verschwanden sie schnell und es hörte die mystische Versorgung auf. In ruhigen Nächten vernehmen die Landleute den Klang der Trommeln und Trompeten die um den See herumziehen. Als einst das Wasser bedeutend sank, sah man die Zinnen des Feentempels in der Tiefe schimmern.[2]) Der Sonnenbaum ist nach S. 224 unverkennbar; die aus dem See aufsteigende Schale mit Opferspeise steht nach S. 101—102 und S. 230 dem Tischchen deck' dich und dem Sonnentisch der Aethiopen gleich.

Mit diesem Sagenkreise also stimmt die in unserem Liede 83. 84 erhaltene Mythe von der in den weissen Sandberg gesäten Rose, welche zu einem in die Wolken reichenden Baume erwächst, an dem die Sprecherin in den Himmel hinaufsteigt. Es ist die Sonnentochter, die zur Tageshelle werdende Dämmerung, die in den noch weisslichen Morgenhimmel die Rose, die in der Umhüllung des Morgenroths eben über den östlichen Horizont emporsteigende Sonne sät, und an dem daraus wachsenden Sonnenbaum bis zur Mittagshöhe emporklettert; dort sieht sie nun schon aus der Ferne den Gottessohn, den Abendstern sein Rösschen satteln. Auf die Frage nach Vater und Mutter [grade so erfährt Hans vom Bohnenstengel oben von seinem Vater], weist dieser sie in die Niederung; mit der sinkenden Sonne steigt sie hinab und findet am Abend (als Abenddämmerung) die Stätte ihrer Kindheit, das Haus ihres Vaters wieder, aber Vater und Mutter bereits beschäftigt, ihrer Schwester, der Sonnentochter von morgen früh, die Hochzeit auszurüsten.

---

[1]) Somadeva Kathasaritsagara übers. v. Brockhaus II 84.

[2]) Magazin f. Literatur des Auslandes 1875 n. 5 S. 78.

Nicht wesentlich anders liegt die Sache, wenn wir etwa unter dem Rosenbaum
die Abendröthe zu verstehen haben, an der die Dämmerung hinanklettert, um
oben den Gottessohn und die Stätte ihrer Heimath wiederzufinden. In diesem
Falle ist das Bild des Baumes nicht aus der Anschauung, sondern aus der
Analogie der Vorstellung vom Sonnenbaum geschöpft, ein Vorgang, der sich
vielleicht in noch einem anderen Falle wiederholt.

γ. Die zerspaltene Eiche. Eine eigenthümliche Mythe nämlich ist in
den Liedern 45. 72. 73. 74. 75. 78 enthalten. Abends, wenn die Sonnentochter
sich mit dem Monde (72. 75) vermählt, oder mit dem Morgenstern in das
Brautgemach geht, aus dem sie mit ihm Morgens glänzend hervorgeht, spaltet oder zerschmettert Perkun den goldenen (73. 75), den grünen
(72) Eichbaum, dessen Blut der Sonnentochter, oder der Mutter Gottes
wollene Decke bespritzt und roth färbt; oder er spaltet den Apfelbaum,
der vor dem Thore (des Nachthimmels) steht (74). Weinend liest die Sonnentochter, oder die Sonne selbst die goldenen Zweige auf; den Wipfelzweig sucht
sie lange vergebens, bis er im vierten Jahre sich findet. Apfelbaum
(o. S. 103 ff.) und Eiche (o. S. 226) wies ich bereits als Gestalten des
Sonnenbaums nach, wahrscheinlich ist der letztere gemeint; er erscheint zerspalten, wenn die Sonne hinter den Horizont hinabsinkt. Nur noch einzelne
Strahlen, losgerissene Zweige irren umher am Himmel, der Decke (o. S. 104),
welche sich im Abendrothe mit dem Blute der zertrümmerten Eiche färbt.
Die Sonnentochter, die Dämmerung, sammelt die einzelnen goldenen Blätter
und Zweige ab, der Himmel nimmt zuletzt eintöniges Grau an. Das Blutig-
werden des Abendhimmels findet sich ähnlich in der tahitischen Cosmogonie
wieder. Von dem aus dem Ei geborenen Sonnengott Taroa heisst es, als
sein Kahn unterging, füllte derselbe sich mit seinem Blute; dieses Blut färbte
die See, ward in die Luft getragen, bildete die Abend- und Morgenröthe.[1]
Weit näher liegt zur Vergleichung wieder ein Lied an den Marienkäfer aus
Böhmen zur Hand:

> Sommerwörmel flieg aus,
> Dein Häus'l brennt auss!
> Deine Kinner sein drinne,
> Dås Blut rinnt über d' Rinne![2]

Hier ist das Abendroth doppelt als Feuersbrunst und als Blut appercipirt.

Dass die Zerschmetterung der Eiche nicht, wie es nach einigen Liedern
scheinen könnte, am Morgen, sondern am Abend vor sich geht, scheint durch
die Betrübniss, das Weinen der Sonnentochter (oder Sonne) erweislich. Es
scheint aber in den von diesen handelnden Liedern — wie auch sonst mehrfach — die Abenddämmerung und Morgendämerung, mithin auch wohl Abendröthe und Morgenröthe als ein zusammengehöriges einheitliches Phänomen

---

[1] Bennet-Tyerman II 175—176. Schirren a. a. O. 70 146. 147.
[2] Zs. f. D. Myth. IV 328, 23.

betrachtet zu sein, so dass das Morgenroth noch immer als die Abends vorher vom Baumblut bespritzte Decke angeschaut wird. Diese rothgewordene Decke nun (vgl. o. S. 216 ff.) wäscht die Sonnentochter, die auch hier wieder zur Tageshelle sich ausdehnende Dämmerung im goldenen Bach im Thale (79), in dem Bache mit neun Mündungen (72), im Quell (Teich), in den neun Ströme fliessen (75. 78). Sie trocknet sie am Apfelbaum (d. h. Sonnenbaum) mit neun Seitenästen (72), im goldenen Rosengarten (79), wo neun Rosenstöcke blühen (75), neun Röslein wachsen (78). Sie glättet sie mit der Rolle, welche auf neun Walzen läuft (75 vgl. Lindenrolle mit neun Mangeln 72).[1]) Sie trägt sie an dem Tage, wenn am Himmel neun Sonnen glühen (72. 75. 78), Sie bewahrt sie in der Lindenlade, welche neun Schlösser und neun goldene Schlüssel hat (75). Die Zahl neun drückt, wie es scheint, irgend ein Verhältniss des Sonnenlaufs aus. Darf die Hypothese gewagt werden, dass im frühesten Alterthum Tag und Nacht in je 9 Abschnitte getheilt waren, zu denen man für den Tag durch die Dreitheilung Morgen, Mittag, Abend, für die Nacht durch Analogie auf sehr natürliche Weise gelangt sein konnte? Oder ist neun in unseren Liedern nichts anderes als κατ᾽ ἐξοχήν heilige Zahl ohne spezielle Naturbeziehung?

δ) Der Nachtsonnenbaum.

Eine Reihe von Thatsachen, welche wir in den nächstfolgenden Zeilen zur Erwägung stellen wollen, nöthigen möglicherweise die Auffassung der zerschmetterten Eiche als Sonnenbaum in etwas zu modificiren. Ursprünglich war wohl der vom Baum gefallene Goldapfel, die Sonne, als am anderen Morgen erneut gedacht (o. S. 103), nach anderer Vorstellung blieb er bis zum nächsten Tage verwahrt und bildete so zunächst den alleinigen Gegenstand nächtlicher Hut; allmählich ergänzte sich dieses Bild zu einem Apfelbaum, an welchem der Goldapfel nächtlicher Weile hängt, zu einem Apfelgarten, in welchem die Sonne schläft. Man dachte sich also entweder den ganzen Sonnenbaum Nachts den Mächten der Finsterniss verfallen, oder bildete sich vermöge der Analogie, welche in der Mythologie eine schöpferische Rolle von ausserordentlicher Fruchtbarkeit spielt, gegenüber dem Tagsonnenbaum einen Nachtsonnenbaum, an welchem die Lichterscheinungen des Tages nächtlicher Weile ihren Aufenthalt nehmen, entweder für menschliche Augen unsichtbar, oder in Gestalt des Mondes und der Sterne, die nun möglicherweise als Aepfel (vgl. o. S. 103 die Mondpomeranze) oder Eicheln an solchem Baume gelten konnten. Erinnern wir uns an das russische Räthsel von der Sonne „Ein Vogel (die Sonne)[2]) auf einer alten Eiche" (vgl. o. S. 226). so wird es nicht zufällig, sondern auf mythischem Grunde beruhend erscheinen, dass Kalew. R. 47, 5 ff.

---

[1]) Die Rolle, Mangel bezieht sich wohl auf den Umlauf der Sonne.
[2]) Ueber die Sonne als Hahn oder Henne s. o. S. 226. Im Veda heisst sie patanga (Vogel), oder hansa (Flamingogans) Zs. f. vgl. Sprachf. IV 120, oder Geier und Falke, Weber, ind. Literaturgesch. 195. Aeschylos nennt sie Ζηνὸς ὄρνις. In deutschen Liedern hat sie goldene Federn. Germ. Myth. 375. Ueber ihre Vorstellung als Schwan s. Germ. Myth. 39.

beim Spiele Wainämoinens Mond und Sonne aus ihrer Stube kommen und der
eine im Stamm einer Birke, die andere im Wipfel einer Tanne sich nieder-
lassen, von wo die winterliche Königin des Nordlands sie stiehlt und im
Felsen einschliesst. Ilmarinen schmiedet R. 49, 47 ff. einen neuen Mond aus
Gold, eine Sonne aus Silber und trägt den Mond zum Fichtenwipfel, die
Sonne zur Tannenspitze, doch die künstlichen Gebilde wollten nicht leuchten.
Man muss doch wohl geglaubt haben, dass beide Himmelslichter an der Krone,
oder als Krone eines solchen Baumes strahlten, ganz den entwickelten An-
schauungen vom Sonnenbaum gemäss. Dass aber die Vorstellung des Baumes,
in dessen Krone die Sonne sitzt, auf den Nachthimmel übertragen wurde,
lehrt noch deutlicher, als die soeben beigebrachte Erwähnung des am Wipfel
der Fichte weilenden Mondes, R. 10 V. 100—174: Wainämoinen zeigt dem
Schmiede Ilmarinen am Rande des Osmofeldes d. h. am äussersten Ende der
Menschenwelt[1]) die wunderbare Fichte, in deren goldener Blüthenkrone das
Mondlicht leuchtet, in deren goldenen Zweigen der Himmelswagen (Bär)
steht. Ilmarinen steigt hinauf, um den Mond und den grossen Bären herab-
zuholen, wird von da aber durch Wainämoinen mittelst eines Sturmwindes
nach Nordland geblasen. Nun verstehen wir den hinter dem Berge (o. S. 97)
stehenden Eichbaum in unserem Liede 55, an welchem Gottessohn und Sonnentochter Gürtel und Krönchen aufhängen. Ebenhieher gehört der Ahorn,
unter dem am Quelle die Gottessöhne mit den Gottestöchtern im Mondschein
tanzen (80).

Im Allgemeinen wird nach diesen Auseinandersetzungen ein Zweifel
darüber nicht mehr gestattet sein, was die griechische Sage mit den goldenen
Aepfeln meinte, die in der Gegend des Sonnenuntergangs dort, wo Helios
seine nächtliche Fahrt nach dem Osten beginnt (s. o S. 102 die Worte des
Mimnermos) in den Tiefen des finsteren Landes, der Nacht, jenseits des
Okeanos an einem Baume hängend von Jungfrauen, den Hesperiden, ge-
pflegt und von einem Drachen bewacht werden. Hes. theog. 215: Die Nacht
gebar den Tod und den Schlaf

$$\mathrm{Ἑσπερίδας\ θ',\ αἷς\ μῆλα\ πέρην\ κλυτοῦ\ Ὠκεανοῖο}$$
$$\mathrm{χρύσεα\ καλὰ\ μέλουσι\ φέροντά\ τε\ δένδρεα\ καρπόν.}$$

Theog. 275: Die Gorgonen wohnen

$$\mathrm{ἐσχατιῇ\ πρὸς\ νυκτός,\ ἵν'\ Ἑσπερίδες\ λιγύφωνοι.}$$

Theog. 335: Keto umarmt den Phorkys

$$\mathrm{γείνατο\ δεινὸν\ ὄφιν,\ ὃς\ ἐρεμνῆς\ κεύθει\ γαίης[2]).}$$
$$\mathrm{πείρασιν\ ἐν\ μεγάλοις\ παγχρύσεα\ μῆλα\ φυλάσσει.}$$

Es ist der zur mythischen Mehrzahl gewordene, zu einem ganzen Baum
ergänzte Sonnenapfel während der Nachtzeit; oder wäre an Mond und Mond-

---

[1]) Castrén, finn. Myth. übers. v. Schiefner S. 243.
[2]) Vgl. o. S. 103 ποτὶ βένθεα νυκτὸς ἐρεμνᾶς.

baum (?) zu denken?[1]) Ich glaube nicht, denn einmal liegt für diese Vorstellung kein bestimmteres Anzeichen vor, andererseits scheint die Sage, dass
Herakles die Hesperidenäpfel holte, wenn auch sekundär, so doch noch in
einer Zeit entstanden zu sein, welche ihn als Sonnenheros, den Hesperiden-
apfel als Sonne verstand.

Ist aber überhaupt die Annahme eines mythischen Nachtsonnenbaumes
begründet, so ist die Frage berechtigt, ob nicht die Zerschmetterung der
Eiche unserer vorherigen Auslegung entgegen erst am Morgen geschehen,
der Baum als der Nachtsonnenbaum zu erklären sei. Mein Hauptgrund gegen
diese Annahme ist die Lebendigkeit und Kleinmalerei der Schilderung, welche
meinem Gefühle nach in diesem Falle unmittelbare Anschauung des bildlich
beschriebenen Gegenstandes voraussetzt.

ε) Sonnenfrau im Sonnenbaum, das älteste Märchen und seine Sippe.

Der Zug, dass das Blut der Eiche fliesst, beweist, dass man den
meteorischen Vorgang nach der Analogie einer anderen abergläubischen Vorstellung appercipirt hat, wonach gewisse heilige Bäume nicht allein von einer
Persönlichkeit beseelt, sondern auch mit menschlicher Körperlichkeit erfüllt
sind.[2]) Nach der Weise des in irdischen Bäumen immanenten Baumgeistes
wird man ursprünglich die Sonnengöttin dem Sonnenbaum innewohnend sich
vorgestellt haben.

Diese Vorstellung konnte oder musste die Wendung nehmen, dass die
Sonnenfrau in dem Baume eingeschlossen sei, oder dass sie zwischen den
Zweigen des Baumes, oder unter demselben sitze. Ich stehe nicht an, diese
Form der Vorstellung in Märchen wiederzufinden, wie wenn Guhachandra
seine himmlische Gemahlin und deren Schwester oben zwischen den
Zweigen eines grossen mit reifen Früchten prangenden Feigen-
baumes auf einem Thronsessel sitzend findet.[3]) Mit dieser Erzählung
stimmen nämlich die mehrfachen indischen Erzählungen von einem himmlischen
Mädchen, welches unter einem Wunderbaume ruhend aus dem Meere
auftaucht. Ein Prinz, von ihrer Schönheit hingerissen, lässt sich am Baum
herab, versinkt mit ihm auf den Grund des Meeres und gelangt in eine goldene Stadt, woselbst er die Schöne in einem goldenen Hause, bedient von
Vidhyadharis findet.[4]) Dieses buddhistische Märchen gehört offenbar zu
denen, welche eine weit ältere mythische Grundlage haben, und zwar gehört
es einem vorzüglich durch das Märchen von Saktideva vertretenen Kreise

---

[1]) Vgl. auch Wislicenus Symbolik von Sonne und Tag S. 37. Gubernatis deutet die
Hesperidenäpfel auf den Mond. Zoolog. Myth. I. 274. II 410. 418.
[2]) S. des Verfassers Baumkultus der Germanen S. 34 ff.
[3]) Somadeva übers. v. Brockhaus I 196.
[4]) Benfey Pantschatantra I S. 151. Vgl. dazu die Erzählung der Vetalapancavinçati. Benfey
a. a. O. I 154.

von Erzählungen an, als dessen nächsten Verwandten Benfey das o. S. 215
besprochene Märchen vom Lande der Jugend[1]) und dessen Sippe constatirt,
wo der Baum mit den Goldäpfeln und die Quelle dem Wunderbaum
im Meere entspricht.[2]) Das Meer, aus welchem der Baum mit der Schönen
aufsteigt, ist unzweifelhaft das Luftmeer, auf dessen Grunde die Goldstadt
(vgl. o. S. 95 das goldene Schloss der Sonne) ruht.

Der Baum, auf dem die goldgewandige (vgl. *κροκόπεπλος*) Allerleihrauh mit ihrem rauhen Pelze darüber sitzt, dürfte ganz analog den vorhin
(o. S. 233) besprochenen Nachtsonnenbaum zu bedeuten haben.[3])

Ein in Südeuropa verbreitetes Märchen erzählt von der aus einem Goldapfel (Citrone, Pomeranze) hervorgegangenen, durch Wasser belebten,
auf dem Baume neben einem Quell sitzenden Schönen, welche mit
einem Königssohne sich verlobt. Von diesem auf einige Zeit verlassen, wird
sie von einer Mohrin (Zigeunerin), die nun ihre Stelle einnimmt, mit einer
Nadel getödtet (vgl. Brunhilds Schlafdorn); nach einander in einen golde-

---

[1]) Hyltén-Cavallius n. 9.

[2]) Vgl. auch Schott, Wal. Märchen n. 26. Das goldene Meermädchen und Haltrich n. 20
S. 104 ff. Bei Schott lockt der Prinz das aus den Wassern aufsteigende goldene Meermädchen in den wunderbaren Kahn, in den sich der getreue Wolf verwandelt hat; bei Haltrich
lockt der Junge die Königstochter mit den goldenen Zöpfen, die jenseits des Meeres
wohnt, auf sein Schiff, auf dem sich das „weisse Sonnenross" (o. S. 95) und ein Bett
mit dem wie die Sonne strahlenden Karfunkelstein des Schlangenkönigs befindet.
Weit ursprünglicher lassen russische Volksmärchen diese Königin mit dem Goldzopf, die un-
bekleidete Schönheit, die am Ende der weissen Welt wohnt, wo die Sonne aus der See aufsteigt,
im silbernen Kahn auf dem Wasser schwimmen und mit goldenen Rudern
rudern. Sie heisst auch Maria Morewna d. h. Maria Meerestochter. Afanasieff Skazki VII 6.
12. VIII 8. Derselbe, poet. Naturanschauungen II 124. In slovakischen Traditionen heisst sie
krasna panna, slata panna, Morska panna (die schöne, goldene Prinzessin, die Meeresprinzessin)
Tochter des Meerkönigs fährt sie auf goldenem Kahn und ist von so blendender Schönheit,
dass man allmählich die Augen an sie gewöhnen muss, um nicht zu erblinden. Slov. pohad
100—112. 627. Ueber den Kahn z. o. S. 102.

[3]) Allerleihrauh K H M. n. 65. Vgl. Hahn 27. Schott n. 3. Dass Allerleihrauh mindestens in den Bereich der Sonnenmythologie gehöre, scheint aus mehreren Varianten dieses
Märchens schlagend hervorzugehen. Bei Schott 3 hat sie ein silbernes, ein goldenes, ein dia-
mantenes Kleid (vgl. die Sonnenrosse o. S 95). Bei Schleicher 10 trägt sie um die Stirne
die Sterne, auf dem Kopfe die Sonne, am Hinterhaupte den Mond. Nächst verwandt ist
das bulgarische Lied von Grozdanka, die der Sonnengott (Slunce männl. die Sonne) am
Tage des h. Georg in einer goldenen Wiege als Braut zu sich empor hebt, wo sie neun
Jahre stumm ist; weshalb sie einer anderen Braut den Platz räumen und selbst als Braut-
führerin bei der Hochzeit eintreten muss. Dabei entzündet sich der Schleier der unrech-
ten Braut (Morgenroth), jene findet ihre Sprache wieder und wird des Sonnengottes Gemahlin
(Kreck trad. Lit. S. 82). In einer slowakischen Variante wird Nasta an einem goldenen
Schwungseil (vgl. o. S. 228 die Ranke) zum Sonnengott in die Höhe gezogen. Bei Hahn n. 41
heisst das Mädchen Sonnenkind, der Sonnengott (Sonnenball, Sonne männl.) zieht sie an
einem Sonnenstrahl zu sich empor; oben macht er ihr allmählich die Pantoffeln kürzer, den
Ueberrock kürzer, die rothe Mütze enger. Zuletzt entsendet er sie nach Hause; unterwegs wird
sie auf einem Baume sitzend von einer Hexe zu bezaubern gesucht (Nacht?). Sie entrinnt
derselben und gelangt nach Hause in einer Situation, welche der von Goldmariken (o. S. 223)
entspricht (Morgendämmerung?).

nen Fisch (Taube) und einen goldenen Baum mit goldenen Früchten verwandelt, geht sie endlich aus den zersplitterten Spänen (resp. einer Frucht) des letzteren in menschlicher Gestalt wieder hervor und beseitigt die falsche Nebenbuhlerin.[1]) Schon Hahn bemerkte die Verwandtschaft dieser Verwandlungen mit denjenigen einer andern Märchenfamilie, die ich Zs. f. d. Myth. IV 251 besprochen habe. Eine Königin hat zwei wunderliebliche Kinder, einen Knaben und ein Mädchen, mit goldenen Haaren geboren. Die neidische Oberköchin tödtet die Kinder und vergräbt sie in den Mist, aus dem nun zwei goldene Tannenbäumchen hervorwachsen. Die Mörderin selbst Königin geworden, nachdem sie die wahre Königin verdrängt, bewegt ihren Gemahl dazu, die Bäumchen abhauen und Bettstellen daraus machen zu lassen. Aus den Brettern derselben reden die ermordeten Kinder zu ihr. Da veranlasst die Königin die Zertrümmerung und Verbrennung der Bettstellen und sieht selbst zu. Zwei Funken fallen in daneben stehende Gerste, von der ein Mutterschaf isst, das nun zwei goldene Lämmer zur Welt bringt. Die Königin verlangt deren Herzen. Aus den in den Fluss geworfenen Gedärmen entstehen auf einer Insel wieder zwei splinternackte Goldkinder mit Goldhaaren, ob deren Schönheit die Sonne sieben Tage im Laufe inne hält. Der liebe Gott nimmt sich ihrer an, erzählt ihnen ihre Geschichte als Märchen und heisst sie das dem Könige vortragen. So werden sie vom Vater erkannt, und nach Beseitigung der Stiefmutter in ihre Rechte eingesetzt. Haltrich Siebenb. Märch. n. 1. S. 1—8. Eine fast gleichlautende rumänische Variante bei Schott wal. Märch. n. 8. S. 121—125 nennt statt der Tannenbäume Bäume mit Goldäpfeln. Aus einem Darme des getödteten Goldlamms wieder als Knaben zur Welt gekommen, erzählen die goldenen Jünglinge als Bettler verkleidet in grosser Versammlung die Geschichte ihres Lebens, da löschen sie die Lichter aus und streifen die Lumpen vom Leibe, so dass sie herrlich prangend dastehen, wie die Frühlingssonne im Mai. Kommt an mein Herz, ihr meine goldenen Söhne, ruft der Vater.

Wichtig ist eine neugriechische Version. Asterinos (der Morgenstern) ist durch den Trunk aus einem Quell in ein Lamm verwandelt, seine Schwester Pulja, d. h. Gluckhenne (Sonne? o. S. 226 oder Siebengestirn, Myth.[2] 691) hütet dasselbe, auf einem goldenen Thron inmitten des Wipfels einer Cypresse sitzend, von ihr laufen glänzende Strahlen aus. Pulja wird Gemahlin des Königssohnes, aber auf Anstiften ihrer Schwiegermutter in einen Brunnen geworfen, das Lamm geschlachtet. Pulja

---

[1]) Basile Pentamerone, le tre cetre V g (49). Stier ungar. Märchen n. 13. Simrock Deutsche Märchen. Stuttgart 1864. S. 365—72 (neugr. aus Kalliopi) Zs. f. d. Myth IV, 320 (aus Zakynthos) Hahn n. 49 (Kleinasien). Schott n. 25. Zingerle n. 11. Vgl. auch Gubernatis Zoological mythol. II. 409.

springt aus dem Brunnen heraus, sammelt und vergräbt die Knochen
des Lammes mitten im Garten. Daraus erwächst ein ungeheurer Apfelbaum mit einem goldenen Apfel, der immer höher steigt, sobald Jemand
ihn brechen will. Nur Pulja pflückt den Apfel, steckt ihn in die Tasche und
zieht davon. (Hahn griech. u. alb. Märchen 1864. Thl. 1. n. 1. S. 65 ff.)
Eine weitere Variante ist K H M. n. 130. Zweiäuglein hat eine Ziege,
bei deren Anrufung ein Tischen deck' dich (o. S. 230) vor ihr steht. Die
neidischen Schwestern Einauge und Dreiauge tödten die Ziege, aus deren
vergrabenen Gliedern wächst aber vor der Hausthüre ein Wunderbaum mit silbernen Blättern und goldenen Aepfeln auf, der sich
nur vom Zweiäuglein pflücken lässt, und Ursache wird, dass sie den schönsten Ritter heirathet. Hiezu stellt sich nun ganz nahe das russische Märchen
(Afanasieff Skazki VI 54). Maria hat drei Stiefschwestern, Einäuglein, Zweiäuglein, Dreiäuglein. Ihre Stiefmutter giebt ihr für eine Nacht als Aufgabe
5 Pfund Wolle zu spinnen, zu weben, zu bleichen. Ihre Kuh heisst sie in
eines ihrer Ohren kriechen und zum anderen heraus „und Alles wird gethan
sein." Einäuglein, Zweiäuglein, die sie belauschen wollen, werden eingeschläfert; Dreiäuglein behält ein Auge wach; die Kuh wird getödtet,
Marie sammelt ihre Knochen, vergräbt und begiesst sie. Ein Apfelbaum
mit Silberzweigen und Goldblättern spriesst auf, der mit seinen
Spitzen die drei Stieftöchter sticht, doch Marien seine Früchte selbst darbietet,
und ihr so zur Heirath mit dem schönsten Prinzen verhilft. [1]
    Eine andere russische Lesart (Erlenwein n. 5) kenne ich nur in dem
kurzen Auszuge bei Gubernatis I, S. 294. Ein Kosack kommt in den Wald
und fällt in die Hand seines Feindes, der ihn in Stücke hauen und diese in
einem Sacke seinem Rosse auf den Rücken binden lässt. Das Ross trägt
ihn zum silbernen und goldenen Schlosse, wo er wiederbelebt
wird. Seine Wirthe, ein alter Mann und eine alte Frau, ziehen ihn, um
ihn aufzuwecken, in der folgenden Nacht durch das Kreuz, das an seinem
Halse hängt, und er wird in ein Ross von Gold und Silber verwandelt. Der Zar lässt am Abend das Ross tödten, und daraus entsteht ein
goldener und silberner Apfelbaum. Der Apfelbaum wird gehauen und zur goldenen Ente. Im ungarischen Märchen vom Eisenlaci
(Stier n. 15) wird Eisenlaci, der ausgezogen ist, seine drei Schwestern im
Sonnenkleide, Mondkleide und Sternenkleide zu suchen, vom zwölfköpfigen
Drachen in hundert Stücke zerhauen, die der Mörder dem Rosse des Helden
auf den Rücken bindet. Dieses bringt sie zum Schlangenkönig, der Eisen-
laci wiederbelebt. Letzterer kehrt, in ein Ross verwandelt noch einmal zum
Schlosse des Drachen zurück. Derselbe schlachtet auf das Andringen seiner
Frau das Pferd, aber aus dessen beiden ersten Blutstropfen erwächst im
Garten ein Baum mit Goldäpfeln. Der Baum wird auf Begehr der Drachen-

---

[1] Vgl. auch Afanasieff II, 55. Gubernatis zoological myth. I, 179. 181. 182.

frau abgehauen, aber zwei Späne in den Teich geworfen wandeln sich in ein goldenes Fischchen. Als der Drache dieses fangen will, steht Eisenlaci da und tödtet ihn.

Die älteste und wichtigste Version dieses Märchens indess ist, wie ich bereits vor Jahren (1859, Zs. f. d. Myth. IV, S. 232—253) dargethan habe, in der ägyptischen Erzählung des Papyrus d'Orbiney von Anepu und Batau erhalten. Zuerst vom Vicomte de Rougé in der Revue archéologique 1852, p. 385 ff. auszugsweise mitgetheilt, ist es später von H. Brugsch nach dem inzwischen durch Birch veröffentlichten Originaltext in seinem Buche „Aus dem Orient", Berlin 1864 II, S. 1—29, vollständig übersetzt worden. Von den beiden Brüdern Anepu und Batau hat der Letztere, in Folge der ungerechten Beschuldigung, dem Weibe seines Bruders Gewalt angethan zu haben[1]), die Heimath verlassen, nachdem er im Unwillen das angeklagte Glied seines Körpers abgeschnitten. Er geht nach dem Cedernberge und legt, weil er so muss, seine Seele in die Spitze der Blüthe einer Ceder, mit welcher fortan sein Leben verknüpft ist. Die neun Götter machen dem Batau, dem Stier der Götter, ein Weib aller Schönheit voll. Doch die sieben Hathors bestimmen ihr einen gewaltsamen Tod. Batau liebt sie und vertraut ihr das Geheimniss seines Lebens an. Einst, als sie aus dem Hause tritt, erbittet sich das Meer von der Ceder eine Locke ihres Haars, erhält dieselbe und trägt sie nach Aegypten zu den Werkstätten des Königs, wo sie köstlichen Geruch verbreitet. Die Schriftgelehrten des Pharao verkünden, dass die Locke einer Tochter des Sonnengottes zugehöre. Durch Weiberschmuck verlockt, lässt diese sich von den Abgesandten des Königs hinwegführen und wird dessen Gemahlin, die Ceder aber wird abgehauen und die Blume abgeschnitten, in welcher Bataus Herz steckt, letzterer fällt todt auf die Matte. Anepu, der das wohl an gewissen Zeichen wahrnimmt, macht sich auf den Weg nach dem Cedernberge und sucht das Herz, die Seele, des jüngeren Bruders vier Jahre lang. Im vierten Jahre sehnt sich Bataus Herz nach Aegypten zurück und wird in einer Frucht des Cederbaumes gefunden, in einem Gefäss mit Wasser belebt, dem ausgestreckt daliegenden Körper des Todten eingeflösst und dieser kehrt zum Leben zurück. Jetzt verwandelt sich Batau in einen Apisstier, nimmt den Bruder auf seinen Rücken und ist mit ihm bei Sonnenaufgang am Königshofe, wo er wohl aufgenommen und göttlicher Ehren theilhaft wird. Einst im Heiligthum fängt der Stier an zu reden und offenbart sich der Königin als den verwandelten Batau. Sie begehrt nun vom Könige die Leber des Thieres. Als der Stier geschlachtet wird, springen zwei Blutstropfen vor die Thürpfosten des Königspalastes und es erwachsen über

---

[1]) Dieser vermuthlich fremde, der Geschichte von Potiphars Weib ähnliche, erste Theil des Märchens sei hier nur angedeutet. Ueber ihn siehe des Verfassers Aufsatz in der Zs. f. d. Myth. IV. 243—44. Ebers Aegypten und die fünf Bücher Moses. S. 311 ff.

Nacht zwei Perseabäume. Als das Königspaar dieselben beschaut, spricht
der eine zur Königin: Du hast mich tödten wollen, ich lebe dennoch, ich bin
Batau. Die Schöne bestimmte ihren Gemahl dazu, die Perseabäume absägen
zu lassen, um schöne Bretter daraus zu machen. Als dies geschieht, fliegt
ein Holzspan in ihren Mund, sie wird schwanger und gebiert ein
Knäblein, das erwachsen und König von Aegypten geworden sich als
Batau enthüllt, den versammelten Grossen in Gegenwart der Köni-
gin-Mutter die Geschichte seiner Verwandlungen erzählt und dieselbe vor
Gericht stellt.

Schlagend erhellt die Identität dieses zur Zeit des Moses von einem der
vorzüglichsten Schriftgelehrten, Annana, in klassischer Darstellung aufgezeich-
neten Märchens mit der vorstehenden südeuropäischen Märchenfamilie aus
der Nebeneinanderstellung auf beifolgender Tabelle.

In drei Versionen beginnt die Erzählung mit einem Baum, in welchem
der Held oder die Heldin sitzt oder so zu sagen immanent ist; es ist (obschon
im ägyptischen Märchen in Ceder und Persea auseinander gefallen) vermuthlich mythisch derselbe Baum, welcher in etwas anderer Form nachher wieder
zum Vorschein kommt und welcher durch seinen Goldapfel sich als Sonnenbaum auszuweisen scheint. Hiezu stimmt, dass der Perseabaum rothe Blüthen
hat und nach Brugsch bei den Aegyptern ein Sinnbild der Sonne war; auf
ihm weilte die Sonnenkatze. [1]) Er ist als Trostbild auf Mumienkasten und
anderen Todten-Denkmälern abgebildet und heisst auch Baum des Harpokrates oder Horus, d. h. der Sonne. In I, IV, VI sind die Helden dem Gold-
baum immanent In II, IV drückt der Zug, dass sie allein den Apfel pflücken
können, die nämliche enge Beziehung mit anderen Worten aus. Die Haupt-
person ist bald männlich, bald weiblich, trägt aber in fast jedem einzelnen
Falle Merkmale eines Sonnenwesens an sich. Dahin rechne ich in III die
Goldhaare, welche (nach Auslöschung der Lichter) die Nacht gleich der
Morgensonne im Mai durchleuchten (vgl. o S. 225), in I den Gegensatz der
Mohrin (der Nacht) zur goldigen Fee.

In der Reihenfolge der Verwandlungen Mensch, Baum, Schaf (Stier oder
Kuh, Ziege, Fisch), Baum, Mensch werden allein in III zwei Glieder ver-
tauscht und in die Ordnung Kind, Baum, Lamm, Kind verwandelt. Die redenden Bretter des Goldapfelbaumes in III, der zu Brettern bestimmte Perseabaum in VI, die aus jenem herausfliegenden Funken III, von denen ein
Schaf trächtig wird, die aus diesem abfliegenden Holzspäne, die die Königin
guter Hoffnung machen in VI; das Gericht über die böse Königin durch
Erzählung der Lebensgeschichte in III u. VI sind Züge ganz specieller
Uebereinstimmung, welche kaum zufällig sein dürften.

---

[1]) Zu Heliopolis hatte Ra der Sonnengott die Gestalt eines Katers; seine Tochter Pacht
trägt die Sonnenscheibe auf dem Haupt, oder Katzenkopf. S. Duncker, Gesch. des Alterth. I
Aufl. 4. S. 39.

	I	II	III	IV	V	VI
1	Fee aus der Gol dpe- amze (Cedercitrone) ent- standen, sitzt im Baum über dem Quell.			Pulja sitzt auf einem Throne im Baume.		Batau's Herz (Seele) befindet sich in der Blüthe des Cederbaumes am Meere.
2	Sie wird von ihm Bräutigam verlassen, durch eine Mohrin verdrängt und setzt, ins Wasser gestossen.		Eine Königin, Mutter zweier Kinder mit Gold- haaren, von der Neben- buhlerin verdrängt, die Kinder getödtet.	Sie wird, von einem Kö- nig geheirathet, durch die Schwiegermutter in den Brunnen gestossen.	Der Kosack (Eisenlaci) wird in Wald in Stücke gehauen.	Sein ungetreues Weib heirathet den König von Aegypten, der Baum wird umgehauen, er ge- tödtet.
3	Sie malt sich in inen Goldfisch, dn die Mohrin tödten lässt.	Zweiäugleins „Tischchen deck dich" spendende Ziege (Wunschkuh) von d. neidischen Schwe- stern Einäuglein, Drei- äuglein getödtet.	Ein verwandeln sich in Bäume mit - fein, die die Königin umhaut, lie Bretter reden. Die Königin lässt die Bretter ügen und verbrennen.	Ihr Bruder Asterinos wird in einem Brunnen in ein Lamm verwan- delt, das die Königin- Mutter tödtet.	Im gol eden wiederbelebt wird er ein Ross von Gold und Silber, das der Zar als tödten lässt. (Glaci, v. Schlangen- könig, wird ein Ross, das der Drache auf Veranlassung der Drachenfrau tödtet.)	Batau wiederbelebt ver- wandelt sich in einen Apistier, dessen Leben die Königin begehrt. Er wird getödtet.
4	Aus den Gräten entsteht ein Baum mit Gold- früchten.	Aus den vergrabenen Eingeweiden (Knochen) der Ziege (Kuh) entsteht ein Baum mit Gold- apfel, den nur Zwei- äuglein pflücken kann.	Aus Funken der Holz- späne erwachsen zwei goldene Lämmer, deren Herz die Königin verlangt und isst.	Aus den Knochen ent- steht ein Baum mit Goldapfel, den Pulja allein zu pflücken ver- mag.	Aus ihm ersteht ein goldener und silberner Apfelbaum, der unge- hauen wird (auf Wunsch der Drachenfrau).	Aus den Blutstropfen entspringen zwei Per- seabäume, welche die Königin abhauen lässt.
5	Die Frucht des Baumes wird wieder zur Fee, die Nebenbuhlerin ent- larvt.		Aus den Eingeweiden men wieder die zwei Goldkinder hervor, aber im Ephebenalter hervor und werden nach öffentlicher Erzählung ihres bens vom kant.		Eine goldene Ente geht daraus hervor. (Eisenlaci wird aus dem Holzspan ein Fisch und demnächst wieder er selbst, tödtet den Drachen.)	Ein Holzspan fliegt der Königin in den Mund, Batau als Kind gebo- ren, offenbart, erwach- sen, die Reihenfolge sei- ner Verwandlungen.

Erwägen wir nun die folgenden Thatsachen. Anepu geleitet seinen in den heiligen Stier verwandelten Bruder zum Könige. Der Name Anepu ist gleich Anubis, Anuphu, Anupu[1]), dem Geleitsmann der Seele, der u. A. auf einer Stele von sich aussagt: „Ich bin gekommen zu Dir, um zu heilen Deine Gebrechen, um zu beleben Deine Glieder, um zusammen zu führen Deine Gebeine“. Auch sucht er mit Isis den verlorenen Horus. Der heilige Stier Apis (Hapi) galt als ein Abbild der Seele des todten Osiris, d. h. der Sonne während ihres nächtlichen und winterlichen Laufes. Auf dem Sarkophage eines um 1450, etwa 120 Jahre vor der Abfassungszeit unseres Märchens, bestatteten Apis heisst es: „Apis Osiris (Osar Hapi), der grosse Gott, welcher im Amenti (Unterwelt) sitzt, der ewig lebende Herr“. Auf späteren Apisgräbern liest man die Inschriften: „Der wieder lebend gewordene Osiris“, „der wiederauflebende Apis des Ptah“, „der lebende Apis, welcher Osiris weilend in Amenti ist“. Harpokrates (Harpechruti), d. i. Horus das Kind, ist der sterbliche Lichtgott, den Isis von Osiris in der Unterwelt empfängt. Er wird als nacktes Kind mit an den Mund gelegtem Finger abgebildet.

Man vergleiche, wie G. Ebers die Osirismythe zusammenfasst. „Osiris ist die Seele des Sonnengottes Ra, er wandelt selbst durch die diesseitige Welt als Ra und ändert nur die Namen und die Existenzform, wenn er allabendlich wieder in seiner jenseitigen und eigentlichen Heimath bei sich selbst wieder anlangt, wo er die Regierung führt, wie er sie hier als Ra geführt hatte. Am andern Morgen erzeugt er dann aus sich den Ra in verjüngter Form als Horus Ra, den Kreislauf auf's Neue beginnend.“[2]) Sollte nun nicht die Reihe: der Baum, welchem Batau immanent ist, am Meere (Luftmeer?) mit Batau-Ra zugleich vernichtet; Batau's Gattin heirathet einen anderen (Unterwelt, Nacht, Winter); Batau unter des Anubis Händen wieder auflebend (gegen Sonnenaufgang) wird Apis (Sonne während ihres nächtlichen Laufes von Westen nach Osten); geht bei Tagesanbruch über in den Sonnenbaum und wird aus diesem ein Kind (Harpokrates, Horus das neugeborene Sonnenkind); sollte — meine ich — diese Reihe nicht geeignet sein, wahrscheinlich zu machen, dass das ägyptische Märchen ein uralter verdunkelter Sonnenmythus war, ein Mythus, die Geschicke des Sonnengottes darstellend, vom Abend, wann er sich das Zeugungsglied abschneidet[3]), bis zur Nacht, wann er mit dem Sonnenbaum, in dem er lebt, stirbt und in den Amente geht, sich in die Nachtsonne wandelt, und endlich zum Morgen, wann aus der Nachtsonne wieder der Sonnenbaum wird und aus diesem das neugeborene Tagessonnenkind emporsteigt? Offenbar gab es im Laufe eines

---

[1]) G. Ebers Aegypten und die fünf Bücher Mosis. S. 314. Parthey Plutarch über Isis und Osiris. S. 195.

[2]) Anmerk. zur Aegypt. Königstochter. Bd. I. 219.

[3]) Vgl., dass das Schamglied des von Typhon zerstückelten Osiris allein verloren geht, von den Fischen verzehrt. Plut. Is. Osir c. 18. p. 30. Parthey.

Jahrtausends sehr verschiedene Formen der Osirismythe, von denen diese und jene sehr wohl der Brotomorphose unterliegen konnte, ohne dass die anderen aufhörten, in religiöser Geltung zu stehen. Doch den Aegyptologen gebührt in dieser Sache das nächste Wort.

Eine genauere und eingehendere Untersuchung würde vermuthlich zeigen, dass auch die europäischen Varianten in ihren ständigen Einzelheiten einen Sonnenmythus noch durchschimmern lassen. In Bezug auf die in mancher Beziehung dem ägyptischen Märchen am nächsten stehende fünfte Erzählung bei Erlenwein von dem Kosacken (vgl. die ungarische von Eisenlaci o. S. 238) äusserte schon Gubernatis I, 295: „The golden duck is the same as the golden horse, or as the hero cut in pieces represent the voyage of the sun in the gloom of night, or the voyage of the grey horse". Wir werden im Folgenden die von uns ausgesprochene Vermuthung noch durch einige weitere Beobachtungen verstärken.

ζ) Die Eiche und das goldene Fliess der Argonautensage.

Um in den europäischen Märchen der in Rede stehenden Familie übereinstimmend mit anderen — wie es scheint unabweisbaren Spuren, s. o. S. 237 — Sonnenmythen erkennen zu können, werden wir vor allem das **goldene Schaf** oder **Lamm**, welches in ihnen eine so grosse Rolle spielt — als Apotypom einer Lichterscheinung darthun müssen. Der Beweis für das Vorhandensein der mythischen Vorstellung eines **Sonnenwidders** geht indess aus den mährischen Sonnenliedern (Zs. f. d. Myth. IV S. 346 ff. n. 68. 74. 74a; S. 392 mit vollkommener Deutlichkeit hervor:

74: Komm heraus, komm heraus Sonne,
    Hinterm Mohnkörnchen.[1])
    Kommst Du nicht heraus,
    Führe ich Dich zum Säulchen.
    Dreh' Dich um Täubchen.
    Täubchen hat sich umgedreht,
    — — — — — —
    Die Alte ging hinaus auf den Hügel,
    Sah dort fünf Schäfchen.
    Der sechste war ein Widder
    Mit goldenen Hörnern.
    Wer die Hörner findet,

Verirrt sich vier Meilen,
Vier Meilen hinter Prag.

74a: Es regnet! Es regnet! Wacholder!
    Fünf Schafe gingen verloren,
    Und der sechste ein Widder
    Mit goldenen Hörnern.
    Wer die Hörner findet,
    Umgeht vier Meilen,
    Vier Meilen hinter Prag.
    — — — — — — u. s. w.

S. 392: Beim Regen wird dem Marienkäfer (o. S. 98. 209. 217. 226. 232. zugerufen:

Regne nicht, regne nicht Regen!
Wir fahren Roggen ein
Auf Kuchen, auf Kuchen![2])

Dir geben wir auch,
Marunka, Marunka,
Gieb Gottes Sönnchen.

---

[1]) d. h. aus Deiner Schlafkammer, aus dem Orte, wo Du geschlafen hast.
[2]) d. h. um Kuchen zu machen.

17*

Sie flog hinaus auf den Hügel,	Unser Vater ging hinaus,
Fand da fünf Schäfchen,	Einen Sack Geldes fand er;
Den sechsten einen Widder	Unsre Mutter ging hinaus,
Mit goldenen Hörnern.	Einen Laib Brod fand sie.
Wer die Hörner findet,	
Einen Sack Geldes er findet.	

Was die Sechszahl der Schafe soll, weiss ich nicht zu sagen, aber der Widder mit goldenen Hörnern, deren Enden vier Meilen hinter Prag, d. h. in weiter Ferne den Erdboden berühren, ist nichts anderes, als die Sonne mit ihren Strahlen. Vgl. den skandinavischen Solarhjörtr (Sonnenhirsch), dessen Füsse auf der Erde stehen, indess das Geweih an den Himmel rührt. Wer die Hörner auffangen könnte, trüge einen Sack Gold (Sonnengold) heim, er hättedie Allerweltsspeise, das allnährende Brod = Tischchen deck dich o. S. 230. Wie hier das Brod gefunden wird, dort wo das Goldhorn des Widders aufliegt, besitzt Zweiäugleins Ziege ein Tischchen deck dich. o. S. 238.

Eine weitere Spur der Apperception der Sonne als Goldwidder oder Goldbock finde ich in einer Märchengestalt, welche bereits Germ. Myth. 175—178 von uns besprochen, aber dem damaligen Standpunkte der vergleichenden Mythenforschung gemäss auf die blitzdurchzuckte Gewitterwolke gedeutet ist. In dem verbotenen Zimmer des unter dem Brunnen befindlichen Reiches, wohin ein (in den Varianten des Märchens von Goldmariken u. s. w. auf das Morgenlicht (?) zu deutendes) Kind geräth, oder unter den Schätzen des Riesen befindet sich ein Goldbock, oder mit goldenen Böcken bespannter Wagen. Hinsichtlich der Schätze des Riesen sprach nun schon 1866 Orest Miller[1]) von dem mythischen Gehalt der Märchen redend es aus: „Das Himmelslicht ist in verschiedenen Wunderdingen zu erkennen, die der Heldenjüngling bald für den Vater, oder den König, bald auch für sich zu gewinnen hat. Derart sind die goldenen Aepfel,[2]) der goldene Vogel[3]), der goldgeweihige Hirsch[4]), das goldmähnige Ross[5]); das goldborstige Schwein[6]), wobei das Gold auf ein lichtes Wesen hinweist und auch die slavischen Gebräuche es zur Genüge darthun, dass man darunter verschieden gestaltete Sonnenwesen zu denken habe.“ In gleicher Richtung deutbar scheinen die sonstigen im Besitze der Riesen gefundenen Kostbarkeiten, z. B. Goldlampe neben Mondlampe auf das Sonnenlicht, goldene Hühner (o. S. 226) auf die Sonne, Goldharfe (vgl. die Harfe der Gottessöhne in unserm Liede 69) auf die ersten Strahlen der Morgensonne, das Goldfell, oder Goldpelz auf den goldgewölkten Abend- oder Morgenhimmel.[7])

(Schluss fölgt.)

---

[1]) Opuit p. 144 ff. bei Kreck trad. Liter. S. 35.

[2]) Vgl. o. S. 103 ff.   [3]) S. o. S. 226. 233.

[4]) Vgl. den nordischen Sonnenhirsch, Solarhjörtr.

[5]) Vgl. das skand. Ross des Tages Skinfaxi und o. S.

[6]) Vgl. des Sonnengottes Freyr Eber Gullinbursti.

[7]) In Beschwörungsformeln aus dem östl. Russland wird die Morgenröthe angerufen mit ihrem rothen Tuche die Zauber feindlicher Mächte zu decken. Afanasieff poet. Naturansch. 1 85.

Ueber Spuren römischer Cultur in Norwegens älterem Eisenalter.

Von A. Lorange.

Aus dem Norwegischen übersetzt[1]).

Bald nach der Ausbildung der Archäologie, — als man in den Alterthümern eine gänzlich neue Quelle für unsere Kenntniss von der ältesten Ansiedelung des Nordens, von dem frühesten Culturzustande des skandinavischen Volkes und seinen Beziehungen zu dem übrigen Europa erkannt hatte, machte sich die Frage auf's Neue geltend: wann und auf welchem Wege haben unsere Vorfahren — das Volk des Eisenalters — von den nördlichen Ländern Besitz ergriffen?

Neue Funde, Entdeckungen und Erfahrungen legten in ununterbrochener Reihefolge Zeugniss davon ab, wie ausserordentlich mangelhaft noch die Kenntniss von dem ältesten Zustande des Eisenalter-Volkes im Norden war, als die erwähnte Frage zuerst auftauchte. Dieselben Funde beweisen, wie unvollständig auch heute noch das zu einer endgültigen Lösung jener Frage vorhandene Material ist; aber sie enthalten doch auch neue Winke, auf welchem Wege die Wahrheit zu finden, und neue Verheissungen, dass sie demnächst gefunden werden kann und wird.

Unumgängliches Erforderniss hierzu ist aber die Rekanntschaft mit den Eigenthümlichkeiten der Älterthümer in jedem der nordischen Länder; und diese lässt allein durch zahlreiche, planmässige Aufgrabungen und durch Ansammlung beglaubigter Funde von nationalen Alterthümern sich erwerben.

Nur Dänemark hat es bis jetzt verstanden, einigermassen vollstäudige Illustrationen zur Aufhellung seiner vorgeschichtlichen Zeit zu liefern, und den dänischen Forschern hat man hauptsächlich zu danken für die neuen und wichtigen Beiträge, die bisher zur besseren Kenntniss der ältesten Geschichte des Nordens erschienen sind.

Damit indessen die Beweiskraft der dänischen Alterthümer auch über die

---

[1]) [Die Abhandlung erschien unter dem Titel. „Om Spor af romersk Kultur i Norges aeldre Jernalder", in den Verhandlungen der norwegischen Gesellschaft der Wissenschaften, Christiania 1873. Der Herr Verfasser, früher in Frederikshald, ist gegenwärtig Director des antiquarisch-historischen Museums in Bergen.] Anm. d. Uebersetzers.

Grenzen Dänemarks hinaus auf die andern nordischen Länder sich erstrecken
können, ist die Kundschaft von den vorgeschichtlichen Denkmälern dieser
Länder eine nothwendige Bedingung; denn nur angesammelte Funde und
ebenso vollständige Aufdeckungen aus allen Theilen des Nordens können
eine Vergleichung ermöglichen und zu Schlüssen berechtigen, die für den
ganzen Norden Geltung haben sollen.

Welche Aufklärungen aber ist man in Schweden und Norwegen beizubringen im Stande über das erste Auftreten der Eisenzeit? Die Armuth der
schwedischen Museen an Alterthümern der Eisenzeit im Allgemeinen und an
zusammengehörenden Grabfunden im Besondern muss unwillkürlich jedem
Besucher die Ueberzeugung aufdrängen, dass die schwedischen Alterthümer
noch bei Weitem nicht ausreichen, um eine entscheidende Stimme abgeben
zu können;[1] und was Norwegen anbetrifft, so will ich mir nur erlauben
drei Citate anzuführen, die bei aller Verschiedenheit doch gute Beweise dafür
sind — was ich hier nur andeuten, aber weiter unten näher erörtern werde —,
dass alle schwedischen und dänischen Schriftsteller, welche von dem älteren
Eisenalter in Norwegen gehandelt haben, eine ebenso geringe Kenntniss besassen von dem Auftreten dieser Culturperiode in Norwegen, als sie überhaupt
Gelegenheit hatten dieselbe kennen zu lernen; und dass es ohne Zweifel noch
langer Zeit und vieler Arbeit bedürfen wird, ehe nordische Forscher in der
Lage sein werden eine Schilderung des älteren Eisenalters in Norwegen zu
geben, die in befriedigender Weise sowohl die Uebereinstimmungen mit den
Brüderländern, wie auch die nationalen Eigenthümlichkeiten nachwiese, oder,
um es kurz auszudrücken, die eine sichere Grundlage und einen Ausgangspunkt für historische Schlussfolgerungen abgeben könnte.

Dr. C. F. Wiberg hat in seiner bekannten Abhandlung vom Jahre
1868 „über den Einfluss der klassischen Völker auf den Norden“ alle ihm
bekannten Funde von römischen Alterthümern in Dänemark, Schweden und
Norwegen zusammengestellt, da er in diesen Funden die Zeugnisse von dem
ersten Auftreten der Eisenzeit im Norden erkannte und nach deren geo-
graphischer Ausbreitung die Grenzen gleichsam abstecken zu dürfen glaubte,
innerhalb deren sich das ältere Eisenalter über die verschiedenen Länder des
Nordens verbreitete.

Das Resultat seiner Uebersicht war folgendes: „Dänemark ist nament-
lich reich an römischen Funden“.[2] „In Schweden fehlt es keineswegs an
Denkmälern einer mehr oder minder directen Verbindung mit der alten Welt.
Innerhalb der Grenzen des heutigen Schwedens wurden ungefähr 143 antike
Funde gemacht, von denen c. 50 auf Gotland, 53 auf Oeland und c. 40 auf's

---

[1] N. G. Bruzelius, Svenska fornlemningar, Andra häft. 1860 pag. 80 ff., wo der Verfasser
alle ihm bekannten Funde aus der älteren Eisenzeit in Schweden zusammenstellt.

[2] Wiberg, De klassiska folkens förbindelse med norden. Gefle 1867, pag. 45. Deutsche
Ausgabe, Hamb. 1867, pag. 59.

Festland fallen werden."[1] Sowohl das Schweigen der alten Schriftsteller, wie die Besshaffenheit der dortigen Funde beweist, dass Norwegen innerhalb seiner heutigen Grenzen der alten Welt durchaus unbekannt blieb; doch ist es möglich, dass irgend ein, an die Küste von Bohuslän verschlagener Römer in's Land kam und dass auf diese Weise der eine oder andere Gegenstand in die südlichen Gebirge Norwegens gelangen konnte; jedenfalls hat Norwegen seine Civilisation ohne römischen Einfluss begonnen."[2])

Das andere Citat entnehme ich dem neuen Werke des Dr. O. Montelius, Remains from the Iron Age, Stockholm 1869, weil der gewissenhafte, vorsichtige Verfasser in seiner Arbeit die Resultate sammeln wollte von den neuesten Entdeckungen in Betreff des nordischen Eisenalters, namentlich alles, was dazu dienen konnte, das erste Auftreten des Eisens in den verschiedenen Ländern des Nordens zu erklären; und weil er seinen Stoff mit dem offenbaren Bestreben sich frei zu halten von der in ältern Schriften nicht selten hervortretenden nationalen Parteilichkeit behandelt hat. Es scheinen indessen die Funde von Saetrang und Veien (von Prof. Keyser beschrieben, Annal. f. nord. Oldkynd. 1836/37, pag. 142—159) in Verbindung mit dem Funde von Augvaldsnaes (Urda, Bd. II, pag. 589—594) die einzige Grundlage für seine Beurtheilung der ältern Eisenzeit in Norwegen zu bilden. Er kommt daher auch nur zu einem von Wiberg wenig abweichenden Resultate und gibt pag. 18 folgende Uebersicht seiner Erfahrungen: „die häufigen Funde römischer Münzen aus den ersten drei Jahrhunderten nach Christus und anderer römischen Fabrikate aus ungefähr derselben Zeit, namentlich auf den dänischen Inseln, auf Oeland und Gotland, machen es wahrscheinlich, dass die Cultur des Eisenalters sich im östlichen Dänemark und südlichen Schweden nicht später verbreitete als im südlichen Jütland", — wo seiner Meinung nach die grossen Moorfunde den Beginn des Eisenalters „spätestens im 2. Jahrhundert n. Chr." feststellten. „Dagegen wird man bis jetzt nicht sagen können, wann das Eisenalter in Norwegen seinen Anfang nahm; es sind dort keine römischen Münzen aus den ersten Jahrhunderten n. Chr. gefunden und auch andere Gegenstände, die in dieselbe Zeit fielen, sind dort selten. Freilich wurden dort mehr Funde als die vier von Wiberg angegebenen aus der älteren Eisenzeit bekannt, aber die meisten gehören einer jüngern Periode dieses Zeitalters an."

So stand es um die Meinung fremder Archäologen in Betreff der älteren Eisenzeit in Norwegen als Prof. Rygh in seinem bei Gelegenheit der Naturforscher-Versammlung in Christiania 1868 gehaltenen Vortrage über die ältere Eisenzeit in Norwegen[3]) aufmerksam darauf machte, „dass man in Norwegen über 500 Funde aus der älteren Eisenzeit kenne"; eine Anzahl, die bei weitem

---

[1]) A. a. O. pag. 49; resp. pag. 62.
[2]) A. a. O. pag. 57 und 58; resp. pag. 69 u. 70.
[3]) Der Vortrag wurde veröffentlicht Aarböger f. n. Oldk. f. 1869,

die Summe aller Funde aus der älteren Eisenzeit übertrifft, welche bis jetzt
in Schweden und Dänemark zusammen bekannt wurden, und „dass diese
Funde bewiesen, dass Norwegens Bebauung sich im älteren Eisenalter ebenso
weit nach dem Norden hinauf erstreckte wie zu Anfang des christlichen
Mittelalters und auch ebenso weit in die höchsten Gebirgsgegenden im Innern
des Landes".[1])

Welch ein überraschender Gegensatz oder Protest liegt doch in diesem
letzten Zeugniss gegenüber den beiden vorhin erwähnten; und wie wird dadurch
der Glaube geschwächt an Schlussfolgerungen, die auf so mangelhafte, irrige
Voraussetzungen sich stützten!

Und ebensolche Ansichten standen eine Reihe zon Jahren hindurch bei
allen antiquarischen Schriftstellern in Geltnng, sowohl im Norden selbst, wie
ausserhalb desselben. Man glaubte allgemein, dass die Ueberreste der älteren
Eisenzeit in Norwegen nicht nur bei weitem seltener, sondern auch erweislieh
jünger wären als in den beiden andern nordischen Reichen.[2])

Eine der Ursachen, wodurch die Vorstellung von Norwegens Armuth an
Gegenständen der älteren Eisenzeit sich festsetzte, darf man in der besonderen
Bedeutung suchen, die sowohl den römischen Münzen wie den im Norden
gefundenen römischen Alterthümern für die Beantwortung der Frage nach
dem Ursprung und der Ausbreitung des älteren Eisenalters zugeschrieben
wird. Sowohl Herr Staatsrath Worsaae in seinen letzten Arbeiten, wie
Prof. Engelhardt in seinen Moorfunden, Dr. Montelius in seinem Werke
über das Eisenalter und Prof. Rygh in dem ebengenannten Vortrage gehen
von der Voraussetzung aus, dass die ältere Eisenzeit, wie sie mit stark rö-
mischem Einfluss in den grossen dänischen Moorfunden und in den Gräbern
Seelands auftritt, sich überhaupt als das erste Auftreten der Eisenzeit im
Norden kennzeichne. Darum glaubte man auch sowohl den Weg und die
Zeit des Eindringens der älteren Eisenzeit in den Norden, wie auch ihre
Ausbreitung und Entwicklung, nach der Anzahl der in den verschiedenen
Ländern entdeckten römischen Funde gleichsam berechnen zu können.

Nun ist allerdings Norwegens Boden sehr arm an römischen Münzen.
Wenn man aber beobachtet, in welcher Art sich die Münzfunde in Dänemark
und Südschweden vertheilen; wie sie sich nur an den nach Deutschland zu
gelegenen Küsten vorfinden uud weiter hinein in's Land sofort verschwinden;
so scheint mir wenigstens, dass man diesen Mangel an Münzen in Norwegen
sehr wohl erwarten durfte, und daher eine andere Erklärung dieses Verhaltens
suchen müsse, als sich mit der kühnen Behauptung zu begnügen, dass derjenige Theil von Skandinavien, wo keine römischen Münzen gefunden wurden,
auch ausserhalb des römischen Culturstroms nach dem Norden gelegen
habe. Selbst in Schweden mit seinen 4000 Denaren sind — wie wir unten

---

[1]) Aarböger 1869, pag. 173.
[2]) Aarböger 1869, pag. 10.

sehen werden — doch nur 12 Stück nördlich von Schonen gefunden; und aus Jütland kennt man sogar nur einen einzigen Fund. Ich möchte es für wahrscheinlicher halten, dass die römischen Münzen, sobald sie ins Land kamen, eingeschmolzen wurden, indem die Bevölkerung das Metall eher zur Darstellung nationaler Schmucksachen zu benutzen, als das ihr unverständliche geprägte Geld aufzubewahren suchte; Goldschmuck ist bekanntlich sehr allgemein in nordischen Funden der älteren Eisenzeit und oft von grossem Metallwerth. Indessen ist Norwegen doch keineswegs gänzlich von römischen Münzen entblösst; denn nach der Mittheilung des Prof. O. Rygh[1]), Aarsberetn. for 1871, pag. 164, kennt man in Norwegen gegenwärtig aus der älteren Eisenzeit folgende Funde von römischen Münzen oder offenbaren Nachbildungen derselben:

1. Denar des Antoninus Pius, gef. in Hedemarken.
2. Goldmedaille von Valentinian I., gef. in Lister.
3. Nachbildung, gef. in einem Grabhügel in Sogn.   ⎫Antiq. Atlas
4.   desgl.   , gef. in einem Grabhügel in Nordhordland⎬Pl. I. fig. 14,
5.   desgl.   , gef. in einem Grabhügel, Amt Bratsberg ⎭15 & 5.
6.   desgl.   , gef. in einem Grabhügel, 1872, in Romsdal.

„Diese Funde", sagt Prof. Rygh, „lassen muthmassen, dass wirkliche römische Goldmünzen des IV. Jahrhunderts nicht ganz selten in der älteren Eisenzeit in Norwegen vorgekommen sein können". Münzfunde beweisen demnach, wie mir scheint, wenig oder gar nichts; aber von dem Verhältniss der Münzen hat man auf Funde anderer römischer Fabrikate schliessen wollen und diese irrige Ansicht dänischer und schwedischer Forscher ist lediglich dem, bis zu der obengenannten Abhandlung des Prof. Rygh herrschenden vollständigen Mangel an einer kritischen Bearbeitung der nordischen Funde und der daraus für den Ausländer sich ergebenden Schwierigkeit die antiquarischen Verhältnisse Norwegens genügend kennen zu lernen, zuzuschreiben.

Alterthümer von römischer Herkunft und ebensolche in römischem Stil gearbeitete sind nemlich durchaus nicht selten in Norwegen. Aber selbst wenn diese gefehlt hätten, würde man daraus nichts Bestimmtes haben schliesssn dürfen auf den Beginn des Eisenalters in Norwegen; denn durch Betrachtung der nordischen Alterthümer, speciell durch meine zahlreichen Untersuchungen nordischer Grabhügel, glaube ich, soweit wenigstens die norwegischen Verhältnisse in Betracht kommen, allen Grund zu haben, an der Richtigkeit der obengenannten Voraussetzung zweifeln zu müssen: „dass die Ankunft des römischen Cultnrstroms im Norden auch gleichzeitig sei mit dem ersten Auftreten des Eisens in Dänemark, Schweden und Norwegen". Aber, wie dem auch sei, in jedem Falle ermöglichen doch diese römischen Funde vermittelst der im südlichen Schweden und in Dänemark bei ihnen

---

[1]) Foreningen til norske Fortidsmindesmerkers Bevaring. Aarsberetning for 1871. Kristiania 1872.

vorkommenden Münzen die gegenwärtig ältesten Zeitbestimmungen innerhalb des Eisenalters, indem die römischen Münzen zugleich die Ankunft der andern südländischen Erzeugnisse in dem Norden datiren und dadurch, wenigstens in dieser Hinsicht, sichere Ausgangspunkte für historische Schlussfolgerungen bilden. Es würde sich daher als ein wesentlicher Mangel bei der Bearbeitung von Norwegens älterer Eisenzeit fühlbar machen, wenn wir wirklich — wie man bis dahin angenommen hat — diese für die Zeitbestimmung so wichtigen römischen Funde gänzlich entbehren müssten. Aber, wie schon gesagt, ist dies keineswegs der Fall.

Ehe ich indessen dazu übergehe, die in nordischer Erde gefundenen römischen Alterthümer zu beschreiben, möge es mir gestattet sein, der Vergleichung wegen, und zur bessern Erläuterung der norwegischen Funde kurz zu schildern, in welcher Weise die römischen Funde in Dänemark und Schweden auftreten.

Nach den bis jetzt gemachten Erfahrungen herrscht eine wesentliche Verschiedenheit unter dänischen und schwedischen Funden von römischen Alterthümern. Die dänischen bestehen im Wesentlichen in Hausgeräth, besonders in verschiedenartigen Gefässen von Bronze und Glas, deren vollendete Arbeit — ebenso wie die Fabrikstempel — die römische Abkunft beweisen, und ausserdem auch in Waffen und Schmuckgeräth. Die schwedischen Funde dagegen zeigen „weit seltener solche antike Gegenstände, welche dem häuslichen Comfort oder der eleganteren Toilette angehören".[1] Sie bestehen wesentlich in römischen Silbermünzen — Denaren — aus dem ersten, namentlich aber aus dem zweiten Jahrhundert nach Christus, nebst römischen und byzantinischen Goldmünzen aus dem V. und VI. Jahrhundert.

Nach schwedischen und dänischen Verzeichnissen wurden römische Denare an ungefähr 100 verschiedenen Stellen in Dänemark und Schweden gefunden. Von diesen Funden kommen 22 auf Dänemark (Seeland 6, Fyen 5, Bornholm 7, Süd-Jütland 3), während man für ganz Nord-Jütland nur einen einzigen kennt.[2]

In Schweden wurden ungefähr 4000 Silberdenare gefunden — aber wohl zu merken: nur 12 von diesen kamen auf dem schwedischen Festlande, mit Ausnahme von Schonen, zu Tage (Gotland c. 3,200; Oeland c. 100 und Schonen c. 600).[3] Welches sind denn nun die andern Beweise für einen directen Einfluss römischer Cultur auf das eigentliche Schweden? Dr. Wiberg zählt in seinem Fundverzeichnisse für das schwedische Festland 13 römische und römisch-byzantinische Funde auf; für Oeland 8 und für Gotland 2 Funde von römischen Kunst- oder Industrie Gegenständen. Hierzu kommen noch für das Festland, nach den von Dr. Hildebrand gegebenen Mittheilun-

---

[1] Wiberg, l. c. pag. 47; resp. pag. 63.
[2] Aarböger for 1871, pag. 440.
[3] Förr och nu, 2dra bandet, pag. 284.

gen,[1]) ein Bronzegefäss, gefunden 1810 in Medelpad, gefüllt mit verbrannten Knochen nebst einigen im Feuer zerflossenen Glasstückchen, die nach Hildebrand für Reste eines zerstörten Glasgefässes angesehen werden können; dann eine kürzlich in einem Grabhügel in Helsingland entdeckte Bronzeschale und ein in Jämtland gefundenes Glasgefäss. Ausserdem fand man 1871 im Kirchspiel Sjonheim auf Gotland ein grosses römisches Bronzegefäss mit zwei beweglichen Ringen als Handgriff an, ein kleines gegossenes schönes Bronzetellerchen mit ausgezackter Kante nebst einem goldenen Berlock; und in demselben Kirchspiele 1872 einen 6 Zoll hohen Becher aus weissem Glase.

Da übrigens Gotland in antiquarischer Hinsicht ein selbständiges Ganze bildet, weswegen auch die Funde von dieser Insel im Stockholmer Museum für sich allein geordnet sind, so lassen wir die gotländischen Funde bei unsrer Betrachtung am zweckmässigsten ganz bei Seite und es bleiben übrig für Schweden, Schonen und Oeland im Ganzen 25 Funde von römischen Gegenständen.

In der Beschreibung des Moorfundes von Nydam zählt Prof. Engelhardt ungefähr 80 römische Funde aus verschiedenen dänischen Gegenden auf. Von diesen sind, wie schon oben bemerkt, 22 Münzfunde; so dass demnach ungefähr 58 Funde von andern Gegenständen vorhanden sind, die zum grössten Theil auf Seeland entdeckt wurden.[2])

Nach dieser Zusammenstellung nun, die am einfachsten den relativen numerischen Verhalt zwischen den in Dänemark, Schweden und Norwegen bis dahin anfgefundenen römischen Industrie- und Kunstgegenständen nachweisen wird, gehe ich dazu über ein möglichst vollständiges beschreibendes Verzeichniss von den in Norwegen aufgefundenen, zu allgemeiner Kenntniss gekommenen Alterthümern der hier in Betracht kommenden Gattung zu geben, und beginne mit den römischen Glasgefässen, diesen zerbrechlichen Kunstprodukten, die, weil sie einen längern Weg zu uns hatten als nach Dänemark und Schweden, selbstwerständlich auch bei weitem weniger Aussicht hatten in die Nähe Norwegens zu kommen; und die im Norden ohne Zweifel grosse Kostbarkeiten sein mussten, da bekanntlich noch zu Plinius Zeiten in Rom das Glas in höherem Preise stand als Gold und Silber, ungeachtet Glasfabriken dazumal bereits in Spanien und Gallien eingerichtet waren und in Rom bereits seit Kaiser Tiberius betrieben wurden.

Dass die römischen Fabrikate nach Norwegen den längsten Weg zu nehmen hatten, ergibt sich daraus, dass sie aller Wahrscheinlichkeit nach durch den Zwischenhandel über Norddeutschland in den Norden hinaufkamen. Denn wenn die römischen Artikel von dem durch die Römer eroberten und civilisirten Britannien gekommen wären, so würden ohne Zweifel römische Münzen

---

[1]) Den äldre Jernåldern i Norrland, in antiq. Tidskrift för Sverige, Andra Delen, Stockholm 1869, pag. 222—332.

[2]) C. Engelhardt, Aarböger f. 1871, pag. 440.

ebenso zahlreich an den Küsten von Norwegen gefunden werden wie an
Schwedens Südküste und auf den dänischen Inseln. Auch geben die norwegischen Alterthümer durchaus keinen Grund zu der Annahme einer Verbindung zwischen Britannien und Norwegen vor Mitte des V. Jahrhunderts,
als die Herrschaft der Römer über Britannien bereits erloschen war und Angel-
sachsen sich im Lande festgesetzt hatten.

Wenn aber auch die Handelsverbindungen des Nordens mit dem Weltreiche über Norddeutschland gingen und der römische Cultureinfluss durch
den Handel in der Richtung von Süd nach Nord nach dem Norden gelangte, ist damit auch im allergeringsten bewiesen oder nur wahrscheinlich
gemacht, dass die Einwanderung des ersten Eisen verwendenden Volkes in
den Norden genau denselben Weg ging, oder, dass das erste eisennützende
Volk gleichzeitig mit den ältesten dieser römischen Fabrikate in den Norden
einzog? Davon werden wir uns später zu unterhalten haben.

I. **Amt Smaalenene.** Süd-Langsäter, Kirchspiel **Thrygstad**:
ein grosser Becher aus grünlichem Glase, von der Form eines ˙ umgestürzten Kegels. Unterhalb der Mündung sitzt ein breites Band von
aufgelegten Glasfäden. Die Seiten sind ausserdem mit langgehenden
etwas dickeren, aufgelegten Fäden verziert, die ein wenig oberhalb des
halbkugelförmigen Gefässbodens auslaufen. Der Becher wurde 1708 in
einem Grabhügel neben einem Skelet gefunden, ˙ kam dann in die Alter-
thumssammlung zu Kopenhagen und ist abgebildet bei Worsaae, Nord.
Oldsager Nr. 312. Im Grabe sollen ferner ein kleiner schlichter Goldreif, einige Perlen von abgebranntem Thon, ein Stück von einer Bronzefibula,
(auch ein Stück von einem Eisenschwert?) vorgefunden sein. Vgl. Antiq.
Tidskrift for 1843—45, pag. 114; Norske Fornlevn. pag. 8 und pag. 716;
Boye, Oplys. Fortegn. 51. — Der Glasbecher ist ausserdem abgebildet Aarsberetn. for 1857, Pl. II, fig. 9. —

II. **Amt Akershus.** Fröhou, Kirchspiel **Naes**: geschmolzene Stücke
eines Glasgefässes, gefunden 1865 in einem mit verbrannten Gebeinen gefüllten Messingkessel; obenauf lag ein zusammengebogenes zweischneidiges
Schwert und einige Verzierungen. darunter auch eine menschliche Figur aus
Bronze mit drei runenähnlichen Zeichen am Unterleibe, abgebildet bei Prof.
G. Stephens, Old-Northern runic Monuments Vol. I, pag. 250. Ausserdem fand man zwei absichtlich zerstörte Wurfspeerspitzen, eine Lanzenspitze, einen Schildbuckel und ein Messer. Der Fund wurde aufgepflügt,
wahrscheinlich aus einem unvollständig planirten Grabhügel. Vgl. Norske
Fornlevn. pag. 740.

Hedemarken. In diesem Amte sind, soviel man weiss, keine Glasgefässe
aufgefunden.

III. **Amt Kristian.** Söndre Kjörstad, Pfarrbez. Süd-Frons: Schale
oder richtiger Tasse von Glas, durchsichtig bei etwas grünlichem Schimmer, $2\frac{1}{2}$ Zoll
hoch und 4 Zoll weit, mit einem erhöhten Streifen gleich unterhalb der Kante und

ebensolchen, die am Boden zusammentreffen und ungefähr bis zur Mitte des Glases reichen; abgeb. Aarsberetn. for 1867, Pl. I, Fig. 9. Das Glas wurde neben einem Skelet [1]) in einer aus grossen Steinblöcken errichteten Grabkammer gefunden, daneben noch ein vortreffliches römisches Bronzegefäss, einige Thonurnen, drei Holzeimer mit Bronzebeschlag, drei Fingerringe von Gold (wovon einer mit einem eingefassten ovalen Glasfluss verziert ist), eine grosse mit gepressten Goldblättchen belegte Fibula, eine kleinere von Silber, eine desgleichen von Bronze, ein kleines Futteral oder eine Toilettedose von Bronze und verschiedene Kleinigkeiten, auch eine Scheere und zwei schwertförmige zweischneidige Geräthe aus Eisen [2]). Der Fund ist beschrieben und theilweise abgebildet Aarsberetn. for 1867, pag. 53 ff., Pl. I.

IV. **Vöyen**, Pfarrbezirk G r a n: Stücke eines geschmolzenen Glasgefässes von grünlich-weisser Farbe, angeblich 1868 gefunden. Sie lagen in einem mit der Spitze nach unten gerichteten Schildbuckel, der in einem runden, aus zusammengetragenen Steinen errichteten Grabhügel gefunden wurde und der ausserdem einen silbernen Beschlag zu einem Schwertgriffe, verschiedenen Bronzebeschlag zu der Scheide, Riemenbesatz und eine Bronzespange enthielt. Ein zweischneidiges Schwert von $34\frac{1}{4}$ Zoll Länge, eine Lanzenspitze, eine Speerspitze und zwei Messer lagen zur Seite des Schildbuckels nebst einem schwertähnlichen Gegenstande von $12\frac{1}{2}$ Zoll Länge und von derselben Art, wie in dem Grabhügel von Kjörstad. Der Fund ist beschrieben und zum Theil abgebildet Aarsberetn. for 1869, pag. 77 ff.

V. **Ringsaker**, Pfarrbezirk N o r d r e - A u r d a l: Glasbecher von heller, grünlicher Farbe mit dicker Kante und verziert mit zwei, ungefähr $\frac{1}{2}$ Zoll unterhalb der Mündung rundlaufenden, erhöhten Linien von weissen Glasfäden. Um den Boden befindet sich ein sternartiges Ornament aus ähnlichen weissen Glasfäden, die in Spitzen zusammenlaufen. Der Becher hat einen niedrigen Fuss und die Eigenthümlichkeit, dass er an der $2\frac{1}{2}$ Zoll weiten Mündung und etwas unterhalb derselben enger wird. Er wurde in einem aus Steinen errichteten, angeblich eine kleine runde Grabkammer enthaltenden Grabhügel gefunden, in welchem sich ausserdem ein bandförmiger Goldfingerreif, eine oder zwei Speerspitzen und ein mehrere Zoll langes ellipsenförmiges vergoldetes Stück aus getriebenem Silber vorfand, das als Zierrat auf einen oder den andern, jetzt aus dem Funde verschwundenen Gegenstand aufgelegt war.

VI. **Amt Buskerud**. S a e t r a n g, Kirchspiel N o r d e r h o v: ein hellgrüner Glasbecher mit eingeschliffenen Ovalen und abgerundetem Boden, gefunden 1834 in der nördlichen Holzkammer des bekannten Saetranghügels, nebst 5 Holzeimern mit Bronzebeschlag, 4 Thongefässen und einer kleinen

---

1) Angeblich auf der Brust des Skelets.
2) Aarsberetn. for 1869, Pl. 1, Fig. 9.

Holzschale. Der Fund ist beschrieben von Prof. Keyser, Annal. f. nord. Oldkynd. 1836/37, pag. 150 ff., wo auch der Becher abgebildet ist.

VII. **Solberg**, Kirchspiel Eker: Bruchstücke einer Glasschale, wahrscheinlich einer der merkwürdigsten Anticaglien, die bis jetzt in Norwegen zu Tage gekommen sind. Die Schale wurde, weil nur so wenig Bruchstücke von ihr erhalten sind, bis jetzt nicht abgebildet; aber diese Reste sind doch hinlänglich gross, um den Beschauer in Verwunderung zu setzen. Während nemlich sämmtliche antike Glasgefässe des westlichen und nördlichen Europa's — mit vielleicht ganz geringen Ausnahmen [1]) — einfarbig sind, war dieses Gefäss aus dunkelblauem Glase angefertigt und mit erhöhten menschlichen Figuren aus weissem Glase und von ausgezeichneter, römischer Arbeit geziert; in ähnlicher Weise wie die berühmte Barbarini- oder Portlandvase, die im XVI. Jahrhundert in einem Marmorsarkophag in der Nähe von Rom (Grab des Alexander Severus) gefunden wurde, jetzt im British Museum aufbewahrt wird und eine der schönsten Glasarbeiten sein soll, die aus den besten Zeiten der antiken Kunst uns erhalten blieb. Die ursprüngliche Form der Schale von Solberg lässt sich leider nicht mehr bestimmen; sehr möglich, dass sie ebenfalls einen Fuss hatte, d. h. eine Vase bildete. Um die Kante herum hatte sie einen in barbarischem Stile gearbeiteten Beschlag von dünnem, getriebenem Golde.

VIII. **Amt Jarlsberg und Laurvig.** Stokke, Langlo: Glasbecher aus dünnem, grünem Glase, 10 Zoll hoch, 4¼ Zoll weit oberhalb der Mündung und ungefähr 1½ Zoll über dem Fussstück, das aus einer kleinen, dicken Platte gebildet wird. Die Form des Glasbechers ist gleichfalls die eines umgestürzten Kegels. Um die Mündung liegt ein stärkerer Wulst und unter diesem noch 11 Reifen aus Glasdraht. Vom Fussstück aufwärts bis gegen diese Querstreifen sind die Seiten mit aufgelegten Glasfäden verziert. Sowohl zwischen den letzteren, wie zwischen den Querstreifen finden sich fein gebohrte Löcher, um mittels Nieten den Beschlag und Zierrat zu befestigen. (Vgl. den Becher von Vatshus, No. XVI.) Dieser schöne grosse Glasbecher wurde 1872 in einem für Norwegen höchst ungewöhnlichen Grabe entdeckt. Unter einem runden flachen Steinhaufen befand sich eine 18 Zoll tiefe Gruft mit flachem Boden; hierin lagen ausser dem Glasbecher noch 4 Thonurnen, eine grosse Silberfibula, drei kreuzförmige Bronzespangen, ein kleiner Goldspiralring, zwei Silberringe, Bruchstücke eines grossen Hängeschmucks von Silber, zwei Silberperlen – von der Form wie die Henkel aus Brakteaten —, 13 Glasperlen, Reste von eisernen Handgriffen und die Randbeschläge zu mindestens 2 Holzeimern. Ueber die Gebeine fehlt es an Nachrichten; aber aller Wahrscheinlichkeit nach war die Leiche unverbrannt beigesetzt. Das Grab, welches eine bis dahin einzig dastehende Mischung norwegischer und

---

1) Aarböger 1871, pag. 444.

dänischer Begräbnissweise vom Schlusse der älteren Eisenzeit darbietet, wurde planmässig aufgegraben und untersucht von N. Nicolaysen, und ist näher beschrieben Aarsberetn. for 1872, pag. 103 ff. Das Glas hat mit dem unter No. I beschriebenen die grösste Aehnlichkeit.

IX. **Amt Nedenaes.** Glamsland, Pfarrbez. Vestre-Moland: einfarbiger Becher aus grünlichem Glase, 5 Zoll hoch und 3 Zoll im Durchmesser, mit zwei erhöhten Streifen um die Mündung; unmittelbar unter diesen und abwärts bis zum Boden laufen tief eingeschnittene Rillen. Er wurde 1853 in der grossen Grabkammer eines Hügelgrabes nebst einigen verrosteten Eisensachen, einigen Thongefässen, Glas- und Bernsteinperlen gefunden. Vgl. Norske Fornlevn. pag. 247.

X. **Amt Lister und Mandal.** Lundegard, Kirchspiel Vanse: Glasurne mit eingeschliffenen Ovalen; unter dem spitzen Fussende abgeschliffen· gefunden 1743 in einem Grabhügel, auf dem zwei Bautasteine standen. Im Hügel war eine 4 Ellen lange Grabstube, in deren nordwestlicher Ecke das 4 Zoll hohe, 1 Zoll am Fussende und 4 Zoll über der Mündung messende, mit schwarzer Erde angefüllte Glasgefäss lag. In jeder der anderen Ecken der Kammer stand eine mit Henkeln versehene Thonurne, ausser denen noch Perlen von Glas und Bernstein, zwei Ringe, eine kupferne Kugel, eine kleine runde Goldplatte und Anderes gefunden wurde. Vgl. Aarsberetn. for 1866, pag. 64 und 65.

XI. **Amt Stavanger.** Jaederen: Trinkhorn aus grünlichem Glase mit Zierraten von aufgelegtem Glasdraht und Band, ursprünglich ungefähr einen Fuss lang; gefunden 1844 in einer grossen Grabkammer nebst einer mit verbrannten Gebeinen gefüllten Thonurne, die, wie Verzierung und Form erkennen lassen, nach einem Glasgefässe gearbeitet wurde. Der in einem Grabhügel bei Hove-Kirke im Kirchspiel Vik, Amt Nordre-Bergenhus, gefundene Glasbecher (No. XVIII) könnte füglich das Modell abgegeben haben [1]).

Das Trinkhorn, abgebildet Urda III, Pl. I, Fig. 1, ist bis jetzt ohne Seitenstück in Norwegen nnd Schweden [2]). In Dänemark kennt man dagegen zwei: das eine aus einem Grusgrabe bei Slangerup, Hjörlunde, Seeland, von 8 Zoll Höhe; das andere aus dem grossen Funde von Himlingöie, Amt Praestö, abgeb. bei Worsaae, N. O. No. 320, und beschrieben von Engelhardt, Trouvailles danoises, der geneigt ist, beide dänische Trinkhörner wegen ihrer rohen Ausführung und eigenthümlichen Form für barbarischen Ursprungs zu halten (Aarböger 1871, pag. 445), obgleich unter den reichen römischen Funden aus Heddernheim, die jetzt im Museum zu Wiesbaden sich befinden, doch mehrere Exemplare von ganz ähnlichen Trinkhörnern enthalten sind.

---

[1]) Urda II, Pl. II, Fig. 13.

[2]) [Nach gef. Privatmittheilung des Herrn Verfassers wurde indessen kürzlich in Norwegen ein zweites, gut erhaltenes gläsernes Trinkhorn in einem Grabhügel aufgefunden] Anm. d. Uebers.

XII. **Ly,** Pfarrbez. Ly: Stücke einer Glasurne, gefunden 1866 zusammen mit einem Goldbrakteaten, mit Stücken einer Thonurne und eines Schwertes in einem Hügel mit Grabkammer aus Bruchsteinen, überdeckt mit Felsblöcken, 6 Ellen lang und 2 Ellen hoch und breit. Vgl. Aarsberetn. for 1866, pag. 81, No. 19.

XIII. **Hauge,** Pfarrbez. Klep: Glasbecher mit Fuss, 7⅓ Zoll hoch, 3¾ Zoll innere Weite an der Mündung; gefunden 1869 in einem Hügel mit grosser Grabkammer aus Felsblöcken. Der Fussboden der Kammer war mit Birkenrinde belegt; ihre Wände, sowie die Decke mit Eichenplanken bekleidet. Man fand ausserdem: ein flaches römisches Bronzegefäss auf niedrigem Fuss, versehen mit drei wie menschliche Köpfe geformten Krampen, von denen ein gekrümmter, in einen Thierkopf mit aufgerichteten Ohren endender Bügel ausgeht, worin ein loser sechsseitiger Ring hängt; ferner drei Bronzehenkel von anderen gänzlich zerstörten Bronzegefässen, eine kreuzförmige Spange, belegt mit gepressten Goldplatten, eine Silberfibula, drei Thongefässe, sechs Adlerklauen, einen dünnen, runden Goldschmuck, einige kleine Silbersachen, eine kleinere Perle und einzelne verrostete Eisensachen. Nachricht, ob die Leiche verbrannt oder unverbrannt beigesetzt war, fehlt. Vgl. Aarsberetn. for 1869, pag. 143, Pl. III, Fig 19.

XIV. **Tuv,** Pfarrbez. Klep: Bruchstücke eines dunkelblauen Glasgefässes mit erhöhten blauen Verzierungen, die ein netzförmiges Muster gebildet haben, ungefähr wie bei Worsaae, N. O. No. 317; gefunden nebst drei gleicharmigen 1⅓ Zoll langen Bronzespangen, Mosaikperlen und Bernsteinperlen, einer Scheere und mehreren Eisensachen Vgl. Norske Fornlevn. pag. 789.

XV. **Thjötte,** Pfarrbez. Klep: Stücke eines Glasbechers, in Grösse und Form wie No. XIII; gefunden 1869 in einem Hügel mit einer aus Felsblöcken errichteten Grabkammer — zusammen mit zwei Thongefässen, einer Glasmosaikperle, zwei Messingringen und einigen kleinen Eisensachen. Auch hier fehlt über die Art der Bestattung näherer Nachweis. Vgl. Aarsberetn. for 1869, pag. 59, No. 38.

XVI. **Vatshus,** Pfarrbez. Klep: grüner Glasbecher ohne Fuss mit Randstreifen und breiten eingeschliffenen, längs der Seiten beinahe bis auf den Boden hinabreichenden Hohlkehlen, zwischen denen kürzere und schmälere Rinnen sich hinziehen. Dieser Becher ist dadurch besonders merkwürdig, dass sowohl um seinen Rand, wie an den Seiten hinunter sich kleine eingebohrte Löcher zeigen, die für die Nägel des Silberbeschlages und Zierrates bestimmt waren. (Vgl. No. VIII.) Er wurde 1863 in einer grossen Steinkammer gefunden nebst einem in der Scheide steckenden zweischneidigen Schwerte, einem ebensolchen einschneidigen, zwei Speerspitzen, einem Messer, einigen Pfeilspitzen mit Schaftröhren („med Fal"), einem Schleifstein, einem Kamm, einer Bronzefibula und sechs vergoldeten Knöpfen. Ausserdem fanden sich noch Stücke von zwei sehr grossen, kesselförmigen Bronzegefässen und ein glatter Goldreif. Der Boden der Kammer war mit kleinen Steinen gepflastert, worüber Birkenrinde ausgebreitet lag. Vgl. Norske Fornlevn. pag 791.

XVII. **Amt Söndre Bergenhus.** Stordöen: ein Glasbecher mit eingeschliffenen Ovalen, 4½ Zoll hoch, mit abgerundetem Boden; gefunden 1870 in einem Grabhügel ohne Kammer. Der Becher scheint in einer Thonurne niedergesetzt gewesen zu sein, von welcher Bruchstücke gefunden wurden nebst Stücken eines Schwertes, einer Speerspitze, einer Bronzefibula, geschmolzenen Glasperlen u. s. w. Verbrannte Gebeine fanden sich zerstreut über einen Kohlenhaufen auf dem Boden des Hügels. Vgl. Aarsberetn. for 1870, pag 61.

XVIII. **Amt Nordre Bergenhus.** Hove, Pfarrbez. Vik: ein Glasbecher, 5½ Zoll hoch, 3½ Zoll weit über der Mündung und 8¾ Linien über dem Bodenstücke. Die Farbe ist grün; zwei Ränder sind dicht unter der Mündung eingeschliffen. Die Seiten sind verziert mit einer Reihe kleiner eingeschliffener Ovale, von denen einige eingeschliffene perpendikuläre Linien zeigen. Der Becher fand sich in einem Grabhügel, der zu einer Hügelgruppe gehörte, in welcher noch mehrere Glasgefässe gefunden, leider aber bei der fahrlässigen Ausgrabung zerbrochen und fortgeworfen wurden. Das einzige erhaltene ist abgebildet Urda II, Pl. I, Fig. 13.

XIX. **Hove,** Pfarrbez. Vik: Glasbecher mit eingeschliffenen Ovalen, gefunden im Anfang dieses Jahrhunderts in einem Hügel mit Grabkammer, nebst drei Speerspitzen, Pfeilen und anderen Eisensachen; Bericht über die Gebeine fehlt. Vgl. Norske Fornlevn. pag. 479.

XX. **Eide,** Pfarrbez. Selje: ein Glasbecher mit eingeschliffenen Ovalen, 4½ Zoll hoch, 3½ Zoll weit oberhalb der Mündung; gefunden 1856 in einer mit feinem Sande angefüllten Grabkammer. Von den übrigen Fundgegenständen kennt man nur den Knopf eines Schwertgriffes. Vgl. Norske Fornlevn. pag. 825.

XXI. **Amt Romsdal.** Bremsnaes, Pfarrbez. Kristiansund: dicht neben der Kirchhofsmauer ein Glasbecher mit abgerundetem Boden, verziert mit ungleich grossen Ovalen und Querstreifen. Er wurde 1673 gefunden, angefüllt mit verbrannten Knochen und umgeben von einem goldenen Spiralarmringe, beides bedeckt mit einem Bronzegefässe, das Ganze zwischen vier Steinen in einem Steinhaufen stehend. Die Glasurne wird in der Kopenhagener Sammlung aufbewahrt und ist abgebildet Anal. f. nord. Oldk. 1844/45, Tab. XII, Fig. 108; Aarsberetn. for 1857, Pl. II, Fig. 10. Der Armring, in derselben Sammlung befindlich, ist abgebildet bei Worsaae, N. O. No. 380.

XXII. **Amt Söndre Throndhjem.** Ven, Pfarrbez. Melhus: Becher aus bräunlichem Glase, unten abgerundet und ohne Fuss, beinahe 5 Zoll hoch, 3 Zoll weit über der Mündung, mit vier horizontalen Reihen von eingeschliffenen kleinen Ovalen, unter welchen ein einzelnes sich befindet; längs der Kante zwei eingeschliffene Hohlkehlen. Er wurde 1865 gefunden in der Steinkammer eines Grabhügels zusammen mit einem Thongefässe, einem Fingerringe von Gold, einer Speerspitze und Lanze, einem Schildbuckel und einem in der mit Bronze beschlagenen Scheide niedergelegten, zweischneidigen Schwerte. Ausserdem fand man noch andere Beschlagstücke aus Bronze. Vgl. den Katalog der Alterthümer der Kgl. Ges. d. Wissenschaften zu Drontheim, No. 36ʲ—379.

XXIII. Amt Nordre Throndhjem. Vist, Pfarrbez. Verdalen: ein Glasgefäss, gefunden 1810 in einem Grabhügel zusammen mit einem Thongefäss, einer Speerspitze und einigen Nietnägeln. Ueber die Gebeine sind keine Nachrichten vorhanden. Vgl. Norske Fornlevn. pag. 638.

XXIV. Halleim, Pfarrbez. Verdalen: ein Glasbecher in Bruchstücken, Form und Grösse wie Worsaae, N. O. No. 318, mit zwei Rändern längs der Kante und eingeschliffenen Ovalen; gefunden 1870 in einem Grabhügel, oben in einer Thonurne liegend, zusammen mit einem Messer, einem weberschiffförmigen Wetzstein, einem Schildbuckel, einer Bügelspange von Bronze, zwei Pfeilspitzen und etwas Beschlag von Silber und Bronze. Vgl. Aarsberetn. for 1870, pag. 16.

Endlich hat man in norwegischen Grabhügeln noch drei merkwürdige Thongefässe gefunden, in welche kleine Bruchstücke von durchsichtigem Glase eingesetzt waren — ein unzweifelhafter Beweis für die Seltenheit des Stoffs und für den hohen Werth, den man damals dem Glase beilegte.

Eine in dem Jahresberichte für 1870, Pl. II, Fig. 12 abgebildete Urne zeigt mitten im Boden eingesetzt ein gereiftes, ungefähr einen Quadratzoll grosses Stück von grünlichem Glase. Sie wurde gefunden in einem Grabhügel bei Skagestad, Pfarrbez. Holme, Amt Lister und Mandal.

Eine andere mit 11 eingesetzten Glasstückchen gezierte Urne, die 1865 in einer 6 Fuss langen, 4 Fuss breiten und 2 Fuss hohen Steinkammer eines runden Grabhügels bei Vemestad in Lyngdal gefunden wurde, ist abgebildet Aarsberetn. for 1871, Pl. II, Fig. 7. In der Kammer fand sich nur noch eine Graburne, die wie die erstere mit verbrannten Gebeinen angefüllt war. Vgl. Aarsberetn. for 1871, pag. 96.

Die dritte auf diese Weise verzierte, in Norwegen gefundene Thonurne befindet sich im Kopenhagener Museum. Sie ist nur klein, beinahe schwarz und enthält im Boden ein kleines Stückchen dunkelgrünen Glases.

Eine in England gefundene geriffelte Urne, die ebenfalls mit einem in den Boden eingesetzten Glasstückchen versehen ist, ist abgebildet bei Roach Smith Collect. antiqua Vol. IV, pag. 159, woselbst eine ähnliche Urne aus dem Lüneburgschen erwähnt wird [1]).

---

[1]) [Diese von Roach Smith erwähnte Urne ist ohne Zweifel die im Jahre 1842 in der Nähe von Stade ausgegrabene, mit verbrannten Knochen gefüllte Urne, welche im Archiv des histor. Vereins für Niedersachsen, N. F. Jahrgang 1845, pag. 381 abgebildet ist. Vgl. auch Mecklenb. Jahrb. XVII, pag. 372. Sie gehört dem IV. Jahrhundert an. Ein Glasstückchen sitzt im Boden, drei Stückchen im untern Theil des Fusses, von denen zwei ein rautenförmiges Muster

Ganz abgesehen von diesen eigenthümlichen Thongefässen, haben wir also sichere Kenntniss von mehr als 24 norwegischen älteren Eisenzeitfunden[1]), welche verschiedene Glasgefässe enthielten, die zum grössten Theil dieselben Formen, dieselben Ornamente, dieselbe Farbe und Art der Arbeit zeigen, wie die in dänischer und schwedischer Erde gefundenen Glasgefässe, und daher das Zeugniss für eine und dieselbe Herkunft gleichsam in sich selber tragen. In Dänemark — das, wie oben bemerkt, so besonders reich sein sollte an römischen Gefässen — kannte man bis 1871 nur 23 ähnliche Glassachen enthaltende Funde. Vgl. Aarböger 1871, pag. 445 ff. Aber in den schwedischen Museen werden in Allem nicht zehn ähnliche Gefässe vom Festlande und von Schonen angetroffen. Vgl. Mânadsblad 1872, pag. 38.

Ausser solchen Glasgefässen sollten nun vorzugsweise römische Bronzegefässe von verschiedener Form und Grösse in Dänemark während der älteren Eisenzeit vorkommen. Ich beklage es, dass ich nicht ganz genau anzugeben vermag, wie viele solcher Alterthümer man gegenwärtig in Dänemark kennt. Aber in seinem Verzeichnisse über „Funde der älteren Eisenzeit in Dänemark" (Moorfund von Nydam, pag. 48 ff.) erklärt Prof. Engelhardt, dass unter 186 bis zum Jahre 1865 bekannt gewordenen Funden es nur etwa 29 seien, in denen keine mehr oder weniger sicher römische Gegenstände vorkämen. In 52 Funden waren Bronzegefässe von möglicherweise römischer Abkunft enthalten; doch kamen in mehreren Funden ovale Bronzegefässe vor, so dass z. B allein von römischen Casserolen und Sieben im Jahre 1870 gegen 28 Exemplare im Kopenhagener Museum vorhanden waren[2]).

In Betreff Schwedens verzeichnet Dr. Wiberg in seiner Fundstatistik vom Jahre 1868 an römischen Bronzegefässen: für Öland einen sichern Fund, bestehend in einem Bronzehandgriff, der in einen schönen Bachuskopf mit silbernen Augen endet. Dazu kommt noch ein im Jahre 1836 im Kirchspiel Runsten gefundenes Frauenkopf-Profil, das zu einem grossen Bronzegefässe gehörte. Für das schwedische Festland 7 Funde: 1) eine Bronzeurne aus

---

mit abwechselnd hellgrüner und brauner Farbe zeigen. Die Urne ist jetzt in Lüneburg in Privatbesitz befindlich.

Neuerdings wurde in Schweden in einem Grabhügel bei Greby, im nördlichen Bohuslän, ebenfalls eine Urne gefunden, in deren Boden ein kleines Stückchen von weissem, durchsichtigem Glase eingesetzt ist. Glasperlen, rothe, blaue und weisse, und Beinkämme, die häufig in benachbarten Urnen vorkommen, deuten vielleicht auf das III.—IV. Jahrhundert. Vergl. Mânadsblad, October 1873.] Anm. d. Uebers.

[1]) Im Funde von Borre (Aarsberetn. for 1852), der dem jüngern Eisenalter angehört, wurde ein in Norwegen, Schweden und Dänemark bis jetzt einzig dastehender dunkelblauer Glasbecher, mit von allen Seiten hervorragenden kleinen Hörnern, gefunden, abgeb. Aarsberetn. for 1857, Pl. III. Vgl. auch Akerman, Remains Pl. 11; R. Smith, Inventor. sepulcrale, Introd. XIV und Pl. 18, Fig. 2; Cochet, Normandie souter. Pl. 10, Fig. 1, und Lindenschmit, Todtenlager bei Selzea, pag. 6.

[2]) Extrait des Mémoires de la Société R. des Antiquaires du Nord, pag. 270: „et circonstance remarquable — on en rencontre dans presque toutes les grandes trouvailles romaines des provinces baltiques."

18 *

Smäland; 2) eine ebensolche mit zwei Oehren in der Form von Köpfen aus
Waksala; 3) die berühmte Apollovase aus Westmanland; 4) eine Kupfer-
schale mit zwei kleinen Henkeln und 5) Stücke einer ebensolchen, gefunden
zu Christianstad; 6) Handgriff und Füsschen zu einem Bronzegefässe, gefunden
in Bohnslän, und 7) ein römisches Bronze-Casserol, gefunden in Helsingland,
bis dahin das einzige seiner Art in Schweden.

Dazu kommen dann noch 8) das von Dr. Hildebrand in seiner Abhandlung über die ältere Eisenzeit in Nordland, pag. 51 beschriebene, im
Jahre 1810 in einem Grabhügel in Medelpad gefundene Bronzegefäss; 9) eine
zweifelhafte Bronzeschale aus einem Grabhügel in Helsingeland (a. a. O.
pag. 62) und endlich 10) eine im Jahre 1708 in einem Grabhügel in Uppland
gefundene Bronzeurne, die im Stockholmer Museum aufbewahrt wird.

Im Ganzen sind demnach in Schweden 12 römische Bronzegefässe gefunden, ohne Gotland mitzurechnen [1]).

Ich werde nun versuchen in ähnlicher Weise, wie bei den Glasgefässen,
das Verhältniss zwischen den in Norwegen und den in Schweden und Dänemark gefundenen römischen Bronzegefässen näher zu erörtern und gebe hier,
so weit es möglich, ein vollständiges Verzeichniss dieser letzteren, wie sie
aus norwegischen Gräbern der älteren Eisenzeit zu Tage gekommen sind.

I. und II. **Amt Smaalelene.** Löken, Pfarrbez. Raade: ein unver-
sehrtes und ein zerbrochenes Bronzesieb, im Jahre 1811 in der 6 Ellen langen, aus Felsblöcken errichteten Steinkammer eines Grabhügels gefunden, die
mit Sand angefüllt war und an sonstigen Alterthümern enthielt: zwei Bronzehenkel, zu einem Holzeimer gehörend, zwei Trinkhornbeschläge von Bronze
(sehr selten in Norwegen), eine Goldstange, einen Silberknopf, ein Glied von
einer goldenen Kette und das schöne, bei Worsaae, N. O. No. 378 abgebildete
Goldberlok [2]). Vgl. Norske Fornlevn. pag. 22 und pag. 837.

III. Kirchhof von **Berg**: ein Casserol von Silber [3]) (versilbert oder verzinnt?), worin ein Spiralfingerring von Gold lag; gefunden im Jahre 1847
beim Aufwerfen eines neuen Grabes. Der Fund wurde eingeschmolzen. Vgl.
Aarsberetn. for 1866, pag. 72.

IV. **Östby**, im Pfarrbez. Rakkestad: ein rundes Bronzegefäss mit
kleinem, niedrigem Fusse. Der Boden ist beinahe horizontal und die Seiten
sind nur wenig nach aussen gebogen. Gefunden 1866, mit verbrannten Gebeinen angefüllt und in Birkenrinde eingehüllt, in der kleinen vierseitigen
Grabkammer eines runden Grabhügels. Zwischen den verbrannten Knochen

---

[1]) Nach Wiberg wurde auf Gotland ein Bronzecasserol gefunden, und nach Antiq. Tidskr.
f. Sverige, II. pag. 77 seitdem noch ein zweites. Ausserdem noch im Jahre 1871 ein römisches
Bronzegefäss und ein Bronzetellerchen.

[2]) Das dritte im Amte Smaalenene gefundene Berlock, von denen zwei in meiner Sammlung
(zu Frederikshald) enthalten sind.

[3]) Casserole von Silber wurden u. a. in Mecklenburg gefunden; vgl. Mecklenb. Jahrb. III,
pag. 52—57; V, Anhang Tab. I.

fanden sich Reste eines halbkreisförmigen Knochenkammes und anderer geschnitzter Knochen. Vgl. Aarsberetn. for 1866, pag. 56; Aarböger 1869,
pag. 159; Lindenschmit, German. Todtenlager bei Selzen, pag. 15.

V. **Amt Akershus.** Vestre Holstad, Kirchspiel Aas: ein grosses
kesselförmiges, dünnes Bronzegefäss mit nach aussen umgebogenem Rande
und drei hakenförmigen Ansätzen. Diese Krampen (Kroge) gehen aus von
versilberten (oder verzinnten) dreieckigen Beschlägen, die sich als etwa $\frac{1}{2}$ Zoll
breite Bänder an den Seiten des Gefässes hinziehen, zwischen getriebene
Falze eingelegt und ebenso wie der oberste Theil des Beschlages mit Nietnägeln befestigt sind, deren hohe, halbkugelige Köpfe im Innern des Gefässes
liegen. An Stelle des fehlenden Fussstückes ist der Boden in Form eines
umgewendeten Tellers ausgetrieben und hat in der Mitte ein Nagelloch.
Obgleich dies Gefäss nicht zu den gewöhnlichen römischen gehört, so
beweist doch die Art der Arbeit dessen fremde Abkunft, und der eigenthümliche Beschlag zeigt zugleich, dass es eine ganz besondere Bestimmung haben
muss. Versilberte (oder verzinnte) Zierraten sind keineswegs selten an römischen Gefässen (vgl. Mecklenb. Jahrb. XXXV, pag. 102; Extrait des Mémoires de la Soc. royale des Antiq. du Nord 1870, pag. 269; sowie die
folgenden Funde No. XXI und XXV), obgleich man auch an inländischen
Fabrikaten, z B. an den schalenförmigen Spangen des jüngeren Eisenalters,
Proben dieser Kunst bemerken kann. Das Gefäss wurde 1840 in einem
kleinen Grabhügel gefunden, zusammen mit einem Gewichtstück aus Bronze,
einem Wetzstein und kleineren Sachen von Eisen. Vgl. Norske Fornlevn.
pag. 40.

VI. **Amt Hedemarken.** Farmen, Kirchspiel Vang: eine Bronze-
Urne, abgebildet in halber natürlicher Grösse auf anliegender Tafel, gefunden
1865 in der kleinen Steinkammer eines runden Grabhügels, den der Besitzer
planiren liess. Die Urne ist von unzweifelhaft römischer Arbeit und gegossen, obgleich der Boden um den etwa 1 Zoll hohen Fuss sehr geschickt
mittelst einer dichten Reihe von kleinen Nietnägeln, deren Köpfchen wie ein
Perlenband einen vollständigen Schmuck des Gefässes bilden, angenietet
wurde.

Der Boden und die untere Hälfte sind stark mit Russ bedeckt. Das
Obertheil dagegen ist schön oxydirt, wie mit grünem Email überzogen, und
hier — ungefähr in der Mitte zwischen der grössten Bauchweite und dem
Halse — steht in grossen, deutlichen und einzelnen Buchstaben eingravirt:

APRVS ° ET ° LIBERTINVS ° CVRATOR.. ...VERANT °

Wie es bei römischen Inschriften gewöhnlich der Fall ist, sind die
Wörter durch ein Zeichen getrennt, und zwar durch kleine, in der mittleren
Höhe der Buchstaben eingravirte Kreise. Ein Loch an der einen Seite der
Urne, das durch den Druck eines Steines in der Grabkammer veranlasst
wurde, schneidet unglücklicher Weise einen Theil der Inschrift weg, die man
indessen folgendermaassen zu ergänzen suchte:

CVRATORES ∘ POSVERVNT ∘.

Uebersetzt: „Aprus und Libertinus in ihrer Eigenschaft als Tempelvorsteher (Curatores sc. templi oder sacrorum) haben aufgestellt diese Urne", als Gabe (ἀνάϑημα) in des Gottes Heiligthum, dem sie als Curatores dienten.

Die Urne ist demnach ursprünglich ein Weihgeschenk gewesen, ebenso wie die berühmte Apollovase aus Westmanland, und auch der Inhalt beider Inschriften auf diesen heiligen Gefässen ist im Uebrigen durchaus analog, nur dass auf dem meinigen der Name des Gottes nicht genannt, und nicht ausdrücklich erwähnt wurde, was für Curatoren die Herren Aprus und Libertinus gewesen sind [1]).

Jene schwedische Apollovase werden wir weiter unten näher behandeln; denn nicht sowohl in Folge der Uebereinstimmung, die zwischen den Inschriften beider Gefässe und zwischen ihrer ursprünglichen Bestimmung besteht, sondern mehr noch wegen der wunderbaren Gleichheit ihrer späteren Schicksale werden diese beiden heiligen römischen Gefässe fortan miteinander verbunden bleiben. Wie zwei offenbar gleichzeitige, doch selbständige und beinahe gleichartige Dokumente, wird eines das andere ergänzen und beide werden gegenseitig ihre Beweiskraft verstärken.

Krieg oder Raubzug wird man als nächste Veranlassung betrachten müssen, um die Fortführung dieser Tempelgefässe aus ihrer geheiligten Heimatstelle, sowie ihren späteren Uebergang zu Handelswaare erklären zu können; denn ohne Zweifel sind sie eben als solche zu den Barbaren Skandinaviens gekommen, wo Niemand ihre frühere Bedeutung kannte oder verstand, wo man aber sehr wohl diese prächtigen, schön gearbeiteten und seltenen Gefässe zu schätzen wusste, die im Haushalte nützlich zu verwenden waren. Im Allgemeinen gehörten Bronzegefässe sicherlich nur in des Reichen

---

[1]) Obenstehende Auslegung hatte Herr Professor O. Rygh die Güte, mir mitzutheilen.

Einige glaubten auch die Inschrift als Grabschrift deuten zu müssen: die Curatoren Aprus und Libertinus haben dies Grabgeschenk gestiftet, wonach also die Urne ursprünglich zur Aufnahme der Asche eines Römers bestimmt gewesen wäre. „Aber in römischen Grabschriften ist jederzeit der Name des Verstorbenen die Hauptsache und fehlt niemals, wogegen nur ganz ausnamsweise der Name dessen oder derjenigen vorkommt, welche Grabgeschenke gestiftet haben; daher auch die Inschrift auf der Urne als Grabschrift etwas höchst Besonderliches sein würde." (O. Rygh.)

In Betreff der lateinischen Sprachformen hatte Herr Professor S. Bugge die Freundlichkeit, mir folgende Erklärungen zu geben: „besonders zu beachten ist die Namensform Aprus für Aper. Die incorrecte Nominativform aprus von dem Appellativ, welches Wildschwein bedeutet, wird bei Probus, Appendix institut. art 38 als verwerflich bezeichnet. Diese Namensform, ebenso wie der Name Libertinus, spricht dafür, dass die Inschrift keinen eingeborenen, edeln Römer bezeichnet. Aprus und Libertinus waren ohne Zweifel Provincialen, die der gemeinen Volkssprache sich bedienten. Die Form der Buchstaben gestattet entschieden nicht, die Inschrift über die Kaiserzeit hinaus zu setzen Ebenso ist die Form Aprus wahrscheinlich erst in späterer Zeit in Gebrauch gekommen. Das Verbum am Schluss würde ergänzt werden: POSVERVNT. Zwischen S und V scheint indessen möglicher Weise Platz für zwei Buchstaben zu sein, so dass man an POSIVERVNT denken könnte, wenn diese Form für die Inschrift nicht zu alt sein würde.

Haus. Jedenfalls machen diejenigen nordischen Gräber, in denen dergleichen gefunden wird, unwillkürlich den Eindruck von Wohlhabenheit[1]), und es kann demnach nicht daran gezweifelt werden, dass diese beiden Tempelgefässe hier zu Lande als Gegenstände von grossem Werthe betrachtet wurden.

Dass die Vase von Farmen nach ihrer Ankunft in Norwegen als gewöhnliches Haushaltsgefäss benutzt wurde, davon zeigen sich Spuren sowohl in einem Eisenbande, das theils zur Verstärkung des Gefässes, theils zur Befestigung eines Henkels um dasselbe gelegt war[2]), wie auch in der dicken Russschicht, die den Boden überzieht, was fast ohne Ausnahme bei allen in den hier behandelten Gräbern niedergesetzten Bronzegefässen der Fall ist. Dasselbe lässt sich auch von den steinernen Schalen oder Töpfen aus dem jüngeren Eisenalter behaupten, worin zugleich — was wir an anderer Stelle schon früher bemerkten — ein Beweis liegt, dass unsere heidnischen Vorfahren keine bestimmte Art von Graburnen für die verbrannten Gebeine besassen, vielmehr ihr Hausgeräth nahmen, wie sie es eben den Umständen nach am geeignetsten hielten, als Opfer gebracht zu werden.

Solchen Umständen haben wir es nun zu danken, dass sowohl die westmanländische Vase, als auch die hier in Rede stehende trotz ihrer langen Reise und demjenigen unbewusst, der sie in die Grabkammer niedersetzte, in gewisser Hinsicht wieder an ihren rechten Platz kamen oder doch wenigstens eine, ihrer ursprünglichen Bestimmung besser entsprechende Nutzung fanden, wenn auch wohl unter Anrufung anderer Götter, als die waren, denen man sie ursprünglich geweiht hatte. Dadurch blieben sie Jahrhunderte hindurch erhalten, bis sie endlich in unsern Tagen aus ihrer sichern Ruhe emporgehoben wurden; doch diesmal nicht, um sie abermals zu entwürdigen, sondern um sie zu schätzen und werth zu halten als zwei der denkwürdigsten und inhaltreichsten Dokumente, die bis jetzt aus einer Zeit, von der die Geschichte des Nordens noch nichts weiss, erworben wurden.

Es würde von grossem Interesse sein, wenn man Stadt und Land kennte, wo jener Tempel stand, den Aprus und Libertinus mit ihren Weihgeschenken bereicherten. Ohne Zweifel hat nur ein Bruchtheil der sogenannten römischen Alterthümer jemals Rom oder Italien gesehen. Im Allgemeinen entstanden sie in den Provinzen und, wie bekannt, hatten Gallien, Britannien und ein Theil von Germanien römische Cultur bereits im zweiten Jahrhundert nach Christus, daher man auch in diesen Ländern so zahlreiche Spuren von römischen Bauten und eine Menge römischer Gräber antrifft. Dergleichen Spuren hat man geglaubt noch weiter verfolgen zu können; denn vor Kurzem

---

[1]) Vgl. hiermit auch Lindenschmit, Alterthümer von Sigmaringen, pag. 80: „Metallene Becken, und zwar nur aus Erz, sind blos in reich ausgestatteten Gräbern gefunden."

[2]) Auch die wahrscheinlich gleichzeitigen oder doch nur wenig jüngeren blumentopfförmigen Thonurnen haben meist alle ein Eisenband um den oberen Rand. Diese, in der Regel graufarbigen, gut gearbeiteten und reich verzierten Gefässe, die in den grossen Grabkammern Norwegens vorkommen, wurden nie in Dänemark beobachtet.

wurden bei Häven und Grabow[1]) in Mecklenburg einige Gräber aufgedeckt, nach Lisch's Annahme Römergräber, die von einer römischen Handelsfactorei oder einer kleinen Wandercolonie nach den Küsten der Ostsee hinterlassen wurden. Diese Funde, in Verbindung mit mancherlei neuen Entdeckungen in verschiedenen Ländern des Nordens, haben es mehr und mehr annehmbar erscheinen lassen, dass die römischen Handelsleute[2]) ihren Markt auch über Skandinavien ausbreiteten, wodurch sich dann manches Verhältniss im älteren Eisenalter des Nordens besser aufklären dürfte.

Es wird natürlicher sein, die Stelle des römischen Tempels, dem die Vase von Farmen dargebracht wurde, lieber innerhalb als ausserhalb der Grenzen des Römerreichs zu suchen, und zwar in einem Lande, wo römische Gesetze, Religion und Cultur bereits vollständigen Eingang gefunden hatten. Wenn es später gelingen sollte, ihr Alter mit Genauigkeit zu bestimmen, dann wird man vielleicht in der Lage sein, auch den Umkreis schärfer zu begrenzen, innerhalb dessen man ihren Ursprung wird suchen müssen. Gegenwärtig ist das Gebiet, auf dem man ihre Heimat und die der Apollovase suchen könnte, noch ein viel zu ausgedehntes.

Man wird auch der Frage dadurch nicht näher kommen, wenn man annimmt, die Farmenvase sei ein römisches Grabgefäss gewesen, ursprünglich dazu bestimmt, die Asche eines Römers einzuschliessen. Denn der Umstand, dass die Leiche verbrannt wurde, giebt uns keinerlei Anhalt, da bei den Römern mit der Einführung des Christenthums der Leichenbrand keineswegs gänzlich aufhörte. Auch gehören römische Graburnen von Bronze keineswegs einer bestimmten Zeitperiode an. In den Katakomben und den Nischen der Grabkammern findet man Aschenkrüge aus den verschiedensten Stoffen, aus Stein, gebranntem Thon, Glas oder Metall. Aschenkrüge aus Bronze sollen indessen verhältnissmässig doch am wenigsten vorkommen und Bronze-Graburnen mit Inschrift überhaupt zu den antiquarischen Seltenheiten gehören. Doch wie dem auch sei, die Urne von Farmen war allem Anschein nach ein Tempelgefäss und keine Todtenurne,

Nach dem Gutachten des Herrn Professor Ussing würde die Form der Buchstaben sich zunächst auf das I. Jahrhundert, vielleicht auch auf das II. Jahrhundert zurückführen lassen. Nach Norwegen hinauf wird die Urne aber wol nicht früher als um die Mitte des III. Jahrhunderts gekommen sein, da die jüngsten Münzen aus allen weströmischen Münzfunden in Schonen und Dänemark zwischen den Jahren 180—218 nach Chr. geprägt worden, und diese fremden Münzen die besten oder einzigen Zeitangaben sind, die wir augenblicklich für den Anfang der römischen Handelsverbindungen besitzen.

---

[1]) [Der Herr Verfasser hat übersehen, dass der Fund von Grabow schon vor dem Jahre 1839 gemacht wurde, und dass über seinen Charakter als Grabfund nichts Näheres bekannt ist.] Anm. d. Uebers.

[2]) Vgl. Lisch, Römergräber in Mecklenburg, Jahrb. XXXV, und Engelhardt, Aarböger 1871, pag. 440.

Jene Vase von Farmen enthält die einzige römische Inschrift, die man, von Münzen und Fabrikstempeln abgesehen, bis jetzt in Norwegen und Dänemark kennt[1]). Nur Schweden besitzt seine zugleich als Kunstwerk merkwürdige, 18 Zoll hohe Apollovase, die 1818 in einem Grabhügel des südlichsten Theiles von Westmanland gefunden wurde und folgende Inschrift in fünf Linien zeigt:

APOLLINI° GRANNO
DON$\overline{\text{V}}$M° AMMI. LIV. S
CONSTANS. PRAEF. TEMP
IPSIVS
$\overline{\text{V}}$SLLM.

welche besagt, dass die Vase dem Apollo Grannus von Aemilius Constans geweihet wurde, dem Vorsteher seines Tempels. Diese Vase war jederzeit geschätzt als einzig dastehend zwischen den nordischen Alterthümern und als eines der interessantesten Prachtstücke des Stockholmer Museums[2]). Beide heilige römische Gefässe aber werden stets zu den wichtigsten Hülfsmitteln gerechnet werden, die wir besitzen, sowol über den Culturzusammenhang und die Verbindung der älteren Eisenzeit mit der römischen Civilisation — als auch über deren Ausbreitung und Verhalten innerhalb der verschiedenen Länder des Nordens Aufklärung zu erhalten.

Die Bronzeurne von Farmen war, als sie entdeckt wurde, mit verbrannten Knochen angefüllt. Ihr zur Seite lag der obere Theil eines andern, ebenfalls gegossenen Bronzegefässes von ungefähr derselben Grösse, aber von etwas anderer Form. Auch dieses war ursprünglich in unversehrtem Zustande beigesetzt worden, wurde aber zertrümmert oder zusammengedrückt unter einem Steine gefunden, der wahrscheinlich — wie es oft vorkommt — als Deckel auf der Mündung gelegen hatte und im Laufe der Zeiten zu schwer geworden war. Nach dem Zusammenbrechen des Gefässes beförderte das Gewicht des Steines noch die Zerstörung, so dass die Seitentheile und beinahe der ganze Boden nun vollständig fehlen, während der Hals mit dem Obertheil, das in der Regel stärker und dicker ist als die Seiten, sich allein erhalten hat.

Noch schlimmer war es indessen, dass der Stein bei seinem Fall auch die andere Urne berührte, sie fest gegen die Wand der Grabkammer andrückte und mit seiner Kante ein Loch in ihre eine Seite bohrte, während der Wandstein von der andern Seite ein ebensolches, aber etwas höher liegendes Loch machte, und dadurch zugleich einen Ausfall von vielleicht fünf Buchstaben der Inschrift verursachte.

Eine ähnliche Begräbnissart, nämlich die Beisetzung verbrannter Gebeine in einem grossen, entweder in kleiner Grabkammer oder unter einem Fels-

---

[1]) Im Thorsbjerg-Moorfunde kommt allerdings ein Schildbuckel vor, worauf der Name AEL. AELIANUS. eingestochen ist.
[2]) Vgl. Hallenberg, om et forntids romersk Metallkärl, Stockholm 1819, wo auch das Gefäss abgebildet ist. Bruzelius, II, 80. Annaler 1849, pag. 391. Wiberg, pag. 55.

stück, oder frei in dem Erdreich des Hügels niedergesetzten Bronzegefässe,
war in Norwegen während der ältern Eisenzeit ziemlich allgemein in Gebrauch und wurde mit Ausnahme von Nordland und Finmarken, sowie von
Jarlsberg und Lauroik in allen norwegischen Amtsbezirken angetroffen.

Ich kenne gegenwärtig etwa 80 Funde dieser Art, von denen 22 zugleich
Waffen enthielten. In andern wurden einzelne Schmucksachen und Kleinigkeiten vorgefunden, aber von vielen weiss man nur, dass ausser den verbrannten Knochen nichts in der Urne vorhanden war. Jene wenigen Schmuck-
und kleinen Gegenstände müssen daher unsere Wegweiser abgeben bei der
Beantwortung der Frage nach dem Alter und der Dauer dieser Begräbnissart.

In Dänemark ist kein Fall von dergleichen Gräbern bekannt geworden,
wenn nicht vielleicht der Fund von Saebyhöi, Amt Hjörring, Nord-Jütland,
zu vergleichen ist. Vgl. Annal. f. n. Oldk. 1860, pag. 49 ff. [1]).

Auch in Schweden sind sie bis jetzt nur selten beobachtet worden und
weder in den Museen von Lund noch von Stockholm findet man Exemplare
von den in diesen Gräbern in Norwegen so häufig vorkommenden, eigenthümlichen Kupfer- oder Bronzekesseln mit Eisenhenkeln und von einheimischer
Arbeit. Doch wurde das obenerwähnte Bronzegefäss von Medelpad in einem
Grabhügel gefunden, dessen Einrichtung mit den in Frage stehenden norwegischen Grabhügeln sehr übereinstimmt; „auf dem Grunde des Hügels lag
auf einer Schicht von Kohlen ein flacher Stein, auf welchem das Bronzegefäss
stand, das umgeben war von vier, eine Elle hohen Steinen, die mit einem
andern überdeckt waren. Das Bronzegefäss war mit Asche und verbrannten
Knochen angefüllt." [2])

Die westmanländische Apollovase ist ebenfalls unter ähnlichen Verhältnissen gefunden worden [3]), und es wird nicht ausbleiben, dass diese Gräberform sich bei späteren Untersuchungen keineswegs als so ungewöhnlich in
Schweden erweisen wird, wie dies gegenwärtig der Fall zu sein scheint.

Bevor ich weiter gehe in dem Verzeichnisse der in Norwegen gefundenen
römischen Bronzegefässe, sei mir gestattet zu berichten, in welcher Weise
jene merkwürdige Vase in meinen Besitz gekommen. Im Sommer 1872 nahm
ich in Folge einer Aufforderung des Herrn Gutsbesitzers und Storthingsmanns
A. Saehlie in Hedemarken einige Untersuchungen von Alterthümern auf
seinem Eigenthume vor, woselbst ich u. a. ein interessantes Grab mit unverbrannter Leiche aus der älteren Eisenzeit aufdeckte, deren Schädel nun der
einzige ist, den die Universitätssammlung aus dieser Zeitperiode besitzt. Bei
dieser Gelegenheit theilten mir meine Arbeiter mit, dass man auf dem Gute

---

[1]) Kragehul Mosefund, Pl. IV, Fig. 24, hat sicher die für die nordischen Kessel allgemeine
Form gehabt.

[2]) Antiq. Tidskr. f. Sverige, II, pag. 272.

[3]) N. G. Bruzelius, Svenska Fornlemn., II, pag 80: „beim Graben und Steinebrechen in
einem ansehnlichen Ättehügel gefunden" und „verbrannte Gebeine, nebst Stückchen von einer
harten Steinart oder Glas" enthaltend.

Farmen vor längerer Zeit zwei „Kupferurnen" entdeckt habe. Ich reiste dorthin und der Gutsbesitzer Herr Helge Nielsson Farmen liess die Römervase von der Bodenkammer, wo sie seit acht Jahren — so lange war es her, dass sie gefunden ward — ruhig gestanden hatte, herbeiholen. Ungeachtet ich aufmerksam machte auf deren grosse Seltenheit, verehrte sie mir der Eigenthümer ohne die geringste Entschädigung.

VII. **Amt Kristian.** Kjörstad, Pfarrbez. Söndre Fron: ein aussergewöhnlich schönes, gut erhaltenes Bronzegefäss auf einem niedrigen runden Fusse. Es ist 3 Zoll hoch, aber 12 Zoll weit über der Oeffnung, deren Rand nach einwärts gebogen ist. Die Schale ist abgedreht und unterhalb des Randes mit zwei feinen parallelen Linien geziert; auf dem Boden, im Innern des Fusses zeigen sich concentrische ausgedrehte Ringe. Die Grundform ist wie bei Worsaae, N. O. No. 301, doch hat das Gefäss von Kjörstadt keine Henkel und ist geschmackvoller geformt. Es ist abgebildet, leider in sehr mangelhafter Weise, im Jahresbericht für 1867, Pl. I, Fig 7, und stand zu den Füssen des Skelets in dem bei dem Glasgefäss No. III von uns erwähnten grossen Funde von Kjörstad.

VIII. **Brunsberg**, Pfarrbez. Östre Thoten: kesselförmiges Bronzegefäss, vorzüglich gut erhalten und mit schönem Edelrost überzogen. Auf dem Rande, der nach aussen umgebogen ist, sitzen zwei besonders gegossene, mit Ornamenten versehene Oehre festgelöthet, in denen ein gewundener Henkel aus Bronze sich bewegt. Die Seiten des Gefässes sind stark gebogen und mit getriebenen Sförmigen Rippen bedeckt. Um den Hals bemerkt man erhöhte Ränder und feine Streifen. Es wurde 1863 in einem kleinen Grabhügel ohne Kammer, aber mit einem Steinkranze, gefunden und war mit verbrannten Knochen angefüllt, zwischen denen noch eine Thonurne lag. Zu demselben Funde gehören: ein zweischneidiges, zusammengebogenes Schwert, zwei Speerspitzen, der Beschlag eines Schildhandgriffes, zwei kleine Bronzesporen von römischer Form und ein Riemenbeschlag. Vgl. Norske Fornlevn. pag. 751. Das Gefäss hat einige Aehnlichkeit mit Worsaae, N. O. No. 305, ist aber weit grösser.

IX. **Amt Buskerud.** Fosnaes, Pfarrbez. Sandsver: Bronzenapf, gefunden im Jahre 1840 oder früher in einem Grabhügel mit einer aus Felsblöcken errichteten Kammer, die mit Sand angefüllt war. „Das Gefäss enthielt verbrannte Knochen, war geformt wie ein quer durchschnittenes Ei, von 9 Zoll Höhe und 10 Zoll Weite, sorgfältig polirt, auswendig mit einigen Punkten und eingeritzten Linien längs dem Rande verziert. Das Fussstück und die Henkel, mit denen das Gefäss ursprünglich versehen war, hatte man bei dessen Benutzung als Graburne entfernt und die Stellen, wo sie gesessen, förmlich abgeputzt." Vgl. Norske Fornlevn. pag. 171. Dieses Gefäss bildete ohne Zweifel einst das Obertheil eines glockenförmigen Kraters, wie sie in römischen Funden des Nordens einigemal vorgekommen. Vgl. z. B. Worsaae, N. O. No. 302; Urda II, pag. 1; Mecklenb. Jahrb. XXXV, pag. 102.

X. Amt Lister und Mandal. Houe, Pfarrbez. Vanse: Bruchstücke
eines Bronzegefässes, das „wahrscheinlich eine Vasenform hatte", mit Henkeln, gefunden 1867 in einem Grabhügel, nebst drei Perlen und einer grossen
römischen Goldmedaille des Kaisers Valentinian I., die mit Rand und Oese
wie die Brakteaten versehen war. Vgl. Aarsberetn. for 1867, pag 96, und
1868, pag. 98, woselbst auch die Medaille abgebildet ist.

XI—XV. Amt Stavanger. Pfarrhof Avaldsnaes: 6 römische Gefässe, gefunden 1834 beim Aufgraben eines grossen Rundhügels — genannt
der Flaggenhügel —, der, wie es scheint, eine von Holz gebaute Grabkammer
enthalten hat[1]).

1. Das merkwürdigste von diesen Gefässen ist ohne Zweifel die ungefähr 9 Zoll hohe, reich verzierte und vergoldete Bronze- oder Kupferurne
(Krater), die abgebildet ist Urda Bd. II, Pl. I, Fig. 11, und von welcher der
Bischof Neumann begeistert erklärte: „es sei das schönste von allen antiken Gefässen des ganzen Nordens".

In der Grundform stimmt diese Form überein mit dem bei Worsaae N. O.
No. 302 abgebildeten Bronzegefässe aus dem grossen, eine so charakteristische
Mischung von römischen und barbarischen Gegenständen enthaltenden Funde
von Himlinghöie, der von Boye in die Uebergangszeit vom älteren zum
mittleren Eisenalter, also etwa ins Jahr 450 angesetzt wird. Während aber
an dem dänischen Gefässe die Verzierungen nur eingravirt sind, war das hier
in Rede stehende Gefäss mit rundlaufenden Reihen von eingelegtem Glasfluss und von aufgelöthetem, getriebenem Silberzierrath in reichen Mustern
geschmückt. Unter dem Boden befinden sich eingedrehte concentrische Ringe
mit einem Stern in der Mitte. Es hat zwei Oehre, jedes mit drei Löchern
(ähnlich wie Mecklenb. Jahrb. 1870, Taf. I, Fig. 1) und einen gewundenen
Henkel. Beim Auffinden enthielt es verbrannte Gebeine.

2) Weniger kunstvoll verziert, aber von derselben ausgeprägt römischen
Abkunft ist ein anderer glockenförmiger Krater aus demselben Funde. Er
misst in der Höhe 10½ Zoll, in der Weite 10 Zoll, hat einen gewundenen
Henkel, aber keine Verzierungen. Nach Norske Fornlevn. pag. 343 ist er
vergoldet und war, als man ihn fand, ebenfalls mit verbrannten Gebeinen gefüllt. Er gleicht dem in den Gräbern von Häven (Mecklenb. Jahrb. XXXV,
Pl. II, Fig. 17) gefundenen und ist abgebildet Urda II, Fig. 10.

3. Das dritte ist ein schalenförmiges Bronzegefäss, leider aber so zerstört, dass seine ursprüngliche Form nicht mehr zu erkennen ist, aber ungefähr wie Worsaae N. O. No. 304 gewesen sein mag. Es maass über der
Oeffnung 12 Zoll und hatte an den Seiten als Verzierung drei gut erhaltene
Löwenköpfe von vollendet römischer Arbeit. Einer der letzteren ist abgebildet Urda II, Pl. I, Fig. 9.

---

[1]) Aehnlich wie bei Veien, Nicolaysen, Norske Fornlevn., pag. 144, und bei Saetrang,
l. c. pag. 146.

4. Bronzeschale mit Fuss und ursprünglich wahrscheinlich von einer Grundform wie die Schale von Kjörstad, auch wie Worsaae, N. O. No. 301 oder Mecklenb. Jahrb. 1870, Tab, I, Fig. 2.

5. Reste von einem verzierten, 3¾ Zoll im Durchmesser haltenden Silbergefässe. Da ich indessen nicht so glücklich gewesen bin, diesen Fund zu sehen und eine sachkundige Beschreibung desselben nicht veröffentlicht wurde, so kann ich nicht mit Bestimmtheit angeben, ob das Gefäss von römischer Abkunft ist; doch kommen bekanntlich Silbergefässe in römischen Funden Dänemarks nicht selten vor.

6. Ein Bronzesieb von der in manchen Römerfunden vorkommenden Form.

Der Hügel von Avaldsnaes ergab demnach den an römischen Bronzegefässen reichsten Fund des ganzen Nordens; er enthielt aber ausserdem noch manche andere, unzweifelhaft römische Gegenstände, u. a. 28 ganze und zerbrochene Bretsteine aus dunkel- und hellblauem Glase, wie solche oft in norwegischen Grabhügeln bis zum Amt Nordland hinauf (Sömnaes, Helgeland) gefunden wurden[1]). In Dänemark kamen ebensolche neben unverbrannten Leichen vor (Antiq. Tidskr. 1846, 22; Annal. 1850, pag. 361 und 1861, pag. 305; Nydam Mosef. pag. 51, No. 52); dagegen, soviel ich weiss, niemals in Schweden, wo nur Bretsteine von Knochen angetroffen werden[2]), (Ulltunafund und Bruzelius, II, pag. 91), die ebenfalls in norwegischen und dänischen Gräbern vorkommen.

Von den Waffen im Avaldsnaesfunde kann man das Schwert sicherlich als ausländische Arbeit betrachten; es war in einer mit Bronze- und vergoldetem Silberbeschlag reich verzierten Scheide festgerostet. Ausserdem fanden sich sechs Fingerringe von Gold, eine Goldnadel und ein prachtvoller offener Halsring von Gold (Metallwerth 350 Spd.) nebst einem Bronzekessel von gewöhnlicher Form (vgl. Rygh, Aarböger 1871, pag. 158, Note).

XVI. **Hauge,** Pfarrbez. Klep: grosses Bronzegefäss, gefunden in einer langen Grabkammer, ohne bestimmtere Nachricht, ob mit verbrannten oder unverbrannten Gebeinen. Das Gefäss hält 19½ Zoll über der Mündung, ist 3½ Zoll tief, hat einen niedrigen Fuss, flachen Boden und aufrechtstehende Seiten. Seine römische Herkunft wird bezeugt durch drei Griffe in Form von Menschenköpfen, von denen krumme in Thierköpfen mit aufgerichteten Ohren endigende Bügel ausgehen, in denen lose, sechsseitige Ringe hängen. Der Fund wurde schon oben unter Glasgefäss No. XIII erwähnt. Das Bronzegefäss ist abgebildet Aarsberetn. for 1869, Fig. 19.

XVII. **Anda,** Pfarrbez. Klep: ein ungewöhnlich gut erhaltener Bronze-Eimer von einer Form wie der obenerwähnte Krater bei Worsaae, N. O. No. 302, 9½ Zoll hoch und 9¾ Zoll weit. Der Fuss ist etwas über einen

---

[1]) Aarsberetn. for 1866, pag. 89.

[2]) Die Angabe, dass die in der Apollovase enthaltenen geschmolzenen Glasstücke — Bratsteine gewesen wären, ist mehr als unsicher. Wahrscheinlich waren es Glasperlen.

Zoll hoch und misst quer 4½ Zoll. Unterhalb des sehr dicken Randes, an dem zwei in Blattform ornamentirte Oehre befestigt sind, sieht man sieben um das Gefäss eingedrehte Linien. Zwei ebensolche zeigen sich gleich oberhalb des Fusses. Der Henkel fehlt freilich; aber die Löcher in den Oehren tragen deutliche Spuren des Gebrauchs. An einer Seite des Gefässes ist über einer kleinen Bruchstelle eine runde Metallplatte von ungefähr 1½ Zoll Durchmesser aufgenietet.

Dieses schöne römische Gefäss, das bis jetzt nicht veröffentlicht wurde, fand man 1871 oder 1872, angefüllt mit verbrannten Gebeinen, unter einem Felsblock in einem Grabhügel. Es ist im Besitz des Herrn Zeichenlehrers und Hafbesitzers Hansson auf Tjensvold bei Stavanger.

XVIII. **Hove**, Pfarrbez. Höjland: Bronzegefäss mit Fuss, Oehren und Bronzehenkel (Krater), Grundform wie Worsaae, N. O. No. 302; gefunden 1843 in einem Grabhügel mit grosser Steinkammer. Der Fuss des Gefässes ist ungefähr 1¼ Zoll hoch; die Seiten steigen ziemlich gerade aufwärts; die Oehre sind dreikantig, mit Einem Loche versehen und nicht festgelöthet. Der Henkel ist in der Mitte rund, im Uebrigen aber flach. Zum Funde gehören ausserdem Bruchstücke von Thongefässen, von einem Schwerte und andern Waffen, zwei durchbohrte runde Steinscheiben (Wirtel), zwei goldene Fingerringe und zwei ebensolche Armringe, ähnlich wie die bei Engelhardt, Thorsbjergf Pl. 16, Fig. 20 und 21 abgebildeten.

XIX und XX. **Amt Söndre Bergenhus**. Pfarrbez. Fane: zwei Bronzegefässe, gefunden 1847 in einem Grabhügel. Das eine hat drei Oehre in Gestalt von Thierköpfen und war mit verbrannten Knochen angefüllt, die mit dem andern Gefässe überdeckt waren. Letzteres ist von derselben Form, aber ohne Oehre. Mir sind diese Gefässe nur nach der, Norske Fornlevn. pag. 413 gegebenen Beschreibung bekannt. In demselben Grabe fanden sich vier runde Steinscheiben, eine ebensolche aus Knochen und einige kleine Silbersachen.

XXI u. XXI. **Amt Nordre Bergenhus**. Kvale, Pfarrbez. Sogndal: eine Bronzeschale und ein Bronzecasserol, gefunden 1868 beim Abfahren eines Grabhügels. Andere Alterthümer oder Spuren eines Begräbnisses wurden nicht bemerkt. Die Schale misst im Durchmesser 11½ Zoll, in der Höhe ungefähr 2¾ Zoll und ist auswendig mit zwei in 2 Zoll Abstand von einander gleich unterhalb des Randes eingedrehten Kreislinien versehen. Das Casserol ist inwendig versilbert, oder richtiger verzinnt, und auswendig mit zwei Kreislinien verziert. Auf dem 4 Zoll langen Griff zeigen sich verschiedene eingravirte Zeichnungen.

XXIII. **Amt Nordre Throndhjem**. Over-Rein, Pfarrbez. Beitstaden: ein Bronzehenkel nebst zwei Oehren, worauf Brustbilder mit einem Halsband und darunter Palmetten. Der Henkel ist fünfkantig, hat in der Mitte einen aufrecht stehenden Ring, der durch zwei Schlangen gebildet wird, und wurde vor mehreren Jahren zufällig in einem Erdhügel gefunden.

Er hat Aehnlichkeit mit Worsaae, N. O. No. 307, ist aber weit zarter und besser gearbeitet. Vgl. Aarsberetn. for 1867, Pl. II, Fig. 20.

XXIV. **Halleim,** Pfarrbez. Verdalen: stark beschädigtes Bronzesieb, gefunden 1870 in einer kleinen Steinkammer, zusammen mit verbrannten Knochen, Birkenrinde, einer Bronzefibula, einer Nadel und einem cylindrischen Bronzeblech. Vgl. Aarsberetn. 1870, pag. 15.

XXV—XXVIII. **Gjete,** Pfarrbez. Levanger: vier römische Bronzegefässe, darunter ein Casserol nebst Sieb, mit ungefähr 5 Zoll langem Griff. Die beiden andern Gefässe bestehen: a) in einem Bronzekessel mit auf dem Boden eingedrehten Kreisen. Die Seiten sind stark geschweift und schräg geriffelt. Unter dem Halse liegen zwei Bänder und zwei eingedrehte Reifen. Der Henkel ist rund und glatt in der Mitte, aber nach unten flacher und verziert mit kleinen eingepunzten Kreisen. Die Oehre waren mit Nägeln an den Kesselwänden befestigt. Sie sowol wie der Henkel sind versilbert. b) Ein Bronzegefäss mit zwei auf dem Boden und ebensolchen unten an der Seitenfläche eingedrehten Kreisen. Vom Boden bis zu der Mitte der Seiten ziehen sich getriebene Linien, die paarweise in Spitzen zusammenlaufen. Der Gefässrand ist weit ausgebreitet und mit einer eingedrehten Linie verziert. Diese vier römischen Gefässe wurden 1868 unter drei Steinblöcken auf dem Grunde eines Grabhügels gefunden. Neben ihnen lagen verbrannte Gebeine, eine Vogelklaue, eine Silberfibula, zwei glatte Goldringe, eine Nadel, kleine getriebene Silberzierraten und Zeugstücke. Vgl. Aarsberetn. for 1868, pag. 16 und 17.

Dieses Verzeichniss, das in Folge der unvollkommenen Hülfsmittel, die mir zu Gebote standen, keineswegs Anspruch darauf macht, ganz vollständig zu sein, weist trotzdem doch mindestens 28 römische Bronzegefässe aus der älteren Eisenzeit in Norwegen auf[1].

Stellen wir nun diese Resultate mit dem zusammen, was wir bereits oben in Betreff Dänemarks und Schwedens anführten, so ergiebt sich folgendes Verhältniss:

In Norwegen 1872 {	18 Funde, worin 28 römische Bronzegefässe, darin 7 Casserole und Siebe.	Norwegen 1872 {	24 Funde des älteren Eisenalters, worin 24 Glasgefässe.

---

[1] [Seit dem Erscheinen dieser Abhandlung veröffentlichte Herr Studiosus J. Undset, Aarsberetn. for 1873, pag. 21 ff., die Beschreibung eines auf der Insel Lines (unter 64° 1′ nördl. Breite liegend) gemachten Fundes von römischen Bronzegefässen, bestehend in einem flachen Krater, der in Form und Grösse ganz übereinstimmt mit dem von Häven (Mecklenb. Jahrb. XXXV, Pl. I, Fig. 2), und in einem gut erhaltenen Casserol nebst Sieb. Die Gefässe lagen auf dem Grunde eines flachen Steinhaufens über einer Schicht von Kohlen und Asche; ob Knochen vorgefunden, wird nicht erwähnt. — Es beläuft sich sonach augenblicklich (Ende 1874) die Gesammtzahl der in Norwegen bekannten römischen Bronzegefässe auf 31 Stück mit 9 Casserolen und Sieben.] Anm. des Uebers.

| In Dänemark 1865 | 52 Funde,
worin
93 Bronzegefässe
(von wahrscheinlich
römischer Abkunft),
davon
20 Casserole u. Siebe. | Dänemark 1871 [1]) | 23 Funde,
worin
36 Glasgefässe. |
| In Schweden 1872 | 11 Funde,
worin
12 Bronzegefässe,
davon
1 Casserol. | Schweden 1872 | 9 Funde,
worin
9 Glasgefässe. |

[1]) Aarböger 1871, pag. 445.

Anmerkung. Ich will hier gleich noch eine andere Art von Gefässen erwähnen, die beständig in Verbindung mit diesen nordisch-römischen Funden vorkommen und wegen ihrer Gleichartigkeit, sowol hinsichtlich der Technik, wie der Ornamente, von vielen Gelehrten, ebenso wie die Glas- und Bronzegefässe für importirte Industrieartikel gehalten werden. Dies sind die eigenthümlichen Holzeimer mit Bronzebeschlag.

In Dänemark kommen sie häufig vor in den Gräbern Seelands (das bei Worsaae, N. O. No. 311 abgebildete Gefäss stammt übrigens aus einem norwegischen Grabhügel). Auch in den Moorfunden fehlen sie keineswegs, vgl. Nydamf. pag. 37. Nach der oben citirten Fundstatistik des Hrn. Prof. Engelhardt kannte man im Jahre 1865 in Dänemark 15 Funde mit zusammen 17 Holzeimern mit Bronzebeschlag. Herr Amtmann Vedel hat später auf Bornhoim noch ein klares Exemplar in einer Grabkiste mit Skelet aufgefunden.

Nach Lisch, Römergräber in Mecklenburg, wurden dort zwei Holzeimer aufgefunden, und in der Beschreibung erwähnt der Verfasser noch einige andere deutsche Funde von Holzeimern, die in der Regel verbrannte Gebeine enthielten.

In fränkischen Gräbern sind sie einigemal als grosse Seltenheit vorgekommen; vgl. Cochet, Normandie souter., pag. 397, vier Holzeimer mit Bronzebeschlag, die indessen von den im Norden gefundenen darin abweichen, dass die drei untersten Bänder aus Eisen bestehen, was niemals bei den nordischen Eimern beobachtet wurde.

Etwas häufiger wurden sie in angelsächsischen Gräbern gefunden (vgl. Akerman, Remains, pag. 55 und Pl. XXVII; R. Smith, Collect. antiq. Vol. II, pag. 160, 161 und 169), doch bei weitem nicht so oft, wie z. B. in dänischen Gräbern. Akerman erwähnt, dass sie sowol in Männer- wie in Weibergräbern angetroffen würden; dass aber diese schön gearbeiteten und beschlagenen Gefässe erfahrungsmässig nur den reichen Leuten angehören konnten.

Aus dem ganzen schwedischen Lande kennt man auffallender Weise nur einen einzigen Fund, der ein Gefäss von der in Rede stehenden Gattung enthalten hat (Jored, Bohuslän).

Aber in keinem der hier erwähnten Länder zeigten diese Gefässe sich so häufig wie in Norwegen. Oft genug ist es geschrieben und ausgesprochen, dass Dänemark auch an dieser Art von Alterthümern so besonders reich wäre, reicher als irgend ein anderes nordisches Land. Aber in Norwegens Sammlungen werden mehr als 30 Holzeimer mit Bronzebeschlag aufbewahrt, die vollständig gleichartig sind mit den dänischen.

Der Regel nach enthält kein Grab mehr als eines von diesen Gefässen. In zwei dänischen Funden kamen indessen je zwei Holzeimer vor. In Norwegen sind ebenfalls mehrere Funde mit zwei Holzgefässen bekannt, u. a. bei Löken; aber bei Kjörstad und Holtan kamen drei vor, bei Saetrang fünf, und nach Prof. Rygh's Bemerkung (Aarböger 1869, pag. 165) sollen sogar sechs Eimer in einer einzigen Kammer gefunden sein. In denjenigen grossen Grabkammern Norwegens, welche viele Gefässe enthalten, fehlen diese Eimer nur sehr selten. Meistens pflegen sie leer zu sein, wenn sie gefunden werden; doch hat man auch Nachricht, dass sie in einzelnen Fällen als Graburnen dienten und verbrannte Gebeine enthalten haben.

Also: in Norwegen . . . . . mehr als 30 Holzeimer mit Bronzebeschlag;
in Dänemark bis 1865 17   „   in 15 Funden;
in Schweden 1   „   (Schluss folgt.)

Miscellen und Bücherschau.

Dodel: Die neue Schöpfungsgeschichte, 1875. Leipzig.

In dem Streben nach einheitlich bequemem Abschluss führen die Genealogien der Griechen sowohl, wie der Indier und anderer Völkerstämme auf einen Ersten Menschen und versuchen dann in den Theogonien den Sprung zu den Göttern, wie die Descendenzlehre den Sprung zum Affen. Innerhalb des Menschengeschlechts bleibt die Abstammung discutirbar, obwohl bei unendlicher Welt innerhalb der Zeit nicht zulässig, dass dagegen der Sprung zu den Göttern in metaphysische Gebiete hinausführt, hat der früher benöthigte Kampf gegen dieselben siegreich bewiesen, und ebenso wird, wenn auf den gegenwärtigen Rausch neuer Hypothesen die Entnüchterung folgt, der Sprung zu den Affen aus dem Bereich objectiver Forschung verwiesen werden.

Die Genealogien liefern für die Erklärung nur Verhältnisswerthe, sei es in gleichgradigen Gliedern durch die Wiederholung, sei es in dem Index potenzirten Aufsteigens, um Relativitäten innerhalb des Werdens zu verstehen, aber im absoluten Sinne bleibt der Urgrund gleich unberührt, ob von einem einzelnen Sein ausgegangen wird, oder von einem Sein, das genealogisch aus einer Mehrzahl von Gliedern zusammengesetzt ist, so dass die Descendenzhypothese keine neue Erklärungen denen hinzuzufügen vermag, die durch die vergleichende Anatomie bereits gewonnen sind, und sich ausserdem bei Beobachtung des objectiven Thatbestandes durch die Gegenaussage desselben verbietet.

Hinsichtlich der Bastardbildung ist „constatirt, dass die Bastarde zwischen nahverwandten leichtern Varietäten fruchtbarer und kräftiger sind, als die Nachkommen derselben Varietäten bei fortgesetzter strenger Inzucht, dass aber andererseits die Bastarde distincter nicht mehr nahe verwandter Arten derselben Gattung meistens gänzlich steril oder nur mit einer der beiden Stammarten fruchtbar sind", indem hier, wie überall beim Typus, das mittlere Gesetz gilt, das ebensowohl die Verknöcherung der Art, wie die Umgestaltung derselben verbietet, sondern eben, dem factischen gemäss, die Art in der Weite ihrer Variationen erhält und fortpflanzt.

Wenn mitunter beim Pferd oder Esel die am Zebra und Quagga vorkommende Streifung auftritt, so zeigt das, wenn der Atavismus auf den Rückschlag übersehbarer Verwandtschaftsreihen beschränkt wird, die alle Equinae verbindende Gemein-Anlage, die, wie das System selbst beweist, lange vor der Descendenzlehre bekannt war, und ebenso wenig kann diese den gesetzlich begründeten Thatsachen des gehörnten Uterus, des Nichtverwachsens der Kopfknochen u. s. w, aus eigener Erfindung weitere Aufklärung zufügen. In dem fletschenden Gesichtsausdruck zum Blosslegen der sonst besonders zum Beissen dienenden Eckzähne sieht Darwin die thierische Natur im Menschen, die indess auch sonst zu deutlich zu Tage liegt, um für weiteru Beweis dieser von selbst auf die entsprechende Lagerung der Gesichtsmuskeln zurückführbaren Beobachtung zu bedürfen, denn nicht das Menschen und Thier gemeinsame Band ist zurückzuweisen oder von den Zoologen je zurückgewiesen, sondern nur die Trübung der Untersuchung durch hypothetische Verallgemeinerung des genealogischen Zusammenhanges, der vielmehr in den Detailuntersuchungen für die Einzelnfälle scharf zu limitiren ist. Gesucht wird das natürliche System, wie in der Sprache der Thatsachen ausgedrückt, die bei Erdichtungen blutsverwandtschaftlicher Beziehungen nur Täuschungen werden würden.

Darwin fasst die Arten als gesteigerte Varietäten, oder es liesse sich sagen, dass innerhalb der Peripherienweite der Typus derselben in einer Vielfachheit von Variationen erscheine, von denen die centralste als Charakter der Art hingestellt werden mag. Mit einem Ueberschreiten der Peripherie wäre dann aber der Kreis gerissen und demnach auch das Centrum annihilirt, so dass also Variationsübergänge innerhalb des Typus nicht nur gedacht werden können, sondern selbst müssen, Vorstellungen von Typus-Uebergängen dagegen oder von Uebergängen der jedesmal einen Typus repräsentirenden Arten in einander, eine contradictio in adjecto mit sich führen würden.

Wie Dodel (S. 55) ganz richtig bemerkt, handelt es sich bei der Entscheidung über die Abstammungstheorie um die Frage: „Wie gross kann der Betrag der Variation werden, oder: wie weit kann sich die Abänderung der Merkmale erstrecken?" und bei der Argumentation dient besonders (wie gewöhnlich) Darwin's erschöpfende Untersuchung über die Taubenrassen, deren wohlcharacterisirte Formen, wenn wild gefunden, von den Ornithologen als verschiedene Species würden aufgeführt worden sein, in extremen Fällen (wie etwa bei der Barbtaube) auch als neues Genus. Da indess alle die Kennzeichen, welche zur Eintheilung im System dienen, vor der in der gemeinsamen Abstammung von Columba livia begründeten Einheit zurücktreten, beweist Darwin selbst durch seine Argumentation, dass der Typus hier ebenso unberührt bleibt, wie in der anorganischen Natur das Element, in wievielfachen der besonders für Salze anderer Elemente charakteristischen Farben unter neu componirten Verbindungen die seinigen auch schillern mögen.

Wenn die untergegangenen Schöpfungen der Molasseperiode in ihren fossilen Resten die vermittelnden Glieder zwischen den Pachydermen und Ruminantien in solcher Menge und Mannigfaltigkeit der Abstufungen zeigen, dass es gegenwärtig nicht mehr möglich ist, eine andere als willkürliche Grenze zwischen diesen beiden Ordnungen zu ziehen (nach Bronn), so wird sie das System vereinen, aber weder dadurch, noch wie früher für Dickhäute und Wiederkäuer unter einander bei Festhalten einer physiologischen Consequenz zu genetischen Schlüssen verleitet werden.

Aus dem bei Uebergang vom oberen Tertiär in die quaternäre Formation bei den Abstufungen von Flora und Fauna hervortretenden Thatsachen kommt Heer zu der Ansicht, „dass ein genetischer Zusammenhang der ganzen Schöpfung bestehe", nicht jedoch in der Weise einer allmähligen Transmutation unter dem steten Wirken der natürlichen Zuchtwahl, sondern indem die eine lange Zeit in bestimmten Formen verharrenden Arten durch das Eingreifen eines Schöpfers jeweilig in kurzer Zeit umgeprägt wurden. Dies habe „für den grossen Gedanken der Abstammungstheorie keine entscheidende Bedeutung", meint Dodel, während der Gedankengang eben ein gradezu diametraler ist, und nur die gewählte Wortbezeichnung übereinstimmt. In der obigen Vorstellung liegt nur ausgedrückt, dass die organischen Mikrokosmen stets ihrer makrokosmischen Umgebung entsprechen, und wenn sich ein Fortgang der Paläontologie für die geologische Entwickelung der Erde (wie es in der jetzt vorwaltenden Theorie bereits geschehen ist) herstellen lässt, würde dieser auch für die Organismen festzuhalten sein und dieselben deshalb in der Zeichnung werden verbunden werden können. In solch bildlicher Weise hatte auch die vergleichende Anatomie, als sie das alle Organismen, von den niedern bis zu den höchsten, verbindende Gesetz erkannte, genealogische Gleichnisse verwenden können, und ein darüber philosophirender Laie hätte auch dann solch ideale Genealogie für eine reelle missverstehen können, während klare Erkenntniss der physiologischen Gesetze dies damals, wie jetzt ausschloss Hinsichtlich der jenseits Raum und Zeit wirkenden Ursächlichkeiten mag dann von Entstehung oder Schöpfung geredet werden, aber die Personification eines Schöpfers bleibt unter der heutigen Weltanschauung eliminirt, da die bei einer centralen Erde zulässige Vermenschlichung der höchsten Conception in einer unendlichen Welt, welche die Erde anderen Himmelskörpern neben- und selbst unterordnet unzulässig geworden ist.

Nägeli sucht das Nützlichkeitsprincip von dem Darwin's Theorie durch Kölliker gemachten Vorwurf der Teleologie zu befreien, aber wenn diese bei dem Abweisen theologischen Einsprechens in naturwissenschaftliche Untersuchungen von selbst fällt, hat die Descendenzhypothese, die der Beschuldigung nach ihrer Interpretation ablehnen mag, auf der anderen Seite am wenigsten das Anrecht, sich ein besonderes Verdienst in einer Frage zuzuscheiden, die erst durch sie wieder verwirrt worden ist.

„Die in Folge anhaltenden Druckes an der Fusssohle des Menschen dick gewordene Haut wird nicht erst beim Gehen erworben, sondern sie tritt schon beim Kinde im Mutterleibe auf", bemerkt Dodel, und wenn man hinzufügt, dass das für das Sehen erforderliche Auge am Kinde im Mutterleibe schon auftritt, so ist wieder eine Kreislinie zwischen causae efficientes und finales geschlossen, in deren schwindligen Ringen sich die Maskentänze der Naturphilosophen drehten, während einer kurzen Carnevalszeit der Naturwissenschaft, der sich auch willenskräftige Philosophen zu erfreuen wussten.

Die Aehnlichkeit der embryologischen Anlagen in der Reihe der Säugethiere bis zum Mensch hinauf, war seit Ausbildung der vergleichenden Anatomie bekannt und in ihrer Durchführung berücksichtigt. Die letzte Erklärung verschlingt sich in jenem Räthsel, dem wir uns erst nach inductiver Fundamentirung der Psychologie allmählig annähern können, und es bezeichnet kurzsichtige Ueberhebung, wenn man in jeder verführerisch auftauchenden Idee bereits einen Schlüssel gefunden zu haben meint, besonders wenn derselbe, wie derjenige, mit dem die Descendenztheorie die Oeffnung simuliren will, sich durch seine Unvereinbarkeit mit physiologischen Gesetzen dem vorsichtigen Denker von vornherein als nutzloser erweisen muss.

Es wird den Gegnern der Abstammungslehre vorgeworfen, „dass sie die Vollständigkeit der geologischen Berichte überschätzen, und dass es gefährlich ist aus negativen Resultaten positive Schlüsse zu ziehen", aber noch etwas ganz anders, als nur gefährlich, würde es sein negative Thatsachen zu positiven umzustempeln, wie nicht selten in der Descendenzhypothese, und bei der Unvollkommenheit der geologischen Chronik bleibt ihre Verwendung auf beiden Seiten ausgeschlossen, besonders jedoch auf der einer neuen Theorie, die sich ihren Besitz erst zu erkämpfen hat, während der alte an bisherigen Anrechten festhalten darf. Der revolutionäre Gesichtspunct, der bei dergleichen Argumenten durchschimmert, wäre nur gerechtfertigt, wenn in einer Parteisache pro ara und domo gekämpft würde, während die inductive Wissenschaft nicht um Theorien streitet, sondern unpartheiisch die Aussagen der Thatsachen auf beiden Puncten abwägt. Neue Untersuchungen werden stets zur Reform eines soweit gültigen Systemes führen, aber zum Aufgeben desselben ist vorläufig noch nirgends eine Veranlassung, und sollte es je dazu kommen, müsste man erst dasjenige kennen, welches an die Stelle zu setzen sei, denn das genetische trägt bei seinem Widerspruch mit physiologischen Gesetzen auf der selbstgewählten Fahne ein unwiderrufliches Veto eingeschrieben.

„Dass neue Varietäten und neue Rassen durch natürliche Züchtung entstehen", sowie „dass durch Züchtung aus einer Stammform Varietäten und Rassen hervorgehen, die schliesslich so weit von einander abweichen, als verschiedene Arten und Gattungen im Naturzustand", (zwei gesperrt gedruckte Thesen), und etwa ferner noch, „dass zwischen Varietät und Rasse einerseits und der Species der Art andererseits in der Natur keine scharfe Grenze existirt", nämlich wegen „der Meinungsdifferenz der Systematiker", dies sind die Hauptsätze, welche Dodel nach „einleitenden Thesen", die je nach dem Partheistandpuncte vor- oder rückwärts zu lesen sind, für die „Basis der Darwin'schen Theorie" verlangt, und wird der in den frühern Capiteln des Buches in schwindligen Phantasieflügen umhergezerrte Leser solch' bescheidene Forderung um so lieber zugestehen, weil, wenn keine weiteren Prämissen verlangt werden, es ruhig jedem kühlen Denker überlassen bleiben kann, wie viel von den ferneren Thesen (12–35) noch stehen bleiben werden.

Die Descendenztheorie (welcher zufolge sich die ganze organische Schöpfung aus einfachsten Formen entwickelt mit Differenzirung der verschiedenen Arten in Gattungen, Ordnungen und Klassen) harmonirt mit den Lehren der Embryologie, „dass jedes Lebenswesen mit einer einzigen Zelle beginnt, und von da an die hauptsächlichsten Stadien der Entwickelung niederer Organismen durchläuft, bis es schliesslich die Organisationsstufen seiner Aeltern erreicht", heisst es bei Dodel, um nach Haeckel's Wiederauffrischung naturphilosophischer Mythenbilder die Entwickelungsgeschichte des Individuum als eine abgekürzte Wiederholung der Entwickelungsgeschichte des Stammes darzulegen.

Dass aber diese jedesmal einzigen Zellen, welche den verschiedenen Lebenswesen zu Grunde liegen, keinenfalls in jener Einfachheit, die das ungeübte Auge des Laien darin finden möchte, parallelisirt werden dürfen, dass vielmehr sie alle und eine jede ihre specifische Markirung bereits in sich tragen, das wird eben durch die differenzirte Entwickelung des einer jeden von Ursprung her innewohnenden Characters bewiesen, in einer für naturwissenschaftliche Anschauung ebenso überzeugenden Weise und mit gleicher Entscheidungskraft, wie sie in anorganischer Natur die kräftigsten Reactionen zu gewähren vermögen.

Im Gegensatz zu der Ansicht, dass neue Arten oder Varietäten allein durch den Einfluss äusserer Momente, des Klimas und des Bodens entstehen, bemerkt Nägeli (der die Pflanzenformen meistens gesellschaftlich entstehen lässt): „Die Bildung der mehr oder weniger constanten Varietäten und Rassen ist nicht die Folge und der Ausdruck der äussern Agentien, sondern wird durch innere Ursachen bedingt", und neben Darwin's auf physiologischen Vorrichtungen gegründeten Nützlichkeitstheorien (im Kampfe ums Dasein) wird dann aus morphologischen

Gliederungen auch die Vervollkommnung geltend gemacht, indem „die individuellen Veränderungen nicht unbestimmt, nicht nach allen Seiten hin gleichmässig, sondern vorzugsweise und mit bestimmter Orientirung nach oben hin, nach einer zusammengesetzten Organisation zielen", sowie auch (nach Askenasy) die Abänderungen der Organismen bei der Bildung neuer Varietäten und Arten, da sie als stets in einer mehr oder weniger scharfbestimmten Richtung erfolgend, oft nur morphologischer Natur sind, nicht der natürlichen Zuchtwahl, weil physiologisch indifferent, unterliegen können, obwohl dagegen wieder (trotz Darwin's späterem Zugeständniss) sich ein Einwand erhebt, denn „was die heutige Naturgeschichte nur als reine morphologische Merkmale dieser oder jener Art bezeichnet, kann morgen als von hoher physiologischer Bedeutung erkannt werden". Nach Kerner (der den Einfluss des Bodens und des Klimas auf die Artenbildung als direct zu beweisen gesucht hatte) werden besonders die Grenzen der Verbreitungsbezirke zu Bildungsheerden neuer Arten (bei den Pflanzen).

Bei der Abhängigkeit des Organismus von der geographischen Umgebung handelt es sich nicht (wie nirgends in inductiver Naturwissenschaft, die, als innerhalb des Kreislaufes stehend, des von Archimedes schon ausserhalb verlangten Fusspunctes noch ermangelt) um absolute Schöpfung, sondern um ein relatives Bestehen unter den Proportionen gesetzlicher Wechselwirkung. Der Typus ist vorhanden, ideal, wenn man will, wie in anorganischer Natur das Element sinnlich fassbar, und wie sich dieses je nach den Agentien chemischer Art in bunter Vielfachheit der Salzverbindungen verwirklicht, so der organische Typus unter klimatischen Agentien in einer Mannigfaltigkeit der diesen entsprechenden Formen. In der Chemie schon haben wir ein halb ideelles Element oder Radical im Ammoniak, das nur unter einem bei jetziger Erdconstitution nicht vorhandenen Atmosphärendruck in flüssigem Zustande der Schwere unterworfen bleibt, sonst aber auch stets als vorhanden zu setzen ist, wenn Stickstoff und Wasserstoff in dem geforderten Mischungsgewicht und physikalischen Bedingungen zusammentreten. In gleicher Weise besteht ein festes Gesetz des Gleichgewichtes zwischen dem geographischen Typus mit seinem Milieu, und da sich auf dem Areal dieses eine Menge localer Modificationen finden mögen, mag auch der Typus in einer Fülle von Wechselgestalten erscheinen, die sich je nach systematischer Anordnung als Varietäten, als Unterarten oder Arten auffassen lassen. Dass es sich dabei nur um die gleichgültigen, „für die grosse Erscheinung der fortschreitenden Entwickelung indifferenten Arten handelt" (wie O. Schmidt will), wäre freilich bedenklich zuzugeben, da eben die Detailuntersuchungen prüfende Controlle für Generalisationen abzugeben haben, aber Darwin's Princip der Zuchtwahl liefert hier in der Arbeitstheilung manch erhellenden Einblick, wenn man es in der Peripherieweite des Typus verwendet, und nicht zur Zerstörung dieses. Wie in den Insectenstaaten oder menschlicher Gesellschaft mögen eine Menge Schattirungen gleicher Grundideen neben und unter einander bestehen, und gerade bei den Pflanzen werden sich hierfür manche Aufschlüsse aus dem Boden (den, wie bei wechselnder Feldwirthschaft, eine Varietät geradezu für die andere präpariren mag), aus seinen Elevationsdifferenzen, Exposition zu meteorologische Prozessen u. s. w. entnehmen lassen, wobei zugleich die Grenzen der Verbreitungsbezirke besonders instructive Beobachtungsareale abgeben müssen. Dass im Uebrigen eine Spaltung in morphologische und physiologische Eigenthümlichkeiten unzulässig ist, ergiebt sich aus der Natur des Organismus, da ein morphologisches Merkmal stets direct oder doch indirect auf seine physiologische Wurzel zurückgeben muss, und ohne solche eine ursachlose Wirkung darstellen würde, also ein Wunder, wenn dieser Ausdruck nicht von vornherein in der Inductionswissenschaft ausgemerzt wäre. Dass den äussern Einflüssen ausgesetzte Organismen dann aus inneren Ursachen variiren, ergiebt sich aus der auf eigener Reaction beruhenden Natur des Organismus von selbst, und die Nützlichkeit oder doch Angemessenheit der Abänderungen wird sich dann, bei richtigem Verständniss des hier geltenden Prinzipes, in Einzelfällen mehr oder weniger deutlich nachweisen lassen, wogegen eine nach den Zielen der Vervollkommnung eingeschlagene Richtung um die Klippe einer Qualitas occulta nur dann frei steuern könnte, wenn sich mit naturwissenschaftlicher Durchbildung der Psychologie das Räthsel des Woher und Wohin zu erhellen beginnen sollte.

Die Verirrungen, wodurch berauschte Enthusiasten Darwin's gesunde Reform in Miscredit gebracht haben, folgen besonders aus ihrer Nichtachtung und Nichtkenntniss der Physiologie, und diess tritt am eclatantesten hervor, wenn man in ihren Schriften auf die Correlation des Wachsthums stösst, die nur da, wo sie auch dem Blödesten erkennbar sein muss, nämlich bei den homologen Organen eine kurze Betrachtung zu finden pflegt. So sagt Dodel: Ehe wir an die Betrachtung specieller Beispiele von Anhäufungen individueller oder neu erworbener Merkmale übergehen, haben wir noch einer eigenthümlichen Erscheinung zu erwähnen, die auf den ersten Blick etwas wunderbar erscheinen mag, aber doch nur auf ganz natürlichen Prozessen beruht", und diese „eigenthümliche" Erscheinung, die sogar halb „wunderbar" erscheint, ist nun eben das gewissermaassen elementarste Grundgesetz der Physiologie, ohne welches sie in ihrer heutigen Fassung überhaupt nicht gelesen werden kann, so dass es selbst einem Laien kaum einfallen sollte, hier noch im Besonderen die Nothwendigkeit des Hinweises zu fühlen, wie diese Erscheinung „nur auf ganz natürlichen Prozessen beruht". Wenn sich irgend etwas für die Physiologen aus Joh. Müller's Schule von selbst verstehen muss, so ist es doch eben diese auf der virtuellen Einheit des Organismus beruhende Correlation des Wachsthums und gerade sie ist es auch, die kategorisch verbietet, dass „Anhäufungen individueller oder neu erworbener Merkmale" jemals eine genealogische Bedeutung gewinnen könnten. Wer das nicht als nothwendiges Postulat instinctmässig versteht, wird besser thun, vorher wieder einen Cursus über Physiologie zu hören, ehe er seine Zeit noch weiter mit dem Zeichnen von Stammbäumen vertrödelt.

Die Art in ihrer Variationsweite (die Art, erweitert bis zu der Peripherie ihrer Variationsmöglichkeiten) ist in der organischen Natur als Typus aufzufassen von ebenso fester Constanz, wie in der anorganischen für den jetzigen Standpunct der Forschungen das Element (wobei dann, wie in der Chemie vielfach scheinbare Elemente später diesen Character verloren, auch weder Botanik noch Zoologie im Gange der Untersuchungen hinsichtlich der Definirung der Art an ein bisheriges System gebunden bleibt). Wie Darwin bemerkt, gleicht kein Gezeugtes genau dem Zeugenden, sondern weist Abänderungen auf, die im Kampf' ums Dasein erblichen Bestand erlangen können, aber es hiesse die Sache auf den Kopf stellen (wie dieses so häufig bei einer aus gegenseitigen Gleichungen abzuleitenden Schematisirung ungeübten Rechnern passirt), wenn man diese Abänderungen bis zum Ueberführen verschiedener Typen in einander steigern wollte, da die Weite der beobachteten Abänderungen eben erst den Typus selbst bestimmen würde, indem eine durch Accumulation bis zur Totalreform des Gesammtorganismus potenzirte Steigerung partiell localer Abänderungen nach physiologischen Gesetzen zur Selbstvernichtung des Typus führen müsste, und also eine später in die Erscheinung tretende Sequenz mit ihren Wurzeln über die Wechselverhältnisse der Induction hinausliegen müsste, demgemäss aus einer Region auftauchen, die erst nach naturwissenschaftlicher Durchbildung der Psychologie allmählig zugänglich werden kann.

Dass Transmutationen stattfinden, liegt zu Tage, und es ist Darwin's Verdienst, dieselben in ihrer Bedeutung und vollen Tragweite nachgewiesen zu haben, dieselben verlaufen indess stets nur innerhalb des organischen Typus, der als solcher ebenso unverrückbar gelten muss, wie in anorganischer Natur das chemische Element Wie die einzelnen derselben bald eine grössere, bald eine geringere Zahl von Salzverbindungen bilden, so schwingen auch die Species bald in einer weiteren, bald in einer engeren Peripherie ihre Varietäten, wie es durch die äusseren Verhältnisse makrokosmischer Umgebung in der geographischen Provinz bedingt wird. Die Auffassung ist hier schwieriger als in der Chemie, wo das analysirbare Element objectiv vor Augen liegt, indem der Typus nur in der Gedankenoperation analysirbar ist, und deshalb beständig als unbekannte Grösse, oder als das erst zu lösende X, in den Gleichungen der Formeln mitgeführt werden muss. Dem Ungeübten muss dies ebenso unmöglich sein, wie dem nur mit Geometrie und Arithmetik Vertrauten, die Aufgaben höherer Analysis richtig zu lösen, und so folgt beständige Substituirung von Werthen, die als hypothetisch gelten könnten, aber da sie, wenn fest genommen, falsch sein müssen, auch die Resultate der Descendenztheorie fälschen.

In der anorganischen Natur ergiebt sich das Element als materiell dauernd, und in der organischen kommen wir in unserer Gedankenoperation auf den Begriff des Typus, der sich unter der Construction des Organismus bei den physiologischen Kenntnissen der Gegenwart als unzersetzbar erweisen muss, und der sich mit dem System, aus dem er hervorgegangen, so eng verwoben erweist, dass die Ersetzung des natürlichen Systems durch ein genealogisches nur bei völliger Revolution aller bis soweit gültiger Naturanschauungen möglich wäre.

Dass die Physiologie hier als Gesetzgeberin zu betrachten bleibt, ergiebt sich als eine Petitio principii, und da die Descendenztheorie unter ihrer jetzigen Form undenkbar bleibt, müsste sie erst die Gründe zu totaler Reform darlegen. Es wäre Liebhabereien oder, je nach der Absicht, dem Gesichtspuncte der Zweckmässigkeit zu überlassen, wenn man die Maschinenlehre nach Zahl der Cylinder oder Sicherheitswalzen eintheilen·wollte, wenn sie jedoch nur durch äussere Zufügung eines Cylinders oder einer Valve eine Maschine in die andere umwandeln zu können meinte, so würde die Mechanik ihr quod non sprechen, weil es einer Umgestaltung von Innen heraus bedürfte. Und in gleicher Abhängigkeit verbleibt der Natur der Sache nach die organische Morphologie von der Physiologie.

Der Typus mag innerhalb seiner Sphäre variiren, um all den Modificationen der wandelnden Umgebungswelt zu entsprechen. Uebergang eines Typus in einen andern liesse sich aber nur unter zwei Bedingungen annehmen, einmal bei einem im individuellen Sein liegender Entwickelungstrieb oder bei geschlechtlicher Differenzirung durch Kreuzung .

Der Entwickelungstrieb würde als qualitas occulta wieder einen jener Popanzen einführen, welche die Naturwissenschaft seit ihrer fruchtbringenden Reform zu eliminiren gesucht hat, und die Hypothese selbst würde erst dann einen Schein der Berechtigung besitzen (wie die des Aethers in der Physik), wenn alle Thatsachen, besonders in den paläontologischen Schlüssen auf ihre vorläufige Statuirung führten und so, wenigstens zur Erleichterung der Rechnungen, ihre conditionelle Annahme wünschenswerth machten, während gerade der Fortgang paläontologischer Detailstudien gezeigt hat, dass die strenge und scharfe Stufenleiter, welche man eine Zeitlang vermuthen zu dürfen glaubte, keineswegs existirt, und so lange wenigstens jedenfalls die Zuthat einer partheiisch entscheidenden Hypothese schon den objectiven Thatbestand fälschen würde, ehe noch feststeht, ob derselbe überhaupt die Aushülfe einer Hypothese erlaubt. Zugleich erscheint solche Hypothese völlig nutzlos, da sie uns weder das Warum der Entwickelung erklärt, noch im Woher oder Wohin über enge Grenzen hinauszugehen vermag, also das Absolute in demselben Dunkel lässt, wie vorher, und der richtigen Valuirung relativer Proportionsverhältnisse von vornherein nur schadet. Zulässig kann die Entwickelung nur für die einfachsten Organismen sein. wo jeder einzeln einfallende Reiz oder doch eine beschränkte Zahl von Reizen bereits während der Dauer der individuellen Existenz genügen kann, das Ganze, also die virtuelle Einheit des Organismus selbst, umzugestalten, so dass sie sich dann erblich erhalten wird, und bei niederem Thierwesen, deren Constitution sich mehr oder weniger auf die primäre Zelle beschränkt, können dabei die causae efficientes in veränderter Umgebung, bei Versetzung unter dieselben, gedacht werden. Dabei wäre dann aber nur die Peripherie des Typus im System weiter zu ziehen, damit solche Variationen darin eingeschlossen bleiben. Bei höher potenzirten Individuen dagegen bleibt die Unmöglichkeit bestehen, dass partiell beginnende Aenderungen das Centrum selbst bereits mit correlativ umgestaltetem Wachsthum in allen Theilen gleichmässig durchdringe, und wenn sie also nicht pathologische Degenerationen herbeiführen, die durch revolutionäre Wucherung eines Theils den Bestand des Ganzen untergraben, müssen sie bei der Fortpflanzung wieder nothwendig in der eintretenden Umschmelzung verklingen, ohne eine Transmutation erblich zur Geltung zu bringen, da selbst ein im einzelnen Gliede des Ganzen hereditäre Monstruosität im Grossen und Ganzen nach der Wahrscheinlichkeitsahnung viel mehr Möglichkeiten des Verschwindens haben würde, als dass sie nun für Generationen hinaus immer in gleicher Richtung steigernd fortgeführt würde, zumal sich dadurch auch nur das Missverhältniss zum Ganzen, und somit der feindliche Angriff auf diese, steigern würde.

Bei geschlechtlicher Kreuzung geht man besser von deutlichst anschaubaren Verhältnissen aus, wie für die Racen geltend innerhalb des Menschengeschlechtes, das wegen ihrer den Varietäten zukommenden Fruchtbarkeit miteinander, nicht für ein Genus, sondern eine Species erklärt ist. Nahestehende Racen können sich durch Wahlverwandtschaft in der Kreuzung veredeln, wie unsere Culturvölker zeigen, aber die Entfernung zwischen den höchsten und niedrigsten Menschenstämmen ist bereits eine so bedeutende, dass, wie bis jetzt alle Beispiele beweisen, die Lebensfähigkeit kaum für einige Generationen gewahrt wird, da zunehmende Schwächung (wie ebenso bei den durch künstliche Züchtung veränderten Hausthieren) das Aussterben herbeiführt. Obwohl nun gesagt ist, dass manche Affen dem Menschen näher stehen, als andere ihrer Verwandten, wird doch kaum behauptet werden, dass die niedersten Menschenstämme den höchsten fremdartiger gegenüberstünden, als einigen des Affengeschlechts, dass also die Differenz zwischen niedersten Menschen und höchsten nach Oben hin geringer sei, als nach Unten hin zwischen niedersten Menschen und höchsten Affen. Ist dies jedoch der Fall, so bleibt damit von vornherein eine dauernd lebensfähige Kreuzung zwischen Menschen und Affen sogleich ausgeschlossen, da sie bereits für die Differenz zwischen niedersten und höchsten Menschen auf ein Minimum reducirt ist. Ob weitere Auffindungen von Mittelgliedern zu erwarten sind oder nicht, bleibt dahin gestellt, jedenfalls wäre es die Höhe der Willkür, bereits eine Hypothese zu formuliren, ehe auch nur die mindesten Stützen thatsächlicher Darlegung gewonnen sind, um sie an sich zu basiren. Ausserdem würde, wieviel Mittelglieder sich auch zwischen die vorläufigen, und nach früherer Ueberschau des Thatbestandes gesteckten Marken des Systems aus späteren Entdeckungen oder Untersuchungen zwischenschieben liessen, damit nie ein fliessender Uebergang die in typischen Accumulationen gesetzlich geschlungenen Knotenpuncte der Existenzmöglichkeiten verwischen, da schon in der anorganischen Natur die Salze nicht in allen theoretisch zählbaren Bruchtheilen, sondern nur unter bestimmten Proportionsverhältnissen hervortreten, und in der organischen Natur, wo sinnliche Anschauungen fehlen, gerade deshalb eben in unseren Denkoperationen das Band des gesetzlich Typischen um so heiliger und unantastbarer sein muss

Man hat gemeint, dass, wenn sich Zwischenglieder finden sollten, die von den Affen der eocönen Zeit zum Menschen führten, die Frage von der Abstammung entschieden sein würde. So sehr sich aber dadurch auch unsere Anschauungen erweitern und zum Theil verändern würden, so wenig können solche oder irgend sonst vereinzelte Entdeckungen einer in naturwissenschaftlicher Logik unrichtigen Bezeichnung reale Berechtigung geben, welche die Fundamente unserer jetzigen Naturwissenschaft zerstören und ihren gänzlichen Umbau verlangen würde. Es können Mittelformen gefunden werden, aber wenn sich dieselben zwischen den jedesmaligen Extremen der bisherigen Typen einschieben, bilden sie hier ebenso wenig Uebergangsformen, wie sie die Chemie für ihre Elementarstoffe statuiren darf. Als das Tantal, Niobicum, Pelopium entdeckt wurde, sah sich die Chemie genöthigt, sie als Elemente zu proclamiren und die Zahl derselben zu vermehren, um nicht durch Speculationen über Uebergänge zwischen Eisen und Mangan in alchymistische Abirrungen zurückzufallen Ist der Typus an der äussersten Sphäre seiner Variationsweite angelangt, hört mit der zunehmenden Abschwächung die fernere Bildungsmöglichkeit auf, und das Umschlagen eines Typus in einen anderen bleibt deshalb von selbst ausgeschlossen.

Arnold: Islam, its history, charakter and relation to Christianity, III. edition. London 1874.

The mystery of Holy Trinity is beyond comprehension and above definition and cannot either be established or disproved ex ratione naturali. It is against the laws of thought, that a part should be equal to the whole and the whole equal to the part. It is secondly against the law of causality, that generatio, however conceived, should take place beyond the limits of time It is, thirdly, against the idea of absolute perfection, since the character-hypostaticus of the old divines is either something accidental and therefore imperfect or something essential, and therefore perfect, which perfection however would be lacking to the Son and the Holy Spirit. The dogma is altogether one of the postulata of Christianity, which claims to be far above all human understanding, and which is calmly and fearlessly advanced with its apparently inreconcliable Unity in Trinity and Trinity in Unity. It would have been better for the interests of truth, if Christian apologists had never attempted to make the mystery acceptable to Mohommedans by illustrations and comparisons, which, moreover, have not always been the happiest or most elevated. The Scriptures simply reveal the fact and demand simple and child-like faith (für den Liebhaber).

Liger: Fosses d'aisances. Paris 1875.

C'est cette manière d'excréter assis sur un siège, que les auteurs comiques appellent coxim cacare, mots qui rendent l'idée d'excréter sur l'os. Toutefois ce n'était pas la plus ordinaire, les Romains, comme les Orientaux, avaient pour habitude de s'accroupir pour se mettre à l'aise, wie es (bei Vermeidung der Benutzung eines von Andern gebrauchten Sitzes) nicht nur reinlicher, sondern der Natur der Bauchpresse angemessener ist (also manchen Krankheiten vorbeugen könnte).

Ménant: Les Achéménides et les inscriptions de la Perse. Paris 1872.

Toutes les inscriptions donnent ou empruntent une certaine importance aux lieux, où elles sont gravées, aussi il m'a paru de quelque utilité de ne pas séparer les textes des monuments sur lesquels nous les avons recueillis.

Worsaae: La colonisation de la Russie et du Nord Scandinave (traduit par Beauvois). Copenhague 1875.

On ne connait qu'un exemple certain d'un mouvement de population parti de l'Asie septentrionale et arrivé au nord par l'est, c'est la migration des peuples finnois et lapons, qui traversèrent la Russie septentrionale et la Finnlande pour se rendre au nord de la Suède et en Norvège.

Gerland: Anthropologische Beiträge. Halle 1874.

Dieses mit dem gewohnten Fleiss des Verfassers, des geschätzten Fortsetzers der von Waitz begonnenen Anthropologie der Naturvölker, gearbeitete Buch giebt in der zweiten Abtheilung (Betrachtung über die Entwicklungs- und Urgeschichte der Menschheit) im dritten Capitel (Einheit und Vielheit der Menschen) eine die quellenmässigen Thatsachen sichtende Abhandlung über „das Haar als ethnologisches Eintheilungsprincip."

Maurel: Die Ablässe, ihr Wesen und ihr Gebrauch, übersetzt von Schneider. Paderborn 1874.

Ob und wie die Ablässe den armen Seelen im Fegefener zugewendet werden können auf S. 47.

Hankel, H.: Zur Geschichte der Mathematik im Alterthum und Mittelalter. Leipzig 1874.

Ein durch den Vater des allzu früh Verstorbenen aus dessen Nachlass herausgegebenes Werk, dessen Vollendung als eine Geschichte der Mathematik, jetzt leider abgeschnitten ist, ebenso wie die für Fachgenossen berechnete Darstellung, welche späterhin beabsichtigt war.

Cooke: Fungi, their nature, influence and uses (edited by Berkeley). London 1875.

Instead of insinuating that there are no good species, modern investigation tends rather to the establishment of good species, and the elimination of those that are spurious. It is chiefly amongst the microscopic species, that polymorphism has been determined. In the larger und fleshy fungi nothing has been discovered, which can shake our faith in the species described half-a-century, or more, ago.

Escudier: Les Saltimbanques. Paris 1875.

Chapitre III: Comment l'on fabrique les monstres etc.

Guillemin: Les Comètes. Paris 1875.

Les naturalistes ont aujourd'hui toutes raisons de croire que les transformations révélées par les études paléontologiques ont été produites, aux divers âges de la terre, par des modifications correspondentes, lentes ou brusques peu importe, dans l'état physique de l'atmosphère et du sol. Cependant pour expliquer ces changements, ils n'ont pas besoin de supposer aux modifications, dont il s'agit, une étendue à beaucoup près comparable à celle, que donnerait à la terre sa transformation en satellite de comète, accompagnée d'un écart de température ou de chaleur reçue, passant de 28000 fois la chaleur actuelle à une quantité 19000 fois moindre.

Die lettischen Sonnenmythen.

(Schluss.)

In einer anderen Märchenfamilie, derjenigen vom Tischchen deck' dich, spielt ein goldspeiender Bock eine Rolle. [Bock mach Gold. Asbjörnsen Norske Folkeeventyr n. 7. Tredie Udg. p. 31. Schäfchen schüttel' dich, Schleicher Lit. Märch. S. 106. Lämmchen, Lämmchen lege Gold. Stier ungar. Märch. S. 79. Widder, der aus dem Fliess Dukaten schüttelt. Woycicki poln. Volkss. übers. v. Lewestam. S. 108 ff.] Auch dieser Bock wird nach dem Vorstehenden in Verbindung mit den o. S. 230 vorgetragenen Thatsachen auf die Sonne oder die rothe Morgenwolke zu deuten sein.

Wir gewinnen durch diese Analogien eine Brücke, welche uns hinüberführt zum Verständniss des griechischen Mythus vom Fliesse des goldenen Widders, das in Aia am Eichbaum aufgehängt ist und von Jason und den Argonauten zurückgeholt wird. Ueber diese Sage hat zuletzt A. Kuhn[1]) in anregender Weise, doch ein wenig verschieden von der nachstehend zu begründenden ihren eigenen Weg gehenden Auffassung gehandelt. Die Argofahrt enthüllt sich immer mehr ihrem Kerne nach als der Rest eines alten Sonnenmythus, der schon vor Homer in epische Erzählung überging, aber noch in den Nachdichtungen dritter, vierter Hand, aus denen allein wir seine Details kennen, viele echte Züge der ursprünglichen Naturdichtung bewahrte. Als einen solchen Zug hat z. B. E. B. Tylor (die Anfänge der Cultur I S. 342 ff.) die Fahrt der Argo durch die Symplegaden (Od. XII 70 ff.) nachgewiesen. Nach dem Glauben mancher wilden Völker steigt die Sonne Abends beim Untergange im Westen zwischen zwei massiven Felsschichten hinab, die sich beständig öffnen und schliessen. Die Argo selbst vergleicht sich dem Boote, auf welchem Helios, wie die Sonne im lettischen Liede, die nächtliche Fahrt durch den Himmelsocean von Westen nach Osten macht. Nach der Od. XII 70 gelangt die Argo zu den Plankten $\pi\alpha\rho$ $A\dot{\iota}\eta\tau\alpha o$ $\pi\lambda\acute{\epsilon}ov\sigma\alpha$,

---

[1]) Ueber Entwickelungsstufen der Mythenbildung. Berlin 1874 S. 138—151.

auf der Rückfahrt vom Aietes, dem Herrscher (d. h. Eponymos, Personification)
von Aia und Bruder der Kirke, (d. h. Kreis, Scheibe). In Aia ruht, wie
Mimnermos sagte (bei Strabo I 2), des schnellen Helios Strahlenkrone ($\dot{\alpha}\varkappa\tau\tilde{\imath}\nu\varsigma$)
[während der Nacht] am Ufer des Okeanos in goldener Schatzkammer
($\vartheta\dot{\alpha}\lambda\alpha\mu o\varsigma$). Man vgl. die verbotene Kammer unserer Märchen o. S. 223
Die spätere Dichtung unterschied ein westliches Aia, wo Kirke wohnt, und ein
östliches, den Sitz des Aietes und das Ziel der Argofahrt. Die Odyssee aber
kennt nur die Aia im Westen d. h. am Orte des Sonnenuntergangs; dort ist
zugleich der Tanzplatz der Eos und die Stelle, von wo Helios bei seinem
Aufgange am Morgen aufbricht, wo er mithin die Nacht ruht, ehe er von
Westen nach Osten zieht, um dort seinen Tageslauf zu beginnen. Aietes
und Kirke sind die Kinder des Helios und der Perse (Od. X. 136) oder
Perseis (Hes. theog. 956). Somit ist Kirke (vgl. lat. circus, circulus, gr.
$\varkappa\iota\varrho\varkappa o\varsigma$ ahd. hring Ring) gleich der Mondgöttin Hekate eine Perseis; es liegt
also nahe in ihr die Scheibe der untergehenden Sonne oder auch des Mondes
und in der Verwandlung der Gestalten, welche ihr Zauberstab hervorbringt,
die alle Gestalten und Formen gespenstisch verändernde Wirkung der abendlichen Dämmerschatten oder des fahlen Mondlichtes zu erkennen. In die
Odysseussage ist die Gestalt der Kirke nach Kirchhoffs Untersuchungen erst
spät, und zwar im Anfange des siebenten Jahrhunderts, hineingekommen,
indem ein Rhapsode, der die Geschichte des Odysseus sang, die Neigung
verspürte, der den Helden wider Willen zurückhaltenden Nymphe Kalypso
noch eine zweite ähnliche Sagengestalt mit gleicher Function an die Seite zu
stellen, oder erstere durch letztere zu ersetzen. Das Material dazu, die Person
der Kirke selbst, ihre phantastische Umgebung und die Plankten entlehnte
er einer der damals gangbaren Versionen der Argonautensage, wohl nicht
ohne die mythischen Elemente der Sage in einige Verwirrung zu bringen;
alles was Kirke in Bezug auf Odysseus und dieser bei ihr thut, ist freie
Erfindung des Dichters.[1]) Es wird danach klar, einerseits weshalb die Plankten
in der Nähe von Aia liegen, andererseits dass es schon ein leicht verzeih-
liches Missverständniss der ursprünglichen Ueberlieferung war, die Argo auf
dem Rückwege von Aia, statt auf der Reise dorthin die Plankten passiren
zu lassen. Uebrigens muss es noch in jener Zeit, als die Naturbedeutung
des Argonautenmythus noch verständlich war, Versionen desselben gegeben
haben, welche das östliche Aia kannten, denn Idyia (die Sehende), die
Gemahlin des Aietes, ist deutlich eine Personification des Morgenlichtes.
Wie dem auch sei, offenbar haben wir es hier überall mit der mythologischen
Ausgestaltung der Vorgänge des Sonnenuntergangs und Sonnenaufgangs zu
thun. Mit der Sonneninsel Aia vergleicht sich daher die Insel,
welche nach unserem Liede 56 der Gottessohn bei der Freiwer-

---

[1]) Vgl. Kirchhoff, die Composition der Odyssee. 1869. S. 84 ff. 129. Vgl. Müllenhoff
D. Alterthumskunde 1 31. Steinthal Zs f. Völkerpsychol. VII. 44.

bung um die Sonnentochter aufwirft. Auf Aia nun war, von einem **Drachen bewacht, an einem Eichbaum das goldene Fliess des Widders aufgehängt,** welcher die Kinder der Nephele Helle und Phrixos über das Meer getragen hatte, Helle aber hatte in dasselbe hinabgleiten lassen. Helle ist etym. $= \Sigma F \varepsilon \lambda j \alpha =$ skr. Sûryâ d. i. Sonnengöttin; der goldene Widder, auf dem sie reitet, wird nach unseren vorstehenden Auseinandersetzungen die Sonne mit ihren Strahlen sein. Ihr Bruder Phrixos mag das Tageslicht und eben diese Strahlen in einer selbständigen, neuen Personification bedeuten. Denn $\varphi \varrho \iota \xi \acute{o} \varsigma$ anscheinend eine andere Form von $\varphi \varrho \iota x$-$\tau \iota o \varsigma$ ist doch schwerlich zu trennen von $\varphi \varrho \iota \sigma \sigma \omega$ emporstarren, $\varphi \varrho \iota \xi \acute{o} \varsigma$ emporstarrend, aufrecht stehend, einem Stamm, welcher vorzugsweise vom Aufrechtstehen, Emporsträuben der Haare gebraucht wird. Haare aber sind bekanntlich ein sehr gewöhnliches Apotypom der Sonnenstrahlen [vgl. o. S. 236 die „Meerprinzessin mit dem goldenen Zopf"]. Hat diese Deutung Grund, so ist einerseits erklärlich, dass Helle ins Meer sinkt und ertrinkt, wie die lettische Sonnentochter im Liede n. 34. 39, andererseits aber auch ebenso klar, weshalb Phrixos nach ihrem Untergang noch eine Strecke weiter bis Aia gelangt. Das Goldfliess steht mithin der wollenen Decke, dem rothen Rock u. s. w. in unseren Liedern s. o. S. 216 S. 219 unverkennbar gleich. Phrixos hängt es in Aia an dem vom Drachen bewachten Eichbaum auf. **Diesen Eichbaum kennen wir aus unsern Sonnenliedern. Es ist derselbe Eichbaum am See, hinter dem Berge, an dem nach 55 der Gottessohn seinen Gürtel, die Sonnentochter ihre Krone aufhängt,** um sie am Morgen wieder in Empfaug zu nehmen[1]) (s. o. S. 233.) Was die Bewachung des Baumes durch den Drachen betrifft, so vergleicht sich ihm am treffendsten die Schlange Apep (Apopis), welche nach Mittag dem Horus, der Sonne, nachstellt d. i. die Dunkelheit, bei den Aegyptern.

Ich festige diese Auseinandersetzung durch noch eine andere Erwägung. Nach Hesiod Th. 375 ist der Titane Krios (Widder) der Vater des Sternenmanns (Astraios), der mit Eos den Morgenstern und die Winde zeugt, und des Perses, der von Asterie (Sternenhimmel) der Tochter des Koios und der Phoibe, den Mond, die Hekate erhält (Hes. theog. 405 ff.) Dieser Titane Perses, der aus der Vermählung mit dem Sternenhimmel den Mond, die Hekate, hervorbringt, ist doch mythologisch untrennbar von der aus dem

---

[1]) Kuhn (Entwickelungsstufen der Myth.) deutet geistvoll noch andere Züge der Argonautensage als Sonnenmythologie. Ich füge einige Ergänzungen seiner Ausführungen aus unsern Liedern hinzu. Jason befreit am Morgen das goldene Fell aus der Gewalt des Drachen, ihm hilft dabei Medea, die Tochter der Idyia, der Sehenden, man kann wieder die Gegenstände unterscheiden. Er pflügt zuvor mit erzhufigen Stieren, rothen Morgenwolken (vgl. das Eggen der Seidenberge n. 66, die Stiere n. 68.) Er sät die Drachenzähne vgl. das Säen der Sonne n. 26. Es entstehen daraus Speerträger s. unten S. 300. Er vernichtet dieselben durch den Wurf eines Steines. Vgl. u. S. 287.

Ocean aufgestiegenen Heliosbraut Perse (Od. X 139) oder Perseis (Hes. theog.
956) der Mutter der Kirke und des Aietes. Mit Beiden endlich hängt Perseus, der Lichtheros, den die im finstern Thurm (der Nacht) eingeschlossene
Danae durch den goldenen Regen (Samenerguss vgl. o. S. 100 das Säen
der Sonne) d. h., wie Preller ganz richtig sah, den sich ergiessenden Licht-
schimmer des Morgens empfing, unverkennbar zusammen. Wenn wir Sonne
(Zs. f. vgl. Sprachf. X 104) in Ansetzung der Wurzel parsh (spargere) für
πέρση folgen dürfen, so gelangen wir für Perses und Perse etwa auf den
Begriff der Dämmerung, die als Abenddämmerung dem Sternenhimmel die
Hand reicht und den Mond heraufführt, als Morgendämmerung die Mächte
der Nacht überwindet, ihnen (den Graien) das eine, das Sonnenauge, entreisst,
und den ersten schwertartig hervorschiessenden Strahl (Chrysaor) aus ihrem
(der Gorgo) Rumpfe hervorlockt. In demselben Sinne, wie Phoibe die Mutter
der Asterie hiess, konnte nun auch Krios, die Sonne, als Vater des Astraios
und Perses (der Dämmerung) genannt werden.

Krios bietet auf diese Weise eine nicht geringe Unterstützung der Deutung des goldenen Phrixoswidders auf eine himmlische Lichterscheinung,
und der Eiche, an welcher dessen Fell hängt, auf den Nachtsonnenbaum.

Noch auf eines will ich aufmerksam machen. Helle und ihr Bruder
Phrixos vergleichen sich in vieler Beziehung den Geschwisterpaaren Pulja
und Asterinos o. S. 237 und Goldbruder und Goldschwester o. S. 237
Pulja wird in den Brunnen gestürzt, wie Helle ins Meer sinkt, der Bruder
Asterinos (Morgenstern) verwandelt sich in einen goldenen Widder, der
nachher zum Baume mit goldenem Apfel wird. Eine bestimmtere Durchführung dieser Parallelen wäre noch verfrüht. Soviel jedoch dürfte auch aus dieser Beobachtung wahrscheinlich werden, dass das goldene Schaf in den o.
S. 236 ff. besprochenen Märchen, ebensogut wie der Apis in der ägyptischen
Version als die Sonne (Sonnenstrahlen), mithin doch wohl der Baum, in den
es sich wandelt, als der Sonnenbaum gedeutet werden dürfe.

η) Goldmaid unter der Baumrinde.

Wäre es richtig, dass zu irgend einer Zeit einmal die Sonne als eine in
einem Baume (Sonnenbaum?, Nachtsonnenbaum?) immanente Frau gedacht
wurde, so könnte füglich ein Nachhall dieser Anschauung sich in dem Märchen
„das Lorbeerkind bei Hahn n. 21 erhalten haben. Einem alten Ehepaare
wird statt eines Kindes ein Lorbeerkern geboren, aus dem ein goldener
Lorbeerbaum in die Höhe wächst, dessen Gezweige wie die Sonne
glänzt. Einst schlägt ein Königssohn bei diesem sein Gezelt auf, da öffnet
sich die Rinde und ein wunderschönes Mädchen kommt zum Vorschein.
Mit ihm verlobt sich der Prinz, vergisst und verlässt sie dann aber und will
eine andere heirathen, aber am Hochzeitstage erscheint das Lorbeerkind
mit goldenem Kleide angethan, leuchtet wie die Sonne und ver-

breitet sólchen Glanz, dass alle Welt geblendet wird. Der Prinz erkennt sie, verabschiedet die andere Braut, und feiert mit ihr die Vermählung. Die Vertauschung der wahren Braut durch eine falsche ist bekannter mythischer Ausdruck für Nacht und Winter; das goldene Lorbeerkind scheint also am Morgen endgiltig aus dem Baum hervorzukommen und Hochzeit zu feiern. Einen ähnlichen Gedankeninhalt dürfte dann das serbische Lied (Vuk I 505 Talvj Volksl. d. Serben 2. Aufl. Lpzg. 1853 II S. 55) haben.

Fleht zu Gott ein junger Knabe:
„Gieb, o Gott, mir goldne Hörner,
Gieb mir silbernes Geweihe,
Dass ich diese Kiefer spalte,
Dass ich sehe, was darinnen".

Gab das silberne Geweih ihm,
Und er spaltete die Kiefer,
Sass ein junges Mädchen drinnen,
Das gleich einer Sonne strahlte.

Der Knabe ist unschlüssig, ob er um sie werben, sie rauben, oder sie locken soll, ihm zu folgen. Sie weist die beiden ersten Fälle zurück: „Lieber, locke mich, ich komme!" Dieselben ersten Lichterscheinungen des Morgens, welche im lettischen Liede bald als Zweig, oder als Besen (Badequast) bald (wie wir sehen werden) als Harke, oder Egge aufgefasst werden, können auch als Hörner oder Geweih beschrieben werden. So heisst im Veda das aus den Morgennebeln emporsteigende Sonnenross goldgehörnt (hiranya-çṛnga[1]), auch wird die Sonne mehrfach als Hirsch (altn. sólarhjörtr) aufgefasst. Scheinen wir demnach nicht berechtigt, falls das sonnengleich strahlende, im Nachtsonnenbaum eingeschlossene Mädchen für die Sonnengöttin selbst genommen werden dürfte, in dem Knaben den Tag zu vermuthen, der mit den Geweihzacken der ersten Lichtstrahlen des Morgens den Baum spaltet, die Jungfrau herausholt und zur Seinen macht?

9) Die finnisch-estnische Wundereiche.

Wir können vom Sonnenbaum nicht Abschied nehmen, ohne noch einiger estnischer und finnischer Lieder zu gedenken, in denen von einem Wunderbaum die Rede ist, der den Namen estn. Taaras Eiche (Taara tamme) oder finn. Gottes Eiche, Gottesbaum (puu Jumalan) trägt und vom Sonnensohn estn. Paiwapoega oder Taaras Sohn gepflanzt wird. Die betreffenden Lieder sind a) Kalewala R. II V. 1—224 b) Neuss estnische Volkslieder n. 10 S. 47 „die Wundereiche" c) Kreutzwald und Neuss mythische und magische Lieder Abt. I n. 3. S. 28 „die Wundereiche und d) ebends. I n. 2. c. S. 26 „Schöpfungsmythen" v. 31—40. Der Baum entsteht nach a und d in den Urtagen der Schöpfung. Nach c ist die Eichel vom Sohn der Sonne in den Schwendboden eingepflanzt, auch a lässt einen aus dem Meer aufsteigenden Riesen die uranfänglichen Gräser lichterloh entflammen, und in die Asche und das ungehackte Land die Eichel säen. In b wächst der Baum aus goldenen Spänen, oder Kehricht, der vom Meeresufer ins Meer

---

[1] Vgl. Kuhn, Entwickelungsstufen S. 143.

gestäubt worden. Die Eiche erhebt sich in den Himmel und steht
nach d als die schönste inmitten der Welt. Nach b will sie die Wolken mit
den Aesten ändern, des Himmels Wölbung theilen. Nach c sprengt ihr
Wipfel die Wolken, hüllt das Sonnenlicht und den Mondschein ein und löscht
das Sternlicht aus. Nach d sinnt die Eiche die Wolken zu zerstreuen, des
Himmels Dach zu stürzen, den Mond auszulöschen, die Sterne zu verdecken.
Nach a hält sie mit ihrem hundertfachen Wipfel die Wolken im Laufe auf
und missgönnt Sonne und Mond zu leuchten. Die Eiche wird umgehauen
in a von einem aus dem Meere aufsteigenden ganz kupfernen
Zwerge, der zu Riesengrösse emporwächst, in b durch die Axt des
lieben Bruders.

Der Eiche Stamm fällt in a nach Osten, der Wipfel nach Westen, die
auf dem Meere schwimmenden Späne sammelt die Nordlandstochter,
damit der Zauberer sich daraus Pfeile schaffe, jeder abgeschnittene Zweig gewährt ewige Wohlfahrt, das Laub beständige Wonne, der Wipfel Zauberkunde.
Nun können die Wolken sich verbreiten, scheint die Sonne, leuchtet der Mond.
Nach b werden aus den Splittern des Eichbaums allerlei Wunschdinge, Wiegen,
Speisetische, des Küsters Sangtisch, vor allem jedoch des lieben Bruders Badehaus geformt, dem der Mond als Thüre dient, über dem
spielend die Sonne steht und in welchem die Sterne tanzen. In c
wird der Abfall der Eiche mit silbergezähntem Goldrechen zu Nutzholz
aus dem Meere aufgeharkt.

Es ist leicht einzusehen, dass diese vom Sonnensohn gepflanzte
am Meeresufer emporwachsende Himmelseiche, die zerschmettert wird und
deren Wipfel und Splitter aufgelesen werden, mit dem zerschmetterten Eichbaum in den lettischen Sonnenliedern identisch sei. Bestätigend kommt
hinzu, dass das Bild des Harkens in den Liedern 65. 66. 67 ebenfalls vorhanden ist. Nach dem estnischen Liede (b) scheint der Tagessonnen-
baum gemeint. Die Eiche wächst an dem mit goldenem Besen gekehrten
Uferrande des Meeres, sie will des Himmels Wölbung theilen, Wolken mit
ihren Aesten verändern. Aber sie wird umgehauen (vom Mittag bis Abend)
und aus ihr die Badstube (das Dampfbad) des Bruders (Abendroth) gebaut,
dessen Thüre der Mond ist, und in dem die Sterne tanzen (Nachthimmel!).
Wenn in zwei anderen Fassungen die Zweige der Wundereiche so dicht
wachsen, dass sie das Licht von Sonne und Mond auslöschen, so kann das
nur misverständliche Uebertreibung sein, welche sich natürlich leicht einstellte,
sobald man die Naturbedeutung des wunderbaren Baumes vergessen hatte.
Der Prairiebrand, das Schwenden, welches dem Säen der Eichel voraut-
geht, erklärt sich nunmehr als das Morgenroth, gegenüber dem Abendroth,
als dem Badefeuer des Bruders.

Afanasieff (poetische Naturanschauungen II S. 297) erklärt den Baum
in Kalewala II 1—224 für den „Wolkenbaum". Das Verdunkeln des Sonn-
und Mondlichtes könnte an den bedeckten Wolkenhimmel, der durch „den

Gewitterzwerg" zu Falle kommt, erinnern, wenn einerseits die Uebertragung der Benennung und Auffassung des „Wetterbaumes" von der Federwolke auf die dicke Gewitterwolke (Grummelkopp) nachweisbar wäre, andererseits diese estnisch-finnische Eiche von der durch Perkun zerschmetterten Eiche der lettischen Sonnenlieder getrennt werden müsste.

q) Sonnenthränen. So anmuthend der Gedanke sein möchte, etwa die runden rothen Preisselbeeren wegen ihrer rothen Farbe für die in 11 genannten Thränen der Sonne zu halten, so glaube ich doch, dass einzelne rothe Abendwölkchen mit den rothen Beeren gemeint seien, welche die Sonne aus Trauer über ihren Untergang (vgl. 28. 32) weint. Auch sonst werden die Sonnenthränen als etwas sehr Liebliches erwähnt. U. 45:

> Mir erwuchsen zwei der Brüder,
> Beide Erbsenblüten schön!
> Für sie freit' ich Schwägerinnen,
> Wie zwei lichte Sonnenträhnen.

r) Die Sonne warf den Mond mit einem silbernen Stein 71a. Hier ist einmal wieder ein täglicher Vorgang in der Weise des echten Mythus zu einer einmaligen Handlung gemacht und deshalb konnte der dreitägige Streit mit Gott hinzugefügt werden. Der Steinwurf ist nämlich nichts anderes, als der Sonnenaufgang, durch den der Mond stirbt, der Stein, mit welchem die Sonnengottheit wirft, gradeso wie oben der Apfel, Becher u. s. w. der Sonnenball selbst. Das Verständniss dieses Bildes hat Kuhn durch die Nachweisungen in seiner Abhandlung „über die Entwickelungsstufen der Mythenbildung" Schriften der Berl. Akad. phil. histor. Kl. 1874 S. 144—148 angebahnt, indem er nach dem Vorgang von Schwartz, Sonne, Mond und Sterne S. 1—3 bei Griechen, Russen, Deutschen, Indern die Auffassung der Sonne als eines glühenden Steines oder eines Edelsteines darthat. Noch Anaxagoras soll dieser Ansicht gewesen sein. Plat. Apol. p. 26 D. ἐπεὶ τὸν μὲν ἥλιον λίϑον φησὶν εἶναι. Im ags. Gespräch zw. Ritheus und Adrian heisst die Sonne byrnende stân (brennender Stein), wie sonst Edelstein des Himmels heofones gim altn. gimsteinn himins. In russischen Zaubersprüchen zagovórui ist viel die Rede von der im Osten liegenden Insel Bujan, einer der vielen Formen des Paradieses Rai, dort ist die Heimath der Sonne, dahin begiebt sie sich jeden Abend nach Sonnenuntergang, von dort beginnt sie Morgens ihren Lauf. Dort befindet sich die tröpfelnde Eiche (vgl. den tropfenden Sonnenbaum des norwegischen Räthsels), unter der der Drache Garafena liegt und dort wohnt die göttliche Jungfrau Zoryä (die Morgenröthe, Dämmerung). Dort auch liegt (auf der Insel Bujan) der feurige oder leicht in Flammen zu setzende Stein Alatir, mit dem in allen Varianten die Idee der Wärme verbunden ist. „Schau auf die See, sagt in einem Liede ein Gatte zu seiner Frau, wenn der feurige weisse Stein kalt wird, kehre ich zurück" d. h. niemals.[1]) Schon O. Miller[2]) hat in dem feurigen Stein Alatir die Sonne erkannt. Die Inder endlich benennen die Sonne dinamani oder aharmani, Edelstein des Tages, im Rigveda wird sie als der bunte Stein bezeichnet R. V. 5, 47, 4. „der in die Mitte des Himmels gestellte bunte Stein schreitet daher und schützt des Luftkreises Grenzen.[3]) Vgl. den das Augenlicht wiedergebenden, alle Wünsche befriedigenden Stein cintâmani, den Mondstein candrakânta und Sonnenstein sûryakânta der buddhistischen Legende und Märchen.[4]) Die griechischen Sagen von Kadmos, Jason, Sisyphus, die nordischen von Odhinn und Baugis Knechten, in denen von einem Steinwurf die Rede ist, werden von Kuhn nicht ohne Wahrscheinlichkeit als Sonnenmythen in Anspruch genommen; und schon Schirren fand die nämliche Idee in der neuseeländischen Sage ausgedrückt S. 145: „die Sonne ist der Stein, den Tangaroa vom Himmel wirft."

s) Das Thor der Sonne. „Wo eine barbarische Kosmologie — bemerkt Tylor mit Recht[5]) — der Lehre von einem Firmamente huldigt, das sich über der Erde wölbt, und von einer Unterwelt, wohin die Sonne hinabsteigt, wenn sie untergeht, da ist die Vorstellung von Thoren oder Portalen, mag sie wirklich oder metaphorisch gemeint sein, an ihrem Platze. Dahin gehört das grosse Thor, das nach der Ansicht des Negers von der Goldküste der Himmel jeden Abend für die Sonne öffnet." Nach dem lettischen Liede 19 fährt die Sonne Abends zu Hof durch ein silbernes Thor. Im deutschen Sonnenlied aus Pressburg (o. S. 99) lautet es entsprechend:

> Liabi Frau mach's Türl auf,
> Lâss di liabi Sunn' herauf,
> Lâss 'n Regn drina.

Die Märchen von den in den Brunnen gefallenen Mädchen (Goldmariken und Pechmariken o. S. 223) lassen die eine durch ein goldenes, Gold herabschüttendes Thor [das Thor des Morgens], die andere durch ein mit schwarzem Pech bestreuendes Thor [dasjenige der Nacht] zurückkehren.[6])

Das lettische Lied n. 19 spricht aber nicht allein von einem, sondern von drei hohen silbernen Thoren, durch deren eines Gott selbst einfährt, durch das zweite fährt Maria, durch das dritte die Sonne. Ich weiss das noch nicht zu deuten, augenscheinlich aber steht die von Schröer in Bartsch's (Pfeiffers) Germania XIX 1874 S. 430 angeführte Redensart aus Gottschee „die Sonne geht Gott folgen" statt „die Sonne geht unter" hiemit in Zusammenhang. Die drei Thore führen der in 19 ausgesprochenen Vorstellung nach zu einem prächtigen Hofe, der eins

---

[1]) Ralston Songs of the Russian people 375 ff.
[2]) Bei Krek die Wichtigkeit der slav. tradition. Literatur S. 63.
[3]) Justi in Benfeys Orient und Occident II 61. Krek a. a. O. 64. Kuhn, Entwickelungsstufen S. 146.
[4]) Benfey Pantschatantra I S. 215. 169.
[5]) Anfänge der Cultur I 342.
[6]) Germ. Myth. 438.

ist mit dem goldenen Schlosse der slovenischen Ueberlieferung (o. S. 95)
und zahlreicher Märchen (z. B. o S. 214 S. 225). Von einer Burg, in welcher die Sonne zur Ruhe geht, sprechen mehre mittelalterliche Quellen.
Hvät hâtte seó burh, þær sunne up on morgen gâð? Jaiaca hâtte seó
burh (Adrianus und Ritheus 29) hvar gâð séo sunne on æfen tô setle.
Garita (Janita) hâtte seó burh (Salomon and Saturnus 26 Adr. a. Rith. 30)
Ez was nu worden spâte, der sunnen schin gelac verborgen hinder wolken ze
Gusträte verre (Bartsch: Gulsträte nach Parziv. I 251 Gylstram) Kudr.
1164, 2. Ze Geilâte, da diu sunne ir gesidel hât. Morolf 146. Die Herkunft dieser Ausdrücke ist noch ungewiss, s. darüber Müllenhoff und Scherer
Denkmäler 1864 S. 346. Schröers Ausführungen in Bartsch's Germania XIX
430, der in Gusträte, Gulsträte eine Verderbniss von Guldsträte (vgl. die
Goldstrasse o. S. 215), in Geilâte eine auf angelsächsische Quellen, und zwar
die Redensart „sun go to glade, die Sonne geht zu Glanze d. h. sie geht
unter" zurückleitende Formel erkennen will, verdienen genauere Prüfung.

t. Abend- und Morgenstern bedienen die Sonne. Percuna
tete. Der Sonne Dienstmagd. Nach den beiden litauischen Liedern 4
und 76 macht der Abendstern Abends der Sonne das Bett, der Morgenstern
facht ihr Morgens das Feuer (d. h. die Morgenröthe) an. Diese Personificationen sind dabei entsprechend dem weiblichen Geschlecht von Wakarine
und Auszrine als Frauen zu denken. Aus 6 schöpfe ich die Vermuthung,
dass das Feuer der Badstube damit gemeint sei. Ist dies richtig, so wird
die Angabe Laszkowskis in 91, dass die Donners-Muhme die ermüdete und
staubbedeckte Sonne Abends mit einem Bade empfange und Morgens gereinigt wieder entlasse, vollständig verständlich. Denn die Percuna tete, die
Muhme des Donners, ist sicherlich niemand anderes, als die Wakarine-
Auszrine, der Planet Venus. Ich erhärte diese Behauptung durch die Analogie eines serbischen Liedes (Vuk I 131. Talvj Volksl. d. Serb. 2. Aufl.
II 91. vgl. o. S. 221). Der Morgenstern freit für den Mond, seinen
Bruder, um den Blitz der Wolken, erscheint also als des Blitzes
Schwager. Mit gleichem Recht durfte er dem Litauer als Vatersschwester
des Morgensternes gelten.

Erscheinen hienach dem Litauer Morgenstern und Abendstern als Dienst-
mägde der Sonne, so werden wir sie weiterhin aus lettischer Ueberlieferung
als Arbeiter des Perkun kennen lernen.

Eine andere Bedeutung jedoch muss die Dienstmagd der Sonne in
61 haben, welche an Stelle ihrer Herrin, wenn diese verhüllt ist, leuchtet.
Dieses Lied erinnert vielmehr an den norwegischen Ausdruck Solmøy[1] d i.
Mädchen, Dienstmagd der Sonne für Nebensonne, Lichtflecken in der Nähe
der Sonne bei nebliger Luft.

u. Panu. Neben allen diesen Vorstellungen von der Sonne muss es

---

[1]) J. Aasen norsk Ordbog s. v. Solmøy und moy.

im lettischen Alterthum noch eine andere, abweichende gegeben haben, wonach die Sonne selbst Feuer ist, welches jeden Morgen von Panu, dem
Feuergotte, in einen Kupferring getragen, oder darin durch Drehung erzeugt
wird. Das heilige Feuer des Hauses oder Götterheiligthums galt als Abbild dieses Sonnenfeuers und wurde wahrscheinlich auch durch Drehung
erzeugt.

Ein heiliges, immerwährendes Feuer wird bei den lettischen Völkern
mehrfach erwähnt. Ein solches unterhielt nach Dusburg der Kriwe in Romowe
(fovebat jugem ignem). Długosz zählt bei der Bekehrung Oberlitauens zum
Christenthum unter den vornehmsten Gegenständen der Verehrung das Feuer
auf: „Ignis, qui per sacerdotes subjectis lignis nocte atque interdiu colebatur“.
Von Wladislaw Jagiello heisst es sodann, dass er das ewige Feuer in der
Hauptstadt Wilna unterdrückt habe. Von Witold, dem Zerstörer des Heidenthums in Żemaiten Anfangs des funfzehnten Jahrhunderts sagt er „et ad
praecipuum Samagitharum numen, ignem videlicet, quem sacrosanctum et
perpetuum putabant, qui in montis altissimi jugo super fluvium Nyewasza
sito lignorum assidua appositione a sacrorum sacerdote alebatur, acce-
dens, turrim, in qua eonsistebat, incendit et ignem disjicit et extinguit“.
Wenige Zeit später kam der Missionar Hieronymus von Prag in Żemaiten
zu einer Gegend, wo ein ewiges Feuer unterhalten wurde. „Post hoc gentem
reperit, quae sacrum colebat ignem eumque perpetuum appellabant. Sacerdotes semper materiam, ne deficeret, ministrabant.“ Das heilige Feuer muss
in feierlicher Rede mit dem alten Worte panu bezeichnet sein, welches im
Elbinger altpreussischen Vocabular durch die Formen panno Feuer, panustaclan
Feuerstahl bezeugt wird.[1] Im Sudauer-Büchlein, einer zwischen 1526—1530
verfassten Denkschrift, nimmt die sudauische Braut in der nordwestlichsten
Ecke des Samlands von der Feuerstätte des Elternhauses mit der Anrede
Abschied „Oho mey mile swente panike“ d. i. o mein liebes heiliges
Feuerchen! Noch im 17. Jahrhundert sprach nach des Matthäus Prätorius
Schaubühne der Litauer um Gumbinnen von dem Feuer als der „szwenta
Ponyke“ und namentlich Abends beim Verscharren redeten sie es an „Szwenta
Ponyke (ugnele) ich will dich recht schön begraben, damit du nicht über
mich zürnen mögest.“ Andere ältere und jüngere Zeugnisse für den Feuer-
kult übergehe ich hier, um sofort auf den finnischen Feuergott Panu hinzuweisen, dessen aus uralaltaischem Sprachschatz nicht erklärlicher, im Finnischen
allein stehender Name, offenbar den Letten entlehnt,[2] auch die Herübernahme
der an ihm haftenden Mythen aus altlettischer Ueberlieferung wahrscheinlich macht. Er heisst der Sohn der Sonne Paiwan poika. Wainämoinen, über die verheerenden Wirkungen des Feuers bestürzt, redet ihn
Kalew. 48 v. 301 ff. an:

---

[1] Urverwandt sind gr. πανός Fackel, Feuerbrand, goth. fon Feuer.
[2] Kuhn (Herabk. 113) leitet Panu mit Schiefner irrig von schwed. fan Teufel.

Feuer, du, von Gott geschaffen,	Dass du meine Wangen sengtest,
Panu, du, o Sohn der Sonne!	Meine Hüften mir verbranntest?
Wer hat dich so sehr erzürnet,	

Ein Gebet in der älteren Ausgabe der Kalewala R. 24 V. 431—441 (bei Castrén, Finn. Myth. übers. v. Schiefner S. 56) heisst ihn den Ring der Sonne mit Feuer füllen:

Panu, du, o Sohn der Sonne,	Trag es, wie ein Kind zur Mutter,
Du, o Spross des lieben Tages!	In den Schooss der lieben Alten —
Heb' das Feuer auf zum Himmel	Stell' es hin den Tag zu leuchten,
In des goldnen Ringes Mitte,	In den Nächten auszuruhen,
In des Kupferfelsens Innre!	Lass es jeden Morgen aufgehn,
	Jeden Abend niedersinken.

Eine Feuerbeschwörung in Topelius finnischen Runen III p. 17—19 (vgl. Kuhn Herabkunft des Feuers S. 110) ruft Panutar an mit Schnee, Reif und Eis dem Panu die Manneskraft zu rauben.

Tuonis Sohn, der arme Panu,
Butterte im Feuerfasse,
Fleissig Funken um sich werfend,
Angetan mit reinem Anzug
In dem glänzenden Gewande.

Kuhn a. a. O. 113 folgerte aus diesen Ueberlieferungen wohl mit Recht, dass Panu Morgens das Feuer der Sonne anzuzünden die Aufgabe hatte, und dass man diesen Vorgang nach Art der Butterung, als Umrührung in einem Fasse mit einem Stössel gedacht hat, nur scheint es mir, dass man das Buttern im Feuerfasse nicht auf den Aufgang der Sonne zu beschränken, sondern als eine sinnliche Auffassung der flimmernden Bewegung des Lichtes in der Sonnenscheibe während des ganzen Tages zu deuten habe. Offenbar aber, so glaube ich weiter folgern zu dürfen, war diese Anschauung nur eine Uebertragung, ein Schluss von dem heiligen Feuer auf Erden, das als Abbild des Sonnenfeuers galt, auf die Entstehung des letzteren, und so dürfte sich auf diese Weise ergeben, dass das heilige, ewige Feuer der Letten (Preussen, Litauer, Letten), wenn es doch einmal erlosch, ebenso wie in gleichem Fslle dasjenige der Vesta, durch Drehung oder Reibung nach der ältesten Weise der Feuerbereitung wieder angezündet worden ist.

v. Raub und Befreiung der Sonne.

In dem im Jahre 1432 mündlich erstatteten, und von Aenea Silvio di Piccolomini, später Papst Pius II. sofort im Tagebuch verzeichneten, sodann nach Jahrzehnten in dessen „Europa" veröffentlichten Bericht des Calmaldulenser Mönchs Hieronymus aus Prag über einige Erlebnisse auf seiner Missionsreise in Niederlitauen findet sich auch die folgende Angabe: Profectus introrsus (Hieronymus) aliam gentem reperit, quae Solem colebat et malleum ferreum rarae magnitudinis singulari cultu venerabatur. Interrogati sacerdotes, quid ea sibi veneratio vellet, responderunt olim pluribus mensibus non fuisse visum solem, quem rex potentissimus captum reclusisset in carcere munitissimae turris. Signa zodiaci deinde opem tulisse Soli in-

gentique malleo perfregisse turrim, Solem liberatum hominibus restituisse.
Dignum itaque veneratu instrumentum esse, quo mortales lucem reperissent.
Risit eorum simplicitatem Hieronymus inanemque fabulam esse demonstravit.
Solem vero et lunam et stellas creatas esse ostendit, quibus maximus Deus
ornavit coelos et ad utilitatem hominum perpetuo jussit igne lucere. Die
nächtliche oder winterliche Verfinsterung der Sonne als einen Raub darzustellen, ist die Sache vieler Mythen bei verschiedenen Völkern. In der Form
am nächsten liegt wohl die finnische Erzählung, dass die finstere Nordlands-
königin Sonne und Mond ergriff und in einen eisenfesten Steinberg einschloss.
Im żemaitischen Mythus ist die winterliche Verfinsterung des Tagesgestirnes
gemeint. Dass die Zeichen des Thierkreises, oder vielmehr Personificationen
derselben als die Befreier gedacht werden, ist nicht auffällig. Sie finden
auch in der slavischen Mythe Berücksichtigung. Nach russischer Sage herrscht
König Sonne über zwölf Reiche, die zwölf Stationen des Thierkreises,
er selbst wohnt in der Sonne und seine Söhne in den Sternen; nach slova-
kischem Glauben dienen der Sonne, als dem Beherrscher von Himmel und
Erde, zwölf Mädchen, immer jung, immer schön.[1]) Ebensowohl konnten
die zwölf Monate, oder die zwölf Zeichen des Thierkreises zur Erlösung der
gefangenen Himmelstochter im regelmässigen Jahresumlauf persönlich gemacht
werden.

Der Hammer, mit dem dies geschehen sein sollte, und als dessen Abbild
ein grosser eiserner Hammer galt, lässt die Vermuthung aufkommen, dass
die Befreiung durch die zwölf Zeichen des Thierkreises in den Gewittern
des Frühlings geschehen vorgestellt wurde. Es stimmt nämlich zu dieser
Angabe des Hieronymus von der Aufbewahrung eines grossen eisernen
Hammers in Żemaiten die Erzählung des Saxo Grammaticus (Histor.
Dan. XIII 630 P. E. Müller) von der Beute, welche der dänische Prinz
Magnus, der Sohn des Königs Nicolaus (Niels 1105—1134) aus einem Kriegs-
zuge nach Osten (Estland, wie es scheint) mitbrachte. Inter caetera tro-
phaeorum suorum insignia inusitati ponderis malleos quos Joviales voca-
bant apud insularum quandam prisca virorum religione cultos in patriam de-
portandos curavit. Cupiens enim antiquitas tonitruorum causas usitata rerum
similitudine comprehendere, malleos, quibus coeli fragores cieri cre-
debat, ingenti aere complexa fuerat, aptissime tantae sonoritatis vim
machinarum fabrilium specie imitandam existimans. Magnus vero Christianae
disciplinae studio paganam perosus et fanum cultu et Jovem insignibus spoliare
sanctitatis loco habuit.

In Skandinavien verfertigte man Thorshämmer, Nachbildungen des Miöl-
nir zu Zauberzwecken bis in neuere Zeit[2]) und in Gräbern des jüngeren

---

¹) Journal des Ministeriums der Volksaufklärung 1846 VII S. 38. 43. 46. bei Afanasieff,
poetische Naturanschauungen der Russen I S. 82.

²) Noch 1858 sah Konrad Maurer zu Husavik auf Island einen solchen roh aus Erz geschmiedet, drei Zoll lang mit einem losen, etwas kürzeren Schaft, der sich mittelst eines Loches in den

Eisenalters hat man in Schweden und Dänemark kleine Hämmer von Silber, Nachbildungen des im jüngern Eisenalter gebräuchlichen Eisenhammers, mehrfach mit noch daran hangender Halskette, gefunden, welche unzweifelhaft als Amulete getragen wurden und den Hammer des Donnergottes Thór darstellten. Die schwedischen Funde dieser Art sind zusammengestellt und abgebildet von H. O. H. Hildebrand in Kongl. Vitterhets Historie och Antiquitets Akademiens Månadsblad 1872 n. 4 p. 49—55. Vgl. Montelius, Svenska Fornsaker. S. 174—175 Fig. 624—628. Ein dänischer Thorshammer (Amulet) aus Silber, bei J. Worsaae, Afbildninger Kbhvn. 1854 S. 89 Fig. 351.

Kein Zeugniss freilich, so weit meine Kenntniss reicht, spricht dafür, dass der lettische Stamm seinen Perkun ebenfalls mit dem Attribute eines metallenen Hammers ausgerüstet habe, nur der rohere und ältere und so zu

Kopf stecken liess. Der Volksglaube schrieb vor, dass solcher Hammer aus dreimal gestohlener Glockenspeise am Pfingstsonntage geschmiedet und mit Menschenblut gehärtet werde. Ist dann Jemand bestohlen, so sticht er mit dem Stiele in den Kopf des Hammers und spricht: rek èg i augu Vigfödurs, rek èg i augu Valfödurs, rek'èg i augu Asaþórs, „ich treibe in das Auge des Kampfvaters (Odins), ich treibe in das Auge des Todtenvaters (Odins), ich treibe in das Auge Asathórs". Dann bekommt der Dieb eine Augenkrankheit, die ihn seine Augen verlieren lässt, wenn er bis zur dreimaligen Wiederholung der Ceremonie das Gestohlene nicht zurückgebracht hat. K. Maurer Isländ. Volkss. d. Gegenwart S. 100 ff. Oder man zeichnet mit seinem Blute einen Kopf und zwei Augen auf ein Blatt Papier, sticht mit einem stählernen Stift in die Augen und schlägt mit dem Thórshammer drauf. J. Arnason, Islenzkar Thjodsögur I 445. Diese letztere Art des Zaubers war auch in deutschen Landen verbreitet. „Ex oculo excusso sic fur cognoscetur. Primum leguntur septem Psalmi cum Letania: deinde formidabilis subsequitur oratio ad Deum Patrem et Christum, item exorcismus in furem hinc in medio ad oculi similitudinem vestigio figurae circularis nominibus barbaris notatae, figitur clavus aeneus triangularis, conditionibus certis consecratus, incutiturque malleo cypressino et dicitur: Justus es, Domine, et justa judicia tua. Tum fur ex clamore prodetur. J. Wieri de praestigiis Daemonum. Basileae 1583. l. V. p. 521. Mehrere Beispiele solches Verfahrens aus Rostock und Güstrow, wo der beim Schmiede Rathsuchende selbst das Auge verlor, weil das vermisste Gut gar nicht gestohlen war, im anderen Falle das Söhnchen des Abergläubigen als Verbringer des silbernen Löffels ums Auge kam, bringt Delrio, disquis. mag. IV. c II qu. VI sect. IV p. 480 Moguntiae 1617 bei, daraus u. a. Gödelmann, J. W. Wolf D. Sagen S. 459. H. Pröhle D. Sag. 108. n. 69. Vgl. (wol aus dem Meisnischen) Rivanders Exempelbuch: „Es wird ein Auge auf den Tisch gemalt und ein besworener Nagel hinein geschlagen. Wird er feucht, dann ist der Dieb getroffen. Item er habe niemand kein Auge aussgeschlagen, wiewohl ers einmal versucht, es sei ihm aber nicht gelungen, denn ob er wol durch den beschwehrten Nagel auff das Auge, so er auff einen Tisch gemahlet, geschlagen, so sei doch das nichts gewesen, weil das geschriebene Auge nicht feucht sei geworden." — Aus Holstein gewährt einen interessanten Beleg die von G. Freytag Neue Bilder a. d. Leben d. D. Volkes S. 226 mitgetheilte Lebensbeschreibung des Hofpredigers in Eutin, Petersen. Einem Kammerjunker des Bischofs von Lübeck, Herzogs von Holstein, waren im Jahre 1671 500 Rthlr. aus seiner Kammer verschwunden. Damit er wieder zu seinem Gelde käme, ging er zum Erbschmied nach dem Dorfe Zernikow, um dem Dieb das Auge ausschlagen zu lassen, und damit dieser es thun möchte, liess er ihm durch einen Einspänner (berittenen Söldner) sagen, dass der Bischof es so haben wollte. Wenn der Schmied solches Werk verrichten will, muss er drei Sonntage nacheinender einen Nagel verfertigen, und am letzten Sonntag diesen Nagel an einem dazu gemachten Kopf einschlagen, worauf dem Dieb, wie sie sagen, das Auge ausfallen muss. Er muss auch um Mitternacht nackend aufstehen und rücklings nach einer Hütte, die er neu im freien Felde aufgebaut hat, hingehen und zu einem neuen grossen Blasebalg treten, ihn ziehen

sagen über die ganze Welt verbreitete[1]) Glaube, dass im Gewitter ein Stein
oder eine Kugel herabgeschleudert werde, ist nachweisbar. Der Belemnit
heisst Perkuno akmû, Perkuns(?) oder des Donners Stein. Der Stein wird
mehrfach als Kugel gedacht. Denn man redet lettisch von Perkuna lohde,
lit Perkuno kulka, Donnerkugel. Man sagt, die Perkuna lohde, der Donnerkeil, fahre mit dem Blitz in die Erde und komme nach sieben Tagen wieder
heraus. Sie schützt das Haus vor Blitzschlag, die Milch vor Sauerwerden u. s. w.
Der Name Perkunkulka geht auch über auf in der Erde gefundene Steinhämmer. Dieselben sollen ebenfalls vor Gewitter schützen, kranke Glieder
heilen u. s. w.[2]) Und schon in heidnischer Zeit (im Eisenalter oder der
Bronzezeit) hat man in jenen Waffen aus der Steinzeit die aus dem Gewitter
gefallenen Blitzsteine erkennen wollen, oder — was noch wahrscheinlicher
ist — schon Menschen des Steinalters dachten sich den Naturvorgang der Art, dass eine göttliche Persönlichkeit eine Waffe
der damals gebräuchlichen Art herunterschleudere. Dies geht aus
einem merkwürdigen Fundstück in der reichhaltigen Sammlung des Herrn
Dr. Marschall in Marienburg i. W. Pr. hervor. Auf dem an Alterthümern
vorzugsweise des jüngeren und jüngsten Eisenalters, aber auch der Bronze-
und selbst der Steinzeit [Fabrik von Flintstein-Pfeil-Spitzen, Hämmer u. s. w.]
reichen Terrain von Willenberg, wo vor der Marienburg der altpreussisch
heidnische Gauvorort und Culturmittelpunkt (Alyem, d. i. Algemin) lag, ist
in losem Sande ein kleines Bernsteinamulet in Form eines polirten
Steinhammers (ähnlich von Sacken Leitfaden 1865 Fig. 10) aufgelesen
worden, das offenbar ein Gegenstück zu den skandinavischen Thorshämmern
bildet. Da auf dem nämlichen Terrain ziemlich häufig Bernsteinschmucksachen[3])
gefunden werden, welche gewissen in Dänemark und Schweden sehr oft und
zahlreich in Gräbern der Steinzeit entdeckten Bernsteinperlen[4]) (Worsaae
Afbildninger. Khvn. 1854. Fig. 68. 65. Montelius Svensk. Fornsak. Fig. 84)
entsprechen, so spricht freilich die grössere Wahrscheinlichkeit dafür, dass

---

und das Feuer anblasen. Dazu finden sich zwei grosse höllische Hunde ein. — In Dänemark
schlägt der kluge Mann, um den Dieb zu entdecken, einen Nagel in einen Thürpfosten. Der
erste Einäugige, welcher dem Bestohlenen begegnet, ist der Dieb, der Nagel hat ihm das
zweite Auge ausgestossen Sv. Grundtvig Gamle Danske Minder i Folkmunde II 245, 407. Den
offenbar mit der Auffassung der Sonne als Himmelsauge zusammenhängenden Aberglauben hier
im Einzelnen zu erläutern, würde zu weit führen.

[1]) S. die reichhaltigen Nachweise bei Tylor Urgeschichte der Menschheit übers. v. H. Müller
S. 267. 271. 285—291.

[2]) N. Pr. Provinzialb. 1849. IV 205.

[3]) Eine gleiche Bernsteinperle ans Windau ist abgebildet bei Hartmann das vaterl. Museum
zu Dorpat. Taf. III 25 (Verhdl. d. estn. Gesellsch. B. VI).

[4]) Wäre es so gar ungereimt, die Grundform dieser Perlen, aus der sich allmählich die
andern entwickelten, auch für eine Steinaxt (Worsaae Fig. 26. Montelius Fig. 42) zu halten?
Anfangs einzeln als Amulet, auf der Brust oder Hals getragen, ward die Perle wohl später bei
massenhafter Verwendung als Halsschmuck von dem ursprünglichen Vorbilde um ein weniges
entfernt.

mit letzteren auch der vereinzelte Bernsteinhammer der Steinzeit zuzuweisen
sei. Darf dieser somit schwerlich als ein Beweisstück für die Vorstellung
der Letten von der Waffe ihres Perkun herangezogen werden, so tritt auch
das Schweigen unserer allzuspärlichen Quellen über letztere, so wie die volksthümliche Rede vom Donnersteine und der Donnerkugel, ja — im Falle jenes
Bernsteinamulet dennoch der lettischen Periode angehörte — träte selbst
dieses nicht hindernd der Annahme in den Weg, dass man in der letzten
Periode der Heidenzeit mindestens landschaftlich Perkuns Rechte mit einem
Eisenhammer bewehrte, da auch auf germanischem Boden Donnerhammer und
Donnerstein nebeneinander herlaufen. Es erscheinen mir somit die mitgetheilten
Thatsachen zwar erwähnenswerth, aber nicht gewichtig genug, um die Ana-
logie des von Hieronymus gefundenen Hammers mit den von Prinz Magnus
heimgebrachten mallei Joviales aufzuheben.

III. Die Sonnentochter.

Unverkennbar ist unter der Sonnentochter (Saules meita) oder Gottestochter (Děwo duktele, dukružele ebenfalls eine Lichterscheinnng und zwar
die Dämmerung, die Helligkeit zu verstehen, welche schon da ist, wenn die
Sonne noch nicht über den Horizont emporstieg und welche noch längere
Zeit bleibt, wenn der Sonnenball schon aus dem Gesichtskreise verschwunden
ist. Sie spielt somit Abends sowohl, als Morgens eine Rolle und es kann
bald von einer, bald von mehreren Sonnentöchtern die Rede sein, je nachdem
man Abend- und Morgendämmerung als eine einzige Erscheinung oder als
zwei verschiedene Individualitäten auffasst und personificirt. Abends verheirathet die Sonne ihre Tochter übers Meer hin, nach Deutschland d. h. nach
Westen (14). Sie ist auch die Sprecherin in 25, welche noch an der Meeresbucht weilt, wenn die Sonne längst in Deutschland, im Westen, zur Rüste
gegangen ist. Sie versinkt Abends ins Meer (34. 35), ja ertrinkt darin (39);
eine Zeit lang watet sie noch im Wasser und nur die Spitze ihrer Krone ragt
aus demselben hervor (34). Diese Krone ist vom Himmelsschmied im Morgenroth geschmiedet (38). Sie bedeutet vermuthlich die ersten und die letzten
(fächerartigen Strahlen[1]) des unmittelbar unter dem Horizont verborgenen aufgehenden und untergehenden Sonnenballs o. S. 90. Drum sitzt die Sonnenmaid
mit ihr angethan dort, wo zwei Lichter im Meere [Abendstern und Morgenstern im Himmelsocean] angezündet brennen (52); es ist deutlich, wie wohl
in einer Variante Abenddämmerung und Morgendämmerung als zwei Sonnentöchter bezeichnet werden mochten. Deshalb aber auch ist die Krone an

---

[1]) Eine Beschreibung des lettischen Wainags ist mir augenblicklich zwar nicht zur Hand,
dieselbe wird jedoch wenig von der estnischen und inselschwedischen Brautkrone abweichen,
einem Cylinder aus Pappe oder Rinde, der mit Seide oder Tressen überzogen, strahlenartig
mit Perlen, Glasstückchen, Rechenpfennigen, Federn u. s. w. geschmückt ist und von dem zwei
rothe Bänder herabhangen, gradeso wie um die westfälische Brautkrone ein rothes Band rings
herum läuft. Russwurm Eibofolke II 73. Kuhn westf. Sag. II 41, 110.

der Eiche, dem Nachtsonnenbaum, aufgehängt (55) vgl. o. S. 283. Offenbar
von ihr ist die Rede in dem mährischen Reime vom Sonnenkäfer Zs. f. D.
Myth. IV 326, 11: (Cf. o. S. 98. 209. 211. 217. 232):

> Marienkäferchen flieg in den Himmel
> Und bring' mir ein goldenes Krönchen
> (zlatá korunku)[1]

Das Ertrinken der Sonnenmaid und das Versinken ihrer Krone ins Meer
hat wiederum in polynesischen Mythen verschiedene Analogien. „Auf Neuseeland
erscheint die untergehende Sonne wie ein Ertrinkender, der aus dem Kahn
geworfen wird. Beim Landen werfen die Seinen ihren Kopfschmuck ins
Meer und finden dann, da sie das Ufer betreten, die Fussspuren der über
Bord Geworfenen. Die Sonne ist unsterblich"[2]. Ueberhaupt ist das Ueber-
bordwerfen der rothen Kopfbinde, oder des königlichen Diadems bei
Beendigung der Schifffahrt an der Schwelle der Unterwelt oder sonstigem
Wanderziele ein wiederholter und wesentlicher Zug in der Mythologie des
Sonnengottes Maui und anderer, verwandter Götter[3].

Die Sonnentochter ertrinkt, indem sie die goldene Kanne (39) wäscht,
die wir bereits o. S. 102 als Sonnenscheibe erkannten. Somit könnte der
Ring, den Morgens der Himmelsschmied ihr fertigt (36), Abends die Gottessöhne (Abendstern und Morgenstern) ihr abziehen (59. 60), oder den dieselben,
wenn er ihr am Abend beim Waschen ins Wasser gefallen, Morgens wieder
herausfischen (80), möglicherweise auch nichts anderes sein, als die Sonne.
Zwar bei einem Ringe, den ein Himmelsschmied schmiedet, wird man geneigt
sein, zunächst an den Regenbogen zu denken, zumal da die Sonne eher eine
Scheibe als ein Ring genannt werden darf. Aber der Regenbogen wird
nicht Abends von dom Gottessohne abgezogen, noch, ins Wasser gefallen,
wieder aufgefischt. Auch finde ich bei Björn Haldorson in der That sólar
hríngr Sonnenring circulus solis, Solens omkreds und griech. Ἡλίου κύκλος
entspricht altnord. fagrahvel, sunnuhvel (orbis solis). G. Wislicenus hat in
seiner Schrift „Symbolik von Sonne und Tag" S. 40 Odins von Zwergen zugleich mit Thors Donnerhammer und Freys Eber geschmiedeten Ring Draupnir (Tropfer), von welchem in jeder neunten Nacht acht gleichschwere Ringe
abtropften, auf die Sonne gedeutet, welche im Laufe einer achttägigen Woche
nach Verlauf jeder Nacht ein Ebenbild aus sich selbst gebäre. Wir erörtern
diese Frage hier nicht weiter; sie wird in Verbindung mit dem 233 S. be-

---

[1] In einem serbischen Liede ist die Sonne selbst „von Gold eine Krone" genannt
Afanasieff poet. Naturansch. d. Russen I 219. Derselbe erzählt a. a O, und I 603 nach Züge
a. d. lit. Volksl. 88. Mosk. 1846. XI—XII 251 eine litauische Tradition, in welcher von einer
Prinzessin (Karalune) die Rede ist, einer schönen jungen Frau, deren Haupt die Sonne als
Krone ziert; sie trägt einen Sternenmantel und den Mond als Agraffe. Das Morgenroth ist ihr
Lächeln, der Regen ihre Thränen, welche, zur Erde fallend, Diamant werden. Wenn es bei
Sonnenschein regnet, sagen die Litauer „Karalune weint".

[2] Schirren, Mauimythus und Wandersagen der Neuseeländer S. 164.

[3] Schirren S. 110. 128. 131.

rührten Problem zu erledigen sein. Das Abtropfen der Ringe beruht, wenn die Deutung im Ganzen und Grossen Recht hat, auf der Auffassung des Sonnenlichtes als einer goldigen Flüssigkeit o. S. 101 und stimmt zu der Eigenschaft des Tropfens, welche ein norwegisches und ein russisches Räthsel o. S. 224 S. 287 dem Sonnenbaum beilegen. Kuhn (Entwickelungsstufen der Mythenbildung S. 139) hat die von Schmied Völundr (Völundarqu 8) besessenen 700 Goldringe für die 350 Tage und 350 Nächte (Verdoppelung der 350 Sonnen des Mondjahres) genommen. Dieser Besitz geziemte gar wohl dem Beherrscher der Alfen (álfa lioði), die lichter als die Sonne genannt werden, und von denen die Sonne Alfenstrahl (álfröðull) heisst. Vgl. auch den auf dieser Anschaunng fussenden Frauennamen Alfsôl Alfensonne. Sprechen also diese Thatsachen für die Deutung des Ringes Draupnir auf die Sonne und letzterer für die Möglichkeit in dem Ringe der Sonnentochter das Tagesgestirn wiederzufinden, so ist doch ebensosehr jener o. S. 90 von J. Wolf beschriebene „Flammenring" in Erwägung zu ziehen, der im Beginne des Sonnenuntergangs das Gewölke des Abends umkränzt, und daher wohl als Schmuck der Dämmerung bezeichnet werden konnte.

Da zur Zeit der Dämmerung Tag und Nacht sich berühren, die Abenddämmerung mit dem Abendstern, die Morgendämmerung mit dem Morgenstern tanzt, konnte diese doppelte Handlung in eins gefasst werden: es tanzen die Gottestöchter mit den Gottessöhnen (80). So handeln die Gottessöhne, als an ein und derselben Handlung betheiligt gedacht, auch 34 gemeinsam, indem sie das Boot rudern, um der ertrinkenden Sonnentochter Leben zu retten. In 54 bauen sie beide eine Klete (Brautkammer) für die Sonnentochter. Bebend wie Espenlaub geht die Maid hinein, weil die Gottessöhne um sie freien. Vgl. U. 41.

> Zittre, zittre Espenblättlein
> Bebend in dem leichten Winde.
> Also bebten unsre Schwestern,
> Als sie mit den Freiern sprachen.

Bald übrigens ist der Abendstern, bald der Morgenstern der Freier der Sonnentochter. In 42 ist der Gottessohn, dessen graue Rosse an der Hausthüre der Sonne stehen, deutlich der Abendstern. Die Sonnentochter reicht ihm die Hand über die Daugawa, das Luftmeer, wie es 23 von der Sonne heisst, dass sie der Sprecherin (wohl ebenfalls der Sonnentochter) die Hand über das grosse Wasser gebe. Zugleich aber weint die Sonnenmutter um die Aussteuerlade (vgl. o. S. 219). Gottes Pferde und Marias Wagen (41) vor der Thüre der Sonne bedeuten auch wohl, dass Gott und Maria für den Abendstern um die Sonnentochter werben. Dagegen scheint der Gottessohn, der in 63 nach der Sonnentochter vom goldenen Weidenbusche her ausspäht (vgl. 53 wartend) den Morgenstern zu bedeuten: der Weidenbusch (gleich dem Zweig, Besen, Badequast in anderen Liedern) die Lichtgarbe der aufgehenden Sonne. Vielfach wird der Morgenstern der glücklichere

Bewerber genannt. Er entfernt sich aus der Schaar der übrigen Sterne und läuft oder reitet fort, nach der Sonnentochter zu schauen und um sie zu werben (50. 73. 74). Zwar widerräth man der Sonne, ihre Tochter ihm zu geben (49), aber sie verkauft sie ihm (73). Dagegen verspricht sie sie nach 72 zwar dem Morgenstern, giebt sie aber zuvor dem Monde (72. 71b), der Abends in der Dämmerung zuerst sichtbar wird und dem die Morgendämmerung heraufführenden Frühstern vorangeht, und nach 44 mit hundert Rösschen bei Gott um sie freit. Der Mond führt sie heim (75). Zuweilen jedoch sind die Gottessöhne nur als Führer des Brautwagens gedacht (15). Perkun, der Donnergott, als Lichtzünder, ist der Hochzeiter, der seine Vermählung in Deutschland d. h. im Westen (13. 14) vollzieht, um dann Morgens im Osten die Sonne und ihre Tochter aus der Kemenate herauszuführen.

Ganz anders liegt die Sache im Litauischen. Hier sind die Benennungen des Abendsterns und Morgensterns weiblich (Wakarine, Auszrine abendlicher, morgenlicher, sc. zwaigzde Stern); deshalb eignen sie sich nicht zu Bewerbern um die Sonnentochter, daher buhlt jetzt der Mond einerseits um die Sonne selbst, andererseits um die Morgensternnymphe (77). Auch in 78 ist der Frühstern die Braut, und dadurch hört die auch in demselben Liede das Gezweige auflesende Sonnentochter auf mit dieser identisch zu sein, ein Umstand, der mir nicht wenig dafür spricht, dass dieses Lied eine Uebertragung aus dem Lettischen war und in Folge dessen den angedeuteten Veränderungen unterlag. Auch in der o. S. 95 aus Tereschtschenko für Litauen bezeugten Ueberlieferung tanzt die Sonne ihrem Verlobten, dem Monde, entgegen.

Vielleicht lassen sich jene beiden anscheinend verschiedenen lettischen Auffassungen vom Abendstern und Morgenstern als von den Freiern der Sonnentochter dahin vereinigen. dass man Abendstern und Morgenstern (der Wirklichkeit gemäss) als eine Person fasste, den Gottessohn, zuweilen Morgenstern genannt (74. 78), die Vermählung mit Austheilung der Brautgeschenke aus der Aussteuerlade schon am Abende vor sich gehen liess (vgl. 42), die Nacht als Verweilen des Paars im Brautgemache, den Morgen als Heraustreten aus dem Brautgemache oder als Vollendung der unterbrochenen Vermählung ansah.[1]) Lässt ja doch schon der Psalmist 19, 6 die Sonne (männlich gedacht) Morgens wie einen Bräutigam aus der Hochzeitkammer treten.

Das Ergebniss der bisherigen Auseinandersetzungen macht auch n. 45 wohl verständlich. Die Gottessöhne (Abendstern und Morgenstern) lassen ihre Rosse in die Goldkoppel (den goldigen Abendhimmel) und stellen die Sonnentochter, die Dämmerung, als Hüterin hin mit dem Befehl, keinen Zweig (s. o. S. 297) zu brechen; sie vernichtet aber grade mit ihrem Grau die

---

[1]) Auf letztere Anschauung scheint die in den Märchen (vgl. o. S. 236 ff.) so häufige Unterbrechung der Ehe des Sonnenhelden und Ersatz der Braut durch eine Mohrin (wo nämlich nicht der Jahreslauf der Sonne statt des Tageslaufs dargestellt werden soll) sich zu begründen.

letzten fächerartigen Strahlen der untergehenden Sonne; sie bricht den Zweig und läuft bergab der Nacht zu; vom Himmelsgott und seinen Dienern ergriffen, wird sie zu Gottes Dienstmägden (dem ihr ähnlichen Mond- und Sternenlicht??) gelegt. Als Lohn verspricht ihr Gott eine Krone mit silbernen Rändern (o. S. 296), die sie Abends beim Schlafengehen (bei Abenddämmerung) unter den Kopf legen, Morgens strahlend auf die Stirne setzen setzen soll. Mit einigen besonderen Zügen stellt denselben Vorgang 82 dar. Die Zweige bilden hier eine goldene Umzäunung. Die Sonnentochter läuft, nachdem sie die Zweige abgebrochen, in die Badstube der Maria, wie wir später sehen werden, das Abendroth, das noch vereinzelte Sonnenstrahlen, die Quastblätterchen, durchirren. Grössere Eigenthümlichkeiten hat 81. An dem Thalquell [Thal, Niederung = Gegend des Sonnenuntergangs] heizen die Gottessöhne die Badstube d. h. sie entzünden das Abendroth; die Sonne bricht (untergehend) dazu einen goldenen Strauchbesen als Badequast (vgl. die Zweige 45. 82 und den rothen Fächer o. S. 90), der doch in Gefahr ist sich leicht aufzulösen, auszuschmelzen unter dem Einfluss der Nachtschatten, welche die Mehnesniza bewirkt. Die Dämmerung möchte wenigstens ein Zweiglein des Badequastes noch festhalten.

Die gleichmässige, hellgraue Färbung, in welche die Dämmerung allmählich hier die grellen Lichttöne des Tages, dort die schwarzen Schatten der Nacht übergehen lässt, scheint als Wäsche der Sonnentochter aufgefasst zu sein. Sie ertrinkt, die goldene Kanne waschend (39). Der Gottessohn belauscht sie, wie sie im Bächlein ihr Antlitz wäscht (63). Unter dem Ahorn waschen frühmorgens die Sonnentöchter ihr Antlitz im reinen Wasser des Quellborns (80). Das Auswaschen der vom Blute des Eichbaums (Abendröthe) gefärbten Decke des Wolkenhimmels ist das darauf folgende erste Geschäft der Sonnentochter (72. 75. 78. 79). Wenn 75 dabei der Sonnentochter einen „Knaben" substituirt, so ist an den jugendlichen Helden, „den Tag", zu denken. Die Sonne schilt ihre Töchter, Abenddämmerung und Morgendämmerung, dass sie nicht die Diele (das Vorhaus), nämlich des Hauses, in das sie Abends zur Nacht eintreten will, gefegt [vgl. o. S. 297 den Strauchbesen], noch die Tafel, auf der sie, die Allnährerin, selbst Morgens der Welt als volle Schale, als Tischchen deck' dich, als Göttermahl, kredenzt werden wird, von den Flecken der Nacht rein gewaschen hat. Der Ungeduld des Dichters kamen Tagesende und -Anfang zu spät. Darum wird 29 die Sonnentochter ermahnt, früh aufzustehen und den Ladentisch weiss zu machen.

Im Uebrigen wechseln die auf die Sonnentochter bezüglichen Bilder in mehrfacher Weise. Während sie z. B. nach mehreren Liedern mit dem Gottessohne sich verheirathet, bricht sie ihm nach 70 das Schwert ab. Unter diesem Schwerte wird man, so meine ich, die ersten in der Dämmerung emporschiessenden Strahlen der Sonne verstehen müssen.[1]) Dieselben können,

---

[1]) Vgl. die Beschreibung eines Sonnenaufgangs in der afrikanischen Wüste von H. Brugsch.

insofern der Sonnenball noch nicht sichtbar ist, sehr wohl als Schwerter
des Morgensterns bezeichnet werden, die zur Tageshelle fortschreitende Dämmerung macht ihnen ein Ende. Träfe diese Deutung zu, so wäre damit zugleich das Verständniss für einen Zug des Freymythus gewonnen. In dem
Mythus von Freys Brautwerbung tritt der Gott, der vielleicht die weitere
Bedeutung der zeugenden Naturmacht in der Sommerhälfte des Jahres hatte
(s. Baumkultus S. 591 ff.) entschieden in der Rolle des Sonnengottes auf.
Ich stimme M. Müller bei, der die von Freyr ersehnte, von der Gluth wabender
Lohe (vafrlogi) eingeschlossene Gerdr (d. h. die Begehrte, Ersehnte vgl. ahd.
kërôn), die von dem Glanze ihrer Arme Luft und Meer wiederleuchten macht,
auf die Morgenröthe (resp. Abendröthe) deutet.[1]) Man wird durch sie sofort
an jene montenegrinische Sonnenschwester und Morgensterns-Gespielin
mit goldgelben Füssen und goldrothen Armen erinnert, die drei goldene Aepfel
wirft (o. S. 212). Zum Brautgeschenk erhält auch Gerdr den Ring Draupnir
(s. o. S. 296) und 11 Aepfel, beides mythische Ausdrücke für den Sonnenball. Freys Brautwerber, der Hellmacher Skirnir, ist ein männlicher College
der lettischen Sonnentochter, von ihm, dem Repräsentanten des Zwielichts,
durfte es gesagt werden, dass Freyr ihm sein Schwert, das sich von selbst

---

Aue dem Orient I S. 75: Allmählich schwindet die Nacht mit ihrem Sternenmeer, aber noch
lange verhüllt ein dichter Nebel die Aussicht über die Wüste hin —. Plötzlich erhellt ein
matter Lichtstreif am östlichen Himmel die dunkle Erde und lange hellgraue Schatten
gehen der Karavane vorauf. Aber bald verschwinden sie wieder, und eine blendend
helle Kugel erhebt sich rollend über weissen Nebelstreifen, umgeben von schiessenden
Strahlen, wie der Kopf eines Heiligen von leuchtender Glorie. Es ist die Sonne, welche der
Nacht den Sieg abgewonnen hat. Vgl. auch H. Heine Atta Troll Kap. 20:

Sonnenaufgang. Goldne Pfeile	Endlich ist der Sieg erfochten
Schiessen nach den weissen Nebeln,	Und der Tag, der Triumphator,
Die sich röten, wie verwundet,	Tritt in strahlend voller Glorie
Und in Glanz und Licht zerrinnen.	Auf den Nacken des Gebirges.

Denselben Gedanken finden wir in Rückerts Ghaselen des Dschelaleddin Rumi (Gedichte B II
1836 S. 424 ausgedrückt:

         Das Sonnenschwert giesst aus ins Morgenroth
         Das Blut der Nacht, von der es Sieg erficht.

Wäre — was doch noch Bedenken gegen sich hat — M. Müllers Deutung des vedischen Sara-
mêyas als Sohn der Dämmerung, als erster Lichtblick des Tages (Vorlesungen üb. Wissensch.
d. Spr. II 439) richtig, so würde der Vers des Rigveda VII 54 „wenn du, glänzender Sâramêya,
deine Zähne öffnest, o Rother, so scheinen Speere an deiner Kinnlade zu glänzen,
während du schluckst", trefflich auf die beschriebene Lichterscheinung passen; die Kinnlade
deckte sich wohl mit der mehrfach besprochenen von der Harke, Egge, Wipfelzweig in den lettischen Sonnenliedern. Die Metapher eines Kinnbackens der Dämmerung spielt auch im
neuseeländischen Mauimythus eine Rolle (vgl. Tylor Anfänge der Cultur I 338), und nun wird
auch wohl der Kinnbacken, mit welchem Simson die Philister schlägt, auf die ersten Lichtstrahlen des Morgens statt (wie Steinthal wollte Zs. f. Völkerpsychol. II S. 136 ff.) auf den
Blitz deutbar.

[1]) Vorlesungen über. Wissenschaft der Sprache II 352. Vgl. Wislicenus Sonne und Tag
S. 40 fl. 50 fl.

gegen den Riesen schwingt (den schiessenden Lichtstrahl der aufgehenden Sonne) zum Geschenk macht. Dass Freyr später sein Schwert vermisst, ist Misverstand der zum Epischen gewendeten, mythenverknüpfenden Sage. Zur Bekräftigung dieser Auffassung dient das mit den lettischen Sonnenliedern vielfach verwandte estnische „Abendlied" (Päwawerimisse laul). Dasselbe ist im estnischen Original mit beigefügter Uebersetzung abgedruckt in „Neuss estnischen Volksliedern" Reval 1850 S. 100 n. 31:

Sinke Sönnlein, o sinke,
Schwinde, goldnes Stündlein schwinde,
Sink' aufs Badehaus der Herrschaft,
Hin auf Könighauses Schwelle
5 Unter auf des Herren Fenster!

Liebt das Sönnelein der Herr nicht,
Liebt's im Badehaus der Herr nicht,
Nicht der König auf der Schwelle,
Unterm Fenster auch die Herrschaft.

10 Sinke Sönnlein, sinke dorthin!
Dort im Saale sitzt der Wächter,
Sitzt im Saal die Frau des Wächters,
Kämmet dort der Knechte Häupter,

Säubert der Hirtenbuben Häupter,
15 Bürstet die Häupter ohn' Erbarmen,
Hält die goldene Strähl' in Händen,
Sammt dem Silbersäuberbrette.
Stürzte tief die Strähl' ins Meer,
In die Bäche das Säuberbrettlein.

20 Ich zu Peter, um zu bitten:
O Peter, heil'ger Knecht des Herrn,
Pawel, du des Schöpfers Diener,
Aus dem Meer lang' mir die Strähle,
Aus den Bächen das Säuberbrettlein —
25 Nicht ging Peter, nicht ging Pawel.

Säuberlich ging ich nun selber
Längs des Kiespfads hin die Kleine,
Längs des Landwegs hin die Niedre;
Trat in die Tiefe klafterweit,
Bis zum Hals in die Brut der Fische,   30
In die Bäche bis zum Busen.

Was ist kommen mir ans Knie da,
Ist mir an den Hals gesprungen?
Kommen ist ans Knie ein Schwert mir,
An den Hals ein Schwert gesprungen. 35
Hob heraus das Schwert mit Händen,
Trug das Schwert zum Edelhofe,
Tat es auf den Tisch des Herren.

Dorten rieten drauf die Herren,
Wunderten sich sehr die Wächter: 40
„Wo ist her das Schwert hier kommen?
Kommen aus dem Krieg das Schwert ist,
Aus der Helden Handgebeinen,
Aus der Knäbchen Kniegebeinen.

Ich vernahm es, Antwort hatt' ich: 45
Aus dem Meer das Schwert ist
                    kommen;
Ward am Strand des Meers geschliffen,
In des Meeres Wasser blinkend.

Der Herausgeber kannte noch eine andere Fassung, welche wie die Räthsellieder eingeleitet wird. Nach der Angabe des hersagenden Esten sind der V. 11 u. 12 erwähnte Wächter und dessen Frau Waisen (Pflegekinder) des Königs; eben diese Frau ist von V. 20 an die Sprecherin, sie findet das Glücksschwert und wird dadurch nachmals reich.

Blicken wir auf den Inhalt des Liedes zurück, so sinkt die Abends niedergehende Sonne immer tiefer bis zuletzt bis dahin, wo die Pflegetochter des Königs einen Kamm in Händen haltend sitzt. Im Augenblicke des Sonnenuntergangs fällt dieser Kamm tief ins Meer. Da kein Heiliger sich erbarmt ihn herauszuholen, so steigt sie selbst ins Wasser, da kommt aus dem Meere und springt ihr bis an den Hals ein Schwert, dessen Besitz Reichthümer schafft. Die Wächterin und Königswaise ist offen-

bar dieselbe, wie die lettische Sonnentochter, die Sprecherin in mehreren
Sonnenliedern, die Abenddämmerung. Der Kamm, die Strähle, welche ihr im
Augenblicke des Sonnenuntergangs ins Meer fällt, findet sich in den lettischen
in Form der Harke wieder, womit jene das Heu harkt (s. unten); des Kammes
(der Harke) Zinken sind den letzten Strahlen der untergehenden Sonne[1])
(vgl. o. S. 90 den rothen Fächer). Als Morgendämmerung steigt sie ins Meer,
den Himmelsocean, um den Kamm wieder aufzufischen; da steigt ihr das
Schwert entgegen, der erste aufblitzende Sonnenstrahl der Frühe.

Nach 67 harkt die Sonnentochter gegenüber dem Morgenstern an dem
grossen Wasser mit silberner Harke her. Der Wiese, auf der das vor sich
geht, entspricht die Goldkoppel in 45, der Harke mit ihren Zinken die in
anderen Liedern Zweig, Badequast, Besen genannte Lichterscheinung, die vor
Aufgang der Sonne in den Himmel emporschiessende Strahlengarbe. Das
entsprechende Phänomen am Abendhimmel schildern unter ganz verwandtem
Bilde 65. 66. Hier sind die seidenen (s. o. S. 97) oder goldenen Berge
(s. o. S. 97) das Himmelsgewölbe im goldigen Abendschein, die seidenen
oder goldigen Wiesen = Goldkoppel (vgl. o. S. 299) ein zweiter Ausdruck für
denselben Gegenstand; die Egge steht der Harke in 67 gleich. Die Gottessöhne Morgenstern und Abendstern, als Arbeiter der Sonne und des Mondes
oder als Knechte des Perkun gedacht, werden ausgescholten, dass sie nicht
durch die den Sonnenuntergang vorbereitenden Lichterscheinungen die süsse
Nacht herbeigeführt haben (65. 66). Die Sonnentochter (als Morgendämmerung,
Zwielicht) führt also mit silbernem Rechen harkend schon die ersten Lichterscheinungen des Tages herbei; sie zwirnt auch den Seidenfaden, den Sonnenstrahl (64), vgl. S. 218. Zuweilen geht sie dann unmerklich in den Begriff
des Tageslichtes, der Tageshelle, über; so 42, wo sie dem Gottessohn, dem
Abendstern, die Hand über das grosse Wasser schon dann reicht, als die
Sonne noch auf dem Berge steht; und möglicherweise auch 83—84, wenn
man sich die Situation so zu denken hat, dass die Sonnentochter am Rosenstock d. h. Baum der Sonne hinauf- und herabklettert. Solcher Personification
des Taglichtes steht 73 das Mondlicht, in einem weiblichen Wesen persönlich
geworden, ganz parallel. Der Mond wartet vergeblich auf das Tageslicht-
Zwielicht, die Sonnentochter, um die er freit, die Sonne verkauft sie dem
Morgenstern. Da führt er die Weberin der Sternendecken, den matten
Glanz des mondhellen und sternklaren Nachthimmels, ins Brautbett.

Eine gewisse Schicht mythischer Anschauungen, in denen die Sonnentochter eine Rolle spielt, beruht ursprünglich auf dem Axiom, dass die Sonne
Abends den Tod finde, in den Wellen ertrinke u. s. w. Dann musste natürlich die hinter ihr zurückbleibende Sonnentochter, die Dämmerung, als Waise

---

[1]) Vgl. das bei Tertullian adv. Valentinian. 3 angedeutete römische Märchen: „nonne tale
aliquid dabitur, te in infantia inter somni difficultates a nutricula audisse lamiae turres et
pectines solis?“

erscheinen. Als ein solches Waisenmädchen erscheint dieselbe 82; ebenso in 79, wo dieses Waisenmägdlein einen Silbergürtel trägt und ein seidenes Tüchlein hat, das sie mit ihren Thränen (Thautropfen?) benetzt. Sie wirft es in den Nesselbusch (d. i. brennenden Busch = Weidenbaum o. S. 297 Eiche o. S. 232 S. 285) dort blitzt es am Morgen den jungen Knaben, den Gottessöhnen, entgegen und wird während des Tages ausgewaschen. Auch 84 gehört als ähnlich hieher, wo die Sonnentochter als eine unter fremde Leute Verstossene bezeichnet wird, jedoch nur nach Analogie von Liedern, wie die vorigen, denn die Eltern sind noch als lebend gedacht, sie rüsten im fernen Westen der Schwester der Verstossenen, der Sonnentochter (Dämmerung) des nächsten Tages die Hochzeit. Aber nach 8 dürfte das Waislein doch wohl wieder die Sonnentochter selbst (die Abenddämmerung) sein, die hier nach dem Tode der Mutter mit dem Gottessohne sich verlobend gedacht wird.

Von der in 82. 79 besungenen Waise, $\varkappa\alpha\tau'\ \dot{\epsilon}\xi o\chi\acute{\eta}\nu$, der Dämmerung, sind vermuthlich die vielen Waislein zu unterscheiden, welche die Sonne Nachts hinter dem Berge wärmt. Sehe ich recht, so verhält es sich damit so. Es gab von Stender und Andern bezeugte lettische Lieder, in denen die Sterne als die Kinder der Sonne und des Mondes genannt wurden.[1]) Als litauischen Glauben bezeugt dasselbe Afanasieff[2]), ja in einer Daina erscheint sogar die Auszrine (der Morgenstern), die gewöhnlich Nebenbuhlerin der Sonne in der Liebe des Mondes ist, als Tochter derselben. Dieselbe Anschauung kehrt in kleinrussischen Weihnachtsliedern[3]) wieder, indem diese das Firmament als einen grossen Dom darstellen und den Mond als Herrn, die Sonne als Frau darin darstellen.

> Die helle Sonne, das ist die Hausfrau,
> Der helle Mond, das ist der Herr,
> Die hellen Sternchen, das sind ihre Kinder.

An diesen Glauben knüpfte sich leicht die Anschauung, dass die Sterne, wenn die Sonne nicht da sei, Waisen seien. Man vgl. nur H. Heine's „Sonnenuntergang".

> Die glühend rothe Sonne steigt
> Hinab in's weit aufschauernde,
> Silbergraue Weltmeer.
> Luftgebilde, rosig angehaucht,
> Wallen ihr nach; und gegenüber,
> Aus herbstlich dämmernden Wolkenschleiern,
> Ein traurig todtblasses Antlitz,
> Bricht hervor der Mond,
> Und hinter ihm, Lichtfünkchen
> Nebelweit, schimmern die Sterne.

> Einst am Himmel glänzten,
> Ehlich vereint,
> Luna, die Göttin, und Sol, der Gott,
> Und es wimmelten um sie her die Sterne,
> Die kleinen unschuldigen Kinder.
> Doch böse Zungen zischelten Zwiespalt,
> Und es trennte sich feindlich
> Das hohe, leuchtende Ehepaar.

---

[1]) Stender lett. Myth. s. v. svaigsnes.
[2]) Afanasieff poet. Naturansch. I 79—80. Züge a. d. Leben des lit. Volks 125—126.
[3]) Metlinski 342 ff. Afanasieff a. a. O. I 79.

Jetzt am Tage, in einsamer Pracht,   Aber des Nachts
Ergeht sich dort oben der Sonnengott,   Am Himmel wandelt Luna,
Ob seiner Herrlichkeit   Die arme Mutter,
Angebetet und vielbesungen   Mit ihren verwaisten Sternenkindern,
Von stolzen, glückgehärteten Menschen.   Und sie glänzt in stiller Wehmuth,
                                          Und liebende Mädchen und sanfte Dichter
                                          Weihen ihr Thränen und Lieder.

Ganz ähnlich, meine ich, galten dem Letten die Sterne, wenn die Sonne
nicht da war, als von der Mutter verlassen, mit starkem bildlichem Ausdruck
verwaist. Ging sie unter, so wärmte sie, uns unsichtbar, hinter dem Berge
(o. S. 97) die verlassenen Waislein. Nach anderer Anschauung streben
diese der Fliebenden nach, ohne sie zu erreichen. Kaum ist die Sonne fort,
so folgen ihr eiligen Laufes in ihrem Schatten (der Nacht) hundert verlassene
Sternlein (5), Maria heizt ihnen die Badstube (das Abendroth) (6). Sie
nehmen in ihrem Laufe den Berg ein, auf dem die Blume (die Rose) der
Sonne (s. o. S. 222) blühte (7). Einmal geschaffen, fand dieses Bild der
mythischen Waislein vielfache Uebertragung auf irdische Waisenkinder, um
so eher, als der Lette die erquickenden Wirkungen des Sonnenscheins und
der Sonnenwärme mit den wohlthuenden Empfindungen in Ideenverbindung
zu bringen liebte, welche das Kind in der Nähe der liebenden Mutter zu
durchströmen pflegen (1. 2). Deshalb heissen Morgenstern und Abendstern,
die Gottessöhne, wie sie Geschwister der Sternwaislein sind, in 9 auch Brüder
des irdischen Waisenmägdleins; und in 10 wird von einem vaterlosen (unehelichen?) Knaben gesagt, dass die Gottestöchter (Sonnentöchter) ihn warten
werden.

Die Sonnentochter, um noch einmal auf diese zurückzukommen, galt für
die ersehnteste, allgemein beliebte und angenehmste Erscheinung der Welt,
daher glaubte der Litauer einen an Allem, selbst am Schönsten Mäkelnden
nicht besser als durch die zum Sprichwort gewordene Phrase bezeichnen zu
könnnen: „Selbst eine Sonnentochter kann's ihm nicht recht
machen".[1]

Spuren der nämlichen Vorstellungen von der Gottestochter oder
Sonnentochter finden wir auch bei den Slaven wieder Nach gewissen
russischen Ueberlieferungen werden König Sonne und seine in den Sternen
wohnenden Söhne von Sonnenmädchen bedient, welche sie waschen und
ihnen Lieder singen.[2] Oefter ist von der Schwester der Sonne, oder
den Schwestern der Sonne die Rede (vgl. o. S. 215). Die serbischen Lieder nennen den Morgenstern Schwester der Sonne, die Russen
die Morgenröthe.[3] Von einem schönen Mädchen sagt man, es sei so

[1] Schleicher Lit. Märchen S. 179. Vgl. Afanasieff poet. Naturansch. 1 82.
[2] Afanasieff poet. Naturansch. d. Russ. 1 82.
[3] Afanasieff I S. 86. 87. Talvj Volksl. d. Serben 1853 II S. 381. 105.

schön, als ob es der Sonne Schwester wäre.[1]) Ein slovakisches Lied
beginnt:

> Morgenröte, mein Morgenrötchen,
> Röte, Schwesterchen der Sonne.[2])

Zuweilen aber tritt statt dessen der Name Gottestochter ein. Nach ebenfalls slovakischer Tradition **dienen die Zori** (Röthen, d. h. Abend- und
Morgenröthe), **die Gottestöchter zusammen mit dem Morgenstern der Sonne und schirren ihr die weissen Pferde an**.[3])
Das folgende russische Lied aber aus dem Kreise Lipetzk Gouvernement
Tambow in Grossrussland zeigt uns — wie es scheint — deutlich wenigstens
der Sache nach die Dämmerung als Sonnentochter. Eine Jungfrau bittet
den Fergen, sie über das Wasser (den nächtlichen Himmelsocean) auf das
andere Ufer zu setzen:

Fuhrmann, guter,
Fahr' mich auf die andre Seite hinüber.
„Ich werde dich hinübersetzen,
Aber ich nehme dich (zum Weibe)"
Du wirst mich fragen
Von welcher Geburt ich bin,
Von welchem Stamme.

Ich bin nicht von grosser Geburt,
Nicht von kleiner.
Ich habe zur Mutter die helle Sonne,
Zum Vater den hellen Mond,
Brüder sind mir die unzähligen Sterne,
Schwestern die hellen Morgensternchen.[4])

IV. Die Gottessöhne.

Die Gottesöhne lett. dêwa deli, lit. dêwo sunelei. In vielen Liedern
ist nur von einem Gottessohn die Rede, in anderen von mehreren. Die Bedeutung dieses Namens erschliesst uns der Vergleich von 73 und 63, 71b
und 72. In 63 späht der Gottessohn nach der Sonnentochter aus; in 73 ist
der Morgenstern hingelaufen, um nach ihr zu schauen. In 71b nimmt der
Mond dem Morgenstern, in 72 dem Gottessohn die verlobte Braut. Mithin

---

[1]) Krek trad. Lit. 83,
[2]) Afanasieff I 85.
[3]) Journal des Ministeriums der Volksaufkl. 1846, 7. Afanasieff poet. Naturansch. I 594.
Vgl. auch das ukrainische Märchen von der Sonnenschwester bei Afanasieff Skazk. VI n.
57, woraus Ralston Russian Folkstales S. 170—175 einen grösseren, Gubernatis Zoological myth.
I 183 einen kürzeren Auszug giebt. Iwan Zarewitsch, der jungmachende Aepfel besitzt,
hat zur Schwester eine drachenartige Hexe, die schon Vater und Mutter verschlungen hat und
den kleinen Iwan verfolgt. Er flieht vor ihr auf einem Zauberross bis vor die Wohnung der
ihm holdgesinnten Schwester der Sonne. Die Hexe macht ihm da den Vorschlag, sich mit
ihm wiegen zu lassen; kaum sitzen sie jeder in einer Wagschale, so schnellt er empor zum
Himmel grade in die Kammer der Sonnenschwester. Gubernatis deutet dieses Märchen so:
Iwan ist die Sonne, die Sonnenschwester d. h. die Morgenröthe oder Dämmerung ist seine
rechte Schwester, der weibliche Drache d. h. die Nacht seine Stiefschwester, welche bereits die
Eltern (die Abendsonne und Abendröthe von gestern) verschlungen hat und die aufgehende
Sonne verfolgt und noch vor der Thür der Morgenröthe mit ihren Schatten bedroht, bis sie
sich auf der Schale = Sonnenscheibe in den Himmel erhebt.
[4]) Afanasieff poet. Naturansch. I 79.

ist der Gottessohn mit dem Planeten Venus gleich zu stellen. Weitere Untersuchung zeigt, dass dessen scheinbar doppelte Erscheinung als Abendstern
und Morgenstern, bald als einheitlich gefasst, bald im Singular der Gottessohn geheissen war, bald zur Annahme zweier Gottessöhne Anlass gab, die
dann wieder häufig, sei es am Abend, oder am Morgen gemeinschaftlich han-
delnd gedacht wurden. Den Beweis für diese Angabe liefert 52—54, wo die
zwei im Meere (o. S. 98) brennenden Lichter, welche einmal von den
Gottessöhnen angezündet werden, das anderemal diese selbst sind, nicht wohl
anders als auf Abendstern und Morgenstern bezogen werden können. Wenn
ein Gottessohn einzeln mit Namen genannt wird, so ist das der Morgenstern
und das zuweilen in solcher Verbindung, dass er als Zusammenfassung des
Abendsternes und Morgensternes, als der einheitliche Planet Venus aufgefasst
werden zu müssen scheint. Nach 44 scheint der Begriff der Gottessöhne auf
alle Sterne sich auszudehnen, da nicht Mondessöhne gemeint sein können,
um die für den Mond nicht erst zu bitten erforderlich wäre.

Die meisten Angaben, welche über die Gottessöhne in den Liedern gemacht werden, haben wir bereits bei Besprechung der Sonnentochter in Erwägung gezogen. Zugleich mit der Krone der Sonnentochter wird der Gürtel
des Gottessohnes genannt, beide schmiedet der Himmelsschmied, beide hängen
Nachts am Eichbaum (38. 55). Wird die Krone von den letzten, beziehungsweise ersten Strahlen der unter- und aufgehenden Sonne gebildet (o. S. 295),
so weiss ich für den Gürtel keine andere Erklärung, als das Abend- resp.
Morgenroth, da die griechische Benennung des Regenbogens ζώνη oder ζωνάριον
τῆς Παναγίας Gürtel der Madonna[1]) und die litauische Laumes jûsta, dangaus
jûsta Elfengürtel, Himmelsgürtel hier nicht einschlägt. Wenn es richtig wäre,
was M. Müller Vorles. II 351 als Ergebniss seiner Untersuchungen ausführt,
„Aphrodite, die dem Meeresschaum Entstiegene, war ursprünglich die
Morgenröthe, jenes lieblichste Phänomen am Himmelsgewölbe und von dieser
Grundidee aus wurde sie im Geiste der Griechen naturgemäss zum Range einer
Göttin der Schönheit und Liebe erhoben“, so erhält nun auch der Gürtel der
Venus Il. XIV 214 ff. die gleiche Bedeutung des umkränzenden (vgl. unser
Lied 27) lieblichen Morgenroths:

> ʽΗ καὶ ἀπὸ στήθεσφιν ἐλύσατο κεστὸν ἱμάντα
> Ποικίλον· ἔνθα δέ οἱ θελκτήρια πάντα τέτυκτο·
> Ἔνθ᾽ ἔνι μὲν φιλότης, ἐν δ᾽ ἵμερος, ἐν δ᾽ ὀαριστύς,
> Πάρφασις, ἥτ᾽ ἔκλεψε νόον πύκα περ φρονεόντων.

Der Abend- oder der Morgenstern erscheint gleichsam umgürtet von der Abend-
oder Morgenröthe.

Anders gewendet erscheint dasselbe Bild, wenn es 81 heisst, die Gottessöhne heizen die·Badstube. Wir fanden diese Angabe schon mehrfach bestätigt. Der Morgenstern (Auszrine) facht der Sonne das Feuer an (4. 76),

---

[1]) Schwartz Ursprung der Mythologie S. 117.

die Donnersmuhme (Percuna tete, Abendstern — Morgenstern) bereitet ihr
Abends die Badstube, aus der sie Morgens gereinigt hervorgeht (91, vgl. o.
S. 289), Maria heizt den Sternen die Badstube (6, vgl. o. S. 304), die est-
nische Wundereiche wird zertrümmert zur Badstube des Brüderchens (o. S. 286).
Wir haben uns hier überall den Feuerschein eines russischen Dampfbades
(pirtis) zu vergegenwärtigen und an die Abend- und (oder) Morgenröthe
zu denken. — Ausser dem Gürtel wird dem Gottessohn ein Schwert beigelegt.
Wir erkannten darin bereits o. S. 299 den ersten Lichtstrahl des Morgens.

Morgenstern und Abendstern heissen 46 die Rösschen des Mondes,
der kein eigenes Ross habe, wogegen ihm nach 73 (falls ich richtig
deutete) ein graues Rösschen eignet. Nach anderen Stellen sind die
Gottessöhne Reiter auf grauen Rossen und (wohl im Verein mit anderen
Sternen) Freiwerber des Mondes vor der Hausthür der Sonne (Abends) 44;
dagegen halten die grauen Rosse des Gottessohnes in 42. 43 auf der Freiwerbung für ihn selbst vor der Hausthür der Sonne. Wenn die Sonnentochter den Rosenstock zum Himmel hinaufsteigt, sieht sie schon von fern
den Gottessohn sein Rösslein satteln (83, vgl. 84). Gottes liebe Söhne reiten
heran und lassen ihre Rosse in die Goldkoppel (45, vgl. o. S. 302) oder in
die goldene Umzäunung (82). Auch eine litauische Daina, welche Afanasieff
I 84 nach Zügen aus dem Leben des lit. Volkes 128—134. 148 erwähnt, sagt:
Wohin sind gekommen Gottes Pferde? Gottes Söhne sind damit hinweg-
geritten, suchend die Töchter der Sonne." Dem Gottessohn als Reiter kommen
dann auch die goldenen Sporen zu, welche der Himmelsschmied schmiedet (36).

In 45 sind die Gottessöhne wohl unter den Dienern des lieben Gottchens
gemeint, mit denen dieser die Sonnentochter (die Dämmerung) sucht. Denn
65 erscheinen sie wieder als Knechte der Sonne und des Mondes, wie 66
als Arbeiter des Perkun, welche mit ihrem Aufseher in Streit gerathen, weil
sie die goldenen (seidenen) Wiesen nicht gemäht, die goldenen (seidenen)
Berge [o. S. 302] noch nicht geeggt haben. Die Egge beruht auf derselben
Naturerscheinung wie die Harke, mit welcher nach 67 die Sonnentochter
gegenüber dem Morgenstern Heu harkt (vgl. o. S. 302), aus diesem Heu-
harken sind erst die weiteren Bilder des Grasmähens, der Wiese, Goldkoppel,
sekundär abgeleitet. Ich scheue mich nicht, auch die Harfe, auf welcher 69
der Gottessohn spielt, für eine neue Auffassung des nämlichen Phänomens
zu erklären.

Doch verdient das Lied 69 (nebst 68) noch eine etwas eingehendere Erklärung. Die Scene spielt am Abend, die Gottessöhne roden den Birkwald d. h. sie machen die Stümpfe des zerschmetterten Sonnenbaums im allgemeinen Dämmerungsgrau verschwinden (o. S. 332) und gehen nach Deutschland (der Abendstern steht im Westen), um von da Morgens im Osten auf-
zutauchen, und die Sonne heraufzuführen, oder mythisch ausgedrückt, mit
Bechern zu werfen (o. S. 102), auf der goldenen Harfe zu spielen,
den Apfel zu rollen (29). Zu den täglichen Obliegenheiten der Gottes-

söhne gehört es auch wohl, die Kanne = Becher der Sonne (s. o. S. 102) zu bebändern; in 47 ist dieses Geschäft auf den Jahreslauf, auf die Sonnenwende übertragen.

Während bie Gottessöhne den Birkwald roden, fressen Gottes Gänse, Gottes schwarze Stiere mit weissen Hörnern das Gras der Himmelswiese, oder Röhricht im grossen Wasser (Luftmeer). Diese schwarzen Stiere sind offenbar die hereinbrechenden Schatten der Nacht, welche vereinzelt schon am Abendhimmel sichtbar werden. So heisst in Russland die Nacht gradezu die schwarze Kuh, der Tag der graue Ochse oder weisse Ochse, die Dämmerung der graue Bulle.[1]) Und gradeso werden im Veda die Abendschatten schwarze Kühe genannt im Gegensatz zu den rothen Kühen, den Lichtstrahlen des Morgens. Die der Morgenröthe voraufgehende Zeit, wenn das Licht beginnt, allmählich der Finsterniss zu widerstehen, schildert Rigv. X 61, 4. Wenn eine schwarze Kuh mitten zwischen rothglänzenden Kühen sitzt, rufe ich euch Söhne des Dyaus, o Açvins, an[2]) [das ist ja fast wörtlich unser Lied 69], wogegen statt es dämmert Rigv. I 92, 1 gesagt wird „die lichten Kühe kehren wieder" oder Rigv. X 8, 3 „da die Sonne emporstieg, erfrischten die lichten Kühe, die Arushîs (d. h. die rothen Lichtstrahlen) ihre Leiber im Wasser.[3]) Nach noch anderen Stellen treibt die Morgenröthe diese Kühe auf die Weide.

Nach 56 wirft der Gottessohn in der Mitte des Meeres eine Insel (Haufen) auf. Das steht in unverkennbarer Parallele zum Sonneneiland Aia, wo Helios untergeht oder aufgeht, und bedeutet unzweifelhaft entweder die ersten dunkeln Schattencomplexe am Abendhimmel oder die ersten Helligkeitsflecke, welche Morgens am nächtlichen Firmamente auftauchen.

In einem engen Verhältnisse stehen die Gottessöhne zur Sonnentochter. Wenn sie den Rosenstock hinaufklettert, begegnet ihr der Gottessohn (83. 84). Die Gottessöhne sind Brautführer, wenn die Sonnentochter im Westen verheirathet wird (15). Sie finden im Nesselbusch das Seidentuch der Maria (79), [o. S. 303, u. wie der Morgenstern den Sammetrock, das Morgenroth näht, 51]. Es heisst andererseits, dass die Gottessöhne der Sonnentochter den Ring abgezogen haben (60), den sie nach anderen Liedern ihr Morgens wieder aus der Tiefe fischen. Sinkt sie in's Meer, so steht der Gottessohn auf dem Berge (55). Aber die Gottessöhne rudern auch das Boot, um ihr Leben durch die Nacht hindurch bis zum Morgen zu retten (34). Sie zünden

---

[1]) Afanasieff poet. Naturansch. I 659. S. die folgenden Räthsel: Die schwarze Kuh hat alle Menschen todtgestossen, die weisse Kuh hat sie wieder lebendig gemacht oder die schwarze Kuh hat alle Menschen besiegt, die weisse Kuh hat alle wieder herausgeführt (Tag und Nacht), Die schwarze Kuh hat das Thor verrammelt (Nacht). Der graue Bulle sah durch's Fenster (Dämmerung). Dal Sprichwörter der Russen 1063. Mosk. 1852. Tereschtschenko VII 164. Sementoff VII. — Kleinruss.: Der graue Ochse hat alle Menschen zusammengerufen (Tag). Slowak.: Ein weisser Ochse hat alle Menschen auf die Beine gebracht (Tag).

[2]) S. M. Müller Vorles. üb. Wissensch. d. Spr. II 451. Muir, original Sanscrit texts V 239.

[3]) M. Müller Essays II 121.

zwei Lichter im Meere an, bei denen die Sonnentochter sitzt (53). Dieselbe harkt dem Morgenstern gegenüber (67), doch bricht sie ihm das Schwert ab (70). Zumeist jedoch tritt der Gottessohn als Freier um die Sonnentochter auf. Während sie sich wäscht, späht er vom Busche nach ihr aus (63). Die Rosse seines Gefolges stehen (Abends) vor der Hausthür der Sonne, wenn er um die Sonnentochter freit; er reicht der Ankommenden die Hand über das grosse Wasser (42. cf. 44). Der Morgenstern verlässt den Reigen der Sterne, um auf die Freischaft nach der Sonnentochter zu laufen (50. 73. 74); früh geht er auf, der Sonnentochter begehrend (49). Die Gottessöhne bauen für sie ein Brautgemach, in das sie zitternd hineingeht (54), nach 72. 71b nimmt aber der Mond dem Morgenstern die verlobte Braut. Eigenthümlich ist — wie schon oben erwähnt — 44, wo von 100 Gottessöhnen als Reitern die Rede ist, der Name des Gottessohns mithin, wie es scheint, auf die Sterne überhaupt ausgedehnt wird.

Dioskuren und Açvins.

Der Kundige muss bald gewahr werden, wie genau mit den lettischen Mythen von den Gottessöhnen und der Sonnentochter oder Gottestochter die griechischen von den beiden Dioskuren und ihrer Schwester Helena übereinstimmen. Ihr Mythus ist zwar bei Homer sowohl, als auch in den Kyprien (bei Pindar) bereits durch verschiedene fremdartige Motivirungen verdunkelt, im ganzen und grossen scheint jedoch in beiden eine ältere Ueberlieferung ziemlich rein bewahrt, welche unzweifelhaft im letzten Grunde auf mehreren Sonnenliedern nach Art der vedischen Hymnen, oder unserer lettischen Lieder beruhend, verschiedene Bilder für einen und denselben Gedanken zu einer Erzählung vereinigte.

Dem Namen dĕwa deli, dĕwo sunelei entspricht der griechische Διὸς κοῦροι dem Begriffe nach fast genau. Wie jene, bedeuten diese Morgenstern und Abendstern[1]), deren einer am Anfange der Nacht dort, wo die Sonne untergeht, und der Eingang zur Unterwelt sich befindet, der andere am Beginne des Taglichts erscheint. Deshalb leben sie Tag um Tag abwechselnd der eine im Grab, der andere im Lichte des irdischen Tages oder bei Vater Zeus.[2]) So ist auch, wie Welcker[3]) bemerkt, da sie es den Worten nach kann, die Stelle in der Odyssee XI 299—304 zu verstehen und nicht so wie der Scholiast und Eustathius meinen, als ob beide zugleich einen Tag um den anderen lebten. Ihre Namen Kas-tor der Schimmernde von Wurzel kas (splendere (cf. lat. cas-cus blank, cā-nus aus cas-nus weiss, grau), altnord. hösvi grau ahd. haso schön glänzend,[4]) und Polydeukes nach G. Curtius Gr. Etym. Aufl. 2 589 der Ruhmreiche, nach M. Müller Essays II 90, wie

---

[1]) Welcker griech. Götterlehre I 606 ff.
[2]) Kyprien bei Pindar. Nem. X 86 ff.
[3]) Griech. Götterl. I 612.
[4]) Zs. f. vgl. Sprachf. II 152. VIII 208.

auch Pott für möglich hält[1]), der **vielleuchtende, mit vielem Lichte Be-
gabte** stimmen mit jener sachlichen Bedeutung überein. Ihre Schwester Helena
Ἑλένη neben Ἑλένος gebildet von Wurzel σϜέλ = svar, wie παρϑένος von
Wurzel vardh wachsen[2]), die glänzende, die Morgenröthe oder das Licht der
Morgensonne, heisst bei Homer wie die **Sonnentochter, Gottestochter**
Διὸς κούρη, κούρη Διὸς αἰγιόχοιο, Διὸς ἐκγεγαυῖα. Il. III 426. Od. IV
184 u. s. w. Sie entstand sammt Polydeukes aus dem Ei [Schale des Himmelsgewölbes? Weltei? Sonnenball?], das Leda von dem in Schwangestalt[3])
verwandelten Zeus empfangen. Wenn ausser Zeus, ihrem wirklichen Vater,
Tyndareos als ihr Vater vor der Welt genannt wird, so beruht das unzweifelhaft in letzter Instanz auf verschiedenen Sagen oder Hymnen, in denen ihr
statt des Zeus Τυνδ-άρ-εος Τυνδ-άρης zum Vater gegeben war, der **Stossende,
Stechende**[4]). Man fühlt sich versucht, dabei an jenes pfeilartige **Hervor-
stossen, Empor-schiessen** der ersten Lichtstrahlen des Morgens (o. S. 307)
zu denken.

  Aus demselben Grunde, wie die Dēwa deli, sind auch die Dioskuren
mit Ross und Wagen begabt. Die Ilias III 237 nennt Kastor· ἱππόδαμος

---

[1]) Zs. f. vgl. Sprachf. V 288.

[2] Zs· f. vgl. Sprachf. VIII 46.

[3]) Der Schwan ist ein altes Naturbild der Sonne, der rothe Schwan des bei Sonnenaufgang
oder Sonnenuntergang sich röthlich färbenden Himmels. Vgl. E. Tegnér von der Sonne
              Wo schwammst du im Meer
              Goldbefiederter Schwan?
Schwartz S. M. u. St. 27. Vgl. o. S. 90 den Schwanenflaum im Westen. Dem Inder heisst
die Sonne hansah çukiśad im Aether schwebender Schwan (eigentl. Flamingo). Rigv. V 40, 5.
Kuhn Entwickelungstufen S. 139. Die germanische Anschauung spricht sich in der Genealogie
Tag und Sonne, Schwanweiss, Goldfeder (Svanhvit Gullfiödbr), **Schwan der Rote**
(Svanr hinn Raudi) aus. Fornaldarsög. II 7. Germ. Myth. 38. 375. Vgl. den Mythus der Al-
gonkins bezüglich des Sonnenunterganges. Odschibwä sieht einen **schönen rothen Schwan,**
dessen Gefieder wie Sonnenlicht glänzt und **die ganze Luft roth färbt.** Er verwundet ihn
mit magischem Pfeil, so dass der Purpur seines Blutes alle Wogen färbt. Der Vogel flieht
langsam der sinkenden Sonne zu, Odschibwä folgt ihm ins Land, woher niemand wiederkehrt.
Der Schwan ist die Tochter eines alten Zauberers, der seinen Skalp verloren
hat, welchen Odschibwä ihm wiederholt und aufs Haupt setzt, worauf der Alte sich von der
Erde erhebt, nicht mehr greise und gebrechlich, sondern in jugendlicher Schönheit
strahlend. [Er ist also die Sonne, der Schwan eine Sonnentochter.] Der Zauberer ruft die
schöne Jungfrau hervor, die nun nicht mehr seine Tochter, sondern seine Schwester ist, und
giebt sie dem siegreichen Fremden zum Weibe. Schoolcraft Algic researches II 1—33, bei Tylor
Anfänge der Cultur I 140. Halten wir diese Analogien zusammen, so bekommen wir eine Ahnung
davon, was mit der Rede gemeint sein konnte, dass der in den Schwan [die aufgehende oder
untergehende Sonne? oder das mit weiss-röthlichen Wolken gleich Schwanenflaum (o. S. 90)
überzogene Firmament?] verwandelte Himmelsgott mit Leda [der Nacht?] den Abendstern und
Morgenstern und die Morgenröthe zeugte. Apollons heiliger Singschwan dürfte zur Bestätigung
der solaren Naturbedeutung des Schwans in einer so alten Mythe, wie die Dioskurensage ist,
nicht verwerthet werden, wenn die Ausführung von J. H. Voss Mytholog. Briefe II Br. 10—13
S. 84—114 Recht behält, dass der Schwan erst durch den Einfluss der bildenden Kunst dem
Apollo beigesellt und als dessen heiliges Zugthier in die Poesie eingeführt sei. Doch bedarf
dieser Gegenstand noch erneuter Untersuchung.

[4]) Curtius Grundz. Aufl. 2. 204.

rossebändigend, der Homer'sche Hymnus auf die Dioskuren beide Brüder
ταχέων ἐπιβήτορες ἵππων, was Voss[1]) wie in Od. 18, 263 auf das Besteigen
des mit Rossen bespannten Wagens bezog. Daneben stellten andere Dichter,
denen die frühesten Künstler, z. B. der Bildner des amykläischen Thrones in
der Zeit des Krösus folgten, sei es auf Grund älterer Ueberlieferung, sei es
nach subjectivem Gutdünken, die Dioskuren als Reiter dar. Noch zu einer
Zeit, welche sich der Naturbedeutung derselben bewusst war, beschäftigte
man sich mit den Rossen ihres Gespannes im Einzelnen. Diese galten bald
für ein Geschenk des Hermes, hiessen Harpagos und **Phlogeos**, und waren
Kinder der Harpyie (Sturmgöttin) Podarge, Bezeichnungen ihrer Lichtnatur
und der an ihnen vorausgesetzten **Götterschnelligkeit**. Andere machten
sie zu einer Gabe der Here und gaben ihnen die Namen **Exalithos** und
K[y]llaros (vgl. *χυλίω* = *χυλίνδω*) vom Kreislauf der Gestirne, Stesichorus
(s. v. *Κύλλαρος*. Cram Anecd. II p. 456) vereinigte beide zu einem Vier-
gespann. Noch bei Euripides bricht eine ältere Anschauung durch. Die
Dioskuren heissen die **Lenker der weissen Rosse** *λεύχιπποι* (Hel. 646)
und werden 1511 angerufen,

> *μόλοιτε ποτ' ἵππιον ἅρμα*
> *δι' αἰθέρος ἱέμενοι,*
> *παῖδες Τυνδαρίδαι,*
> *λαμπρῶν ἄστρων ὑπ' ἀελλαισιν.*

Pindar Pyth. I 126. Ol. 3, 39 nennt die Dioskuren *λευχόπωλοι, εὔιπποι*.
Die Echtheit dieser Benennung findet ihre Bestätigung in der Mythe, dass
die Zeusknaben sich die **Leukippiden** Phoibe (die reine, helle. Curtius
Grundz. Aufl. 2 581) und Hilaira die heitere (vgl. *ἱλαρὸν φέγγος* die frohe
Tageshelle) zu Gattinnen rauben, über welche Preller II 98 mit Recht sagt:
Ihre Namen Hilaira und Phoibe verkünden strahlendes Licht und heitern
Glanz, ihr Vater Leukippos ist zu verstehen wie *λευχόπωλος ἡμέρα*. Vgl.
ebenda das weisse Ross des Tages, und oben S. 95. Die Himmelsknaben
haben mithin das lieblichste aller Weiber, die Morgenröthe, die Dämmerung
zur Schwester; werbend strecken sie ihre Hand nach den Genien des schon
vorgeschritteneren Morgenlichtes oder der Tageshelle aus.

Als eine andersgewandte Mythe von nächstverwandtem Inhalt lehren uns
die lettischen Sonnenlieder, die wohl aus den Kyprien bei Pindar Nem. X
55 ff. Apollod. III 11, 2 erhaltene Tradition verstehen, dass die Dioskuren
mit den beiden Aphareiden **Lynkeus** (Lichtmann Lichtmacher? oder der
wie ein Luchs sehende?[1]) und **Idas** (der Sehende?, Sehenmachende?)[3] wegen
einer Rinderheerde in Streit geriethen. Die Dioskuren verbergen sich (setzen
sich), um ihren Feinden aufzulauern in eine hohle **Eiche** (*δρυὸς ἐν στελέχει*),

---

[1]) Myth. Briefe II 1.

Lynkeus aber, der von allen Erdbewohnern das schärfste Auge
hatte, erschaute sie, vom Berge Taygetos herabspähend[1]). Idas ersticht
den Kastor und schleudert dem Polydeukes einen Stein vom Grabe
seines Vaters Aphareus an die Brust[2]), wird aber selbst von Zeus Blitzstrahl
zerschmettert, nachdem Polydeukes den Idas mit der Lanze durchbohrt hat.
Da Polydeukes mit dem geliebten Bruder sterben will, gewährt Zeus seinen
Söhnen, abwechselnd bald im Himmel, bald in der Unterwelt weilen zu dürfen.

Ich bin nicht der hergebrachten Ansicht, dass die Aphariden messenische
Dioskuren seien, sondern erblicke in ihnen gegenüber dem Morgenstern und
Abendstern zwei Personificationen jener Zeit, wann man wieder anfängt deutlich zu sehen, männliche Doppelgänger der Leukippiden und der lettischen
Sonnentochter. Wie nun letztere bald des Gottessohnes Braut ist, bald mit
ihm unter dem Ahorn tanzt, mit ihm zusammen ihren Ring an die Eiche
(Nachtsonnenbaum) hängt, bald aber im Gegentheil ihm das Schwert zer-
bricht, konnten die Apharetiden im Streite um die Kühe, die rothen Lichtstrahlen des Morgens (vgl. die 350 Rinder des Helios und oben S. 308),
als die Gegner (Auslöscher) der Dioskuren gedacht sein, welche in der
Eiche sitzen, wie o. S. 237 Asterinos unter dem Baum, in den er später
verwandelt wird. Der Tod des Kastor durch den Steinwurf des Idas
stellte sich dann genau dem Steinwurf der Sonne gegen den Mond in unserm lettischen Liede 71 zur Seite. Der Stein ist die Sonnenscheibe,
welche dem Glanze des Morgensterns ein Ende macht. Dass der Stein vom
Grabe des Vaters der Apharetiden genommen sei, hatte guten Sinn, wenn
unter Apharetos (die Form Aphareus ist Hypokoristikon) der zu seinen Vätern
versammelte Sonnengott des vergangenen Tages, der (von der Decke der
Nacht) noch Unverhüllte (ἀ-φάρητος von φάρος, φᾶρος Decke Leichentuch
vgl. ἀ-κόσμητος von κόσμος) verstanden werden dürfte.

Schon Welcker und Preller erkannten die nahe Verwandtschaft der griechischen Dioskuren mit den beiden Açvins der Inder an; noch deutlicher
tritt die Analogie der letzteren zu den Gottessöhnen der lettischen Sonnenlieder hervor. Die Açvins heissen Söhne des Dyaús, des Himmels, Divô
napâtâ.[3]) Ihr Name Açvinau, mag er ursprünglich die beiden Pferdebesitzer
oder Reiter, oder Söhne des Rosses (açva Hengst = Sonne, açvâ Stute
= Morgenröthe) bezeichnen, führt uns wieder die Lichtstrahlen in der Auffassung als Rosse vor Augen.[4]) In der Beschreibung, welche der Veda von

---

[1]) So späht der Gottessohn vom Weidenbusche o. S. 297 S. 309

[2])   Τοὶ δ' ἐναν-
τια σιάϑεν τύμβῳ σχεδὸν πατρωΐῳ.
Ἔνϑεν ἁρπάξαντες ἄ-
γαλμ' Ἀΐδα, ξεστὸν πέτρον
Ἔμβαλον στέρνῳ Πολυδεύ-
κεος. —   Pindar Nem. X 123 ff.

[3]) Muir original Sanscrit texts Vol. V London 1872 S. 235.

[4]) Vgl. M. Müller, Vorlesungen üb. Wissensch. d. Spr. II 451.

ihnen giebt, ist unschwer die Personification von zwei Gestirnen und zwar
von zwei nie zu gleicher Zeit erscheinenden zu erkennen; ich vermuthe auch
in ihnen Abendstern und Morgenstern. Dennoch sind sie eng verbunden,
weil ihre Stellung zur Sonne und Morgen- und Abendröthe zu beiden Tageszeiten eine ähnliche ist. Sie werden aber vorzüglich als am Morgen sichtbar
und thätig gedacht, weil der Sonnenaufgang zu allen Zeiten den Menschen
tiefer ergriff, als der Sonnenuntergang. Der berühmte Vedacommentator
Yâska führt ein altes Lied an, wonach der eine Sohn der Nacht, der andere
Sohn der Morgenröthe genannt wird, der eine durchdringe Alles mit Feuchtigkeit, der andere Alles mit Licht, und auch in einem Verse des Rigveda wird
der eine siegreich, in der Luft weilend, der andere glücklich und des Dyaus
Sohn genannt, so wie mit der Sonne identificirt. Gleichwohl werden beide
zusammen angerufen, und mit denselben Opfergaben geehrt. Gemeinsam
nahen sie zuerst von allen Göttern vor Sonnenaufgang; wenn nach Mitternacht das Licht der Finsterniss zu widerstehen anfängt, und die Nacht der
Morgenröthe weichen will. Dann im ersten Zwielicht schirren sie ihre
Rosse vor den Wagen und steigen zur Erde nieder, um die Anbetung
und Opfer ihrer Verehrer zu geniessen.[1]) Deshalb heisst die Dämmerung
oder Morgenröthe (Ushas) ihre Schwester. Diese wird in vielen andern
Hymnen, wenn von ihrer Verbindung mit den Açvins die Rede ist, $\varkappa\alpha\tau'$
$\dot{\varepsilon}\xi o\chi\acute{\eta}\nu$ Suryâ, d. i. griech. Hellê, oder Divô duhitâ, Himmelstochter,
$\varDelta\iota\grave{o}\varsigma\ \vartheta\nu\gamma\alpha\tau\acute{\eta}\varrho$ genannt, wie jene selbst Himmelssöhne. Sie wird bei An-
schirrung ihres Wagens geboren.[2]) Ushas heisst aber auch Suryasya
dubitâ, Sonnentochter, und die Vedendichter sagen, dass die Sonnentochter auf dem Wagen der Açvins stehe, dass sie dieselben zu ihren zwei
Gatten gewählt habe. Nach einem Hymnus Rigv. X 85, 9. 14 war jedoch
Soma der glückliche Bewerber um die Sonnentochter Suryâ, und die Açvins
sind zwei Freunde des glücklichen Bräutigams, welche zum Hochzeitzuge
kommen, als Savitar (der Sonnengott) seine Tochter dem Soma giebt.[3])
Und Sayana erzählt nach einem Brahmana: Savitar hatte seine Tochter Suryâ
dem Könige Soma zum Weibe bestimmt. Alle Götter bemühten sich um ihre
Hand und kamen überein, wer bei einem Wettrennen mit der Sonne als Mal
siegen würde, solle sie bekommen. Die Açvinen ersiegten sie und sie bestieg
ihren Wagen.[4]) — Soma ist der personificirte Göttertrank des vedischen
Zeitalters; dürfte man ihn in den beiden angeführten Stellen, wie schon mehrfach im Atharvaveda, in den jüngeren Hymnen des Rig und in den Brahmanas[5])
als Namen des Mondes fassen, so läge der Gedankengang klar. „It is not
unnatural, from the relation of the two luminaries, that he (der Mond) should

---

[1]) Muir a. a. O. 238.
[2]) Muir a. a. O. 238. M. Müller Essays II 82.
[3]) Muir a. a. O. 237.
[4]) Muir a. a. O. 236.
[5]) Muir a. a. O. 271.

have been regarded as son in law of the sun."[1]) Man wird vielleicht annehmen dürfen, dass in diesen Ueberlieferungen der Name Soma eine andere Bezeichnung des Mondes in einer älteren Fassung ersetzt. Dies vorausgesetzt, gewähren die lettischen Lieder von den den Brautschatz der Sonnentochter führenden Gottessöhnchen, von der Sonnentochter, die in das Brautgemach der beiden Gottessöhne eingeht, von der Nebenbuhlerschaft des Mondes und der Gottessöhne, bei der Freiwerbung um die Sonnentochter schlagende Uebereinstimmungen. Die mythische Grundlage der Leukippiden findet M. Müller[1]) mit Recht in Rigv. I 115, 2 wieder. „Sie, die Morgenröthe, die von weissen Rossen gezogen wird, wird im Triumph von den Açvins heimgeführt."[3])

Estnische Parallelen.

Augenfällige Berührungspunkte mit den lettischen Liedern 42 ff. weisen mehrere estnische und finnische Runen von der Freischaft der Sonne, des Mondes und des Sternes (resp. des Polarsterns) um eine aus dem Ei geborene Jungfrau auf. Von dem estnischen Lirde giebt es viele Varianten; es wurde vor kurzem noch öfter bei feierlichem Festtanz, dem Kreuzesreigen[4]), gesungen, und liegt in Neuss's estnischen Volksliedern Reval 1850 I S. 9—23 in vier verschiedenen Fassungen, in einer fünften im Kalewipoeg, Gesang I V. 126—863 vor. Nach den vier Liedern bei Neuss findet ein Weib ein Hühnchen auf der Strasse, das sich in eine Jungfrau, Salme, wandelt. Drei Freier, der Sonnensohn, des Mondes holder Knabe und der Spross der Sterne erscheinen jeder mit funfzig Rossen und sechzig Lenkern; Salme verschmäht den Sonnen- und Mondesfreier und erwählt sich den Sternensohn. Im Kalewipong findet eine Wittwe in der Wiek ein Küchlein, ein Birkhuhnei und vor dem Dorfe eine junge Krähe. Sie trägt alle drei nach Hause, schliesst Ei und Hühnchen in einen Brutkasten, dessen Deckel sie verschliesst, und wirft die Krähe in den Winkel hinter dem Kasten. Nach vier Monaten ist aus dem Hühnchen die Jungfrau Salme, aus dem Birkhuhnei ein zweites Mädchen Linda, aus der Krähe ein Waisenmädchen, eine Sklavin geworden. Es stellen sich als Freier Sonne, Mond und des Polarsterns ältestes Söhnchen, jeder mit funfzig Rossen und sechzig Rosselenkern ein, und werben um Salme; sie verlobt sich dem Sternknaben. Während ihrer Hochzeit nahen abermals Sonne und Mond, sodann der König der Meereswogen und der Kunglakönig[5]), und begehren Linda zur Frau; sie weist Alle ab; sie vermählt sich dem Kalew.

---

[1]) Muir a. a. O. 237.

[2]) Essays II 82.

[3]) Dieselbe Idee steckt in der Sage vom weissen Rosse, das die Açvins dem Pedu schenken, so wie von der Blendung und Heilung des Rijraçva (=Άργιππος) der sein Auge verloren hat, weil er der Wölfin (vriki d. i. der Nacht) 100 Schafe schenkte. Muir a. a. O. 245. 247.

[4]) Eine Beschreibung desselben liefert Blumberg, Realien zum Kalewipoeg. S. 81.

[5]) Der öfter genannte König eines mythischen Landes. Blumberg a. a. O. S. 36.

Die finnische Ueberlieferung erzählt ebenfalls von einer Fahrt, welche die Sonne, der Mond und der Nordstern unternahmen, um sich eine Gemahlin zu holen. Nach Lönnrots Kanteletar III 1 galt die Freierfahrt der schönen und aus einem Gänseei ausgebrüteten Jungfrau Suometar; in Rune XI V. 20—60 der Kalewala heisst die Schöne Kylikki. Sonne, Mond und Sterne warben um sie, jeder für sein Söhnlein. Sie schlägt alle aus und wird schliesslich von Lemminkainen geraubt.

Der Sternensohn, welcher die Braut davonträgt, gleicht sich dem lettischen Gottessohn, dem Morgenstern; vielleicht ist hier der Polarstern nur eine Verschiebung von Venus zum Schwanzstern des kleinen Bären. Die aus dem Ei des Birkhuhns oder der Gans geborene Salme oder Suometar erinnert an Helena, die aus Ledas Schwanenei hervorging; das Hühnchen, welches zur Jungfrau ward, an die o. S. 226 erwähnten Auffassungen der Sonne, des Sonnenlichtes als Hahn, Huhn u. s. w. Hält man den estnischen Spruch, darin der Sonnenkäfer aufgefordert wird in das mythische Land zu fliegen, wo die Hähne Gold, (die Hennen Blech), die Gänse Silber und die Krähen altes Kupfer trinken[1]) (o. S. 227) mit dem Funde der Wittwe Ei, Birkhuhn und Krähe zusammen, so wird man geneigt sein, in diesen Fundstücken Lichterscheinungen des Morgen- und Abendhimmels, in Dienstmagd und Krähe das dicht an die schwarze Nacht grenzende Stadium der Dämmerung zu erblicken. Auf diese Weise wird der Vorzug erklärlich, den der Sternensohn erhält.

V. Der Mond.

Weniger bedeutend als die Sonne, Dämmerung und der Planet Venus tritt der Mond in unsern Liedern hervor, am natürlichsten in 17, wo die Sonne sich mit ihm in die Arbeit, den Menschen zu leuchten, theilt, und jedem sein Gebiet abgrenzt. Eine ähnliche Unterhaltung zwischen den Genien beider Himmelskörper enthält das nachfolgende russische Lied aus dem Gouvernement Tschernigoff:

Da hinter dem Berge, hinter dem Walde,
Hinter dem grünen See,
Dort hat die Sonne gespielt,
Mit dem Monde sich unterhaltend.
Ich frage dich, Mond,
Gehst du früh auf, gehst du spät unter?

„Mein helles Sonnchen,
Was geht dich das an,
Wie ich untergehe?"
Ich gehe auf leuchtend
Und gehe unter verdunkelt."

Weiter folgt ein vergleichendes Gespräch zwischen einem Knecht und einer Magd, welche sich erkundigt, ob er ein Pferd habe, und weshalb er sie besuche.[2])

---

[1]) Bei Neuss B. a. a. O. S. 13 wird statt des Huhns allein ein Hahn und ein Hühnchen gefunden; Hühnchen scharrte schöne Seiden, Hähnchen goldne Franzengarne (vgl. o. S. 217 die goldlaces). Aus dem Hühnchen wird Salme, der Hahn kommt nicht weiter vor, ist mithin wohl reiner Pleonasmus von der Mache eines jüngeren Ueberarbeiters.

[2]) Afanasieff, poet. Naturansch. I 76.

Nach 47 trägt der Mond den Sternenmantel, es ist also der Nachthimmel als sein Gewand gedacht, die Sterne als Verzierungen daran. In 73, wo offenbar er der Sprecher ist, führt er dagegen als sein Liebchen die Weberin von Sternendecken (das Mondlicht?) heim und dasselbe Wesen wird es sein, welches 48 seinen Fuhrmann spielt. Während ein russisches Räthsel den Mond grade so wie den Tag, ein graues Ross nennt[1]) (vgl. o. S. 95), behauptet unser Lied 46, der Mond habe kein eigenes Rösschen, Morgenstern und Abendstern seien seine Rosse; während nach 44 hundert Reiter, seine oder Gottes Söhne (vgl. o. S. 306. 307) auf grauen Rossen für ihn auf die Freiwerbung um die Sonnentochter ausziehen, Es sind alle Sterne gemeint und nach 73 besitzt er in der That selbst ein graues Rösschen.

Er freit um die Sonnentochter (44), die Sonne giebt sie ihm, obgleich sie dieselbe dem Gottessöhnchen versprochen (72); während sie nach 71b grade zürnt, weil er dem Morgenstern die verlobte Braut genommen. Nach 75 führt er die Sonnentochter heim und Perkun führt den Hochzeitzug. Nach 73 dagegen wartet er auf die ihm verlobte Sonnentochter und da diese nicht kommt, weil der Morgenstern nach ihr schaut und sie sich von der Sonne erkauft, vermählt er sich mit der Weberin der Sternendecken. Der (mit der Sonnentochter verlobte) Mond zählt alle Sterne, alle sind da, ausgenommen der Morgenstern, der nach jener auszuschauen lief (74. 50. 73).

Die litauische Poesie setzt an die Stelle der Freischaft des Mondes um die Sonnentochter seine Liebe zur Sonne selbst (77. vgl. o. S. 95), und sein Nebenbuhler, der Morgenstern, erhält nun diese zur Nebenbuhlerin. Abends reicht der wankelmüthige Liebhaber der Sonne die Hand, Morgens der Auszriue. Die Verbindung der Sonne und des Mondes ist den Letten übrigens nicht unbekannt, da sogar die Sterne zuweilen als Kinder dieser Verbindung genannt werden (o. S. 303). Als Liebhaber des Sternes kennt den Mond auch ein weissrussisches Lied:

> Halte Musterung, Mondchen, Musterung!
> Er hat alle Sternchen durchmustert!
> Ein Sternchen hat ihm gefallen.
> Wenn sie (die Sternjungfrau) auch klein ist, ist sie doch hell,
> Und unter allen Sternen hervorragend.[2])

Doch auch die slavische Sage weiss von dem Verhältniss zwischen Sonne und Mond und zwar wird dasselbe nicht bloss als tägliches, sondern auch als ein im Jahreslaufe sich vollziehendes gedacht. Die Liebenden, Sonne und Mond, gehen zum Winter, in den ersten Tagen des Frostes, nach verschiedenen Seiten auseinander und treffen erst wieder in den ersten Tagen des holden Frühlings zusammen.[3]) Auf einer ähnlichen Anschauung mag

---

[1]) Ein graues Pferd (Füllen) sieht durch das Thor (Hecke). Tereschtschenko VII 164. Sacharoff I 96, bei Afanasieff poet. Naturansch. I 597.

[2]) Kostomaroff weissruss. Volksl. II 57, bei Afanasieff poet. Naturansch. I 78.

[3]) Afanasieff a. a. O. I 77.

es beruhen, dass 77 die Hochzeit des Mondes und der Sonne in
den Frühling verlegt; dass der erste Frühling (der Welt) genannt wird,
ist ein sehr passender Zeitpunkt, sobald einmal nach der Regel des Mythus
der wiederholte Naturvorgang durch einen einzelnen Moment sich ersetzt.

Wegen seiner Untreue wird der Mond von Perkun mit dem Schwert zerhauen (76. 77); auch das lettische Lied hat diesen Zug, nur übt die Sonne,
nicht Perkun, das Richteramt (71a). Hier hat der Mythus ganz ähnlich wie
bei dem vorhin genannten Beispiel Vorgänge der Tagesgeschichte des Mondes
(Sonnenuntergang, Mondschein, Morgendämmerung) dazu verwandt, um den
monatlichen Verlauf des Phänomens (Zu- und Abnahme des Mondes,
Mondviertel) zu erklären. Und so geschieht es überhaupt im Be-
reiche der Mythologie der Sonne und Gestirne sehr gewöhnlich, dass
Tageslauf, Monatslauf, Jahreslauf der Naturobjecte in
der mythischen Erzählung zu einem Ganzen verschmolzen werden.

VI. Perkun.

Perkun, der Gewittergott, wird in unsern Liedern in folgenden Beziehungen erwähnt. Perkun fährt nach Deutschland über das Meer, ein Weib
zu nehmen (13. 14). Er schmettert in den Quell (See), wo die Sonnentochter
ertrank (39. vgl. 40).[1] Er ist Brautführer auf der Hochzeit des Mondes und
der Sonnentochter (72. 75). Er zerschmettert den goldenen (grünen) Eichbaum (72. 73. 75. 78). Er spaltet den Apfelbaum (74). Er zerhaut den
Mond (77). Seine Muhme (der Abend-Morgenstern) heizt der Sonne Abends
die Badstube (91. vgl. o. S. 289).

In der Sprache und im Liede tritt Perkun sonst zunächst als Gewittergott auf. Spr. 316:

Der Perkun Vater
Hatte neun Söhne,
Drei schmetterten, drei donnerten,
Drei blitzten (flimmerten).

Von den verschiedenen Momenten des Gewittervorgangs werden die einzelnen
Anlass zu verschiedenen Verrichtungen des Perkun in übertragener Bedeutung;
theilweise sind diese Verrichtungen in verschiedenen Söhnen des Gottes — wie
wir soeben sahen — hypostasirt. Er verfolgt und zerschmettert nicht allein die
Johdi (d. i. die Schwarzen, die Teufel, eigentlich die Dämonen des Dunkels der
der Wolke und vielleicht auch der Nacht), sondern wird auch angerufen, die
böse Schwiegermutter zu zerschmettern oder den über die Daugawa (diesmal
den Fluss Düna) vordringenden Feind zurückzuhalten. Spr. 316:

Ihr Donner, ihr Blitze
Zerschmetttert die Schwiegermutter!
Damit ich selbst Freiheit habe,
Die Schlüssel erklingen zu lassen.

---

[1] Der hier genannte Waldteufel ist der weiter unten erwähnte Johds.

> Grolle, grolle, Perkunchen,
> Zerspalte die Brücke über die Daugawa,
> Damit nicht kommen die Polen,
> Die Litauer in mein Vaterland.

Er segnet den Acker:

> Leise, leise drohend
> Kommt über das Meer der Perkunchen,
> Nicht verdarb er die Faulbaumblüte,
> Nicht wo der Pflüger gegangen ist.

Der Donner ist sein Lied und Spr. 315 bittet:

> Der Perkunchen hat fünf Söhne,
> Alle fünf sind in Deutschland.
> Ich bitte dich Perkunchen,
> Führe einen in dies Land,
> Damit er mir helfe diesen Ort
> Erzittern zu lassen durch Lieder.

In den Erscheinungen des Sonnenuntergangs und Sonnenaufgangs kann Perkun hienach nur durch Uebertragung, nur durch Vergleich der Morgenröthe und Abendröthe mit dem Gewitterfeuer, der ersten Lichtblitze des Morgens mit dem grossen elektrischen Phänomen als Lichtzünder wirksam geworden sein. Wahrscheinlich war der Anfang der hiehergehörigen Vorstellungen die in 39 geschilderte; die ersten Lichtblitze des Morgens erschienen als Perkuns rächender Strahl, mit dem er in das Himmelsgewässer schlug, wo die Sonnentochter ertrank. Von hier aus mag dann durch Analogie die Annahme einer Betheiligung des Gewittergottes an den Phänomenen des Morgenlichtes und Abendlichtes von Stück zu Stück, von Bild zu Bild immer weiter um sich gegriffen haben.

VII. Der Himmelsschmied.

Die Lieder 36. 37. 38 bringen uns Kunde von einem himmlischen Schmied, welcher dem Gottessohne Sporen oder einen Gürtel, der Sonnentochter Krone und Ring verfertigt. Seine Schmiede liegt am Himmel und am Saume des Meeres oder des grossen Wassers, der Daugawa. Man wird bei flüchtigem Hinsehen geneigt sein, zunächst an eine Beschreibung des Gewitters zu denken, in welchem der bald als Gürtel[1]), bald als Krone oder Ring[2]) gedachte Regenbogen geschmiedet werde, allein diese Deutung verträgt sich nicht mit dem Sinne, den wir vorhin für den Gottessohn und die Sonnentochter und

---

[1]) Vgl. o. S. 306. Bei den Gallas in Afrika heisst der Regenbogen zabata scarf, Schärpe, Leibbinde, uud zabata wacayo, Leibbinde des Himmels, wie lit. dangaus josta, Gürtel des Himmels. Auf türkisch heisst der Regenbogen giboh kiemeri, des Himmels Leibgürtel, Schärpe. Pott in Zs. f. vgl. Sprachf. II 430.

[2]) In Lothringen heisst der Regenbogen couronne de St. Bernard, die Karaiben nennen ihn den bunten Federkopfputz, das Diadem des Gottes Joulouca, die Zigeuner Gottes Ring. Zs. f. vgl. Sprachf. II 426. 430. 432. 428.

für deren Krone, Ring und Gürtel ermittelt haben. Wenn es wahr ist, was wir in früheren Abschnitten dieser Abhandlung auseinanderzusetzen suchten, dass der Gottessohn der Planet Venus, die Sonnentochter die Dämmerung, der Gürtel Abend- und Morgenroth, der Ring die Sonne, die Krone die letzten und ersten Strahlen des niedergehenden und aufgehenden Tagesgestirnes bedeute, so muss der Vorgang des Schmiedens am Abend oder Morgen geschehen und als das Schmiedefeuer das Abendroth oder Frühroth gedacht sein. Ahne ich recht, so kann die Verfertigung der in unseren Liedern genannten Lichterscheinungen nur eine Verdunkelung, eine abgeleitete Form des eigentlichen Geschäftes sein, welches die alte Sage dem im Morgenroth am Himmel schmiedenden Künstler beimass. Ich meine, dasselbe müsse darin bestanden haben, jeden Morgen die neue Sonne zu schmieden. Irre ich nicht, so liegt diese Gestalt des im Morgenroth oder Abendroth schmiedenden Himmelskünstlers den Figuren mehrerer aus finnischer, germanischer griechischer Sage bekannter göttlicher Schmiede zu Grunde.

Der erste derselben ist der finnische Ilmarinen. Ihm werden mancherlei Wunderwerke beigemessen. Er hat den Himmel geschmiedet und den Deckel der Luft (ilman kansi) gehämmert (Kalew. 10, 273 ff.) Seine zweite That war es, den Sampo zu schmieden, eine wunderbare Mühle mit buntem Deckel (kirjo kansi), die von selbst Mehl, Salz und Gold (Geld) mahlt, so dass das ganze Land, in dessen Besitz sie ist, in Ueberfluss lebt. In dem Sampo hat die neuere Forschung übereinstimmend die Sonne erkannt.[1]) Die Wirthin des finstern Nordlands verschliesst dieses Kleinod in denselben Felsen, in welchen sie nach anderen Liedern Sonne und Mond verbirgt; hier haben wir mithin zwei synonyme Mythen für die winterliche Verdunkelung der Sonne. Wenn nun Ilmarinen aus Gold und Silber einen neuen Mond

---

[1]) J. Grimm, Finn. Epos in Höfers Zeitschr. f. Wissensch. d. Spr. I 29. Kl. Schr. II 89 hatte schon, indem er die über Nacht oder an jedem Morgen „ganz wie Kalewala erste Ausg. 5, 299, 347 pubtehessa tempore antelucano" Gold und Silber mahlenden Mühlen der germanischen Sage und des germ. Volksliedes verglich, gefragt „ist es (das Goldmahlen) von der aufsteigenden, den Horizont vergoldenden Tagesröthe hergenommen?" A. Schiefner erklärte in seiner am 22. März 1850 in der Petersburger Akademie gelesenen Abhandlung „zur Sampomythe" Bull. histor.-phil. T. VIII n. 5. p. 8, dass unter dem Sampo ursprünglich das glanzvollste, strahlenreiche Tagesgestirn, unter dem Deckel der Himmel, das Firmament gemeint gewesen sei. Kirjokansi (bunter Deckel) ist Kalew. R. 27, 109 ff, 49, 51 Synonym des Himmels. Schiefner a. a. O. p. 7. A. Kuhn, Herabkunft des Feuers S. 115 ff. trat dem bei und suchte die Auffassung der Sonne als Mühle verständlich zu machen. Neuerdings hat O. Donner, Mythus von Sampo (Abdruck a. d. Acta Societ. Fennic. Tome X Helsingfors 1871) gegen die inzwischen von J. A. Friis aufgebrachte Deutung des Sampo auf eine lappische Zaubertrommel Schiefners Erklärung desselben als „die goldglänzende Sonnenscheibe, die sich vor den Blicken der Menschen im Winter verbirgt", ausführlich vertheidigt, indem er zugleich abweichend von Schiefner den Namen aus finnischer Sprache zu erklären sucht. Ich füge hinzu, dass die Action des Mahlens aufzufassen sein wird wie o. S. 291 das Buttern im Feuerfasse, als die flimmernde Bewegung der Lichttheilchen an der Sonnenscheibe; und dass das Mahlen des Goldes durch den Lichterguss am Morgen, das Mahlen des Mehles durch die Analogie des Tischchen deck' dich (o. S. 230) sich treffend zu erklären scheint.

und eine neue Sonne schmiedet, aber dieselben nicht zum Leuchten zu bringen
vermag, so liegt in diesem Zuge eine Doppelform der Schmiedung des Sampo
vor, und das Ausbleiben des erwünschten Erfolges ist lediglich auf Rechnung
des mythenverknüpfenden Epos zu schreiben. Diese unabweisbare Beobachtung heisst mich vermuthen, dass es sich mit einem dritten Meisterstück
Ilmarinens ganz ähnlich verhalten müsse. Nachdem ein goldenes Schaf [vgl.
o. S. 243 ff.], und ein goldenes Füllen [vgl. o. S. 93 ff.] aus seiner Esse empor-
gestiegen und wieder dahinein zurückgesunken sind, bildet er sich eine
goldene Frau von wunderbarer Schönheit, aber er vermag ihr weder
Sprache noch Wärme einzuflössen und kalt ruht sie Nachts an seiner Seite
(Kalew. R. 37). Wie aber, wenn er nach älterer Sage sein Ehegemahl sich
wirklich schmiedete und wenn die goldene Jungfrau (ein drittes Synonym
zu Sampo und Sonnenball) Frau Sonne selber war? Tritt somit die Verfertigung der Sonne als das Hauptwerk des göttlichen Bildners in den Vordergrund, so wird wahrscheinlich, dass auch die erste Schöpfungsthat Ilmarinens,
die Schmiedung des Himmels, nur eine Erweiterung der Verfertigung der
Sonne ist, und dass diese cosmogonische Mythe aus einer ältern entstand,
welche einen der lebendigen Anschauung zugänglichen, periodischen Naturvorgang verbildlichte. Da nun bei Ilmarinen kein Zug auf eine Wesensgleich-
heit mit dem Gewittergott Ukko hinweist, liegt es sehr nahe seinem Ursprunge
nach sich jenen nach Analogie des lettischen Himmelsschmiedes als den im
Morgenroth die Sonne wirkenden göttlichen Bildner zu denken.

Von Schmied Wieland (Wêlant, Wiolant, Völundr) ist schon o. S. 297
die Rede gewesen. Die fabelhafte Geschichte dieses berühmten Künstlers
besteht aus einer Zusammenhäufung mehrerer Begebenheiten, deren jede einzelne als Verbildlichung des Sonnenaufgangs ohne Zwang deutbar erscheint.
Als Lichtheros characterisirt ihn das Beiwort Alfa ljóðhi Alfenfürst (o. S. 207).
Er holt über Nacht den siegbringenden Stein, Sonne (vgl. o. S. 287)
herbei, er vermählt sich mit einer Schwanjungfrau (Walkyre, Sonne? Morgenröthe?) und verfertigt sich selbst ein Vogelhemd, Schwanhemd.[1] In den 700
Ringen, welche er schmiedet, sucht Kuhn die 350 Tage und Nächte d. h.
eine Verdoppelung der Sonnen des Mondjahrs; ausserdem wird ihm die Verfertigung eines kostbaren Schwertes (vgl. o. S. 300) beigemessen, auch hat

---

[1] Vgl. Kuhn Entwickelungsstufen 144. Dass auch die vedische Poesie die ersten Sonnenstrahlen des Morgens zu bewaffneten Jungfrauen (den Morgenröthen, denen sich die gleich
ausgestatteten Walkyrien zur Seite stellen) umgestaltet, sehen wir aus Rigv. I 92, 1 wo von ihnen
gesagt wird „wie tapfere Männer ihre Waffen rüstend". Vgl. Wislicenus Symbolik von Sonne
und Tag 9—11. Die Waberlohe, von welcher umgeben die Walkyre schläft = dem die Nacht
begrenzenden Abend-Morgenroth. Kuhn Zs. f. vgl. Sprachf. III 451. Wislicenus a. a. O. 50—59.
Schwan in den Veden = Sonne. Kuhn Zs. f. vgl. Sprachf. IV 120. Herabk. d. Feuers S. 91.
Vgl. auch zu dem die Schwanjungfrau heirathenden Alfenfürsten, der sich ins Feder-
gewand wirft, die Genealogie Svanhildr Gullfjöðr (Goldfeder), die Tochter von Sôl und
Dagr (Sonne und Tag) heirathet den Alfr und gebiert ihm Svanr hinn Rauði (Schwan den
Rothen). Vgl. o. S. 310.

er aus den Schädeln zweier von ihm getödteter Knaben Trinkschalen, aus ihren Augen Edelsteine (jarknasteina) geschmiedet. Das erinnert an die Ausdrücke Ymirs Hirnschale (Ymishauss) für Himmel, Auge Gottes für Sonne, Augen der Engel für Sterne. Falls also diese Thaten ursprünglich zu Völundr (Wieland) gehörige mythische Züge und nicht bloss epische Anflüge oder Weiterbildungen waren, dürfte es wohl nicht unwahrscheinlich sein, dass ihnen in einfachster und ursprünglichster Form ein Bild für die vermeintliche Schmiedung des Himmels (vgl. Ilmarinen) und der Sonne oder des durch Sonnenaufgang getödteten Abend-Morgensterns zu Grunde lag. Dass Welent (Thidrekss. c. 60) ein Mannsbild schafft, welches so lebensvoll ist, dass der König ihm zur Begrüssung die Hand entgegenstreckt, scheint ein verdunkeltes Seitenstück zu Ilmarinens Schöpfung einer Frau. Die Lähmung Völunds (Welents) durch Nidung geht vielleicht im Gegensatz zu den vorhin erwähnten Mythenzügen auf die Schwächung des Lichtes im Winter, wenn sie nicht gleich der Lahmheit des Hephästos auf einem anderen, noch nicht deutlich erkennbaren Grunde ruht. Den Namen Welandes smiððe (Wielands Schmiede) finden wir in England auf ein altes Steindenkmal übertragen,[1] an dem eine auch in Deutschland weitverbreitete und mit der Wielandsage nächstverwandte Zwergsage haftete,[2] wonach in einem Hügel ein zwerghafter Schmied (oder ein ganzes Zwergenvolk) wohnt, bei dem man eine Schmiedearbeit (vorzugsweise Pflugscharen) bestellt, die am anderen Morgen fertig auf dem Steine vor der Berghöhle liegt. Der Schmied besitzt einen Bratspiess, den er ausleiht; er lässt sich in Gestalt eines glühenden Rades sehen. Verwandte Sagen lassen die Zwerge goldene oder silberne Schüsseln oder Braupfannen schmieden, die sie ausleihen.[3] Fusst die Wielandsage auf einem ältern Mythus vom Himmelsschmied, so werden auch diese Zwergsagen irdische Localisationen eines himmlischen Vorgangs sein und derselben Art angehören, wie die Erzählung von Verfertigung des Ebers Gullinbursti (der Sonne), des Hammers Mjölnir (Blitz und Donner), des Rings Draupnir (Sonne) durch die Zwerge; diese schmieden über Nacht und stellen zum Morgen fertig aus dem Berge (dem nachtumzogenen Himmelsgewölbe) heraus die Pfanne oder Schüssel = Sonne (o. S, 102), die Pflugschar (= Harke? Egge? o. S. 302), den Spiess (= aufschiessenden ersten Sonnenstrahl o. S. 300?.)[4]

Endlich gelangen wir zu dem Ahnherrn der griechischen Künstler, Hephästos, dessen hohe Uebereinstimmung mit Wieland schon von mehreren Forschern bemerkt worden ist. Er hat sich aus Erz sein unvergängliches von Sternen durchleuchtetes Haus ($\delta\acute{o}\mu o\nu$ $\mathring{\alpha}\varphi\vartheta\iota o\nu$ $\mathring{\alpha}\sigma\tau\varepsilon\varrho\acute{o}\varepsilon\nu\tau\alpha$, $\mu\varepsilon\tau\alpha\tau\varrho\varepsilon\pi\acute{\varepsilon}$

---

[1] Zs. f. D. Altert. XII 263, VI. W. Grimm D. Heldens. 323 Aufl. 2 S. 333 n. 170.

[2] Es genügt, auf Kuhn westfäl. Sag. 1 S. 41 n. 36 S. 66 n. 52 ff. S. 84 n. 76 ff. zu verweisen. Cf. auch Kuhn in Zs. f. vgl. Sprachf. IV 96 ff. Rassmann deutsche Heldensage II S. 268.

[3] Vgl. meine Nachweise Altpr. Monatschr. III 324 ff. und o. S. 231 die aus dem See aufsteigende Schale mit Opferspeise in Indien.

[4] Als Sonnenschmied liesse auch Mime mit Mimir, in dessen Brunnen Odhins Auge zu Pfand steht, sich vermitteln.

ἀθανάτοισιν χάλκεον) verfertigt Il. 18, 370, der Here den θάλαμος Il. 14, 166, jedem der Götter kunstreich die Wohnung (δῶμα) ll. I 606 ff. Diese Individualisirung war durch die scharf umrissene Anthropomorphose der homerischen Götter geboten, wer aber sähe nicht mit geistigem Auge dahinter die ältere Gestalt des Künstlers hervortauchen, der „das Haus der Götter", das eherne Himmelsgewölbe (οὐρανὸν πολύχαλκον Od. III 2) wie Ilmarinen geschmiedet? Er verfertigt wunderbare Kleinode aller Art, sein berühmtestes Werk scheint jedoch das Schmieden eines Schildes gewesen zu sein, ein Mythus, dessen die homerische Epik sich bemächtigte, um ihn zur Ausschmückung der Achillessage zu verwenden. Wären wir berechtigt, aus dem Gewicht, welches der Dichter der Verfertigung gerade dieses Stückes beilegt, auf ein besonderes Hervortreten dieses Kunstwerks unter den Arbeiten des Hephäst in dem vorhomerischen Mythus zu schliessen, so läge es nahe, den Schild der Sonne für die Naturbedeutung jener Schutzwaffe anzuerkennen, welche späteren Sängern zum Vorbilde ihres von Hephäst geschmiedeten Achillesschildes geworden ist. Die beiden goldenen Mägde, welche Hephästos sich geschmiedet hat Il. 18, 417 ff., erinnern wieder an jene von Ilmarinen geschmiedete goldene Hausfrau und könnten Verdunkelung derselben Vorstellung sein. Unserer Zwergsage begegnet die von Pytheas verzeichnete Volkssage: Ἐν τῇ Λιπάρᾳ καὶ Στρογγύλῃ (τῶν Αἰόλου δὲ νήσων αὗται) δοκεῖ ὁ Ἥφαιστος διατρίβειν· δι᾽ ὃ καὶ πυρὸς βρόμον ἀκούεσθαι καὶ ἦχον σφοδρόν· τὸ δὲ παλαιὸν ἐλέγετο, τὸν βουλόμενον ἀργὸν σίδηρον ἐπιφέρειν καὶ ἐπὶ τὴν αὔριον ἐλθόντα λαμβάνειν ἢ ξίφος ἢ εἴ τι ἄλλο ἤθελε κατασκευάσαι, καταβαλόντα μισθόν.[1]) Namentlich stimmt der Zug, den wir auf das Schmieden in der Morgenfrühe deuten zu müssen glaubten, dass der Besteller ἐπὶ τὸ αὔριον das Schmiedewerk fertig finde.

Als Schmieder der Sonne käme Hephästos auf die einfachste Weise zu der Ehre, Gemahl der Morgenröthe zu sein, welche die o. S. 306 schon einmal angezogene Erörterung M. Müllers ihm zuweisen will: Bei Homer wurde Charis noch als einer der vielen Namen der Aphrodite gebraucht und wie Aphrodite wird sie die Gemahlin des Hephästos genannt. Aphrodite, die dem Meeresschaum Entstiegene, war ursprünglich die Morgenröthe, jenes lieblichste Phänomen am Himmelsgewölbe und von dieser Grundidee aus wurde sie im Geiste der Griechen naturgemäss zu dem Range einer Göttin der Schönheit und Liebe erhoben. So wie die Morgendämmerung in den Vedas Duhitâ Divah, die Tochter des Dyaus, genannt wird, so ist Charis, die Dämmerung, den Griechen die Tochter des Zeus.[2]) Dagegen vergleiche man die gewichtigen Einwürfe, welche G. Curtius Grundzüge der griech.

---

[1]) Schol. Apoll. Rhod. IV 761. F. Wolf Altd Bl. I 47. Grimm Myth.² 440. Kuhn Zs. f. vgl. Sprachf. IV 97.
[2]) M. Müller Vorlesungen über Wissensch. d. Spr. II 1866 S. 351 ff. Derselbe, Essays Lpzg. 1869 II 119. 124. 325. Vgl. Leo Meyer Bemerkungen zur ältesten Gesch. d. griech. Myth. 1857. S. 35 ff.

Etym. Auff. 2 1866 97 S. 115 erhoben hat und welche durch M. Müllers Gegenbemerkungen noch nicht widerlegt sind, wenngleich unsere Erörterung über den Gürtel des Gottessohnes und denjenigen der Aphrodite geeignet scheint, die Deutung dieser Göttin auf das Morgenroth von anderer Seite her zu unterstützen. In jedem Falle reichen die beigebrachten Thatsachen aus, um die Aufmerksamkeit tiefer eindringender Forscher auf die Frage zu richten, ob nicht Hephästos dem Wesen nach mit dem lettischen Himmelsschmiede identisch und ursprünglich im Morgenroth die Sonne schmiedend gedacht war? Aus dieser That konnte sich am natürlichsten das künstlerische Bilden von allerlei Geräth (Schüsseln, Becher) und Waffen (Schild, Speer, Schwert) für die Götter im weiteren Verlauf des Mythus ableiten. Die Morgenröthe wäre demnach als des Hephästos Schmiedefeuer gedacht und dazu stimmte, dass die homerische Metonymie Ἥφαιστος für Feuer Il. II 426 IX 468 XXI 342 ff. in ihm einen griechischen Verwandten des Agni erkennen lässt, dem die Veden eine dreifache Existenz im Feuer der Sonne, im Blitze und im irdischen Feuer zuschreiben, der nach Rigv. X 156, 4[1]) die Sonne, die unvergängliche Scheibe, am Himmel hinaufsteigen lässt, und dessen Erwachen nach Rigv. I 157, 1 das Aufsteigen der Sonne, das Leuchten der Morgenröthe und die Ausfahrt des Açvins begleitet, der aber auch zugleich mit Indra verbunden oder identificirt wird. Es würde mithin der in Rede stehenden Deutung, der in doppelter Form bei Homer erhaltene Mythus, dass Hephaistos aus dem Olymp in die Tiefe gewiesen wurde (Il. XIV 166 ff. von Zeus auf Lemnos, XVIII 394 ff. von Here ins Meer) auch dann nicht im Wege stehn, wenn derselbe auf das Gewitter zu beziehen wäre und den Gedanken enthielte, den schon Cornutus darin finden wollte, dass die Blitze des Zeus die Urquelle alles Feuers seien.[2]) Da aber sonst keine sichere Spur von einem Zusammenhange des Hephaistos mit dem Gewitter vorhanden ist (denn seine Verbindung mit den Kyklopen gehört lediglich späterer Sage an) so fragt es sich, ob nicht das Hinabwerfen aus dem Olymp lediglich eine ätiologische Fabel zur Erklärung der Lahmheit des Gottes war, deren Bedeutung noch keine der bisherigen Untersuchungen zu völlig klarem Verständniss gebracht hat.

Kehren wir noch einen Augenblick zum lettischen Himmelsschmiede zurück. Die Wolldecke, welche von den herabfallenden Kohlen seiner Esse geröthet wird, ist der im Morgenroth erglühende Wolkenhimmel, kurze Zeit darauf erglänzt sie silbern im Lichte der Sonnenstrahlen, die Kohlen haben sich in Silberstücke gewandelt. Diese Wandlung von Kohlen in Gold oder Geld begegnet in den deutschen und altrömischen Schatzsagen wieder und man geräth leicht in Versuchung, dieselben als irdische Niederschläge einer bildlichen Auffassung des Sonnenaufgangs zu deuten. Da aber ganz ähnliche

---

[1]) Muir a. a. O. 214. 239. Doch ist Agni nicht der Schmied der Götter, sondern dieses Amt fällt im Veda Tvashtri zu.

[2]) Vgl. Welcker griech. Götterl. I 661.

Vorstellungen und Bilder vielfach aus gänzlich verschiedenen Anlässen entstehen, so ist von einer voreiligen Annahme dieser Conjectur abzusehen.

VIII. Der Nachthimmel als Seelenaufenthalt.

In den lettischen Sonnenliedern tritt häufig die sehr alte Anschauung
hervor, dass die Seelen der Verstorbenen in der Unsichtbarkeit des Himmels-
raums, resp. in der Finsterniss des Nachthimmels ihren Aufenthalt haben.
Deshalb trägt das Kind in 90 der scheidenden Sonne tausend Abendgrüsse
an die todte Mutter auf, deshalb passirt der Abend-Morgenstern auf seinem
Wege von Westen nach Osten in 86 das Häuschen der Seelen, und wir
werden nun verstehen, dass das grosse Himmelswasser gemeint ist, wenn
Spr. S. 12 gesagt wird (vgl. o. S. 99):

> Daugawiega Schwarzäuglein,
> Schwarz fliesst sie am Abend.
> Wie soll sie nicht schwarz einherlaufen
> Voll von teuren Seelchen?

Nur in Lichtblicken, wenn (bei abwechselndem Regen und Sonnenschein)
die Geister Hochzeit machen, werden die Unsichtbaren sichtbar (87. 88).
Zum Hause der Seelen, der Nacht, hat die Sonnentochter (die Dämmerung)
den Schlüssel. Sie wird in 89 angerufen, diese Wohnung für die Seele aufzuschliessen, wenn andererseits dem Leichnam seine künftige Behausung erschlossen wird. Deutlich geht dieser Sinn aus mehreren beim Begräbniss
gesungenen Liedern hervor. Vgl. zunächst zwei an die Erdmutter (Semmes
mâte) bei Spr. 218:

> Lebe wol, Vater, Mütterchen!   Weh der du geboren wirst! Semmes mâte,
> Guten Abend Semmes mâte.   Gieb mir das Grabschlüsselchen,
> Guten Abend Semmes mâte,   Dass ich könne das Grab schliessen
> Behüte meinen Wuchs!   Für das alte Mütterchen.

Vgl. ferner U. 402:

> Vormittags führt mich zum Grabe,
> Führt mich nicht am Nachmittage,
> Denn Nachmittags schliessen Gottes
> Kinder zu die Himmelspforten.

Zu bemerken ist, dass abweichend von den dargelegten Anschauungen andere
Ueberlieferungen auch den Seelen den Aufenthalt unter dem Rasen zuschreiben.
Wenn E. Schraders Entzifferung eines vor kurzem in der Bibliothek des
Sardanapal aufgefundenen altbabylonischen Epos[1] glaubhaft ist, so gewährt
dieses Gedicht eine sehr alte Parallele zu dem Mythus unseres Liedes 86.
Istar, der Abend- und Morgenstern, die Göttin der Befruchtung, entschliesst
sich in die Unterwelt zu gehen, offenbar weil man ursprünglich die Göttin

---

[1] E. Schrader, die Höllenfahrt der Istar, ein altbabylonisches Epos. Giessen 1874. Vgl.
Steinthal Zs. f. Völkerpsychol. VIII 344—347 und Fr. Lenormant, die Anfänge der Cultur.
Jena 1875 II 57—74, wo I 249—267 auch das ägypt. Märchen (ob. S. 239 ff.) ausführlich be-
sprochen ist.

während der Nacht im Hause der Seelen, in der Unterwelt sich dachte.
Drohend verlangt sie Einlass, der Pförtner führt sie durch sieben Vorhöfe
und sieben Thore, an jedem muss sie verschiedene Gegenstände ihres Schmuckes,
Krone, Ohrringe, Halsgeschmeide, Mantel, Gürtel u. s. w. ablegen, ·bis sie
jedes Zeichens der Würde entkleidet, ganz arm, nackt und bloss dasteht.
Auf Erden hört jede Begattung, jede Ordnung des Befehlens und Gehorsams
auf. Da fordert der Sonnengott Samas vom Götterkönige Ao Istars Wiederkehr; zürnend muss die Fürstin der Unterwelt sie (Morgens) auf göttlichen
Befehl entlassen.

Nachwort.

Die Analyse der lettischen Sonnenlieder zeigt uns einen ähnlichen Zustand, wie er in den Vedahymnen zu Tage tritt, wir können in ihnen eine
Mythenwelt noch im Werdeprocess belauschen. Wie aus der in ewigem
Flusse befindlichen Masse eines brodelnden Zauberkessels steigen da vor
unseren Augen in unendlicher Reihe immer neue wechselnde, sich häufig aus-
schliessende, einander widersprechende Naturbilder für ein und dieselben
Zustände des Tagesgestirnes und der dasselbe begleitenden Lichterscheinungen
in die Höhe, immer neue Versuche das Unbegreifliche derselben fasslich,
durch Vergleich mit bekannten Gegenständen aus der Nähe sich verständlich
zu machen.

Diese verschiedenen Anschauungen laufen, obschon theilweise unzweifelhaft zu sehr verschiedenen Zeiten entstanden, grösstentheils wohlverstanden
in einem und demselben Volke neben einander her. Bald aber sehen wir
mehrere einfache Naturbilder mit einander zu einem Gesammtbilde combinirt,
bald auch aus einem vorhandenen ein neues und aus diesem ein drittes abgeleitet, vielleicht ein viertes, das schon rein traditionell wird (vgl. o. S. 103
Apfel, Apfelgarten, Apfelblüthe, Apfelbaum) und dann durch die Allmacht
der Analogie und Uebertragung der Metapher wohl zu solcher Ausdehnung
und Selbständigkeit gelangt, dass es nicht mehr genau für den Naturvorgang
passt, für den es gebraucht wird (vgl. den von Perkun zerschmetterten Apfelbaum o. S. 232). Die grosse Fülle dinglicher Naturbilder sehen wir in ver-
schiedenartigster Weise zu einer kleinen Anzahl persönlicher Wesen in Beziehung gesetzt, welche als handelnde Persönlichkeiten in oder hinter den
Naturerscheinungen stehend Gegenstände eines realen Glaubens bilden (Sonnenmutter, Sonnentochter, Perkun, Gottessohn, Himmelsschmied). Indem ihren
ursprünglich nur das gegenseitige Verhältniss von Naturerscheinungen ab-
bildenden Handlungen freie menschliche Motive untergeschoben werden, bilden
sich Erzählungen, in denen wiederholte Vorgänge zum einmaligen Factum,
in regelmässiger Wiederkehr zu ganz verschiedenen Zeiten sich abspielende
Ereignisse zu einem einzigen gleichzeitigen Geschehen sich· umwandeln.

Die Sonne (als Person gedacht) tödtet täglich Morgens den Mond mit dem silbernen Stein, der Sonnenscheibe; das Lied lässt dies einmal geschehen und Gott darüber drei Tage mit der Sonne zanken (71). Ebenso zanken beide drei Tage, drei Nächte, weil die Sonnentochter das Schwert des Gottessohnes abgebrochen hat, eine Begebenheit, die in Wirklichkeit täglich vor sich geht (70) [gradeso bleibt bei Ovid Helios um Leukothoes willen länger am Himmel stehen, versäumt im siebenbirgischen Märchen die Sonne um der Goldkinder willen sieben Tage das Untergehen]. Täglich wird der Eichbaum zerspalten, die graue Himmelsdecke mit seinem Blute bespritzt und doch weint die Sonnentochter drei Jahre lang darüber (78). Der Mond vermählt sich täglich, zuerst Abends mit der Sonne, hernach Morgens mit dem Frühstern; der Mythus macht diese Vermählung zu einem einmaligen Akt, und verlegt ihn in die Zeit der Tag- und Nachtgleiche in den Frühling, sodann rückwärts in die Zeit der Weltschöpfung. Damit nicht zufrieden, fügt er auch noch die Erzählung des monatlichen Schicksals des Mondes hinzu. Für seine Untreue an der Sonne wird der Mond mit der Zertheilung in die vier Mondviertel bestraft (o. S. 317). Die Lieder von Zerschmetterung des Eichbaums nun vollends sind aus der unmittelbaren Naturschilderung hervor in die volle Mythologie hineingetreten; sie sind erst das Endergebniss eines längeren Entwickelungsprocesses, dem ein einfacheres Naturbild unterlag.

Auf diese Weise breitet sich vor uns nun ein wichtiger und reichhaltiger Theil einer echten Mythologie des Letten-Volkes und seiner Bruderstämme aus, welcher einen ganz anderen Einblick in die Geisteswelt der alten Letten, Litauer, Preussen thun lässt, als die gefälschten und erdichteten oder trüben Quellen, aus denen man bis dahin schöpfte, Simon Grunau, Mäletius, Lasicki, Stender u. A., die auf ihren wahren Werth zurückzuführen eine Hauptaufgabe des in Aussicht gestellten Buches, Denkmäler der lettopreussischen Mythologie, ausmacht. Von wie hohem Werthe sich die lettische Mythologie für die Erforschung der Mythologie im Allgemeinen, für die Entzifferung der Mythen anderer Völker erweist, zeigt der vorstehende Commentar durch zahlreiche Belege. Zunächst freilich zielt die Absicht desselben auf nichts anderes ab, als auf die Erläuterung des Inhalts der lettischen Sonnenlieder durch Analogien aus anderen Quellen, welche die nämlichen Naturerscheinungen in denselben, oder sehr ähnlichen Formen verbildlicht zeigen, als diese, aber bald stellt sich heraus, dass durch den Vergleich das Verständniss der fremden Ueberlieferungen nicht weniger gefördert wird, als das der lettischen. Jene Quellen, denen die Belege entnommen wurden, sind sehr verschiedener Art, sehr verschiedenen Alters, von sehr verschiedener volklicher Abkunft und von sehr verschiedenem Werthe: a) die Poesien kunstmässiger Dichter, b) Volkspoesien (Räthsel, Kolinden u. s. w.), in denen Sonne, Mond, Morgenroth, Sterne mit Bewusstsein unter poetischem Bilde gefeiert werden; sodann c) deutsche Sonnen- und Regenlieder, sowie d) solche Mythen und Heldensagen verschiedener Völker und endlich e) Märchen, in welchen allen die

Beziehung zur Sonne theils offen ausgesprochen wird, theils mit grösster Wahrscheinlichkeit erschlossen werden kann. Am wenigsten sicher und nur mit Vorbehalt auszusprechen ist natürlich diese Bestimmung bei einem Theile der Märchen, da die Einzelheiten darin und deren Aufeinanderfolge in der Tradition leicht veränderlich und vertauschbar sind und es gemeinhin nicht angenommen werden kann, dass die Varianten der Erzählungen schon zu einer Zeit entstanden seien, in der man noch ein Bewusstsein von deren Naturbedeutung hatte und dies umsomehr, als die meisten Volksdichtungen dieser Art nicht auf dem volklichen Boden wuchsen, wo sie gefunden werden, sondern aus weiter räumlicher und zeitlicher Ferne auf mannigfachen Wegen eingeführt sind. Es soll hier nicht im entferntesten behauptet werden, dass jedem Märchen eine Naturbeziehung einwohnt, da aber manche von ihnen eine solche unumwunden aussprechen (vgl. z. B. o. S. 95), so darf sie anderen zugetraut werden, wo sprechende Anzeichen dafür eintreten. Das Beispiel des ägyptischen Märchens und seiner europäischen Verwandten (o. S. 239) legt, wenn ich richtig gesehen habe, den entschiedensten Beweis für die Zähigkeit der Ueberlieferung in Bezug auf den Grundstock und die Haupt-züge gewisser Märchen ab; gelingt es aus den Varianten diese heraus zu erkennen, so mögen wir auch wohl die alten Naturbilder fassen, wo die ersten Erzähler in solche ihre Ideen kleideten. Falls Benfeys Hypothese Recht be-hält, dass ein wesentlicher Theil der europäischen Märchen buddhistischen Ursprungs sei, fällt damit die Behauptung eines mythischen Inhaltes keines-weges zu Boden, vielmehr werden sie sich vielfach als nur im Sinne bud-dhistischer Dogmatik umgeformte altarische Mythen ergeben. Manche Mär-chen mögen schon indoeuropäischer Abkunft, andere auf europäischem Boden entstanden sein. Täuschte ich mich darin nicht, dass die unabweisbare Ueber-einstimmung des Märchens von Batau und Anepu mit heutigen südeuropäischen Traditionen mehr als ein Spiel des Zufalls sei, so muss angenommen werden, dass ein schon zur Zeit des Auszugs der Israeliten, d. h. ungefähr um dieselbe Zeit, in welche man die Entstehung des Rigveda verlegt, zum Märchen ge-wordener und aus dem Volksmund aufgezeichneter ägyptischer Sonnenmythus auf die Wanderschaft gegangen und im benachbarten Kleinasien und Südeuropa dreitausend Jahre von Volk zu Volk, von Zeitalter zu Zeitalter fortüberliefert sei, oder dass die Geschichte des Batau umgekehrt die ägyptische Umformung eines aus der Fremde entlehnten Sonnenmythus war, auf den die diesseitigen Formen der Erzählung zurückgehen. Sicherlich liegt der Standpunkt J. W. Wolfs hinter uns, welcher die Märchen als Quelle der jedesmaligen vorchristlichen Mythologie desjenigen Landes benutzt wissen wollte, in dem sie erzählt werden; eben so gewiss bleibt Jacob Grimms Ausspruch hinsichtlich der Märchen bestehen „Es ist der Wahn beseitigt, als beruhen diese Stoffe auf läppischen, der Betrachtung unwürdigen Erdichtungen, da sie vielmehr für den Niederschlag uralter, wenn auch umgestalteter und zerbröckelter Mythen zu gelten haben, die von Volk zu Volk fortgetragen, wichtigen Aufschluss

darbieten können über die Verwandtschaft zahlloser Sagengebilde und Fabeln,
welche Europa unter sich und noch mit Asien gemein hat." Wenn wir es
bei dem gegenwärtigen Stande der Wissenschaft für verfrüht erklären müssen,
die Frage nach der Herkunft der Märchen ganz allgemein zu stellen, so
rechtfertigt es sich doch völlig, unter Umständen dem Märchen Belege für
bestimmte Metaphern von Naturerscheinungen zu entnehmen. Wir haben
dabei wichtige Uebereinstimmnngen des volklosen Märchens mit ethnischen
Mythen (Jack of the beanstalk —- den Sonnenbaum hinaufkletternde Sonnentochter o. S. 225; Tischchen deck dich, Sonnentisch der Aethiopen, mährisches
Sonnenlied o. S. 244) wahrzunehmen Gelegenheit gehabt. — Ziemlich dasselbe,
was von den Märchen, gilt von den Götter- und Heldensagen der Skandinaven,
Hellenen und anderer fremden Völker, deren Erklärung nicht in den Namen
der handelnden Personen (Helios u. s. w.) nahezu vollständig gegeben ist,
ihre Deutung wird selbst dann, wenn kaum verkennbare Merkmale sie der
Klasse der Naturmythen zuweisen und zugleich das Naturgebiet bezeichnen,
auf welches sie sich beziehen, vielfach unsicher ausfallen, weil die Armuth
und Lückenhaftigkeit unserer literarischen Ueberlieferung nur zu häufig im
Ungewissen darüber lässt, was echter mythischer Kern, was Schale und
Schmuck, was Zusatz, Weiterbildung, Veränderung epischer oder dramatischer
Weitererzähler sei. Die grosse Masse der skandinavischen und griechischen
Mythen ist, wie sie vorliegt, unverkennbar das Werk der Dichter, häufig das
Produkt umgestaltender und häufender Thätigkeit vieler auf einander folgender
Dichtergenerationen. Bildliche Naturanschauungen, insofern sie nicht mit
Bewusstsein von den Erzählern als Schmuck und Beiwerk verwandt werden,
sind selbstverständlich, falls sie — und nicht ethische Vorstellungen — den
Ausgangspunkt bildeten, nur in deren ältester Ausgestaltung zu suchen; wie
selten wird es möglich sein, dieselben aufzufinden? In Varianten darf man
nur in den seltenen Fällen erwarten ebenfalls echte Naturpoesie anzutreffen,
falls diese noch einer Zeit ihre Entstehung verdanken, in der die Bedeutung
der mythischen Erzählung unvergessen war. Unter Berücksichtigung dieser
Grundsätze ward es uns gleichwohl möglich, mit bald grösserer, bald geringerer Wahrscheinlichkeit die Sagen von den Dioskuren (o. S. 309 ff.), von den
Hesperiden (o. S. 234), vom Gürtel der Aphrodite (o. S. 306), von Hephästos
(o. S. 321), den Argonauten (o. S. 243 ff,), von Freyr und Skirnir (o. S. 300),
von Idhun (o. S. 216) und Völundr (o. S. 320) zu deuten. Mehrere legen
die Vermuthung nahe, dass in Hellas auch Hymnen oder Lieder von Art der
vedischen oder der lettischen Sonnenlieder bestanden haben mögen, aus denen
die ältesten Epiker schöpften, und aus deren verschiedenen Versionen die
Varianten der einfacheren Sagenformen, aus deren Verbindung zusammengesetzte Sagenknäuel (wie die Geschichte des goldenen Fliesses) geflossen
sind. — Die Räthsel zählen im Ganzen und Grossen zu den ältesten Stücken
der Volkspoesie, in ihnen sind häufig noch dieselben der modernen Auffassungs-
weise schwer begreiflichen Metaphern geläufig, und durch die mitüberlieferte

Auflösung mit einem Schlüssel versehen, welche naiver Glaube in den Götter- und Heldensagen zur mythischen Einkleidung des Gedankens verwandte. Sie sind somit aufs nächste mit dem Mythus verwandt, wie denn auch im germanischen wie slavischen Alterthum das Wissen um die Geheimnisse des Weltzusammenhangs in Form des traditionellen Mythenschatzes mit der Räthselfrage auf das engste verbunden war. Somit ist ihre Vergleichung vorzugsweise geeignet zur Aufhellung und Bestätigung analoger Anschauungen in den „Sonnenliedern" beizutragen.[1]) — Die deutschen Lieder beim Regen, an den Marienkäfer, von den drei spinnenden Frauen im Sonnenhaus erhalten durch die Bildersprache der lettischen Sonnenlieder grossentheils jetzt erst völliges Verständniss; sie ergeben sich als unzweifelhaft alte Dichtungen von ganz ähnlicher Natur wie die lettischen Sonnenlieder, aber die bildreiche Anschauung, in der sie sich bewegen, muss noch bis in ziemlich späte Zeit verständlich und dem singenden Volke geläufig geblieben sein, wie die Varianten (z. B. Ei neben Apfel o. S. 104) schlagend darthun.

Unzweifelhaft erwiesen ist durch die aus den soeben gemusterten Quellen ausgehobenen Beispiele eine auf gleicher Organisation des Geistes und ähnlichen Denkprocessen beruhende vielfache Uebereinstimmung der mythischen Naturauffassung bei Polynesiern, Aegyptern, Hellenen, Skandinaven, Germanen, Slaven, Letten.. Dem aufmerksamen Beobachter können jedoch innerhalb dieses weiten Kreises kleinere Gruppen von näherer, vermuthlich historischer Verwandtschaft kaum entgehen. Wir beobachteten mehrfach eine sehr nahe Berührung der lettischen und finnischen Tradition (o. S. 92. 282. 285. 290. 292. 301. 314.), dieselbe ist unverkennbar auf Rechnung der unmittelbaren Nachbarschaft beider zu setzen; sie bezeugt einen fruchtbaren und intimen Ideenaustausch zwischen beiden durch die Sprache scharf von einander geschiedenen Nationen. Ausserdem aber stimmt im Ganzen der lettische Sonnenmythus so genau mit dem altarischen im Veda und dem altgriechischen überein, dass derjenige schwerlich auf Widerspruch stossen wird, welcher in ihm ein ziemlich treu erhaltenes Nachbild der proethnischen, indoeuropäischen Sonnenmythologie vor sich zu haben vermuthen möchte.

Berichtigungen.

Zu S. 74. Ein bei der Niederschrift durch augenblicklichen Mangel an Spezialkarten verschuldeter Irrthum ist dahin zu berichtigen, dass J. Sprogis Heimath und das Lokal der von ihm gesammelten Lieder, die Gegend zwischen Kokenhusen und Stockmannshof, noch nicht im polnischen Livland, sondern hart an der westlichen Grenze desselben auf der Scheide der drei Gouvernements Livland, Kurland und Witebsk gelegen und daher der o. S. 74—75 gegebene

---

[1]) Vgl. hierüber die treffende Ausführung von Afanasieff poet Naturansch. I 22—26 und Kreck traditionelle Literatur S. 64—69.

Hinweis auf die durch die katholische Gegenreformation hervorgerufene Abschliessung der Landschaft nicht ganz zutreffend ist. Uebrigens waren auch die angrenzenden kurländischen und livländischen Kreise Selburg mit Sezzen und Wenden wegen zähen Festhaltens heidnischer und papistischer Bräuche und Superstitionen berüchtigt. Davon Näheres demnächst in u. Denkmälern der lettopreussischen Mythologie.

Zu S. 85. Die zu n. 81 in Parenthese zu Mehnesnîza (Mondverderben? oder Mondverderber?) beigesetzte Bedeutung Mondviertel ist blosse Conjectur; das dunkele Wort verdient später eine besondere Untersuchung.

Inhalt.

Die Quellen S. 73—75. Die lettischen Sonnenlieder 76—86. Die Zeit ihrer Entstehung S. 86—88.

Erläuterung der Naturbilder.

W. Mannhardt.

Ueber Spuren römischer Cultur in Norwegens älterem Eisenalter.

Von A. Lorange.

(Aus dem Norwegischen übersetzt.)

Schluss.

Die hier sich zeigende Verschiedenheit ist ohne Zweifel geringer, als man nach der geographischen Lage unseres Landes voraussetzen konnte.

Aber ziehen wir in Betracht, wie bei weitem sorgfältiger das antiquarische Feld in Dänemark untersucht und bearbeitet wurde als in Norwegen, so haben wir Grund zu der Annahme, dass künftige Grabfunde den gegenwärtig vorhandenen Unterschied zwischen den in Dänemark und in Norwegen gefundenen römischen Gegenständen noch mehr verschwinden lassen werden. In jedem Falle ist so viel sicher, dass durchaus kein Unterschied zu erkennen ist in dem Einflusse, den die römische Culturströmung ausübte auf die in Dänemark und in Norwegen ansässige Bevölkerung der älteren Eisenzeit; denn die nationalen Alterthümer jener Zeit sind in beiden Ländern in überraschender Weise gleichartig. Wir finden in allen drei nordischen Reichen dieselbe Tüchtigkeit in der Behandlung der Metalle, dieselben geschmackvollen Formen, dieselbe feine Ornamentik und dieselbe Mischung von römischem und nordischem Geschmack, was eben Veranlassung dazu gegeben hat, ein „nordisches" älteres Eisenalter aufzustellen als eine besondere Abtheilung des grossen nord- und westeuropäischen älteren Eisenalters. In seiner Abhandlung „über die ältere Eisenzeit in Norwegen" erklärte bereits Professor Righ, dass die Ungleichheit zwischen dänischen und norwegischen Alterthümern bei weitem geringer sei, als man nach der Verschiedenheit der Naturbeschaffenheit und der Lebensbedingungen beider Länder und Völker erwarten musste[1]). Diese Einheit und Gleichartigkeit muss, um erklärlich zu scheinen, auch einen und denselben Grund gehabt haben; beide Länder müssen ungefähr gleichzeitig Gegenstand derselben fremden Einwirkung gewesen sein, von der man annehmen darf, dass sie eine directe, langdauernde und friedliche war und sicherlich nicht allein ihren Ausdruck fand im Kunststil, im Geschmack und in praktischer Richtung, sondern zugleich auch auf die geistige Cultur und die religiösen Anschauungen der Bevölkerung den grössten Einfluss ausübte. Das ergiebt sich aus den Gräbern — die zugleich, nach meiner Ueberzeugung, so weit es wenigstens Norwegen betrifft, zahlreiche und deutliche Proteste ablegen gegen die vorhin citirte und so oft aufgestellte Behauptung, „dass die römische Cultur plötzlich und voll entwickelt hier herauf gekommen sein müsse, gleichzeitig mit dem nationalen oder barbarischen älteren Eisenalter". Denn, wie ich annehme, hat ein Eisen bearbeitendes Volk lange Zeit in Norwegen gewohnt, ehe auch nur eine Spur von römischer Cultur so weit hinaufdrang. Der römische Einfluss muss durch den Handel und andere Verbindungen ganz allmählig — Schritt vor Schritt — in das Land eingedrungen sein, aber doch ziemlich rasch ein gelehriges Volk zu der verhältnissmässig hohen Culturstufe gebracht haben, auf der es, nach dem unzweifelhaften Zeugnisse der Alterthümer, am Schlusse der älteren Eisenzeit stand.

Die vorhin erwähnte Uebereinstimmung erstreckt sich nämlich nicht über das ganze Eisenalter, so weit es sich wenigstens aus der Kenntniss, die man

---

[1]) Aarböger 1869, pag. 172.

gegenwärtig von den Alterthümern der nordischen Länder besitzt, beurtheilen
lässt; sie beschränkt sich vielmehr auf die Mischungsperiode: die nordisch-
römische, die in Dänemark besonders ausgeprägt erscheint in den ältesten
Moorfunden und in den seeländischen Gräbern, bei uns aber voll entwickelt
auftritt in denjenigen Gräbern, die den letzten Jahrhunderten der älteren
Eisenzeit angehören.

Unter den norwegischen Grabhügeln der älteren Eisenzeit glaube ich
nämlich drei grosse Gruppen oder Gräberformen unterscheiden zu können:

1) kleinr runde Hügel ohne Kammern, mit verbrannten Gebeinen und
   verbrannten Beigaben (gravgods);
2) Hügel mit vierseitigen Kammern, verbrannten Gebeinen und zum Theil
   verbrannten Beigaben;
3) Hügel mit grossen, bis zu 22 Fuss langen Grabkisten, entweder mit
   verbranntem oder mit unverbranntem Gebein, aber mit unverbrannten
   Beigaben.

Alle drei Gräberformen oder richtiger Bestattungsweisen treten in denselben Gegenden auf und bilden daher keine lokalen Eigenthümlichkeiten,
sondern eine fortschreitende Entwickelung. Sie stehen nicht als verschiedene,
begrenzte Klassen einander gegenüber, sondern haben sich mit einer Mannigfaltigkeit von Uebergängen ausgebildet, von denen man allerdings keine Vorstellung zu geben vermag durch Fundreihen allein, oder durch Alterthümer
in den Museen; die aber jeder leicht entdecken und verfolgen könnte, der
eine grosse Anzahl von norwegischen Grabhügeln der älteren Eisenzeit untersuchen würde.

In Einzelheiten weichen allerdings die Grabhügel unter einander ab;
aber wenn man obige Eintheilung zu Grunde legt, so glaube ich doch, dass
sich alle verschiedenen Gräberformen den erwähnten, am meisten charakteristischen Gruppen einreihen lassen, und damit die Möglichkeit einer Zeitbestimmung erweitert und Ordnung in die Mannigfaltigkeit gebracht werden kann.

Von der erstgenannten Gattung — kleine runde Grabhügel, selten bis
3 Ellen hoch und zu grossen gemeinschaftlichen Friedhöfen angesammelt —
findet sich ohne Zweifel in Norwegen ein grosser Reichthum. Dieser Meinung ist auch Herr Professor Rygh [1]); aber bis in die neueste Zeit wurden
sie wegen ihrer Armuth an Beigaben nur wenig beachtet, und die Museen
vermögen im Allgemeinen nur geringe Aufklärung über dieselben zu geben.
In Smaalenene habe ich mehrere Hundert untersucht [2]), und im Jahre 1870
hat Prof. Rygh einen grossen Begräbnissplatz bei Ringerike aufgedeckt und
beschrieben; vgl. Aarsberetn. for 1870. Diese Grabhügel enthalten ohne
Ausnahme verbrannte Gebeine. Leichenbrand war die ursprüngliche nationale

---

[1]) Aarböger 1869, pag. 160.
[2]) Ueber die Begräbnissart dieser Zeit vergleiche meinen Bericht vom Jahre 1868.

Sitte in Norwegen und hat hier auch vor der Einführung des Christenthums niemals gänzlich aufgehört. Die verbrannten Knochen wurden entweder auf dem Grunde des Hügels über eine Schicht von Kohlen ausgestreut — was ich für die älteste Begräbnissform der Eisenzeit in Norwegen halten muss —, oder sie liegen in einem Haufen zusammen, entweder — und zwar der Regel nach — mitten im Hügel, oder in einzelnen Fällen in einem, unter dem Hügel ausgegrabenen Loche[1]). Jener Haufen besteht aus den auf dem Grunde des Scheiterhaufens angesammelten, gereinigten Knochen, und es war daher nur eine unbedeutende Veränderung, ein kleiner Schritt vorwärts, dass man, nachdem man sie, um sie von der Brandstelle zu tragen, in ein Gefäss gelegt hatte, nun auch in diesem Gefässe liess, anstatt se auszuschütten[1]). So entstanden die am häufigsten vorkommenden Grabhügel, die „eine Thonurne mit verbrannten Knochen" einschliessen. Oft findet man auch nur die Scherben eines Thongefässes. Zwischen den verbrannten Gebeinen liegen in der Regel einige geschnitzte Knochenstücke, kleine mehr oder weniger vollständige Kämme und einzelne geschmolzene Glasperlen, als erste Beweisstücke einer Verbindung mit der Aussenwelt, als früheste Vorläufer sowol damals, wie noch in der Neuzeit, von dem Eindringen des Handels und der Civilisation zu den Naturvölkern[3]).

Diese Begräbnissform war ohne Zweifel von sehr langer Dauer. In Smaalenene, dem einzigen Amtsbezirk, in dem die Sache einigermaassen untersucht wurde, ist sie ungleich zahlreicher vorhanden, als irgend eine der anderen, späteren Begräbnissarten, und macht durchaus den Eindruck, als ob sie hinterlassen wäre von einem friedfertig still dahin lebenden Volke, das auf einer nicht ganz niedrigen Culturstufe stand. Nur zweimal habe ich Waffen gefunden in diesen Gräbern, eine Pfeilspitze und einen Wurfspeer. Bei Ringerike fand dagegen Prof. Rygh Spuren von Waffen in 19 von 66 Hügeln, doch kein Schwert. Diese etwas abweichende Ausstattung der Gräber scheint eben ein unzweifelhafter Beweis für deren jüngere Zeitstellung zu sein, eine Spur gleichsam von der Zunahme des Handels und einer dadurch erweckten grösseren Regsamkeit im Lande.

Importirte Industrie- und Kunstartikel begannen nunmehr gute Vorbilder abzugeben, an denen sich der Geschmack und die Fertigkeit der Eingeborenen heranbildeten.

---

[1]) Brandgrubenartige Gräber in Norwegen behandelt mein citirter Jahresbericht, pag. 74, und Prof. Rygh's Beretn. 1870, pag. 121.

[2]) Vgl. meinen Bericht in Aarsberetn. for 1868, pag. 78; Prof. Rygh's Bericht, Aarsberetn. for 1870, pag. 125, und Amtmann Vedel, „über die Gräber der älteren Eisenzeit auf Bornholm", Aarböger 1872, pag. 12, 14, 15, 22 und 100.

[3]) [Zwischen diesen Friedhöfen mit kleinen runden Grabhügeln und den mecklenburgischen und hannoverschen Urnenlagern mit schwarzen Punktgefässen herrscht hinsichtlich ihres Inhalts an sogenannten Wendenspangen, eisernen Messerchen, Nadeln, Kämmen, Perlen, Wirteln u. s. w. eine so auffallende Uebereinstimmung, dass deren Gleichzeitigkeit unverkennbar ist.] Anmerk. des Uebers.

Die ersten Bronzegefässe erscheinen in den Gräbern; die meisten wahrscheinlich als inländische Arbeit von jener für Norwegen so charakteristischen Form, die gleich über dem Boden, der mit den Seiten einen scharf vorspringenden Winkel bildet, am weitesten ist; eine Eigenthümlichkeit, die sicherlich von den älteren Thongefässen übernommen wurde, welche bekanntlich sehr zahlreich diese Grundform zeigen, obgleich sie niemals ganz so gross sind, wie die Bronzegefässe.

Es müssen indessen, wie vorhin erwähnt, diese Bronzegefässe doch ziemlich kostbar gewesen sein und wurden daher auch wohl nur benutzt, um die Asche vornehmer Männer oder Frauen aufzunehmen. Ob es nun allein aus der Rücksicht geschah, diese werthvollen Gefässe gegen den Druck des Hügels zu schützen, oder wie es wahrscheinlicher ist, aus irgend einer anderen tiefer liegenden Ursache, genug, es treten gleichzeitig mit ihnen die ersten eigentlichen Grabkammern auf, kleine viereckige und gleichsam der Grösse des Gefässss angepasste Steinbehälter. Nicht allein die Bronzekessel, sondern ebenso auch die Thonurnen finden wir in dieser Weise niedergesetzt und von einer solchen Steinkammer geschützt.

Es scheint jedoch, als ob diese Begräbnissart in kleinen Steinkammern niemals recht allgemein oder auch nur für einige Zeit allein herrschend gewesen wäre. Man findet sowohl einzelne Bronzegefässe frei in dem Grabhügel oder in einer Höhlung unter einem Felsstück niedergesetzt, wie man auch eine grosse Menge offenbar gleichzeitiger Funde antrifft, in denen die Alterthümer ohne irgend welchen sichtbaren Schutz, doch dergestalt niedergelegt wurden, dass z. B. ein Schildbuckel als Graburne diente, oder doch wenigstens dazu, die kleineren Beigaben aufzunehmen.

Aber ungeachtet wir in diesen Gräbern bereits römische Schmuck- und Toilettegeräthe vorfinden, sogar römische Bronzegefässe und Glas, zahlreiche Belege mithin, dass die römische Cultur, oder richtiger Handelsverbindung, bereits einen grossen Schritt in Norwegen vorwärts gethan hatte, so bleibt doch der Leichenbrand der vorherrschende Grabgebrauch. Und obgleich Waffen nun bereits häufiger als Beigabe angetroffen werden (in 22 Gräbern von 78 mit Bronzekesseln), so sind sie doch noch nach der altnationalen Weise behandelt, das heisst, sie werden noch auf dem Scheiterhaufen mitverbrannt und in den Gräbern in unbrauchbarem Zustande, zusammengebogen und absichtlich zerstört, niedergelegt. Dagegen hat man die kleineren Schmucksachen geschont, und diesem ersten Schritte zu einer neuen, fremden Anschauungsweise haben wir auch die ersten Hülfsmittel · für eine ungefähre Zeitbestimmung innerhalb des älteren Eisenalters in Norwegen zu denken: bei Ringerike fand Prof. Rygh in einer solchen kleinen Kammer unter anderm einen Beschlag zu einem Schildhandgriff, wie der aus dem Thorsbjergfunde, Pl. VIII, Fig. 9 [1]); und in dem Jahresberichte für 1870, pag. 98 berichtet der-

---

[1]) Aarsberetn. for 1870, pag. 101.

selbe, dass in einem Bronzekessel, der 1862 bei Braaten, Ringerike gefunden wurde, zwei kleine Goldringe mit Schlangenköpfen („ormhufrudringar" [1]) lagen, die in der Form der Zierraten nahe übereinstimmen mit Bruchstücken von Armbändern aus dem Thorsbjergfunde[2]), der, wie man annimmt, etwa der Mitte des III. Jahrhunderts angehört; bei Hannem, Hedemarken, fand ich unter einem solchen Kessel einige Pensilien aus Bronze, die in Norwegen zu den selteneren Gegenständen gehören, in Dänemark aber in grösster Anzahl in den ältesten Moorfunden vorkommen; bei Lunde, Eker, Amt Buskerud fand sich in einem Bronzekessel oben auf den verbrannten Gebeinen eine Silberfibula, auf deren Nadel ein Goldberlock und ein Spiralring steckten; und in Tune, Smaalenene, fand ich neben einer „Thonurne in Kammer" ein ebensolches Goldberlock, Mosaikperlen und zwei kleine bügelförmige Spangen. Aehnliche Berlocks wurden in Dänemark mit römischen Alterthümern des Denaralters zusammen gefunden[3]), ebenso auch in Schweden. Dann fand man bei Hauge, in Fortun, in einem sog. Bronzekessel einen Goldbrakteaten und endlich im oben erwähnten Funde No. IX, bei Vanse, eine Münze oder Medaille des Kaisers Valentinian I; also Gegenstände, die der älteren nordisch-römischen Eisenzeit, wie auch in einzelnen Fällen solche, die nachweislich dem Schlusse dieser Periode angehören. Wir dürfen daher annehmen, dass ebenfalls diese Gräberform mit ihren Unterabtheilungen eine nicht geringe Dauer gehabt hat, während welcher die römische Cultur mehr und mehr in das Land eindrang. Und darin eben liegt das grosse Interesse für diese Bestattungsweise, dass sie, während sie eigenthümlich ist für Norwegen und die ersten Alterthümer enthält, von denen Seitenstücke in den dänischen Moorfunden und seeländischen Gräbern aufzuweisen sind, — gleichsam das erste Zeugniss von einer directen Verbindung Norwegens mit dem römischen Weltreiche, das erste Zeichen von dem Einwirken der fremden Cultur auf die Ideen und religiösen Gebräuche der Bevölkerung —, den Uebergang bildet von den rein nationalen Gräbern zu den, wenn ich mich so ausdrücken darf, rein römischen in den grossen Grabkammern. Die kleinen vierseitigen Grabkammern sind ein unentbehrliches Glied in der Beweiskette dafür, dass die römische Culturströmung der älteren Eisenzeit nicht allein römische Fabrikate nach Norwegen gebracht hat, sondern auch nach und nach eine Aenderung in der Einrichtung der Gräber verursachte.

In jene Zeit werde ich demnach rechnen z. B den, unter den norwegischen Glasgefässen aufgezählten Fund von Vögen mit dem prachtvollen silbernen Schwertgriffbeschlag, der in einem Schildbuckel niedergelegt war;

---

[1]) Vgl. Månadsblad 1873, pag. 24, wonach 11 Schlangenkopfringe in der schwedischen Staatssammlung vorhanden sind.

[2]) Engelhardt, Thorsbjerg Mosef. pag. 61 und Pl. 16, Fig. 20 und 21. In der Universitäts-Sammlung zu Christiania finden sich mindestens vier Armringe von diesem Typus: im Museum zu Bergen zwei.

[3]) Annaler 1849, pag. 393.

dann den eigenthümlichen Grabfund von By bei Ringerike, mit einer schwert-
förmigen Eisenbarre oder einem unvollendeten Schwerte (es ist nemlich ganz
und gar nicht geschliffen), das auf einer Seite der Griffzunge einen runden,
aber etwas undeutlichen Stempel zeigt und bei Engelhardt, Vimosefund
pag. 18 abgebildet und beschrieben wurde, wo ausserdem erwähnt ist, dass
ähnliche Marken auf Schwertern in Nydam und Vimose vorkämen.

Ferner eine Anzahl von Grabfunden bei Einang, Vestre Slidre in Valders, die, gleich den ebenerwähnten, mehrere Gegenstände erhielten, von
denen Seitenstücke im Nydamfunde vorkommen. Diese Funde, die aus verschiedenen Gründen von besonderem Interesse sind, werde ich etwas näher
zu beschreiben suchen.

Ungefähr in der Mitte des östlichen Abhanges des Slidre-Thales, gegenüber dem Olberg, liegt eine bis dahin unbekannt gebliebene grössere Zahl
von Grabhügeln, die alle gleichartig sind, d. h. ziemlich umfangreich und
flach, in kleinen Gruppen von 3—5 Stück beisammen liegen, aus mit Erde
vermischten Rollsteinen aufgebaut sind und von Steinkränzen (Fodkjaeder)
umgeben werden, welche an der, dem Abhange zugewendeten Seite der Grabhügel beinahe den Charakter einer Mauer zeigen. Mehrere dieser Hügel
tragen Bautasteine, von denen einer mit Runen versehen ist, der einzige
Runenstein aus der älteren Eisenzeit, den man als „unberührt auf seinem
Grabe stehend" gegenwärtig in Norwegen kennt.

Bis zum Jahre 1870 war dieser Runenstein, ebenso wie die Grabhügel,
unbekannt, als ich durch den Ingenieurlieutenant Heyerdahl Nachricht von
dem Vorhandensein dieser Alterthümer empfing. Durch die Dienstwilligkeit
des Herrn Districtsarztes H. C. Printz erhielt ich dann im Jahre 1871 Ab-
drücke und Zeichnungen von diesen Runen, und im Jahre 1872 wurde die
Inschrift, die vollständig zu entziffern war, von Herrn Prof. S. Bugge gedeutet. Zugleich untersuchte ich selbst den Grabhügel, wobei es sich dann
leider herausstellte, dass derselbe bereits angegraben war, und somit meine
Hoffnung auf einen Fund, der zugleich etwas Licht verbreitet hätte über das
Alter der Runen und andererseits wieder durch diese erläutert worden wäre,
getäuscht wurde. In demselben Frühjahre hatte ich von Herrn Printz zwei
aus einer Hügelgruppe, einige hundert Schritte nördlich von dem Runensteinhügel,
aufgenommene Funde erhalten, worunter auch das auf anliegender Tafel abgebildete Schwert enthalten war, das sowohl nach seiner Arbeit, wie nach
seinem doppelten Fabrikstempel sich nahe verwandt zeigt mit den im Nydamfunde entdeckten Schwertern [1]) und daher sich selber datirt [2]).

In dieser Gruppe liegen drei Hügel in einer Reihe oben auf der Anhöhe.

---

[1]) Vgl. Nydam Mosef. Pl. VIII, Fig 18.

[2]) Bekanntlich wurden im Moorfunde von Nydam 84 römische Silbermünzen gefunden, geprägt zwischen 69—217 p. Chr., wonach man die Zeit der Niederlegung dieses Fundes ungefähr
der Mitte des III. Jahrhunderts zuschreibt.

Das Schwert fand sich in dem unteren und kleinsten, mitten auf einer Schicht von Kohlen auf dem Grunde des Hügels. Neben dem Schwerte lag eine vierseitige, schön geformte Lanzenspitze und auf dieser ein Speer mit Widerhaken und zwölfkantiger langer Schaftröhre, stark verdreht und zu einem Halbkreis umgebogen, der einen Schildbuckel umschloss, worin einige Spangen, eine verbogene Messerklinge, eine Ahle und mehr dergleichen lag. In dem mittleren Hügel fand sich eine Lanzenspitze und ein Schildbuckel, beide von derselben Form wie die des vorigen Hügels und in gleicher Weise auf einer Schicht von Kohlen und verbrannten Knochen, auf dem Grunde desselben liegend. In dem obersten und grössten Hügel wurden nur Bruchstücke eines Schildbuckels, aber unter denselben Umständen wie die vorhergehenden, gefunden.

Ein vierter Hügel in gleicher Höhe mit dem obersten wurde von Prof. S. Bugge untersucht, der darin eine Lanzenspitze und eine Speerspitze mit Widerhaken fand, beide ungefähr von derselben Form wie die des ersten Fundes.

Nun ist zu bemerken, dass nicht allein jenes Schwert, sondern auch sämmtliche anderen Gegenstände aus diesen Hügeln ihre Gegenstücke im Nydamfunde haben: die Lanzenspitzen sind gleich Nydam, Pl. X, Fig. 20 und Pl. XI, Fig. 39; die Speerspitzen sind gleich Nydam, Pl. X, Fig. 29 und Pl. X, 31; die Schildbuckel sind wie Nydam Pag. 21, ja selbst das Messer und die Spangen kann man wiederfinden unter den Abbildungen aus jenem Moorfunde, und doch wurden sie im Hochgebirge von Valders gefunden!

In Folge der grossen Uebereinstimmung und Gleichartigkeit, die zwischen diesen Grabfunden besteht, würden sie vielleicht das Fehlen der Alterthümer in dem Runensteinhügel ersetzen und zu einer näheren Bestimmung des Alters der Runeninschrift benutzt werden können, wenn nicht allein schon das Schwert ein hinreichend glaubwürdiger Zeitangeber sein würde. Denn dies Schwert ist selbsverständlich das merkwürdigste und am meisten charakteristische Stück unter den gefundenen Alterthümern. Es ist zweischneidig, damascirt und mit doppelten Hohlkehlen auf jeder Seite der Klinge versehen. Die Stempel sind auf der einen Breitseite gleich unterhalb der Griffzunge angebracht; zuerst ein radförmiger, darauf ein länglich vierseitiger mit erhöhten lateinischen Buchstaben, muthmasslich ein Name, von dem man RANVICI.... lesen kann. Nebst den übrigen Gegenständen wurde das Schwert dem Feuer des Scheiterhaufens ausgesetzt, darauf gebogen, gleichsam doppelt zusammengelegt, und bedeckte sich mit einer starken Glühschicht, die es später beinahe gänzlich gegen den Angriff des Rostes geschützt hat.

Ebensolche damascirte und gestempelte Schwerter sind bis jetzt nur in einzelnen von den dänischen Mooren gefunden. In Norwegen waren sie bis dahin, vielleicht mit Ausnahme des obenerwähnten von By bei Ringerike, gänzlich unbekannt. Dasselbe ist in Schweden der Fall; auch fehlen sie,

meines Wissens, in den dänischen Grabfunden, obwohl sie einzeln als Mark-
funde angetroffen wurden[1]).

Was die Abkunft dieser Schwerter anbetrifft, so sind die Meinungen
darüber getheilt; denn ungeachtet der lateinischen Buchstaben in den Stempeln, hat man doch noch keinen Namen gefunden, der gleichwie die Fabrikstempel auf den Casserolen, römischen Klang hätte. Auch aus der Form der
Schwerter ist nicht das mindeste zu schliessen, da man unglücklicher Weise
von den römischen Schwertern nur geringen Bescheid weiss. Einige haben
geglaubt, ihnen in Folge der Damascirung einen orientalischen Ursprung zuschreiben zu müssen; aber wahrscheinlich werden erst künftige Funde in
dieser Sache Gewissheit verschaffen können.

Da man indessen weiss, dass mehrere der von den Römern sogenannten
Barbaren sich vor den Römern auszeichneten als tüchtige Waffenschmiede,
so dass z. B. iberische und norische Schwerter in Rom sehr gesucht waren,
so hat man in Uebereinstimmung mit der Namensform der Stempel sich vor
der Hand begnügt, diese Schwerter füt „nicht römisch" zu erklären und ihnen
den allerdings weitumfassenden Titel „barbarisch" beigelegt.

Im Nydammoore wurden unter 100 Schwertern 90 damascirte gefunden;
in dem jüngeren Vimosefunde dagegen nur 14 unter 67. Fabrikmarken waren
indessen selten, und noch seltener die Stempel mit lateinischen Buchstaben
(in Nydam etwa 8—10[2]); dagegen ist es gar nicht unmöglich, dass unter
den zahlreich in Norwegen ausgegrabenen Schwertern aus der älteren Eisenzeit sich noch mehrere von fremdem Ursprunge finden werden.

In jedem Falle wird das Schwert von Einang sein besonderes Interesse
behaupten, weil es sich offenbar ganz von selbst der im Nydammoore aufgefundenen Schwertgruppe einreiht. Es muss beim Niederlegen so gut wie
neu gewesen sein; wenigstens zeigt es nicht die geringste Spur einer Ab-
nutzung und kann daher von der unbekannten Werkstätte bis hinauf nach
Norwegen wohl nicht lange unterwegs gewesen sein. Undenkbar oder unwahrscheinlich wäre es indessen keineswegs, dass ein nordischer Kriegsmann,
der im Süden in Diensten stand, diese vorzügliche Waffe mit zurückgebracht
hätte. In diesem Falle würden wir einen neuen Beweis besitzen für die frühe
Verbindung der Nordmänner mit der Cultur des Südens; gleichwie auch der
Fund von Valders in seiner Gesammtheit ein merkwürdiges Zeugniss bietet
für die grosse Uebereinstimmung im Geschmack und Stil, die in Folge der
Einwirkung römischer Cultur bereis im III. Jahrhundert sich im ganzen Norden geltend machte, von Süd-Jütland bis in die Gebirge Norwegens. —

Im Jahre 1868 kannte man in Norwegen etwa 90 Hügel mit grossen

---

[1]) Vgl. Nydam Mosef. pag. 22.
[2]) Alle in Dänemark gefundenen, mit römischen Fabrikstempeln versehenen Alterthümer
werden aufgezählt von Engelhardt, Aarböger 1871, pag. 432.

Steinkammern oder Grabkasten [1]). Gegenwärtig kennt man jedenfalls mehr als 120. Die Kammern sind selten unter Manneslänge, 2—4 Fuss breit und hoch [2]), oft reich an Grabgütern und, was wohl zu bemerken ist, nicht nur die Schmucksachen, sondern auch die übrigen Beigaben findet man bei dieser Gräbergruppe stets in bester Ordnung und in wohlerhaltenem Zustande niedergelegt. Mir wenigstens ist kein einziger solcher Fund bekannt, in welchem Spuren von vorsätzlicher Zerstörung zu finden gewesen wären.

Die Beigaben sowohl, wie die Einrichtung der Gräber zeigen in vielen Fällen eine gewisse Uebereinstimmung mit jenen Gräbern auf Seeland, welche unverbrannte, in Sandhügeln begrabene Leichen enthalten und als gleichzeitig mit den schleswigschen Moorfunden betrachtet werden [4]). Um diese Thatsache näher zu beleuchten, die, wie es scheint, bisher nur zu sehr der Aufmerksamkeit der dänischen Alterthumsforscher entgangen ist, wollen wir hier ein solches dänisches Grab der älteren Eisenzeit mit einer norwegischen „grossen Grabkammer" vergleichen und wählen dazu:

den Ströbyfund (Varpelev), Amt Praestö [4]) und den Kjörstadfund, Gudbrandsdal [5]).

Grab 9 Fuss lang, ungefähr halb so breit . . .	Grabkammer, 8 Fuss lang, 4 Fuss breit.
Gefüllt mit Sand	Halbgefüllt mit Stein und Sand.
Unverbrannte Leiche	Unverbrannte Leiche.
Römische Bronzevase	Römische Bronzevase.
Casserol mit Sieb	Zwei Holzeimer mit Bronzebeschlag.
Holzeimer mit Bronzebeschlag	Holzeimer mit Bronzebeschlag.
Drei Glasschalen neben der Brust	Eine Glasschale auf der Brust der Leiche.
Thonurne	Thonurne.
Fingerring von Gold	Drei Goldfingerringe.
13 Steine zum Bretspiel	Ein beinahe kugelförmiges Stück Bronze.
do. do.	Haarnadel.
do. do.	Zwei Spangen
do. do.	Schere von Eisen.
do. do.	Zwei eiserne Messer u. s. w.

Hier zeigt sich also eine überraschende Gleichartigkeit; kaum ein anderer Unterschied, als dass der norwegische Fund, wie immer, in einem Hügel lag und der dänische acht Fuss unter einer Anhöhe. Beide verrathen einen stark römischen Einfluss — ja, sie entsprechen beinahe vollständig der römischen Auffassung von der Bestimmung der Gräber, wonach diese lediglich die Wohnung waren, in welche der Todte sich zu einem ungestörten, seinem früheren ganz gleichartigen Leben zurückzog [6]). Der Tod galt eben nur als Fortsetzung des Lebens [7]), und deswegen gab man den Verstorbenen Kleider,

---

[1]) Aarböger 1869, pag. 166.
[2]) Aarböger 1869, pag. 162.
[3]) Nydam Mosef. pag. 50.
[4]) Annaler 1861, pag. 305.
[5]) Aarsberetn. for 1867, pag. 57.
[6]) Marquardt, Römische Privatalterthümer, 1, pag. 367.
[7]) Cochet, Normandie souterraine, pag. 197.

Schmuck und Lebensmittel mit, Kriegern ihre Waffen, Handwerkern ihré Geräthschaften und Weibern ihre Toilettesachen.

In vielen der grossen norwegischen Grabkammern zeigt gerade dieser Gesichtspunkt sich besonders berücksichtigt; so fand man Grabgefässe mit Holzlöffeln [1]) zum deutlichen Beweis, dass wirklich Speise und Trank in den vielen verschiedenen Gefässen der Kammern niedergelegt waren. Und nicht selten fand man, wodurch die Uebereinstimmung vollständig wurde, auch Räucherwerk [2]). Wie bereits oben bemerkt, ist ebenfalls der altnationale Brauch, die Mitgaben vorsätzlich zu zerstören, gänzlich aufgegeben; kurz, wir finden solche grosse Grabkammern derartig eingerichtet, dass sie eben so gut von Römern geordnet und für Römer bestimmt sein konnten, wie die Gräber von Häven, Grabow und die von Seeland. Und doch kann kein Zweifel daran sein, dass auch diese Gräber von Eingeborenen errichtet und für dieselben bestimmt waren. Zunächst sind nämlich sowohl die Grabhügel, wie die grossen, sorgfältig aufgebauten Grabkammern eigenthümlich für Norwegen; und dann lässt sich auch die Ausbildung dieser Klasse von Gräbern durch eine Mannichfaltigkeit von Uebergängen, namentlich in Betreff ihrer Einrichtung, genau verfolgen. Von zwei Thongefässen und kleinen vierseitigen Kammern an lassen sich alle Stufen nachweisen mit immer reicheren, aber auch immer mehr fremden Mitgaben bis zu jenem vollentwickelten römischen Typus, von dem der erwähnte Fund von Kjörstad ein Beispiel bildete.

Die verwirrte Zusammenmischung von Neuem und Altem, von Einheimischem und Fremdem, die sich oft in der Einrichtung der grossen Grabkammern zu erkennen giebt, ist begreiflicher Weise der bei den Eingeborenen herrschenden unklaren Vorstellung von dem neuen Ritus zuzuschreiben. Trotz der Einführung der grossen Grabkammern liegt gewissermassen der nationale Brauch des Leichenbrandes mit der neuen Bestattungsweise einer fremden Cultur noch im Kampfe. Grosse kistenartige Kammern zu bauen und darin nur eine Handvoll verbrannter Knochen niederzulegen, das scheint bereits ein Missverständniss anzudeuten; aber auch in der sonstigen Einrichtung der Gräber findet man Beweise dafür, dass die neue Gräberart in ihrer Bedeutung und Bestimmung von der Bevölkerung nicht verstanden wurde, die gleichsam mitunter in Zweifel darüber gewesen zu sein scheint, wie man sich eigentlich am besten mit jener vertragen sollte.

Wie die Fundberichte ausweisen, sind die grossen Grabkammern bald mit Erde angefüllt, bald offen. Als einfachste Erklärung dieses Umstandes habe ich mir gedacht, dass die ersteren verbrannte Gebeine enthalten haben, die anderen dagegen — unverbrannte Leichen. Es scheint auch am natürlichsten, die grossen Kammern mit Leichen für jünger zu halten, als diejenigen mit verbrannten Knochen, und diese Annahme findet auch in der Beschaffen-

---

[1]) Norske Fornlevn. pag. 285.
[2]) Aarsberetn. for 1867, pag. 57; Norske Fornlevn. pag. 285, 392 und 407.

heit der Beigaben hinreichende Bestätigung. Bis jetzt lässt sich allerdings
eine vollständige oder genügende Classificirung der Alterthümer sehr schwer
durchführen; aber in dem Funde von Kjörstad mit unverbrannter Leiche war
u. a. ein Goldring mit eingefasstem, ovalem Glasfluss enthalten, von einer
Form wie Worsaae, No. 381, die in Dänemark zum mittleren Eisenalter
gerechnet wird; in dem Funde von Holmegaard neben verbrannten Knochen
zwei drachenkopfförmige Fibulä mit drei Knöpfchen am Obertheile, in dänischen Gräbern, die noch nie gefunden wurden, dagegen zahlreich, einige
Male sogar schon in den kleinen vierseitigen Kammern, in Norwegen vorkommen (vgl. Aarsberetn. for 1869, pag. 101, No. 2 [1]). · Die grossen kreuzförmigen Bügelspangen treten in Norwegen zuerst auf in diesen grossen Kammern, aber es ist nicht sicher, ob man sie nur in Gräbern mit unverbrannten
oder auch mit verbrannten Gebeinen findet.

Auf die Frage nun, ob man in Norwegen unter den Grabhügeln ein bestimmt ausgeprägtes mittleres Eisenalter auszuscheiden vermöge [2]), antworte
ich, dass alle die Eigenthümlichkeiten, welche man als Merkmale dieser durch
oströmische Einwirkung charakterisirten Culturperiode bezeichnet hat, ganz
sicher nicht minder kräftig in Norwegen auftreten, als in irgend einem anderen der nordischen Reiche; dass es nicht schwieriger ist in Norwegen, als
in Dänemark, dergleichen Gräber, welche alle jene Eigenthümlichkeiten des
mittleren Eisenalters [3]), nämlich die den oströmischen Goldmünzen nachgear-
beiteten nordischen Brakteaten, die grossen Bügelspangen, Niello-Ornamente
und eingefasste Glasstücke enthalten, nachzuweisen; dass aber auch alle diese
Gräber dem Anscheine nach eine so grosse Uebereinstimmung mit den letzt-
genannten der älteren Eisenzeit darbieten, dass man vorläufig wenigstens noch
nicht im Stande ist, mit Sicherheit zu entscheiden, ob ein Grab, wenn es
nicht gerade die erwähnten Schmucksachen oder doch die betreffenden Ornamente enthält, in die Brakteatenzeit (Solidusperiode), oder aber in die ältere
Denarperiode gehört. Die Schwierigkeit liegt also nicht darin, überhaupt
Gräber des mittleren Eisenalters nachzuweisen, sondern darin, alle dieser
Periode angehörenden Gräber zu sammeln und auszuscheiden. Und bevor
nicht eine solche Trennung vorgenommen werden kann, falls sie überhaupt
durchzuführen sein sollte, verstehe ich in der That nicht, welchen praktischen
Nutzen sowohl in Dänemark, wie in Norwegen es haben kann, eine besondere

---

[1]) Vgl. H. Hildebrand, „den äldre Jernålderen i Norrland". Ausser den dort angeführten
Funden aus Norwegen würden zu nennen sein: Aarsberetn. für 1870, pag. 48, drei drachenkopfförmige; Aarsberetn. for 1871, pag. 65, eine ebensolche; Aarsberetn. pag. 9, eine desgl.;
der Fund von Eigner, Hedemarken 1872, mit 2 und der Fund von Langebo, Stokke, Jarlsberg
1872 mit 3 ebensolchen Spangen.

[2]) Vgl. Antiq. Tidskrift for Sverige, H. Hildebrand's angeführte Abhandlung, pag. 6 u. 7;
Aarböger 1869, pag. 180, 181, und H. Hildebrand, Svenska Folket under Hednatiden, 2. Udg.,
Inledu.

[3]) Kragehul Mosefund, pag. 9.

Gräbergruppe für ein mittleres Eisenalter aufzustellen. Mit Ausnahme der
erwähnten einzelnen neuen Schmucksachen schliessen sich die Alterthümer
der sogenannten mittleren Eisenzeit im Uebrigen unmittelbar an die ältere
Eisenzeit an, und irgend ein Uebergang zum neuen Stil, der so ausgeprägt
und durchgeführt in Norwegens letzten heidnischen Jahrhunderten, in dem
sogenannten jüngeren Eisenalter vorherrscht, ist durchaus nicht zu bemerken.

Das Verhältniss zwischen der Anzahl von grossen Grabkammern, worin
verbrannte Gebeine und worin unverbrannte Leichen vorkommen, lässt gegenwärtig, nach den vorliegenden leider so mangelhaften Fundberichten, sich
noch nicht genügend bestimmen; doch bin ich nicht abgeneigt, anzunehmen,
dass die Verhältnisse, welche Prof. Rygh im Jahre 1868 zwischen allen norwegischen Grabhügeln der älteren Eisenzeit mit unverbrannten und mit verbrannten Gebeinen aufstellte, nämlich wie 1 zu 8, sich am nächsten für jene
eine Classe von Gräbern der älteren Eisenzeit anwenden lässt. Diese Ver-
hältnisszahl war nämlich nur der Ausdruck für die 412 Grabfunde, von denen
man bis zum Jahre 1868 Nachricht hatte, wo man kaum etwas wusste von
jenen grossen, oben erwähnten Hügelfriedhöfen des älteren Eisenalters, die
ohne Ausnahme Gräber mit Verbrennung enthalten und in so grosser Anzahl
vorkommen, dass ich z. B. allein aus dem Amte Smaalenene gegenwärtig ebenso
viele Brandgräber der älteren Eisenzeit nachzuweisen vermag, wie man im
Jahre 1868 Gräber aller Art aus derselben Zeitperiode im ganzen norwegischen Lande kannte. Ich bin völlig überzeugt, dass künftige Untersuchungen dieser grossen Hügelfriedhöfe die Anschauungen von Norwegens älterer
Eisenzeit ebenso wesentlich verändern werden, wie die Entdeckung des richtigen Alters der „Wendenkirchhöfe" die Auffassung von dem ersten Auftreten
der Eisencultur in Nord-Deutschland umgestalten müsste. Sie werden den
naturgemässen Ausgangspunkt bilden für die Entwickelung der Eisenzeit in
Norwegen; sie werden wahrscheinlich die beste Erklärung liefern für die
nationalen Eigenthümlichkeiten des Eisenalters in Norwegen unter der später
so mächtigen fremden Einwirkung, zugleich aber auch in Folge ihres primitiven Charakters, ihrer Mannichfaltigkeit, Gleichartigkeit und stätig fortschreitenden Cultur ein grosses Hinderniss sein für jede Behauptung, die zu erweisen versuchte, dass die norwegische ältere Eisenzeit nur als ein Keim
der damals in Dänemark bereits alten Eisencultur zu betrachten sei, ein Keim,
der, wie man meinte, nur schwach blieb, jung und von geringer Triebkraft.

Ich habe oben nachgewiesen, dass die Grabfunde aus der nordisch-
römischen Zeit nicht allein zahlreich sind in Norwegen, sondern auch reichlich so zahlreich — nach dem, was man bis jetzt darüber kennt — wie in
Dänemark und ungleich zahlreicher sogar als in Schweden; weshalb denn
auch die Spuren der römischen Cultur in Norwegen ebenso stark hervortreten,
wie in irgend einem der anderen nordischen Reiche, sowohl mit Hinsicht auf
die inländische Nachbildung fremder Muster, wie auf die Gräbereinrichtung
und auf andere Zeugnisse von der geistigen Auffassung und Anschauungs-

weise der damaligen Bevölkerung. Ich habe weiter nachgewiesen, dass die Anzahl echt römischer Alterthümer in norwegischen Gräbern sehr bedeutend ist, — weit grösser, als Schweden solche bis jetzt dargeboten hat, wenn auch nicht ganz so bedeutend, wie in den dänischen Funden; dsss die Verschiedenheit zwischen Dänemark und Norwegen nicht erheblich ist und dass sie vollständig erklärt werden kann durch Norwegens zu jeder Zeit geringere Bevölkerung und mehr abgelegene Lage; und endlich, dass jene norwegischen Gräber fremden Stils nicht vorzugsweise auf einen einzelnen Theil des Landes beschränkt sind, sondern sich ausbreiteten über das ganze Land, bis hinauf zu den Küsten des Drontheimfjord.

Allerdings fehlen uns, wie gesagt, römische Münzen in diesen Funden, um sie selbständig datiren zu können; aber Dank den dänischen und südschwedischen Münzfunden, die das Alter der seeländischen (und südschwedischen) Gräber feststellen (von ca. 250 bis zu 400 p. Chr.; mit einer weiteren selbständigen Ausbildung bis ca. 600), sind wir in den Stand gesetzt, auch das ungefähre Alter dieser norwegischen Grabhügel bestimmen zu können, denn ihre Gleichzeitigkeit mit den seeländischen (und schwedischen) Begräbnissen ist durch die Gleichartigkeit und die zum Theil gemeinsame Abkunft der Mitgaben hinlänglich erwiesen.

Der römische Culturstrom war mächtig genug, um mit ungehemmter Kraft sowohl bis Dänemark, wie nach Schweden und Norwegen vorwärts zu dringen. Er hat in allen drei Ländern einen starken Einfluss ausgeübt und eine so hohe Culturentwickelung begründet, wie man sie niemals hätte voraussetzen können, wenn nicht die Alterthümer uns unzweifelhafte Beweise davon ablegten.

Die gleichartigen Wirkungen dieser Cultur, in Dänemark sowohl wie in Schweden und Norwegen, sind Zeugnisse für deren ebenmässiges, gleich starkes Auftreten bei drei verwandten und auf derselben Bildungsstufe stehenden Völkerschaften; die trotz der grössten Uebereinstimmung gleichwohl in jedem dieser drei Länder hervortretenden Ungleichheiten sind der Ausdruck der nationalen Besonderheiten und mithin Zeugnisse dafür, dass der römische Culturstrom gekommen ist zu drei — in Folge der ungleichen natürlichen Beschaffenheit ihrer Länder -- schon damals so wesentlich von einander verschiedenen Brüderstämmen.

Wenn die dänischen Archäologen dessenungeachtet bis jetzt noch keine andere Gräbergruppe der älteren Eisenzeit aufgestellt haben als jene nordisch-römische, so wird es doch unfehlbar noch dahin kommen; denn andernfalls müsste man voraussetzen, einmal die Möglichkeit, dass die Cultur der ältesten Eisenzeit auf ihrem wahrscheinlichen und natürlichen Wege von Süd nach Nord einstweilen Dänemark übersprungen habe, und dann, dass später nach Dänemark eine specielle Einwanderung eines nordischen Stammes, der aber ausserhalb Dänemarks sich den stark ausgeprägten römischen Charakter zu eigen machte, stattgefunden habe. Blicken wir aber darauf hin, was erst

kürzlich durch die ausgezeichneten Untersuchungen des Amtmanns Vedel
in Beziehung auf das Auftreten und die stufenweise Entwickelung des Eisenalters auf Bornholm nachgewiesen wurde, und auf andere ähnliche Entdeckungen in anderen Ländern, wie z. B. auf jene „Wendenkirchhöfe" in Nord-
Deutschland, so ist gar nicht daran zu zweifeln, dass die Eisenzeit ebenfalls
in Dänemark älter ist, als die ältesten der „seeländischen Begräbnisse". —
    Wie schon oben erwähnt, lassen die norwegischen Grabhügel aus der
älteren Eisenzeit sowohl in ihrer Bauart, wie in ihrem Inhalte eine beständig
und gleichmässig fortschreitende Culturentwickelung — wie ich annehme —
eines und desselben Volkes erkennen. Ich wenigstens finde an keiner einzigen Stelle in der Reihenfolge der Ausbildung der norwegischen Grabhügel
irgend eine plötzliche Veränderung oder bedeutende Umwälzung, die den ge-
ringsten Grund zu der Annahme geben könnte, dass eine Einwanderung eines
fremden Stammes oder eines ganz neuen Volkes stattgefunden habe. Die Grabfunde machen im Gegentheil durchaus den Eindruck einer natürlichen, durch stä-
tige stärkere südländische Einwirkung veranlassten Entwickelung; und obgleich
die Annahme, dass die Cultur der Eisenzeit ursprünglich zugleich mit einer
Einwanderung nach Norwegen gekommen sei, immerhin wahrscheinlich und
natürlich erscheinen wird, so ist doch diese Annahme nun weniger nothwendig
geworden, nachdem ich bereits früher nachgewiesen habe — vorläufig freilich
nur für einen einzelnen Landestheil —, dass Norwegen gleichfalls ein vollent-
wickeltes Bronzealter gehabt hat, wovon zahlreiche und charakteristische, bis
dahin unbekannte und unbeachtete Gräber Zeugniss ablegen.
    Sowohl der Gang in der nordisch-römischen Culturentwickelung, wie ihre
Eigenthümlichkeiten in den einzelnen nordischen Ländern würden sich ohne
Zweifel schon längst weit deutlicher vor Augen gelegt haben, wenn nicht
auch darin eine gewisse Uebereinstimmung zwischen diesen gleichzeitigen und
gleichartigen Gräbern Dänemarks und Norwegens obgewaltet hätte, dass beinahe sämmtliche Funde dieser Art in beiden Ländern eigentlich nur durch
Zufall zu Tage gekommen sind, mit Unverstand und Unvorsichtigkeit ausgegraben wurden, und daher bei weitem nicht so lehrreich zu werden ver-
mochten, als sie es hätten sein können, wenn sichere und ausreichende Fundberichte darüber vorgelegen hätten.
    Deswegen können wir auch in Norwegen noch nicht mit Bestimmtheit
die Gräber vom Schlusse der Periode aussondern, und ebenso wenig die weitere nationale Ausbildung verfolgen, welche eintrat, nachdem die Verbindung
mit Rom oder genauer die mit Byzanz, vielleicht gegen Ende des VI. Jahrhunderts, ihr Ende erreicht hatte. Ehe das nicht geglückt ist, werden wir
uns auch den späteren ausgeprägten Charakter des „jungen Eisenalters", sein
Verhältniss zu der so verschiedenartigen Cultur der älteren Eisenzeit und zu
dem Zeitpunkte jenes merkwürdigen, räthselhaften Ueberganges nicht genügend
erklären können. Aber in Norwegens historischer Schatzkammer, in den zahl-

reichen Grabhügeln wird man sicherlich auch für diesen, jetzt noch so dunkeln Zeitabschnitt demnächst Aufklärung finden.

Das Material, welches Norwegens Grabhügel geliefert haben zu einer besseren Aufklärung über die vorgeschichtlichen Verhältnisse des Landes und des Nordens, ist bereits ein sehr reiches; aber wir haben doch oben gesehen, wie unbekannt dessenungeachtet sowohl die Grabhügel, wie deren historische Beweiskraft sogar den uns benachbarten Alterthumsforschern geblieben waren. Die Schuld daran tragen allerdings nicht jene Fremden. Das Material an und für sich ist eben nicht genügend: es muss bearbeitet werden, damit Andere es zu benutzen vermögen, und derartige Bearbeitungen fehlen bis jetzt in Norwegen weit mehr, als in irgend anderen der nordischen Reiche.

Deswegen konnten auch die vorhin citirten unrichtigen Ansichten unwiderlegt dastehen und in Folge dieses Stillschweigens eine Glaubwürdigkeit erlangen, die ihnen an und für sich vollständig ermangelte.

Ich läugne nun keineswegs, dass der römische Culturstrom sich in der Richtung von Süden nach Norden über die nordischen Länder ergossen habe, aber ich kann nicht den Beginn jener Cultur für gleichzeitig ansehen mit dem ersten Auftreten des Eisens im Norden.

Ich nehme ebenso wenig die Möglichkeit oder Wahrscheinlichkeit in Abrede, dass die ersten Stämme der Eisenzeit sich in der Richtung von Süden nach Norden über den Norden ausbreiteten — aber darauf muss ich bestehen, dass bis jetzt Niemand das Recht hat, die nordischen Alterthümer als einen Beweis für diese Lehre anzuführen.

Miscellen und Bücherschau.

Jäger: In Sachen Darwin's, insbesondere contra Wigand. Stuttgart 1874.

Der Verfasser erblickt „einen Gegensatz zwischen starren, unveränderlichen Arten und anderen, die mehr oder weniger rasch sich im Laufe der Generationen verändern", er steht zwischen den Constanzianern und Transmutisten (S. 5), so dass der bittere Ton, der gegen das angegriffene Buch angeschlagen wird, eigentlich seiner Begründung entbehrt, und in den Augen eines unpartheiischen Lesers jedenfalls nicht zur Empfehlung dient. Nach der beliebten Mode der jetzt so üppig quellenden Schöpfungsbücher, die mit Fundamentirung elementarster Prinzipien noch vollauf zu thun haben sollten, gehen die letzten Capitel bereits auf das psychische Gebiet über, auf Sprache, Bewusstsein, Religion u. s. w., wobei die Moralität „als etwas erst durch die Erziehung von jedem Einzelnen zu Erwerbendes behandelt" wird, und würde sich dann Vielerlei über „socialen Instinct" für und wider sagen lassen.

In den Erörterungen mit den Anhängern der Descendenzlehre ist der Unterschied, um den es sich bei der Streitfrage handelt, ein grosser oder kleiner, wie man will, — ein kleiner, weil es sich ohne Aenderung der Thatsachen, nur um Worterklärungen zu drehen scheint, je nach der Terminologie in vergleichender Anatomie oder bei genealogischer Hypothese, ein grosser, weil ein Cardinalprinzip der exacten Naturwissenschaft berührt wird, nämlich ihre durch die Induction geforderte Beschränkung auf das jedesmal in gegenseitiger Controlle Bewiesene, das factisch Gesicherte.

Es steht unwiderleglich fest, dass, wenn der Organismus mit der jeder Species zukommenden Peripherieweite zu variiren beginnt, die Fortzeugungen, wie sich aus physiologischen Gesetzen mit Nothwendigkeit ergiebt, mit der Entfernung vom Centrum um so lebensunfähiger werden müssen, dass also die Wiederholungen des gleichen Typus nicht die aufsteigende Reihe der Entwickelung zeigen, sondern in abnehmender Reihe zum Untergang führen werden.

In allen Fahrzeugen, vom Canoe bis zum Kriegsschiff, kehren ähnliche Analogien wieder, in Rippen, Kiel, Steuer u. s. w., wie sie für die Zwecke der Schifffahrt erforderlich sind, ebenso in den Häusern, von Hütte zum Pallast, in Dach, Fenster, Thür u. s. w, für die der Wohnung, aber so wenig deshalb hier in der für die Auffassung des Verfertigers bestehenden Entwickelung eine objective Abstammung gelten kann, ebenso wenig auch bei Pflanzen und Thieren, und ihre zur Erhaltung des Typus dienende Zeugung kann dabei um so weniger eine Differenz herstellen, da sie, wenn überhaupt in Betracht gezogen, nur das Gegentheil (wie gesagt) der von den Descedenztheorien aufgestellten Behauptungen in den Ergebnissen thatsächlicher Beobachtungen zeigen würde.

Der genetische Zusammenhang, der Häuser oder Fahrzeuge unter einer höheren Einheit verbindet, liegt auf einem, diesen existirenden Gegenständen, als solchen, völlig fremden Gebiet, nämlich im Geist des Menschen, und so der der Pflanzen und Thiere in einer für die in der Mittagshöhe der Tagessonne arbeitende Naturwissenschaft durch verschleierndes Dunkel unzugänglichen Region einer Schöpfung oder Entstehung aus der Nacht des Hades. Erst wenn die Dinge aus dem Nichtsein in das Sein getreten, sind sie Gegenstand der Beobachtung und inductiver Behandlung in Comparation, und obwohl jener Ursprung, den die Philosophie bisher umsonst auf Speculationsflügen anzunähern oder in mystischer Versenkung zu ergründen suchte, nach naturwissenschaftlicher Durchbildung der Psychologie ebenfalls, wie so viele andere Räthsel, bei dem unaufhaltsam siegreichen Vordringen der Naturwissenschaften graduell sich wird enthüllen müssen, werden diese solche Erfolge doch nur dann zu erringen hoffen dürfen, wenn sie ihre Stärke darin verstehen, ihre eigenen Schwächen zu kennen, und sich deshalb mit verständiger Mässigung jedesmal auf den Grenzen des so weit gesicherten Forschungsterrains .zu beschränken.

Erklärungen können nur innerhalb der umschriebenen Peripherielinie eines Horizontes (wo immer gezogen) statthaben, um den Werth des Theiles aus dem Ganzen zu berechnen, und so lange wir noch mit den Elementaropeɛtionen des Rechnens beschäftigt sind, lassen sich nicht die in das Unendliche laufenden Tangenten verfolgen, indem dafür erst im spätern Fortschritt Methoden einer höheren Analysis sich finden lassen werden. Bis dahin handelt es sich um Detailvertiefung, damit der Causalnexus des Gesetzlichen erlangt wird, da solcher, wenn einmal gefunden, auch weiter als Schlüssel zum Oeffnen schwieriger Räthsel dienen mag.

Gleichsam aus instinctmässigem Drange legt sich der Mensch schon früh die Scheidung des Erlaubten und Unerlaubten auf, in Uebernahme der Gelübde, die ihren speciellen Gegenstand verbieten, in Trennung der Welt in die des Tabou und des Nua. An sich hat jedes Sein und Werden seine Berechtigung, als naturgemässes, die Existenz und also auch die (durch äussere und innere Verhältnisse bedingte) Existenzformen des Organismus, in gleicher Weise ferner die Willensrichtungen und die Ausführung, zu welcher sie veranlassen. Erst bei tieferem Eindringen in die Motive, bei Auffinden einer Vielfachheit derselben und daher der Möglichkeit der Wahl, tritt in der Leitung des (somit frei erscheinenden) Willens das moralische Urtheil von Gut und Böse hinzu, je nachdem bei weiterem Ueberblick sich Ursache und Folge ın regelmässig richtigem Zusammenhang, also gesund, erweisen, oder durch augenblicklich überwiegende Störungen pathologisch abgelenkt worden. Indem die ethische Betrachtung nicht vom Individuum auszugehen hat, sondern von dem Menschen, als Gesellschaftswesen, werden sich, als zum Bestande und der Erhaltung desselben nothwendig, immer schon ethische und moralische Gesetze im Voraus ergeben, als bereits potentia vorhanden, oder actu wenn erkannt. Columbus had been scoffed at as a visionary, by the vulgar and ignorant, but he was convinced, that he only required a body of enlightened men to listen dispassionately to his reasonings to insure triumphant conviction (s. Irving). The very children, it es said, pointed to their forehead, as he passed, being taught to regard him as a kind of madman.

Neumayer: Anleitung zu wissenschaftlichen Beobachtungen auf Reisen. Berlin 1875.

Ein Werk, das, wenn irgend ein anderes, einem Zeitbedürfniss entgegenkommt, und um welches sich der Herausgeber, Hr. Prof. Neumayer, der neben der Ausarbeitung seines eigenen Beitrages (Hydrographie und Oceanographie) die Mühe der Gesammtanordnung zu tragen hatte, ein dauerndes Verdienst erworben hat, dem die vollste Anerkennung nicht fehlen wird. Wenn practische Reisende, die zugleich in ihren Fächern als Autoritäten dastehen, wie Richthofen, Hartmann, Schweinfurth, Fritsch u. s. w., in gedrängter Form ihre Erfahrungen darlegen, wenn Gelehrte, die zugleich an Hochschulen lehren, wie Kiepert, Förster, Virchow, Orth, v. Martens, Ascherson, Gerstäcker, Oppenheim, Seebach, Grisebach, Steinthal u. s. w., wenn Vorsteher wissenschaftlicher Institute, wie Peters, Hann, Weiss, Tietjen, Günther, Wild, Möbius, oder in ihren Specialstudien so bekannte Namen, wie Koner, Hartlaub, Friedel zusammenwirken, bedarf es keiner besonderen Empfehlung. Für anthropologisch-ethnologische Zwecke sind besonders zu erwähnen die Aufsätze Nr. 8, 9, 10, 10, 13, 23[1]), 24, 25, 26, 27, doch finden sich auch schon für diese in allen übrigen nützliche Bemerkungen.

---

[1]) Im Grossen und Ganzen trägt der menschliche Typus den Gesammtzug des von ihm bewohnten Continentes, der je nach seiner Küstenentwickelung, nach den Flussgebieten und deren Schiffbarkeit, sowie nach der Zerwerfung oder dem organischen Streichen der Bergketten zu geschichtlicher Entwickelung prädisponirt, oder auch, bei Mangel ihrer Spontaneität, aus der Fremde übergepflanzte Culturkeime zeitigen mag. In den dadurch eingeleiteten Veränderungen der Cultur kann dann oft der social-politische Charakter, den die Naturverhältnisse selbst bedingen werden, verschwinden.

Gewisse Grundlinien sind als durchgehende an sich klar.

1) Ebenen, die, weil des Wassers, jeder Vegetation sowohl, wie des Thierlebens entbehren, sind unbewohnbar, ausser etwa, wenn zum Durchgangsort der Karawanen benutzt von Räubern (gleich den Piraten des Meeres) durchschweift.

2) Ebenen, die, ohne die Bedingungen zur Humusbildung, mit spärlichem Wasser versehen sind, können der Viehzucht dienen, indem weidende Hirten die Wasserstellen nach einander abweiden. Bei zahlreicher Thierwelt kann als eine Vorstufe das Jägerleben betrachtet werden, indem die schädlichen Thiere erst (wenigstens zum Theil) ausgerottet werden mussten, ehe sich die zahmen erhalten liessen. Ob die Domestication selbst an den Moment angeknüpft werden darf, wo man den Rest der durch die Jagd verminderten Thiere bewahrt zu werden sucht, bleibt den Erörterungen über den Ursprung der Hausthiere überlassen.

3) An Bergen gelagerte Ebenen oder Thäler mögen in den entsprechenden Breitegraden die wechselnde Viehzucht mit Alpenwirthschaft zur Folge haben.

4) Wälder auf Ebenen oder Bergen, die für die eine oder andere Thiergattung stets Unterhalt bieten werden, herbergen den Jäger, wenn sie nicht unter den Tropen genügende Fülle der auch für den Menschen essbaren Früchte erzeugen. Bei Verminderung derselben in der Nähe der Ansiedelungen beginnen sich auf die zurückbleibenden Reste Eigenthumsrechte geltend zu machen, und mit Ausrodung von Waldstrichen folgt die (Anfangs in periodischen Wanderungen wechselnde) Feldwirthschaft mit der Bebauung des Bodens.

5) Flüsse in unwirthlichen Zonen ernähren den Fischer. Bei günstigem Klima wird nicht nur das Uferland, sondern in Ausdehnung der Ueberschwemmung durch künstliche Bewässerung auch weiteres Areal für den Ackerbau gewonnen. An schiffbaren Flüssen leitet die Verschiedenheit der Wohnsitze (auf dem Zwischenraum von hochgelegenen Quellen bis zur tiefen Mündung im Meeresniveau) und der dort einheimischen Productionen mit den Communicationen des Verkehrs den Handel ein und die dadurch hervorgerufenen Städtegründungen.

6) Bergmassen, die in niederen Breiten bis zu genügender Höhe bewohnbar sind, um verschiedene Zonen an ihren Abhängen zu repräsentiren, zeugen von dem Gegensatz der daraus

folgenden Differenzen ähnliche Culturschöpfungen, wie die Zwischenflussländer oder See-Regionen.

7) Meeresküsten führen in den Häfen verschiedene Reize herbei, die, aus je fernerer Weite sie kommen, desto fremdartiger sind und also um so mächtiger und belebender einwirken müssen. Allerdings muss das Culturleben an der Küste bereits genügende Spannung erhalten haben, um durch Erfindung der Schifffahrt den trennenden Zwischenraum (der in einem Archipelago am kleinsten, und also am raschesten beseitigt ist) überspringen zu können, und dann dient die vorher isolirende Meeresfläche als engstes Vereinigungsband zwischen gegenüberliegenden Küsten, also zugleich als gewaltigster Beweger der Cultur im Seehandel, wie auch die früher trennenden Wüsten mit den Karavanen der Cultur vielfach betretene Bahnen eröffnen.

Nachdem der jedesmalige Mikrokosmus des Volkswesens sich mit seiner Umgebung abgeglichen hat, tritt ein periodischer Stillstand ein, bis allmählich mit weiterer Ausdehnung des historischen Horizontes entlegenere Strömungen hineingeleitet werden, und dann durch ihren anfangs wieder fremdartigen Gegensatz zu neuen Fortschöpfungen anregen und so die Spirale der Civilisation höher emportreiben.

Aus dem täglichen Leben sind die Arten und Bereitungsweisen der Nahrung, der Beschäftigungen, die bei denselben gebrauchten Geräthschaften der Zeiten und Objecte zur Erholung zu beachten. Ueber das Verhältniss der Geschlechter zu einander, die Geburten und Todesfälle, die Stände, die Dichtigkeit der Bevölkerung, Zahl und Art der Verbrechen sind nach den gegebenen Anhaltspunkten Ueberschläge zu machen, wo statistische Aufnahmen fehlen. Die Unterhaltungskosten einer Familie und Abschätzungen eines reichen oder beschränkten Einkommens berechnen sich aus dem localen Geldwerth oder dessen Substitute für die Weltlage des Landes.

Als Zoon politikon vermag der Mensch nur in der Geselligkeit seine Eigenthümlichkeiten zu erfüllen und der Gesellschaftszustand verlangt deshalb die erste Aufmerksamkeit. Die einfachste Form derselben findet sich in den Familien, die sich nicht auf ein geschlechtliches Zusammenleben, wie zeitweise oder dauernd auch bei Thieren, beschränkt, sondern zugleich die nächste Generation, oft noch eine fernere mit dem Bande der Zusammengehörigkeit umschlingt.

Aus dem Zusammenbleiben der Generationen, aus dem Eintritt freiwillig oder gezwungener Zugehöriger in die Familie, aus der Vereinigung verschiedener Familien erwächst der Stamm, der in den verschiedenen Formen der Gens, des Clan, des Geschlechts u. s. w. erscheint, der staatliche Ausbau des Gemeinwesens ragt vielfach auf ethnologischem Fundament bereits in die Geschichtshöhen hinaus.

Schon in dem gegenseitigen Verhältniss der Geschlechter tritt das in der physischen Natur begründete (und durch die psychische erst zu mildernde) Recht des Stärkern hervor, indem die schwächere Hälfte von ihren Herren geknechtet wird, der auch die Kinder als Sklaven betrachtet, bis der aufwachsende Sohn sich stark genug fühlt, den Vater im sinkenden Greisenalter zu verdrängen, oder ganz auf die Seite zu schaffen. Ist dagegen der Nutzen der von den Bejahrten angesammelten Erfahrungen anerkannt, so constituirt sich aus diesen Alten der Rath der Alten oder Senatus.

Je weiter sich die Peripherie der Stammesverfassung ausdehnt, desto mehr tritt aus der Entfernung die centrale Gestalt des Patriarchen in einen heiligen Nimbus zurück, der sie bald mit überirdischen Kräften ausstattet, und diese werden dann vor Allem für die Witterung in Anspruch genommen, deren günstiger Verlauf Misswachs und den daran geknüpften Plagen vorbeugt. Tritt mit Erblichkeit zunehmende Degeneration ein, so wird neben dem König in Kriegsgefahren ein der Tapferkeit wegen gewählter Herzog verlangt und neben dem Priesterkönig mag sich dauernd ein Kronfeldherr stellen. Wie oftmals die weltliche und geistliche Herrschaft in Stadt- und Buschkönig zerfällt, so mag sich aus der Umgebung des letzteren die Klasse der Regenmacher abscheiden, und die zur Polizei verwandten Fetische unterstützen in der Scheidung zwischen weisser und schwarzer Magie die officiell zur Hexenverfolgung autorisirten Orthodoxen, wie die (mohamedanischen) Aegypter in der Magie die hohe, als rahmanih (göttliche) und die niedere (suflih oder shaytanih) unterscheiden. Es kann geschehen, dass gesetzlose Zustände das Eingreifen von Geheimbünden verlangen, deren Weihen stufenweise verliehen werden, und da ihre gegen die Sklaven vorzugsweise gerichtete Massregeln mit den Kindern auch die

Frauen betreffen, können sich diese bei gynaikokratischen Ueberbleibseln aus dem Mutterrecht zum Widerstand in selbstständig constituirten Orden zusammenschaaren.

Republicanische Gemeinwesen führen zu gegenseitiger Haftbarkeit der Mitglieder, zu Verpfändungen und complicirten Formen des Schuldwesens.

Die Gliederung der Kasten, wenn nicht länger an die Altersklassen angeschlossen, mag mit der Betreibung bestimmter Gewerbe zusammenfallen und neben der grossen Masse des Volkes bestehen, über welches, wenn zum Sklavenstande herabgedrückt, wieder die durch einen Tabu abgetrennte Schaar der Wiedergeborenen, als die Freien oder Edlen, schwebt.

Wenn aus dem allgemeinen Anrecht auf die Frauen, eine bestimmte Form der Eheschliessung hervortritt, wird je nach den herrschenden Ansichten über Blutreinheit bald in engern Verwandtschaftsgraden geheirathet, bald, wenn auch die fernsten verboten sind, nur ausserhalb des Stammes, und danach gestalten sich wieder verschieden die Rechtsverhältnisse der Kinder, die bald dem Vater, bald der Mutter folgen, sowie die Erbansprüche. Je nach der Heiligkeit oder den Ungebundenheiten der Ehe ändern sich die Strafen des Ehebruchs.

Der Begriff des Eigenthums haftet zunächst nur an dem eigenen Händewerk des Einzelnen und, wenn er sich auf dem Boden ausdehnt, bleibt er ein gemeinsamer des Stammes, bis allmählig der Wunsch nach individueller Parcellirung durchbricht

Ebrard: Die iro-schottische Missionskirche. Gütersloh 1873.

Durch die Lollarden (vor Wycliff) knüpfte sich die culdeische Kirche Patrick's an die Reformation (S. 481).

Bancroft, H.: Native Races of the Pacific States, Vol I, New-York and London 1874.

Ein Buch nach derjenigen Methode angelegt, wie sie bei der Anwendung der inductiven Behandlung auf die ethnologischen und weiterhin auf die historischen Wissenschaften auch für diese benöthigt werden wird, eine Methode, die, weil noch ungewohnt, in bisherig unvollkommenen, immerhin jedoch unumgänglichen Vorarbeiten Anlass zu harter Tadelung ungeordneter Materialanhäufung gegeben hat, aber eine Methode, die, wenn mit ihr zu Gebote stehenden Mitteln durchgeführt, unter Concentrirung in Detailarbeit und Verfügung genügender Zeit, ihre Rechtfertigung allzusehr in sich selb strägt, um in den Augen eines naturwissenschaftlich Geschulten fernerer Rechtfertigung zu bedürfen. Seit 15 Jahren hat der Verfasser durch seine in Amerika und Europa thätigen Agenten an der Vervollständigung seiner Bibliothek gearbeitet, die jetzt ein Stockwerk von Bancroft's building (Market-Street) San Francisco einnimmt. Unter Aufsicht und Leitung des Bibliothekars sind seit mehreren Jahren ununterbrochen 15—20 Literaten beschäftigt, um das Gesammt-Material in den verschiedenen Fächern zu ordnen, aus denen es durch den Verfasser zum Drucke vorbereitet wird, und das Werk selbst ist in dem umfassendsten Styl angelegt, nämlich:

Vol. I. Wild tribes, their manner and customs.
   „ II. Civilized nations of Mexico and Central America.
   „ III. Mythology and languages of both, savage and civilized natives.
   „ IV. Antiquities and architectural remains.
   „ V. Aboriginal history and migrations (Index to the whole work).

Wenn diesem Werk ähnliche über andere Theile folgen, wird die Ethnologie schliesslich auf die gesicherte Basis gestellt sein, in der nicht mehr Meinungen entscheiden, sondern die Sprache der Thatsachen.

Vincarts: Histoire de Notre Dame de la Treille. Lille 1870.

La Sainte Vierge avait été honorée dans sa treille depuis quelques années, mais toutes ses graces y étaient renfermées, comme les eaux dans un estang, à qui les escluses et les digues empechent l'écoulement; enfin la piété et la dévotion des Lillois envers cette image rompit les digues et leva la bonde de cette Treille, d'ou aussitost se sont respandues des miracles, die Capitel 9—21 füllend.

Ganganelli: A Egreja e o Estado. Rio de Janeiro 1873.

Im Cap. 50 behandelt sich: Necessidade absoluta e indeclinavel de deparacão da Egreja do Estado.

Déclat: Traité de l'acide phénique. Paris 1874.

Das dritte Capitel zerfällt in zwei Abtheilnngen die Maladies dont le parasitisme èst demontré und die Maladies dont le parasitisme est très-probable ou en partie demontré.

Ascoli: Vorträge über Glottologie. I. Band: „Vorlesungen über die vergleichende Lautlehre des Sanscrit, des Griechischen und.des Lateinischen", übersetzt von Bazziger und Schweizer Sidler. Halle 1872.

Darauf wird die allgemeine Einleitung zur Morphologie, die vergleichende Morphologie des Sanscrit, des Griechischen und des Lateinischen, und die iranische Lautlehre folgen.

Handelmann: Volks- und Kinderspiele in Schleswig-Holstein. Kiel 1874.

Das Rolandsreiten (ein Quintaner - Rennspiel) nimmt jetzt im Ditmarschen, vielleicht nur noch in Meldorf einen nicht unerheblichen Platz unter den Fastnachtsspielen ein.

Der Kampf der Siebenbürger-Sachsen. Budapesth 1874.

Die Sachsen haben ihre bürgerlichen und ein deutsches Gepräge tragenden Privatrechte, welche von denen der ungarischen Adligen völlig abweichen, schon 1535 zusammengestellt, dieselben durch Stephan Bathory, König von Polen, welcher vordem Fürst von Siebenbürgen gewesen, und auch jetzt noch seine Hand auf dem Lande hielt, bestätigen und mit bindender Kraft in ihrem Gremium in Gestalt eines Privileg's herausgeben lassen.

Amira, die Erbenfolge und Verwandtschaftsgliederung nach den altniederdeutschen Rechten. München 1874.

Die volksthümliche Auffassung vom Constructionsprincip des Geschlechtsverbandes ist niedergelegt in einer „Statistik der Verwandtschafts-Namen."

Weske: Untersuchungen zur vergleichenden Grammatik des finnischen Sprachstammes. Leipzig 1873.

Der Ton der dritten Silbe oder der Nebenton eines dreisilbigen Wortes ist, nach Ausfall ihres Consonanten und nach Verkürzung des dadurch entstandenen langen Vocals allmälig ganz auf die erste Silbe, die Trägerin des Hauptions jedes Wortes, übergegangen und hat jeden langen Vocal und Diphtongen und die Consonanten noch um eine Lautstufe verstärkt (als Grundgesetz der Firmation).

Wachsmuth: Die Stadt Athen im Alterthum, Thl. I. Leipzig 1874.

Capitel IV des ersten Abschnittes giebt „die moderne topographisch-antiquarische Wissenschaft" über Athen in ihrer historischen Entwicklung seit den Arbeiten des Cyriacus von Ancona.

Hornstein: Les Sépultures. Paris 1868.

Dans l'inhumation des corps on s'astreignait à une règle d'orientation, les pieds étaient placés vers l'Orient, de manière qu'au jour de la résurrection, quand les morts secoueront la poussière du tombeau ils auront la face tournée du coté, où, selon la croyance commune, le Christ, le vainqueur de la mort, apparaîtra, triomphant sur les nuées du ciel.

Corssen: Ueber die Sprache der Etrusker. Leipzig 1874.

Aus den Gräbern Etrurien's und Campanien's ist das Ergebniss gewonnenen, dass „die italischen Alphabete in zwei Hauptgruppen gesondert, von einem und demselben Westgriechischen Mutter-alphabete ausgegangen sind, von dem auch das Alphabet der Campanischen Griechen von Cumae herstammt" und das „Etruskische Alphabet spaltet sich in drei geographisch gesonderte Zweige", als etrurisch-etruskisches (gemein etruskisches), campanisch-etruskisches und nordetruskisches. Schrifttafeln sind beigefügt.

Vincart: Histoire de Notre dame de la Treille. Lille 1874.

La Sainte Vierge avait été honorée dans sa treille depuis quelques années, mais toutes ses graces y estoient renfermées, comme les eaux dans un estang, à qui les escluses et les digues empeschent l'écoulement; enfin la piété et la devotion des Lillois envers cette image romput les digues et leva la bonde de cette Treille, d'ou aussi tost se sont responudes des miracles, die Capitel 9 — 21 füllend.

Tell: Les Grammairiens français. Paris 1874.

Quand Marie de Médicis vint en France, elle prononça avec son accent italien: Français, Anglais, avait, chantait, promenait," les courtisans l'imitèrent, puis le peuple imita les cour-tisans. Enfin le language a été changé. (Besain). Voilà toute l'histoire du oi transformé en ai.

Déclat: Traité de l'acide phénique. Paris 1874.

Das dritte Capitel zerfällt in zwei Abtheilungen der Maladies dont le parasitisme est dé-montré und der Maladies dont le parasitisme est très-probable ou en partie démontré.

Charency: Essai d'Analyse Grammaticale d'un texte en langue Maya. Caen 1873.

Mayali oder Mayas könnte statt sans eaux (nach Ordoñez) oder la mère des eaux (nach Brasseur) auch erklärt werden, als Moujac oder peuple du grand prêtre (may).

Bonnafoux: Fontaines Celtiques. Guéret 1874.

D'anciennes legendes, dont la racine remonte à l'ère celtique, nous signalent des menhirs, des dolmens, des tumulus gardés par un serpent sacré, la Guivre.

Conway: The Sacred Anthology. London 1874.

The editor has believed that it would be useful for moral and religious culture if the sym-pathy of Religions could be more generally made known and the converging testimonies of ages and races to great principles more widely appreciated.

Foerster: Der Raub und die Rückkehr der Persephone. Stuttgart 1874.

Der Ursprung des Mythus liegt noch jenseits des Processes der Umwandlung der Pelasger und Hellenen, somit auch vor der dorischen Wanderung.

Herr V. Ball (vom Geological-Survey of India) hat vor Kurzem der Asiatic Society of Bengal „Bemerkungen über Kinder, die unter Wölfen in den Nordwest-Provinzen und Oudh lebend gefunden wurden" vorgelegt. Ein Auszug von diesen Noten erscheint in der letzten Nummer der „Proceedings" der Gesellschaft In all diesen Berichten haben die Wölfe viel von ihrer natürlichen Wildheit und Unzähmbarkeit ihren Pflegekindern mitgetheilt. So führt Herr Ball zwei Fälle vor, wo die Kinder wie wilde Thiere geschildert werden. Die Kinder wurden in dem Waisenhause zu Secundra aufgenommen und wird ihr Benehmen von dem Oberaufseher,

Rev. Mr. Erhardt, beschrieben. Von einem der Knaben sagt er: „Er trank wie ein Hund, und liebte Knochen und rohes Fleisch mehr wie irgend Etwas; er wollte nie unter den anderen Knaben bleiben, sondern versteckte sich in irgend einer dunkeln Ecke. Kleider wollte er niemals tragen, sondern zerriss sie "

Der arme Bursche starb bald, aber der andre Knabe lebte in dem „Orphanage" für 6 Jahre. Obwohl 13 oder 14 Jahr alt, hat er nicht sprechen gelernt, aber er ist soweit gezähmt worden, dass er auf rohes Fleisch weniger als früher versessen ist. Das Athenaeum (1874, No. 2423, S. 464) fügt hinzu: „Es ist sehr zu wünschen, dass die Sache gründlich untersucht werden sollte, denn die Thatsachen, wenn wohl begründet, sind von grossem Interesse für die Anthropologie." —

Es ist nicht minder interessant, was hier als Thatsache behauptet wird, als völkerpsychologische Vorstellung zu verfolgen.

Eine Wölfin ist es, die sich der Zwillinge Romulus und Remus annimmt, noch jetzt wird ihre Höhle, das Lupercal in der Roma quadrata am Westabhang des Palatinus gezeigt; daneben fand ich im Sommer 1873 eine lebende Wölfin, desgl. eine auf dem Capitol nahe der antiken Statue der säugenden Lupa zum Andenken gehalten. Wilde, wölfische Sinnesart zeichnen die Gebrüder aus, die sich nach Wolfsart untereinander bekämpfen, wobei Remus das Leben verliert.

Eine russische Wölfin gibt ihre Milch dem Iwan Karoliewitsch, damit er sie der Hexe, seinem Weibe, bringe, welche sie von ihm in der Hoffnung verlangt hatte, dass er dabei ums Leben komme. In einem esthnischen Märchen kommt eine Wölfin auf das Geschrei eines Kindes und nährt es mit ihrer Milch. Das Märchen (bei Gubernatis: die Thiere in der indogerm. Myth. 1874 S. 451) erzählt, dass die Mutter des Kindes selbst Wolfsgestalt angenommen hatte und wenn sie allein war, ihre Wolfskleidung auf einen Felsen legte, um als nacktes Weib ihrem Kinde die Brust zu reichen. Nach der Wöluspa (32. 33) und der jüngern Edda sind die Nachkommen des Riesenweibs im Eisenholzwalde (Jarnwidr) Wolfskinder, Welpe, die sich gleich jenen modernen indischen Wolfskindern von Mark und Blut, freilich der Menschen, nähren.

Diese Idee führt von selbst zu der Vorstellung des Währwolfs (vgl. werewolf, man-wolf, soz. loup-garou, ogre, it. lupo mannaro, holl. weerwolf, dän. Varulf), der zumal in der germanischen und slavischen Phantasie, z. Th. noch jetzt, eine so unheimliche Rolle spielt. Harter Sinn wird in der höfischen mittelalterlichen Poesie gerade zu wölfisch genannt, so im Nibelungenlied. Die grausame Gerlind, welche die Gudrun misshandelt, heisst „diu wülpinne" (Kudrun, Bartsch's Ausg 1015.) Ich entsinne mich in einem deutschen Buch, aus dem 18. Jahrh., dessen Titel mir leider entfallen, ebenfalls ganz ernsthaft eine Reihe von solchen Menschen, die unter Wölfen und Löwen aufgewachsen und deren Wesen und Laute angenommen, beschrieben und abgebildet gesehen zu haben.

Neben alten bewussten oder unbewussten mythol. Traditionen, wie man sie bei Gubernatis, Grimm, Simrock, Mannhardt etc. nachlesen kann, spielen hier gewiss in einzelnen Fällen missverstandene psychopathische Zustände (verthierte Idioten und Crétins, halbwilde, oft mit gewaltiger Kraft begabte Microcephalen, offenbare Tobsucht) mit hinein.

Für jeden Zug, den Erhardt in seinem unvollständigen Bericht gibt, lassen sich Beziehungen finden. In dunkeln Höhlen und Klüften verstecken sich die zwei wilden Männer am See Geenezareth, welche die ganze Gegend unsicher machen und schliesslich eine ganze Heerde Säue umbringen (Matth. 8, 28). Nach Marc. 5, 1 zerreisst der Wilde sich die Kleider und treibt sich bei Tag und Nacht auf den Bergen herum Vgl. auch Luc. 9, 26. — Selbst für das Wasserschlaufen wie ein Hund findet sich eine schöne historische Parallele Richt. 7, 5. Der Herr sprach zu Gideon: Welcher mit seiner Zunge des Wassers leckt, wie der Hund leckt, den stelle besonders; desgleichen welcher auf seine Kniee fällt um zu trinken. Da war die Zahl derer, die geleckt hatten, 300 Mann; das andere Volk alles hatte knieend getrunken. Mit diesem Häuflein — hier Schwert des Herrn und Gideon! — wird das Heer der Midianiter vernichtet. Die Commentatoren erklären: Die 300, welche ohne Umstände, wie der Hund und der Wolf, das Wasser geschluckt, seien auch, wie dieses Thier, die entschlossensten und verwegensten Kämpfer naturgemäss gewesen. —   E. Friedel.

Die Mongolen.[1])

Wenn man das Aeussere eines Mongolen beschreiben will, muss man unstreitig einen Bewohner der Provinz Chalcha wählen, wo sich die unverfälschte Signatur der mongolischen Vollblutrace am besten erhalten hat. Ein breites flaches Gesicht mit hervorstehenden Backenknochen, eine Plattnase, kleine, enggeschlitzte Augen, ein eckiger Schädel, grosse, abstehende Ohren, schwarze, harte Haare, ein sehr schwacher Bart, eine bräunliche Hautfarbe, ein fester, muskulöser Körperbau bei mittlerem oder auch grossem Wuchse — das sind die charakteristischen Merkmale eines jeden Chalcha-Bewohners.

In anderen Theilen ihres Heimathlandes haben die Mongolen bei weitem nicht immer einen so reinen Typus bewahrt. Die äusseren Einflüsse des Auslandes treten am deutlichsten in den südlichen Grenzstrichen der Mongolei hervor, die von Alters her an das eigentliche chinesische Gebiet gegrenzt haben. Und obgleich das unstäte Leben des Nomaden sich schwer mit den Kulturbedingungen eines ansässigen Stammes aussöhnt, haben die Chinesen doch im Laufe der Jahrhunderte auf eine oder die andere Art ihren Einfluss auf die wilden Nachbarn so zu befestigen gewusst, dass diese letzteren in den hinter der grossen Mauer liegenden Gegenden halb und halb Chinesen geworden sind. Zwar lebt der Mongole mit wenigen Ausnahmen auch hier noch in der Filzjurte und weidet seine Heerden; aber in seinem Aeussern und mehr noch in seinem Charakter unterscheidet er sich scharf von seinem nördlicher wohnenden Stammesgenossen und gleicht viel mehr als dieser einem Chinesen. Die groben Züge seines flachen Gesichts haben sich bei ihm in Folge häufiger Ehen mit Chinesinnen zu der mehr regelmässigen Physiognomie des Chinesen umgestaltet, und hinsichtlich der Kleidung und häuslichen Einrichtung rechnet es sich ein solcher Nomade zum Stolz und Verdienst an, sich der chinesischen Mode angeschlossen zu haben. Selbst seine Lebensweise hat sich hier bereits wesentlich verändert: für ihn hat die wilde Einöde

---

[1]) Aus dem Werke: Die Mongolei und das Land der Tanguten. Dreijährige Reise im gebirgigen Ostasien. Von N. Prshewalski, Obersten im Generalstabe, wirklichem Mitgliede der Kaiserl. Russ. Geographischen Gesellschaft. St. Petersburg 1875. Aus dem Russischen übersetzt von F. von Stein.

schon einen schwächeren Reiz, als die dichtbevölkerten Städte China's ihn ausüben, in welchen er sich bereits mit den Vortheilen und Genüssen eines civilisirteren Lebens bekannt gemacht hat. Aber indem der Mongole so mit seiner Vergangenheit bricht, nimmt er von seinen Nachbarn eben nur die schlechten Charakterseiten an, ohne die seines früheren Lebens abzulegen. Schliesslich muss das Volk entarten, das der chinesische Einfluss nur ver- derbt, aber keineswegs auf eine bessere Stufe des gesellschaftlichen Lebens erhebt.

Gleich den Chinesen scheren die Mongolen den Kopf, wobei sie am Hinterhaupte nur ein kleines Büschel Haare stehen lassen, das sie zu einem langen Zopfe zusammenflechten. Die Lamen — Priester — scheren sich den ganzen Kopf.[1]) Bärte werden nicht getragen; auch wachsen dieselben sehr schlecht. Die Sitte, Zöpfe zu tragen, haben die Mantschuren in China ein- geführt, als sie sich in der Mitte des 17. Jahrhunderts des Himmlischen Reiches bemächtigten. Seitdem gilt der Zopf als ein Zeichen der Unterwerfung unter die herrschende Dynastie Tsing, einen solchen Zopf müssen daher auch alle China unterworfenen Völker tragen.

Die Mongolinnen scheren die Haare nicht, sondern flechten sie in zwei Zöpfe, die sie mit Bändern, Korallen oder Glasperlen verzieren und vorne zu beiden Seiten der Brust tragen. Auf die Haare werden Platten von Silber- blech gelegt, die mit rothen Korallen verziert sind; letztere werden in der Mon- golei sehr geschätzt. Die Armen ersetzen die Korallen durch einfache Glas- perlen; die Platten sind aber gewöhnlich von Silber und nur in seltenen Aus- nahmefällen von Kupfer. Ein ähnlicher Schmuck wird auf dem oberen Theile der Stirn angebracht. Ausserdem tragen die Frauen in den Ohren grosse silberne Ohrringe und an Händen und Armen Ringe und Armbänder.

Die Kleidung der Mongolen besteht aus einem Chalat (langem Rocke von orientalischem Schnitte), der gewöhnlich aus blauem chinesischem Daba angefertigt wird, aus chinesischen Stiefeln und einem flachen Hute mit auf- wärts gebogenem Rande. Im Winter tragen sie warme Beinkleider, Schaf- pelze und warme Mützen. Die Sommerchalate werden zum Staate oft auch aus chinesischem Seidenstoffe angefertigt. Ausserdem tragen die Beamten chinesische Pelze. Sowohl die Chalate, wie auch die Pelze werden stets mit einem Gürtel umgürtet, an welchem auf dem Rücken oder an den Seiten das unabänderliche Zubehör jedes Mongolen, der Tabaksbeutel mit Tabak, die Pfeife und das Feuerzeug, getragen wird. Ausserdem führt jeder Bewohner von Chalcha im Busen eine Tabaksdose mit Schnupftabak mit sich, und das Darbieten dieses letzteren bildet stets die erste Begrüssung bei jeder Begegnung. Den Hauptluxus entfaltet der Nomade aber im Zaum- und Sattelzeuge, das oft mit Silber beschlagen ist.

---

[1]) Zum Rasiren werden chinesische Messer gebraucht und die Haare mit warmem Wasser erweicht.

Der Chalat der Frauen weicht im Schnitte etwas von dem der Männer ab und wird ohne Gürtel getragen; gewöhnlich ziehen sie noch eine Art Kamisol ohne Aermel darüber. Uebrigens sind der Schnitt des Kleides und die Haartracht in den verschiedenen Theilen der Mongolei verschieden.

Die allgemeine Wohnung der Mongolen ist das Filzzelt oder die Jurte (gyr), von einer Form, die in allen Theilen ihrer Heimath, selbst in den entferntesten, eine und dieselbe ist. Jede Jurte ist rund und hat einen konischen Obertheil, in welchem sich das Rauch- und Luftloch befindet. Die Seiten des Zeltes werden aus Holzstäben gebildet,[1]) welche derartig mit einander verbunden sind, dass sie auseinandergezogen ein quadratförmiges Gitterwerk von einem Fuss im Durchmesser bilden. Beim Aufstellen des Zeltes werden mehrere solcher Gitter mit Stricken zusammengebunden, doch bleibt an einer Seite eine Stelle offen, in welche die hölzerne Thür von drei Fuss Höhe bei etwas geringerer Breite gestellt wird, durch die man in das Innere des Zeltes hineinschlüpft. Letzteres hat eine verschiedene Grösse, gewöhnlich aber 12 bis 15 Fuss im Durchmesser und ist bis zum Rauchloch ungefähr 10 Fuss hoch. Oberhalb der Seitengitter und der Thür werden Stäbe vermittelst Schlingen an die Spitzen der Gitter befestigt und mit den freien Enden in die Löcher eines aus hölzernen Reifen angefertigten Ringes gesteckt. Dieser Ring nimmt die Stelle in der Mitte der Jurte ein, hat 3 bis 4 Fuss im Durchmesser und bildet die obere Oeffnung und das Rauchloch.

Wenn das ganze Holzgestell des Zeltes aufgestellt und mit Stricken gehörig befestigt ist, wird es von allen Seiten mit Filzdecken, im Winter gewöhnlich doppelt umwickelt. Ueber die Thür und das Rauchloch werden Filzdecken gehängt und — die Wohnung ist fertig. Im Inneren derselben, gerade in der Mitte, wird der Herd angebracht; auf der dem Eingange gegenüberliegenden Seite werden die Burchanen (Götter) aufgestellt; seitwärts findet allerlei Hausgeräth Platz. Rings um den Herd, auf welchem den ganzen Tag Feuer brennt, werden Filzdecken und in den Jurten Wohlhabender sogar Teppiche gelegt, die zum Sitzen und Schlafen benutzt werden. Ausserdem werden im Innern die Seiten der Jurten, die reichen Personen, besonders Fürsten, gehören, mit baumwollenen, zuweilen sogar mit seidenen Stoffen behängt und hölzerne Fussböden hergestellt. Dem wenig anspruchsvollen Nomaden kann seine Jurte durch nichts ersetzt werden. Er kann sie schnell auseinandernehmen und auf eine andere Stelle versetzen, und sie gewährt ihm zugleich Schutz gegen Kälte, Hitze und jede Unbill der Witterung. In der That ist es im Filzzelt, wenn das Feuer auf dem Herde brennt, selbst beim strengsten Froste ziemlich warm. Zur Nacht wird das Rauchloch mit seiner Filzdecke verschlossen und das Feuer ausgelöscht; wenn die Temperatur in solchem Filzzelt auch nicht gerade eine hohe ist, so ist es in demselben

---

[1]) Das zu den Jurten nöthige Holz erhalten die Mongolen vorzugsweise aus dem holzreichen Theile von Chalcha.

25*

doch stets viel wärmer als im Leinenzelt. Im Sommer schützt die Filz-
umhüllung ganz vortrefflich gegen die Hitze und den Regen, sollte letzterer
auch noch so stark sein.

Im täglichen Leben der Mongolen fällt dem Reisenden vor Allem ihre
entsetzliche Unreinlichkeit in die Augen.՚ Im Laufe seines ganzen Lebens
wäscht der Nomade nicht ein einziges Mal seinen Körper; sehr selten und
ganz ausnahmsweise waschen einige von ihnen sich hin und wieder Gesicht
oder Hände. In Folge des beständigen Schmutzes wimmelt die Kleidung der
Nomaden von ganzen Schaaren von Parasiten, die sie vertilgen, ohne sich
durch irgend Jemandes Gegenwart geniren zu lassen. Jeden Augenblick
sieht man, wie ein Mongole, zuweilen sogar ein Beamter oder ein vornehmer
Lama seinen Pelz oder Chalat umwendet, die Plagegeister fängt und sofort
zwischen den Vorderzähnen tödtet.

Der Schmutz, in welchem die Mongolen leben, wird zum Theil durch
ihren Widerwillen gegen das Wasser, der sich oft sogar zur wirklichen Furcht
vor demselben steigert, bedingt. Abgesehen davon, dass der Nomade für
nichts in der Welt zu Fuss durch die unbedeutendste Pfütze gehen wird, in
der man sich kaum die Füsse benetzen kann, vermeidet er es auch auf das
Sorgsamste, seine Jurte in der Nähe einer feuchten Stelle, z. B. einer Quelle,
eines Baches, eines Morasts, aufzustellen. Die Feuchtigkeit übt auf ihn einen
ebenso verderblichen Einfluss, wie auf das Kameel, was sich freilich dadurch
erklärt, dass der Organismus an ein beständig trockenes Klima gewöhnt ist.
Der Mongole trinkt sogar niemals rohes kaltes Wasser, er ersetzt dasselbe
durch seinen Ziegelthee, der zugleich ein Universal-Nahrungsmittel der Nomaden ist.

Dieses Produkt erhalten die Mongolen von den Chinesen, und sie haben
eine solche Leidenschaft für dasselbe gefasst, dass kein Nomade, sei es Mann
oder Frau, auch nur einige Tage ohne dasselbe bestehen kann. Den ganzen
Tag, vom Morgen bis zum Abend, steht in jeder Jurte der Kessel mit Thee
auf dem Herde, und alle Mitglieder der Familie trinken ihn unaufhörlich.
Dieser Thee wird auch sofort jedem ankommenden Gaste dargeboten.

Die Bereitung desselben geht in der widerwärtigsten Weise vor sich.
Zuvörderst ist zu bemerken, dass das Geschirr[1]), in welchem man diesen
Nektar kocht, nie gewaschen und nur selten einmal mit Argal, d. h. trockenem
Pferde- oder Kuhmist, ausgewischt wird. Dann brauchen sie gesalzenes
Wasser, und wenn solches nicht gleich zu haben ist, fügen sie absichtlich
dem siedenden Wasser Salz hinzu. Hierauf wird der Ziegelthee mit einem
Messer zerbröckelt, oder in einem Mörser zerstossen und eine Handvoll davon

---

[1]) Die Geschirre eines mongolischen Haushaltes sind nicht gerade sehr mannichfaltig. Die
hauptsächlichsten sind: ein eiserner Kessel zum Kochen der Speise, eine Theekanne, Tassen,
ein Schaumlöffel, ein lederner Schlauch oder ein hölzerner Zuber zum Wasser oder zur Milch
und kleine hölzerne Tröge zum Vertheilen des Fleisches; auch gehören noch hierher: ein eiserner
Dreifuss, eine Zange zum Auflegen des Argals und hin und wieder eine chinesische Axt.

in das siedende Wasser geworfen, dem noch ein paar Tassen Milch zugesetzt werden. Um den steinharten Ziegelthee zu erweichen, legen sie ihn vorher auf kurze Zeit in heissen Argal, was allerdings dem ganzen Getränk noch mehr Aroma und Schmackhaftigkeit verleiht. Für's Erste ist dann das Labsal fertig. Aber in solcher Gestalt dient es nur als Getränk, wie unsere Chokolade, unser Kaffee oder die erfrischenden Getränke. Soll ein substantiellerer Genuss erzielt werden, dann schüttet der Mongole in seine Tasse trockene, geröstete Hirse und legt endlich, um das Maass des Schönen voll zu machen, Butter oder rohes Fett von den Fettschwänzen der Hammel dazu. Man kann sich nun wohl vorstellen, welcher ekelhafte Gräuel eine solche Speise ist, die die Mongolen in unglaublicher Menge vertilgen. Im Laufe des Tages zehn oder funfzehn Tassen, deren Inhalt dem eines Glases gleichkommt, austrinken, — das ist so die gewöhnlichste Leistung selbst eines mongolischen Fräuleins; die erwachsenen Männer trinken das Doppelte davon.[1] Es ist hierbei zu bemerken, dass die Tassen oder Schalen, aus welchen die Mongolen essen, ein ausschliessliches Eigenthum jedes Einzelnen sind. Sie werden gleichfalls nie gewaschen, sondern nach dem Gebrauche nur mit der Zunge ausgeleckt und in den Busen gesteckt, wo es von Insekten jeder Art wimmelt. Die Tassen sind Gegenstand eines gewissen Luxus, und bei den Reichen trifft man oft silberne von chinesischer Arbeit. Die der Lamen bestehen zuweilen aus Menschenschädeln, die mit Silber eingefasst sind.

Neben dem Thee bildet die Milch in verschiedenen Gestalten eine beständige Speise der Mongolen. Aus derselben bereiten sie Butter, trockenen Rahm, Käse und Kumys. Der trockene Rahm wird aus ungerahmter Milch gemacht, die sie kochen und von der sie den verdichteten Rahm abnehmen und trocknen lassen; des Geschmackes halber wird demselben zuweilen noch geröstete Hirse zugesetzt. Den Käse bereiten sie aus sauerer gerahmter Milch; aus derselben werden auch die „Areka's" gemacht, die trockenen kleinen Käsestücken gleichen. Der Kumys (Tarassun) endlich wird aus Stuten- oder Schafmilch gewonnen. Im Laufe des ganzen Sommers ist er ihr bestes Labsal, so dass die Mongolen beständig Einer zum Anderen reiten, um den Tarassun zu kosten, den sie gewöhnlich so lange geniessen, bis sie trunken sind. Ueberhaupt sind alle Nomaden den spirituösen Getränken sehr zugethan, obgleich das Laster der wirklichen Trunksucht bei ihnen lange nicht so allgemein ist, wie bei anderen, civilisirteren Völkern. Branntwein erhalten sie von den Chinesen; sie kaufen denselben entweder in China selbst, wenn sie sich mit ihren Karawanen daselbst befinden, oder auch von den chinesischen Händlern, welche im Sommer mit verschiedenen kleinen Waaren die ganze Mongolei durchziehen und dieselben gegen Wolle, Felle und Vieh umtauschen. Von dieser Art des Handels erzielen die Chinesen

---

[1] Eine bestimmte Zeit für das Mittagsessen haben die Mongolen nicht; während des ganzen Tages essen sie und trinken sie Thee, wenn es gerade beliebt, oder die Gelegenheit mit sich bringt.

einen grossen Gewinn, da sie die Waaren gewöhnlich darlehnsweise gegen ungeheuere Procente abgeben und andererseits die Gegenstände, die statt des Geldes als Bezahlung dienen, zu sehr niedrigen Preisen annehmen.

Wenngleich nun der Thee und die Milch im Laufe des Jahres die hauptsächlichste Nahrung der Mongolen bilden, dient doch als eine sehr wichtige Ergänzung derselben, besonders im Winter, das Hammelfleisch. Es ist dies ein solcher Leckerbissen für jeden Nomaden, dass er, wenn er etwas Gegessenes rühmen will, stets sagt: „es ist so schmackhaft wie Hammelfleisch." Der Hammel wird, wie auch das Kameel, sogar für ein heiliges Thier gehalten. Uebrigens dient bei den Nomaden alles Hausvieh als Maass und Emblem der Güte, so dass selbst einige Formen des Pflanzen- und Thierreichs mit den Beinamen „Hammel-", „Pferde-" oder „Kameel-" belegt werden.[1]) Für den leckersten Theil des Hammels wird der Fettschwanz gehalten, der bekanntlich aus reinem Fette besteht. Die mongolischen Hammel haben sich zum Herbste, zuweilen an dem scheinbar elendesten Futter, dergestalt gemästet, dass sie ringsum von einer zolldicken Schicht Talg umgeben sind. Je fetter aber dieses Thier ist, desto mehr behagt es dem mongolischen Gaumen. Von einem geschlachteten Hammel geht entschieden nichts verloren, selbst die Gedärme werden verbraucht; man drückt den Inhalt derselben aus, dann füllt man sie, ohne sie weiter auszuwaschen, mit Blut und kocht die auf diesem Wege gewonnenen Würste.[2])

Die Gefrässigkeit der Mongolen übersteigt, wenn es sich um Hammelfleisch handelt, alles Denkbare. In einer Sitzung kann der Nomade mehr als zehn Pfund Fleisch verzehren; es kommen aber auch solche Gourmands vor, die im Laufe des Tages einen ganzen Hammel von mittlerer Grösse vertilgen können. Auf Reisen bildet eine Hammelkeule die gewöhnliche Tagesportion eines Mannes, wenn die Vorräthe mit einiger Sparsamkeit zu behandeln sind. Dafür kann der Mongole volle 24 Stunden ohne Nahrung bleiben; wenn er sie aber einmal vor sich hat, dann isst im buchstäblichen Sinne des Wortes „Einer für Sieben".

Zum Essen wird das Hammelfleisch stets gekocht; nur das Bruststück wird zuweilen des Wohlgeschmackes wegen gebraten, und zwar am Spiesse. Wenn bei den Reisen im Winter das Fleisch längere Zeit erfordert, um gar gekocht zu werden, essen es die Mongolen halb roh, indem sie die oberen, etwas gekochten Stücke abschneiden und, wenn sie bis auf die ganz rohe Schicht gekommen sind, das Uebrige nochmals in den Kessel stecken. Bei grosser Eile nimmt der Nomade sich ein Stück Hammelfleisch auf den Weg mit und legt es zwischen den Rücken des Kameels und den Sattel, um es

---

[1]) So nennen sie den baumförmigen Wachholder Choni-arza, d. h. Hammel-Arza, die Thuja Jama-arza, d. h. Bock-Arza, den Luchs Choni-tulüssun u. s. w.

[2]) Bemerkenswerth ist die Art, wie die Mongolen die Hammel zum Essen schlachten: sie schneiden dem Thier den Bauch auf, stecken die Hand hinein, und wenn sie das Herz gefunden haben, drücken sie dasselbe so lange, bis der Hammel stirbt.

vor dem Froste zu schützen. Unterwegs nimmt er seinen so vortrefflich aufbewahrten Imbiss hervor, der dann stark nach Kameelschweiss riecht und
an dem auch Wolle klebt; das verleidet aber dem Mongolen durchaus nicht
den Appetit. Hammelbouillon trinken die Nomaden wie Thee; zuweilen fügen
sie zu derselben noch Hirse oder Teichstückchen in der Art unserer Nudeln
hinzu. Vor der Mahlzeit schütten Lamen oder gottesfürchtige Individuen des
einfachen Volkes eine kleine Quantität aus der Schale, die sie für sich gefüllt
haben, als eine Opfergabe in das Feuer oder, wenn solches nicht da ist, auf
den Boden. Zur Opferdarbringung von flüssiger Nahrung tauchen sie den
Mittelfinger der rechten Hand ein, von welchem sie dann die hängen gebliebenen Tropfen an den betreffenden Ort spritzen.

Die Mongolen essen immer mit den Händen, die gewöhnlich bis zum
Ekel schmutzig sind. Das Fleisch führen sie gewöhnlich in einem grossen
Stücke zum Munde, erfassen davon soviel sie können mit den Zähnen und
schneiden dann das Erfasste dicht an den Lippen ab. Die Knochen benagen
sie bis zur tadellosesten Reinheit, und Viele zerschlagen noch dieselben, um
das im Innern befindliche Mark zu erhalten. Die Schulterbeine der Hammel
werden stets zerbrochen und dann erst fortgeworfen; dieselben ganz zu lassen,
wird für eine Sünde gehalten.

Ausser dem Hammelfleisch, als ihrer speziellen Speise, essen die Mongolen noch das Fleisch von Ziegen, Pferden, seltener vom Hornvieh und noch seltener von Kameelen. Die Lamen essen kein Pferde- und Kameelfleisch, aber das
Fleisch gefallener Thiere, besonders wenn es etwas fett ist, hat für sie, wie überhaupt für alle Mongolen, nichts Abschreckendes. Brod kennen die Mongolen für
gewöhnlich nicht, obgleich sie es nicht verschmähen, chinesisches Weissbrod
zu essen, und zuweilen bereiten sie auch bei sich zu Hause Fladen und
Nudeln aus Weizenmehl. In der Nähe unserer Grenze essen die Nomaden
sogar Schwarzbrod, aber weiter im Innern kennen sie dasselbe nicht, und die
Mongolen, denen wir von unsern schwarzen Zwiebacken gaben, sagten gewöhnlich, nachdem sie sie gekostet hatten, dass eine solche Speise nichts
Angenehmes habe, und dass man sich daran nur die Zähne ausbreche.

Vögel und Fische essen die Mongolen mit wenigen Ausnahmen ganz und
gar nicht; sie halten dieselben sogar für unrein. Ihr Widerwille dagegen ist
so gross, dass einmal am Kuku-noor einer unserer Führer sich erbrach, als
er sah, dass wir eine gekochte Ente assen. Dieser Fall beweist, wie relativ
die Begriffe der Menschen selbst von solchen Dingen sind, deren Beurtheilung
scheinbar einzig und allein vom Geschmacke abhängt. Derselbe Mongole,
der im grässlichsten Schmutze geboren und aufgewachsen ist, mit grösstem
Gleichmuth das Fleisch gefallener Thiere und ungewaschene Hammeldärme
verzehrt, konnte es ohne die äusserste Erschütterung seines sittlichen Gefühls
nicht mit ansehen, dass fremde Menschen eine sauber zubereitete Ente assen!

Die ausschliessliche Beschäftigung der Mongolen und die einzige Quelle
ihres Wohlstandes bildet die V i e h z u c h t. Nach der Zahl seiner Hausthiere

wird hier der Reichthum eines Menschen gemessen. Besonders werden Hammel, Pferde, Kameele und Hornvieh, Ziegen aber in geringerer Menge gehalten.[1]) Uebrigens variirt auch das Vorwalten einer oder der anderen Viehgattung in den verschiedenen Gegenden der Mongolei. So sind die besten Kameele, und zwar in grösserer Menge als sonst wo, in Chalcha anzutreffen; das Land der Zacharen ist reich an Pferden; in Ala-schan werden vorzugsweise Ziegen gezüchtet. Am Kuku-noor wird die gewöhnliche Kuh durch den Yak ersetzt.

Hinsichtlich des Reichthums an Hausvieh nimmt die erste Stelle die Provinz Chalcha ein, deren Einwohner im Allgemeinen sehr wohlhab .nd sind. Ungeachtet des Viehsterbens, das unlängst eine zahllose Menge von Hornvieh und Schafen hinweggerafft hat, kann man hier immer noch ungeheuere Heerden sehen, die einem Besitzer gehören. Selten hat ein Bewohner dieser Gegend weniger als einige Hunderte von Hammeln. Letztere sind ohne Ausnahme fettschwänzig, nur in der südlichen Mongolei sind sie breitschwänzig, und am Kuku-noor giebt es eine besondere Spezies mit langen (bis 1½ Fuss messenden) spiralförmig gewundenen Hörnern.

Da der Nomade von seinem Vieh alles ihm Nöthige erhält, wie Milch und Fleisch zur Nahrung, Felle zur Kleidung, Wolle zu Filz und Stricken, und er ausserdem noch theils durch den Verkauf dieser Thiere, theils dadurch, dass er mit seinen Kameelen den Transport verschiedener Frachten durch die Steppen übernimmt, viel Geld verdienen kann, lebt er ausschliesslich für sein Vieh; die Sorge für sich selbst und seine Familie steht erst auf dem zweiten Plane. Die Wanderungen von Ort zu Ort richten sich einzig und allein nach den Vorzügen, welche die Weideplätzedem Vieh gewähren. Wenn dieses letztere es gut hat, d. h. wenn das Futter reichlich ist und Tränken in der Nähe sind, dann beansprucht der Mongole nichts weiter mehr. Das Verständniss, welches er in der Behandlung seiner Thiere zeigt, und die Geduld, die er hierbei entfaltet, sind wahrhaft bewunderungswürdig. Das widerspenstige Kameel wird unter der Hand des Nomaden ein demüthiger Lastträger und des halbwilde Steppenpferd ein gehorsames, ruhiges Reitpferd. Ausserdem liebt er seine Thiere und hat Erbarmen mit ihnen. Für nichts in· der Welt wird er einem Kameel oder einem Pferde vor der bestimmten Zeit den Sattel auflegen, für keinen Preis ein Lamm oder ein Kalb verkaufen, da er es für eine Sünde hält, Thiere im jugendlichen Alter zu schlachten.

Da die Viehzucht allein fast das ganze Interesse der Mongolen in Anspruch nimmt, ist ihre Industrie im höchsten Grade unbedeutend. Dieselbe

---

[1]) Der Preis des Viehes ist in den verschiedenen Theilen der Mongolei sehr verschieden. Es kostet

	in Chalcha	im Lande der Zacharen	am Kuku noor	
ein Hammel	2—3	2—3	1—1½	chinesische Lan (ein Lan ungefähr = 2 Rubeln.)
„ Ochs	12—15	15	7—10	
„ Kameel	30—35	40	25	
„ Pferd	12—15	15	25	

beschränkt sich nur darauf, einige im häuslichen Leben unumgänglich nothwendige Gegenstände herzustellen, wie Häute, Filz, Sättel, Zäume und Bögen;
selten werden Feuerstahle und Messer fabrizirt. Alle übrigen Gegenstände
der häuslichen Einrichtung und der Kleidung erwerben die Mongolen von
den Chinesen und, wenngleich im unbedeutendsten Maasse, von den russischen
Händlern in Kjachta und Urga. Bergbau wird von den Nomaden nicht betrieben. Der innere Handel in der Mongolei ist fast ausschliesslich Tauschhandel, der auswärtige beschränkt sich auf Peking und die benachbarten
chinesischen Städte. Die Mongolen treiben ihr Vieh zum Verkaufe dahin,
bringen noch Salz, Häute und Wolle und erhalten dafür Manufakturwaaren.

Der hervorragendste Charakterzug des Nomaden ist unstreitig die Faulheit; das ganze Leben dieses Menschen geht im Müssiggange hin, den auch
die Bedingungen des Nomaden- und Hirtenlebens nur zu sehr begünstigen.
Die Pflege des Viehes ist die einzige Sorge des Mongolen, aber die erfordert
durchaus keine angestrengte Arbeit. Die Kameele und Pferde streifen ohne
alle Aufsicht in der Steppe umher und kommen nur im Sommer einmal täglich zum Brunnen, um getränkt zu werden. Das Hornvieh und die Schafe
weiden Frauen oder Kinder. Bei reichen Mongolen, die Tausende von Thieren
besitzen, versehen gemiethete Arbeiter das Amt der Hirten, dasselbe übernehmen jedoch nur die ärmsten heimathlosen Menschen in der äussersten
Noth. Das Melken des Viehes, die Aufbewahrung der Milch und Butter, die
Bereitung der Speisen — alles das liegt, mit vielem Anderem zusammen, auf
den Schultern der Frauen. Die Männer thun gewöhnlich nichts und reiten
nur vom Morgen bis zum Abend aus einer Jurte in die andere, um mit den
Nachbarn Thee zu trinken und zu plaudern. Die Jagd, welcher die Nomaden
gewöhnlich leidenschaftlich ergeben sind, dient ihnen gewissermaassen als
Zerstreuung in dem langweiligen, einförmigen Nomadenleben. Die Mongolen
sind jedoch mit wenigen Ausnahmen schlechte Schützen; dazu kommt, dass
sie keine guten Waffen haben. Selbst einfache Luntengewehre haben nicht
Alle, und dann müssen Bögen und Pfeile ausreichen. Ausser der Jagd gewähren den Nomaden die Wallfahrten zu ihren Götzentempeln und die Pferde-
rennen keine geringe Abwechselung.

Mit dem Eintritt des Herbstes erleidet das faulenzerische Leben der
Mongolen wohl einige Veränderungen. Sie sammeln ihre Kameele, die sich
während des Sommers im Freien erholt haben, und führen sie nach Kalgan,
oder nach Kuku-choto, um Frachten zum Transport zu übernehmen. In
Kalgan empfangen sie Thee, der nach Kjachta bestimmt ist, und in Kuku-
choto Verpflegungsgegenstände für die in Uljassutai und Kobdo garnisonirenden
chinesischen Truppen, oder auch Kaufmannsgüter für dieselben Städte. Ein
dritter, obwohl ungleich geringerer Theil der Kameele wird zum Transport
des Salzes von den Salzseen der Mongolei in die nächsten Städte des eigentlichen China's verwendet. Auf diese Weise befinden sich im Laufe des
Herbstes und Winters alle Kameele der nördlichen und östlichen Mongolei

in Arbeit und bringen ihren Besitzern kolossalen Gewinn. Mit dem April
hören die Transporte auf, die erschöpften Thiere werden in die Steppe entlassen, und ihre Besitzer überlassen sich für fünf bis sechs Monate der Ruhe
und Faulheit.

Der träge Charakter des Nomaden ist auch die Ursache, dass er stets
reitet und alles Gehen zu Fuss ängstlich vermeidet. Die unbedeutendsten
Entfernungen, mögen dieselben auch nur einige Hunderte von Schritten betragen, wird der Mongole nie zu Fuss zurücklegen; deshalb steht auch jederzeit ein Pferd neben der Jurte angebunden. Seine Heerde weidet der Mongole gleichfalls reitend. Während der Reise mit den Karawanen klettert er
nur bei der furchtbarsten Kälte vom Kameel, um eine, höchstens zwei Werst
zu Fuss zu gehen und die erstarrten Glieder zu erwärmen. Von dem beständigen Reiten sind seine Beine sogar etwas nach aussen gebogen, und er
umfasst mit denselben den Sattel so fest, als ob er mit dem Pferde zusammen-
gewachsen wäre. Das wildeste Steppenpferd vermag nichts gegen einen solchen Reiter, wie es jeder Mongole ist. Auf einem flinken Pferde fühlt sich
der Nomade wirklich auch in seinem Element. Er reitet nie im Schritte,
selten im Trabe, sondern fliegt stets wie der Wind durch seine Einöde.
Dafür liebt und kennt der Mongole auch seine Pferde. Ein guter Renner,
oder ein Passgänger ist sein vorzüglichster Luxus, und selbst in der äussersten Noth verkauft er ein solches Pferd nicht. Das Gehen zu Fuss wird
so allgemein von den Nomaden verachtet, dass jeder es für eine Schande
hält, zu Fuss bis zur Jurte seines nächsten Nachbarn zu gehen.

Von der Natur mit einem kräftigen Körper begabt, und von Kindheit
auf an alle Unbilden der Witterung ihrer Heimath gewöhnt, erfreuen sich
die Mongolen im Allgemeinen einer ausgezeichneten Gesundheit. Sie sind
ungemein befähigt, alle Mühsale des Lebens in der Wüste zu ertragen. Im
tiefsten Winter ist er einen ganzen Monat lang ununterbrochen und ohne
auszuruhen mit den Karawanen der mit Thee befrachteten Kameele unterwegs.
Tag für Tag erreicht der Frost 30 Grade, und ein beständiger Nordwestwind
macht die Kälte unerträglich. Dabei hat der Mongole, der von Kalgan nach
Kjachta zieht, den Wind stets entgegen, und trotzdem sitzt er 15 Stunden
hintereinander auf seinem Kameele. Man muss wirklich eine eiserne Natur
haben, um eine solche Reise zu ertragen. Der Mongole macht sie jedoch
im Winter, auf zwei Hin- und zwei Rückreisen, viermal, was im Ganzen
eine Strecke von 5000 Werst ergiebt. Man erlege demselben Mongolen
andere, unvergleichlich leichtere, aber ihm unbekannte Lasten auf, und man
wird sehen, was herauskommt. Dieser Mensch mit einer eisenfesten Gesundheit kann nicht 20 oder 30 Werst zu Fuss zurücklegen, ohne sich auf das
Aeusserste zu ermüden. Wenn er eine Nacht auf feuchtem Boden zubringt,
erkältet er sich, wie ein verzärteltes Herrchen; wenn er zwei oder drei Tage
seinen Ziegelthee entbehren muss, wird er laut gegen sein trauriges Schicksal
murren. Passives Ausharren im gewohnheitsmässigen Leben ist die Sache

des Mongolen. Bei ihm erwacht nicht die Energie der Seele, wenn er auf
Schwierigkeiten stösst, die er nicht aus Erfahrung kennen gelernt hat; er
wählt alsdann immer nur Mittel, um dieselben zu vermeiden, nie, um sie zu
überwinden. Er hat nicht den schmiegsamen, muthigen Sinn des Europäers,
der diesen befähigt, sich Allem anzupassen, mit allen Unglücksschlägen zu
kämpfen und sie zu besiegen; er besitzt nur den unbeweglichen, konservativen
Charakter des Asiaten, voll passiver Apathie bei allen Unglücksfällen, deren
Grenzen und Bedeutung er einmal kennen gelernt hat, bleibt aber jeder akti-
ven Energie fremd.

Neben der Trägheit bildet die Feigheit einen hervorstechenden Charakterzug des Nomaden. Abgesehen von den in der Nachbarschaft China's lebenden
Mongolen, bei denen der unmittelbare demoralisirende Einfluss der Chinesen
den kriegerischen und energischen Geist bis auf die Wurzel ausgerottet hat,
gleichen selbst die Chalcha-Bewohner im Entferntesten nicht mehr ihren Vorfahren aus der Zeit Tschingis-Chan's nnd Ugedei's. Im Laufe zweier Jahrhunderte unter dem Joche der Chinesen lebend,[1]) haben diese die kriegerischen
Neigungen der Nomaden systematisch eingeschläfert, und in der Einförmig-
keit und Langweiligkeit des Nomadenlebens haben die Mongolen vollständig
ihre frühere Kühnheit verloren. Die Einfälle der Dunganenbanden in die
Mongolei haben deutlich gezeigt, wie feige die jetzigen Bewohner derselben
sind, da dieselben gewöhnlich bei dem blossen Namen des Feindes die Flucht
ergriffen und demselben nicht ein einziges Mal ernsten Widerstand entgegen-
setzten. Indessen waren dem Anscheine nach alle Chancen des Erfolgs auf
Seiten der Mongolen: sie konnten in ihrem eigenen Lande operiren, hatten
also die Kenntniss der Lokalität für sich, was besonders in einer so wasser-
armen Oede wie die Wüste Gobi von so hoher Wichtigkeit ist; dann konnten
sie den Dunganen gegenüber stets in überlegener Zahl auftreten; endlich
bestanden die Banden ihrer Feinde selbst aus einem feigen, zur Hälfte un-
bewaffneten Gesindel. Trotz allem dem plünderten die Dunganen Ordos und
Ala-schan, nahmen Kobdo und Uljassutai, die beide durch reguläre chinesische
Truppen vertheidigt wurden, drangen zu wiederholten Malen in die Provinz
Chalcha ein, und wenn sie das Schicksal Urga's nicht entschieden, so geschah
dies nur, weil sich dort ein Detachement russischer Truppen befand.

In geistiger Hinsicht kann man den Mongolen wieder nicht einen grossen
Scharfblick absprechen, mit welchem sich oft Schlauheit, Heuchelei und Neigung zum Betrügen paaren; diese letzteren Eigenschaften sind besonders in
den China benachbarten Grenzdistrikten entwickelt. Inmitten der rein mongolischen Bevölkerung zeichnen sich durch moralische Verderbtheit besonders
die Lamen aus. Die einfachen Mongolen oder, wie sie sich nennen, „Chara-

---

[1]) Von der Zeit der Unterwerfung Chalcha's unter die Herrschaft China's während der
Regierung des Kaisers Kang-hi, im Jahre 1691; die westliche Mongolei oder die sogenannte
Dshungarei wurde erst im Jahre 1756 von den Chinesen unterworfen.

chun", d. h. schwarze Leute, sind, wo sie weder durch die chinesische Nachbarschaft noch durch die Lehren der Lamen verderbt sind, grösstentheils
gute, einfache Menschen. Wenn nun aber dem Mongolen auch in geistiger
Hinsicht Scharfblick zuerkannt werden muss, ist dieser doch andrerseits ausschliesslich nach einer Richtung hin entwickelt; dasselbe gilt von allen seinen
Charakterzügen. Der Nomade kennt ganz vorzüglich seine heimathliche Steppe
und versteht es, sich hier in der hoffnungslosesten Lage herauszuhelfen; er
sagt den Regen, den Sturm und andere Veränderungen in der Atmosphäre
voraus, findet nach den geringfügigsten Kennzeichen ein verirrtes Pferd oder
Kameel, erräth durch den Geruch die Nähe eines Brunnens u. dergl. m. Man
versuche aber, ihm etwas zu erklären, was aus dem Kreise seiner gewöhnlichen Thätigkeit heraustritt; er wird dann mit aufgerissenen Augen zuhören,
mehrmals eins und dasselbe fragen und doch nicht die einfachste Sache von
der Welt begreifen. In solchem Falle erschüttert sein Stumpfsinn auch die
ausdauerndste Geduld; er ist dann nicht mehr derselbe Mensch, als welchen
man ihn in seiner täglichen Umgebung und Beschäftigung gekannt hat, sondern ein kindisch neugieriger Knabe, der unfähig ist, sich die einfachsten
und alltäglichsten Begriffe anzueignen.

Ueberhaupt ist die Neugierde, die oft bis zum Aeussersten geht, den
Mongolen eigenthümlich. Während des Marsches einer Karawane durch bevölkerte Gegenden kommen sie rechts und links, oft mehrere Werst weit
herbeigeritten, und nach dem üblichen „mendu", d. h. guten Tag, beginnen
die Fragen: Wohin und weshalb reisen Sie? Was führen Sie? Sind Waaren
zum Verkaufe dabei? Wo und zu welchem Preise haben Sie die Kameele
gekauft? u. dergl. m. Ein Ankömmling löst den anderen ab, zuweilen erscheint ein ganzer Haufe, und alle kommen mit denselben Fragen. Noch
schlimmer ist es auf den Halteplätzen. Kaum sind die Kameele ihrer Bürde
entledigt, so erscheinen auch von allen Seiten Mongolen; sie besehen, betasten
die Sachen und drängen sich schaarenweise in das Zelt. Nicht nur die Waffen,
sondern auch die unbedeutendsten Sachen, z. B. Stiefel, eine Scheere, ein
Hängeschloss am Kasten, mit einem Worte die geringfügigsten Kleinigkeiten
erwecken die Neugierde der Gäste, die hierbei unfehlbar mit der Bitte heraus-
rücken, ihnen bald dieses, bald jenes zu schenken. Die Fragen nehmen kein
Ende. Jeder Neuangekommene beginnt von vorne, und dann zeigen und
erklären ihm die früheren Besucher die Sachen, wobei, wenn es nur irgend
möglich ist, etwas gestohlen wird, gleichsam zum Andenken.

Von den Sitten der Mongolen fällt dem Reisenden ganz besonders ihre
Gewohnheit auf, sich stets nach den Himmelsgegenden zu orientiren; sie gebrauchen nie die Wörter „rechts" oder „links", als ob diese Begriffe gar nicht
für die Nomaden vorhanden wären. Selbst in der Jurte sagt er nicht, dass
eine Sache rechter oder linker Hand, sondern westlich oder östlich liege.
Hierbei ist zu bemerken, dass sie sich bei Bestimmung der Himmelsgegend

mit dem Gesicht nach Süden und nicht wie der Europäer nach Norden stellen, so dass der Osten auf der linken Seite des Horizonts liegt.

Alle Entfernungen messen die Mongolen nach der Dauer eines Rittes auf Kameelen oder Pferden; von einem anderen, genaueren Maasse haben sie keine Idee. Auf die Frage: wie weit ist es bis zu diesem oder jenem Orte? antwortet der Mongole: so und so viel Tagereisen mit Kameelen, so und so viel zu Pferde. Da aber die Schnelligkeit des Rittes sowohl, wie auch die dazu im Laufe eines Tages verbrauchte Zeit infolge lokaler Umstände oder des Willens des Reiters sehr verschieden sein können, unterlässt der Nomade es nie, hinzuzufügen: „wenn man gut", oder „wenn man langsam reitet". Es ist hierbei zu bemerken, dass in Chalcha eine mittlere Tagereise mit Lastkameelen zu 40 und zu Pferde zu 60 bis 70 Werst angenommen werden kann. Am Kuku-noor bewegt man sich mit Kameelen etwas langsamer, so dass daselbst 30 Werst als eine mittlere Tagereise gelten können. Ein gutes Kameel legt mit Ladung 4 bis 4½ Werst, ohne dieselbe 5 bis 6 Werst in einer Stunde zurück.

Als Einheit der Zeitmessung dient den Mongolen der Tag von 24 Stunden. Bruchmaasse desselben, wie z. B. unsere Stunden, kennen sie nicht. Ihre Kalender sind eben so wie die chinesischen und werden in mongolischer Sprache in Peking gedruckt. Die Monate werden nach den Mondphasen berechnet, einige dieser Monate haben jedoch 29, andere 30 Tage. Hiernach bleibt von jedem Mondjahr bis zum vollendeten Umlaufe der Erde um die Sonne eine Woche übrig; aus diesem Rest wird in jedem vierten Jahre ein Ergänzungsmonat gemacht, welcher, nach der Prophezeiung der Pekinger Astrologen, bald dem Winter, bald dem Sommer, bald anderen Jahreszeiten zugezählt wird. Dieser Monat hat keinen besonderen Namen, sondern ist das Duplikat irgend eines der bekannten Monate, so dass es im Schaltjahre zwei Januare oder zwei Juli etc. geben kann. Das neue Jahr beginnt mit dem ersten Tage des „Zagan-ssara", d. h. des weissen Monats, und fällt gewöhnlich in die zweite Hälfte unseres Januar oder in die ersten Tage des Februar. Von dem Zagan-ssara wird der Frühlingsanfang gerechnet, und dieser Monat wird in allen buddhistischen Ländern als eine Festzeit gefeiert. Ausserdem betrachten die Mongolen den 1., 8. und 15. jedes Monats als Feiertage, die den Namen „Zertyn" führen.

Als Maass längerer Zeiträume dient die Periode von zwölf Jahren. In diesem Cyklus trägt jedes Jahr irgend einen Thiernamen, und zwar:

Das	1. Jahr	Chuluguna (Maus),	Das	7. Jahr	Mori Pferd),
„	2. „	Ukyr (Kuh),	„	8. „	Choni (Schaf),
„	3. „	Bar (Tiger),	„	9. „	Metschit (Affe),
„	4. „	Tolai (Hase),	„	10. „	Takja (Huhn),
„	5. „	Lu (Drachen),	„	11. „	Nochoi (Hund),
„	6. „	Mogo (Schlange),	„	12. „	Gachai (Schwein).

Fünf solcher Dodekaden bilden einen neuen Cyklus, der einem Zeitmaasse

in der Art unserer Jahrhunderte entspricht. Das Alter des Menschen wird
stets nach dem ersten Cyklus berechnet, und wenn ein Mongole, der, nehmen
wir an, 28 Jahre alt ist, sagt, dass jetzt sein Jahr „Hase" sei, so bedeutet
dies, dass er nach zwei vollendeten Dodekaden im vierten Jahre der dritten steht.

Was die Sprache der Mongolen betrifft, so halte ich es zuvörderst für
meine Pflicht, zu erklären, dass es uns bei den vielen anderen Arbeiten der
Expedition und in Ermangelung eines guten Dolmetschers unmöglich war,
uns gründlich mit dem Studium dieser Sprache zu beschäftigen. Es ist dies
eine sehr grosse Lücke in den ethnographischen Forschungen; dieselbe wurde
aber durch die unzulänglichen materiellen Mittel, über welche die Expedition
verfügen konnte, verursacht. Bei reichlicheren Mitteln hätte ich einen guten
Dolmetscher, der seine Sache speziell kannte, gewinnen können. In der
Lage, in der wir uns befanden, konnte der einzige Dolmetscher, den wir
hatten, oft im Laufe eines ganzen Tages nicht eine einzige Minute finden,
um seiner direkten Obliegenheit nachzukommen. Ausserdem konnte derselbe
bei seiner geistigen Beschränktheit überhaupt nicht in denjenigen Fällen, die
Scharfsinn und Takt erforderten, nützlich werden.

In der ganzen Mongolei herrscht allein die mongolische Sprache, die im
Allgemeinen reich an Wörtern ist; aber in den verschiedenen Theilen des
beschriebenen Landes zeigen sich in derselben mancherlei, wenn auch nicht
bedeutende Abweichungen. Diese sind besonders in der Sprache der südlichen Mongolen zu bemerken; einzelne Wörter der letzteren sind den Chalcha-
Mongolen sogar ganz unverständlich.[1]) Ausserdem unterscheiden sich die
südlichen Mongolen durch eine weichere Aussprache einzelner Buchstaben.
So sprechen sie k und z wie ch und tsch. Zagan, weiss, wird bei ihnen
tschagan, Kuku-choto — Chuchu-choto u. s. w.

Wahrscheinlich kommen bei den südlichen Mongolen auch in der Kon-
struktion der Sätze Abweichungen vor, da unser Dolmetscher zuweilen einen
ganzen Satz nicht verstehen, zugleich aber auch nicht angeben konnte, worin
gerade die Schwierigkeit lag. „Das ist nicht zu verstehen", pflegte er in
solchen Fällen zu sagen, und dabei liess er es dann bewenden.

Mir scheint es, dass nur sehr wenig chinesische Wörter in die verun-
staltete mongolische Sprache eingedrungen sind, dafür haben die Mongolen
am Kuku-noor und von Zaidam viele tangutischen Wörter aufgenommen; der

---

[1]) So z. B.

	In Chalcha	In Ala-schan		In Chalcha	In Ala-schan
Nacht	Schuni	Ssu	Chalat	Supssa	Labüschik
Hammel	Choni	Choi	Schale, Tasse . .	Imbu	Chaissa
Abend	Udüschi	Asschün	Tuch	Zymbu	Dachar
Theekanne . . .	Schachu	Debür	Pulver	Dari	Schoroi
Stiefel . . .	Gutul	Gudussu	Milch	Ssu	Jussu
Fleisch	Machan	Ide	Hierher	Nascha	Naran
Pelz	Del	Dübül	Dorthin	Inschi	Tügei.

chinesische Einfluss auf die südöstlichen und südlichen Grenzdistrikte der
Mongolei hat zwar wesentlich den Charakter der Bewohner derselben um-
gewandelt, zeigt sich in ihrer Sprache aber weniger in dem Zuströmen fremder
Wörter, als in der Veränderung des allgemeinen Charakters der Ausdrucks-
weise, die hier einförmiger und phlegmatischer ist, als in Chalcha, wo der
Vollblutmongole stets laut und abgebrochen spricht.

Die mongolische Schrift hat, wie die chinesische, vertikale Zeilen, die
von links nach rechts gelesen werden.[1]) Die Mongolen haben ziemlich viele
in ihrer Muttersprache gedruckte Bücher, da gegen Ende des vorigen Jahrhunderts auf Anordnung der chinesischen Regierung verschiedene auf Geschichte, Unterricht und Religion bezügliche Werke von einer besonderen
Kommission ins Mongolische übersetzt wurden. Das mongolische Gesetzbuch
ist gleichfalls in mongolischer Sprache abgefasst und wird in allen Prozessen
gleichmässig mit dem mandschurischen angewendet. In Peking und Kalgan
sind Schulen, in welchen das Lesen und Schreiben in mongolischer Sprache
gelehrt wird; der Kalender und einige Bücher werden stets in mongolischer
Sprache gedruckt. Lesen und schreiben können bei den Mongolen nur die
Fürsten, Edelleute und Lamen; letztere werden auch in der tibetanischen,
die Fürsten und Edelleute in der mongolischen und mandschurischen Sprache
unterrichtet. Das einfache Volk ist gewöhnlich des Lesens und Schreibens
unkundig.

Alle Mongolen, die Frauen nicht ausgeschlossen, sind sehr gesprächig.
Mit jemand bei einer Tasse Thee zu plaudern, ist ein Hauptvergnügen des
Nomaden. Bei jedem Begegnen fragt er sofort: „was giebt's Neues?" und
es ist ihm nicht zu viel, 20 oder 30 Werst zu reiten, nur um seinem Freunde
irgend eine Neuigkeit mitzutheilen. Infolge dessen verbreiten sich die Nachrichten und Gerüchte in der Mongolei mit einer für den Europäer ganz un-
begreiflichen Schnelligkeit, förmlich wie mit dem Telegraphen. Bei unserer
Reise waren die Ortseinwohner gewöhnlich einige hundert Werst voraus über
uns unterrichtet, oft über die unbedeutendsten Einzelnheiten, und noch häufiger
kamen endlose Uebertreibungen dazu.

Im Gespräche der Mongolen fällt der unaufhörliche Gebrauch der Wörter
„dse" und „sse" auf; beide heissen „gut" und werden fast jedem Satze angehängt. Ausserdem dienen diese Wörter auch als Ausdruck der Bestätigung,
wie „ja", „so". Wenn der Mongole irgend einen Befehl eines Beamten
empfängt, oder einer Erzählung desselben zuhört, wirft er gewöhnlich in gewissen Zwischenräumen das unvermeidliche „dse" oder „sse" ein. Um die
gute oder schlechte Eigenschaft eines Gegenstandes zu bezeichnen, oder überhaupt etwas zu loben oder zu tadeln, erhebt der Mongole, während er sein
„dse" oder „sse" spricht, zuweilen auch ohne diese Wörter, den Daumen

---

[1]) Die jetzigen mongolischen Buchstaben sind im 13. Jahrhundert nach Christi Geburt, zur
Zeit des Chans Chubilai erfunden worden.

oder den kleinen Finger der rechten Hand. Ersteres Zeichen drückt ein
Lob, letzteres eine schlechte Eigenschaft oder überhaupt die Verneinung des
Guten aus. Seinesgleichen redet der Mongole mit „Nochor," d. h. Kamerad,
Gefährte, an; es entspricht dies unserem „Mein Herr" oder dem französischen
„Monsieur".

Die Lieder der Mongolen sind immer traurig; Gegenstand derselben sind
die Erzählungen von ihrem früheren Leben und ihren einstigen Heldenthaten.
Der Nomade singt am häufigsten unterwegs, wenn er mit den Karawanen
zieht; doch kann man auch in der Jurte singen hören; die Frauen singen
jedoch viel seltener als die Männer.[1]) Die besonderen Sänger, die zuweilen
in der Mongolei umherziehen, werden stets mit grossem Vergnügen gehört.
Von musikalischen Instrumenten haben die Mongolen nur die Flöte und die
Balalaika.[2]) Tänze haben wir bei den Nomaden nie gesehen; wie es scheint,
kennen sie dieselben gar nicht.

Das Schicksal der mongolischen Frauen ist kein beneidenswerthes an
und für sich. Der enge Lebenshorizont des Nomaden zieht sich für sie noch
mehr zusammen. Die Mongolin ist ganz und gar dem Manne untergeordnet
und bringt ihr Leben in der Jurte zu, wo sie beständig mit der Wartung
und Pflege der Kinder und mit verschiedenen wirthschaftlichen Arbeiten beschäftigt ist. In der freien Zeit näht sie Kleider oder irgend einen Ausputz,
wozu in ganz Chalcha chinesische Seide verwendet wird. Die Handarbeiten
der mongolischen Frauen zeichnen sich oft in bemerkenswerthem Grade durch
Geschmack und Sauberkeit der Ausführung aus.

Der Mongole hat nur eine rechtmässige Frau; es ist ihm aber gestattet,
Beischläferinnen zu haben,[3]) die mit der legitimen Gattin zusammen wohnen.
Letztere wird als die oberste angesehen und leitet die Wirthschaft. Die von
ihr geborenen Kinder geniessen alle Rechte des Vaters, während die Söhne
der Beischläferinnen nicht als legitim gelten und kein Anrecht auf die Erb-
folge haben. Nur mit Genehmigung der Regierung darf der Mongole ein il-
legitimes Kind vollständig adoptiren.

Bei den Ehen ist nur die Verwandtschaft von Seiten des Mannes und
zwar bis zu einem entfernten Grade von Wichtigkeit; die Verwandtschaft von
Seiten der Frau kommt nicht in Betracht. Ausserdem ist zum Wohlergehen
der Neuvermählten eine günstige Konstellation der astrologischen Zeichen,[4])
unter denen Bräutigam und Braut geboren sind, unerlässlich; zuweilen verhindert sogar eine ungünstige Konstellation eine Ehe.

Der Bräutigam muss oft für seine Braut den Eltern derselben nach einem
vorangegangenen Vertrage eine bedeutende Kaufsumme (Kalym) in Vieh.

---

[1]) Das verbreitetste Lied, das man in der ganzen Mongolei hören kann, ist „dagn-chara',
d. h. „von dem schwarzen Füllen".

[2]) Eine Art Guitarre mit zwei oder drei Saiten.

[3]) Diese treten ohne weitere Hochzeitsformalitäten unter die Botmässigkeit des Mannes.

[4]) Nach den Zeichen des Thierkreises berechnen die Mongolen ihre zwölfjährigen Zeitperioden.

Kleidungsstücken und zuweilen auch in Geld zahlen; die Frau bringt ihrerseits die Jurte mit der Einrichtung. Bei eintretender Uneinigkeit im Familienleben, oder einfach aus Laune kann der Mann seine Frau fortjagen; aber auch die Frau hat das Recht, einen ungeliebten Mann zu verlassen. Im ersteren Falle kann der Mongole nicht den für die Frau gezahlten Kalym zurückfordern; er behält nur einen Theil des Mitgebrachten; wenn aber die Frau sich vom Manne trennt, muss ein Theil des Viehes, das vor der Hochzeit für sie gegeben worden, zurückerstattet werden. Nach einer solchen Trennung gilt die mongolische Frau als frei, und sie kann sich wieder verheirathen. Aus dieser Sitte ergeben sich mancherlei Liebesgeschichten, die sich in der Einöde der Steppe abspielen, ohne je das Sujet eines Romans zu liefern.

Was die moralischen Eigenschaften der mongolischen Frauen anbelangt, so sind dieselben gute Mütter, ausgezeichnete Hauswirthinnen, aber bei weitem nicht vorwurfsfreie Gattinnen. Sinnliche Ausschweifung ist hier die gewöhnlichste Sache und nicht nur unter den verheiratheten Frauen, sondern auch unter den Mädchen. Dergleichen Dinge bilden in der Mongolei kein Geheimniss und werden nicht für ein Laster gehalten.

Im häuslichen Leben ist die Frau fast gleichberechtigt mit dem Manne; dafür treffen die Männer in allen äusseren Geschäften, die z. B. den Umzug von einer Stelle auf die andere, den Ankauf irgend einer Sache u. dergl. betreffen, allein die Entscheidung, ohne ihre Frauen zu befragen. Als Ausnahme von der allgemeinen Regel sind uns jedoch auch solche Mongolinnen vorgekommen, die nicht nur die innere Wirthschaft, sondern auch alle anderen Geschäfte führten und ihre Männer im buchstäblichsten Sinne des Wortes unter dem Pantoffel hielten.

Hinsichtlich des Aeusseren der mongolischen Frauen wird es dem Europäer schwer, etwas Lobendes zu sagen. Der Racentypus, besonders das flache Gesicht und die hervorstehenden Backenknochen verunstalten von Hause aus jede Physiognomie. Dabei schliessen das in groben Arbeiten in der Jurte sich bewegende Leben, der Einfluss des rauhen Klimas und die Unsauberkeit jede Zartheit und hiermit allen Reiz in unserem Sinne aus. Uebrigens kommen in der Mongolei als seltene Ausnahmen, vor allen anderen in den fürstlichen Familien, auch recht hübsche Mädchen vor. Diese Glücklichen sind denn auch von Schaaren von Verehrern umgeben, da die Nomaden im Allgemeinen dem schönen Geschlechte äusserst ergeben sind. Die Zahl der Frauen ist in der Mongolei bedeutend geringer als die der Männer, was hauptsächlich durch die Ehelosigkeit der Lamen herbeigeführt wird.

Im häuslichen Leben ist der Mongole ein ausgezeichneter Familienvater, und seine Kinder liebt er leidenschaftlich. Wenn wir einem Nomaden etwas gaben, vertheilte er es stets zu gleichen Theilen unter alle seine Familienglieder, wenngleich bei einer solchen Theilung, z. B. der eines Stückes Zucker, nur ein kleines Körnchen auf jeden Einzelnen kam. Den älteren Mitgliedern der Familie wird eine grosse Ehrerbietung gezollt; besonders wird eine solche den Greisen zu Theil, deren Rathschläge oder Befehle stets mit grosser Pietät befolgt werden. Dabei ist der Mongole ausserordentlich gastfrei. Ein Jeder kann in jede beliebige Jurte treten und sicher sein, sofort mit Thee oder Milch bewirthet zu werden; für einen guten Freund wird der Nomade es aber nicht unterlassen, Branntwein, oder Kumys herbeizuschaffen, oder gar einen Hammel zu schlachten.

Wenn der Mongole unterwegs Jemandem begegnet, mag dies ein Bekannter sein, oder nicht, begrüsst er ihn unter allen Umständen mit den Worten „mendu, mendu-sse-beina", was unserem „Guten Tag" entspricht. Hierauf beginnt das gegenseitige Darreichen der Schnupftabaksdosen, und hierbei wird gewöhnlich gefragt: „mal-sse-beina?" „ta-sse-beina?" d. h. ist Dein Vieh gesund? bist Du gesund? Die Frage nach dem Vieh steht auf dem ersten Plane, so dass der Mongole sich erst dann nach der Gesundheit seines Amphitryon erkundigt, wenn er darüber beruhigt ist, dass die Hammel, Kameele und Pferde desselben gesund und fett sind. In Ordos und Ala-schan wird der Gruss mit den Worten ausgedrückt: „amur-sse?" bist Du gesund? und am Kuku-noor hat man gewöhnlich das tangutische „temu", d. i. guten Tag. Das gegenseitige Tabakanbieten ist in der südlichen Mongolei viel seltener; am Kuku-noor ist es gar nicht üblich.

Aus Anlass der Frage nach der Gesundheit des Viehes ereignen sich zuweilen mit den europäischen Neulingen, die von Kjachta nach Peking reisen, komische Geschichten. So reiste einst ein junger Offizier, der unlängst aus Petersburg nach Sibirien gekommen war, als Kourier nach Peking. Auf einer Station, wo die Pferde gewechselt wurden, rückten ihm die Mongolen mit der ihrer Ansicht nach ehrerbietigsten Begrüssung, mit der Frage nach der Gesundheit seines Viehes, auf den Leib. Als er durch den kosakischen Dolmetscher erfahren hatte, dass man von ihm wissen wollte, ob seine Hammel und Kameele fett wären, schüttelte der junge Reisende verneinend den Kopf und versicherte, dass er gar kein Vieh besitze. Die Mongolen wollten nun für nichts in der Welt glauben, dass ein wohlhabender Mensch und noch dazu ein Beamter ohne Hammel, Kübe, Pferde und Kameele bestehen könnte. Uns selbst sind auf der Reise vielfach die eingehendsten Fragen vorgelegt worden, wem wir bei unserer Reise in ein so fernes Land unser Vieh anvertraut, welches Gewicht die Fettschwänze unserer Hammel haben, ob wir oft einen solchen Leckerbissen essen, wie viel gute Rennpferde, oder Passgänger, wie viel fette Kameele wir besitzen u. dergl. m.

In der südlichen Mongolei dienen als Zeichen des gegenseitigen Wohlwollens die „Chadaki", d. h. kleine Stücke Seidenstoff in der Form unserer Handtücher, die Gast und Wirth austauschen. Diese „Chadaki" werden von den Chinesen gekauft und sind von verschiedener Güte, durch deren Grad in gewisser Hinsicht die gegenseitige Disposition der sich begegnenden Personen ausgedrückt wird.[1])

---

[1]) In Chalcha dienen die „Chadaki" statt der Münzen, weniger zu gegenseitigen Geschenken.

Unmittelbar nach der Begrüssung beginnt bei den Mongolen die Bewirthung mit Thee, wobei es als eine besondere Höflichkeit angesehen wird,
dem Gaste eine angerauchte Pfeife zu präsentiren. Die fortgehenden Gäste
verabschieden sich gewöhnlich nicht, sondern stehen ohne Weiteres auf und
verlassen die Jurte. Einen Gast bis zu seinem in der Entfernung von einigen
Schritten angebundenen Pferde begleiten, heisst ihm eine besonders wohl-
wollende Hochachtung beweisen; einer solchen Ehre werden immer die
Beamten und hohen Lamen gewürdigt.

Obgleich bei den Mongolen Knechtessinn und Despotismus in hohem
Grade entwickelt sind und die Willkür des vorgesetzten Beamten gewöhnlich
mehr als alle Gesetze gilt, zeigt sich neben dieser sklavischen Gesinnung
wie eine Anomalie eine grosse Freiheit in dem Verkehr zwischen Vorgesetzten
und Untergebenen. Wenn der Mongole einen Beamten sieht, kniet er vor
ihm nieder und begrüsst ihn; nach diesem erniedrigenden Ausdruck seiner
Unterwürfigkeit setzt er sich aber, ohne sich weiter zu geniren, neben denselben Beamten, spricht mit ihm und raucht seine Pfeife. Von Jugend auf
daran gewöhnt, sich durch nichts beengen zu lassen, fügt er sich auch in
diesem Falle nicht lange einem Zwange, sondern lässt sofort seinen Gewohnheiten freien Lauf. Dem neuangekommenen Reisenden dürfte ein solcher Vorgang als ein bemerkenswerthes Zeichen der Freiheit und Gleichheit unter
den Mongolen erscheinen; wenn er aber tiefer in das Wesen der Sache ein-
dringt, wird er leicht bemerken, dass sich hier nur die wilde, ungezügelte
Natur des Nomaden hervordrängt, die selbst für seine kindischen Gewohnheiten freien Spielraum fordert, sich aber gegen den furchtbaren Despotismus
im gesellschaftlichen Leben vollständig apathisch verhält. Derselbe Beamte,
mit welchem der Mongole seine Pfeife raucht und wie mit Seinesgleichen
spricht, kann diesen bestrafen, ihm einige Hammel fortnehmen und überhaupt
ohne alle Widerrede jede beliebige Ungerechtigkeit gegen ihn verüben.

Bestechlichkeit und Bestechung sind in der Mongolei, wie auch in China,
bis zum äussersten Grade entwickelt. Wenn man besticht, kann man hier
Alles machen, wenn man dies nicht thut, geradezu Nichts. Das schreiendste
Verbrechen bleibt straflos, wenn nur der Verbrecher den betreffenden Gewalten
ein gutes Stück Geld zukommen lässt; umgekehrt, bedeutet eine vollkommen
gerechte Sache nichts ohne eine gewisse Beigabe. Und diese Fäulniss geht
durch die ganze Stufenleiter der Administration, vom Gemeindeschreiber bis
zum regierenden Fürsten!

Wenn wir uns jetzt zu den religiösen Anschauungen der Nomaden wenden,
so finden wir, dass die lamaistische Lehre hier so tiefe Wurzeln geschlagen
hat, wie vielleicht in keiner andern Gegend der buddhistischen Welt.[1] Da

---

[1] Die Zeit der Ausbreitung des Buddhismus in der Mongolei ist unbekannt; neben demselben bestehen hier jedoch noch einzelne Ueberreste des Schamanenthums, einer der ältesten
Religionen Asiens.

26*

dieselbe ihr höchstes Ideal in der Beschaulichkeit findet, hat sie sich vortrefflich dem trägen Charakter des Mongolen angeschmiegt und jene furchtbare Asketik erzeugt, welche den Nomaden veranlasst, jedem Streben nach Fortschritt zu entsagen und in nebelhaften und abstrakten Ideen, im Grübeln über das Wesen der Gottheit und das Leben nach dem Tode das Endziel des irdischen Daseins zu suchen.

Der Gottesdienst der Mongolen wird in tibetanischer Sprache celebrirt, in welcher auch ihre religiösen Bücher abgefasst sind.[1]) Das berühmteste derselben heisst Gantschur; es besteht aus 108 Bänden und enthält ausser den religiösen Gegenständen auch noch Geschichte, Mathematik, Astronomie u. s. w. In den Götzentempeln findet gewöhnlich dreimal täglich Gottesdienst statt: Morgens, Mittags und Abends. Der Ruf zum Gebet erfolgt durch Blasen auf grossen Seemuscheln. Nachdem man sich im Tempel versammelt hat, setzen sich die Lamen auf den Boden, oder auf Bänke und lesen in singendem Tone ihre heiligen Bücher. Von Zeit zu Zeit vereinigen sich mit diesem monotonen Lesen Responsorien, welche der Aelteste der Anwesenden macht und dann alle anderen wiederholen. Bei gewissen Pausen werden Schellentrommeln oder kupferne Becken geschlagen, was den allgemeinen Lärm noch verstärkt. Ein derartiges Beten dauert zuweilen einige Stunden hintereinander fort und wird noch feierlicher, wenn der Kutuchta im Tempel anwesend ist. Derselbe sitzt in einem besondern Gewande auf dem Throne und hat das Gesicht den Götzenbildern zugewendet; die celebrirenden Lamen stehen mit den Räucherfässern in den Händen vor dem Heiligen und lesen die Gebete.

Das üblichste Gebet, das die Lamen und oft auch die einfachen Mongolen beständig im Munde haben, besteht im Ganzen aus den vier Wörtern: „Om mani padma chum". Wir haben uns vergeblich bemüht, eine Uebersetzung dieses Spruches zu erhalten. Nach der Versicherung der Lamen ist in ihnen alle buddhistische Weisheit enthalten, und diese vier Worte finden sich nicht nur in den Tempeln, sondern immer und überall als Aufschrift vor.

Ausser den gewöhnlichen Götzentempeln[2]) werden in den von diesen entfernter liegenden Gegenden auch Jurten zu Tempeln eingerichtet, die dann „Dugunen" heissen. Endlich werden überall auf den Pässen und den Gipfeln hoher Berge zu Ehren des Berggeistes Steine aufgeschichtet, welche oft ansehnliche Haufen bilden, die Obo heissen. Die Mongolen zollen denselben eine besondere Verehrung und werfen, wenn sie vorüberkommen, stets als eine Opferspende einen Stein, irgend einen Lappen oder einen Flocken

---

[1]) Das Tibetanische verstehen oft selbst die Lamen nicht. Die tibetanische Schrift hat, abweichend vom Mongolischen und Chinesischen, horizontale Zeilen, die von links nach rechts gelesen werden. Die religiösen Bücher sind jedoch auch, wie bereits früher bemerkt, ins Mongolische übersetzt worden.

[2]) Dieselben heissen in der Mongolei Ssumo, seltener Kit oder Dazan.

Wolle von ihrem Kameel hinauf. Bei den wichtigern Obo's celebriren die Lamen zuweilen Gottesdienst, und das Volk versammelt sich zu dieser Feier.

An der Spitze der buddhistischen Hierarchie steht bekanntlich der tibetanische Dalai-Lama, welcher in Hlassa residirt und Tibet mit den Rechten eines Fürsten beherrscht, der sich als einen Vasallen China's betrachtet. Im Grunde ist aber die Unterwerfung des Dalai-Lama unter den chinesischen Kaiser nur nominell und findet ihren Ausdruck in den Geschenken, welche er einmal in drei Jahren dem Bogdo-Chan sendet.[1]) Für gleichberechtigt mit dem Dalai-Lama wird hinsichtlich seiner Heiligkeit (nicht aber seiner politischen Bedeutung) ein anderer tibetanischer Heiliger, der Ban-tsin-Erden, gehalten; die dritte Person der buddhistischen Welt ist der Kutuchta von Urga. Weiter folgen die übrigen Kutuchta's oder Gygen, die in verschiedenen Götzentempeln der Mongolei oder in Peking selbst wohnen. Solcher Gygen giebt es in der Mongolei 103. Sie alle sind irdische Menschen gewordene Heilige, die ihre moralische Natur bis zum höchsten Grade vervollkommnet haben, nie sterben, sondern nur aus einem Körper in den anderen übergehen. Der neue wiedergeborene Gygen wird von den Lamen des Götzentempels, in welchem sein Vorgänger lebte, gewählt und vom Dalai-Lama in seiner Würde bestätigt. Der Dalai-Lama soll meistentheils selbst seinen Nachfolger bezeichnen, aber hierbei spielt die chinesische Regierung im Geheimen eine Hauptrolle, und unter ihrem Einflusse wird der Stellvertreter des grossen Heiligen am häufigsten aus armen, unbekannten Familien gewählt. Die persönliche Unbedeutendheit des Dalai-Lama und der Mangel aller verwandtschaftlichen Verbindungen mit den mächtigen Familien des Landes dienen den Chinesen als beste Bürgschaft, wenn auch nicht für die Unterwürfigkeit Tibets, so doch dafür, dass sie nicht von einem unbotmässigen Nachbar beunruhigt werden. Und in der That hat China alle Ursache, dafür Sorge zu tragen. Sollte einmal eine talentvolle, energische Persönlichkeit den Thron des Dalai-Lama besteigen, so könnte dieselbe durch ein einziges Wort wie auf die Stimme Gottes selbst alle Nomaden vom Himalaya bis Sibirien zum Aufstande aufreizen. Durch religiösen Fanatismus und Hass gegen ihre Bedrücker angetrieben, würden die wilden Horden an den Grenzen des eigentlichen China's erscheinen, und sie könnten daselbst grosses Unheil anrichten.

Ueberhaupt ist der Einfluss aller Gygen auf die rohen Nomaden ganz unbegrenzt. Zu dem Heiligen beten, seine Kleider berühren, oder seinen Segen erhalten, wird für ein grosses Glück gehalten, das übrigens theuer zu stehen kommt, da jeder Gläubige hierbei unbedingt eine gewisse, oft recht bedeutende Gabe darzubringen hat. So häufen sich denn auch in den Götzentempeln, besonders in den grösseren und in denen, die durch irgend etwas berühmt sind, grosse Reichthümer an, die von den oft aus sehr entfernten Gegenden kommenden Pilgern gebracht werden.

---

[1]) Die chinesische Regierung hält in Hlassa eine Abtheilung Truppen und einen bevollmächtigten Gesandten.

Dergleichen Pilgerfahrten sind indessen nur von untergeordneter Bedeutung. Das Haupttheiligthum aller Mongolen ist Hlassa, und dahin gehen jährlich ungeheure Karawanen von Verehrern, welche es trotz der tausend mannigfachen Schwierigkeiten eines so weiten Weges für das grösste Glück und ein besonderes Verdienst vor Gott halten, eine solche Reise zu unternehmen. Der Dunganenaufstand hatte während ganzer elf Jahre den Wallfahrten der mongolischen Pilger nach Tibet Einhalt gethan; nachdem aber die chinesischen Truppen die Sicherheit der Wege hergestellt, sind diese Reisen wieder aufgenommen worden. Dieselben werden zuweilen sogar von Frauenzimmern unternommen, denen man zu ihrer Ehre nachrühmen kann, dass sie weniger scheinheilig sind als die Männer; zu erklären ist dies vielleicht durch die Ueberbürdung mit häuslichen Arbeiten, welche ihnen weniger Zeit lässt, sich mit religiösen Fragen zu befassen. Es ist noch zu bemerken, dass die Religiosität in den China benachbarten Grenzdistrikten bei weitem geringer ist, als in den inneren Landestheilen.

Der Stand der Geistlichen, der sogenannten Lamen,[1]) ist ausserordentlich zahlreich. Zu demselben gehört mindestens ein Drittel — wenn nicht mehr — der ganzen männlichen Bevölkerung. Alle Lamen sind von jeder Steuer befreit.[2]) Lama zu werden, ist durchaus nicht schwierig. Die Eltern bestimmen auf ihren eigenen Wunsch ihren Sohn schon in der Kindheit zu dieser Laufbahn, scheren ihm den ganzen Kopf und geben ihm eine rothe oder gelbe Kleidung. Dies ist das äussere Merkmal der künftigen Bestimmung des Kindes. Später wird es in einen Tempel gebracht, wo es im Lesen und Schreiben und in buddhistischer Weisheit von den älteren Lamen unterrichtet wird.[3]) In einigen berühmten Tempeln, wie z. B. in Urga und Gumbum[4]) sind zu diesem Zwecke besondere Schulen mit einer Eintheilung in Fakultäten eingerichtet. Nach Beendigung des Kursus in einer solchen Schule tritt der Lama in den Etat eines Tempels, oder er beschäftigt sich auch als Arzt mit Behandlung der Kranken.

Um die höheren geistlichen Würden zu erlangen, muss jeder Lama sich einem bestimmten Examen unterwerfen, um seine Kenntniss der buddhistischen Schriften und der strengen Regeln des Mönchthums nachzuweisen. Die Grade der geistlichen Weihe sind folgende: Kamba, Gelun, Gezul und Bandi. Jeder dieser Grade hat ein besonderes Unterscheidungszeichen in

---

[1]) Lamen heissen eigentlich nur die der höheren Geistlichkeit angehörigen Personen; die ganze Geistlichkeit führt im Allgemeinen den Namen Chuwarak. Erstere Benennung wird indessen viel häufiger gebraucht, als die zweite.

[2]) Die etatsmässigen Lamen, d. h. diejenigen, welche gewisse Aemter in den Götzentempeln bekleiden, sind von allen Abgaben befreit; für die nichtetatsmässigen werden diese von den den Angehörigen entrichtet.

[3]) Zuweilen treten auch solche Schüler in den Stand der Lamen, die nicht in den Tempeln, sondern zu Hause in der Jurte gelebt haben.

[4]) Der Götzentempel Gumbum befindet sich in der Provinz Gan-ssu, in der Nähe der Stadt Sining.

der Kleidung¹), besondere Plätze beim Gottesdienst und besondere Regeln
strengen Lebens. Den wichtigsten geistlichen Rang bekleidet der Kamba
oder Känbu; er empfängt die Weihe direkt vom Kutuchta und weiht selbst
zu den niedrigeren Graden. Uebrigens sind auch die Kutuchta's verpflichtet,
alle Grade der Weihe durchzumachen; es geschieht dies aber bei ihnen viel
schneller, als bei gewöhnlichen Sterblichen.

Je nach dem Grade der Weihe haben die Lamen in den Tempeln verschiedene Funktionen: als Zjabarzi, Kirchendiener; Pjarba, Oekonom;
Kessgui, Tempelaufseher; Umsat, Leiter des Gesanges; Demzi, Kassenverwalter; Ssordshi, Oberpriester des Tempels.

Ausser den beamteten Lamen befinden sich bei jedem Tempel noch viele
(oft einige Hunderte, zuweilen tausend und mehr) andere, welche ausser ihren
Gebeten nichts Anderes verstehen und ausschliesslich von den Spenden opferwilliger Gläubigen leben. Endlich giebt es auch solche Lamen, die von ihren
Eltern keineswegs der Wissenschaft halber in den Tempel gegeben worden
und denn auch des Lesens und Schreibens unkundig geblieben sind; nichts
desto weniger tragen sie das Lamengewand und den Lamentitel, welcher letztere bei den Nomaden stets für ehrwürdig gehalten wird.

Die Lamen sind zum ehelosen Leben verpflichtet; in Folge dieser unnatürlichen Stellung blüht unter ihnen die Sittenverderbniss in allerlei Formen.

Frauenzimmer können sich vor Erreichung eines bestimmten Alters gleichfalls dem geistlichen Stande widmen. Sie empfangen alsdann die Weihe,
rasiren sich den Kopf und geloben, die Regeln eines strengen Lebens zu
beobachten. Gleich den Lamen tragen sie gelbe Kleidung. Diese Nonnen
heissen Schabganzsa, und man sieht sie ziemlich häufig, besonders unter
den verwittweten Alten.

Der Lamenstand ist die furchtbarste Pest der Mongolei, da er den besten
Theil der männlichen Bevölkerung umfasst, parasitisch auf Kosten der Anderen
lebt und durch seinen unbeschränkten Einfluss dem Volke jede Möglichkeit
verschliesst, sich aus der tiefen Rohheit, in der es lebt, emporzuarbeiten.

Wenn aber einerseits die religiösen Ueberzeugungen inmitten der Nomaden
so tiefe Wurzeln geschlagen haben, ist andererseits in nicht geringerem Grade
der Aberglaube entwickelt. Allerlei böse Geister und Zaubereien treiben mit
dem Mongolen bei jedem Schritte ihr Spiel. In jeder ungünstigen Naturerscheinung sieht er die Wirkung eines bösen Geistes, in jeder Krankheit
eine Heimsuchung durch denselben. Das tägliche Leben des Nomaden ist
erfüllt von den abergläubischsten Anschauungen. So darf er bei trübem
Wetter und nach Sonnenuntergang keine Milch geben oder verkaufen, weil
sonst das Vieh fällt; dasselbe geschieht, wenn Jemand auf der Schwelle der

---

¹) Die Kleidung der Lamen ist immer gelb mit rothem Gürtel oder mit rother Schärpe auf
der linken Schulter. Beim Gottesdienst haben sie je nach dem Grade der Weihe besondere
gelbe Pallien und hohe, gleichfalls gelbe Mützen.

Jurte sitzt. Vorher über eine Reise zu sprechen, ist nicht erlaubt, weil alsdann schlechtes Wetter oder Schneetreiben eintritt; nach der Heilung eines
Stückes Vieh darf im Laufe dreier Tage nichts fortgegeben oder verkauft
werden u. dergl. m.

Alles das ist aber nur der unbedeutendste Theil des mongolischen Aber-
glaubens; man muss erst sehen, wie verbreitet hier die Wahrsagerei und
allerlei Zaubereien sind. Diese Künste üben nicht allein alle Schamanen und
der grösste Theil der Lamen, sondern oft auch gewöhnliche, einfache Menschen,
nur keine Frauen. Die Wahrsagerei wird gewöhnlich nach den Rosenkränzen
der Lamen und andern Dingen ausgeführt, wobei es natürlich nicht an mancherlei Beschwörungsformeln fehlt. Hat der Mongole ein Stück Vieh, seine
Pfeife oder sein Feuerzeug verloren, so läuft er sofort zum Wahrsager, um
zu erfahren, wo er das Verlorene zu suchen habe. Soll er eine Reise unternehmen, lässt er sich unfehlbar prophezeien, ob dieselbe glücklich sein werde.
Tritt Dürre ein, so ruft die ganze Gemeinde den Schamanen herbei und zahlt
eine bedeutende Summe Geldes, damit derselbe den Himmel veranlasse, das
wohlthätige Nass auf die Erde fallen zu lassen; ergreift den Nomaden plötzlich eine schwere Krankheit, so erscheint statt des ärztlichen Helfers ein
Lama, um die Teufel zu beschwören, die in den sündigen Körper des Kranken
gefahren sind.

Zehn, hundert Mal überzeugt sich der Mensch davon, dass die Wahrsager
und Zauberer betrügen, aber sein kindlicher Glaube an ihre Macht wird dadurch nicht wankend gemacht. Ein zutreffender Fall — und alle vorher-
gegangenen Irrthümer des Wahrsagers sind vergessen; er gilt dann wieder
für einen richtigen Propheten. Dabei sind die Weisen dieser Gattung gewöhnlich solche durchtriebenen Schlauköpfe, dass sie leicht schon vorher
Alles auszukundschaften wissen, was ihnen für ihre Profession zu wissen
nöthig ist. Viele von ihnen haben so oft Andere betrogen, dass sie zuletzt
selbst an ihre übernatürliche Kraft glauben.

Nach dem Tode eines Mongolen wird dessen Leichnam gewöhnlich auf
das Feld geworfen, damit ihn Raubvögel und wilde Thiere auffressen. Die
Lamen bestimmen hierbei, nach welcher Himmelsgegend der Verstorbene mit
dem Kopfe gelegt werden soll. Die Leichen der Fürsten, Gygen und ange-
sehener Lamen werden in die Erde vergraben, mit Steinen beschüttet, oder
endlich auch verbrannt. Die Gebete für die Verstorbenen werden von den
Lamen gegen eine gewisse Entschädigung im Laufe von 40 Tagen gehalten.
Die Armen, deren Verwandte den Lama nicht bezahlen können, gehen einer
solchen Ehre verlustig; dafür vertheilen aber die Reichen oft eine bedeutende
Menge Vieh an verschiedene Götzentempel, und die Gebete zum Andenken an
einen verstorbenen Verwandten dauern dann zwei, drei Jahre fort.

Derselbe Mongole, der strenge alle religiösen Gebräuche erfüllt und im
Grunde ein guter, wenngleich geistig und moralisch beschränkter Mensch ist,
erscheint in denjenigen Fällen als ein echter Barbar, in denen er seinen

wilden Leidenschaften vollkommen den Zügel schiessen lässt. Man hat eben
nur zu sehen, wie unmenschlich sie mit den Dunganen umgehen. Derselbe
Nomade, der Tags zuvor sich gefürchtet hat, ein Lamm zu tödten, und dies
für die grösste Sünde hält, schneidet jetzt seinem in Gefangenschaft gerathenen
Feinde mit aller Seelenruhe den Kopf ab. Weder Geschlecht noch Alter
wird berücksichtigt, und die Niedermetzelung der Gefangenen ist allgemein.
Freilich zahlen die Dunganen mit gleicher Münze. Ich führe diesen Fall
auch nur zum Beweise dafür an, dass die Religion allein, ohne die anderen Hilfsmittel der Civilisation, nicht die barbarischen Instinkte eines Volkes
mildern und umgestalten kann. Die buddhistische Lehre verkündet bekanntlich die höchsten moralischen Prinzipien; sie hat den Mongolen aber nicht
dahin gebracht, in jedem Menschen seinen Bruder anzuerkennen und selbst
gegen den Feind barmherzig zu sein.

Nehmen wir ferner die Sitte, die Todten nicht zu begraben, sondern sie
den Raubvögeln und wilden Thieren zum Frasse hinzuwerfen. Sicher ist ein
Schauspiel, wie es jedem Reisenden selbst in der Nähe von Urga aufstösst, wo
jährlich Hunderte von Leichen von Raben und Hunden aufgefressen werden,
ganz dazu angethan, auch den rohesten Menschen zu empören; der Mongole
schleppt indessen ganz ruhig ihm nahe und theuere Personen auf einen solchen Kirchhof. Vor seinen Augen fangen die Hunde an, den Leichnam seines
Vaters, seiner Mutter oder seines Bruders zu zerreissen, und er sieht wie ein
vernunftloses Thier diesem Schauspiel zu.

Und das ist eine hochwichtige Lehre für alle künftigen Prediger des
Christenthums. Nicht in der äusseren Form des Ritus allein muss hier die
neue Propaganda erscheinen, sondern Hand in Hand mit ihr muss der civili-
satorische Einfluss der Kultur einer höher gebildeten Race gehen. Lehrt den
Mongolen vor allen Dingen nicht in dem Schmutze leben, in welchem er
heute starrt, macht ihm begreiflich, dass Gefrässigkeit und absolute Faulheit
Laster und nicht Lebensgenuss sind, dass das Verdienst jedes Menschen vor
Gott in guten Werken besteht und nicht in einer gewissen Zahl von Gebeten,
die er täglich ableiert, und dann erst erklärt ihm den Ritus des christlichen
Glaubens. Die neue Lehre soll den Nomaden nicht nur in eine neue Welt
geistigen und moralischen Lebens versetzen, sondern auch sein häusliches
und soziales Leben von Grund aus reformiren. Dann erst wird das Christenthum hier ein fruchtreiches Prinzip in der Wiedergeburt des Volkes sein, und
der von demselben ausgestreute Samen wird inmitten der rohen und ungebildeten Bevölkerung tiefe Wurzeln schlagen.

Als die Chinesen gegen das Ende des 17. Jahrhunderts fast die ganze
Mongolei unter ihre Botmässigkeit gebracht hatten,[1]) liessen sie daselbst die

---

[1]) Die heutige Mongolei erstreckt sich vom oberen Irtysch im Westen bis zur Mantschurei
im Osten und von der sibirischen Grenze im Norden bis zur grossen Mauer und dem mohamedanischen Gebiete des Thian-Schan im Süden. Im Bassin des Kuku-noor geht die südliche
Grenze in einem tief nach Süden vorspringenden Bogen über die grosse Mauer hinaus.

feudalartige Organisation fortbestehen, brachten dieselbe jedoch in ein stren-
geres System, und indem sie den Fürsten volle Selbstständigkeit in der inneren Verwaltung gewährten, unterwarfen sie dieselben doch auch einer strengen
Kontrole von Seiten der Regierung zu Peking. Hier vereinigen sich im
Ministerium der auswärtigen Angelegenheiten (Li-fan-juan) alle Geschäfte,
welche die Mongolei betreffen, und die wichtigeren werden zur Entscheidung
dem Bogdochan unterbreitet. In administrativer Hinsicht hat die Mongolei
eine militärisch-territoriale Organisation und wird in Lehen oder Fürstenthümer,
Aimake genannt, getheilt. Jedes Aimak besteht aus einem oder mehreren
Choschunen, d. i. Fahnen, die ihrerseits in Regimenter, Schwadronen und
Zehnersektionen eingetheilt sind.[1] Sowohl die Aimake wie die Choschunen
werden erblich von Fürsten verwaltet, die sich als Vasallen des chinesischen
Bogdochans bekennen und nicht das Recht haben, mit Umgehung Peking's
irgend welche auswärtigen Verbindungen anzuknüpfen.

Die nächsten Gehilfen des Choschunfürsten in Sachen der inneren Verwaltung sind die Tossalaktschen, deren Würde gleichfalls erblich ist; es giebt
deren in jedem Choschun einen, zwei oder vier. Der Choschunfürst ist zugleich auch der Befehlshaber der Truppen seiner Fahne; als solcher hat er
zwei Gehilfen (Meiren-tschschangin), und in jedem Regiment befindet sich ein
Oberst (Tschshalin-tschschangin) und die Schwadronsführer (Ssomun-tschschan-
gin)[2]. An der Spitze aller Choschune eines Aimaks steht ein besonderer
Dsjan-dsjun aus einem mongolischen Fürstengeschlecht.

Die Choschunfürsten treten alljährlich zu einer Versammlung (Tschulchan)
zusammen.[3] Der Präsident derselben wird aus der Zahl der Fürsten erwählt
und vom Bogdochan bestätigt. Auf diesen Provinzial-Landtagen werden jedoch
nur Angelegenheiten der inneren Verwaltung verhandelt und entschieden;
die Oberaufsicht über dieselben führen die Gouverneure der nächsten chinesischen Provinzen.[4]

Einige dem eigentlichen China benachbarte Provinzen der Mongolei sind
vollständig dem chinesischen Staatsmodell angepasst. Es sind dies das Gebiet Tschen-du-fu hinter der grossen Mauer, nördlich von Peking; das Aimak

---

[1] Die nördliche Mongolei, d. i. Chalcha, besteht aus 4 Aimaken mit 86 Choschunen; die
innere und östliche mit Ordos umfasst 25 Aimake, die in 51 Choschune getheilt sind; das
Land der Zacharen zerfällt in 8 Fahnen; Ala-schan bildet ein Aimak mit 3 Choschunen; die
westliche Mongolei oder die sogenannte Dshungarei enthält 4 Aimake mit 32 Choschunen; da hier
die Zahl der Mongolen im Vergleiche zu der der chinesischen Eingewanderten unbedeutend ist,
wurde sie vor dem Dunganenaufstande in 7 Militärbezirke eingetheilt. Kuku-noor mit Zaidam
hat 5 Aimake mit 29 Choschunen; das Aimak der Uränchen endlich wird in 17 Choschune
eingetheilt.

[2] In jeder Schwadron befinden sich zwei Offiziere, sechs Unteroffiziere und 150 Gemeine.

[3] Ausserdem werden auch ausserordentliche Landtage einberufen.

[4] So hat z. B. der Gouverneur in Kuku-choto die Oberaufsicht über Ordos, das westliche
Tumyt und andere zunächst gelegene mongolische Aimake; dem Gouverneur der Stadt Ssining
(in der Provinz Gan-ssu) ist der ganze Distrikt des Kuku-noor mit Zaidam untergeordnet; der
Dsjan-dsjun von Uljassutai überwacht die beiden westlichen Aimake von Chalcha u. s. w.

der Zacharen nordwestlich von Kalgan und das Gebiet Gui-chuatschen (Kuku-
choto), welches noch weiter westlich an der nördlich gerichteten Biegung des
Gelben Flusses liegt. Ausserdem wurde, wie bereits bemerkt, die westliche
Mongolei (Dshungarei) vor dem Dunganenaufstande in sieben Militärbezirke
eingetheilt,[1]) die auf Grundlage einer besonderen Verordnung verwaltet wurden.

Die fürstliche Würde hat in der Mongolei sechs Grade, die in folgender
Ordnung abwärts gehen: Chan, Zin-wan, Zsjun-wan, Beile, Beise
und Gun; ausserdem bestehen noch die regierenden Zsassak-taitsi.[2]) Die
meisten regierenden Fürsten leiten den Ursprung ihrer Geschlechter von
Tschingis-Chan her. Der fürstliche Titel vererbt sich auf den ältesten Sohn
aus legitimer Ehe, nachdem derselbe das 19. Lebensjahr erreicht hat, und
muss vom Bogdochan bestätigt werden. In Ermangelung eines legitimen
Sohnes kann der Fürst seinen Titel jedoch auch einem seiner unehelichen
Söhne oder dem nächsten Verwandten verleihen, es muss hierzu jedoch die
Genehmigung des Kaisers eingeholt werden. Die übrigen Kinder der Fürsten
gehören dem Stande der Adligen (Taitsi) an, die ihrerseits in vier Klassen
zerfallen. In Folge dieser Sitte vermehrt sich zwar nicht die Zahl der Fürsten,
deren es im Ganzen ungefähr 200 giebt, dafür wächst aber die Zahl der Edelleute von Jahr zu Jahr.

Wie bereits bemerkt, haben die Fürsten gar keine politischen Rechte, sie
sind vielmehr vollständig abhängig von der Regierung zu Peking, die alle
ihre Handlungen scharf kontrolirt. Sie empfangen Alle Jahrgehalte vom
Bogdochan,[3]) von welchem auch ihre Erhebung in eine höhere Rang-
klasse abhängt. Einigen dieser Fürsten werden auch noch Prinzessinnen des
kaiserlichen Hauses zu Gattinnen gegeben,[4]) um durch derartige Verwandt-
schaftsbande die Botmässigkeit der Nomaden-Seigneurs zu befestigen. Jeder
Fürst ist verpflichtet, einmal in drei oder vier Jahren zum Neuen Jahre in
Peking zu erscheinen, um den Bogdochan zu beglückwünschen; bei dieser
Gelegenheit hat er in der Form eines Tributs Geschenke darzubringen, die
grösstentheils in Kameelen und Pferden bestehen. In Erwiederung derselben
empfängt er gleichfalls Geschenke (Silber, Seidenstoff, Anzüge, Mützen mit
Pfauenfedern etc.), die stets viel werthvoller als die von ihm dargebrachten
sind. Ueberhaupt erfordert der Besitz der Mongolei jährlich bedeutende Opfer

---

[1]) Zwei derselben (Urumzy und Barkul) gehörten zur Provinz Gan-ssu.
[2]) Das Wort „Zsassak" bezeichnet jeden regierenden Fürsten der Mongolei.
[3]) Der Fürst ersten Grades erhält jährlich 2000 Lan Silber und 25 Stück Seidenstoff.

„	„	zweiten	„	„	„	1200	„	„	„ 15	„	„
„	„	dritten	„	„	„	800	„	„	„ 13	„	„
„	„	vierten	„	„	„	500	„	„	„ 10	„	„
„	„	fünften	„	„	„	300	„	„	„ 9	„	„
„	„	sechsten	„	„	„	200	„	„	„ 7	„	„
Der Zsassak-taitsi		„	„	100	„	„	„ 4	„	„

[4]) Diese Prinzessinnen empfangen gleichfalls bestimmte Jahrgehalte vom Hofe in Peking;
ihnen ist nur einmal in 10 Jahren nach Peking zu kommen gestattet.

von Seiten China's,[1] dafür sichert er das Reich der Mitte vor möglichen
Einfällen der unruhigen Nomaden.

Die Zahl der Bewohner der Mongolei ist nicht mit Genauigkeit festgestellt. Joakinf giebt drei, Timkowski nur zwei Millionen an. Jedenfalls
ist die Bevölkerung im Verhältniss zum Areal äusserst unbedeutend, wie dies
beim Nomadenleben und bei der Unfruchtbarkeit des grössten Theiles der
mongolischen Ländereien nicht anders sein kann. Die Zunahme der Bevölkerung ist aller Wahrscheinlichkeit nach eine sehr geringe, wozu die Ehelosigkeit der Lamen und verschiedene Krankheiten (Syphilis, Blattern, Typhus etc.), die zuweilen unter den Nomaden herrschen, das Ihrige beitragen
mögen.

Die Fürsten, der Adel (Taitsi), die Geistlichkeit und das einfache Volk
bilden die Stände der mongolischen Bevölkerung. Die drei ersten Klassen
erfreuen sich aller Rechte; das einfache Volk besteht aus halbfreien Menschen,
welche die Landessteuern zahlen und Kriegsdienste leisten müssen.

Die mongolischen Gesetze sind in einem besonderen Gesetzbuche enthalten, das von der chinesischen Regierung herausgegeben worden ist. Nach
diesem Codex haben sich die Fürsten in ihren Verwaltungsgeschäften zu
richten; minder wichtige Sachen werden stets der althergebrachten Sitte
gemäss entschieden. Das Strafsystem beruht auf Strafzahlungen; dann folgt
die Verbannung. Mord und grosse Diebstähle werden zuweilen mit dem Tode
bestraft. Die Körperstrafe besteht für das einfache Volk und auch für die
durch richterliches Erkenntniss degradirten Adligen und Beamten. Bestechung,
Bestechlichkeit und andere Missbräuche sind in der Administration sowohl
wie im Gerichtswesen bis zum äussersten Grade entwickelt.

Abgaben entrichtet das Volk nur seinen Fürsten und zwar vom Vieh;
in ausserordentlichen Fällen — z. B. bei der Reise des Fürsten nach Peking
oder zur Volksversammlung, bei der Verheirathung der Kinder desselben,
bei dem Wechsel der Lagerplätze u. dergl. m. — werden spezielle Beisteuern
erhoben. An China entrichten die Mongolen keine Abgaben, sie leisten
ihm eben nur Kriegsdienste, von denen jedoch die Geistlichkeit befreit ist.

Das Heer besteht ausschliesslich aus Reiterei. Je 150 Familien bilden
eine Schwadron,[2] sechs dieser Schwadronen ein Regiment; die Regimenter
eines Choschuns heissen „Fahne". Die Bekleidung und das Pferd hat der
Mongole für eigene Rechnung zu beschaffen, die Waffen werden ihm vom
Staate geliefert.[3] Bei einem vollen Aufgebote soll die Mongolei 284,000
Mann stellen, in der Wirklichkeit kommt aber kaum der zehnte Theil schnell

---

[1] Die Jahrgehalte der Fürsten betragen allein 120,000 Lan Silber und 3,500 Stück Seidenstoff jährlich.

[2] Die Dienstpflicht erstreckt sich auf die Männer von 18 bis 60 Jahren; von drei Männern
einer Familie wird einer zum Dienst gestellt.

[3] Die Bewaffnung ist äusserst mangelhaft; sie besteht aus langen Piken, Säbeln, Bögen
und Luntengewehren.

zusammen. Die Dsjan-dsjune der Aimake sind zwar verpflichtet, Musterungen abzuhalten und sich von dem guten Zustande der Waffen zu überzeugen, von allem dem kauft sich aber gewöhnlich das Choschun durch Bestechung los. Der faule Nomade zahlt lieber diese Loskaufssumme, als dass er die Mühen des Dienstes übernähme. Der chinesischen Regierung ist diese Erscheinung auch durchaus nicht unlieb, da sie beweist, dass der frühere kriegerische Sinn der Mongolen mit jedem Jahre mehr und mehr erschlafft.

Die Tanguten.

Die Tanguten oder, wie die Chinesen sie nennen, Ssi-fan sind gleichen Stammes mit den Tibetanern.[1]) Sie bewohnen das Gebirgsland Gan-ssu, die Gegend westlich vom Kuku-noor, den östlichen Theil Zaidam's, besonders aber das Bassin des oberen Hoang-ho und erstrecken sich nach Süden bis zum Blauen Flusse, vielleicht noch weiter. Diese Gegenden — mit Ausnahme des Kuku-noor und Zaidam's — führen bei den Tanguten den allgemeinen Namen Amdo und gelten als ihr Territorium, obgleich sie daselbst mit Chinesen, zum Theil auch mit Mongolen vermischt leben.

In ihrem äusseren Typus unterscheiden sich die Tanguten scharf von beiden und erinnern an die Zigeuner. Im Allgemeinen haben sie einen mittleren, zum Theil sogar grossen Wuchs, untersetzten Körperbau und breite Schultern. Haare, Augenbrauen und Bärte sind bei allen ohne Ausnahme schwarz; die Augen sind schwarz, gewöhnlich gross, oder doch von Mittelgrösse, aber nicht eng geschlitzt, wie bei den Mongolen. Die Nase ist gerade, zuweilen (nicht besonders selten) gebogen, oder aufgestülpt; die Lippen sind gross und ziemlich oft aufgeworfen. Die Backenknochen stehen zwar auch etwas hervor, aber nicht so stark, wie bei den Mongolen; das Gesicht ist im Allgemeinen länglich, aber nicht flach, der Schädel rund; die Zähne sind ausgezeichnet und weiss. Die allgemeine Hautfarbe ist braun, bei den Frauen zuweilen matt. Letztere sind gewöhnlich von kleinerem Wuchse als die Männer.

Im Gegensatze zu den Mongolen und Chinesen haben die Tanguten starken Bartwuchs, sie scheren aber die Bärte beständig. Ebenso scheren

---

[1]) Die Vorfahren der jetzigen Tibetaner waren Tanguten, die im 4. Jahrhundert vor Christi Geburt vom Kuku-noor nach Tibet auswanderten. (Statistische Beschreibung China's von Joakinf, Bd. II, S. 145).

sie das Haupthaar, von dem sie nur einen Zopf am Hinterhaupte stehen
lassen; die Lamen scheren, wie auch bei den Mongolen, den ganzen Kopf.

Die Frauen tragen lange Haare, die sie in der Mitte theilen und zu
beiden Seiten in kleine Zöpfe flechten, von denen 15 bis 20 auf jede Seite
kommen, und in welche zum Schmucke Perlen, Bänder und ähnliche Verzierungen eingeflochten werden. Ausserdem schminken sich die Frauen das
Gesicht, zu welchem Zwecke sie chinesische Schminke, im Sommer aber
Erdbeeren verwenden, die im Ueberflusse in den Gebirgswäldern wachsen.
Uebrigens haben wir die Sitte des Schminkens nur in Gan-ssu bemerkt, aber
nicht am Kuku-noor und in Zaidam, wo vielleicht die dazu nöthigen Ingre-
dienzien schwer zu erlangen sind.

So ist das Aeussere der Tanguten beschaffen, welche Gan-ssu bewohnen.
Ein anderer Zweig dieses Volkes sind die sogenannten Chara-Tanguten[1]).
Dieselben wohnen im Bassin des Kuku-noor, im östlichen Zaidam und am
oberen Laufe des Gelben Flusses und unterscheiden sich von ihren Stammesgenossen durch einen grösseren Wuchs, durch dunklere Hautfarbe und am
schärfsten durch ihren räuberischen Charakter. Ausserdem tragen die Chara-
Tanguten keine Zöpfe, sondern scheren das ganze Haupt.

Die Erforschung der tangutischen Sprache bot uns ungeheure Schwierigkeiten, einmal, weil wir keinen Dolmetscher hatten, dann aber auch wegen
des ausserordentlichen Misstrauens der Tanguten. Irgend ein Wort in Gegenwart des Sprechenden aufschreiben, hiess sich für immer die Möglichkeit ver-
schliessen, irgend etwas zu erfahren; das Gerücht von einem solchen Falle
wäre über das ganze benachbarte Land geflogen und des Misstrauens dann
kein Ende mehr gewesen. Da mein kosakischer Dolmetscher, der ohnehin
ein schlechter Dragoman war, das Tangutische gar nicht kannte, konnten wir
uns durch ihn nur mit denjenigen Tanguten verständigen, welche die mongolische Sprache verstanden, und das traf sich äusserst selten.[2]) Viel eher
konnte man einen Mongolen finden, der das Tangutische verstand, und einen
solchen hatten wir denn auch wirklich während unseres Sommeraufenthalts
in den Gebirgen von Gan-ssu bei uns. Aber auch unter solchen Umständen
musste bei der Unterhaltung mit Tanguten jeder Satz richtig gehört und durch
zwei Personen einer dritten übersetzt werden, was selbstverständlich äusserst
ermüdend und unbequem war. Gewöhnlich sprach ich mit meinem Kosaken
russisch, er übersetzte das Gesagte dem Mongolen ins Mongolische und dieser
letztere dem Tanguten in seine Sprache. Wenn man hierbei noch die geistige
Beschränktheit unseres kosakischen Dolmetschers, die Einfalt des Mongolen
und das Misstrauen des Tanguten in Betracht zieht, wird man sich vorstellen
können, wie bequem es uns sein musste, linguistische Forschungen im Tangutenlande zu machen. Nur bei einer besonders günstigen Gelegenheit, die

---

[1]) D. i. schwarze Tanguten.
[2]) Chinesisch sprechen fast alle Tanguten in Gan-ssu.

sich bei der Menge anderer Beschäftigungen nur zufällig darbieten konnte, gelang es mir, mit einem Tanguten zu sprechen und verstohlener Weise einige Wörter aufzuschreiben. Selbstverständlich konnte unter solchen Umständen die Ausbeute an Wörtern einer den Europäern vollständig fremden Sprache nur sehr dürftig sein.

Die Tanguten sprechen stets schnell und ihre Sprache wird, wie es scheint, durch folgende Besonderheiten charakterisirt:

Durch einen Reichthum einsilbiger, abgebrochen ausgestossener Wörter; z. B. tok (Blitz), tschssü (Wasser), rza (Gras), chzja (Haare);

Durch Zusammenstellung einer grossen Menge von Konsonanten; z. B. mdsugöö (Finger), námrzaa (Jahr), rdsáwaa (Monat), lamrton-lamá (Paradies).

Die Vokale am Ende der Wörter werden häufig gedehnt ausgesprochen: ptschii (Maulesel), scbaa (Fleisch); dsää (Thor), wöö (Ehemann), ssää (Hut); zuweilen werden aber auch die Vokale in der Mitte der Wörter gedehnt: ssáasüü (Land), dóoa (Tabak).

Das n am Ende der Wörter wird gedehnt und mit dem Nasallaut — wie das französische n — ausgesprochen: lun (Wind), schan (Wald), ssübtschen (Bach); das m am Ende wird kurz herausgestossen: lam (Weg), onám (Donner).

Das g am Anfange der Wörter klingt wie h: góma (Milch); k erhält zuweilen noch einen Kehlhauch und klingt dann ein kch: kchíka (der Gebirgsrücken), düdkchúk (Tabaksbeutel); tsch wird zuweilen wie ztsch ausgesprochen: ztschö (Hund); das r am Anfange der Wörter in Verbindung mit einem oder mehreren Konsonanten ist kaum hörbar: rgánmu (Ehefrau), rmúchaa (Wolke).

Folgende tangutischen Wörter habe ich überhaupt aufzeichnen können:

Berg	rii[1])		Jurte	kürr
Gebirgsrücken	kchíka		Herd	chzäktâb
Fluss	tschssü-tschen		Zelt	rükárr
Bach	ssïib-tschen		Milch	góma
See	zoo		Butter	marr
Wasser	tschssü		Fleisch	schaa
Gras	rza		Hammel	lük
Wald	schan		Bock	ramá
Baum	schán-kyrö		Kuh	ssok
Holz	mii-schan		Stier	ólunmu
Feuer	mii		Yak { Stier	yak
Wolke	rmúchaa		Yak { Kuh	ndshö[2])
Regen	zssär		Hund	ztschö
Schnee	kün		Pferd	rtaa
Donner	onam		Esel	onlö
Blitz	tok		Maulthier	ptschii
Frost	chabssá		Bär	bssügdshét
Hitze	dsáttschige		Flussotter	tschüchram
Wind	lun		Wolf	käadam
Weg	lam		Fuchs	gaa
Thee	dsää		Steppenfuchs	bee

[1]) Die gedehnten Vokale sind doppelt geschrieben.
[2]) sh ist der Laut des französischen j.

Igel	rgan	Nägel	zínmu
Fledermaus	pánaa	Rücken	zánra
Springhase	rchtílu	Leib	tschŏmbu
Hase	rúgun	Beine	kúnaa
Hasenmaus	btschshaa, dsháksům	Fusssohle	kánti
Maus	charda	Knie	ormú
Murmelthier	schoo	Schienbein	chzínar
Moschusthier	laa	Gott	sschaa
Hirsch } Bock	Schaa?	Engel	túnba
Hirsch } Kuh	imú	Teufel	dshee
Argali	rchăn	Paradies	lámrton-lamá ·
Kameel	namún	Hölle	uardu
Filz	dsŭgón	Himmel	nam
Pelz	rzócha	Sonne	níma
Hut	ssää	Sterne	kárama
Sattel	rtrga	Mond	dáwa
Chalat¹)	loo	Erde	ssáasüü
Stiefel	cham	Jahr	námpzaa
Hemd	zölin	Monat	rdsáwaa
Pfeife	tŏtchuu	Woche	níma?-abdún
Feuerstahl	mízä	Tag	níma?
Tabak	dóoa	Nacht	námgun
Hufeisen	rníchzäk	Gehen	dshŏo
Tabaksbeutel	dŭdkchúk	Stehen	lániŏt
Mann	chtschéibssa	Essen	tassa
Frau	jörchmát	Trinken	tun
Kind	Ssäsi	Schlafen	rnit
Ehemann	wŏŏ	Liegen	nää
Ehefrau	rgànmu	Sitzen	dŏk
• Mensch	mni	Schreien	küpsset
Kopf	mni-gou	Sprechen	schóda
Auge	nik	Beten	schágamza
Nase	chnaa	Sehen	chzírkta
Stirn	tombá	Bringen	zèraschok
Ohren	rna	Reiten	dangdshŏ
Augenbrauen	dsúma	Laufen	dardshúk
Mund	ka	Er	kan
Lippen	tschöli	Ist	jŏt
Wangen	dsämba	Ja	rit
Gesicht	noo	Nein	mit
Haare	chzä	1	chzik
Schnurrbart	kóbssü	2	ni
Backenbart	dsära	3	ssum
Bart	dsämki	4	bshŏ
Zähne	ssoo	5	rna
Zunge	chze	6	tschok
Herz	rchin	7	dün
Blut	tschak	8	dsät
Hals	chnä	9	rgü
Eingeweide	dsünák	10	zŭ-tambá
Brust	ptschan	11	zŭ-chzik
Hände	lóchwa	12	zŭ-ni
Finger	mdsugŏŏ	20	ní-tschi-tambá

¹) Orientalisch geschnittener Rock.

30	. . . . . ssúm-tschi-tambá		600	. . . . tschók-rdsä
40	. . . . . bshöp-tschi-tambá		700	. . . . dün-rdsä
50	. . . . . rnóp-tschi-tambá		800	. . . . dsät-rdsä
60	. . . . . tschok-tschi-tambá		900	. . . . rgü-rdsä
70	. . . . . dün-tschi-tambá		1,000	. . . . rtún-tyk-chzík
80	. . . . . dsät-tschi-tambá		2,000	. . . . rtún.tyk-ní
90	. . . . . rgüp-tschi-tambá		10,000	. . . . tschí-zok-chzík
100	. . . . . rdsä-tambá		20,000	. . . . tschí-zok-ní
101	. . . . . rdsä-ta-chzík		100,000	. . . . búma
102	. . . . . rdsä-ta-ní		200,000	. . . . búma-ni
• 200	. . . . . ní-rdsä		300,000	. . . . búma-ssum
300	. . . . . ssúm-rdsä		1,000,000	. . . . ssíwa
400	. . . . . bshö-rdsä		10,000,000	. . . . dúnchyr
500	. . . . . rná-rdsä			

Die Kleidung der Tanguten wird je nach dem Klima, das im Sommer ausserordentlich feucht und im Winter kalt ist, aus Tuch oder aus Schaffellen angefertigt. Die Sommerkleidung der Männer sowohl wie der Frauen besteht aus einem Chalat von grauem Tuche, der nur bis zum Knie reicht, chinesischen oder eigen angefertigten Stiefeln und einem niedrigen, gewöhnlich grauen Filzhute mit breitem Rande. Hemden und Beinkleider kennen die Tanguten nicht, so dass sie selbst im Winter die Pelze auf dem nackten Leibe tragen; die oberen Theile der Unterschenkel bleiben gewöhnlich unbedeckt. Die Reichen tragen Chalate von blauer chinesischer Daba, was jedoch schon für Luxus gehalten wird, und die Lamen haben, wie auch bei den Mongolen, eine rothe, seltener eine gelbe Kleidung.

Im Allgemeinen ist die Kleidung der Tanguten weit ärmlicher, als die der Mongolen, so dass ein seidener Chalat, wie man ihn in Chalcha häufig sieht, im Tangutenlande eine Seltenheit ist, die nur ausnahmsweise vorkommt. Welches aber auch sonst die Kleidung, welches auch die Jahreszeit sein mag, der Tangute lässt beständig den rechten Aermel herabhängen, so dass der Arm und ein Theil der Brust auf dieser Seite nackt bleiben; diese Gewohnheit behält er selbst auf Reisen bei, wenn das Wetter es nur irgend gestattet.

Tangutische Stutzer geben ihrer Kleidung oft eine Einfassung von Pantherfell, das sie aus Tibet erhalten, und tragen ausserdem im linken Ohr einen grossen silbernen Ohrring mit einer rothen Granate. Dann sind der Feuerstahl und das Messer am Gürtel auf dem Rücken, Tabaksbeutel und Pfeife an der linken Seite unerlässliche Bestandtheile des Kostüms jedes Tanguten. Ausserdem tragen am Kuku-noor und Zaidam alle, ebenso wie die Mongolen, noch lange, breite tibetanische Säbel im Gürtel. Das Eisen dieser Säbel ist äusserst schlecht, obgleich der Preis derselben sehr hoch ist: man zahlt drei oder vier Lan für die einfachste Klinge und gegen 15 Lan für eine besser gearbeitete.

Die Frauen haben, wie bereits erwähnt, dieselbe Kleidung wie die Männer; nur bei grosser Toilette hängen sie über die Schultern noch breite Handtücher, welche mit weissen kreisförmigen Verzierungen von einem Zoll

im Durchmesser geschmückt sind. Diese Verzierungen werden aus Muscheln
angefertigt und eine von der anderen etwa zwei Zoll entfernt aufgenäht. Ausserdem bilden noch, ebenso wie bei den Mongolinnen, rothe Glasperlen den
wesentlichsten Bestandtheil des Schmuckes reicher Frauen.

Die allgemein übliche Wohnung des Tanguten ist ein schwarzes Zelt,
welches aus einem groben, siebartig dünnen Wollengewebe[1]) hergestellt wird.
Dasselbe ruht auf vier Pfählen, welche die Ecken bilden, und wird an den
Seiten vermittelst Schlingen bis zur Erde herabgezogen; in der Mitte des
fast flachen Obertheils befindet sich ein länglicher Ausschnitt von ungefähr
einem Fuss Breite, durch welchen der Rauch hinausgeht, und der bei Regen-
wetter und Nachts zugedeckt wird. Im Innern des Zeltes ist in der Mitte ein
Herd aus Lehm befindlich; an der dem Eingange gegenüber liegenden Seite
sind die Burchanen aufgestellt und an den Seiten die Lagerstätten der Bewohner selbst hergerichtet. Dieselben bestehen oft nur aus einem Arm voll
Reisig, das ohne Weiteres auf die vom Regen und von der Feuchtigkeit in
Schmutz verwandelte Erde geworfen wird.

Nur in dem waldreichen gebirgigen Gebiete Gan-ssu wird das schwarze
Zelt da, wo die Tanguten mit den Chinesen zusammen leben und sich gleich
diesen mit Ackerbau beschäftigen, zuweilen durch eine hölzerne Hütte (Fansa)
ersetzt. Diese Hütten erinnern in ihrer äusseren Form stark an die weiss-
russischen Rauchstuben, sind aber noch elender gebaut. Sie haben nie einen
hölzernen Fussboden und die Wände sind keine Balkengebinde, sondern bestehen aus unbehauenen Balken, die über einander gelegt und zwischen
denen die Zwischenräume mit Lehm verkittet werden. Das flache Dach besteht aus Streckbalken, auf welche Erde geschüttet wird; in der Mitte des
Daches ist eine Oeffnung zum Hinauslassen des Rauches angebracht, die
auch die Stelle des Fensters vertritt.

Aber auch eine solche Wohnung ist unendlich komfortabel im Vergleich
zu dem schwarzen Zelte. In derselben ist der Tangute wenigstens gegen
die Unbill des Wetters geschützt, während er im schwarzen Zelte bald vom
Sommerregen durchnässt, bald von der Winterkälte heimgesucht wird. Man
kann ohne Uebertreibung sagen, dass die Höhle des Murmelthiers, das neben
dem Tanguten lebt, zehnmal komfortabler ist, als die Wohnung dieses Menschen.
Dort hat das Thier wenigstens eine weiche Lagerstätte, der Tangute aber
begnügt sich in seinem schmutzigen Zelte mit einem Lager, das aus einem
Arm voll Reisig oder verfaulten Filzdecken besteht, die auf die feuchte, oft
nasse Erde geworfen werden.

Die Hauptbeschäftigung der Tanguten ist die Viehzucht, die ihnen alles
liefert, was ihrem überaus einfachen Leben nothwendig ist. Von Hausthieren
züchten die Tanguten ganz besonders Yaks und Hammel (ohne Fettschwänze);
Pferde und Kühe halten sie in geringerer Menge. Der Reichthum an Vieh

---

[1]) Dieses Gewebe wird aus Yakwolle bereitet.

ist im Allgemeinen sehr bedeutend, was sich freilich durch den Ueberfluss an herrlichen Weiden auf den Gebirgen von Gan-ssu und in den Steppen am Kuku-noor leicht erklärt. An beiden Orten haben wir oft Heerden von einigen Hunderten von Yaks und von einigen Tausenden von Hammeln, die einem Eigenthümer gehörten, gesehen. Indessen leben die Besitzer solcher Heerden in eben so schmutzigen schwarzen Zelten wie ihre ärmsten Stammesgenossen. Es ist viel, wenn der reiche Tangute einen Chalat von Daba statt des einfachen tuchenen anzieht und ein Stück Fleisch mehr isst, — in allem Uebrigen unterscheidet sich sein Leben in keiner Weise von dem seiner Dienstboten. Er ist eben so unreinlich wie diese, denn er wäscht sich nie. Seine Kleidung wimmelt von Parasiten, die er, eben so wie der Mongole, öffentlich vertilgt, ohne sich durch die Gegenwart irgend Jemandes geniren zu lassen.

Das charakteristischste Thier des ganzen Landes und der unzertrennliche Begleiter des Tanguten ist der langwollige Yak. Dieses Thier wird auch in den Gebirgen von Ala-schan gezüchtet und in grosser Zahl von den Mongolen im' nördlichen Theile von Chalcha, der reich an Gebirgen, Wasser und guten Weiden ist, gehalten. Das Zusammentreffen dieser Bedingungen ist nothwendig, denn der Yak gedeiht nur in gebirgigen und zugleich hoch über das Meer sich erhebenden Gegenden. Wasser ist diesen Thieren ein nothwendiges Erforderniss; denn sie baden sich gern und schwimmen vorzüglich. Mehrfach haben wir sie, selbst mit Lasten auf den Rücken, über den reissenden Tätung-gol schwimmen sehen. In Betreff der Grösse gleichen die Yaks unserem gewöhnlichen Hornvieh, von Farbe sind sie schwarz oder bunt, d. h. schwarz mit weissen Flecken; ganz weisse Yaks sind selten. Ungeachtet seiner uralten Sklaverei hat der Yak doch noch die ungestüme Weise des wilden Thieres behalten; seine Bewegungen sind schnell und leicht; wenn er gereizt ist, wird er dem Menschen durch seine Wildheit gefährlich.

Als Hausthier ist der Yak im höchsten Grade nützlich. Er giebt nicht nur Wolle, vorzügliche Milch und gutes Fleisch, er wird auch zum Tragen von Lasten gebraucht. Es erfordert allerdings grosse Geschicklichkeit und Geduld, um einen Yak zu beladen, dafür geht er aber auch ganz ausgezeichnet mit einer Ladung von fünf oder sechs Pud über hohe und steile Gebirge, oft auf den gefährlichsten Fusspfaden. Die Sicherheit und Festigkeit des Trittes dieses Thieres sind erstaunlich; der Yak haftet auf Felsvorsprüngen, auf welche keine wilde Ziege gelangen könnte. Da es im Tangutenlande wenig Kameele giebt, sind die Yaks fast die ausschliesslichen Saumthiere, und mit ihnen werden grosse Transporte von dem Kuku-noor nach Hiassa befördert.

Auf den Gebirgen von Gan-ssu weiden die Yakheerden fast ohne jede Aufsicht; den ganzen Tag tummeln sie sich auf den Weideplätzen umher, und zur Nacht werden sie an die Zelte ihrer Besitzer getrieben.

Die Milch der Yakkühe ist von vorzüglichem Geschmack und dick wie

27*

Rahm; die aus derselben bereitete Butter ist gelb von Farbe und von viel
besserer Qualität als die Kuhbutter. Mit einem Worte, der Yak ist in jeder
Beziehung ein überaus nützliches Geschöpf, und man kann nur wünschen,
das dieses Thier in Sibirien und in denjenigen Theilen des europäischen
Russlands akklimatisirt würde, die ihm die nothwendigen Lebensbedingungen
gewähren, so z. B. im Ural und im Kaukasus. Es ist dies um so mehr zu
wünschen, als die Akklimatisation keine grossen Schwierigkeiten haben
würde. In Urga kann man so viel Yaks, als man haben will, für 20—30
Rubel pro Stück kaufen, und ihr Transport nach dem europäischen Russland
würde nicht zu theuer zu stehen kommen.

Die Tanguten reiten sogar die Yaks. Zur Führung des Thieres beim
Reiten sowohl wie beim Lasttragen wird ihm ein grosser, dicker hölzerner
Ring durch die Nasenlöcher gezogen, an welchen ein Strick befestigt wird,
der als Zügel dient.

Man kreuzt die Yaks gern mit Hauskühen, und die Stiere der so gewonnenen Mischlingsrace, die von den Mongolen und Tanguten Chainyk
genannt werden, sind viel stärker und ausdauernder beim Lasttragen und
werden daher auch höher geschätzt.

Ein kleiner Theil der uns zu Gesicht gekommenen Tanguten, der mit
Chinesen vermischt in der Umgegend von Tschöbsen lebt, beschäftigt sich
mit Ackerbau, aber ein sesshaftes Leben entspricht augenscheinlich nicht der
beweglichen Natur dieser Menschen; denn die ansässigen Tanguten beneiden
stets ihre nomadisirenden Stammesgenossen, die mit ihren Heerden von einem
Weideplatze zum anderen ziehen; dazu kommt, dass das Hirtenleben die
wenigsten Sorgen mit sich bringt, was bei dem trägen Charakter dieses Volks
durchaus nicht unwesentlich ist.

Auf ihren Weideplätzen vereinigen sich die Tanguten zu Partien von
mehreren Jurten; sehr selten lebt eine Familie allein, was bei den Mongolen
wieder oft der Fall ist. Im Allgemeinen bilden der Charakter und die Sitten
dieser beiden Völker einen vollständigen Gegensatz. Während der Mongole
ausschliesslich an der trockenen, unfruchtbaren Wüste hängt und die Feuchtigkeit mehr als alles andere Elend seiner Heimath fürchtet, ist der Tangute,
der ein an die Mongolei grenzendes, aber in seinem physischen Charakter
dieser ganz entgegengesetztes Land bewohnt, ein Mensch ganz anderen Schla-
ges geworden. Feuchtigkeit des Klimas, Gebirge, reiche Weiden — das ist's,
was den Tanguten anlockt; die Wüste hasst und fürchtet er wie seinen Tod-
feind. So sind auch die charakteristischen Thiere dieser Nomadenvölker:
das Kameel des Mongolen ist nach seinen Eigenschaften das vierfüssige Ebenbild seines Herrn, und der Yak vereinigt in nicht geringerem Grade die vorwaltenden Eigenschaften der Tanguten in sich.

In den waldigen Gebirgen von Gan-ssu beschäftigen sich einige — allerdings nur sehr wenige — Tanguten mit dem Schnitzen von hölzernen Geschirren:
Schalen zur Benutzung beim Essen und zur Aufbewahrung der Butter; letztere wird übrigens meistentheils in Yak- oder Hammeldärmen gehalten.

Die mehr als jede andere entwickelte, man möchte sagen, einzige Beschäftigung der Tanguten ist das Spinnen der Wolle der Yaks (seltener der Hammel), die zur Bereitung des Tuches dient, aus welchem die landesüblichen Kleidungsstücke angefertigt werden. Das Spinnen wird sowohl zu Hause, wie auf Reisen ausgeführt, und man bedient sich dazu eines 3 bis 4 Fuss langen Stockes, an dessen Spitze ein krummer Ast für die herabhängende Spindel befestigt ist. Die Tanguten weben jedoch nicht selbst die von ihnen gesponnene Wolle, sondern überlassen diese Arbeit den Chinesen. Eigenthümlich ist es, dass in Gan-ssu das Tuch beim Kaufe (wenigstens bei den Tanguten) nach Armlängen gemessen wird, so dass die Grösse des Maasses und somit auch der Preis von dem Wuchse des Käufers abhängt.

Die Wartung des Viehes ist die einzige Beschäftigung, welche die Tanguten, wenn auch in nicht zu beträchtlicher Weise, der absoluten Faulenzerei entreisst, der sich diese Menschen ihr Leben lang hingeben. Während langer Stunden sitzen Erwachsene und Kinder am Herde des Zeltes ohne jede Arbeit, nur Thee trinkend, der für die Tanguten ein eben so unumgängliches Lebensbedürfniss ist, wie für die Mongolen. Im Lande der Tanguten wird jedoch der Ziegelthee, der hier in Folge der Dunganenunruhen sehr theuer ist, durch die getrockneten Zwiebelbollen des gelben Lauches ersetzt, der auf den Gebirgen im Ueberfluss wächst; dazu kommt noch ein anderes Kraut, das getrocknet und wie Tabak gepresst wird. Dieser Thee wird besonders stark in der Stadt Donkyr[1]) fabrizirt, woher er auch unter dem Namen „Donkyrscher Thee" bekannt ist. Das widerliche Dekokt dieses Zeuges, dem die Tanguten noch Milch hinzufügen, wird in unglaublichen Mengen konsumirt. Ganz wie bei den Mongolen kommt der Kessel mit Thee den ganzen Tag über nicht vom Herde, und sicher wohl zehnmal täglich wird Thee getrunken; jeder Gast wird unfehlbar damit bewirthet. Eine unerlässliche Zuthat zum Thee ist die Dsamba, von der eine Handvoll in die halb mit Thee angefüllte Trinkschale geschüttet und darin mit den Händen zu einem festen Teige geknetet wird; des Wohlgeschmacks wegen wird dann noch Butter und trockener Käse (tschurma) hinzugesetzt. Diese letztere Beigabe ist indessen nur bei den Wohlhabenderen üblich; die Armen begnügen sich mit Thee und Dsamba. Dieses widerwärtige Gemenge bildet die Hauptnahrung der Tanguten,[2]) die überhaupt wenig Fleisch essen. Selbst der reiche Tangute, dessen Heerden nach Tausenden von Köpfen zählen, schlachtet für sich sehr selten einen Hammel oder Yak. Der Geiz und die Geldgier dieses Menschen sind so gross, dass er sich das Stück Fleisch versagt, nur um einen Silberlan mehr zu haben. Dafür verschmähen die Tanguten eben so wenig wie die Mongolen gefallenes Vieh, und mit Genuss verschlingen sie jedes Aas.

Nächst dem Thee und der Dsamba essen die Tanguten am meisten

---

[1]) Diese Stadt liegt 20 Werst west-nord-westlich von Sining.
[2]) Ebenso wie auch die der Mongolen, die in Gan-ssu, am Kuku-noor und in Zaidam leben.

„Taryk", d. i. aufgekochte sauer gewordene Milch, von der vorher der Rahm
zur Butter abgenommen worden. Dieser Taryk ist die beliebteste Milchspeise
der Tanguten, und man findet ihn in jedem Zelte. Ausserdem bereiten die
Reichen aus Käsequark mit Butter eine besondere Art von Käsen; dies wird
aber schon für einen grossen Luxus gehalten.

Die Unreinlichkeit der Tanguten in ihren Speisen und in allem Uebrigen
überschreitet alle Grenzen. Die Geschirre, in welchen sie die Speisen bereiten, werden niemals gewaschen; nur die Trinkschalen werden ausgeleckt
und in den Busen gesteckt, in dem allerlei Insekten umherkriechen. Wenn
der Tangute diese eben geknickt hat, knetet er mit denselben ungewaschenen
Händen seinen Dsamba. Beim Melken der Kühe werden die Euter nie gewaschen; die Milch wird in ein unbeschreiblich schmutziges Gefäss gegossen,
und zum Buttern dient ein an einen Stock befestigtes feuchtes Stück Hammel-
fell, von dem man nicht die Wolle entfernt und das im Kothe umher-
gewälzt ist.

Da sich die Tanguten bis auf sehr geringe Ausnahmen nicht selbst mit
Ackerbau beschäftigen, begeben sie sich zum Ankaufe von Dsamba und allem
anderen Nöthigen nach Donkyr, welches der wichtigste Handelsplatz dieses
Volkes ist. Hierher treiben sie das Vieh, bringen sie Felle und Wolle und
tauschen alles das gegen Dsamba, Tabak, Daba, chinesische Stiefel u. drgl. m.
ein, so dass der Handel in Donkyr hauptsächlich ein Tauschhandel ist. Auch
am Kuku-noor und in Zaidam wird der Preis der Waaren nicht nach Geldes-
werth, sondern nach der Zahl der zum Tausche nöthigen Hammel berechnet.

Wie in ihrem äusseren Typus, so unterscheiden sich die Tanguten auch
in ihrem Charakter von den Mongolen; sie sind kühner, energischer als diese;
ausserdem sind die Tanguten, besonders die vom Kuku-noor und aus Zaidam,
verständiger und überlegter, als die Mongolen; weit entfernt sind sie von der
Gastfreundschaft, die alle echten Mongolen in so hohem Grade auszeichnet;
dafür ist bei ihnen, besonders bei denen, die neben den Chinesen leben,
Gaunerei und Krämersinn im höchsten Grade entwickelt. Auch den gering-
sten Dienst leistet der Tangute nicht ohne Lohn; er bemüht sich vielmehr,
so viel Gewinn als nur irgend möglich, selbst von seinen Stammesgenossen,
zu erlangen.

Wenn Tanguten sich begegnen, strecken sie einander zur Begrüssung
beide Arme horizontal entgegen und sagen „Aka-temu", d. h. guten Tag.
Das Wort „Aka" heisst, wie auch das mongolische „Nochor", so viel wie
unser „Herr" oder „geehrter Herr" und wird im Umgange viel gebraucht.
Bei der ersten Bekanntschaft und überhaupt beim Besuche irgend Jemandes,
besonders einer angesehenen Person, schenken die Tanguten stets ein seidenes
Chadak. Durch die Qualität dieses letzteren wird bis zu einem gewissen
Grade die gegenseitige Stimmung zwischen Gast und Wirth bezeichnet.

Die Tanguten haben nur eine legitime Frau, halten sich ausserdem aber
Beischläferinnen. Die Frauen verrichten alle häuslichen Arbeiten und sind,

wie es scheint, im häuslichen Leben gleichberechtigt mit dem Manne. Merkwürdiger Weise besteht bei den Tanguten die Sitte, fremde Frauen — natürlich mit deren Zustimmung — zu rauben. In eiuem solchen Falle gehört die Frau dem Entführer, der dafür dem früheren Gatten eine Loskaufssumme zahlt, die oft recht bedeutend ist.

Frauen sowohl wie Männer berechnen ihre Lebensjahre vom Tage der Empfängniss an, so dass sie zur Zahl der durchlebten Jahre stets noch die Zeit hinzurechnen, die sie im Mutterschoosse zugebracht haben.

Gleich den Mongolen sind die Tanguten eifrige Buddhisten und dabei entsetzlich abergläubische Menschen. Allerlei Zauberei und Wahrsagung trifft man bei diesem Volke neben den Prozessionen religiösen Charakters bei jedem Schritte an. Glaubenseifrige Wallfahrer begeben sich jedes Jahr nach Hlassa. Die Lamen stehen bei den Tanguten in hoher Achtung, ihr Einfluss auf das Volk ist unbegrenzt. Nur die Klöster trifft man im Tangutenlande seltener, als in der Mongolei, und die Gygen, deren es auch hier ziemlich viele giebt, wohnen zuweilen mit einfachen Sterblichen in den schwarzen Zelten zusammen. Die Leichen der gewöhnlichen Menschen werden nicht beerdigt, sondern in den Wald oder die Steppe gebracht und den Geiern und Wölfen zum Frasse überlassen.

Alle Tanguten stehen unter der Verwaltung eigener Beamten, die dem chinesischen Gouverneur vou Gan-ssu untergeordnet sind. Dieser letztere residirt in Sining; er hatte sich zwar, als die Insurgenten sich dieser Stadt bemächtigt, nach Dshun-lin übersiedelt, aber nach Wiedereinnahme Sinings durch die Chinesen im Jahr 1872 nach seiner alten Residenz begeben.

Die neuste, durch die deutsche anthropologische Gesellschaft veranlasste Sagenbildung.

Eine anthropologisch-mythologische Studie von W. Schwartz.

Durch Vergleichung analoger, gleichzeitiger und naheliegender Verhältnisse lernt man leicht fernerliegende verstehen. Von diesem Standpunkte aus ist in dieser Zeitschrift die Besprechung der Sagenbildung berechtigt, zu welcher die deutsche anthropologische Gesellschaft unschuldiger Weise Veranlassung gegeben, und welche die gebildete Welt im höchsten Grade überrascht hat, da letztere durch die Entwicklung der modernen Culturverhältnisse zum Theil die Fühlung mit den volksthümlich unteren Schichten, selbst des eigenen Volks verliert.

Auf Veranlassung jener Gesellschaft ordneten bekanntlich die Behörden eine Aufnahme der Kinder in den Schulen in Rücksicht auf Hautfarbe, Haare und Augen an, damit vielleicht aus den gewonnenen Resultaten Schlüsse auf die Abstammungsverhältnisse der Bevölkerung gezogen werden könnten. Daraufhin liefen in der Gegend von Danzig, Kulm und Thorn und dann auch allgemein in der Provinz Posen nicht bloss bald allerhand wunderliche Gerüchte unter dem Landvolke und allmählich auch in den Städten um, sondern es kam auch vielfach zu halb ärgerlichen, halb komischen Auftritten. Die wahnsinnigste Angst verbreitete sich unter den Eltern, als habe man mit ihren Kindern etwas Besonderes vor; sie schickten sie entweder nicht nach der Schule oder holten sie plötzlich in Masse unter Lärmen und Schreien mit Gewalt wieder fort, indem sie die Lehrer als Theilnehmer an dem beabsichtigten Verrath bezeichneten u. s. w. Ende Mai verbreitete sich das Gerücht zuerst in der Olivaer Gegend von einem beabsichtigten Kinder-Export nach Russland besonders in den niederen katholischen Schichten der Bevölkerung. „In mehreren Ortschaften des Karthauser und Danziger Kreises erschienen“, so lauteten die Nachrichten, „die Eltern mit verstörten Mienen bei den Lehrern und fragten, ob es richtig sei, dass sämmtliche katholische Kinder mit schwarzen Haaren und blauen Augen nach Russland geschickt werden sollten“.[1]) Statt Russland trat dann „der Sultan“ ein. „Der König von Preussen“, hiess es nämlich unter d. 3. Juli aus der Kulm-Thorner Gegend, „habe an den türkischen Sultan im Kartenspiel 10,000 Kinder verloren, und der Sultan habe nun Mohren hergeschickt, welche die Kinder holen, sie namentlich bei der Rückkehr aus der Schule aufgreifen sollten; die Lehrer begünstigten den Raub,' denn ihnen würde für jedes Kind, welches sie den Mohren in die Hände lieferten, der Preis von 5 Thlr. gezahlt“. Die Polizei musste verschiedentlich einschreiten, Lehrer selbst und Schulhäuser in besonderen Schutz nehmen. Wie ein Lauffeuer verbreitete sich nun dieselbe Geschichte unter einzelnen Nüancirungen mit demselben Erfolge auch im Posenschen. Unter dem 16. Juli berichtete die Posener Ztg. aus dem Krotoschiner Kreise: „das Gerücht der Kinderverschleppung hat auch bei uns Eingang und leider bei einem grossen Theile der ungebildeten polnischen Bevölkerung Glauben gefunden. Man erzählte sich da, dass der König an den türkischen Sultan 40,000 blauäugige und blondhaarige Kinder in den Karten verspielt habe und dass gestern die Aufgreifung erfolgen werde. In Folge dessen waren in den Klassen der hiesigen katholischen Schule Montags nur etwa $\frac{1}{3}$ der Kinder erschienen, bei welchen die Furcht gleichfalls gross war“. Dann kamen ähnliche Nachrichten aus dem Kreise Pleschen.

---

[1]) „Ein Lehrer des Karthauser Kreises — dieser humoristische Zug sei nebenbei bemerkt, — sagte den unwissenden Leuten zur Beruhigung, dass es nur auf die Kinder mit blauen Haaren und grünen Augen abgesehen sei, was die Leute auch wirklich glaubten und wobei sie sich dann beruhigten“,

„In einem Dorfe Grudzielec hatten sich, hiess es, als der Kreisschulinspector gerade zur Revision dort eintraf, und die Kinder dem Lehrer unter den Händen durch Thüren und Fenster durchgeschlüpft waren, um einen Versteck in den Kornfeldern und in den Gräben zu suchen, verschiedene Weiber und mit Knitteln bewaffnete Männer vor der Schule eingefunden, um ihre Kinder zu schützen". Dieselbe Scene wiederholte sich im Kreise Chodziesen. Von allen Seiten liefen nun Alarmgerüchte ähnlicher Art ein. In Zduny hiess es, „die Kinder seien an die Mohren nach Amerika verkauft und Lieferungs-zeit und Lieferungszahl ganz genau abgemacht." Auch in der Stadt Posen selbst gab es auf der Wallischei nach der Posener Zeitung vom 23. einen Strassenlärm deshalb, indem man in den „Mohren und Arabern", die im Volksgarten daselbst auftraten, die Leute vermuthete, welche die Kinder auf-greifen sollten. Aus Pinne berichtete dieselbe Zeitung vom 24. ejusd.: „Auch in unserer Stadt und Umgegend verbreitete sich besonders vor-gestern und gestern die alberne Mähr von der Kinderverschleppung nach Russland und rief unter der polnischen Bevölkerung einen panischen Schrecken hervor. So sah man vorgestern, am Sonntag, eine grosse Anzahl von Landleuten, die in die Stadt gekommen waren, theils um ihre Andacht zu verrichten, theils die üblichen Einkäufe zu machen, ihre Kinder mit einer gewissen Aengstlichkeit an der Hand führen. Als man dieselben nach der Ur-sache fragte, erklärten die bethörten Leute unter Thränen, dass ihnen in Bezug auf die Kinder ein grosses Unglück bevorstehe. „Der deutsche Kaiser, so erzähl-ten sie, habe dem Kaiser von Russland für dessen Friedensvermittlun-gen in jüngster Zeit etliche tausend blauäugiger und blondhaariger Kinder zugesagt. Zu dem Ende seien nun die Kinder dieser Tage seitens der Lehrer hinsichtlich der Augen und Haare untersucht und die geeigneten zur Trans-portirung nach dem gedachten Reiche notirt worden. Jeden Augenblick er-warteten sie einen verdeckten Wagen, der die bezeichneten Kleinen hinweg-führen solle. Damit solches nicht während ihrer Abwesenheit geschähe, hätten sie die Kinder mitgenommen". Der ominöse Wagen spielte auch anderweitig eine Rolle.

Die Sage verbreitete sich aber auch noch weiter. Aus dem Lauenbur-gischen meldeten z. B. die Zeitungen, dass man dort erzähle, „Fürst Bismark" habe die Kinder verspielt, und an dem Tage, wo dieses geschrieben wird, d. 25. Juli, berichtet die „Post" von demselben Spuk aus Glatz. Ja selbst über die preussisch-deutschen Grenzen hinaus wandert das Gerücht, ohne dass dort das Substrat — die anthropologischen Tabellen — vorhanden. Die Pos. Ztg. v. 21. Juli meldet aus Warschau: „Das alberne Gerücht von der Kinderverschleppung in ferne Länder hat seinen Weg auch nach dem Königreich Polen gefunden. In der Umgegend des Städtchens Dubno tauchte unter der ländlichen Bevölkerung plötzlich das Gerücht auf, die russische Regierung habe an einen Araberfürsten für eine grosse Summe 6000 hübsche junge Mädchen, lauter Blondinen, verkauft. Dies allgemein ge-glaubte Gerücht erregte unter den ländlichen Schönen einen solchen Schrecken, dass sie, um der eingebildeten Gefahr zu entgehen, sich Hals über Kopf verheiratheten, ohne ihre Neigung dabei zu Rathe zu ziehen".[1]

Ich habe die obigen Anführungen etwas ausführlicher wiedergegeben, nicht bloss um die Entwicklung der Sache in den verschiedenen Nüancirungen hervortreten zu lassen, sondern auch damit sie von der Verbreitung derselben, von dem Ernst, mit dem sie in den unteren Schichten der Bevölkerung geglaubt, Zeugniss ablegen. Die Sache ist nämlich nicht bloss für die anthropologische Wissenschaft in ihrem ziemlich klar zu legenden Entstehen höchst interessant und lehrreich, sondern hat auch eine allgemeinere öffentliche Bedeutung, indem sie die gebildete Welt daran erinnern kann, welche wunderliche Vorstellungen oft in den in ihrem Horizont und Wissen, so wie im Denken und Empfinden beschränkten unteren Volksschichten herrschen, resp. plötzlich geweckt werden können und namentlich durch die immer leicht erregbare Frauenwelt, wenn sie diese (resp. die Familie) besonders afficiren, leicht zu allerhand wahnwitzigen Ausbrüchen führen können. Wie man derartiges besonders häufig bei Epidemien gesehen hat, wo von Brunnenvergiftung und dergl. gefabelt worden, so gehen immer im Volke eine Menge Vorstellungen um, mit denen die Leute sich die ihrem Verständniss ferner liegenden Welt- oder Culturereignisse oft in der wunderbarsten Weise zurecht legen. Ich habe gelegentlich auf politischem Gebiete derartige Beispiele aus der Zeit des Grossen Kurfürsten bis zum letzten französischen Kriege angeführt[2] und auf dem Gebiet ländlicher Kreise jene Eigenthümlichkeit selbst bei dem Sammeln der Sagen und Gebräuche so recht in ihrer Naivität kennen gelernt. Aber auch besonders in kleineren Städten latitirt genug der Art oder erzeugt sich bei besonderem Anlass immer wieder und die Kinderwelt spielt oft eine grössere Rolle dabei als man denkt. Ich hatte öfter Veranlassung zu beobachten, wie manche grausige Geschichte in diesen Kreisen entsprungen, dann namentlich durch die Dienstboten in die Familien drang, und wenn auch allmählich so gewissermassen dann geläutert und modificirt, so doch schliesslich ein ganzes Städtchen wenigstens momentan erfüllte. Die gebildetere Welt streift dann bald freilich wieder derartiges ab, aber die Phantasie der Massen hält es oft fest und spinnt es weiter aus. Der Aberglaube ist auch in dieser Hinsicht zäh. Nicht bloss in andern Ländern, auch in Deutschland giebt es noch Tausende und Abertausende, die an Tischrücken und Psychographen fortglauben, ebenso wie einige Schichten in der Bevölkerung tiefer man die Vorstellung eines Bündnisses der Freimaurer mit dem Teufel noch vielfach

---

[1] Wenn der Artikel hinzusetzt: „der Polizei gelang es, die Verbreiter dieses Gerüchts in der Person des Bauern Siengcich Mosiejczak und des jüdischen Handelsmanns Jankel Moses zu ermitteln und zur gerichtlichen Bestrafung zu ziehen", so wird damit die Bedeutung der Sache in Betreff analoger Auffassung und Behandlung mit den übrigen Versionen der Sage nicht abgeschwächt.

[2] W. Schwartz, Sagen und alte Geschichten der Mark Brandenburg. Berlin 1871. VIII. cf. Bilder aus des Brandenb.-Preuss. Geschichte. Berlin 1875. p. 47.

festhält, meint, dass zu Johannis der „verrätherische" Bruder dem Tode geweiht werde u. dergl. mehr. Es giebt in dieser Hinsicht die eigenthümlich-
sten epidemischen Krankheitserscheinungen. Aus Berlin kannte ich z. B. den
Glauben der Dienstmädchen, dass, wenn ihnen die Aerzte Ricinusöl ver-
schrieben, dies Menschenfett sei und deshalb so schlecht schmecke. Gelegentlich verbreitete sich dann auch das Gerücht, wenn eine besonders starke
Person aus den unteren Schichten starb, sie hätte sich noch bei Lebzeiten
den Apothekern zur Bereitung des Ricinusöls verkauft! — und eine der ersten.
Erzählungen, die mir bei meiner Uebersiedlung nach Posen meine jüngsten
Kinder aus der Schule mitbrachten, war „am Alten Markt sei eine alte dicke
Frau gestorben, die habe sich schon bei Lebzeiten den Apothekern verkauft;
u. s. w." und ganz dieselbe Geschichte, derselbe Aberglaube zeigte sich hier.[1]

Doch kehren wir nach diesen Vorbemerkungen zur Behandlung der „Kinder-
verschleppungsgeschichte" zurück. Ich habe jene gemacht, um das Terrain
zu kennzeichnen, auf dem diese erwachsen ist. Von einer directen Erfindung
von ultramontaner Seite, um Aufregung hervorzurufen, worauf einzelne Berichterstatter hindeuten, liegt für den, welcher sich mit derartigen Erscheinungen
beschäftigt, gar keine Nöthigung vor, abgesehen davon, dass immer noch zu
erklären bliebe, wie es gekommen, dass die Sache so allgemeinen Glauben
und schnelle Verbreitung erhalten hat. Mag auch von der erwähnten Seite
von den Geistlichen vielfach nicht rechtzeitig und energisch genug dem entgegengetreten sein, das Ganze ist eine Erscheinung, die sich ähnlichen epidemischen innerhalb der unteren Bevölkerungsschichten zur Seite stellt und
als solche gefasst sein will.

Zwar wird man zugeben müssen, dass die ländlichen Kreise in den letzten Jahren in vielfacher Weise überhaupt eine gewisse Aufregung erfahren
haben. Die tief einschneidenden Umwandlungen schon in Maass, Gewicht
und Geld, zu denen derjenige, dessen Horizont bloss sein Dorf und höchstens
die nächste Stadt umfasst, keine Veranlassung sah, auf der einen Seite, auf
der andern die Auseinandersetzung zwischen Staat und Kirche, müssen in
diesen Kreisen manches Kopfschütteln und die wunderbarsten Combinationen
erregt haben, wobei in letzterer Hinsicht der Parteistandpunkt der Geistlichen
namentlich auf katholischer Seite vielfach die Gemüther sicherlich noch mehr
beschwert hat. Das Volk liebt aber selbst, wie man schon auf allen Jahrmärkten, wenn man will, erfahren kann, das Tragisch-grausige; Mordthaten
und dergl. schildern zu hören, ist es unersättlich. Geheimnissvoll ahnend,
oft bangend schaut es in die Zukunft und sucht nach allerhand wunderbaren
Wahrzeichen. So versicherte mir einmal ein Fuhrmann, von seinem Pferde-

---

[1] Die Eibisch- oder Altheesalbe heisst, wie ich zufällig höre, vielfach ihrer gelblichen, dem
Menschenfett ähnlichen Farbe halber beim Volke „Menschen- oder Armesündersalbe". Beim
Ricinusöl hat vielleicht der abscheuliche Geschmack die Vorstellung vermittelt, dies sei das
Menschenfett, von dem man also schon angeblich wusste, dass es' in der Apotheke verkauft
würde.

Standpunkt aus die Welt betrachtend, ganz treuherzig, er hätte das Jahr 48 schon lange vorher kommen sehen. Als die Menschen angefangen, in den 40er Jahren Pferdefleisch zu essen, hätte er schon zu seiner Frau gesagt: „Gieb Acht, Mutter, das ist ein Zeichen, dass die Welt aus den Fugen geht, wenn so etwas geschieht". Ebenso fand man jüngst in Kreisen, wo die Phantasie sich gerade auf Veranlassung verschiedener Predigten viel mit den letzten Dingen beschäftigte, in dem Auftreten der Reblaus schon ein Wahrzeichen der nahenden Vernichtung nach Art der ägyptischen Landplagen!

Vergegenwärtigen wir uns nun solche einfachen, beschränkten Kreise, denen nach verschiedenen Vorgängen jetzt zumal Alles fast möglich erschien, die mit Misstrauen auf Alles sahen, was etwa noch kommen würde, so musste in ihre Gemüths- und Verstandeswelt die bekannte anthropologische Aufnahme wie eine Bombe fallen. Wozu wollte man wissen, ob ihre Kinder blaue oder braune Augen, blonde oder braune Haare hatten? Wozu eine Aufnahme der Kinder in dieser Hinsicht im ganzen Lande in besonderen Listen von der Regierung veranstaltet? Da musste eine Teufelei dahinter stecken. Man hatte etwas mit den Kindern vor, das war sicher, aber was? Welche Analogien boten sich der aufgeregten und grübelnden, einander in Hypothesen überbietenden Phantasie? Zunächst die Aufnahmelisten zur Aushebung für das Militär? — Aber Kinder, Jungen und Mädchen, konnten dazu doch nicht gebraucht werden, das musste anders zusammenhängen. Und nun waren aus jenen Gegenden die Mennoniten ausgewandert nach Russland, Andere nach Amerika, denen es zum Theil gar schlecht gegangen und die theilweise zurückgekehrt. Damit vermittelte sich die Vorstellung von Verkauftgewesensein durch Agenten und dergl. mehr. So schoben sich leicht die unklaren und verwirrten Bilder in Gegenden zumal, wo bei den früheren Zuständen der Leibeigenschaft der Einzelne oft als Waare von einem Herrn zum andern gewandert war, (was sich dunkel in der Tradition erhalten, besonders da im angrenzenden Russland ähnliches bis in die neusten Zeiten bestanden hatte,) zumal bei einer Bevölkerung, die vielfach mit dem Misstrauen erfüllt worden, als wollte man ihnen ihre Kirche nehmen, in den Schulen ihre Kinder in einem andern Glauben erziehen, zu der tollen Vorstellung zusammen, da stecke ein Handel dahinter, der ihren Kindern gelte. Die Aufnahme der Augen und Haare hätte entschieden die Bedeutung, dass von einer bestimmten Art welche geliefert werden sollten.

Besonders interessant sind nun die Nüancirungen in dem Weiterausspinnen dieser Ansicht in sagenhafter Form. Die Einen meinten also, „nach Amerika" würden die Kinder verkauft, die Anderen „nach Russland" (wie die Mennoniten, denn dass die freiwillig ausgewandert, wussten nur die Näherstehenden) und wesshalb verkauft? zum Dank dafür, „dass der Kaiser von Russland den Frieden vermittelt!" Wenn diejenigen, die dies meinten, schon vom Zeitungslesen etwas profitirt hatten, so war die andere Version „im Kartenspiel verloren" ächt bäurisch, denn dem Bauer käme es oft unter Umständen auch nicht darauf an, Alles zu verspielen, was er hätte. Und wie oft hört er in den östlichen Gegenden nicht von grossen Herren sagen, „der oder der hat sein Gut verspielt", was er dann buchstäblich nimmt, so dass ihm eine solche Vorstellung ganz mundgerecht ist. War es nicht der König selbst gewesen, der sich auf das verhängnissvolle Kartenspiel eingelassen, dann musste es Bismark sein, der überall seine Hand jetzt in der Welt im Spiele hat. Das ist ganz etwas Analoges, wie wenn jener Ruppinsche Bürger dem alten Fritz erzählte, die Schlacht von Fehrbellin sei daher gekommen: „der grosse Kurfürst und der König von Schweden hätten zusammen in Leiden studirt und sich da erzürnt. Und das sei nun die Pike davon gewesen".[1])

Wenn jenes die eine Art Version der Sage war, welche sich gebildet hatte und die man sich zuerst geheimnissvoll, dann immer lauter zuflüsterte, so bekam plötzlich die Sache nicht bloss eine neue Wendung, sondern eine, jeden Zweifel bannende Bestätigung. Zufällig durchzog nämlich, als sich jene Sage anfing zu bilden, eine Gesellschaft von Mohren und Arabern die Provinz mit ihrem Wagen und gaben überall ihre Vorstellungen. Nun war es richtig. Die kamen, um die Kinder aufzugreifen, wie man sonst den Zigeunern und Kunstreitern dergleichen nachgesagt hat und immer gelegentlich es noch wieder auftaucht; und an den Sultan sollten sie geliefert werden, wo dann, wie im Warschauischen, die Vorstellung vom Harem bestimmter oder unbestimmter hineinspielte! Die Posener Ztg. vom 23. Juni spricht dies zunächst allerdings nur für die Stadt Posen ausdrücklich aus, wenn sie berichtet: „Die Mohren und Araber, welche gegenwärtig im Volksgarten auftreten, und auch wohl sonst mehrfach in der Stadt gesehen worden sind, haben hier zum Auftauchen desselben albernen Gerüchts der Kinderwegschleppung, welches in den kleineren Städten und Ortschaften der Provinz seit Wochen kursirt, Veranlassung gegeben. Mit Blitzesschnelle hatte sich unter den polnischen Weibern der niederen Schichten das Gerede verbreitet, es seien die Mohren, welche die Kinder wegschleppen sollten, Sultan und Kaiser hätten mit einander gespielt und letzterer hierbei 400 Kinder (bei der Zahl dachte man nur an die Stadt) verloren; es würden diejenigen genommen werden, welche vor einigen Wochen bei Feststellung der Farbe von Augen, Haaren u. s. w. besonders aufgezeichnet seien".

Wenn man es schliesslich vielleicht auffällig findet, dass der Sultan hineingezogen, so liegt einmal der Türk und der Sultan da weit hinten dem Mohrenlande zu, wenn auch nebelhaft, im Horizont des Volkes, und was die geographischen Begriffe überhaupt anbetrifft, so hat das Volk in dieser Hinsicht, trotz aller Elemantarschulen, die curiosesten Vorstellungen, oft gerade auch durch dieselben, indem der Einzelne das Gehörte in seiner Weise sich zurecht legt. So sagte mir einmal ein sonst sehr verständiger Bauer in Boitzenburg, als er Kuhn und mich bei einer Sagenwanderung, die uns nach c. 3 Jahren wieder nach Boitzenburg führte, wiedertraf und erkannte: „Ich

---

[1]) Cf. S. 394 Anm. 2.

habe Sie gleich wiedererkannt und dem Wirth gesagt: das sind die Herren,
die die Welt herumreisen und hören, was sie überall für Sprachen
sprechen und Geschichten erzählen, das ist nun 3. Jahre her, jetzt kommen
sie wieder herum". Er hatte also in seiner Schule gelernt, drei Jahre brauche
man zu einer Reise um die Welt, und meinte nun in seiner naiven Weise,
als er uns nach 3 Jahren wiedersah, wir wären inzwischen um die Welt herum
gewandert und kämen so wieder nach Boitzenburg.

Ueberblicken wir nun die gewonnenen Resultate, so sehen wir also aus
verschiedenen Umständen, die das Volk sich nicht richtig erklären kann, sie
sich aber in seiner Façon zurechtzulegen versucht, plötzlich ganz naturwüchsig
eine derartige unserm öffentlichen Leben contrastirende Sage entstehen und
sich über einen ganzen Landstrich, wo sie Anknüpfungspunkte vorfindet, verbreiten und überall den Umständen gemäss sich nüanciren.

Gerade so oder in ähnlicher Weise haben frühere Generationen sich vor
Tausenden und Abertausenden von Jahren die Wundererscheinungen des Himmels
und der sie umgebenden Welt, die sie nicht verstanden, ihrem Horizont und
Begriffsvermögen entsprechend zurechtzulegen versucht und so die Sagenmassen
und Mythen geschaffen, innerhalb deren allmählich die Naturreligionen gekeimt.
Wenn bei dieser Parallele nur das Substrat verschieden ist; hier der Wunder-
bau der Welt, dort ein anscheinend räthselhaftes, von der anthropologischen
Gesellschaft ausgehendes Factum den mythenbildenden Trieb geweckt hat,
so ist der Prozess schliesslich derselbe.

Wie diese Sagenbildung sich aber gruppenweise je nach verschiedenen
Centren gleichsam zu entfalten angefangen, hier der König, dort Bismark,
dann das Hineinspielen von Amerika oder Russland oder des Sultans mit den
Mohren die Sache zu nüanciren angefangen und die Möglichkeit der verschiedensten Weiterentwicklung geboten hat, so nehmen wir auch in den
mythischen Massen eine mannigfache Entwicklung derselben mythischen Sub-
strate je nach den verschiedenen Volkskreisen wahr, dass sie oft schliesslich
ganz aus einander zu gehen, nichts Gemeinsames mehr zu haben scheinen.
So sind z. B. in der griechischen Mythologie die Drachensagen, nämlich die
Sagen vom Kampfe eines Herakles, Perseus, Bellerophon u. s. w. mit einem
Drachen sämmtlich nur locale Spielarten desselben Mythos, der innerhalb der
Götterwelt sich dann an Zeus und Typhon, sowie an Apollo und Python
knüpft.[1]) Ebenso zeigt uns die deutsche Sage vom Hackelberg, Förster Berend
u. s. w. ja die Sagen vom wilden Jäger überhaupt, nur mannigfache Spielarten desselben Mythos. Auf die Anfänge derartiger Centren auch bei der
Sagenbildung, mit der wir uns eben beschäftigt haben, wollte ich der Vergleichung und des Verständnisses mythologischer Bildung halber, namentlich auch
innerhalb des classischen Gebietes, noch zum Schluss hingewiesen haben,
denn wenn man nicht diesen Fäden und den damit sich dann verschlingenden

---

[1]) Cf. Schwartz, Ursprung der Mythologie, Berlin 1860, „das Kapitel von den Schlangen
und Drachengottheiten",

der localen Culte und deren Peripherien nachgeht und das Gewebe blosslegt, wird man nicht zum richtigen Verständniss der Volksmythologien und der dadurch mit begründeten Phasen in der Gesammtentwicklung des Glaubens der Menschheit gelangen.

Posen, den 25. Juli 1875. W. Schwartz.

Erzählungen im Astor-Thal, Kashmir.

Von Colonel Lyttelton Annesley, 1874 gesammelt.

Vor vielen Jahren verwundete ein Jäger aus dem Dorfe Tusching, welches am Fusse des Diamir (Dayarmar) oder Manga Purbat (26629' engl.) liegt, ein grosses Markhur (wildes Schaf) auf dem Abhange des Berges. Das Thier zog sich eilig in die Felsen an der Schneegrenze zurück. Sein Wild verfolgend, kletterte der Jäger höher und höher, bis er plötzlich an eine den Blicken bisher verborgene offene Stelle kam, die sich zwischen dem höchsten und zweithöchsten Gipfel ausdehnte. Inmitten dieser Ebene gewahrte er eine Stadt mit Mauern und Zinnen und eine Burg; ein alter Baum stand in der Nähe des Stadtthors. Ueber den unerwarteten Anblick erstaunt, ging der Jäger auf die Stadt zu, und sah, als er an den Baum kam, eine grosse Menge Perlen und Korallen am Boden liegen. In aller Stille füllte er damit seinen Sack bis an den Rand und machte sich schleunig auf den Rückweg, damit ihm die Leute der Stadt nicht folgen und seine Beute abnehmen möchten. Als er die Ebene bereits hinter sich hatte und am Abhang hinabstieg, hörte er plötzlich Geräusch wie Zischen hinter sich und erblickte, als er sich umwandte, eine grosse Anzahl Schlangen, die ihn verfolgten. Er lief, so schnell er konnte, die Schlangen aber folgten ihm. Endlich warf er, da ihm der Sack zu schwer wurde, einen Theil der Perlen und Korallen fort, und sah zu seinem Erstaunen, dass jede Perle und Koralle von einer Schlange aufgerafft wurde, die damit forteilte. Er schüttelte nun den ganzen Sack aus, und zu seinem Troste verschwanden alle Schlangen bis auf eine, die ihn hartnäckig bis an den Fuss des Berges verfolgte. Dort machte sie Halt; der Jäger zog sich in sein Haus zurück. Mitten in der Nacht hört er draussen lautes Zischen und gewahrt, als er an die Thür tritt, eine jener Schlangen, Ueberzeugt, dass eine der Perlen oder Korallen in seinem Sacke zurückgeblieben sein müsse, schüttelte er ihn aufs neue; und siehe, es fiel eine Koralle heraus, mit der die Schlange davoneilte. Der Mann legte sich wieder in sein Bett, stand aber nicht mehr auf. Er starb nach wenigen Tagen. [Dieselbe Erzählung findet sich mit geringen Abweichungen in Leitner's Dardestan III. pg. 4.]

Die Bewohner von Tushing (s. o.) versichern, dass sie die Berggeister (des Nanga Parbali) klagen hören, wenn eine vornehme Person dem Tode nahe ist.

Sie behaupten, dass es unmöglich sei, Hühner in Tushing zu halten, da die Parizād (Feen) sie nicht leiden mögen, und deshalb die Eier vernichten, und dass alle nach Tushing gebrachte Hühner ohne Ausnahme alsbald sterben.

Zwischen dem höchsten und zweithöchsten Gipfel des Nangaparbat sollen die Feen (Parizād) von Pari (Peri, Fee) einen Maidan (ebenen Platz) haben und eine Festung. In früheren Zeiten sollen die Feen nach Tushing heruntergekommen sein, um dort auf dem Rasen zu tanzen. Seitdem aber die Truppen des Maharaj (von Kashmir) und so viele andre Leute ins Land gekommen, haben sie ihre Besuche eingestellt. Viele Leute haben die Feen gesehen, Alle aber haben darüber den Verstand verloren (be-bosch d. h. von Sinnen).

Einige Leute versichern, dass die Feen seit der Besitznahme von Astor den Nauga-Parbat gänzlich verlassen haben.

Hinter dem Dorfe Astor erhebt sich der schöne Kegelberg Keinion, von dessen Gipfel nach Versicherung des Bakshi Sahib (Gouverneur von Astor) die Sterne so gross wie Monde erscheinen; so hoch ist der Berg.

Die wenigen von Colonel Annesley aus Astor mitgebrachten Gegenstände sind im Kataloge verzeichnet und mit den Kashmirsachen verpackt. Es war sehr schwer sie zu erlangen; die Weiberkappe wurde auf Dringen des Dorfältesten unter Heulen und Weinen abgetreten. Für Geld waren die Leute sehr unempfänglich: „Gott hat uns zu Essen und Trinken gegeben; was soll uns Geld?"

Zum Ursprung der Gebräuche der Urzeit.

Miscelle von W. Schwartz.

Wenn die Analogie in den auf Naturanschauung beruhenden mythologischen Gebilden eine grosse Rolle spielt, so spielt die Nachahmung eine nicht geringere in den Gebräuchen; sie gab dem menschlichen Leben vielfach die ersten Formen. Gleich wie das Kind den Eltern nachahmt, jedes Geschlecht überhaupt von dem ihm vorangehenden auf diesem Wege die Formen des Lebens empfängt und sie erst allmählich seiner eigenthümlichen Entwicklung entsprechend ummodelt, so war es auch in der Urzeit, nur dass diese mehr die Formen von aussen her nahm, indem sie in der umgebenden Natur das Vorbild fand, welches sie nachahmte. Ich habe schon verschiedentlich auf diese merkwürdige Erscheinung hingewiesen, der eine unendliche Fülle von (sonst ganz unverständlichen) Gebräuchen bei allen Völkern ihren Ursprung verdankt, abgesehen natürlich von denen, die aus realen Verhältnissen entstanden sind.

Wenn man Gräber oder Leichname, die man fand, mit Steinen, Zweigen und dergl. bedeckte, so hatte dies einen realen Grund, es geschah zunächst, um jene gegen die wilden Thiere zu schützen.[1]) Wenn aber tuscischer Gebrauch das Rollen von Steinen bei eintretender Dürre, um Regen herbeizulocken, gebot (das sogen. aquaelicium), so war dies eine Nachahmung des Rollens des dem Regen vorangehenden oder ihn begleitenden Donners, in dem man ein ähnliches Hantieren mit Steinen erblickte.[2]) Wie man dort oben beides verbunden wähnte, aus dem äusseren Nebeneinander sich einen Causalnexus construirte,[3]) so glaubte man hier unten Aehnliches reproduciren zu können. Die Ideenassociation war dieselbe wie bei jenen Negern, die, weil Barth beim Regen den Schirm aufspannte, von ihm dann, als Dürre eintrat, verlangten, er solle Regen machen, indem sie meinten, dieser würde kommen, wenn er den Schirm aufspanne.

In den primitivsten Lebensverhältnissen tritt die erwähnte culturhistorische Erscheinung, oft mit den wunderlichsten Gebräuchen, am umfangreichsten hervor, aber sie begleitet die Völker auch noch lange durch die entwickelteren Stufen. Sind so zunächst viele Gebräuche zu erklären, die sich z. B. auf den Schutz des Hauses,[4]) das erste Austreiben des Viehs im Frühjahr,[5]) das

---

[1]) cf. meine Abhandlung in der Berliner Zeitschrift f. Gymnasialwesen Jahrg. 1866 p. 796.
[2]) Urspr. d. Myth. p. 86.
[3]) cf. auch Fritz Schultze. Der Fetischismus. 1871. p. 79 sqq.
[4]) cf. z. B. Urspr. p. 169. Anm.
[5]) Der heutige Volksglaube u. s. w. II. Aufl. p. 127 ff. cf. Kuhn, d. Herabkunft d. Feuers u. s. w. p. 189.

Brauen von Getränken[1]) und ähnliche Verhältnisse beziehen, so tritt uns dasselbe Princip entgegen bei griechischen oder römischen Hochzeitsgebräuchen[2])
oder auf anderem Gebiete, auf dem des öffentlichen Lebens, wenn z. B. der
Römer den Krieg dann nur für rite erklärt wähnte, sobald der Fetiale die mit
Eisen beschlagene oder blutige, an der Spitze aber versengte Lanze oder Fackel
in's feindliche Land geschleudert hatte, gerade wie der Kampf im Unwetter
dort oben durch das Schleudern der blutig rothen oder feurigen Blitzeslanze
resp. Fackel eröffnet zu werden schien.[3])   Auch als die Mythologien reicher
sich entwickelten, setzt sich in den Festgebräuchen der Culte die Sache fort.
Ein einfaches Beispiel führt Plut. de Iside c 19 an, wenn er sagt: Λέγεται
δὲ ὅτι πολλῶν μετατιθεμένων ἀεὶ πρὸς Ὧρον καὶ ἡ παλλακὴ τοῦ Τυφῶνος
ἀφίκετο Θούηρις· ὄφις δέ τις ἐπιδιώκων αὐτὴν ὑπὸ τῶν περὶ τὸν Ὧρον
κατεκόπη καὶ νῦν διὰ τοῦτο σχοινίον τι περιβαλόντες εἰς μέσον κατα-
κόπτουσιν. Wie man hier den himmlischen Vorgang im Cult des Gottes
einfach nachahmte, so waren die mimischen Darstellungen mythischer Scenen,
welche sich an die Feste vieler Gottheiten anschlossen, schliesslich auch
nichts Anderes.

Wenn sich aber in letzteren die religiöse Bedeutung immer mehr ab-
schwächte, und sie allmählich in das Gebiet der Kunst übergingen, so tritt
jene bei den Gebräuchen, die sich auf die einfachsten Lebensverhältnisse bezogen, in um so grösserer Wichtigkeit hervor. Die Urzeit fand so für
Vieles, was noch der Gestaltung entbehrte, eine bestimmte
Form, die meist dort oben am Himmel hervortretend, einen,
wenn auch unbekannten Grund zu haben und deshalb heilsam
und nachahmungswürdig zu sein schien, so dass man sich ihr
anschloss.

Man hat dies von mir im Urspr. der Myth. aufgestellte Prinzip theils
verkannt (z. B. Rückert in seiner griechischen Mythologie), theils wird es
immer noch zu wenig beachtet, und doch ist es für die Culturgeschichte
gerade der Urzeit höchst wichtig und überall liegen in den Gebräuchen, die
ich im Urspr. der Myth. und in den Naturanschauungen u. s. w., so wie
Kuhn und Mannhardt in ihren Werken behandelt haben, die augenschein-
lichsten Beispiele vor[4]).   In dem Artikel, der in dieser Zeitschrift über den
Sonnenphallos handelt, hatte ich auch wieder Gelegenheit darauf hinzuweisen,
wie der Gebrauch der Gallen, sich zu entmannen, auch nur eine Nachahmung
der im Gewitter geglaubten Entmannung des Sonnenwesens sei, welcher man in
der Extase meinte folgen zu müssen. Inzwischen habe ich in Steller's Reisen
in Sibirien v. J. 1774 zwei Facta gefunden, von denen das eine die aufge-

[1]) cf. d. erwähnte Abhandlg. in d. Berliner Gymn. Zeitschrift.
[2]) Böttiger. Ideen zur Kunstmythologie II 252 sqq. sowie Urspr. d. Myth. p. 24.
[3]) Poet. Naturansch. u. s. w. p. 200.
[4]) cf. u. A. auch Landsteiner, die Reste des Heidenthums in Nieder-Oestreich. Krems
1869. p. 2.

stellte Theorie an einem einfachen Beispiele wieder glänzend bestätigt, das zweite die Grenze der behaupteten Einwirkungen auf die Gestaltung der Lebensweise der Menschen in dieser Hinsicht nicht bloss auf die Vorgänge beschränkt, die man am Himmel wahrzunehmen glaubte, sondern jene noch viel weiter zieht.

Steller sagt p. 63: „Den Hagel erklären die Kamtschadalen ebenmässig, dass es der Urin von Billutschei (dem Himmelsgotte) wäre; wenn er aber genug uriniret, so ziehe er ein ganz neues Kuklanke oder Kleid von Rospomak-Fellen, wie ein Sack gemacht, an; weil nun an diesem Staatskleid Franzen von roth gefärbten Seehundhaaren und allerhand bunten Riemlein Leder, so glauben sie sicherlich, sie sähen selbes in der Luft unter der Gestalt des Regenbogens. Die Natur nun in dieser Farbenschönheit zu imitiren, ziehen sie ihre Kuklanken mit eben dergleichen bunten Haaren aus, welche Mode also aus der kamtschadalischen Physik und dem Regenbogen seinen Ursprung". Dasselbe wiederholt Steller p. 304 im Kapitel von der Kleidung. „Zwischen den Lederstreifen ihrer Kleidung unten nähen sie Büschlein rothgefärbter Seehundshaare, und halten sie dafür, dass der Beherrscher des Himmels eben einen solchen Saum oder Borte an seinem Kleide trage, welches der Regenbogen sei, welchen sie hierin imitiren wollen."

Wenn hier das behauptete Gesetz bei der Kleidung hervortritt, so erscheint es in einem andern Punkte noch überraschender, sowohl der Verhältnisse halber, woher die Parallele genommen, als vor Allem wegen der Sache, der es den Stempel aufgedrückt hat. Um letzteres noch mehr in seiner Bedeutung hervortreten zu lassen, schicke ich Steller's Charakteristik des betr. Volkes voraus (p. 245). „Sie halten nichts für eine Schande und Sünde, als was ihnen Schaden bringt; und kann man an der Simplicität dieser Völker recht deutlich sehen, wie ein jeder Mensch, so in der natürlichen Freiheit lebet, nach seinem Temperament, ohne einige Cultivirung des Gemüths und Sittenlehre, beschaffen sein müsse. Man suchet die Zufriedenheit in animalischen Ergötzungen der äussern Dinge. Man will gut essen und trinken, wohl schlafen, öfters Stelle und Personen verändern, um nicht verdriesslich zu werden; man suchet öftern und differenten Beischlaf, phantasirt wollüstig u. s. w., fliehet nur den Schaden und Verdruss u. s. w." Von diesem Standpunkt ist es nun doch höchst characteristisch, wenn Steller weiter unter dem, was der Kamtschadale als sündhaft halte, anführt: „Wer den Concubitus verrichtet, dergestalt, dass er oben auflieget, begehet eine grosse Sünde. Ein rechtgläubiger Itälmene muss es von der Seite verrichten, aus Ursache, weil es die Fische auch also machen, von denen sie ihre meiste Nahrung haben."

Die Menschen also, die sich noch auf dem rohesten Standpunkt der ungezügeltsten Sinnlichkeit bewegen, haben dennoch gerade in diesem Punkte von der sie umgebenden Natur, von welcher sie sich in ihrem Leben

abhängig fühlen, eine Form entlehnt und lassen sich von ihr beherrschen[1]).
Ein schlagenderes Beispiel dürfte sich kaum für die von mir behauptete Art
der Entstehung vieler Gebräuche finden lassen.

Posen, 3. Sept. 1875.   W. Schwartz.

Miscellen und Bücherschau.

Seefeld: Die modernen Theorien der Ernährung und der Vegetarianismus.
Hannover 1875.

Dem Naturarzt Th. Hahn auf der Waid bei St. Gallen gebührt das Verdienst, mit Energie
und Erfolg das vegetarianische Banner aufgepflanzt zu haben (S. 15).

Zittel: Briefe aus der libyschen Wüste. München 1875.

Volk und Cultur in den libyschen Oasen einst und jetzt (Cap. VIII)

Dreher: Die Kunst in ihrer Beziehung zur Psychologie und zur Naturwissenschaft. Berlin 1875.

Der Begriff der Schönheit entwickelt sich bei den Völkern erst ganz allmäblig, wie er sich
auch bei dem Einzelnen erst durch scharfes und vieles Beobachten, Vergleichen und Denken
heranbildet (S. 13).

Ule: Die Bedeutung der Nahrungsmittel für die Kulturentwicklung der
Völker. Halle 1874.

Unter allen den Einflüssen, welche das Leben des Einzelnen bestimmen, von denen sein
Wohl und Wehe abhängt, gehört jedenfalls die Beschaffenheit der Nahrungsmittel zu den be-
deutendsten (S. 4).

Nehring: Vorgeschichtliche Steininstrumente Norddeutschland's. Wolfenbüttel 1874.

Uebersicht über die Hauptformen der Steininstrumente (S. 19).

---

[1]) Ein analoges Prinzip, nur umgekehrtes Resultat liegt übrigens auch der bekannten Stelle
beim Herodot II. 64 zu Grunde, wenn es dort heisst: „Fast alle andern Menschen, ausser den
Aegyptiern und Hellenen, vermischen sich in den Heiligthümern, in der Meinung, die Menschen
seien wie die andern Thiere; weil sie ja auch die andern Thiere und die Vogelbrut
sich in den Tempeln der Götter und in ihren Hainen sich begatten sahen. Wäre
nun dieses dem Gotte nicht lieb, so würden es auch die Thiere nicht thun.

Druck von Gebr. Unger (Th. Grimm) in Berlin, Schönebergerstr. 17a.

Verhandlungen

der

Berliner Gesellschaft

für

Anthropologie, Ethnologie und Urgeschichte.

Jahrgang 1875.

Berlin.

Wiegandt, Hempel & Parey.

1875.

Berliner Gesellschaft
für
Anthropologie, Ethnologie und Urgeschichte.

---

32. Augustus W. Franks, M. A., London.
33. von Tschudi, Schweizerischer Gesandter, Wien.
34. Dr. W. H. J. Bleek, Capstadt, Süd-Afrika.
35. Dr. Leemans, Director, Leiden, Hoiland.
36. Dr. Hans Hildebrand, Stockholm.
37. Dr. Carl Rau, New-York.
38. Conte Giovanni Gozzadini, Senator, Bologna.
39. Oscar Montelius, Stockholm.
40. Baron von Düben, Professor, Stockholm.
41. Baron F. von Mueller, Director des botanischen Gartens, Melbourne, Australien
42. Dr. Herm. Berendt, New-York.
43. von Kaufmann I, General, St. Petersburg.
44. Dr. v. Heldreich, Director des botanischen Gartens, Athen.
45. Engelhardt, Professor, Kopenhagen.
46. Dr. Zwingmann, Medicinalinspector von Ost-Sibirien, Nikolajewsk am Amur.
47. Dr. Reil, Leibarzt, Cairo
48. Dr. med. Sachs, Cairo.
49. Oscar Flex, Missionär, Ranchi, Nagpore, Ostindien.
50. Hart, Professor, Cornell University, Ithaca, New-York.
51. Dr. W. Reiss, z. Z. in Ecuador.
52. Dr. A. Stübel, z. Z. in Ecuador.
53. Bror Emil Hildebrand, Reichsarchivar, Stockholm.
54. A. L. Lorange, Director des Alterthums-Museums, Bergen, Norwegen.
55. Dr. J. R. Aspelin, Helsingfors, Finland.
56. John Evans, F. R. S, President of the geological Society, Nash Mills, Hemel Hempsted.
57. Jeffries Wyman, Professor, Cambridge, Amerika.
58. Sir W. Wylde, Dublin, Irland.
59. Spiegelthal, Schwed. Consul in Smyrna.
60. Freiherr von Lichtenberg, Deutscher Consul in Ragusa.
61. Conte Conestabile, Professor, Perugia.
62. Frank Calvert, Dardanellen, Kleinasien.

Ordentliche Mitglieder.

1. Dr. med. Abeking, Berlin.
2. Dr. Achenbach, Handelsminister, Berlin
3. Stud. med. Adler, Berlin.
4. Cand. med. P. Albrecht, Düsternbrook bei Kiel.
5. Dr Paul Ascherson, Professor, Berlin.
6. Dr. F. Ascherson, Berlin.
7. Dr. Awater, Berlin.
8. Barchwitz, Hauptmann a. D, z. Z. in Italien.
9. Dr. Bardeleben, Geh. Medicinal-Rath, Berlin.
10. Barnewitz, Realschullehrer, Brandenburg a/H.
11. Dr. med. Bartels, Berlin.
12. Dr. Bastian, Professor, Berlin.
13. Beer, Rittergutsbesitzer, Osdorf.
14. Behmer, Fabrikant, Berlin.
15. v. Below, Rittergutsbesitzer, Berlin.
16. v. Bennigsen, Landesdirector, Hannover.
17. Dr. Berendt, Professor, Berlin.
18. Bergius, Major, Berlin.
19. Dr. med. Bernhardt, Berlin.
20. Bertheim, Stadtverordneter, Berlin.
21. Dr. med. Beuster, Berlin.
22. Dr. Beyrich, Professor, Berlin.
23. Dr. Biefel, Oberstabsarzt, Breslau.
24. Blume, Banquier, Berlin.
25. Dr. Bodinus, Berlin.
26. Dr. du Bois-Reymond, Professor, Geh. Medicinalrath, Berlin.
27. v. Brandt, Ministerresident, z. Z. in Japan
28. v Brandt, Oberst, Berlin.
29. Dr. Alex· Braun, Professor, Berlin.
30. v. Bredow, Rittergutsbesitzer, Lenzke bei Fehrbellin.
31. Dr. Brehm, Berlin.
32. Dr. med. H. v. Chamisso, Berlin.
33. Alb. Cohn, Buchhändler, Berlin.
34. Dr. Crampe, Proskau in Schlesien.
35. Dr. Croner, Berlin.
36. Dr. Dames, Berlin.
37. Dr. med. H. Davidsohn, Berlin.
38. Dr. med. L. Davidsohn, Berlin.
39. Deegen, Kammergerichtsrath, Berlin.
40. C. Degener, Kaufmann, Berlin.
41. Degener, Kammergerichts - Referendar, Berlin.
42. Dr. Dönitz, Professor, z. Z. in Japan.
43. Dr. Döring, Stabsarzt, Berlin.
44. Dr. Dümichen, Professor, Strassburg im Elsass.
45. H. J. Dünnwald, Kaufmann, Berlin.
46. Dr. Dumont, Berlin.
47. Dungs, Kaufmann, Berlin.
48. Graf Dzieduczycki, Lemberg.

49. Dr. Ehrenberg, Geh. Medicinalrath, Berlin.
50. Dr. Engel, Geh. Reg.-Rath, Berlin.
51. Dr. med. Eggel, Berlin.
52. Dr. Erman, Professor, Berlin.
53. Dr. Eulenburg, Geh. Sanitätsrath, Berlin.
54. Dr. Ewald, Mitglied der Akademie der Wissenschaften, Berlin.
55. Ewald, Historienmaler, Berlin.
56. Dr. Ewald, Oberarzt, Berlin.
57. Fälligen, Stadtgerichtsrath.
58. Dr. med. Bernh. Fränkel, Berlin.
59. Dr. v. Frantzius, Heidelberg.
60. F. Frege, Banquier, Berlin.
61. Friedel, Stadtrath, Berlin.
62. Dr. Fritsch, Professor, z. Z. in Persien.
63. Dr. Fuchs, Berlin.
64. v. Gagern, Referendar, Berlin.
65. Gärtner, Consul, Berlin.
66 Gentz, Professor, Maler, Berlin.
67. Dr. Gerlach, Geh. Medicinalrath, Berlin.
68. Dr. med. Goltdammer, Berlin.
69. Goslich, Rentier, Berlin.
70. Dr. Grempler. Sanitätsrath, Breslau.
71. Herm. Grimm, Professor, Lichterfelde bei Berlin.
72. Dr. Güssfeldt, z. Z. in Afrika.
73. Dr. med. P. Güterbock, Berlin.
74. Dr. med. Guttstadt, Berlin.
75. Haarbrücker, Professor, Berlin.
76. Dr. Gust. Hahn, Oberstabsarzt, Berlin.
77. Dr. med. Hahn, Berlin.
78. Hansemann, Fabrikant, Charlottenburg-Westend.
79. Dr. Hartmann, Professor, Berlin.
80. Dr. med. v. Haselberg, Berlin.
81. Hauchecorne, Ober-Bergrath, Berlin.
82. G. Henckel, Rentier, Berlin.
83. P. Henckel, Banquier, Berlin.
84. Dr. O. Hermes, Berlin.
85. Dr. Hirsch, Professor, Geh. Medicinalrath, Berlin.
86. Dr. med. Hitzig, Berlin.
87. Dr. Hoffmann, Sanitätsrath, Berlin.
88. Dr. Horwitz, Rechtsanwalt, Berlin.
89. Dr. Hosius, Professor, Münster.
90. Dr. Housselle, Geh. Ober-Medicinalrath, Berlin.
91. Humbert, Legationsrath, Berlin.
92. Dr. med. Jacob, Coburg.
93. Dr. Fedor Jagor, z. Z. in Ostindien.
94. Dr med. Ideler, Berlin.
95. Dr. med. Jürgens, Berlin.
96. Dr. Junker, z. Z. in Africa.
97. Dr. Kaiser, Berlin.
98. Dr. Fr. H. J. Kayser, Privatdocent, Berlin.

99. Kiepert, Rittergutsbesitzer, Marienfelde bei Berlin.
100. Dr. Kirchhoff, Professor, Halle a/Saale.
101. Dr· v. Kloeden, Professor, Berlin.
102. Dr. Kny, Professor, Berlin.
103. Koenig, Kaufmann, Berlin.
104. Dr. Koner, Professor, Berlin.
105. Dr. Körte, Geh. Sanitätsrath, Berlin.
106. Kratzenstein, Missionsinspector, Berlin.
107. Dr. phil. Krüger, Berlin.
108. Krug v. Nidda, Ober-Berghauptmann, Wirkl. Geh. Rath, Berlin.
109. Kuchenbuch, Kreisgerichtsrath, Müncheberg.
110. Künne, Buchhändler, Berlin.
111. Dr. med. Küster, Berlin.
112. Dr. A. Kuhn, Director, Berlin.
113. Dr. Max Kuhn, Berlin,
114. Kunz, Stadtrath, Berlin.
115. Dr. med. Kupfer, Cassel.
116. Kurtz, Stud., Berlin.
117. Kurtzwig, Navigationslehrer, Berlin.
118. Dr. Laehr, Sanitätsrath, Schweizerhof bei Zehlendorf.
119. Dr. Lange, Berlin.
120. Dr. med. Langerhans, Berlin.
121. Langerhans, Oberhandelsgerichtsrath, Leipzig.
122. Dr. Langkavel, Berlin.
123. Dr. Lasard, Berlin.
124. Dr. Lazarus, Professor, Berlin.
125. Leo, Banquier, Berlin.
126. Le Coq, Kaufmann, Berlin.
127. v. Ledebur, Director, Potsdam.
128. Dr. Lepsius, Professor, Geh. Reg.-Rath, Berlin.
129. Siegfried O. Levinstein, Kaufmann, Berlin.
130. Dr. Lewin, Professor, Berlin.
131. Dr. Liebe, Oberlehrer, Berlin.
132. Liebermann, Geh. Kommerzienrath, Berlin.
133. Dr. Liebermann, Professor, Berlin.
134. Dr. Liebreich, Professor, Berlin.
135. Dr. Liman, Professor, Geh. Medicinalrath, Berlin.
136. Dr. Loew, Oberlehrer, Berlin.
137. Dr. Lossen, Berlin.
138. Dr. P. Magnus, Berlin.
139. Stud. med. Manthey, Berlin.
140. Marggraff, Stadtrath, Berlin.
141. Dr. v. Martens, Professor, Schöneberg bei Berlin.
142. Dr. Marthe, Oberlehrer, Berlin.
143. Dr. Martin, Geh Medicinalrath, Berlin.

144. Dr. Louis Mayer, Sanitätsrath, Berlin.
145. Dr. Meitzen, Geh. Reg.-Rath, Berlin.
146. Dr. med. Mendel, Pankow bei Berlin.
147. Dr. med. Lothar Meyer, Berlin.
148. Meyer, Geh. Legationsrath, Berlin.
149. Dr. med. Ed. Michaelis, Berlin.
150. Mühlenbeck, Gutsbesitzer, Gr.-Wachlin bei Stargard (Pommern).
151. O. Müller, Buchhändler, Berlin.
152. Münter, Zahnarzt, Berlin.
153. Dr. Munk, Professor, Berlin.
154. Dr. Neumayer, Professor, Berlin
155. Dr. Orth, Professor, Berlin.
156. Paetel, Stadtverordneter, Berlin.
157. Dr. Joh. Paetsch, Berlin.
158. Parey, Buchhändler, Berlin.
159. Pauli, Reg.-Assessor, Königsdorf.
160. Dr. Peipers, Marine-Stabsarzt, Berlin.
161. Dr. Petermann, Professor, Berlin.
162. Dr. La Pierre, Sanitätsrath, Berlin.
163. Dr. med. Plessner, Berlin.
164. Pollack, Referendar, Berlin.
165. Dr. Ponfik, Professor, Rostock.
166. Dr. Pringsheim, Professor, Berlin.
167. Dr. med. Puchstein, Berlin.
168. Rabenau, Oeconom, Vetschau.
169. Dr. Rabl-Rückhardt, Stabsarzt, Berlin
170. Freiherr v. Radowitz, Gesandter in Athen, Berlin.
171. Dr. med. Raschkow, Berlin.
172. Ferd. Reichenheim, Berlin.
173. Dr. Reichert, Geh. Medicinalrath, Berlin.
174. Hans Reimer, Buchhändler, Berlin.
175. Dr. Reinhardt, Berlin.
176. Berthold Ribbentrop, Esq., Lahore, East India.
177. Richter, Banquier, Berlin.
178. Baron Dr. v. Richthofen, Berlin.
179. Dr. med. Rieck, Köpnick bei Berlin.
180. Dr. Riese, Geh. Sanitätsrath, Berlin.
181. Rosenberg, Stadtgerichtsrath, Berlin.
182. Dr. med. Rosenthal, Berlin.
183. Dr. Roth, Generalarzt, Dresden.
184. Runge, Stadtrath, Berlin.
185. T. E. Rutledge, Erlangen.
186. Dr. med. Sattler, Coburg.
187. Schaal, Maler, Berlin.
188. Dr. Scheibler, Berlin,
189. Dr. Schillmann, Oberlehrer, Brandenburg a/H.
190. Schlesinger, Rentier, Berlin.
191. Schlüter, Fabrikant, Berlin.
192. Jos. Schmidt, Kaufmann, Berlin

193. Dr. C. Schneitler, Berlin.
194. Dr. Schöler, Privatdocent, Berlin.
195. Schubert, Kaufmann, Berlin.
196. Carl D. Schultze, Baumeister, Berlin.
197. Dr. med. Oscar Schultze, Berlin.
198. Dr. med. W. Schütz, Berlin
199. Dr. Schwannecke, Berlin.
200. Dr. Schwartz, Gymnasialdirector, Posen.
201. Dr. G. Schweinfurth, Cairo.
202. Louis Schwendler, Esq., Calcutta.
203. Dr. med. Seemann, Berlin.
204. Dr. med. Siegmund, Berlin.
205. Dr. jur. Graf Sierakowski, Waplitz b/Altmark, Westpreussen.
206. Dr. Werner Siemens, Berlin.
207. O. Simon, Kaufmann, Berlin.
208. Dr. Steinthal, Professor, Berlin.
209. Stricker, Verlagsbuchhändler, Berlin.
210. Teschendorf, Portraitmaler, Berlin.
211. Dr. med. Thorner, Berlin.
212. Thunig, Domänenpächter, Unterwalden, Priment, Prov. Posen.
213. Treichel, Berlin.
214. Dr. Alf. Tuckerman, New-York
215. Dr. Veckenstädt, Cottbus.
216. Dr. Veit, Sanitätsrath, Berlin
217. Dr. Virchow, Professor, Berlin.
218. Vorländer, Fabrikant, Dresden.
219. Dr. med. Voss, Berlin.
220. Walter, Banquier, Berlin
221. Dr, Wattenbach, Professor, Berlin.
222. Dr. Wegner, Generalarzt, Berlin.
223. Dr. Wegscheider, Geh. Sanitätsrath, Berlin.
224. Herm. Weiss, Professor, Berlin.
225. Dr. Guido Weiss, Berlin.
226. Dr. Weissbach, Stabsarzt, Wriezen a/Oder.
227. Dr. Wendt, Oberstubsarzt, Berlin.
228. Dr. med. Wernich, z. Z. in Japan.
229. Dr. Westphal, Professor, Berlin.
230. Dr. Wetzstein, Berlin.
231. Wilsky, Director, Rummelsburg bei Berlin.
232. Witt, Gutsbesitzer, Bogdanowo bei Obornick, Prov. Posen.
233. Woldt, Schriftsteller, Berlin.
234. Alex. Wolff, Stadtrath, Berlin.
235. Dr. med. Max Wolff, Berlin.
236. Wredow, Professor, Berlin.
237. Freiherr von Wulffen, Berlin.
238. Dr. Zimmermann, Rechtsanwalt, Berlin.
239. Dr. med. Zülzer, Berlin.

Vorsitzender Herr **Virchow.**

(1) Zu Mitgliedern des Ausschusses werden für 1875 wiedergewählt die vorjährigen Mitglieder:

Herren A. Kuhn, Friedel, Koner, Wetzstein, Reichert, v. Richthofen, Deegen, Neumayer.

(2) Als ordentliche Mitglieder sind der Gesellschaft beigetreten:

Herr Missionsinspector Kratzenstein,
Herr Professor Berendt in Berlin.

Zu correspondirenden Mitgliedern der Gesellschaft wurden gewählt:

Herr Consul Spiegelthal in Smyrna,
Herr Consul Baron Lichtenberg zu Ragusa,
Herr Frank Calvert in den Dardanellen,
Herr Graf Conestabile zu Perugia.

(3) Herr **Virchow** macht auf die beiden zur Zeit in Berlin ausgestellten

russischen Kinder mit Polysarcia praematura

aufmerksam.

Elise und Aculina Tuliakoff, 5 und 2 Jahre alt, gegenwärtig 264 und 106 Pfund wiegend, sind in der That in jeder Beziehung überraschende Erscheinungen. Alle Theile sind in einer Weise vergrössert durch die ungeheure Zunahme des Fettgewebes, dass man ungleich ältere Kinder vor sich zu sehen glaubt. Auch der physiognomische Ausdruck stimmt damit überein. Nur die kleine Nase und der kleine Mund erinnern daran, dass man es mit so jungen Wesen zu thun hat. Die übrige Entwickelung ist etwas ungleich, indem namentlich die Oberschenkel relativ zurückgeblieben sind. Die Mutter der Kinder, eine russische Bäuerin, zeigt nichts Auffälliges. Eben so wenig soll diess bei dem Vater der Fall gewesen sein. Von den übrigen Kindern habe noch keines ähnliche Störungen dargeboten.

Ethnologisch hat diese Erscheinung vielleicht desshalb einiges Interesse, weil die partielle Polysarcie einiger Völker, namentlich des südlichen Afrika, wenigstens als ein verwandtes Phänomen zu betrachten sein dürfte.

(4) Herr **Gustav Hirschfeld** meldet in einem Briefe an den Vorsitzenden d. d. Smyrna, 11. Decbr, die Absendung von 16, zum Theil wohl erhaltenen

Schädeln von Ophrynium,

einem Geschenke des Hrn. Frank Calvert in den Dardanellen, der durch seine Forschungen auf der Troischen Ebene in weiten Kreisen bekannt ist. Ophrynium liegt südwestlich von den Dardanellen an der Küste. Die Schädel gehören nach den bei ihnen gefundenen Münzen (z. B. einer Crispina) der römischen Kaiserzeit an.

(5) Durch Hrn. **Wibel** sind ein Theil der von Hrn. **Schetelig** erworbenen Schädel, namentlich diejenigen von Formosa, sowie einige andalusische Schädel und Thongefässe eingesendet worden. Ein anderer Theil fehlt noch.

(6) Die schon in der Sitzung vom 17. October v. J. angekündigte Sendung des Hrn. **Philippi** ist eingegangen. Sie bringt

Thongeräthe aus Gräbern der Cunco-Indianer,

namentlich weite und sehr rohe Töpfe und flache Schalen, welche auf der inneren Seite mit Malerei in blassen Farben versehen sind. Die Muster sind einfache, mehr mathematische Anordnungen von geradlinigen Zeichnungen.

Herr **Virchow** macht darauf aufmerksam, dass sich im hiesigen anatomischen Museum zwei in früheren Jahren von Hrn. **Philippi** eingeschickte Schädel von Cunco-Indianern befinden, bei denen gleichfalls Thongefässe gewesen sein sollen. Dieselben sind jedoch bis jetzt noch nicht aufgefunden worden.

(7) Herr **Julius Haast** schickt einen Bericht über

die Moa Bone Point Cave auf Neu-Seeland. [1]

Die Moa-Knochenhöhle bei Sumner liegt in einem alten doleritischen Lavastrom der Banks-Halbinsel, einer mächtigen Bildung erloschener vulkanischer Heerde, welche in postpliocener Zeit als Insel im Meere stand. Hebungen und Senkungen bis zu einer Höhe von 20 Fuss lassen sich daran nachweisen. Der Boden der Höhle selbst ist zunächst mit einer Lage von Seesand bedeckt, welche am Eingange $4^1/_2$, am Ende 8 Fuss über der Hochwassermarke liegt. Das Herabfallen eines grossen Blockes am Eingange der Höhle und die Bildung einer Bank von Geröllsteinen vor demselben scheint den weiteren Eintritt von Treibsand verhindert zu haben. In dieser Zeit müssen Moa-Jäger hier gelandet sein, jedoch scheinen sie die Höhle nur gelegentlich besucht und als Küchenplatz benutzt zu haben. Jedoch muss die See noch zuweilen eingedrungen sein, da zerbrochene Moaknochen und Steine von den Kochöfen bis zu 12 Fuss tief in den Sand eingebettet gefunden wurden. Jedenfalls beweist ein Bett von Asche und Abfallsmassen (dirt), welches auf dem Sande und unter der nächsthöheren Agglomeratschicht liegt, dass gelegentlich Feuer auf dem Sande angezündet sein müssen.

Nach dem völligen Zurückweichen der See bei weiterer Hebung des Landes hat sich ein zusammenhängendes Lager von durchschnittlich 6 Zoll Dicke durch das Herabfallen von Gesteinsbruchstücken gebildet, die von dem Gewölbe der Höhle sich loslösten. Auch in dieser Schicht fanden sich zahlreiche Thierknochen und kleine Mengen von Kohlen und Asche.

Ueber dieser Agglomeratschicht folgt endlich eine 3—4 Zoll dicke Lage, die überwiegend aus menschlichen Abfallsstoffen besteht (dirt-bed). Namentlich in der Nähe des Einganges enthält sie die Küchenabfälle der Moa-Jäger. Jedoch lässt sich das Herabfallen von Lavaschlacken auch während dieser Zeit, ja bis in die obersten, mit europäischen Resten durchsetzten Schichten verfolgen. Nur ist es ersichtlich, dass diese Schicht während einer Zeit mehr regelmässiger Bewohnung durch die

---

[1] Researches and excavations carried on in and near the Moa Bone Point Cave, Sumner Road, in the year 1872 by Jul. Haast. Christchurch 1874.

Moa-Jäger, deren Lagerplätze in grosser Ausdehnung ausserhalb der Höhle auf den Dünen der Küste nachweisbar sind, sich gebildet hat. Ausser zahlreichen geschlagenen Stücken von Obsidian, Feuerstein u. s. w. fanden sich hier auch geschliffene Steingeräthe von Palla, dem grünen Kieselabsatz, neben unberührten Moaknochen, welche zum Zweck der Markgewinnung aufgeschlagen waren, und Hr. Haast nimmt daher seinen früher ausgesprochenen Zweifel zurück, dass die Moa-Jäger im Besitz solcher Geräthe gewesen seien. Dagegen hält er an seiner, in Folge der Untersuchung des prähistorischen Lagers von Rakaia gewonnenen Ueberzeugung fest, dass die Moa-Jäger den Hund wohl gejagt, aber nicht gezähmt hatten. Er fand in der Höhle einen durchbohrten Hundszahn, aber keiner der Thierknochen zeigte die Spuren einer Benagung durch Hunde. Einzelne Nadeln und Ahlen von Knochen, Verzierungen, Bruchstücke von Canoes, hölzernen Speeren, Feuerhölzern u. s. w. wurden gleichfalls gewonnen, so dass die Cultur dieser Urbewohner wenig von der der Maoris verschieden gewesen zu sein scheint, wie sie zur Zeit der Entdeckung Neuseeland's bestand.

Nach der Bildung des Dirt-bed muss die Höhle eine Zeit lang unbewohnt gewesen sein. Denn am Eingange der Höhle liegt über demselben eine Schicht von eingewehtem Sande von 1 Fuss Dicke, und dann erst folgt, durch eine scharfe Begrenzungslinie abgesetzt, eine Muschelschicht, in der keine Moaknochen mehr vorkommen. Ueber dieser Schicht, welche in der Mitte der Höhle eine Dicke von 1 Fuss 2 Zoll erreicht, fand sich wieder eine Aschenlage mit pflanzlichen Ueberresten (Flachs, verkohltem Holz u. s. w.) von 8 Zoll Dicke und endlich eine obere Muschelschicht bis zu 1 Fuss 10 Zoll Dicke. Dann erst folgte am Eingange der Höhle eine Schicht bis zu 7 Zoll dick mit europäischen Ueberresten. Die Muscheln waren solche, welche noch jetzt die Bucht bewohnen: Chione Stutchburyi, Mesodesma Chemnitzii, Amphibola avellana, Mytilus smaragdinus. Zwischen ihnen fanden sich zahlreiche Ueberreste, welche darthuen, dass man es hier mit den Rückständen des Mahles von Muschelfischern zu thun habe, welche dem Volke der Maori angehört haben müssen. Nirgends fanden sich jedoch Spuren von Cannibalismus, obwohl ein Paar menschliche Knochen zu Tage kamen. Hr. Haast schliesst daraus, dass diese Absätze sehr alt sein müssen, da wenigstens bis auf einige Jahrhunderte rückwärts Anthropophagie in Neuseeland bestanden hat, und er macht zugleich darauf aufmerksam, dass weder in der Muschelschicht, noch in der Moaschicht unter Hunderten von Knochen kleinerer Vögel ein einziges Stück von der Weka (Ocydromus australis) aufgefunden wurde, ganz ebenso, wie diess im Rakaia-Lager nicht der Fall war. Die Erinnerung an diesen Vogel als einer Lieblingsspeise finde sich aber in den überlieferten Gesängen der Maori, und alle Abfallshaufen der Maori an der Küste und im Lande enthielten die Knochen. Uebrigens folgert Hr. Haast aus seinen Untersuchungen der Umgebungen der Höhle, dass auch die Muscheln hauptsächlich ausserhalb der Höhle gekocht und innerhalb derselben nur verspeist seien.

Die Eingebornen schreiben die ausserhalb der Höhle auf den Dünen vorfindlichen Muschelhaufen den ersten Einwanderern, den Waitaha, zu, welchen die Ngatimamoe folgten, denen später wieder die Ngatikuri, die jetzigen Bewohner, nachrückten. Allein, auch abgesehen von dieser Ueberlieferung, spricht der Befund in der Höhle für ein sehr hohes Alter, zumal wenn man erwäge, dass die Höhle immer nur gelegentlich besucht, aber nie anhaltend bewohnt worden sei. Offenbar habe auch die Einwanderung der polynesischen Rasse, zu der die Maoris unzweifelhaft gehören, schon zu einer Zeit stattgefunden, wo die Oberfläche der Erde noch nicht die gegenwärtige Gestalt gehabt. Sicherlich sei der Untergang der Moa in diesen Theilen Neuseelands nicht erst vor 80 oder 100 Jahren erfolgt, sondern zu einer Zeit, wo die Canterbury-Ebene in der Nähe der Küste noch ganz verschieden von der jetzigen war. Grosse lagunenartige Seen seien seitdem ausgefüllt worden und mächtige Dünenzüge zu den früheren hinzugetreten. Auch nicht einmal annähernd lasse sich die Länge des Zeitraumes bestimmen, in dem diese Veränderungen vor sich gegangen seien. Ebenso verhalte es sich mit den anderen Fundstätten der Moa-Knochen.

(8) Die württembergische anthropologische Gesellschaft hat sich zu Neujahr neu organisirt und 7 verschiedene Sectionen zum genaueren Studium des Landes gebildet:

1) eine anatomische (Vorsitzender v. Hölder),
2) eine biologische (Vors. G. Jäger),
3) eine psychologische (Vors. v. Fichte),
4) eine linguistische (Vors. Th. Schott),
5) eine prähistorische (Vors. Fraas),
6) eine historische (Vors. Haackh),
7) eine statistisch-literarische (Vors. Zech).

Jeder derselben sind genauere Ziele der Forschung vorgesteckt, welche in sorgfältiger Erwägung der von der Wissenschaft in Angriff genommenen Probleme abgemessen sind. Möge das schöne Beispiel recht zahlreiche Nachfolge finden!

(9) Der Vorsitzende übergiebt im Namen des Freiherrn v. **Unruhe-Bomst** eine kleine Sammlung von Fundgegenständen von

einem Burgwall bei Wollstein.

Der betreffende Burgwall liegt zwischen zwei Seen in der Nähe von Wollstein (Provinz Posen) und scheint in sehr verschiedenen Perioden bewohnt gewesen zu sein. Ausser einer gewissen Anzahl geschlagener Feuersteinspähne von der Form der sogenannten Messer und ausser Topfscherben mit dem bekannten wellenförmigen Ornament finden sich einerseits einzelne Eisensachen von wahrscheinlich viel späterer Zeit, andererseits einzelne Thonscherben von glatter Oberfläche, hellerer Farbe und feinerer Ornamentirung, die wahrscheinlich der Zeit der posenschen Gräberfelder angehören. Thierknochen und zwar von Hausthieren sind in grösserer Zahl vorhanden. Weitere Untersuchungen sind in Aussicht gestellt.

(10) Herr **Virchow** zeigt bei dieser Gelegenheit die Skizze des kürzlich von ihm besuchten

Burgwalles von Barchlin (Prov. Posen).

Bei Gelegenheit meines letzten Besuches in Zaborowo machte ich mit Hrn. Thunig und meinem Sohne Hans einen Ausflug nach dem östlich von da, zwischen Barchlin und Deutsch-Poppen (Popowo) gelegenen Burgwall. Derselbe liegt mitten in einem grossen Wiesenmoor, welches breit von Norden her, aus der Gegend des Obra-Bruches herkommt und sich südwestlich gegen eine Reihe von Seen fortsetzt, die auf das Südende des Primenter Sees gerichtet sind. Das Moor ist jetzt ziemlich trocken, indem westlich vom Burgwall ein Abzugsgraben gezogen ist. Das östliche Ufer dieses Moors ist von mässigen Höhenzügen begleitet, an denen das Dorf Popowo liegt. Der Wallberg befindet sich nahe an der Fahrstrasse zwischen den genannten beiden Dörfern. Er ist fast vollkommen rund, ganz aus Erde aufgetragen, in der Mitte stark vertieft, ringsum mit einer breiten, bis zu 24 Fuss Höhe ansteigenden Aufwallung versehen. Nach aussen fällt der Rand steil ab, nach innen verflacht er sich gleichmässig. Der Grund der Vertiefung liegt noch 6—8 Fuss über dem Niveau des Moores. Hier erreichten wir schon bei 3 Fuss Tiefe weissen Seesand ohne alle menschlichen Ueberreste. Dagegen die höheren Seitentheile, die ganz aus Moorerde bestanden und von denen an der der Strasse zugewendeten Seite ein beträchtlicher Theil abgefahren war, enthielten in mässiger Zahl kleinere Scherben von Thongeräth, wie sie namentlich auch an den von Maulwürfen aufgeworfenen Hügeln am Aussenrande häufiger vorkamen. Die Mehrzahl derselben war sehr dick und grob, von grauer oder schwärzlicher Farbe, mit Granitbrocken gemischt und ohne alle Zeichnung. Soviel sich erkennen liess, gehört daher dieser Wall nicht derselben Gruppe an, wie der Burgwall von Wollstein und die zahlreichen, früher von mir beschriebenen Wallberge unserer nördlichen und westlichen Gegenden. Immerhin scheint sich herauszustellen, dass auch die Provinz Posen reicher an Wallbergen ist, als man nach den bisher vorliegenden Nachrichten zu schliessen berechtigt war.

(11) Herr **Woldt** legt Contourzeichnungen des Kopfumfanges verschiedener, meist mit ihrem Namen bekannter Personen vor, welche von Hrn. Bluth und ihm selbst mit Hülfe des

Hutmacher-Conformateur von Aliier

aufgenommen worden sind. Er macht auf den Nutzen solcher Aufnahmen, welche leicht durch die Hutmacher zu erhalten seien, für anthropologische Zwecke aufmerksam.

Herr **Virchow** erwähnt, dass ähnliche Aufnahmen schon von Hrn. Fraas auf der Generalversammlung in Stuttgart gezeigt worden sind, und dass ihm so eben eine besondere Abhandlung des berühmten Anatomen Hrn. Harting in Utrecht zugegangen ist, welche sich eingehend über die Verwendungsweise, die Vortheile und die nothwendigen Correcturen jener Conformateure verbreitet. [1]) Hr. Harting findet aus 512 verschiedenen Aufzeichnungen dieser Art den Hut-Index (index piléal) der besseren Klassen von Utrecht = 84,04, während der craniometrische Index = 82,00 sei. Die Differenz beträgt demnach 2,04. Auch hier stellt sich eine ausgemacht brachycephale Bevölkerung heraus.

(12) Herr **Riedel** schreibt d. d. Gorontalo, 2. Oct., über
künstliche Verunstaltung des Kopfes in Celebes.
Im August 1870 theilte ich der Redaktion der Ethnol. Zeitschr. mit, dass es bei den Toumbuluh, Tounsea, Toumpakewa, Mongondou, Sumawa, Holontalo und Tomini-Völkern (in unserer Zeit) nicht gebräuchlich ist, die Schädel der Kinder abzuplatten. Es ist mir aber gelungen, zu erfahren, dass die Toumbuluhen, Tounseaer, Toumpakewaer und Mongondouer in früherer Zeit auch die Schädel der Kinder difformirten. Den Gebrauch übernahmen sie von dem auf Nord-Selebes eingewanderten Stamm Pasambangko oder Bentenan, den jetzigen Bewohnern der Minahasa-Provinz Belang. Das Instrument, womit die Abplattung der Stirn geschieht, heisst in dem Toumbuluh-

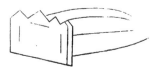

Dialekt pĕpeseh, und hat die nebenstehende Form Die Sitte besteht jetzt noch unter den Bautiks in der Minahasa und in Mongondou, ebenso unter den Bugis. Man kann desshalb voraussetzen, dass die Gewohnheit, den Schädel zu difformiren, auf ganz Selebes einheimisch gewesen ist.

---

[1]) Le plan médian de la tète néerlandaise masculine, déterminée d'après une méthode nouvelle. (Acad. roy. néerl. des sciences) Amsterd. 1874.

(13) Die Herren **Chierici**, **Pigorini** und **Strobel** übersenden die Anzeige eines von ihnen zu publicirenden
Bulletino di paleoetnologia italiana,
welches in monatlichen Lieferungen erscheinen soll.

(14) Herr **Bayer** übergiebt den Unterkiefer eines kleinen, aus dem Wohlauer Gebiete stammenden Schweines (dem Torfschwein — Sus palustris — analog).

(15) Herr **Oscar Westphal** legt eine Sammlung
natürlicher Steine aus der Mark Brandenburg
vor, welche nach seiner Ansicht darthun, wie sehr die ursprüngliche Beschaffenheit vieler Steine die Form der späteren Bearbeitung an die Hand gegeben habe. Dieselben werden, nebst einigen schönen polirten Steingeräthen von der Insel S. Thomas, der Sammlung der Gesellschaft einverleibt.

Ausserdem übergiebt er eine Reihe von Urnen aus anhaltinischen Gräbern.

(16) Herr **A. Böhle** und Fräulein **Emma Willardt** stellen
vier lebende Lappen,
drei Männer und eine Frau von Malå im südlichen Lappland in ihrer Nationaltracht vor.

(17) Herr **Schwartz** berichtet über
Funde bei Pawlowice und Znin.
Die Feuerstelle bei Pawlowice hat wieder eine Quantität Knochengeräthe ergeben und wird weiter ausgegraben werden, sobald es das Wetter erlaubt. Ein grossartiger Pfahlbau — Hr. Feldmanowski hat bei kurzem Aufenthalt 18 Wohnstätten gezählt — findet sich bei Objerierze (bei Obornik) auf dem Boden eines jetzt abgelassenen Sees. Besondere Funde noch nicht, aber ringsherum um den See Gräber. In der Nähe, d. h $^1/_8$ Meile davon hat sich aber etwas höchst Interessantes gefunden: in Mitten eines Gräberfeldes gewöhnlicher Art mit hübschen Gefässen ein roher Topf derselben Masse, desselben Brennens, derselben Verzierungen, wie bei Pawlowice und in dem von Hrn. Witt untersuchten Pfahlbau, derselben Art, wie ich bei Binenwalde (Ruppin) Scherben in Masse aufgelesen. Hier liegt also ein bestimmtes Merkmal einer Continuität vor. — Unter anderen neuen Funden ist auch noch bei Znin Bemerkenswerthes an Töpferarbeit gefunden worden: eine grosse schwarze Kanne, mit dem Messer gleichsam abgeschält, um gewisse Ränder, die sich herum ziehen und punctirt sind, erhabener hervortreten zu lassen; desgleichen ein eben solcher Becher in der Form des römischen Calathus.

Derselbe übersendet ältere Notizen über
Alterthümer in der Gegend von Joachimsthal.
Die hiesige Gegend scheint an Alterthümern nicht arm zu sein, denn es finden sich an verschiedenen Stellen sowohl Ruinen von Schlössern, Klöstern u. s. w., als auch heidnische Begräbnissplätze und Hünengräber, und zwar mehr, als man erwartet. Denn wenn hier oder da die Rede auf Hünengräber oder Urnen kommt, so sind immer Mehrere in der Gesellschaft, welche Orte anzugeben wissen, wo Urnen, Aschen- oder Thränenkrüge, auch Waffen gefunden sind oder gefunden sein sollen.

Abgesehen von Bärenskirchhof sind in der Umgegend von einer Meile wenigstens 6 Punkte anzugeben, wo sich Hünengräber finden, von denen durch zufällige oder beabsichtigte Nachgrabungen 5 untersucht worden sind.

1. Der alte heidnische Begräbnissplatz unfern des Grimnitz-Sees.

Als im Beginn des Sommers d. J. (1864) eine sandige Stelle des Weges nach Angermünde, dicht hinter Forsthaus Bärendickte gepflastert werden sollte, wurde es dem Unternehmer dieser Arbeit erlaubt, dazu Steine aus der Forst zu nehmen, wo er sie fände, und zur Verbesserung des Weges zu verwenden. Bei dieser Gelegenheit fand der Unternehmer, der Maurer Werdermann aus der Mühlenstrasse, am Rande einer Schonung Steinhügel, welche ihm sehr passende Steine zu seinem Strassenbau zu enthalten schienen. Er nahm die Steine eines Hügels ab und kam dann wenig tiefer als die Erdoberfläche auf eine Steinplatte von etwa 3 Fuss Länge und 2½ Fuss Breite ohne genaue und bearbeitete Begrenzung ihres Umfanges. Nachdem diese Platte aufgehoben war, fand sich ein durch aufrecht stehende flache Steine begrenztes länglich viereckiges Hünengrab mit einer Urne darin. Auf gleiche Weise behandelte der Finder mehrere Hügel und fand denselben Inhalt.

Seine Entdeckung blieb unbekannt, bis einige Lehrer den Schulkindern von Bärenskirchhof erzählten und von Hünengräbern und Urnen redeten. Hierbei erfuhren die Lehrer von einigen Schülern, dass der Maurer Werdermann in der Gegend des Devin-Sees Urnen gefunden habe. Da es nach dieser ungenauen Nachricht von dem Funde noch nicht feststand, ob man es an dem Orte mit einem heidnischen Begräbnissplatze zu thun habe, so suchte ich den Platz nach der Beschreibung auf, fand ihn, und theilte dem Hrn. Kreisrichter Illies, der durch die Untersuchung von Bärenskirchhof die erste Anregung zur Aufgrabung von Hünengräbern gegeben hatte, dem Hrn. Cantor Bernet und dem Hrn. Lehrer Kleinschmidt meine Anschauung von der Sache mit. Da sich die Herren sehr für die Sache interessirten, so fuhren wir über den Grimnitz-See nach dem Platze, der etwa 1000 Schritte von diesem See entfernt liegt. Wir freuten uns, die offenen Gräber zu sehen, und hofften, wenn wir irgend einen der dortigen Steinhügel aufgrüben, wir würden ein neues Grab mit Urne öffnen, und vielleicht Werkzeuge der alten heidnischen Bewohner dieser Gegend darin finden.

Es waren drei Gräber von übereinstimmender Form und Einrichtung geöffnet, auf deren einem noch der Deckelstein lag, auf welchem eine halbe Urne stand.

Dieser heidnische Begräbnissplatz liegt nördlich vom Grimnitz-See, östlich von Leistenhaus und dem Devin-See, südlich von der Künkendorfer Strasse und nordwestlich von Amt Grimnitz und dem Eichelkamp, im Jagen 30 des Glambecker Forstreviers, Schutzbezirk Bärendickte. Nordwestlich begrenzt ein Bruch den Hügel, welcher sich vom Grimnitz-See sanft erhebt, dagegen zu dem Bruche schroff abfällt. Parallel mit dem Bruche zieht sich ein Weg dicht an einer Kiefernschonung entlang, so dass diese einen Streifen von ca. 50 Fuss Breite bildet. Der Bestand der etwa 15 Jahr alten Schonung ist von den betreffenden Hünengräbern und Wachholderbüschen unterbrochen.

Die Steinhügel, welche sich hier befinden, haben einen Umfang von 20—24 Fuss und sind nicht sehr hoch. Die Steine sind von verschiedener Grösse, meist kopfgross, aber auch kleiner und grösser, gewöhnlich rundlich und die oberen bemoost.

Nachdem dieser Steinhügel entfernt ist, fühlt man unter einer Erdschicht von 6 Zoll den Deckelstein, eine etwa 4 Zoll dicke Granitplatte von etwa 3 Fuss Länge und 2½ Fuss Breite, deren Umgrenzung bruchig und nicht bearbeitet ist. Weder die Ober- noch die Unterseite dieses Deckelsteines sind behauen, sondern der ganze Deckelstein scheint eine von einem grösseren Steine abgespaltene Platte zu sein.

Unter dieser Platte sieht man das eigentliche Grab, einen Raum, dessen Grundfläche ein Rechteck von 2¹/₂ Fuss Länge und 2 Fuss Breite ist. Die senkrechten

Wände dieses Raumes bilden Steinplatten, die etwa 3 Zoll dick und wenigstens an ihren oberen Kanten so glatt bearbeitet sind, dass der Deckelstein darauf schliesst. Zwei von diesen 4 Steinen und zwar die 2 auf den kürzeren Seiten des Rechtecks aufrecht stehenden Steine sind auch an den beiden Seiten behauen, mit welchen sie mit den beiden Steinen der langen Seiten zusammenstossen, so dass dadurch ein vollkommener Steinkasten entsteht, dessen kürzere Seiten nach Südwesten und Nordosten liegen.

In diesem Steinkasten steht die aus mit Kies vermischtem Thon gebrannte, bronzefarbene Urne, deren Wände $^1/_4$ Zoll dick sind, von gefälliger Form und einfacher Verzierung. Der Boden dieser Urnen ist verhältnissmässig klein und hat einen Durchmesser von 3½ Zoll. In der Höhe von 3⅝ Zoll hat die Urne den grössten Umfang, denn ihr Durchmesser beträgt hier 9$^1/_4$ Zoll. Vom Boden bis zu dieser Höhe schwingen sich die Wände in einer schönen Wellenlinie empor. Von hier an verengt sich die Urne, so dass bei 4⅜ Zoll Höhe der Durchmesser 7$^1/_4$ Zoll beträgt. Dann biegen sich die Wände der im Ganzen 6$^1/_4$ Zoll hohen Urne wieder nach aussen, so dass der übergebogene Rand mit der grössten Weite der Urne harmonirt. Von der Einschnürung der Urne in ihrem Halse bis fast zum Bauche in der Mitte befindet sich an den beiden Endpunkten eines Durchmessers ein offener Henkel an den Urnen, der jedoch so klein ist, dass man nicht einmal einen Finger durchstecken kann. Die Verzierungen bestehen aus eingedrückten gradlinigen Reifen, die zum Theil horizontal um den Hals gehen, während je 5 oder 6 senkrecht über den Bauch nach unten auslaufen.

Fig. A. stellt eine an diesem Orte gefundene Urne dar:

ab ist der Durchmesser des Bodens	3$^1/_2$ Zoll ;	
cd grösster Durchmesser des Bauches	9$^1/_4$	„
fg Durchmesser der Einschnürung	7$^1/_4$	„
hk obere Weite der Urne (Durchmesser)	9$^1/_4$	„
lm Höhe der Urne	6$^1/_4$	

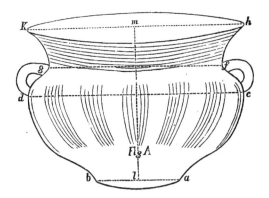

In den Urnen befand sich ausser den Knochenstücken und Asche auch Sand. Der erste Finder liess die Urnen mit dem Inhalte auf dem Platze stehen, daher denn Alles ohne Untersuchung verschüttet wurde.

Trotz der grössten Anstrengung, die wir auf mehrere Hügel verwendeten, fanden wir nichts weiter, als einen nicht mehr in rechter Lage befindlichen Deckelstein.

Hinsichtlich der Form stimmen die hier gefundenen Urnen mit denen von Bärenskirchhof überein; aber die Farbe mehrerer der letztgenannten ist dunkler, einige sind schwarz und die Verzierungen arabeskenartig geblümt. Ausserdem sind sie auch aussen glatter, fast möchte man sagen glasirt. Dagegen unterscheidet sich die Art und Weise, wie die Urnen beerdigt sind, wesentlich. Während nehmlich die Urnen auf Bärenskirchhof in die blosse Erde auf einen Stein gesetzt und mit einem Deckelstein unmittelbar zugedeckt sind, stehen die Urnen auf diesem Platze in einem wohl eingerichten Steinkasten, welcher mit einem grossen Deckelsteine versehen ist. Ausserdem befindet sich hier auf jedem Grabe ein Steinhügel, während auf Bärenskirchhof keine Steine ausser den 18 Begrenzungssteinen, den Steinen, worauf die Urnen stehen, und den Deckelsteinen vorhanden sind.

2. Der heidnische Begräbnisspatz auf dem Felde bei Friedrichswalde.

Eine gute halbe Meile nördlich von Joachimsthal auf der östlichen Feldmark von Friedrichswalde in der Nähe des Prüsnick-Sees hat sich der Bauer Heidelmann nach der Separation vor 13 Jahren ein Gehöft erbaut und bei der Legung der Fundamente und Grabung eines Kellers mehrere Urnen ohne weitere Vorrichtung in der Erde gefunden. Die Urnen waren von verschiedener Grösse und mehr hoch als weit, denn der Finder nennt sie Kruken, worunter man hier topfartige thönerne Gefässe versteht, die oben bedeutend enger als in der Mitte sind und zum Aufbewahren von Flüssigkeiten, namentlich von Bier dienen. Von solchen Gefässen soll ein Raum von 5—6 Fuss Länge und Breite wohl 10—12 enthalten haben. Neuerdings sind an diesem Punkte keine Nachgrabungen unternommen.

3. Die heidnischen Begräbnissplätze bei Ringenwalde.

Ringenwalde ist ein Dorf eine Meile nördlich von Joachimsthal und hat seinen Namen davon, dass es rings vom Walde eingeschlossen ist. Es gehörte früher der Familie v. Arnim, hat sich auf die Ahlimb'sche Familie vererbt und ist durch die einzige Tochter des Rittmeisters v. Ahlimb, welche sich mit dem aus Dessau stammenden Grafen Saldern verheirathete, an die gräflich Ahlimb-Saldern'sche Familie gekommen.

In der Nähe von Ringenwalde liegen drei heidnische Begräbnissplätze. Der zuerst aufgefundene befindet sich unfern des Dorfes beim sogenannten Steinpütten auf dem Wege von Ringenwalde nach Ahlimbswalde.

Beim Sandgraben fand hier der Briefträger und Bursche des Cantors Pietscher sechs Urnen, die ausser Sand nur Knochenüberreste enthalten haben. Eine dieser

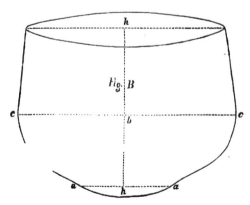

Urnen, von der zwar ein Stück des oberen Randes fehlt, ist noch so erhalten, dass man die Form sehr wohl erkennen kann.

Der Boden hat einen Durchmesser (Fig. B. a) von $4^1/_4$ Zoll. In einer Höhe von $2^7/_8$ Zoll (b) erreicht die Urne ihre grösste Weite, deren Durchmesser (c) $9^1/_2$ Zoll beträgt. Vom Boden bis hierher wölbt sich die Urne in einem etwas geschweiften Bogen. Darauf steigen die Wände $3^1/_2$ Zoll fast senkrecht auf, ohne dass sich der Rand nach aussen umbiegt. Die Höhe der ganzen Urne (h) beträgt $6^3/_8$ Zoll. Henkel und Verzierungen befinden sich gar nicht an dieser Urne, welche Wände von einem starken Viertelzoll Dicke und dunkelgelbe Farbe hat. Das Material derselben ist gebrannter Lehm, mit Kies vermischt.

In der an diesen Platz grenzenden Kiefernschonung, welche einen Bestand enthält, der etwa 25 Jahr alt ist, befinden sich mehrere Steinhügel, von denen die Frau Gräfin v. Ahlimb-Saldern vor zwei Jahren einige aufgraben liess. Sie fand in denselben auf einer Art Heerd, welcher an den Seiten, sowie oben von Steinen umgeben war, grössere und kleinere Urnen, die anfangs aufbewahrt, später aber zerbrochen sind. Alte Instrumente oder Waffen sollen nicht gefunden sein, dagegen hörte ich von einem messingenen grossem Knopfe. Die Art der Urnen-Bestattung erinnert an die Art und Weise, wie sie auf dem Begräbnissplatze in der Nähe des Grimnitz-Sees betattet sind.

Gegenwärtig sind in der bezeichneten Schonung noch einige unberührte Hünengräber vorhanden.

Der dritte Ort bei Ringenwalde, an welchem sich ein heidnischer Begräbnissplatz zu befinden scheint, liegt nördlich von Ringenwalde, zu beiden Seiten der Strasse nach Albertinenhof, in einem Buchenwalde links von Hohenwalde. Von der betreffenden Stelle senkt sich der Boden ziemlich schnell zu dem östlich liegenden Krinitz-See. Die Steinhügel an diesem Platze sind die grössten der Art, die ich bisher gesehen habe und mögen wohl einen Umfang von 32 Fuss haben, während ihre Höhe auch nicht gering ist.

Nachgrabungen sind an diesem Platze noch nicht unternommen.

4. Der Begräbnissplatz auf der Schorfheide.

Wie ich von mehreren Personen gehört habe, sind auf der Schorfheide, ich glaube bei Anlegung der Zauberflöte, eines verdeckten Ganges, der dazu dient, dem Wilde unbemerkt recht nahe zu kommen, mehrere Thonkrüge gefunden worden, welche nur klein gewesen sein sollen, und deshalb Thränenkrüglein genannt wurden. Auch Waffen sollen dort, wie in der Nähe auf dem Schlossberge, gefunden sein.

5. Der heidnische Kirchhof in der Lieper Forst.

Dieser Begräbnissplatz kann nicht mehr als in der Umgegend von Joachimsthal liegend angesehen werden, denn die Entfernung von hier beträgt $2^1/_2$ Meile. Er liegt zwischen Oderberg, Liepe, Chorin und Brodowin in der Nähe vom Forsthause Liepe.

Vor etwa 35—40 Jahren hat der Herr Oberförster Krüger zu Oderberg Ausgrabungen an diesem Platze vornehmen lassen und mehrere Urnen zu Tage gefördert und lange Zeit aufbewahrt. Jetzt befindet sich eine Schonung an dem Orte, so dass Ausgrabungen von Seiten der Forstverwaltung schwerlich gestattet werden würden.

Das witte Hüseken.

Auf dem Wege von Joachimsthal nach der Försterei Pehlenbruch liegt zur rechten Hand in der Haide eine Ruine, über deren Bestimmung sich keine Nachrichten erhalten haben, wogegen aber der Name „Wittes Hüseken" allgemein bekannt ist. Ob aber die Schreibung des Namens die richtige ist und die Uebersetzung desselben ins Hochdeutsche mit „Weisses Häuschen" stimmt, oder ob es heissen muss „Witte's Häuschen" und also der Besitzer Witte geheissen hat, lässt sich bis jetzt nicht entscheiden; doch ist die erste Meinung die am meisten verbreitete.

Die Ruinen liegen auf den städtischen Waldhufen und zwar auf der Waldparzelle des Ackerbürgers Paul in der Marktstrasse. Die Hufe ist mit etwa 20jährigen Kiefern bewachsen.

Man sieht jetzt drei aus Granit-, Mauer- und Dachsteinen aufgemauerte Pfeiler, zu denen der entsprechende vierte bis auf den Boden abgebrochen ist und hohl gewesen zu sein scheint, da in seiner Mitte eine Vertiefung in die Erde geht. Dies ganze Mauerwerk ist ein Quadrat, dessen Seiten 18 Fuss betragen.

Die drei stehenden Pfeiler, welche wiederum zur Grundfläche ein Quadrat haben, dessen Seiten $3\frac{1}{2}$ Fuss Länge messen, sind an den Ecken etwas abgerundet. Die Höhe der Pfeiler beträgt 12—13 Fuss. Sie scheinen selbständig, jeder für sich, aufgemauert zu sein, denn ihre Seiten sind scharf abgegrenzt, wenn auch etwas verwittert, namentlich an ihren Gipfeln.

Von den drei erhaltenen Pfeilern stehen zwei nach Süden, der dritte nordwestlich. Zwischen den nördlichen Pfeilern scheint unter der Oberfläche der Erde ein Fundament zu liegen, an welches von Norden heran ein Erdwall aufgeworfen ist. Auch die beiden östlichen Pfeiler, wie die westlichen, scheinen durch eine, jetzt unter der Erdoberfläche liegende Mauer verbunden gewesen zu sein. Nur die 11 Fuss breite Oeffnung zwischen den südlichen Pfeilern scheint als Eingang unverbunden gewesen zu sein.

Es wird die Vermuthung ausgesprochen, dass die Ruinen ein Jagdhäuschen gewesen seien oder eine Plattform gehabt haben, und dann zum Körnen und Beobachten des Schwarzwildes gedient haben; doch kann es auch wohl ein kleiner Vorposten zu den nahe gelegenen Schlössern Grimnitz, Breden und Werbellow gewesen sein, von welchen nur noch die Ruinen des erstern am Grimnitz-See erhalten sind. —

Derselbe schickt ferner Notizen über verschiedene Ausgrabungen:

1) Bei Bienenwalde (zwischen Ruppin und Rheinsberg) südlich von den sogen. Zühlenschen Pfählen, wo sich das Land zu denselben abdacht, ist eine grosse heidnische Grabstätte, denn in einer Tiefe von etwa $1\frac{1}{2}$ Fuss steht Urne an Urne in ziemlich grosser Ausdehnung, jede einzelne mit Steinen vollständig ummauert. Beim Blosslegen einiger fanden sich verschiedene Reste von Schmuckgegenständen, welche den Leichenbrand überdauert, namentlich zwei eiserne Mantelspangen in der Form der sogen. Sicherheitsnadeln; eine andere grössere von Bronze war abgebrochen. cf. Ruppiner Programm von 1871.

2) Bei Schollehne im Havellande finden sich in den sogen. Burgwallswiesen (selbige gehören zu der auf einem alten Burgwall stehenden Ziegelei) Urnen in grosser Zahl in kleinen steinernen Backöfen. In einer derselben von dunklem, braunem Thon ist eine kleine silberne Münze unter der Asche gefunden worden, ein sogen. Wendenpfennig, welcher auf der einen Seite ein sogen. Blätterkreuz, auf der andern ein breites achteckiges Kreuz zeigt. — Diese Münze giebt also den Beweis, dass dieser Kirchhof aus dem 10., 11. Jahrhundert herrührt, wo die Wenden hier die herrschende Bevölkerung ausmachten; ob es aber speciell wendische oder deutsche Gräber sind, ist bei der aus beiden Völkern gemischten Bevölkerung, welche hier war, aus jenem Umstand noch nicht mit Sicherheit zu schliessen. Die Sitte übrigens, dem

Todten eine Münze mitzugeben, findet noch heute im Havellande (wie auch im sog. Hans-Jochen-Winkel in der Altmark) allgemein statt. (Schwartz, Ursprung der Myth. S. 273, Anm.)

3) Am Wege von Wassersuppe nach Hohennauen liegt rechts ein kleiner Sandberg, in demselben sind in grosser Menge Urnen von grobem, gelbem Thon gefunden worden, ziemlich dicht unter der Erdoberfläche. Jede Urne war zugedeckt mit einer Schüssel, daneben stand ein Topf, wie eine grosse Obertasse, und neben diesem eine kleine Schaale wie eine Untertasse, wie gewöhnlich in Gräbern der Provinz Posen. Eine grosse und eine kleine Urne, sowie ein Topf sind vom Hrn. Oeconom Krüger dem Ziethen'schen Museum in Ruppin geschenkt worden.

4) Gross-Lüben bei Wilsnack. Links vom Wege von Gross- nach Klein-Lüben, auf dem Felde zweier Bauern, welche sich ausgebaut, finden sich in einem Sandberge zahlreiche Urnen, fast alle mit einer Schüssel zugedeckt. 11 derselben mit einem solchen Deckel sind bei einer Ausgrabung im Jahre 1866 glücklich herausgebracht und vom Ruppiner Gymnasial-Museum erworben worden.

Endlich übersendet Hr. Schwartz einige Auszüge aus den Akten des Grafen v. Ziethen

über Urnen der Ruppiner Sammlung.

1) Urne, eine von den beiden, welche sich in dem 1826 von Hrn. Alex. v. Minutoli in Stendal in der Altmark geöffneten Grabe fanden. Dasselbe ist — nach der Angabe des Hrn. v. Minutoli — das erste nicht römische Grab gewesen, das man nach römischer Art überwölbt fand. Ein Opferaltar stand an der einen vergitterten Oeffnung des Gewölbes; auf den Urnen, welche verkehrt standen, lagen Kreuze von Eisen, welche Hr. v. Minutoli für Kopfbedeckungen hält. Eine ausführliche Beschreibung dieser merkwürdigen Grabstätte findet sich in einem vom Vater des Hrn. v. M. im Jahre 1827 herausgegebenen Schriftchen unter dem Titel: Beschreibung eines in Stendal geöffneten Grabes.

2) 6 Urnen, 1837 aus dem Besitz des Hrn. Maresch an den Gr. v. Ziethen übergegangen. In der kleinsten fand sich eine zerbrochene Nadel, ein Ring und ein Haken. Sämmtliche Urnen sind von röthlicher Farbe. (p. 3. v. II.)

3) Ein bedeutender Fund (s. Voss. Zeitung Nr. 146 des Jahrg. 1845) wurde im Juni des Jahres 1845 bei Neustadt a. d. D. gemacht, als an dem Wege von Köritz nach Wusterhausen ein Platz für den Bahnhof der Berlin-Hamburger Bahn geebnet werden sollte. Bei dieser Gelegenheit wurde der hinter dem Bahnhof in der Richtung nach Neustadt gelegene Galgen- oder Hexenberg abgekarrt, in welchem mehrere Urnen nebst verschiedenen Kleinigkeiten gefunden wurden. 6 Urnen, ein Sporn, der sich in einer kleinen Urne befand, und eine neben den Urnen gefundene Scheere gingen in den Besitz des Grafen v. Ziethen über.

(18) Herr Missionssuperintendent **A. Merensky** hält einen Vortrag über
die Hottentotten.

Die Hottentotten hat man oft mit den sogenannten Buschleuten zu identificiren gesucht. Es ist zwar nicht zu läugnen, dass sie sich sehr nahe stehen, wenigstens was Farbe und Typus des Gesichts betrifft. Auch finden sich in der Sprache beider Völker die so sehr eigenthümlichen Schnalzlaute; in den Mythen und Sagen beider spielen Sonne, Mond und Sterne eine Rolle, während die Sagen dunkelfarbiger Afrikaner mit den Gestirnen nichts zu schaffen haben. Trotzdem ist eine Identification der Buschleute mit den Hottentotten unrichtig. Schon die ersten Europäer, die sich am Cap niederliessen, schieden zwischen beiden Völkern, indem sie ihnen verschiedene Namen beilegten. Unser Buschmann erhielt seinen Namen nach dem Orangutang, den die Holländer in Ostindien kennen gelernt hatten. Orangutang heisst bekanntlich „Waldmensch", — holländisch boschman oder bosjesmann. Später ist von Reisenden öfter behauptet worden, die Buschleute seien Hottentotten, die, von den Colonisten ihrer Heerden beraubt, in die Wildniss sich zurückgezogen hätten. Diess ist grundfalsch, denn Heerden konnten dem Volke der Buschleute nie genommen werden, weil es nie solche besessen hat.

Zwischen der Sprache beider Stämme ist nur eine geringe, kaum nachweisbare Verwandtschaft. Die Sprache der Hottentotten steht auf der agglutinativen, die der Buschleute auf der isolirenden Stufe; jene hat vier sogenannte Schnalzlaute, diese hat deren mehr und kennt auch Schnalzlaute, die mit den Lippen hervorgebracht werden. Die Hottentottensprache kennt Geschlechtsunterschiede bei den Hauptwörtern, die der Buschleute nicht; jene bildet den Plural der Substantiva durch Anhängung von Endsylben (Suffixen), diese durch Verdoppelung des Nomens oder seiner ersten Sylbe. Jene kennt Zahlbenennungen bis zur Zahl zwanzig, diese nur bis zwei; was darüber ist, ist oaya, „viel". Das sind Wahrnehmungen, welche zur Genüge constatiren, dass beide Völker, wenn auch vielleicht verwandten Ursprungs, sich doch schon seit langer Zeit gänzlich von einander getrennt haben.

Die Hottentotten oder Ottentotten (in den ältesten Nachrichten auch Hodnods oder Hodmodods), wie man anfänglich schrieb, haben ihren Namen von den Weissen erhalten. Es scheint, als ob das Volk in seiner eigenen Sprache sich einen allgemeinen Namen nicht beigelegt habe. Die Cap-Hottentotten nannten sich Quena, die Namaqua Koikoib, die Kora oder Koranna Kuhkeul oder Thuhkeul. Die Benennung „Hottentotten" stammt höchstwahrscheinlich von einem Wort, welches als Tactgesang bei den Tänzen des Volkes gebräuchlich ist. Kolbe, der im Anfange des vorigen Jahrhunderts seine Beobachtungen im Caplande anstellte, erzählt, er habe bei diesen Tänzen stets die Worte Hottentottum Broqua vernommen, und diese oder ähnliche Worte hört man noch heut bei den Tänzen der Kora, wie ich von einem Kora-Missionar erfahren habe.

Sprache, Farbe und Typus der Hottentotten weisen auf Nord-Afrika zurück. Wenn wir das, was uns im Alterthum von den Troglodyten, welche am rothen Meere ihre Sitze hatten, berichtet wird, mit dem vergleichen, was wir von den Hottentotten wissen, so tritt eine Aehnlichkeit in den Sitten und der Lebensweise beider Völker hervor, die nicht zufällig sein kann. Strabo sagt von ihnen (c. 776): „Nomadisirend ist ihre Lebensweise; sie werden von Tyrannen beherrscht; leicht ausgerüstet, in Felle gekleidet und Keulen tragend bringen sie ihr Leben zu. Es giebt nicht nur Verstümmelte[1]), sondern auch Beschnittene unter ihnen, wie unter den Aegyptern. Einige unter den Troglodyten (wohl einige Stämme) beerdigen ihre Todten, indem sie sie vom Hals bis zu den Füssen festbinden mit Ruthen vom

---

[1]) Strabo a. a. O. *Είσι δου κολοβοὶ μόνον ἀλλὰ καὶ περιτετμημένοι τινὲς καθάπερ Αἰγύπτιοι.* Die Hottentotten pflegten bei ihren Knaben oder Jünglingen vor ihrer Verheirathung einen Testikel (den linken) zu verstümmeln. Für diese merkwürdige Sitte sind bei Tachard, einem Pater der „Gesellschaft Jesu", Boeving und Kolbe hinreichende Zeugnisse vorhanden. Bei den Weibern schnitten die Hottentotten früher zwei Gelenke am kleinen Finger ab.

Dornenstrauch " Letzterer Gebrauch ist genau der der Hottentoten, welche früher die Todten nicht nur banden, wie andere afrikanische Stämme, sondern förmlich einwickelten.

Die Sprache der Hottentotten kennt Geschlechtsunterschied der Hauptwörter und unterscheidet sich hierdurch absolut von dem südafrikanischen Sprachstamm, tritt aber eben dadurch den nordafrikanischen Sprachen nahe. Wallmann und Bleek behaupteten, sie habe Aehnlichkeit mit dem Koptischen und Altägyptischen, welcher Meinung neuerdings freilich widersprochen wird. Aber was über die Sprache der Troglodyten von Herodot gesagt wird, ist für uns bedeutsam. Es heisst hier: lingua nulli alteri simili utuntur, sed vespertilionum more strident. Diese Ausdrücke passen ganz auf die Hottentotten. Wenn auch sonst wohl ein Volk vom andern sagt: „es zwitschere" (wie z. B. die Basutho von der deutschen Sprache sagen, sie sei ein Vogelgezwitscher), so ist doch der Ausdruck des grossen Weltkenners Herodot, „die Troglodyten haben eine Sprache, die keiner andern ähnlich ist", und der Umstand, dass er das Zwitschern dieses Volkes durch den Zusatz „wie die Fledermäuse" näher kennzeichnet, jedenfalls zu beachten. Die Hottentottensprache, wie auch die der Buschleute, erscheint uns wegen der später zu charakterisirenden Schnalzlaute, die derselben eigenthümlich sind, fremdartiger und sonderbarer, als irgend eine andere. Nach Perty [1]) sollen im Norden Afrikas noch heute Stämme leben, die eine ähnliche schnalzende Sprache haben, wie die Hottentotten; Sklaven mit einer Sprache, die sehr an die hottentottische erinnert, sollen auf den Markt von Kairo kommen. Leider giebt Perty nicht an, aus welcher Quelle diese Nachricht stammt. Es scheint, als ob die Hottentotten von Nord-Afrika aus nach Süden gewandert, als ob aber auch in den Ursitzen Theile des Volkes zurückgeblieben seien. Unter dem Volke selbst findet sich keine Tradition über seine Herkunft, die von Werth erscheinen könnte. Kolbe erwähnt, dass er (Anfang des vorigen Jahrhunderts) von den Hottentotten gehört habe, dass ihre ersten Eltern Noh nnd Hingnoh gewesen seien, die wären durch eine Oeffnung (des Himmels?) auf die Erde gekommen; sie hätten ihre Nachkommen im Säen und Ernten des Getreides unterwiesen, auch im Hüten des Viehes, später aber seien ihre Vorfahren verjagt und vertrieben worden aus ihrem Lande und hätten so den Ackerbau wieder vernachlässigt und vergessen. Die Namaqua erzählen, dass ihre Vorfahren zu Schiff nach Süd-Afrika gekommen seien.

Die Hottentotten hatten, allem Anscheine nach, in früheren Zeiten einen viel grösseren Strich von Süd-Afrika in ihrem Besitz, als in unserm Jahrhundert es der Fall ist. Im Jahre 1677 wurde ein holländisches Schiff, de Boede, unter Corporal Thomas Hobma an der Westküste entlang nach Norden geschickt, um nach Häfen zu suchen; dies Schiff erreichte 12° 47' und rapportirte, Häfen seien an der Küste nicht zu finden, aber die Eingebornen seien überall Hottentotten. Im siebenzehnten Jahrhundert erzählten die Hottentotten am Cap den weissen Ankömmlingen, dass im Innern ihnen ein Land bekannt sei, wo man Gold im Sande finde, wo grosse steinerne Häuser ständen und Reis gesäet würde. Es ist dies die Gegend im Westen von Sofala, wo noch heut Gold gefunden und Reis gebaut wird; die „steinernen Häuser" sind entweder die Ruinen von Zimbabye oder Missionsstationen, welche dort im 16. Jahrhundert errichtet worden sind. Bis dahin, also etwa bis zum 20° südl. Breite war damals den Hottentotten die Ostküste bekannt. Das von Betschuanen und Basuthos jetzt bewohnte Hochland im Innern Südafrikas war in jenen Zeiten wahrscheinlich von Hottentotten und Buschleuten bewohnt. Noch heute nennen die Bapedi (Basuthos), die unter dem 24° südl. Breite wohnen, die Himmelsgegend nach

---

[1]) Perty, Ethnologie. S. 276.

Westen und Süden hin Boroa, d. h. Hottentottengegend, während seit Menschengedenken dort schon schwarze Stämme sitzen. Die Kaffernstämme sind an der Ostküste entlang allmählich, aber unaufhaltsam gegen die Hottentotten vorgedrungen.
Vasco de Gama fand Ende des 15. Jahrhunderts schon Kaffern in Natal, aber hier
grade haben die Heikoms-Hottentotten noch längere Zeit sich gehalten. Dass die
Hottentotten die Herren Südafrikas waren, ehe die Kaffern einwanderten, ist auch
aus dem Umstand zu erkennen, dass manche der Kafferstämme, besonders die Zulu,
Ponda, Xosa, Tembu von den Hottentotten einige Schnalzlaute in ihre eigene Sprache
aufnahmen, Laute, welche den Kaffernstämmen ursprünglich fremd waren. Ein Volk,
welches einwandert, nimmt von dem früher im Lande sesshaften Stamme eher solche
Eigenthümlichkeiten an, als umgekehrt. Dass unter Betschuanen und Basutho nur
eben einige wenige Abtheilungen (Batlapi und einige Theile des Volkes von Moshe-
hoe) anfingen, sich Schnalzlaute der Hottentotten anzueignen, ist uns ein Beweis
für die auch durch andere Gründe unterstützte Annahme, dass diese Stämme später,
als die Küstenkaffern in Südafrika von Norden her eingewandert sind. Seit der
Mitte des 18. Jahrhunderts dringen die schwarzen Stämme unaufhaltsam gegen
die Hottentotten diesseits des Keiflusses vor. Wenn wir eine Karte vor uns legen,
auf welcher die Verbreitung der Hottentotten und ebenso die der Kaffern genau und
deutlich angegeben ist, so machen wir die interessante Wahrnehmung, dass die
kornbauenden Kafferstämme die Hottentotten aus allen Gegenden vertrieben haben,
in denen genügend Regenfall vorhanden ist, in denen also Mais oder Durrha (Kaf-
ferkorn) cultivirt werden kann. An der regenreichen Ostküste drangen die Kaffern
am schnellsten und am weitesten nach Süd-Westen vor. Hier hätten sie vielleicht
das Cap erreicht, wenn nicht die Weissen endlich in schweren Kriegen ihrem weitern
Eindringen gewehrt hätten. Im mittleren Theile des Landes, auf der Hochfläche,
sind die regenreichen Gebirge an den Quellflüssen des Garriep von Basuthos in
Besitz genommen, in den dürren Ebenen am Zusammenfluss des Vaal- und Gross-
flusses aber blieben die Korahottentotten sitzen. Bis an den Rand der regenlosen
Kalahari-Wüste dehnten sich die Betschuanen aus; diese selbst, das Capland und die
dürre Westküste blieb im Besitz von Buschleuten und Hottentotten. Wo aber an
der Westküste regenreiche Striche unter dem 18. Grad sich finden, sehen wir wieder
schwarze, kornbauende Stämme im Besitz derselben; soweit drangen sie vor.

Es darf uns in dieser Wahrnehmung nicht der Umstand irre machen, dass wir
im Anfang unseres Jahrhunderts die Hottentotten am Vaalfluss und neuerdings auch die
der Westküste, die Nama's, wieder im Vordringen gegen die dunkelfarbigen Kaffer-
oder Negerstämme begriffen sehen. Dieses Vordringen ward verursacht einestheils
dadurch, dass die Hottentotten von der Cap-Colonie her durch die Weissen gedrängt
wurden, anderntheils durch die Uebermacht, die ihnen der Besitz von Feuerwaffen
und Pferden für eine Zeit über jene Stämme gab. Die Leichtigkeit, mit der sie
diesen ihre Heerden rauben konnten, machte sie zu Räubern.

Die Hottentotten scheinen sich im Laufe der letzten zwei Jahrhunderte durch
den Einfluss der Weissen, mit denen sie Südafrika nun theilen mussten, was Gestalt
und Sitten angeht, ziemlich bedeutend verändert zu haben. Es ist vielleicht interessant zu hören, wie man sie 1626 schildert. In dem Juli dieses Jahres landete nehmlich eine englische Handelsflotte in Südafrika unter Sir Thomas Herbert. Dieser
schildert die Hottentotten folgendermaassen: „Da sie von Ham abstammen, so tragen
sie in Gesicht und Statur das Erbe seiner Verfluchung. Ihre Gesichter sind schmal und
die Glieder wohlproportionirt, aber tättowirt in jeder Form, wie es ihnen einkommt.
Einige rasiren den Kopf, Andere haben einen Schopf auf demselben, Andere tragen
Sporenräder, kupferne Knöpfe, Stückchen Zinn u. s. w. in den Haaren, Dinge, die

sie von Seeleuten für Vieh einhandeln. Ihre Ohren sind durch kupferne Ringe, Steine, Stücke von Strausseneiern und dergleichen schweres Zeug ausgedehnt. Arme und Beine sind mit kupfernen Ringen beschwert, um den Hals sind Thierdärme gewunden. Einige gehen ganz nackt, Andere binden ein Stück Leder oder ein Löwen- oder ein Pantherfell um den Leib. An den Füssen tragen sie mit Riemen festgebundene Sandalen, welche die Hottentotten, die bei uns waren, in der Hand hielten, damit die Füsse besser stehlen könnten, denn sie stahlen geschickt mit den Zehen, während sie uns ansahen. Es waren Heuschrecken vom Winde herbeigetrieben, die assen sie gern, mit etwas Salz bestreut; aber in Wahrheit öffneten sie selbst Gräber von Leuten, die wir bestattet hatten, und assen von den Leichnamen. Ja, diese Ungeheuer lassen oft Alte, Kranke und Hülflose auf Bergen umkommen, obwohl sie eine Menge von todten Walfischen, Seehunden und Pinguinen haben, die sie als Leckerbissen verzehren, ohne sie erst zu braten. Man möchte sie für Abkömmlinge von Satyren halten.«

Heutzutage passt diese Beschreibung glücklicherweise nicht mehr auf die Hottentotten. Für jene Zeit mag sie wahrheitsgetreu gewesen sein, abgesehen von der Beschuldigung, dass die Hottentotten Leichen ässen. Oeffnung der Gräber durch Hyänen mag Anlass zu jener Meinung gegeben haben.

Heute tättowirt sich kein Hottentott mehr, noch dehnt er die Ohren unförmlich aus oder rasirt den Kopf. Es geht auch keiner mehr nackend, und rohe Seehunde würden schwerlich von diesem Volk angerührt werden. Eigentliche Hottentotten würden heut auch wohl kaum Angehörige in der Noth verlassen. Selbst die noch heidnischen Hottentotten haben sich also, wie es scheint, zu ihren Gunsten verändert. Das Volk scheint auch im Ganzen eine hellere Farbe angenommen zu haben, denn der schon erwähnte deutsche Gelehrte Kolbe, welcher Anfangs vorigen Jahrhunderts seine Beobachtungen im Caplande anstellte, streitet wider die Meinung eines andern Schriftstellers, welcher sagt: die Hottentotten seien schwarz von Farbe. Schwarz, sagt Kolbe, sind sie nicht, sondern nur kastanien- oder kaffeebraun. Heutzutage sind auch diejenigen dieses Volkes, bei denen an eine Vermischung mit Weissen nicht zu denken ist, nicht etwa braun, sondern nur hellgelb zu nennen. Es muss also die Farbe dieses Volkes in 170 Jahren sich bedeutend verändert haben, was bei der veränderten Lebensweise desselben auch sehr leicht möglich ist.

Die Hottentotten haben keinen kleinen Körper. Im Durchschnitt sind sie 5 bis 6 Fuss gross, auch hierin von den Buschleuten sich unterscheidend. Sie sind gut gebaut, starkknochig, Hände und Füsse sind klein, Arme und Beine proportionirt. Der Gesichtswinkel ist etwas kleiner als bei den Kaffern. Der Mund ist nicht zu gross, die Lippen sind nur wenig aufgeworfen. Hässlich wird das Hottentottengesicht durch die stark hervortretenden Backenknochen und die eingedrückte Nase. Bartwuchs ist fast nicht vorhanden, die wolligen Haare unterscheiden sich vom Negerhaar dadurch, dass sie mehr in einzelnen Büscheln auf dem Schädel stehen.

Was die sogenannte Hottentottenschürze angeht, so geht des Verfassers Meinung dahin, dass sie nicht natürlich ist, sondern, wo sie vorhanden war, künstlich erzeugt wurde. Wir sind zu dieser Ansicht durch die Beobachtung geführt, dass die Basutho und viele andere afrikanische Stämme eine künstliche Verlängerung der Labia minora zu bewirken wissen. Die dazu nothwendige Manipulation wird von den älteren Mädchen an den kleineren fast von der Geburt an geübt, sobald sie mit diesen allein sind, wozu gemeinsames Sammeln von Holz oder gemeinsames Suchen von Feldfrüchten fast täglich Anlass giebt. Die Theile werden gezerrt, später förmlich auf Hölzchen gewickelt.

Die Hottentotten werden sehr alt. Anfang des vorigen Jahrhunderts sollen Leute von 80 bis 120 Jahren unter ihnen häufig angetroffen worden sein. Beim Census, den man 1865 in der Cap-Colonie anstellte, fanden sich 63 Personen über 100 Jahren in der Colonie vor. Die Capbauern werden selten recht alt; wahrscheinlich kommt von diesen 63, über 100 Jahr alten Leuten die Mehrzahl auf Hottentotten.

Es wird sich Mancher wundern, dass die Hottentotten nicht ausgestorben sind. Es ist ja die falsche Meinung weit verbreitet, dass alle farbigen Rassen, wenn sie in ihrer früheren sorglosen Existenz gestört und zu einem quasi civilisirten Leben gezwungen würden, dahinsiechten. Bei den afrikanischen Völkern ist diess nicht der Fall. Die Hottentotten haben viel aushalten und verschiedene Entwickelungsperioden durchmachen müssen, und doch haben sie sich bis heute vermehrt. Sie wurden ihres Landes und ihrer Heerden beraubt, wurden als Sklaven der Bauern zu einer andern Lebensart gezwungen, und haben seit Anfang dieses Jahrhunderts als freie Leute wieder für sich und ihren Lebensunterhalt selbst sorgen müssen.

Vergleichen wir einige Zahlenangaben. Im Jahre 1798 waren in der Cap-Colonie (damals freilich nur etwa $^2/_3$ ihres jetzigen Flächeninhalts gross) 25,754 eingeführte Sklaven und 14,447 Hottentotten. Im Jahre 1807 wurden 17,657 Hottentotten angegeben. Der Census, welcher 1865 in der Colonie abgehalten wurde, giebt die Zahl der Köpfe dieses Volkes innerhalb der Colonie auf 81,598 an. Ausser ihnen leben in der Cap-Colonie 132,655 andere Farbige, Nachkommen der Sklaven und Hottentotten, jene oben erwähnten Mischlinge. Auch wenn man die Vergrösserung der Cap-Colonie in Anschlag bringt, wird man nicht umhin können zuzugeben, dass die Hottentotten, Sklaven und Mischlinge sich seit Anfang dieses Jahrhunderts bedeutend vermehrt haben.

Unter den farbigen Leuten der Cap-Colonie sind etwa ein Dritttheil zum Christenthum bekehrt. Wohl haben die Hottentotten und Farbigen des Caplands keine uns gewinnenden oder interessirenden Eigenschaften; in ihren Ideen, Sitten, nach ihrer Sprache sind sie ihren früheren Herren, den Capbauern, fast gleich geworden, aber sie sind als dienende, als zweite Klasse der dortigen Gesellschaft nützlich und unentbehrlich. Mancher Reisende, welcher flüchtig jenes Land durchzieht, schilt über Bilder von Faulheit oder sittlicher Verkommenheit, die hier und da sich seinem Auge bieten, ohne dass er sich die Mühe nähme, auf Dörfern oder Missionsstationen Schulen, Gottesdienste und Wohnungen des christlichen Theils der farbigen Bevölkerung Südafrikas zu besuchen. Ohne das Eingreifen des Christenthums und der christlichen Mission würde die farbige Bevölkerung Südafrikas ein ungleich traurigeres Bild jetzt bieten. —

Herr **Virchow** spricht dem Vortragenden den Dank der Gesellschaft und zugleich die Hoffnung aus, dass zwischen der letzteren und den evangelischen Missionsstationen Südafrikas engere Beziehungen angeknüpft werden möchten. Uebrigens bestätigten die Beobachtungen des Hrn. Merensky die durch Hrn. Fritsch in so schöner Weise dargelegten Verhältnisse der südafrikanischen Stämme.

Herr **Bastian** bemerkt, dass über Völkerverwandtschaft nur auf Grund bestimmter Vorlagen geschlossen werden dürfe, indem zunächst die natürlichen Ergebnisse zu beachten seien. Nach Hornemann's Erwähnung wird die Sprache der Tibbu mit Vogelgezwitscher verglichen, wie schon zu Herodot's Zeit aus denselben Gegenden.

Herr **Schweinfurth** macht auf die nahen verwandtschaftlichen Beziehungen zwischen den süd- und mittelafrikanischen Völkern aufmerksam. Namentlich trete dies Verhältniss in Bezug auf Dinkaneger und Kaffern hervor.

Herr Hartmann erwähnt, dass er vor Kurzem in einer Sitzung der Gesellschaft für Erdkunde auf die auch ihm sehr auffallende äussere Aehnlichkeit zwischen Tebu und Hottentotten und auf die Pygmäenberichte aus der Reise der nasamonischen Jünglinge aufmerksam gemacht habe. Die Verwandtschaft der Bântuvölker mit den nigritischen Ostafrikanern und den nigritischen Bewohnern der oberen Nillande sei auch für ihn eine schon seit vielen Jahren feststehende Thatsache. Manches berechtige seiner Ueberzeugung nach zu der Hoffnung, dass sich allmählich auch die verwandtschaftlichen Beziehungen der Hottentotten auf afrikanischem Boden feststellen lassen werden, wenn auch gerade nicht im Sinne derer, welche aus dem Periplus der Nekau voreilige Schlüsse gezogen hätten.

Herr Merensky erwidert, dass er Hottentotten und Buschmänner für verschieden von den nilotischen Negervölkern halte, dass er aber an eine innige Verwandtschaft der letztern mit den Kaffern glaube. So habe er hier im ägyptischen Museum ein ähnliches Kopfgestell gesehen, wie es in Südafrika noch jetzt gebräuchlich sei.

Herr Bastian weist im Gegensatz zu den mehr das Gepräge längerer Ansässigkeit tragenden Betschuanen auf die längst der Ostküste herab erfolgten Züge der Kaffern hin.

Herr v. Quast bemerkt, dass das von Hrn. Merensky erwähnte Kopfgestell nicht allein in Aegypten, sondern sogar in Neuguinea aufgefunden sei. Derselbe erläutert die Gebrauchsweise dieses Geräthes.

Herr Bastian möchte bei der Auffindung ähnlicher Geräthe in fern von einander liegenden Gebieten vor den beliebten Wanderungstheorien warnen, da Wanderungen zunächst immer nur so weit angenommen werden dürfen, wie sie factisch erweisbar sind.

Herr Schweinfurth betont die Uebereinstimmung in der Begräbnissweise bei Betschuana, Bongo und Mittu. Aehnliche Analogien finden sich in Bezug auf das Ausschlagen der Zähne und den sonderbaren Gebrauch, die Kühe von hinten her aufzublasen, um sie zum Melken zu bringen.

Herr Hildebrandt erwähnt, dass er letztern Gebrauch auch in Abyssinien gesehen habe. Man thue es, um die Kühe zum Stillstehen zu veranlassen, da sie sich mit dem aufgeblähten Bauche nur schwer bewegen könnten.

(19) Der Vorsitzende richtet herzliche und ehrende Worte des Abschiedes an die binnen Kurzem nach Afrika zurückkehrenden Herren G. Schweinfurth und J. M. Hildebrandt, die heute zum letzten Male für lange Zeit in der Gesellschaft anwesend sind.

(20) Als Geschenke wurden vorgelegt:
 Soyoux: Les origines et l'époque païenne de l'histoire des Hongrois. Paris 1874.
 Th. Pyl: Pommer'sche Geschichtsdenkmäler. Greifswald 1875.

(1) Der Vorsitzende, Herr **Virchow**, widmet dem am 15. Januar im Alter von 91 Jahren und 11 Monaten zu Brüssel verstorbenen, hochverdienten, correspondirenden Mitgliede d'Omalius d'Halloy einen ehrenden Nachruf.

Die Herren **Lorange**, Freiherr v. **Lichtenberg** und Graf **Conestabile** danken für ihre Ernennung zu correspondirenden Mitgliedern.

Als neue Mitglieder werden angemeldet:
Herr Banquier Liepmann, Berlin.
Herr Dr. F. Förster, Berlin.
Herr Baron v. Maltzan auf Federow bei Waren, Mecklenburg.

(2) Herr **Th. Weber**, bisher Generalconsul für Syrien zu Beirut, jetzt zum Ministerresidenten und Generalconsul für Marocco ernannt, übergiebt
Thierknochen aus einer Höhle des Libanon.
Dieselben werden als der Rosenstock eines starken Hirsches, ein Stück des Schädeldaches, ein Kieferfragment und Zähne von einem grossen Bären, Röhrenknochen neben Sinterdrusen u. dgl. festgestellt. Sie stammen aus einer neuentdeckten Höhle bei dem Dorfe Faraiyyah im Kastrawan. Herr Dr. Weber erhielt sie von dem Scheich Daud-el-Khazim, der das Schädeldach für ein menschliches ansah, zum Geschenk. Die in arabischer Sprache abgefasste, mit französischer Uebersetzung versehene Schenkungsurkunde ist dem interessanten Funde, über welchen in einer späteren Sitzung näher berichtet werden wird, beigegeben.

(3). Herr **Hermes** übergiebt im Namen des Hrn. **Karsten** zwei Abgüsse
geschnitzter Renthiergeweih-Stücke aus der Höhle vom Freudenthal
für die Sammlung der Gesellschaft (vgl. Sitzung vom 12. Decbr. 1874).

(4) Herr Capitain **Ulfsparre** zu Stockholm übersendet nebst Schreiben vom 5. d. M. sein Kupferwerk über
schwedische Alterthümer.

(5) Herr **Virchow** überreicht im Namen des Hrn. v. **Gaudecker**
Bronzen von Zuchen in Pommern
(Hierzu Taf. III)
und bemerkt dazu Folgendes:
Nach dem Berichte des Hrn. v. Gaudecker wurden die Sachen im Walde von Zuchen, nördlich von Bärwalde in Hinterpommern, in einem grossen, mit einer

Steinkiste versehenem Hügelgrabe, welches ausserdem eine Urne mit gebrannten Knochen enthielt, gefunden. Ausser den vorgelegten Gegenständen waren dabei noch ein ziemlich grosses Sichelmessser von Bronze mit einem senkrecht gegen das Blatt angesetzten kurzen Zapfenstück am hinteren Ende und ein einfacher Bronzering. Die werthvolleren Gegenstände hat der Finder mir in zuvorkommender Weise zur Abgabe überlassen. Es sind diess:

1) ein Bronzemesser mit etwas gekrümmter, sehr abgenutzter Schneide und einem langen, ziemlich starken Griff, der am Ende ein Loch hat (Fig. 1). Die Klinge ist frisch gebrochen und zeigt hier eine kupferige Farbe. Das ganze Stück ist 143 Mm. lang, wovon 56 auf den Griff fallen.

2) eine prachtvolle Fibula mit doppelter Spiralplatte (Fig. 2), leider mehrfach verletzt und gebrochen. Sie hat einen Gesammtdurchmesser von 120 Mm., wovon auf jede Spiralplatte 28, auf das Mittelschild 46 kommen. Letzteres ist schwach verziert, indem einzelne rundliche Knöpfe, denen auf der Rückseite Vertiefungen entsprechen, in Feldern vertheilt sind, welche durch eine schwache Gravirung verziert sind.

3) Das eine Blatt einer Bronze-Pincette (Fig. 3), ungewöhnlich breit, und mit etwas unregelmässigen, trotzdem aber zierlichen Ornamenten versehen. Es sind diess Reihen von runden, am Rande des Blattes meist unvollständigen Kreisen. Die Mehrzahl derselben ist eingravirt, übrigens mit sehr breiten Furchen; nur bei dreien, nehmlich der obersten in der Mittelreihe und bei den beiden äussersten in der untern Reihe, ist die Mitte vorragend und dafür auf der Rückseite eine eingedrückte Grube. Die Patina ist hier besonders schön.

4) Ein Fingerring von Bronze (Fig. 4), 20 Mm. im Durchmesser, für den Kleinfinger passend. Die innere Fläche ist eben, die äussere flach gerundet. Am oberen Umfange wird er breiter und hier greifen die beiden Enden scheinbar über einander, ohne jedoch eine Trennungs- oder Löthungslinie zu zeigen. Von der Fläche aus gesehen, hat das übergreifende Stück fast die Form eines Greifenkopfes, doch mag der Anschein trügen.

5) Ein Bruchstück eines zweifelhaften Geräthes (Fig. 5a und b). An einem hohlen und beiderseits offenen Mittelstück sitzen zwei ausgeschweifte Füsse (?), welche an der unteren Seite eine längliche Rinne, auf der oberen eine scharfe Mittelkante und zwei eingedrückte Seitenflächen zeigen. Der eine dieser Füsse ist ungleich viel breiter und kräftiger, und an ihm zieht sich über die eine Seitenfläche eine quere Erhebung (Fig. 5a).

Der Fund ist demnach wegen seines Reichthums und der feinen Ausführung der einzelnen Gegenstände, zumal für diese, noch so wenig gekannte Gegend, recht bemerkenswerth. Die schildförmige Fibula mit ihren Spiralplatten erinnert an die Funde, welche ich in den Sitzungen des letzten November von Weissenfels und von Zaborowo gezeigt habe; an ersteren Fundort schliesst sich auch der Aufbau des Hügelgrabes an.

Eisen ist an dieser Stelle nicht wahrgenommen worden.

(6) Vom Vorstande ist mit Bewilligung des Ausschusses von Hrn. Bluth ein Hutmacher-Conformateur (System Allier) erworben und Hrn. J. M. Hildebrandt zur Benutzung für seine neue ostafrikanische Reise mitgegeben worden.

(7) Die Herren **Hirschfeld** und **v. Heldreich** haben in Athen wiederum **altgriechische Schädel**

und ein antikes Skelett für die Gesellschaft erworben, deren Ankunft entgegengesehen wird.

(8) Herr Marinestabsarzt **Klefeker** schreibt d. d. Nagasaki, 21. Decbr. 1874, an Hrn. Virchow:

„Der einliegende Brief giebt mir die erwünschte Gelegenheit, Ihnen wieder einmal ein Lebenszeichen von mir zu geben. Besagten Brief und die ihn begleitende Kiste habe ich nehmlich in Chefoo vom Capitain R. Molsen, deutsches Schiff Jan Peter, zur Beförderung an Sie erhalten. Die Kiste soll ein Aino-Skelet enthalten, und werde ich sie hoffentlich, wenn auch erst im Spätherbst nach ausgeführter Weltumsegelung, Ihnen abliefern können.

„Wir selbst, d. h. mein jüngerer College, Dr. Böhr und ich, haben seit Abgang meiner letzten Zeilen aus Sidney auch wieder einige Schädel gesammelt. In Makongai, einer kleinen, dem deutschen Consul gehörenden Insel der Fiji-Gruppe, hat Böhr mehrere Schädel ausgegraben; in Chefoo sind mir durch die Güte des dort domicilirten Dr. Carmichael verschiedene Chinesen-Schädel zugegangen.

„Haarproben, will ich schliesslich noch erwähnen, habe ich auf den Fiji- und Samoa-Inseln von sehr vielen Südsee-Insulanern, die dort als „free labor", zu deutsch Sklaven, importirt sind, für Sie gesammelt."

Der von Hrn. **Klefeker** erwähnte und an Hrn. **Virchow** gerichtete Brief ist von Dr. **Vinc. Siebert**, Schiffsarzt der K. Russischen Flotille des Stillen Oceans, d. d. Port Wladiwostok im Ussuri-Gebiet, Ost-Sibirien, vom $\frac{11}{2}$ September 1874 und betrifft

ein Aino-Skelet.

„Beifolgend nehme ich mir die Freiheit, Ihnen ein Aino-Skelet zu übersenden, voraussetzend, dass sich ein solches in Berlin und speciell in Ihrem Besitz noch nicht befindet, und andererseits weil das beifolgende Exemplar auf Reinheit der Abstammung so weit Anspruch machen darf, als solches nur irgend möglich ist. Es ist dieses nehmlich das Skelet eines Häuptlings, worauf schon die äussere Beschaffenheit des Grabes hinwies, und was besonders erwiesen wird durch die beigefügten, im Grabe vorgefundenen Insignien: den Goldstoff auf Fetzen des Kleides und das japanische Schwert. Es verhält sich damit folgendermaassen: Aus den dürftigen, an Ort und Stelle (auf Sachalin) und von Japanesen aufgreifbaren historischen Hinweisen scheint immer mehr hervorzugehen, dass die Aino's von den Japanesen auf der Insel Yēso (nicht Yésso, wie auf unsern deutschen Karten) als wilder Volksstamm vorgefunden, unterjocht und zu Leibeigenen gemacht worden. Darauf wurden die Leibeigenen zur Zwangsarbeit (Häringsfang und Bearbeitung dieses Fisches zu Dünger) nach Sachalin übergesiedelt. Hier müssen sie sich alljährlich im Frühjahr, zur Zeit des Häringszuges, in Aniwa auf dem südlichen Ufer Sachalins zur Arbeit einfinden. Die Häuptlinge nun, welche ihre Stämme und Gemeinden rechtzeitig und vollzählig stellen, erhalten von der japanischen Regierung als Ausdruck der Zufriedenheit und als Abzeichen ihrer Stellung jene oben erwähnten Insignien: ein goldgesticktes Kleid und ein Schwert. In Bezug auf die Beschaffenheit des übersandten Skelets ist zu bedauern, dass dasselbe von Fäulniss angegriffen und in Bezug auf die kleinen Knochen (Fuss und Hand) vielleicht nicht ganz vollständig ist. Das erstere hat seinen Grund darin, dass die Aino ihre Todten in langes frisches Schilfgras wickeln und in einem von Brettern roh gezimmerten Grabe beisetzen, das durchschnittlich nur zwei Fuss tief und von oben mit roh behauenen Brettern zugedeckt ist. Was die mögliche Unvollständigkeit betrifft, so war ich genöthigt, meinen Raub unter Umständen auszuführen und das Erbeutete abzusenden, die es mir nicht gestatteten, in wünschenswerther Weise zu verfahren. Die Aufdeckung eines Aino-Grabes ist nehmlich mit bedeutenden Schwierigkeiten verbunden, weil die Leute bereits wissen, dass man Skelettheile zu acquiriren wünscht, und daher bei Anwesenheit eines Schiffes überaus aufmerksam ihre Grabstätten bewachen. Auch ist, wie ich in Aniwa erfuhr, bisher so gut wie sicher kein ganzes Skelet nach Europa gebracht worden, so dass wohl auch die Akademie der Wissenschaften in Petersburg kein solches besitzt. Was die Schädel allein, die nach Europa gelangt sind, betrifft, so wird wohl mancher unechte mit eingelaufen sein.

Sollten Sie, hochgeehrter Herr, bereits im Besitze dessen sein, was ich Ihnen hiermit übersende, so entschuldigen Sie mein unnützes Bemühen mit dem tiefen Gefühl der Dankbarkeit eines Schülers Ihrer Lehren."

(9) Herr **Schwartz** in Posen sendet die Uebersetzung einer Mittheilung des Hrn. Pawiński, Professor an der Warschauer Hochschule, über

den Begräbnissplatz in Dobryszyce.

Das Dorf Dobryszyce liegt im Königreich Polen, an der Warschau-Wiener Eisenbahn, im Nordosten von der Bahnstation und der Kreisstadt Radomsk. Der Begräbnissplatz fand sich in einer Entfernung von zwei Wersten vom herrschaftlichen Wohnhause und zwar in einem sandigen Rechteck, welches ringsum vom Moorboden umgeben war. Der Sandboden war nur mässig über das anliegende Erdreich erhaben; doch war der Begräbnissplatz weder durch Steine, noch durch irgend andere Zeichen kenntlich. Die Gräber zogen sich in einer geraden Richtung von Osten nach Westen, in vier beinahe parallelen Reihen.

Einige Gräber waren von einander 5—6 Schritte, andere wieder 20—25 Schritte entfernt. Der Verfasser des Berichtes hat viele von ihnen schon zerstört vorgefunden. Er selbst hat noch neun Gräber ausgegraben. In den meisten von ihnen sind drei Urnen vorgefunden worden: eine grosse Urne oder der Aschenkrug mit Knochenüberresten, die mit Sand vermischt waren, und ein Krug nebst einer Schale, doch in viel kleinerem Maassstabe, und mit Sand angefüllt.

Eine Ausnahme hiervon machte das dritte Grab, in dem gar keine Urne gefunden wurde, ferner das 8. Grab, wo der kleine Krug fehlte, und das 9., das keine Schale enthielt. Eine der grösseren Urnen barg ausser Knochenüberresten noch eine eiserne Nadel, sowie drei eiserne Ringe, wahrscheinlich eine Art von Ohrringen.

In der Nähe des Wohnhauses fand man auch einige- einzeln vergrabene Urnen vor.

(10) Herr **Böhle** stellte wiederum vier neu eingetroffene

Lappen

in ihrer Nationaltracht, einen Mann und drei Frauen, der Gesellschaft vor; er gab zugleich erläuternde Mittheilungen über Zusammensetzung und stoffliche Behandlung ihrer fast durchgehends aus mit den Haaren präparirten Renthierhäuten bestehenden Bekleidung und veranlasste die Leute zu verschiedenen Aeusserungen in ihrem Idiom.

Herr Schott, Ehrenmitglied der Gesellschaft, prüfte zunächst die Sprache der Leute und hielt dann einen Vortrag über

Land und Volk der Lappen.

Das in ganz Europa unter dem Namen Lappen benannte Völkchen bekennt sich zu diesem Namen ebenso wenig wie seine blutsverwandten Nachbarn zu dem

Namen Finnen. Beide Völker, einem weit ausgedehnten, zumeist aber dünn ge-
säeten Hauptstamm angehörend, den man jetzt den finnisch-ugrischen zu nennen
pflegt, führen seit undenklicher Zeit auch einen gemeinschaftlichen Nationalnamen,
dessen einfachste Form in lappischem Munde Saame oder Sabme, im finnischen
Soome, Suome lautet.[1]) Die Bedeutung ist unaufgeklärt, die Form des Namens
aber protestirt gegen früher angenommene Zusammenziehung aus zwei einsilbigen
Wörtern für Sumpf und Land.

Was den Namen Lappen betrifft, so bringen uns diesen europäische Chroniken
schon ehe dieses Volk, über den Polarkreis gedrängt, gleichsam ein Ende der Welt
bewohnte. Damit wird des berühmten finnischen Sprachforschers Castrén Vermuthung, der an das finnische Wort loppu (lappisch loap) Aeusserstes, Ende
erinnert, hinfällig. Ein ehemaliges Lappegunda, d. i. Lappen-Gebiet in einem
Theile Ehstlands erwähnt gegen Anfang unseres 13. Jahrhunderts der von dem
grundgelehrten Finnländer Porthan (Porthan's Skrifter, V, s. 40) angeführte
Gruber in seinen „Origines Livonicae sacrae et civiles", und viele durch ganz Finnland zerstreute Namen von See'n, Buchten, Landrücken u. s. w. beweisen, dass der
Lappe älterer Bewohner Finnlands gewesen, aus welchem Lande der nachrückende
landbauende Suomalainen seinen nomadischen Bruder nach und nach nordwärts hin-
ausdrängte.

Beispiele solcher Namen: Lappa-järwi Lappensee, Lapin-laksi (oder
-lahti) Lappenbucht, Lapin-salmi Lappensund, Lapin-kangas Lappenheide,
Lapin-linna Lappenburg. Noch am südlichen Ende des Saima-Sees, bei der Stadt
Wilmanstrand, unweit Wiborg, giebt es ein Kirchspiel Lap-wesi Lappenwasser.
Auch fehlt es nicht an Gräbern (haudat) und künstlichen Steinhaufen (rauniot), die
nach den Lappen benannt sind. Die schwedischen Kirchspiele Finnlands haben
Lapp-träsk Lappensumpf, Lapp-fjärd Lappenfjord, Lapp-wik Lappenbucht,
Lapp-dal Lappenthal aufzuweisen.

Von jeder sonstigen Ueberlieferung verlassen, können wir die älteren Thaten
und Schicksale des in Rede stehenden Volkes, sei es vor oder nach seiner Einwanderung in Finnland, weder erzählen noch in chronologische Tafeln eintragen. Hier
ist nicht einmal dies oder jenes Jahrhundert, geschweige Jahrzehent, mit Sicherheit
anzugeben. So viel weiss man aber, dass die Lappen ihre machtlos gewordene
Aristokratie besitzen und dass Erinnerungen an eine längst verklungene Heldenzeit
bei ihnen wenigstens in einem epischen Gedichte von beschränktem Umfange fortleben. Dieses ist „Die Sonnensöhne" überschrieben, und findet man meine Uebersetzung eines Auszugs aus demselben, den die schwedische Zeitschrift „Post och
Jnrikes tidning" (1850, Nr. 84) zuerst, jedoch nur in schwedischer Sprache, mittheilt, in Erman's Archiv für wissenschaftliche Kunde von Russland (Band XII,
S. 54 ff., B. XIII, S. 1). Ein Pastor Fjellner, selbst Lappe von Geburt, hat diese
metrische Sage aus dem Munde seiner eigenen Stammesgenossen zu Sorsele in der
schwedischen Lappmark aufgezeichnet, und darf man dies dem im Rufe ebenso grosser
Redlichkeit als Poesielosigkeit stehenden Manne auf sein Wort glauben.

Den vollständigen Text dieser ehrwürdigen Reliquie verspricht Professor O.
Donner in Helsingfors mit Anmerkungen ans Licht zu stellen. Ein „Sohn der
Sonne" unternimmt eine Freierfahrt nach einem von Riesen bewohnten Eldorado im

---

[1]) Diese einfachste Form bezeichnet auch resp. Land und Landessprachen Beider. Mittelst
Anfügung eines lainen (aus laise) oder latsch nennt der Finne sich selbst gewöhnlich
Suomalainen, der Lappe Sabmelatsch. Letzterer wird von Ersterem Saamelainen
und Lappalainen, auch wie das Land, wo er sich umtreibt, schlechthin Lappi genannt.

unermesslich entfernten Abendlande. Dort angelangt, soll der Jüngling dem blinden Vater einer ihm alsbald wohlgeneigten Jungfrau Proben seiner Stärke ablegen und täuscht ihn mittelst Vorhaltung eines eisernen Ankerhakens, als wäre dieser ein Finger seines jungen Gastes. Von dem mitgebrachten Meth des Ankömmlings stark benebelt, willigt der ohnehin schon verdutzte Riese in die eheliche Verbindung der Beiden und entlässt sie mit Strandklippen aus Gold und Silber als Mitgift seiner Tochter. Aber die von der Jagd heimkehrenden Brüder vermissen voll Ingrimm den „Stolz ihres Hauses"; [1] unbekümmert um das was der Alte gethan, stossen sie zur Verfolgung des schon eingeschifften neuen Ehepaares ein Boot ab und würden vermöge ihrer übermenschlichen Stärke im Rudern das Paar bald eingeholt haben, hätte die Schwester nicht drei winderzeugende Knoten nacheinander gelöst. Der dritte dieser Knoten erregt einen solchen Sturm, dass die wüthigen Verfolger an den Lofoden scheitern und — das unausweichbare Loos vorweltlicher Riesen — für immer zu Klippen erstarren. Als Frau des Sonnensohnes verkürzt sich die Riesentochter bis zur Grösse gewöhnlicher Menschen — wie Brunhild von Island ihre ungeheuere Muskelkraft einbüsst, sobald sie den ersten Mann erkannt — und gebiert ein Heldengeschlecht, die Kalla parnech (Kalewa-Söhne der Finnen und Ehsten), welche die Schneeschuhe erfanden und Elenthiere zähmten.

Vor dem Bekanntwerden dieser erzählenden Dichtung zweifelte man selbst in Finnland am ehemaligen Vorhandensein einer poetischen Ader in dem lappischen Nachbar. Der noch in unserem Jahrhundert schreibende Finnländer Gottlund aus Sawolaks wusste, wo er in seinem Allerleiwerke Otawa von diesem Völkchen handelt, [2] nur einen Vers aus lappischem Hirne beizubringen, der eine Aufforderung an den Bären ist, seinen Winterschlaf abzuschütteln, weil die Natur bereits erwacht sei. Dieser Vers lässt sich deutsch etwa so wiedergeben:

Berges Alter, Berges Alter!
Raff Dich empor, raff Dich empor!
Blatt ist so gross schon wie Mäuseohr.

Dagegen muss der Finne wenigstens gestehen, dass sein „schwächerer Bruder", wie Castrén den Lappen nennt, in Zauberkünsten, besonders dem Windmachen und Windstopfen, d. h. Beschwören des Windes mittelst geöffneter und geschlossener Knoten, sein unerreichtes Vorbild gewesen. „Wenn die Finnen — sagt ihr grosser Landsmann Porthan (Band V, S. 38) — Einen als vollendeten Zauberer bezeichnen wollen, so pflegen sie zu sagen: se on kokko Lappi, d. h. der ist ein ganzer Lappe. Die Abergläubigsten erkennen in dem Lappen ihren Lehrer in geheimen Künsten, und wer höhere Vollkommenheit erstrebt, der scheut bisweilen nicht die Mühe einer Wanderung nach Lappland um Weisheit unmittelbar an der Quelle zu schöpfen." [3]

So weit Porthan. Warum aber, darf man wohl fragen, besitzen die Finnen sehr alte Zaubergesänge (die berühmten loihto-runot) von wahrhaft dichterischem Werthe, während die Lappen allem Anscheine nach nichts der Art aufzuweisen haben? Der gowadas oder die Geister herbeirufende Trommel der Letzteren dürfte für solchen Mangel wohl einen sehr rohen Ersatz bieten, obgleich sie neuerlich mit

---

[1] Man wird einigermaassen an die brüderliche Autorität in der hebräischen Patriarchenzeit erinnert.

[2] Es ist im Dialekte von Sawo geschrieben unter dem Titel: „Otawa eli Suomalaisia huwituksia (Himmelswagen oder finnische Belustigungen)". 1829—32. 2 Bände.

[3] Porthan hätte hinzusetzen können: „Wie Pythagoras zu solchem Zwecke nach Aegypten reiste!!"

einem hohen Grade von Wahrscheinlichkeit für das Urbild des Talismans Sampo erklärt worden ist, welcher in den Sagen aus finnischer Vorzeit eine grosse Rolle spielt. [1])

Diese unter dem Titel Kalewala (Kalewa's Land) zusammengeordneten, durch ein geistiges Band verknüpften epischen Gesänge in trochäischen Versen drehen sich vorzugsweise um Berührungen beider Völker, die, aus unschuldigem Anlass jenes Talismans schon frühzeitig feindselig geworden, mit vollständigem Siege der Finnen schliessen. Das „finstere männermordende Nordland" muss, obgleich seine Beherrscherin, die grosse Hexe Louhi, alle ihr zu Gebot stehenden dämonischen Künste aufbietet, endlich unterliegen und Finnlands göttlicher Seher Wäinämöinen begrüsst die Befreiung der durch Feindes List und Tücke eingesperrt gewesenen Himmelskörper in einem herrlichen Hymnas.

Da die so -manches Jahrhundert hindurch mündlich fortgepflanzten Kalewala-Runen mit vielen sogenannten Varianten auf uns gekommen sind, so musste unter letzteren öfter eine Auswahl getroffen werden und dies mag nicht alle Mal mit Glück geschehen sein. Beispielsweise hat ein in neuen Ausgaben des Epos, offenbar dem Stabreim zu Gefallen, stehend gewordenes Epithet des Lappen: laiha, dem lateinischen elumbis ungefähr entsprechend, das früher aufgenommene, anthropologisch viel wichtigere kyyttösilmä schiefäugig, d. h. mit schief stehenden Augenhöhlen, verdrängt. Zuerst lautete die betreffende Verszeile:

Lappalainen kyyttösilmä
Lappe mit den schiefen Augen,

jetzt lautet sie:

Laiha poika Lappalainen
Lendenschwacher Lappenknabe.

Die Sprache des uns hier beschäftigenden Volkes hat, besonders im Dialekte der nördlichen Finnmarken, ein reicher entwickeltes Lautsystem als das Suomi. In Fürwort und Redewort (Verbum) bewahrt sie noch den Dualis. Wo sie vom eigentlich sogenannten Finnischen (Suomi) abweicht, stimmt sie desto genauer mit den Idiomen der östlichen Gruppe, dem Mordwinischen, Assjachischen, Wogulischen, daher auch mit der Sprache der Magyaren, welche dieser Gruppe überhaupt näher kommt als der westlichen. Fremd ist aber dem Lappen wie dem Finnen jene die östliche Gruppe auszeichnende objective (das Object fürwörtlich einschliessende) Conjugation.

Die neuere Zeit hat manche finnische Ansiedlung tief in Lappland entstehen sehen und grössere örtliche Annäherung der so lange feindlichen Brüder führt zu öfterer Vermischung, deren Ergebnisse mitunter ganz ansehnliche wohlgestaltete Leute sein sollen. Wenn in Sammlungen finnischer Volkslieder Eines oder das Andere Laulu Lapista, d. h. Lied aus Lappland, überschrieben ist, so hat man dieses als den lyrischen Erguss, nicht eines Lappen, sondern eines finnischen Ansiedlers in Lappland zu betrachten. Einzelne sehr liebliche Blümchen dieser Art sind dem froststarren Boden entwachsen. —

Herr **Virchow** knüpft hieran Mittheilungen über
die physischen Eigenschaften der Lappen.
(Hierzu Taf. IV.)

---

[1]) Siehe meine Uebersetzung eines Artikels des finnischen „Monatblattes" (Kuukaustehti) vom Jahre 1868 in Lehmann's „Magazin des Auslands", 1869 (Nr. 18) unter der Ueberschrift „Der Sampo Finlands und des Lappen Zaubertrommel". Die Hypothese ist vom Professor Friis in Christiania, der sich um Lappen und Lappensprache sehr verdient gemacht hat.

Zunächst Einiges über die äusseren Verhältnisse der Leute. Nach ihren Zeugnissen stammen sie von Malå, einem schwedischen Orte in Vesterbotten Lappmark, an einem Nebenflusse der Skellefte Elf, etwa unter 65° N. Br. und 36 O. L. Die erste Gruppe, welche in der Sitzung vom 16. Januar vorgestellt wurde, bestand aus 3 Männern: Dovit, 26 Jahre, Klemme, 23 Jahre, Jona 26 Jahre alt, und einer Frau, Karim, 28 Jahre alt; die heutige Gruppe setzt sich der Angabe nach zusammen aus den beiden Eltern von Klemme, Hennta, dem Vater, und Aennta, der Mutter, und 2 Frauen, Ippa, 32 und Kaisa, 34 Jahre alt. Die Frauen unterscheiden sich äusserlich nur durch die Renthierschürze, welche sie über ihren Beinkleidern aus Renthierfell tragen; ihr Haar ist nur wenig länger, als das der Männer, und im Ganzen spärlich. Bei allen ist das Kopfhaar ganz glatt und schlicht. Nur Hennta hat einen reichlichen Bartwuchs. Alle sind hässlich und unansehnlich.

Ich will an die uns gebotene Anschauung ein paar Bemerkungen anknüpfen in Bezug auf die physischen Verhältnisse der Lappen. Schon bei Betrachtung der ersten Gruppe, welche in der letzten Sitzung hier war, fiel es mir auf, und es wird Ihnen eben so ergangen sein, dass die Augen, wie die Haare der Leute keineswegs den ausschliesslichen Vorstellungen von stark brünettem oder gar schwarzem Habitus entsprechen, welcher in der Regel den Lappen zugeschrieben wird. Es lässt sich nicht verkennen, dass die Hautfarbe schmutzig genug ist, um den Eindruck eines tiefen Braun zu machen. Indessen wenn man erwägt, dass die Leute sich nicht waschen, sich vielmehr mit einer gewissen Liebhaberei mit Fett einschmieren, auf welchen allerlei Schmutzmassen sich niederschlagen, so wird man sich nicht wundern, nicht nur darüber, dass die Hautfarbe durch diesen Ueberzug stark verdunkelt wird, sondern dass auch die Haut dadurch allmählich in einen Zustand von Reizung versetzt wird, der auf die Pigmentbildung einen gewissen Einfluss ausüben muss. Aber auch, wenn man die Augen und Haare genau betrachtet, ergiebt es sich, dass keineswegs bei allen eine schwarze oder schwarzbraune Farbe von ausgesprochenem Charakter vorhanden ist. Unter den drei jungen Männern, welche der ersten Gruppe angehören, befinden sich zwei mit dunklerem Haar, als wir heute hier gesehen haben. Der dritte, Dovit, und die Frau, Karim, dagegen haben hellbraunes Haar, das sich bei Dovit sogar dem Blond nähert. Die Leute der heutigen Gruppe, nachdem sie die Kappen abgenommen hatten, zeigten alle braunes Haar, an dem bei schräger Beleuchtung ein Schimmer von lichterem Braun oder gar Gelb hervortrat; namentlich diejenigen Haare, welche mehr der Luft exponirt sind, bieten eine gewisse Lichtfarbe dar und nähern sich Verhältnissen, wie ich sie in der Sitzung vom 17. October v. J. von den Finnen erwähnt habe. Freilich herrscht bei diesen ein viel mehr ausgesprochenes Blond vor, während die Lappen im Grossen und Ganzen immerhin brünett genannt werden können. Aber wenn man sie vergleicht mit den Zigeunern, welche in Finland selbst mehrfach von uns aufgefunden wurden, so ist der Gegensatz in der Farbe ein überaus auffälliger. Zwischen dem glänzend pechschwarzen Haar der Zigeuner und diesem an der Luft sich stark lichtenden, matten Braun oder Schwarzbraun der Lappen besteht keine Aehnlichkeit.

Es ist das insofern recht bemerkenswerth, als, wie Sie sich aus der Literatur und aus unseren früheren Debatten erinnern, gerade von Seiten maassgebender anthropologischer Kreise, am meisten der französischen, mit einer gewissen Zuversicht und Beständigkeit immer betont wird, dass die Angehörigen der turanischen Rasse wesentlich dunkel seien, während die arischen oder indogermanischen Völker wesentlich blond und hell seien. Man braucht nur ein einziges Mal diesen Gegensatz der Zigeuner, deren arische Abstammung kaum bestritten werden wird, gegen die Finnen und Lappen gesehen zu haben, um den unverwischbaren Eindruck zu haben, wie

W A Meyn lith   Verlag von Wiegandt, Hempel & Parey Berlin

W. A. Meyn lith.

Verlag von Wiegandt, Hempel & Parey Berlin

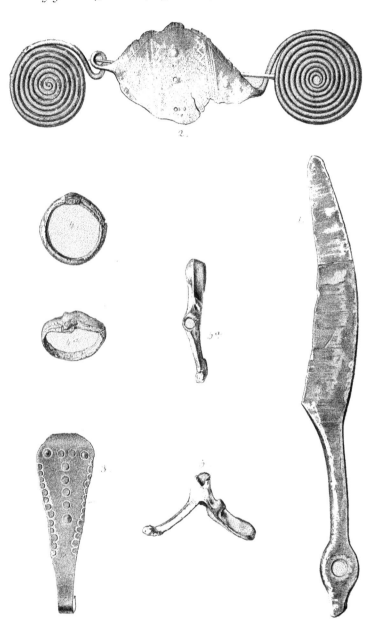

F.u.R.Virchow fec　　　　　　　　　W.A.Meyn lith.

4.

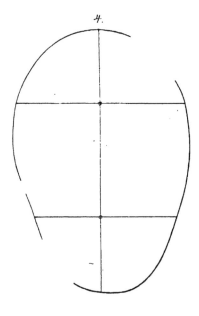

8.

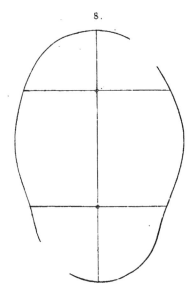

Verlag von Wiegandt, Hempel & Parey Berlin.

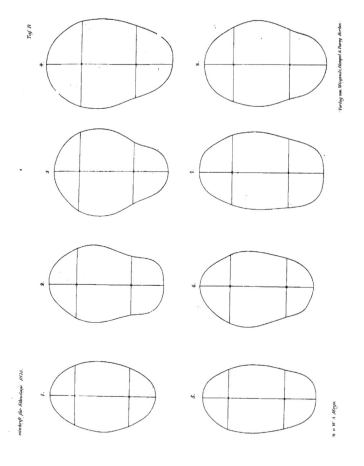

Verlag von Wiegandt, Hempel & Parey, Berlin.

L. u. W. A. Meyn.

wenig eine so allgemeine Voraussetzung zutrifft, und wie wenig es berechtigt ist, überhaupt eine solche generelle Aufstellung zu machen, wie sie in der Formel gegeben ist: Alles, was blond ist, ist arisch, und Alles, was dunkel ist, ist mongolisch. Das ist eine reine Fiktion.

Bei den vier Lappen, die eben hier waren, werden Sie wohl bemerkt haben, dass die Augen durchweg verhältnissmässig hell waren. Sie zeigen alle bei Abend einen leicht bläulichen Schimmer; wenn man sie aber bei Tage betrachtet, so mischt sich allerdings viel Braun dazwischen. Betrachtet man die Iris genau, so ergiebt sich, dass auch bei den helleren Augen braune Flecken an die Oberfläche treten, welche diese Schattirung bedingen. Auch Dovit hat eine sehr helle Iris, und selbst Jona, der das dunkelste, fast schwarze Haar besitzt, zeigt doch braune Augen. Jedenfalls kann man in keiner Weise behaupten, dass die Iris aller Lappen dunkel sei. Das ist gewiss von Wichtigkeit, da theils aus dem Zeugniss unseres gewiss competenten Ehrenmitgliedes Hrn. Schott, theils aus den Zeugnissen anderer, namentlich magyarischer Linguisten, die sie mitgebracht haben, theils aus Attesten, die von schwedischen diplomatischen Agenten bestätigt worden sind, hervorgeht, dass an der lappischen Abstammung der Leute kein Zweifel bestehen kann. Aber auch solche Schriftsteller, welche ex professo über die Lappen gehandelt haben, z. B. Hr. v. Düben, bezeugen das Vorkommen von lichterem Haar und helleren Augen bei den Lappen. Der letzgenannte Schriftsteller giebt ausdrücklich an, dass er auch in Lappland Flachsköpfe und graublaue Augen angetroffen habe und dass die Hautfarbe in der Jugend ganz hell ist.[1)]

Was nun die übrigen Verhältnisse anbetrifft, so haben wir heute in noch höherem Maasse, als neulich, den Eindruck der Kleinheit dieses Volkes erfahren. Ich habe die ersten vier, welche früher hier waren, gemessen, und es hat sich dabei herausgestellt, dass die drei Männer im Mittel 1,382 Meter hoch sind. Jona hat 1,446 M., Klemme 1,440, Dovit, der als der „kleinste Mann Lapplands" bezeichnet wird, nur 1,260 M. Die Frau, welche damals vorgestellt wurde, Karim, hat eine Grösse von 1,445. Würden wir die heutigen Leute dazunehmen, so würde sich ein Mittel ergeben, was unter dem Grössenverhältniss aller übrigen europäischen Rassen steht. Es stimmt diess im Ganzen mit der Angabe des Hrn. v. Düben, der im Mittel 1,5 M. angiebt.

Zugleich zeigt sich, dass der Ernährungszustand, obwohl die Leute hier besser gehalten werden, doch eine überans kümmerliche ist. Sie sind alle mager, und namentlich die Runzelbildung im Gesichte ist eine so starke, dass selbst die Jüngeren den Eindruck eines höheren Alters machen. Sie haben bemerkt, dass die Haut wegen des geringen Fettpolsters eine Feinheit hat, wie wir sie bei den übrigen europäischen Gesichtern sehr selten sehen. So ist namentlich um den Mund, wo selbst bei Männern sonst ein stärkeres Fettpolster liegt, die Haut so fein eingefaltet, wie Postpapier; zumal, wenn sie ihr Lachen zu unterdrücken versuchten, kamen so feine Faltenbildungen zu Stande, dass man kaum den Rücken der Falte als solchen unterscheiden konnte. Es erinnert das in gewissem Maass an die Beschreibungen, welche wir von den Buschmännern haben. Auch lässt sich nicht verkennen, dass die Ernährungs-Verhältnisse der Lappen in manchen Beziehungen sich denen der Buschmänner anschliessen. Ich wenigstens muss sagen, was freilich mit der Ansicht des Hrn. Fritsch nicht übereinstimmt, dass ich bei der Betrachtung der Buschmänner-Abbildungen stets den Eindruck habe, dass ihr Aussehen wesentlich durch die anhaltende Penuries bedingt wird, was ja auch Hr. Bleek bezeugt. So scheint es mir, dass auch bei den Lappen im Laufe der Jahrhunderte die einseitige und man-

---

[1)] Gustaf von Düben Om Lappland och Lapparne. Stockholm 1873, p. 167, 171.

gelhafte Ernährung auf die ganze Constitution einen solchen Einfluss ausgeübt hat, dass man sie in gewissem Sinne als pathologische Rasse bezeichnen könnte. Ich hatte diesen Eindruck schon früher, als ich nur einen einzigen Lappen gesehen, aber eine grössere Zahl von Lappenschädeln untersucht hatte; letztere haben durchweg denselben Charakter. Vergleicht man diese Lebenden mit dem, was uns in Abbildungen von Buschmännern vorgeführt ist, so kann man nicht verkennen, dass manche Analogien zwischen ihnen sich darbieten.

In Bezug auf die Kopfform habe ich schon früher hervorgehoben, dass die Lappen ein ausgemacht kurzköpfiges Volk darstellen. Sie sind mehr brachycephal, als die beiden andern grossen verwandten Stämme: schon die eigentlichen Finnen sind weniger brachycephal, die Esten gehen sogar in das Subdolichocephale über. Wenn man eine grössere Reihe von Schädeln neben einander hat, und ich denke, ich werde wohl später Gelegenheit haben, Ihnen eine solche vorzuführen, da ich durch Hrn. Schoeler eine grössere Zahl von Estenschädeln bekommen habe, so werden Sie sehen, ein wie grosser Unterschied zwischen ihnen vorhanden ist. Es sind 3 kraniologisch so sehr von einander getrennte Gruppen, dass es schwer fällt, sich von einer ursprünglichen Verwandtschaft derselben, von einer wirklichen Nationalitätseinheit dieser Stämme zu überzeugen, wofür ja allerdings sonst vielerlei spricht.

Die Messungen, welche ich bei der ersten Gruppe unserer Finnen gemacht habe — die neuern habe ich vorher noch nicht gesehen —, stimmen mit dem, was mir Lappenschädel darboten, vollkommen überein. Ich hatte Gelegenheit, nicht bloss in Helsingfors, sodern auch in Lund und Kopenhagen eine grössere Zahl von Lappenschädeln zu untersuchen, bei denen sich durchweg sehr erhebliche Breitenindices ergaben. Ich werde hier nur von denen aus Lund die Zahlen der Breitenindices angeben: 82,3, 83,2, 85,1, 81,4; nur 2 haben 79,6 und 79,5 gehabt. Das macht im Mittel 81,8. Hr. v. Düben (p. 172) giebt als Mittel 83,5. Die Messungen hier haben ergeben, dass die Männer einen Breitenindex von 85,4, 87,4 88,0 im Mittel 86,9 haben; nur die Frau ist entschieden schmäler und länger. Sie hat einen Breitenindex von 80,1. Das giebt im Ganzen ein Mittel von 85,2, natürlich grösser, als an macerirten Schädeln.

Nun verbindet sich mit dieser Kurzköpfigkeit eine gewisse Niedrigkeit des Schädels im Verhältniss zu den eigentlichen Finnen. Jedoch ist der Schädel bei Weitem nicht so niedrig, wie ich Ihnen das in der Sitzung vom 24. November an einer Reihe von deutschen Schädeln vorgeführt habe; die Mehrzahl bewegt sich in Höhenindices um 75, nicht wenige sind höher. Bei den Lebenden ist es schwer, ein paralleles Maass zu finden. Indess habe ich die senkrechte Höhe des Kopfes von der Ohröffnung aus gemessen, und so die Zahlen 72,0—72,0—65,9 (bei Jona) —69,8 (bei Karim) erhalten. Nach der Vorstellung, die ich im Ganzen bei meinen Vergleichungen gewonnen habe, möchte ich annehmen, dass die niedrigeren diejenigen sind, welche am meisten charakteristisch sind, und dass gerade in dieser geringeren Höhe ein erheblicher Unterschied der lappischen von den eigentlich finnischen Schädeln gelegen ist.

Nun möchte ich auf der andern Seite betonen, dass bei aller Bedeutung dieser Verhältnisse ich ausser Stande sein würde, in dem eigentlichen Gehirntheile des Schädels, also in der Schädelkapsel, so viel Eigenthümliches zu finden, dass ich mir getrauen möchte, aus jeder Schädelkapsel, die mir vorgelegt würde, herauszusehen, ob der Schädel einem Lappen angehört hat oder nicht. Ich betone das, weil in der letzten Generalversammlung zu Dresden eine erhebliche Differenz in Bezug auf diesen Punkt auftauchte und weil auch sonst vielfach aus Schädeln, die in tiefen Lagen der Erde, in Mooren und Höhlen gefunden sind, argumentirt wird, dass es lappische seien. Ich meine, man muss in dieser Beziehung sich sehr vorsehen. Brachycephale Köpfe sind überall in Europa verbreitet, und wir sind bis jetzt keineswegs berechtigt, aus der blossen Brachycephalie, auch wenn sie zugleich niedriger ist, auf einen nördlichen Ursprung zu schliessen. Analoge Formen finden sich auch ziemlich weit südlich. Ich habe letzthin aus San Remo Schädel bekommen, die in Bezug auf manche Verhältnisse der Schädelkapsel sich den lappischen anschliessen lassen.

Es ist viel mehr charakteristisch, ja ich meine, es steht im Vordergrunde der Betrachtung die Gesichtsbildung. Wie Sie das aus Ihren eigenen Eindrücken gefunden haben werden, so ergiebt es sich aus den Messungen. Die ungewöhnliche Breite der Backenknochen, die Gesichtsbreite im Verhältniss zu der sehr geringen Höhe des Gesichts fällt sofort auf. Bei den Leuten der ersten Gruppe ist durchweg die Breite des Gesichts (zwischen den vorstehenden Backenknochen gemessen) um ein Beträchtliches grösser als die Höhe (Nasenwurzel bis Kinn). Jona hat eine Höhe von 109 und eine Breite von 115, Klemme eine Höhe von 106 und eine Breite von 110; Karim 106 und 109, und der kleine 26jährige Dovit, der fast knabenhaft aussieht, der aber, wenn man ihn seine Künste treiben sieht, durch seine Gewandtheit und Stärke überrascht, hat 89 und 97. Es ergiebt sich also immer ein Beträchtliches mehr für die Breite (die Differenz ist 6—4—3—8). Wenn man die Sache im Einzelnen prüft, so zeigt sich wieder eine ganz ungewöhnliche Dürftigkeit in der Entwickelung der Kieferknochen. Alles, was zu den Kiefern gehört, ist klein und mangelhaft. Der lappische Unterkiefer, für sich betrachtet, ist meiner Meinung nach mehr charakteristisch als der ganze Schädel. Er ist so klein, der Bogen so wenig entwickelt, die einzelnen Theile so schwach contourirt, das Kinn so zurücktretend, dass man wenige andere Völkerstämme den Lappen in dieser Beziehung an die Seite stellen kann.

Ich will Sie heute nicht mit zu vielen Details ermüden; nur in Beziehung auf einen Punkt, den Herr Schott vorher berührte, möchte ich noch eine Bemerkung machen. Es ist das ein Punkt, den ich durch meine Notizen über die einzelnen, von mir untersuchten Lappenschädel so eben noch controlirt habe. Gerade in Bezug auf die Bildung der Augenhöhlen habe ich ein ziemlich auffälliges Merkmal constatirt: Die Augenhöhlen sind an sich ziemlich geräumig, aber nicht selten schieben sich die Ränder, der obere, welcher vom Stirnbein, und der untere, welcher vom Jochbein und vom Oberkiefer gebildet wird, so herüber, dass der Eingang der Augenhöhle, der sonst relativ der weiteste Theil ist — die Augenhöhle hat gewöhnlich eine trichterförmige Gestalt — ungleich enger ist. Wahrscheinlich erklärt sich diess aus dem Umstand, dass hinter dem Auge wenig Fett liegt. Während bei gut entwickelten Menschen ein stark entwickeltes Fettpolster hinter dem Augapfel befindlich ist, auf welchem das Auge sich stark vorschiebt, so tritt hier das Auge merkwürdig tief zurück, wie in eine Grube. Es hat ausserdem der Eingang der Augenhöhle eine etwas schiefe Gestalt und zwar schief in der Art, dass er nach aussen und unten eine starke Ausweitung hat. Dadurch wird eine eigenthümliche Stellung des Auges bedingt. Die Augenspalte ist etwas nach aussen und unten gerichtet. Die Augenlider sind entsprechend klein, weil sie eine geringere Fläche zu bedecken haben. Das Auge ist gleichsam verborgen, es kommt nur in einer kleinen Spalte zum Vorschein und erscheint dadurch sehr klein, obwohl es an sich keine absolut grössere Kleinheit haben mag. Keineswegs besitzt es die eigentlich mongolische Form.

Dazu kommt eine kleine Nase, die doch einen ziemlich breiten Rücken hat, so dass sie bei einzelnen Individuen, namentlich den kleineren, ziemlich weit hervorzutreten scheint. Trotzdem ist sie klein. Ich maass ihre Höhe bei Dovit zu 45, Klemme 48, Jona 49 und nur bei Karim zu 52 Mm. Die Ausbildung derselben, welche verhältnissmässig kräftig aussieht, ist also nur eine scheinbare gegenüber dem kleinen und mageren Gesicht. Die absoluten Höhen sind unter den gewöhnlichen Maassen, namentlich der Finnen. Im Uebrigen ist die Nase durchaus nicht in irgend einer Weise so gebildet, wie diess sonst bei der mongolischen Rasse zu bemerken ist.

Wenn ich damit keineswegs gesagt haben will, dass die Lappen kein mit den Mongolen zusammenhängendes Volk seien, so wird es doch Gegenstand der weiteren Untersuchung sein müssen, festzustellen, wie sich die körperlichen Verhältnisse der finnischen Stämme bis tief gegen den Osten hin im Einzelnen gestalten. Wenn Hr. Schott in Beziehung auf die linguistische Seite betont, dass die Stämme am Ural den Lappen näher stehen als die eigentlichen Finnen, eine Ansicht, die auch die finnischen Linguisten, wie ich aus ihrem eigenen Munde weiss, theilen, so ist es um so mehr auffallend, dass, soweit unsere jetzigen Kenntnisse über den Schädelbau reichen, gerade hier die grössten Differenzen vorhanden sind, indem die uralischen Stämme ausgesprochen langköpfig zu sein scheinen. Immerhin war es sehr erwünscht, und ich denke, Sie alle werden es als eine nicht unwichtige Erweiterung Ihrer Erfahrungen auch in Bezug auf die grossen craniologischen Fragen, welche im Augenblick unsere Wissenschaft bewegen, betrachten, dass wir Lappen durch unmittelbare Anschauung kennen gelernt haben. Es ist das viel mehr werth, als tausend blosse Beschreibungen.

Das wird nun wohl allseitig anerkannt werden, dass die Erscheinung der Lappen eine wesentlich andere ist, als wir sie in irgend einem Theile unseres Vaterlandes oder in irgend einem der benachbarten Culturländer Europas antreffen. Ich bleibe also dabei, dass bis jetzt nichts direkt dafür spricht, dass ehemals eine lappische Bevölkerung ganz Europa überzogen habe. Wie weit eine vielleicht verwandte mongolische oder selbst finnische Bevölkerung da gewesen ist, das ist eine andere Frage. Aber ich meine, wir werden auch hier daran festhalten müssen, dass unter den uns bekannten finnischen Stämmen keiner ist, der dem Typus entspricht, den wir als herrschenden in älteren Gräbern, in der Tiefe unserer Moore, in den prähistorischen Höhlen vorfinden.

Schliesslich bemerke ich noch, dass ich mich für verpflichtet gehalten habe, nachdem wir uns von der Zuverlässigkeit der Leute überzeugt haben, ihnen auch ein Zeugniss darüber auszustellen. Die Herren des Vorstandes sind dem beigetreten. —

Herr Steinthal: Ich möchte mir eine Frage erlauben, welche sich hier kurz erledigen lässt. Ich meine, man muss bei Entscheidung allgemeiner Fragen sehr vorsichtig sein; aber ich denke doch, man soll jeden einzelnen Fall dahin prüfen, wie viel man daraus lernen kann. Die Frage ist, ob das richtig ist, was ich aus dem schliesse, was uns heute Abend vorgetragen ist. Ich will die Frage, ob Finnen, Lappen, Esten und Mongolen verwandt sind, noch ganz bei Seite lassen, aber ich glaube, es müsste in irgend einer Form über das Verhältniss der Lappen zu den Finnen und Esten eine Entscheidung getroffen werden. Die Sprachforschung spricht die Verwandtschaft der Lappen mit den Finnen ganz entschieden aus; ebenso die Sagenforschung und die Volksdichtung, wie uns Hr. Schott schon vorgetragen hat. Nichtsdestoweniger steht dieser nahen Verwandtschaft der Sprachen- und Sagenforschung und der Volksdichtung eine sehr grosse physische Differenz gegenüber. Nun aber, wie ich höre, scheint die physische Differenz derartig zu sein, dass wir annehmen müssen, die Lappen sind ein degradirter Volksstamm, der durch

Mangel physisch heruntergekommen ist. Wir hätten also hier wenigstens ein ganz sicheres Beispiel, dass der Bau der menschlichen Schädel, die ganze Kopfform und Alles, was dahin gehört, so herabsinken kann, dass man fast dahin kommt, zu glauben, er sei nun in einen ganz anderen Rahmen gerathen, er stimme nicht mehr in seiner gegenwärtigen Eigenschaft mit den Völkern überein, denen er ursprünglich angehört hat. Wir dürften dann allerdings, wenn wir eine niedrig stehende Menschenrasse sehen, nicht kurzweg sagen, Alles, was niedrig steht, ist nicht ursprünglich, sondern wir müssten in diesem Falle erweisen können und die Möglichkeit zugestehen, dass, wenn wir irgendwo eine elende Menschenrasse sehen, ihr Zustand nur die Folge eines Gesunkenseins ist und nicht einen ursprünglichen Zustand darstellt. Wenn wir nun festhalten, dass die Lappen ursprünglich so gut gebildet waren wie die Finnen, so entspricht diese physiologische Veränderung dem Umstande sehr gut, dass sie sprachlich, wie es scheint, sich conservativer verhalten haben; denn das sprachlich Conservative geht gerade Hand in Hand mit einer ausserordentlichen Verarmung. Wenn der Körper verarmt, so klammert er sich fest an das an, was er einmal besitzt und nimmt weniger Veränderungen vor, weil er weniger produciren kann. Die Frage ist also: dürfen wir annehmen, dass in der That die Lappen vollständig zu den Finnen gehören und degradirte Finnen sind? Dann dürfen wir uns nicht wundern, dass selbst, wenn einmal die Lappen in dem ganzen Norden Europas his an die Alpen gewohnt haben, wir davon keine Spur sehen; denn von diesen Lappen, die wir heute kennen, dürfen wir nicht annehmen, dass sie weit verbreitet waren; damals war noch keine Veranlassung zu dieser Versunkenheit. Ich möchte wissen, ob diese Schlüsse, die ich ziehe, berechtigt sind, nach dem, was ich heute erfahren habe.

Herr Virchow: Was mich betrifft, so bin ich gern bereit, darauf zu antworten. Ich gehe nicht so weit in der Bestimmtheit meiner Erklärungen, wie Hr. Steinthal annimmt. Ich sage, ich habe von jeher von den Lappen den Eindruck einer pathologischen Rasse gehabt. Ich habe ihn heute besonders gehabt und halte ihn für wahrscheinlich richtig. Nichtsdestoweniger kann ich nicht beweisen, dass hier eine Degradation vorliegt; denn ich müsste dann eine regelmässige Series von Formen haben, um an ihnen nachzuweisen, wie der Typus heruntergekommen ist. Dieses kann ich nicht; also befinde ich mich in der Lage Darwins. Ich kann die Nebeneinanderstellung bis zu einem gewissen Grade durchführen, aber die Nachweisung des Ueberganges von Form zu Form nicht thatsächlich darstellen. Nichtsdestoweniger habe ich schon in meiner ersten Publikation über die Lappen (Archiv für Anthropologie. Bd. IV. S. 74) gesagt: wenn es irgendwo in der Ethnologie einen Fall giebt, der für die Darwin'sche Interpretation geeignet erscheint, so dürften es gerade die Lappen sein. Ich würde es vollkommen im Gange meiner Ideen halten, wenn, wie Hr. Steinthal voraussetzt, die Lappen in älteren Zeiten eine bessere Organisation gehabt haben. Nur kann ich nicht so weit gehen, dass ich behaupte, diesen Nachweis schon geliefert zu haben. Vielmehr ist das eine Reihe von Schlüssen, die ich auf einander baue und zu denen ich Erfahrungen zu Hülfe nehme, welche wir gelegentlich in pathologischen Fällen machen, z. B. bei Rachitis, welche allerdings manche Aehnlichkeit darbietet. Leider ist vorläufig noch kein sicherer Nachweis des Ueberganges zu führen. Nach dem mir bekannten Material von Finnen und Lappen kann ich nicht sagen, dass mir irgendwo lebendige Finnen oder Finnenschädel von unzweifelhaft reiner Rasse vorgekommen wären, welche Erscheinungen dargeboten hätten, wie ich sie Ihnen vorher von lebenden Lappen und Lappenschädeln beschrieben habe. Die Möglichkeit des Ueberganges halte ich aufrecht, aber die Unähnlichkeit erscheint vorläufig noch grösser, als die Aehnlichkeit. Es ist in der That immer noch möglich, aus einer Reihe neben einander befindlicher Schädel von Finnen und Lappen, ohne etwas von ihrer Herkunft zu wissen, die einzelnen zu klassificiren und die beiden Gruppen von einander zu trennen.

Was die Esten anbetrifft, so liegt die Sache ungleich schwieriger, weil sie überhaupt nichts so Charakteristisches und specifisch Eigenthümliches haben, wie die andern. Sie zeigen viel mehr Variationen, und es ist mir vorläufig noch gänzlich unklar, ob diese Variationen auf alte Mischungsverhältnisse mit anderen Rassen hinweisen. Jedenfalls zeigen sie gegenüber den eigentlichen Finnen so grosse Differenzen, dass die Magyaren ihrer physischen Bildung nach den Finnen ungleich näher stehen, als den zwischen sie eingeschobenen Esten. Während also Hr. Schott eine grössere linguistische Aehnlichkeit zwischen Lappen und Magyaren konstatirt, als zwischen Lappen und Finnen, so viel ich verstanden habe, so ist physisch das Verhältniss ein umgekehrtes. Die Magyaren stehen den Finnen näher und die Lappen erscheinen weiter von ihnen entfernt. Ich denke also nicht, dass wir schon gegenwärtig in der Lage sind, eine bestimmte Formulirung nach feststehenden Verhältnissen aufzustellen.

Wenn ich eine kurze Betrachtung angestellt habe in Beziehung auf die alten europäischen Völker, so will ich zugestehen, dass die Verweisung auf die gegenwärtigen Lappen nicht ganz sicher ist. Aber man muss doch, um die prähistorischen Europäer als mongolisch zu bezeichnen, irgend einen bestimmten Stamm zur Vergleichung wählen, also z. B. die Lappen oder die Finnen oder die Esten. In der That sind die prähistorischen Völker einmal den Lappen, ein anderes Mal den Finnen und dann wieder den Esten gleichgesetzt worden, weil sich immer neue Typen herausstellten und es sich ergab, dass gewisse frühere Prämissen falsch waren. Ich kann aber sagen, dass nirgends bis jetzt eine in sich zusammenhängende Gruppe älterer Schädel gefunden ist, welche, sei es der finnischen, sei es der lappischen, sei es der estnischen Form vollkommen entsprechen. Desshalb, meine ich, haben wir keinen Grund, die ganz allgemeine Wahrscheinlichkeit zu verfolgen, dass jemals Lappen bis an die Pyrenäen gewohnt haben. Als Naturforscher können wir nichts weiter thun, als dass wir uns an die Thatsachen halten und aus den Thatsachen argumentiren; diese Thatsachen sprechen aber meines Erachtens gegen eine solche Annahme. Es ist aber selbstverständlich, dass in einem an sich so schwierigen Gebiet neue Erfahrungen diese Vorstellung gänzlich erschüttern könnten. Wenn z. B. beim weiteren Studium der uralischen Stämme sich ganz andere Thatsachen herausstellten, wenn noch grössere Verschiedenheiten, als wir sie bis jetzt kennen, zwischen den finnischen Stämmen hervorträten, so würde es denkbar sein, dass damit eine Verwandtschaft auch der Aboriginer Europas mit diesen Stämmen herzustellen wäre. Aber im Augenblicke können wir dies nicht, und desshalb sage ich: wir haben vorläufig für die südlichen Brachycephalen, wie sie in Frankreich und Italien vorkommen, durchaus keinen Grund, anzunehmen, dass das Lappen gewesen seien, da wir in den Ligurern einen brachycephalen Stamm kennen, von dem Niemand hat nachweisen können, dass er in Verbindung mit einer finnischen oder mongolischen Bevölkerung gestanden habe. Für die Brachycephalen des mittleren Europa liegt die finnische Verwandtschaft räumlich allerdings näher, aber es fehlt dieser Annahme sowohl der historische, als der physische Nachweis. Sind die Lappen früher gewöhnliche Finnen gewesen, so kann man sie prähistorisch nicht Lappen nennen, und die physische Forschung hätte sich nur auf die Finnen zu beschränken. Man bewegt sich hier also in einem Zirkel, und man kommt schliesslich zu Widersprüchen, wie ich sie in Finland fand, wo die arischen Zigeuner „schwarz" und die „mongolischen" Finnen blond sind. [1])

---

[1]) Taf. IV giebt die Umrisse der Köpfe der Lappen, mit dem Allier'schen Conformateur durch Hrn. Woldt gewonnen. 1. Dovit, 2. Kaisa, 3. Ippa, 4. Jona, 5. Karim, 6. Aennta, 7. Hennta, 8. Klemme. Davon sind Nr. 2, 3, 4 und 6 weiblich, 6 und 7 die Eltern von 8. Die Maasse dieser Umrisse stimmen nicht mit den direct gewonnenen Maassen und die Umrisse gewähren daher kein vollkommenes Bild der Kopfformen. Wahrscheinlich liegt diess daran, dass die grösste Breite nicht in derselben Ebene mit der grössten Länge liegt und dass die Längenebene entscheidend gewesen ist. Immerhin ist es interessant zu sehen, wie sehr auch hier die Hutebene in Form und Grösse wechselt, und namentlich wie verschieden gross bei den einzelnen Individuen die Grösse der Stirn ausfällt, während das Hinterhaupt eine grosse Constanz der Bildung zeigt.

Sitzung vom 20. März 1875.

Vorsitzender Herr **Virchow.**

(1) Die Herren John Evans und Hart danken für ihre Ernennung zu correspondirenden Mitgliedern.

Als ordentliches Mitglied wird angemeldet

Herr José de Perozo y Figueras aus Cuba.

(2) Das Kriegsministerium hat die erbetene Veranstaltung von Erhebungen über die Farbe der Augen, der Haare und der Haut der eingestellten Rekruten als mit dem dienstlichen Interesse unvereinbar abgelehnt.

Dagegen hat der Herr Cultusminister angeordnet, dass derartige Erhebungen in allen Schulen des preussischen Staates vorgenommen werden sollen.

(3) Herr **Lanin,** Photograph zu Nicolajewsk am Amur, übersendet als Probe zwei von ihm angefertigte Photographien, nehmlich chinesische Exilirte von Mansej an der russischen Grenze und eine Ansicht des Flusses Ogoifun. Beide sind sehr wohl gelungen. Er theilt gleichzeitig mit, dass er während eines zwanzigjährigen Aufenthaltes am Amur zahlreiche Photographien aufgenommen habe und dass soeben ein Album mit Ansichten und Typen von den südlichen Küsten und von der Gegend des Ursprunges des Flusses Ussuri im Abdruck sei. Er erbietet sich, gelehrten Gesellschaften, Redactionen und einzelnen Personen diese Photographien abzulassen und wegen des Verlagsrechtes mit ihnen in Beziehung zu treten.[1]

---

[1] Preis-Courant.

40 Bilder, Ansichten von Ufern und Städten, Dörfern und Buchten im Laufe des Amur von der Stadt Stretensk bis Nicolajewsk. Jedes Bild zu 2 Rubel.

50 Bilder von Typen, Gruppen, Waffen, Scenen und Göttern; Scenen aus dem Leben der Einwohner, welche diese Gegend bewohnen. Jedes Bild zu 3 Rubel.

40 Bilder von südlichen Häfen: Dekastri, Imperatorskoi (kaiserlich), Sta. Olga; Ansichten von Sachalin, Wladiwostok; von dem See Channa; Ansichten am Flusse Ussuri und von Bewohnern dieses Landes. Jedes Bild zu 3 Rubel.

Vollständiges Album der besten Bilder, Ansichten und Typen der Amur'schen Gegend, der südlichen Häfen und der Gegend am oberen Ussuri, 100 Bilder 240 Rubel, 120 Bilder 280 Rubel.

Alle die obengenannten Bilder werden sofort abgeschickt nach Empfang des Geldes oder nach Empfang eines Telegrammes, dass das Geld abgeschickt ist.

Adresse: Nicolajewsk am Amur, photographische Anstalt Wladimir Wasiljewitsch Lanin, Telegramme adressire man: Nicolajewsk, Lanin.

(4) Herr **Hart**, Cornill University, befindet sich, brieflichen Nachrichten des-selben zufolge, wieder in Brasilien, um seine geologischen und ethnologischen For-schungen in grösserer Ausdehnung aufzunehmen. Ganz besonders beabsichtigt er, die Muschelberge von Santos zu untersuchen. Er hat im südlichen Minas eine Begräb-nissgrotte ausgeräumt und 3 Skelete daraus gewonnen, ein in einer Hängematte be-stattetes, ein in Rinde und Palmblätter eingehülltes und ein in einem Topf beigesetztes.

(5) Herr **Klopfleisch** übersendet d. d. Jena, 19. März, dem Vorsitzenden eine Reihe von Bemerkungen über

thüringische und schlesische Funde.

1) In Betreff des Berichtes des Hrn. Dr. **Voss** (Sitzung vom 17. Oct. 1874) über die fortgesetzten Ausgrabungen im Braunshain muss ich betonen, dass ich keineswegs behauptet habe, dass der Charakter der Braunshainer Gräber die Leichenbestattung als durchgehende Regel erscheinen lasse; wohl aber muss ich ausdrücklich wiederholen, dass der eine (zuerst geöffnete) Grabhügel un-zweifelhafte Reste eines menschlichen (kindlichen) Begräbnisses barg; die ganze, deutlich erkennbare Beisetzungs-Erdgrube war mit zwar sehr mürben, zerfallenden, aber doch deutlich die Formen der menschlichen Species zeigen-den Knochenresten in ihrer ganzen Länge durchsetzt, ja sogar ein mensch-licher „Milch"-Backenzahn wurde dieser Grube entnommen, der aber leider von dem Platze, wo die Fundgegenstände deponirt wurden, entwendet oder durch die zahlreichen, unliebsamen, neugierigen Zuschauer „verlegt" worden ist. Es steht übrigens fest, dass es eine Art von Leichenbestattung gab, wo über dem leicht mit Erde bedeckten Leichnam ein Feuer angefacht wurde, welches die Knochen des Beerdigten mehr oder weniger stark calcinirte, wovon deren Vergänglichkeit in feuchter Erde sehr abhängig ist.

2) In Betreff der in der Sitzung vom 14. Nov. 1874 von Ihnen besprochenen und abgebildeten bemalten **Posener Thongefässe**, welche auffallend an die Schlesischen im Germanischen Museum zu Jena erinnern, dürfte doch auch an die von Prof. **Conze** in Wien besprochenen und in den Sitzungsberichten der Wiener Akademie 1870 abgebildeten altgriechischen Thongefässe zu er-innern sein. Ich bin der Meinung, dass die betreffende Ornamentik weniger als ur-arisch, wie **Conze** will, zu bezeichnen ist, sondern eher den Zeiten angehört, wo die griechischen und italischen Völker noch mit den Kelten, welche ja sprachlich zu dieser Gruppe gehören (**Schleicher**), noch eine zusam-menhängende Völkergruppe bildeten, da dieselbe Ornamentik auch auf galli-schem Boden und in den Schweizer Pfahlbauten nachklingt, während sie z. B. in den reingermanischen mitteldeutschen Gegenden gänzlich fehlt; hier aber tritt dafür während der Bronzezeit vielfach eine weitgehende, unmöglich zufällige Aehnlichkeit mit den Thongefässen auf, die **Schliemann** in Klein-asien („Troja") ausgegraben hat. In diesen dürfte weit eher ein ur-arisches Element stecken, als in den von **Conze** abgebildeten Produkten altgriechischer Keramik. — Das eigenthümliche **Y-Zeichen**, welches dem Triquetrum ähnlich ist, kommt übrigens ähnlich auch unter den altitalischen Schriftzeichen vor für einen aus K entstandenen palatalen Laut (wie das Sanskrit ç), in der Form von ζ, d. h. von einem lateinischen S mit einem kleinen vorgesetzten Haken (Vgl. **Wimmer**, runenskriftens oprindelse etc., Kopenhagen 1874, S. 51).

3) Was ferner die in demselben Berichte von Ihnen erwähnte, auch von mir schon öfters beobachtete **See-Igel-Ornamentik** anbelangt, auf welche ich auch vor kurzem mit Hrn. Professor **Haeckel** hier zu sprechen kam, so

erwähne ich noch, dass ausser an dänischen Gefässen der Steinzeit auch die altägyptische Ornamentik Aehnliches aufweist, besonders auch die Verzierungsform (der Kreis, der von Punkten umsäumt ist). Unser Germanisches Museum zu Jena besitzt einen versteinerten Echinus, welcher in einer Urne, angeblich mit Stein-Utensilien im Anhalt'schen gefunden ist, und eine Bronzenadel (Fibula) aus Schlesien, deren runde convexe Verzierungsplatte genau die Form und natürliche Felder-Ornamentik mit den punktirten Streifen eines Echinus wiedergiebt.

4) In Betreff Ihres Vortrages über Ausgrabungen zu Weissenfels (Sitzungsbericht vom 18. Nov. 1874) möchte ich noch ergänzend hinzufügen, dass in Thüringen doch auch noch westlicher, als Sie angeben, Urnenfelder mit Leichenbrand sich finden; so habe ich z. B. erst kürzlich (im vorigen Jahre) dicht bei Jena an zwei örtlich ganz entgegengesetzt liegenden Stellen durch den Saal-Eisenbahn-Bau aufgedeckte Urnenfelder zu Gesicht bekommen, von denen das eine, in der tiefen Saal-Aue (nach Löbstedt zu), das andere auf einem Thal-Abhange, etwa 60 Fuss über dem Saalspiegel zwischen der Rasenmühle und Lichtenhain liegt. Letzteres scheint von grosser Ausdehnung zu sein und verspricht reiche Ausbeute bei einer in baldige Aussicht genommenen Ausgrabung. Es fanden sich hier besonders Bronzesachen (sehr verschlackt) und als Schmuck-Amulete durchbohrte Flussmuscheln, während bei Löbstedt Eisen- und Bronzesachen in Combination gefunden wurden. Auch habe ich schon an anderen Stellen des westlichen Thüringen (z. B. Vippach-Edelhausen hinter Weimar, und bei Geisa in der Rhön u. a. O.) Urnenbegräbnisse mit Leichenbrand gefunden. Immerhin aber bleibt es auffallend, dass in Thüringen die Leichenbestattung verhältnissmässig viel häufiger ist, als der Leichenbrand.

(6) Das eben eingetroffene Heft VI der „Mittheilungen der deutschen Gesell-für Natur- und Völkerkunde Ostasiens" enthält unter anderen interessanten Abhandlungen einen Aufsatz des Hrn. Dönitz über die Aino.

(7) Herr **Virchow** legt photographische Abbildungen eines von Hrn. Wagner aus Venezuela eingesendeten, angeblich in einem See gefundenen thönernen Idoles vor. Er sah dasselbe im Hallischen Museum und Hr. Opel hat die Güte gehabt, es auf seinen Wunsch photographiren zu lassen. Eine Abbildung davon soll in den „Neuen Mittheilungen" erscheinen.

(8) Hr. **Hartmann** berichtet über eine Anzahl im anatomischen Museum zu Berlin befindlicher, noch mit den Weichtheilen bedeckter

Köpfe von Mulatten und Negern aus Bahia.

Dieselben wurden zum Theil schon in dem 1835 erschienenen, interessanten, auch vieles Originale enthaltenden Werke Gottfried Schadow's: „Nationalphysiognomien" in den eigenthümlich markigen Contouren des Meisters bildlich dargestellt und auf S. 28 ff. des zugehörigen Textes kurz beschrieben. Nach den Ermittelungen, welche Vortragender zum Theil unter Beihülfe des verewigten Prinzen Adalbert von Preussen angestellt, war die Gelegenheit, bei welcher jene Köpfe erlangt wurden, die folgende: „In den 1830er und späteren Jahren waren in den nördlichen und mittleren Provinzen Brasiliens wiederholte Aufstände ausgebrochen, welche zum Theil die Errichtung einer Föderativ-Republik bezweckten. Die meisten dieser Aufstände lehnten sich an die sogenannte Cabano-Revolution in den Gebieten des oberen und unteren Amazonenstromes. Hauptsächlich waren es nun die Farbigen, welche bei diesen Kämpfen in den Reihen der Aufständischen fochten, alle jene Mulatten, Mestizen, Kafusos, Mammelukos, Indios, Negros u. s. w. Im Jahre 1832 kam es auch in den Strassen Bahias zum Kampf und es wurden von den siegreichen kaiserlichen Truppen bei dieser Gelegenheit eine Anzahl aus einem Sklavenbagno ausgebrochener afrikanischer Schwarzer theils in der Hitze des Kampfes getödtet, theils kurz nach Beendigung desselben standrechtlich erschossen. Ein gewisser v. Schotzky wusste sich die Köpfe einiger der Getödteten zu verschaffen, welche dann in das anatomische Museum der Berliner Universität gelangten. Dieselben sind noch heut ziemlich gut erhalten und zeigen im Antlitz zum Theil selbst noch solche Verzerrungen, wie sie bei gewaltsamer Todesart wohl entstehen können. Es sind darunter Köpfe von Negros Novos, d. h. von frisch angekommenen, welche noch die ursprünglichen Stammesabzeichen tragen und als typisch gegenüber jenen Kreolnegern betrachtet werden dürfen, welche, im Lande geboren, im Verlauf der Geschlechtsfolgen ihren heimathlichen Charakter doch manchmal wesentlich ändern oder auch gänzlich einbüssen. Vortragender legte nun die in natürlicher Grösse mittelst des Lucae'schen Apparates aufgenommenen und in ihrer etwas verblichenen Färbung der Haut wiedergegebenen Portraits von fünf Individuen vor. Von jedem Kopfe verfertigte Hr. Hartmann eine genaue Profil- und eine genaue Face-Ansicht. Er fand Gelegenheit, einige dieser Portraits später mit gut photographirten, denselben Nationalitäten angehörenden zu vergleichen, welche Untersuchung ein günstiges Resultat hinsichtlich der typischen Beschaffenheit jener Weingeistpräparate ergab. Gezeichnet wurden die Köpfe

1) eines Knaben aus Cabenda,
2) eines jungen Mädchens aus Angola,
3) eines Monjallo-Mannes,
4) eines Mannes mit der Bezeichnung „Mina",
5) eines sogenannten Knopneuzen oder Makaopa.

Der Haarwuchs an Haupt und Bart, die Augenbrauen, Wimpern, die Gestaltung der Lippen, Ohren u. s. w. liessen sich in so grossem Maassstabe genauer wiedergeben. Der sogenannte Mina-Neger erinnert mit seinen die Kreuz und Quer über Stirn und Wangen laufenden Schnittnarben an jene Sucrutched faces oder Bantetje (im Schintetje), von denen uns Prof. Bastian im I. Bande seines neuesten Reisewerkes über die Loangoküste S. 136 und 314 berichtet. Am Knopneuzen, welchen auch der in der Sitzung anwesende Missions-Inspektor, Hr. Merensky als einen solchen in Anspruch nehmen zu dürfen glaubte, laufen eine Menge knopfförmiger, warziger Erhabenheiten in nicht ganz regelmässigen Abständen von dem behaarten Stirnrande bis zur Nasenspitze.

Nach Hrn. Missionar Endemann's brieflicher Mittheilung an den Vortragenden wird bei anderen Knopneuzen diese mediane Längsreihe von „Knöpfen" auch durch quer über den mittleren Theil des Antlitzes ziehende Reihen gekreuzt. Einer älteren Nachricht zufolge sollen diese den A-Bäntu zugehörenden Schwarzen ihre Haut kreisförmig einschneiden und die dergestalt abgegrenzten Hautinselchen durch Einklemmung in den entsprechend vollführten Ausschnitt einer beim Eintrocknen allmählich zusammenschrumpfenden Fruchtschaale isolirt und dadurch zur Erzeugung einer warzenartigen Hervorragung gebracht werden. Nach einer anderen Darstellung, welcher auch Hr. Merensky seinen Beifall giebt, wird die Haut des Gesichtes an bestimmten Stellen nur halbkreisförmig incidirt und durch methodisches Emporbinden zur Erzeugung der Knöpfe gezwungen. Die üppige Ausbildung der letztern bei dem abgebildeten Individuum lässt an eine gleichzeitig mit der Entwicklung der Knöpfe erfolgte leichte Keloidbildung denken. Nach Hrn. Merensky legen übrigens die von den Amazulu unterjochten Makaopa diese verunstaltende Sitte jetzt allmählich ab.

Wie nun u. A. eine der Gesellschaft präsentirte, von Hrn. Maler Klingelhöfer aufgenommene Photographie beweist, finden sich derartige Verunstaltungen auch bei im südlichen Kongo wohnenden Stämmen. Zu letzteren scheinen denn auch ein von Biard abgebildeter, ferner ein von Agassiz in dessen brasilianischem Reise- werke (nach einer in Brasilien gangbaren, auch im Besitze des Vortragenden befind- lichen Photographie) xylographisch wiedergegebenen „Negro Novo", sowie ein im Dammann'schen Album (Heft   , Blatt   ) dargestellter Sklave von Pernambuco zu gehören.

Vortragender legte ferner vor die von ihm nach der Natur mit dem Prisma auf- genommenen, in ihrem natürlichen Kolorit en Gonche ausgeführten typischen Portraits lebender Afrikaner:

1) eines Bischāri,
2) eines Abbādi,
3) eines Hasāni,
4) und 5) zweier Bagāra,
6) eines Djaali,
7) eines sennärischen Mischlinges,
8) eines Pullo von Kanno,
9) eines edlen Fungi,
10) eines Tabi-Bewohners,
11) eines Dongolāni,
12) eines Kongāri (Dār-Fūr),
13) eines Barta oder Berta,
14) eines Denqa,
15) eines Kānémbu und
16) eines Schilluk.

Diese 16 Typen, lauter Männer, wurden bisher zum Theil noch gar nicht, zum Theil nur sehr ungenügend bildlich dargestellt. Der zur gewissen Jahreszeit von Hadji's Tekārine wimmelnde Völkermarkt in den obernubischen und sennärischen Ortschaften bot dem Vortragenden gute Gelegenheit zur Ausführung derartiger Ar- beiten dar. Die sämmtlichen vorgezeigten Darstellungen sollen in einem vom Vor- tragenden binnen kurzer Zeit zu publicirenden umfangreichen Werke über die An- thropologie Afrika's an geeigneter Stelle abgebildet und ausführlich beschrieben werden.

(9) Herr **Friedel** legte folgende dem Märkischen Provinzial-Museum zu Berlin gehörige Gegenstände (Taf. V, Fig. 1—3) vor:

1) einen schön geschliffenen Feuerstein-Keil, 11,5 Cm. lang, an der Schneide 5 Cm. breit, in Rixdorf nahe Berlin beim Ausschachten der Fundamente einer Bren- nerei gefunden, Geschenk des Rentmeisters Wallbaum in Gusow;
2) einen desgl., 11 Cm. lang, an der Schneide 4 Cm. breit, mit einem Bronze- (oder Kupfer?-) Celt (11,5 Cm. lang, Schneide 5,5 Cm. breit) schönster Ar- beit, zusammen beim Abtragen eines Hünengrabes in Deutsch-Sagar bei Crossen a/O. gefunden, mitgetheilt vom Rector Petermann daselbst;
3) einen Bronzemeissel (17 Cm. lang, Schneide 1 Cm. breit) in einem Torfmoor bei Neustadt a. d. Dosse gefunden, den noch jetzt gebrauchten gewöhnlichen eisernen Meisseln auffallend ähnlich und deshalb besonders merkwürdig, da die in hie- siger Gegend gefundenen Instrumente, Schmucksachen, Waffen etc. von Bronze in der Regel decorativ gehalten und stylistisch bearbeitet sind und des- halb die Unterstellung zulassen, dass neben ihnen die gewöhnlichen

Instrumente noch aus Stein gefertigt waren. Erst die Verwendung der Bronze zu den gewöhnlichsten und gröbsten Geräthschaften (wie das vorliegende) lässt aber den Schluss auf eine wirkliche und mit Grund so zu nennende „Bronze-Zeit" bei einem Volke zu. Dergleichen rohe Bronzegeräthe gehören bis jetzt noch zu den seltensten Funden in der Mark.

4) drei eiserne, in Berlin ausgebaggerte Geräthschaften, eine schmale (25 Mm. breit) und eine breite (50 Mm. breite) Wurfspiess-Spitze, sowie eine Scheere, bei welcher letzteren der Griff und die Schneiden zu einem Stück verbunden sind und die nicht vernieteten Schneiden, ähnlich wie bei den noch jetzt üblichen Wollscheeren, um zu wirken, mit der vollen Hand gegen einander gedrückt werden müssen, also entsprechend Taf. X, Nr, 4 bei Hostmann (der Urnenfriedhof bei Darzau, Braunschweig, 1874) oder Jernalderen I, Nr. 363 bei Worsaae (Nordiske Oldsager, 1859) [letztere freilich aus Messing], oder Lindenschmit: Heidn. Alterthümer, Bd. III, Heft II, Taf. I, Nr. 3. — Es ist dies die in der Römerzeit übliche Scheerenform, dgl. ein noch jetzt im ganzen östlichen Asien verbreiteter Typus. (Der Vortragende legte zur Vergleichung eine moderne japanische Scheere gleicher Construction vor, welche sein Bruder, der Oberstabsarzt Dr. Carl Friedel 1862 in Yokuhama kaufte.)

5) drei Bronzegefässe, mit Edelrost bedeckt, vor ca. 30 Jahren von dem inzwischen verstorbenen Garnisonschullehrer Wilde in Staaken bei Spandau in bedeutender Tiefe ausgegraben, Geschenk des Directors Hiltl. Die Gefässe sind dem Anscheine nach durchaus „kalt" gearbeitet, d. h. aus dünnem Blech in Schalenform getrieben, jedes mit einem angenieteten Griff versehen und dem Typus von Worsaae a. a. O. Broncealderen 282, noch genauer Lindenschmit: Die Alterthümer unserer heidnischen Vorzeit, II Bd., Heft III, Taf. 5, Nr. 3 (gefunden bei Mainz) entsprechend.

Die Herkunft dieser überaus merkwürdigen und für unsere Gegend bis jetzt einzigen Henkelschalen ist bekanntlich gerade streitiger wie je.

Lindenschmit bemerkt an der bezeichneten Stelle Folgendes: „Die gehenkelten Näpfe Nr. 2 und 3 aus Mecklenburg und dem Rheinlande sind Produkte einer unverkennbar vorzüglichen Metallarbeit, welche eine treffliche Schule und unausgesetzte Uebung voraussetzt. Die Verschiedenheit der Ausführung ist nur von jener Art, welche die verschiedenen Sorten derselben Fabrikwaare charakterisirt. Wollte man im Sinne der Systematiker voraussetzen, die Gefässe von Schwerin und Mainz, sowie ein gleichartiges von Wiesbaden, seien durch einzelne Arbeiter an diesen weit entfernten Orten ausgeführt, so müssten wir zugleich den jetzigen handwerklichen Verhältnissen unseres Landes ein Hinaufreichen um vierthalb Jahrtausende zugestehen, denn so weit mindestens müsste die sogen. Bronzeperiode, bei der immer wachsenden Ausdehnung der Eisenzeit, hinaufgeschoben werden. Da aber bis jetzt nicht Jedermann eine solche Erweiterung der Chronologie nordischer Bildung den thatsächlichen und historischen Verhältnissen entsprechend findet, so ist gewiss die Annahme einer Herstellung jener Erzblechgefässe in den alten Culturstaaten sicherer und begreiflicher; wie denn offenbar ihre Henkel massenweise gleichartig ausgeführt und dann den verschiedenen Fabriksorten angepasst und aufgenietet erscheinen. — Wird man nach allem diesem die besprochenen Metallgefässe noch für germanisch oder keltisch, und zwar mit besonderem Nachdruck für entschieden keltisch erklären wollen, so mag man seine Freude in dem Beharren bei vorgefassten Meinungen finden."

Lindenschmit erklärt diese Bronzegefässe, zu denen unsere 3 gehören, für altitalisch. Nach dieser Anschauung wären sie vielleicht ins 3. bis 5. Jahrhundert a. Chr. zu setzen.

Abbildungen dieser im Katalog II, sub 1832 bis 1834 eingetragenen Cabinetsstücke mit Hervorhebung der sehr primitiven auf die Oberflächen der Henkel eingeritzten Linearverzierungen (a, a, a) werden auf Taf. V gegeben.

Bei Nr. 1832 und 1833 sind die inneren Niete platt geklopft, bei Nr. 1834 dagegen die zwei oberen Niete auf der inneren Seite hervorragend kegelförmig in der Art der Tutuli. Auf dieses wichtige Kriterium macht Lindenschmit (Ueber Ursprung und Herkunft einer Anzahl Denkmale des sogen. älteren Eisenalters, insbesondere der Geräthe aus Gold, Erz und Eisen, welche zugleich mit etruskischen Erzgefässen in den Grabhügeln des Rheingebietes gefunden werden. Mainz 1871 pag. 10) besonders aufmerksam: „Es begegnen diese konischen Nieten ausschliesslich nur an Gefässen, welche mit altitalischen Arbeiten die allernächste Beziehung bieten, auf der Erzvase eines Grabhügels bei Rönning, Amt Odensee, auf den Bruchstücken eines in Mecklenburg gefundenen Erzgefässes (Frideric. Franc. von Schröter und Lisch, Taf. XII, 2), auf der Erzvase des Kesselwagens von Judenburg in Steiermark, auf einer namhaften Zahl schöner Erzgefässe in Hallstadt, aber auch auf den Krateren, Schalen und Becken der Gräber von Cervetri, Präneste, Bomarzo und Vulci." — Auch die schöne, dem Uebergange der Bronze- zur Eisenzeit angehörige altetruskische Rüstung, welche neuerdings im letzten Vasenzimmer des Königl. Alten Museums zu Berlin aufgestellt ist, zeigt diese konischen Niete.

Lindenschmit fährt fort: „Unter den Gefässen, welche Merkmale auswärtigen Ursprunges bieten, sind schliesslich noch jene einfachen, aber eleganten Näpfe aus goldfarbiger Bronze zu erwähnen, welche bereits zweimal (bei Kreuznach und bei Augsburg) in grösserer Zahl beisammen und nach aufsteigender Grösse, einer in den andern gestellt, aufgefunden sind. Auch eine andere Art leichter kleiner Schalen von zierlichem Profil mit aufgenietetem Blechhenkel, theils glatt, theils mit Reihen von Buckeln verziert, reicht von Mecklenburg (die Schale von Dahmen) in das mittlere Elbland (jene von Roitsch bei Torgau, Mus. v. Berlin), in das Rheingebiet (Mus. v. Mainz), bis zu jenen von Hallstadt und mit denselben weiter nach Süden."

Auch die Staaken'schen Gefäss scheinen ineinander gestellt gefunden zu sein.

Nachdem ich vor Kurzem wiederholt die italischen Museen auf Bronzen durchsucht, muss ich Lindenschmit in Bezug auf die schlagende Aehnlichkeit dieser Gefässe mit altitalischen Repliken beipflichten.

6) eine Urne mit einem Feuersteinkeil (10 Cm. lang, Schneide 4,5 Cm. breit) zusammen bei Hohen-Zieritz in Mecklenburg gefunden, vom Director George Hiltl geschenkt. Das Zusammenliegen des Steines mit der Urne ist ein nicht gerade gewöhnliches, indem dieselbe stylistisch einer späteren Zeit anzugehören scheint. Sie ist 14 Cm. hoch, die grösste Weite des Bauches 14 Cm., der Durchmesser des Bodens 4,6 Cm. Der Hals ist schlank und mit einem Henkel versehen. Die Verzierungen bestehen aus kleinen schrägen Einkerbungen, auf dem untern Bauchtheile aber auch aus grossen Sförmigen Einschnitten. Nach diesen „unruhigen" Verzierungen, dem schlanken Halse und dem Henkel zu schliessen, würde man die Urne in die spätere (wendische) Zeit zu setzen nach der gewöhnlichen Annahme, geneigt sein. Endlich

7) einen in torfigem Boden, in einer Schicht, die starke Hirschgeweihe enthielt, ausgegrabenen defecten Menschenschädel; von den übrigen vorhanden gewesenen Skelettheilen, die beim Ausschachten des Canals zwischen Plötzensee und der Spree bei Moabit gefunden wurden, ist nichts gerettet worden. Besondere Beigaben sind nicht ermittelt. Der Schädel scheint der plattgedrückten (flachen Form, die neuerdings die Aufmerksamkeit erregt) anzugehören. —

Herr **Virchow** macht besonders auf die Bronzeschalen von Staaken aufmerksam, deren Technik ganz mit derjenigen der kürzlich von ihm besprochenen Bronze-Eimer oder Cysten übereinstimmt. Beide gehören offenbar demselben artistischen Gebiete an und sind als importirte Arbeiten zu betrachten.

(10) Als Geschenk des Hrn. **Oldenberg** werden zwei Nüsse von Anacardium orientale vorgelegt, in deren Hilus die Physiognomien eines Affen (wohl eines Hylobates?) recht niedlich eingeschnitzt sind. Dieselben wurden, als Trophäen des Atchin-Feldzuges, in Rotterdam in grosser Menge verkauft.

(11) Der Vorsitzende verliest aus einem Briefe des Herrn **A. B. Meyer** einige Bemerkungen

über die Beziehungen zwischen Negritos und Papuas.

Es war im Februar 1873, als Maclay und ich zusammen in Tidore eine grosse Schaar (ca. 60—80) Papuas sahen; er kam damals von der Astrolabebay und war noch nicht auf den Philippinen gewesen, und ich kam von diesen und war noch nicht auf Neu-Guinea gewesen. Wir unterhielten uns damals über die Zusammengehörigkeit der beiden Rassen, diese Papuas vor Augen. Ich richtete die Frage an ihn, die mir sehr wichtig schien, ob sie den Papuas der Astrolabebay glichen, und er behauptete keinen Unterschied irgend welcher Art constatiren zu können. Ich durfte aber damals schon vermöge meiner Negritobekanntschaft — hatte ich sie doch schon ein Jahr vorher in einer kleinen Schrift flüchtig beschrieben — die Gleichheit wenigstens des äusseren Habitus zwischen Negrito's und Papua's behaupten und that es. Diese äussere Gleichheit ist sehr in die Augen springend; sie drängt, bei der verhältnissmässig nicht so grossen räumlichen Entfernung der 2 Rassen von einander, die Hypothese der Zusammengehörigkeit thatsächlich auf. Ob sie zu erweisen sein wird, ist ein Anderes. Ein positiver Wahrscheinlichkeitsbeweis aber wiegt, wie mir scheint, viele Bedenken auf. Die Sprachuntersuchung wird uns wahrscheinlich hier auch nicht viel leisten. Angenommen, was noch dahin steht, die Schädelformen seien constant unterscheidbar, würde darin ein Gegenbeweis liegen müssen, und soll man bei sonstiger grosser physischer Aehnlichkeit nicht eher annehmen, dass sie abgeändert habe, wie ja überhaupt durch insulare Abgeschlossenheit und andere Umstände die „Art" (zoologisch genommen) abändert — zweifellos —, wenn uns auch trotz Darwin und vielem Geschrei noch Einsicht in das wie und warum fehlt? Die räumliche relative Nähe zwischen Neu-Guinea und den Philippinen ist mir durch zwei Thatsachen vor Augen geführt worden, die ich der Mühe werth halte Ihnen zu erzählen: Kurz ehe ich nach Neu-Guinea kam, wurde nach einer Insel vor Dore ein kleines Ruderboot von den Sangi-Inseln, im Norden von Celebes, im Süden der Philippinen ohne Sturm abgetrieben. Ich selbst sprach noch einige dieser Sangiresen auf Neu-Guinea. Sie waren von einem Platz auf Siao in einem Ruderboot mässiger Grösse, etwa 15 Personen (wenn ich nicht irre), mit Frauen und Kindern weggefahren, um Freunde auf einer benachbarten Insel zu besuchen, und waren auf dieser Lustfahrt bis Neu-Guinea abgetrieben! Natürlich hatten sie die äussersten Entbehrungen zu überstehen, denn sie waren 30 Tage auf See gewesen. Die Insel bei Dore, auf der sie landen wollten, (Manaswari) ist seit vielen Jahren von einem Missionäre bewohnt und ,es liegen ein paar Papua-Dörfer auf ihr. Trotz der Jahrelangen Einflüsse der Missionäre empfingen die Papuas diese Sangiresen mit Pfeilschüssen und liessen sie erst nach Dazwischenkunft der Missionäre landen. — Die zweite hierher gehörige Thatsache wird mir ganz vor Kurzem von Ternate gemeldet. Alle Handelsexpeditionen von Ternate nach Neu-Guinea missglückten im Jahre 1874 bis auf eine. Die meisten kamen nicht einmal bis Neu-Guinea. Ein Schiff aber wurde von Neu-Guinea, nachdem es auf Jobi gewesen, wo mehrere Leute desselben ermordet worden, bis nach Mindanao abgetrieben (ohne Sturm) und gelangte von da über Makassar erst nach 6 Monaten nach Ternate zurück. Ich bin glücklich solchem Missgeschick entronnen. —

Der Vorsitzende betont die Wichtigkeit dieser letzteren Erfahrungen, namentlich mit Rücksicht auf den früheren Streit zwischen den Herren Jagor und Semper.

(12) Herr Professor **Fischer** aus Freiburg i./B. besprach
die Nephritfrage
vom archäologisch-ethnographischen Standpunkt und gab einen gedrängten Ueberblick über den Inhalt seiner zum Druck vorbereiteten desfallsigen Monograghie, welche, mit Holzschnitten und chromolithographischen Tafeln ausgestattet, noch in diesem Jahre im Verlag von Schweizerbart (E. Koch) in Stuttgart erscheinen soll.

Die Mineralien Nephrit, Jadeit und Chloromelanit, wovon die beiden letzteren erst in neuerer Zeit durch Damour vermöge ihrer chemischen Eigenschaften dem ihnen zum Theil ähnlichen Nephrit gegenübergestellt wurden, standen bis jetzt vermöge Mangels an ausgeprägter Krystallform oder anderweitiger in's Auge fallender Eigenschaften bei den Mineralogen in geringem Ansehen, während sie vom archäologisch-ethnographischen Standpunkt grösseres Interesse verdienen.

Die betreffenden Mineralien waren früher, weil meist als Beile, Meissel zugehauen oder als Schmuckgegenstände, Idole u. dergl. verarbeitet gefunden und aus anderen Erdtheilen zu uns gebracht, eigentlich mehr in Curiositäten- und Raritäten-Kammern untergebracht, in Mineralienkabineten dagegen mehr nur zufällig, vereinzelt und ohne Verständniss für ihre Bedeutung deponirt, während sie in andern Erdtheilen vollkommen die Rolle eines Halbedelsteines spielen, wofür z. B. ein Beweis darin liegt, dass bei der Pariser Industrie-Ausstellung eine Firma Guthrie aus London eine Prachtsammlung von chinesischen Nephritgegenständen im Gesammtwerth von einer halben Million Franken ausgestellt hatte.

In Europa finden sich, soweit bis jetzt bekannt, die fraglichen Mineralkörper im Gebirg anstehend gar nicht. — (Ein einziger loser Block von Menschenkopfgrösse, welcher am Anfang dieses Jahrhunderts durch Breithaupt als in einer Braunkohlengrube bei Schweinsal unfern Leipzig gefunden beschrieben wurde, ist dorthin auf eine bis jetzt noch unenträthselte Weise gerathen und jedenfalls für Europa ein Fremdling.)

Seitdem aber in den Pfahlbauten und anderwärts unter Hunderten von Steininstrumenten aus europäischen Gesteinen da und dort auch vereinzelte Beile und Meissel aus solchen fremden Mineralien entdeckt und durch die Analysen von L. R. v. Fellenberg und von Damour als aus Nephrit, Jadeit, Chloromelanit geformt constatirt waren, hat man der Sache etwas mehr Aufmerksamkeit zu schenken und dieselbe auch schon auf anthropologischen Congressen, wie z. B. 1872 zu Brüssel zu erörtern begonnen.

Der Redner legte sodann die Resultate seiner eingehenden mehrjährigen Studien dar, welche dahin zielten, einmal die gesammte, ungeahnt grosse Literatur speciell über den Nephrit von dem höchsten Alterthum bis zur Neuzeit aus allen europäischen und aussereuropäischen Sprachen zusammenzustellen, andererseits die Beschaffenheit aller in andern Erdtheilen einheimischen Vorkommnisse von Nephrit, Jadeit u. s. w. durch vergleichende chemische und mikroskopische Forschungen zu ergründen, um die als Fremdlinge auf europäischem Boden verstreuten Steininstrumente möglichst auf ihre Heimath zurückführen und Schlüsse auf die Völker ziehen zu können, welche dieselben entweder etwa als Prunkwaffen, Cultgegenstände u. s. w. selbst in unsere Gegenden aus ihrer Heimath mitgebracht oder (was weniger wahrscheinlich sein möchte) durch Handelsverbindungen aus dem Osten bezogen haben dürften.

Es wurden nun vom Vortragenden die aus dem mineralogischen und dem ethnographischen Universitätsmuseum von Freiburg mitgebrachten rohen und verarbeiteten Vorkommnisse obiger Mineralien aus Sibirien, Turkestan, China, Neuseeland, Otaheiti u. s. w. vorgelegt, aus letzteren Gegenden auch geschnitzte Figuren, Idole, Schmuckgegenstände, und deren kunstreiche Bearbeitung u. s. w. näher erläutert.

Die letztere gewinnt um so mehr Interesse bei der enormen Zähigkeit der Substanz, wofür ein Beweis durch ein Beispiel geliefert wurde, bei welchem ein Nephritblock selbst der Zerkleinerung durch einen Dampfhammer widerstand.

Von da ging der Redner unter der Angabe, dass aus Afrika noch keine Nephrite constatirt seien, auf Amerika über, auf die daselbst schon bei der Entdeckung des Erdtheils bei den Eingebornen durch die Spanier vorgefundenen Steinfiguren, welche als Amulete gegen Nierenleiden getragen wurden, daher der Name lapis nephriticus, piedra de los riñones, auch piedra de la ijada (Weichengegend), woraus später das Wort „Jade" wurde, während in früheren Zeiten das Mineral nach Abel Rémusat's Forschungen (1820) den jetzt auf eine Quarzvarietät übergegangenen Namen Jaspis führte.

Auch der Name Amazonenstein, welcher jetzt einer (besonders aus Sibirien bezogenen) grünen Feldspath-Varietät beigelegt zu werden pflegt, bezieht sich ursprünglich (seit La Condamine, 1745) auf ein angeblich nephritartiges Mineral aus der Gegend des Amazonenstroms, welches von den Indianern — als Täfelchen, durchbohrte Cylinder u. s. w. geschnitten — getragen und sehr hoch in Ehren gehalten wird. Schon Alex. v. Humboldt, sodann v. Martius, die Gebrüder Schomburgk bemühten sich vergebens, das natürliche Vorkommen und den Fundort dieser grünen Steine zu entdecken. Es wurden Gypsabgüsse und Wachsimitationen von den wenigen Originalstücken, welche der Redner bisher kennen lernte, vorgelegt; letztere befinden sich im mineralogischen und im ethnographischen Museum zu Berlin, dann im Mineralienkabinet zu Genf; einige aus anderen Museen beschriebene Exemplare sind leider theils verloren, theils nach Brasilien zurückverkauft. Es wurden sodann die Formen verschiedener Prunkwaffen aus Mexiko und Mittelamerika erläutert, biconvexe Beile mit Sculptur und eigenthümlicher Durchbohrung unter den Kanten hin, planconvexe Beile mit Sculptur und mit subcutaner (unter der Fläche hin verlaufender) Durchbohrung, welcher man auch bei ägyptischen Scarabäen mitunter begegnet. Bei diesem Anlass wurde hervorgehoben, wie dringlich es sei, Alles, was nur irgend von solchen, dem Amerikanischen Alterthum angehörigen Reliquien noch aufzutreiben ist, den Centren der betreffenden Wissenschaft, d. h. den archäologischethnographischen Museen zuzuwenden.[1]

---

[1] Die mit dem mexikanischen, auf smaragdgrüne Farbe hinweisenden Wort „Chalchihuitl" belegten, geschnitzten, in Mexico und Mittelamerika noch vorfindlichen und dort sehr hoch geschätzten Steine sind ohne Zweifel von verschiedener mineralogischer Natur. Ein aus der

Schliesslich wurden noch einige Muster von Jadeit- und Chloromelanit-Gegenstände vorgezeigt, unter Angabe der Fundorte in der Schweiz und in Mitteldeutschland. —

Herr **Virchow** bemerkt, dass er sich schon vor einiger Zeit, angeregt durch die Erwähnung des sogenannten erratischen Nephritblockes von Schwemsal bei Leipzig Seitens der Herren Naumann, Fischer und Schlagintweit, an Hrn. Professor Zirkel in Leipzig gewandt habe. Leider ist weder von diesem Funde, noch von dem im Johannisthal bei Leipzig etwas Weiteres zu ermitteln, indess erklärt Herr Zirkel, dass auf ihn der Fundbericht den Eindruck mache, als sei an den betreffenden Orten, die vielleicht an alten Handelsstrassen lagen, Nephrit verloren worden; jedenfalls sei die Zugehörigkeit des letzteren zu dem Terrain, wie ihm scheine, durchaus nicht constatirt.

Herr **Virchow** erwähnt ferner, dass er im Museum zu Münster zwei sehr schöne Steinäxte aus grünem, durchscheinenden Material gefunden, und dass er sich jetzt wegen genauerer Notizen an Hrn. Hosius gewendet habe. Derselbe schreibt ihm Folgendes:

„Gleich nach Empfang Ihres Schreibens habe ich mir die hiesigen Steinwerkzeuge zur Untersuchung ausgebeten. Ich glaube mit ziemlicher Sicherheit, so weit dies ohne chemische Untersuchung möglich ist, behaupten zu dürfen, dass eigentlicher Nephrit unter ihnen nicht vertreten ist. Von den 92 Nummern der Sammlung sind ca. 8 aus einem grünen oder grünlichen Gestein; 6 von diesen, sogenannte Steinhämmer, fielen sofort aus, da sie aus deutlich gemengten Felsarten bestehen, nur 2, als Aexte bezeichnet, konnten für die weitere Untersuchung in Betracht kommen. Von diesen ist das grössere Stück 0,29 M. lang, unten 0,095 M. breit und in der Mitte, wo es am dicksten ist, 0,025 M. dick. Die Farbe ist tiefdunkelgrün mit lichten Stellen, die Härte unter 4 unter Apatit. Es ist also kein Nephrit, sondern jedenfalls Serpentin. Das zweite ist von ähnlicher Form, aber viel flacher, 0,25 M. lang, 0,075 M. breit und an der stärksten Stelle noch nicht 0,015 M. dick. Es ist ebenfalls scheinbar homogen, hellgrün mit weisslichen Stellen, und an den Spalten und Rissen mit gelblichen Stellen, letztere wohl nur durch Verwitterung und Verunreinigung entstanden. Die Härte dieses Stückes ist Feldspathhärte und darüber, aber der Bruch scheint nicht das Grobsplitterige des Nephrits zu haben; dieses, sowie die Farbe, spricht gegen Nephrit. Ich hoffe, es wird mir gestattet, ein Stückchen abzusprengen und den frischen Bruch und vielleicht auch einen Dünnschliff untersuchen zu können und eine chemische Analyse machen zu lassen. Vorläufig mag ich über die Natur dieses Gesteins keine weiteren Vermuthungen aussprechen, da es eben nur Vermuthungen sein können. Das erste Stück ist bei Cloppenburg (Oldenburg), das zweite bei Höxter an der Weser, beide im Sande aufgefunden. Weitere Notizen lagen nicht bei."

(13) Herr **F. S. Hartmann** richtet im Namen des historischen Vereins von Oberfranken, d. d. Fürstenfeldbruck, 14. Febr., folgendes Schreiben an die Gesellschaft, betreffend

die bayrischen Hochäcker.

„Im südlichen Theile Bayerns kommen viele Tausende von Tagwerken uralter,

---

Privatsammlung des Hrn. Dr. A. v. Frantzius in Heidelberg stammendes Exemplar erkannte der Redner vermöge mikroskopischer Untersuchung eines Splitters als Heliotrop-Quarz. — Eine Analyse eines ächten amerikanischen Nephrits liegt bis heute noch nicht vor.

verlassener Bodenculturen vor, welche das Landvolk Hochbifange, Heidenbeete, Heidenäcker, Heidenstränge, Hochäcker und Römerbeete heisst.

„Diese Hochäcker haben schon früher die Aufmerksamkeit der Alterthumsfreunde und Geschichtsforscher im hohen Grade in Anspruch genommen; gegenwärtig hat sich auch der historische Verein von und für Oberbayern die erschöpfende Bearbeitung dieses Themas zur Aufgabe gestellt und seine Mandatare beauftragt, hiezu umfassende Nachforschungen anzustellen und über deren Ergebnisse ausführlichen Bericht zu erstatten.

„An der Lösung dieser Aufgabe arbeite ich bereits 3 Jahre und schmeichle ich mir, dass mir nunmehr die Lösung dieser Frage gelungen sein dürfte.

„Zur Vervollständigung meiner Arbeiten wäre mir aber noch zu wissen nothwendig, wie weit diese Art der Ackerbestellung in unserem weiteren Vaterlande verbreitet ist und ob namentlich verödete Culturen, wenn sie auch im Norden vorkommen, dasselbe Gepräge, wie die süddeutschen Hochäcker an sich tragen.

„Es zeigen sich nehmlich an einander gereihte Erhöhungen mit dazwischen liegenden Vertiefungen von ungewöhnlicher Grösse und Gestalt; ihre Reihen sind anscheinend wunderbar geordnet, haben in der Regel eine Breite von 6—12 M., aber auch darüber und eine auffallende regelmässige Wölbung.

„Ihre Länge ist immer scharf geradlinig, aber sehr verschieden, oft über 290 M., ja oft auf 2 Kilometer ausgedehnt, während die Höhe der Wölbungen 5—8 Dcm. beträgt.

„Sie folgen nicht immer in derselben Richtung auf einander; zieht nehmlich eine Reihe, aus etwa 20—50 Beeten bestehend, von Osten nach Westen, so schliesst sich ihr zur Seite oder von der Mitte ausgehend, aber eben so geradlinig von Norden nach Süden gerichtet, eine zweite derselben an; doch überzeugt man sich allenthalben, dass die Anlagen von Osten nach Westen viel seltener vorkommen, als die von Süden nach Norden.

„Diese alten Culturen zeigen sich sehr häufig auf Haideboden, oft sind dieselben auch mit uralten Waldbeständen bedeckt.

„Auf den Hochäckern oder in deren unmittelbarer Nähe befinden sich Halbkugelgräber und Trichtergruben, und gehören beide letztere unzweifelhaft dem Volke an, welches die Hochäcker bebaute.

„Solche alte Culturen sollen auch unter den gleichen Erscheinungen und begleitenden Umständen in den deutschen Reichslanden Elsass und Lothringen, in Frankreich, England, Belgien, sogar auch im nördlichen Spanien vorkommen.

„Auch in Dänemark auf den jütländischen Haiden sollen allenhalben die Spuren alter Abtheilungen der Aecker und andere Spuren der ehemaligen Cultur bemerkt werden, namentlich auf der Randbillhaide; dasselbe soll auch bei Langenrehm der Fall sein, wo ausserdem sehr häufig zirkelrunde Vertiefungen vorkommen, 10—12 Fuss im Durchmesser, 3—4 Fuss tief und mit einem Erdwalle umgeben.

„Auch auf der Insel Island und in Scandinavien hat man uralte Bodenculturen gefunden, deren auch Dr. Weinhold in seinem nordischen Leben erwähnt.

„v. Estorf erwähnt S. 62 seiner Beschreibung der Grabhügel bei Uelzen mehrfach uralter Bodenculturen, welche merkwürdiger Weise, wie bei den Hochäckern in Süddeutschland, sich mitten unter diese Todtendenkmale erstrecken.

„Solche verödete Bodenculturen und Wüsteneien mag es noch gar viele geben im lieben Vaterlande, ohne dass ich davon Kenntniss erhalten hätte.

„Desshalb bin ich so frei, mich an Ihre Güte mit der Bitte zu wenden, mein und meines Vereines Streben in dieser Richtung gefälligst zu unterstützen. Ich ersuche aber nicht allein, uns Kenntniss von dem Vorkommen solcher veröteter und ausser Cultur gesetzter Aecker zu geben, sondern auch Aufschlüsse zu ertheilen über deren Struktur, über die Länge, Breite und Höhe der Beete, um hieraus feststellen zu können, ob dieselben solchen in Süddeutschland vorkommenden beigezählt werden können.

„Ich erachte die schmalen hohen Beete, „Bifange“, wie sie bei uns in Bayern, Böhmen, Oesterreich etc. vorkommen und vor 30—40 Jahren noch allgemein in Uebung waren, als die nachgeborenen Kinder unserer Hochäcker; ich erlaube mir desshalb die Anfrage:

1) Kommen im Norden auch schmale hochrückige Beete vor, und in welchen Gegenden sind oder waren sie im allgemeinen Gebrauch?

2) Sind jetzt noch breite und hochrückige Felder in Uebung und in welchen Gegenden? Wie breit und hoch sind die Beete?“

Der Vorsitzende ersucht die Mitglieder zur Unterstützung der vorgetragenen Forschungen, bemerkt aber im Voraus, dass die Frage in Norddeutschland überaus erschwert werde dadurch, dass im 30jährigen Kriege zahlreiche Wüstungen entstanden und zum Theil selbst die Erinnerungen an die früheren Dörfer verloren gegangen seien.

(14) Herr Dr. **Fröhlich** übersendet durch Hrn. Dr. Voss
drei Keltenschädel von Ballinskellygsbay in Irland.
Die der Gesellschaft übergebenen drei Schädel stammen von einem alten Kirchhof in Ballinskellygsbay bei Cahirceveen, Kerry County, im südwestlichen Irland, der sich innerhalb der Mauern eines längst verfallenen Klosters dicht am Meeresufer befindet und nach Aussage der Einwohner seit Menschengedenken existirt. Nach der Ansicht des Einsenders haben sich die dortigen Einwohner wohl seit mehreren Jahrhunderten nicht mit Fremden gemischt, da das baumlose, beinahe nur aus Weide bestehende Land gewiss niemanden zur Einwanderung reize, und da die Leute unter sich noch keltisch sprechen, auch bei Begräbnissen, Kirchweihen u. s. w. sehr sonderbare Gebräuche entfalten.

Herr **Virchow** begrüsst die Sendung trotz des sehr defekten Zustandes der Schädel mit Freuden, da es die ersten keltischen Schädel sind, die an die Gesellschaft gelangen. Leider fehlt bei allen dreien der Unterkiefer, bei zweien das Gesicht und bei dem dritten die Schädelbasis, so dass sich ein zusammenfassendes Urtheil eigentlich nicht gewinnen lässt. Immerhin zeigen sie trotz sehr verschiedener Grösse eine grosse Verwandtschaft. Sie sind sämmtlich mesocephal mit Neigung zur Dolichocephalie und vorwaltend sincipitaler Entwickelung. Nr. 2 und 3 können als weiblich bezeichnet werden, womit auch ihre geringe Höhe harmonirt; Nr. 1 ist ein sehr kräftiger und grosser männlicher Schädel, bei dem sicherlich ein ganz anderes Höhenverhältniss gefunden werden würde, wenn die Basis bei ihm erhalten wäre. Das beweist die weit grössere Entfernung des äusseren Gehörganges von der Scheitelhöhe. Alle drei müssen lange frei gelegen haben; ihre Oberfläche ist zum Theil mit Moos besetzt, zum Theil mit Schlamm und kleinen Schnecken.

Nr. 1 zeigt in der Seitenansicht eine starke Wölbung und ein weit zurückgehendes Hinterhaupt. Er ist sehr lang, aber zugleich hoch und breit. Seine grösste Breite liegt nahe unter und vor den Parietalhöckern, welche von den Lineae temporales gekreuzt werden; letztere nähern sich hinter der Kranznaht bis auf 140 Mm., und ihre zweite, äussere Linie greift noch um je 10 Mm. weiter nach oben hinauf. Die Seitentheile des Schädels sind stark abgeplattet, so dass in der Hinter-

hauptsansicht eine fünfeckige Form erscheint. Die Warzenfortsätze sind sehr stark
und weit auseinander stehend. Am Hinterhaupt eine mächtige Protuberanz. Die
Stirn etwas niedrig, mit sehr starkem Nasenwulst, der in der Mitte nur eine geringe
Einsenkung erkennen lässt; jederseits erstreckt sich von da, jedoch vom Orbitalrande
geschieden, ein starker Wulst auf die Stirn. Der obere Orbitalrand und sehr
zurücktretend, die mehr breite als hohe Orbita daher scheinbar zurückliegend, nur
ihr unterer Rand stärker hervortretend. Jochbeine anliegend, Kiefergelenkgruben
sehr tief und steil. Nasenwurzel sehr tief, Nase schmal und niedrig. Oberkiefer
sehr orthognath und mit ganz niederem Kieferrand; die Vorderzähne fehlend, die
Backzähne stark abgenutzt. Der dritte Backzahn jederseits mit 3 Wurzeln. Gaumen
sehr kurz, 45 Mm. lang und 42 breit.

Der weibliche Schädel Nr. 2, welchem das Gesicht fehlt, ist im Uebrigen gut
erhalten; er ist lang, breit und niedrig. Namentlich die Stirn ist sehr niedrig.
Dafür hat sie starke Höcker, eine volle Glabella und einen vollen Nasenwulst. Die
Scheitelbeine sind, wie übrigens auch bei Nr. 1, ungewöhnlich lang; ihre wohl ausgebildeten Höcker werden von dem Planum temporale erreicht. Das vorspringende
Hinterhaupt hat eine abweichende Gestalt: der muskelfreie Theil der Schuppe ist
niedrig, aber stark gewölbt, dagegen der muskuläre mehr eben und fast horizontal
gestellt. Die Jochbeine sind stark ausgewölbt. Der äussere Gehörgang von vorn
her sehr abgeplattet. Jederseits an der Ala magna sphenoid. ein grösserer Schaltknochen, der die Stelle des Proc. frontalis squamae tempor. einnimmt, jedoch das
Stirnbein nicht erreicht, also die Ala nur hinten von dem Angulus parietalis abschneidet. Rechte Orbita hoch und nach oben und innen stärker ausgeweitet.

Dem allem Anschein nach gleichfalls weiblichen Schädel Nr. 3 fehlen sowohl
das Gesicht als die Basis, so dass selbst die Nasengegend des Stirnbeines nicht vollständig ist. Er hat in jeder Beziehung kleinere Dimensionen als die vorigen, ist
jedoch gleichfalls lang mit stark vortretendem Hinterhaupt, recht niedrig, zumal am
Vorder- und Mittelkopfe, und von bemerkenswerther Parietalbreite.

Das Weitere wird sich aus der tabellarischen Zusammenstellung ergeben.[1]

	Irland.			Selinunt.
	1.	2.	3.	
Capacität	1590?	1550	—	1500?
Grösster Horizontalumfang	553	538	500	534
Entf. des äussern Gehörganges v. d. Stirnwölbung	111	110	104	116
„ „ „ „ „ Scheitelhöhe	125	107	98	118
„ „ „ „ „ Hinterhauptswölbung	114	102	95	100
Entf. des vorderen Randes des For. occip. von der vorderen Fontanelle	—	135	126	—
„ „ „ „ des For. occip. von der hinteren Fontanelle	—	119	116	—
Grösste Höhe	—	135	131	133?
Entf. des hinteren Randes des For. occip. von der vorderen Fontanelle	—	145	142	148
Grösste Länge	196,5	188,5	180?	185
Sagittalumfang des Stirnbeines	135	133		125
Länge der Sutura sagittalis	134	131	115	120
Sagittalumfang der Hinterhauptsschuppe	—	118	119	121
Entf. des äussern Gehörganges von der Nasenwurzel	108	104	—	112
„ „ „ „ vom vord. Nasenstachel	111	—	—	110,5

[1] Der Schädel von Selinunt gehört zu der folgenden Nummer der Vorträge; er ist hier
der Bequemlichkeit wegen mit aufgeführt.

		Irland.		Selinunt.
	1.	2.	3.	
Entf. des Gehörganges von dem Oberkieferrand . .	—	—	—	115
„ „ Hinterhauptsloches von der Nasenwurzel .	—	96,7	—	—
„ „ „ „ „ Hinterhaupts-				
wölbung .	—	66	53?	52
Länge des Foramen occipitale	—	38	38	—
Breite „ „ „	—	30	27	—
Grösste Breite	150	145	135	157
Oberer Frontaldurchmesser	73,6	64	61	57,5
Unterer „	98	104	95	103
Temporaler Durchmesser	124	127	106	127
Parietaler „	143	137	123	129
Oberer mastoidealer Durchmesser	140,5	123	.—	143
Unterer „ „	110	102	—	117
Jugaler „	136	(2×73)	—	150
Maxillarer „	72	—	—	71
Querumfang von einem äussern Gehörgang zum andern	336	327	(2×145)	324
Breite der Nasenwurzel	24,6	24	—	25
„ „ Nasenöffnung	28	—	—	26
Höhe der Nase	52	—	—	55
Breite der Orbita	39	39	—	42,5
Höhe „ „	33	35	—	37
Umfang des Oberkiefers	148	—	—	145
Entfernung der Gelenkgruben des Unterkiefers . .	101,5	95	—	111
Gesichtswinkel (Nasenwurzel, Nasenstachel, Gehörgang)	70	—	—	75
Breiten-Index	76,3	76,9	75,0	84,8
Höhen-Index	—	71,6	72,2	74,5?
Breitenhöhen-Index	—	93,1	97,0	87,9?

(15) Herr **K. Künne** schenkt einen
Schädel aus Selinunt (Sicilien).
Derselbe ist um das Jahr 1868 während der Untersuchungen des Directors der
Alterthümer, Hrn. Cavallaro in einer Tiefe von 10 Metern in der Gegend der
Cittadella von Selinunt ausgegraben worden.

Herr **Virchow** giebt dazu folgende Beschreibung:
Der mächtige Schädel ist leider sehr verletzt. Offenbar ist er bei der Ausgrabung durch einen Spatenstich von der Basis her durchstossen worden. In Folge
dessen fehlen der grösste Theil des Os tribasilare, das Siebbein, das Septum narium
und die Nasenbeine; die Schuppe des Hinterhauptes hat einen langen Sprung und
der harte Gaumen klafft in der Mittellinie. Trotzdem ist die Gesammtgestalt wohl
erkennbar und die genannten Sprünge lassen sich durch starkes Zusammendrücken
des Schädels fast ganz schliessen. Die Knochen sind im Ganzen fest, elastisch, stark
bräunlich gefärbt, jedoch mit grauweisslichen, kalkigen Anflügen, hier und da auch
mit dickeren, lehmigen Schichten überzogen. An ihrer Oberfläche sieht man zahlreiche Erosionen durch Pflanzenwurzeln. Der Unterkiefer fehlt.
Der Schädel, offenbar männlich, ist verhältnissmässig kurz, dick und hoch; er
ist mit starken Muskelansätzen versehen. Rechts dicht hinter der Mitte der seitlichen
Abtheilung der Kranznaht liegt ein rundlicher tiefer Eindruck, der sich auch innen

als Vorsprung geltend macht. Oberhalb dieser Stelle ist die Naht grossentheils verwachsen. Alle übrigen Nähte sind offen und zackig. Dem entsprechend sind alle
Knochen des Schädeldaches beträchtlich entwickelt, nur die synostotische Gegend
rechts ist sichtlich zurückgeblieben. Die Schläfenlinien reichen bis über die Scheitelhöcker und nähern sich hinter der Kranznaht bis auf 100 Mm.; die Protuberantia
occipitalis bildet einen starken Vorsprung, die Nackenlinien liegen weit von einander und sind von einer deutlichen Linea suprema überragt.

Die Stirn ist voll und breit, fast ohne Glabella, mit einem starken Nasenwulst
versehen, von dem aus sich beiderseits, jedoch getrennt vom Orbitalrande, ein starker Superciliarwulst nach aussen auf die Stirn erstreckt. Der Orbitalrand tritt nur
mässig vor, die Orbitae selbst sind hoch und etwas schief mit stärkerer Ausweitung
nach unten und aussen.

Die Scheitelbeine sind stark auf der Fläche gebogen und haben wenig vortretende Höcker ungefähr in der Mitte ihrer Länge. Die grösste Breite des Schädels
liegt in der Gegend der Schläfenschuppen, welche hoch und etwas kurz sind. Dafür
sind die Alae temporales sphen. sehr gross, namentlich breit. Das Hinterhaupt ist
kurz, jedoch voll und fast kuglig gerundet. Der Winkel der Lambdanaht ist ungewöhnlich gross. Alle Nähte offen und grossentheils zackig.

An der Basis ist nur der rechte Proc. condyloides erhalten: er ist sehr flach
und mit platten, in einem stumpfen Winkel gegen einander gestellten, jedoch ganz
getrennten Gelenkflächen versehen. Die Warzenfortsätze stehen sehr weit auseinander. Die Gelenkgruben des Unterkiefers sind ungemein tief und steil; dem entsprechend ist der äussere Gehörgang von vorn her sehr stark abgeplattet.

Das Gesicht erscheint kräftig, jedoch ohne Rohheit. Der Jochbogen ist weit
ausgebogen, der Kiefer gross, aber orthognath und mit niederem Zahnrand. Der
harte Gaumen verhältnissmässig klein, namentlich kurz: er misst 45 Mm. in der
Länge auf 42 in der Breite. Seine untere Fläche ist sehr unregelmässig durch tiefe
und gewundene Furchen. In dem mehr parabolischen Zahnrande sind sämmtliche
Zähne bis auf den rechten Weisheitszahn entweder abgebrochen, oder ausgefallen.
Der Weisheitszahn ist kräftig und wenig abgeschliffen. Die Alveole des dritten
Backzahnes links zeigt drei Wurzellöcher, davon zwei äussere.

Der Schädel ist demnach ein ausgemacht brachycephaler und orthognather. Nach
hinten hin erscheint er fast trochocephal. Seine Höhe ist grösser, als der Index erkennen lässt: deutlicher ist in dieser Beziehung der ungewöhnlich niedrige Breiten-
höhenindex. Darnach steht er, so weit sich bis jetzt übersehen lässt, dem ligurischen
Typus am nächsten. Sowohl von dem hellenischen und phönizischen, als von dem
iberischen (baskischen) Typus entfernt er sich deutlich. Da nun nach dem Zeugnisse
der classischen Schriftsteller[1]) die älteste Bevölkerung Siciliens, die Sicaner, iberischen
Stammes war, so scheint es, als ob der vorliegende Schädel einem zwischen die
Sicaner einerseits, die Punier und Hellenen andererseits eingeschobenen Stamme zu-
gehöre, also möglicherweise dem Stamme der Siculer. Die wahrscheinlich illyrische
Abkunft der letzteren würde der Schädelform, soweit ich sehe, nicht widersprechen.

(16) Herr **Schliemann** übersendet eine Nummer der Augsburger Allg. Zeitung
(Beilage Nr. 8. Januar 1875) und eine des Moniteur universel (Nr. 14. Januar 1875),
worin er sich gegen die Angriffe der Herren Stark und Vivien de St. Martin
vertheidigt.

---

[1]) Vgl. meine kleine Schrift über die Urbevölkerung Europas. Berlin 1874. S. 19.

(17) Herr **Schwartz** hat in einer Beilage zu dem neuesten Programm des Friedrich-Wilhelm-Gymnasiums in Posen ein Verzeichniss der Alterthumsfunde der Provinz geliefert. Zugleich hat er die Blätter der prähistorischen Karte für die Provinz Posen ausgezeichnet und eingesendet.

(18) Geschenke:

1) W o r s a a e: La colonisation de la Russie et du Nord Scandinave, trad. par B e a u v a i s. Copenhague 1875.
2) H. W a n k e l: Skizzen aus Kiew. Wien 1875.
3) H a n d e l m a n n: Antiquarische Miscellen.
4) F. C o p p i: Gli scavi della Teraramara di Gorzano, esecuiti nel 1874. Modena 1875.
5) S c h l i e m a n n: ΣΥΝΟΠΤΙΚΗ ΑΦΗΓΗΣΙΣ ΑΘΗΝΗΣΙΝ 1875.

Vorsitzender Herr **Virchow.**

(1) Als neue Mitglieder wurden proclamirt:
Herr Marine-Ingenieur Gaede hierselbst,
Herr Prof. Wilh. Hechler zu Karlsruhe.
Zum correspondirenden Mitgliede ist ernannt:
Herr Dr. Isidor Kopernicki in Krakau.

(2) Herr **G. Rohlfs** übersendet nebst Begleitschreiben d. d. Weimar, 30. März,
im Anschlusse an die früher der Gesellschaft geschenkten Schädel (Sitzung vom 13.
Juni 1874), die schon damals erwähnten

Fundstücke aus einem Felsgrabe der Oase Dachel.

„In einem Korbkoffer werden Sie die Urne, den Holzkopf oder vielmehr das
Holzgesicht und ganz unten die Matte finden, womit die Todten im Grabe zugedeckt waren. Die Urne hatte im Innern weiter nichts als Sand und einige bituminöse Bröckelchen, von letzteren sind vielleicht durch Herausschaben noch welche
herauszubekommen.

„Das Gesicht von Holz sass an einer ca. 3 Fuss langen vierkantigen Holzstange
und stak so inmitten der Todten-Familie. Die Stange selbst ist in Dachel geblieben.
Die Matte endlich, von der ich die grössere Hälfte an Sie einsende, bedeckte das
Ganze. Wenn man bedenkt, dass Tausende von Jahren verstrichen sein müssen, so
hat sich letztere sowohl, als auch das Holz des Gesichtes vorzüglich erhalten."

Herr **Virchow** spricht für die werthvolle Ergänzung des früheren Geschenkes
dem berühmten Reisenden den besonderen Dank der Gesellschaft aus. Er macht
namentlich auf das eigenthümliche Thongefäss aufmerksam, welches dem Anscheine
nach in ähnlicher Weise, wie es uns von chilenischen Indianern durch Hrn. Philippi berichtet ist, durch Zusammenlegen eines Thonfadens hergestellt zu sein
scheint. Es besteht nehmlich aus zwei plattrundlichen Hälften, von denen jede eine
von der Mitte aus spiralig zusammengewundene Platte darstellt. Ein enger und kurzer Hals ist oben angefügt. Vielleicht würde dieses Geräth und der höchst eigenthümlich geschnitzte, roh ausgeführte und angestrichene, platte Holzkopf zur
archäologischen Bestimmung des Alters des Grabes beitragen können.

Herr **Paul Ascherson** bemerkt Folgendes: Die aus dem Felsengrabe in Dachel
stammende Matte ist aus strangartig zusammengedrehten Blattfiedern der Dattelpalme

geflochten, welche Blätter noch heute in Aegypten, wie in den Oasen, als Material zu Flechtwerk allgemein in Verwendung kommen.

Das ziemlich leichte, noch heut hellfarbige Holz, aus welchem der Kopf verfertigt ist, zeigte schon bei Betrachtung mit freiem Auge die grösste Aehnlichkeit mit dem der Sykomore, aus dem fast alle im Nilthal gefundenen Mumiensärge gearbeitet sind. Die von Hrn. F. Kurtz ausgeführte mikroskopische Untersuchung hat diese Bestimmung gerechtfertigt.

In demselben Grabe wurden noch folgende Gegenstände gefunden:

Stengelstücke von Calotropis procera R. Br., arab. Oschar, einer baumartigen, noch heut an den Wüstenrändern des Nilthals und der Oasen häufigen, sehr giftigen Asclepiadee. Die einzige Verwendung, welche diese Pflanze in Dachel findet, besteht in der Anfertigung von Fangzäunen zum Abhalten des Flugsandes. In Chargeh sah Dr. Schweinfurth ein Bündel davon an Häusern als Amulet zur Abwehr des bösen Blicks oder des feindlichen Zaubers aufgehängt, und liegt es nahe, einen ähnlichen Zweck dieser sonst aus Gräbern noch nicht bekannten Beigabe anzunehmen.

Ferner Fruchtkerne von Balanites aegyptiaca Del., arab. Heglig, einem im ganzen tropischen Afrika verbreiteten Baume aus der Familie der Olacaceen, der in Oberägypten häufig angepflanzt wird, in Chargeh strauchartig nie wild vorkommt, in Dachel aber von mir nicht angetroffen wurde. Die Kerne dieses Baumes, welcher nach einer Nachricht von Diodor schon von den ältesten Ansiedlern in Aegypten aus Aethiopien mitgebracht wurde, und, wie aus vielen Darstellungen hervorgeht, beim Cultus der alten Aegypter eine wichtige Rolle spielte, sind wiederholt in Gräbern des Nilthals gefunden.

Die Hüllen, in welche die Mumien eingewickelt waren, bestehen aus Leinen, wie dies eine auch im Nilthal allgemein befolgte rituelle Vorschrift gebot. In den Oasen wird jetzt meines Wissens kein Flachs gebaut; die Eingeborenen kleiden sich fast nur in Baumwolle.

Die botanische Untersuchung dieser Gräberfunde deutet mithin auf Cultur-Verhältnisse, die mit den aus dem Nilthale für die altägyptische Zeit bekannten übereinstimmen.

Ich bemerke noch, dass in dem unmittelbar neben den Gräbern, aus welchen obige Gegenstände stammen, gelegenen Tempel Dēr-el-hegar, dessen Erbauung nach den hieroglyphischen Inschriften, in denen die Kaiser Nero, Vespasian und Titus genannt sind[1]), etwa in die Jahre 50—80 unserer Zeitrechnung zu setzen ist, keilförmige Stücke aus dem Holze der Ssant-Akazie (Acacia nilotica Del.) zur Zusammenfügung der aus mehreren Stücken bestehendeu Säulenschäfte verwendet sind. Dieser Befund steht in Einklang mit einer hieroglyphischen Inschrift am Tempel von Chargeh, die nach Lepsius[2]) die Verwendung von Akazienholz beim Bau dieses Tempels bezeugt.

(3) Herr H. Burmeister bespricht in einem Schreiben an den Vorsitzenden d. d. Buenos Aires, 15. Februar, im Nachtrag zu seinen früheren Mittheilungen (Sitzung vom 14. März 1874)

die Ureinwohner der La Plata Staaten.

Als ich vor mehreren Monaten Ihren Bericht über die durch mich erhaltenen patagonischen Schädel las, fiel es mir gleich bei, Ihnen zu schreiben, um einen

---

[1]) Lepsius, Hieroglyphische Inschriften in den Oasen von Xàrigeh und Dàchileh. Zeitschr. für ägypt. Sprache und Alterthumskunde 1874. S. 79.

[2]) a. a. O. S. 73.

Schreibfehler zu verbessern, den ich in meinem Avisobriefe begangen habe, indem ich die Nation, von der die Schädel stammen, Puelches nannte; die grosse Aehnlichkeit der Namen von Tehuelches und Puelches hat mich verleitet, den unrichtigen zu gebrauchen und statt Tehuelches, was ich schreiben wollte, Puelches zu schreiben; ich verbessere also dies Versehen und erkläre Ihnen hiermit, als richtiges Sachverhältniss, dass die Schädel der alten Patagonier vom Rio Negro bei El Carmen den Tehuelches und nicht den Puelches angehört haben; freilich nicht den gegenwärtigen, sondern den früheren vor der Zeit der Eroberung durch die Spanier.

Die Nation, welche in der Gegend von Buenos Aires wohnte, wie die ersten Spanier hierherkamen, heisst Querandis, nicht Guerandis, wie aus irriger Lesart des Setzers in meinem frühern Bericht steht; es war ein sehr kriegerisch gesinntes, verwegenes Volk, das den Spaniern viel zu schaffen machte, und sie zwang, von der Anlage der Stadt Buenos Aires im Jahre 1535 abzustehn; erst 45 Jahre später, als die Zufuhren aus Spanien sich gemehrt hatten und die Colonie in Paraguay im Aufblühen begriffen war, gelang es dem zweiten Gründer von Buenos Aires, Du Garay, der Querandis Herr zu werden; er schlug sie südwestlich von Buenos Aires an einer Stelle, die noch jetzt die Matanza heisst, so vernichtend, dass sie die Gegend umher verliessen und sich ins Innere zurückzogen, aber nicht nach Süden, sondern nach Westen, gegen die Cordilleren hin, wo jetzt die Ranqueles wohnen. Azara, der im zweiten Bande seiner Voyage etc. eine sehr gute Beschreibung aller von ihm wahrgenommenen Indianer-Völkerschaften giebt, sagt geradezu, dass die Reste der Querandis mit den Pampas-Indianern verschmolzen, zu denen sie sich zurückzogen; dass diese den Aucas verwandt seien und unter den letzteren ein östlicher Zweig der Araucaner, diesseits der Cordilleren, zu verstehen sei. Alle diese Völkerschaften hatten das kriegerische Naturell der Araucaner und gehörten mit diesen zu demselben Stamm; heute führen sie andere Namen, wie Ranqueles, aber ihr Naturell ist dasselbe; sie sind es, welche die Anfälle auf die europäischen Ansiedelungen ausführen und Vieh, Kinder und Weiber rauben, die erwachsenen Männer aber todtschlagen. Von einem Gliede dieser Indianer stammen die durch Hrn. Oldendorf bezogenen Schädel; ebenso diejenigen, welche Strobel in S. Luis erhielt und die ebenfalls direct vom Schlachtfelde geholt wurden, auf Befehl des Gouverneurs, der ihm damit ein Geschenk machte.

Die Schädel der alten Grabstätten am Rio Negro gehören einer ganz anderen, viel sanfteren Nation, den Tehuelches, an, zu denen die als Riesen bekannten Patagonier der Küste gehören; sie haben sich der argentinischen Regierung halb unterworfen und leben mit den Pampas-Indianern des Innern in Feindschaft; ja sie begleiten sogar die Regierungstruppen auf ihren Kriegszügen gegen die letzteren und bewachen die Grenze gegen deren Einfälle, wofür sie Lieferungen an Vieh und Kleiderstoffen nebst Tabak erhalten. Diese Indianer kommen nach Buenos Aires, wo ich sie mehrmals gesehen habe. Sie sind nicht so dunkel gefärbt, wie die des Innern, welche ich in Mendoza sah; letztere waren sehr dunkelbraun, die Tehuelches hellbraun. Diese sind gross, schlank, jene kurz, untersetzt gebaut.

Ein dritter Volksstamm wohnte auf den Inseln zwischen den Paraná-Mündungen und von diesen stammen die Topfscherben, welche ich Ihnen geschickt habe. Sie begruben ihre Todten in gebrannten Urnen, von denen ich eine wohl erhaltene früher beschrieb, und gehörten der grossen Nation der Guaranis an, welche in viele Zweige zerfiel und von denen der in Paraguay ansässige der Carios der begabteste gewesen zu sein scheint. Einen Collectiv-Namen hatten diese Völker nicht, wohl aber eine gemeinsame, wenn auch in viele Dialekte gesonderte Sprache, welche von den Spaniern Guarani genannt wurde, nach einem Indianer-Wort, das Unterworfene bedeutet. Diese Leute trieben Ackerbau und hatten Hausthiere, Enten (Anas moschata) und Llama's; die andern lebten nur von der Jagd und vom Fischfange, assen Wurzeln als Zukost, und führten eine nomadisirende Lebensweise, während die Querandis in Dorfschaften wohnten, die zum Theil befestigt waren mit Pallisaden und Fallgräben, und tapfer vertheidigt wurden.

Von den Querandis sind bis jetzt keine Reste und Antiquitäten aufgefunden, von den Guaranis nur die Urnen.

(4) Herr **Kasiski** zu Neustettin berichtet in einem Schreiben an den Vorsitzenden vom 25. März, im Anschluss an die Besprechung der Urne von Rombczyn (Sitzung vom 14. Novbr. 1874)

über eine verzierte Urne von Persanzig.
(Hierzu Taf. VI, Fig. 1—3).

Für die Zusendung des Sitzungsberichtes der Berliner Gesellschaft für Anthropologie sage ich Ihnen meinen verbindlichsten Dank. Derselbe hat dadurch ein ganz besonderes Interesse für mich, als ich daraus ersehe, dass die Urne von Rombczyn mit der im Bericht erwähnten Persanziger Urne, die nur etwas kleiner ist, eine ganz entschiedene Aehnlichkeit hat. Da Sie meine Urne nicht vor Augen hatten, so ist Ihnen diese Aehnlichkeit zum Theil entgangen, und erlaube ich mir ganz ergebenst, Ihnen nachstehend eine Beschreibung nebst Zeichnung der Persanziger Urne mitzutheilen. Um die Aehnlichkeit der beiden in Rede stehenden Urnen noch mehr hervorzuheben, habe ich mich, so weit kleine Abweichungen nicht andere Ausdrücke bedingen, derselben Worte bedient, mit welchen Sie die Rombczyner Urne beschrieben haben.

In einem kleinen, flachen Grabhügel bei den Persanziger Mühlen lag ein Steinpflaster und unter demselben ein Steinkistengrab, in der gewöhnlichen Art ausgebaut. In der Steinkiste standen zwei Urnen, von welchen die eine, die grössere, von schwarzer Farbe, vielfach eingebrochen war und auseinander fiel. In derselben, zwischen den Knochenresten, lag eine Haarnadel von Bronze, 12 Cm. lang.

Die zweite Urne ist sehr gut erhalten, die Oberfläche ist glänzend schwarz, wie polirt, die innere schwarz grau, beide scheinbar sehr gleichmässig. Der Durchmesser des Bodens beträgt 11 Cm., darüber baucht sich das Gefäss schnell aus, in seinem grössten Umfange misst es 60 Cm., dann verjüngt es sich wieder und geht oberhalb der noch zu erwähnenden Verzierung in einen engen, lang ausgeschweiften Hals von 9 Cm. Höhe über. Die Mündung hat 8½ Cm. im Durchmesser und ist von einem ganz glatten, einfachen Rande umgeben. Ohne Deckel ist die Urne 21½ Cm. hoch.

Der Deckel ist 3 Cm. hoch und hat unten einen Durchmesser von 10 Cm.; er hat eine schwache Andeutung von einer „Krempe" und eine kegelförmige, oben abgeplattete Gestalt. Von dieser Platte gehen drei Bündel oder Troddeln nach dem Rande zu (Fig. 3); jedes Bündel besteht aus drei Doppellinien, die fächerartig auseinander gehen und zu beiden Seiten von durchbrochenen Linien eingefasst sind; nach dem Rande zu werden diese drei Bündel durch zwei geschlossene, kreisförmige Linien begrenzt, die zu beiden Seiten wieder von durchbrochenen Linien eingefasst sind.

Eine sehr eigenthümliche Verzierung (Fig. 2) umgiebt den unmittelbar unter dem Halse gelegenen Abschnitt; sie besteht grösstentheils aus zwei, neben einander laufenden, geschlossenen und aus unterbrochenen Linien, von denen die letztern als Begleiterinnen und Verstärkungen der zusammenhängenden Linien auftreten. Beide Arten von Linien sind verhältnissmässig tief und breit und offenbar mit einem am Ende etwas verbreiterten Griffel eingeritzt. Die unterbrochenen Linien zeigen kurze, nicht ganz in einer Flucht liegende Längeneindrücke. Nach oben schliessen die

Zeichnungen mit vier horizontalen Linien ab. Von der untersten horizontalen Linie gehen vier Bündel nach unten ab, welche aus je zwei vierfachen Linien bestehen, die unten hakenförmig ausbiegen. Die vier Bündel bedecken in nicht ganz regelmässigen Zwischenräumen etwa drei Viertel von dem Umfange der Urne. Auf dem vierten Theil des Umfanges ist eine ganz abweichende Zeichnung angebracht, welche ich anfangs für eine Art Inschrift oder für ein symbolisches Zeichen hielt, welche aber, von oben betrachtet, einer Zeichnung eines Schiffes ähnlich ist, wie sie in Ostgothland in Felsen eingeritzt sind.

Die Urne war durch den Deckel gut geschlossen, enthielt keine Erde, so dass die Knochen darin frei lagen; zwischen denselben befand sich eine ganz ähnliche, aber etwas kleinere Haarnadel, wie in der zerbrochenen Urne.

Aus der Beschreibung der beiden Urnen, der Rombczyner und der Persanziger, geht hervor, dass nicht nur die Deckel in der Form einander ganz gleich, sondern dass auch die Urnen selbst in Bezug auf Material, Form und Farbe gleich sind. Selbst die Zeichnungen auf dem Bauche der Urnen, so verschieden ihre Formen sind, stimmen in der Art der Ausführung überein; in beiden sind nehmlich ununterbrochene Linien von durchbrochenen eingefasst. Ganz eigenthümlich der Persanziger Urne ist diejenige Zeichnung, welche einzelnen Felsenzeichnungen von Schiffen in Ostgothland sehr ähnlich ist.

(5) Herr **Sven Nilsson** schreibt d. d. Lund, 20. März, dem Vorsitzenden
über ein Thongefäss von der Insel Gottland.
(Hierzu Taf. VI, Fig. 4.)

In der letzten Sendung vom 14. Nov. 1874, die ich vor einigen Tagen empfangen habe, findet sich ein Vortrag von Ihnen, worin Sie von den Ausgrabungen, die Sie bei Zaborowo gemacht haben, erzählen, und wo Sie die Gefässe, die Sie da gefunden haben, beschreiben. Unter Anderem äussern Sie, dass, wenn man .. die Ausführung .. symbolischer Zeichnungen in Erwägung zieht, Niemand in Zweifel bleiben könne, dass diese Entwickelung einen inneren Zusammenhang verschiedener Bevölkerungen anzeige.

Bei Veranlassung hiervon und um Ihre Ansicht zu bestätigen, habe ich die Ehre, an Sie die Abbildung eines hier in Scandinavien gefundenen Gefässes zu übersenden, welches auch gewiss aus südlicheren Gegenden herstammt. Dieses Thongefäss hat nicht nur eine schöne Form, es ist ausserdem und besonders mit wohlbekannten schönen Ornamenten ausgeziert. Und da diese Ornamente ausschliesslich phönizische sind, ohne Beimischung von griechischen oder andern, so kann ich nicht umhin, dieses Gefäss als aus Phoenizien herstammend anzusehen.

Wenn man diese Ornamente jedes für sich untersucht, so fällt gleich ins Auge, dass der Henkel mit dem Palmzweig geziert ist, und dieses ist das heiligste von ihren Symbolen, da es sie an ihr Vaterland, das Palmland (Phoenicia), immer erinnerte. Daher kommt auch, dass der Palmzweig oft das Bildniss der Tyrischen Schutzgöttin Astarte begleitet.

An dem Halse des Gefässes sehen wir die concentrischen Ringe mit einer spiralförmigen Linie vereinigt, und darüber eine Reihe von Bogen, die hier sehr offen sind. Rings um den Bauch steht eine Reihe von sehr merkwürdigen Ornamenten, die wir beinahe nur auf den Hälsen der ältesten Bronze-Lampen wieder finden.

Nach diesen Ornamenten gehört dieses Thongefäss der nämlichen Zeit an, da die ältesten Bronzen nach Scandinavien gekommen sind, oder dem Anfange des scandinavischen Bronzealters = 1100 oder 1000 Jahre vor Christi Geburt; folglich ist das Gefäss hierher vor etwa 1870 Jahren gekommen.

Es ist in einem Grabe auf der Insel Gottland, aus Kalkstein gebaut, und mit bronzenen Sachen dabei gefunden.

In anderen Gräbern auf derselben Insel sind andere Thongefässe auch mit phönizischen Ornamenten gefunden. Man mag sich erinnern, dass Gottland der älteste Handelsplatz hier im Norden ist.

Dass wir hier ein phönizisches Gefäss vor uns haben, kann wohl Niemand leugnen; aber nun ist die Frage, wie es vom Orient hierher gekommen ist? Das können wir natürlicherweise wohl nicht mathematisch beweisen, aber doch mit der grössten Wahrscheinlichkeit errathen. Wir wollen versuchen:

Strabo erzählt (Lib. III), dass in den ältesten Zeiten die Phönizier die einzigen waren, welche die Cassiteriden von Gades aus besuchten, und dass sie ihr Segeln dahin allen Andern verheimlichten. Nun ist es ja ganz klar, dass, wenn sie noch weiter gegen Norden fuhren, sie auch und noch mehr dieses Segeln allen Anderen verheimlichten. Und dass sie weiter gegen Norden gekommen sind, ist ohne allen Zweifel. Sie haben Bernstein an der Schleswig'schen Küste gefunden, wo er in grosser Menge gewesen ist und sich noch findet.

Herodotus, Thalia, Kap. 115 konnte nicht sagen, woher das Zinn und der Bernstein nach Griechenland kamen, aber dass sie beide von den äussersten Landesenden nach Westen herkamen, das wusste er gewiss, und so war es wirklich auch. Der Bernstein an den preussischen Küsten der Ostsee ward erst in Nero's Zeiten bekannt.

Aber woher hatte Herodotus schon diese Kenntuiss erhalten? Vielleicht von Phöniziern in Tyrus, denn keine Anderen kannten diese Verhältnisse. Diodorus Siculus weiss zu erzählen, dass Bernstein an der Insel Basilia in grosser Menge ausgeworfen wird, und die neuen Forschungen haben erwiesen, dass Basilia Wesseley noch heisst und in Schleswig liegt.

Aber, wie vorher erwähnt: Wenn die Phönizier so weit hinauf gefahren sind, dass sie auch Bernstein fanden, so hielten sie auch diese Reise geheim, und wir können also gar Nichts davon wissen, ausser dem, was wir von ihren nachgelassenen Spuren errathen können.

Nun berichtet uns gleichfalls Strabo, was die Phönizier bei ihren einzelnen Reisen vornahmen. Sie trieben Tauschhandel mit den halbwilden Einwohnern, z. B. auf den Zinninseln. Sie hatten mit sich Salz, Bronzegeräthschaften und Thongefässe (χέραμον) und dafür erhielten sie Zinn, Blei und Pelzwaaren.

Wenn sie hierher nach Scandinavien kamen, so konnten sie in grosser Menge Bernstein, auch Pelzwaaren und Fische (denn diese suchten sie auch) haben; dafür gaben sie wohl auch hier Salz, Bronze und Thongefässe, vielleicht gerade solche nette und zierliche, wie dieses Bildniss vor uns steht.

Ich habe mir auch vorgestellt, dass, wenn der Chef einer Horde eine solche Seltenheit sich erworben hatte, er, und seine Familie nach ihm, sie als ein Familienkleinod, Generation nach Generation, sorgfältig verwahrt und schliesslich in einem Grabe in der Erde zum Verwahr niedergesetzt haben möge.

Ich würde sehr dankbar sein, wenn Jemand mir eine bessere Erklärung über dieses hier im Norden gefundene phönizische Gefäss geben wollte; dass es altphönizisch ist, kann ja nicht in Abrede gestellt werden.

Ich habe mehrere Beweise, dass dieses semitische Volk hier im südlichen Scandinavien gewesen ist und seinen Baalscult hier getrieben hat, aber ehe ich es mittheile, wünsche ich gerne zu wissen, was Sie von diesem Gefässe meinen. —

Der Vorsitzende spricht dem Nestor der nordischen Archäologie den besondern

Dank des Vereins für seine interessante Mittheilung aus. Er hebt hervor, dass ganz ähnliche Malereien sich freilich auch auf archaischen Gefässen in Griechenland und Italien finden, dass jedoch auch diese sehr wohl auf phönizische Vorbilder zurückgeführt werden können. Eine Entscheidung über den einzelnen Fall müsse indess wohl unter Zuhülfenahme aller anderen Fundumstände gefällt werden.

(6) Fräulein J. **Mestorf** sendet eine genauere Zeichnung der schon früher (Sitzung vom 11. Mai 1872) besprochenen

Gesichtsurne von Möen.
(Hierzu Taf. VI, Fig. 5.)

„Die einliegenden Pausen nahm ich von Dr. Bendixens Zeichnung zweier irdenen Scherben im Kopenhagener altnordischen Museum. b ist dieselbe, welche ich Ihnen nach Justizrath Strunck's Abklatsch schickte. a ist eine Scherbe von einem zweiten Gefässe aus demselben Grabe (Ganggrabe) auf Möen, wo die Ihnen früher bekannte Scherbe b gehoben wurde. Ob Dr. Lisch auch in diesen Zeichnungen noch das gewöhnliche concentrische Ornament erblickt und diejenigen, welche ein Augenpaar darin erblicken, zu lebhafter Einbildung beschuldigt?"

(7) Herr **Witt** (Bogdanowo) eröffnete

ein Steingrab bei Obornik.

Das Grab lag auf dem 5 Minuten von der Obornik-Rogasener Chausee gelegenen Grundstück des Wirthes Scheffler, Roznower Abbau Nr. 10. Etwa 2 Fuss unter der Erde lag in einer Umgebung von runden kleinen Feldsteinen ein Steingrab regelmässig im Winkel, sehr sorgfältig zusammengesetzt aus glatten, nach der Innenseite ebenen Granitplatten. Die Deckplatte war 59 Cm. breit und 91 Cm. lang, während die Seitenwände aus je einem platten Stein gebildet wurden, 87 Cm. die eine Seite und 64 Cm. die andere Seite breit. Der Boden der so gebildeten Steinkiste war mit glatten, kleinen Steinplatten sehr sorgfältig belegt. Die Tiefe der Steinkiste betrug ungefähr 36 Cm., in derselben befanden sich drei Urnen von 27 Cm. Höhe und 89 Cm. Umfang an der Ausbauchung, und 54 Cm. an der Oeffnung. Sie waren sämmtlich ohne alle Verzierung, in der gewöhnlichen Form, aber von sehr grobem, kleine Kieskörner enthaltenden Thon, auch sehr sorgfältig mit einem übergreifenden, oben etwas erhöhten, mit einigen im Kreise gestellten strichförmigen Verzierungen an der Spitze verzierten Deckel zugedeckt. Die Urnen enthielten nur die Ueberreste gebrannter Knochen erwachsener Menschen; sonst fanden sich weder Beigaben in der Urne, noch im Grabe. Nur im Sande neben dem Grabe hat sich ein Granitsplitter gefunden, der wohl als eine Pfeilspitze oder eine Waffe gedeutet werden kann, von äusserst roher Bearbeitung, dessen Regelmässigkeit aber wohl kaum einem Zufall seine Entstehung verdankt. — Das Grab unterscheidet sich wesentlich von den sogenannten Massengräbern, wie sie sich z. B. in der Oborniker Schonung und anderswo an den Ufern der Welna reichlich finden. Während dort neben den Aschenurnen in verschiedenen Formen eine ganze Anzahl oft recht geschmackvoll gearbeiteter Thongefässe aller Grössen und Formen, rund um die Aschenurnen herum, zwischen denselben, oft in dieselben hineingelegt, sich vorfindet, so ist hier ausser den Aschenurnen selbst nicht ein einziges Gefäss oder nur eine Scherbe zu sehen. Auch finden sich die vielen Urnen bei Obornik etc., die von feinerem Thon sind, einfach in die Erde gestellt, nur bedeckt von grossen Haufen Steinen, während hier in einer Gegend, wo solche Steinplatten eine grosse Seltenheit sind, die Urnen sorgfältig in einem mit solchen Platten ausgelegten Grabe sich befinden. Sollten diese letzteren Gräber nicht vielleicht von Einwanderern aus einer Gegend sein, in welcher ein

Schiefergebirge leichter solche Platten finden liess? Ursprünglich diente doch wohl die Bedeckung mit Steinen nur dazu, in einer Zeit, wo man die Todten noch nicht verbrannte, den Leichnam vor dem Ausscharren der wilden Thiere zu schützen, und dieser Gebrauch hat sich dann später auch ohne Zweck auf die Aschenurnen übertragen.

(8) Herr **G. Fritsch** hielt einen einleitenden Vortrag
über anthropologische Studien in Verbindung mit der deutschen Venus-Expedition nach Ispahan,
indem er zunächst ein Resumé des ganzen Unternehmens vorlegte, mit der ausgesprochenen Absicht, durch spätere Mittheilungen über die einzelnen Gebiete die Details nachzutragen.

Am 19. September erfolgte die Abreise von Berlin, d. h. an einem Termin, welcher nur bei durchaus glücklichem, aufenthaltslosem Reisen die zu den unumgänglichen Vorbereitungen am Stationsorte nöthige Zeit gewährte. Die Route führte quer durch Russland, da von Seiten der Regierung dieses Landes bedeutende Erleichterungen in Aussicht gestellt waren und die Expedition in der That daselbst die freundlichste Unterstützung fand. Die Vertreter der russischen Behörden liessen es sich angelegen sein, an Stationen, wo einiger Aufenthalt unvermeidlich war, wie z. B. zu Zarizyn und Astrachan, uns über Land und Leute erwünschte Information zu verschaffen. Besonders interessant waren die hier vorhandenen kalmuckischen Elemente der Bevölkerung, zu denen sich schon in Astrachan auch zahlreiche tatarische Bestandtheile mischen; durch Erwerbung einer grösseren Anzahl von Photographien solcher Individuen wurde der Eindruck für später zu fixiren gesucht. Tatarische Elemente kamen alsdann weiterhin in Baku am kaspischen Meere und in Rescht zur Beobachtung, indem gerade in den Küstenstrichen des genannten Meeres und in den südlichen Grenzländern des Kaukasus sich die Reste solcher früheren Einwanderungen tatarischer Stämme besonders kräftig erhalten haben.

In Rescht, welche Stadt am 6. October von der Expedition erreicht wurde, begann die Landreise mit der Karawane aus einigen sechzig Maulthieren, auf denen das ausgedehnte Gepäck mittelst Packsätteln oder Bahren zu zwei Thieren verladen war. So zog die Expedition in gemächlichem Schritt ohne Aufenthalt weiter, anfangs durch die üppig bewaldeten Niederungen am kaspischen Meere, alsdann durch die höher gelegene Ebene von Teheran, nachdem der schwierige Bergpass des Charzan glücklich überstiegen worden war. Die Landstriche an den nördlichen Abhängen des Gebirges weichen durch ihren ganzen Habitus, wie durch das Aussehen seiner Bewohner, stark von denen des Inlandes ab. Die Vermischungen mit tatarischen und weiter östlich mit turkmenischen Elementen prägen den Einwohnern einen Character auf, welcher sich von dem eigentlich persischen, wie man ihn im Inlande findet, leicht unterscheiden lässt. In der Gegend des Passes trafen sich auch recht häufig kleinere Gruppen von Personen, die den beständig nomadisirenden Stämmen, den Ilyad, angehörten und die rauhen Hochebenen mit ihrem spärlichen Vieh verliessen, um dem anrückenden Winter zu entgehen. Ausser den gelegentlich am Wege zu machenden anthropologischen Beobachtungen war es besonders der officielle Verkehr mit den Gouverneuren der Städte u. s. w., wodurch uns Einblicke in das persische Leben, die Sitten und Gebräuche des Landes gewährt wurden. In der am 19. Oct. erreichten Residenz Teheran kam eine feierliche Audienz beim Schah selbst, sowie verschiedener sonstiger officieller Verkehr mit den Behörden hinzu, um unsere Erfahrungen zu bereichern, aber schon am 24. musste die Reise fortgesetzt werden, und es waren jetzt Gegenden zu passiren, deren wüster, vegetationsloser Charakter keiner ansässigen Bevölkerung die Existenzmittel gewähren könnte, so dass nur die seltenen Karawanen der Kaufleute, eiligst weiterziehend, und die Züge der Pilger, welche in der heiligen Stadt Kum anbeten wollen, den öden Weg beleben. In der genannten Stadt selbst ist das abenteuerliche Gewimmel in den Bazaren und um die Moschee mit ihrer grossen vergoldeten Kuppel äusserst interessant und ganz unberührt von europäischer Civilisation, so dass sich bei jedem Blick originelle Eindrücke gewinnen liessen; die an den Bazar anstossenden alten Karawansereien und Höfe zeigen in ihren zierlichen, leicht aufsteigenden Schwiebbögen und künstlich construirten Gewölben schöne Proben der edelsten persischen Baukunst. Der Versuch, das Bild photographisch zu fixiren, schlug bei der Dunkelheit des Ortes freilich fehl, aber in dem nun bald erreichten Ispahan fand sich ein willkommener Ersatz.

Nach Ueberschreitung des zweiten Passes von Khorud und Durchwandern der darauf folgenden Hochebene traf die Expedition am 4. November glücklich in Ispahan ein, auch hier feierlich bewillkommt durch den Sohn des Schah, Selle Sultan, Gouverneur von Ispahan. Die Wahl der Station in Bagh-i-zeresht zwischen Ispahan und Djulfa führte uns mitten zwischen die Prachtbauten des Schah Abbas, welche selbst noch im heutigen Stadium des Verfalles einen imponirenden Eindruck zu erwecken vermögen. Bei den Vorarbeiten für das Phänomen wurde eine grössere Anzahl von Aufnahmen solcher Architecturen gewonnen, auf die später unter Vorlegung der Copien zurückzukommen sein wird. Die anfangs scheue Bevölkerung von Ispahan fasste allmählig Vertrauen zu uns und häufig pilgerten angesehene Personen, von der Neugier getrieben, bis zu uns hinaus, um die Instrumente und Apparate in Augenschein zu nehmen, an ihrer Spitze zum grössten Erstaunen der äusserst fanatischen Einwohner, die obersten Mullahs selbst, deren näherer Verkehr mit Ungläubigen nach den alten Satzungen zu den factischen Unmöglichkeiten gehörte. Die officielle Stunde für Visiten ist in Persien meistens eine Stunde vor Sonnenuntergang, eine betrübende Einrichtung für anthropologische Photographen, welche gelegentlich solcher Besuche Portraits aufzunehmen beabsichtigen; solche Aufnahmen wurden daher auch nur in spärlicher Zahl gewonnen, wozu auch die abgelegene Situirung der Station vieles beitrug.

Nachdem an dem wichtigen Morgen des neunten Dezember unter schwierigen Witterungsverhältnissen doch zwanzig brauchbare Photographien des Phänomens gewonnen waren und die nöthigen Copien, die Verpackung der Instrumente, sowie die Vorbereitungen zur Rückreise beendigt waren, wurde diese selbst mittelst Courierpferden angetreten, um dem persischen Winter, der bereits drohend vor uns stand, womöglich noch zu entgehen, ehe er mit ganzer Strenge die hochgelegenen Länder überzog. Bis Teheran begleitete uns noch das klare, warme Herbstwetter und erlaubte die durch die Abwickelung der officiellen Beziehungen gebotene Musse zu einem sehr lohnenden Ausflug nach den berühmten Ruinen von Rages, der dreifachen Stadt, und auf, den benachbarten Guebern-Kirchhof zu benutzen, dessen scheinbar unersteigliche Umwallung unter der freiwilligen Mitwirkung mehrerer befreundeter Herren von Teheran glücklich erstiegen wurde und einen Theil seiner Schätze der Wissenschaft opfern musste. Trotz aller Eile erfasste uns der hereinbrechende Winter noch vor dem Passe von Charzan, ohne indessen den allerdings im Schneesturm auszuführenden Uebergang vollständig vereiteln zu können; Rescht wurde glücklich erreicht, doch hatte der Sturm das zu unserer Aufnahme bestimmte russische Regierungsboot von der Rhede am Morgen desselben Tages vertrieben, an welchem die Expeditionsmitglieder gegen Mittag am Ufer anlangten.

Nach einem durch die Verhältnisse erzwungenen Aufenthalte von 14 Tagen in Rescht, der durch die liebenswürdige, gastfreie Aufnahme des russischen Consuls

Serjipontowsky angenehm verkürzt wurde, schifften wir uns aufs neue ein und langten nach einem Abstecher bis Asterabad im Osten des kaspischen. Meeres am 2. Februar endlich in Baku an. Von dort führte die russische Eilpost die Mitglieder glücklich nach Tiflis, wo die daselbst ansässigen Deutschen, an der Spitze unser Consul Brüning, der Expedition freundlich entgegen kamen. Unter diesen Herren findet sich einer, dem der Vortragende durch seine grosse Zuvorkommenheit zu besonderem Danke verpflichtet ist, nehmlich Herr Bayern, dessen grosse Verdienste um die Aufdeckung und Gewinnung so mancher archäologischen und geologischen Schätze der Kaukasusländer kaum genügend gewürdigt sind. Trotz seiner vorgerückten Jahre arbeitet der Herr mit wahrhaft jugendlichem Feuereifer an der Aufgabe weiter, welcher er sein Leben geweiht hat, und wenn man auch nicht im Stande ist, seinen Auslegungen in allen Stücken beizupflichten, so verringert das keineswegs die grossen Verdienste des Mannes. Seiner Güte verdankt der Vortragende eine Anzahl der alten, leider schon sehr morschen Schädel, welche den Steinkisten von Samthawro entnommen wurden, und ein Gang durch sein kleines, aber sehr interessantes Museum belehrte über die begleitenden Geräthe und sonstigen Eigenthümlichkeiten der Funde.

Als nun auch Tiflis unter erneutem heftigem Nordoststurm bei Schneegestöber verlassen und Poto erreicht war, fehlten wegen der Havarie der regelmässigen Boote noch einmal die erhofften Verbindungen. Anstatt direct nach Constantinopel zu gehen, musste der Umweg über Odessa gewählt werden, indessen erwies sich dieser Umweg als ein durchaus günstiges Moment, da er Gelegenheit bot, die sehr interessanten Ausgrabungen von Kertsch, das Museum dieser Stadt, sowie die kleineren von Feodosia und Odessa zu besichtigen. Die Funde von Kertsch schliessen sich in bemerkenswerther Weise an die Ausgrabungen von Samthawro, wenn auch das Meiste darunter nicht in eine gleich frühe Zeit hinaufreicht, und es scheint keinem Zweifel zu unterliegen, dass eine ausgiebige Vergleichung der an beiden Orten gehobenen Schätze manches Neue und Interessante zu liefern vermöchte.

Aus dem beeisten Hafen von Odessa wurde am 27. Februar ausgelaufen und am 1. März traf das Boot glücklich im Hafen von Constantinopel ein. Ausser mannichfachen Vorbereitungen für die beabsichtigte zoologische Excursion nach Kleinasien fand ich Gelegenheit zu einem Besuch bei Hrn. Dr. Weissbach, in weiteren Kreisen durch seine schönen craniologischen Arbeiten bekannt. Der genannte Herr trat aus seiner reichen Sammlung von Türkenschädeln eine Anzahl für die anthropologische Gesellschaft, einige andere für das anatomische Museum mit grosser Bereitwilligkeit ab.

Die Wächter der im Allgemeinen sehr liederlich gehaltenen muhamedanischen Kirchhöfe von Constantinopel sind in neuerer Zeit, durch mancherlei üble Erfahrungen gewarnt, sehr misstrauisch geworden, so dass die Erlangung des craniologischen Materials äusserst schwierig ist; selbst wenn man die Schädel glücklich erlangt hat, so kann man mit grosser Sicherheit annehmen, dass dieselben beim Passiren der Douane von Seiten der türkischen Behörden confiscirt werden. Der durch die Güte der heimischen Regierung dem Vortragenden verliehene officielle Character machte es allein möglich, diese Schwierigkeiten glücklich zu überwinden, und er fühlt sich für die Bereitwilligkeit und Energie, womit ihm darin gewillfahrt wurde, zu besonderem Danke verpflichtet.

Die nach der kleinasiatischen Küste fortgesetzte Reise brachte neue üble Erfahrungen hinsichtlich des winterlichen Wetters, aber auch neue craniologische und anthropologische Errungenschaften. Auf dem classischen Boden von Smyrna stellten sich manche bemerkenswerthe Eindrücke von Sonst und Jetzt dem Auge des Reisenden dar; aus der Vorzeit besonders interessant die ausgedehnten Kjökkenmöddings um die Ruinen des alten Castells von Smyrna. Es zeigen diese mächtigen Aufschüttungen von Schalen essbarer Muscheln der benachbarten Bay, welche der Art ihrer Anordnung nach um die alten Mauern von den früheren Bewohnern der Burg aufgehäuft erscheinen, wie solche Formationen auch noch in historischen Zeiten entstanden sind. Es finden sich zwischen den Muscheln Münzen der Jahrhunderte um den Beginn unserer Zeitrechnung, dagegen sind keine Stein- oder Knochengeräthschaften darunter gefunden worden.

Die Bevölkerung Kleinasiens ist recht abweichend von derjenigen Constantinopels; es scheinen hier wieder autochthone Elemente durchzuschlagen und herrschend zu werden, welche an Kraft ihrer Anlage die modernen türkischen Stämme bei Weitem übertreffen. Energie und Thatkraft ist bei ihnen noch in viel höherem Grade vorhanden, als bei den in den Harems verweichlichten modernen Türken, worauf zurückzukommen sich wohl ebenfalls später Gelegenheit findet. Die geplanten Excursionen nach dem Innern Kleinasiens verboten sich durch die anhaltenden Unwetter, welche die Flussthäler unter Wasser setzten und die erweichten Wege unpassirbar machten.

Es wurde daher Ende März, nachdem die auch hier gestörten Dampfbootverbindungen sich wieder etablirt hatten, die ursprünglich bereits für den Anfang dieses Monats beschlossene Rückreise wirklich angetreten, um das unterdessen gesammelte vergängliche Material zoologischer Natur rechtzeitig verarbeiten zu können, und am 6. April war Berlin glücklich wieder erreicht.

Die Errungenschaften, welche Persien gebracht hat, schweben freilich, abgesehen von den als persönliches Gepäck transportirten Phänomenplatten, noch zur Zeit in unsicherer Ferne.

(9) Herr **Fritsch** übergab der Gesellschaft als Geschenk des correspondirenden Mitgliedes Hrn. Dr. A. Weissbach zu Constantinopel die (S. 66) erwähnten sechs typischen

Türkenschädel.

Dieselben stammen vom mohamedanischen Friedhofe am Tekkè (Kloster der tanzenden Derwische) in Pera Nr. 10, 56, 57, 61; vom Friedhofe innerhalb des Klosters Nr. 21; endlich vom mohamedanischen Friedhofe hinter dem Arsenale zwischen Galata und Kassimpaschà Nr. 63.

(10) Herr **Virchow** spricht, unter Vorlage des Objectes und zahlreicher Photographien über

einen Andamanenschädel.

Unter den wichtigen Erwerbungen, welche die Sammlungen unserer Stadt der ebenso erfolgreichen als anhaltenden Thätigkeit des Hrn. Dr. F. Jagor verdanken, steht nicht in letzter Reihe ein so eben eingegangener Andamanen-Schädel. Derselbe ist mir als ein Geschenk eines sehr verdienten indischen Arztes, des Hrn. Macnamara, der zur Zeit in England verweilt, zugegangen. Gleichzeitig hat das ethnologische Museum eine grosse Zahl der interessantesten Schmuck- und Nutzgegenstände von jener fernen Inselgruppe empfangen.

Nach dem aufgeklebten Etikett, welches unter dem Namen Châ-tah wahrscheinlich den Namen des einstigen Besitzers dieses Schädels anführt, ist der letztere als Erinnerung an den Todten an einer Schnur um den Hals getragen worden.

In der That findet sich noch jetzt an dem Schädel, der offenbar einer älteren Frau angehört hat, eine aus einem schmalen Lederstreifen gedrehte, etwas über 2

5 *

Mm. dicke Schnur, deren geringe Länge von 580 Mm. allerdings nicht ganz dem
Zwecke, über den Kopf geschoben und um den Hals gelegt zu werden, zu entspre-
chen scheint. Indess besteht sie eigentlich aus zwei Theilen, indem jederseits ein
Ende in der Art au dem Jochbogen befestigt ist, dass dasselbe parallel an den
Knochen angelegt und nebst dem Knochen dicht mit einem feinen, aus Fasern ge-
drehten Faden umwickelt ist. Beide Theile sind am äussern Ende durch einen
Knoten mit einander verbunden.

Der Schädel ist im Uebrigen sehr wohl erhalten. Ein grosser Theil seiner
Oberfläche und fast alle Oeffnungen, Gruben und Vertiefungen sind mit dicken, fest
anhaftenden Schichten einer wohlriechenden, rothen Substanz überzogen. Selbst
der harte Gaumen und die Oberfläche der Schädelkapsel sind nicht freigeblieben.
Die Substanz scheint ihrer Hauptmasse Eisenoxyd zu sein: unter dem Mikroskop
sieht man feine stengelige Krystalle und dazwischen hie und da feine Pflanzen-
zellen. Beim Erhitzen schmilzt sie nicht.

Wo dieser Ueberzug fehlt, da sieht der Schädel dunkelbraun aus, jedoch giebt
es einzelne, durch vielfache Reibung, wahrscheinlich beim Tragen, polirte Stellen
von mehr gelblicher Färbung. Der Unterkiefer fehlt.

Die Maasse sind folgende:

Capacität	1050
Grösster Horizontalumfang	450
Entfernung des Gehörganges von der Stirnwölbung	83,5
„ „ „ vom Scheitel	101,0
„ „ „ „ Hinterhaupt	91,5
Grösste Höhe	123
Entf. des For. occip. von der vorderen Fontanelle	121
„ „ „ „ „ „ hinteren „	87
„ „ „ „ (hinterer Rand) v. d. vordern Fontanelle	131
Grösste Länge	154
Sagittalumfang des Stirnbeins	116
Länge der Sut. sagittalis	111
Sagittalumfang der Hinterhauptsschuppe	99
Entf. des Gehörganges von der Nasenwurzel	87,5
„ „ „ „ dem Nasenstachel	90
„ „ „ „ „ Alveolarrand d. Oberkiefers	94
„ „ For. occip. von der Nasenwurzel	83
„ „ „ „ „ dem Nasenstachel	80,5
„ „ „ „ „ „ Alveolarraud d. Oberkiefers	81
„ „ „ „ (hinterer Rand) von der Hinterhaupts-	
wölbung	52
Länge des Foramen occipitale	33
Breite „ „ „	30
Grösste Breite	131
Oberer Frontaldurchmesser	66
Unterer „	88
Temporaldurchmesser	106
Parietaldurchmesser	129
Oberer Mastoidealdurchmesser	103
Unterer „	86
Jugaldurchmesser	116,5
Maxillardurchmesser	48
Querumfang (von Gehörgang zu Gehörgang)	288
Breite der Nasenwurzel	21
„ „ Nasenöffnung	21,5

(326, markiert neben den drei Werten 116, 111, 99)

Höhe der Nase	46,5
Breite der Orbita	35
Höhe „ „	34
Umfang des Oberkieferrandes	112
Länge des harten Gaumens	42
Breite „ „ „	35
Entfernung der Kiefergelenkgruben	87
Gesichtswinkel	73
Breitenindex	85,0
Höhenindex	79,8
Breitenhöhenindex	93,8

Im Einzelnen ist noch Folgendes zu bemerken: Die sämmtlichen Knochen sind sehr zart und trotz breiter Muskelansätze verhältnissmässig glatt. Die Nähte sind sämmtlich vorhanden und wenig zackig. Die Synchondrosis spheno-occip. ist obliterirt. Am Oberkiefer ist nur der rechte Eckzahn vorhanden und zwar tief abgeschliffen. An der Stelle der Backzähne sind die Alveolen geschlossen und verstrichen. Die Schneidezähne sind erst nach dem Tode ausgefallen; ihre Alveolen sind klein. Auf der Stirn, nahe an der Kranznaht, liegt eine Reihe unebener Vertiefungen, die wahrscheinlich durch Krankheit entstanden sind.

Der sehr kleine, brachycephale Schädel ist ziemlich hoch und etwas platt. Die Stirn ist voll und gefällig, mit schwachen Höckern, aber hoher Wölbung. Der Scheitel hat durch die fast kugelig gewölbten Tubera parietalia eine grosse Breite; auch liegt die grösste Breite dicht an den Tubera nach aussen.

Da zugleich der hintere Theil der Pfeilnaht etwas tief liegt, so erscheint der Kopf in seinen hinteren Abschnitten fast kleeblattförmig, indem auch der obere Theil der Hinterhauptsschuppe stärker hervortritt. Sonderbarerweise fällt auch diese Erscheinung mit einer seitlichen Depression des Knochens an der Lambdanaht zusammen, so dass die Squama occipitalis aussieht, als sei sie durch seitlichen Druck gezwungen worden, nach hinten auszuweichen. Der Abfall des Hinterkopfes beginnt übrigens dicht hinter den Tubera parietalia. An der Spitze der Lambdanaht bildet die Hinterhauptsschuppe jedoch schon einen Vorsprung.

Das Planum temporale liegt jederseits hoch, reicht nahe bis an die Scheitelhöcker, lässt jedoch einen Raum von 125 Mm. Querdurchmesser (Fläche) frei. Die Protuberantia occipitalis ist von mässiger Stärke. Sie liegt 40 Mm. vom Foramen occipitale entfernt. Die Linea nuchae inferior findet sich sehr nahe am Hinterhauptsloche, sie ist nur 12—18 Mm. davon entfernt. Dagegen ist der Zwischenraum zwischen ihr und der Linea superior sehr breit, er erreicht 25 Mm. Ueber der letzteren Linie zeigt sich jederseits ein geradliniger, schräg von oben und innen nach aussen und unten gegen den Warzenfortsatz verlaufender Eindruck, offenbar gleichfalls ein Muskeleindruck. Die Warzenfortsätze sind sehr schwach, die Flügelfortsätze niedrig.

Das rundliche und verhältnissmässig kurze Hinterhauptsloch hat an seinem vorderen Rande einen nach rückwärts gerichteten Knochenvorsprung, nicht eigentlich einen Condylus tertius, aber doch etwas Verwandtes. Die Coronae condyloideae stehen weit nach vorn, sind sehr kurz und ihre Gelenkflächen sind ganz nach hinten gerichtet. Die Schläfenschuppen kurz, die Alae sphenoideae magnae beiderseits am Ende schmal, so dass nur ein geringer Zwischenraum Stirnbein und Schläfenschuppe trennt.

Die Wangen etwas vortretend. Orbitae sehr klein, aber verhältnissmässig hoch, der obere, sehr zarte Rand eher etwas zurückstehend. Die Supraorbitalwülste sehr schwach, vom Orbitalrande getrennt.

Besonders bemerkenswerth erscheint die Nasenbildung. Der Nasenfortsatz des Stirnbeines ist nehmlich ungewöhnlich lang und breit, und gebt ganz glatt von der Stirn herunter: der Nasenwulst fehlt gänzlich und die Glabella ist kaum angedeutet. Jedes Nasenbein ist 5 Mm. breit und 18 Mm. in der äussersten Ausdehnung lang. Die ganze Nase ist etwas platt, ihr Rücken flach, ohne alle Einbiegung oder Eindruck. Nur die Stirnfortsätze des Oberkiefers machen jederseits an ihrer Verbindungsstelle mit dem Stirnbein eine flache Hervorwölbung, an der auch das Stirnbein selbst Antheil nimmt. Die Nasenöffnung ist schmal, der Nasenstachel schwach.

Der Oberkiefer ist sehr schmal und niedrig: die Entfernung vom Ansatze des Nasenstachels, bis zum Alveolarrand beträgt 1 Cm. Fast gar kein Prognathismus. Der Zahnrand ist vorn gerundet, hinten fast parallel. Der harte Gaumen kurz und breit. —

Die bis dahin bekannten Thatsachen über die Andamanen-Bewohner, die sogenannten Mincopies hat neulich Hr. de Quatrefages in einer monographischen Arbeit zusammengestellt (Révue d'anthropologie 1872. T. I). Insbesondere hat derselbe die osteologischen Maasse der bis dahin in Europa bekannt gewordenen Schädel von Mincopies, sowohl der 2 in Paris befindlichen, als der 3 englischen, von den Herren Owen und Busk beschriebenen, in grosser Vollständigkeit gegeben (p. 248). Es erhellt durch eine Vergleichung, dass die weiblichen Schädel mit dem von mir beschriebenen in vielen Stücken sehr nahe, mit den männlichen in der Hauptsache übereinstimmen. Alle Maasse ergeben gleichmässig, dass wir es mit einem hypsibrachycephalen, kaum prognathen Negerstamme zu thun haben. Auch stimmt der weibliche Pariser Schädel in Bezug auf seine geringe Capacität, denn auch er hat nur 1095 Cub.-Cm. Inhalt.

Ich kann ferner Hrn. de Quatrefages darin beistimmen, dass unter den bekannten schwarzen Rassen die Negritos der Philippinen die nächste Verwandtschaft mit den Mincopies zeigen, während der Gegensatz gegen Papuas, Australier und Melanesier recht stark hervortritt. Einer der Negrito-Schädel in unserem Besitze hat die grösste Aehnlichkeit mit dem eben vorgelegten Mincopie-Schädel. Die auffälligste Differenz der Schädel beider Rassen beruht vielleicht in der dachförmigen Stirn vieler Negritos und in ihrem stärkeren Prognathismus.

Durch die Güte des Hrn. Dobson besitzen wir eine grössere Reihe schöner Photographien von Mincopies. Die Gewohnheit dieses Volkes, sich den Kopf ganz kahl zu rasiren, gestattet auch an den Photographien eine Vergleichung der Kopfform mit den Schädeln. Eine solche Vergleichung bestätigt, was die Maasse lehren. Keine Spur von Deformation und keine auffällige Prognathie ist daran erkennbar. Die Köpfe, einschliesslich des Gesichts, haben durchweg etwas kindliches: ein feines, aber breites Gesicht mit kleiner und schmaler Nase, stark vortretenden Augen, kleinem Munde, voller Stirn. Die allgemeine Fettleibigkeit giebt auch dem Gesicht etwas Rundes und Volles. Die starke Biegung des Hinterkopfes und die Breite der Schädelkapsel tritt deutlich hervor.

Was die Grössenverhältnisse angeht, so stimmen alle Beobachter darin überein, dass die Mincopies eine besonders kleine Rasse darstellen. Indess ergeben unsere Photographien, dass wenigstens einzelne Männer eine erheblich höhere und kräftigere Statur besitzen als die Weiber. Auch scheinen ihre Köpfe zum Theil recht gross und schwer zu sein. Man wird daher vielleicht einige Correcturen in Bezug auf die Grösse erwarten dürfen, indess darf der Typus im Allgemeinen wohl schon jetzt als festgestellt angesehen werden. —

(11) Herr **Fischer** übersendet mit Schreiben aus Freiburg i. Br. vom 11. April eine Abhandlung

über mineralogische Untersuchung von Steinwaffen, Stein-Idolen u. s. w.

Dass durch die künstliche Bearbeitung, d. h. durch die Veränderung der natürlichen Oberfläche eines Minerals oder einer Felsart manche lehrreiche Charaktere verloren gehen müssen, versteht sich von selbst, und es liegt hier bis zu gewissem Grade derselbe Fall vor, wie bei den Geröllen. Bei diesen hat die Natur durch Abrollung und mehr weniger weit reichende Abglättung im Wasser auch bei sehr harten Substanzen, z. B. Quarz (vgl. die sogen. Rheinkiesel), Dichroit (sogen. Wassersapphir Ceylon's), Topas, Korund (Rubin und Sapphir), selbst die Veränderung der natürlichen Oberfläche herbeigeführt, und der Mineraloge weiss recht gut, wie leicht Verwechselungen bei Geröllen vorkommen können und wie diese, wenn sie im Bach liegen, noch etwas lehrreicher erscheinen, als getrocknet, weil im ersteren Falle gewisse optische Merkmale (Farbe, Durchsichtigkeitsverhältnisse) doch noch etwas deutlicher hervortreten. Desshalb kann man durch Befeuchten eines Gerölls oder einer Steinwaffe oder temporäres Bestreichen mit einem durchsichtigen Firnisse, sich beim Bestimmen, zumal von Stücken, von welchen nichts abgelöst werden darf, immerhin noch ein wenig aushelfen.

Ich habe nun — nebenbei bemerkt — beobachtet, dass eine grosse Anzahl Stein-Instrumente, aber auch kleinere Idole, von Neuseeland so gut wie von Amerika, aus Geröllen hergestellt sind, was einen doppelten Grund haben wird; nehmlich erstens haben die Menschen in ältester Zeit (siehe Pfahlbauten) die Nähe des Wassers oder das Wasser selbst vielfach zu ihrer Ansiedelung gewählt, und zweitens waren die Gerölle für den der Metalle noch entbehrenden Menschen doch schon von der Natur zerkleinerte Stücke, innerhalb deren der Steinkünstler sogar auch noch eventuell in der Form Auswahl treffen und für das eben herzustellende Instrument, beziehungsweise Idol auch ein schon passendes, längliches oder kurzes, dickes oder schon abgeflachtes Stück aussuchen konnte.

Wenn es sich um mineralogische Bestimmung solcher Kunstwerke aus der Urzeit des Menschen handelt, so könnte man, wenn jene nur aus einfachen Mineralien beständen, mit einer chemischen Untersuchung allein schon auskommen; dazu bedarf es aber immer einiger Gramme und es wird sich Jeder besinnen, bevor er einem Stücke so sehr zu Leibe geht; durch Abschlagen mittelst Hammers, sogar wenn man das obige Quantum wirklich opfern wollte, würde leicht das ganze Instrument u. s. w. zu Grunde gehen.

Was war bisher von Alle dem die Folge? Die aufgestellten Sammlungen, wie ich sie auf einer kürzlich unternommenen Reise durch Deutschland durchmusterte, lehren es; man legte diese Steinwerkzeuge einfach neben einander, mit Angabe der Fundstätte, wusste aber sonst von ihrer Natur so viel wie nichts, wenn es nicht etwa Feuersteinbeile u. s. w., Obsidian-Messer und -Lanzenspitzen u. dgl. waren, die sich leicht schon vom äusseren Anblick erkennen lassen; oder man machte kühne Diagnosen, wofür die Verantwortlichkeit auf den Autor fällt, wie z. B. Hassler (Die Pfahlbaufunde des Ueberlinger Sees. Ulm 1866) von „dort gefundenen hundert und mehr Instrumenten von Nephrit oder vielmehr in Talkschiefer eingewachsenem Nephrit" spricht.

Wenn das Material für die Steinwerkzeuge der Urmenschen immer ganz gewiss nur gerade aus derjenigen Gegend, wo man eben eine ihrer Niederlassungen kennen lernt, entnommen wäre, so hätten wir doch schon Anlass, deren Gesteinsarten zu untersuchen, denn wir würden daraus immerhin entnehmen können, in wiefern jene schon die härteren und weicheren, die spröderen und zäheren Sorten von einander zu unterscheiden wussten, und inwiefern sie die einen oder anderen Mineralien und Gesteine einer Gegend entweder für die Benützung bevorzugten oder ganz vermieden oder etwa die einen zu diesen Werkzeugen, die andern zu anderen Utensilien zu verwenden pflegten, je nach der Schwierigkeit der Herstellung eines Gegenstandes (z. B. mit Rücksicht auf Durchbohrung) oder je nach der Nothwendigkeit seiner Ausdauer beim Gebrauch.

Aber die Völker haben ja auch Wanderungen unternommen, welche eben erst ermittelt werden sollen, und es können solche stummen Steine eine sehr wichtige Sprache reden, wenn wir diese uns zu enträthseln suchen; denn gewisse Mineralien und Gesteine haben einen kleinen Verbreitungsbezirk, oder fehlen, z. B. in den Gebirgen Europas — so weit bekannt — gänzlich (wie Nephrit, Jadeit, Chloromelanit), können daher in dieser Beziehung durch vergleichende, besonders mikroskopische Studien eventuell wichtige Winke in obigem Sinne geben.

Um eine Art Statistik zu gewinnen, ob z. B. für die Steinhämmer (mit schön und sauber gearbeiteter Oeffnung für den Stiel) mit Vorliebe eine oder einige gewisse Felsarten gewählt worden seien, muss man eben diese Werkzeuge in grösserer Anzahl selbst untersuchen. Es bedarf aber, um sich dann darüber gegenseitig zu verständigen, auch einer gewissen Uebereinstimmung der Bezeichnung für die da und dort wiederkehrenden Hauptformen der Werkzeuge, .wie: Steinbeile, Steinhämmer, Axthämmer, und hieran scheint es mir noch ziemlich zu fehlen. Einen Versuch zu einer eingehenderen Bezeichnung fand ich z. B. in der mir durch einen meiner Zuhörer, Hrn. v. Morawski aus Wilna bekannt gewordenen Schrift: Sztuka u Slowian (Kunst bei den Slaven) v. J. J. Kraszewski. Wilna 1858. Da sind unterschieden: Schleifsteine, Keile, Meissel, Lanzenspitzen, Messer, halbmondförmige Geräthe, Pfeilspitzen, Aexte, Axthämmer, Hämmer, Streitkolben, Streitäxte, Schleudersteine u. s. w.

Ueber die Steinwerkzeuge der Pfahlbauten von Wangen am Bodensee habe ich schon 1866 im Archiv für Anthropologie Bd. I. S. 337—344 einige Notizen veröffentlicht.

Jeder Mineraloge und Petrograph weiss nun, dass es mitunter eine überaus schwierige Aufgabe ist, bei kryptomeren Gesteinen, d. h. solchen, deren Bestandtheile in ganz winzigem Massstabe entwickelt und neben einander gelegt sind, die richtige Diagnose zu machen, selbst wenn man Handstücke mit ganz frischem Bruche vor sich hat, da durch die Kleinheit der Bestandtheile die charakteristischen Merkmale der einzelnen Mineralien sich eben verlieren und man oft mit blossem Auge und mit der Lupe gar keine Ahnung von dem wirklichen Bestand erlangen kann.

Früher behalf man sich mit einer annähernden Bestimmung, mit Prüfung der Härte, ob das Gestein am Stahle funkt oder nicht, ob es schmelzbar sei oder nicht u. s. w.

Damit wird sich heutzutage Niemand mehr begnügen; auch selbst die chemische Untersuchung, welche dann das nächste Auskunftsmittel bot, und welche immer wichtig bleiben wird, lässt bei den aus mehreren Mineralien zusammengesetzten Felsarten doch oft genug für ihre Deutung einen so grossen Spielraum, dass man sich auch hiermit nimmer allein befriedigen kann.

Es war vielmehr der Einführung der Mikroskopie in die Mineralogie, in alle ihre Zweige und der täglich sich vervollkommenden Herstellung von Dünnschliffen vorbehalten, da noch aufklärend zu wirken, wo alle anderen Studienwege versagten oder doch gegründete Zweifel an der Richtigkeit der Auffassung im einzelnen Falle lassen mussten.

Diese Untersuchungsmethode bietet jetzt dem Forscher ein immens grosses Feld, das zugleich mit dem Reize von unglaublich vielen Ueberraschungen bezüglich des Waltens der Natur im kleinsten Massstabe ausgestattet ist, so dass der mikroskopirende Mineraloge durch Fülle und Klarheit der Resultate für seine Bemühungen sich in der Regel reichlich belohnt fühlt.

Aber — wenn er sich vor Täuschung und voreiligen Schlüssen hüten will, so muss er auch hier, wie überall im Gebiete naturhistorischer Studien, seine Aussagen auf vergleichende Untersuchungen gründen, also von einem Felsarten-Handstück nicht bloss einen, sondern womöglich mehrere Dünnschliffe herstellen oder herstellen lassen, um aus deren Gesammtbetrachtung das Facit zu ziehen, und um nicht von dem mehr oder weniger zufälligen Bilde eines einzigen Präparates abzuhängen; ferner muss man ein und dieselbe Felsart von möglichst vielen Fundorten im Dünnschliff kennen zu lernen suchen.

Es kann nun, da diess zeitraubende Manipulationen sind, gewiss nur höchst erwünscht sein, dass es heutzutage Firmen giebt, welche Dünnschliffe eingesandter Splitter auf Bestellung und zwar in vorzüglicher Ausführung fertigen, in erster Linie Hr. Optikus Fuess in Berlin (Alte Jacobstrasse Nr. 108), Hr. Optikus Möller in Giessen u. A.; ja bei Hrn. Fuess sind schon ganze Suiten der verschiedenen wichtigsten und verbreitetsten Felsarten, ferner Suiten einer und derselben Felsart von sehr mannichfaltigen Fundorten und nach einzelnen Modificationen in vorzüglicher Herstellung zu beziehen, was natürlich für das Gedeihen dieser Studien überaus förderlich und wesshalb die immer grössere Verbreitung dieser Präparate nur im höchsten Grade zu wünschen ist.

Bei der Feststellung der Felsarten nun, woraus die Steinwerkzeuge der Urzeit bestehen, sind aber gar viele Rücksichten auf deren Form zu nehmen, welche leider oft übel vernachlässigt werden, während man bei Felsarten-Handstücken viel freier walten kann.

Zur Gewinnung von Untersuchungs-Material z. B. bei Steinbeilen u. dgl. ist es nehmlich vermöge der Bequemlichkeit sehr verlockend, an der Schneide etwas abzulösen; dadurch wird aber leicht das ganze Werkzeug als solches verstümmelt und es sollte nach meiner Ansicht hiervon Abstand genommen werden, so lange nur noch irgend ein anderer Ausweg offen ist. Eher möchte ich die Ablösung eines Splitters an einer Seitenkante billigen, welcher doch vermöge der Symmetrie dann noch immer eine gegenüber unversehrte Kante entspräche. Oder man suche am stumpfen Ende, welches ja ohnehin häufig in einer Handhabe befestigt war, einen Splitter zu gewinnen.

Es ist aber auch noch ein weiteres Merkmal womöglich ungeschädigt zu lassen, und das ist der Geröllcharakter. Derselbe giebt sich zu erkennen durch ganz sanft abgerundete, mit allerlei unregelmässigen Furchen durchzogene Unebenheiten, wie sie nur das Wasser durch gegenseitiges Abröllen der Gesteinsstücke an einander in Bächen und Flüssen, nicht aber der Mensch zu Stande zu bringen vermag.

Dasselbe Moment ist mir auch bei kleineren, fein ausgearbeiteten, polirten Stein-Idolen aus den verschiedensten Erdtheilen, z. B. an den Nephrit- Etiphi's (Tiki's) aus Neuseeland, an einem Frosch-Idol von den Antillen (im Genfer Museum) u. s. w. aufgefallen, aber vielleicht noch nirgend erwähnt, jedoch immerhin beachtenswerth, denn es liegt der Gedanke nahe genug, dass die an Bächen, Flüssen oder am Meeresufer wohnenden Völker auch in erster Linie die dort vorfindlichen Gesteinsfragmente, d h. also die Gerölle für irgendwelche Verarbeitung[1]) benützten, wobei sie den

---

[1]) Von der Gewinnungsweise der Nephritgeschiebe aus Turkestan wissen wir dies sogar direkt.

Vortheil hatten, eventuell für das gerade zu gestaltende Werkzeug oder Bild eine schon etwas passende Form des Gerölls, z. B. für gewisse Idole mehr flache Stücke auszusuchen.

Es kann nun gegebenenfalls grosse Schwierigkeit haben, bei einem Steinhammer an der unschädlichsten Stelle, nehmlich am stumpfen Ende, ein Fragment mit dem Hammer abzulösen; in diesem Falle kommen dann die Steinsägemaschinen sehr zu Statten, wie sie z. B. in Steinschleifereien (Oberstein in der Rheinpfalz, Waldkirch bei Freiburg i. Br) zur Verwendung kommen und im Kleinen auch bei Hrn. Fuess (Berlin) gebaut werden. Sind solche sehr fein, wie sie bei Edelsteinschneidern und bei Uhrmachern (zum Schneiden der Sapphire und Rubine für Zapfenlager) getroffen werden, so kann man mittelst derselben sogar auch von Idolen, bei denen an eine Anwendung auch des kleinsten Hammers wegen der etwaigen Zertrümmerung gar nie gedacht werden darf, auf der Rückseite ohne Schaden das nöthige Material zu einem Dünnschliff gewinnen, und die dabei sich ergebenden Abfälle lassen sich noch zu mikrochemischen Versuchen, die der Mikroskopiker daneben nie vernachlässigen soll, also zur Probe der Schmelzbarkeit, Löslichkeit in Säuren, möglicherweise sogar auch noch zu qualitativen Analysen verwerthen.

Unter diesen Bedingungen hören dann die Steinwerkzeuge und Idole auf, wissenschaftlich ganz oder halb unverwerthet als „Noli tangere!" in den Sammlungen zu liegen.

Da notorisch unter den in Europa reichlich in Pfahlbauten, Torfmooren, Flüssen, Feldern, Wäldern, Rebstücken zerstreuten prähistorischen Steinwerkzeugen zwischen so und so vielen, deren Gesteinsmaterial aus Europa selbst entnommen ist, ganz vereinzelt auch solche getroffen werden, welche vermöge ihrer Substanz Europa nicht angehören, so die Beile aus Nephrit, Jadeit, Chloromelanit, so ist das eingehende Studium dieser Steinobjecte für die älteste Menschengeschichte von nicht geringer Bedeutung, und es bildet die Untersuchung dieser Steinbeile u. s. w. ein ebenso respectables Substrat für wissenschaftliche Studien, als die Untersuchung der vom Felsen selbst gewonnenen Gebirgsarten: nur ist aus den oben angegebenen Gründen eine grosse Erfahrung im Gebiete der mikroskopischen Mineralogie (manchmal sind es auch Mineralbrocken) und Petrographie nöthig, weil man sich so häufig mit minutiösen Splittern begnügen muss, die Schwierigkeit also unendlich viel grösser ist.

Wenn bei der heute schon so weit entwickelten Arbeitstheilung im Gebiete der Mineralogie etwa ein Forscher, welcher nur noch für frei auskrystallisirte Objecte Sinn hat, mit einem gewissen vornehmen Achselzucken sich über die genannten Bestrebungen hinwegsetzt, so kann man ihm dies geringe Vergnügen recht wohl gönnen: denn wenn andererseits der mikrokospirende Petrograph der Wichtigkeit der krystallographischen Untersuchungen nicht nur alles Recht widerfahren lässt, sondern sich gerade bei seinen, alle Augenblicke die Optik zu Hülfe nehmenden Studien derselben immer und immer von Neuem bewusst werden muss, so steht er, der Petrograph, ja doch noch immer auf dem höheren Standpunkt, weil er — unter billiger Anerkennung der verschiedenseitigen Studienzweige — den weiteren Umblick sich wahrt. Letzterer wird überhaupt in der Regel am besten vor Ueberhebung schützen, weil er dem Forscher einen gewissen sokratischen Satz tagtäglich vor Augen führt!

Es giebt nun noch ein, wie mir scheint, bisher wenig verwerthetes Auskunftsmittel, welches die zu untersuchenden Gegenstände, gröbste wie allerfeinste, absolut intact lässt, und doch gewisse, wenn auch nur durch Exclusion lehrreiche und erwünschte präliminare Resultate liefert, das ist die Bestimmung des specifischen Gewichts.

Wenn es sich um einfache Mineralien handelt, so steht uns aus Websky's Hand ein Buch[1]) zu Gebot, welches die spezifischen Gewichte aller bis dahin bekannten Mineralien in allerbequemster Weise nebst der sehr erwünschten Angabe des Härtegrades zusammenstellt und durch gehörige Verwerthung des alphabetischen Registers auch alle bei ein und demselben Minerale beobachteten Schwankungen im specifischen Gewichte angiebt.

Hiervon habe ich schon in vielen Fällen erfolgreichen Gebrauch gemacht, da sich auf diesem Wege der Species-Rahmen, innerhalb dessen man sich im einzelnen Fall umzusehen hat, ausserordentlich einengt, also viele Zeit gewonnen wird.

Eine ähnliche Zusammenstellung für die Felsarten ist mir im Druck bis jetzt nicht bekannt und würde auch bei der mangelhaften Diagnose, wie sie sich vor der Verwerthung der Mikroskopie in der Petrographie wenigstens für kryptomere Gesteine nothwendig gestalten musste, nicht besonders befriedigen können. Es wäre aber eine solche, wenn gegründet auf die neueren vergleichenden mikroskopischen Diagnosen der Gesteine, welche freilich selbst noch lange nicht abgeschlossen sind, dereinst eine sehr dankenswerthe Arbeit.

Nach einer Uebersicht, welche ich mir für meine Zwecke aus den bisherigen — wie gesagt, nothwendig vielfach unzuverlässigen — Angaben aufstellte, ergeben sich immerhin z. B. für die phaneromeren (im Gerölle oder künstlichen Anschliff doch oft schwerverständlichen) Gesteine gewisse Zahlengrenzen, welche zugleich mit der Farbe, der Härte u. s. w. einige Anhaltspunkte gewähren können.

Wenn die mikroskopirenden Petrographen sich die Mühe nicht verdriessen lassen wollen, bei allen Felsarten, die sie unter dem Mikroskop prüfen und beschreiben, auch gleich das specifische Gewicht anzugeben, so wird das im Laufe der Zeit ein sehr schätzenswerthes Material für vergleichende Uebersichten abgeben; denn wenn auch bei dem Zusammentreffen von zwei bis oft sechs Mineralien, die mitsammen ein Gestein bilden, die Schwankungen im specifischen Gewicht dem Vorherrschen oder Zurücktreten leichterer oder schwererer Gemengtheile im einzelnen Fall natürlich entsprechen müssen, so wird sich doch durch die endliche Zusammenstellung möglichst vieler solcher Gewichtsbestimmungen herausstellen, in welchen Grenzen die Schwankungen stattfinden und inwieweit man für die obenerwähnten Zwecke etwa Nutzen aus den Durchschnittszahlen wird ziehen können. —

Herr **Virchow** bemerkt, dass er Hrn. **Fischer** 4 Steinbeile zur Bestimmung der Felsart, theils aus der Sammlung der Gesellschaft, theils aus seiner eigenen, übergeben habe, welche mit der grössten Schonung und doch erfolgreich von dem erfahrenen Forscher untersucht seien. Es sind diess:

1) ein Beil von Skortleben, Prov. Sachsen, erwähnt in der Sitzung vom 28. Nov. 1874. Hr. Fischer sagt darüber: „Pantoffelförmiges schwarzes glattpolirtes Beil. Spec. Gewicht = 3,03. Dünnschliff sehr interessant. Spricht für ein äusserst fein struirtes, zugleich aber in Umwandlung (zu Chlorit?) begriffenes Hornblendegestein (mit einigen fremden, farblosen und dann schwarzen opaken Einlagerungen, letztere wohl Magneteisen)."

2) ein Steinhammer von der Axavalla-Heide in Schonen. Spec. Gew. = 2,98. Nach dem Dünnschliff zu urtheilen, Diabas.

---

[1]) Mineralogische Studien. I. Theil. Die Mineralspecies nach den für das specifische Gewicht derselben angenommenen und gefundenen Werthen. Breslau. 1868. 4.

3) ein Beil aus der Höhle Dondon auf Haiti, erwähnt in der Sitzung vom 14. März 1874. Spec. Gew. = 2,84. Nach dem Dünnschliff eines winzigen Splitters zu urtheilen, Thonschiefer.

4) ein kleines Beil von Missolunghi in Aetolien, erwähnt in der Sitzung vom 14. Juni 1873 (Taf. XIV, Fig. 9). Spec. Gew. = 3,26. Nach dem Dünnschliff keine Felsart, sondern ein einfaches Mineral, etwa dichter Vesuvian.

Herr **Fischer** bemerkt dazu in seinem Briefe noch Folgendes:

„Die mehr oder weniger gesicherten Diagnosen habe ich den Stücken selbst beigeschrieben. Bei dem Thonschiefer und dem Diabas glaube ich, trotz der Kleinheit der Splitterung, die ich mir abzulösen getraute, ziemlich sicher zu sein. Das Beil von Sachsen würde mehrerer und grösserer Schliffe bedürfen, als ich gewinnen konnte, doch glaube ich auch hier nicht weit neben das Ziel geschossen zu haben. Das kleinste Beil ist mir in seiner Substanz noch am zweifelhaftesten, weil fast nichts davon abzugewinnen war. Von der Schneide habe ich nur an dem Thonschieferbeil einen winzigen Splitter abgelöst und zwar deshalb, weil sie von früher doch schon geschädigt war."

(12) Herr **J. Hesse** in St. Petersburg übersendet einen Bericht über **die Gruppirung der Völker und deren wahrscheinliche Ursachen, mit besonderer Berücksichtigung der Bewohner des europäischen Russland.**

Gewaltige Erfolge hat die neuere Wissenschaft auf allen Gebieten errungen. Eine bedeutende Zahl der Gesetze, denen alles gehorcht, was in der Natur uns umgiebt, hat sie entdeckt; aber viele (vielleicht deren Mehrzahl) liegen dem Auge des Menschen noch verborgen.

Sehen wir, dass die Natur in ihrem Haushalte eine Ordnung aufrecht erhält, zu der es die Bewohner der Erde bei ihren Verrichtungen nie bringen werden; dass Alles in vorgeschriebenen Bahnen nur dem Kreislauf der Dinge folgt; Ueberlebtes dem Neugebornen Platz machen muss; dass selbst zwischen den Handlungen der Menschen (die scheinbar nur deren Willen unterworfen sind) und den Gesetzen der Natur eine innige Verbindung besteht; so dürfen wir wohl annehmen, dass den Völkern im rohen Naturzustande, wo sich dieselben den Einwirkungen der Aussenwelt weit weniger entziehen können, als diess auf einer höheren Culturstufe geschieht, ihre Wohnplätze gleichfalls von einer Macht angewiesen wurden, die ihnen zwar unbekannt blieb, deren Vorschriften sie aber um so mehr gehorchten, je weniger sie dieselben erkennen konnten.

Diesen Vorschriften folgend, entwickelte sich der eine Theil in verhältnismässig kurzer Zeit zu bedeutender Macht und Cultur; sie verschwanden schliesslich, um andere an ihre Stelle treten zu lassen, während der zweite Theil, von der Natur weniger begünstigt, ein geringeres Wachsthum zeigte, aber gleichzeitig eine grössere Lebensdauer erhielt. Alle gehorchten aber nur dem Naturgesetz, dem das ganze jetzige Geschlecht mit den von ihm bewohnten Ländern einst verfällt, wenn sich beide überlebt haben. Die alte Welt verschwindet, und neue Erdtheile mit verjüngter Kraft erscheinen, um einem vollkommneren Menschengeschlecht Raum zu geben.

Doch mit dem, was da sein wird, haben wir uns hier nicht zu befassen; unsere Aufgabe ist die Erklärung der Gegenwart.

Bestimmt und klar antwortet uns die Wissenschaft auf viele Fragen, welche die Volksentwickelung in den letzten Jahrtausenden betreffen, aber in zahlreichen Fällen, speciell dem, wenn wir wissen wollen, welches die ältesten Bewohner von Russland sind, und wesshalb sie diess sein sollen, ist ihre Auskunft ungenügend, oder sie schweigt ganz.

Meiner Ansicht nach sind die finnischen Stämme die Urbewohner dieses Landes. — Wesshalb?

Die Ehsten kennen für sich und die ihnen verwandten Stämme nur den Namen: „das Urvolk"; alle anderen Bezeichnungen erklären sie als erst durch andere Völker ihnen beigelegt. Ebenso wie sie diejenigen, welche sich in ihren Ländern ansiedelten, als Eindringlinge betrachten.

Aber diese Bezeichnung genügt der Wissenschaft nicht, wir haben auf die gestellte Frage deshalb anders zu antworten.

Die Völkerkunde zeigt uns kein einziges Beispiel, dass ein Volk sich allein und unvermischt über einen so ungeheuren Raum, wie den von Ostasien und Westeuropa verbreiten konnte, wenn nicht ganz besondere Umstände (vor allen eine isolirte und schwer zugängliche Lage) vorhanden waren, welche ihm diesen Raum auf lange Zeit allein überliessen. Und thatsächlich war diess bei den finnischen Stämmen der Fall, deren Wohnsitze die in Russland zuerst bewohnbaren Strecken wurden, und diess Jahrtausende hindurch auch blieben, während alles Land um sie herum noch lange Zeit unter Wasser stand.

Die Ethnographie nennt den Ural als den Ursitz der finnischen Stämme, aber wesshalb derselbe diess sein soll, dafür finden wir keinen Grund angegeben. — Ich werde, so weit mir dies möglich, eine Erklärung suchen, und überlasse dann das Weitere den Fachmännern.

Zur Begründung meiner Ansicht bin ich genöthigt, etwas weit zurück zu gehen.

Als feststehend gilt es jetzt, dass die ganzen Länder der nördlichen Halbkugel einst unter Wasser standen, und durch Hebung frei geworden sind. Ueber die Art und Weise dieser Bewegung sind jedoch die Ansichten bis heute noch getheilt. Ich behalte mir den Nachweis vor, dass selbst von bedeutenden Gelehrten, wie Schleiden, bezüglich dieses Gegenstandes irrige Behauptungen aufgestellt wurden, die wir selbst in maassgebenden Werken auf höheren Lehranstalten wiederfinden, ohne dass man es der Mühe werth hielt, die betreffenden Stellen zu berichtigen.

Für den aufmerksamen Beobachter unterliegt es keinem Zweifel, dass das Maximum der Hebung im Norden lag und liegt, wofür Russland die deutlichsten Beweise liefert.

So weit mir bekannt, ist noch von Niemand die Behauptung aufgestellt worden, dass der Süden Russlands, einschliesslich der aralokaspischen Einsenkung, der walachischen Ebene u. s. w. noch sehr lange unter Wasser stand, als der Norden bereits frei war, und dass die Trockenlegung der ersteren Länder sehr schnell erfolgte, ebenso, dass das letztere Ereigniss in seinen Folgen die Ursache der Völkerwanderungen wurde.

Als Beweis für das Angeführte dient folgendes: Erstens die ganze Terrain-, speciell die Bodenformation. Zweitens die Form der Krim und des Asowschen Meeres. Drittens die Steppen. Viertens die Bewaldung im Allgemeinen und der Baumwuchs ins Besondere, und schliesslich die Volksvertheilung.

Ausserdem liegt noch manches Andere vor, ich hielt es jedoch für weniger wichtig. Von den angeführten Punkten will ich mich jetzt nur auf den letzten (die Volksvertheilung) beschränken, die anderen müssen einer späteren Zeit vorbehalten bleiben.

Bei der allgemeinen Hebung des asiatisch-europäischen Continents mussten selbstverständlich die höchsten Punkte zuerst zum Vorschein kommen.

Ich übergehe die Aufzählung aller Veränderungen auf der Oberfläche des gegenwärtigen Russland, wenn wir uns nach den höchsten Punkten richten, und halte nur den Zeitraum fest, wo der Wasserstand 6—700 Fuss höher wie gegenwärtig war.

Den Höhenangaben nach, wie ich dieselben im geographischen Magazin des russischen Generalstabes und in der Akademie der Wissenschaften vorfand, die durch eigene Ueberzeugung an Ort und Stelle nur bestätigt wurden, lagen zu jener Zeit in Russland folgende Strecken frei:

Der Ural, ein grosser Theil von Finland, als eine zahllose, aber dicht gruppirte Inselflur; der Rücken des ural-baltischen Höhenzuges, nur durchbrochen von einigen Einsenkungen, deren grösste die Dünaniederung bildet. Ausserdem das Gebiet von Nischny Nowgorod die Wolga abwärts bis fast nach Zaritzin. Westlich begrenzte dieses die jetzige Oka bis zur Mitte derselben, wo sich die freie Fläche, dann sich südöstlich wendend, unterhalb Saratoff bis Zaritzin verengte. Ferner noch verschiedene Punkte des uralkarpathischen Landrückens und an der oberen Oka und Moskwa, die ich jetzt aber unberücksichtigt lasse, weil sie damals als Inseln vollständig isolirt und ohne jeden Zusammenhang durch sehr grosse Wasserflächen von einander geschieden waren. Erst später werden wir dieselben besprechen.

Bei dem Theil von Nischny Nowgorod die Wolga abwärts muss ich mich etwas länger aufhalten. Ich habe gefunden, dass die vorhandenen, besonders für Schulen bestimmten Karten theilweise unrichtig sind. Durch Jahrelangen Aufenthalt mit diesen Gegenden genau bekannt, ist es mir wohl erlaubt, an der Richtigkeit zu zweifeln, wenn die Karten, anstatt tiefer Einsenkungen, die sich meilenbreit ausdehnen, compacte Höhenzüge verzeichnen, oder umgekehrt, wo Hochland vorhanden ist, eine Tiefebene angegeben wird.

Wir finden z. B. in geographischen Werken die Angabe, dass die osteuropäische Tiefebene sich ohne Unterbrechung bis zum Ural u. s. w. fortsetzt, nur durchzogen von den beiden uralischen Landrücken. Wenn man diese verzeichnete, so durfte man den Querriegel nicht vergessen, welcher die osteuropäische Tiefebene von der kaspischen vollständig trennt. Thatsächlich endigt die osteuropäische Tiefebene bei Nischny Nowgorod, wo das ganze weiter östlich liegende Plateau rechts der Wolga, mit grösstentheils steil abfallenden Rändern, sich ziemlich bedeutend über die ganze Umgebung erhebt.[1] Nur auf dem linken Ufer setzt sich die Tiefebene fort, bis sie oberhalb Kasan durch den ural-baltischen Landrücken, welcher dicht an den Strom tritt, gleichfalls abgeschlossen wird. Ich verweise nur auf die Lage von Nischny Nowgorod selbst, welches hoch über der Wolga und Oka auf einer hervorspringenden Spitze des Plateaus erbaut ist.

Ohne wesentliche Höhenveränderung läuft die Hochfläche parallel der Wolga bis oberhalb Kasan zu der bereits angegebenen Stelle, wo der nördliche Höhenzug an den Strom herantritt. Unterhalb dieses Punktes, im Gebiet der Kama, erweitert sich das Thal bedeutend, da beide Höhen zurücktreten. Die rechts laufende erreicht die Wolga wieder oberhalb Simbirsk, welches eben so hoch wie Nischny Nowgorod über dem Fluss liegt, und von hier aus bildet sie mit unbedeutenden Unterbrechungen das rechte Ufer bis Zaritzin. Am dichtesten wird die Wolga zwischen den shygulewschen Bergen (Samara gegenüber) eingezwängt. Die Kämme dieser Berge, wovon der rechte zur Hochfläche von Simbirsk gehört, der linke sich aber in einen Ausläufer vom oberen Obschtschey Syrt fortsetzt, liegen kaum eine Werst ($^1/_7$ Meile) von einander. — Nehmen wir z. B. auf dem ganzen rechten Ufer, das jeder Bauer nur unter dem Namen „die Bergseite" im Gegensatz zum linken oder „der Wiesenseite" kennt, die Umgegend von Wolsk, und mit dieser zusammenhän-

---

[1] Die Mitte dieser Fläche bei Korsun wechselt zwischen 800—1000 Fuss, ohne dass der oberflächliche Beobachter eine Höhenveränderung bemerkt.

gend, die Fläche bis Beresenik u. s. w. am Knie der Wolga oberhalb Saratoff, der deutschen Colonie Katharinenstadt gegenüber, wo das Plateau fast 1000 Fuss über den Flussspiegel, und mehr als 900 (englische) Fuss über das Niveau der Ostsee emporsteigt, so kann von Tiefebene wohl nicht mehr die Rede sein. Diese Punkte stehen aber nicht vereinzelt, denn Saratoff selbst liegt in seinen oberen Theilen gegen 500 Fuss über dem Strom, während die unmittelbare Umgebung die doppelte Höhe theilweise erreicht.

Zu wiederholten Malen, und auch auf verschiedenen Stellen der Bergseite, habe ich die kaspische Tiefebene und die Höhen des auf allen Karten angegebenen Obscht-schey Syrt (besonders in seinen südlichen Theilen) betrachtet. Während die letzte-ren als leichte Bodenanschwellungen tief unten liegend erscheinen, treten uns um-gekehrt von ihnen aus die Höhen des rechten Ufers überall als respektabler Berg-rücken entgegen.

Ja, der Eindruck ist kein geringerer als der, welchen die Berge des Thüringer Waldes (wo ich geboren bin) hervorbringen. Sind die letzteren auch thatsächlich höher, so wird der Eindruck an der Wolga dadurch verstärkt, dass die Erhebung ohne jede Vermittlung direct aus dem Fluss erfolgt.

Ich hielt diese Abweichung vom eigentlichen Gegenstand für nothwendig, um irrigen Ansichten im Voraus zu begegnen.

Recapituliren wir also nochmals die trocken gelegten Stellen:

„den Ural, Finland, den Rücken des ural-baltischen Höhenzuges und die Fläche rechts der Wolga, von Nischny Nowgorod abwärts bis Zaritzin", so ergiebt sich, dass die bezeichneten Gebiete, mit der ethnographischen Karte verglichen, uns die Wohn-sitze der finnischen Völker fast haarscharf angeben. Die ganzen genannten Flächen waren im ausschliesslichen Besitz dieser Stämme, die sie grossentheils noch heute bewohnen. Alle Einwanderungen der Tataren, Slawen u. s. w., der Uebergang in den letzten Volksstamm durch Bekehrung zum Christenthum und andere Dinge sind bei einiger Mühe zu erklären.

Diese Gegenden mussten bereits vor 20,000 Jahren bewohnbar sein, während der Süden Russlands mit der kaspischen Tiefebene und den angrenzenden Ländern erst seit höchstens 5000 Jahren trocken liegt.

Gleichzeitig mit den angegebenen Flächen war auch die Wasserverbindung zwi-schen der Turanischen und Sibirischen Niederung unterbrochen und der Höhenzug blossgelegt, welcher den Ural mit den centralasiatischen Hochländern verbindet. Jetzt war es möglich, von den letzteren aus, den Kamm des Höhenzuges entlang, nach dem Ural zu kommen, und von hier aus bis Scandinavien vorzudringen. Bei dem Fehlen jeder Landverbindung zwischen dem Ural und den südlichen Ländern ausser der obigen Stelle, aber auch nur dieser, wo mächtige Meere Jahrtausende hindurch jeden Zutritt versperrten, war es vollständig natürlich, dass sich die ersten Bewohner vom Ural ungestört entwickeln und weiter verbreiten konnten. — Die Ansicht ein-zelner Gelehrten, dass die Finnen bis weit nach Westeuropa vordrangen, theile ich vollkommen, weil dies auf dem Rücken der ural-baltischen Höhen bis Holstein sehr leicht geschehen konnte, und die fortschreitende Hebung ihnen auch tiefer liegende Stellen einräumte. Die Gegenden westlich der Düna mussten in Folge ihrer natür-lichen Beschaffenheit sehr bald (wenn wir so sagen können) streitig werden, wie ich dies später nachweisen werde.

Die Hochfläche rechts der Wolga hatten ausschliesslich die Mordwinen, Tschu-waschen und Tscheremissen inne, wo sie heute noch sehr stark vertreten sind und auf grossen Strecken die ausschliessliche Bevölkerung bilden. Nur auf einem Punkte, und zwar auf der Stelle oberhalb Kasan, wo der uralische Landrücken dicht an das rechte Ufer heran tritt, sind sie auf den ersteren übergegangen, und ihre Hauptmasse concentrirt sich auch jetzt noch dort auf beiden Ufern. — Die ersten Ansiedelungen dieser drei Stämme erfolgten jedenfalls über die sbygulew'schen Berge, da diese vom südlichen Ural aus, auf dem Rücken der westlichen Ausläufer vom oberen Obschtschey Syrt, sehr leicht zu erreichen waren, und das zwischen den Bergen liegende Wasser (die jetzige Wolga) selbst mit den elendesten Hülfsmitteln überschritten werden konnte. Die anderen Stämme sind der Gruppirung nach wohl vom mittleren Ural auf dem ural-baltischen Höhenzug nach Westen, Finland und Scandinavien vorgedrungen.

Jahrtausende blieben sie allein, und verschiedene Anzeichen liegen vor, dass sie bereits eine gewisse Culturstufe erreicht hatten, bevor sie mit den Slawen u. s. w. in Berührung kamen. — Wie lange sie im Norden das herrschende Volk blieben, beweist schon der Umstand, dass Rurik zuerst die Herrschaft über die Tschuden (der noch gegenwärtig unter den Russen für alle Finnen gebräuchliche Name) erhielt, bis er dann auch die südlich liegenden und von Slaven bewohnten Länder übernahm.

Die russischen Geschichtsschreiber der Neuzeit suchen zwar die Behauptung aufzustellen, dass die Slaven schon damals im Uebergewicht in den nördlichen Ländern besessen hätten, wo ihnen das Gegentheil leicht zu beweisen ist, ebenso wie sie die Thatsache, dass Rurik ein Waräger war, zu fälschen suchen. Stichhaltige Beweise für ihre Ansicht, dass Rurik ein Slave war, bleiben sie natürlich, wie in so vielen Fällen, schuldig.

Die Finnen waren zu Rurik's Zeiten allerdings schon stark mit Slaven vermischt, aber auch einzig und allein in der Gegend von Nowgorod, und wie sie dort hin kamen, werden wir gleich sehen.

Im Laufe der Zeiten mussten bei der fortschreitenden Trockenlegung auf der Oberfläche Russlands solche Veränderungen vorgehen, dass die Verbindung zwischen den Höhen des nördlichen Landrückens und den südlich liegenden Hochländern hergestellt wurde.

Verfolgen wir auf der ethnographischen Karte die Vertheilung der slavischen, speciell die der grossrussischen Bevölkerung, und ausserdem die der Letten, Kuren und Litthauer, so ergiebt sich, dass die Masse der Gross- oder Weissrussen einem Baume gleicht, dessen Stamm auf den Karpathen wurzelt, dessen Krone sich aber im eigentlichen Grossrussland nach Norden und Osten ausdehnt, und zwar ruht der Stamm auf der Stelle, wo die Wasserscheide zwischen dem Dniester, dem Pripet und den Nebenflüssen der Weichsel liegt. — Von hier aus läuft ein fast ganz freier, nur wenig durchfurchter Kamm im Bogen längs den Wasserscheiden von Dnieper, Bug, Niemen, Düna und Wolga bis zur Quelle der Moskwa und den oberen Gegenden der Oka. — Bei 4—500 Fuss höherem Wasserstand, wie gegenwärtig, waren diese Stellen von den Karpathen aus zu erreichen. Eben so gut war es möglich, zwischen den Quellen der Düna und Wolga hindurch, nach der Waldaihöhe vorzudringen, und weiter auf der Wasserscheide zwischen dem Niemen und der Düna, nach den westlich von der letzteren liegenden Theilen des baltischen Höhenrückens zu kommen.

In Folge der engen Grenzen des Terrains an der Moskwa und Oka, welches nördlich fast vollständig durch die Wolga, östlich durch die Okaniederung und südlich durch ein grosses Meer von den finnischen Ländern geschieden war, blieb den Slaven kein Raum zur Ausdehnung und waren sie von der Natur damals mehr nach dem Westen gewiesen. — Selbst dann, als der Weg zu den Finnen überall offen lag, blieben ihnen deren Länder noch auf lange Zeit verschlossen. Die letzteren waren so stark, um sich alle Eindringlinge fern zu halten. Nur die Gegenden am Lowat, Jablon und Ilmensee blieben streitig, bis es den Slaven gelang, sich dort

1. a

1 b

2. a

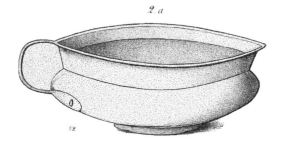

2. b

3. a

3. b

Verlag von Wiegandt, Hempel & Parey in Berlin   *W. A. Meyn lith.*

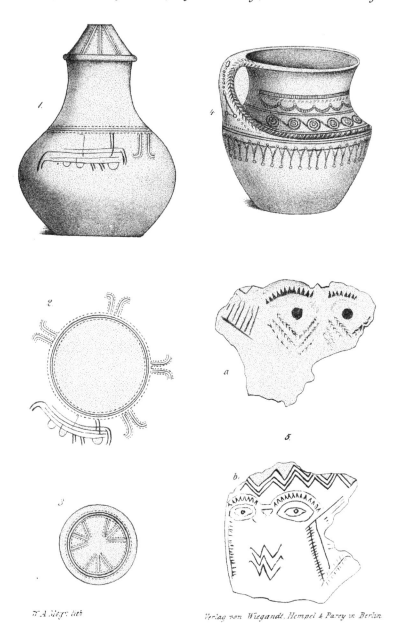

W. A. Meyn lith.

Verlag von Wiegandt, Hempel & Parey in Berlin

festzusetzen und für immer zu behaupten. Oestlich der Wolgaquelle war ihnen bis vor etwa 1000 Jahren Alles verschlossen. Wer die finnischen Stämme kennt, die heute gleich einem altersschwachen Greise im Absterben begriffen sind, wird sich sagen, dass mit diesen Völkern nicht zu spassen war, als sie in der Vollkraft standen, wie es Deutschland empfindlich genug durch die Ungarn erfahren hat.

Die unter den Letten und Litthauern geborenen und der Sprachen vollständig mächtigen Gelehrten stimmen darin überein, dass diese Völker slavischen Ursprunges sind. Ihre isolirte, südlich durch den ural-baltischen Landrücken begrenzte Lage lässt mit Bestimmtheit annehmen, dass sie zu jener Zeit, als die Wasserscheide zwischen Niemen und Düna frei wurde, gleichfalls von den Karpathen aus dorthin gelangten, die Finnen verdrängten nnd mit dem zurücktretenden Wasser, bei ihrer fortschreitenden Vermehrung, sich auch den Tiefen zuwandten. Ihre Gruppirung, die geographische Lage ihrer Wohnplätze, welche beim Beginn der Völkerwanderungen abseits der eigentlichen Hauptstrasse, durch locale Hindernisse, hauptsächlich undurchdringliche Wälder und ungeheure Sümpfe vor dem Einfall fremder Massen ziemlich geschützt waren, sowie viele andere Dinge lassen vermuthen, dass sie gleichfalls Urvölker waren, oder unmittelbar auf die Finnen folgten.

Dass die Slaven schliesslich über die Finnen Herr wurden, lässt sich aus den ganzen klimatischen und Bodenverhältnissen, wodurch sie den letzteren gegenüber sehr begünstigt waren, ohne grosse Schwierigkeit erklären.

Verfolgen wir die Westslaven, so sehen wir von Neuem, dass die Grenze der am weitesten nach Nordwesten vorgedrungenen ziemlich genau durch den uralkarpathischen Landrücken bezeichnet wird.

Trotzdem uns die Geschichte sagt, dass die Nordküsten von Deutschland von germanischen Stämmen bewohnt waren, bevor die Slaven dieselben in Besitz nahmen, so möchte ich glauben, dass die letzteren bereits vor den ersteren, wenn auch nicht sehr zahlreich, vertreten waren. Die Germanen, eingewandert, fanden bei den Slaven wenig Widerstand, und als sie sich reichen Ländern zuwandten, wo mehr Leute zu finden waren, verblieb das Land den Ureinwohnern auf lange Zeit.

In Russland sind die Finnen unstreitig das Urvolk, anf welches die Slaven folgten, deren erste Sitze die Gegenden auf den hoch liegenden Stellen, wo die Flüsse entspringen, waren.

Ich gehöre nicht zu denen, welche einer Sache Werth beilegen, wenn sie alt ist, aber ich behaupte, dass die finnischen Stämme seit länger als 15,000 Jahren hier ansässig sind. Wie ausserordentlich langsam die Entwickelung der Völker fortschreitet, dafür liegen hier zu viele Beweise vor, und bei den Finnen lässt sich dies am genauesten beobachten, weil sie weniger als die Russen von den Umwälzungen berührt wurden, durch die ganze Völker hinweggefegt wurden.

Die gewaltigste Veränderung in der ganzen Weltlage brachte unbedingt die plötzliche Trockenlegung des Südens Russlands, der angrenzenden Donauländer und der kaspischen Tiefebene hervor. Von der ungeheuren Wasserwüste blieb nichts weiter zurück, als das schwarze Meer, welches mit dem Asow'schen etwas höher wie gegenwärtig stand. Das gleiche Niveau erhielt damals das kaspische Meer, welches seit jener Zeit so weit zurück trat, und fortwährend zurück tritt. Dass diese Trockenlegung (durch verschiedene entscheidende Gründe bewiesen) sehr schnell erfolgte, habe ich bereits oben bemerkt.

Trat nach derselben an den Grenzen der Völker überall Vermischung ein, so warf die Völkerwanderung schliesslich Alles durcheinander. — Dieses grosse Ereigniss war nichts weiter, als eine natürliche Nothwendigkeit, welche unausbleiblich eintreten musste, einzig begründet in dem allen Geschöpfen inne wohnenden Erhaltungstriebe.

Wohl zählt das Leben der Völker nach Jahrtausenden, und mit ungemeiner Zähigkeit suchen sie den Verfall zu verhindern, aber die Naturgewalten machen sich zuletzt doch geltend. Kein Beispiel zeigt uns die Geschichte, dass ein Volk dem Untergang entgangen wäre, wenn es durch Klima und Boden besonders begünstigt wurde Stahlharte Völker, vor denen die Welt zitterte, als sie noch die ursprüngliche, in gesunden Verhältnissen gefundene Kraft besassen, fanden ihr Grab in Ländern, die sie mit Reichthum überschütteten. — Gleich der Eiche, die in magerem Boden auf sturmumsauster Höhe gepflanzt, ihre Schwester im Thal auf üppigem Land an Lebenskraft und Zähigkeit Jahrhunderte überdauert, so bewahrt auch die Natur die Völker vor dem allzu raschen Verfall, wenn sie denselben ihre Gaben nicht allzu verschwenderisch in den Schooss wirft. — In demselben Grade, wie die Entwickelung erfolgt, vollzieht sich auch ihre Auflösung. Nie ist mir ein Beweis von dem Einfluss des Klimas und der Bodenbeschaffenheit so schlagend vor die Augen getreten, wie bei den deutschen Colonisten in Russland. — Nehmen wir der im Jahre 1763 Eingewanderten. Aus den gleichen Ländern, wie die im Süden, angekommen, aber auf erbärmlichem Boden und in einem ungünstigen Klima angesiedelt, hat sich die Thätigkeit der im Norden ansässigen ausserordentlich gesteigert. Sie sind lutherisch, wenig angefressen von dem entsetzlichen Aberglauben der Russen und Finnen, und wir treffen fast keinen wirklich Armen unter ihnen. Thatsächlich sind sie Muster für alle ihre Nachbarn geworden. Wie sieht es aber im Süden, speciell an der Wolga aus? Unmittelbar am Fluss gründeten die Deutschen ihre ersten Colonien, auf einem Boden, wie ihn fruchtbarer die ganze Erde nicht mehr zeigt. Dieser, noch unberührt von Menschenhand, durch die Nähe des Stromes vor den Einwirkungen der theilweise entsetzlichen Sonnengluth (die im Osten nur zu häufig Alles vertrocknen lässt) geschützt, lieferte ihnen bei geringer Arbeit in den ersten Jahren fabelhafte Ernten. War die Masse der Nahrungsmittel schon in Ueberfülle vorhanden, so kam noch die Qualität ihres Getreides[1]) (grösstentheils Weizen) hinzu, um eine Volksvermehrung herzustellen, wie wir sie selten treffen.

Während die Zahl der im Norden wohnenden Colonisten um wenig mehr als 1 Proc. wuchs, vermehrten sich die südlichen ohne neue Einwanderungen in 100 Jahren durchschnittlich um 5,16 Proc. — Am grössten war die Vermehrung in der ersten Zeit. Mit ziemlicher Genauigkeit lässt sich ihre Abnahme mit der verminderten Fruchtbarkeit ihres Bodens, zu dessen Verbesserung bis heute absolut „Nichts" geschieht, statistisch nachweisen.

Mit den reichen Ernten entstand zugleich Erschlaffung. Wozu sich auch anstrengen? Brod war ja die Fülle vorhanden. —

Hundert Jahre später (als diese sich hier ansiedelten), 1863, als ich die auf 162 Colonien, worunter verschiedene von 4—8000 Einwohnern angewachsene Bevölkerung zum ersten Male sah, machten die Stamm-Colonien an der Wolga auf mich den günstigsten Eindruck, wie überhaupt so viele oberflächliche Beobachter sich durch diesen täuschen lassen. Als ich aber tiefer in die Verhältnisse eindrang, die ich, ohne Ueberhebung zu sagen, genauer als alle Colonisten kennen lernte, so fand ich eine solche Verkommenheit, dass es mir zuerst unerklärlich war, wie

---

[1]) Meiner Ueberzeugung nach besitzt der Weizen aus diesen Gegenden einen höheren Stärkegehalt als der im nördlichen Russland gewachsene. Ich werde denselben später untersuchen lassen, um den Procentsatz festzustellen.

ein Volk in so kurzer Zeit so tief herabsinken konnte. Eine Faulheit, die alle Grenzen übersteigt. Eine Wirthschaft in der Gemeindeverwaltung, die schlimmer nicht denkbar ist. Ohne Sorge für die Zukunft der Kinder, im höchsten Grade beschränkt, voll von jeder Art von Aberglauben, — ich schämte mich, Deutsche vor mir zu sehen.

In einer Colonie, wo ich mich zwei Monate aufhielt, und die zu nennen ich bereit bin, liessen sich von 84 Familien 79 aus der Gemeindekasse, resp. dem unglückseligen Magazin ernähren. Wie dies möglich, werde ich später anführen. — Und das sind die lieben Kinder der Geistlichen Für diese Menschen ist der Pfarrer der Gott auf Erden. — Wie verderblich aber eine Religion noch ausserdem wirken kann, sehen wir hier. Die Katholiken empfingen die gleiche Bodenfläche, von gleicher Güte, und mit denselben Rechten wie die Protestanten, aber die katholischen Gemeinden sind die ärmsten und verkommensten geblieben. Der Unterschied ist in den Stamm-Colonien so auffällig, dass selbst beschränkte Reisende nach der Ursache fragen.

Durch diese Erschlaffung bei reichen Ernten trat fast augenblicklich eine höchst ungleiche Vertheilung des Vermögens ein, so dass wir Millionäre finden, aber die Masse des Volkes blieb arm, theilweise so arm, dass in Deutschland die Thiere besser wohnen, als diese Menschen.

Wie diese Wohnungen beschaffen sind, illustrirt am besten das Folgende. Bei einer gerichtlichen Abschätzung, behufs Versicherung der Gebäude, wurde ein sehr grosser Theil der Wohnhäuser zu 2—5 Rubel, sage zwei bis fünf Rubel taxirt. Damit ist Alles gesagt. Häuser sind es allerdings nicht, sondern viereckige Erdhaufen mit einer Thür und einem, höchstens zwei Löchern von 9—10 Zoll Durchmesser als Fenster. — Das sind die Folgen üppigen Bodens, wenn die Menschen die Naturgewalten nicht zu bändigen verstehen.

Um dem Unheil gleich vom Anfang Thür und Thor zu öffnen, nahmen sie das seit Jahrhunderten in Russland bestehende System des allgemeinen Grundbesitzes und der solidarischen Haftbarkeit an. Die nördlichen Colonisten erkannten den verderblichen Einfluss dieser Einrichtung sehr bald und hoben sie thatsächlich auf. Im Süden blieb sie jedoch bestehen und übte dann auch ihre unfehlbare Wirkung aus.

Schwer ist es zu fassen, wie es noch Menschen geben kann, die eine Gemeindeverfassung, deren wirklich entsetzliche Verheerungen auf allen Gebieten des Staats und Volkslebens zu deutlich hervortreten, noch vertheidigen. — So lange die Knute regierte, ging es, aber jetzt, nach Aufhebung der Leibeigenschaft, ist der Verfall der Landwirthschaft, besonders in der nördlichen Reichshälfte, ein so rapider geworden, dass nun selbst die wüthendsten Feinde aller westeuropäischen Cultur es für besser halten, über die gepriesenen Eigenthümlichkeiten des heiligen Russlands zu schweigen, da sie einsehen müssen, dass diese Dinge zur unfehlbaren Auflösung aller socialen Ordnung führen. — Schon im Herbste 1873, bei Gelegenheit des Nothstandes in Samara, hielt es keiner dieser Herren (die früher mit Wuth über jeden Andersdenkenden herfielen) mehr für rathsam, mir auf einen längeren Artikel in der Petersburger (deutschen) Zeitung, wo ich den Gemeindebesitz in den schärfsten Ausdrücken als die Hauptursache des allgemeinen Verfalls bezeichnete, zu antworten.

Nur Fürst W. liess sich herbei, die Faulheit des Volkes damit zu entschuldigen, dass er angab, das Klima zu ändern, liege in keines Menschen Hand; schliesslich gelangte er jedoch zu dem Resultat, dass diese Gemeindeverfassung nicht mehr zeitgemäss sei und ihre Beseitigung wünschenswerth erscheine.

6*

Und doch ist dieselbe das Ideal der Socialdemokraten. Hierher mögen deren Wortführer gehen, um die Wirkung ihrer im grössten Maassstabe ausgeführten Projecte zu studiren. Hier besitzt nur die Gemeinde den Boden, persönliches Eigenthum ausser dem Haus und Garten giebt es nicht[1]); alle männlichen Seelen (Frauen besitzen in Russland oder zählen vielmehr nicht nach Seelen) sind zu gleichem Antheil am Grundeigenthum berechtigt, welches je nach den Veränderungen in der Volkszahl von Neuem vertheilt wird.

Gesehen haben muss man (aber mit offenen Augen), wohin eine solche Verfassung führt, deren unausbleibliches Ende der sittliche und physische Ruin eines Volkes wird, um mit dem grössten Widerwillen gegen eine Partei erfüllt zu werden, deren Ideen wohl theoretisch manches für sich haben und unter überirdischen Wesen ausführbar sind, aber bei Menschen, deren Egoismus bei jeder Gelegenheit die Oberhand gewinnt, nie zum Guten führen können.

Aber ich folge hier Dingen, die wohl mit der ganzen Natur Russlands in Verbindung stehen, deren ausführliche Begründung jedoch ein Unternehmen von solchem Umfange ist, dass Jahre ungestörter Arbeit dazu gehören würden, um sie zum Abschluss zu bringen. Hierzu besitze ich aber vorläufig die Mittel nicht, und ich muss desshalb abwarten, bis mir dieselben werden, wozu ich übrigens begründete Aussicht habe.

Ich habe jetzt nur noch wenig zu bemerken. — Es ist sonderbar, dass die Gelehrten den Einfluss der fortschreitenden Trockenlegung auf die Volksvertheilung ausser Acht liessen. Es liegt in dieser Bewegung sicher die Lösung vieler bis jetzt ungelöster Räthsel. — Sollte schon darauf aufmerksam gemacht worden sein, wovon mir übrigens nichts bekannt wurde, so trete ich als zu spät gekommen gern zurück.

Schliesslich sei noch Einiges erwähnt. Ueber die erratischen Blöcke ist sehr viel gestritten worden (siehe selbst Humboldt's Ansicht), und doch haben nur diejenigen Recht, welche behaupten, dass dieselben durch Eisschollen herbeigeführt wurden. Derselbe Process wiederholt sich heute noch eben so wie vor Jahrtausenden, natürlich in geringerem Maasse, und den sich dafür Interessirenden kann ich die Stellen namhaft machen, wo sie Blöcke von bedeutendem Umfange finden, die erst in den letzten Jahren angeführt wurden, und auf die mich die Bewohner der Küsten aufmerksam machten.

Sie entsinnen sich vielleicht, dass Nilsson in seinem bekannten Werke über die Ureinwohner von Scandinavien einen Ausspruch von Pytheas: „Er habe bei den Einwohnern grosse Häuser angetroffen, wo sie die Aehren ausklopften“, als unsicheren Beweis dafür anführt, dass Schweden den Ackerbau durch Völker aus Ländern am südöstlichen Mittelländischen Meer kennen lernte, und dass das dort gebräuchliche Verfahren auch hier längere Zeit bestanden habe. Ich hätte ihm sagen können, dass er seine Vermuthung vollständig bestätigt gefunden hätte, wenn er nach den russischen Küstenländern und den dicht angrenzenden Gebieten gegangen wäre. In den Ostseeprovinzen mit deutschen Gutsbesitzern finden wir von dem alten Verfahren nur noch Spuren, aber unmittelbar neben diesen behauptet die liebe Gewohnheit, jenes gedankenlose Weitertreiben des Althergebrachten, ein Wirthschaftssystem, welches wohl den syrischen und ägyptischen Verhältnissen angemessen war, von wo es unbedingt stammt, aber hier weder dem Klima noch allen anderen Verhältnissen Rechnung trägt, und im höchsten Grade verderblich wirkt.

Es ist unerklärlich, dass sich unter dieser Masse von Aberglauben und sittlichem Wust kein Einziger fand, der wenigstens etwas aufräumte. Aber es ist für die

---

[1]) Ausgenommen die Gutsbesitzer und Bauern, die aus dem Gemeindeverband getreten sind.

Faulheit und für die beschränkten Köpfe zu bequem, für alles Unangenehme einen Sündenbock, unsern Herrgott, zu haben, dem man Alles in die Schuhe schieben kann. Die Wirthschaftssysteme im Süden stammen gleichfalls aus Aegypten, aber aus einer viel späteren Periode. Hier wurden sie durch die Griechen eingeführt.

(13) Graf **Sievers** sendet mit Schreiben von Wenden, 12. März, nachträgliche Bemerkungen zu seinem Vortrage in der Sitzung vom 17. Oct. 1874 über das dort erwähnte

Muschellager am Burtneck-See (Livland).

Anfang Novembers alt. St. im vorigen Jahre nahm ich eine vorläufige Besichtigung des dortigen Muschellagers vor, von dem ein Paar Proben beizufügen ich mir erlaube.

Ich fand auf einem Flecke von 72 Fuss (engl.) Länge und 62 Fuss Breite, auf dem ich an mehreren Stellen hindurchbohrte, und etwa in der Mitte ein Loch bis auf den Untergrund ausheben liess, einen Fuss unter der Oberfläche eine 5 Fuss (engl.) mächtige Schichte von Süsswasser-Muscheln, untermischt mit Fischschuppen und Fischgräten, an ein Paar Stellen Schichten von 1—1½ Zoll dick sogar bildend; ausserdem fanden sich zwischen den Muscheln Topfscherben, von denen ein Paar Proben folgen, verschiedene Thierknochen, darunter ein wohl erhaltener Backenknochen eines mittelgrossen Thieres, und ein Stück eines Unterkiefers eines Wiederkäuers, der die 3 wohlerhaltenen ersten Backenzähne nebst einem Theil der Zahnlücke enthielt, von dem der untere Theil bis zum Beginne der Zahnwurzeln weggehauen war, und bei oberflächlicher Vergleichung dem des Riesenhirsches ähnelte, ferner einige Menschenknochen, regellos liegend. Im vorigen Jahre war beim Pflügen daselbst wenige Zoll unter der Oberfläche ein menschliches Gerippe blossgelegt worden.

Das sehr schlechte Wetter, heftiger Sturm aus Osten, während die Temperatur von 10 Grad Reaumur unter 0 auf 14 bis 15 Grad sank, hinderten mich an weiterer Arbeit, jedoch habe ich Veranstaltung und Verabredung treffen können, dass ich im nächsten Sommer auf ein nahe gelegenes Gut eines Vetters ziehe, um den ganzen Hügel durchzugraben, um nach genauer Aufmessung desselben alle etwaigen Fundstücke, entsprechend ihrer Lage, in Horizontal- und Vertikal-Durchschnitten einzutragen. Die Thierknochen habe ich dem mineralogischen Cabinet der Dorpater Universität übergeben zu genauerer Bestimmung ihrer Hingehörigkeit.

(14) Herr **Kuchenbuch** übermittelt einen Bericht über

vorhistorische Funde bei Seelow (Kreis Lebus).
(Hierzu Taf. VII.)

Die neue Wriezen-Frankfurter Bahn durchläuft von Wriezen ab das Oderbruch erst in südöstlicher Richtung, dann von Nord nach Süd, und kommt in dieser Richtung an die ziemlich steil abfallenden Berge heran, welche das weite Oderthal einschliessen. Die Bahn erreicht den Thalrand etwa 1400 Schritte südöstlich vom Dorf Werbig. Theils um allmählich die Höhe zu erreichen, theils um das nöthige Erdreich zu den Dammschüttungen im Oderbruch zu gewinnen, werden ziemlich tiefe und weite Einschnitte in die vorspringenden Bergausläufer gemacht. Die Bildung des Thalrandes ist der der ganzen Strecke von Lossow oberhalb Frankfurt bis Oderberg gleich; zahlreiche vom Wasser gebildete Schluchten, bald enger, bald weiter ausgedehnt, durchschneiden den Rand der Hochebene, welche hier etwa 90 Fuss über der Ebene des Oderbruches sich erhebt, und werden so Bergvorsprünge gebildet, welche von der Bahn durchschnitten werden. Vom Eintritt der Bahn in diese Bergvorsprünge bis zur Chaussee bei Seelow, etwa 2400 Schritt, sind vier solcher Vorsprünge zu durchstechen, und bereits in Angriff genommen, und hat man bei den drei nördlichen stets auf deren Nordseite mit dem Durchstich begonnen. Diese Bergvorsprünge bestehen aus Lagen von Lehm, Sand oder Mergel in wechselnder Folge. Die drei nördlichen Berge werden so durchstochen, dass an der Oderseite noch ein Rest des Berges stehen bleibt, der vierte vor Seelow aber ist behufs Anlage des Bahnhofsplanums bis zum Fusse abgetragen. Diese Durchstiche haben nun zu interessanten Funden geführt:

1) Der nördlichste Bergvorsprung, etwa 500 Schritt breit, zunächst Werbig besteht auf der Kuppe der Nordseite oben aus Lehm, unter ihm kommt weisser Sand. In diesem Sand wurden etwa 7 Meter tief, also etwa 20 Meter über der Oderbruchebene, ein Röhrknochen von bedeutender Grösse, und Splitter eines solchen gefunden. Die Gelenkansätze fehlen; der Knochen ist 46 Cm. lang (Fig. 11, ab—cd), am dickeren Ende (a—b) 25 Cm., am dünneren (c—d) 17 Cm., in der Mitte (e—f) 15,5 Cm. im Durchmesser stark. Die feste Masse des Knochens ist etwa 1 Cm., seine Farbe gelblich-braun mit zerstreuten schwarzen Flecken. Der Knochen erscheint noch ziemlich fest. Andere Stücke sind etwa handgross. An anderer Stelle wurde ein Mammuthzahn gefunden, dessen Breite 9,5 Cm. beträgt. Auch grosse Stosszähne sind gefunden, leider ganz zerbrochen. Spuren menschlicher Thätigkeit sind nicht dabei entdeckt.

Bei dem Durchstich des zweiten Bergvorsprunges, ebenfalls etwa 500 Schritt breit und aus Lehm bestehend, ist bis jetzt nichts gefunden worden.

2) Der dritte Bergvorsprung besteht aus hartem Lehm. Jn dem darüber liegenden Sandboden wurden in der Tiefe von wenigen Fussen menschliche Skelete gefunden, deren Schädel leider gänzlich zerstört wurden, während die übrigen Gebeine auf dem Kirchhof in Seelow vergraben worden sind. Beigaben sind nicht wahrgenommen worden.

3) Die meisten Funde lieferte der Abtrag des vierten breiteren Bergvorsprunges. Hier sind vornehmlich zwei Stellen zu erwähnen. Am nördlichen Abhange, an der Grenze der ehemaligen Grundstücke des Ackerbürgers Mehlbock und Gottlieb Schrimm, sind in der Tiefe, nur ein Fuss unter der Ackererde, mehrere Urnen gefunden, von denen vier ziemlich erhalten sind, während von einer fünften nur ein Bruchstück vorhanden ist. Diese Gefässe sind von schwarz-grauem Ansehen, im Bruch schwarz gebrannt, mit groben Granitstückchen gemischt, mit Strichen und Punkten einfach verziert, und gleichen den sonst in der Gegend gefundenen. Es sind folgende Gefässe:

    a) Fig. 1: 17,5 Cm. im Bauch weit, 15 Cm. hoch, im Boden 8,5 Cm. breit, mit einfacher Strichverzierung und Spuren zweier abgebrochener Henkel.

    b) Fig. 2: 12,5 Cm. im Bauch weit, oben am Hals 8 Cm. weit, 10 Cm. hoch mit ausgebrochenem Henkel, verziert mit Strichen und Punkten.

    c) Fig. 3: 12 Cm. im Bauch weit, 9 Cm. hoch, mit einem Henkel und einfacher Strichverzierung.

    d) Fig. 4: 8 Cm. im Bauch weit, 7,5 Cm hoch, 3,6 Cm. Boden-Durchmesser mit abgebrochenen Henkeln und etwas von den andern abweichender Strich- und Punktverzierung.

    e) Fig. 5: ein 6 Cm. hoher kleiner Krug mit Henkel, dessen Hals verschlossen ist mit einfacher Strichverziernng um den Bauch, von röthlich-gelbem

Thon. Im Innern befinden sich Steinchen, welche beim Schütteln klappern; also ein Kinderspielzeug.

f) Ein einzelner Henkel eines grösseren Gefässes.

g) In einer Urne fand sich ein Stückchen gebrannter Knochenrest; in einer anderen mehrere Bronzegegenstände. Unter diesen zeichnet sich aus ein Gebilde, ganz einer Eidechse oder einem Molch ähnlich (Fig. 7, a, b), 5,5 Cm, mit grünem Rost überzogen. An dem gerade laufenden, nach dem Schwanzende hin sich verjüngenden Körper sind vier Beine ohne Zehen, und vorn der nach unten geneigte Kopf mit aufgesperrtem Maul. Auf dem Rücken befinden sich noch zwei Ansätze, anscheinend die Reste einer Oese, an welcher das Thierchen getragen werden konnte. Am Rücken des Thieres sind drei in einer Fläche liegende, zusammen verbundene, gegossene Ringe angerostet, welche ihrer Lage nach vermuthen lassen, dass an ihnen die Eidechse aufgehängt war. Ausser dieser Eidechse fanden sich

h) noch vier volle Bronzeperlen (Fig. 9) von 8 Mm. Durchmesser,

i) ein Bronzering von 18 Mm. Durchmesser (Fig 8) und

k) mehrere unförmliche kleine Bronzeklumpen, anscheinend Reste aus einer Giessstätte, deren ich schon früher Erwähnung gethan habe.

l) Auch ein bearbeiteter Stein wurde in der Gegend gefunden, 19 Cm. lang, 6,5 Cm. breit, länglich viereckig mit abgerundeten Ecken, vielleicht als Hammer gedraucht (Fig. 6).

4) In einer mit schwarzer Erde ausgefüllten Mulde dieses Bergabhanges, einige hundert Schritte von dem eben erwähnten Funde, wurden verschiedene thierische Knochen ausgegraben, von denen besonders zu erwähnen sind:

a) das Stirnstück eines Wiederkäuers, vielleicht des Ur's, mit Resten der Hornzapfen. Die Richtung der Spitzen scheint nach unten gegangen zu sein (Fig. 10) und die Hörner in einer Fläche gelegen zu haben. Der Schädel misst von der Hornbasis a—b 16,5 Cm. Das Stirnbein ist nur wenig zwischen den Hörnern erhoben. Von der Kante c bis zur abgebrochenen Stelle d, etwa der Mitte der Augenhöhlen, sind 20 Cm., von der Kante c bis zum unteren Rande des Hinterhauptsloches 11 Cm. Der Knochen ist ohne allen Leim. Die Hornzapfen, welche äusserlich etwas gerippt erscheinen, sind bereits sehr morsch und kalkig.

b) ein einzelner Hornzapfen mit Knochenresten des Schädels, ebenfalls äusserlich gerippt, ohne Leim, kalkig, so gewunden, dass die Spitze des Horns aus der Fläche der Basis heraustritt. Von der Spitze bis zur Basis a—b in gerader Linie sind 39 Cm., an der Basis hat der Hornzapfen 11 Cm. Durchmesser.

c) Es fanden sich noch ein sehr beschädigter Hundeschädel (?), fester als die sonst gefundenen Knochen, eine ausgezeichnet starke und grosse Rehbockstange, und die Spitze einer solchen, einige Stücke eines Hirschgeweihes, bereits vollständig verkalkt und mürbe, Pferdezähne, Hirschzähne, und endlich

d) an anderer Stelle, wahrscheinlich in eisenhaltigem Kies, Stücken eines Geweihes, welche einem Renthier angehören möchten. Es sind vier Stücke, von denen drei sich zu einem ganzen Geweihstück zusammenstellen lassen. Dieses würde nur schwach gebogen erscheinen und misst von dem Zapfen unter der Rose bis zum Ende 54 Cm. Diese Stange ist überall gleich stark, über der Rose, wie gegen das Ende 3,5 Cm., im Durch-

schnitt ziemlich rund. 15 Cm. von der Rose her zweigt sich fast rechtwinklig nach der Aussenseite des Bogens eine Sprosse ab, welche (Fig. 12a)
von c—d 21,5 Cm. lang ist, im Durchschnitt ist auch sie rundlich.
Ausser diesen Stücken ist noch ein etwa 12 Cm. langes Stück vorhanden,
welches zwar offenbar auch zu jenem Geweih gehört, sich aber doch an
die Bruchstellen nicht anpassen lässt. An dem einen Ende läuft dieses
Stück etwas breit aus. Alle diese Stücke sind von Farbe orange und
ochergelb, ziemlich abgerieben, klingen aber beim Anschlagen mit harten
Gegenständen. Ausser jener einen Sprosse lässt sich keine Spur einer
zweiten entdecken. Die Stange scheint abgeworfen zu sein, da vom
Schädel keine Spur vorhanden ist. Diese Stange, wie alle übrigen Knochen zeigen nirgends Spuren einer Bearbeitung.

Die beigefügten Zeichnungen sind theils nach einem Maassstabe (1 : 8), theils
in natürlicher Grösse gemacht (Nr. 7, 8, 9 u. zu 4). —

Herr **Virchow** bemerkt, dass er durch die Direction der Berlin-Stettiner Eisenbahn schon vor einiger Zeit Berichte über die Seelower Funde erhalten habe und
dass er in der nächsten Zeit die Fundstelle selbst genauer zu erforschen gedenke.

(15) Im Anschluss an die Bemerkungen des Hrn. Vorsitzenden (zu Nr. 10) hebt
Hr. **Bastian** zunächst die Verdienste Dr. Jagor's um die Ethnologie hervor, in den
ausgedehnten Sammlungen, mit denen derselbe fortfährt, das Ethnologische Museum
zu bereichern, und verbindet damit die Hoffnung, dass die bis jetzt beschränkten
Räumlichkeiten desselben bald die geeignete Erweiterung finden möchten, um die
zunehmenden Erwerbungen in geeigneter Weise aufzustellen.

Derselbe bespricht sodann eine interessante Sammlung, die auf's Neue von den
Reisenden an der Loangoküste eingelaufen ist und besonders von der letzten Reise
des Hrn. Dr. Güssfeldt am Nyango (einem bisher wissenschaftlich noch nicht erforsch-
ten Gebiet) herrührt, mit mancherlei Waffen der Bayaka, Bailumbo u. s. w., Musik-
instrumenten, Fetischen u. dgl.. Eine bei dem Geheimbund der Ndungo gebrauchte
Maske dient zur Vermummung des Todtentänzers neben einem Federschmuck, der
nachträglich versprochen ist und an ein ähnliches Costüm in Tahiti zu Cook's Zeit zu
erinnern scheint, von dem sich einige Stücke im ethnologischen Museum von früher-
hin befinden. Dr. Pechuel-Lösche hat neben Proben der Cassa-Rinde, die schon
vorher auch von Hrn. Soyaux gesammelt wurden und Hrn. Prof. Liebreich zur
Analyse übergeben sind, den Löffel eingeschickt, mit dem der Fetissero beim Ordal das
Pulver eingiebt. Ein Bogen zur Vogeljagd kann wegen seiner Schwäche nur durch
Vergiftung der Pfeile wirksam sein; es lagen diese, sowie der Köcher, bei. Dann
ein zum Schmuck bei Tänzen benutzter Federputz und sonstige Bekleidungsstücke,
sowie von dem Cameron ein Sessel und Kriegshelm.

Zum Schluss wurden Photographien der Tules- und Goajiros-Indianer vorgezeigt,
von Dr. Schumacher, Generalconsul in Newyork (früher Ministerresident in Bogota)
eingeschickt, sowie einige photographische Abbildungen columbischer Alterthümer,
zu welchen derselbe sonst schon interessante Beiträge geliefert hatte. —

Der Vorsitzende spricht dem Vorredner, welcher sich binnen Kurzem behufs
ethnologischer Studien nach Mittel- und Südamerika begiebt, die herzlichsten Wünsche
der Gesellschaft für das Gelingen dieser Reise und für ein fröhliches Wiedersehen aus.

(16) Herr **Beyrich** zeigt geschlagene Hornsteine, welche der Maurer Giov. Meneguzzo in Montecchio maggiore bei Vicenza ganz in der Weise der prähistorischen Völker in täuschender Weise hergestellt hat. Das Gestein gehört der Kreideformation der Sette Commune an.

(17) Geschenke:

Bellucci: Il congresso internazionale di Archeologia et di Antropologia preistoriche a Stoccolma. Firenze 1874.

Leudesdorf: Nachrichten über die Gesundheitszustände in verschiedenen Hafenplätzen. Hamburg 1874, VIII.

Sitzung vom 14. Mai 1875.

Vorsitzender Herr **Virchow.**

(1) Als neues Mitglied wird angemeldet:
Herr Dr. Koch, Kreisphysikus zu Wollstein, Prov. Posen.

Herr Frank Calvert dankt für seine Ernennung zum correspondirenden Mitgliede und verspricht Nachrichten über die Untersuchungen in Kleinasien.

(2) Nachdem Hr. Bastian auf längere Zeit nach Mittel- und Südamerika abgereist und Hr. Virchow als Stadtverordneter in das Curatorium des Märkischen Provinzial-Museums berufen ist, ernennt der Vorsitzende an ihre Stellen zu Delegirten bei dem Museum für den Lauf des Jahres die Herren Voss und Rosenberg.

(3) Die diesjährige General-Versammlung der deutschen anthropologischen Gesellschaft wird vom 8. bis 11. August in München abgehalten werden. Das Programm wird in nächster Zeit mitgetheilt werden.

(4) Der Hr. Cultusminister hat der Gesellschaft auch für das laufende Jahr eine Unterstützung von 1500 M. bewilligt.

(5) Derselbe hat die Entwurfsskizze zu einem in Berlin zu errichtenden selbständigen ethnologischen Museum zur Kenntnissnahme und mit dem Ersuchen übersendet, sich darüber gutachtlich äussern zu wollen. Der Vorstand wird ermächtigt, nach den von ihm in Gemeinschaft mit dem Ausschusse darüber gepflogenen Vorberathungen an den Hrn. Minister zu berichten.

(6) Die Erhebungen in den Schulen über die Farbe der Haut, der Haare und der Augen der Schüler haben nunmehr in ganz Preussen stattgefunden. Hie und da sind dadurch grosse Beunruhigungen, in Oberschlesien und Westpreussen sogar aufständische Bewegungen der Bevölkerung, namentlich der weiblichen, herbeigeführt worden, weil man diese Erhebungen mit dem „Culturkampfe“ in nähere Verbindung gebracht hat.
Wegen der Bearbeitung des Materials schweben noch Verhandlungen mit dem Hrn. Minister des Innern, der seine Ermächtigung an das Statistische Bureau zu der Betheiligung an dieser Arbeit beanstandet hat.

(7) Die diessjährige Excursion der Gesellschaft wird nach Cottbus und von da

,zu dem Burgwall von Zahsow und dem Gräberfelde von Kolkwitz gerichtet sein. Hr. Voss wird mit den Vorbereitungen dazu beauftragt.

(8) Das correspondirende Mitglied Hr. v. Heldreich übersendet mit Schreiben d. d. Athen, 10. April, folgenden Bericht des Chefarztes in der griechischen Armee, Hrn. Dr. Bernhard Ornstein über

eine ungewöhnliche Haarbildung an der Sacralgegend eines Menschen.

In der Sitzung vom 20. März d. J. wurde uns der 28jährige, aus der Eparchie von Korinth gebürtige Recrut, Demeter Karas, vorgestellt, welchen die Bezirks-Recrutirungs-Commission für kriegsdiensttauglich erklärt, der hiesige Garnisonsarzt jedoch als zu einem linken Leistenbruch prädisponirt der Ober-Sanitäts-Commission zur endgültigen Entscheidung vorstellen liess. Die natürlich bei nacktem Körper vorgenommene Untersuchung des Individuums ergab zwar keine erhebliche und folg-lich Dienstunfähigkeit bedingende Bruchanlage, doch wurde dasselbe zur Beobachtung ins Militärspital verwiesen, weil es, wie das hier zu Lande bei Militärpflichtigen nicht selten vorkommt, an Epilepsie zu leiden vorgab. Als nun dieser Recrut uns beim Hinausgehen den Rücken zuwandte, bemerkte ich zufällig in der Kreuzbein-gegend eine so auffallende, tiefdunkle Schattirung dieser Partie, dass ich dieselbe einer eingehenden Untersuchung unterzog. Ich fand die ganze hintere Fläche der Sacral-gegend mit etwas über die Seitenflächen und die Basis des Os sacrum hinausreichen-den, dichten, dunkelbraunen Haaren von 8 Cm. Länge bewachsen. Am Rande der das heilige Bein bedeckenden Haut lagen die Haare mehr schlicht auf dieser auf, während dieselben ungefähr von der Stelle der hinteren Kreuzbeinlöcher an bis zur Mittellinie zwischen dem Steissbeine und dem letzten Lendenwirbel in zwei stärke-ren Büscheln sich zusammenkräuselten. Die Messung der breiten, nach oben gerich-teten Basis des behaarten Dreiecks ergab eine Ausdehnung von 19 Cm., während der Höhendurchmesser 15 Cm. und der unbehaarte Abstand von der nach unten gerichteten Spitze des Dreiecks bis zum After 5 Cm. betrug. Die gelblich-braune Haut dieses Mannes, der ca 5′ 6″ misst, cholerischen Temperaments und brachy-cephal ist, zeigte am ganzen Körper, mit Ausnahme des Kopfes, des Gesichts und der Schamtheile keine Spur von Haaren, und selbst an letzteren war der Haarwuchs ein ungewöhnlich schwacher. Die sonstigen Formverhältnisse des Körpers boten nichts abnormes. Der Recrut gab an, dass er mit diesem, von mir noch nie beobach-teten, ausserordentlichen Haarwuchs geboren sei, und dass er demzufolge von Jugend auf die Neugier der Einwohner seines heimathlichen Bezirks auf sich gezogen habe. Nach ihm soll seine Familie kein zweites Beispiel einer derartigen abnormen Be-haarung aufzuweisen haben und schliesslich behauptete er, dass er die Haare von Zeit zu Zeit abschneiden lassen müsse, da dieselben sonst durch die Stuhlausleerun-gen verunreinigt und ihm lästig würden.

Da ich in diesem ausserordentlich starken und merkwürdig localisirten Haar-wuchs nichts anderes, als einen Rückschlag — Atavismus — auf die thierische Ab-stammung des Menschen vom Affen vor seiner Enthaarungsperiode zu erblicken ver-mag, so sprach ich mit Herrn Prof. von Heldreich hierüber und stellte demselben gestern dieses Individuum vor; die anliegenden Haare sind in dessen Gegenwart abgeschnitten. Da der Mann in der letzten Sitzung eingestanden hat, dass er nicht an Epilepsie leide und demnach als feldkriegsdiensttauglich eingereiht werden wird, so bin ich in der Lage, die Wahrheit der Behauptung bezüglich des schnellen und ungewöhnlichen Wachsthums dieser Haare zu controliren und behalte ich mir vor, Ihnen das Ergebniss meiner dessfallsigen Beobachtung seiner Zeit mitzutheilen. Sollte eine

Photographie dieser behaarten Partie, d. h. der hinteren Wand des Beckens bis zu den Lendenwirbeln hinauf erwünscht sein, so bin ich bereit, eine solche anfertigen zu lassen und Ihnen dieselbe zu übersenden.

(9) Herr **F. Jagor** schreibt dem Vorsitzenden d. d. Rangun, 10. April, über

einen Besuch auf den Andamanen.

Er war daselbst während des Monat März und hatte bequemen Verkehr mit den interessanten kleinen Sehwarzen. Er hat Messungen, Profilirungen mit der Camera lucida und Photographirungen vorgenommen. Er erhielt 2 Skelete, ein vollständiges von Dr. Dougall, ein unvollständiges von Hrn. Stewart, ausserdem noch 4 Schädel. Die von ihm veranstaltete ethnographische Sammlung ist sehr vollständig. Ferner besuchte er die von Dr. Stoliczka entdeckten Kjökkenmöddinger und sammelte daraus Knochen und Topfscherben. Alle diese Gegenstände sollen bald gesendet werden. Auch werden noch weitere Sendungen in Aussicht gestellt.

Hr. Dr. **Dougall** hat dem Vorsitzenden verschiedene Berichte über die von ihm entdeckte Anwendung des Gurjon-Oels zur Heilung des Aussatzes übersendet. Dieselben machen den Eindruck grosser Zuverlässigkeit und Unbefangenheit, und verdienen die grösste Aufmerksamkeit, da es sich um eine Krankheit haudelt, welche so grosse Ausdehnung hat und welche seit Jahrtausenden als unheilbar betrachtet wird. Der Vorsitzende beabsichtigt, die Substanz kommen zu lassen, um weitere Versuche zu veranstalten. Nach der Mittheilung des Hrn. Jagor stammt dieselbe, wie der Botaniker Hr. Kurz ihm angegeben, nicht, wie gewöhnlich angegeben, vom Dipterocarpus laevis, sondern vom Dipter. Griffithii.

Endlich theilt Hr. Jagor noch mit, dass Hr. Dr. Maclay in Lahore sei und sich zu den Semangs zu begeben beabsichtige.

(10) Herr Oberkammerherr v. **Alten** hat dem Vorsitzenden nebst Zeichnung und Gypsabguss, d. d. Oldenburg, 8. Mai, folgenden Bericht gesendet über

römische Funde in Oldenburg.

„Beiliegend erlaube ich mir Ihnen den Abguss eines Postamentes von Bronze zuzusenden, welches vor einigen Wochen mit mehreren anderen Sachen, als zwei etwa 12 Cm. hohen Figuren, von denen ich Ihnen Photographien senden werde, sowie einem Schildbuckel (Löwenkopf) und einem Greifen-Kopf, wohl Helmzier, zerstreut zwischen rundlichen und eiförmigen Steinen gefunden ist, und zwar nicht in einem Hügelgrabe, sondern beim Umpflügen einer Haide, im Amte Löningen, bei dem Dorfe Marren. Ausser diesen Bronze-Sachen fand sich eine eiserne Speerspitze, von jetzt noch 23 Cm. Länge, doch fehlt ein Theil der Tülle. Eine gleichfalls gefundene Münze deutet auf das Jahr 350—55, Kaiser Decentius.

„Die eine Figur ist bekleidet, der Kopf ist mit Helm, welcher die starken Raupen hat, bedeckt. Das Ungeschickte in der Zeichnung ist in dem Original ebenso. Auffallend ist der kurze, dicke Fuss, und die Verzierung auf den Beinschienen — geflügelter Blitz? — Ciselirt ist an der Verzierungen nichts, Alles ist erhaben, mit Ausnahme der *lll* an den Beinschienen und der Seitenflügel ▱.

„Die zweite Figur ist nackt, nur mit dem Helm bekleidet, beide Helme zeigen den Kopf der Minerva, und ist diese von weit besserer Arbeit."

Auf den Wunsch des Hrn. v. Alten, die Inschrift des Postaments gelesen zu haben, hat der Vorsitzende dieselbe Hrn. Mommsen vorgelegt. Derselbe liest dieselbe

VIC DICCIVS
CAMICCI
V S L M

Victoriae Diccius Camicci (Filius) votum solvit libens merito.

(11) Herr **Paul Ascherson** legt die von ihm in der vorigen Sitzung besprochenen Gegenstände aus der Oase Dachel vor.

(12) Herr **Voss** spricht über

einige Ueberlebsel aus früheren Culturperioden und einen Bronzefund bei Rabenstein in der fränkischen Schweiz, sowie einige Bemerkungen über das Gräberfeld bei Braunshain.

Ich möchte mir erlauben, Ihnen einige Gegenstände vorzulegen, welche gewissermaassen Ueberlebsel aus einer längst entschwundenen Culturperiode darstellen. Zunächst möchte ich Ihnen einen Gegenstand vorzeigen, der sehr Vielen von Ihnen bekannt sein dürfte. Es ist dies eine gelbglasirte, ganz roh ausgeführte Vogelfigur in Thon, deren Hintertheil, statt des Schwanzes, eine Pfeife trägt. Kinderspielzeuge dieser Art sind, so viel ich weiss, ziemlich weit verbreitet, jedenfalls wohl über den grössten Theil von Norddeutschland. Das Ihnen vorgelegte Stück stammt aus Bobersberg in Schlesien. Es ist ausserordentlich ähnlich einigen Vogelfiguren, welche im hiesigen Königl. Museum aufbewahrt werden und aus den Gräberfeldern von Gross-Czettritz in der Neumark, von Lederhose bei Striegau (Schlesien) und Pförten in der Lausitz stammen. Aehnliche Gebilde kommen auch in Gräberfeldern in Posen vor. Ausserdem wurde auch in Süddeutschland in einem Grabhügel am Hünerberg (Würtemberg) ein Exemplar gefunden, von dem eine Lindenschmit'sche Copie im hiesigen Museum vorhanden ist. Diese prähistorischen Vogelfiguren tragen aber nicht eine Pfeife, sondern enthalten meistens einige kleine harte Körper und dienen als Rasseln, so die beiden Exemplare von Lederhose, die auch Spuren von rother und weisser Bemalung zeigen und dem hier vorgelegten, namentlich in der Bildung des Halses und des Kopfes ganz ausserordentlich ähnlich sind, und der von Pförten in der Lausitz.

Jenes Exemplar von Gross-Czettritz in der Neumark dagegen hat oben auf dem Körper eine mit hochstehendem Rande versehene Oeffnung und scheint als Lampe verwendet zu sein. Vielleicht diente die obere Oeffnung aber auch nur dazu, um kleine Steine hineinzuthun, und wurde dann durch einen Stöpsel verschlossen.

Ausserdem werden Sie sich einer anderen Form der Kinderklapper erinnern, welche in denselben Gegenden in Gräbern vorkommt. Es sind dies kissenartige Gebilde aus gebranntem Thon, welche an ihrer Oberfläche ein Ornament zeigen, das einem Geflecht ähnlich sieht.

In der Königl. Sammlung befinden sich ähnliche Stücke von Schlaupe bei Neumarkt in Schlesien, von Koeben im Kreise Steinau, ebenfalls in Schlesien, und von Krehlau in Niederschlesien. Auch in Posen kommen dergleichen vor, wie Ihnen bekannt ist.

Ich erlaube mir nun, Ihnen ein Kinderspielzeug vorzulegen, das vielleicht als Vorbild zu jenen Klappern anzusehen ist. Es sind dies Kissen, welche in Pommern die Kinder auf dem Lande zur Zeit der Roggenernte aus frischem Roggenstroh zu flechten pflegten, mit Ketten aus Strohringen an den Ecken versehen und mit einigen Erbsen oder kleinen Steinchen als Inhalt. Die Ihnen vorliegenden Exemplare sind ganz besonders kunstreich ausgeführt, indem sie noch mit Pferden, in gleicher Weise gearbeitet, versehen sind, denen sie als Basis dienen. Die Fertigkeit, dergleichen Spielzeuge herzustellen, ist jetzt aber schon im Aussterben begriffen, und es hat viele Mühe verursacht, Jemand zu finden, der noch im Stande war, solche anzufertigen.

Ferner lege ich Ihnen drei Spindeln vor mit Spinnwirteln, welche aus Deutschland stammen. Vor 2 Jahren hatte ich nämlich in Rothenburg an der Tauber Gelegenheit, eine Frau mit einer solchen Spindel spinnen zu sehen, und mein Freund und College Herr Dr. Wagner in Rothenburg a/T. hat die Güte gehabt, da es mir bei meinem damaligen Aufenthalte in Rothenburg nicht gelang, Exemplare zu kaufen, nachträglich einige zu verschaffen. Die eine Spindel trägt einen Wirtel von Knochen, die zweite einen solchen von Blei und die dritte, was namentlich interessant sein dürfte, einen Spindelstein von Thon. Derselbe ist leicht glasirt und aus steingutartiger grauer Masse. Man pflegt von dieser Art von Spindelsteinen wohl in verschiedenen Sammlungen Exemplare zu finden unter prähistorischen Gegenständen. Noch kenne ich zwar nicht die Bezugsquelle und den Fabrikationsort dieser Wirtel, jedenfalls aber wird man dieselben wohl den mittelalterlichen und vielleicht auch späteren Gegenständen beigesellen müssen.

Weiter habe ich Ihnen über einen interessanten Fund zu berichten. Auf dem Bergrücken bei Rabenstein in der Fränkischen Schweiz, in der Gegend von Bayreuth, hat Herr Bildhauer Geyer in Bayreuth in Gemeinschaft mit Hrn. Hoesch von Neumühle einige Ausgrabungen gemacht, an denen namentlich Folgendes interessirt: In einem Hügel von etwa 4 Meter Länge bei 2—2½ Meter Breite und etwa ½ Meter Höhe, der rings mit grossen Steinen umstellt war, wurde in der oberen aus kleinen, kopf- bis faustgrossen Steinen bestehenden Schicht eine grosse Menge von Knochen gefunden. Unter dieser Schicht stiess man auf eine Lage schwarzer Erde, in deren Tiefe ein Skelet mit sehr reichem Bronzeschmuck in regelmässiger Lage gefunden wurde. Dieser Schmuck bestand aus einem Oberarmringe, 11 Armringen und 1 Fingerring, welche sämmtlich die Knochen umgaben, an denselben Stellen, wo sie einst bei Lebzeiten des Verstorbenen ihren Platz hatten. Ausserdem wurde ein sehr grosser Hals- und Brustschmuck, wie mir ein ähnlicher bis jetzt noch nicht bekannt geworden, in der Brustgegend des Skelets gefunden. Derselbe besteht aus 6 hohlen, lose, aber dicht an einander anliegenden Ringen, von denen der innere etwa einen halben, der äusserste etwa 1 Fuss Durchmesser hat. In der Mitte sind dieselben reich verziert und von der Stärke eines kleinen Fingers, bis reichlich Daumenstärke, sämmtlich nach den Enden zu sich verjüngend. Wir besitzen ähnliche Stücke in der Königl. Sammlung, von Schwachenwalde und Kallies in Pommern, jedoch sind bei diesen die Ringe an den Enden fest mit einander verbunden, auch sind letztere nur halbrund, an der unteren Seite ausgehöhlt. Einer der Armringe, mit Kreisornamenten verziert, zu dem Rabensteiner Funde gehörig, gelangte in die Königl. Sammlung; die übrigen Stücke befinden sich noch im Besitz der Finder. Herr W. Geyer, ein sehr eifriger Forscher, wird nächstens den Fund ausführlicher publiciren und kann ich Ihnen vorläufig nur eine sehr sorgfältige Zeichnung von den Gegenständen in natürlicher Grösse, von Herrn Geyer angefertigt, vorlegen.

Schliesslich möchte ich Ihre Aufmerksamkeit noch für eine Ihnen schon mehrfach bekannte Sache in Anspruch nehmen. Es betrifft die Ausgrabungen bei Braunshain im Kreise Zeitz.[1] Herr Prof. Klopfleisch hält in seiner neulich hier ver-

---

[1] In meinem Vortrage vom 17. October 1874: „Ueber Ausgrabungen bei Braunshain und

lesenen Zuschrift die Ansicht aufrecht, dass die Gräber bei Braunshain verschiedene Bestattungsarten zeigten, Leichenbrand und Begräbniss. Ich möchte darauf nur erwidern, dass ich, wie ich Ihnen schon berichtet, Gräber aller dort vorkommenden Grössen untersucht und dabei möglichst die Methode der Abtragung angewandt habe. Dass sorgfältig gearbeitet wurde, haben Sie wohl aus den minutiösen Fundobjecten ersehen, welche ich bei Gelegenheit des Ihnen erstatteten Berichtes Ihnen vorgelegt habe. Ausserdem habe ich eine erheblich grössere Anzahl von Gräbern untersucht, als Herr Klopfleisch. Aber in keinem habe ich auch nur einen Knochen gefunden, sondern nur aschenartige Masse in Urnen, abgesehen von einigen Thierknochen, welche ganz recent waren und wohl mit den in jenen Hügeln häufigen Fuchslöchern in Beziehung zu bringen waren. Wären also beide Arten der Bestattung in Gebrauch gewesen, so würde ich doch wohl auch Skeletreste gefunden haben, zumal die von mir untersuchten Hügel in unmittelbarer Nähe von denjenigen liegen, welche Herr Prof. Klopfleisch früher untersucht hat. Ich will nicht bezweifeln, dass Herr Klopfleisch wirklich Reste eines Kindes gefunden habe, kann dieselben aber nicht für gleichzeitig mit der Errichtung jener Grabhügel halten. —

Herr Kuhn sen. bemerkt, dass bei den germanischen Völkerstämmen die Kinder unter 2 Jahren niemals verbrannt, sondern stets begraben wurden.

Herr Voss: Selbst wenn diese Sitte geherrscht hätte, würde man jetzt in diesen Gräbern keine Skelettheile von Kindern finden, denn die Knochen von Erwachsenen, welche bei der Verbrennung der Leiche niemals vollständig mitverbrannt werden, besitzen, namentlich in Urnen beigesetzt, wohl mindestens eben so viel Widerstandsfähigkeit gegen Verwesung, als die zarten Gebeine eines Kindes unter 2 Jahren, welche vielleicht ohne besonders schützende Umhüllung in der blossen Erde bestattet wurden. Ich habe aber auch nicht einmal mehr sogenannte calcinirte Knochen, sondern nur eine erdige, aschenartige Masse ohne Beimengung grösserer Stücke gefunden.

Herr Virchow bestätigt, dass in seiner Jugend in Hinterpommern ganz ähnliche Strohgeflechte, wie sie Hr. Voss gezeigt hat, in der Erntezeit sehr viel angefertigt wurden. Er stellt zugleich Proben des noch jetzt in der Provinz Posen bei dem Erntefest gebräuchlichen Kopfschmuckes in Aussicht.

(13) Her Virchow berichtet, unter Vorlegung der wichtigsten Fundstücke, über **verschiedene deutsche Alterthümersammlungen, sowie neue Ausgrabungen bei Priment, Zaborowo und Wollstein.**
(Hierzu Taf. VIII.)

Ich wollte heute nur einige Mittheilungen machen, welche zum Theil durch Ausgrabungen, zum Theil durch den Besuch mehrerer Museen veranlasst sind Ich war in der Zwischenzeit zwischen unserer letzten und der heutigen Sitzung in Han-

---

Hohenkirchen im Zeitzer Kreise" sind einige sinnentstellende Druckfehler stehen geblieben. So muss es heissen auf Seite 190, Zeile 10 von unten, statt Kirchensage: „Riesensage", und Seite 196, Zeile 11 von oben, statt Material: „Metall". Zugleich möchte ich bei dieser Gelegenheit die thatsächliche Berichtigung hinzufügen, dass die in dem Hügel bei Corbusen gefundenen Schlacken, von denen mir kürzlich eine Probe zugegangen ist, nicht Kupferschlacken sind, sondern Stücke von Raseneisen, welche bei Errichtung des Brandhügels vielleicht zufällig in die Gluth geriethen und auf diese Weise zum Theil ein dichteres, mehr schlackenähnliches Aussehen annahmen.

nover, Braunschweig, Prag, Olmütz und Krakau, und ich habe in den dortigen Sammlungen eine Reihe von Gegenständen unter einander verglichen. Auf einzelne werde
ich späterhin zurückkommen; für jetzt will ich nur einige Punkte, welche von gene-
reller Bedeutung sind, erwähnen.

Erstlich war ich erstaunt, Spuren eines Brandwalles ziemlich weit östlich zu
entdecken. Im archäologischen Cabinet der Universität zu Krakau befindet sich eine
Reihe verschlackter Massen, welche von einem Brandwall herstammen, der bei Stradow
(zu dem Gütercomplex Chrobrz gehörig) im Kreise Skalbnierz im Königreich Polen
gelegen ist. Es sind das grosse Klumpen von Kalkstein, die zum Theil vollständig
glasartig zusammengeschmolzen sind. Darin bemerkt man, wie in den oberlausitzer
Brandwällen (vgl. Sitzungen vom 14. Mai und 9. Juli 1870 und vom 24. Juni 1871),
allerlei Hohlräume mit Eindrücken und Rifflinien von den Spalten verkohlender Holz-
scheite, welche deutlich geschlagene Flächen besassen und hier von besonderer Grösse
waren. Es kann wohl kein Zweifel sein, dass auch hier der Steinwall mit Holzscheiten
gemengt war. Leider habe ich über die Details des Fundes nichts weiter ermitteln
können, als dass derselbe sich nicht auf einem Berge gefunden hat; wie er aber sonst
angeordnet gewesen ist, das weiss ich nicht zu sagen. Es dürfte also wohl möglich
sein, dass die Anlage Aehnlichkeit hat mit derjenigen auf der Insel im oberen
Uckersee (Sitzung vom 24. Juni 1871), wo ringsumher am flachen Ufer ein breiter
Wall von gebrannten Steinen liegt, die durchweg ähnliche Verhältnisse darbieten.
Es ist mir sonst auf dem rechten Oderufer gar nichts bekannt, was irgendwie in
diese Kategorie gehörte. So viel ich weiss, liegt der genannte Ort jenseits der
Weichsel, und es scheint daher, dass das Gebiet dieser Brandwälle sich viel weiter
nach Osten erstreckt, als wir bisher annahmen.

Ein Zweites, worauf ich Ihre Aufmerksamkeit lenken wollte, ist die verhältnissmässig grosse Ausdehnung, in welcher dieselben Culturüberreste vorkommen, welche
wir bei uns hauptsächlich auf Burgwällen und in unseren Pfahlbauten vertreten finden,
und unter denen ich zu sehr verschiedenen Malen die besondere Ornamentik des
Topfgeräths hervorhob. Ich habe schon in einer früheren Sitzung (13. Juli 1872)
darauf aufmerksam gemacht, dass nach den Zeichnungen, welche Herr Jeitteles
von denjenigen Funden geliefert hat, welche er bei Gelegenheit von Tiefgrabungen
für Gaskanäle in der Stadt Olmütz machte, unter denselben sich eine Reihe von Topfscherben findet, die unzweifelhaft demselben Typus angehören, obwohl Herr Jeitteles
der Meinung ist, dass sie einer sehr weit zurückgelegenen Vorzeit zuzuschreiben sind.
Ich habe mich in Olmütz selbst überzeugt, dass diese Töpfe offenbar einer späteren
und zwar slavischen Periode angehören. Olmütz liegt ziemlich hoch auf einem schnell
ansteigenden Hügel in der weiten und sumpfigen Marchebene. Ich war an einem
regnerischen Tage (2. April) da, der noch halb in den Winter fiel, und ich hatte bei
der Wanderung von dem ziemlich entfernten Bahnhofe zur Stadt den vollständigen
Eindruck einer in früherer Zeit fast unzugänglichen, insularen Lage. Denn noch
jetzt breitet sich rings um die Stadt in weitem Umkreise ein Blachfeld mit niedrigen
Wiesen und Moorflächen aus. Zufälliger Weise traf ich unter der freundlichen Leitung des Herrn Stadtrath Peyscha die Gelegenheit, dass gerade auf dem höchsten
Punkte am Dom ein Erdhügel abgeräumt wurde, und es war nicht schwer, in der
aufgeworfenen Erde eine grössere Zahl von Bruchstücken zu sammeln, welche deutliche Anklänge an unseren Burgwall-Typus zeigen. Allerdings hatten sie nur selten
Wellenlinien, meist breitere, parallele Horizontalfurchen, jedoch auch jene sehr charakteristischen Spuren punktirter Linien, die mit einem mehrzinkigen Werkzeug eingedrückt sein müssen. Viele von ihnen hatten eine höchst auffällige Dicke und alle
jene graue, grobe, mit Bröckeln von Gestein untermischte Masse.

Wenn ich also nach eigener Anschauung keinen Zweifel behielt, dass es sich hier um alte, offenbar slavische Ansiedelungen handelt und nicht etwa um Ansiedelungen, die weit vor der Einwanderung der Arier liegen, so war ich um so mehr überrascht, ganz vorzügliche Fundstücke ähnlicher Art in dem böhmischen National-Museum in Prag zu finden, und zwar die besten und in der That ausgezeichneten von einer Stelle am rechten Moldau-Ufer in nächster Nähe von Prag selbst. Auf der Hradschinseite, im Anschluss an die Höhen, welche die ältesten Theile des Hradschin tragen, liegt das Sárka-Thal, eine der ergiebigsten Fundstellen des Landes. Zahlreiche Thonscherben und auch ganze Gefässe von da befinden sich in dem Museum[1]. Ich habe ein solches Bruchstück mitgebracht, welches sich dadurch auszeichnet, dass die beiden Haupt-Ornamente der Burgwall-Töpfe nebeneinander darauf vorhanden sind: einerseits Systeme von Wellenlinien, andererseits schräge, durch das Eindrücken eines mehrzinkigen Instrumentes hervorgebrachte punktirte Linien. Es ist ein ausserordentlich scharf und gut gezeichnetes Objekt, welches schon als einzelnes Fundstück entscheidende Bedeutung haben dürfte. In dem Prager Museum liegt jedoch eine sehr grosse Masse von Gegenständen von daher, aus denen sich ergiebt, dass allerdings die Fundstelle durch einen wahrscheinlich sehr langen Zeitraum hindurch bewohnt gewesen ist. Es finden sich nehmlich aus demselben Thale auch allerlei offenbar weit ältere Sachen, namentlich Bronzen, die nach Allem, was ich beurtheilen kann, in keiner Weise derselben Zeit angehören. Ausser verschiedenen Paalstäben und Celten (Nr. 32, 42, 43), Drahtringen, Drahtspiralen, Ohrringen (400, 401, 457) erwähne ich vornehmlich einen höchst merkwürdigen, mit einer Graburne bei dem Dorfe Vokovic gefundenen Eber von Bronze (Nr. 509): es ist ein sehr hochbeiniges Thier mit schmalem Leibe, zwei grossen Hauern, einer über den ganzen Rücken laufenden Mähne und einem kurzen gedrehten Schwanze. Eine viereckige Oeffnung im Bauche führt in die Höhlung des Leibes. Wocel[2], der eine sehr anschauliche Abbildung davon geliefert hat, hielt den Eber für ein altkeltisches Feldzeichen. Diese Sachen gehören offenbar einem ältern Gräberfelde an. Allein es finden sich auch zahlreiche polirte Steine (Nr. 78, 85, 86, 190—94), darunter ein gebohrter zerbrochener Hammer (Nr. 49) aus Diorit, sowie eine grosse Menge zerschlagener Steine.

Die Mehrzahl — und es ist eine sehr grosse Zahl von Sachen, die da vereinigt sind — hat jedoch offenbar eine spätere Stellung: sie stimmen überein mit einer Summe von Funden, die wir in gleicher Weise in unseren alten Ansiedelungen vorfinden, wie das namentlich in den pommerschen der Fall ist, z.B. denen bei Garz und Daber. Sehr charakteristisch ist die ungeheure Quantität von Thierknochen, insbesondere Knochen von Hausthieren, nur einzelne von wilden Thieren. Eine Menge von bearbeiteten Knochen, z. B. grosse Hämmer aus Hirschhorn, Pfriemen und Nadeln, eine grosse Pfeife, ferner Geräthe aus Eisen, z. B. Pfeilspitzen, zahlreiche, gut erhaltene, kleinere Töpfe mit weiter Oeffnung und einfachem Hals, u. s. w. sind da. Sehr ausgezeichnet sind namentlich die Topfböden, welche ähnliche Stempel tragen, wie ich sie früher (Sitzung vom 10. December 1870) hier erörtert habe; darunter auch einzelne eigenthümliche, wie ich sie sonst noch nicht kennen gelernt hatte. Ich erwähne ferner die Kämme aus Bein mit doppelten Zahnreihen, groben und feinen, wo die Zahnstücke in längerer Ausdeh-

---

[1] Die archäologische Sammlung im Museum des Königreichs Böhmen. Erste Abth. Heidnische Alterthümer. Prag 1859. (Thongefässe Nr. 94—107, 123, 127, 132, 136, 145, 156, 251, 290, 353, 366).

[2] Sitzungsberichte der Akademie der Wissenschaften zu Wien. Philos.-histor. Klasse. 1855. Bd. XVI. S. 191. Anm. Taf. III, Fig. 3.

nung durch eiserne Nägel zwischen zwei Knochenplatten befestigt sind, und die Einschnitte in dem Querbalken darthun, dass die Zähne erst eingesägt sind, nachdem das Ganze schon zusammengefügt war.

Was mich aber am meisten überraschte, das waren Thonscherben von Gefässen, wie sie mir noch nirgends weiter, weder in unseren Burgwällen und Pfahlbauten, noch sonst in Deutschland vorgekommen sind, die in sehr bestimmter Weise erinnern an gewisse Funde in den italienischen Terramaren, deren Bedeutnng ich früher (Sitzung vom 11. November 1871) hervorgehoben habe. Das sind nehmlich sehr grosse und breite Henkel, welche über den Rand des Gefässes emporragen und hier in eine halbmondförmige, mit zwei seitlichen Zacken oder Hörnern versehene Erhebung auslaufen. Unsere Sammlung besitzt vortreffliche Exemplare von oberitalienischen Terramaren durch die Güte des Herrn Pigorini. Mir erschien diese Form immer als die am meisten charakteristische der Terramaren. Wenn ich trotz ihres Fehlens bei uns[1]) die Aehnlichkeit der Terramaren und unserer Burgwälle betonte, so gewinnt diese Vergleichung hier eine neue Begründung. Und da sich in Prag mehrere Exemplare dieser Mondhenkel vorfinden, so meine ich, dass die Sache eine nicht unerhebliche Bedeutung haben dürfte.

Uebrigens ist das Sárkathal nicht die einzige Fundstätte für Burgwall-Geräth in Böhmen. Ich habe solche notirt von Stelcoves im Prager Kreise (N.-W. von Prag), von Lunkow im Kladauer Kreise (Nr. 295) und von der Stadt Königgrätz. Am letzteren Orte sind nehmlich vortreffliche Topfböden mit Stempeln vorhanden (Nr. 402), darunter solche mit dem Kreuze und mit dem mystischen Zeichen der in einander gelegten Dreiecke. Sie sind bei dem Bau des Criminalgebäudes und des Kreischams in der Stadt selbst ausgegraben worden. Wocel, der den Fund von Königgrätz weitläufiger erörtert und die Stempel der Topfböden genauer beschreibt[2]), hat sich, wie ich sehe, schon vor zwanzig Jahren für die Uebereinstimmung dieses Thongeräthes mit dem vom Burgwall Werle in Mecklenburg ausgesprochen. „Ich staunte", sagte er, „über die Aehnlichkeit, ja Identität." Auch macht er darauf aufmerksam, dass ganz ähnliche Thonböden bei Kettlach in Unter-Oesterreich gefunden seien (Archiv für Kunde österreichischer Geschichtsquellen. XII).

Ueber letztere Fundstelle hat kürzlich Herr v. Sacken[3]) eine genauere Darstellung und zugleich die Abbildung eines solchen Topfes geliefert, der in der That die mehrfachen Wellenlinien in vorzüglicher Gestalt zeigt. Nach seiner Darstellung liegt der Ort bei Glocknitz am südlichen Alpenrande; ein grosses Gräberfeld mit unverbrannten Leichen liefert ausser den Töpfen zahlreiche Gegenstände von Messing, Eisen, Email u. s. w. Er setzt dasselbe, gleich dem von Brunn am Steinfelde, in die späteste heidnische Zeit, hält es jedoch, wie mir scheint, aus nicht ganz ausreichendem Grunde, für germanisch. Ich würde bis auf Weiteres viel mehr geneigt sein, beide Gräberfelder für slavische zu halten.

Die böhmischen Funde sind gewiss um so mehr bezeichnend, als ich bei der Durchmusterung des reichen Provinzialmuseums in Hannover auch nicht ein einziges Stück mit dem Burgwall-Ornament entdecken konnte. Ebenso fehlen sie in den Museen des westlichen Deutschland. Nur eine Stelle ist mir bekannt geworden,

---

[1]) Nachträglich bemerke ich, dass in einigen Gräberfeldern der Lausitz verwandte Formen vorkommen. Gewisse Annäherungen dazu finden sich auch unter dem Thongeräth von Zaborowo.

[2]) Sitzungsberichte der k. k. Akademie der Wissenschaften zu Wien. 1855. April. Bd. XVI, S. 209, 219, 221, 226. Taf. III, Fig. C.

[3]) Sitzungsberichte der Wiener Akademie. Philos.-histor. Klasse. 1873. Bd. LXXIV, S. 616, Fig. 73.

welche eine gewisse Annäherung daran darbietet. Es ist dies ein seinen sonstigen Fundstücken nach der früheren fränkischen Zeit angehöriges Gräberfeld im unteren Mainthal, zwischen Heddernheim und Niederursel, wo ich im Jahre 1873 einer Ausgrabung beiwohnte, die neben unverbrannten Leichen ausser mannichfachen Metallfunden auch einzelne Thongefässe mit dem Wellenornament zu Tage förderte. Immerhin ist der bemerkenswerthe Unterschied, dass sowohl hier, als in Nieder-Oesterreich diese Töpfe als vereinzelte Beigaben zu den Leichen in die Erde gesenkt sind, während meines Wissens bei uns noch nirgend derartige Thongefässe in Gräbern gefunden wurden, sondern überall in grosser Zahl auf alten Wohnplätzen vorkommen. Es wird daher der Umstand, dass ähnliche Wellenornamente auch anderswo, jedoch unter ganz anderen Umständen vorkommen, keinen Grund dagegen abgeben, dass wir die Zusammengehörigkeit der bei uns unter durchaus gleichartigen Verhältnissen beobachteten Funde behaupten Werden doch gelegentlich ähnliche Ornamente selbst in Afrika getroffen. Ich besitze durch die Güte des Herrn Gumpert ein modernes Wassergefäss aus Aegypten, welches diese Ornamente, freilich in stehender Stellung, zeigt, und Hr. Hildebrandt hat uns Scherben der Art aus dem Somal-Land gesendet.

So habe ich auch in Krakau eine Reihe von analogen Thonsachen gefunden, welche nach Osten hin eine nicht unbeträchtliche Erweiterung dieses Gebietes darthun. Einmal nehmlich hatte Herr Prof. Lepkowski, der Vorsteher der dortigen Universitäts-Sammlung, solche Scherben mitgebracht von Oxhöft bei Danzig, die er am Strande auf einer Sandfläche aufgelesen hatte, allerdings neben anderen, scheinbar viel älteren, von denen einige das, wie es scheint, der Steinzeit angehörige Ketten- oder Bindfaden-Ornament, andere wieder ganz tiefe, vertikal gestellte, grössere, scharf viereckige Eindrücke zeigen. Dieser Fund liegt in einer Richtung, die sich anschliesst an unsere pommerschen Funde, wie wir sie wenigstens bis zum Gollenberg (aus dem Pfahlbau von Lübtow) und aus der Gegend von Neustettin kennen. Es ist daher nicht auffallend, dass auch noch pomerellisches Gebiet sich daran anschliesst. Aber wir wussten bisher nicht, dass diese Mode sich so weit ausgedehnt habe.

Ich fand ferner einzelne, wenn auch nicht ganz so charakteristische Formen, meist nur mit einfachen breiten Horizontal-Linien in paralleler Anordnung, von denen ich aber doch nicht bezweifle, dass sie in die gleiche Kategorie gehören, ebenfalls in dem Krakauer archäologischen Cabinet, welche aus dem russischen Gouvernement Lublin von Czermna und aus dem Gouvernement Womza von Tykocin herstammen, ferner ähnliche, welche namentlich die punktirten Linien, freilich neben dem Bindfaden-Ornament, sehr schön zeigten, aus dem Walachischen Orte Kobylnic im östlichen Galizien im Krakowietzer Kreise; ferner solche aus unserem Grossherzogthum Posen von Fundorten, die uns zum Theil schon bekannt sind, namentlich aus dem Pfahlbau von Czeszewo und von Pawlowice, von wo ähnliche uns neulich erst durch Herrn Schwartz vorgelegt worden sind. Es ergiebt sich also, dass das Gebiet dieser Funde sich über ein immer grössereres Territorium, und zwar immer mit altslavischer Bevölkerung ausdehnt; wir finden es überall, wo slavische Ansiedelungen und feste Punkte früh angelegt sind, und ich denke, man wird in dieser Richtung noch sehr viel weiter vordringen können. Jedenfalls ist es charakteristisch genug, dass wir nach anderen Seiten hin nichts Analoges haben, mit Ausnahme der Funde, welche, wie Sie sich erinnern, in Schweden bei Björkoe gemacht worden sind.

Ich will dann aus meiner eigenen neuesten Erfahrung ein paar neue Fundstellen anführen. Ich habe neulich, in den letzten Tagen des April, einen Besuch im Grossherzogthum Posen gemacht, wo ich in derselben Linie, in der ich früher schon den Burgwall von Barchlin beschrieben habe (Sitzung vom 16. Januar), noch zwei neue Anlagen dieser Art besuchte. Die eine derselben gehört nicht ganz sicher in dieselbe

Periode, kommt indessen wahrscheinlich derselben sehr nahe, während bei der anderen die Synchronie ganz unzweifelhaft ist. Ich passirte beide am 27. April auf meiner Reise von Bentschen nach Zaborowo. Herr Landrath Freiherr v. Unruhe-Bomst hatte die Güte, mich in Bentschen abzuholen und mir beide Burgwälle oder, wie sie auch hier heissen, Schwedenschanzen zu zeigen.

Der erste Burgwall liegt auf dem Territorium Karne, unmittelbar an der Strasse zwischen Belçcin und Reklin mitten in einer weiten Bruchfläche, offenbar einem alten Seebecken. Von Nord-Osten her kommt hier der Scharker[1]) Bach oder Graben, und nachdem er die Strasse senkrecht durchschnitten hat, geht er mit einem kurzen Bogen gegen Süd-Westen der Obra zu. In diesem Bogen, bis hart an das Bachufer, ist die „Schwedenschanze" errichtet. Es ist eine verhältnissmässig grosse Anlage, im Allgemeinen viereckig, jedoch mit abgerundeten Ecken und in der Richtung von Süd-Ost nach Nord-West mehr länglich. Ringsum läuft in geringer Entfernung ein noch recht gut erkennbarer, breiter, jedoch grossentheils zugewachsener Wassergraben. Ziemlich steil, am Uferrande noch bis zu einer Höhe von 20 Fuss, erhebt sich ein sehr breiter Rand, dessen Basis wohl bis zu 80 Fuss Durchmesser hat. Der innere Raum ist stark vertieft; er misst im längsten Durchmesser 126, im queren 96 Schritte. Die Ränder sind mit Strauch bewachsen, die innere Fläche mit einer dichten Grasnarbe bewachsen. Zahlreiche Maulwurfshaufen waren über die Oberfläche zerstreut; sie bestanden aus einer schwarzen, losen, vielfach mit Kohlenresten durchsetzten Erde, in der reichlich Topfscherben zerstreut waren. Schon bei oberflächlichem Eingraben fanden wir grössere Kohlenstücke, Topfscherben und zerschlagene Thierknochen, die Scherben im Ganzen sehr dick, roh und fast ohne Verzierungen, höchstens mit einzelnen Parallelfurchen, die Knochen meist von Hausthieren, unter denen das Schwein bei weitem am häufigsten vertreten war, jedoch fand ich auch einen Elchzahn.

Etwa 500 Schritt oberhalb durchschneidet der Bach eine Reihe niedriger Hügel, welche sich als natürliche Dünenbildung erwiesen, so sehr ihre Anordnung auf den ersten Blick gleichfalls für eine Wallanlage zu sprechen schien. Der Sand ist hier und da von Lagen von Süsswasserkalk durchzogen. Zwischen dieser Stelle und der Schwedenschanze ist der Boden etwas uneben, indem flache Erhöhungen mit moorigen Stellen abwechseln. Auf allen diesen Erhöhungen fanden wir ähnliche Topfscherben.

Der zweite Burgwall, den wir besuchten, liegt dicht bei der Stadt Wollstein, und es ist darüber schon früher (Sitzung vom 16. Januar) nach Mittheilungen des Herrn v. Unruhe berichtet worden. Aus dem oberen oder Wollsteiner See kommt hier der Doica-Fluss, der sich nach kurzem Laufe in den Gross-Nelker See ergiesst, um später gleichfalls der Obra zuzufliessen. In der Nähe seiner Einmündung in den Gross-Nelker See, unmittelbar hinter einer Mühle, auf dem Territorium des Gutes Lehfelde, liegt der, durch jahrelanges Abfahren fast schon ganz zerstörte Burgwall. Herr Gutsbesitzer Lehfeldt hatte die grosse Freundlichkeit gehabt, neue Abstiche machen und die Fundstücke sammeln zu lassen. Es hatte sich eine grössere Menge eiserner Gegenstände gefunden, namentlich Messer, Nägel, Schnallen, Hespen und andere, schon einer vollkommneren Cultur angehörige Dinge. Ob eine Kleinigkeit von Bronze, welche auch der Oberfläche gefunden war, dahin gehörte, mag zweifelhaft sein. Dagegen lagen in dem Sande, welcher von der abgefahrenen Seite übrig geblieben war, im Niveau der Grundfläche zahlreich feine Feuersteinspähne, von denen manche ganz den gewöhnlichen geschlagenen Stücken (Messerchen) glichen. Drei-

---

[1]) Sonderbarerweise wiederholt sich hier derselbe Name, den wir bei Prag kennen lernten.

und fünfseitige Absplisse waren nicht selten. Die Topfscherben hatten im Ganzen den Burgwalltypus: sehr viele zeigten die Wellenlinien, jedoch breiter, tiefer und einfacher, als gewöhnlich. Henkel fehlten, der Rand war in der Regel umgelegt Jedoch fand sich gelegentlich auch eine erhabene Leiste um das Gefäss. Alles grobes, unebenes, nicht geglättetes, mehr graues Material. Thierknochen, namentlich von Schwein, Rind, Schaaf, Ziege, Huhn, sehr zahlreich und fast ohne Ausnahme zerschlagen; einzelne Stücke vom Reh und Hirsch, darunter ein gesägtes Hirschhornstück.

Ein alter Arbeiter sagte uns, der Wall sei früher so hoch wie eine Scheune gewesen. Bei der ersten Abgrabung sei auch ein Schädelstück vom Menschen und nördlich, nach dem Hause zu, eine Art Feuerherd aus Ziegel gefunden. In der That zeigten sich auch 'jetzt noch in dem Wall hier und da grössere Bruchstücke von rothem gebranntem Ziegel. Im Allgemeinen war jedoch die Anordnung des recht kleinen Ueberrestes so, dass in der Höhe Sand, dann eine schwärzliche Culturschicht von sehr verschiedener Mächtigkeit und unten wieder Sand kam. Aus der Culturschicht habe ich selbst von unberührter Stelle Eisen genommen. An einer Stelle zeigte sich darin eine trichterartige Ausweitung nach unten, in der in grössere Kohlenstücke und gebrannte Thonstücke reichlich waren, also eine alte Heerdstelle.

Es kann daher kein Zweifel bleiben, dass es sich bei Wollstein, wie bei Karne um wirkliche Burgwälle handelt und nicht um Schwedenschanzen, wenn auch darüber nicht gestritten werden kann, ob der eine oder der andere gelegentlich, in späterer Zeit als Stützpunkt für eine militärische Unternehmung gedient haben mag. Beide gehören der heidnischen Zeit an und wahrscheinlich ziemlich nahe an einander gerückten Epochen. Insofern schliessen sie sich unmittelbar den gleich zu erörternden Verhältnissen an, welche ich in dem nur um wenige Stunden südlicher, an dem anderen Ufer der Obra gelegenen Priment antraf. Um die Verhältnisse zu verstehen, möchte ich hier jedoch einige topographische Bemerkungen einschalten.

Wenn man diese Gegend auf einer etwas grösseren Spezialkarte betrachtet, so fällt der Blick zunächst auf ein weithin von Osten nach Westen ausgedehntes, sehr breites Bruchgebiet, das sogenannte Obrabruch. Noch bis vor wenigen Decennien ist dasselbe so tief und sumpfig gewesen, dass man es nur an wenigen Punkten, und zwar nur auf Fähren passiren konnte, und dass es drei schiffbarer Parallel-Kanale durch dasselbe bedurft hat, um eine Entwässerung so weit herzustellen, dass die Wiesen wenigstens zum grösseren Theil benutzbar geworden sind. Das Bruchterrain erstreckt sich östlich bis nahe an die Warthe, mit der es bei Moszyn durch einen Kanal verbunden ist; ein Seitenarm geht südlich in einer Richtung, die mehr dem oberen Warthelauf parallel ist, auf Kosten, Kriewen u. s. w. Auf der anderen Seite, nach Westen, hat man gleichfalls zwei verschiedene Verbindungen, die eine südlich zur Oder, die faule Obra (Obrczycko), die zweite nördlich, der eigentliche Obralauf, der durch eine Reihe von grossen Seen über Kopnitz, Bentschen u. s. w. in die untere Warthe bei Schwerin mündet. Uebersieht man das ganze Bruch im Zusammenhange, so erscheint es nicht unwahrscheinlich, dass es sich um einen jener grossen Wasserzüge handelt, wo einstmals in rein westlicher Richtung Verbindungen unserer grossen Ströme bestanden haben. Bekanntlich nimmt man an, dass, bevor die Höhenrücken im Norden durchbrochen wurden, die Oder und die Weichsel westliche Abflüsse zur Elbe hatten. Wahrscheinlich stellt das Obrabruch einen solchen Abfluss dar. Die Warthe hält von Kolo in Russisch-Polen bis Schrimm eine genau westliche Richtung ein; von Schrimm wendet sie sich plötzlich nach Norden und erst vor Obornik nimmt sie wieder einen westlichen Lauf. Von dieser nördlichen Strecke beginnt, als eine regelmässige Fortsetzung, das Obrabruch, und aus ihm geht in derselben Richtung gegen Westen die faule Obra hervor, welche unterhalb

Trebschen in die Oder mündet, gerade da, wo auch dieser Fluss eine stark westliche
Abweichung erfährt, deren Verlängerung wiederum auf die westliche Ablenkung der
Spree unterhalb Müllrose führt. Alle diese Linien sind in neuerer Zeit durch Kanäle
der Schifffahrt wieder erschlossen worden.

So viel ist sicher, dass dieses Gebiet in früherer Zeit überaus schwer passirbar
gewesen sein muss. Nun liegen auch von Priment südlich ausgedehnte Seenzüge
mit tiefen Moorbildungen, welche bis zur Melioration des Obrabruches fast unzugänglich gewesen sind. An dem nördlichsten Ende des grossen und im Allgemeinen in der
Richtung von Norden nach Süden, also senkrecht gegen die Richtung des Obrabruches
ausgestreckten Primenter Sees, an der Stelle, wo zugleich das Obrabruch seine süd-
lichste Ausbiegung heransendet, liegt das Städtchen Priment und dicht daneben nach
Westen, blos durch einen Wieseneinschnitt getrennt, der Ort Zaborowo. Das Gräberfeld, von dem wir wiederholt gehandelt haben, befindet sich hinter dem letzteren auf
dem westlichen Ufer des Sees. Die Bronzecyste dagegen ist auf der anderen, östlichen
Seite unmittelbar am Rande des Obrabruches auf dem Gorwal gefunden worden.

Schon bevor ich meine Reise antrat, hatte mich Herr Thunig, unser verdientes
Mitglied, benachrichtigt, dass es ihm gelungen sei, im Orte Priment selbst Ueberreste eines Burgwalles zu finden. In der That ergab sich, dass im nordwestlichen
Theile des Städtchens, unmittelbar am alten Bruchrande, zum Theil noch in dasselbe
hinein sich schwarzes Gartenland erstreckt, auf dem ein noch beträchtlich hohes,
jedoch von allen Seiten abgetragenes Wallstück sich erhebt. Gleich bei der ersten
Betrachtung sahen wir alle möglichen Ueberreste: Thonscherben, Eisen, sehr beträchtliche Quantitäten von Nahrungsüberresten, ganze Massen von Hausthierknochen
und an einer Stelle namentlich grosse Mengen von gebranntem Getreide, unter welchem
dem Anschein nach Roggen, Weizen, Erbsen und Wicken nebst Unkräutern (Trespe
u. s. w.) vertreten waren. Ich habe eine hinreichende Quantität davon mitgebracht,
um sie dem Urtheil unserer sachverständigen Mitglieder zu unterstellen. Nachdem
ich das festgestellt hatte, erkundigte ich mich über den früheren Umfang des Walles,
und es ergab sich, dass seit vielen Jahren die Nachbarn davon abgegraben und die
Erde auf andere, zum Theil sehr weit entfernte Acker- und tiefer gelegene Bruchstellen abgefahren haben. So erklärte sich auch, was früher schon die Aufmerksamkeit
des Herrn Thunig erregt hatte, dass man an vielen Orten der Feldmark Urnenscherben findet. Ich traf selbst einen Wagen, der eben unterwegs war, um solche
Erde auszufahren, und ich kann daher die Fehlerquelle, welche durch dieses Ver-
schleppen der Altsachen entsteht, sehr bestimmt bezeichnen. Gegenwärtig ist nur
noch auf dem Grundstücke des Julian Woyciachowski ein etwa 6—8 Fuss hoher
Rest vorhanden. Früher soll der Wall jedoch haushoch gewesen sein. Dieser Rest
liegt im hinteren Theile des Hausgartens; von dem am Markte gelegenen Hause an
steigt das Terrain langsam bis zu dem Rande des Wallrestes. Als ich mich nun
bemühte, zu ermitteln, wie gross denn früher der Wall gewesen sei, kam ich
immer weiter in die Nachbargärten und endlich auf den Kirchhof, der nach einer
Mittheilung des Herrn Propst Poszwinski ursprünglich um die eigentliche Paro-
chialkirche herum gelegen hat. Diese ist später abgebrannt und nicht wieder aufgebaut worden, da später im südlichen Theile der Stadt ein Cisterzienserkloster errichtet ist und die Kirche desselben in Benutzung gezogen wurde. Auf dem Kirchhofe ist nur eine Kapelle erbaut worden. Als wir auf den Kirchhof kamen, war der
Todtengräber sehr erstaunt, uns da erscheinen zu sehen. Denn die Einwohner haben
keine langdauernde Theilnahme, wie es scheint, an ihren Verstorbenen. Auf dem
ganzen Kirchhofe ist auch nicht ein einziges Monument, gar nichts, was irgendwie
andeutete, wer da begraben ist. Nur eine Reihe flacher Kindergräber war mit

frischen Kränzen von Kuhblumen (Caltha palustris) belegt. Der Todtengräber beobachtete uns zuerst aus der Ferne; als er aber sah, dass wir den frischen Gräbern
und entblössten Stellen nachgingen und Thonscherben aufhoben, kam er hinzu
und sagte uns, Scherben und Knochen könnten wir sehr viel bekommen. Er führte
uns zu einem offenen Grabe, und es ergab sich, dass bis zu einer grossen Tiefe die
Erde voll von allerlei prähistorischen Ueberresten war. Wir konnten die prächtigsten
Objekte, namentlich grobe Scherben mit dem Wellen- und Punktir-Ornament, sowie
zerschlagene Thierknochen in grossen Mengen sammeln. Der Kirchhof liegt auf der
höchsten Stelle des Ortes, unmittelbar am Bruchrande gegen Osten; er stösst andererseits an den gleichfalls höher gelegenen Marktplatz. Wir umgingen dann die
Kirchhofsmauer aussen und gruben an ihrem Ostrande bis auf 4 Fuss Tiefe. Ueberall
fand sich nur schwarze, aufgeschüttete Erde mit Thierknochen und Topfscherben.
Es konnte daher nicht zweifelhaft sein, dass die erste Kirche mitten auf einem alten
Kjökkenmödding oder wenigstens auf einer alten Ansiedelungsstätte errichtet sei.

Ich habe alsdann meine Wanderung längs des Bruchrandes gegen Süden, in der
Richtung gegen das Kloster, fortgesetzt. Ueberall wiederholten sich die ähnlichen
Funde, auch in den hier verhältnissmässig tiefen Gärten. So zeigte uns der Kaufmann Cichoszewski, dessen Grundstück vom Markt bis an den Klostergarten
reicht, am äusseren Umfange seines Gartens gegen das Bruch hin eine Reihe starker
Pfähle, welche reihenweise standen und tief in den Boden reichten. Seiner Angabe
nach hatte er schon viele ausgezogen, die in sehr verschiedenen Stellungen zu einander befindlich gewesen. Der Boden dazwischen war aufgetragen über Torf, und
voll von Topfscherben und Knochen. Auch im Klostergarten selbst fanden sich überall
ähnliche Gegenstände, so namentlich ein schöner Thonwirtel. Das Kloster liegt
dicht am Rande des Moores, welches hier das Nordende des Primenter Sees umgiebt. Vor ihm im Moor sind vor einigen Jahren zahlreiche Pfähle ausgegraben
worden. Eine Reihe derselben konnten wir noch verfolgen bis zu der Strasse, welche
nach Zaborowo führt. Hier steht nördlich an der Strasse ein Bildhaus des heil.
Johannes auf einer Ecke des erhöhten Terrains, und in den Gräben, welche es umgeben, sieht man noch einen Rest von senkrechten und horizontalen Pfählen sehr
alter Anlage.

So bin ich schliesslich zu der Ueberzeugung gekommen, dass der ganze Ort
Priment oder, anders ausgedrückt, die ganze Insel, welche sich zwischen dem See
und dem Obrabruch, rings umgeben von Moor, vorfindet, eine alte Aufschüttung aus
der Burgwall-Periode ist. Denn wo wir auch unsere Grabungen ansetzten, kamen
wir immer wieder auf dieselbe schwarze Erde ohne Schichtung, ohne natürlich ge-
wachsenen Boden, und der ganze Ort erwies sich als ein künstlich aufgebauter, umfangreicher Hügel, der die verschiedensten Ueberreste der Vergangenheit in sich
schloss. Es war das um so mehr interessant, als daraus mit einiger Wahrscheinlichkeit hervorgeht, dass in einer noch früheren Zeit wahrscheinlich an dieser Stelle
ein ganz schlechter Pass gewesen ist, der überhaupt nur zu gewissen Zeiten des
Jahres passirbar sein mochte, und der erst dadurch Festigkeit und Sicherheit gewonnen hat, dass man diese künstlichen Anlagen errichtete.

Nachdem Herr Propst Poszwinski mir mittheilte, dass es noch im vorigen
Jahrhundert Kastellane von Priment gegeben habe, bin ich bemüht gewesen, die
Verhältnisse historisch weiter aufzuklären, und ich habe wenigstens Einiges gefunden.
In der That führt Kolof[1] unter den Castellanei minores von Grosspolen den

---

[1] Kolof, Hist. Polon. et magni dacatus Lith. Script. Collectio Varsav. 1761. T. I.
p. 176.

Praementensis auf und er nennt[1]) Praemecz selbst eine hölzerne Stadt (civitas lignea). Raczynski[2]) erwähnt nach einer Originalurkunde einen Kastellan Adalbert (Woiciech) bei dem Jahre 1245. Der Sage nach sei der Ort jedoch schon im zehnten Jahrhundert zur Zeit der Kriege mit König Heinrich I. von Deutschland gegründet, um den fliehenden Polen Schutz zu gewähren (Przyjęt von przyjąć, partic von przyjęty). Als die Cisterzienser 1418 von Wieleń nach Priment übersiedelten, seien wahrscheinlich die Mauern der Feste umgewandelt worden; wenigstens geschehe seitdem der Feste (Zamku, Schloss, Castrum) keine Erwähnung mehr. Es wird nach diesen Citaten kein Zweifel darüber bestehen können, dass wir hier ein altes slavisches Castrum aufgefunden haben, dessen Anlage weit in die Vorzeit zurückreicht, vielleicht sogar über die slavische Periode hinausführt. In die eigentliche Geschichte tritt die Burg erst 1242, wo sie bei dem Abfall der Polen eine Zeitlang dem Herzog Boleslaus dem Kahlen von Glogau treu blieb. Auch später erstreckte sich das Machtgebiet der Glogauer Herzöge häufig bis in diese Gegenden.

In Bezug auf den Burgwallrest habe ich noch mehrerlei Spezialitäten anzuführen, indessen ist es vielleicht geeignet, zunächst dreierlei zu betonen.

Erstens war es mir von Interesse, die Mannichfaltigkeit von Hölzern zu sehen, die sich unter den verkohlten Ueberresten in dem Burgwalle vorfanden. Es waren ungewöhnlich grosse Stücke unter diesem Holze, namentlich von Eichen, Elsen und Kiefern, aber auch von Ulmen.

Das Zweite war, dass in dem Burgwalle an verschiedenen Orten menschliche Gerippe gefunden worden sind, früher schon von Erwachsenen; wir selbst haben Kinderskelette ausgegraben in einer Lage und Tiefe, welche es durchaus unwahrscheinlich machte, dass sie etwa einer späteren Zeit angehören, denn es liess sich auf dem Durchschnitt, vermittelst dessen wir auf diese Leichen kamen, durchaus keine Unterbrechung der Schichten erkennen. Die Succession der Absätze, wo zuerst Kohle mit Knochen, dann Kohle mit Fischschuppen, dann eine Lehmschicht kam, lief über diese Stellen regelmässig fort. Es ist mir allerdings nur gelungen, einen Schädel eines Erwachsenen zu erlangen, aber dieser ist ausgemacht dolichocephal; er stimmt also durchaus nicht mit der Prämisse von der Brachycephalie der Slaven. Da ich jedoch, wie Sie wissen, mit Bezug auf die Dolichocephalie der Polen immer einen besonderen Vorbehalt gemacht habe, so überraschte mich dieser Befund weniger. Trotzdem will ich nicht behaupten, dass der Fund etwas beweist; indessen ist er deshalb bemerkenswerth, weil einige andere, in der Nähe ausgegrabene Schädel gleichfalls dolichocephale sind.

Endlich das Dritte, was mir sehr auffallend war, ist das Vorkommen einer grossen Scherbe mit ausgezeichneten Mäandern. Sie wissen, dass namentlich durch die Arbeit des Herrn Hostmann über das Gräberfeld zu Darzau die Aufmerksamkeit auf die Mäander-Gefässe, die bei uns zu den grossen Raritäten gehören, gelenkt worden ist. Nun hatte schon früher Herr Thunig auf dem westlichen Ufer des Primenter Sees, auf einem Ackerstück an der Grenze des Gutes Zaborowo, eine kleine, glänzend schwarze, sehr feine Scherbe mit höchst elegantem Mäander gefunden; indess legte ich weniger Werth darauf, weil ich bei eigenem Umhersuchen

---

[1]) Ibid. p. 50.

[2]) Ed. Raczynski, Wspomnienia Wielkopolski to jest Wojewodztw Poznańskiego, Kaliskiego i Gnieznieńskiego. Poznań 1842. p. 224. Die Angabe von Wuttke (Städtebuch des Landes Posen. Leipz 1864. S. 418), dass es schon 1241 in Priment ein Cisterzienserkloster gab, ist wohl ein Missverständniss; 1278 wird allerdings das Kloster der Cisterzienser in Wieleń erwähnt, aber erst 1418 erfolgte ihre Uebersiedelung. Auch das ist ein Irrthum von Wuttke, dass Priment jetzt den Namen Primentdorf habe. Primentdorf liegt vielmehr südöstlich von dem Städtchen, ganz getrennt davon.

dort nichts Aehnliches antraf und weil mir selbst das Alter des Stückes zweifelhaft war. Indess schickte mir eines Tages Julian Woyciachowski eine grosse schwarze Urne mit Mäanderverzierung, die im Walde von Primentdorf ausgegraben sein sollte, mit einem zusammengebogenen eisernen Schwerte und anderen Eisensachen. Endlich fand sich unter den Thonscherben des Primenter Burgwalles ein grösseres Fragment von braunem, gebranntem Thon, welches in Bezug auf die Bildung des Randes eine grosse Aehnlichkeit mit den übrigen Burgwalltöpfen darbietet, auch unter dem weit umgelegten Rande eine feine Leiste mit länglichen schrägen Eindrücken zeigt, aber doch sehr roh ist. Der Mäander ist sehr gross ausgelegt und er besteht durchgehends aus zwei glatten Parallellinien, zwischen welchen eine punktirte Linie angebracht ist. Mir ist sonst aus der Provinz Posen nur noch eine Abbildung des Herrn Crüger[1]), leider ohne Fundort, bekannt. Von Gross-Czettritz in der Neumark besitzt das Museum ein derartiges Stück (v. Ledebur, das k. Museum S. 65. Taf. IV. Nr. I. 73).

Die genauere Untersuchung des Primenter Burgwalles, an welcher sich auch die Herren Oberförster Rörig und Kreisphysikus Dr. Koch sehr lebhaft betheiligten, wurde von uns am 1. Mai in der Art vorgenommen, dass die innere Seite (nach dem Hause zu) zunächst in grösserer Ausdehnung abgestochen und dann der Grund bis auf 10 Fuss unter der scheinbaren Bodenfläche aufgegraben wurde. Auf natürlichen Boden stiessen wir hier nirgends. Es war immer dasselbe schwarze, aufgeschüttete Erdreich mit allen möglichen Einschlüssen, und noch in der erwähnten Tiefe wurden einige Scherben und Knochen, gelegentlich auch ganz grosse Geröllsteine zu Tage gefördert. Nur in gewissen Richtungen war die schwarze Erde von gelben Lehmstreifen und gelegentlich auch von grösseren gebrannten und mit Stroh gemengten Lehmklumpen unterbrochen. Nach oben hin wurde die Schichtung immer deutlicher, jedoch waren die einzelnen Schichten von sehr verschiedener Stärke; auch liefen dieselben keineswegs durch die ganze Aufschüttung, sondern an verschiedenen Stellen zeigte sich ein ganz verschiedener Aufbau. Mehrfach fanden sich gesonderte Abtheilungen im Innern, z. B. an der Stelle, wo das gebrannte Getreide lag; hier und da, namentlich an der gleichfalls zum Theil abgestochenen östlichen Seite, kamen auch grössere Einsenkungen von flach trichterförmiger Gestalt vor. Hier lagen auch die Kindergerippe. Manchmal kamen wir auf Schichten geschlagener, zum Theil auch gebrannter Feldsteine. Am häufigsten jedoch waren Thierknochen, Scherben und Kohlen.

Von Thieren konnte ich Schwein (sehr zahlreich), Rind, Schaaf, Pferd, Reh und Hirsch constatiren. Auch einzelne Vogelknochen waren darunter. Die Knochen waren zum grössten Theil geschlagen, selbst die Unterkiefer gespalten. Von bearbeiteten Knochen fand sich ein Schlittknochen, eine zerschnittene und gesägte Rehkrone und eine an der Spitze kantig polirte Zacke von einem Hirschgeweihe. Schuppen und Grähten von Fischen, namentlich vom Zander, hauptsächlich aber vom Barsch, bildeten an der Seitenfläche zusammenhängende Lager.

Die Thonscherben zeigen eine gewisse Mannichfaltigkeit. In der Oberfläche lagen einzelne mittelalterliche und moderne Stücke. Dagegen kamen aus der Tiefe mehrere feinere, glatte, schwarze Stücke zum Vorschein, welche mehr dem Typus der Graburnen anschliessen, mit starken, aber engen Henkeln und tiefen, vollkommenen Ornamenten. Sie dürften einer älteren, vielleicht sogar vorslavischen Zeit angehören. Sonst waren fast alle Scherben grob, mit Steingrus gemengt, körnig, hellgrau, die Mehrzahl ohne alles Ornament oder mit einfachen, tiefen Horizontalfurchen, ohne Henkel, mit stark umgebogenem, scharf geformtem Rand und kürzerem Hals,

---

[1]) G. A. Crüger, Ueber die im Reg.-Bezirk Bromberg aufgefundenen Alterthümer. Mainz 1872. Taf. I, Fig. 6 und 7, S. 14.

offenbar zu grösseren Töpfen gehörig. Gut ausgebildete Wellenornamente waren nur spärlich, dagegen schiefe Punktlinien in schönster Ausbildung nicht selten. Einzelne Scherben hatten tiefe Linien in Winkelstellung. Auch kamen sehr dicke Stücke mit erhabenen Leisten, einzelne mit tiefen Eindrücken auf den Leisten vor. Mehrere Topfböden haben Stempel: einer zeigt ein Rad, bis zum Verwechseln übereinstimmend mit einem Stück aus dem Pfahlbau vom Daber-See (Zeitschr. f. Ethnol. Bd. III, Taf. VI, Fig. VI); ein anderer gleicht einem Stücke von Königgrätz.

Metall war im Ganzen spärlich, selbst das Eisen häufig verschlackt und daher unkenntlich. Einzelne, sehr verwitterte, grünliche Klumpen und kleine Stücke von Drahtringen schienen von Bronze oder Messing zu sein. Eine kleine eiserne Axt war schon früher gefunden.

Ich muss endlich erwähnen, dass an gewissen Stellen bei der früheren Ausgrabung nach Aussage des Woyciachowski auch senkrecht stehende Pfähle gestanden haben sollen, — eine Angabe, welche mit Rücksicht auf die früher erwähnten Pfahlstellungen an anderen Punkten es allerdings wahrscheinlich macht, dass auch hier die erste Anlage im Moorboden auf einer Pfahlunterlage begonnen worden ist.

Soviel über diese merkwürdige Anlage. Obwohl nicht eigentlich hierher gehörig, will ich doch noch anführen, dass wir am Südende des Primenter Sees in der Nähe des Dörfchens Städtel (Myastecko) inmitten eines sehr niedrigen Bruchterrains, welches vor der Anlage der Obra-Kanäle fast ganz unzugänglich gewesen ist, eine flache Insel von einigen Morgen Grösse fanden, welche so dicht mit Ueberresten des Mittelalters erfüllt war, dass fast jeder Spatenstich Topfscherben und zahlreiche Eisensachen (Waffen, Schlösser, Ketten, Hausgeräth u. s. w.) förderte. Auch wurden mehrere Steinkugeln von der Grösse der Kanonenkugeln gefunden. Offenbar muss hier eine Zufluchts- und Vertheidigungsstelle des früheren Mittelalters gelegen haben. —

Der letzte Theil meiner diesmaligen Mittheilungen bezieht sich auf gewisse Kunstgegenstände, welche der Bronzezeit angehören. Ich will jedoch aus der Menge desjenigen, was ich auf meiner Reise an Bronzegeräth in Sammlungen gesehen habe, nur einige Hauptsachen betonen:

Erstens lernte ich im böhmischen Museum eine sehr überraschende Combination kennen, welche zugleich einigen Aufschluss giebt über die Bedeutung eines Geräthes, über das man bisher nicht recht ins Klare kommen konnte. Es ist nehmlich in der Nähe von Budweis bei Plavno vor einigen Jahren ein grosser Grabhügel aufgedeckt worden, in dem das unverbrannte Skelet einer Leiche mit ungewöhnlich gut erhaltenen Schmuckgegenständen gefunden worden ist. Es ist sogleich grosse Aufmerksamkeit auf die Sache verwandt worden, und der Custos des böhmischen Museums, Herr Bennesch, hat nicht nur selbst den Fund gehoben, sondern auch die sehr grosse und dankenswerthe Sorgfalt gehabt, das ganze Skelet auf einer grossen Platte auszubreiten und es genau in der Art, wie es gefunden worden, zu fixiren. Um dieses Skelet war eine Menge sehr schön blaugrün patinirter Bronzen in ausserordentlichem Reichthum verbreitet. Es fanden sich Reste eines ledernen Gewandes, welches den Körper bedeckt hatte und welches ganz besetzt gewesen ist mit flachen Bronzebuckeln. Herr Bennesch hatte die Güte, mir ein paar Specimina davon zu übergeben: einen grossen Buckel von 8 Cm. Durchmesser und 1 Cm. Höhe mit ganz prachtvoller Patina, und zwei kleinere von 32 Mm. Durchmesser und 5 Mm. Höhe. Mit solchen Scheiben oder Buckeln war das ganze Gewand von oben bis unten vollständig besetzt, also ein ganz ungewöhnlicher Reichthum. Der Rand der grösseren Scheibe ist mit vier Löchern zum Aufnähen auf das Gewand versehen; zwischen den Löchern ist eine feine Punktlinie angebracht. In demselben Grabe lag eine Menge von anderen Dingen: jederseits zwei offene Armringe, kleine Spiralplatten, eine hohle Lanzenspitze und allerlei andere Bronzen, unter denen

namentlich eine war, die mich aufs höchste überraschte. Sie kennen alle jene ungewöhnlich langen Bronzenadeln, die man in verschiedenen Museen findet, Nadeln,
die 1 bis 1½ Fuss lang sind und am Ende gewöhnlich eine Reihe grösserer Knöpfe
oder Scheiben besitzen, die sich mehrfach wiederholen. Da man sonst nichts mit
diesen Nadeln anzufangen wusste, so hat man sich schliesslich damit geholfen, dass
man sie für Haarnadeln erklärte, indem man annahm, dass dieselben durch einen
sehr dicken Haarschopf durchgespiesst worden seien, wie bei den heutigen Papuas.
Bei dem erwähnten Skelet fanden sich zwei solcher Nadeln, allein nicht am Kopfe,
sondern merkwürdiger Weise jederseits am Oberschenkel, und zwar parallel dem
letzteren. Es scheint daher nichts übrig zu bleiben, als anzunehmen, dass diese
Nadeln dazu gedient haben, um entweder das Ledergewand, was vielleicht an den
Seiten offen war, zu schliessen oder andere Kleidungsstücke zu befestigen. Jedenfalls kann man sich nicht vorstellen, wie diese Nadeln an die Seite der Oberschenkel
hingekommen sind, wenn sie nicht in Beziehung zu der Bekleidung gestanden haben. —
Ich bemerke übrigens, dass zugleich zahlreiche Thongeräthe gehoben wurden, namentlich eine ganz grosse Urne mit niedrigem, aber engem Halse und zahlreiche kleine
flache Schalen mit centralem Eindruck am Boden und schrägen, übrigens mit
weisser Einlagerung versehenen Strichen, ganz ähnlich den in Gräbern der Lausitz
so häufig vorkommenden Thonschalen.

Sodann will ich ganz kurz erwähnen, dass gerippte Bronzeeimer, wie
derjenige, welchen ich Ihnen in der Sitzung am 13. Juni 1874 vom Gorwal bei
Priment vorgeführt habe, im Provinzialmuseum zu Hannover vorhanden sind, von
denen einzelne in der That ganz übereinstimmen. Leider ist keiner davon vollständig
erhalten; namentlich die oberen Theile sind alle etwas unvollständig. Die genauere
Beschreibung dieser Gefässe ist früher von Einfeld in einer „den Theilnehmern
an der allgemeinen Versammlung deutscher Geschichts- und Alterthumsforscher zu
Hildesheim" gewidmeten Festschrift des Historischen Vereins für Niedersachsen,
Hannover 1856, geliefert, auch einer der Eimer von Luttum damals abgebildet
(Fig. 5) worden. Nach diesem Berichte (S. 31) wurden drei solcher Gefässe in
Hügeln bei Luttum, Amt Verden, gefunden. Auf zweien derselben befanden sich
Deckel von gewöhnlichem Thon und in dem einen eine gewöhnliche Nadel von
Eisen; ausserdem lagen nur Ueberbleibsel verbrannter Gebeine darin. Der best-
erhaltene zeigte 8 Rippen und 7 Niete; zwischen den Rippen sah man Reihen
kleiner Punkte, welche der Berichterstatter, wohl irrthümlich, auf Eindrücke der
Ränder der Walze bezog. Wesentlich abweichend von dem Eimer vom Gorwal ist es,
dass in dem umgelegten Rande eine Ruthe von Holz gelegen haben und dass die
beiden Henkel von Eisen gewesen sein sollen. Es wird ausserdem ein vierter
Eimer beschrieben (S. 38), der in einem Grabhügel auf einer Haide zwischen
Nienburg, Holtop und Wölpe in der Nähe der Weser gefunden wurde. Auch er
hatte einen Deckel von Thon und zwei eiserne Henkel; er enthielt Nadeln von Eisen,
darunter eine mit bronzenem Knopf, Nadeln und Ohrringe von Bronze und eine
Klammer von Eisen. Er besass 9 Rippen und dazwischen Punktlinien. Die chemische Analyse ergab bei allen diesen Eimern ausser Spuren von Eisen nur Kupfer
und Zinn in den gewöhnlichen Verhältnissen der alten Bronze und im Gegensatze
zu einigen deutlich römischen Eimern, in denen Zink reichlich vertreten ist.

Fast ganz übereinstimmend mit dem Gorwal-Eimer ist derjenige von Pansdorf
im Fürstenthum Eutin, von dem ich durch die Güte des Herrn Oberförster Haug
inzwischen eine genaue Beschreibung und Abbildungen erhalten habe. Ich werde
dieselben bei einer anderen Gelegenheit vollständig mittheilen; hier bemerke ich
nur, dass der Eimer ausser calcinirten Menschenknochen nur ein halbmondförmiges

Messer von Eisen enthielt, dass er ausser dem Rande 12 Rippen und dazwischen Punktlinien zeigt, dass er zwei ganz ähnliche, nur anscheinend glatte Henkel und einen durchaus ähnlichen Boden hat. Selbst bei unmittelbarer Vergleichung der Photographie mit dem Gorwal-Eimer hat man Mühe, einen Unterschied zu entdecken.

Auch im böhmischen Museum ist es mir gelungen, ein ganz analoges Objekt, einen ausserordentlich schönen Bronzeeimer zu finden. Derselbe ist bei Strakonitz, im südwestlichen Böhmen, unterhalb des „verglasten Berges" (Sklenĕŭa hora) gehoben worden. Es giebt daselbst Hügelgräber, aus denen zahlreiche und schöne Funde hervorgegangen sind. Die Einrichtung dieses Eimers stimmt so vielfach überein mit dem, was der Eimer von Priment zeigt, dass die gemeinsame Abstammung, wie ich glaube, in keiner Weise in Zweifel gezogen werden kann. Namentlich zeigt der Boden nicht nur dieselbe Abwechselung breiterer und schmälerer, erhabener und vertiefter Ringe, sondern auch dieselben unregelmässigen, oberflächlichen, von der Mitte aus nach aussen gezogenen Radiallinien, wie der Gorwal-Eimer. Er ist gleichfalls 21—22 Cm. weit und mit prachtvoller, grünblauer Patina überzogen; sieben flachrundliche Rippen von 8—9 Mm. Breite stehen in etwas ungleichen Zwischenräumen von 10—12 Mm. Dagegen fehlen die punktirten Zwischenlinien und die Henkel; der Rand ist einfach umgelegt, die Niete sind ganz glatt, und das sehr dünne Blech ist durch sie nach innen ausgetrieben. Soviel ich erfahren konnte, ist nichts darin gewesen. — Der Fund ist von besonderer Wichtigkeit, als wir dadurch das erste Verbindungsglied zwischen Hallstadt und den nördlichen Fundstätten gewinnen, so dass die von mir früher geäusserte Ansicht über die Richtung, in welcher der Import dieser Gefässe stattgehabt hat, eine werthvolle Bestätigung erfährt.

Eine weitere, sehr bedeutungsvolle Thatsache in derselben Richtung erkenne ich in einem Funde, der im Jahre 1854 in Svijany in der Nähe von Turnau, also im nördlichen Böhmen, gemacht worden ist. Die Gegenstände wurden in der Erde bei einer Ziegelhütte ausgegraben. Ausser mehreren anderen Bronzen[1]) wurden 15 Vögel von Bronze in allen möglichen Grössen gesammelt. Dieselben bieten alle diejenige Form dar, die ich in den Sitzungen vom 18. October und 6. December 1873 in Bezug auf die Bronzewagen und eine Reihe von anderen Bronzegeräthen erörtert habe. Sie bilden einen merkwürdigen Uebergang insofern, als die sämmtlichen Vögel viel mehr ausgeführt sind, als dies gewöhnlich der Fall ist. Sie gleichen am meisten Schwänen. An einem langen gebogenen Halse sitzt ein rundlicher Kopf mit Augen und einem sehr langen platten Schnabel. Der Leib ist abgeplattet, länglich und hohl. An seiner Unterseite findet sich meist ein hohler, etwas abgeplatteter Stiel; der eine Vogel hat einen kürzeren viereckigen soliden Stiel, von dem man sieht, dass er dazu gedient hat, in irgend etwas, z. B. einen Stab, hineingetrieben zu werden. Bei einigen hängt unter dem Schnabel ein Ring, an welchem eine Reihe von Zierrathen sitzen, also eine Art von Klapperwerkzeug, so dass man nicht in Zweifel sein kann, dass diese Vögel auf Stangen aufgesetzt wurden, geklappert haben und bei Festlichkeiten getragen worden sein müssen, etwa wie bei unserer Janitscharenmusik.

Dabei will ich erwähnen, dass ich im herzoglichen Kunstmuseum zu Braunschweig ein grosses flaches Bronzegefäss mit engem Halse sah, dessen glatter, gegossener Henkel mit einem Vogelkopfe verziert ist.

---

[1]) Die archäologische Sammlung im böhmischen Museum S. 38—39, Nr. 75—92.

Ich würde noch mancherlei aus dem an Bronzen ungemein reichen böhmischen Museum erzählen können, aber das Mitgetheilte schien mir ganz besonders von Interesse zu sein, weil diese besondere Vogeltechnik einen bestimmten Faden für den Nachweis jener Verbindung darbietet, die vom fernen Süden bis nach Skandinavien sich verfolgen lässt.

Nur ein Stück möchte ich noch erwähnen, nämlich eine zu Hradiste bei Pisek gefundene, hohe Bronzekanne mit schnabelförmigem Halse und schön ausgeführten Figuren am Henkel, ganz von der Form der in Mainz und Eygenbilsen gefundenen, in der letzten Zeit besonders gewürdigten Gefässe. Von derselben Stelle stammt eine grosse flache Bronzeschale, welche aussen am Rande einen laufenden Hund zeigt. Mir war der Fund um so mehr bemerkenswerth, als mir am Tage darauf der Weihbischof von Olmütz, Fürst Lichnowski, eine ganz ähnliche Schnabelkanne von Bronze aus Pompeji zeigte.

Zum Schluss wollte ich noch ein paar Worte sagen über meine letzten Ausgrabungen auf dem Gräberfelde bei Zaborowo. — Wie ich schon hervorgehoben habe, nimmt das Gräberfeld die Ecke ein, wo der Primenter See eine fast rechtwinklige Biegung gegen Westen macht. Es bedeckt eine sehr sanfte Anhöhe, von der aus das Terrain gegen den See hin sich abflacht. Wir haben wiederum eine grössere Zahl von Gräbern geöffnet, die in ihren Hauptconstructionen mit denjenigen übereinstimmten, welche ich in der Sitzung vom 14. November 1874 geschildert habe. Wir haben dabei eine Reihe vortrefflicher Bronzen gefunden, aber auch mit grosser Beständigkeit Eisen, und je sorgfältiger wir suchten, um so reichhaltiger sind diese Eisenfunde ausgefallen. Unter den Bronzen ist ein Stück von ganz hervorragendem Interesse. Sie werden sich erinnern, dass ich das vorige Mal eine Spiralplatte aus Bronzedraht vorlegte, welche in Verbindung mit einem dicken Bügel stand, im Uebrigen jedoch zerbrochen war, welche jedoch keinen Zweifel darüber liess, dass sie zu einer Fibula gehört haben musste. Ich habe damals nach Analogien gesucht und ich habe sie auch zu finden geglaubt. Wie das aber häufig geht, so zeigte die Erfahrung, dass ich mich doch getäuscht habe; denn diesmal wurde dieselbe Form in einer fast noch ganz vollständig erhaltenen Fibula aufgefunden, aber in einer allerdings ganz ungewöhnlichen und für unsere Verhältnisse in der That einzigen Erscheinung. Sie sehen hier dieses Instrument (Taf. VIII, Fig. 1), welches ganz anders gebaut ist, als man sich das vorstellen konnte. Die Spiralplatte, den Bügel und die Nadel hatte ich schon früher; ich hatte mir vorgestellt, dass die Nadel vom Ende des Bügels direct hinübergegangen sei zu der Spiralplatte, oder dass sie sich an eine zweite Platte angeschlossen habe; statt dessen zeigt sich hier, dass der Bügel von der Spiralplatte ausgeht, sich dann unter einem rechten Winkel in eine Spiralrolle fortsetzt und dann erst in die Nadel übergeht. Letztere ist am Ende freilich abgebrochen, aber es ist kein Zweifel, dass sie durch den Draht der Spiralplatte, der hier einen vorspringenden Haken bildet, aufgenommen wurde. Das ist das vollständige Instrument, gewiss ganz ungewöhnlich und zugleich von einer Grösse, die man bei uns selten zu sehen bekommt. Das ganze Stück ist 86 Mm lang, der Bügel 58, die Spiralrolle (Balken) 70 lang und 6 dick, die Spiralplatte misst 29 in der Quere, 34 in der Höhe. Der in der Mitte stark nach vorn gebogene Bügel trägt an der Seite schräge, zu 3—5 in Gruppen gestellte eingravirte Striche, welche abwechselnd gegen einander geneigt sind. In der noch sehr elastischen Spiralrolle schien eine Axe von Holz gesteckt zu haben. Mir ist nur ein einziges ähnliches Exemplar bekannt, nehmlich eine Fibula aus der ungarischen Gruppe, welche Herr Hans Hildebrand (Les fibules de l'age du bronze. Stockholm 1871) abbildet und für welche er mannichfache Uebergänge zu reicheren Formen nachweist[1]). Gewiss also ein überaus merkwürdiger Fund.

Es ist mir sodann wiederum gelungen, einen grossen dicken Bronzering zu finden, der oben ausserhalb um eine Aschen-Urne herumlag und den Deckel derselben gleichsam auf der Urne befestigte, wie es mir andererseits auch wieder geglückt ist, ganz ähnliche Ringe aus Eisen zu treffen, die freilich fast ganz durch Rost zerstört sind.

Sehr interessant ist es ferner, dass wir nunmehr auch aus Urnen hohle Bronze-Celte gewonnen haben, und zwar in zwei Formen: die eine (Taf. VIII, Fig. 5 und 6) mit seitlichem Oehr und drei Einschnitten oder Erhabenheiten auf der Fläche am Uebergange vom Stiel zur Schneide; die andere (Fig. 4) einfacher, glatter, mit dickem, umgelegtem Rande und ohne Oehr, aber in der Form gefälliger als jene. Letzteres Stück ist dadurch bemerkenswerth, dass in dem Schaftloch noch ein Stück des Holzes steckt, welches offenbar bei Lebzeiten des Begrabenen als Stiel gebraucht worden ist. Die Grösse dieser Stücke ist folgende: Der einfache Celt ist 70 Mm. lang, an der Schneide 40 Mm. breit, an der Tülle 30 breit und 24 dick. Der eine gehenkelte Celt (Fig. 5) hat eine Länge von 88 Mm., eine Breite an der Schneide von 38, in der Mitte von 22, an der Tülle von 31 Mm. bei 29 Mm. Dicke; sein Stielende ist mehr rundlich. Der andere gehenkelte (Fig. 6) hat eine sehr dicke Tülle und ein sehr tief angesetztes Oehr; er ist 56 Mm. lang, an der Schneide 29, in der Mitte 25, an der Tülle 26 bei einer Dicke von 25. Auch der ungeöhrte Celt ist für unsere Gegenden eine äusserste Seltenheit.

Es gab weiterhin eine grosse Fülle von Haarnadeln und Haarringen. Die hübschesten unter den Haarnadeln sind diejenigen, wo der Knopf entweder eine beträchtlichere Grösse hat (Fig. 8), oder wo er noch mit spiraligen Einschnitten besetzt ist.

Ich erwähne ferner eine kleine Angel von Bronze (Fig. 2) mit seitlich umgebogener Oehse, sowie ein flaches Schabemesser von Bronze (Fig. 3), wie ich früher schon aus der Nähe des Gräberfeldes eines angeführt hatte, das ganz besonders merkwürdig ist wegen der analogen Vorkommnisse in Eisen.

Das Einzelne noch weiter vorzuführen, werden Sie mir heute erlassen; dagegen will ich noch einer Spezialität erwähnen, über die wahrscheinlich in einer der nächsten Sitzungen ein eingehender Vortrag von Herrn Prof. Liebreich gehalten werden wird, der nebst Herrn Prof. Salkowski die Güte gehabt hat, sich einer Reihe von Analysen zu unterziehen. Es haben sich dabei zum Theil recht eigenthümliche Ergebnisse herausgestellt. Ich will in keiner Weise vorgreifen; nur Eines wird Sie interessiren, hier direct zu sehen. Ich war, als ich das vorige Mal Ausgrabungen in Zaborowo machte, sehr überrascht, dass es mir ein paar Male passirte, als ich eine scheinbar ganz reguläre Bronze, die so grün wie die anderen aussah, herausnahm und mit dem Messer die Patina abkratzte, keine gelben Stellen zu erhalten. Als ich später die Feile anwendete, schien es mir, ich hätte Eisen vor mir, so bläulichgrau war der Glanz der Oberfläche. Durch die Analyse hat sich trotzdem herausgestellt, dass es Bronze ist. Wir lernen hier also eine vollkommen eisen- oder stahlfarbige Bronze kennen. Sie sehen hier zwei Stücke, die jedes an einer Stelle angefeilt sind. Das eine ist gelbe Bronze, das andere ist diese graue Bronze. Die graue Bronze ist in der chemischen Zusammensetzung gänzlich different; aber, wie gesagt, ich will Herrn Liebreich nicht vorgreifen, der Ihnen das Nähere erörtern

[1]) Vgl. auch Hans Hildebrand Hildebrand, De förhistoriska folken i Europa. Stockh. p. 174, Fig. 96.

und bei dieser Gelegenheit zugleich die Bronzefrage in ausgedehnter Weise besprechen wird. Wie es scheint, ist solche graue Bronze, wie wir sie hier aus den Gräbern haben, früher nicht beobachtet worden.

Auch habe ich, was ich das vorige Mal ausdrücklich als Mangel urgirte, eine grössere Reihe von Waffen aus Eisen getroffen, namentlich ein kurzes dolchartiges Schwert, welches in allen seinen Theilen noch so vollständig ist, dass man die ganze Länge des Blattes herstellen kann, und nicht blos das Blatt, sondern auch die Form des Griffes u. s. w. Am Griff war etwas Bronzeblech befestigt; im Uebrigen ist er aus Holz gewesen.

Was mich besonders interessirt hat unter den Eisensachen, war, dass ich erstens ein unzweifelhaftes Stück eines Pferdegebisses und zweitens ein paar Male eigenthümliche längliche Körper aus Eisen gefunden habe, welche am unteren Ende kolbig, aber viereckig waren, am oberen Ende in einen Haken übergingen, so dass sie genau wie der Klöppel einer heutigen Schaaf- oder Kuh-Glocke aussahen. Ich habe freilich nichts gefunden, was als eigentliche Glocke hätte betrachtet werden können, aber ich wüsste nicht, als was diese Dinge sonst angesehen werden sollten, und die starke Verrostung, in welche alle dünneren Eisentheile gerathen sind, dürfte wohl die zu den Klöppeln gehörigen Glocken zerstört haben.

Unter den Thongeräthen ist es mir gleichfalls wieder gelungen, eine ziemlich grosse Zahl von bemalten Sachen aufzufinden. Im Grossen und Ganzen schliessen sich dieselben den früher bekannten Formen an, aber sie zeigen doch eine ziemlich grosse Vollständigkeit der Ornamente. Die Farbe ist immer schwarz, roth, braun und gelb, vielfach mit einander abwechselnd. Das Gelb ist gewöhnlich die Grundfarbe des Thons. Dieser Thon ist ganz in der Form der südlichen Gefässe, meist in Form kleiner, flacher Schalen bearbeitet, indessen habe ich auch einzelne grössere Gefässe gefunden, welche ganz und gar verziert sind. Sollte es mir gelingen, namentlich eines von rother Farbe und sehr schlanker, krugartiger Gestalt, was freilich in sehr viele Stücke gegangen ist, zu restauriren, so würden Sie gewiss nicht wenig überrascht sein, zu sehen, welche abweichenden und von den gewöhnlichen Mustern unserer sonstigen alten Thongefässe verschiedenen Formen hier auftreten.

Leider war die Zeit unserer Ausgrabung eine ziemlich ungünstige. Die Erde war noch feucht und gerade während der Tage, die ich auf die Ausgrabung verwandte, fiel fast fortwährend ein leichter Sprühregen, so dass die Gefässe in einer solchen Weise erweichten, dass es wirklich zum Verzweifeln war. Fast jedes Gefäss ging schliesslich auseinander, und es blieb mir bei den besseren nichts weiter übrig, als sie sofort in Säcke einnähen zu lassen und so auszuheben, damit wenigstens die Stücke zusammenblieben. So habe ich die Sachen transportirt und muss sie nun allmählich zusammensetzen.

Bei den Thongefässen will ich nur eines noch erwähnen, was mir früher nicht in gleicher Weise entgegengetreten ist. Manche derselben sind offenbar mit einem graphitischen Ueberzuge versehen, und zwar von einer Sauberkeit und Feinheit der Zubereitung, die geradezu überraschend ist. Wenn man diese Flächen befeuchtet, so bekommen sie einen fast silberartigen Glanz, der ganz verschieden ist von dem, welchen man sonst an schwarzen Gefässen sieht. Die Oberfläche hat zugleich eine solche Glätte, dass man jede Scherbe eines derartigen Gefässes selbst in der Nacht durch das blosse Gefühl unterscheiden kann. Bei genauerer Betrachtung erblickt man ferner auch an solchen Stücken, welche nicht eigentlich ornamentirt sind, gewisse feine Striche und eigenthümliche Linien. So ist z. B. in der kleinen Grube eines Schälchens, welche die Mitte des Bodens einnimmt, äusserlich ein deutliches Kreuz zu sehen, während sonst zuweilen in ausgedehnter Weise auf der inneren

Fläche tief eingedrückte Kreuze hervortreten. Sie können ferner auf der inneren Fläche eine Reihe von Linien sehen, die nicht weiter ausgeführt sind, die aber ganz deutliche geometrische Zeichnungen zusammensetzen. Jedoch ist das nur an nassen Objecten gut zu sehen.

In verschiedenen Gräbern, welche weiblichen Personen angehörten und sich auch sonst als solche erwiesen, fanden sich allerlei Schmuckgegenstände, namentlich mehrfach blaue Glasperlen und kleine, jedoch meist fast ganz verwitterte glatte Bernsteinperlen. Hierhin gehört ein Fund von ganz ungewöhnlicher Bedeutung. Ich besitze mehrere grosse durchbohrte Bernsteinperlen, die noch ziemlich klar sind. Wenn man sie im vollen Lichte betrachtet, so zeigen sie ganz eigenthümliche, strahlige, von dem Loche nach aussen gehende Lichter, wie sie dem Bernstein an sich nicht zukommen. Wir haben es hier also mit einer künstlichen Herstellung zu thun, und zwar mit einer solchen, die höchst überlegt ist. Wenn man nehmlich in die Oeffnungen der Löcher hineinblickt, so sieht man, dass unter der Oberfläche von der Oeffnung des Loches aus kleine schräge Gänge in den Bernstein hineingearbeitet sind. Es ist das offenbar sehr schwierig herzustellen gewesen. Nichtsdestoweniger, wenn Sie es genau betrachten, werden Sie sich überzeugen, dass es ganz scharf gebohrte Gänge sind, die mit grosser Sicherheit angelegt und ausgeführt sind. Bei Tageslicht macht sich der Bernstein in dieser Bearbeitung ausserordentlich schön. Man sieht auch hieraus, dass wir es mit den Ueberbleibseln einer künstlerisch vorgeschrittenen und verhältnissmässig reichen Bevölkerung zu thun haben.

(14) Herr **Virchow** berichtet, unter Vorlegung eines Theiles der Fundgegenstände, über

prähistorische Funde bei Seelow (Provinz Brandenburg).

In der vorigen Sitzung erhielten wir einen Bericht des Herrn Kreisgerichtsrath Ku'chenbuch über die bei dem Bau der neuen Eisenbahnlinie Wriezen-Frankfurt a. d. O. in der Nähe von Seelow gemachten Funde. Da mir schon früher von der Direction der Berlin-Stettiner Eisenbahn, welche auch diese Linie baut, Mittheilung von diesen Funden gemacht war und ich einen Besuch an Ort und Stelle zur weiteren Instruction der Baubeamten zugesagt hatte, so waren die wichtigen Bemerkungen des Herrn Kuchenbuch ein um so dringlicherer Grund für mich, die Fundstellen einer genaueren Besichtigung zu unterziehen. Ich begab mich daher am 18. April mit meinem Sohne Hans zunächst nach Gusow, wo mir Herr Wallbaum seine neueren Funde vorlegte, und dann unter der Führung dieses eifrigen Forschers nach Seelow, wo der Herr Sections-Ingenieur Müller mir die bis dahin gesammelten Gegenstände übergab und uns zu den sehr umfassenden Durchstichen und Abgrabungen leitete, vermittelst welcher die Bahnlinie von der Niederung des Oderthals auf das Plateau geführt werden soll.

Die kleine Stadt Seelow liegt schon auf der Höhe des Plateaus, jedoch dicht am Rande desselben. Man hat von hier einen weiten Ueberblick über das Oderbruch, welches hier seine grösste Breite erreicht. Die reiche und dicht bevölkerte Niederung liegt von dem Wallberge bei Reitwein (Sitzung vom 18. October 1873), der gegen Süden wie ein Vorgebirge vorspringt, bis zu den Höhen von Oderberg vor dem Beschauer ausgebreitet; jenseits der Oder sieht man in weiter Ferne die neumärkische Hochfläche sich erheben. Steile Abfälle, vielfach durch tiefe Wasserlinien eingeschnitten, begrenzen das diesseitige Plateau. Sie bestehen wesentlich aus diluvialen Lagen, welche oben mit Lehm und Humus überdeckt sind. Die Höhen steigen bis zu 42 Meter über den Amsterdamer Pegel an. Die Durchstiche haben

zunächst eine mächtige Lettenschicht, dann schieferigen, sehr festen Thon blossgelegt; sie enden in der Regel in einer mächtigen Lage von grobkörnigem Diluvial-
sand. Darnach scheiden sich die Funde sehr einfach in alluviale und diluviale.

Herr Kuchenbuch hat die verschiedenen Fundstellen genau auseinander gehalten
und ich kann im Allgemeinen auf seine Darstellung verweisen. Indess stimmen seine
Angaben nicht durchweg mit den Aufzeichnungen im Baubureau, und ich werde daher
eine so weit als möglich topographische Zusammenstellung geben, wobei ich nur bedauern muss, dass die Authenticität mancher Aufzeichnungen eben nur auf den Angaben der Arbeiter beruht und nicht über den Zweifel erhaben ist. Andererseits
fand ich ausser den von Herrn Kuchenbuch angegebenen Kategorien von Funden
noch eine weitere, nehmlich unzweifelhafte Reste einer alten Ansiedelung, welche
der Zeit nach von dem Gräberfelde verschieden ist. Sie liegt, um die gewählte
Reihenfolge von Nord nach Süd oder genauer, von Nordost nach Südwest beizube-
halten, auf einer Senkung des Plateaus zwischen dem dritten und vierten Bergvorsprung und auf dem letzteren selbst, wobei zu bemerken ist, dass das Gräberfeld
sich auf dem dritten, und nicht, wie Herr Kuchenbuch sagt, auf dem vierten Vorsprunge befindet. Zur genaueren Verständigung nehme ich die officiellen Nummern
der einzelnen Baustrecken (Stationen), wie sie für die Abtheilung aufgestellt sind.
Darnach fallen

1) auf den ersten, nördlichsten Vorsprung die Nummern 278—80,
2) auf den zweiten die Nummern 281—83,
3) auf den dritten 284—87,
4) auf die Plateau-Senke (Mulde) 289—91,
5) auf den vierten Vorsprung 292—93,
6) auf den fünften 294 u. s. w.

Es wurden nun gefunden:

1) in dem ersten Hügel:

a) bei Station 278, also im nördlichsten Theile desselben, im diluvialen Sande
bei 13 Meter Tiefe, ein Bruchstück von einem Extremitätenknochen eines grösseren
Thieres, wahrscheinlich eines Mammuth, durch sein braunes Aussehen ausgezeichnet,
und das von Herrn Kuchenbuch als Rengeweih (Taf. VIII, Fig. 12) beschriebene
Stück. Letzteres ist unzweifelhaft richtig bestimmt worden. Es ist die abgeworfene
linke Stange eines Renthiers, und zwar ein Stück von ungewöhnlicher Stärke. Die
Schilderung des Herrn Kuchenbuch ist insofern nicht ganz genau, als er das
Stück als rundlich bezeichnet. Es ist vielmehr sowohl das Anfangsstück der Stange,
als die Eissprosse deutlich abgeplattet. Erst weiterhin werden die Stücke drehrund,
doch zeigen sie stets tiefe und sehr einfache Gefässfurchen. Die organische Substanz ist ungewöhnlich stark geschwunden und das Gewebe daher sehr brüchig.

b) bei Station 279 im Lehm

bei 2 Meter ein Hundeschädel,
„ 4 „ der Oberkiefer eines Schweines,

ferner im Diluvium

bei 10 Meter ein grosses gelbbraunes Stück vom Os humeri des Mammuth,
„ 15 „ Pferdezähne, zwei Rindszähne und ein Stück deutlich bearbeiteter Rehsprosse. Letztere habe ich selbst gesehen, indess kann
ich für die Zuverlässigkeit der Fundangabe natürlich nicht stehen.

2) auf der Höhe des dritten Hügels

bei Station 285 liegt das erwähnte Gräberfeld. Aeusserlich ist an dieser Stelle
nichts zu sehen, da dieselbe seit langer Zeit unter dem Pfluge gehalten ist. Indess

handelt es sich um einen ziemlich ausgedehnten Friedhof der Bronzezeit: die Leichen sind verbrannt und ihre Reste in thönernen Urnen beigesetzt worden. So gewöhnlich diese Urnenfelder bei uns sind, so hat das Seelower doch manches Bemerkenswerthe. Schon die Urnen selbst zeigen einen für unsere Gegenden abweichenden Styl. Mit Ausnahme der kleinen und höchst originellen Kinderklapper (Taf. VIII, Fig. 5), welche die blassröthliche Farbe von gebranntem Thon hat, zeigen alle übrigen Gefässe eine schön schwarze oder schwärzlich-graue Farbe und eine glänzende, wenn auch keineswegs ganz ebene Oberfläche. Der Thon ist von etwas feinerer Art, auf dem Bruch blätterig, schwarz und mit Granitgrus gemengt; die Wände etwas dünn; Zeichen der Töpferscheibe nicht bemerkbar. Die Mehrzahl der erhaltenen Gefässe ist klein, namentlich niedrig, mit weitem Bauch, kurzem Hals, weiter Mündung, einfachem Rande und flachem oder leicht concavem Boden. Fast alle haben zwei sehr enge Oehsen am Uebergange des Bauches zum Halse. Die Mehrzahl zeigt um den weitesten Theil des Bauches zierliche und sehr zart gehaltene Ornamente in Form eines Gürtels (Taf. VIII, Fig. 1—4). Indess fand ich auch einzelne Stücke von schön schwarzen Gefässen mit vollkommener Ornamentik: horizontalen Kränzen und kurzen, blattartigen Eindrücken, unter denen Guirlanden von gekrümmten Linien hängen.

 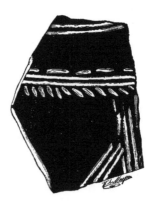

Es war ausser gebrannten Knochen viel Bronze darin, aber ungewöhnlich stark durch das Feuer zerstört, so dass die meisten Stücke aussehen, wie jene Bleiklumpen, welche die Kinder zu Neujahr giessen.

Wenn Herr Kuchenbuch aus diesen Stücken auf eine alte Giessstätte schliessen sollte, so möchte ich ihm widersprechen. Alle diejenigen Klumpen, welche ich erhielt, sind durch den Leichenbrand zusammengeschmolzen. Man sieht an einzelnen noch deutlich, dass es sehr zusammengesetzte Sachen waren; ich glaube namentlich Ueberreste von Ohrringen, Fibeln, kleinen Blechen zu erkennen. Gut erhalten sind nur einige durchbohrte Perlen von Bronze, ein sehr dicker und enger Ring und, wenigstens zum grossen Theil, jenes höchst merkwürdige, schon von Hrn. Kuchenbuch beschriebene (Taf. VIII, Fig. 7) Stück, welches man wohl als das Vorbild des Ordens vom goldenen Vliess bezeichnen könnte. Es ist hier ein Lindwurm abgebildet mit vier kurzen Beinen, einem runden Leib, länglichem geradem Schwanz, niedergebogenem Kopf und grossem, weit aufgesperrtem Rachen. Der Lindwurm hat oben am Rücken einen Ring, der

zerdrückt ist und jetzt eng anliegt; der Ring scheint früher an einer mit drei Oeffnungen versehenen Platte angehängt gewesen zu sein, welche jetzt freilich dem
Rücken des Thieres eng aufliegt und durch den Rost damit verklebt ist. Wahrscheinlich ist die Platte an irgend etwas befestigt gewesen, so dass der Lindwurm
frei beweglich daran hing, ungefähr wie auch das goldene Vliess getragen wird. Es
ist ein sehr merkwürdiges Ding, denn unter den Thierbildungen aus Bronze, die
wir bisher besitzen, ist meines Wissens ein Reptil noch nicht vorhanden, und da an
der Echtheit des Stückes nicht zu zweifeln ist, so werden Sie gewiss mit grossem
Interesse sehen, wie unsere Vorfahren schon auf diese Idee gekommen sind. Das
Einzige, was man allenfalls damit vergleichen kann, ist eine Zeichnung auf einer
pomerellischen Gesichtsurne, welche ich früher beschrieben habe (Zeitschrift für Ethnologie 1870. Bd. II, S. 81. Fig. 8). Vielleicht ist es nicht ohne Bedeutung, dass
gerade die Gesichtsurnen ähnliche zirkelartige Zeichnungen um den Bauch tragen,
wie sie auch hier vorkommen.

3) auf der Plateausenkung
bei Station 290 ist eine ganze Reihe von Funden diluvialer Säugethierknochen
gemacht worden, von denen die meisten leider schlecht bestimmt sind. Nur für zwei
Stücke, einen Backenzahn und ein Extremitätenstück vom Mammuth, ist notirt,
dass sie im Sande, ersteres bei 3, letzteres bei 4 Metern Tiefe ausgegraben sind.
In der Tiefe von einigen Metern „in einfallender Schicht" lag das linke Horn eines
Auerochsen und ein Stück vom Kopfe eines Bison. Ebenso wurde in dieser Gegend
eine sehr starke Rehkrone mit geschabten Stellen gefunden.

Bei Station 292,50 wurden zwei Stosszähne vom Mammuth getroffen, welche
jedoch leider die Arbeiter gänzlich zertrümmerten; es ist nichts von ihnen erhalten
worden.

An dieser Stelle und zwar gleichfalls bei Station 290, fiel mir schon von Weitem
an der Wand des steilen Durchstiches eine umfangreiche, schwarze Fläche auf,
welche sich von der Oberkante her weit in die Tiefe senkte und den Zwischenraum
zwischen zwei niedrigeren Erhebungen des Bodens ganz ausfüllte. Sehr bald fanden
sich Thonscherben und geschlagene Thierknochen darin, und in einer Tiefe von
2,3 Metern eine Heerdstelle, gebildet aus einer doppelten Lage geschlagener und
zum Theil gebrannter Geröllsteine, bedeckt mit Kohlenstücken, zahlreichen Scherben
von Töpfen und Knochen. Diese schwarze Schicht senkte sich an einer Stelle bis zu
8 Meter in die Tiefe. Gegen das anstossende Erdreich war sie überall durch eine gelbe
harte Thonschicht abgegrenzt, welche durch das Einfliessen von Wasser gebildet zu

sein scheint. Die Knochen, welche hier vorkamen,
gehörten fast ausnahmslos Hausthieren an, namentlich dem Schwein und Rind, doch waren auch
Hirschreste darunter. Das Thongeräth war ganz
verschieden von dem des Gräberfeldes. Es fand
sich kein einziges schwarzes und glattes Stück:
überall waren es rauhe, sehr harte, dicke, graue
Scherben von der rohesten Art, einzelne mit Horizontalfurchen, einige wenige auch mit dem Wellenornament. Danach kann es nicht zweifelhaft sein,
dass wir hier auf ein altes Kjokkenmödding oder,
anders ausgedrückt, auf eine alte Ansiedelung

gestossen sind. Im Grossen gehört dieselbe sicherlich der Zeit der nordischen Pfahlbauten an, wie ich ja auf der Oder-Insel bei Glogau ausgedehnte Ueberreste analoger
Art nachgewiesen habe (Sitzung vom 24. Juni 1871).

8*

4) Auf der letzten Höhe bei Station 293 war in einer Tiefe von 1¹/₄ Meter im „Humus" der von Herrn Kuchenbuch erwähnte, bearbeitete Stein (Taf. VIII Fig. 6) und bei 4 Metern, gleichfalls im „Humus", ein grosses Hirschgeweih gefunden. Die genauere Besichtigung dieser Stelle ergab auch hier eine ähnliche Zusammensetzung des Bodens, wie bei Station 290. Zuoberst schwarze, kohlige Schichten mit Topfscherben und Knochen, stellenweis in grössere Tiefen reichend; darunter wellige Lager von Lehm in geringer Stärke, und endlich leichte Hügel von Sand und anderen Diluvialschichten.

Seit der Zeit meines Besuches in Seelow habe ich durch Herrn Ingenieur Müller noch eine Reihe von analogen Gegenständen mit der Bezeichnung: „aus dem Kiesberge bei Werbig" erhalten. Ausser einem menschlichen Oberkiefer und einem Hunde-Unterkiefer sind es hauptsächlich Ueberreste von Thongeräth, namentlich von Töpfen, und einige Eisensachen, namentlich eine Lanzenspitze mit breitem und langem Blatt, und ein Messer. Unter den Thonsachen befindet sich ein wohlerhaltener, schwärzlicher niedriger Topf mit weiter Mündung, geradem kurzem Halse und abgerundeter, in der Mitte eingedrückter Bodenfläche von sehr grober Masse und ohne alle Verzierungen; er ist 65 Mm. hoch und misst 95 Mm. in der Weite. Die übrigen Stücke sind Scherben von zum Theil beträchtlicher Grösse, offenbar gleichfalls von weiten und niedrigen Töpfen ohne Henkel. Einzelne von ihnen sind so stark vom Feuer angegriffen, dass sie in eine blasige, schwammige Masse verwandelt und ganz zusammengebacken sind. Sie sind noch ganz von Kohle umhüllt. Die meisten sind hellgrau oder schwärzlich grau, und eine nicht geringe Zahl zeigt sehr ausgeprägte Ornamente, und zwar stets nach dem Typus der Burgwall-Gefässe. Die Wellenlinie ist vertreten, obwohl seltener, dagegen tiefe Eindrücke mit mehrzinkigen Werkzeugen oder Kränze, gebildet aus fortlaufenden Reihen tiefer, schräger Blatt-Eindrücke, recht häufig. Sehr ausgezeichnet ist die in den Burgwällen so gewöhnliche Zeichnung aus dicht stehenden Parallellinien, welche sich über die ganze Fläche des Bauches erstrecken. Nur ist es das Besondere dieser Fundstelle, dass sämmtliche Zeichnungen ungewöhnlich tief eingegraben sind.

Zum Schlusse erwähne ich, dass mir Herr Wallbaum neue Topffunde zeigte, die er bei Platko rechts von der Mühle gemacht hatte. Es waren weite Töpfe von der Form der Burgwalltöpfe, jedoch mit stehenden Ornamenten. So sind namentlich die Wellenlinien, ähnlich wie an modernen ägyptischen Töpfen, senkrecht gestellt und nicht, wie sonst bei uns, horizontal. Einzelne derselben waren mit Korn gefüllt. Dagegen fand er links am Wege Urnen, welche dem Lausitzer Typus entsprechen. Ebenso bei Gusow (Sitzung vom 17. October 1874).

(15) Durch Vermittelung des Kaiserlich Brasilianischen Gesandten, Baron de Jaurú, ist eine Reihe von Schädeln und Skeletten aus Brasilen eingegangen, über welche später genauer berichtet werden wird.

Seine Majestät der Kaiser von Brasilien hat bei dieser Gelegenheit folgendes Handschreiben an den Vorsitzenden gerichtet:

Mr. le Professeur

Mr. le Dr. Hilario de Gouvêa m'a exprimé le desir que vous aviez d'étudier des crânes d'Indiens du Brésil. J'ai chargé le directeur du Muséum de Rio, Mr. Ladislao Neto d'en arranger quelques uns, ainsi que des ossements, et je vous les envoie avec beaucoup de plaisir. La caisse porte votre adresse et le No. 2, et est expédiée par l'entremise du Ministre du Brésil à Berlin. J'ai examiné la collection avec attention, et je crois la notice ci-jointe exacte. J'espère que cet envoi vous interessera.

Je regrette infiniment de ne pas vous avoir connu à Berlin, où je vous ai cherché, comme vos travaux sont généralement estimés, même par ceux qui ne peuvent être, comme moi, que des amateurs de science. J'espère que vous ne tarderez pas à me donner une notice, au moins, de vos nouveaux travaux, en étant sûr de l'estime que vous conserve un des affectionnés des sciences naturelles, et partant le votre aussi

D. Pedro d'Alcantara.

Rio, 15 Mars 1875.

Der Vorsitzende spricht dem erhabenen Geber seinen und der Gesellschaft tiefgefühlten Dank aus und bemerkt, dass Vorstaud und Ausschuss schon in Berathung getreten seien, um für ein so ungewöhnliches Wohlwollen die Anerkennung der Gesellschaft in angemessener Form auszudrücken.

(16) Geschenke:
1) G. Cora: Cosmos fasc. VII.
2) v. Miklucho-Maclay: ein Artikel über die Papuas.
3) Ein Bericht des Vereins für Hessische Geschichte und Landeskunde.
4) Realschuldirector Prof. Dr. Buchenau in Bremen: Mittel zur Feststellung der gegenwärtigen Vertheilung der Rassen der Landbevölkerung Deutschlands. (Mittheilungen aus der Realschule. An das Elternhaus. 1875, Nr. 11.)

Sitzung vom 19. Juni 1875.

Vorsitzender Herr **Virchow**.

(1) Der Vorsitzende verkündet, dass in gemeinschaftlicher Sitzung des Vorstandes und des Ausschusses beschlossen worden ist, Seiner Majestät dem Kaiser Dom Pedro II. von Brasilien die Ehrenmitgliedschaft des Vereins anzubieten.

Herr Dr. v. **Miklucho Maclay** ist zum correspondirenden Mitgliede der Gesellschaft gewählt worden.

(2) An Stelle des Herrn Rosenberg, der schon vom Magistrat selbst zum Mitgliede des wissenschaftlichen Comités beim märkischen Provinzialmuseum ernannt worden ist, hat der Vorsitzende Herrn A. Kuhn als Delegirten berufen. Nachdem die Bestände des Museums in schnellem Wachsen begriffen sind, haben die städtischen Behörden die Ueberführung desselben in ein besonderes Gebäude in der Klosterstrasse beschlossen.

(3) Herr **Kopernicki** in Krakau dankt für seine Ernennung zum correspondirenden Mitgliede, und übersendet verschiedene Druckschriften, ferner Photographien des Lama und des Manuscriptes der Kalmücken, über welche er der Pariser anthropologischen Gesellschaft (Bullet. de la Soc. 1873. T. VIII, p. 99) berichtet hat, sowie vier Schädel Siebenbürgischer Sachsen nebst folgenden wichtigen Mittheilungen über

anthropologische Erhebungen in Galizien.

Die Separatabdrücke aus den Sitzungsberichten der Physik.-Mathem. Classe der Krakauer Akademie der Wissenschaften enthalten meinen vorläufigen Bericht über die Schädel aus galizischen Hügelgräbern, worüber ich eine umfassendere Abhandlung mit schönen Abbildungen vorbereite. — Ferner finden Sie darin die von hiesiger akademischer Commission für Anthropologie, Ethnologie und Urgeschichte verfassten Instructionen, betreffend das Sammeln von anthropologischen, ethnologischen und statistisch-anthropologischen Beobachtungen und Daten.

Den ersten Versuch der anthropometrischen Beobachtungen an lebenden Individuen machten wir eben bei der jetzigen Rekrutirung in Galizien. Wir waren auch darin viel glücklicher als Sie, denn in Folge unserer Einladung an die betreffenden Behörden fliessen uns schon zahlreiche und sehr brauchbare Daten ein. — Kopf- und Gesichtsmessungen konnten leider nur selten gemacht werden. — Die Angaben über den Wuchs, die Gestaltung des Kopfes und Gesichtes, über die Färbung der Haut, der Haare und der Augen werden gar viele sein. — Ich selbst vermochte bei der Rekrutirungs-Commission in Krakau nicht eine einzige Messung an 150 Juden und eben so viel Christen auszuführen; alle andere Daten aber sammelte ich massen- haft. — Kurz, ich hege die Hoffnung, dass die heuer in Galizien auf diesem Wege gesammelten Beobachtungen zu instructiven Winken über die physischen Eigenthüm- lichkeiten der ethnischen Hauptgruppen hiesiger Bevölkerung: Polen, Ruthenen und Juden, darunter der Bergbewohner und Flachländer, führen werden. — Weitere der- artige Beobachtungen mit genauen Kopfmessungen an lebenden Individuen werden sicherlich nach zwei Jahren positivere Resultate ergeben. —

Die Anthropologische Commission der hiesigen Akademie, bei welcher ich als Schriftführer fungire, ist ferner bestrebt, stabile Beobachtungsstationen im Lande zum Sammeln von allerlei anthropologischen und ethnologischen Daten einzurichten. Die hiermit verbundenen Vorarbeiten, Correspondenzen, Verfassung der Pläne und dgl. absorbiren mich so sehr, dass ich kaum zu Athem kommen kann; dies ist auch der Grund, weshalb es mir beim besten Willen unmöglich; war, eher an Sie zu schreiben.

Zum Schlusse theile ich Ihnen noch mit, dass Hr. Sadawski, der zugleich mit mir die Ehre hatte, Sie in unserem archäologischen Museum zu begleiten, neulich in der archäologischen Commission eine sehr gelehrte und gründliche Arbeit: „Ueber die Handelswege der alten Griechen und Römer nach den bal- tischen Seeküsten" vorgetragen hat, und dass dieselbe in den Denkschriften der Krakauer Akademie der Wissenschaften gedruckt werden, überdies im Besonderen in deutscher Uebersetzung erscheinen wird.

(4) Herr v. **Frantzius** übersendet folgende

ethnologische Gegenstände aus Costarica:

1) eine Flöte aus Thon, aus einem Indianergrabe in Costarica (Westküste), choro- tegischen oder nahuatlacischen Ursprunges. In Costarica werden diese Flöten bei grösseren Festlichkeiten heutigen Tages noch gebraucht, gewöhnlich von einem alten Indianer mit Haarzopf geblasen und mit einer Trommel be- gleitet. Diese Flöte heisst in Costarica „chirimia" und wird mittelst eines Rohransatzes geblasen.

2) zwei Federkopfschmucke der Viceitaindianer in Costarica; von José C. Zeledon im Jahre 1874 mitgebracht.

3) zwei Halsschmucke aus Zähnen und Glasperlen, wie ihn die Viceitaindianer in Costarica tragen. Von José C. Zeledon auf einer im Jahre 1874 in das Gebiet jener Indianer (Ostküste) unternommenen Forschungsreise gesammelt.

(5) Herr **Virchow** zeigt zwei, ihm von dem Lehrer Herrn Piater zu Werben übergebene

Steingeräthe aus Graburnen.

Dieselben sind der Angabe nach in einer Urne etwa 300 Schritte vom Dorfe Werben beim Rigolen $1\frac{1}{2}$ Fuss tief im Acker gefunden worden. Nicht weit davon lag in der Erde eine grössere Menge Feldsteine, etwa ein halber Schubkarren voll. Da sonst auf der ganzen Feldmark keine Feldsteine vorkommen, so hält Herr Piater dieselben für ein Zubehör des Grabes. Die Urne war leider zertrümmert.

Von den Steingeräthen ist das eine ein grob polirter Steinhammer von unregelmässig fünfeckiger Gestalt und nicht durchbohrt, aus Glimmerschiefer. Die Form ist nicht ganz ungewöhnlich bei uns, jedoch sehr auffällig als Urnenfund. Da die Urne zertrümmert war, so liesse sich allerdings ein Missverständniss annehmen. Indess spricht dagegen der zweite Fund.

Dies ist nehmlich ein unzweifelhafter Käsestein aus rothem Sandstein, ganz ähnlich den früher (Sitzung vom 13. Januar und 12. October 1872) beschriebenen aus Zaborowo und Alt-Lauske in Posen. Er ist sehr regelmässig polirt, mit gut gerundeten Kanten, wenig vertieften Flächen, und durch seine beträchtliche Grösse (58 Mm. Breite, 36 Mm. Höhe) von den früheren verschieden. Das bisher so beschränkte Gebiet dieser Funde ist damit auf einmal bis diesseits der Oder ausgedehnt worden. Das Dorf Werben liegt hart am Spreewalde, also in der Lausitz.

(6) Der Herr Cultusminister übersendet abschriftlich Berichte des Herrn Studienrathes Müller zu Hannover über neuere Ausgrabungen auf dem Gräberfelde bei Rosdorf, Amtes Göttingen, und der Generalverwaltung der Königlichen Museen über neuere Anerbietungen des Herrn Thärmann zu Hohenkirchen, welche abgelehnt worden, weil Zweifel an der Zuverlässigkeit der Gegenstände entstanden sind.

(7) Herr Dr. J. Gildemeister berichtet in einem Briefe an den Vorsitzenden über

neue Schädelfunde am Domberge zu Bremen.

„Bei einem Neubau in der Nähe des Domes ist wieder eine Reihe von Schädeln gefunden, die fast alle Ihrem chamaecephalen Typus angehören und von denen zwei, deren Gypsabgüsse wir beifolgen lassen, ein ganz besonderes Interesse in Anspruch nehmen dürften.

„Der Kephalone erreicht einen Inhalt von 2050 Cc. und hat bei einer Länge von 21 und Höhe von 13,2 (mit dem Tasterzirkel gemessen) den immerhin geringen Höhenindex von 62,8. Er wurde in einem Steinsarge gefunden, der, freilich ohne Deckel und mehrfach zerbrochen, nicht mehr in seiner ursprünglichen Lage zu sein schien, welchem er aber vielleicht doch, besonders in Berücksichtigung der von Ihnen erwähnten analogen Funde, als von Anfang an angehörig zu betrachten sein dürfte.

„Ganz ausserordentlich niedrig ist der andere Schädel, mit einem Höhenindex von nur 59,5 (Länge 20, Breite 15, Höhe 11,9, Inhalt 1480 Cc.). Er wurde in bedeutender Tiefe gefunden. Dass die verknöcherte Pfeilnath nicht als Grund seiner eigenthümlichen Form anzusehen ist, dieselbe vielmehr die extreme Entwickelung eines Typus darstellt, wird sich, wie ich glaube, aus der Ausmessung der übrigen 24 Schädel ergeben, unter denen ich bis jetzt die Höhenindices 61, 64,8 und 66 verzeichnet habe. Augenblicklich lässt der hiesige ärztliche Verein noch von einigen anderen, durch Fundort oder Form interessanteren Schädeln Gypsabgüsse anfertigen, und wird sich ein Vergnügen daraus machen, Ihnen dieselben zur Verfügung zu stellen." —

Der Vorsitzende bestätigt die Richtigkeit der gestellten Diagnosen nnd bezeichnet die übersendeten Abgüsse als typische Modelle der von ihm beschriebenen Formen. Der Umstand, dass auch hier jetzt einer jener Steinsärge des 10. oder 11. Jahrhunderts gefunden ist, war ihm schon durch Herrn v. Alten bekannt geworden; es wird damit die Bedeutung der früheren Funde in Oldenburg noch mehr ins Licht gestellt.

(8) Auf Anregung und durch gütige Vermittelung des Herrn Generalconsul Behrend hierselbst übersendet der Kaiserlich deutsche Geschäftsträger und General-Consul zu Lima, Dr. Lührsen, folgenden Brief vom 27. April d. J. mit der Anmeldung einer Sammlung

peruanischer Schädel.

Endlich bin ich im Stande, Ihnen meine im Mai v. J. gegebene Zusage, Ihnen zu einer Sammlung alter Indianer-Schädel behülflich zu sein, zu erfüllen. — Mit dem Hamburger Kosmos-Dampfer „Memphis" ist am 20. April eine Kiste, enthaltend peruanische Alterthümer, an die von Ihnen seiner Zeit aufgegebene Adresse in Hamburg abgegangen; das betreffende Connossement habe ich an Herrn Carl Rosdal in Hamburg eingesandt.

Diese Sammlung stammt aus Ancon, einem kleinen Orte an der See, in Eisenbahnverbindung mit Lima und nördlich davon gelegen. Es ist ein von der See sanft ansteigendes Plateau, zwischen hohen Bergen eingeschlossen, reiner beweglicher Sand, ohne jegliche Spur irgend einer Vegetation, ein mehrere Quadratmeilen grosses Todtenfeld. Die zu Mumien aufgetrockneten Leichen sind in drei verschiedenen Arten beerdigt, die sich in Schichten zertheilen lassen. Die mittlere Schicht ist liegend, während die obere und die untere (letztere bis zu 5 Metern tief) die Todten meist im Kreise in kauernder Stellung beherbergen. Die untere Schicht scheint die der vornehmsten Leute zu sein; die Leichen sind ganz eingewickelt und haben zum Theil einen falschen, aus Holz geschnitzten Kopf, indess auch eingewickelt, so dass nur die Nase und Ohren herausgucken; letztere mit den bekannten Ohrenhölzern (orejas) verziert.

Die Sammlung, welche Ihnen zu übersenden ich mir erlaube, ist ein Theil derjenigen, welche Herr Dr. W. Reiss aus Mannheim in Ancon gesammelt hat, der dabei zu höchst merkwürdigen Aufschlüssen gelangt ist; ich will indess Herrn Reiss in der Publication seiner Erforschungen nicht vorgreifen. —

Welchem Indianerstamme die Schädel angehören, die ich Ihnen übersende, ist wohl unmöglich zu bestimmen. Indess hoffe ich, in nicht zu langer Zeit Schädel (spitze) der Aimaraas im Süden der Republik einsenden zu können, welche mir Se. Excellenz der Präsident gütigst in Aussicht gestellt hat.

(9) Herr Director Schwartz übersendet d. d. Posen, 15. Mai, folgende

Nachträge zu den Posener Materialien zur prähistorischen Karte.
I. Aus den Acten des hiesigen Ober-Präsidiums, und zwar von den Jahren
1819 — 1852.

1) Lakomowo (4) In einem Hügel in einer mit flachen Steinen ausgelegten Grube Urnen.

Schwerin a/W. (2) Bei der Obra-Mühle Urnen, „in einer eine 5′ lange messingene (?) Nadel".

2) Nieszewice (10) Unter dem evangelischen Kirchhofe eine Schicht heidnischer Gräber; von einem dann, heisst es, „in einem gut eingerichteten, aus platten Steinen formirten Gewölbe" 7 Urnen mit Deckeln, daneben ein Henkeltöpfchen von der Grösse einer Obertasse. Inhalt: einige metallene Ringe (zum Theil wie ein Ohrgehänge) und ein ganz runder, noch ziemlich spitzer Donnerkeil.

3) Waschke (12) Auf der Schnitsch (Sniec), einem Stück Landes von einer halben ⬜-Meile, welches (im Jahre 1824 nehmlich) streitig zwischen dem Domin. Pawelwitz und Waschke, sowie den Tschirnauer Stiftsgütern in Schlesien,

an der schlesischen Grenze, 8 Grabhügel. In der Gegend gefunden: steinerne Streitäxte, stählerne Lanzenspitzen, Urnenscherben von ebenso sonderbarer Form als Masse, versteinerte (?!) Menschenknochen u. s. w. In der Erde an einer Stelle ein völlig gemauerter Heerd von Feldsteinen, 4 Steine über einander, gegen 4 Ellen lang und 3 breit, auf demselben Spuren von Asche, unter demselben eine Wölbung von Kalk und Ziegeln, letztere bis auf wenige Stücke ganz zerreibbar.

4) Rostarzewo (3) Am Abfluss des oberen Sees in den unteren, bei Wollstein, liegt ein ziemlich hoher Berg (Schwedenschanze genannt), dort Urnen, in einer das Eisen eines Spiesses, in einer anderen „eine Scheere, wie die Schäfer zum Scheeren der Schaafe haben, d. i. zum Zusammendrücken; eine irdene Wiertel". (Vgl. Sitzung vom 16. Januar und 14. Mai 1875).

5) Gurschen (8) Auf einer Fläche von einer halben □-Meile 12 Familiengräber; um eine grosse Urne, die stets einen Deckel hatte, kleinere Gefässe (eine Urne hatte besonders schöne Form und mancherlei Verzierungen). In den Urnen Knochen, in den kleinen Gefässen Sand".

6) Kempen. Auf dem sogenannten Mühlenberge Urnen, „in einer derselben, welche einer sogenannten Pletsche (hohem Napfe) glich, woran ein Henkel, befand sich ein zweites, kleines, ähnliches Gefässchen".

II. Neuere Mittheilungen.

1) Bromberg. Am 2. d. M. wurde auf dem Grundstücke des Herrn Maurermeisters Weihe (Berliner Strasse) beim Ausgraben eines Brunnenkessels eine alte Begräbnissstätte aufgefunden. Dieselbe lag vier Fuss tief in einem reinen Kieslager und bestand ans einer von Feldsteinplatten zusammengesetzten vierseitigen Röhre von ca. 20 Zoll Breite und 18 Zoll Höhe, welche, in der Richtung von Ost nach West gelegen, eine Reihe wohlerhaltener Aschenkrüge enthielt, von denen bis zum Abend acht zu Tage gefördert waren. Die Krüge selbst sind aus verschiedenen, in seiner Färbung zwischen grau und braun schwankendem Thon gefertigt, haben eine Höhe von 11 Zoll, eine Bauchweite von 30 Zoll, während die Bodenfläche und die obere, mit einem gewölbten Deckel geschlossene Oeffnung nur einen Durchmesser von 6 Zoll zeigt. Weisse, ungemein leichte Knochenreste füllen sie bis zum vierten Theil. Nur eines der Gefässe zeigt durch einfache Linien hergestellte Verzierungen, alle übrigen sind einfach. (Pos. Ztg. Decbr. 1874.)

2) Pleschen. Bei Gelegenheit der Abfuhr von Steinen auf die Chaussee sind neuerdings in Gutehoffnung heidnische Begräbnissplätze aufgedeckt worden. Leider haben die Arbeiter die Urnen vernichtet. In einer Urne wurden ein metallener Haarpfeil, ein zwei Finger breites Henkelstück und einige Ringe gefunden. Der Haarpfeil und das Henkelstück sind mit verschiedenen Zierraten versehen, unter denen besonders die Kreisform bemerkt wird.

(Pos. Ztg. v. J. 1875, Nr. 208.)

3) Obornik. Neue Ausgrabung des Herrn Witt an isolirter Stelle, gefunden drei Urnen ohne Verzierung von grobem, kleine Kieskörner enthaltenden Thon (ohne Nebengefässe und andere Sachen.) (Sitzung vom 17. April 1875.)

4) Schokken. Auf dem Gebiete des Dominiums Potrzanowo, zum Oborniker Kreise gehörig, wurde vor einigen Tagen ein Heidengrab aufgedeckt. Urnen inmitten von Steinen. (Pos. Ztg. v. J. 1875, Nr. 268.)

Zugleich berichtet Hr. Schwartz, dass aus Pesth zwei eiserne Stierbilder von sehr roher Form angekommen seien, wie sie in grösserer Anzahl mit ähnlichen Bildern von Schweinen, Schaafen u. s. w. in einem Gewölbe zu Bernstein an der ungarisch-steiermärkischen Grenze gefunden sein sollen. Man hält sie für Votivthiere, die ihrer Zeit bei Viehkrankheiten dargebracht seien, wie Aehnliches in der katholischen Kirche noch jetzt existire. Sie sehen aus wie die Thiere, welche die Kinder aus Mohrrüben herstellen, indem sie Hölzer als Füsse 'hineinstecken. Die gespreizte Form der Füsse kommt offenbar daher, dass sie wirklich zum Stehen bestimmt waren.

(10) Herr Lehrer **Reder** zu Samter berichtet über

ein Urnenfeld bei Samter.

Durch den Lehrer W e r n e r in Gay wurde ich gestern darauf aufmerksam ge-macht, dass die Bauern aus dem Dorfe beim Graben des Kiessandes, behufs Wege-besserung, auf Scherben und Töpfe gestossen wären. Nachmittags wanderte ich mit demselben nach dem bezeichneten Orte. Derselbe liegt von Samter aus eine gute Meile entfernt. Die Landstrasse von Scharfenort nach Obersitzko und der Weg vom Dominium Obrowo nach dem Dominium Stopanowo kreuzen sich dort.

Ich fand eine aus Kiessand bestehende Erderhöhung, die sich von WNW. nach OSO. hinzieht.

Bei der Nachgrabung stiessen wir zunächst auf Scherben, welche von Thon-gefässen und flachen Stürzen mit schmalem Rande herrührten, dann auf ziemlich erhaltene Urnen. Dieselben stehen im Kiessande, sind mit einer schwarzen, theil-weise noch mit merklichen Kohlenresten durchsetzten, fest zusammengesinterten und auffallend schweren Erdschicht von ca. 20 Cm. Dicke bedeckt; darüber liegt eine andere, ca. 50 Cm. dicke. Die Urnen enthielten mit Erde vermischte Knochen, die so splitterig aussehen, als wären sie dereinst zerschlagen worden, um sie in die Gefässe zu bringen; Rippenknochen und Gelenkköpfe waren deutlich zu unter-scheiden; erstere waren sogar noch ziemlich fest.

Die Urnen sind von verschiedener Grösse: einige im Durchschnitt 30 Cm. und ca. 25 Cm. hoch, andere nicht grösser als eine starke Faust. Die zwei, welche am besten erhalten sind, habe ich mitgenommen; die eine hat die vorstehend angegebene Grösse, die andere hat im Durchschnitt 17 und in Höhe 19 Cm.; bei ersterer ist namentlich der Rand etwas defect; die letztere, auf welcher eine muschelförmige Stürze (D. 15, d. 13 Cm.) mit einem ohrförmigen Griff lag, ist noch gut erhalten. Die grosse hat als Verzierung drei parallel laufende vertiefte Kreise, darüber elfmal drei vertiefte Punkte und darunter vier Erhöhungen von Gestalt einer Haselnuss-schalenhälfte; die kleinere dagegen ist ohne Ahzeichen, hat aber noch die zwei klei-neren ringförmigen Griffe.

Aller Wahrscheinlichkeit nach birgt die Erhöhung auf beiden Seiten des Durch-schnittes noch mehr dergleichen. Die Erhöhung scheint das Warthethal auf der linken Seite zu begrenzen.

(11) Herr Lehrer **Reuter** in Bölkendorf bei Angermünde- schreibt über

ein Steingrab bei Bölkendorf.

Das Grab liegt östlich von Bölkendorf, 121 Meter von der Parsteiner Grenze, 83 Meter vom Apfelsee und 64 Meter vom Parsteiner See entfernt. Die Lage des-selben ist von Südwest nach Nordost. Die Länge der Grabstätte beträgt 97, die Breite 54, die Höhe 86 Cm. Die vier Seiten sind mit einer Wand von 12 Cm. starken Steinplatten eingefasst. Dieselben scheinen mit einem stumpfen Instrument behauen zu sein; die Masse der Platten ist brauner Granit. In den vier Ecken finden sich da, wo die Wände zusammenstossen, kleine Steinstücke (Feldspath) eingefügt, vermuthlich, um das Eindringen von Erde zu verhüten. Diesen Raum bedeckte eine gleiche Platte, 8 Cm. dick, welche leider beim Aufheben zertrümmerte.

In jeder Ecke stand auf festgestampftem Boden eine Urne aus grobem Thon, vermischt mit kleinen Steintheilchen, die jedoch beim Anrühren in Stücke zerfielen. Rings herum sind Riefen als Verzierung angebracht, an einer befanden sich zwei Henkel. Ausser diesen vier Urnen fand sich in der Mitte des Grabes eine fünfte, kleinere, sogenannte Hängeurne, in welcher drei Stücke eines Schädels, ausserdem Asche sich bafand. Der Inhalt der anderen Urnen, welche die Grösse eines Zwei-Quart-Topfes hatten, war Asche und Knochen, an denen deutliche Spuren des Feuers sichtbar sind.

(12) Herr Hutfabrikant **Heim** in Halberstadt, Vorsitzender des Bezirksverbandes der Gesellschaft für Verbreitung von Volksbildung, übersendet eine Anzahl durch ihn mit dem Conformateur aufgenommener

Kopfumriss-Zeichnungen.

(13) Herr **Marthe** legt einige von ihm zu Pfingsten dieses Jahres ausgegrabene

Urnen von Niemegk (Prov. Brandenburg)

vor.

Die fünf Thongefässe sind am Nordabhang des Fläming, etwa 30 Minuten süd-östlich von Niemegk, gefunden worden, stammen also aus einer Gegend, die ausser einer kleinen bei Treuenbrietzen gefundenen, im Berliner Museum bewahrten Urne für die vorgeschichtlichen Forschungen noch unangebrochen war. Die Fundstelle ist topographisch ausgezeichnet charakterisirt. Durch das Städtchen Niemegk (von njemetz: „Deutschstadt") rinnt ein Bächlein, die Adda, welches aus einer flachen, mit Sumpf-wiesen ausgefüllten Mulde, die in den Nordhang des Fläming sich einschneidet, mit zahlreichen Aederchen hervorsickert. Dieses quellenreiche Wiesenrevier heisst beim Volke „Springebruch", und auf der linken, westlichen Seite desselben, die sich sanft herab-senkt, in festem, sandigem Boden wurden die betr. Objecte nebst mehreren anderen aus-gegraben. Schon im Jahre 1868 wurde hier ein Fund gemacht, der zuerst den Be-sitzer des Sandackers, Ackerbürger Zimmermann, aufmerksam machte. Er stiess auf ein Urnengrab, welches mit einem Oblongum von Steinen ausgelegt war. In den folgenden Jahren wurden noch oft von ihm Thongefässe ausgepflügt oder ausgegraben, die bis auf wenige in Trümmer gingen. Erst zu Pfingsten dieses Jahres erhielt ich Kunde von diesen Dingen, begab mich nach dem Schauplatz hinaus und liess bei knapp zugemessener Zeit graben. Hierbei wurden bei 1 Fuss Tiefe fünf Urnen und mehrere andere, unter ihnen eine grosse, mit verbrannten Knochen gefüllte die leider zerstossen wurde, blossgelegt. Noch andere blickten aus dem Sande in der Grube hervor, die Grabung indess wurde wegen Mangels an Zeit eingestellt. In einer der früher vom Grundbesitzer aufgedeckten Aschenurnen hat sich ein win-ziges Bronzeringlein gefunden, und es ist damit wohl die Altersstufe dieses Fundes ange-deutet. Die vorgelegten Urnen zeichnen sich durch besondere Zierlichkeit der Form aus und erinnern an die im Berliner Museum unter der Rubrik „Westfalen" ausgestellten; ein mit einem der meinigen (Nr. 3) ganz übereinstimmendes Stück trägt dort die Rubrik „Mittelmark".

Herr **Virchow** bemerkt, dass Form und Ornamentation der vorgelegten Urnen beweisen, dass sie jenem grossen Kreise angehören, welcher sich von der Lausitz bis nach Schlieben und Halle verfolgen lässt.

(14) Herr Stud. med. **Alex. Horn v. d. Horck** hat dem Vorsitzenden einen Kuchen von **Ahornzucker** überreicht, wie dieselben durch Indianer in Minnesota dargestellt werden.

(15) Herr **Virchow** zeigt eine Reihe, ihm durch Vermittelung des Herrn **Mühlenbeck** von Herrn **Mampe** zugegangener

vorhistorischer Gegenstände aus Stargard in Pommern.

(Hierzu Taf. IX.)

Nach einer kurzen Notiz des Herrn Kreisgerichtsrath **Freyer** sind die sämmtlichen Gegenstände bei dem Ausgraben des Bauterrains für einen Dampfschornstein in einer Tiefe von ca. 18 Fuss gefunden. Sie lagen zwischen, leider verloren gegangenen, Holzstücken und Knochen in einer moorigen Erde, unmittelbar über einer feststehenden, also weit in die Tiefe reichenden Sandschicht, die zur Tragung des Fundaments des Dampfschornsteins für geeignet erachtet ist.

Noch ist zu bemerken, dass das Messer und eines der Kopfstücke eher gefunden wurden, also weniger tief lagen, als die übrigen Gegenstände.

Weitere Nachfragen durch Herrn **Mühlenbeck** haben ergeben, dass die Fundstelle sich hinter einem der Häuser befindet, welche dicht am Steinthor in der grossen Wallstrasse im östlichen Theile der Stadt gelegen sind. Dieser Theil ist von zwei Armen des Ihna-Flusses inselartig eingeschlossen und der Fundort ist nicht weit entfernt von dem ehemaligen Walle, vielleicht auch nicht weit von der Stelle des alten Castrum. Leider ist die Baugrube schon zur Zeit, als diese Nachfragen stattfanden, wieder geschlossen gewesen, so dass weitere Forschungen unmöglich erscheinen. Vielleicht gelingt es, in der Nähe einen passenden Ort für Grabungen zu ermitteln.

Leider fehlen unter den mir zugekommenen Gegenständen alle Topfscherben, so dass gerade dieses für die Zeitbestimmung unserer vorhistorischen Funde so entscheidende Hülfsmittel ausfällt. Einige Thierknochen sind da, jedoch fast nur solche vom Schwein. Darunter sind ganz colossale Hauer und ein Vorderstück vom Unterkiefer, das durch scharfe Schläge abgetrennt ist. Alle übrigen Gegenstände sind entweder von Metall oder von bearbeitetem Hirschhorn.

Von Eisen ist nur das erwähnte Messer, das zuhöchst gelegen haben soll (Taf. IX, Fig. 5). Es ist im Ganzen 20 Cm. lang, wovon 9 auf die Klinge kommen. Die Spitze fehlt. Die Klinge ist schmal, 15 Mm. in der grössten Breite, und gerade. Daran sitzt ein langer, platt vierkantiger, aber dünner Stachel, der in einen Griff eingesenkt gewesen sein muss und der sich gegen das Ende zuspitzt. Er ist bis auf eine geringe, wohl erst später entstandene Krümmung des Endes ganz gerade.

Sehr interessant ist ein starker Celt von Bronze (Fig. 2) Derselbe hat im Moorboden in einer Tiefe von etwa 16 Fuss mit den noch zu erwähnenden Geräthen aus Hirschhorn gelegen. Er hat keine Patina, sondern ist mit einer körnigen Eruption von Kupferkrystallen überzogen. Seine Länge beträgt 98 Mm. Die etwas gekrümmte und an einer Seite etwas verletzte Schneide misst 33 Mm. Am Ende hat er eine 24 Mm. breite und 28 Mm. hohe, im Allgemeinen viereckige Oeffnung, deren Rand nach aussen mit einem 8 Mm. breitem, erhabenem Saume umgeben ist (Fig. 2b). Unmittelbar daran sitzt ein enges Oehr. Die vordere und hintere Fläche sind ganz glatt; die Seitenflächen dagegen zeigen sehr deutlich je eine Gussnaht.

Unter den Horngegenständen ist besonders bemerkenswerth ein gebogenes, aus einem Hirschhornzacken sehr sauber gearbeitetes, polirtes, und vielfach verziertes Stück (Fig. 1), das auf seiner convexen Seite mit einem 3 Mm. breiten und 12 Mm.

tief eingesägten Spalt versehen (Fig. 1 a) ist. Seine Einrichtung erinnert in mehrfacher Beziehung an die Balken, in welche Kämme befestigt wurden, jedoch scheint
dem die Lage des Spaltes an der convexen Seite zu widersprechen. Nächstdem kann
man an eine Messerscheide denken, jedoch müsste das betreffende Messer sehr stark
säbelförmig gebogen gewesen sein. Irgend eine Spur einer Befestigung ist leider nicht
zu sehen, da beide Enden abgebrochen sind. Die Länge dieses Stückes beträgt an
der convexen Seite 17 Cm. Am dickeren Ende hat es 75, am dünnern 60 Mm.
Umfang. Es hat durchweg die eigenthümlich schwarzbraune Farbe der Moorfunde.
Seine Oberfläche ist spiegelglatt polirt. Nahe der Mitte befinden sich dicht neben
einander vier Gruppen von je drei glatten Parallellinien, welche ganz herumlaufen.
Zwischen den beiden äussersten und den nächst darauf folgenden Gruppen ist je eine
Reihe kleiner Kreise mit je einem Punkte in der Mitte der Kreise angebracht, wie
deren zahlreiche an den übrigen Theilen der Oberfläche eingeritzt sind. Die beiden
äussersten und die beiden innersten Linien sind mit kurzen, dreieckigen, zahn-
förmigen Einschnitten besetzt; an der innersten Linie stehen diese Einschnitte abwechselnd gegen einander, wie Wolfszähne. Aehnliche Ornamente sind auch an
beiden Enden vorhanden gewesen; der Bruch ist gerade durch diese Stellen hindurch-
gegangen. Zwischen diesen gürtelförmigen Verzierungen ist die ganze Ausdehnung
des Stückes, und zwar ausgehend von dem Längseinschnitte, in zierlichster Weise
mit kleinen Kreisen (Sonnen) besetzt, und zwar in der Art, dass zunächst an dem
Spalt jederseits eine zusammenhängende Reihe von Kreisen von einem Ende bis zum
anderen läuft. Ueber je drei dieser Kreise stehen dann zwei andere, und über
diesen eine einfache Reihe aus je drei (vereinzelt auch nur zwei) Kreisen, die bis
zur Mitte der Seitenfläche reichen. Solcher einfacher Reihen finden sich gegen das
dünnere Ende 7, gegen das dickere 9. (Die in der Zeichnung Fig. 1 b angedeutete
Abwechselung dieser Gruppen ist nicht constant.)

Ich bemerke, dass mir ein in der Zeichnung sehr verwandter Messergriff aus
der Nähe bekannt ist, nehmlich aus dem Pfahlbau von Lüptow am Plöne-See (Fig. 6.)
Auch giebt es eine Reihe von pommerschen Funden, wo Hämmer aus Hirschhorn mit
ähnlichen Kreisornamenten bedeckt sind.

Nächstdem findet sich ein Bruchstück einer kleineren und einfacheren Messerscheide aus mehr gelbbraunem Hirschhorn (Fig. 4), die gleichfalls an den Enden
abgebrochen ist, jedoch zeigt sie an einer Bruchstelle noch die Spur eines Niet-
loches. Sie ist 7 Cm. lang, in der Mitte 12, an den Enden 7 und 10 Mm. breit.
Ihre innere Seite ist platt und scharf gesägt, die äussere flach convex und polirt.
Auf der letzteren ist ein länglich-viereckiger Raum durch gerade Linien abgegrenzt,
der wiederum durch Gruppen dichtstehender Querlinien und Felder eingetheilt ist.
Die zwei inneren Gruppen haben je 7, die Endgruppen nur 5 Linien.

Endlich ist noch ein sehr merkwürdiger starker, aber kurzer Kamm aus Hirsch-
(oder Elch-) Horn mit doppelseitigen Zähnen von verschiedener Stärke zu erwähnen
(Fig. 3). Er ist aus einem Stück gemacht. Dasselbe ist in der Mitte 36 Mm.
lang und 8 Mm. dick. Von der Mitte aus, welche eine flach convexe Erhebung darbietet, dacht sich beiderseits die Fläche 29 Mm. lang bis zu den Spitzen der Zähne
ab. Letztere sind 20 Mm. lang, jedoch nach der Mitte zu nur oberflächlich getrennt, während die Spitzen der Zähne stark von einander abstehen. Da, wo die
Zähne an das Mittelstück anstossen, sind jedesmal 3 horizontale Linien angebracht.
Im Uebrigen ist auch dieses Stück gelbbraun und ziemlich glatt.

Der Fund gehört nach Allem zu den bemerkenswerthesten, welche in neuerer
Zeit in Pommern gemacht sind. Ob man berechtigt ist, ihn direct der Burgwall-
Periode zuzurechnen, ist, wie mir scheint, noch nicht genau auszumachen. Die An-

wesenheit eines Bronzeceltes ist ein so ungewöhnliches Ereigniss, dass es nöthig erscheint, das Schlussurtheil noch offen zu halten.

(16) Herr Prof. **Liebe** in Gera hat dem Vorsitzenden eine Druckschrift übersendet über

die Lindenthaler Hyänenhöhle.

Bei Gelegenheit der Anlage eines neuen Weges in der Nähe von Gera, vom Lindenthal aufwärts, oberhalb des Kanonenberges, wurde 1874 im Dolomit eine Höhle blossgelegt, welche zahlreiche Ueberreste diluvialer Thiere enthielt. Es fanden sich Knochen vom Pferd, der Hyäne, dem Rhinoceros tichorchinus, dem Bos taurus primigenius, dem Höhlenbären, dem Edelhirsch, der Felis spelaea, dem Elch, dem Renthier, dem Canis spelaeus, dem Mammuth, der Springmaus (Dipus Geranus Giebel), dem Fuchs, dem Alpenmurmelthier (Arctomys marmotta), und einigen anderen Säugethieren und Vögeln.

Dieser Fund ist nicht nur deshalb von grossem Interesse, weil er das Gebiet der Renthierhöhlen viel weiter nach Osten in Deutschland ausbreitet, als es bis jetzt bekannt war, da alle im nordöstlichen Deutschland gefundenen Renthierknochen in Mooren oder diluvialen Bodenschichten vorkamen, sondern vielleicht noch mehr deshalb, weil er in dem Vorkommen der Springmaus und des Murmelthiers unzweideutige Zeugen der damaligen Kälte unseres Klimas nachweist. Er schliesst sich somit an die schönen Entdeckungen des Herrn Nehring in der Nähe von Wolfenbüttel, der zahlreiche Knochen kleinerer arktischer Thiere in dem anstehenden Boden gesammelt hat.

Herr Liebe bringt ausserdem eine Reihe von Thatsachen vor, aus denen er auf die Anwesenheit des Menschen zu jener Zeit schliesst. Die Mehrzahl seiner Beweise bezieht sich auf zerschlagene und scheinbar bearbeitete Thierknochen und auf das Bruchstück eines künstlich zugehauenen Feuersteinmessers. Es lässt sich nicht leugnen, dass diese Thatsachen, wenigstens nach der Beschreibung, nur bedingten Werth haben, zumal da Herr Liebe selbst einzelne geglättete Stellen, Gruben und scharfrandige Löcher an Pferdeknochen, die man sonst wohl als Spuren menschlicher Einwirkung betrachtet, auf die Einwirkung von Schneckenzungen (Zonites) und auf das Einbohren von Larven einer Anobium-Art bezieht.

Ausserdem erwähnt er das Vorkommen des Renthiers in einer Lehmgrube bei Pösneck, in einer Kluft bei Pahren und namentlich sehr zahlreich bei Köstritz. An beiden letzteren Stellen sind die Röhrenknochen sehr regelmässig aufgespalten. Er setzt alle diese Funde in die Zeit, wo die Vergletscherung der subalpinen Gebirge noch fortdauerte.

(17) Herr **Virchow** berichtet über die am 6. Juni von der Gesellschaft veranstaltete Excursion nach Cottbus, namentlich über

den Burgwall von Zahsow.

Nachdem die humoristische Seite des Ausfluges schon in einem eingehenden Bericht der Vossischen Zeitung geschildert worden ist, möchte ich mir erlauben, zunächst ein paar Worte über die Ausgrabungen bei Zahsow zu sagen. Es handelt sich da um einen jener Burgwälle, die, wie Sie wissen, in der Lausitz und den anstossenden Landstrichen in sehr grosser Zahl verbreitet sind; es ist derjenige, welcher auf der Karte des Hrn. Major Schuster über das System der Ober-Lausitzer Schanzen als Nr. 107 (S. 96) verzeichnet ist. Indess ist es nicht bekannt — wenigstens mir nicht —, dass irgend schon früher Untersuchungen dieses Burgwalles stattgefunden haben. Unsere Untersuchung hat nun in Bezug auf eigentliche Fundgegenstände sehr wenig geleistet, dagegen ist sie in einer anderen Beziehung von einer überaus grossen Bedeutung, und vielleicht sogar für die Geschichte dieser Anlagen Epoche machend. Es hat sich nehmlich herausgestellt, dass der Burgwall auf einem Pfahlrost errrichtet worden ist, und zwar auf einem Pfahlrost, der vielleicht schon als solcher bewohnt gewesen ist. Dieses kann allerdings Gegenstand des Zweifels sein, ist mir aber nach dem ganzen Fundverhältnisse in hohem Maasse wahrscheinlich.

Zum Verständniss dieser Verhältnisse will ich daran erinnern, dass wir uns in dieser Gegend der Lausitz in einem Gebiete befinden, welches schon bei dem flüchtigen Durchreisen eine unaufhörliche Abwechselung darbietet von flachen Hügeln und tieferen Niederungen, die entweder noch gegenwärtig Seen enthalten, oder wenigstens als alte Seebecken sich erweisen, die später zugewachsen sind und entweder, wie der Spreewald, noch gegenwärtig ein überaus nasses und fast schwammiges, mit vielen Kanälen durch-durchzogenes Terrain darstellen, oder umfangreiche Wiesen- und Moorflächen gebildet haben, durch welche wasserreiche Bäche laufen. Gerade von der Gegend an, um die es sich hier handelt, wird ziemlich bemerklich eine Anordnung der Oberfläche, welche charakterisirt ist durch Erhebungen, die im Grossen und Ganzen in ihren stärkeren Ansteigungen parallel dem Lausitzer Gebirge liegen, und Herr Boltze hat schon früher darauf aufmerksam gemacht, dass man sich diese Conformation wahrscheinlich so zu denken habe, dass bei der Hebung der Lausitzer Berge sich eine Faltung der Oberfläche parallel dem Gebirge entwickelt habe. In den Vertiefungen zwischen diesen Rücken stand offenbar in früherer Zeit anhaltend Wasser, und zwar sehr bewegtes Wasser, wie man aus den überaus zahlreichen Dünenbildungen, die hier vorkommen, ersehen kann.

Der Burgwall von Zahsow, welcher nordwestlich von Cottbus liegt, befindet sich gleichfalls in einem solchen früheren Seebecken, und zwar ist der alte Uferrand nicht sehr weit westlich von da, kaum eine Viertelstunde, entfernt. Das Gräberfeld von Kolkwitz, von dem wir nachher hören werden, liegt schon auf dem Uferrande. Diese Lage des Burgwalles entspricht der Lage einer Reihe von benachbarten Burgwällen, die ich früher besucht habe, namentlich denen von Gross-Beuchow und Vorberg in der Nähe von Lübbenau (Sitzung vom 13. Juli 1872). Leider ist der Zahsower Burgwall in mehreren Richtungen schon stark zerstört; nur der nördliche, mit Strauch bewachsene, erhöhte Rand steht noch ziemlich unversehrt. Er ist überdies querdurch in getheiltem Besitz; die Hälfte nach Osten ist sogar mit einem kleinen Hause bebaut und die Oberfläche tief ausgegraben; offenbar ist ein grosser Theil der oberen Culturschichten abgefahren. Auch vom östlichen Umfange fehlt ein grosses Stück. Indess gerade diese Stelle bot uns eine bequeme Gelegenheit, die Beschaffenheit der Aufschüttung an dem Abstiche kennen zu lernen. Von dieser Stelle wurde auch angegeben, dass in der Erde, die von dort verfahren worden sei, ein paar Fundstücke von scheinbar grösserer Bedeutung vorgekommen seien, nehmlich die Hälfte eines Steinhammers und ein eigenthümlicher, sehr starker Metallring, der fast so aussieht wie die Ringe, welche man heutzutage an dem Ende des Stieles von Dreschflegeln oder Sensen anbringt; dem Anscheine nach besteht er aus Bronze; auch ist er in mehr antiker Weise verziert. Es ist nur zweifelhaft, ob diese beiden Stücke, welche Herr Voss für das Museum an sich genommen hat, dem Burgwall als solchem angehören, denn sie stimmen gar nicht mit dem überein, was sonst gefunden ist. Der genannte Abstich bot sonst nicht viel dar; er bestand ganz aus losem, aufgeschüttetem Sand, aber an einer Stelle zeigte sich einer jener grossen Trichter, eine von obenher in die Aufschüttung eingreifende Grube, die zum grössten Theil mit verbranntem Holz

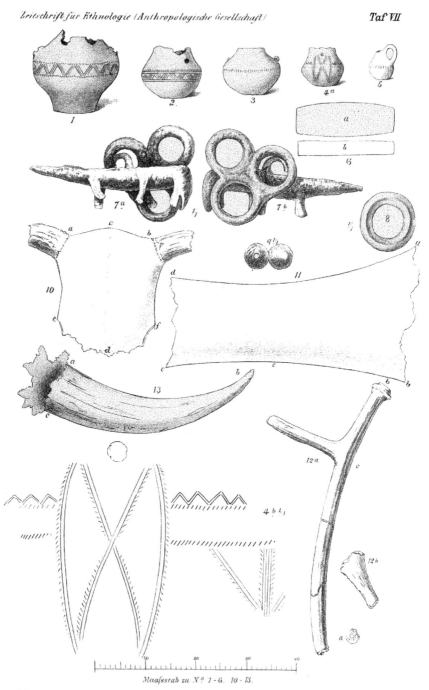

W.A.Meyn lith.

Verlag von Wiegandt, Hempel & Parey in Berlin

1 a

3 b

6 b

2 b

5 a

6 a

erfüllt war, darunter grosse mächtige Stücke von Balken und zwar solche von Eichenholz. Die ganze Erde, die darüber lag, war kohlig und schwarz. Hier sowohl,
als in der nächsten Umgebung fand sich eine Reihe von Thonscherben, von denen
einzelne deutlich dem Burgwalltypus aus der späteren slavischen Periode angehören.
Die Mehrzahl dieser Scherben gehört zu Gefässen mit weiter Oeffnung (Töpfen),
und ist mit tiefen Horizontalfurchen und Hervorragungen versehen; einzelne zeigen
ein deutliches, aber einfaches Wellenornament. Das Material ist sehr grob und über-
diess mit Gesteingrus gemengt. Offenbar war diese Grube, die früher auf der
Fläche gelegen haben muss, eine kellerartige Vertiefung, über der wahrscheinlich ein
kleines Gebäude stand, von welchem in die Grube hinein beim Brand des Gebäudes
Stücke der Balken fielen. Unmittelbar nebenan war nur der reine gelbe Sand.

Unsere Thätigkeit wurde jedoch hier sehr bald gehemmt durch den Einspruch der
Frau des Besitzers, einer sehr resoluten Wendin, die uns trotz der Anwesenheit des Land-
raths durchaus nicht gestatten wollte, auf dieser Seite weiter vorzugehen. So wandten wir uns denn der entgegengesetzten Seite zu, wo auch schon ein Stück vom
Umfange abgetragen, die Oberfläche aber mehr intakt war und wo uns durch das
überaus freundliche Entgegenkommen des Besitzers, des Häuslers und Schneiders
Kollosche, der sich als ein sowohl wissenschaftlich, als politisch interessirter Mann
erwies, jede Hülfe freundlichst gewährt wurde. Von ihm wurde uns mitgetheilt, dass
in früherer Zeit eine Vertiefung rings um den Burgwall herumgegangen sei, die als
Wallgraben betrachtet werden kann; obwohl noch zum Theil sichtbar, ist sie jetzt grossentheils ausgefüllt. Man sei wiederholt in der Tiefe des Walles auf grössere Balken gestossen
und auch an einer Stelle auf eine aus grösseren Geröllsteinen zusammengesetzte „Mauer".
Wir liessen hier radial auf die Mitte gerichtet, einen tiefen Graben auswerfen, der
sich von dem alten Ringgraben bis in den Burgwall erstreckte. Es fanden sich dabei
auch in der Tiefe allerlei Scherben und Hausthierknochen, aber erst, nachdem wir
unter den scheinbar natürlichen Boden d. h. unter die Grundfläche des beiläufig
15—20 Fuss hohen Walls noch etwa 4—5 Fuss heruntergegangen waren, stiessen
wir auf Pfahlwerk. Es ergab sich, dass der grösste Theil der Pfähle oder Balken horizontal gelagerte Eichenstämme waren und zwar zum Theil deutlich behauene,
zum Theil mit natürlicher Oberfläche versehene. Sie waren sehr fest und schwarz.
Neben den horizontalen Pfählen standen einige wenige senkrechte. Wir haben natürlich bei der Kürze der Zeit nicht zu grosse Flächen aufdecken können. Einen solchen senkrechten Pfahl habe ich mitgebracht, der zweierlei Verhältnisse in vollster
Deutlichkeit zeigt. Nehmlich einerseits, dass wir es hier mit einem Stück zu thun
haben, welches durch ein sehr scharfes Instrument gut bearbeitet worden ist. Es hat
durchweg ganz glatte Hau-Flächen und ich habe daher kein Bedenken, dieselben auf
Bearbeitung durch Eisen zu beziehen. Auf der andern Seite sehen Sie, dass beide
Enden des etwa 1 Meter langen Pfahles künstlich zugespitzt sind. Diese kurzen
Pfähle standen senkrecht im Grunde neben den horizontalen Balken; sie sind also
offenbar dazu bestimmt gewesen, als Befestigungsmittel zu dienen für diese anderen,
um sie in ihrer Stellung zu erhalten. Das stimmt durchaus mit dem, was wir sonst
in unseren eigentlichen Pfahlbauten antreffen; nur ist mir persönlich bis jetzt niemals diese Kürze der senkrechten Stücke vorgekommen. Die meisten Pfähle, die ich
sonst gesehen habe, waren 10—12 Fuss lang und tief in den Grund hineingetrieben.
Die ganze Anordnung machte allerdings hier wesentlich den Eindruck, als sei
der Pfahlbau nicht zur eigentlichen Bewohnung bestimmt gewesen. Ich würde nach
der Gesammt-Disposition vielmehr die Meinung gewonnen haben, dass er eben nur bestimmt gewesen sei als ein Rostwerk, auf welchem die weitere Aufschüttung des
Burgwalles stattfinden sollte. Es ist nur ein einziger Umstand vorhanden, der diese

Interpretation zweifelhaft macht, nehmlich, dass in demselben Niveau, ganz unzweifelhaft zwischen den horizontalen Balken, Topfscherben und Knochen von Hausthieren gefunden wurden. Denkt man sich, dass der Pfahlbau zu nichts weiter diente, als zu einem einfachen Rost oder Unterbau, so würde es allerdings schwer sein, das Vorkommen solcher Abfälle an dieser Stelle zu erklären. Diese Dinge fanden sich ganz tief, zum Theil umgeben von einer schon in das Grundwasser reichenden Ablagerung mooriger Theile, in denen zahlreiche Bruchstücke von Strauchwerk, Nussschalen, Blättern und anderen Gegenständen enthalten waren, welche offenbar dnrch bewegtes Wasser angeschwemmt sein mussten. Darunter kam dann unmittelbar der eigentliche Seesand.

Das ist das Thatsächliche, was von uns festgestellt wurde. So wenig es ist, so erscheint es mir doch bemerkenswerth genug, denn es lehrt, dass die Vermuthung, die man sonst wohl hegen konnte, als sei der Burgwall auf einer ursprünglichen Insel, auf einer natürlichen Erhöhung des Bodens angelegt worden, unzutreffend war, dass vielmehr die gesammte Anlage künstlich hergestellt ist und zwar unmittelbar auf dem alten Seeboden, zu einer Zeit, wo derselbe noch nicht durch Wiesen überdeckt war. Welche colossale Arbeit muss dazu gehört haben, eine solche Anlage herzustellen! Ich habe, wie Sie sich vielleicht erinnern werden, im vorigen Jahre (Sitzung am 16. Mai 1874) Ihnen Mittheilung gemacht über die erste derartige Anlage, welche ich in unserem Lande gefunden hatte, diejenige von Potzlow in der Uckermark, dieselbe Stelle, von wo ich das merkwürdige Dolchblatt mit der Tauschirarbeit aus Silber und Kupfer gewonnen hatte. Da war allerdings das Pfahlwerk viel vollständiger und es konnte kein Zweifel darüber sein, dass der Pfahlbau als solcher bewohnt gewesen ist, was ich hier nur als eine Möglichkeit aufstelle. Indess im Grossen und Ganzen ergiebt sich doch, dass nun hier an einer zweiten und von jenem ersten Fundort sehr entfernten Stelle eine ähnliche Anlage nachzuweisen ist, wie sie bis jetzt nur von den Terremaren Oberitaliens bekannt war, und erst in letzter Zeit in einigen südfranzösischen Localitäten nachgewiesen ist. Indess Sie ersehen auch aus meiner Darstellung, dass man eigentlich nur durch einen besonderen Glücksfall in die Lage kommen konnte, derartige Verhältnisse zu constatiren. Ich glaube, Niemand würde daran denken, dass man bei einem hohen Burgwall im Grunde auf ein Pfahlwerk stossen könnte. Jetzt wird es unsere Aufgabe sein müssen, bei analogen Anlagen so tief in den Grund zu gehen, dass wir feststellen können, ob ein Pfahlwerk vorhanden ist oder nicht.

Ich war schon in früherer Zeit auf eine gewisse Beziehung unserer Pfahlbauten zu den Burgwällen aufmerksam geworden und hatte dieselbe in meinem ersten Vortrage (Sitzung vom 11. Decbr. 1869. Zeitschr. f. Ethnologie Bd. I. S. 410) besprochen. Indess glaubte ich bis dahin nur, dass Burgwälle und Pfahlbauten neben einander von derselben Bevölkerung errichtet seien; die wirkliche Substruction eines Burgwalls durch einen Pfahlbau hatte ich nicht vermuthet, obwohl ich bei dem Pfahlbau im Daber-See Balken bis tief in die mit dem Burgwall zusammenhängende Umwallung hatte verfolgen können. Wie viel oder wie wenig aus den jetzigen Erfahrungen in Bezug auf diese älteren Fundstätten hervorgeht, wird sich erst durch weitergehende Forschungen ergeben müssen. Ebenso ist es im hohem Maasse fraglich, ob irgend eine Beziehung unserer Pfahlbau-Burgwälle zu den italienischen Terremaren besteht, die nach Allem einer weit früheren Zeit angehören. Allerdings ein Verbindungsglied haben wir nach Süden; das sind die von Herrn Jeitteles in der Stadt Olmütz gemachten Funde, die er selbst in eine sehr entfernte Zeit verlegt. Indess habe ich erst in der vorigen Sitzung meine Gegengründe entwickelt, und ich habe nunmehr um so weniger einen Zweifel, dass auch in Olmütz die Sache sich ähnlich verhalte, wie in Potzlow und Zahsow.

Ich habe nur noch das Eine hinzuzufügen, dass sehr wahrscheinlich nach den Beschreibungen, welche die Leute uns gaben, auf dem Pfahlwerk an gewissen Stellen eine starke Belastung · mit Steinen stattgefunden haben muss. Wir selbst sind nicht in der Lage gewesen, irgend einen grösseren Stein in situ zu sehen; möglicherweise hatten wir gerade nicht die Richtung getroffen, genug, darüber kann ich nichts aussagen. Aber ich habe nicht den mindesten Grund, die Aussage der ganz glaubwürdigen Leute zu bezweifeln. Es würde das noch weiter für die Wahrscheinlichkeit sprechen, dass die Anlage des Pfahlbaues in einer Zeit stattgefunden hat, wo dasjenige, was jetzt Wiesenfläche ist, eine bewegte Seefläche darstellte. Gegen eine solche Annahme scheinen auf den ersten Blick die übrigen Funde zu sprechen, welche auf eine slavische Anlage hinweisen. Allein bekanntlich wird die Einwanderung der Slaven in das 5. oder 6. Jahrhundert zurückdatirt und eine Zeit von 1200—1300 Jahren, oder sagen wir kurz, ein Jahrtausend dürfte wohl genügen, um an Stelle eines flachen Sees eine zusammenhängende Moorsumpffläche entstehen zu lassen.

Die Excursion gab zugleich eine sehr günstige Gelegenheit zur Betrachtung der **wendischen Bevölkerung.**

Dieses ganze Gebiet ist noch gegenwärtig von einer fast durchweg wendisch sprechenden Bevölkerung bewohnt, und die sehr bunten, zum Theil barocken, zum Theil recht malerischen Trachten der Weiber sind auch in der Hauptstadt bekannt genug. In Cottbus wird noch wendisch gepredigt und wir hatten Gelegenheit, den Kirchgang am Vormittage zu sehen, zu dem auch die Leute aus der Umgebung in grösserer Zahl herangekommen waren. Ganz besonders erregten die Taufzeuginnen durch ihren mächtigen und höchst kunstvollen Kopfputz allgemeine Aufmerksamkeit. Am Nachmittage während der Arbeiten am Burgwall entwickelte sich ein reges Treiben um uns. Während wir mit dem Ziehen unseres Grabens beschäftigt waren, besetzte sich der Abhang des Burgwalls mit Wenden jedes Alters. Ganz kleine Mädchen, schon ebenso geschmückt wie die älteren Mädchen und Frauen, bildeten mit den letzteren eine dicht gedrängte, zusammenhängende Einfassung des oberen Randes, und das heimliche Gekicher, die gespannte Aufmerksamkeit, das stete Zurückweichen und Entfliehen vor nahenden Anthropologen brachte immer neue Bewegung in die munteren Gruppen und die frischen Gesichter. So entstand denn auch der Wunsch, einige Messungen vorzunehmen, um wenigstens die Kopfform etwas genauer zu bestimmen, aber es kostete viele Mühe, zuerst einzelne Personen heranzubringen. Indess mit der Zeit gelang es doch, und Hr. Langerhans und ich selbst konnten eine gewisse Zahl von Messungen anstellen. Die nachfolgende Tabelle giebt eine Uebersicht davon:

	Grösste Länge.	Grösste Breite.	Höhe (Gehörgang bis Scheitel).	Breiten-Index.	Höhen-Index.
Junge Männer v. 18—20 J.					
1)	177	152		85,9	
2)	178	152		85,4	
3)	180	146		80,1	
4)	181	159		87,8	
5) Lehrer u. Stellmacher Kollosche.	197	170		86,3	

	Grösste Länge.	Grösste Breite.	Höhe (Gehörgang bis Scheitel.	Breiten-Index.	Höhen-Index.
6) Erwachsenes Mädchen.	179	144		80,4	
7) Frau Noel.	182	153		84,06	
8) Marie Noel, 9 Jahr alt.	174	141	112	81,03	64,3
9) Frau Dommaschke.	175	151,4	117	86,5	66,8
10) Unverehelichte Welan, 30 Jahr.	178	149	124	83,7	69,6
11) Bauer Pesch, 48 Jahr.	188	159	133	84,6	70,7
12) Frau Pesch, Gattin des Vorigen, 53 Jahr.	186	159	131	85,5	70,4
13) Pesch Sohn, 26 Jahr.	196,5	163	143	82,95	72,7
14) Frau Pesch jun., Gattin des Vorigen, 21 Jahr.	176	153	121	86,9	68,7

Es liegt auf der Hand, dass der hier ermittelte Höhenindex mit dem eigentlichen Schädel-Höhenindex nicht verwechselt werden darf, da das Höhenmaass am Schädel vom Rande des grossen Hinterhauptsloches genommen wird, also ungleich länger ist. Für die Verhältnisse am Lebenden lässt sich eine andere Höhenbestimmung schwer machen. Sie genügt aber zu zeigen, dass im Allgemeinen der Wendenkopf ziemlich hoch ist. Wenn andererseits an der Brachycephalie als der herrschenden Kopfform kein Zweifel sein kann, so liesse sich die Frage aufwerfen, ob die Sitte der Frauen, welche schon bei ganz kleinen Mädchen angewendet wird, den Kopf unter Opferung eines grossen Theils der Haare durch eine Binde fest zu umspannen, nicht zu dieser Brachycephalie beiträgt. Indess lehrt unsere Zusammenstellung, dass auch bei den Männern eine gleiche Brachycephalie existirt. Wir haben nehmlich bei

	Männern.	Frauen.
einen Breitenindex von	85·9	80·4
	84·4	84·06
	80·1	81·03
	87·8	86·5
	86·3	83·7
	84·6	85·5
	82·95	86·9
	593·05	588·09
im Mittel	84·92	84·01

Auch dieses Maass ist natürlich nicht entscheidend für die eigentliche Schädelform, aber es wird ihr doch bis zu einem gewissen Grade nahe kommen.

Auch die Gesichtsbildung ist, wenigstens beim weiblichen Geschlecht, eine mehr breite. Bei Männern ist ein längeres und schmaleres Gesicht mit längerer und gerader Nase häufiger. Bei den Frauen ist das Gesicht mehr rundlich, voll, die Wangenbeine etwas vorstehend, die Nase meist gebogen und bei vielen kurz mit aufgeworfener Spitze. Die Farben sind frisch und hell, die Haare überwiegend braun, jedoch mit lichter Nuance, nicht selten auch blond, die Augen wechselnd, häufig grau oder braun, oft genug auch rein blau. Der Wuchs ist im Ganzen kräftig, aber die Länge des Körpers eine mittlere.

Ich erwähne endlich, dass in den Dörfern des Wendlandes, wie im Spreewalde, hölzerne Blockhäuser noch recht viel vorkommen und dass die Giebel derselben gekreuzte Sparren mit Pferdeköpfen tragen. —

Hr. Voss schliesst daran weitere Mittheilungen
über Alterthumsfunde aus der Gegend von Cottbus.

Ich möchte mir erlauben, Ihnen zunächst einen Bericht zu erstatten über die Ausstellung von praehistorischen Gegenständen, welche unsere Mitglieder, die Herren Dr. Veckenstädt von Cottbus und Rabenau von Vetschau in dem Empfangszimmer des Bahnhofsgebäudes zu Cottbus veranstaltet hatten. Die Sammlung war zu reichhaltig, als dass ich auf jedes Einzelne eingehen könnte. Ich will deshalb nur einiges Bemerkenswerthe hervorheben. Zunächst waren zwei Gefässe ausgestellt, das eine bei Gross-Teuplitz bei Forst, das andere bei der Stadt Forst gefunden, welche auf dem obern Rande der Oeffnung zu beiden Seiten des Henkels einige zipfelförmige Appendices zeigten, die an die bekannte Form der ansa lunata erinnerten. Es ist dies eine Art der Verzierung, welche bei uns sehr selten vorkommt. Ich kenne nur zwei ähnliche Gefässe: das eine, ein becherförmiges, cylindrisches, mit etwas umebogenem Rande, wird in der Sammlung zu Posen aufbewahrt und wurde bei Dobieczewko in der Nähe von Exin im Kreise Wongrowice im Grossherzogthum Posen gefunden. Das andere befindet sich in der hiesigen königlichen Sammlung, leider aber ist sein Fundort unbekannt.

Dann waren zwei Gefässe ausgestellt, welche die Form eines Trinkhorns hatten, das eine in dem Töpferberg bei Forst, das andere auf der Feldmark des Dorfes Göritz bei Cottbus gefunden. Auch diese Gefässe gehören zu den Seltenheiten. In der Königlichen Sammlung befindet sich ein solches, welches aus der Gegend der schwarzen Elster stammt und entweder bei Schlieben oder Rössen gefunden wurde. Ferner bildet Klemm ein ähnliches ab, welches vielleicht derselben Gegend entstammt. Auch besitzt Herr Prof. Virchow ein solches Stück, welches bei seinen Ausgrabungen bei Zaborowo im Posenschen zu Tage gefördert wurde. — Ausserdem waren einige sogenannte Doppelurnen von Interesse. Eine derselben ist bei Preschen, eine andere bei Gross-Bademeusel, Ortschaften in der Nähe von Forst, gefunden worden. Die Königliche Sammlung besitzt dergleichen Gefässe in grösserer Zahl aus der Gegend von Pförten und einige aus der Nähe des Dorfes Kolkwitz bei Cottbus, welche von einem früher erwähnten Urnenfelde herstammen, wo Gold gefunden wurde. Dann waren noch beachtenswerth einige Gefässe mit graphitähnlichem ins Silbergraue spielenden Anstrich. Die Königliche Sammlung besitzt auch von diesen Gefässen eine nicht unbedeutende Zahl. Leider aber befinden sich unter ihnen auch solche, welche der Finder aus übergrossem Restaurationseifer mit sogenanntem Wasserblei überzogen hat, so dass die ursprüngliche Färbung dadurch leider bedeckt ist. Höchst interessant war ein Thongeräth, welches die Gestalt einer flachen kreisrunden Scheibe hatte und auf welchem bei der Auffindung der untere Theil eines sogenannten Räuchergefässes stand. Es stammt von Berge bei Forst. Bis jetzt ist eigentlich noch nicht klar gestellt, zu welchem Zweck diese Scheiben gedient haben mögen. Sie finden sich in der Mark, in Posen, Schlesien und Pommern in verschiedenen Grössen vor, von etwa 3 Zoll bis 15 und 16 Zoll im Durchmesser. Einige sind auf der einen Seite geglättet, auf der anderen mit Fingereindrücken versehen; andere sind von fünf und mehr kleinen Löchern durchbohrt. Sie wurden bis dahin ziemlich allgemein als Urnendeckel angesehen und es finden sich Analogien, welche diese Annahme rechtfertigen. Herr Virchow fand bei seinen Ausgrabungen bei Zaborowo auch dergleichen Scheiben, welche jedoch nicht auf den Urnen, sondern stets neben denselben lagen. Es scheint demnach, als wenn der Fund von Berge geeignet ist, für dies Vorkommen eine Erklärung zu geben und ich glaube, dass man der Wahrheit am nächsten kommt, wenn man annimmt, dass ein Theil dieser Scheiben als Urnendeckel, andere dagegen als Unterlagen für Räuchergefässe dienten; damit ist aber nicht ausgeschlossen, dass sie nicht auch noch zu anderen Zwecken gedient haben. Jedenfalls aber werden wohl die durchbohrten Scheiben als Deckel gedient haben, denn wir finden eine ganze Reihe von Formen unter den Geräthen dieser Art, welche sich aus einander entwickeln lassen und die allmäligen Uebergänge von flachen Scheiben bis zu jenen eigenthümlichen Urnendeckeln darstellen, welche conisch geformt sind und auf der Spitze einen caminähnlichen hohlen Cylinder tragen. Namentlich ist die Sammlung zu Jena reich an diesen letzterwähnten Formen, welche sämmtlich aus Schlesien stammen, wo ja auch jene flachen Scheiben, ebenso wie im Posenschen, häufig genug gefunden werden. Vielleicht wurden die mit diesen Deckeln versehenen Gefässe auch als Räuchergefässe benutzt; vielleicht aber hatten sie auch mystische Beziehungen zu dem Verstorbenen, für dessen Seele jene Oeffnungen vielleicht Durchgangspforten bildeten.

Auch verschiedene Bronzesachen waren ausgestellt, unter denen ausser einigen Bronzeringen, welche bei Werben gefunden wurden, hauptsächlich ein Paalstäf bemerkenswerth war, welcher zwar im Allgemeinen die häufig vorkommende Form ohne Schaftlappen mit flacher bis zur Mitte reichender Rinne zeigte, sich aber durch einen halbkreisförmigen Ausschnitt auf der Spitze des Schaftendes auszeichnete. Derselbe wurde bei Scheuno in der Nähe von Forst gefunden.

Die Umgegend von Weissagk bei Forst war durch Bruchstücke einer grossen Urne vertreten. Das Gefäss, dem dieselben angehörten, ist vielleicht 15—16 Zoll hoch gewesen und wird auch einen ebenso grossen Durchmesser gehabt haben. Es war ungehenkelt und einfach topfförmig. Die Wandungen waren sehr dick und an ihrer Aussenfläche künstlich rauh gemacht. Etwa 2 Zoll unterhalb des Randes und parallel mit demselben verlief eine erhabene, etwa $^1/_2$ Zoll breite Leiste, welche mit Fingereindrücken ornamentirt war. Diese Art von Gefässen ist in sofern bemerkenswerth, als man wegen ihres höchst rohen Aussehens nicht geneigt sein könnte, anzunehmen, dass so unvollkommene Exemplare derselben Zeit angehören, wie die so vollendeten Formen, welche wir so häufig in diesen Gegenden finden. Und dennoch ist dies wirklich der Fall. Was aber das Interesse an denselben noch erhöht, ist der Umstand, dass diese Gefässe auch an Localitäten vorkommen, wo Gold gefunden wurde. So besitzt die Königliche Sammlung ein kleines, ganz ähnlich rohes einhenkeliges Gefäss aus dem Urnenlager südlich von Kolkwitz, wo in einer Urne ein Goldplättchen gefunden wurde. Und vielleicht steht auch dieses grosse Gefäss von Weissagk in Beziehung zu einem nicht unbedeutenden Goldfunde. Nahe bei dem Dorfe Weissagk ist nämlich eine grosse frühere Seefläche, die vor etwa 18 Jahren trocken gelegt und durch Ueberfahren mit dem Sande der darin belegenen kleinen Hügel allmälig in Ackerland umgeschaffen wurde. Diese Hügel und kleinen Hervorragungen, von etwa 50—80 Ruthen Durchmesser, liegen vereinzelt und bestehen aus reinem, ausgewaschenem Dünensande. In dem einen dieser Hügel fand man nun beim Abfahren 8 runde goldene Zierplättchen, von etwa $1^1/_4$ Zoll Durchmesser mit concentrischen, durch Riefung hergestellten Kreisen und einem kleinen henkelartigen Anhang; sonst aber Nichts weiter. In einem anderen Hügel wurden 9 vierkantige gewundene Bronzearmringe gefunden, ebenfalls ohne Beifunde. In einem dritten Hügel stand die eben beschriebene Urne, neben welcher noch einige Bruchstücke von anderen Urnen und einige Feuerstellen zum Vorschein kamen. Ausserdem war ein andrer dieser Hügel an seiner Oberfläche ganz mit Kohlen bedeckt und an einigen Stellen mit Steinen dicht belegt, so dass man in der sonst ziemlich steinarmen Gegend mehrere Fuder von dieser einen Stelle abgefahren hat. Namentlich an einer Stelle waren die Steine dichter angehäuft und reichten, von einer schwarzen Kohlenschicht eingeschlossen, bis etwa 2—3 Fuss unter das Niveau der Umgebung.

Ich möchte mir nun erlauben, hier noch einige Notizen über andere Goldfunde anzuschliessen, welche ich den Herren Dr. Veckenstedt und Rabenau verdanke und welche diese Gegend betreffen, um wenigstens zu begründen, dass unsere Erwartungen auf Gold nicht ganz unberechtigt waren. Ein Goldarbeiter in Cottbus hat nämlich angegeben, dass er aus den Dörfern Werben und Burg im Spreewalde allein für etwa 800 Thlr. an Gold erworben habe, das bei ländlichen Arbeiten zum Vorschein gekommen. Ausserdem sind in der Gegend von Altdöbern auch ziemlich bedeutende Goldfunde gemacht worden. Die Bauern hatten nämlich beim Bestellen ihrer Aecker Spiralen von Golddraht gefunden und dieselben als Pfeifenräumer benutzt, bis eines Tages ein Kundiger kam und sie über den Werth der Gegenstände aufklärte. Ausserdem wurden nach Aussage des Herrn Rabenau sen. nahe bei Cottbus bei dem Dorfe Kockrow Urnen zu Tage gefördert, welche mit anderen Urnen zugedeckt waren und in ähnlicher Weise, wie Herr Prof. Virchow ein ähnliches Vorkommen von den Ausgrabungen bei Zaborowo beschrieben hat, an der Peripherie der bedeckenden Gefässe einen Ring von ziemlich starkem Golddraht trugen.[1]

Was nun unsere Ausgrabungen bei Kolkwitz anbetrifft, so waren dieselben allerdings von keinem besonderen Resultate gekrönt. Die Stelle, südlich von dem Dorfe belegen, wo das Goldplättchen in einer Urne gefunden wurde, war schon zu sehr durchwühlt. Ich habe schon früher dort Nachgrabungen angestellt, damals aber auch weiter nichts erbeutet, als verschiedene Trümmer. Wir haben auch diessmal nur einige Scherben zu Tage gefördert und waren nicht einmal so glücklich ornamentirte darunter zu finden. Die Urnenfelder bei Kolkwitz liegen auf einem continuirlichen Sandrücken, der in der Nähe von Cottbus beginnt und sich zwischen feuchten Niederungen bis über das Dorf Kolkwitz hinaus erstreckt. Es sind auf demselben an verschiedenen Stellen, unter anderen auch nahe bei der Stadt Cottbus in der Gegend eines jetzigen Kirchhofes, Urnen zum Vorschein gekommen und es scheint demnach fast, als sei dieser Sandrücken ein zusammenhängendes Urnenfeld in seiner ganzen Erstreckung bis über Kolkwitz hinaus. Das bei Kolkwitz gefundene Goldplättchen, sowie eine Anzahl gut erhaltener Gefässe, welche ebenfalls jener Stelle entstammen und meistens den gewöhnlichen sogenannten Lausitzer Typus zeigen, hat das Königliche Museum erworben und aufgestellt. Auf dem nördlich von Kolkwitz belegenen Urnenfelde konnten wir aus Zeitmangel nicht Nachgrabungen anstellen und mussten uns auf eine Ocularinspection beschränken. —

Herr **Woldt** macht darauf Mittheilungen über gewisse Kirchenmarken, auf welche Herr Dr. Edm. Veckenstedt in Cottbus die Mitglieder der Excursion bei der Besichtigung der Wendischen Kirche in Cottbus aufmerksam gemacht hatte. Nach Herrn Veckenstedt's Ansicht sind diese Marken, welche aus Längs- und Querrillen, sowie aus runden Löchern bestehen, dadurch entstanden, dass in früheren Jahrhunderten Krieger, welche ihre Waffen weihen lassen wollten, dieselben von Aussen an die Kirchenmauer gelehnt haben und dadurch im Laufe der Jahre die Eindrücke hervorgebracht seien. Uebrigens kämen diese Marken auch sonst an Kirchen in Mitteldeutschland vor, so namentlich in Goslar und Braunschweig, und die Volkssage erkläre sie hier als Krallenspuren des Löwen, welcher die Kirche nicht betreten

---

[1] Bei dem Dorfe Babow in der Gegend von Cottbus wurden, wie mir Herr Rabenau jun. gütigst mittheilte, auch ähnliche Befunde angetroffen. Die Deckelgefässe waren hier aber mit einem Bronzering umgürtet.

durfte, während sein Herr, Herzog Heinrich im Innern derselben betete. Nach der Auffassung des Herrn Dr. Heinrich Boltze in Cottbus hängen diese Kirchenmarken mit den Wochenmärkten zusammen, welche stets rings um die Kirchen abgehalten wurden: sie seien Kennzeichen für diejenigen, welche ihren Verkaufsstand dadurch fixiren wollten. Herr Woldt constatirt das Vorkommen runder Vertiefungen, welche etwa 1 Zoll im Durchmesser haben, auch für die Marienkirche und die Nicolaikirche in Berlin, sowie für die Jacobikirche in Stettin, während er an gleich alten Kirchen in Stralsund, Kopenhagen, Malmö, Ystad, sowie an den etwa aus dem Jahr 1000 stammenden alten Rundkirchen auf Bornholm diese Marken trotz eifrigen Suchens nicht gefunden hat. Bemerkenswerth ist, dass das bekannte steinerne Kreuz, welches gegenwärtig am Thurmeingange der St. Marienkirche zu Berlin steht, ebenfalls fünf Vertiefungen besitzt, die obgleich etwas tiefer, wie die Rundmarken an derselben und an anderen Kirchen, diesen dennoch sehr ähnlich sind. Dieses steinerne Kreuz ist zum Andenken an den im Jahre 1327 in Berlin ermordeten Propst Nicolaus von Bernau errichtet worden und dienten die fünf Vertiefungen der Sage nach dazu, um die ewige Lampe, welche zur Sühne lange Zeit an dem steinernen Kreuze brennen musste, zu halten. Da nun in katholischen Gegenden auch heute noch zum Andenken an die Verstorbenen zu Zeiten Lichter angezündet werden, so liegt, wenn man nach einer Erklärung der Rundlöcher an der Aussenseite der Kirchen sucht, der Gedanke nahe, diese Vertiefungen als solche anzusehen, in denen einstmals derartige Lichter, mochten sie nun zur Sühne oder zum Andenken brennen, befestigt gewesen sind. Merkwürdig ist übrigens die Uebereinstimmung der Grösse der Rundvertiefungen in den verschiedenen Kirchen und legt der Vortragende zum Beweise dafür eine Anzahl von ihm in Gyps abgeformter Vertiefungen des Steinkreuzes und der Aussenmauer der Marienkirche, sowie der Nicolaikirche in Berlin vor, welche mit den auf einem von Herrn Rabenau aus Vetschau in derselben Sitzung vorgelegten Stück der Kirchenwand befindlichen Rundlöchern an Grösse übereinstimmten. Die Untersuchungen über diesen Gegenstand sind übrigens durchaus noch nicht abgeschlossen und wäre es höchst wünschenswerth, wenn in allen Theilen Deutschlands und andern Ländern Nachforschungen über diese Rillen angestellt würden.

Herr Rosenberg bemerkt hierzu, dass er die Vorlage der abgeformten Rundlöcher mit grosser Freude begrüsse. Diese Höhlungen hingen genau zusammen mit den sogenannten Grübchensteinen der heidnischen Zeit, und es seien solche Vertiefungen namentlich an den Opfersteinen zu Quoltitz und Werder, sowie am Burgwall zu Garz, ferner in der Schweiz und in Skandinavien gefunden worden. In dem Vorkommen dieser Vertiefungen an christlichen Kirchen haben wir offenbar ein Hineinragen des Heidenthums in das Christenthnm zu erblicken und es wird die Aufgabe der Mythenforschung sein, die richtige Stelle des Zusammenhanges zu finden.

(17) Herr **Virchow** besprach unter Vorlegung desselben
den Schädel der heiligen Cordula.
Die Veranlassung zu dieser Betrachtung war zunächst eine rein archäologische Frage, welche angeregt zu haben das Verdienst unseres Schriftführers, des Herrn Dr. Voss ist. Derselbe hatte seine Aufmerksamkeit dem Reliquienkasten des Doms zu Cammin zugewendet, welchen Sie hier vor sich sehen. Sie werden sich überzeugen, dass es in der That eins der merkwürdigsten Objecte der archaischen Kunst unseres Nordens ist. Er gehört noch gegenwärtig der Domkirche in Cammin, obwohl begreiflicherweise mit der Reformation der Gebrauch der Reliquien aufgehört hat, und es ist sonderbar genug, dass damit eine Reihe von Heiligenkno-

chen in die Hände der Ketzer gekommen ist und auch uns Gelegenheit geboten wird, sie vor uns zu sehen. Ich will zur Entschuldigung sagen, dass wir damit um so weniger ein Sakrilegium zu begehen glauben, als in neuerer Zeit namentlich in Italien, unter Zustimmung der Geistlichkeit alte Heilige nicht blos aus ihrem Grabe gehoben, sondern auch von Anatomen untersucht worden sind; so der heilige Ambrosius und andere Kirchenlichter, deren Craniologie erst jetzt in das richtige Licht gestellt ist. Ich selbst war, freilich unter ganz anderen Umständen, einmal berufen, die Aechtheit von Heiligenköpfen zu constatiren. In Würzburg wurden in der ersten Zeit, wo ich an der dortigen Universität lehrte, die lange vermissten Köpfe der heiligen Märtyrer Kilian, Colonat und Totnam, der Frankenapostel, aufgefunden, kurz nachdem auf der dortigen Anatomie wiederholt Schädel und ein Skelet gestohlen waren. So entstand das Gerücht, die feierlich ausgestellten Schädel seien mit den gestohlenen identisch. Ich konnte jedoch bestätigen, dass es alte Schädel seien und dass auch die mächtigen Wunden, welche sie trugen, vor langer Zeit angebracht sein mussten. Die Sache hatte aber doch den guten Erfolg, dass die Anatomie ein schönes Skelet zurückerhielt, welches der Dieb „in der Beichte" angegeben hatte.

Die heilige Cordula hat ein besonderes Interesse vielleicht schon deshalb, weil man so wenig von ihr weiss. Es gilt dies nicht bloss von den Ketzern, sondern auch von den Gläubigen. Es ist ihr, wie jeder Kalender ergiebt, der 22. October geweiht. Der 21. October ist der Tag der heiligen Ursula. Es erklärt sich diese Nähe eben aus dem Umstande, dass die heilige Cordula eine der 11,000 Jungfrauen war und zwar, wie sich das Martyrologium romanum ausdrückt: sola ex illis sodalibus, quae polleat praerogativa. Die Geschichte der heiligen Ursula wird Ihnen im Grossen bekannt sein. Es wird berichtet in den heiligen Geschichten, dass sie die Tochter eines christlichen Königs von Britannien gewesen sei, dass der Sohn eines heidnischen Königs in Deutschland um sie gefreit habe, dass dann die Bedingung gestellt worden sei, dass, wenn sie die Heirath eingehe, in der Gegend von Köln, wohin die Sage zielt, das Christenthum definitiv eingeführt werden müsse, und dass es eine Spezialbedingung des Heirathcontractes wurde, dass 11,000 christliche Jungfrauen aus Britannien mit herübergeführt würden, welche bestimmt waren, Ehen einzugehen mit den heidnischen Deutschen, um auf diese Weise ein christliches Geschlecht zu erzielen. Für die Sammlung dieser 11,000 Jungfrauen waren 2 Jahre Frist gestellt, während deren zugleich der betreffende Prinz dem christlichen Unterricht unterworfen werden sollte, damit er hinreichend fest sei, wenn die Heirath vollzogen würde. Dann fuhr die heilige Ursula mit den 11,000 Jungfrauen, je 1000 in einem Schiff, herüber. Sie wandten sich jedoch zunächst aufwärts über Basel und die Alpenpässe nach Rom, beteten an den Gräbern der Apostel und kehrten, begleitet von einigen Kirchenvätern, welche schon damals die Vorahnung des kommenden Martyriums hatten, wieder nach Deutschland zurück. Die Sagen schwanken etwas über die Zeit, in welcher dies Ereigniss stattgefunden haben soll; sie schwanken zwischen dem 4. und 5. Jahrhundert. Vor Köln geschah das Grässliche, dass heidnische Feinde der Jungfrauen begehrten, und dass diese, als sie sich weigerten, mit ihnen Ehebündnisse einzugehen, sämmtlich erschlagen wurden. Nur eine der Jungfrauen verbarg sich aus Furcht vor dem Tode bis zum nächsten Tage; dann aber, als sie erfuhr oder bemerkte, dass ihre Genossinnen alle dem Martyrium unterlegen waren, fasste sie einen tapferen Entschluss, gab sich zu erkennen und wurde gleichfalls ermordet.

Lange Zeit hatte man nicht gewusst, wer sie war. Erst, wie es scheint, im 11. oder 12. Jahrhundert, geschah es, dass eine Nonne im Kloster zu Herse in Westfalen, mit Namen Helentrud, in einer Nacht eine Erscheinung hatte und dass sie ein leuchtendes Frauenbild vor sich sah, welches von ihr verlangte, dass sie auch besonderer Ehren theilhaftig und in das Gebet der Gläubigen mit eingeschlossen würde. Auf einem Strahlenbande, welches auf ihrer Stirn befestigt war, las die Nonne den Namen Cordula. So wurde zuerst der Name der letzten Ueberlebenden der 11,000 Jungfrauen bekannt, ein Name, von dem nachher etwas sonderbare Erklärungen gegeben sind. In dem Heiligenlexicon der Herrn Stadler und Heim (Augsburg 1858. Bd. I. S. 671.) steht sonderbarer Weise, er bedeute „Herzchen", indess das Diminutiv von cor heisst corculum und nicht cordulum. Die Acta sanctorum sind in dieser Beziehung viel correkter, indem sie cordula als Diminutiv von corda angeben, da gewissermassen ein Faden gegeben sei, an welchem die göttliche Inspiration zu den Menschen geleitet sei.

Im 13. Jahrhundert ereignete sich von Neuem ein wichtiges Wunder. Es geschah, dass ein Bruder des Ordens des heiligen Johannes von Jerusalem in dem Kloster zu Köln, Yngebrand de Rurke in einer Nacht gleichfalls die Erscheinung dieser Jungfrau hatte. Er war, wie es scheint, etwas trägen Geistes und hatte in der ersten Nacht, als sich dieses ereignete, die Gelegenheit versäumt, sich vollständig zu instruiren. Er theilte die Sache seinem Prior mit; der sagte, er müsse herausbringen, was das eigentlich sei, und wie das zusammenhinge. Darauf trat denn in der That dieselbe Vision in der folgenden Nacht auf, und obwohl der Mann nicht lesen konnte, las er doch an der Stirn: Cordula Virgo Regina. Das behielt er. Als er am Morgen aufwachte, wiederholte er immer diese Worte, wie die Acta sanctorum berichten. Nun war noch nicht herausgebracht, weshalb die heilige Cordula sich gezeigt habe. Das wurde bei der dritten Vision constatirt: sie theilte mit, dass in dem Klostergarten bei einem grossen Haselnussbaum ihr Leib begraben sei. Er machte sich nun darüber und es gelang ihm auch, den Körper der Heiligen zu entdecken. Aber man scheint ihm nicht gebührende Aufmerksamkeit geschenkt zu haben. Um diese Zeit kam jedoch der Bischof Albertus Magnus von Regensburg nach Köln; der machte sich alsbald auf, ging selbst zu der Stätte, betete an und liess sofort die Gebeine in die Kirche des Klosters bringen.

Die Acta sanctorum[1]) wissen nichts weiter über die Heilige zu berichten, als dass sich nachher ein lebhafter Streit erhoben habe zwischen den Kölnern und den Prämonstratensern in der Abtei Vicoigne bei Valence (Valentia), welche behaupteten, dass sie die Gebeine der Heiligen besässen, wie das so oft geht. Und in der That, gerade so, wie bei der ersten Erhebung der Leiche unter dem Haselnussbaum, als das Erdreich entfernt war, der angenehmste Wohlgeruch sich verbreitet haben sollte, constatirten die Viconenser Mönche, dass bei einer Aenderung ihres Klosters, als die Gebeine translocirt wurden, dieser selbe himmlische Wohlgeruch sich verbreitet habe. Wie der Schädel nach Cammin gekommen ist, ist aus den Acta sanctorum nicht ersichtlich, auch weiss ich sonst Weiteres darüber nicht zu melden. Indessen war bekanntlich in Cammin der pommersche Bischofsitz, errichtet in einer Zeit, wo die kirchliche Erweckung sehr stark war. Es lässt sich wohl erwarten, dass der heilige Otto und seine Nachfolger dafür gesorgt haben, dass sichere Gebeine dahin kamen, und dass nicht etwa eine fabrica ossium, wie sie später wiederholt constatirt worden ist, dazwischen trat. Ich nehme also an, dass das, was Sie hier vor sich sehen, in der That der richtige Schädel ist, und wenn Sie die mächtige Spalte sehen, welche die Stirn der Heiligen ziert, so kann man sich wohl vorstellen, dass der Hieb eines Heiden das Leben der Heiligen vernichtet habe. Es ist gleichzeitig mit diesem Schädel eine Reihe anderer Gebeine vorhanden, von denen man zum Theil anneh-

---

[1]) Acta Sanctorum Octobris T. IX. p. 580.

men könnte, dass sie dazu gehörten, indess die Mehrzahl macht einen anderen Eindruck, einige gehören sicherlich zu anderen Körpern, als der Schädel. Es würde
also von Interesse sein, aus den Inventarien des Doms zu Cammin zu constatiren, zu
welchen anderen Heiligen sie gehört haben. Hier ist z. B. ein ganz braunes Fersen-
bein mit Verknöcherung des Ansatzes der Achillessehne, welches offenbar von einem
männlichen Individuum herstammt; es giebt ferner darunter einige andere sehr alte,
höchst brüchige Knochenstücke, die wahrscheinlich aus den ältesten Zeiten des Christenthums stammen, vielleicht von den Aposteln selber. Sie sind so abgegriffen, dass
wenn man annimmt, dass der Schädel aus dem 5. Jahrhundert stammt, sie wenigstens aus dem ersten stammen müssen. Ausserdem haben wir eine Reihe von sehr
gemischten Knochen, Stücke von Schläfenbeinen und Unterkiefern, die auch nicht wohl
mit dem Schädel in Verbindung gebracht werden können.

Was nun den Schädel selbst anlangt, so ergiebt sich daraus zunächst, dass die
heilige Cordula wohl einen äusseren Grund hatte, sich nicht den anderen Jungfrauen
gleich zu stellen. Es ist nehmlich der Schädel einer ziemlich alten Frau. An der
weiblichen Beschaffenheit zweifle ich keinen Augenblick; es sind alle Merkmale vorhanden, die man sonst den weiblichen Schädeln zuschreibt. Aber es ist auch gar
kein Zweifel, dass die Trägerin alt war. Obwohl das ganze Gesicht mit dem Jochbein
und die Basis des Schädels nebst einem Stück der Hinterhauptsschuppe fehlen, so
zeigt sich doch eine so ausgedehnte Verknöcherung der Nähte, namentlich der Pfeilnaht,
wie der mittleren Theile der Kranz- und Lambdanaht, wie sie eben nur bei einem alten
Individuum vorkommen kann. Zufällig läuft quer über die Scheitelhöhe eine stark ab-
genutzte oder abgeschrapte Fläche, die durch ein nicht ganz klares Reiben entstanden
sein muss; dadurch ist die Oberfläche so weit abgeschabt, dass man hier wenigstens
deutlich eine Naht sehen müsste, wenn sie noch vorhanden gewesen wäre. Das ist
aber gar nicht der Fall.

Wenn man sich ferner die Frage vorlegt, welchem Typus der Schädel entspricht,
so findet sich eine verhältnissmässig grosse Länge und Breite bei einer verhältnissmässig nicht beträchtlichen Höhe. Der Breitenindex beträgt 76·8, ein Maass, welches
der sogenannten Mesocephalie entspricht, einer Form, wie sie den Kulturmenschen
Europas im Allgemeinen eigenthümlich ist. Das, was den Schädel specieller
charakterisirt, ist namentlich die Bildung des Hinterhauptes, welches die Hinter-
lappen des Gehirns repräsentirt. Dasselbe ist ungewöhnlich weit hinaufgeschoben
und scheidet sich an der Spitze der Squama occipitalis durch einen tiefen Absatz von dem Mittelkopf. Der obere muskelfreie Theil der Squama ist stark gewölbt, aber niedrig und von geringer Flächenausdehnung, so dass merkwürdiger
Weise die Entfernung der Protuberanz von der Spitze ungemein klein ist. Sie
misst nur 60 Mm. Uebrigens ist die Protuberanz sehr schwach, dagegen sind die
Lineae nuchae stark entwickelt. Die Stirn ist voll und breit, jedoch nicht hoch,
die Schläfengegend gleichfalls voll. Die grösste Breite fällt auf die Gegend der
Schläfenschuppen über dem Gehörgang. Von der Basis aus gesehen, erscheint der Schädel lang und schmal, jedoch nach vorn breiter. Die Einzelmaasse
sind folgende:

Grösste Länge 181
Grösste Breite 139
Unterer Frontaldurchmesser 93
Temporaldurchmesser 116
Parietaldurchmesser 123
Oberer Mastoidealdurchmesser 120
Entfernung der Kiefergelenke 95

Es steht also nichts entgegen, dass irgend eine der Völkerschaften, welche in jener Zeit Britannien bewohnten, in diesem Schädel repräsentirt sein kann. Es ist weder eine auffällige Dolichocephalie, noch eine ausgesprochene Brachycephalie vorhanden; man kann nicht sagen, dass aus der Form Bedenken erwüchsen.

Etwas anders steht es allerdings mit den äusseren Verletzungen, welche der Schädel darbietet. Es ist erstlich eine gewisse Reihe von oberflächlichen, jedoch hier und da bis in die Diploe reichenden Substanzverlusten vorhanden, die nach vorn ziemlich zahlreich sind. Man kann kaum auf die Vermuthung kommen, dass sie durch Krankheit entstanden seien. Wahrscheinlich sind sie erst nach dem Tode, sei es durch Verwitterung, sei es durch irgend ein anderes äusseres Ereigniss herbeigeführt worden. Gegen die Verwitterung spricht freilich die Festigkeit des Knochengewebes, welches eher den Eindruck macht, als sei der Schädel nie in der Erde gewesen, denn er hat eine sehr dichte, elastische Beschaffenheit und eine gelblich graue, hie und da mehr bläulich graue Farbe und vielfach einen grünlichen Schimmer, und sieht glatt, ja an allen vorspringenden Theilen glänzend und abgegriffen aus. Die erwähnten Substanzverluste dagegen sind rauh und stellenweis etwas weisslich, wie von anhaftendem Gyps oder Kreide. Indess kann man darüber hinweggehen. Unser Hauptinteresse concentrirt sich auf die Stirnwunde, welche in der That so elegant und gross ist, dass sie dem Bedürfniss der Erzählung vollständig genügt. Aber diese Wunde hat eine Eigenthümlichkeit, welche es sehr schwer macht zu erkennen, auf welche Weise der Heide die Verletzung eigentlich herbeigeführt hat. Auf den ersten Blick sollte man nehmlich glauben, es wäre ein Hieb, allein Sie sehen, dass die lange und vollständig penetrirende Wunde in der Mitte ziemlich weit klafft und nach beiden Seiten in eine feine Spitze ausläuft und zwar so, dass, wenn man in die Wunde hineinblickt, an den Spitzen derselben die innere Tafel noch unversehrt erscheint, während in der äusseren Tafel und der Diploë ein sehr scharfer keilförmiger Einschnitt sich befindet. Es fehlt also unzweifelhaft ein keilförmiges Stück aus dem Schädel. So etwas ist durch einen Schlag nie zu erzielen. Wir haben, namentlich seit den letzten Kriegen, Schädel genug in unseren Sammlungen, um jede Form des Schlagens zu illustriren, aber so kann jetzt niemand schlagen. Wäre das ein Schlag, so würde sicherlich an beiden Enden ein weitergehender Sprung existiren, es müsste wenigstens eine Splitterung sichtbar sein; am wenigsten wäre es denkbar, dass so gestaltete Ecken vorhanden waren. Würden wir heutzutage einen solchen Schädel finden, so würde, glaube ich, Jedermann schliessen, das Loch wäre gesägt. Nun könnte man vielleicht meinen, dass später an der schon vorhandenen Wunde noch etwas nachgeholfen wäre, um sie weiter sichtbar zu machen, denn es zeigt sich allerdings, dass auf der einen Seite die Färbung der Ecke eine etwas frischere ist; allein die andere Ecke ist durchaus ebenso gefärbt, wie der übrige Schädel, und sicherlich alt. Ich kann also nur schliessen, dass, wenn das Loch nicht schon vor langen Jahren gesägt worden ist, in jener alten Zeit Methoden des Hauens existirt haben müssen, welche gegenwärtig verloren gegangen sind. Also auch in dieser Beziehung bietet der Schädel uns Aufschlüsse, auf die man am allerwenigsten gefasst sein konnte.

Herr **Voss** fügte einige Bemerkungen hinzu über

den Reliquienkasten der heiligen Cordula.

Während eines kürzeren Aufenthaltes im vorigen Jahre in Copenhagen hatte ich mich der Ehre zu erfreuen, uuter der höchst zuvorkommenden Geleitung des Herrn Worsaae, des jetzigen Cultusministers in Dänemark, einige Abtheilungen der Copenhagener Sammlung nordischer Alterthümer in Augenschein zu nehmen. Uuter vielen anderen sehenswürdigen Dingen wurde ich namentlich auf Stücke aufmerksam gemacht, welche hinsichtlich ihrer Ornamentirung und wegen ihres Materials sehr grosse verwandtschaftliche Beziehungen zeigten zu einem Stücke, das in meiner Heimath aufbewahrt wird und welches ich in Folge des höchst anerkennenswerthen Entgegenkommens der betreffenden Behörden Ihnen heute hier vorstellen kann. Es ist dies der erwähnte sogenannte Kasten der heiligen Cordula, von dem die nordischen Forscher nicht mit Unrecht behaupten, dass derselbe ein Erzeugniss nordischer Kunst sei. Derselbe wird seit Alters im Dome zu Cammin aufbewahrt. Nähere Nachrichten über denselben sind aber nicht vorhanden.

Der Kasten ist, wie Sie sehen, aus einzelnen Platten zusammengefügt, welche durch vergoldete Bronzeeinfassungen verbunden sind. Hierdurch erhält derselbe, der in seiner Grundfläche oval und mit einer flach gewölbten Decke versehen ist, ein schildkrötenähnliches Ansehen. Die Platten bestehen aus einem Material, das bis jetzt noch niemals genauer untersucht worden ist. Kugler giebt iu seiner Pommerschen Kunstgeschichte an, es sei Elfenbein; andere behaupten, es seien Knochen eines vorweltlichen fossilen Thieres; andere sagen, es sei Speckstein. Wie Sie sich überzeugen werden, ist es Knochen, aber nicht etwa Zahnbein oder Elfenbein, sondern gewöhnlicher Knochen. Welcher Thierart derselbe aber angehört, konnte bis jetzt noch nicht mit Sicherheit festgestellt werden. Herr Prof. Hartmann, welcher so freundlich war, die Untersuchung zu übernehmen, hat bisher nur ermitteln können, dass es Elephanten- oder Wallfischknochen ist, aber entschieden nicht fossiler. Die einzelnen Platten sind sehr reich mit eingeschnittenen Ornamenten versehen, und Sie werden bemerken, dass trotz aller scheinbaren Bizarrerie in dem Ganzen ein sehr sicherer und durchgebildeter Styl herrscht. Man erkennt zwischen vielfachen Bandverschlingungen Figuren von Säugethieren und Vögelu, auch menschenähnliche schnurrbärtige Fratzen; aber Alles, die Thiere sowohl wie die menschenähnlichen Gesichtsmasken, ist in höchst phantastischer Weise rein ornamental behandelt. Die Thiere sind gemähnt und haben ein tiger- oder löwenähuliches Ansehen; die Vögel sind zum Theil mit Schöpfen dargestellt, welches ihnen Aehnlichkeit mit Wiedehöpfen giebt; die schnurrbärtigen Fratzen blicken wild, gleich Medusenhäuptern. Die einzelnen Figuren sind gewöhnlich durch einen doppelten Contour begrenzt und mit einem grobgekörnten perlenartigen Mosaik ausgefüllt. Die Verbindungsstellen der Gliedmaassen mit dem Rumpfe sind meistens durch Voluten bezeichnet, in ähnlicher Weise, wie das unter Anderm bei den Sculpturen auf dem Felsen von Ramsund in Soedermannland (Schweden) der Fall ist. Die Bronzebänder sind mit Ornamenten, welche mittelst Tremolirstichel eingravirt sind und an manchen Stellen stark an den romanischen Styl erinnern, verziert und tragen an den Schmalseiten und den Schliessen, welche am Rande der einen Theil der Decke bildenden kappenartig befestigten Schliessplatte sich befinden, schnurrbärtige Wolfsköpfe, und auf den Rändern der Breitseiten je zwei Vogelfiguren.

Es wurden nun in Jütland mehrfach Bronzegegenstände gefunden, welche mit den Ueberfällen (Schliesshaken) dieses Kastens die grösste Aehnlichkeit haben. Ausserdem befindet sich in der Königlichen Sammlung hierselbst eine Fibula aus Jütland, welche ebenfalls Verwandtschaft mit diesen Darstellungen zeigt. Auch hat man in Grossbritanien mehrfach ähnliche Funde gemacht, welche aber von Herrn Worsaae auf nordischen Ursprung zurückgeführt sind. Für die Bestimmung der Zeit, welcher diese Stücke angehören, ist ein Fund von Wichtigkeit. Man entdeckte nämlich in einem bei Mammen, südlich von Viborg (Jütland) gelegenen Hügelgrabe, der letzten heidnischen Zeit angehörig, eine mit Silber tauschirte Axt, welche ganz ähnliche Bandornamente zeigt, wie die Platten des Kastens, ausserdem Reste eines gestickten Gewandes, welches ebenfalls mit tigerähnlichen Thierfiguren und romanisirenden Rankenornamenten verziert war. Letztere sind den oben erwähnten gravirten Ornamenten der Bronzebänder höchst ähnlich Auch findet sich bei Worsaae (Nordiske Oldsager pag. 114) die Figur eines Vogels, aus vergoldetem Kupfer hergestellt, welche in der Behandlung der Füsse und Zehen auf das Genaueste mit einem auf der einen Platte des Kastens dargestellten Vogel übereinstimmt. Es existirt überhaupt nur noch ein ähnlicher Kasten. Derselbe gehörte früher dem Bamberger Domschatze und befindet sich jetzt im Nationalmuseum zu München. Er ist allerdings bedeutend kleiner, einfach quadratisch mit etwas gewölbter Decke, in seinen Ornamenten aber, sowohl denen der Platten als des Bronzebeschlages, stimmt er mit dem Kasten der Cordula so völlig überein, dass man mit Sicherheit annehmen kann, beide Stücke seien aus einer Fabrik hervorgegangen und von demselben Künstler verfertigt worden. Vielleicht erhielt diesen der heilige Otto bei seinen Bekehrungsreisen im Norden zum Geschenk und vermachte ihn seiner Kathedrale. Ich glaube hiernach, dass der nordische Ursprung dieses Kastens nicht zweifelhaft sein kann und dass wir wohl als Zeit seiner Verfertigung spätestens das Jahr 1000 festsetzen können, da Herr Worsaae jenen Grabfund in das Ende der heidnischen Zeit (die sogenannte spätere Eisenzeit) 700—1000 nach Chr. versetzt.

Der andere hier ausgestellte Kasten aus dem Camminer Dom ist ebenfalls von hohem Interesse. Es ist ein einfaches viereckiges Holzkästchen, mit Knochenplatten belegt, welche zum Theil durchbrochen sind und eine darunter liegende farbige Platte erkennen lassen, zum Theil aber mit concentrischen Kreisen verziert sind, welche durch Schrägstriche verbunden werden, ganz nach Art der Verzierungen jener alten Beinschnitzereien, Knochenkämme etc. wie sie mehrfach in der Nähe des Rheins gefunden sind. Auch zeigen die durchbrochenen Platten Aehnlichkeit mit einigen Zierplatten aus fränkisch-allemannischen Gräbern, nur machen sie den Eindruck grösserer Verwilderung. Ueber den Kasten, der lange zerbrochen dalag und jetzt unter meiner Leitung, soweit thunlich, restaurirt wurde, fehlen alle Nachrichten. Ich vermuthe, dass er der Carolingerzeit angehört und dem westlichen Deutschland, vielleicht den Rheingegenden entstammt. Möglicherweise ist dies der eigentliche Cordulaschrein, der den rheinisch-westfälischen Colonisten mit der in der alten Heimath entbehrlichen Reliquie als schützendes Heiligthum in die neuzugründende Heimath unter den neubekehrten Pommern mitgegeben wurde[1]). Später wurde derselbe wahrscheinlich von einem Dänischen Könige, welcher in Pommern Einfluss zu erlangen suchte und sich deshalb den Clerus geneigt machen wollte, durch jenes Prachtstück altnordischer Kunst ersetzt.

(18) Herr **Liebe** (Berlin) zeigte einige junge, im Diluvium bei Berlin in der Nähe des Rollkruges (Rixdorf) gefundene
Backzähne des Mammuth.

(19) Geschenke:

1) Conte Gozzadini: De quelques mors de cheval italiques. Prachtwerk 4to
2) Programm des Friedrich Wilhelms - Gymnasiums zu Cottbus mit einer Arbeit von Bolze über die in der Umgegend ausgegrabenen Alterthümer.
3) A. Woldt Karte der Insel Bornholm.
4) Engelhardt. Sur les statuettes de l'âge du bronze du Musée de Copenhague.

---

[1]) Nachträglich ist mir von sachkundiger Seite mitgetheilt worden, dass in Xanten a/Rhein, sowie in der St. Gereonskirche in Cöln sich ähnliche Reliquiarien befinden sollen.

Ausserordentliche Sitzung am 28. Juni 1875.

Vorsitzender Herr **Virchow.**

(1) Als neu aufgenommene Mitglieder wurden proclamirt:
Herr Stabsarzt Dr. Wichmann,
„ Assistenzarzt Dr. Tiemann,
„ Dr. Wittmack, Custos am Königl. landwirthsch Museum zu Berlin
und Hr. Telegraphenbeamter Schindler zu Teheran.

(2) Die Programme für die Generalversammlung der deutschen anthropologischen Gesellschaft, welche zu München vom 8. bis 11. August d. J. stattfinden wird, sind erlassen. Unmittelbar an die anthropologische Versammlung wird sich diejenige der deutschen geologischen Gesellschaft anschliessen. Der Vorsitzende verfehlt nicht, die Mitglieder zu zahlreicher Betheiligung aufzufordern.

(3) Der Vorsitzende hat von Hrn. Hildebrandt Conformateurabdrücke der Somal, sowie Haarproben und Gypsabgüsse derselben erhalten. Der eifrige Reisende hat sich jetzt nach den Comoren begeben.

(4) Hr. Dr. **Noack,** gegenwärtig in Braunschweig, hat auf Ersuchen des Vorsitzenden eine Reihe vortrefflicher Abbildungen und eingehender Beschreibungen der wichtigsten Gegenstände

des Braunschweiger ethnographischen Museums

(Hierzu Taf. X.)

eingesandt.

Die ethnographische Abtheilung „Amerika" des städtischen Museums, welches erst seit dem Anfange des vorigen Decenniums existirt, enthält eine recht bemerkenswerthe Sammlung von Gegenständen, die sich sowohl auf die moderne wie die prähistorische Zeit beziehen. Der mit grossem Fleiss von dem im vorigen Jahre verstorbenen Dr. Schiller ausgearbeitete Katalog umfasst die 4 Unterabtheilungen: die nördlichen Polarländer, Nordamerika, Westindien und Südamerika. Die Sammlung aus den Nordpolarländern enthält u. A. Schnitzereien in Wallross aus Labrador, Eskimos und ihre Geräthe darstellend, grönländische Pfeilspitzen, Angeln, Harpunen, einen Schleuderstein von eirunder Form von der Savage-Insel, ferner eine Nachbildung (wohl nicht, wie der Katalog angiebt, ein zweites Original) der auf Nordrseta in der Baffinsbey gefundenen Runeninschrift: Elikr Sigvaφs sonr. etc., die sich im Kopenhagner Museum befindet, und wiederholt, so Antiq. amer. p. 347; Grönlandske histor. Mindesmärker III erklärt ist.

Zahlreicher sind die Sammlungen aus Nord- und Südamerika, von denen ich die Zeichnungen prähistorischer Gegenstände beilege. Altamerikanische Urnen sind drei vorhanden: Eine Gesichtsurne aus Mexiko und zwei halbkugelförmige Urnen aus einer Grabkammer in Cuzco. Die Gesichtsurne ist wahrscheinlich in Zacatecas gefunden (Cat. A, IVb, 3) und aus grauem Thon mit schwarzem Ueberzuge gearbeitet, 21 Cm. hoch; das Gefäss hat die Gestalt einer zusammengedrückten, unten abgeplatteten Kugel von 40 Cm. Umfang, die Höhe der Figur über der Kugel beträgt 8 Cm. Die Beschreibung der Figur wird durch die Zeichnung überflüssig, ich füge nur hinzu, dass die semitisch gebogene Nase sehr stark hervortritt. Der vordere Theil der Kugel ist durch zwei Längen- und ein Querband in 6 Felder getheilt, auf denen 3 Vögel (Truthühner?) und Fische dargestellt sind. Der Grund der Felder ist durch unregelmässige Reihen von warzenförmigen Erhöhungen ausgefüllt. Auch die hintere Seite zeigt einen matter gearbeiteten Kreis mit 5 durch Radien gebildeten Feldern, von denen 3 durch Warzen, 2 durch matt verlaufende Streifen verziert sind. Am Hinterhaupte war der abgebrochene, aber noch vorhandene mässig gebogene Henkel von 10 Cm. Länge wagerecht befestigt. Derselbe ist am obern Ende hohl und die Oeffnung führt mit einem feinen Loch in das Haupt der Figur. Die untere, 2 Cm. lange und 4 Cm. breite Tülle mit ausgebogenem, theilweise abgebrochenem Rande ist von dem gleichfalls abgebrochenen und ausgebogenen Ende des Griffs 7 Cm. entfernt; die offenbar früher zwischen beiden vorhandene Verbindung fehlt leider und in derselben muss sich die eigentliche Oeffnung des Gefässes befunden haben. In der Tülle steckt eine zweite Thonröhre, deren Rand unverletzt ist. Vielleicht hat das Gefäss gleich einem christlichen Aquamanile zu Kultuszwecken gedient. Uebrigens ist die Urne sowenig, wie das im Missisippi gefundene, sehr ähnliche Gefäss, welches aus einer flachgedrückten, nach oben in einen menschlichen Hals und Kopf übergehenden Kugel besteht und im Correspondenz-Blatt der deutschen Gesellschaft für Anthropologie, Ethnol. u. Urgesch. No. 8, Dec. 1870 besprochen ist, auf der Drehscheibe gearbeitet.

Die beiden Schalen aus gelbrothem Thon (Cat. A IV, d. 3 u. 40) sind 1857 in einer Grabkammer (Chulpa) zu Cuzco gefunden. Das grössere Gefäss ist 8 Cm. hoch mit 11 Cm. Durchmesser und, wie die kleinere Schale, ziemlich starkwandig ohne Drehscheibe gearbeitet (beide Gefässe sind etwas schief). Oben hat dasselbe an einer Seite einen 1,5 Cm. langen Buckel. Die Farbe ist gelblich roth und die Art der schwarzen und rothen linearen Verzierungen aus der Abbildung ersichtlich. Die kleinere Schale, 5 Cm. hoch, 8 Cm. Durchmesser, ist eine von oben zusammengedrückte Halbkugel aus gelblichem Thon und durch einen schwarzen Rautenfries mit rothen Punkten verziert. Oben läuft eine schwarze und unten eine rothe Linie zwischen zwei schwarzen herum

Die dritte Vase, sehr roh mit ungeschickten braunen Verzierungen auf hellgelbem Grunde, ist modernen Ursprungs und von Eingebornen in Guyana gearbeitet. Ich füge die Farbenscizze zur Vergleichung bei.

Die Abtheilung enthält sodann einige silberne Idole und Statuetten. Die eine (Cat. A. IV, d. 38) stellt einen bucklichen Zwerg mit einer Zipfelmütze, lächelnden Zügen und stark phallischer Stellung dar; auf der rechten Waage hat die Figur eine Warze. Die 4 Cm. hohe, massiv silberne Statuette ist gleichfalls 1857 in einer Grabkammer zu Cuzco, vielleicht mit den beiden Schaalen zusammen, gefunden worden. Die 3 andern Figuren stammen aus Gräbern der Chibchas in der Provinz Chiriqui, Staat Panama. No. II ist 3, No. III 3,5 Cm. hoch. Die Ausführung ist bei beiden ziemlich sorgfältig, doch sind die Statuetten so abgegriffen, dass sich von den Details, besonders der Köpfe wenig erkennen lässt, Fig. II ist wohl weiblich, Fig. III männlich. Bemerkenswerth ist bei beiden die schiefe Stellung der Augen und eine zopfähnliche Erhöhung auf dem Kopfe. Bei der grössern Statuette sind auf beiden Handgelenken feine Kreise eingravirt, die vielleicht Armspangen, allerdings wenig perspektivisch aufgefasst, darstellen sollen.

Auch die vierte Figur ist in einem Grabe der Chibchas bei dem Orte David in Chiriqui gefunden. Sie stellt nicht, wie der Katalog des Museums angiebt, ein Krokodil, sondern einen, wie wir sagen würden, stilisirten Jaguar vor. Die Stilisirung bezieht sich auch fast nur auf die vordern Extremitäten, denn der sehr grosse Kopf mit den Reisszähnen ist als der eines Jaguar sofort kenntlich. Die Figur ist 5 Cm. lang, von vergoldeter Bronce und innen hohl, übrigens recht sauber gearbeitet.

Recht zahlreich ist in den Sammlungen des Museums die Zahl der prähistorischen Steinwaffen aus Amerika. Ich erwähne zuerst einen Tomahawk von Grünstein, gefunden in Tiscatawely, New-Jersey (Catal. A, IV, b, 1), 16 Cm. lang, 10 Cm. breit, 5 Cm. dick. Derselbe ist sehr sorgfältig gearbeitet; im obern Drittel ist eine Nuth zur Befestigung des Stiels eingeschliffen. Ein zweiter Tomahawk dagegen vom Obern See (A, IVb, 2) ist nur durch die eingeschliffene Rinne als ein menschliches Werkzeug erkennbar, sonst fehlt jede Spur der Bearbeitung.

Aus Zacatecas stammen 2 Opfermesser aus Obsidian: das grössere, 14 Cm. lang und 1,5 Cm. breit, ist mässig gebogen wie eine Rippe, auf der einen concaven Seite glatt, auf der convexen mit einem Grat in der Mitte. Die äusserste Spitze ist abgebrochen. Das kleinere ist gerade. Beide sind mit Götzenbildern aus gebranntem Thon auf einem Acker bei Zacatecas gefunden.

Die Sammlung der indianischen Pfeilspitzen aus Stein umfasst 31 Nummern. Von diesen stammen 5 vom Mississippi (Cat. A, IVb 23—27), sie sind aus hellgrauem Feuerstein, in der Mitte ziemlich stark, einer ist etwas polirt. Länge 6—3 Cm., Dicke 1—0,75 Cm. Aus Texas sind 14 Nummern vorhanden, ein rautenförmiges Messer graubraun, zwei dreieckige und eine abgebrochene Speerspitze aus dunkelgrauem Feuerstein. Die Pfeilspitzen zeichnen sich bis auf eine dadurch aus, dass das untere Schaftende sehr breit und zum Theil mit Widerhaken versehen ist. Material grauer, bei zweien hellgelber Feuerstein. Alle sind ungeschliffen. 7 Nummern (3 Speer- und 4 Pfeilspitzen gehören Indianern an. IVb. 67—69) wurden in einem Grabe, die übrigen in der Erde gefunden Die Speerspitze aus Wisconsin A IVb. 42 ist sehr stark gearbeitet und etwas abgeschliffen. Zwei Keile aus Kieselschiefer und Grünstein, sowie 2 Speer- und 3 Pfeilspitzen wurden in der Nähe von Toledo (Ohio) gefunden. Die Keile sind grob geschliffen, doch sind die Hiebflächen noch meist erkennbar. Eine Pfeilspitze ist, wie eine zweite unbekannten Fundortes (A IVb. 70), aus milchweissem Chalcedon verfertigt. Die übrigen Lanzen- und Pfeilspitzen sind nur im Allgemeinen als Indianerwaffen bezeichnet, da sie aus älteren Sammlungen angekauft wurden.

Zu den prähistorischen Gegenständen aus Nordamerika gehören ferner einige Urnenscherben und Thierknochen, die einem alten Indianergrabe am Einfluss des Sevancreek in den Maumee-Fluss bei Toledo in Ohio entnommen wurden. Die eine Urne hatte Kugelform mit weiter Oeffnung und sanft ausgebogenem Rande. Das Material ist hellrother Thon, mit Quarzbröckchen vermischt und schwach gebrannt. Die Art der Verzierung lässt sich aus der Zeichnung des einen vorhandenen Stücks erkennen. Die linearen, aus groben Punkten bestehenden Ornamente wurden wohl mit einem spitzen Holz eingedrückt. Die andre Urne war aus schwarzem Thon mit rothem Ueberzuge und in der aus der Zeichnung der Fragmente erkennbaren Weise roh verziert. Die Knochenfragmente dürften Metatarsus- oder Carpusknochen vom Büffel sein.

Ein Wachsmodell des 1790 auf der Piazza major in Mexico gefundenen Opfersteins ist ziemlich schlecht gearbeitet, doch lässt sich die Kriegergruppe wenigstens erkennen. Da sich in Berlin ein gleiches Modell befindet und der Stein schon anderweitig von Hrn. Bastian besprochen ist, habe ich keine Zeichnung beigefügt.

Die modernen Gegenstände, so weit sie für die Ethnographie Amerikas von Interesse sind, umfassen einige hundert Nummern.

Aus Nordamerika sind bemerkenswerth: eine indianische Friedenspfeife aus rothem Speckstein, eine Streitaxt von Bronze, als Pfeife eingerichtet, Pfeifenköpfe aus grauem und schwarzem Thon, ein 6 Cm. langes Stück Hornstein zur Zubereitung des Leders, Pfeilspitzen aus Perlmutter und Schlangenkiefern. Eigenthümlich sind mehrere Feuersteine der Indianer aus Kalifornien (Cat. A, IVb. 99), welche mit kaum sichtbaren Zeichnungen in Gold versehen sind und indianische Krieger, den einen mit einer Lanze bewaffnet, zu Pferde, den andern kniend mit der Streitaxt, einen dritten in einem entenförmig gestalteten Boote rudernd, so wie einen Büffel darstellen. Widerhaken zu Pfeilspitzen, wie der Catalog angiebt, sind die Feuersteine sicherlich nicht gewesen. Von indianischen Geräthschaften erwähne ich noch ein Modell eines Fischerbootes zum Biberfang, indianische Pauken mit Malereien verziert, eine Opferklapper von Vancouver, darstellend eine roth bemalte Figur, auf dem Rücken einer Ente liegend, deren Schwanz den Griff der Klapper bildet, sodann Cigarrentaschen aus Fasern des Stachelschweins, eine Tasche aus Birkenrinde, Mokassins. Aus Mexiko sind vorhanden: hölzerne Pfeile und Bogen, zahlreiche Kostümfiguren, Hüte aus Binsenmark, geschnitzte Calebassen, Filigrankästchen, Thon-Ampeln und Kannen (roth und versilbert) aus Guadalaxara etc.

Die Abtheilung „Westindien" enthält u. A.: Bogen und Pfeile zur Fischjagd, eine birnenförmige Taparraflasche, desgl. Becher und Körbchen aus Taparraholz, Manaresiebe aus Bambus und Cocusfasern, einen Fächer, (Huarihuaro) Körbe aus dem Bast der Majagua, Decken von Fasern der Morichepalme, Muschelkörbchen mit Papageienfedern verziert von den Bahamainseln.

Aus Südamerika sind vorhanden: ein Thongefäss aus Guiana, schwarz glasirte Thongefässe aus Chile, von ebendaher ein urnenförmiges gehenkeltes Gefäss, kleinere lackirte Thongefässe aus den Cordilleren, Binsenkörbchen aus Chile, geschnitzte Calebassen aus Paramaribo, Cuja (Flasche) mit Blumen und Blättern geschmückt, hölzerne Statuetten, Arbeiter darstellend, von einem Indianer in Bogota geschnitzt, ein Damenhut aus Ahornmark (Maracaibo), ein Knochenpfeil aus der Tibia eines Affen, (Peru), Pfeile und Bogen aus Brasilien, ein Kahnmodell von Birkenrinde von Buenos Aires.

Die australische Abtheilung, „Neuholland und Polynesien" bietet als bemerkenswerthes Objekt der Ethnographie eine Anzahl von Steinwaffen (Cat. A. V. 41—48), welche gleich den meisten andern Gegenständen dem städtischen Museum von G. Krefft, Conservator des Museums in Sydney, geschenkt sind.

Das erste ist ein vorzüglich gearbeitetes Werkzeug aus Diorit von den Societätsinseln, welches sich am ehesten mit einem Celt oder Paalstaabe vergleichen lässt Dasselbe ist 13 Cm. lang und unten an der Schneide 4,5 Cm. breit. Der untere Theil ist auf 8 Cm. Länge spiegelblank polirt, der obere 5 Cm. lang, wohl zum Einlassen in einen Schaft, rauh gehalten. Die vordere Seite bildet ein nach oben zusammenlaufendes Dreieck, welches sich bis zum Ende in einen schmalen Streifen fortsetzt. Dieses Dreieck ist convex gekrümmt, während die hintere Seite der Schneide mit parallelen Rändern in schräger Richtung bis zum eingebogenen Stielende sich hinzieht.

Ein spiegelglatt polirtes, dreieckiges Messer mit abgerundeten Ecken von Serpentin stammt aus Neu-Caledonien. Die 3 Seiten sind 12, 10, 9 Cm. lang, die Dicke beträgt 2 Cm.

Die übrigen Steinwaffen, 2 Messer, 2 Streitäxte (Galengar) und 2 Steinhämmer sind von Krefft als aus West-Australien stammend bezeichnet. Das Messer ist aus Syenit(?) (nicht Feuerstein, wie der Cat. angiebt) gearbeitet, 14 Cm. lang, der Griff ist, wie bei den Streitäxten, mit dem Pech der Xantherie beklebt, in welchem noch ein Holzstück vom Griff steckt. Das zweite Messer aus Basalt, 15 Cm. lang, mit scharfer Schneide, ist am Griff mit weichem Wollhaar umhüllt.

Die Galengar, 12 Cm. lang, aus Diorit, sind an der Schneide polirt. Der eine Steinhammer trägt einen in der Nuth des Xantherienharzes, welches ungemein fest ist, befestigten, d. h. umgebogenen Doppelstiel, welcher durch eine Schnur zusammengehalten wird.

Die beiden Streithämmer (Mogos) bestehen aus Xantherienharz, mit welchem ein Stück Granit derart umklebt ist, dass durch die aus dem Harze hervorstehenden Steinspitzen ein Doppelhammer gebildet wird. Der Stiel ist in die Harzmasse eingelassen.

Unter andern Gegenständen aus Australien und Polynesien besitzt das Museum: verschiedene Bumerangs, Keulen der Fidschi-Insulaner aus Casuarinenholz, ein Wurfbrett (wommala oder wommara) aus Neuholland, am einen Ende mit einem scharfen Perlmuttersplitter versehen, Fischangeln von Perlmutter von den Tongainseln, Armbänder und Ohrringe aus demselben Stoff (Salomons-Inseln), Waffen und einen hübsch aus Narvalzahn geschnitzten Dolch von Neuseeland, Zeuge (Tapa) aus der Rinde des Papiermaulbeerbaums, Cava-Schaalen mit Perlmutter eingelegt von Owalau (Fidschiins.) und Manihiki (Humphrey-Ins.). Zwei aus Holz geschnitzte Götzenbilder von den Salomonsinseln, tättowirt, mit sehr prognather Mundpartie, Augen mit Perlmutter ausgelegt. —

Unter den in Deutschland gefundenen Bronzesachen des städtischen Museums sind besonders bemerkenswerth zwei Bronzeschwerter, eine Fibula und eine Spirale in Form einer geringelten Schlange Das eine Schwert (Fig. I) ist gefunden 1871 bei Schwanefeld, eine Stunde von Helmstädt, neben einem grossen Steine senkrecht in der Erde stehend. Unweit dieser Fundstätte wurde ein Grab mit mehreren Urnen, Schmucknadeln, Spiralen und zwei kleinen Bronzeschaalen entdeckt; letztere Gegenstände sind leider verloren gegangen. Helmstädt und seine Umgebungen sind auch sonst eine reiche Fundstätte germanischer Bronzen; schon mehrfach sind dort Urnen und Schwerter von Bronze gefunden worden.

Das Schwert ist prachtvoll erhalten und mit dunkelgrüner, lackartig glänzender Patina überzogen, gegossen und nachträglich an der Schneide gehämmert (der Griff zeigt noch mehrere Gussblasenlöcher). Die Länge desselben beträgt 58 Cm., die der Klinge 49 Cm., die Breite der letzteren im untern Drittel 3,5 Cm. Im oberen Drittel ist die Klinge um 0,5 Cm. verjüngt. Dieselbe ist auf jeder Seite mit je 6 Rinnen verziert, von denen je zwei dicht neben einander 0,75 Cm. von der Schneide entfernt, die beiden andern 0, 75 Cm. von einander in der Mitte laufen. Die Dicke der Klinge beträgt etwas über 0,5 Cm. Der 9 Cm. lange Griff ist in der Mitte 3 Cm. breit und 1 Cm. dick, hat 3 parallele Streifen und in der Schneide zwei nach vorn schräg vortretende Flügel als Parirstangen. Den Knopf des Griffs bildet eine ovale Platte, welche nach innen ein- und nach beiden Schmalseiten noch mehr zurückgebogen, 5,0 Cm. lang und 3,5 Cm. breit ist.

Das Schwert ll (Catal. A I, a 376) ist nach dem sehr korrekt gearbeiteten Abgusse gezeichnet. Das Original wird nächstens aus der Privatsammlung des Müllers Mülter in Erckerode in den Besitz des städtischen Museums übergehen. Es ist bei dem Dorfe Erxleben (Provinz Sachsen, R.-B. Magdeburg) von einem Förster unter einem Baumstumpf gefunden worden. Die Länge beträgt 47 Cm., die der Klinge 38 Cm. Letztere ist fast 3 Cm. breit und stark zugespitzt, im obern Drittel ähnlich verjüngt und auch sonst ähnlich gearbeitet wie No. I; nur ist der Grat in der Mitte bloss von je 2 Rinnen eingefasst, welche je 0,75 Cm. von der Schneide entfernt sind. Der Griff ist durch einen ovalen Bügel von 3 Cm. Länge mit der Klinge verbunden, 2,5 Cm. breit und etwas über 1 Cm. dick; er hat, wie No. I, 3 parallele Reifen, an den vierten Endreifen setzt sich der Knopf an. Dieser ist 6 Cm. lang und am Griff-ende 2,5 Cm. breit, nach rückwärts in zwei Spiralen umgebogen, in der Mitte läuft ein 2,5 Cm. langer Dorn.

Die Fibula III und die Spirale IV stammen aus einem Gräberfunde bei dem Dorfe Kuhdorf von der Feldmark des im dreissigjährigen Kriege zerstörten Dorfes Ferchau, zwei Stunden von Salzwedel ((Altmark) (Fearg bedeutet im Keltischen „See"). Dort wurde in einer zertrümmerten Aschenurne innerhalb einer Steinkiste ein auch im Besitz des städtischen Museums befindlicher Keil von grauschwarzem Feuerstein, an der Schneide polirt, 12 Cm. lang, an der Schneide 4,5 Cm. breit, 2 Cm. dick, nebst der Fibula und der Spirale von Bronze gefunden. In der Nähe der Fundstätte befindet sich ein von mächtigon Steinblöcken eingeschlossenes Oblongum, innerhalb dessen, frei zu Tage, eine grosse Steinkammer liegt.

Die Fibula, welche ein hiesiger Techniker für ein Meisterwerk des Bronzegusses erklärt, ist meist mit schöner Patina bedeckt und hat, wie der Catalog angiebt, die Gestalt einer Banane; ich möchte dieselbe eher mit der bekannten schwarzen oder, wie ich sie im Harz mehrfach gefunden habe, gelben Schnecke (Helix) vergleichen. Sie ist 11 Cm. lang, und von oben gesehen in der Mitte 4 Cm. breit, 2,5 Cm. hoch. An den beiden spitzen Enden befinden sich 2 Löcher, 0,5 und 0,75 Cm. weit, welche von 5 konzentrischen eingravirten Kreisen umgeben sind. Durch diese und durch zwei je an einer Innenseite unten angebrachte Oehre ging eine lose, nicht mit einer Spirale befestigte Nadel, welche leider verloren gegangen ist. An der einen Aussen-seite sind zwei, je 1,5 Cm. lange Oehre eingegossen, durch welche wahrscheinlich ein Riemen zur Befestigung der Fibula gezogen wurde. (Das Gewicht der Fibula beträgt 7 Loth.) Auf den Oehren sind an jedem Rande je 3 feine Linien eingravirt, zwischen welchen Zickzacklinien bis zu beiden Enden laufen. Der Länge nach ziehen sich über die oben etwas lädirte Fibula zunächst 3 erhabene Rundstreifen, auf denen Schraffirungen von Schrägstrichen angebracht sind. Die Mitte der Fibula ist in der Breite von 1 Cm. ganz glatt, dann folgen auf der andern Seite 6 Rundstreifen,, dann ein zweites glattes Feld, dann 3 Streifen bis zum innern Rande. Die beiden innern Ränder der untern Seite, wo die Fibula hohl ist, sind 2 Cm. von einander entfernt. Die Dicke der Wandung beträgt etwa 3 Mm. Die beiden inneren Oehre sind fast 1 Cm. breit, die Löcher in denselben fast 0,5 Cm. Die Verzierung der glatten Fläche zwischen den beiden Seiten lässt sich aus der Skizze erkennen. Zwischen den beiden äusseren Handhaben ziehen sich 3 Reihen von je 5 senkrechten Parallellinien, zwischen denen mehrere, theilweise noch kaum erkennbare Halbkreise puuktirt sind; je 2 sol-cher Parallelstreifen liegen an den beiden Aussenseiten der Oehre; an beide schliessen sich zwei aus 3 Linien gebildete Halbkreise.

Die Spirale IV hat die Gestalt einer kreisförmig zusammengeringelten Schlange, deren Kopf noch theilweise erhalten ist. Die Zahl der Windungen bis zum Mittel-puukte beträgt 10 und dieselben verjüngen sich nach Innen erheblich Der Durch-messer der Spirale beträgt 10 Cm., die Breite des Kopfes 1 Cm. Die Spirale ist von innen nach aussen um 2 Cm. ausgebogen, so dass ungefähr die Gestalt eines Schildes herauskommt, da sich die Windungen von vorn gesehen vollständig an ein-

ander schliessen. Der Querdurchschnitt besonders am Halse der Schlange ist eine
Raute ◇ , daher haben die Seiten ziemlich scharfe Ränder, Die Verzierungen des
Kopfes und der Spirale selbst sind feine Linien und Vertiefungen, welche auf der
Oberfläche der Spirale ein Kreuz bilden und sich aus der Zeichnung vollständig er-
kennen lassen.

Fibula und Spirale machen entschieden den Eindruck, als wenn sie nicht einheimischen Ursprungs sind, sondern aus einer südlichen (orientalischen) Werkstätte
stammen, die Arbeit ist so elegant, dass ein heutiger Künstler beide Gegenstände nicht
besser machen könnte.

(5) Hr. **Hartmann** hält einen Vortrag über den libanotischen Fund

aus der Knochenhöhle von Ferrajeh

(Sitzung vom 20. Februar) und über

Bärenreste der vorgeschichtlichen Zeit

im Allgemeinen[1]).

(6) Hr. **Fritsch** spricht über

die Ausgrabungen von Samthawro und Kertsch.

Ich hatte mir erlaubt, in einer früheren Sitzung die Uebersicht über meine jüngst
verflossene Reise nach Ispahan zu geben, und möchte nun beut zwei Gebiete heraus-
greifen, wo besonders günstige Gelegenheit zu archaeologischen Untersuchungen gegeben war. Es sind dies die Krim, vor allen die Umgegend von Kertsch, und
die Kaukasusländer, in den letzteren speciell die Ausgrabungen, welche bei Samthawro oder, wie der Ort früher genannt wurde, Mzchet ausgeführt werden.

Das erste der beiden Gebiete ist der Gesellschaft schon durch die Abhandlungen des
Herrn Bayern in unserer Zeitschrift bekannt, eines Mannes, der selbst die grössten
Verdienste um diese Ausgrabungen hat, während über die Krim in neuerer Zeit durch
W. Köppen in der russischen Revue eine längere Abhandlung gegeben worden ist.
Indessen dürfte die gewonnene unmittelbare Anschauung zur Ergänzung des Bildes
noch manches Neue beitragen können, und ausserdem kommt es mir speciell darauf
an, gewisse charakteristische Punkte herauszuheben, welche mir geeignet scheinen,
die genannten Lokalitäten in eine nähere Beziehung zu einander zu setzen.

An beiden Orten handelt es sich um Grabstätten, und zwar tragen dieselben im
Wesentlichen den Charakter, welchen man gewöhnt ist als Dolmen zn bezeichnen.
Sie finden sich in der Krim in der Form, wie sie in ganz ähnlicher Weise im westlichen Europa, besonders in Frankreich und hinauf bis nach Skandinavien angetroffen
werden, d. h. dieselben sind errichtet aus senkrecht aufgestellten Steinplatten, rechtwinklige Ecken bildend, welche dann mit einer grösseren horizontalen Platte überdeckt
sind. Bei der einfachsten Form der Krim'schen Dolmen sind es vier senkrechte
Platten, von denen die beiden längeren vorn und hinten überstehen, während eine
unregelmässige Deckplatte von erheblich grösseren Durchmessern darüber liegt. Diese
einfachste typische Form wird dann weiter variirt, indem diese Steinplatten in den
Boden eingesenkt oder mit Erde umschüttet sein können, oder es findet sich auch

[1]) Dieser Vortrag wurde in der folgenden Julisitzung weiter fortgesetzt und wird im Berichte über letztere im Zusammenhange folgen.

häufig noch eine äussere Einfriedigung von einzelnen unregelmässigen Steinen, die im Viereck aufgestellt sind, von dem die eine Seite offen sein kann, indem so eine Art Hof um die mittleren Steine gebildet wird.

Wir haben es also nach der eben gegebenen Beschreibung mit Steinkisten zu thun und Steinkisten sind es auch, welche wir bei Samthawro im Kaukasus finden. Der Unterschied zwischen beiden ist nicht so sehr gross; die Kisten sind am letzt-genannten Orte reihenweise angeordnet, was in der Krim nur ausnahmsweise vor-kommt (Yalta) und ferner sind die Sandsteinplatten, aus denen die Gräber in Sam-thawro bestehen, mit Mörtel vereinigt. Das durch die geringe deckende Erdschicht einsickernde Wasser hat indessen viel dazu beigetragen, das Geröll mit einer Art Cement zu verbinden, so dass zuweilen das Vorhandensein von Mörtel dadurch vor-getäuscht werden mag. Ausser den Sandsteinplatten kommen in Samthawro auch nicht selten Ziegelplatten zur Verwendung, wahrscheinlich weil es ein bequemeres und billiger zu beschaffendes Material war.

Charakteristisch ist ausserdem ein Loch in einer der Seitenwände, etwa einen Fuss im Durchmesser, wie sich solches gleichfalls in den leichten überirdischen Stein-kisten des nordwestlichen Kaukasus findet und nach Bayern's Angabe existiren in Ossethien noch bis auf den heutigen Tag Grabhäuschen mit seitlichen Oeffnungen, wo allerdings die ganze Leiche hindurchgeschoben werden soll. Bei den gewöhnlichen Dolmen dienten sie wohl nur dazu, noch einen gewissen Verkehr mit dem Verstor-benen zu unterhalten.

Bemerkenswerth und wichtig für die allgemeine Betrachtung ist, dass sowohl in Samthawro, als besonders in Kertsch Uebergänge zu wirklichen steinernen Sarkophagen vorkommen, dem Inhalte nach etwas späterer Zeit angehörig, so dass es keinen Schwierigkeiten unterliegt sich vorzustellen, wie allmälig die Sitte des Dolmenbauens in die uns noch ganz geläufige steinerner Särge überging. Eins der schönsten Denk-mäler aus der Uebergangsperiode ist der riesige, über 30 Meter hohe Tumulus bei Kertsch, welcher als das Grab des Mithridates bezeichnet wird. Der horizontale, 45 Schritt lange Gang, bei 2 M. Breite und etwa 8 M. Höhe, ist nicht gewölbt, son-dern die Bedeckung ist in der Weise erzielt, dass von den mächtigen Quadern der Wände, über Mannshöhe beginnend, 12 Lagen allmälig weiter und weiter nach innen vordringen, bis der Stein der letzten die beiden stark genäherten Seiten als Schluss-stein gleichzeitig bedeckt. In gleicher Weise ist die kleine Thür, welche in der Tiefe des Ganges zu dem inneren, einem kleinen Zimmer ähnlichen, Raum führt, nach oben durch einige Lagen vorspringender Steine abgeschlossen, und der viereckige Innenraum selbst rundet sich nach oben durch solche Anordnung zu einer conischen Verjüngung. Zuerst werden die vier Ecken durch die vorspringenden Steine aus-geglichen, bis ein kreisförmiger Querschnitt erreicht ist, und so steigen 22 Lagen derartig angeordneter Quadern, den Raum verengend, in die Höhe, bis die obere Oeffnung durch eine Platte von etwa einem Meter Durchmesser verschliessbar wird. In diesem künstlichen Tumulus fand sich auch ein wirklicher Steinsarkophag, welcher indessen zur Zeit der officiellen Ausgrabung bereits geplündert gewesen sein soll.

Mit Uebergehung der einzelnen Variationen der Bauart bei den verschiedenen Formen der Steinkisten wende ich mich alsbald zu dem Inhalt derselben.

Der Befund ist überall, wo Dolmen überhaupt gefunden werden, sei es im west-lichen Theile unseres Continentes, in Scandinavien oder der Krim, in gewissen Be-ziehungen der gleiche, d. h. es wird sehr häufig gar Nichts in denselben gefunden, oder wo Knochenreste auftreten, sind sie zertrümmert und im Schutt verrollt. Dabei ist als Regel anzunehmen, dass Skelettheile mehrerer Individuen in derselben Grab-stätte vereinigt sind. Aehnlich verhält es sich in den Steinkisten des Kaukasus; es finden sich dort, wie auch sonst, zwar zuweilen einzelne Skelette im Ganzen, bei denen die Knochen noch in der natürlichen Lagerung sind, doch ist ein solcher Befund zu den Ausnahmen zu rechnen.

Was die Art der Bestattung anlangt, so gehen die Ansichten darüber sehr auseinander. Es ist bei den Dolmen als unzweifelhaft zu betrachten, dass sowohl Leichenbrand vorkommt, als auch, dass die Knochen häufig ungebrannt gefunden werden, zusammengeworfen mit Geröll und Schutt. Ich glaube nicht, dass man berechtigt ist, weil die Knochen verschiedener Individuen zerstreut im Schutt liegen, anzunehmen, es habe Anthropophagie stattgefunden. Obgleich es mir leid thut, den Behauptungen des Herrn Bayern, vor dessen Verdiensten um unsere Kenntniss des Kaukasus ich die grösste Verehrung habe, entgegentreten zu müssen, so weit er aus seinen Funden die allgemeine Verbreitung der Anthropophagie in Samthawro anzunehmen geneigt ist, kann man nicht verhehlen, dass der Beweis für dieselbe als nicht geführt zu betrachten ist.

Es ist eine Reihe von Möglichkeiten vorhanden, welche den gleichen Befund, wie er in den Grabstätten vorliegt, hervorrufen könnten, so dass in manchen Fällen Menschenfresserei zwar als möglich, aber nicht als unabweisbar anzunehmen ist. Viel wahrscheinlicher ist, dass die Knochen gesammelt wurden, nachdem das Fleisch davon durch Leichenbrand oder durch andere Einflüsse der Natur zerstört war, oder endlich, dasselbe wurde auf mechanische Weise losgelöst, ohne indessen als Nahrung zu dienen. Dass eine solche Bestattung selbst noch in später (christlicher) Zeit zuweilen vorgekommen sein muss, beweist ein schon von Bonstetten (Essai sur les dolmens) angeführtes Verbot Bonifaz VIII., in dem sie ausdrücklich verboten wird. Ich erinnere gleichzeitig, ohne weitere Schlussfolgerungen daran knüpfen zu wollen, an eine andere, bei meiner Reise gemachte Beobachtung, auf welche ich später noch einmal zurückkommen möchte, nämlich die Bestattungsweise der Guebern.

Bei dieser religiösen Sekte, deren Reste sich noch heutigen Tages vereinzelt im Kaukasus finden, werden die Leichen der atmosphärischen Luft und den Geiern exponirt, bis die Knochen vom Fleisch entblösst sind, diese aber werden in viereckige, aus Steinen gemauerte, Behältnisse gesammelt, ohne dass auf Trennung der Individuen Rücksicht genommen würde, und wenn man sich also den übrigen Raum mit Schutt ausgefüllt und das Behältniss mit einer Platte bedeckt denkt, hat man genau den Befund der Samthawro'er Grabstätten, zumal diese Steinkisten der Guebern ebenfalls in Reihen aneinander liegen.

In Folge der oben angedeuteten Verhältnisse ist es natürlich sehr schwierig, ganze Schädel oder gar vollständige Skelette aufzufinden, was um so mehr zu bedauern ist, als äusserst interessante Formen vorkommen. Durch die Güte des Herrn Bayern, sowie des Direktors der Sammlung von Kertsch gelang es mir, genügendes Material zu erhalten, um ein Urtheil über die charakteristische Bildung zu gewinnen. Es wird dadurch die schon von Anderen ausgesprochene Behauptung bestätigt, dass die in den Dolmen gefundenen Schädel einem dolichocephalen Menschenschlag angehörten, von denen die kürzeren Formen sich der Mesocephalie nähern. Ein einzelner Schädel von Samthawro, welcher sich in der That durch seine Länge auszeichnet, hat einen Breitenindex von nur 68.5, ein anderer zeigt 72.3 bei einem Höhenindex von 72,9. Die meisten der Kertscher Schädel gehören ebenfalls zu den Langschädeln (Breiten-Indices: 73,2 bei einem Höhenindex von 75,2) und zwar ist dieser Typus nach der Beschaffenheit der Knochen u. s. w. der ältere. Dazwischen erscheint eine mesocephale, zuweilen selbst subbrachycephale Form, welche späteren Ursprungs ist und eine beginnende Vermischung mit tatarischen Elementen zu verrathen scheint; der Durchschnitt der mitgebrachten Schädel ergiebt als Breitenindex 76,2 bei geringerer Höhe (74), so dass der Durchschnitt aller zusammen sich dem von Welcker für Dolmenschädel angegebenen Breitenindex (75) nähern würde.

Höchst bemerkenswerth ist aber, dass ausser diesen normalen Bildungen sowohl in Kertsch wie in Samthawro dieselben eigenthümlichen Schnürschädel vorkommen, welche von den Autoren bald als Makrocephalus, bald als Turricephalus oder Platycephalus benannt werden, je nachdem der bei ausserordentlich verflachtem Stirnbein hinten stärker ausgebildete Schädel mehr nach oben oder rückwärts sich ausdehnt.

Es ist unzweifelhaft, dass man künstliche Difformitäten vor sich hat, welche ausser an den genannten Lokalitäten auch in Oesterreich gefunden worden sind, wo sie durch Fitzinger, dem sich andere Autoren anschlossen, als Avarenschädel bezeichnet werden. Als Tschudi einen der ersten in Oesterreich gefundenen sogenannten Avarenschädel sah, erklärte er positiv, derselbe müsse ein durch Zufall aus Amerika herübergekommener Platycephalus sein, woraus man erkennen kann, wie leicht die gleiche Form durch ähnliche Mittel erzielt werden kann, ohne dass irgend eine Möglichkeit vorliegt, einen Zusammenhang der Stämme nachzuweisen.

Aus einem Grabe in Samthawro erhielt ich durch Herrn Bayern die Trümmer von wenigstens vier Schädeln, welche alle dem hier besprochenen Typus angehörten; der vordere Theil der Calvarien ist noch kenntlich und zeigt die charakteristische Form in prägnanter Weise. Ein anderer vollständiger, welcher der Gesellschaft vorliegt, stammt von Kertsch. Der letztere würde sehr mit Unrecht als Makrocephalus bezeichnet werden, da er nur geringen Umfang und einen zarten Knochenbau zeigt, welchen man geneigt wäre, als weiblich zu bezeichnen, da das Individuum bereits im mittleren Alter gewesen ist. Die Breitenindices (am vorliegenden 76,4 bei 78,3 Höhenindex) sind nicht sehr von dem Mittel abweichend, doch ist die Feststellung solcher Zahlen an difformen Schädeln etwas schwankend.

Nach dem sporadischen Vorkommen und der regellosen Untermischung mit normalen Schädeln dürfte man berechtigt sein, in dieser künstlichen Verstümmelung vielleicht eine traditionelle Eigenthümlichkeit einer Kaste oder gewisser Familien zu sehen, die aber nicht dem ganzen Volksstamm als solchem zukam.

Was nun die sonstigen Funde in diesen Grabstätten anlangt, so ist auch da eine gewisse Uebereinstimmung ersichtlich, doch ist das Bild, was Kertsch anbelangt, durch das beständige Hinzutreten fremder Einflüsse in späterer Zeit sehr getrübt.

Von Waffen finden sich meist nur geringe Reste. Dieselben sind im Kaukasus wie in der Krim von Eisen und haben sich aus diesem Grunde wohl besonders schlecht conservirt. Es erscheint zuweilen in Samthawro der Dolch (Kandschar), wie es scheint, nicht unähnlich dem heute noch üblichen, in Kertsch kurze eiserne Schwerdter und Messer. In ersterem Ort sind auch Bekleidungsgegenstände spärlich ausser Fibeln, einfachen Schmucksachen und Haarnadeln; von Geweben finden sich nur Spuren von Abdrücken, sie können aber durch Verwittern zerstört sein. In der Krim sind die späterer Zeit angehörigen Funde, unter denen auch Gewebreste, metallne Gürtel, Knöpfe, als Besatz der Kleidung zierliche Filigranbommeln und Aehnliches vorkommen, sehr vorherrschend und können nicht mit den älteren kaukasischen parallelisirt werden.

Von Gefässen zeigen sich die gläsernen Thränenfläschchen in Samthawro sehr reichlich und in verschiedener Form, so dass Bayern sich veranlasst sieht, denselben eine symbolische Bedeutung beizulegen, worüber sein Aufsatz in dieser Zeitschrift nachzusehen ist. Auch in Kertsch finden sich ähnliche Thränenfläschchen, wenn auch nicht so mannigfaltig in der Form; der fortschreitende griechische Einfluss macht sich indessen bei Kertsch auch in dieser Technik durch das Auftreten von allerhand äusserst zierlichen Glasgefässen zu verschiedenen Zwecken bemerkbar. Als ein Zeichen des geringeren Alters sind daselbst hölzerne Sarkophage und andere Gegenstände von solchem Material erhalten; dieselben sind aber häufig so leicht geworden, dass man meint, Korkholz vor sich zu haben.

Neben diesen Funden von entschieden griechischem Charakter treten auch sogenannte etrurische Vasen, d. i. irdene Gefässe von besonders feiner Masse von rothbrauner Farbe auf, denen schwarze Figuren aufgetragen sind, oder das ganze Gefäss zeigt einen schwarzen Grund, auf dem die rothbraunen Figuren ausgespart sind. Zuweilen sind diese auch mit bunten Farben ausgemalt und stellen meist mythische Gegenstände dar, z. B. den Kampf des Theseus mit den Amazonen, Centauren und Aehnliches. Charakteristisch ist das häufige Auftreten von Pferdeköpfen, neben denen gewöhnlich der Kopf einer weiblichen Gottheit erscheint. Das Pferd spielte offenbar schon damals eine grosse Rolle bei diesen Bevölkerungen und zwar als Reitthier, wie die zahlreichen Reiterfiguren auf Steinen in den Gräbern erkennen lassen; auf diesen sind ausserdem häusliche Scenen dargestellt, von roher Hand eingegraben, aber zum Theil noch gut erhalten. Diese Gegenstände, ebenso wie die meisten der Terracottafiguren, schliessen sich unverkennbar an griechische Formen an, haben aber meist einen etwas barbarischen Anstrich, wie es wohl durch die Nachahmung reiner griechischer Originale erklärlich scheint.

Vielleicht liegt in diesem Umstande auch der Grund für das fast vollständige Fehlen, der Inschriften, worin ebenfalls Kertsch und Samthawro sich nahe stehen. An letzterem Orte wurde in neuerer Zeit ein Stein gefunden, dessen Lagerung indessen auch eine zufällige Verwendung als Deckstein nicht ausschliesst, auf dem wohlerhaltene Schriftzüge sind, welche für hebräisch (?) gehalten werden.

Resumiren wir die Ergebnisse der Betrachtung, so ergiebt sich zunächst die traurige Thatsache, dass wir bei dem häufigen Wechsel der Verhältnisse und dem Untermischen der Reste verschiedener Zeiten kaum im Stande sein werden, mit einer gewissen Sicherheit die Beschaffenheit und den Ursprung der Völkerstämme festzustellen, welche diese Grabstätten bauten.

Wegen der Einfachheit der Erfindung, der mannigfachen Variationen, des Ueberganges in wirkliche Sarkophage, kann man nicht beweisen, dass es ein besonderes Volk gewesen sei, welches die Dolmen gebaut hat, wenn es auch durchaus wahrscheinlich ist, dass gewisse Stämme auf die Errichtung mächtiger Dolmen einen grösseren Fleiss und Mühe verwandt haben als andere, die sich die Sache leichter machten, so dass die Spuren wieder verwischt wurden. In diesem Sinne könnte man vielleicht von einem „Dolmenvolke" reden, doch ist es nicht ersichtlich, warum dasselbe nicht arisch gewesen sein sollte, wohl aber zur kaukasischen Rasse(?!) gehört hätte (Köppen). Noch weniger erscheint es nach der Natur der Dinge zulässig, aus der Verbreitung der Dolmen und ihrem dürftigen Inhalt die Zeit und die Richtung der Wanderungen des Dolmenvolkes construiren zu wollen.

Es steht nur fest, dass noch in den letzten Jahrhunderten vor Beginn unserer Zeitrechnung dolichocephale Volksstämme an den Nordküsten des schwarzen Meeres wohnten, welche den germanischen Urstämmen vielleicht gar nicht so fremd waren. Dieselben stellten wahrscheinlich die späteren von Osten vordringenden Nachzügler dar, nachdem die germanischen Stämme weiter nach Norden ausgewandert waren. Es widerstreitet eigentlich der Theorie des Dolmenvolkes und seiner Wanderungen, wenn Köppen behauptet, dass selbst heutigen Tages die Reste der ursprünglichen Dolmenbauer in denselben Gegenden vorhanden seien, da gerade dadurch das allmälige spurlose Verschwinden gewisser Gebräuche constatirt wird; doch wäre ich geneigt, ihm in letzterem Punkte gern Glauben zu schenken. Freilich müssen die Bevölkerungen durch das Nachdrängen und die Vermischung mit tatarischen Elementen stark verändert sein.

Was endlich die Schnürschädel anlangt, so scheint ihr Auftreten bei Kertsch wie in Samthawro gegen die Annahme zu sprechen, dass dieselben von den Avaren herrührten. Dieser Volksstamm, über welchen eigentlich Niemand etwas Specielleres anzugeben weiss, zog wie ein Schattenbild durch unsere Geschichte, und wenn man auch annimmt, dass ihre Wanderungen längs der Nordküste des schwarzen Meeres verliefen, so erklärt dies doch nicht das untermischte Auftreten platycephaler Schädel aus anscheinend erheblich verschiedenen Zeiten unter sonst normal gebildeten. —

Hr. Virchow erinnert daran, dass schon Hippocrates die Makrocephalen am Mäotischen See erwähne, welche ihre abweichende Schädelform durch künstliche Deformation und später auch durch blosse Erblichkeit erwürben. Der vorgelegte Schädel stamme genau aus der von dem Altvater der Medicin bezeichneten Oertlichkeit und müsse daher doppeltes Interesse für alle Freunde des Alterthums darbieten. —

(7) Hr. P. Ascherson zeigt einige verkohlte, von Hrn. Virchow im Burgwall zu Priment gesammelte Pflanzensamen. (Vgl. Sitzung vom 14. Mai.) Die Untersuchung hat ergeben, dass dieselben aus Roggen (nicht Weizen) und Erbsen bestehen; sonderbarer Weise fand sich ein kenntlicher Samen der Saubohne (Vicia Faba) darunter.

(8) Hr. Virchow bespricht

Funde von Zaborowo,
namentlich ein Pferdegebiss von Bronze und Pferdezeichnungen.

(Hierzu Taf. XI.)

Ich würde vielleicht auch sonst mich veranlasst gesehen haben, einige bemerkenswerthe Funde, die auf dem Gräberfelde von Zaborowo gemacht sind, zur Kenntniss der Gesellschaft zu bringen; allein ein besonderer Grund dazu ist die sehr interessante Abhandlung des Grafen Gozzadini[1]), die ich in der vorigen Sitzung vorlegte und die über alte Pferdegebisse und ein Bronzeschwert handelt, die von ihm gefunden sind auf dem Hügel von Ronzano in der Nähe von Bologna. Er hat damit eine zusammenfassende Erörterung der alten Pferdegebisse überhaupt, namentlich der italischen, verbunden. Pferdegebisse von Bronze waren bisher, obwohl sie von etrurischen und römischen Funden in grösserer Zahl bekannt sind, in prähistorischen Sammlungen, namentlich diesseits der Alpen, ausserordentlich selten. Der erste Fund dieser Art, der grösseres Aufsehen erregte, ist 1872 von Dr. Gross[2]) in der Schweiz in einem Pfahlbau des Bieler Sees bei Möringen gemacht worden. Er gab Veranlassung zu einer vergleichenden Darstellung des bekannten französischen Archäologen Bertrand[3]), der damit zusammenstellte einen überaus ähnlichen, gegenwärtig in dem Museum zu St. Germain befindlichen Fund, welcher eine grosse Zahl von Bronzesachen umfasst, die schon vor längerer Zeit in einem Moor bei Wallerfangen (Vaudrevanges) in der Nähe von Saarlouis ausgegraben worden sind. Graf Gozzadini

---

[1]) De quelques mors de cheval italiques et de l'épée de Ronzano en bronze par le Comte J. Gozzadini. Bologna 1875.

[2]) Anzeiger für Schweizerische Alterthumskunde. 1872. No. 3. S. 358. Desor et Favre. Le bel âge du bronze lacustre en Suisse. Paris et Neuchatel. 1874. Pl. IV. p. 4.

[3]) Révue archéologique. Nouv. Sér. 1873. Vol. XXV. p. 327. Pl. XI.

hat diese Untersuchungen im grössten Massstabe aufgenommen und in seiner wichtigen Schrift die Gesammtheit der auf Pferdegebisse bezüglichen Funde von der ägyptischen und assyrischen Periode bis zur römischen verfolgt. Er hat das Glück gehabt, ausser den 4 Gebissen, welche bei Ronzano gefunden wurden, nicht bloss mehrere andere aus der Nachbarschaft zu erlangen, sondern er hat auch aus einer Reihe früherer italienischer Funde die etrurischen und römischen zusammengestellt, ferner einige, in alten Darstellungen uns erhaltene Abbildungen, welche ergeben, wie ein Pferd aufgeschirrt wurde, hinzugefügt, und in der That eine der lehrreichsten Abhandlungen geschrieben, welche über diesen Gegenstand existiren. Für die vergleichende Archäologie hat sich die durchaus sichere Thatsache ergeben, dass jene Gebisse von Möringen in der Schweiz und von Wallerfangen, wenngleich sie sich in einigen, nicht unerheblichen Punkten unterscheiden und auf eine selbständige Quelle hinweisen, doch dem Typus nach sich so eng an die italienischen Funde anschliessen, dass man aus diesem Umstande ein neues Argument hernehmen kann für die etrurische Einwirkung auf die Länder diesseits der Alpen. Graf Gozzadini hat diesen Nachweis, welcher der Auffassung des Herrn Bertrand von einer kaukasischen Quelle dieser Bronzen gerade entgegensteht, dadurch unterstützt, dass er zugleich ein hei Ronzano gefundenes Bronzeschwert zum Gegenstande der Betrachtung gemacht hat, welches allerdings in defectem Zustande ist, aber in seinen Haupttheilen so erhalten ist, dass die Vergleichung desselben, namentlich in Bezug auf die Bildung des Griffs, mit einer ganzen Reihe von anderen Funden, die er daneben abgebildet hat, in ausgiebiger Weise angestellt werden kann. Ich will hinzufügen, dass auch wir aus unseren Sammlungen eine Reihe von Parallelen würden hinzufügen können.[1]) Da dieses Bronzeschwert mit dem Pferdegebisse von Ronzano zusammengehört und dieselbe Griffform sich bis hoch nach dem Norden hinauf verfolgen lässt, so kann man allerdings zugestehen, dass damit ein sehr werthvoller Schritt auf dem Gebiet der vergleichenden Archäologie gemacht ist.

Aus Deutschland sind bis dahin Bronzegebisse meines Wissens nur in geringer Zahl bekannt geworden. Graf Gozzadini erwähnt (p. 24) nach einer Mittheilung des Herrn Engelhardt Exemplare aus der Stettiner Sammlung und von Herrn Lindenschmit (Alterthümer der heidn. Vorzeit. II. 10. Taf, III.) Einige andere, über welche Hr. Lindenschmit ihm berichtet hat, beziehen sich auf römische Gebisse. Ein sehr interessantes Stück, leider ohne bekannten Fundort[2]), besitzt unser Königliches Museum (II. 1754): dasselbe gleicht in allen Punkten dem Mittelstück des Gebisses von Ronzano. Die beiden Stücke greifen in der Mitte mit je einem Ringe in einander; jederseits geht von dem Ringe eine kurze Stange aus, welche aus zwei um einander gewundenen Bronzeblättern besteht, und am Ende sind diese wiederum zu einem Ringe in der Art zusammengefügt, dass zuerst das eine Blatt eingerollt und dann das andere um dieses herumgelegt ist.

Es war mir nun durchaus überraschend, dass unter den neueren Funden in Zaborowo, welche noch nachträglich aus den Gräbern zu Tage gekommen sind, gleichfalls ein sehr schönes Bronzegebiss aufgedeckt ist. Bevor ich jedoch darüber berichte, möchte ich noch einige eiserne Gegenstände aus demselben Gräberfelde erwähnen, welche in eine verwandte Kategorie gehören. Ich hatte in der Sitzung vom 14. Mai, als ich über meine letzten Ausgrabungen berichtete, schon Mittheilung davon gemacht, dass ich ein eisernes Gebiss gefunden hätte; da ich es selbst aus der

---

[1]) Man vergleiche z. B· das von Hrn. Noack abgebildete Schwert von Helmstädt (Taf. X. Fig. 1).

[2]) v· Ledebur, das Königliche Museum S. 199:

Erde ausgelöst habe, so kann ich für die Stelle, an der es sich fand, bestimmtes Zeugniss ablegen. Es ist allerdings ein sehr einfaches Geräth (Taf. XI. Fig. 5), welches auch nur zur Hälfte vorhanden ist, so dass man nicht genau übersehen kann, ob es sich dem Typus jener vom Grafen Gozzadini abgehandelten Trensen nähert, welche alle darin übereinkommen, dbss sie in der Mitte durch Ringe eingelenkt sind, also im Maule des Thieres beweglich waren. Hier macht es den Eindruck, als ob diese Stange einfach und fest gewesen sei, denn es zeigt sich am inneren Ende ein deutlicher Bruch gerade in der Gegend, wo der Ring kommen müsste. Das vorhandene Stück besteht aus zwei an einander gelegten Eisenstangen von 55 Mm. Länge, die durch den Rost unter einander verschmolzen sind; man kann nur erkennen, dass eine Drehung an ihnen vorhanden ist, die jedoch lange nicht so stark ist, wie an den italischen Trensen. Beide Stangen sind vermittelst enger Ringe in einen zweiten Ring von 34 Mm. Durchmesser eingelenkt, der zwar zerbrochen ist, aber sich noch an einander fügen lässt. An diesem Ring, der offenbar zur Aufnahme der Leine bestimmt war, sitzt nochmals ein Stück eines dicken gebogenen Eisendrahts, welches wiederum zu einem sehr engen Ringe gehört zu haben scheint. Möglicherweise hing daran irgend ein Zierrath, was allerdings mit anderen Funden übereinstimmen würde. In die Kategorie solcher Zierrathe könnte ein gleichfalls eisernes Stück (Taf. XI. Fig. 3) gehören, welches aus einem dicken Ringe und einem davon ausgehenden, platten und sich allmählich verbreiternden dreieckigen Ansatze besteht.

Ich habe ferner aus den Eisenbeständen dieses Gräberfeldes, veranlasst durch eine Abbildung des Grafen Gozzadini (Tav. III. Fig 10), noch ein zweites Stück (Taf. XI. Fig. 4) mitgebracht, von dem ich es dahingestellt sein lassen muss, ob es zu einem Pferdegebiss gehört, oder ob es eine Art von Hufbeschlag darstellt. Es ist ein ziemlich starkes, halbkreisförmig gebogenes, plattes Eisenstück von 15 Cm. Umfang, an jedem Ende mit einigen gekrümmten Haken und in der Mitte mit einer Spitze versehen. Der grösste Querdurchmesser seiner Rundung beträgt 6 Cm.

Das schon erwähnte Bronzegebiss (Taf. XI. Fig. 6) ist von viel grösserer Bedeutung. Es hat wenigstens dieselbe bewegliche Einrichtung und die Zusammensetzung aus zwei Theilen, wie die Mehrzahl der bekannten Bronzegebisse. Freilich fehlt ihm alles, was die weitere Ausstattung der italischen Geschirre so auffällig macht, namentlich die Hinzufügung ornamentirter Seitenstücke. Auch ist es allem Anscheine nach ganz gegossen und es muss daher einer ungleich jüngeren Zeit angehören, als das Gebiss unseres Museums und als die älteren italischen Funde. Die ältesten Formen, welche Graf Gozzadini abbildet, haben alle das Gemeinsame, dass sie nicht gegossen sind, sondern dass sie, wie das Gebiss unseres Museums, aus gehämmerter Bronze bestehen, welche zunächst in einen langen Stab ausgedehnt, in der Mitte zurückgebogen und durch Zusammendrehen der beiden Enden in einen Ring gelegt wurde, in welchen der aus einem zweiten Stück in ähnlicher Weise gebildete andere Ring hineingefügt wurde. Zuletzt wurden, wie schon erwähnt, die offenen Enden beider Stücke in einander gerollt, so dass hier nicht eine Zusammenlöthung stattfand, sondern eben nur durch das Einrollen der beiden Enden seitliche Ringe entstanden, in welche Zierrathen und Seitenstücke hineingehängt wurden. Da nun nach einer Bemerkung von Plinius die Zeit, wo die Löthung der Bronze erfunden wurde, in das siebente Jahrhundert verlegt wird, so müssen die Gebisse von Ronzano und andere ihnen verwandte in eine ungleich frühere Zeit verlegt werden, als das von mir vorgelegte Bronzegebiss, welches unzweifelhaft gegossen ist, und so weit ich die Verhältnisse beurtheilen kann, auch gelöthet sein muss.

Dasselbe besteht aus zwei, ungleich gebildeten, in der Mitte durch zwei in einander greifende Ringe beweglich zusammengesetzten Stücken. Jedes derselben stellt eine kurze Stange dar, welche jederseits in einen Ring ausläuft. Bei dem einen, etwas stärkeren, liegen beide Ringe in einer Ebene, an dem andern, etwas dünneren, steht die Ebene des einen Ringes senkrecht gegen die Ebene des andern. So ist es möglich, dass die beiden Endringe in gleicher Ebene liegen. Jedes der Stücke ist etwa 76 Mm. lang, jedoch ist der mittlere gerade Theil an dem dickern Stücke nur 26, an dem dünneren 34 Mm. lang. Diese Mitteltheile sind vierkantig, sehr regelmässig und so ornamentirt, dass es aussieht, als wenn sie geflochten wären, was einen überaus zierlichen Eindruck macht und zugleich den Gedanken erweckt, als habe man die ursprüngliche Form eines aus Weidenruthen geflochtenen Zaumes nachbilden wollen. Das Ganze hat eine dunkelgrüne Farbe und eine rauhe, etwas hügelige Oberfläche, welche davon kommt, dass es in starkem Feuer gewesen ist; dies geht daraus hervor, dass in der Nähe Klumpen geschmolzener Bronze gelegen haben, die möglicherweise von den äusseren Theilen des Geschirrs herrühren. Hr. Kreisphysikus Dr. Koch, der nach meiner Abreise dieses Grab untersuchte, schreibt mir darüber Folgendes:

„Ihrem Wunsche gemäss übersende ich hierbei das Bronzegeräth und ein Stück geschmolzener Bronze. Die Gegenstände stammen aus einer Urne, welche ich einem an der südöstlichen Ecke des Zaborowoer Gräberfeldes befindlichen Grabe entnommen habe. Das Grab war nicht mit Steinen überdeckt, hatte aber eine Lehmunterlage, ebenso wie die benachbarten Gräber, denen es in Betreff der Tiefe, Grösse, Anordnung der Gefässe etc. vollkommen glich. In der Lehmlage fand Herr Thunig später noch einen Bronze-Celt, ein eisernes Werkzeug und mehrere Stückchen Glasfluss, welche anscheinend zusammengesinterte Perlen waren. Aussergewöhnlich war auch noch, dass dieses Grab zwei grosse, mit calcinirten Knochen gefüllte Urnen enthielt, von welchen die eine zusammengedrückt und zerbrochen war und von mir nicht untersucht ist; wie mir Herr Thunig mittheilte, enthielt sie ausser den Knochen nichts. Die andere, fast vollständig erhaltene Urne nahm ich mit nach Wollstein, untersuchte sie am anderen Tage und fand in den oberen Sandschichten Scherben, welche sich zu einem grossen Theil des Urnendeckels vereinigen liessen; unter diesen folgten calcinirte Knochen mit Sand gemengt, innerhalb welcher Schicht, und zwar 4 Cm. tief, das Bronzegeräth zum Vorschein kam. Es lag horizontal, rechtwinklig geknickt und neben beiden Enden desselben ein Stück Bronzefluss, von denen ich das eine beigefügt habe."

Letztere Angabe spricht einigermaassen dafür, dass die Klumpen von geschmolzener Bronze, an denen nichts Genaueres mehr zu erkennen ist, in der That Bestandtheile des Gebisses gewesen sind. Ich füge noch hinzu, dass die Kürze dieses Gebisses eine sehr kleine Pferde-Rasse voraussetzt.

Es ist klar, dass dieses Stück mit den Funden in Italien, in der Schweiz, an der Saar nicht unmittelbar zusammenhängt. Trotzdem bleibt es bemerkenswerth, dass wir in diesem, sonst schon durch so vielerlei Besonderheiten ausgezeichneten Gräberfeld einen so seltenen Fund antrafen, der wenigstens als Nachbildung der Grundform angesehen werden kann, welche in den etruskischen Gräbern gefunden ist. Zugleich belehrt er uns in Gemeinschaft mit dem erwähnten Eisenfunde, dass die alte Bevölkerung dieser Gegend das Pferd besass und vollkommenere Formen des Pferdegeschirrs anwandte[1]).

---

[1]) Nachträgliche Bemerkung. Bei einem Besuche der Alterthums-Sammlungen in Schwerin am 23. October d. J. fand ich zu meiner Ueberraschung daselbst zwei Bronzegebisse, welche mit dem von Zaborowo bis auf alle Einzelheiten übereinstimmen, namentlich auch dieselben „geflochtenen", vierkantigen Stangen besitzen. Sie haben nur noch in jedem Endringe der beiden Stangen einen weiteren, etwas grösseren Ring eingehängt. Sie stammen aus dem Sonnen-

Es ist noch ein drittes Object vorhanden, was überaus merkwürdig ist. Es haben sich nehmlich Trümmer eines ziemlich grossen Gefässes (Taf. XI. Fig. 1), welches sich nicht vollständig hat zusammenfügen lassen, aufgefunden. Dasselbe ist zunächst dadurch ausgezeichnet, dass seine äussere Oberfläche in regelmässiger Abwechselung schwarze und rothbraune Felder zeigt, und zwar ein gesättigtes Schwarz und ein dunkles Rothbraun, beide von lebhaftem Glanz, welche unzweifelhaft eine künstliche Färbung beweisen. Das Gefäss ist also bemalt gewesen. Zugleich hat es eine sehr zierliche Form: es ist ein weites, flachkugelförmiges Gefäss mit stark abgesetztem Halse, der ebenso, wie der Bauch, braune und schwarze Abtheilungen und auf diesen letzteren Zeichnungen hat, welche eine von der Ornamentik der anderen Urnen ziemlich abweichende Anordnung darbieten. Diese Zeichnungen bestehen wesentlich aus schrägen und gekrümmten Linien, von denen die Mehrzahl in der Art zusammengesetzt ist, dass je zwei fortlaufende Linien parallel zu einander stehen und jederseits von einer punktirten Linie begleitet werden. Die Grenze gegen die braunen, glatten Felder wird jedesmal durch eine palmblattähnliche Zeichnung gebildet, wie sie in der Sitzung vom 17. April durch Hrn. Nisson in Betreff einer skandinavischen Urne (Taf. VI. Fig. 4) zur Sprache kam. Es ist dies eine bei uns ziemlich seltene Form, namentlich ganz ungewöhnlich für dieses Gräberfeld. Noch viel auffälliger, ja ganz abweichend ist es, dass auf der schräg gestellten, unteren Hälfte des Randes auf den schwarzen graphitischen Feldern jedesmal ein laufendes vierfüssiges Thier von sehr gestreckter Gestalt, mit langem Schwanze und winklig angesetztem, langem Kopfe sich zeigt. Allerdings ist die Zeichnung in der allerrohesten Weise ausgeführt, uad es ist scheinbar etwas willkürlich, wenn ich darin eine Pferdezeichnung sehe. Indess sind auch die vom Grafen Gozzadini abgebildeten, zu Zierrathen an den Gebissen verwandten Metallpferde sehr rohe Dinge, welche in einem auffälligen Gegensatze stehen zu der Kunstfertigkeit, mit der die übrigen Sachen ausgeführt sind. Ganz besonders berufe ich mich aber auf die Pferdezeichnungen der grossen Bronceflasche aus dem Grabhügel bei Rodenbach in Hessen, welche alle Eigenschaften eines etruskischen Fabrikates darbietet.[1]) Dieselben sind allerdings etwas besser ausgeführt, aber wir wissen, wie sehr die barbarischen Nachbildungen klassischer Zeichnungen ins Barocke verzerrt wurden. Jedenfalls erscheint diese Urne als ein Phänomen für diese Lokalität und für ein Gräberfeld dieser Art, wo sonst alle Zeichnung der Thongefässe sich beschränkt auf einfache lineare Ornamente geometrischer Art. Das Höchste, was wir bis jetzt von da hatten, waren die sonnenartigen Zeichnungen und endlich das Triquetrum oder Ypsilon, über das ich früher gehandelt habe. Das Nächste, was sich an unsere Pferde anschliesst, sind die Zeichnungen der Gesichtsurnen, und unsere Urne ist gerade insofern ein sehr bemerkenswerther Fund, als sich auch auf mehreren Gesichtsurnen ein ähnliches Ornament nachweisen lässt.[2]) Ueberraschend war es jedenfalls,

---

berge im Amte Lübz (im südlichen Mecklenburg) und wurden in einer Urne mit Asche und Knochen gefunden. (Grossherzogliche Sammlung L II. J². 1ª). Wir gewinnen dadurch mit einem Male eine archäologische Beziehung an einem Orte, wo sie am wenigsten erwartet werden konnte. Auch nach der anderen Seite, auf die schon die bemalten Thonschalen hinwiesen, hat sich eine sehr wichtige Beziehung ergeben. Für die höchst merkwürdige Fibula, welche ich in der Sitzung am 14. Mai (S. 109. Taf. VIII. Fig. 1) zeigte, ist ein ganz genaues Gegenstück, gefunden bei Beichau in Niederschlesien, in dem 27. Bericht des Vereins für das Museum schlesischer Alterthümer (Schlesiens Vorzeit in Bild und Schrift. 1875. Fig. 58) abgebildet worden.

[1]) Lindenschmit, die Alterthümer unserer heidnischen Vorzeit. 1875. III. 5. Taf. II.
[2]) Man vergleiche meine Abbildungen in der Zeitschrift für Ethnologie. 1870. Bd. II. S. 80. Fig. 6 u. 7.

dass in der nächsten Nähe einer Stelle, an der das seltene Bronzegebiss gefunden ist, auch die Pferdezeichnungen entdeckt sind. Ich zeige bei dieser Gelegenheit noch ein anderes eisernes Geräth, welches zu Hausthieren in Beziehung stehen muss, nehmlich einen Glocken-Klöppel (Taf. XI. Fig. 2). Ich habe davon schon in der Sitzung vom 14. Mai gesprochen. Es ist ein sehr schweres Stück: der Stiel hat eine Länge von 50 Mm.; er ist ebenso viereckig, wie der eigentliche Klöppel, der 32 Mm. lang, am untern Ende 20 Mm. breit und 14. Mm. dick ist.

Schliesslich will ich noch einen der Lokalität nach sehr bemerkenswerthen Fund mittheilen, der ganz in der Nähe von Zaborowo auf einer Insel im Primenter See (gegenüber von Perkovo) gemacht ist. Diese Insel hatte immer meine Aufmerksamkeit auf sich gezogen, ich war aber nicht dahin gekommen, weil meine Beschäftigung auf dem Gräberfeld kein Ende nahm; ich hatte also Hrn. Thunig gebeten, eine Revision der Insel vorzunehmen. Dies ist nunmehr geschehen. Es haben sich zwar nur Bruchstücke von Thongefässen gefunden, aber Bruchstücke mit dem viel besprochenen Bindfaden- oder Kettenornament, neben welchem auch ein geschlagener Feuerstein aufgehoben wurde, so dass die sonst bestehende Präsumption, dass diese Dinge der Steinzeit angehören, einigermaassen gestützt wird.

Auch gegenüber von der Insel am westlichen Ufer des Sees in der Nähe der Försterwohnung sind Scherben von Thongefässen mit gebrannten Knochen ausgegraben, jedoch gehören diese einer ganz anderen Kategorie an. Es sind sehr starke, aber verhältnissmässig feine und gut gebrannte Gefässe von gelbgrauer oder röthlichgrauer Farbe, stark geglättet und sehr sorgsam ornamentirt. Reihen kleiner, runder Grübchen, einfache Linien, erhabene, senkrecht stehende Rippen — das sind die Hauptverzierungen, durch welche sich diese Gefässe denen der Lausitz viel mehr nähern, als die Mehrzahl der im Gräberfeld von Zaborowo gefundenen.

(9) Hr. **Virchow** zeigt die im Auftrage des Kaisers von Brasilien ihm übersandten

brasilianischen Indianerschädel.

(Hierzu Taf. XII.)

Die Sendung, welche uns auf Befehl Sr. Majestät des Kaisers von Brasilien übersendet worden ist, war von folgender Erläuterung des Generaldirektoriums des Museo Nacional von Rio begleitet:

Cràne 1 — (Accompagné de son squelette). Individu de la tribu Caygouá qui habitait les plaines centrales de la province de Paraná et dont on y rencontre encore aujourd'hui quelques familles nomades.

Cràne 2 — Trouvé dans une caverne sépulchrale de la Guyane brésilienne, dans une urne funéraire, ayant la forme humaine. Ce crâne, de même que l'urne qui le renfermait, est répresenté dans l'ouvrage que Mr. Ch. F. Hartt va faire paraître bientôt sur les antiquités brésiliennes.

Cràne 3, 4 et 5 — Appartenant à la tribu Poton, Potan ou Poté, de la famille des Botocudos. Ils ont été trouvés au mois de décembre dernier, à 100 kilométres au dessus du village Sta Clara, au bord du Rio-Doce, dans un fossé où l'on avait enseveli plusieurs cadavres de Potons, tués en combat par un corps de garde, après une vive résistance de la part de ces farouches Indiens qui étaient alors le fléau des colons de Mucury. Chez ces Indiens on n'enterre les morts que lorsqu'ils sont très-âgés, car étant excessivement laids, comme le sont du reste presque tous les membres de la même tribu, on craint qu'ils ne se transforment en bêtes fauves. Le crâne no. 5 est accompagné de son squelette dont les os se trouvent également sous le même numéro.[1]

Crâne 7 (avec son squelette) — Trouvé dans une caverne naturelle formée dans le grand massif de Gneiss, connu sous le nom de Babilonia, à la ferme de Sta Anna où a séjourné Agassiz, lors de son voyage à Juiz de Fora ou Parahybuna. Cette caverne qu'on a découverte seulement à la fin de l'année dernière a été formée par la décomposition partielle de quelques couches du Gneiss dans le flanc NE. de la montagne, à 300 metres au dessus de la plaine. Vue d'en bas, à une distance de 3 à 4 kilometres, on dirait un trou ouvert dans le pan d'une muraille gigantesque, et il semble même impossible de l'atteindre jamais. On y arrive pourtant sans beaucoup de difficultés, en s'appuyant aux touffes des Vriesea et des Gesneria, attachées à la roche, et en se tenant aux tiges des lianes qui y croissent. La caverne a 25 metres de fond sur 15 de largeur. Elle doit avoir plus de 6 metres de hauteur à l'intérieur, mais comme les couches du toit en tombant en ont encombré le sol, sa hauteur actuelle n'a que 4 metres au plus.

Telle est la cave funèbre choisie par les Indiens appartenant probablement à la tribu des Coropós ou à celle des fiers Goytacazes qui repoussés de la côte il y a deux siècles par les Portugais se sont alliés aux anciens Coropós dont ils ont pris quelques habitudes: celle par exemple de se couper très-ras une partie des cheveux de la tête. Poursuivis par les colons jusqu'au fond des forêts ils cherchaient naturellement à cacher dans les endroits les plus inaccessibles aux invaseurs ce qu'ils avaient de plus cher au monde: leurs morts.

Ceux-ci, grace à l'extrême sécheresse de la caverne, se sont conservés à demi mumifies, quoique n'ayant subi aucun procedé préservatif, sauf une certaine quantité de graines d'une Laurinée odorante: le Cryptocaraia moschata Mart., qu'on a trouvées sur les squelettes, mais qui y étaient plutôt le cachet ou le symbole de quelque superstition qu'un moyen de conservation. Ils ont été ensevelis; les enfants dans des pôts de terre ou enmaillottés dans des feuilles des Vriesea et d'une espèce de Marantacée; les adultes dans leurs hamacs. Chaque fosse était d'ailleurs revêtue de fragments d'écorce, destinés probablement à préserver le cadavre du contact de la terre. Sur chaque individu on avait placé des bâtons croisés et des faisceaux de fibres de Vriesea ayant un noeud au milieu. La terre de la caverne n'est que du Gneiss décomposé et mêlé de nombreux fragments d'os de chauves-souris et de petites graines. Presque tous les squelettes qu'on y a trouvés appartenaient à des femmes ou à des enfants; il n'est pas même certain qu'on y ait vu des squelettes d'hommes. Le crâne no. 7 est accompagné de plusieurs os, faisant partie de differents squelettes, mais on ne sait pas quels sont les os qui lui appartiennent.

Paquet 8 — Fragments de crânes trouvés à quelques lieues de la mer et de la ville de Macahé, dans une caverne identique à celle de Babilonia. C'est

---

[1] Ein solches Skelet war in der Kiste nicht enthalten; es fand sich nur der betreffende Schädel vor. Nur die unter No 1 und 7 erwähnten Skelette sind angekommen.

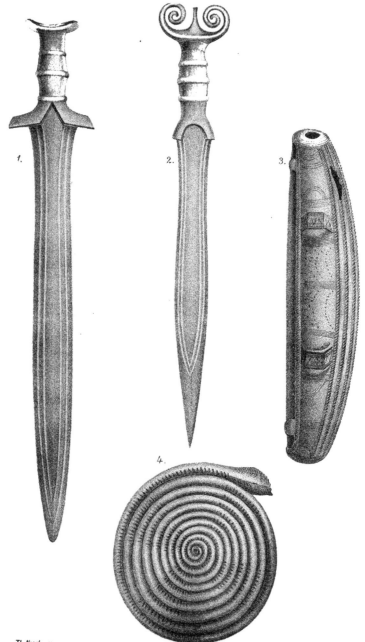

Th. Noack gez.   *Verlag v. Wiegandt. Hempel u Parey.*   *lith. W.A.Meyn.*

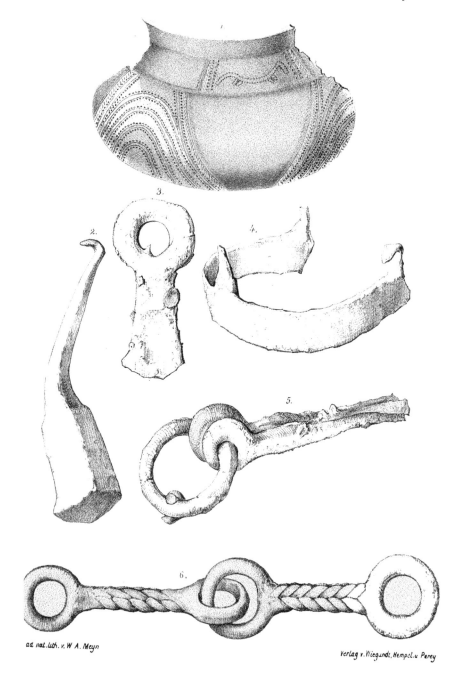

ad nat.lith. v. W. A. Meyn

Verlag v. Wiegandt, Hempel.u Parey

justement dans les plaines de Macahé qu'ont habité primitivement les Goytacazes.

Paquet 9 — Fragment d'un squelette de la caverne de Babilonia.

Paquet A — Fibres trouvées dans la caverne de Babilonia.

Paquet B — Terre de la même caverne.

Paquet C — Morceau du Gneiss de Babilonia.

Es ergiebt sich aus diesen Mittheilungen, dass die Zeit, in welche diese Schädel gehören, nicht überall mit voller Sicherheit festzustellen ist. Indess ist es nach der Beschaffenheit der einzelnen vorliegenden Gebeine, wie nach der mitgekommenen Beschreibung wahrscheinlich, dass sämmtliche Funde aus historischen Zeiten stammen, d. h. aus Zeiten, die auch für Amerika historisch sind.

Am sichersten ist das für eine Gruppe von Botokudenschädeln (No. 3—6), welche aus der Gegend nördlich von Rio herstammen. Sie sind gefunden in einem Grabe, wo nachweislich eine Reihe von Wilden, die dem Stamme der Poton angehörten, begraben wurde, welche in einem Kampfe mit dem bewaffneten Corps, welches sie verfolgte, gefallen waren. Der eine dieser Schädel (No. 3) zeigt eine Menge von Bleistücken, welche in die Knochen eingedrungen sind und keinen Zweifel darüber lassen, dass der Mann erschossen worden ist. Alle Schädel haben das Aussehen von Pagen aus dem Mittelalter, die eine Seite dunkel, die andre hell; es erklärt sich dies aus dem Vorkommen von sehr reichlichem Fettwachs (Adipocire), welches gewöhnlich die eine Hälfte einnimmt, während die andere, wahrscheinlich tiefer gelegene, durch Blut gebrännt ist.

Ich habe im vorigen Winter (Sitzung vom 12. Decbr.) Messungen mitgetheilt, die ich an einem Botokuden-Schädel in Stockholm angestellt habe; darnach und nach den vorliegenden 4 Schädeln handelt es sich um einen mehr dolichocephalen Stamm mit verhältnissmässig grosser Höhe des Scheitels. Ich finde nehmlich bei dem

	Breitenindex.	Höhenindex.	Breitenhöhenindex.
Stockholmer Schädel	72,4	79,0	102,1
neuen Schädel No. 3	79,3	78,1	98,5
„ „ No. 4	74,0	77,3	104,3
„ „ No. 5	71,8	72,8	100,7
„ „ No. 6	77,8	73,6	94,6
im Mittel	75,0	76,1	100,0

Die Schädel waren ausgestattet mit sehr kräftigen und ausgedehnten Muskelmassen, wie sich an allen einzelnen Abschnitten des Schädels nachweisen lässt, namentlich an den grossen Unterkiefern und an den ausserordentlich hohen Linien, bis zu welchen die Kaumuskeln hinaufsteigen und welche sich weit über die Scheitelhöcker erheben. Dazu kommt ein grosses hohes Gesicht mit niedrigen Augenhöhlen, verhältnissmässig schmaler Nase, mässig vortretendem Gebiss, sehr gerade stehenden Zähnen, einem stark vorspringenden, dreieckigen Kinn und — besonders auffällig — mit senkrecht aufsteigenden, überaus breiten Kieferästen, welche den Eindruck der grössten Gewalt des Kauapparats hervorbringen. Ebenso mächtig sind die Flügelfortsätze, deren Blätter ganz ungewöhnliche Dimensionen erreichen, so dass bei No. 5 auf der rechten Seite die kolossale Vergrösserung des äusseren Blattes fast zu einer Verbindung mit der Spina angularis geführt hat, welche bekanntlich bei völligem Schluss zu der Bildung eines sogenannten Foramen Civinini Veranlassung giebt. Noch ein anderes Verhältniss ist mir bei Betrachtung dieser Schädel sehr auffallend gewesen, nehmlich dass ein Knochen, der gleichfalls mit dem Kauapparat in näherer Beziehung steht, das Jochbein, am hintern Rande seines Stirnfortsatzes überall einen Höcker von so aufa

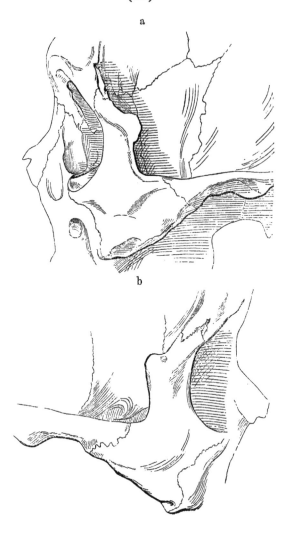

b

fallender Stärke zeigt, dass wahrscheinlich schon längst die Anatomen einen besonderen Namen für denselben erfunden hätten, wenn er häufiger in einer solchen
Ausbildung vorkäme. Hier ist er schon an dem jugendlichen Schädel No. 6 in
entsprechender Stärke vorhanden, während in allen Handbüchern der Anatomie,
die ich durchgesehen habe, mit Ausnahme des von Luschka[1]), seiner nicht einmal
Erwähnung geschieht. Ich will ihn als Tuberositas temporalis ossis malaris
bezeichnen.

---

[1]) H. v. Luschka, Die Anatomie des Menschen. Tübingen 1867. Bd. III. 2. S. 271.

Von besonderem Interesse ist der Besitz einer gewissen Zahl dieser Schädel, weil sich daraus einigermaassen die Grösse der individuellen Schwankungen hat übersehen lassen. Auch hier, bei einem Volke, welches im Ganzen in sehr einfachen Verhältnissen und unter sehr gleichmässigen Umständen lebt, hat sich herausgestellt, dass grosse individuelle Differenzen vorhanden sind; sie sind so erheblich, dass der Schädel No. 5, der als der kräftigste erscheint, einen Breitenindex von 71,8 besitzt, während No. 3 einen Breitenindex von 79,3 hat; ersterer hat einen Höhenindex von 72,8, während der andere 78,1 zeigt. Während also No. 5 exquisit dolichocephal und zugleich niedrig ist, befindet sich der andere an der Grenze der Brachycephalie und ist zugleich recht hoch. Der dritte (No. 4) hat einen Breitenindex von 74, einen Höhenindex von 77,3, ist also rein hypsidolichocephal. Der jugendliche (No. 6) endlich ist orthocephal und niedriger. Es sind dies sehr auffällige Schwankungen und sie zeigen, dass zur Feststellung eines allgemein gültigen Zahlenverhältnisses noch grössere Reihen von Schädeln erforderlich sind. Indess muss ich bemerken, dass die absolute Höhe weit weniger schwankt, als die Höhenindices, denn sie ergiebt bei

dem Stockholmer Schädel   143 Mm.
No. 3.   134 „
No. 4.   143 „
No. 5.   135 „
im Mittel   138,7 Mm.

und nur bei dem jugendlichen und wahrscheinlich weiblichen Schädel sinkt sie bis auf 123 Mm. Im Ganzen lässt sich also von den erwachsenen Schädeln aussagen, dass sie eine beträchtliche Höhe haben. Noch weniger variirt die Breite; sie beträgt bei dem

Stockholmer Schädel   134 Mm.
No. 3.   136 „
No. 4.   137 „
No. 5,   133 „
im Mittel   135 Mm.

und selbst der jugendliche Schädel hat 130 Mm. Nirgends ist demnach die Breite beträchtlich. Die Schwankungen der Indices entstehen überwiegend durch das überaus wechselnde Verhältniss der Länge. Hier erhalten wir folgende Zahlen:

Stockholmer Schädel   185,0 Mm.
No. 3.   171,5 „
No. 4.   185,0 „
No. 5.   185,2 „
im Mittel   181,6 Mm.

Hier fehlt in Bezug auf No. 3. jede Annäherung selbst an das Mittel. Bei No. 6, dem jugendlichen Schädel, misst die grösste Länge 167 Mm. So geschieht es denn, dass diese beiden Schädel sowohl im Breiten-, als im Höhenindex ganz abweichen, und dass No. 3 fast hypsibrachycephal erscheint.

Die Grössenverhältnisse erklären diese Abweichung nicht. Denn obwohl No. 3. nur 1260 Cub. Cent. misst, also um 265 Cub. Cent. kleiner ist, als der Stockholmer Schädel, der eine Capacität von 1525 besitzt, so ist doch No. 5 noch kleiner, indem er nur 1230 Cub. Cent. hält. Ueberhaupt sind alle diese Schädel beträchtlich kleiner, als der Stockholmer; sie nähern sich im Ganzen den australischen Maassen.

Bevor ich jedoch weitere Details gebe, will ich noch einmal darauf hinweisen, dass durch einen glücklichen Zufall auch der Schädel eines sehr jungen Individuums, allem Anscheine nach eines jungen Mädchens, mitgekommen ist. Obwohl eine Angabe über denselben (er ist mit No. 6 bezeichnet) in dem beigegebenen Verzeichnisse fehlt, so scheint er doch bestimmt zu derselben Gruppe der Botokuden zu gehören[1]). Ich halte es stets für wünschenswerth, dass man eine solche Controle besitzt, insofern als manche Rassen-Eigenthümlichkeiten sich schon am Kinderschädel bemerklich machen und eine Menge individueller Abweichungen dabei fortfallen, welche erst eine spätere Zeit der Entwickelung mit sich bringt; ja, nicht selten erscheint am Kinderschädel der Ausdruck der Stammeseigenthümlichkeit reiner, wie bei Erwachsenen, wo eine lange Rechnung dazu gehört, um Alles abzuschälen, was durch individuelle Schwankungen hineingekommen ist. Der vorliegende Schädel ist nicht so schmal und so hoch, wie die der Erwachsenen No. 4 und 5, stimmt aber sonst in allen Hauptsachen überein. Er hat einen Breitenindex von 77,8 bei einem Höhenindex von 73,6. Die grössere Breite erklärt sich wohl aus der stärkeren Vorwölbung der Gegend der Scheitelhöcker, welche ihm ein geradezu eckiges Aussehen giebt, — eine Erscheinung, die auch bei Kinderschädeln anderer Nationen vielfach hervortritt. Sonderbarerweise fehlen auch bei ihm, wie bei den Schädeln der erwachsenen Botokuden, die Emissaria parietalia, — eine Erscheinung, welche mit der verhältnissmässigen Kürze der Pfeilnaht zusammenzuhängen scheint. Ebenso zeigt auch er schon den starken Schläfenhöcker des Jochbeins, sowie eine ähnliche Bildung der Augen und des Gesichts; namentlich hat der Unterkiefer auch schon jene breiten geraden Aeste, so dass er in hohem Masse als Parallele betrachtet werden kann.

Sehr zu bedauern ist es, dass uns das in der Zuschrift erwähnte Skelet nicht zugegangen ist. Vielleicht wird es möglich sein, dasselbe noch nachträglich zu erlangen. Durch eine Notiz bei M. J. Weber (Die Lehre von den Ur- und Racen-Formen der Schädel und Becken des Menschen. Düsseldorf 1830. S. 28) wurde ich darauf aufmerksam, dass sich im Berliner anatomischen Museum zwei Skelette von Botokuden befinden, welche, wie Weber sagt, „an jeder Seite 13 Rippen, aber nur 4 Lendenwirbel haben". In der That besitzt unser Museum 2, von Sellow mitgebrachte Skelette, ein männliches (No. 6351) und ein weibliches (No. 6352), welche die genannte Eigenthümlichkeit besitzen, obwohl sie beide keine ungewöhnliche Grösse erreichen. Genau genommen, handelt es sich hier nicht, wie Weber annahm, um Fälle mit nur 4 Lendenwirbeln, vielmehr besitzt der erste Lendenwirbel eine Gelenkfläche für die Anheftung einer kleinen Rippe. Aehnliche Fälle sind auch sonst wohl bekannt[2]), und sie lassen sich aus der Entwickelungsgeschichte begreifen, seitdem man durch Joh. Müller und Theile[3]) weiss, dass die sogenannten Querfortsätze der Lendenwirbel Aequivalente von Rippen in sich schliessen Indess ist der Fall von 13 Rippen und noch dazu auf beiden Seiten doch ein sehr seltener und er stellt eine ausgezeichnete Thierähnlichkeit dar. Da das männliche Skelet des Museums den Namen Ignacio Pindó, das weibliche dagegen den Namen Feliciana Turi aus St. Luis trägt, so scheint es sich nicht um Geschwister, also um eine begrenzte Erblichkeit zu handeln, obwohl dies möglich wäre. Immerhin wäre es von besonderer Bedeutung, diese Frage bei den Botokuden weiter zu verfolgen, da ihre nach allen

---

[1]) Es findet sich an den Schädeln No. 3—6 (und nur an diesen) die Aufschrift: Carlos Schreiner, wahrscheinlich der Name des Sammlers. (Hr. Schreiner ist, wie ich höre, naturalista viajante des Museo nacional). Ausserdem ist der Erhaltungszustand ganz derselbe. Auch No. 6 ist mit Leichenwachs überzogen und sonst von derselben bräunlichen Farbe, welche ich vorher erwähnte.

[2]) Voigtel Handb der pathol. Anat. Halle 1804. I. S. 324. Joh. Fr. Meckel Handb. der pathol Anat. Leipzig 1816. II. 1. S. 23. Otto Lehrbuch der pathol. Anat. Berlin 1839. I. S. 206. Förster Die Missbildungen des Menschen. Jena 1861. S. 45.

[3]) Theile, Müllers Archiv, 1839. S. 108.

Zeugnissen sehr niedrig stehende Bildung es in höherem Maasse wahrscheinlich macht, dass sich bei dem Stamme theromorphe Eigenschaften finden.

Der Schädel No. 1 ist ein solitärer, bei dem man in Verlegenheit geräth, zu sagen, was an ihm typisch und was nur individuell ist. Trotzdem ist er ein sehr dankenswerther Erwerb, insofern er aus dem sehr unzugänglichen Gebiet vom Paraná im Süden stammt. Er ist nach den Angaben aus dem Stamm der Caygouás oder Cayowas, zu dem weit verbreiteten Geschlecht der Guaranis gehörig, das die centralen Ebenen der Provinz Paraná bewohnte und von dem man nur noch einzelne nomadisirende Familien antrifft. Durch einen ganz besonderen Zufall habe ich in Folge des Bekanntwerdens des Geschenkes der brasilianischen Regierung eine Zuschrift des Ingenieurs Hrn. Keller-Leuzinger erhalten, der mir zugleich ein paar von seinen vortrefflichen Originalzeichnungen (Taf. XII) zur Verfügung gestellt hat. Darunter befindet sich merkwürdigerweise eine Abbildung des alten Capitain Libanco (Fig. 1), der einstmals ein mächtiger und gefürchteter Häuptling war und vor wenigen Jahren als „Mediatisirter" in dem Aldeamento S. Pedro d'Alcantara am Tibagy gestorben ist.[1]) Es gehört allerdings einige Phantasie dazu, um aus unserm Schädel ein analoges Verhältniss der Theile herauszusehen, indess mache ich darauf aufmerksam, dass man bei der Betrachtung der Schädel zu sehr daran gewöhnt ist, dieselben auf den Tisch zu stellen. Sobald man den Schädel gehörig balancirt, so dass er in diejenige Lage kommt, die er im Leben hatte, so gelangt man um ein ganzes Stück näher an die Vergleichung. Bedenkt man ausserdem, dass der Capitain ein alter Mann war, der alle Zähne eingebüsst hat, so kann man sich leicht vorstellen, dass eine an sich stark hervortretende Nase in die Adlerform übergegangen ist, welche die Zeichnung darbietet. Allein, was nun weiter mit unserem Schädel ist, das steht einigermaassen dahin. Es ergiebt sich, dass an ihm eine ganz ausgedehnte Verwachsung der Pfeilnaht existirt, die sich noch zum Theil auf die Lambdanaht fortsetzt und namentlich die ganze linke Seite derselben betrifft; das ist ein Verhältniss, welches wesentlich geeignet ist, die Entwickelung zu stören. Ob ferner die ganz ungewöhnliche Form des Schädeldaches, welches durch grosse Buckel des Scheitelbeins verunstaltet ist, durch künstliche Deformation hervorgebracht oder ursprünglich ist, vermag ich nicht genau zu sagen. Ersteres ist wahrscheinlicher. Gewisse Aehnlichkeiten mit den Botokuden finden sich auch hier, namentlich ist die Höhe des Schädels beträchtlich (137 Mm. direct, 76,5 Höhenindex). Der Breitenindex ergiebt 78,2, aber dabei tritt der besondere Umstand hervor, dass der grösste Längs-Durchmesser (179 Mm.) am Hinterhaupt gerade den Lambdawinkel trifft, während sowohl die Oberschuppe, als die Protuberanz weiter nach vorn stehen. Der Kopf sieht ungemein muskulös aus. Dem entsprechend ist auch die Bildung des Unterkiefers kräftig und in vielen Stücken der botokudischen analog. Dagegen hat die Bildung des Gesichts im Grossen eine merkliche Verschiedenheit, insofern die Jochbreite grösser, die Nase weniger eingebogen, die Augenhöhlen höher und tiefer erscheinen, auch der Oberkiefer noch stärker ist und die Zähne weiter vorragen.

Von diesem Manne ist das ganze Skelet mitgekommen (bis auf einige Knochen der Hand und des Fusses). Dasselbe hat einen sehr kräftigen Körperbau und manche Besonderheiten, namentlich im Oberarm und im Oberschenkel. Am Oberarm zeigt sich eine ungewöhnliche Drehung des Knochens, so dass die Stellung des Oberarm-

---

[1]) Die andere Abbildung stellt einen jungen Coroado-Indianer aus demselben Aldeamento dar. Parallele Bilder eines Häuptlings der Cayowas und eines der Coroados hat Hr. Keller-Leuzinger auch in seinem prächtigen Buche (Vom Amazonas und Madeira. Stuttgart 1874. S. 139 und 140) gegeben.

kopfes zu den unteren Condylen um mindestens 30° abweicht von dem, was bei uns gewöhnlich stattfindet. Ebenso ist eine nicht unbedeutende Abweichung in der Bildung der Oberschenkel vorhanden, indem der Mann Beine besessen hat, die wir Bäckerbeine nennen. Die Oberschenkel laufen nach den Knieen zu nahe zusammen, auch ist die Bildung der Condylen ungleichmässig, indem die inneren sehr viel tiefer stehen, als die äusseren, was zur Folge haben musste, dass die Unterschenkel weiter nach aussen rückten.

In eine dritte Kategorie gehört ein Schädel aus dem brasilianischen Guyana (No. 2); er hat durch Verwesung die ganze Basis und Theile der rechten Seite verloren. Seine Verhältnisse sind daher nur zum Theil zu bestimmen. Offenbar ist es ein weiblicher Schädel und zwar von einem jüngeren Individuum. Er ist in allen Theilen zart und bis auf die stark vorspringenden Kiefer recht gefällig. Der Breitenindex beträgt 75,4. Da die Höhe eine mässige ist (die senkrechte Höhe, vom äusseren Gehörgange aus gemessen, misst 105,5), so erscheint der Schädel in der Profilansicht verhältnissmässig sehr gestreckt. Das Gesicht ist schmal, die Augenhöhlen hoch, die Nase schmal.

Ein ungleich höheres Interesse nehmen die Funde in Anspruch, welche in Höhlen gemacht sind. Ich habe davon das beste Specimen mitgebracht. Nach dem uns mitgetheilten Bericht stammt der Schädel nebst den nicht dazu gehörigen Skelettheilen aus einer Höhle, die man unter dem Namen Babilonia kennt, nahe der Meierei von Santa Anna. Die Zuschrift der Museums-Direktion enthält darüber genauere Mittheilungen. Ich bemerke also nur, dass eine grosse Menge schwarzbrauner, loser Erde mitgeschickt ist, in welcher zahlreiche organische Ueberreste zerstreut sind. Ich habe daraus die besten Specimina gesammelt. Es finden sich darin zahllose kleine Samenkörner, grössere Rindenstücke und auch kleine Stäbchen von Holz, das Meiste bedeckt mit zahllosen, in allen Farben glänzenden Flügeldecken von Käfern. Ich hoffe, dass Hr. Ascherson die Güte haben wird, sich dieser überwiegend botanischen Betrachtung zu unterziehen, die möglicherweise einiges Interesse darbietet. Dagegen will ich schon hier bemerken, dass unter den Beigaben ausser einem Specimen von dem Gneis des Gebirges eckige Stücke eines hellgelbbraunen Steins vorkommen, der auf den ersten Anblick, namentlich auf den glatten und homogenen Bruchstücken wie Kalkstein aussieht. Untersuchungen, welche die Herren J. Roth und Salkowsky damit vorgenommen haben, lehrten, dass es eine ganz eigenthümliche Substanz ist, wie sie zuerst aus Guano bekannt geworden ist, namentlich als Erfüllungsmasse von Vogeleiern. Sie besteht, wie schon H. Rose gefunden hat, aus Kalium- und Ammoniumsulfat; Hr. Wibel hat ihr den Namen Guanovulit beigelegt. Indess haben schon Beobachtungen des Capitän Stricker[1]) gelehrt, dass diese Substanz auch ausserhalb der Eier im Guano vorkommt, und der Fund in der Höhle von Babilonia beweist, dass es sich dabei um ein Zersetzungsprodukt thierischer Substanzen handelt, welches an die Existenz von Eiern nicht geknüpft ist.

Aus dieser Höhle stammt das Skelet eines etwa achtjährigen Kindes. Es liegt zusammengedrängt in einem dicken Strickwerk, das sehr grob, aber regelmässig geflochten ist. Um das Ganze schlingt sich ein zusammenhängender, grober Gurt, der in das Innere hineingeht. Man sieht noch Fetzen von der zusammengetrockneten Haut des Individuums, freilich von zahlreichen Larven durchbohrt, deren Ueberreste sich gleichfalls in der Erde vorfinden. Irgend eine besondere Zubereitung der Leiche

---

[1]) Man vgl. den Jahresbericht über die gesammte Medicin von Virchow und Hirsch für das Jahr 1874. I. 131.

ist nicht zu erkennen und es scheint allerdings, dass nur die Trockenheit die Mumificirung gemacht hat. Von besonderem Interesse ist es zu sehen, dass die Art, wie dieses Geflecht gebildet ist, vollständig übereinstimmt mit dem Geflecht um peruanische Mumien. Es erhellt auf diese Weise von Neuem, wofür auch sonst manche Thatsachen vorliegen, dass die Eigenthümlichkeiten der südamerikanischen Völkerschaften sich keineswegs so scharf abgrenzen und auf so kleine Bezirke beschränkt sind, wie man sich das früher vorgestellt hat. Ich kann die geographische Lage der Höhle nicht genau ermitteln, indess muss ich aus dem Bericht schliessen, dass sie in einem ziemlich nahe dem atlantischen Meere gelegenen Gebirgsstock enthalten ist.

Was den aus derselben Höhle stammenden Kinderschädel betrifft, so sieht man leicht, wie sehr er verschieden ist von den Botokudenschädeln. Er hat einen Breitenindex von 81,2 und einen Höhenindex von 81,9, ist also ausgemacht hypsibrachycephal. Zugleich ist sein Prognathismus ein so starker, dass die anderen Schädel dagegen weit in den Hintergrund treten. Es hängt das zusammen mit der auffälligen Grösse der Schneidezähne. Seine Form nähert sich am meisten derjenigen der Schädel aus den Muschelbergen der Küste. Ich habe Ihnen früher zu zwei verschiedenen Malen Bericht erstattet über Schädel von Santos (San Amaro) und von Desterro, wo in alten Muschelbergen neben Steinwerkzeugen menschliche Schädel gefunden wurden. Wenn ich nun auch nicht behaupten kann, dass es dieselbe Rasse ist, so muss ich doch betonen, dass nach Allem, was man aus den Schädeln schliessen kann, eine vollkommene Trennung existirt zwischen den Botokuden und den Babilonialeuten, mögen sie nun Goytacazes oder Coropós gewesen sein.

Ich lasse nunmehr die genauere Beschreibung der einzelnen Fälle folgen:

1) Das Skelet des Caygua-Indianers macht im Ganzen den Eindruck, dass es einem kräftigen Manne von Mittelgrösse angehört habe. Natürlich lässt sich das genaue Maass der Körperlänge nicht wiederherstellen, da die Höhe der verloren gegangenen Zwischenwirbelscheiben nicht zu ermitteln ist. Ueberdiess hat der sehr gebrechliche Zustand der Wirbel es rathsam erscheinen lassen, nicht zu viele Veränderungen an der Aufstellung vorzunehmen. Gegenwärtig, wo die Halswirbel ohne Zwischenlagen auf einander gelegt, die übrigen Wirbel nur durch dünne Zwischenscheiben getrennt worden sind, misst das Skelet in ganzer Höhe 1,58 M. = 5 Fuss 1 Zoll. Legt man auch noch einige Zoll (6—8 Cm.) zu, so bleibt man doch immer noch in dem bezeichneten Mittelverhältniss. Auf einzelne Eigenthümlichkeiten werde ich noch zurückkommen.

Alle Theile des Skelets haben eine tief braune, meist gelblich braune, stellenweise rothbraune Farbe, welche von eingedrungenem Blutroth und zum Theil von noch anhaftenden Resten der Weichtheile herrührt. Letztere waren namentlich reichlich am Schädelgrunde, wo sie an gewissen tieferen Stellen die Knochenoberfläche vollständig verhüllten. Es geht daraus hervor, dass die Leiche noch nicht sehr lange in der Erde gelegen haben kann.

Der Schädel, welcher recht gut erhalten ist, hat einen kräftigen, männlichen Bau. Die stark abgeschliffenen Zähne deuten auf ein vorgerücktes Lebensalter. Die Form des Schädels ist so ungewöhnlich, dass der Eindruck künstlicher, wahrscheinlich schon in der Kindheit stattgehabter Einwirkungen, trotz gewisser Synostosen bestehen bleibt.

In der Gegend der vorderen Fontanelle erhebt sich eine umfangreiche flache Vorwölbung, welche rückwärts bis gegen das Ende des vorderen Drittels der Sagittalis reicht und welche jederseits durch eine tiefe Furche begrenzt wird, die sich von der Schläfengegend (dem Angulus anterior des Parietale) her hinter der Kranznaht heraufstreckt und dann schräg über die Fläche der Parietalia verläuft. Da zugleich die Tubera parietalia stark und fast kuglig vorspringen, so bekommt das ganze

Schädeldach ein ungewöhnlich höckeriges, fast buckliges Aussehen. Die fonticuläre Vorwölbung greift nur wenig auf das Stirnbein über, welches eine schwache mediane Erhöhung (Spur von Crista) zeigt. Die eigentliche Basis der Vorwölbung ist an der Kranznaht; sie misst fast 5,5 Centm. in der Breite. Von da aus reicht die Auftreibung 4 Centm. weit rückwärts, indem sie eine im Allgemeinen dreieckige Gestalt hat.

Sieht man auch ganz von den noch zu erwähnenden Synostosen ab, so muss es doch sehr zweifelhaft erscheinen, ob die Gesammtform dieses Schädels eine typische ist. Der Breitenindex berechnet sich auf 78,2, stellt also eine orthocephale, sich der Grenze gegen die Brachycephalie nähernde Form dar, und da der Höhenindex gleichfalls hoch ist, 76,5, so würde sich eine Annäherung an die Schädel der Pampas-Indianer ergeben. Indess muss ich sofort bemerken, dass, soweit ich bis jetzt zu beurtheilen vermag, die Gesichtsbildung einer solchen Annäherung durchaus widerstreitet. Dagegen dürfte sich eine Verwandtschaft mit der brasilianischen Küstenbevölkerung, welche die Muschelberge errichtete, wohl behaupten lassen. Ich verweise desswegen auf meine früheren Mittheilungen, und bemerke nur, dass die Zugehörigkeit der Cayguas zu den Guaranis einer solchen Beziehung nicht entgegensteht.

Entsprechend der geringen Capacität (1260 CCtm.) ist die Stirn ganz zurückgelegt und fast ohne Tubera. Dagegen zeigt sie starke, etwas geschweifte, über der Nase zusammenfliessende Supraorbitalwülste und eine verhältnissmässig tiefe Glabella. Die Kranznaht ist fast ganz einfach, ohne alle Zackenbildung, dagegen die Pfeilnaht grossentheils verwachsen, namentlich vorn und in der Mitte; der hintere Theil derselben sehr flach, die Emissarien einander genähert, übrigens beiderseits 2, dicht neben einander gelegene.

Das Hinterhaupt ragt ziemlich weit hervor, zumal in der Basilaransicht. Sowohl die Protuberanz, als die Lineae nuchae superiores sind sehr stark; überhaupt ist der muskuläre Abschnitt scharf abgesetzt von der Facies libera der Hinterhauptsschuppe. Letztere hat eine fast glatte Beschaffenheit, steigt steil auf, besitzt in ihrer Mitte ein grosses Emissarium und ist im Ganzen unregelmässig gestaltet. Der Grund ist wohl ein pathologischer. Abgesehen davon, dass die unteren seitlichen Abschnitte der Lambdanaht, namentlich links, an vielen Stellen verwachsen sind und fast alle anderen Theile dieser Naht sich zum Verwachsen anschicken, so ist der Lambdawinkel schief nach rechts geschoben, der linke Schenkel hat eine mehr convexe Form angenommen, und es zeigt sich längs der ganzen Naht, besonders stark am Lambdawinkel, eine glatte hyperostotische Auftreibung. In der Hinteransicht erscheint der Schädel unregelmässig fünfeckig, jedoch mit concaven Dachflächen.

Die Linea semicircularis temporalis ist überall doppelt. Schon am Stirnbein sind beide Schenkel durch einen breiten Zwischenraum getrennt. Der äussere Schenkel rückt dicht hinter der Kranznaht so hoch am Schädel empor, dass der Zwischenraum zwischen ihm und der äusseren Linie der anderen Seite nur 7 Centm. beträgt; nach hinten überschreitet sie jederseits die Lambdanaht. Auch der innere Schenkel überschreitet bei Weitem das Tuber parietale und reicht bis auf Fingerbreite an die Lambdanaht. Daher ist der hintere Theil des Planum temporale (hinter dem Tuber parietale und am Angulus posterior oss. pariet.) fast eben. Die Verwachsung der Lambdanaht scheint damit zusammenzuhängen. Sehr auffallend ist jedenfalls ein von der Mitte der Schuppennaht ausgehender, 25 Mm. hoher, aber nur ½ Mm. breiter Fortsatz, der sich gerade aufwärts über das Parietale heraufschiebt. Die Alae temporales liegen sehr tief und sind zu einer flachen und schmalen Rinne eingebogen, rechts mehr, als links, wo sich die Rinne oder Furche mehr gegen das Stirnbein hinzieht. Die ganze Gegend ist eng. Es misst

	rechts	links
die Sut. sphenoparietalis	6	8
die horizontale Breite der Ala	15	20
„ „ „ „ Squama temp.	82	82

In der Basilaransicht erscheint der Schädel sehr schief, indem die rechte Seite namentlich an der Schläfenschuppe und im hinteren Theile des Parietale viel stärker ausgebogen ist. Jedoch stehen auch die beiden Coronae (Proc. condyloides) nicht in symmetrischer Stellung am Hinterhaupt, entsprechend der verschiedenen Ausbildung der Gelenkgruben des Atlas, von denen die linke kleiner und weiter nach hinten, die rechte grösser und mehr gegen die Mitte gestellt ist. Im Ganzen macht der Schädel, von der Basis aus betrachtet, den Eindruck der Länge und im hintern Abschnitte zugleich der Breite. Alle Muskelansätze sind hier sehr stark, so namentlich der Proc. mastoides, aber auch an der Apophysis basilaris treten jederseits von dem kräftigen Tuberculum pharyngeum in der Gegend der Insertion des Musculus capitis ant. (internus) minor zwei, durch einen tiefen Quereinschnitt getrennte, dicht hinter einander gelegene, zackige Knochenvorsprünge hervor, welche diesem Theil fast das Aussehen der Corpora quadrigemina geben. Das Foramen magnum occipit. ist fast rund und in seinem hintern Umfange mit einer tiefen Rinne zur Aufnahme des Atlas-Ringes versehen. Die Gelenkgruben für den Unterkiefer sind flach und weit. Die Gehörgänge von vorn her abgeplattet. Die Flügelfortsätze des Keilbeins sind hoch und haben eine grosse, zackige Lamina externa.

Das Gesicht hat im Ganzen den amerikanischen Typus sehr ausgeprägt. Es ist grob und hoch, mit hohen Orbiten und stark vorspringenden Jochbogen. Der obere Theil des Wangenbeins ist etwas eingedrückt, wodurch der Körper noch mehr vorspringend erscheint. Die Nase steht etwas schief nach rechts, ihre Wurzel liegt tief, der Rücken ist etwas eingebogen, leicht abgerundet und stark vortretend, die Nase selbst von mässiger Breite. An der nach oben convexen Nasofrontalnaht setzen die Nasenbeine höher an, als die übrigens breiten Nasenfortsätze des Oberkiefers. Die Nasenbeine sind 26 Mm. lang. Der gerade Querdurchmesser der knöchernen Nase beträgt oben 13, in der Mitte 14, unten 23 Mm. Die Apertur ist 33 Mm. hoch, 27 breit. Da die ganze Höhe der Nase 56 Mm. beträgt, so berechnet sich im Sinne des Hrn. Broca ein Nasenindex von 48,2, also eine niedrige Mesorrhinie, welche mit der Aufstellung des berühmten Anthropologen, wonach die Amerikaner mit Ausnahme der Eskimos mesorrhin sein sollen, ziemlich genau übereinstimmt, insofern er für die Süd-Amerikaner 48,1 berechnet.

Der Oberkiefer ist sehr stark und zeigt einen 22 Mm. langen, prognathen Kieferrand. Die Fossae caninae sind flach, die Distanz der Infraorbitallöcher beträgt 61 Mm. Der Umfang des Zahnrandes ist gross; die Zähne sind mehr gerade abwärts gerichtet, ihre Kronen sind abgenutzt, namentlich an den Schneidezähnen bis in die verknöcherte Pulpa hinein; mehrere Backzähne sind cariös. Die Gaumenfläche ist sehr tief, 52 Mm. lang und 45 Mm. breit.

Der Unterkiefer tritt ungleich weniger vor, nur das fast dreieckige Kinn schiebt sich nach vorn hervor; innen an ihm eine starke doppelte Spina mentalis. Die Seitentheile des Kiefers sind sehr kräftig, die breiten (35 Mm.) Aeste steigen gerade auf, und zeigen innen tiefe Insertionen für den M. pterygoideus internus.

Das Skelet ist bis auf die sehr defekten Hände (von den Fingern ist gar nichts vorhanden) und die grossentheils defekten Füsse ziemlich vollständig. Ich gebe nachstehend die Hauptmaasse, wobei ich jedoch wegen der Wirbelsäule auf das früher Gesagte verweise;

Körperlänge	159 Centm.
Atlas bis letzter Lendenwirbel	48 „
„ „ Steissbein in gerader Linie	61 „
Länge der Clavicula (gerade)	17 „
Oberarm beiderseits	32 „
Radius rechts	25,6 „
„ links	26 „
Ulna rechts	27? „
„ links	27,5 „
Armlänge rechts bis zum Handgelenk	57,6 „
Entfernung der Trochanteren	30 „
Oberschenkel rechts vom Trochanter, senkrechte Höhe .	42 „
„ „ „ „ Länge	43.5 „
„ vom Kopfe bis Knie	44,3 „
Tibia rechts	38 „
Fibula „	37 „
Trochanter bis Ferse rechts, senkrechte Höhe	86,3 „
Ferse bis Spitze der grossen Zehe links	23,7 „
Breite des Kreuzbeins	11,5 „
Grösste Distanz der Cristae ilium	27,0 „
Entfernung der Spin. il. ant. sup.	25,0 „
Obere Beckenapertur, grösste Breite	12,6 „
Obere Conjugata	11,0 „
Untere „	12,3 „
Rechter schiefer Durchmesser des Beckeneingangs . . .	11,8 „
Linker „ „ „ „ . . .	12.2 „

Sowohl der Brustkorb, als das Becken sind weit. Letzteres hat in manchen Beziehungen einen fast weiblichen Typus. Namentlich ist das grosse Becken in mehr weiblicher Form gebaut, die Darmbeinschaufeln wenig steil, die Querdurchmesser gross; selbst die Stellung der Oberschenkel erinnert an weibliche Verhältnisse. Das Becken zeigt vorn sehr starke Muskelvorsprünge, hinten am Kreuzbein jederseits, entsprechend dem Querfortsatz des ersten Sacralwirbels, einen ungewöhnlich grossen, nach oben gerichteten Vorsprung.

Der sehr kräftige Oberarm hst sehr scharfe Leisten und starke Muskelinsertionen, namentlich findet sich am Ansatz des Deltoides eine ungewöhnlich grosse und rauhe Fläche. Der Sulcus intertubercularis ist sehr tief. Die Drehung des Oberarms ist weniger stark, als bei Europäern, so dass die Durchschnittsebene der unteren Condylen mehr nach aussen steht. Der Epicondylus internus tritt weit hervor; überhaupt ist das untere Ende sehr breit (61 Mm.) Die Fossa pro olecrano ist nicht durchbohrt. Der in seinen Mitteltheilen beträchtlich gekrümmte Radius ist ungemein scharfkantig, sein unteres Ende ist breiter, als gewöhnlich.

Der Oberschenkel ist lang und krumm, namentlich sind die Condylen stärker nach hinten gewälzt und die Diaphyse etwas convex nach vorn. Neben dem Epicondylus int. am unteren Ende des inneren Labium der Crista femoris sitzt noch ein breiter, aber niedriger Muskelvorsprung.

Die Tibia ist etwas nach innen eingebogen, seitlich auf das Stärkste comprimirt und mit sehr scharfen Kanten, namentlich einer scharf vorspringenden Leiste für das Ligamentum interosseum. Auch an der inneren Seite der sehr schmalen Fibula findet sich eine ungemein tiefe Längsfurche; ihr unteres Ende ist sehr breit. Beide Kniee stehen stark nach innen; die Unterextremitäten nehmen also die Stellung der sogenannten Bäckerbeine ein. Dem entsprechend ist der Condylus internus femoris stärker ausgebildet, die entsprechende Grube der Tibia weiter. Die Patella ist sehr klein.

In Beziehung auf die Verhältnisse der einzelnen Skelettheile unter einander will ich mich darauf beschränken, ein Paar Bemerkungen über die Extremitäten zu machen. Das Verhältniss des Radius zum Os humeri oder des Vorder- zum Oberarm ist = 26 : 32 = 81,2 : 100. Es entfernt sich sehr bedeutend von dem bei Europäern, welches Hr. Hamy (Révue d'anthropologie I. p. 91) zu 72,19 : 100 berechnete, und es nähert sich dem bei Negern, welches derselbe Untersucher zu 78,3 fand, während Hr. Burmeister (Geologische Bilder 1853. II. S. 106) beim lebenden Neger $9^3/_5 : 11^4/_5$ = 81,3 : 100 maass. Die unverhältnissmässige Länge des Vorderarms tritt daher bei dem Caygua sehr auffällig hervor.

Was die Unterextremitäten betrifft, so scheinen sich die Verhältnisse ungleich günstiger zu gestalten. Die Differenz zwischen der Länge des Os femoris und der Tibia beträgt bei unserem Skelet 63 Mm., und das Verhältniss der letzteren zu dem ersteren ist = 34 : 44,3 = 85,7 : 100, oder, wenn man nicht die ganze Länge des Oberschenkelbeins vom Kopfe bis zum Knie, sondern nur die senkrechte Höhe vom Trochanter ab nimmt, 38 : 42 = 90,4 : 100. Nach den Angaben Burmeister's berechnet, würde (bei freilich etwas anderer Messung) für den Europäer 92,4, für den Neger 93,5 gefunden werden.

Noch viel günstiger ist das Verhältniss des Fusses. Wenn Hr. Burmeister annimmt, dass der männliche Fuss mit 6½ mal seiner Länge das richtige Maass der ganzen Gestalt gäbe, so müsste unser Caygua nur 23,7 × 6½ = 154,05 Centm. gross gewesen sein. Es scheint sich daher mit ihm ähnlich verhalten zu haben, wie mit den Puris, von denen Hr. Burmeister (a. a. O. S. 166) selbst erzählt, dass sie ihm fast als das Ideal feiner Hand- und Fussbildung vorgekommen seien. Die Beschränkung dieser Aussage, welche er an einer andern Stelle (I. S. 132) in Bezug auf die Amerikaner hinzufügt, träfe für den Caygua nicht zu, denn dieser hat wirklich einen kleinen Fuss. Hr. Burmeister (I. S. 109) schätzt die Füsse der Männer verschiedener Nationen zu 9½—13 Zoll Länge; der Caygua hat aber nur 23,7 Centm. = wenig lmehr als 9 Zoll.

In Beziehung auf die starke Störung der Ausbildung der Schläfengegend verweise ich auf eine Abhandlung, die ich in den Verhandlungen der Akademie veröffentliche. Diese Störung, sowie die zahlreichen Abweichungen im Umfange des Hinterhauptsloches verdienen aber wohl eine besondere Aufmerksamkeit.

2) Die Schädel der Botokuden.

a) Der männliche Schädel No. 3 zeigt eine Reihe von frischen Schussverletzungen am Vorderkopfe, namentlich 7 grössere Eindrücke von sehr verschiedener Tiefe am Stirnbein, von denen 3 noch Bleistücke enthalten. Letztere stecken zertheilt an der Grenze der inneren Tafel; nur eines hat den Schädel durchbohrt und Zertrümmerungen der inneren Tafel herbeigeführt.

Dieser Schädel ist verhältnissmässig sehr hoch und breit, dagegen von nur mässiger Länge. Er erscheint daher in der Seitenansicht hochgewölbt und mit voller Stirn. Die grösste Höhe des Scheitels liegt kurz hinter der Kranznaht. Das Hinterhaupt fällt schon hinter den Tubera parietalia schnell ab und hat seine stärkste Wölbung in der Mitte der Oberschuppe. Die Protuberantia occip. ist wenig entwickelt. Die Unterschuppe ist unter einem sehr kleinen Neigungswinkel gegen das mehr rundliche Hinterhauptsloch gerichtet.

Die Berechnung der Verhältnisszahlen ergiebt, wie schon früher angegeben, einen Breitenindex von 79,3 bei einem Höhenindex von 78,1, also eine fast hypsibrachycephale Form. Die geringe Capacität (1260 Cub.-Cntm.) stimmt mit dem Maasse des Caygua-Schädels.

Alle Muskelinsertionen sind ausgedehnt, aber nicht tief. Die Linea temporalis überschreitet das Tuber parietale schon mit ihrem inneren Schenkel. Die Entfernung der beiderseitigen Lineae semicirculares beträgt hinter der Kranznaht 105 Mm. (Bandmaass), an den Tubera parietalia 130 für die innere, 95 für die äussere Linie, und die letztere erreicht hinten die Lambdanaht. Trotzdem ist sowohl die Schläfen-, als die Parietalgegend ziemlich gut gewölbt. — Die Muskelansätze am Hinterhaupt sind tiefer, aber die Linea nuchae suprema etwas undeutlich. Die Fossae cerebelli sind nach aussen stärker vorgewölbt.

In der Hinteransicht erscheint der Schädel nahezu fünfeckig, aber mit etwas gekrümmten Flächen. Die Schuppe des Hinterhaupts ist niedrig, der Lambdawinkel gross; die Entfernung der Spitze von der Protuberanz beträgt 60 Mm Bandmaass, der horizontale Querumfang 127, der gerade Querdurchmesser 100 Mm.

Die Scheitelansicht lässt den Schädel wegen der stark vortretenden Scheitelhöcker ziemlich breit erscheinen. Die Stirnhöcker sind wenig entwickelt, und auch die Supraorbitalwülste haben eine mässige Stärke. Die Glabella ist ziemlich tief, der Nasenfortsatz voll, breit und mit einem zackigen Rest der Stirnnaht versehen. Die Incisura supraorbitalis fehlt beiderseits. Die Nähte am Schädeldach sind ziemlich grobzackig, am stärksten die Lambdanaht an ihren Seitentheilen, welche zahlreiche Schaltknochen, namentlich links, enthalten. Verhältnissmässig einfach sind die Seitentheile der Kranznaht und die Schuppennaht innerhalb des Planum temporale. Die Emissaria parietalia fehlen und die Pfeilnaht beginnt in deren Nähe zu verschmelzen.

In der Voderansicht erscheint das Gesicht hoch und, namentlich an den Kieferwinkeln, sehr breit; sowohl diese Winkel, als die Jochbogen treten stark vor. Die Orbitae sind hoch und verhältnissmässig schmal. Die Nase setzt hoch an; die Nasofrontalnaht ist nach oben stark convex. Die knöcherne Nase ist verhältnissmässig schmal: sie hat an ihrem Ansatz einen geraden Querdurchmesser von 9, in ihrer Mitte von 8, an ihrem unteren Ende von 15 Mm. Die Nasenbeine sind an der Wurzel und an der Spitze unter einander verwachsen, und besitzen jedes auf ihrer Fläche eine tiefe, scheinbar für ein Gefäss bestimmte Oeffnung. Die Apertur ist hoch und schmal. Die Wangenbeine sind kräftig, am Ansatze des Masseter höckerig, mit einem sehr starken und scharf abgesetzten Tuberculum temporale (vgl. den Holzschnitt Fig. a auf S. 162) versehen.

Der Oberkiefer ist gross, mit tiefen Fossae caninae; Distanz der Infraorbitallöcher 46 Mm. Der Alveolarfortsatz ist etwas prognath, aber kurz; er misst in der Mitte nur 17 Mm. in der Höhe. Sämmtliche Zähne des Oberkiefers sind sehr gross, an den vorspringenden Theilen der Kronen abgerieben. Die Zahncurve ist nach vorn ziemlich gerundet, nach hinten wenig eingebogen. Der harte Gaumen ist 53 Mm. lang, 44 breit.

Der Unterkiefer stark, am meisten an den Aesten, welche einen Querdurchmesser von 37 Mm. haben und fast unter einem rechten Winkel ansetzen. Die Schneidezähne stehen in einer fast geraden Linie, so dass die Zahncurve in der Gegend der Eckzähne fast winklig wird. Das Kinn springt dreieckig vor; die Spina mentalis interna zeigt sehr deutlich die Ansatzstellen für die verschiedenen Muskeln. Ganz besonders tief sind jederseits die Ansätze für den Musculus pterygoideus internus; dem entsprechend sind auch die Gruben an den Proc. pterygoides sehr tief, obwohl diese Fortsätze selbst nur eine Höhe von 27 Mm. haben.

b) Der gleichfalls männliche Schädel No. 4 ist ausserordentlich kräftig und besitzt zugleich die grösste Capacität unter den vorliegenden Schädeln (1330 Cub.-Ctm.) Er ist hypsidolichocephal (Breitenindex 74, Höhenindex 77). Dem entsprechend erscheint er in der Seitenansicht sehr gestreckt, jedoch mit beträchtlicher Höhe, namentlich nach vorn. Der Scheitelpunkt entspricht der Fontanellstelle. Von da an wölbt

sich die Schädelcurve nach vorn in voller Biegung; nach rückwärts läuft sie gleichmässig fort bis in die Breite der Scheitelhöcker. Von hier fällt sie schnell ab bis
zur Protuberanz, welche mit der Linea nuchae superior einen ausserordentlich tiefen
Abfall gegen die Facies muscularis bildet. Der Absatz ist so stark, dass man fast
einen Finger hineinlegen kann. Die Tubera frontalia und parietalia sind mässig
stark; die Stirnwülste bedeutend, aus sehr dichtem, jedoch von zahlreichen Gefäss-
löchern durchbohrtem Gewebe, in der Mitte zusammenfliessend, jenseits der Supra-
orbital-Incisur von dem seinerseits hervorragenden Augenhöhlenrande getrennt.

Das Planum temporale ist sehr hoch und überschreitet die Scheitelhöcker. Die
inneren Schenkel der Lineae semicirculares nähern sich hinter der Kranznaht bis auf
100 Mm. (Bandmaass), an den Tubera bis auf 110. Hier ist zugleich der äussere
Schenkel zu einer förmlichen Crista ausgebildet. Nach rückwärts erreicht er die
Lambdanaht. Die Kranznaht ist innerhalb des Planum fast ganz synostotisch. Ebenso
beginnt die Verwachsung der Ala temporalis mit dem Stirnbein. Dagegen bildet
auch hier die Schuppennaht nach oben hin einen zackigen Vorsprung von 12 Mm.
Höhe, der ganz spitz ausläuft und neben dem der Angulus parietalis anterior einen
tiefen Eindruck zeigt. Die Schläfenschuppe ist stark, aber kurz; links misst sie im
horizontalen Querdurchmesser bis zum Angulus mastoideus 68, rechts 73 Mm.
Dagegen ist die Ala temporalis breit, 26 Mm. im geraden Querdurchmesser.

Am Hinterhaupt bildet die Facies libera squamae occipitalis eine fast hyperostotische Fläche von 62 Mm. Sagittalhöhe und 135 Mm. Querumfang (Bandmaass);
der gerade Querdurchmesser beträgt 120 Mm. Die Linea nuchae suprema ist sehr
schwach. Die Facies muscularis hat tiefe Gruben und Leisten, namentlich eine starke
Leiste jederseits an der äusseren Seite der Insertion des Musculus splenius.

Die Suturen am Vorderkopfe sind einfach, sowohl die Coronaria, als der Anfang
der Sagittalis; die alte Fontanellgegend bildet hier eine allgemeine Vorragung. Der
hintere Theil der Sagittalis ist stark zackig und beginnt in der Gegend der fehlenden
Emissarien zu verwachsen. Die Lambdanaht hat eine sehr abweichende Gestalt, indem
ihr Winkel allerdings ziemlich spitz ist, jedoch jederseits in dem seitlichen Schenkel
sich ein ausspringender Winkel findet, hinter welchem die Oberschuppe sich beträchtlich verbreitert und die Naht verhältnissmässig steil gegen die Seitenfontanell-Gegend
absteigt.

Das Hinterhauptsloch ist ziemlich rund und hat etwas aufgeworfene Ränder.
Die Gelenkhöcker sitzen weit nach vorn und sind hier durch eine erhabene Leiste
verbunden. Sie haben ziemlich kurze und nach vorn fast zugespitzte Gelenkflächen.
Am vorderen Rande des Loches sitzt ein 2 Mm. langer, gerade gegen das Loch ein-
springender, stachliger Fortsatz (Condylus tertius). Die Gelenkgruben für den
Unterkiefer sind tief und weit, die Gehörgänge etwas abgeplattet und die Gelenkflächen etwas nach vorn über die Tubercula zygomatica vorgeschoben.

Die etwas schmale Stirn besitzt eine vertiefte Glabella und über derselben eine
flache Exostose.

Das Gesicht ist sehr hoch, die Jochbogen vorspringend und die Wangenbeine
mit scharf abgesetzten, weit vorspringenden Tubercula temporalia versehen (vgl. Holzschnitt Fig. b auf S. 162). Dagegen sind die Knochen des Vordergesichts etwas
schmal: Infraorbitaldistanz 44, Malarbreite 97 Mm. Die knöcherne Nase ist gleich
unter dem Ansatze stark eingebogen und fast ganz synostotisch; der Rücken ist
überall deutlich ausgebildet. Nach oben bildet die Nasofrontalnaht, soweit die Nasenbeine ausstossen, eine Curve. Nach unten hin ist die knöcherne Nase schmal, 16 Mm.
im geraden Querdurchmesser, und etwas höher hinauf sogar nur 10 Mm., während
sie ganz oben 14 Mm. misst. Die Orbitae hoch und schmal; ihre oberen Ränder stark

vortretend, mit sehr enger Incisura supraorbitalis. Starke Spina nasalis. Der untere Rand der Nasenöffnung gegen den Alveolarfortsatz des Oberkiefers etwas ausgebuchtet. Letzterer niedrig (20 Mm.), aber stark·prognath. Die Zähne tief abgerieben, namentlich die vorderen bis auf die ossificirte Pulpa. Die Backzähne fehlen fast sämmtlich; rechts liegt eine cariöse Stelle, welche in das Antrum führt. Palatum 50 Mm. lang, 32 breit.

Unterkiefer stark, namentlich mit grossen Aesten, die 40 Mm. breit sind. Kinn dreieckig, mit bedeutendem winkligem Vorsprunge der Seiten; starke Spina mentalis. Tiefe Gruben für den M. pterygoideus int. Rechts auf der inneren Seite dicht über dem Kieferwinkel eine flache Grube von 10 Mm. im Durchmesser, zu welcher von dem Foramen maxill. int. eine Furche herabläuft.

c) Der ebenfalls männliche Schädel No. 5. ist auf der linken Seite noch grossentheils mit Fettwachs (Adipocire) bedeckt und verbreitet einen sehr üblen Geruch. Seine rechte Seite ist dunkelrothbraun und glänzend, die linke dagegen matt und nach Ablösung des Fettwachses gelbbraun. Er ist schwer und macht einen überaus kräftigen Eindruck, hat aber von allen dreien die geringste Capacität (1230 Cub.-Ctm.). Er ist der am meisten dolichocephale, aber zugleich schmale und niedrige Schädel: Breitenindex 71,8 bei einem Höhenindex von 72,8. Die Muskelansätze sind ausserordentlich scharf und stark; die Nähte eher einfach, nur die Lambdanaht etwas stärker zackig. Beiderseits starke Ansätze einer Sutura petro-mastoidea.

In der Seitenansicht erscheint der Schädel sehr lang und keineswegs niedrig. Die Scheitelcurve sieht etwas unregelmässig aus. Jeder der grösseren Knochenabschnitte bildet seine besondere Wölbung, indem sowohl an der Kranznaht, als am Lambdawinkel ziemlich tiefe Einsenkungen bestehen. Die Stirn zeigt sehr starke Wülste über der Nase und längs der Orbitalränder, die Glabella ist sehr vertieft, eine Art Crista verläuft über die Mitte der Stirn. Unmittelbar vor der Kranznaht in der Fontanellgegend sitzt eine starke Erhebung. Auch die Umgebung der Sagittalis bildet eine schwache Leiste.

Am Hinterhaupt springt die Oberschuppe sehr stark vor, am stärksten dicht über der Protuberanz, welche von dem Foramen magnum 48 Mm. (Bandmaass) entfernt und mit ihm durch eine sehr starke Crista perpendicularis verbunden ist. Die Linea nuchae superior ist von der inferior durch einen Zwischenraum von 27 Mm. getrennt; die Linea suprema ist nur ganz schwach angedeutet.

Das Foramen magnum schief, mehr nach rechts ausgeweitet, im Ganzen länglich. An seinem rechten seitlichen Umfange ein anomales Loch von 3 Mm. Durchmesser, welches geraden Weges in die Schädelhöhle führt. Die Incisura mastoidea ausserordentlich tief, Proc. styloides sehr stark. Apophysis basilaris glatt und ohne besondere Muskelvorsprünge. Ungemein grosse Proc. pterygoides mit sehr weit ausgebreiteten Laminae externae, von denen die rechte so weit geht, dass sie fast mit der gleichfalls mit einem Vorsprunge versehenen Spina angularis zusammenfliesst.

Das Planum semicirculare ist ungemein hoch und überschreitet die übrigens sehr schwach ausgebildeten Scheitelhöcker. Man erkennt daran jederseits deutlich zwei getrennte Begrenzungslinien, von welchen die beiden äusseren sich hinter der Kranznaht bis auf 90 Mm. nähern. Rückwärts greift das Planum bis auf die Lambdanaht; nach vorn setzt es sich sehr scharf ab an der Crista temporalis des Stirnbeins, welche sich mit rauher Fläche bis auf die Tuberositas temporalis oss. malaris verfolgen lässt. Auch dieser Schädel hat an der Ala temporalis einen tiefen senkrechten Eindruck, längs der Sutura spheno-temporalis, ·an welcher sich die Squama temporalis plötzlich erhebt; letztere sendet hier einen gerade nach aufwärts gerichteten Vorsprung aus, der auf der rechten Seite eine spitzige Zacke bildet. Es macht fast den Eindruck, als handle es sich hier um ein besonderes Muskelbündel, welches die Ala, den Angulus parietalis und die Schläfenfläche des Stirnbeins eingenommen habe. Die Ala selbst ist breit, 25 Mm. im geraden Querdurchmesser; jederseits bildet sie hinter der Tuberorsitas temporalis [ossis malaris, die hier auch medial gegen die Schläfengrube einen mächtigen Wulst aussendet, eine nach vorn gegen die Orbita gerichtete Ausbuchtung und an der Insertion der Kranznaht einen senkrechten Zacken. Die Squama temporalis hat einen horizontalen Querdurchmesser von 66 Mm. links und 72 rechts, ist jedoch in ihrem oberen Abschnitte kurz. Eine starke Vertiefung zieht sich oberhalb der Crista auricularis fort.

Das Gesicht ist niedriger, die Orbitae dem entsprechend mehr breit, als hoch, mit sehr stark überragenden Rändern, so dass die Augäpfel tief und verdeckt sein mussten. Die Wangenbeine sehr kräftig und stark vorstehend, mit sehr grosser Tuberositas temporalis. Die Nase ist sehr tief eingedrückt, ihre Wurzel steht weit zurück, auch ist die Nase an sich niedrig. Ihr Rücken ist eingebogen und abgerundet, ihre Seitentheile gegen die Stirnfortsätze des Oberkiefers durch eine tiefe Furche abgesetzt. Der gerade Durchmesser beträgt oben 10, in der Mitte gleichfalls 10, unten 18 Mm. Die Nasenbeine an der Spitze synostotisch. Die Nasenöffnung ist schmal, die Spina doppelt, das Septum schief, der untere Rand der Apertur ausgebuchtet. Infraorbitaldistanz 52 Mm. Der Kieferrand ist niedrig (15 Mm.), aber etwas vorspringend. Palatum sehr tief, 55 Mm, lang, 48 breit.

Der Unterkiefer sehr stark, mit überaus kräftigen, fast ganz senkrechten, 38 Mm. breiten Aesten. Die Winkel so weit nach aussen ausgebogen, dass man in die dadurch gebildete Mulde einen Finger einlegen kann. Das Kinn stark vorspringend, dreieckig, in der Mitte etwas am unteren Rande ausgeschweift. Starke doppelte Spina mentalis interna. Zähne ganz vollständig, gerade gegen einander stehend, stark abgeschliffen. Die Zahncurve im Ober- und Unterkiefer etwas eckig.

d) Der jugendliche und wahrscheinlich weibliche Schädel No. 6 hat ganz vollständige Zähne; nur die Weisheitszähne sind noch nicht ausgebrochen. Er ist orthocephal und etwas niedrig (Breitenindex 77,8, Höhenindex 73,6), jedoch macht er den Eindruck eines sehr gestreckten Schädels. Seine Gestalt ist, wie bei jugendlichen Köpfen so oft, etwas eckig, indem sowohl die Stirn-, als die Scheitelhöcker gut ausgeprägt sind und auch das Hinterhaupt stark hervortritt. Letzteres zeigt in der Gegend der nicht vorhandenen Protuberanz eine grössere rundliche Vorwölbung.

Die Nähte sind in der Vordergegend, namentlich innerhalb des Planum temporale, einfach; weiterhin, besonders hinten, sehr zackig. Die Emissaria parietalia fehlen. Der Lambdawinkel ist sehr weit, die Lambdanaht selbst sehr zackig und in der Nähe der Seitenfontanellen mit kleinen Schaltknochen durchsetzt.

Die Stirn ist voll, die Glabella vorgewölbt. Jederseits an Stelle der Incisur ein wirkliches Foramen supraorbitale.

Das Planum semicirculare ist nicht sehr hoch, indess nicht überall genau zu bestimmen, da die Linien undeutlich sind. Die Squamae temporales flach und kurz, jedoch nur in ihrem oberen Theile; weiter nach unten messen sie im horizontalen Querdurchmesser rechts 65, links 67 Mm. Ala temporalis breit, jedoch der Angulus parietalis, besonders rechts, etwas eingedrückt.

Am Hinterhaupt schwache Muskelansätze, dagegen starke Fossae cerebellares. Hinterhauptsloch lang oval mit sehr flachen Gelenkhöckern.

Das Gesicht eher etwas niedrig, dagegen relativ breit. Die Jochbogen anliegend. An dem Proc. temporalis ossis malaris jederseits eine starke Tuberositas temporalis. Augenhöhlen niedrig und relativ breit. Die Nase schmal, etwas niedrig und platt; ihr gerader Querdurchmesser beträgt oben 11, in der Mitte 9, unten 15 Mm. Jeder-

seits zieht von ihrer Seite aus eine niedrige Leiste über den Stirnfortsatz des Oberkiefers gegen das Infraorbitalloch. Die Nasofrontalnaht ist stark nach oben gekrümmt.
Der Nasenrücken fast ganz flach, mit ganz feiner, aber niedriger Erhebung der Mittellinie. Infraorbitaldistanz 43 Mm. Oberkiefer sehr stark prognath, mit sehr grossen
Schneidezähnen, der Kieferrand kurz (15 Mm.).

Die sehr breiten Schneidezähne zeigen sowohl am Ober-, als am Unterkiefer je
3 parallele, von oben nach unten verlaufende Längswülste. Unterkiefer in der Mitte
hoch und auf der Fläche eingebogen, das Kinn stark, die Aeste 47 Mm. breit. —

Nachdem ich mich schon in der einleitenden Uebersicht über die Botokuden-
Schädel im Allgemeinen ausgesprochen und ihre zahlreichen individuellen Abweichungen
geschildert habe, so will ich mich hier auf einige weitere Punkte beschränken. Namentlich möchte ich einige Zusammenstellungen in Bezug auf die Gesichtsbildung geben:

1) Der Nasenindex im Sinne des Hrn. Broca stellt sich folgendermaassen:

$$
\begin{array}{ll}
\text{No. 3} & 40{,}0 \\
\text{„ 4} & 40{,}3 \\
\text{„ 5} & 46{,}4 \\
\text{„ 6} & 51{,}1 \\
\text{Stockholm} & \underline{43{,}1} \\
\text{Mittel} & 44{,}1 \\
\text{Grösste Differenz} & 11{,}1
\end{array}
$$

So gross diese Verschiedenheiten auch sind, so liegen sie doch mit Ausnahme
des jugendlichen Schädels sämmtlich innerhalb des Gebietes der Leptorrhinie und
sie widerstreiten daher der Aufstellung des Herrn Broca von der mesorrhinen Beschaffenheit der südamerikanischen Nase. Auch tritt hier ein Unterschied von dem
Caygua-Schädel scharf hervor.

2) Noch viel constanter erweist sich das Verhältniss zwischen Gesichtshöhe
(= 100 gesetzt) und Nasenhöhe, welches ich den Gesichtsnasenindex nennen will:

$$
\begin{array}{ll}
\text{No. 3} & 45{,}4 \\
\text{„ 4} & 45{,}4 \\
\text{„ 5} & 51{,}8 \\
\text{„ 6} & 45{,}2 \\
\text{Stockholm} & \underline{40{,}4} \\
\text{Mittel} & 45{,}6 \\
\text{Grösste Differenz} & 11{,}4
\end{array}
$$

Es ergiebt sich daraus der hervorragende Antheil, welchen die Nase an der Gesichtsbildung nimmt, — eine Erscheinung, welche in so hohem Maasse grosse Abtheilungen der amerikanischen Stämme charakterisirt.

3) Der Orbitalindex, das Verhältniss der Breite (= 100) zur Länge der
Augenhöhle:

$$
\begin{array}{ll}
\text{No. 3} & 89{,}7 \\
\text{„ 4} & 80{,}6 \\
\text{„ 5} & 80{,}4 \\
\text{„ 6} & 83{,}7 \\
\text{Stockholm} & \underline{86{,}4} \\
\text{Mittel} & 84{,}1 \\
\text{Grösste Differenz} & 9{,}3
\end{array}
$$

Obwohl die absoluten Differenzen hier eine geringere Höhe erreichen, als in der
vorigen Zusammenstellung, so sind sie doch um so auffälliger, als sie keineswegs, wie

man wohl hätte vermuthen können, mit der Schädelbildung harmoniren. Ein Blick auf die bisher mitgetheilte Zusammenstellung der Schädelindices wird zeigen, dass gar kein innerer Zusammenhang aufzufinden ist. Schädel, welche sich in Bezug auf die eigentlichen Schädelindices sehr nahe stehen, unterscheiden sich im Orbitalindex auf das Stärkste, während andere, deren Schädelindices weit aus einander liegen, nahezu identische Orbitalindices haben. Immerhin kann man sagen, dass alle diese Orbitae tief und geräumig sind, so dass der Augapfel weit zurückliegen kann.

4) Der Gesichtsindex, berechnet aus der Jochbreite (Distanz der Jochbogen von einander = 100) und der Gesichtshöhe, zeigt die allergrössten Abweichungen:

$$
\begin{array}{lr}
\text{No. 3} & 87,0 \\
\text{„ 4} & 83,6 \\
\text{„ 5} & 75,5 \\
\text{„ 6} & 86,3 \\
\text{Stockholm} & 94,0 \\
\hline
\text{Mittel} & 85,2 \\
\text{Grösste Differenz} & 18,5
\end{array}
$$

Jedenfalls ist es nicht der jugendliche Schädel (No. 6), der die grössten Verschiedenheiten darbietet; nur im Nasenindex hebt er sich weit aus der für die übrigen Schädel zutreffenden Norm heraus.

5) Nachdem sich mir durch häufigere Messungen an Lebenden die Nothwendigkeit herausgestellt hatte, ein auch für Lebende anwendbares Höhenmaass zu suchen, habe ich bei den Botokuden auch die senkrechte Entfernung des äusseren Gehörganges vom Scheitel bestimmt. Ich will der Kürze wegen dieses Maass die Ohrhöhe und den daraus berechneten Index (Schädellänge = 100) den Ohrhöhen-Index nennen. Es hat sich dabei ergeben, dass darnach nicht nur die Differenzen der Maasse der einzelnen Schädel ungleich kleiner ausfallen, sondern auch die Indices sich ganz anders ordnen und zwar viel mehr entsprechend dem Eindruck, welchen die Betrachtung der Schädel gewährt. Es wird also der Mühe werth sein zu untersuchen, ob nicht die hier angewendete Messung, insofern sie unzweifelhaft eine grosse physiognomische Bedeutung hat, allgemeiner anzuwenden ist. Es ergeben sich nehmlich für

	Ganze Höhe.	Ohr-Höhe.	Differenz.
No. 3	134	115	19
„ 4	143	119	24
„ 5	135	116	19
„ 6	123	111	12
Mittel	133	115	18

Es berechnet sich für

	Basilar-Höhenindex.	Ohr-Höhenindex.	Differenz.
No. 3	78,1	67,0	11,0
„ 4	77,3	64,3	13,0
„ 5	72,8	62,6	10,2
„ 6	73,6	66,4	7,2
Mittel	75,4	65,0	10,4

Ordnet man die einzelnen Schädel nach den Zahlen, indem man von den höchsten zu den niedrigsten geht, so erhält man folgende Reihenfolge:

Basilar-Höhenindex.	Auricular-Höhenindex.
No. 3	No. 3
„ 4	„ 6
„ 6	„ 4
„ 5	„ 5

Letztere ist dieselbe Reihenfolge, in welche man die Schädel stellen würde, wenn man sie nach einfacher Schätzung ordnete.

6) In Bezug auf die sagittalen Curven ergiebt sich gleichfalls eine grössere Schwankung, als sich voraussehen liess, und zwar namentlich in Beziehung auf die Verhältnisse des Mittel- und des Hinterkopfes. Die absoluten Zahlen lauten folgendermaassen:

	Stirnbein.	Scheitelbein.	Hinterhaupt.	Summa.
Stockholm . . : .	140	132	117	389
No. 3	120	113	107	340
„ 4	135	125	112	372
„ 5 . . . . . . ,	129	119	122	370
„ 6	119	115	111	345
Mittel	128,6	120,8	113,8	363,2

Hiernach fällt der Hauptantheil der Entwickelung dem Vorderkopfe, der nächst grössere dem Mittelkopfe, der bei Weitem kleinste dem Hinterkopfe zu. Dabei ist es auffällig, dass der jugendliche Schädel No. 6 eine grössere Scheitelcurve besitzt, als der männliche Schädel No. 3, und dass dieses Uebergewicht wesentlich dem Mittel- und Hinterkopfe zufällt, — Erscheinungen, die sich vielleicht durch das Geschlecht erklären.

Berechnet man die absoluten Zahlen auf Procente des Gesammtumfanges, so erhält man folgendes Bild:

	Stirnbein.	Scheitelbein.	Hinterhaupt.	Summa.
Stockholm	35,9	33,9	30,0	100
No. 3	35,2	33,2	31,4	100
„ 4	36,2	33,6	30,1	100
„ 5	34,8	32,1	32,9	100
„ 6	34,4	33,3	32,1	100
Mittel	35,4	33,2	31,3	100

In dieser Aufstellung wird die vorwiegend frontale und parietale Ausbildung der Botokuden-Schädel noch deutlicher, und zugleich tritt die geringe Differenz vom Mittel auf das Schärfste hervor. Die einzige Abweichung, welche sich bei dem Schädel No. 5 zeigt, indem hier das Hinterhaupt stärker, das Mittelhaupt schwächer entwickelt ist, erscheint so geringfügig, dass das allgemeine Resultat dadurch nicht wesentlich beeinflusst wird. Die Uebereinstimmung der Botokuden-Schädel unter sich wird um so klarer, wenn man dagegen die Schädel anderer brasilianischer Stämme stellt:

	Stirnbein.	Scheitelbein.	Hinterhaupt.	Summa.
Caygua	34,0	31,8	34,0	100
Desterro	34,4	31.6	33,8	100
San Amaro . · . . .	32,6	30,5	36,7	100
Babilonia	33,4	33,4	33,1	100

Hier tritt überall die occipitale Entwickelung in den Vordergrund, während die frontale zurückgeht. Inwieweit die Verhältnisse des noch sehr jugendlichen Schädels aus der Höhle von Babilonia schon das volle Bild des Mannes geben, muss ich dahingestellt sein lassen; vielleicht wäre bei weiterem Wachsthum die Hinterhauptsschuppe relativ noch stärker ausgebildet worden. Dagegen besteht zwischen den Schädeln aus den Muschelbergen von Desterro und San Amaro und dem des Caygua eine unverkennbare Aehnlichkeit, welche sich namentlich auch in dem Zurückbleiben der Länge der Parietalia zu erkennen giebt. Weitere Untersuchungen werden darthun müssen, inwieweit diese Gegensätze als allgemein gültig für die Trennung der süd- und der mittelbrasilianischen Stämme anzusehen sind.

3) Die Gebeine aus der Höhle Babilonia.

a) Der Schädel No. 7 gehört einem Kinde an, bei welchem die Eckzähne eben wechseln und die vierten Backzähne im Durchbrechen begriffen sind. Der Schädel ist hypsibrachycephal und stark prognath: er nähert sich also auch in dieser Beziehung der südbrasilianischen Form, die ich oben geschildert habe. Sämmtliche Knochen des Schädeldaches sind ausgiebig entwickelt, ganz besonders die Hinterhauptsschuppe.

In der Seitenansicht erscheint die Stirn sehr gerade und voll. Die Schädelwölbung bildet bis zur Mitte der Oberschuppe des Hinterhaupts eine ganz gleichmässige Curve. Von da ab senkt sich die Hinterhauptsschuppe in einer mehr einfachen Linie schräg gegen das Hinterhauptsloch. Die Alae temporales breit.

In der Norma occipitalis erscheint die Basis des Schädels schmal, die Seiten bis in die Nähe der Tubera parietalia ziemlich gerade, das Dach gleichmässig gewölbt. Die grösste Breite liegt etwas oberhalb der Schuppennaht.

Auch in der Basilaransicht macht der Schädel eher den Eindruck der Schmalheit. Das Hinterhaupt steht ziemlich weit vor. Das Foramen occipitale magnum ist ganz schmal und lang.

Das Gesicht ist schmal. Die Orbitae hoch. Die Nase schmal, ziemlich lang, der Rücken etwas flach. Jederseits am Proc. frontalis ossis zygomatici an der Stelle der Tuberositas temporalis ein scharfzackiger, nach aufwärts gerichteter Fortsatz. Der harte Gaumen kurz und tief. Der Unterkiefer ist breit und nach rückwärts wenig geneigt. —

b) Die in dem Strickwerk enthaltenen Knochen und mumificirten Weichtheile gehören offenbar mit diesem Schädel nicht zusammen. Sie sind so zart, dass sie von einem weit jüngeren Kinde herstammen müssen. Das Brustbein z. B. ist nur 93 Mm. hoch, und es besteht ausser dem getrennten Proc. xiphoides noch aus 3 durch Knorpel getrennten Stücken. Die Scapula ist 79 Mm. hoch und hat 56 in der grössten Breite. Alle Röhrenknochen haben noch getrennte Epiphysen.

Das Hauptinteresse concentrirt sich daher auf die äusseren Verhältnisse des Fundes. Aeusserlich liegt, wie schon erwähnt, ein dichtes Flechtwerk von Stricken, welche sehr kunstvoll in der Art angeordnet sind, dass die Stricke in parallelen Zügen den Körper horizontal umfingen. Diese horizontalen Züge sind an 3 verschiedenen Stellen durch eine vertikale, in geraden Linien herablaufende Verknotung, die sich wie das Brustbein zu den Rippen verhält, zusammengehalten. Um das Ganze schlingt sich ein stärkerer Strick. Das innere Ende eines Strickes umfasst ein Bündel langer getrockneter Pflanzenblätter, welche die nächste Umhüllung der Mumie bilden. Von letzterer sind ausser der Mehrzahl der Skeletknochen noch grosse Abschnitte der Haut, namentlich des Rückens und der Unterextremitäten vorhanden. Sie sind gelbbräunlich, brüchig, ohne irgend eine Spur von Einbalsamirung. Das Kind ist in hockender Stellung, mit gebogenen Armen und Beinen, eingewickelt worden. Um das eine Knie liegt eine feine, dem Anschein nach aus Thiersehnen gebildete Schnur, einer Darmsaite ähnlich, in vielfacher Umschnürung.

c) Die unter No. 9 eingelieferten Skeletknochen stammen von einem älteren, jedoch gleichfalls noch nicht ausgewachsenen Individuum. Sie könnten möglicherweise zu dem Schädel No. 7 gehören. Ausser einer zum grossen Theil zusammenhängenden Oberextremität nebst Schulterblatt sind eigentlich nur einige Rippen und Wirbel vorhanden. Der Arm ist im Ellenbogen vollständig zusammengebogen und noch zum

Theil mit getrockneten Weichtheilen versehen. Die Knochen des Vorderarms sind etwas gekrümmt. Beginnende Verschmelzung der Epiphysen.

4) Die Knochen aus der Höhle von Macahé sind durchweg Schädeldach-Knochen von Kindern sehr verschiedenen Alters: Stirnbeine, Scheitelbeine und Hinterhauptsschuppen, zum Theil von ganz zarten Kindern. Die grösste Schuppe ist pathologisch: sie ist innen in grosser Ausdehnung von dicken osteophytischen Lagern bedeckt, die von zahlreichen, tiefen Gefässfurchen durchzogen sind; ausserdem ist sie ganz unsymmetrisch entwickelt.

Zum Schluss möge hier eine tabellarische Zusammenstellung der Maasse sämmtlicher, an mich gelangter Schädel stehen:

	Caygua.	Guyana.	Botokuden (Poton).				Babilonia.
	No. 1.	No. 2.	No. 3.	No. 4.	No. 5	No. 6.	No. 7.
1. Capacität	1260	—	1260	1330	1230		1215
2. Grösster Umfang	494	484	487	516,5	511	477	471
3. Grösste Höhe	137	—	134	143	135	123	133,5
3a. Meat. audit. bis Scheitel	121	105,5	115	119	116	111	111
4. Foram. occip. bis Font. ant.	137	—	134	144	132	123,2	130
5. Foram. occip. bis Font. post.	128	—	113	116	116	111	119
6. Grösste Länge	179	175	171,5	185	185,2	167	165
7. Sagittal-Umfang d. Stirnbeins	120	121	120	135	129	119	117
8. Länge d. Sut. sagitt.	112	116	113	125	119	115	117
9. Sagittal-Umf. der Sq. occip.	120	—	107	112	122	111	116
10. Meat. audit. bis Nasenwurzel	106,5	101	103	111	104	91	88
11. Meat. audit. bis Spina nasal.	113	100	108	112	107	89,5	91
12. Meat. audit. bis Alveolarrand	120	107	114	120	112	96	96
13. Meat. audit. bis Kinn	139	117	134	137	132	101	100
14. Foram. occip bis Nasenwurzel	103	—	101	107	100	88,6	86
15. Foram. occip. bis Spina nas.	100	—	97	98,2	96	80	81
16. Foram. occip. bis Alveolarrand	104	—	100	104	98	84	82,4
17. Foram. occip bis Kinn	116,5	—	113	113,5	120	88	82
18. Foram. occip. bis Prot. occip.	51	—	44	49	57	48	54
19. Länge d. Foram. occip.	34	—	39	39	40	37	33
20. Breite d. Foram. occip.	29	—	33	31	28	26	22
21. Grösste Breite	140	132	136	137	133	130	134
22. Oberer Frontal-Durchmesser	55	55	67	63	60	63	54
23. Unterer Frontal-Durchmesser	94	91	87	94	92	92	87
24. Temporal-Durchmesser	113	111	115	119	116	109	100
25. Parietal-Durchmesser	128	124	125	128	124	126	127
26. Mastoideal-Durchmesser {an d. Spitzen	100	—	103	108	101	90	95
{an d. Basis	120	—	126,5	133	127	105	100
27. Jugal-Durchmesser	140	—	139	143,4	143	110	105
28. Maxillar-Durchmesser	71	63	62,5	59,6	65	55	55
29. Querumf. d. Meat. aud. über Font. ant.	304	(2×154)	308	320	308	296	312
30. Breite d. Nasenwurzel	23,5	21	21,5	21	22	19	19
31. Breite d. Nasenöffnung.	27	27	22	22	26	22	19
32. Höhe d. Nase	56	46,5	55	54,5	56	43	42
33. Höhe d. Gesichts (Kinn bis Nasenw.)	123	102	121	120	108	95	91,5
34. Breite d Orbita	42	38	39	44	41	37	32
35. Höhe d. Orbita	37,4	37	35	35,5	33	31	32,4
36. Umfang d. Oberkiefers	143	130	140	135	144	115	120
37. Umfang d. Unterkiefers	193	—	195	190	203	152	145
38. Medianhöhe d. Unterkiefers	33	27	34	35	30	25	24
39. Höhe d. Kieferastes	73	—	74	74	79	48	48
40. Entf. d. Kieferwinkel	92	—	100	93	108	82	72
41. Entf. d. Gelenkfortsätze	105	—	101	110	102	88	85
42. Gesichtswinkel	65	70	69	70	68	77	71
43. Diagonal-Durchmesser	241	218	235	240	238	205	206

Note: Rows 7–9 carry bracketed grouped sums in the margin: for No. 1 "362", for No. 3 "340", for No. 4 "372", for No. 5 "370", for No. 6 "345", for No. 7 "350".

Wir haben in diesen Ergebnissen ein gewisses grundlegendes Material für die Ordnung der so verwickelten Stammesverhältnisse der brasilianischen Indianer gewonnen. So schätzbar dasselbe ist, so ist es doch noch immer ganz ungenügend, um eine gesicherte Anschauung zu gewähren. Das ungeheure Gebiet des Amazonas und seiner Nebenströme ist nur durch den einen Guyana-Schädel betheiligt, und selbst dieser ist so defekt, dass er erst Werth erlangen wird, wenn eine Reihe anderer, besser erhaltener aus demselben Gebiete zur Vergleichung vorliegen wird.

Was wir bis jetzt haben, das sind nur Anfänge, und es wird nothwendig sein, dass wir weiteres Material erhalten. Aber ich hoffe, dass unsere Forschungen durch die mächtige Unterstützung, die wir gefunden haben, auch in Zukunft die nöthige Förderung gewinnen werden.

Zufällig habe ich heute eine Mittheilung unseres correspondirenden Mitgliedes, Hrn. Hartt empfangen, der mir aus Rio meldet, er sei durch das brasilianische Gouvernement zum Chef einer geologischen Exploration des Kaiserreiches ernannt worden, in welche Untersuchung zugleich das Studium der Alterthümer des Landes und auch das der lebenden Stämme eingeschlossen sei. Auch er gedenkt sich zunächst zu den Botokuden zu wenden. Es ist das ein sehr erwünschter Schritt, den die brasilianische Regierung gethan hat. Hr. Hartt gehört wohl zu den fleissigsten und intelligentesten Amerikanern, und ich glaube, dass wir von ihm erwarten dürfen, er werde nicht nur im Interesse der Geologie, sondern auch in dem der Anthropologie seine Studien machen. Stände ihm ein Mann, wie Hr. Keller-Leuzinger zur Seite, so liesse sich hoffen, dass wir auch in Bezug auf die bildliche Darstellung dieser untergehenden Stämme ein Material erhielten, welches für alle Zukunft als ein Archiv der Forschung dienen könnte, auch noch zu einer Zeit, wo die brasilianischen Indianer gänzlich vernichtet sein werden. —

(10) Geschenke:

1) Congrès international d'anthropologie etc. Compte rendu de la 4me Session. Copenhague 1875.

2) Kopernicki: The prehistoric antiquities of the Caucasus.

3) Engelhardt: Klassisk Industri og Kulturs betydning for Norden i Oltiden Kjoebnhavn 1875.

4) Ecker: Ueber eine menschliche Niederlassung aus der Renthierzeit im Löss bei Munzingen. Braunschweig 1875. 4.

5) Photographische Ansichten aus Formosa, von Hrn. Dr. Obst in Leipzig.

6) Photographisches Portrait eines Santal-Indiers, von Hrn. Ramtschandra Pradan hierselbst.

Sitzung vom 17. Juli 1875.

Vorsitzender Herr **Virchow.**

(1) Das Programm zu der am 9. bis 11. August in München stattfindenden **sechsten allgemeinen Versammlung** der deutschen anthropologischen Gesellschaft wird vorgelegt.

(2) Der Hr. **Cultusminister** übersendet unter dem 14. d. M. ein Schreiben, worin er mittheilt, dass die eingegangenen Speciallisten über die **Schulerhebungen** wegen der Farbe der Haare, der Augen und der Haut zur weiteren Bearbeitung an das Königliche statistische Büreau übergeben seien.

(3) Professor W. D. **Whitney** überreicht im Namen des Dr. J. V. **Hayden,** Chief of the U. S. Geogr. and Geolog. Survey of the Territories, 17 photographische Ansichten **prähistorischer Ruinenstätten,** welche letzterer 1874 im **Thale des Mancos River,** in der südwestlichen Ecke des Territoriums Colorado, entdeckt hat.

(4) Hr. **Virchow** zeigt einen, ihm von Hrn. **Prestel** in Emden übersandten, daselbst gefundenen

Flossenstrahl vom Wels.

Nach der Mittheilung wurde der sehr sonderbar gestaltete Knochen in der Stadt Emden beim Brunnengraben, 30 Fuss tief in blauem Schlick, in gewachsenem Boden gefunden. Allerdings wurde auf meine Nachfrage die Möglichkeit zugestanden, dass in dieser Richtung das alte Ems-Bett gegangen sei.

Der mir übergebene, sehr frisch aussehende, an der Spitze abgebrochene Knochen ist 13,5 Centm. lang, an dem einen Ende mit groben Gelenkvorrichtungen versehen, sonst glatt und an beiden Kanten mit sehr dichtstehenden Sägezähnen besetzt. Hr. **Peters** hatte die Güte, ihn als den äussersten Flossenstrahl aus der Brustflosse eines Wels und zwar eines ausländischen, wahrscheinlich brasilianischen, zu bestimmen. Er sowohl, als die Geologen, welchen ich denselben vorlegte, hielten ihn nicht für fossil.

(5) Herr E. **Friedel** legte verschiedene, dem Märkischen Provinzial-Museum gehörige, neuerworbene Gegenstände vor:

a. Einen grossen Steinkeil, anscheinend Granit, 2730 Gramm schwer, 18 Centm. lang, bei **Angermünde,** Kreis Angermünde, gefunden. Der Keil, Nr. II, 2141 des Museums-Catalogs, welcher anscheinend polirt gewesen ist, gehört zu den auffallendsten und ungewöhnlichsten Stücken ähnlicher Art in Nord-

Deutschland und erinnert an ähnliche Werkzeuge, wie sie in den vorgeschichtlichen Kupferminen am Obern und Michigan-See in Kanada gefunden werden.
In die Rille, die näher dem stumpfen Ende zu um den vorn axtförmig ge-
schärften Keil läuft, scheint ein gabelförmiger Zweig als Schaft gepasst zu
haben. Abbildung in ¹/₄ Grösse ist beigefügt.

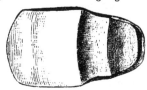

b. Zwei Hacken aus Stein mit conischer Durchbohrung; die eine anscheinend
Serpentin: 21 Ctm. lang, bis 8 Ctm. breit, an der Schneide 4 Cm. hoch; die
andere anscheinend Kieselschiefer: 19 Ctm. lang, bis 7 Ctm. breit, durchgängig
4 Ctm. hoch. Geschenke S. K. Hoheit des Prinzen Karl von Preussen. Die
Umrisse der 1300, resp. 1200 Gramm schweren, mit senkrechter Schneide versehenen Werkzeuge sind unsymmetrisch und bezeugen, wie man besonders
bei Herstellung grösserer Steininstrumente zur Ersparung der mühsamen Herstellung der benöthigten äusseren Form gern Steine auflas und auswählte, die
bereits ungefähr der gewünschten Gestalt entsprachen. Sie stammen von der
vielerwähnten Fundstelle bei Kohlhasenbrück, nahe Potsdam, die bereits Eisen-, Bronce- und Knochen-Geräthe und auch einen alten gläsernen
Gnidelstein geliefert hat, der sich im hiesigen K. Museum hefindet, früher für
einen Theerklumpen gehalten wurde, bis unser Mitglied Herr Voss seine wahre
Natur erkannte, und der an die gläsernen Gnidelsteine von Björkö (Schweden)
aus dem 12. Jahrhundert erinnert. Eine systematische Untersuchung der Kohl-
hasenbrücker Fundstelle scheint von berufener Hand leider noch immer nicht
vorgenommen zu sein.

c. Zwei durchbohrte Steinhämmer, beim Abbruch eines (wie es scheint, des Zin-
naer) Thors in Jüterbogk, in der Nähe der Fundamente, gefunden. Der
kleinere Hammer ist 8 Ctm. lang, bis 4,5 Ctm. breit, 3,5 Ctm. an der Schneide
hoch, das Bohrloch einerseits 0,023 M., andrerseits 0,022 M., in der Mitte nur
0,018 Mm. im Durchmesser, das Loch mehr nach der stumpfen Seite. — Der
grössere Hammer, dessen Abbildung in ½ Grösse gegeben ist, ist anscheinend von

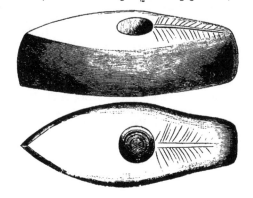

Diorit, 14 Cm. lang, bis 6 Ctm. breit, 4 Ctm. an der Schneide hoch. Die cylindrische Durchbohrung liegt mehr nach der Mitte zu und hat 0,022 M. Durchmesser. Das Stück hat elegante Verhältnisse, erinnernd an die Formen von Steinwerkzeugeu, welche die Dänen als Nachahmungen bronzener Vorbilder ansehen und ist ausgezeichnet durch eine federkielartige Gravirung auf der Oberfläche zwischen dem Bohrloch und dem stumpfen Ende. Diese Verzierung macht das Stück zu einem der seltensten, welche überhaupt in der Literatur bekannt sind.

d. 2 Handgelenkringe und 2 grössere Ringe, Bronzefund aus der Gegend von Cottbus, Nr. II. 2212 und 2213, resp. 2210 und 2211 des Catalogs, aus der Sammlung des Gymnasiums zu Cottbus stammend. Die Handgelenkringe sind innen concav und wohl gefüttert gewesen, die convexen Aussenseiten sind mit senkrechten und schrägen Strichen, etwa den Ringeln einer aufgerollten Schlange entsprechend, verziert. Die grosse Axe des innern Ovals dieser Ringe beträgt 55, resp. 60·Mm., die grosse Axe des innern Ovals der beiden andern Ringe ca. 100 Mm. Diese letzteren Ringe sind aus einem Bronzestab dadurch gebildet, dass man diesen um seine Axe gewunden und gekrümmt hat. Wie die beiden kleineren Ringe, sind die grösseren nicht geschlossen und an den beiden sich nähernden Enden mit einigen eingeritzten Strichen versehen, die mit dem Querdurchschnitt der Ringe parallel laufen. — Ganz besonders ausgezeichnet sind die beiden grossen Ringe dadurch, dass sie nicht rund, sondern auf der unteren Seite vollkommen platt sind. Gleichzeitig ist diese Unterseite roh und ohne Verzierung. Es erhellt hieraus, dass diese 2 Ringe, obwohl auf den Arm passend, nicht dort getragen worden sind.

Vielmehr entsprechen diese Ringe in gewisser Hinsicht den Armillae, welche die römischen Chargirten neben den Phalerae als Auszeichnung zu tragen pflegten. Ueber dem Panzer oder dem Waffenrock war ein Riemenwerk angebracht, auf welches die unten platten Ringe, gewöhnlich ihrer zwei zuoberst, und alsdann die Scheiben der Phaleren geschnallt oder genäht wurden. Ich habe erst vor wenigen Wochen Gelegenheit genommen, an den römischen Leichensteinen des Mainzer Museums diese Befestigungsart zu sehen. Lindenschmit, heidn. Alterth. I. Heft 4, Tafel VI bildet einen Adlerträger der XIV. Legion ab, der zwei ganz ähnliche Ringe, die offenen Enden nach unten über dem Waffenrock und der Lorica ex annulis (ferrea tunica) trägt. Lindenschmit bemerkt dazu: „Die Art der Befestigung und die Form der beiden offenen, an ihren Enden geknöpfelten Ringe, armillae, ist deutlich genug, um in ihnen genau dieselbe Gestaltung zu erkennen, die sich bei einer grossen Anzahl von Erzringen aus deutschen Grabhügeln findet." — Auch auf dem nicht minder im Mainzer Lapidarium befindlichen Gedenkstein des Manius Cälius finden wir 2 grosse Erzringe, die Brust über dem Panzer zierend. Es handelt sich hier um ein leeres Grab (Kenotaphium), indem Manius Cälius im Feldzuge des Varus, wahrscheinlich bei der Schlacht im Teutoburger Walde gefallen und sein Leichnam mit vollem Kriegsschmuck in die Hände der Germanen gefallen war. Es mögen in ähnlicher Weise Originale der römischen Kriegs-Armillen öfters in germanische Hände gefallen, vielleicht auch im Handelswege nach Germanien gerathen sein, wie denn gerade die Cottbuser Gegend an Kaisermünzen der ersten zwei Jahrhunderte nicht arm ist. — Die Arbeit der fraglichen zwei Ringe von Cottbus ist ziemlich ursprünglich und die Möglichkeit, dass die Barbaren dergleichen Ringe nachahmten, nicht ausgeschlossen. Nachahmten, denn der bestimmte conventionelle Gebrauch, den diese Ringe

schon lange bei den Römern hatten, berechtigt wohl zu der Annahme, dass
die römischen Ringe die Vorbilder für die germanischen gewesen seien. Immerhin wird es verlohnen, dieser Form der abgeplatteten Ringe, die auch bei
den nordischen Völkern in ähnlicher Weise, wie bei den Italikern getragen
sein werden, weiter nachzuforschen. Bis jetzt scheint der erwähnte Typus ein
seltener zu sein.

e. Drei eiserne Pfeilspitzen von den städtischen Rieselfeldern bei Osdorf und
Friederikenkof, Kreis Teltow, Geschenke des Administrators Mumme.
Sie sind weidenblattförmig, mit dem Halse 134, resp. 133 und 132 Mm. lang,
an der breitesten Stelle 31 Mm. breit. Das Eisen ist weich, der Hals selbst
40 Mm. lang, dünn und die conische Höhlung im grössten Durchmesser nur
6 Mm. weit, so dass nur ein sehr schwacher Pfeilschaft hineinpasste, wahrscheinlich um das Abbrechen zu erleichtern. Die Form ist eine nicht häufige
und wahrscheinlich noch in die heidnische Zeit (letzte Epoche des Eisenalters)
gehörig. Die Erhaltung des Eisens ist eine gute und wohl dem sehr durch-
lässigen und trocknen Sande, in dem es eingebettet war, zu verdanken. Nach
der zutreffenden Feststellung von Dr. Joseph Emele (Beschreibung römischer
und deutscher Alterthümer, Mainz 1833) erhalten sich die Eisensachen in
wunderbarer Frische alsdann besonders, wenn sie in der Asche verbrannter
oder verkohlter Gegenstände gelegen haben. —

Hr. Hartmann bemerkt, dass Ringe, wie der von Hrn. Friedel vorgezeigte,
anscheinend zur Decoration für einen römischen Centurio gehörende, ihn an die bei
den Denka der Ostufer des weissen Niles üblichen eisernen Zierrathen erinnerten.

Hr. Virchow hat ähnliche Ringe öfters an Oberarmbeinen aus deutschen und
fremden prähistorischen Grabstätten bemerkt.

Hr. Friedel macht, zur Stützung seiner Ansicht, darauf aufmerksam, dass seine
Ringe nur auf einer Seite skulpirt, auf der anderen glatt und abgerieben seien.

(6) Hr. Liebreich übersendet der Gesellschaft eine von ihm in London käuf-
lich erworbene Bronzestatuette aus Ostasien als Geschenk.

(7) Hr. Hermann W. Vogel hält einen Vortrag über

die Bewohner der Nicobaren.

Indem ich Einiges aus meinen Erlebnissen und Beobachtungen auf den Nicobaren
mittheile, ist es nicht meine Absicht, das zu wiederholen, was ich bereits in für das
grosse Publikum bestimmten Aufsätzen publizirt, oder was Ihnen aus den trefflichen
Schilderungen eines Rosen, Rink, Busch, Scherzer schon bekannt ist, sondern
ich gedenke mich auf diejenigen Daten von anthropologischem und ethnographischem
Interesse zu beschränken, die ich in den Publikationen gedachter Autoren nicht erwähnt finde, oder die von den Angaben jener Forscher abweichen.

Ich besuchte die Nicobaren unter günstigeren Umständen, als die genannten Forscher. Seit 1869 ist eine grosse Veränderung mit den Nicobaren vorgegangen. England
hat die 1848 von den Dänen aufgegebenen Inseln okkupirt, auf der mittlern derselben,
Camorta, eine Gefangenenkolonie angelegt als Filiale des grossartigen Convict settlement
auf den Andamaneninseln, und durch freundliche Behandlung die frühere Europäer-
furcht der Eingebornen verscheucht. Scherzer erklärt in seinem Buche, p. 441:

„Ueber das gesellige Leben der Nicobaren, ihr Verhältniss zur Familie sind uns bei unserm kurzen Aufenthalte und dem Umstande, dass Weiber und Kinder stets entflohen waren — so wenig und unsichere Daten bekannt geworden, dass wir nicht wagen, dieselben zu veröffentlichen." Unsere Expedition (1875) fand dagegen bei der jetzt herrschenden Vertraulichkeit Gelegenheit, einen Einblick in das innere Leben der Nicobaren zu gewinnen, der Scherzer nicht vergönnt war. Freilich habe ich nur einen kleinen Theil meiner Zeit dem Studium der Inseln widmen können. Eine Aufgabe ganz andrer Art — spektroskopische und photographische Sonnen-finsternissbeobachtungen — führte mich auf jene vom Weltverkehr abgelegene Insel-gruppe. Unter vielen Hindernissen wurde diese Expedition ausgeführt. Schlechtes Wetter, mangelhafte Dispositionen, Chicanen von Seiten eines Beamten, ungenü-gende Ausrüstung und, was damals das Schlimmste war, Krankheiten suchten die Expedition in empfindlicher Weise heim und die Hauptaufgabe derselben scheiterte durch Wetterungunst vollständig. Unter solchen Umständen blieb mir wenig Musse zu Nebenstudien, die sich auf drei der Nicobareninseln, Camorta, Nancowry und Trinkut beschränkten, welche in der Mitte der Gruppe liegend, einen trefflichen Hafen zwischen sich einschliessen, der die Ursache sein mag, dass alle Colonisations-versuche, die seit Jahrhunderten unternommen wurden, auf diese drei Inseln beschränkt blieben. Die Nicobaren sind von einer nach Rink in der Mitte zwischen Malayen und Birmesen stehenden Völkerschaft bewohnt, von hellbrauner Hautfarbe, etwas dunkler als Malayen, mit schwarzen schlichten Haaren, seltenem dünnem Bart, braunen Augen, wenig zurückfallender Stirn, etwas aufgeworfenen Lippen, breitnasig, von Gestalt wohlgewachsen und an Grösse dem Europäer gleichkommend, — ein Völkchen, das schon vielfach das Interesse der Forscher in Anspruch genommen hat und dessen anthropologische Verhältnisse von der Novaraexpedition schon gründlich ausgeforscht worden sind. Dieselbe hat an Kopf, Rumpf und Extremitäten der Nicobaresen zahl-reiche Messungen gemacht, Kopfhaare gesammelt, Kraftproben mit dem Dynamometer angestellt und sogar Schädel mitgebracht. Statt mich auf detaillirte Beschreibung der Race einzulassen, zeige ich hier meine nur sehr bescheidenen Errungenschaften d. h. einige Photographien, die ich an Eingebornen Face und Profil ohne sehr ungünstigen Verhältnissen, ohne Kopfhalter aufgenommen habe und die vielleicht in sofern von Interesse sind, als sie in ihrer Entstehungsart eine Garantie für die treue Wiedergabe bieten, eine Garantie, die eine Zeichnung niemals geben kann.

Ich habe mich dabei bemüht, nur Individuen von reiner Race auszuwählen. Wenn mir dieses gelang, so verdanke ich es Herrn de Roepstorff, einem gebornen Dänen, der auf diesen Inseln längere Zeit als Chef der daselbst errichteten Gefangenen-kolonie gelebt, sich die Sprache der Eingebornen angeeignet, über dieselbe ein treff-liches Wörterbuch publizirt hat und mit denselben auf freundschaftlichstem Fusse steht. Roepstorff war bei meinen Ausflügen mein steter Begleiter, der mich auf tausend interessante Dinge aufmerksam machte, mein Dolmetscher und Helfer, der mir rasch die Freundschaft der Natives gewinnen half; ihm bin ich verpflichtet für Alles, was ich hier vorlege.

Leider sind die wenigen photographischen Platten durch den Transport erheblich beschädigt und einzelne Negative zerbrochen, jedoch in der Hauptsache die Figur erhalten. Die Aufnahme der weiblichen Iudividuen dürfte in sofern Werth haben, als Scherzer bei der zu seiner Anwesenheit noch herrschenden Europäerscheu der Nicobaresen nur sehr wenige weibliche Individuen zu Gesicht bekam. Bei den Photo-graphien wurde ein improvisirter Maassstab, so gut es eben ging, mit aufgenommen. Mangels eines Kopfhalters liess ich die Modelle den Kopf gegen einen Pfahl stützen und war in dieser Situation genöthigt, behufs der Profilaufnahme den Standpunkt der Camera zu wechseln.

Neben den Nikobaresen fanden sich noch mehrfach Malayen auf der Insel; es sind Abkömmlinge derselben, aus Kreuzung mit Nikobaresen hervorgehend, nicht eben selten. Sie erblicken solche auf den vorgelegten Bildern. Leider ist ein Theil der von mir aufgenommenen Platten noch nicht in meinen Händen. Sie befinden sich noch bei meinem Expeditionsgepäck in England. Dafür kann ich glücklicher Weise einige Ersatzbilder vorlegen, die mein Expeditionskollege Waterhouse von denselben Gegenständen, wie ich, aufgenommen hat. Er hatte sich nur ethnographische Aufnahmen zum Ziel gesetzt, die er ausschliesslich nach dem gewöhnlichen nassen Verfahren fertigte. Ich nahm mir dagegen anthropologische und landschaftliche Aufnahmen zum Vorwurf, wobei ich zugleich den Werth eines noch neuen Trockenplattenverfahrens, welches dem Forscher grosse Dienste zu leisten verspricht, festzustellen suchte, und welches sich in der That bewährt hat, wenn auch die Resultate nicht so vollkommen sind, als die mit dem gewöhnlichen nassen Verfahren. In voller Figur habe ich, abgesehen von den ethnographischen Bildern, nur ein Individuum aufgenommen, welches an Elephantiasis litt, einer unter jenem Völkchen öfter vorkommenden Krankheit. In Bezug auf die Bilder sei hier noch bemerkt, dass gewisse Abnormitäten, wie der etwas flache Hinterschädel der Nicobaresen und der aufgeworfene Mund nicht Natur, sondern Kunst sind.

Die Eingebornen pflegen den Schädel ihrer oft ganz wohlgebildeten Kinder mit einem Brett flach zu pressen und ihren Mund durch das bekannte Betelkauen zu entstellen. Die Vorderzähne werden dadurch locker, bedecken sich mit einer dicken Kruste, neigen sich nach vorn und solches in einem Grade, dass die betreffenden Individuen den Mund nicht mehr schliessen können. Ihre Ohrlappen pflegen sie zu durchbohren, und in die grossen Löcher alles Mögliche zu stecken, was man ihnen schenkt! Cigarren (Männer und Weiber rauchen Cigaretten), Holzpflöcke, Präparaten-Gläser, leere Patronen, Zahnstocher, sogar Tuchlappen und Pflanzenblätter. Nach den Beschreibungen der übrigen Inseln zu urtheilen ist es zweifellos, dass das Gesammtvolk des Archipels derselben Rasse angehört, nur auf der grössten, aber am wenigsten bekannten Insel des Archipels, Great Nicobar, soll noch eine zweite Völkerschaft existiren, die Scherzer nur vom Hörensagen kennt, kraushaarig, wild, schwarz, von Schlangen, Ungeziefer, Wurzeln und Kräutern lebend. Auch auf der nördlichen Insel, Car Nicobar, soll ein besonderer Menschenschlag hausen, eine Behauptung, die im höchsten Grade unwahrscheinlich ist.

Anders ist es mit der räthselhaften Völkerschaft in Great Nicobar, den sogenannten Shobaengs.

Von diesen Shobaengs hat de Roepstorff neuerdings ein Specimen zu sehen Gelegenheit gehabt, vielleicht das erste, welchem ein Europäer begegnete. „Es war", sagt Roepstorff, „ein grosser kräftiger Junge, ebenso wohlgebaut als die Nancowryleute, von offenbar mongolischem Aussehen, namentlich mit sehr bestimmten kleinen, schiefstehenden, mongolischen Augen. Der untere Theil des Gesichts trat mehr hervor, als bei den Nancowryleuten, der Hinterschädel war nicht künstlich abgeflacht." Roepstorff sieht auch die Einwohner von Schowra als eine besondere Rasse an. Diese Insel ist die einzige, wo etwas Industrie herrscht. Die Einwohner fertigen Töpfe und vertauschen diese an die Bewohner der übrigen Inseln gegen Boote, Fischspeere. Diese Bewohner von Schowra nennt Roepstorff „Tatat". Sie zeigen ebenfalls schiefgeschlitzte Augen und Roepstorff meint, dass beide Völker Ueberreste der alten mongolischen Ureinwohner der Inseln seien, die durch die Nicobaresen später verdrängt worden sind.

Sämmtliche Inseln ohne Ausnahme sind schwach bevölkert. Das Volk auf Car

Nicobar ist das zahlreichste und wohlhabendste. Ein Mann gilt als reich auf den Nicobaren, wenn er 400 Rupien, viel Schweine, viel Kokusnüsse und viel Kinder hat. Die geringe Zahl der Kinder hat mich vielfach überrascht. Viele Familien haben deren gar keine, andere 2 oder 3. Eine Familie mit 4 oder mehr Kindern ist selten. Mädchen sind seltner als Knaben und dieses mag der Grund sein, dass das Weib auf diesen Inseln höher geschätzt wird, als bei allen andern Völkern Asiens. Trotz des Weibermangels habe ich nichts von Polyandrie gehört, Polygamie verbietet sich von selbst.

Die Mädchen, welche jung nicht eben hässlich sind, heirathen mit 13 bis 15 Jahren, sie werden nicht verkauft, sondern haben die Freiheit, den Bewerber zu nehmen oder zurückzuweisen, sie bekommen sogar eine kleine Mitgift von Schweinen, Kokosnüssen und Pandanusbäumen. Das Merkwürdige aber ist, dass das Weib nicht zum Manne zieht, sondern umgekehrt der Mann in die Hütte des Weibes oder die ihrer Eltern, und so kommt es, dass Eltern, die nur Söhne haben, ihr Haus mit der Zeit leer werden sehen, während der Vater mehrerer Töchter seinen Hausstand durch Heirath fortwährend wachsen sieht. Das Weib ist des Nicobaresen Lebensgefährtin in der besten Bedeutung des Wortes, nicht Sklavin, wie sonst im Orient; stirbt der Vater, so ist die Mutter Herrin des Hauses und wird als solche anerkannt. Wird ein Weib schwanger, so wird sie und ihr Mann von allen Arbeiten dispensirt. Sie besuchen dann ihre Verwandten, werden festlich überall empfangen und die Frau gewöhnlich veranlasst, etwas Samen in die Gärten zu säen, welche sie besitzen, man hofft von solcher Saat grosse Fruchtbarkeit.

Kinder lieben sie zärtlich, nicht nur ihre eigenen, sondern auch fremde. — Ich fand Malayen und einen Madrasboy, welche durch Schiffbruch nach diesen Inseln verschlagen und von den Eingebornen freundlich aufgenommen und aufgezogen worden waren. Ebenso gross ist die Liebe der Kinder zu ihren Pflegern. Alte Leute, die viel Kinder haben, leiden daher keine Noth. Untreue der Weiber ist in einer Nicobaresenehe selten. Häufiger sind Trennungen bei Unfrieden. Verheirathet sich dann ein Theil wieder, so werden die Stiefkinder stets zu Verwandten gegeben, niemals in die neue Ehe hineingebracht.

Ueber ihre staatliche Organisation habe ich nichts in Erfahrung bringen können und vermuthe, dass solche überhaupt nicht existirt. Es giebt kein Oberhaupt und keine Untergebenen oder Unterthanen, keine Abgaben, keine Polizei, keine Gemeindeverpflichtungen.

Die sogenannten Capitains, welche man in mehreren Dörfern findet, und die in der Regel grosse Namen führen, wie Captain Nelson, Captain London, Captain Johnson sind englisches Produkt. Die Engländer fühlten sich wohl veranlasst, bei der Occupation der Inseln einen Repräsentanten der verschiedenen Dörfer hinzuzuziehen und machten selbst einen solchen, falls noch keiner vorhanden war. Nur ein einziger dieser Capitaine, Namens Johnson, hat seine Macht gemissbraucht und einen Druck auf die gutherzige Bevölkerung auszuüben versucht, was ihm um so leichter wurde, als er gut englisch sprach und die Engländer ihn anfangs als Dolmetscher nicht entbehren konnten. Ein andrer Capitain, London, nannte sich Oberhaupt dreier Dörfer, er war zugleich Manloene, d. h. Priester, und zeichnete sich durch ein echtes Negergesicht und Wollkopf aus. In der That war sein Grossvater ein an diese Küste verschlagener Afrikaner. Das Governement hatte ihm als Anerkennung für geleistete Dienste mehrere europäische Anzüge geschenkt und so ging er ganz gentlemanlike einher, wenn er uns besuchte. In seinem Dorfe arbeitete er aber gleich einem gewöhnlichen Bauer, er ruderte mich oft bei meinen Ausflügen, trug mich auf seinen Schultern durch das sumpfige Ufer an das Land, holte mir Cocosnüsse und schleppte meine photographischen Apparate. Nie habe ich eine Spur von Selbstüberhebung bei diesem Manne gesehen.

Das Völkchen ist so brav, dass sie einer Obrigkeit zum Schutz gegen nachbarliche Uebergriffe nicht bedürfen, sie morden nicht, sie stehlen nicht, kurz sie halten die heiligen zehn Gebote besser als wir, ohne sie zu kennen. Als Scherzer sie fragte, was sie mit ihren Uebelthätern anfingen, antworteten sie treffend: Wir haben keine, und sie bemerkten dazu, in Europa müsse es sehr viel böse Menschen geben, weil wir so viel Soldaten, Schwerter und Kanonen nöthig hätten.

Allerdings kommen nach Roepstorff Diebstähle vor, aber sehr selten. Der Dieb verfällt der allgemeinen Verachtung und ist genöthigt, die Dörfer zu meiden.

Auch Meinungsdifferenzen ereignen sich wohl, doch werden diese durch Einspruch der Freunde oder Verwandten der Betheiligten geschlichtet, und derjenige, welcher Unrecht hat, genöthigt, ein Fest zu geben.

Scherzer spricht von den Waffen der Eingebornen. Daraus könnte der Irrthum entstehen, als bedürften sie solcher zu ihrer Selbstvertheidigung; thatsächlich dienen diese sogenannten Waffen nur als Fischspeere. Es kommt wohl vor, dass Dörfer einander bekriegen; diese Kriege bestehen aber nur in einer Hauerei mit langen Knütteln, die durch das Zwischentreten und nach Frieden Schreien der Weiber zu Ende gebracht wird und an welche sich dann oft ein Fest schliesst, an welchem Sieger und Besiegte gleichzeitig Antheil nehmen.

Diese Züge charakterisiren die bodenlose Gutherzigkeit des Völkchens und geben dem Capitain Green Recht, wenn er sagt: Es ist das tugendhafteste Volk, welches mir auf meinen achtunddreissigjährigen Seereisen vorgekommen. Wenn das goldne Zeitalter irgendwo zu finden ist, so ist es auf den Nicobaren.

Ebenso primitiv, als ihre staatlichen Einrichtungen, erscheint ihr Kultus. So hoch entwickelt ihre Sittlichkeit ist, so schwach steht es mit ihrem Glauben. Sie muthen der Sonne und dem Mond geheimnissvolle Kräfte zu, und bei der totalen Sonnenfinsterniss am 6. April stürzten sich die Einwohner des Dorfes Malacca unsrer Station gegenüber alle in das nahe Meer und bespritzten sich gegenseitig unter lautem Geschrei mit Wasser.

Im Uebrigen glauben sie an einen bösen Geist Irvi, dem sie auch Opfer darbringen in Gestalt von Bissen von Speisen, Fläschchen mit etwas Rum u. dgl. Sie legen solche auf ein Brettchen, das oberhalb eines auf Palmbast gemalten Bildes angebracht ist. Solche Bilder fand ich in jeder Hütte und ist es merkwürdig, dass Scherzer dieselben gar nicht erwähnt, obgleich sie auf der Zeichnung des Innern einer Nicobaresenhütte in seinem Buche deutlich markirt sind. Die Bilder weisen in beiden oberen Ecken Sonne und Mond auf, fliegende Vögel in der Luft, darunter ein oder zwei Häuser mit Palmbaum und Flaggenstangen, in der Mitte Schweine. primitiv gezeichnet, und Geflügel. Darunter Fische und Crustaceen, manche von ziemlich treuer Zeichnung. Oft haben die Bilder eine Borde, die tanzende Männer und Weiber, Hände aus den Schultern der Nachbarn liegen, darstellt, mitunter hängt unten an den Bildern ein hölzerner Fisch, ein Alligator u. dgl. Leider konnte ich einen solchen wegen seiner Grösse nicht fortbringen. Die Farbe zur Ausführung dieser Bilder tauschen sie von Schiffen ein, welche oft genug von Birmah herüberkommen und Kokosnüsse holen. Auf diesem Wege erhalten die Eingebornen auch ihre Aexte, Tahu genannt, die Zeugstreifen, womit sie sich nothdürftig bedecken, Reis, Taback und leider auch Rum, den sie sehr lieben.

Die Eingebornen sind nicht nur Maler, sondern auch Bildhauer. Schon Scherzer erwähnt der lebensgrossen Holzbildsäulen, die mit einem Schurz von Palmblättern bekleidet, oft mit zum Schlag gehobenem Arm, roth bemaltem Gesicht in ihren Hütten stehen. Scherzer deutet sie als Mittel zur Abschreckung böser Geister, Roeps-torff misst ihnen gar keine besondere Bedeutung bei und leugnet namentlich, dass es Götzen seien. Ich erwähne aber, dass die Wilden, als ich sie im Freien photo-graphirte, auf meinen Wunsch sehr gern eine der Figuren herbeischleppten, jedoch baten, sie vor Sonnenuntergang zurückbringen zu dürfen, weil sonst die Bewohner der Hütte, denen die Figur gehörte, das Fieber bekämen. Zuweilen sah ich auf dem Kopf solcher Figuren einen alten europäischen Filzcylinder, und an den Armen Fläsch-chen, die an Bindfaden hingen. Manche Figuren stellen europäische Seeleute dar mit Fernrohr unter dem Arm, andere Kindergestalten.

Roepstorff erwähnt ferner ihrer religiösen Feste, bei denen es gilt, den Irvi, den bösen Geist, der Fieber und alles mögliche Ueble veranlasst, zufrieden zu stellen; sie stossen ein kleines guirlandenbekränztes Schiff unter wilden Ceremonien und Be-schwörungen in die See, so dass die Fluth es nicht wieder an das Land treiben kann, und glauben dann den Irvi geborgen. Will es dann der Zufall, dass das Schiff bei einem andern Dorf ans Land gespült wird, so gilt dieses als ein grosses Unglück und das Dorf ist dann genöthigt, den Ausgangsort des Boots mit Krieg zu überziehen. Auf unserer Fahrt nach den Nicobaren trafen wir das Wrack eines solchen Boots mit vertrockneten Guirlanden.

Trotz aufopfernder Bemühungen zahlreicher Missionaire, die auf diesen ungesunden Inseln ihr Leben daran setzten (es starben von den mährischen Brüdern, die 1768—87 dort lebten, 24), ist es nicht gelungen, die Nicobaresen zu Christen zu machen. Die christliche Sittenlehre brauchten sie nicht, denn sie sind sittlicher als wir und konnten keinen Respekt empfinden für die Religion eines Volkes, welches das Gute nur thut wegen Aussicht auf Belohnung und das Böse nur unterlässt aus Furcht vor Strafe. Mit den christlichen Dogmen konnten sie sich noch weniger befreunden, die Missio-naire konnten ihnen nur wunderbare Dinge erzählen, ohne selbst welche auszurichten Das imponirte den Wilden nicht

Ihre geistigen Fähigkeiten sind durchaus nicht gering und würden noch viel ausgebildeter sein, wenn eine weniger üppige Natur sie nöthigte, ihren Verstand anzustrengen, um das für das Leben Nöthige zu erringen. Roepstorff hat ein Wörterbuch ihrer Sprache zusammengestellt, in welchem sich die Zahlwörter bis 1000 finden, ein Beweis für ihre Intelligenz. Sie haben auch eine regelmässige Zeitein-theilung nach Monsun-Wechseln und Mondvierteln. Es ist ganz zweifellos, dass Kinder, europäisch erzogen, sich ebenso gut schulen liessen, als die unsrigen. Der Versuch ist noch nicht gemacht worden. Roepstorff wollte einen sehr wohlgebildeten Knaben, den Sohn des oben erwähnten Johnson, zu sich nehmen, der Kleine war jedoch zu eigensinnig und der Vater nahm ihn deshalb zurück. Scherzer spricht auch über ihre musikalische Anlage und zwar ziemlich geringschätzig. Ich war dagegen überrascht, verschiedene Leute mit leidlicher Singstimme zu finden, die das God save the queen mit untergelegtem nicobaresischem Text singen konnten. Frau v. Roepstorff hatte es ihnen einstudirt. Sie hörten ferner sehr gern europäische Musik und oft habe ich ihnen auf Roepstorff's Clavier etwas vorspielen müssen.

Bei der wunderbaren Fruchtbarkeit der Nicobaren haben die Eingebornen nicht nöthig, viel zu arbeiten, obgleich sie dennoch bei der herrschenden Ortstemperatur im Schweisse ihres Angesichts ihr Brod essen.

Sie besitzen Schweine und Hühner in Menge. Die ersten gehören der chinesischen, die zweiten meist der europäischen und cochinchinesischen Rasse an, diese verspeisen sie aber nur bei festlichen Gelegenheiten. Im Uebrigen nähren sie sich vom Mark der Kokosnüsse, von dem Brode des Pandanus und von Fischen, ausserdem von Reis, welchen sie von Birmehsenschiffen eintauschen. Sicher gehören auch Muscheln zu ihrer Nahrung. Ich sah dieselben niemals essen, aber ich fand auf meinen Ausflügen wiederholt frische Küchenabfälle um einen verlassenen Feuerplatz mit zahlreichen, zum Theil angebrannten Muschelschaalen, zerschlagene Kokosnüsse, aus denen das Mark ausgenommen worden war und Anderes.

In der Nähe des Dorfes Ho-o, welches am weitesten von europäischer Ansiedlung entfernt, an der wundervollen Ulalabucht, (Canalo falso der Portugiesen) liegt, traf ich einen mehrere Fuss mächtigen Küchenabfallhaufen, bestehend aus Muscheln, zerschlagenen Kokosnüssen, Feuerresten und einzelnen leeren europäischen Glasflaschen. Die Eingebornen dieses Dorfes waren früher als Mörder verrufen. Bei dem Besuch der Novara waren alle in die Wälder geflohen. Ich fand dieselben ebenso harmlos und liebenswürdig als alle übrigen Nicobaresen. Scherzer nennt die Ulalabucht, an welcher das Dorf Ho-o liegt, traurig unheimlich. Für mich ist sie die landschaftlich schönste Partie auf den Nicobaren. Nirgends erscheint das Ufer so malerisch in Hügelreihen geordnet wie hier, nirgends findet man eine so über alle Begriffe üppige Vegetation. Neben dichten Mangrovengebüschen am Ufer erheben sich die Wälder von Callophyllum, Ficus, Hernandia. Zahllose Schlingpflanzen schwingen sich von Ast zu Ast, und über die dunklen Laubbäume steigen prächtige Kokospalmen, der selt. same Pandanus und die alle andern hoch überrragende Arecapalmen empor. Der Anblick dieser tropischen Herrlichkeit ist von der Mitte der Bucht gesehen geradezu berückend und noch märchenhafter wird das Bild durch die phantastische Korallenwelt, welche in den mannichfaltigsten Farben und Formen im Vordergrunde ihre Arme aus den Tiefen der Gewässer dem Beschauer entgegenstreckt. Mitunter herrscht tiefe Stille im Urwald, nur unterbrochen durch das Girren zahlreicher Taubenarten, bis plötzlich ein Chor von Cycaden unisono mit einem Schlage im tiefen Basston zu summen beginnt, um ebenso mit einem Schlage zu endigen.

Die Eingebornen sind geschickte Fischer; den Fischfang nehmen sie in der Nacht vor. Ein langer trockner Kokospalmwedel wird in Absätzen von 1½ bis 2' mit frischen Blattrippen unterbunden und in Brand gesteckt. Diese Fackel in der linken Hand haltend, in der rechten Speere, rudern sie in die See, bleiben jedoch in der Nähe des Ufers. Die Fische schwimmen dem Lichte zu und werden in geschickter Weise gespiesst, die kleinen mit Holz-, die grösseren mit Eisenspeeren. Die Holzspeere fertigen sie selbst, die eisernen sollen ebenfalls von ihnen geschmiedet werden, und das Eisen aus dem Wrack eines alten Schiffes stammen, welches im Hafen lag. Die nächtlichen Fackelfischer umschwärmten unsere Insel oft so zahlreich, dass es aussah, als veranstalteten sie eine Illumination uns zu Ehren.

Ihre Hauptnahrung gewährt ihnen jedoch das Pflanzenreich, namentlich die segensreiche Kokospalme. Das Wasser der Nuss ersetzt ihnen die oft fehlenden Brunnen, Das Mark der ausgetrunkenen und zerschlagenen Nuss mästet ihre Schweine oder wird zum Oelpressen benutzt, die Wandung dient ferner zur Anfertigung von Gefässen, die Faser der Rinde liefert Stricke, der Saft der unentfalteten Blüthe liefert ein berauschendes Getränk, der getrocknete Wedel dient als Fackel, die Blätter zum Decken der Häuser, die Rippen zum Flechten von Körben. Oft sah ich grosse frische Wedel sogar als Segel benutzen, um ihre leichten Canoes zu treiben; solche Palmensegel geben den einfachen Böten ein festliches, fast poetisches Ansehen. Endlich dient der Stamm zur Herstellung von Balken und Brettern.

Die Kokospalme bildet den Hintergrund aller ihrer Dörfer, sie ist der Hauptquell ihres Reichthums. Hundert Kokosnüsse wurden zu meiner Zeit mit 1 Thaler berechnet. Scherzer giebt an, dass man zu seiner Zeit (1858) dieselbe Menge Nüsse für eine kleine Messerklinge gegeben habe. Das Kokosnusswasser der Nicobaren schmeckte mir bei Weitem schöner als das auf Ceylon. Für die verschiedenen Kleinigkeiten, welche ich von den Eingebornen erwarb, verlangten sie kein Geld, sondern nur ein paar Bündel Streichhölzer und eine Flasche Rum. Ein Glück für sie ist es, dass die Zufuhr des letzteren nur in sehr beschränktem Maasse gestattet ist.

Streichhölzer lieben sie sehr. Früher machten sie Feuer durch Reibung zweier Hölzer und hatten sie dazu ganz dieselbe Methode, welche Dr. Jagor bei den Malayen fand. Sonderbarer Weise wollten sie mir diese Procedur nicht zeigen, sie fürchteten, man werde ihnen keine Streichhölzer mehr liefern, wenn sie verriethen, dass sie andere Methoden zum Feuermachen besässen. Erst nach dreiwöchentlicher Bekanntschaft schwand ihre Scheu und sie zeigten mir Alles bereitwillig. Mir gelang es nicht, in dieser Weise Feuer zu erhalten.

Nächst der Kokospalme ist der Pandanus der wichtigste Baum für die Natives. Dieser merkwürdige Baum, den Scherzer ein Ueberbleibsel aus einer alten Schöpfungsperiode nennt, gedeiht auf diesen Inseln in wunderbarer Fülle und gewährt dem Neuling in der Tropenwelt einen seltsamen, fast märchenhaften Anblick mit seinem Pfahlgerüst von Luftwurzeln, das sich pyramidenförmig oft 20′ hoch erhebt, seinem ebenso seltsamen Geäste, Blattwerk und seinen Früchten. „Staunend“, sagt Scherzer, „über den bizarren Einfall der Natur, betrachtet man diese seltsamen Gewächse, welche spiralförmig geordnete Blätter besitzen wie die Dracenen, Stämme wie die Palmen, Aeste wie die Laubbäume, Fruchtzapfen wie die Coniferen und doch nichts mit allen diesen Pflanzen gemein haben, sondern eine besondere Familie für sich bilden.“

Von diesem Wunderbaum, der dort oft förmliche Wälder bildet, deren in einander geflochtene Luftwurzeln das Eindringen ganz unmöglich machen, benutzen die Natives vor Allem die Frucht. Sie zerreiben das Fleisch, wobei die Fasern als eine bürstenartige Masse übrig bleiben, die auch als Bürste benutzt wird, kneten dasselbe zu runden Broten, schlagen Blätter herum und rauchen es wochenlang. Der Bast wird zum Hausbau benutzt.

Neben diesen Bäumen ist ihnen noch der Stamm von Callophyllum zum Fertigen von Canoes, ferner der Rotang, spanisches Rohr und Bambus als Bindematerial von Bedeutung.

Neuerdings haben die Eingebornen sich nicht mehr auf das beschränkt, was ihnen die Natur freiwillig liefert, sondern haben Gärten angelegt; diese liegen weit entfernt von den Dörfern an Orten, wohin ihre frei herumlaufenden Schweine nicht gelangen können und die auch möglichst versteckt sind, um nicht von Seefahrern gefunden werden zu können; hier ziehen sie Bananen und Ananas, Orangen und sogar etwas Baumwolle.

Ihre Häuser sind Pfahlbauten.

Früher ausschliesslich rund, werden neuerdings viel viereckige gebaut, namentlich in den Dörfern, die durch Engländer (die nicht immer sehr glimpflich mit ihnen umgingen) eingeäschert wurden. Sie rammen Pfeiler in die Erde und bringen 10 bis 12′ hoch eine Balkenlage durch Binden an. Die Wände werden aus Bast gebildet, das Dach aus Palmblättern. Der Zugang erfolgt durch eine Leiter.

Dem Eingang gegenüber befindet sich die Feuerung. Ein Schornstein existirt nicht. Der Rauch entweicht durch die Ritzen, daher ist das Innere der Hütten ziemlich schwarz gefärbt. Abgesehen vom Rauch erscheinen die Hütten reinlich und sauber.

Oberhalb des Feuerplatzes hängen die Pandanusbrode und die Wassergefässe aus Kokosnuss. (Behufs des Wasserholens hängt man dieselben paarweise über einen Stock und trägt diesen auf der Schulter.) Zur Linken sieht man in der Regel das Opferbild, zur Rechten die Holzbildsäulen, welche ich früher erwähnt habe. In der Nähe der Thür hängen Speere, Messer, Hausgeräthe. Oberhalb in der Kuppel ist in der Regel noch ein Verschlag, der als Vorrathskammer dient. Sie haben es nicht gern, dass Europäer dieselbe ansehen, weil sie fürchten, deren ihnen wohlbekannte Habsucht zu reizen. Der Raum unter der Hütte dient ihnen als schattiger Platz zur Verrichtung von allerlei Arbeiten. Hier haben sie auch ihre Verschläge für die Hühner, die Vorräthe noch unverarbeiteter Früchte und grössere Hausgeräthe. Die Dörfer befinden sich alle am Meeresufer und vor ihnen findet man stets hohe Masten aufgerichtet mit Palmstrohbüscheln, manche schmucklos, manche elegante Gruppen bildend und mit Stricken gehalten. Nach Scherzer sollen diese Masten böse Geister abwehren; nach Roepstorff markiren sie die seichten, für Boote nicht passirbaren Stellen im Wasser.

Das Pfahlsystem dient hier weniger zur Abwehr gegen Feinde, als vielmehr zum Schutz gegen die nachtheiligen Einflüsse des Bodens, auf dem zu schlafen gesundheitsgefährlich ist, denn diese Inseln sind alle im höchsten Grade fieberhaft. Die Eingebornen werden ebenso stark vom Fieber heimgesucht als die Europäer, selbst ihre Hunde und Schweine werden vom Fieber befallen. Der einzige Fieberfreie, welchen ich auf der Insel gefunden habe, war ein sechs Jahr dort weilender chinesischer Tischler.

Auch die Europäer haben das Pfahlbautensystem für ihre Häuser adoptirt. Alle Gebäude der hier seit 1869 bestehenden Gefangenenkolonie ruhen auf gemauerten Pfählen. Natürlich kann dieses allein vor dem Fieber nicht schützen. Uns wurde gerathen, um dem Fieber zu entgehen, nicht am Lande zu schlafen. Wir folgten dem Rath und nahmen nach Schweinfurth's Vorgang täglich 5 Gran Chinin als Schutzmittel. Dennoch wurden auch wir von der allgemeinen Landplage heimgesucht. Nach 14 Tagen erkrankten Professor Tachini und Meldola am Fieber, später der Kapitain und mehrere Offiziere. Ich blieb anfangs davon verschont; erst nach meiner Rückkehr nach Europa wurde ich davon befallen. Von den 270 Convicts, die sich in der dortigen Strafkolonie befinden, sind 50 in der Regel im Lazarett, dem eine Art Barbier oder Apothekergehülfe vorsteht. Das hier herrschende Dschungeloder Nicobaren-Fieber ist das schlimmste, was ich kenne. Es ist mit empfindlichen Knochenschmerzen verbunden, die in den Hand- und Fussgelenken beginnen und es kehrt immer wieder. Tachini und Meldola wurden auf der Rückreise ungefähr alle 8 Tage von diesen Fieberanfällen heimgesucht, die meist 2 bis 3 Tage dauerten. Die Ursache des Fieberklimas ist in den Sümpfen zu suchen, welche sich in dem thonig kalkigen Boden beim Eintritt der Ebbe bilden, indem das Wasser um mehrere hundert Fuss zurückweicht und den mit organischer Materie durchtränkten Boden den glühenden Sonnenstrahlen blosslegt; den Hauptfieberheerd bilden aber die von den Mangrovebüschen eingefassten Stellen des Ufers.

Diese seltsamen, auf tausendfach in einander verfilzten Luftwurzeln ruhenden Bäume schliessen in ihrem Wurzelnetzwerk eine Unmasse faulender organischer Körper ein und verhindern ihre Fortführung durch Fluth und Wellen. Hier entwickelt sich dann ein grauenhafter Sumpfgeruch. Nicht selten drang ich auf meinen Jagden tief in diese Mangrovesümpfe, auf den Schultern eines Eingebornen reitend, ein und war, namentlich in dem Canale falso, oft genöthigt, vor dem entsetzlichen Geruche den Athem minutenlang anzuhalten.

Das englische Government lässt jetzt die Mangrovegebüsche in der Nähe der Convict settlements durch Feuer und Axt ausroden und Dämme ziehen, um das Vordringen der Fluth zu hindern. Man hat in dieser Weise bereits das Klima von Singapore, Penang und den Andamanen bedeutend verbessert, so dass diese früher fieberhaften Orte jetzt als durchaus gesund gelten; möglicher Weise führt dasselbe Verfahren auch auf Camorta zum Ziel, obgleich der hier auszurottende Fieberheerd viel grösser ist. Es dürften noch lange Jahre vergehen, ehe man einen Theil desselben beseitigt haben wird.

Bei diesem von Buchten vielfach zerschnittenen Inselterrain spielt selbstverständlich das Canoe eine grosse Rolle. Die Eingebornen fertigen dieses aus dem Stamm von Callophyllum durch Feuer und Axt. Die Kähne sind 12 bis 20' lang, an der Seite mit senkrechten Strichen und vorn mit einem spitzen Schnabel geziert; sie enthalten Querhölzer zum Sitzen und zur grössern Sicherheit des Boots dient ein Ausleger. Zum Rudern bedienen sich die Eingebornen höchst elegant geschnittener lanzettförmiger Ruder. Die Boote sind so leicht, dass sie von ein paar Mann leicht aus dem Wasser gehoben und landeinwärts getragen werden können. Wir bedienten uns derselben mit Vorliebe bei der Ebbe, wo unser europäisches Boot schon 300 Schritt vom Ufer auf den Grund gerieth, während das Nativeboot eine 200 Schritt dem Ufer näher kommende Fahrt gestattet. Freilich blieb auch dann für den wasserscheuen Europäer als ultima ratio nichts weiter übrig, als sich von den in dem Sumpf wadenden Eingebornen oder den Räubern und Mördern des Convict settlements an das Land tragen zu lassen.

Noch habe ich zum Schluss auf die Kleidung der Eingebornen aufmerksam zu machen.

Nahen sich Europäer irgend einem Dorfe, so pflegen in der Regel die Einwohner zuerst zu verschwinden, um nach wenigen Minuten mehr oder weniger vollständig europäisch kostümirt zurückzukommen. Es wiederholen sich dann jene Szenen, welche andere Reisende bei zahlreichen andern Naturvölkern beobachtet haben; der eine erscheint nackt, aber mit Filzcylinder, der andere hat nur Stiefeln, der dritte einen Rock oder Frack, aber keine Hosen. Manche aber weisen vollständig europäische Kostüme auf und fand ich bei einem malaiischen Jungen sogar Oberhemden, Cravatte und Kragen und bei manchen Frauen moderne Kostüme mit Tunika u. s. w.

Ihre eigentliche Nationaltracht besteht aber nur aus einem schmalen Bande um die Hüften, welches zwischen den Beinen durchgezogen wird. Das Band der Weiber ist etwas breiter. Im Uebrigen gehen sie nackt. Auf das Hüftband halten sie aber mit grossem Anstandsgefühl. Als ich einen der Nicobaresen, der in Hosen bei mir antrat, nackt photographiren wollte, erklärte er mir, er könne sich nicht ausziehen, er habe sein Hüftband nicht mit.

Ueber das Alter, welches die Nicobaresen erreichen, ist noch nichts Zuverlässiges bekannt; sie selbst wissen ihr Alter nur unsicher. Mit Rücksicht jedoch auf die Frühreife ist ein hohes Alter nicht zu erwarten. Stirbt ein Mann, so begraben sie ihn dicht hinter dem Dorfe, die Verwandten zerbrechen seine Speere, seine Wassergefässe, kurz alle Kleinigkeiten, und häufen die Reste auf seinem Grabe auf. Manchmal errichten sie Stangen auf dem Grabe, an die sie Fetzen des Gewandes des Verstorbenen hängen, ferner kleine, aus Holz geschnitzte Speere, Fackeln u. dgl. Eine höchst seltsame Sitte ist das Wiederausgraben der Todten, welches nach 3 Monaten vorgenommen wird. Der nächste weibliche Anverwandte stürzt sich dann mit Wehklagen auf den Leichnam, reisst ihm Fleisch und Haare vom Schädel und begräbt ihn dann wieder. Scherzer beschreibt diese sonderbare Ceremonie anders. Er erzählt, dass das Ausgraben der Todten zu Car Nicobar zu Ende des Nordostmonsuns erfolge und dass sie den Todten eine brennende Cigarre in den Mund stecken, während die Anverwandten wehklagend herumsitzen, dass nur der Schädel wieder begraben würde, während sie die Gebeine ins Meer oder tief in den Wald werfen und dass sie eine Anzahl Kokospalmen zum Zeichen der Trauer umhauen. Damit stimmen die Gewohnheiten auf Camorta durchaus nicht, hier werden die Kokospolmen unter die Erben getheilt. Die Trauer dauert 2 Monate; während dieser Zeit ist weder

Tanz noch Gesang in dem Dorfe gestattet, kein Schwein wird getödtet, kein Schnaps getrunken und die nächsten Verwandten enthalten sich sogar des geliebten Tabaks.

Ich habe mich hier auf Hervorhebung derjenigen Punkte beschränkt, die in den bereits vorhandenen Schriften über die Nicobaresen entweder gar nicht oder in anderer Weise beschrieben worden sind, als ich sie beobachtete oder aus Erzählungen erfuhr.

Gern hätte ich einige Mittheilungen über die höchst merkwürdigen Bewohner des benachbarten Archipels der Andamanen hinzugefügt. Diese Bewohner, ein Negritostamm, haben schon lange die Aufmerksamkeit der Forscher beschäftigt. Wir besitzen sogar englische Monographien über dieselben. Leider wurden meine Hoffnungen, die Andamanen und ihre Bewohner kennen zu lernen, gründlichst vereitelt. Am Bord unseres Schiffes herrschte nicht nur das Fieber, sondern es waren auch die Pocken ausgebrochen, und obgleich wir die Pockenkranken in Camorta zurückliessen, so erregte doch das Verhalten eines fieberkranken Matrosen das Bedenken des Arztes von Port Blair; er erklärte ihn der Pockenkrankheit verdächtig und der Governor versagte uns die Erlaubniss zum Landen.

Jedoch hat unser Landsmann Dr. Jagor auf diesen Inseln 8 Wochen zugebracht und sie erst 4 Tage vor meiner Ankunft verlassen. Wir dürfen aus seiner Feder einen interessanten Bericht über die Andamanen und ihre Bewohner erhoffen. —

Der Vortragende erläuterte diese Mittheilungen durch Vorzeigung von photographischen Abbildungen, von Geräthen und Zierrathen der Nicobaren-Bewohner.

(8) Hr. Hartmann schloss seine in der vorigen Sitzung begonnenen Mittheilungen über die Bärenfunde vom Libanon mit einem Hinweis auf

die Bären der quaternären und der Jetztzeit.

Er vertheidigte seine schon früher (Zeitschrift für Ethnologie 1871, Heft IV) ausgesprochenen Ideen über die Identität des Höhlenbären und der vielen anderen, von verschiedenen Forschern aufgestellten, angeblich erloschenen Bärenarten des Diluviums mit unserem noch heut existirenden Ursus arctos. Letzterer findet sich bekanntlich in mehrfachen Varietäten, welche theils örtlicher Natur sind, theils sich auf Verschiedenheit der Lebensweise begründen lassen. Auch der Ursus syriacus wurde vom Vortragenden bereits in der früheren Sitzung als eine örtliche Spielart des gemeinen Bären gekennzeichnet, als eine Spielart, wie sie sich in mancherlei Abtonungen der hellgelbbraunen und hellgraubraunen allgemeinen Pelzfärbung in ihrer geographischen Lage nach bald nahe aneinander, bald weiter voneinander befindlichen Gegenden zeigen. Hr. Hartmann hält auch den Grizzly-Bären (Ursus ferox) Nordamerikas mit Allen und Anderen für einen Artverwandten des gemeinen europäischen Landbären. Zu letzterem rechnet er auch den sibirischen Bären. Schädel alter Männchen des letzteren und des europäischen Bären geben an Grösse und an starker Ausprägung der Knochenkämme, wie auch der Muskelimpressionen denen des Ursus spelaeus kaum etwas nach. Vortragender sah ganze enorme, denen des Höhlenbären an Grösse nicht nachstehende Eckzähne von Aino-Bären, welche erst innerhalb der letzten Jahrzehnte getödtet worden waren. Das frühe Ausfallen der Lückenzähne wurde auch an Bärenschädeln der Jetztzeit beobachtet. Ebenso werden Schädel von Ursus spelaeus theils mit erhaltenen Lückenzähnen, theils mit noch halboffenen oder im gänzlichen Verschluss begriffenen Alveolen derselben gefunden.

Der Baribal (Ursus americanus) Nordamerikas, welcher theils schwarz, theils braun und rothbraun (Ursus cinnamomeus), mit hellerer Schnauze und individuell sehr wechselnden, anderen, weisslichen Abzeichen angetroffen wird, der thibetanische und japanische Bär bilden Varietäten, welche sich frühzeitig von dem durch Ursus arctos vertretenen Stamme abgezweigt zu haben scheinen und allmählich eine gewisse Constanz erreichten.

Der Polar- oder Eisbär (Ursus maritimus), welcher in seinem Schädelbau ebenfalls so manches, mit demjenigen des Höhlenbären Uebereinstimmende zeigt, muss sich auch schon frühzeitig in seiner arktischen Isolirtheit zu jener eigenthümlichen äusseren Gestaltung ausgebildet haben, welche seinem Habitus in den Augen Jedermanns ein so charakteristisches Gepräge verleiht. Freilich darf man, dem Urtheile des Vortragenden gemäss, auch diese Eigenthümlichkeiten nicht für gar zu wichtig halten.

Es wurden nun die grossen physiognomischen Abweichungen hervorgehoben, welche einzelne Individuen einer wirklichen oder vermeintlichen Bärenart zeigen können und wurde dies an farbigen Profilzeichnungen von europäischen, amerikanischen, thibetanischen, syrischen und anderen Bären erläutert.

Der Werth solcher physiognomischen Thierdarstellungen, welche uns das individuelle Variiren, sowie die Abweichungen, welche durch Geschlecht und Alter bedingt werden, in anschaulicher Weise vorführen, darf nicht hoch genug veranschlagt werden. Man wird durch sie zur richtigeren Würdigung unwesentlicher und wesentlicher Abweichungen inner- und ausserhalb eines enger oder weiter begrenzten Formenkreises angeregt.

Der Vortragende hob dann noch die paläethnologische Wichtigkeit derartiger Betrachtungen über die quaternäre Wirbelthierfauna und über ihre Vergleichung mit der recenten Fauna hervor. Noch Manche sträuben sich, selbst angesichts anscheinend überzeugender Funde dagegen, die gleichzeitige Existenz des Menschen und der diluvialen Höhlenthiere anzuerkennen, weil sie letztere als ganz anders geartete, völlig erloschene, mit der Jetztzeit in gar keinem Connex stehende Wesen zu betrachten sich gewöhnt haben. Vermögen wir nun solche Zweifel an der Hand unserer wachsenden Erkenntniss des innigen Zusammenhanges vieler Hauptformen der quaternären und der recenten Thierwelt erst gründlich zu beseitigen, so werden wir uns auch immer mehr daran gewöhnen, in den ältesten, mit primitiver Wehr ausgerüsteten Bewohnern unserer höhlenreichen Districte Zeitgenossen des diluvialen Bären u. s. w. zu erkennen. Hr. Dr. Voss ist zur Zeit bemüht, reiches Material an alten Bärenknochen herbeizuschaffen, und wird Vortragender nicht verfehlen, über diese interessanten und wichtigen Funde zu gelegener Zeit der Gesellschaft abermals Mittheilung zu machen.

(9) Hr. Hartmann überreichte der Gesellschaft die mit varicòsen Stacheln besetzte Schwanzquaste der Atherura africana Gray, eines bisher nur von der afrikanischen Westküste und von Fernando Po her bekannt gewesenen Nagethieres. Dies Specimen befand sich an einem Halsschmuck des angeblich im Kampfe gegen die khartumer Elfenbeinhändler gefallenen Mombútu-Königs Munsa. Der Sohn des letzteren hatte nun an den Khedive eine Anzahl Geschenke gesendet und dabei hatte sich jenes Schwanzstück gefunden. Hr. Schweinfurth übersendete dasselbe behufs zoologischer Bestimmung an den Vortragenden. Es wirft dasselbe wieder ein Streiflicht auf die von Schweinfurth und Hartmann schon früher lebhaft erörterte, von gewisser Seite her ohne Grund angezweifelte Verbreitung bisher nur für westafrikanische gehaltener Thierformen auch nach Centralafrika hinein. Ob Atherura im Mombútu-Lande selbst vorkomme, bleibt freilich noch ungewiss. Bei dem Werthe, welchen die Dynastie Munsa dem Specimen beigelegt hat, mag dasselbe

von ihr immerhin als eine vielleicht aus einiger Ferne herbeigebrachte Seltenheit geschätzt gewesen sein.

(10) Hr. **Virchow** spricht über neue italienische Bronzefunde, namentlich über den Fund eines

gerippten Bronzeeimers zu Fraore.

Im Bulletino dell' Instituto di Corrispondenza archeologica vom Mai d. J. (No. VI. p. 140 ff.) berichtet Hr. Vittorio Poggi über die etruskischen Funde im Parmesanischen. Er hält es für ausgemacht, dass die Einwanderung der Etrusker in das Po-Thal vom Norden her erfolgte, nachdem vorher die Völker der Pfahlbauten und der Terramaren im Lande gesessen haben. Die Existenz dieses Zweiges des etruskischen Stammes, dessen Anwesenheit nördlich vom Apennin man nur aus Livius gekannt hatte, sei nunmehr durch die Funde von Villanova, Golasecca, Marzobotto, Servirola, der Certosa von Bologna und mancher anderer Orte der circumpadanischen Provinzen auch archäologisch erwiesen. Sie hätten dieselbe Cultur gehabt, wie die Bewohner des eigentlichen Etruriens, nur nicht so reich und raffinirt, dafür aber von weit mehr originellem und, wie Hr. Brizio (Bull. dell' Inst. 1872) richtig bemerkt habe, nationalem Charakter.

Er schildert dann mehrere Funde genauer, darunter namentlich den von Fraore im Mandamento di S. Pancrazio von 1864. In einem alten Grabe daselbst fand man, ausser zahlreichem Thongeräth von theils etrurischem (schwarzem und rothem), theils griechischem Typus, manchem von robester, archaischer Beschaffenheit, anderem von feinstem Geschmack, und namentlich ausser Wirteln, mannichfaltige Metallgegenstände. Darunter steht obenan ein cylindrischer Bronzeeimer (cista o situla) von der Art der bekannten gerippten Eimer, die bis in unsere Gegenden vorkommen. Er hat 0,42 Durchmesser. Da es sich um ein Bestattungsgrab handelte, so konnte es kein Ascheneimer sein, doch ist der Inhalt nicht festgestellt. Daneben fanden sich zwei Oenochoen von Bronze, eine namentlich von elegantester Form, deren Henkel an seiner Ansatzstelle eine zierliche Palmette trägt. Dazu Fibeln mit Spiralfedern, einfache oder spiralförmige Ringe, Armbänder verschiedener Art, aber, was besonders bemerkenswerth ist, auch ein Aes rude. Von Eisen nur Nägel und ein Paar Messerchen, dagegen 3 silberne Fibeln, 2 Fibeln und ein Paar Ohrringe von Gold von feinster Arbeit, durchbohrte Scheiben von Bernstein u. s. w.

(11) Hr. **Virchow** legt ferner vor verschiedene

Bronze-Analysen.

Da Hr. Liebreich, der heute über Bronze-Analysen vortragen wollte, durch Unwohlsein verhindert ist, zu erscheinen, so beschränke ich mich darauf, einige kurze Mittheilungen zu machen.

Zunächst übergebe ich eine Reihe von Analysen, welche Hr. E. Salkowski die Güte gehabt hat, für mich auszuführen. Dieselben betreffen
a) den Fund vom Gorwal bei Primentdorf (Sitzung vom 13. Juni 1874 S. 141) und zwar
    1) den gerippten Bronzeeimer selbst, von dessen Rande ich einige Stücke ausgebrochen hatte,
    2) einen aus einem platten Spiralbande bestehenden, ornamentirten Armring, der in dem Eimer unter anderem Schmuck enthalten war (Ebendas. S. 149).

b) das Fragment eines verzierten Bronzeeimers von Meyenburg in der Priegnitz (Sitzung vom 11. Juli 1874 S. 162).

c) verschiedene Gegenstände von dem Gräberfelde von Zaborowo, nehmlich
   1) ein Bronzemesser (Sitzung vom 14. Nov. 1874 S. 223).
   2) das zweifelhafte, in der Sitzung vom 13. Januar 1872 S. 51—52 beschriebene, von mir als Ampel gedeutete Bronzegehänge,
   3) eine Bronze-Pincette, jedoch nicht dieselbe. welche in der Sitzung vom 14. Nov. 1874 S. 223 erwähnt wurde.

d) einen hohlen Halsring von Bronze, mit varikösen Anschwellungen und Leisten besetzt, aus einer Graburne von Belitz bei Brandenburg a. d. Havel, worüber ich später einmal berichten werde,

e) einen zerdrückten knpfernen Kessel, den ich in dem Pfahlbau von Daber selbst ausgegraben habe.

a) Primentdorf.

1. Cyste:

Zinn	11,25 pCt.
Kupfer	87,90 „
Kobalt (eisenhaltig)	0,3 „
Blei	Spur
Zink	?
	99,45 pCt. (E. S.)

2. Armband:

Zinn	11,37 pCt.
Blei	0,1 „
Kupfer	87,74 „
Kobalt	0,50 „
Eisen	Spur
Zink	?
	99,71 pCt. (E. S.)

b) Meyenburg.

Cyste:

Zinn	12,93 pCt.
Blei	0,16 „
Kupfer	86,63 „
Eisen	Spur
Nickel	Spur
Kobalt	0
	99,72 % (H. Saltow.)

c) Zaborowo, Gräberfeld.

1. Messer:

Zinn	6,14 pCt.
Kupfer	93,66 „
Kobalt (eisenhaltig)	0,40 „
Blei	Spur
Zink	?
	100,2 pCt. (E. S.)

2. Ampel (im Innern Kanal mit kleinen röthlichen Krystallen von Kupferoxydul besetzt):

Zinn	8,15 pCt.
Blei	0,95 „
Kupfer	89,85 „
Eisen + Nickel	0,31 „
	99,25 pCt. (E. S.)

(NB. Der Oxydation wegen nicht genau zu erwarten!)

3. Pincette (nicht oxydfrei, namentlich im Innern oxydirt):

Zinn	13,80 pCt.
Blei	0,59 „
Kupfer	84,84 „
Kobalt (eisenhaltig)	0,33 „
	99,56 pCt. (E. S.)

d) Belitz.

Zinn	13,87 pCt.
Blei	0,39 „
Kupfer	85,26 „
Eisen + Kobalt	0,36 „
	99,88 pCt. (E. S.)

e) Daber, anscheinend reines Kupfer.

Zinn	0,2 pCt.
Kupfer	100,12 „
Blei	Spur
Eisen	Spur
	100,32 pCt. (E. S.)

	Kupfer.	Zinn.	Blei.	Kobalt, eisenhaltig.	Nickel, eisenhaltig.	Zink.
Cyste (Primentdorf) . .	87,90	11,25	Spur	0,32	0	?
Armband „ . .	87,74	11,37	0,1	0,50	0	?
Cyste (Meyenburg) . .	86,63	12,93	0,16	0	Spur	0
Messer (Zab. Gr.) . . .	93,66	6,14	Spur	0,40	0	?
Ampel „ „ . .	89,85	8,15	0,95	0	0,31	0
Pincette „ „ . . .	84,84	13,80	0,59	0,33		
Halsring (Belitz) . . .	85,26	13,87	0,39	0,36	0	0
Kessel (Daber)	100,12	0,2	Spur	Eisen Spur		

Für mich hatten diese Untersuchungen, für welche ich Hrn. Salkowski meinen besonderen Dank sage, hauptsächlich desshalb Interesse, weil es sich darum handelte, das Verhältniss der einzelnen Funde zu einander festzustellen. In dieser Beziehung ziehe ich folgende Schlüsse aus den gewonnenen Ergebnissen:

1) Die in dem Eimer vom Gorwal gefundene Armspirale stimmt in Zusammensetzung und Mischung mit der Substanz des Eimers so sehr überein, dass kein Grund vorliegt, den Inhalt des Eimers (der bekanntlich mit Schmuck gefüllt war) später zu setzen, als den Eimer selbst.

2) Bei dem Eimer von Meyenburg, obwohl er im Mischungsverhältniss der Hauptstoffe (Kupfer und Zinn) nahezu übereinstimmt, weist doch der Mangel des Kobaltgehaltes auf eine andere Quelle des Metalles hin. Da er auch archäologisch Abweichungen erkennen lässt, so darf man wohl schliessen, dass seine Herstellung wenigstens zeitlich ·nicht ganz zusammenfällt mit der Fabrikation der zuerst genannten Gegenstände.

3) Trotzdem entspricht das Mischungsverhältniss von 87—88 Kupfer und 11—13 Zinn so genau der prähistorischen (alten) Bronze, dass über die Zeit der Fabrikation nicht wohl ein Zweifel bestehen kann. Sowohl die Cyste vom Gorwal, als die von Meyenburg sind vorrömisch.

4) Die Cyste vom Gorwal und ihr Inhalt unterscheiden sich durch ihre Zusammensetzung ganz scharf von den Bronzen des Gräberfeldes von Zaborowo, so nahe auch beide Fundorte einander liegen.

5) Die Bronzen des Gräberfeldes von Zaborowo sind unter einander so verschieden, dass es wahrscheinlich ist, dass sie zu verschiedenen Zeiten, vielleicht auch von verschiedenen Orten eingeführt worden sind. Die sogenannte Ampel und die Pincette enthalten grössere Beimischungen von Blei, obwohl nicht so gross, dasss man eine absichtliche Beimischung erschliessen müsste. Aber auch ihre Zusammensetzung in Beziehung auf die übrigen Metalle (Kupfer, Zinn, Kobalt) ist wieder abweichend. Es könnte dieser Umstand für eine längere Dauer der Benutzung des Gräberfeldes sprechen, wofür auch die Ausdehnung desselben zeugt. Aber auch diese Bronzen dürften vorrömisch sein.

6) Nur die sogenannte Ampel hat einen bestimmbaren Nickelgehalt ergeben. Dieser Befund stimmt mit der archäologischen Beziehung dieses Stückes zu Hallstädter Bronzen, auf welche ich schon früher hinwies. Offenbar ist das Nickel in dem originären Erz enthalten gewesen, aus dem die Bronze hergestellt ist; seine Menge ist zu geringfügig, um auf andere Weise erklärt zu werden.

7) Eine auffällige Uebereinstimmung zeigt sich zwischen der Pincette von Zaborowo und dem Halsringe von Belitz. So gross die Entfernung beider Orte ist, so könnte man fast an dieselbe Bezugsquelle denken.

8) Die Bronzen von Zaborowo, obwohl sie neben zahlreichen Eisensachen gefunden sind, zeigen keine Spur von Zink, welches nach der Zusammenstellung des Hrn. O. Rygh (Forhandlinger i Videnkabs-Selskabet i Christiania, Aar 1873. Heft 2. p. 478) in den skandinavischen Bronzen schon im älteren Eisenalter in zum Theil sehr beträchtlichen Mengen (2—23 pCt.) auftritt. Es dürfte daher sehr gewagt sein, unser Eisenalter mit dem skandinavischen direkt zusammenzustellen.

(12)   Als Mitglied wurde proclamirt:
Hr. Oberlehrer Dr. Hugo Jentsch zu Guben.

(13)   Geschenke:
1) Photographien der an Polysarcia praematura leidenden und auch zu Berlin öffentlich ausgestellt gewesenen Russenkinder. (Vgl. Sitzung vom 16. Januar).
2) Hartt: Amazonian Tortoise Mythus. Rio de Janeiro 1875.
3) Observations on new vegetable fossils of the auriferous drifts.
4) Hammond Trumbull: On numerals in American Indian languages and Indian mode of counting.
5) Dr. Hayden: Photographische Ansichten von alten Höhlenbefestigungen am Rio Colorado.
6) Leemans: Rijksmuseum van outheden.
7) Baron v. Müller: Fragmenta Phytographiae Australiae in Campbell New-Hebrides.

Sitzung vom 16. Oktober 1875.

Vorsitzender Hr. **Virchow.**

(1)   Derselbe meldet den frühen Tod des correspondirenden Mitgliedes Dr. Bleek, Capstadt, und gedenkt der hohen Verdienste desselben um die Erforschung der Sprache und der Sagen der Buschmänner.

(2)   Neu aufgenommen als ordentliches auswärtiges Mitglied der Gesellschaft: Hr. Alexander Tepluchoff, russischer Gubernial-Secretair, Ilinsk, Gouvernement Perm.

(3)   Hr. **Virchow** berichtet über die Verhandlungen auf der vom 9.—11. August abgehaltenen

General-Versammlung der deutschen anthropologischen Gesellschaft zu München.

An der General-Versammlnng der deutschen anthropologischen Gesellschaft in München haben ausser mir noch einige andere Mitglieder unserer Gesellschaft Theil genommen, leider eine verhältnissmässig kleine Zahl. Ich bedaure das in doppelter Beziehung: einmal, weil die Versammlung in der That eine überaus lehrreiche war, andrerseits, weil ich es für höchst wünschenswerth halte, dass der Verkehr der verschiedenen Zweig-Gesellschaften unter einander ein etwas regerer würde. Wir haben in München das besondere Glück gehabt, dass durch den Eifer, mit dem sich die Münchener anthropologische Gesellschaft der Angelegenheit angenommen hatte, eine Sammlung Alles desjenigen, was Wesentliches und Wichtiges an prähistorischem Material in Bayern gefunden worden ist, aus sämmtlichen Lokalsammlungen des Landes, sowohl von Vereinen, als von Privaten, aus allen Provinzen zusammengebracht war. Ein Delegirter der Münchener anthropologischen Gesellschaft, Hr. Würdinger, hatte das Land bereist, alle Sammlungen in Augenschein genommen und daraus dasjenige bestimmt, was für die Central-Ausstellung gewünscht wurde, nnd alle Private und einzelnen Vereine hatten mit grösster Bereitwilligkeit ihre Sachen nach München gegeben. Auf diese Weise war ein Bild der gesammten bayrischen Vorzeit hergestellt, wie man es wohl kaum mit einer gleichen Vollständigkeit wiedersehen wird. Ich würde es für indicirt halten, Ihnen etwas eingehendere Mittheilungen über diese Schätze zu machen, wenn nicht durch die sehr präcisen Einrichtungen, welche in München getroffen waren, dafür gesorgt wäre, dass Alles, was unmittelbar zur Ausstellung und Verhandlung gekommen ist, sehr bald durch den Druck bekannt werden wird. Der Druck des Generalberichtes über die Versammlung ist schon bis zur dritten und

Schlusssitzung vorgerückt und wird wahrscheinlich schon im Laufe des nächsten Monats an die Mitglieder vertheilt werden können.

Von dem, was ausgestellt war, ist zunächst zu erwähnen die prähistorische Karte. Ein erstes Heft, von Hrn. Ohlenschläger zusammengestellt, enthält ein Verzeichniss der Fundorte, welche auf der Karte eingezeichnet sind und zwar zunächst derjenigen südlich der Donau. Es besteht die Absicht, in derselben Weise die Fundorte der übrigen Landestheile zusammenzustellen. In Bezug auf die Karte selbst kann ich mittheilen, dass schon jetzt die Arbeit so weit gefördert ist, dass die bekannten Fundorte sämmtlich nicht nur in die Hauptkarte eingetragen sind, sondern dass ausserdem noch eine Eintragung in eine zweite Reihe von Karten geschehen ist, nämlich in Katastralkarten, wie sie in Bayern in verhältnissmässig so grossem Maassstabe für das ganze Land angefertigt wurden, dass es möglich ist, die Stelle jedes einzelnen Fundes auf eine fast astronomisch sichere Weise festzustellen. Dabei wird zugleich angegeben, ob noch ein intaktes Grab da ist u. s. f.

Andrerseits hatte sich die Müuchener anthropologische Gesellschaft mit ausserordentlichem Eifer derjenigen Aufgabe unterzogen, welche seit längerer Zeit die deutsche Gesellschaft beschäftigt hat, nämlich der Schul-Erhebung in Bezug auf die Farbe der Haare, der Haut und der Augen. Dieselbe war schon zu einer Zeit für ganz Bayern vollendet, als noch eine Reihe deutscher Regierungen nicht einmal die Genehmigung ertheilt hatte, dass überhaupt etwas derartiges gemacht würde. Die Bearbeitung des massenhaften Materials ist dann vom königlichen statistischen Bureau in München übernommen worden, und der Chef desselben, Hr. Ministerialrath Mayr, hat auf der Versammlung selbst die Resultate, welche er bis dahin gewonnen hatte, in eingehender Weise dargestellt. Sie werden auch über diesen Punkt in dem erscheinenden Bericht demnächst Ausführlicheres lesen, indess will ich gleich hier bemerken, dass das nur eine allgemeine Uebersicht ist, während eine Detailausgabe der Erhebungen mit den speziellen Nachweisen in einem besonderen Hefte der statistischen Zeitschrift des Münchener Bureaus stattfinden wird, wovon dann für die Mitglieder der deutschen Gesellschaft für einen sehr geringen Preis Separatabzüge offen gehalten werden. Sie haben vielleicht schon gesehen, dass in einem der zuletzt ausgegebenen Correspondenz-Blätter die Anzeige enthalten ist. Der Preis dieser Ausgabe ist für die Mitglieder auf 1 Mark festgesetzt, aber es wird gebeten, die Anmeldungen bis spätestens zum 15. Novbr. einzureichen. Es wäre wünschenswerth, dass diejenigen Mitglieder, welche ein Exemplar wünschen, an unsern Secretair, Hrn. Dr. Kuhn, ihre Bestellung richten.

Hr. Mayr hat nun die Resultate dieser Untersuchungen in kartographischer Weise darzustellen gesucht, wovon ich gleichfalls ein Exemplar vorlege. Er ist dabei allerdings nicht unweseutlich abgewichen von dem Schema, welches für die Erhebungen selbst aufgestellt wurde.

Sie werden sich erinnern, dass dies Schema 11 Kategorien enthielt, in denen jedesmal eine Combination der Farbe der Haut, der Haare und der Augen genommen war, also: blond, blau, weiss; blond, blau, braun; blond, braun, weiss u. s. w. Dieses Schema, welches vielleicht die natürlichste Grundlage zu einer kartographischen Darstellung geboten hätte, ist von Hrn. Mayr nicht ohne Grund veelassen worden. Ich kann noch nicht beurtheilen, ob seine Methode der Darstellung die beste ist, jedenfalls hat sie, wie Hr. Mayr selbst, der anfangs mit grossem Widerstreben an diese Arbeit herangegangen war, offen bekannt hat, ihn selbst überrascht und höchst prägnante Resultate gegeben. Er hat nämlich das vorhandene Material an Ziffern in der Weise zerlegt, dass er zunächst die Summe der bei der Zählung vorhandenen Kinder mit blonden Haaren aus allen Landestheilen fasste; daraus hat er dann eine

Skala gebildet von 38—40 pCt. bis zu 65—67 pCt. und hat diese mit verschiedenen Farbentönen auf die Karten eingetragen. Dabei ist sofort ein Umstand zu bemerken, über den ich persönlich mit Hrn. Mayr in einer gewissen Differenz mich befinde, einer Differenz, die übrigens schon auf dem internationalen statistischen Congress zu lebhaften Diskussionen Veranlassung gegeben hat, nämlich wie man die anzuwendenden Farben zu wählen hat. Hr. Mayr hat roth und grün genommen und sie in der Weise angeordnet, dass er die geringste Frequenz mit dem mattesten Grün bezeichnet, dann aufsteigend bis zum dunkelsten Grön gelangt; an das dunkelste Grün schliesst er das hellste Roth an und steigt nun wieder von da bis zum dunkelsten Roth auf. Es ist kein Zweifel, dass, wenn man sich in die Betrachtung hineingewöhnt, man auch auf diese Weise ein vollkommenes Bild gewinnen kann. Meiner Meinung nach ist jedoch der psychologische Effekt dieser Farbentöne wohl der entgegengesetzte von dem, der eigentlich beabsichtigt ist, indem durch das intensive Grün, welches in der Mitte der Skala sich befindet, der Eindruck entsteht, dass man da einen Höhepunkt habe. Ich habe beobachtet, dass jedesmal und, so oft ich die Karten ansehe, ich mich immer wieder auf dem Gedanken betreffe, dass dieses dunkelste Grün denjenigen Gegenden entspreche, wo die meisten braunen Haare vorhanden seien. Denn das dunkelste Grün und das dunkelste Roth bilden für die Anschauung diametrale Gegensätze. Nichts ist natürlicher, wenn man die Karten ansieht, als sich vorzustellen, wo das dunkelste Grün ist, müssen die meisten braunen, und wo das dunkelste Roth ist, müssen die meisten blonden Haare vorhanden sein. Davon müssen Sie jedoch abstrahiren. Da das dunkelste Grün den Uebergang vom hellen Roth zum hellen Grün bildet, so sind die braunen Haare da am stärksten vertreten, wo das hellste Grün liegt.

In ähnlicher Weise sind auf einer andern Karte die Ergebnisse in Bezug auf die weisse Haut und auf einer dritten die Ergebnisse in Bezug auf die „hellen Augen" dargestellt. Hr. Mayr fasst unter dieser Bezeichnung die blauen nnd die grauen Augen zusammen, eine Operation, die ihre Bedenken hat. Viel besser könnte man diese dritte Karte als eine Darstellung der braunen Augen bezeichnen, nur muss man dann die Deutung der Farben im umgekehrten Sinne vornehmen, so dass das hellste Grün die grösste, das hellste Roth die geringste Frequenz der braunen Augen bezeichnet. Vergleicht man nun die drei Karten unter einander, so stellt sich ein Gegensatz zwischen denselben heraus, indem nicht in gleicher Weise die einander entsprechenden Kategorien der Haare, der Augen und der Haut vertheilt sind. Es zeigen sich Verschiedenheiten, namentlich in Bezug auf die Augen und die Haare. Es finden sich gewisse Landestheile, wo blondes Haar und blaue Augen in überwiegender Häufigkeit zusammentreffen, und andere, wo blondes Haar und braune Augen häufiger sind.

Im Allgemeinen ergeben sich für das diesseitige Bayern Differenzen der einzelnen Gegenden in der Weise, dass die blondhaarige Bevölkerung wesentlich die fränkischen Länder einnimmt und ihre Frequenz nach Norden zunimmt; im Gebiete des fränkischen Jura, im Erzgebirge, im Thüringer Walde sind die Blonden am dichtesten. Von da nach Süden nimmt ihre Zahl allmählig ab. Dann kommt ein ganz continuirlicher und sehr bestimmter Gegensatz, welcher dem Donaulauf folgt und in der That sehr merkwürdig ist. Quer durch Bayern hindurch schiebt sich ein Gebiet, welches einer mehr braunen Bevölkerung angehört. Weiter südlich gegen die Alpen hin steigern sich dann die Nüancen des Braun, jedoch mit der eigenthümlichen Abweichung, dass gewisse Bezirke vorkommen, in denen direkte Widersprüche entstehen, namentlich im äussersten Südosten des Landes, also in dem Winkel, der dem Ausflusse des Inn in die Ebene und dem Grenzgebiete gegen Oesterreich entspricht: hier sitzt eine scheinbar ganz gemischte Bevölkerung, indem die Haare noch den Habitus einer braunen, die Augen dagegen in höherem Maasse den Habitus einer helleren Bevölkerung darbieten.

Noch etwas ist sehr auffällig, worauf ich besonders aufmerksam mache, das ist die Differenz der Stadtgebiete. In Bayern sind auch die Mittelstädte administrativ meistentheils von der ländlichen Umgebung eximirt; es ist dadurch eine Spezial-erhebung für sie möglich geworden, und Sie werden nun sehen, wie fast alle diese Stadtgebiete, gleichviel ob sie in einem hellen oder dunklen Gebiete liegen, der braunen Bevölkerung zufallen, — eine sehr merkwürdige Thatsache, die bisher noch unerklärt dasteht, die sich aber für viele Grossstädte wiederholt und die, wie es scheint, in dem Maasse stärker hervortritt, wie die Bevölkerung wächst.

Es wird Sie gewiss interessiren, zu sehen, welche wichtigen Gesichtspunkte sich auf diesem Wege gewinnen lassen. Schon jetzt hat die bayrische Bearbeitung den wesentlichen Erfolg gehabt, dass eine Menge von Einwendungen, welche bis dahin noch existirten und die Nützlichkeit dieses Unternehmens in Zweifel zogen, dadurch zerstreut worden ist.

Indem ich wegen der Einzelheiten der sonstigen Verhandlungen auf den bald zu erwartenden stenographischen Bericht verweise, bleibt mir noch die Pflicht, dem Münchner Zweigverein auch von hier aus unseren ganz besonderen Dank abzustatten für die vortrefflichen Anordnungen, welche er getroffen hat, um uns den Aufenthalt in der Isarstadt ebenso lehrreich, als angenehm zu machen.

Ich muss endlich noch erwähnen, dass die sehr eifrige und umsichtige Art, mit der unser gegenwärtiger Generalsekretair, Hr. Professor Kollmann, sich der Ange-legenheiten der Gesellschaft annimmt, eine sehr schnelle Förderung auch in der Aus-gabe des Correspondenzblattes der deutschen Gesellschaft herbeigeführt hat. Wir haben schon die Oktobernummer desselben erhalten. Wir hoffen, dass mit dieser Beschleunigung das Correspondenzblatt auch in höherem Maasse die Bedeutung ge-winnen wird, die es haben soll, dass es nämlich wirklich mehr als Centralorgan für geschäftliche Mittheilungen dienen wird. Demgemäss besteht die Absicht, dass die etwas langen Ausführungen, die bis jetzt noch von den Verhandlungen der Lokal-vereine gegeben worden sind, etwas reduzirt werden.

(4) Hr. Hartmann zu Fürstenfeldbruck schenkt der Gesellschaft photogra-phische Darstellungen bayrischer Landleute, hauptsächlich des Dachauer Typus.

(5) Hr. Meitzen hat, mit Bezug auf die Mittheilungen des Hrn. Hartmann in Fürstenfeldbruck (Sitzung vom 20. März), folgendes Schreiben eingesendet, betreffend die sogenannten

Hochäcker oder Bifange.

Von den Angaben des Berichterstatters scheint mir zunächst die, dass sich Grabhügel auf den alten Feldlagen finden, einer Untersuchung darauf hin zu be-dürfen, ob die Feldeintheilung auf diese Hügel Rücksicht nimmt oder nicht. Grab-stätten der Anbauer selbst würden auf die Ackereintheilung gewiss nicht ohne Einfluss sich zeigen. Erst von alten Grabhügeln kann man erwarten, dass sie ohne weiteres in die Grenzen der Aecker hineingezogen wurden. Dass die späteren Feldeintheilungen, namentlich die des 12. und 13. Jahrhunderts auf die alten Tumuli keine Rücksicht genommen haben, weiss ich für Schlesien aus öfterer Erfahrung. Dagegen sind von den Bauern viele solche Hügel bis in die neueste Zeit beim Ackern unverletzt aus-gespart worden, und dies wird früher stets geschehen sein.

Die Trichtergruben müssen darauf angesehen werden, ob sie zum Behufe der Viehtränke gegraben sind oder nicht. Gruben zum Viehtränken kommen auf allen Ackerlagen vor, auf denen Rindvieh in Brache oder Stoppeln geweidet wurde, und von denen aus Wasser nicht in der Nähe erreicht werden konnte, ohne andere bestellte Felder zu überschreiten oder zu gefährden. Wo diese Gruben Grundwasser finden, sind sie klein und auch meist nicht von Dämmen umgeben, sondern der Boden ist niedergetreten und verglichen. Wo aber kein Grundwasser sich sammelt, sondern die Grube allein als Cisterne für das Regenwasser dient, sind sie klein und tief, wenn sie in einer natürlichen Mulde liegen, aus der sie von selbst Zufluss erhalten. Müssen sie aber eben oder hoch liegen, so sind sie oft recht umfangreich, und zwar in der Weise, dass zwar das Wasserloch nicht sehr gross, sondern eher tief, dagegen rings um dasselbe in näherer oder weiterer Entfernung, ein Damm von aufgeworfener Erde gezogen ist, der von seinen Abhängen das Wasser in die Grube leitet. Auf einer ziemlich ebenen Haide würde die Vertheilung der Wasserlöcher in Verbindung mit den beschriebenen Spuren der Feldlage einigermassen auf die Art des Wechsels im Weidegange und damit in der Ackerbestellung schliessen lassen.

Die beschriebene Feldeintheilung ist vollkommen die der flämischen Kolonisation, welche in Norddeutschland 1100 begann und sich bis ins 14. Jahrhundert fortsetzte. Ihre Art und Weise lässt sich genau nachweisen. Sie fand namentlich in Haiden, Sümpfen und ebenen Lagen statt. Es müssten dann aber die vom Berichterstatter beschriebenen Streifen nicht als Beete, sondern als Eigenthumsstücke, als Hufenantheilsstreifen, aufgefasst werden können. Dies kann mit einiger Sicherheit auch nur durch Augenschein entschieden werden. Die flämischen Eigenthumsgrenzen wurden in der Regel durch Gräben oder durch Feldraine bezeichnet. Auf erstere passt die Beschreibung des Berichterstatters sehr wohl. Denn sie sinken mit der Zeit zusammen und können dann solche Wölbungen von 1½ bis 2¼ Fuss Höhe, wie sie beschrieben sind, erscheinen lassen. Lassen sich die Wölbungen der Feldstreifen so auffassen, so würde ich kein anderes Bedenken gegen die Annahme von Spuren der Ansetzung flämischer Hufen haben, als dass ich bei einer Durchsicht der bayrischen Katasterkarten, die ich früher in München vorgenommen habe, flämische Hufen in Altbayern gar nicht, und auch die verwandten fränkischen Hufen nur im nordwestlichen Theile von Franken, um Bischofsheim, im Osten der Rhön, gefunden habe. Sollten aber wirklich im südlichen Bayern solche Kolonisationshufen ausgethan worden sein, was in den ausgedehnten Haiden selbst versuchsweise nicht unmöglich wäre, so würde man davon wahrscheinlich irgend welche urkundliche Spuren finden.

Das Wüstliegen solcher alten Feldlagen ist nichts besonders Auffallendes. Die frühere Kriegsführung und Schutzlosigkeit hat viele Feldmarken wüst gemacht. Seit dem 16. Jahrhundert haben die Gutsherren auch vielfach ihre Forsten durch Bauerngründe ausgedehnt und arrondirt. Vor allem aber konnte es auf Haideländereien leicht vorkommen, dass eine grosse Kolonieanlage gemacht wurde, die Leute einige Jahre die leichten Aecker, die noch den Humus der bisherigen Vegetation besassen, nutzten, dann aber, als man einsah, dass der Boden leer geworden und nichts Ordentliches mit ihm anzufangen war, an eine bessere Stelle versetzt wurden. Ob sich ein solcher Vorgang muthmassen lässt, würde sich vielleicht aus Urkunden ergeben.

Die eingreifendste Frage bleibt indess die nach der Ackerbestellung, und auch sie kann nur aus genauer örtlicher Prüfung beurtheilt werden. Sind diese langen Streifen in der That in ihrer ganzen Breite durch Bestellung mit dem Pfluge aufgehäufte Beete, wie der Berichterstatter anzunehmen scheint, so kann, soweit meine Anschauung von den Kolonisationen im Mittelalter reicht, nicht wohl daran gedacht werden, dass sie denselben angehören. Breite Beete von 6 bis 12 Meter und mehr, sofern man dabei überhaupt noch von Beeten sprechen kann, gehören in Schlesien überall und, soweit mir bekannt, auch sonst in Deutschland erst der neuesten Zeit an und sind meist erst durch sehr gute Entwässerung und Drainagen möglich geworden.

Schon die speziell sogenannten „breiten Beete" von 14 bis 18 Fuss sind allenthalben erst in unserem Jahrhundert zur Anwendung gekommen. Früher waren Beete von einer Breite von 6 bis 8 Fuss, meist mit sehr tiefen Wasserfurchen zwischen je 2 Beeten, die allgemein verbreitete Art der Bestellung. Es ist nicht zu bezweifeln, dass die deutsche Kolonisation diese Ackerbestellung in Schlesien eingeführt hat, denn vorher war, wie urkundlich feststeht, hier überall der polnische Haken in Gebrauch. Die deutsche Hufe wurde gradezu als Pflug bezeichnet. Da die Kolonisten aus den verschiedensten westdeutschen Landstrichen nach Schlesien kamen, wird diese Bestellungsweise wohl die damals bei den deutschen Bauern allgemein verbreitete gewesen sein. Dass also die Kolonisten jener Zeit die hohen Wölbungen mit dem Pfluge zusammengefahren haben sollten, kann ich nicht glauben. Wenn sie nicht durch Gräben entstanden sind, habe ich überhaupt keine rechte Vorstellung, wie sie gemacht sind.

So wie der polnische Haken, haben auch alle in die Gattung der Staggut gehörigen Ackerinstrumente die Eigenthümlichkeit, den Boden mehr oberflächlich zu rühren, als fortzubewegen. Wäre ein anderes Instrument gebraucht worden, so würde dies jedenfalls auf die Zeit vor 1200 zurückweisen.

Die Namen Heidenäcker u. s. w. deuten unter den bestehenden Umständen allerdings wohl weit zurück. Bifang heisst eingezäuntes, auch okkupirtes Ackerstück.

Gegen die Betheiligung der Römer spricht die Feldeintheilung, welche, soweit mir bekannt, ebensowenig bei der Vertheilung des Ager publicus, als bei der Anlage römischer Kolonien angewendet worden ist. Eine Prüfung, ob sich irgendwo Spuren derartiger römischer Auftheilungen finden, wäre gewiss erwünscht. —

Hr. Virchow bemerkt, dass nach Schluss der Münchener Versammlung ein Theil der Mitglieder und unter ihnen er selbst unter Leitung des Hrn. Hartmann eine Excursion in die Umgebungen des Ammer-Sees gemacht und dort die Hochäcker, sowie die in demselben Gebiete befindlichen Hügelgräber und Trichter in Augenschein genommen habe. Leider waren keine Vorbereitungen zn Grabungen getroffen, so dass es nicht möglich war, über die Beschaffenheit der Gräber und noch weniger über die Natur der Trichter ein eigenes Urtheil zu gewinnen. Dagegen traten die Hochäcker sehr deutlich zu Tage und zwar, soweit es an den besuchten Stellen schien, ohne Beziehung zu den Gräbern. Verschiedentliche alte Verschanzungen und Wälle, die als römische angesehen werden, liegen in der Nähe. Ob die an verschiedenen Orten Pommerns erwähnten Furchen und Ackergrenzen in Wäldern, z. B. auf der Insel Wollin, in Hinterpommern, mit den Hochäckern identisch sind, wäre noch festzustellen.

(6) Hr. Nehring berichtet in einem Briefe d. d. Wolfenbüttel, 11. October, an den Vorsitzenden über

Ausgrabungen diluvialer Thiere zu Westeregeln bei Oschersleben.

Da ich annehmen darf, dass der Bericht über die am 19. Juni d. J. abgehaltene Sitzung der Berliner Gesellschaft für Anthropologie, welcher mir heute zuging, auf Ihre Veranlassung an mich abgeschickt ist, so halte ich es für meine Pflicht, mich für Ihre grosse Freundlichkeit zu bedanken, um so mehr, da Sie in der genannten Sitzung meine kleinen Entdeckungen im Zusammenhange mit der Liebeschen Schrift anerkennend erwähnt haben. Uebrigens stehe ich in der That mit Hrn. Prof. Liebe in Gera in näherem Zusammenhange, und die Resultate unserer beiderseitigen Untersuchungen stimmen in vieler Beziehung auffallend überein. Es wird Sie und die geehrte Gesellschaft für Anthropologie vielleicht interessiren,

Einiges über meine neuesten Funde zu erfahren, welche ich im Diluvium unserer Gegend, besonders in Westeregeln bei Oschersleben gemacht habe. Schon im August 1874 hatte ich im Löss der Gypsbrüche von Westeregeln Knochen gefunden, welche meine besondere Aufmerksamkeit erregten, ohne dass ich im Stande gewesen wäre, mit Hülfe des im Braunschweiger Museum befindlichen Vergleichsmaterials dieselben zu bestimmen. Erst als ich im diesem Sommer dort einen zugehörigen Unterkiefer fand, erkannte ich Alactaga jaculus Brdt. (Dipus jaculus Pall.). Vor 8 Tagen nun war ich nochmals in Westeregeln und habe die ganze Kluft, in welcher das Knochenlager sich befand, ausgeräumt. Die Ausbeute war famos! Ich förderte so viele Skelettheile (auch Gebisse) von Alactaga jaculus foss. zu Tage, dass ich 10—11 Individuen sicher nachweisen kann. Dazu kommen die Skelettheile von etwa 13—14 Spermophili; die letzteren haben fast alle in dem hoffnungsvollen Stadium des Zahnwechsels sich befunden, als der Tod sie ereilt und im Interesse der einstigen Wissenschaft im Löss von Westeregeln begraben hat. Ebenso zahlreich waren die Reste von kleinen Vögeln, deren Knöchelchen meist häufchenweise von mir gefunden wurden. Dazwischen fand sich ferner der Oberschädel eines alten Lemmings (Myodes lemmus), sowie der Unterkiefer eines sehr jugendlichen Exemplars nebst zugehörigen, sehr zierlichen Skelettheilen, ferner je ein Unterkiefer von Arvicola ratticeps und arvalis, Unterkiefer eines Sorex-ähnlichen Thieres, 1 Unterkiefer, 2 Backenhälften, 1 Ulna, 1 Radius, 1 Tibia und mehrere Phalangen von Arctomys bobac, 2 Unterkiefer und zahlreiche Skelettheile eines Lepus (wahrscheinlich variabilis); 1 Unterkiefer mit 4 Backenzähnen, sowie das entsprechende Oberkieferstück mit 3 Zähnen von einem ganz jungen Rhinoceros (tichorhinus? Da die Zähne noch gar nicht abgenutzt sind, so weichen sie von meinen beiden Thieder Gebissen, welche älteren Exemplaren des Rh. tich. angehört haben, wesentlich in Grösse und Form ab, aber es wird doch wohl auch Rh. tich. sein). Dazu kommen einige Knochen von Rhinoceros, ferner Gebisse und Knochen von zwei jungen Pferden, 1 Schneidezahn von einem Canis (wahrscheinlich lagopus, da der Zahn sehr zierlich ist). Bemerkenswerth ist noch, dass der Löss von Westeregeln strichweise viele Land- und Süsswasserschnecken enthält, sowie auch nicht selten grössere und kleinere Stückchen von Holzkohle darin verstreut liegen. Die letztere zeigt, wenn sie frisch aus der Erde genommen wird, eine sehr deutliche Holzstructur, sie zerfällt aber leicht an der Luft. Freilich habe ich mir bisher mit Conservirung derselben wenig Mühe gegeben, da ich die Sache für unwichtig hielt. Doch liesse sich vielleicht durch mikroskopische Untersuchung seitens eines Kenners, z. B. des Forstraths Hartig in Braunschweig, die betreffende Baumart erkennen, und wir würden auf diese Weise Näheres über die noch ziemlich unbekannte Flora der Diluvialzeit erfahren. (Auch im Thieder Löss habe ich oft Holzkohle gefunden.) — Von dem Besitzer der Westeregeler Brüche erhielt ich noch einen Schädel der diluvialen Hyäne (leider ohne Zähne), 1 Unterkiefer von einem mächtigen Hechte, 1 Schädel von einer Anas boschas und 1 sehr schöne Stange eines capitalen Rehbocks, Alles nicht weit von der Stelle gefunden, wo ich meine reichen Funde gemacht habe. Vor mehreren Jahren sind nicht weit davon zahlreiche Reste von Elephas primigenius und Rhinoceros tich. gefunden, aber leider an den Knochensammler verkauft.

Sehr eifrig habe ich nach sicheren Spuren vom Homo sapiens gesucht, doch bisher vergebens. Freilich habe ich sowohl in Thiede, als auch in Westeregeln Feuersteinsplitter mitten zwischen den diluvialen Knochen gefunden, welche den sogenannten Feuersteinmessern zum Theil verzweifelt ähnlich sehen. Aber ich bin hinsichtlich dieser Feuersteinsplitter etwas skeptisch, obgleich zwei Exemplare von Thiede allerdings das Aussehen menschlicher Artefacte besitzen. Auch habe ich manche Knochensplitter gefunden, welche man allenfalls für Pfeilspitzen oder dergleichen ansehen

könnte; doch können sich solche Splitter auch bilden, wenn die Knochen von Raub-
thieren zermalmt und nachher im Wasser abgeschliffen werden. Wenn man den
Aussagen der Arbeiter trauen dürfte, so wäre allerdings sowohl für den Löss von
Thiede, als auch für den von Westeregeln das Vorkommen menschlicher Schädel und
Skelettheile constatirt; denn an beiden Orten versicherten mir die Arbeiter, dass sie
schon mehrfach in beträchtlicher Tiefe menschliche Schädel und Knochen zum Vorschein gebracht hätten. Leider waren dieselben nicht mehr vorhanden. Nur 1 Stück
von einem Menschenschädel, welcher bei Westeregeln gefunden ist, liegt in meiner
Sammlung; doch gebe ich auf das, was die Arbeiter in dieser Hinsicht berichten, sehr
wenig, denn sie haben nicht die Fähigkeit, richtig zu beobachten. Auch haben sich
an beiden Orten alte Begräbnissstätten befunden; besonders bei Westeregeln sind
Aschenurnen massenhaft gefunden, aber natürlich zerstört worden. Einen einzigen
alterthümlichen Spindelstein aus schwach gebrannter Masse habe ich von dort erhalten,
das Andere ist unwiederbringlich verloren, da der Hügel, in welchem die Urnen
reihenweise gestanden haben, planirt worden ist. Kürzlich war ich auch hier in der
Nähe bei Drütte zur Untersuchung eines Urnenfeldes; aber ich habe nur noch Stücke
zu Tage gefördert, da der Pflug bereits im vorigen Jahre Alles zertrümmert hatte.
Nach den Aussagen des Besitzers hatten die Urnen reihenweise 1—2 Fuss tief im
Boden gestanden. Die Stücke, welche ich fand, sowie eine ziemlich vollständige
Urne von dort, welche ein hiesiger Lehrer besitzt, zeigen gute Arbeit und zierliche
Zeichnung. —

In unserer Gegend ist auf dem Gebiete der urgeschichtlichen Forschung noch
viel zu machen, aber leider giebt es bei uns nur Wenige, die sich dafür interessiren. Ich selbst habe viel Lust dazu, aber leider sind Zeit und Mittel zu knapp,
um grössere und kostspieligere Untersuchungen veranstalten zu können; ich muss
mich daher auf kleinere Untersuchungen beschränken, bis ich einmal später freie
Hand bekomme. Vorläufig habe ich mich auf die kleinere Diluvialfauna concentrirt
und hoffe, in dieser Richtung noch Manches zum Vorschein zu bringen, da ich mich
nicht scheue, selbst zu graben und auf den Knieen durch den Lehm zu rutschen.
Nach meinen bisherigen Beobachtungen zeigt unsere Diluvialfauna immer deutlicher
einen Charakter, wie sie die jetzige Fauna im Osten und Südosten Russlands an sich
trägt. Dabei scheint mir die Ablagerung von Thiede mit ihren auffallend zahlreichen
Resten von Myodes torqnatus und Myodes lemmus aus der eigentlichen Glacialzeit
zu stammen, während der Löss von Westeregeln mit seinen vorwiegenden Resten von
Dipus und Spermophilus neben den sehr sparsamen Resten von M. lemmus (torquatus
ist noch gar nicht vorgekommen) vielleicht etwas jünger ist und einer milderen
(postglacialen) Zeit angehört. Das ist allerdings eine Hypothese, die ich nur so hin-
werfe, ohne grade viel darauf zu geben. Um sie wissenschaftlich begründen zu können,
müsste ich erst noch fernere Beobachtungen und Sammlungen in Westeregeln vornehmen; vorläufig scheint es hier aber mit dem Sammeln vorbei zu sein, da ich den
letzten Rest des vorgefundenen Knochenlagers aufgeräumt habe.

(7) Hr. Bauinspector Werner übersendet mit einem Briefe d. d. Naumburg, 30. Juni,
ein Verzeichniss über

Funde bei dem Bau der Kreischaussee von Laucha nach Nebra (1872).

Laufende No,	Bezeichnung der Antiquitäten.	Angabe des Fundortes.		Bemerkungen.
		wo	wie	
1.	Ein Mammuthzahn	St. 218.	Beim Erdarbeiten im Kies	Unter dem Wennunger-holze, im Kies.
2.	Ein Schaufelhirschgeweih . . .	St. 149.	Bei dergl. Arbeiten	Bei Laucha, in der Nähe der Ziegelei von Schmidt.
3.	Ein Mammuthhüftknochen . .	St. 212.	„ „ „	Unter dem Wennunger holze, im Kies.
4.	Zwei Streitäxte aus Stein . .	St. 210.	„ „ „	Daselbst.
5.	Eine grosse Urne aus Thonerde	St. 118.	„ „ „	Auf der Höhe bei Kirch-scheidungen.
6.	Eine dergl. kleinere mit Feuer-steinmesser, Thränenkrüglein und ein zerbrochenes Stück Feuerstein	St. 87.	„ „ „	Hinter dem Dorfe Kirch-scheidungen.
7.	Eine dergl. mit Thränenkrüglein	St. 87.	„ „ „	Daselbst.
8.	Ein Bruchstück von Stosszähuen	St. 218.	„ „ „	Unter dem Wennunger-holze, im Kies.
9.	Mehrere Knochenstücke, wahr-scheinlich vom Mammuth . .	St. 218.	„ „ „	Daselbst.
10.	Ein alter Schlüssel	St. 52.	„ „ „	Am Kätzel im Gyps-steinfelsen.

(8) Hr. J. M. Hildebrandt hat auf einer neuen Reise im Sómal-Lande zu Kembeda bei Euderàd eine Stätte mit behauenen Steinen entdeckt, welche letztere aus Flugsandhügeln hervorragten. Es fanden sich daselbst Glasscherben mit anders-farbigen Tüpfeln in erhabener Arbeit und rohen Ornamenten, Scherben von gebrannter Töpferwaare, darunter solche von Härte der Klinkerziegeln, ein Bügel aus Bronze u. s. w.

Ferner schickt Hr. Hildebrandt eine Abbildung von Felszeichnungen, bei Horóba im Sómal-Lande (10° 50″ Nördl. Br. und 47° 10″ Oestl. v. Gr.), im

April d. J. von ihm aufgenommen. Dieselbe findet sich auf einer etwas überhängenden Schieferwand. Sie ist roh und wenig tief ausgehauen. Die Stelle heisst Gar Libách (Libách = Leopard).

Endlich übersendet er eine Reihe von Kopfmaassen, mit dem Hutmacher-Conformateur in Zanzibar aufgenommen. Dieselben zeigen durchweg sehr schmale Dolichocephalen.

(9) Hr. Toselowski lässt die vortrefflich ausgeführten Photographien zweier in zierlichster Weise blau tättowirter Männer und einer Frau aus Japan vorlegen.

(10) Hr. G. Fritsch berichtet über einen

Besuch auf den Ruinen des alten Raghae bei Teheran und auf dem benachbarten Guebernkirchhof.

Eine der interessantesten Episoden im Anschluss an die Venus-Expedition nach Persien bildete der am 30. December ausgeführte Abstecher von Teheran nach den Ruinen von Raghae oder Rei. Beim prachtvollsten, echt persischen Sonnenschein wendete sich nach Verlassen der Hauptstadt die fröhliche, fast nur aus Deutschen bestehende Reitergesellschaft durch die winterliche brachliegende Hochebene gegen die schroffen felsigen Höhenzüge, die vom Elburz her gegen Süden eine Art Vorsprung bilden. Bald nach Passiren des persischen Dorfes Schah Abdul'azim, wo an dem klaren Bach beim heiteren Picknick eingehende Studien über die Vorzüglichkeit der persischen Weine von Schiraz angestellt wurden, steht man mitten in Ruinenfeldern, deren Ausdehnung gegen die Ebene von den Abhängen her sich stundenweit verfolgen lässt. Es sind dies die dreifach über einander gethürmten Ruinen der uralten Stadt, welche in der Geschichte unter verschiedenem Namen angeführt wird.

Die alte medische Residenz, in der Schrift als Rages erscheinend, wird in den Berichten der Feldzüge Alexander des Grossen Rhagae genannt; sie war später Sitz der parthischen Arsaciden als Arsacia, bis die einfallenden Araber 642 n. C. die alte Stadt vollständig zerstörten. Unter den Khalifen als „Neu-Rei" wieder aufgebaut und mit doppelter Mauer und Graben für die äussere und innere Stadt versehen, erlangte sie wieder grosse Bedeutung, bis ein Erdbeben sie auf's Neue vernichtete. Die noch einmal emporgeblühte Stadt erlag 1220 durch den Einfall der Mongolen, worauf die Ruinen wegen Verlegung der persischen Residenz nach Teheran dauernd im Verfall blieben.

Die Spuren des alten Rages oder Rhagae finden sich nur noch spärlich; sie sind gekennzeichnet durch das besondere Baumaterial, nämlich unbehauene Feldsteine mit Mörtel zusammengefügt. Einzelne monolithische Denkmäler in besonderer Aufstellung an den Abhängen werden ebenfalls darauf zurückgeführt, Alles aber bereits sehr verwittert. Die alte Akropolis, welche auf einem isolirten Vorberg und den vorgeschobenen Theilen der Höhenzüge lag, ist durch die späteren Bauten sehr überdeckt worden.

Das Material für die erste muhamedanische Stadt bestand bei den öffentlichen Bauten aus vortrefflichen Backsteinen, die an der Oberfläche vielfach bunt glasirt waren, worunter eine lebhafte blaue Farbe noch heute durchaus frisch erscheint.

Aus dieser Zeit findet sich eine Art Burg von ziemlicher Ausdehnung in der Ebene bei Schah Abdul'azim als der Mittelpunkt der damaligen Stadt. Die Grenze gegen die Berge hin wird gekennzeichnet durch eine Anzahl von Wartthürmen verschiedener Gestalt mit kuphischen Inschriften an den Wänden im Innern, während aussen als Verzierungen des obersten Theiles einige Schriftzüge, in blau glasirten Ziegeln ausgeführt, auftreten

Von der späteren muhamedanischen Stadt finden sich die auffallendsten Reste in unmittelbarer Nachbarschaft des Ortes Schah Abdul'azim, wegen der eigenthümlichen Construction bemerkenswerth besonders ein mächtiger Thurm von Backsteinen, der im Innern hohl ist, und daselbst noch Spuren von schwarzen Schriftzeichen an den Wänden trägt. Brugsch vergleicht den Querschnitt, wohl nicht ganz treffend, mit der Figur eines Uhrrades: die äussere Wand bildet nämlich zwanzig rechtwinklige Kanten, wodurch der Umriss des in der Anlage runden Thurmes in sonderbarer Weise gebrochen wird. Vielleicht lag nur die Absicht vor, die Verwendung von zugerundeten Steinen zu vermeiden, es kommt aber wohl die in sehr vielen Bauten des Landes hervortretende Neigung hinzu, ausgedehnte Krümmungen zu unterbrechen und weiter einzutheilen. Es kennzeichnet dies einen bemerkenswerthen Unterschied im Geschmack gegenüber den afrikanischen Nigritiern, wo jede gerade Linie fast unwillkürlich eine gewisse Krümmung anzunehmen scheint. Der Zahn der Zeit und die noch verderblichere Pickaxt der Backsteindiebe zerfrisst den von der Sage als das Grabmal eines Sultans und seiner Favoritin bezeichneten Thurm in bedenklicher Weise, so dass er in einigen Jahren wohl ebenfalls zu Falle kommen dürfte.

Wie weit die letzte Stadt sich in die Ebene ausdehnte, lehrt der ausgedehnte Ueberblick von den Höhen auf die Ruinenfelder. Freilich liegen sie jetzt zum grössten Theil unter dem Pflug des Ackerbauers, da Häuser, von Luftziegeln gebaut, bald wieder oberflächlich zerfallen; grössere Complexe einstiger Gebäude bleiben indessen als dunkle, unregelmässig geformte Hügel kenntlich.

Die archäologischen Funde des Ortes bestehen hauptsächlich aus sehr mannichfachen Münzen, um deren Auffindung und Kenntniss unser verehrtes Mitglied in Teheran, Hr. Schindler, bedeutende Verdienste hat. —

Nach Besichtigung der Ruinen wendeten wir uns östlich in ein kleines, steil aufsteigendes Thal, dem Hauptziel unseres Rittes zu: dort liegt nämlich hoch an den dunklen, rothbraunen Bergen ein eigenthümliches, weissliches Gemäuer, der Guebernkirchhof, vielleicht dorthin verlegt wegen der sagenhaften Geburt Zoroasters in dem alten Rei. Er stellt eine ringförmige, fast senkrechte Mauer, etwa 5—6 Meter hoch, bei einem Durchmesser von ungefähr 60 Metern dar, ohne Zugang zum Innern.

Der Einblick von den benachbarten Höhen zeigt darin reihenweise geordnete, von Steinen gemauerte Behältnisse, erfüllt mit eigenthümlichen, unförmlichen Ballen. In dem gegen die Berge gewendeten Theil erkennt man an der innern Wand in halber Höhe über dem Boden die Spuren einer früher dort befindlich gewesenen kleinen Thür, die jetzt vermauert ist. In dem Inhalt der Steinkisten machten sich Skelettheile kenntlich. Die Bergabhänge der Nachbarschaft selbst zeigten viele Bruchstücke von Menschenknochen und Kleiderfetzen.

Durch Ineinanderschnallen der ausgehakten Steigbügel, deren eines Ende über die Mauerfirste geworfen wurde, gelang es, einen Halt zu gewinnen, an welchem die Leichtesten von der Gesellschaft emporklimmten und glücklich in das Innere des Mauerringes gelangten.

Es zeigte sich daselbst, entsprechend der einstigen Thür, eine rohe, aus nur vier Stufen bestehende Steintreppe, abwärts führend, die jedenfalls zum Herabbringen der Leichen diente. An dieser Seite der Mauer lagen mehrere noch ziemlich frische männliche Leichen in ihrer gewöhnlichen Kleidung; daneben mehrere Kinderleichen älteren Datums, von den Geiern schon mehr zerfressen. In einer gruftartigen Vertiefung befanden sich vier ziemlich wohlerhaltene Skelette, von denen wir einen

14*

Schädel mitnahmen; ausserdem wurde ein weiblicher Schädel und ein Becken der Wissenschaft geweiht, da mehr zu nehmen leider unthunlich war.

Die in Tücher verpackten Skelettheile mussten von den aus begreiflichen Gründen am Fusse des Berges zurückgelassenen muhamedanischen Dienern als Gesteinsproben declarirt und in unseren Satteltaschen nach Teheran gebracht werden. Der wissenschaftliche Einbruch war glücklicherweise gerade beendigt, als unsere Diener, von Neugier angelockt, auf der Höhe erschienen.

Der Typus der erbeuteten Schädel erscheint recht bemerkenswerth und es ist sehr zu bedauern, dass keine längere Reihe vorhanden ist; so weit dies möglich, bekräftigt ihr Bau die auch anderseits aufgestellte Vermuthung, dass gerade die Guebern wegen ihrer Abgeschlossenheit und der besonderen bürgerlichen Stellung den specifisch persischen Typus am reinsten bewahrt haben. Unter der muhamedanischen Bevölkerung ist der Charakter durch turkestanische, arabische und syrische Beimischungen sehr verwischt. Herrschend erscheint heutigen Tages ein mesocephaler Typus mit Hinneigung zum türkischen Schädel.

Der Bau des vorliegenden männlichen Guebern-Schädels ist dolichocephal, aber noch eigenthümlich roh und eckig, dadurch abweichend von dem abgeschliffenen persischen Mischtypus. Der weibliche ist, entsprechend dem Geschlecht, feiner, weniger markirt, doch auch charakteristisch. (Indices der beiden Schädel: ♂ B. I = 77,9; H. I = 75,3; ♀ B. I = 77,8; H. I = 79,0). Diese Beobachtungen lassen die Ansicht als berechtigt erscheinen, dass ein eingehenderes Studium über den physischen Bau der Guebern uns in der That über den ursprünglichen persischen Typus die besten Aufschlüsse geben könnte.

Die Absonderung des in Rede stehenden Theils der persischen Bevölkerung wird hauptsächlich durch die politische Stellung derselben bedingt. Die Guebern sind, wie alle Ungläubigen, von den schiitischen Muhamedanern, d. h. dem weitaus grössten Theil der Perser, sehr verachtet und führen eine elende Existenz unter der Bevölkerung als dienende Klasse oder als kleine Handwerker; sie werden allmälig wohl ganz verschwinden. Stärkere Gemeinden giebt es nur noch in Hamadan. Charakteristisch für die ursprünglichen Sitten ist die geringere Abschliessung der Frauen, wie sie erst durch die fanatische Schiiten in der ganzen unverständigen und verderblichen Rigorosität durchgeführt ist.

Was die Art der Bestattung bei den Guebern anlangt, so ist von einer solchen kaum zu reden. Die Leiche wird von dem dazu bestimmten Mann, dem Kirchhofswärter, über die Mauer befördert und dort den atmosphärischen Einflüssen und den Geiern exponirt, bis der Verwesungsprocess vollendet ist. Die Reste werden alsdann in den Steinkisten gesammelt, wobei natürlich von den durch die Geier zerstreuten Knochen, Theile verschiedener Individuen, von den Kleidern aber höchstens Fetzen in die Steinkiste gelangen. Es heisst, dass nach der Auslegung der frischen Leiche die Angehörigen auf den Abhängen der Nachbarschaft warteten, um zu beobachten, ob die Geier zuerst das rechte oder das linke Auge aushackten: im ersteren Falle solle die Seele zu Ormuzd gehen, im andern dem Ahriman verfallen sein. Diese Angabe wird durch die thatsächliche Beobachtung nicht bestätigt, indem die Leichen an dem abgewendeten, von uns nicht zu übersehenden Theil der Umfriedigung lagen. Ausserdem zeigten sich an den frischen Leichen, obgleich sie jedenfalls mehrere Tage lagen, noch keine deutlichen Spuren der Thätigkeit von Raubvögeln. Die Angehörigen müssten daher häufig lange warten, um das Schicksal der Seele festzustellen. Dass aber die Geier für die Beseitigung des Fleisches sorgen, erscheint unzweifelhaft durch den Zustand der älteren Knochen, die zerstreuten Reste und Kleiderfetzen.

Das Resultat dieser Bestattungsweise ist fast genau dasselbe, wie es sich in den

Ausgrabungeu von Samthowro findet, ohne dass ich indessen die factische Identität positiv behaupten wollte. Bei beiden Gräberstätten findet man verstreute Knochen verschiedener Individuen, vielfach zerbrochen, mit Geröll untermischt, ohne Schmucksachen, mit spärlichen Kleiderresten, bei beiden reihenförmige Anordnung der Behältnisse.

Zu beachten bleibt indessen, dass bei der früheren Ausdehnung der persischen Herrschaft bis in die Kaukasusländer dort natürlich auch Feueranbeter vorhanden waren; der letzte Rest davon findet sich heutigen Tages bei den ewigen Feuern von Baku, wo in dem Guebernkloster als einziger Repräsentant ein indischer Eingeborner das Geschäft der verschwundenen Guebern aus Spekulation fortsetzt. Der in den Beschreibungen häufig in ganz irriger Weise übertriebene Gasreichthum des Bodens macht se daselbst möglich, unter Benutzung unregelmässiger, den Ortsangehörigen genau bekannter, natürlicher Leitungen die Gasströmungen in die einzelnen Zellen des viereckigen Klosterhofes und zu einem grossen mittleren überdachten Becken zu leiten. Diese natürlichen Gasfeuer dienten dem Gottesdienst zu bestimmten Zeiten, dazwischen aber wurden sie durch Steinplatten verdeckt.

(11) Hr. Richard Andree in Leipzig schreibt mit Bezug auf die in der Sitzung vom 14. Mai gemachten Mittheilungen über
den Burgwall bei Zahsow:
„In der Zeitschrift für Ethnologie VII. Heft 4, Seite 128 der „Verhandlungen" heisst es, dass der Burgwall bei Zahsow noch nicht untersucht worden sei. Das ist allerdings und in sehr eingehender Weise der Fall (durch Kreisgerichtsrath Wilke in Kottbus) gewesen. Sein ausführlicher Bericht steht im Programm des Kottbuser Gymnasiums, 1859, Seite 30. Das Wesentliche daraus habe ich abgedruckt in meinen „Wendischen Wanderstudien" (Stuttgart 1874) S. 102. Der Fund einer eisernen Pfeilspitze in diesem Wall ist nicht ohne Interesse".

Hr. Virchow bemerkt dazu, dass ihm inzwischen die Darstellungen des Hrn. Andree, auch die erste im Kosmos (1871 Bd. XX. No. 14, S. 220, Anm.), bekannt geworden seien, dass jedoch die Hauptsache der in der Sitzung vom 14. Mai gemachten Mittheilungen dadurch in keiner Weise betroffen werde.

(12) Hr. Bastian berichtet in einem Briefe d. d. Lima, 16. Juli, über den Ankauf von

Peruanerschädeln aus dem Gräberfelde von Ancon
für die Gesellschaft. Sie stammen von derselben Stelle, welche schon durch Agassiz und Hutchinson ausgebeutet ist und an welcher einige Monate vorher die correspondirenden Mitglieder der Gesellschaft, die Herren Reiss und Stübel methodische Ausgrabungen angestellt haben. (Die Gesellschaft hat inzwischen durch Hrn. Generalconsul Lührssen einige Schädel, welche von den letzterwähnten Ausgrabungen herstammen, erhalten, Sitzung vom 14. Mai).

(13) Hr. F. Jagor schreibt dem Vorsitzenden d. d. Rangoon, 16. Juli (sonderbarer Weise an demselben Tage, wie Hr. Bastian) über die Absendung der für denselben bestimmten Schädel, Maasstabellen, Zeichnungen, Photographien und ethnologischen Gegenstände

von den Andamanen, von Rangun und von Amritsar.
Ein Theil ist der Post übergeben. Die umfangreichern Gegenstände sind durch

das Segelschiff Anna, Kapitän Wittneben und die Columbia, Kapitain Schumacher, befördert worden.

Wegen der Messungen auf den Andamanen (vgl. Sitzung vom 14. Mai) fürchtet er, dass ein Theil, namentlich in Bezug auf Arme und Beine, nicht genau genug sei, dass aber wenigstens ein Theil brauchbar sein werde.

Die Sendung aus Rangun enthält 41 Schädel mit 40 Unterkiefern aus dem dortigen Gefängniss-Kirchhofe, wahrscheinlich ohne Ausnahme männliche Birmanen, da die Zahl der Gefangenen aus sämmtlichen anderen Nationalitäten durchschnittlich weniger als 1 pCt. beträgt und die der Weiber bei einem durchschnittlichen Gesammtbestande von 2200 Individuen noch niemals 33 pCt. erreicht hat. Die Gewinnung von Skeletten misslang, da es nicht möglich war, die zusammengehörenden Knochen vollständig und unvermischt aus dem damit überfüllten, fetten Thonboden herauszuholen. Indess haben die Herren Dr. Griffith, Dobson und Chill zugesagt, sowohl Skelette, als frische Theile zu besorgen.

Endlich die 2 Schädel aus Amritsar sind auf Veranlassung des Dr. Wilson von dem indischen Assistenten, Hrn. Sahib Ditta präparirt worden.

(14) Der Vorsitzende übergiebt einen d. d. 18/30. August an ihn eingesendeten Bericht des Grafen **Carl Georg Sievers** (Villa Sievers bei Wenden) über

ein normännisches Schiffsgrab bei Ronneburg und die Ausgrabung des Rinnehügels am Burtneek-See (Livland).

(Hierzu Tafel XIII und XIV.)

Da einige meiner diesjährigen Funde mehr ein allgemeines, als blos ein locales Interesse erregen dürften, und zum Theil eine über Erwarten rasche Erfüllung meiner in der Sitzung vom 17. October vorigen Jahres ausgesprochenen Hoffnungen gewähren, erlaube ich mir Ihnen den nachstehenden Bericht zu übersenden.

In den letzten Tagen des Mai alten Styls untersuchte ich einen Kappekaln, d. h. Gräberberg, genannten Hügel bei Launekaln (Uebelberg), Kirchspiel Ronneburg, 2 Werst vom Hofe, am Ufer des Rausebaches gelegen, aus welchem der Besitzer schon eine Menge alterthümlicher Schmucksachen aus Bronze an die Museen von Riga und Dorpat gesandt hat. Dort fand ich 3 Gräber mit Leichenbrand und zum Theil reichem Schmucke, sowie mehrere mit Steinen überdeckte Gräber, deren Knochen gut erhalten waren, zum Theil noch Zeichen des Zusammenhanges zeigten und meist sehr stark stanken, während sich bei jedem Skelete, oberhalb des Hüftbeines, nur ein kleines eisernes Messer und, bei einem Paar, kleine Messing-Hemdschnallen auf der Brust fanden, wesshalb ich sie, bis auf ein Skelet, für heimlich in christlicher Zeit mit heidnischem Ritus beerdigte Leichen zu halten geneigt bin. Dieses eine Skelet lag Kopf nach Westen, mit den Füssen nach Osten und hatte eine Menge Kauris um den Hals, die abwechselnd mit Perlen auf eine Schnur gereihet gewesen sein müssen, indem einige Kauris noch an Perlen anklebten.

Unmittelbar nach jener Untersuchung erkannte ich in einem schon im vorigen Jahre besehenen grossen Steinhaufen, ohnweit des von mir 1874 untersuchten Opferberges in der Grenze des Strante Gesindes, Schloss Ronneburg, anf dem Lande des Kaln-Slaweeek Gesindes ein Grabdenkmal mit Steinsetzung in Form eines Schiffes, wie es Weinhold, Altnordische Alterthümer, als den Normannen (Warägern) eigenthümlich beschreibt. Dieses Schiffsgrab (Taf. XIII Fig. A), 42,62 Meter lang in der Richtung von West, 13° 58′ südlich, nach Ost, 13° 58′ nördl. und 8,20 bis 5,96 Meter, an der Spitze 3,50 Meter breit, bestand aus einer, auf einer ihm entsprechenden länglichen Bodenerhebung befindlichen, die Schiffswand darstellenden Doppelreihe von Steinen, mit zum Theil doppelten Querreihen von Steinen, zur Andeutung der Ruderbänke versehen, und war mit einer Schicht von meist recht grossen Steinen bis 1,50 Meter hoch überdeckt, so dass äusserlich die einzige Andeutung an dem mächtigen Steinhaufen, dass es ein Schiffsgrab sei, nur die zwei freiliegenden Steine gewährten, die in diesem Falle wohl das Steuer andeuten, während ich sie anfänglich für das Bugspriet genommen hatte. Der Steinhaufen muss viel höher gewesen sein, weil schon seit längerer Zeit viele Steine von dort zu Bauzwecken abgeführt worden, wobei man verschiedene Schmuckgegenstände zwischen den Steinen gefunden, auch nach denselben mehrfach gesucht und zu dem Zwecke Steine die Anhöhe hinabgewälzt hatte. Zum Glück waren zumal die unteren Lagen der Steine aus so grossen erratischen Steinblöcken construirt, dass die müssige Neugier an ihnen nicht gerührt hatte und ich wenigstens die Unterschichten unberührt fand, die mir, wie die beiliegende Skizze zeigt, im grössten Theile des Schiffraumes eine schwarze, fettige, mit Asche und Kohle vermischte, 15—20 Centm. tief reichende Erde darboten,[1] in welcher, die bezeichneten Stellen ausgenommen, viele calcinirte menschliche Knochen, von denen ich eine Menge Schädelstücke sammelte, und die meisten Schmuckgegenstände zerstreut lagen. Die Schmuckgegenstände müssen erst nach dem Brande der Leichen, etwa als Opfer, hineingeworfen sein, indem nur ein Paar davon Spuren von starker Hitze (Schmelzung) zeigten, während viele auch zwischen den Steinen sich vorfanden, obwohl, wie schon bemerkt, früher wiederholt viel dort gefunden und weggebracht ist. Die beifolgende Photographie (Taf. XIII. B. Fig. 4—126) zeigt die interessantesten Bronzesachen[2]), einen Steinwirtel und einen kleinen Schleifstein. Waffen sind gar keine gefunden, nur kleine Messer.

Da ich der Untersuchung wegen die Steine fortwälzen lassen musste, und doch späteren Forschern ein Bild zu hinterlassen wünschte, welches ihnen meinen Bericht verdeutlichen und bewahrheiten könnte, liess ich diejenigen Steinreihen, welche in der Zeichnung (Taf. XIII. A.) schraffirt sind, unberührt, nehmlich die, die Schiffswand repräsentirende Doppelreihe von Steinen und mehrere der Ruderbänke, von denen die in der Erde liegende unterste Steinreihe unberührt blieb. — Unter der Schicht mit Asche, Kohlen und calcinirten Knochen gemischter Erde fand ich unberührten gelben Sand, den ich an mehreren Stellen bis auf 2 Meter Tiefe vergeblich aufgrub. In dem Vordertheil des Schiffes, wo nach Weinhold der oder die Häuptlinge (Seekönige) verbrannt wurden, denen zur Ehre die Schiffsetzung stattgefunden, wurden an 3 gesonderten Stellen zahlreiche Topfscherben, Schmucksachen und calcinirte Knochen, an jeder ein Messer und an einer ein Unterkiefer einer Katze, soviel ich das bestimmen kann, gefunden.

Die Auffindung dieses Schiffsgrabes, in dessen Umgebung sich noch 4 ähnliche grosse Steinhaufen befinden[3]), dabei die Nähe des Opferberges, dessen Fundstücke

---

[1]) In der Zeichnung bedeuten die arabischen Zahlen besonders notirte Fundstücke, von welchen ein Theil unter denselben Nummern auf der Tafel dargestellt ist. Von den römischen Zahlen bezeichnet I Goldperlen, II Scherben, III blaue Perlen, IV Metallperlen, V Metallspiralen.

[2]) Nachträglich hat sich herausgestellt, dass eine Menge von Fundsachen aus rothem Kupfer bestehen.

[3]) Diese Steinhaufen liegen erstens in 1¼ Werst Entfernung beim Kauger Gesinde auf der Spitze einer bedeutenden Bodenerhebung und zwar zwei neben einander, von denen der eine in der Richtung von Nord 30° östlich nach Süd 30° westlich eine Länge von 17,50 Meter hat, mit einer 3,50 Meter langen Doppelreihe kleiner Steine, die in der angegebenen Richtung aus dem Haufen hinaus reichen. In der Senkrechten dazu misst der Steinhaufen 20,61 Meter, ragt

in ihrer sonst ungewöhnlichen Form theils identisch mit hier gefundenen Sachen, theils in der Ausführung ihnen verwandt sind, dabei auch einen Anknüpfungspunkt an eine der im Berliner Museum befindlichen, in Ascheraden gefundenen Fibeln (mit vorstehenden runden Knöpfen verziert) bieten, weisen auf eine, längere Zeit andauernde Herrschaft der Normannen hin, von der die Geschichte uns nichts mittheilt, von der höchstens eine Spur in den Sagas, bei Aufzählung der unterworfenen Völker, in den Kuren und Esten, und eine Nachwirkung in der Oberherrschaft russischer Theilfürsten hier im Lande in der Zeit der Ansiedelung der Deutschen zu finden wäre[1]). Einen factischen Nachweis für einen längern, mit Herrschaft verknüpften Aufenthalt der Normannen hieselbst bietet dieses Slaweeker Schiffsgrab darin, dass es wenigstens 250 Setzfaden Steine à 6 Fuss Quadrat bei 3 Fuss Höhe enthält. Einen solchen Setzfaden aufzubrechen und aus einer Entfernung von durchschnittlich 2 Werst anzufahren, wird hier Landes nach dem Arbeitsregulative mit 4 Pferdetagen, d. h. der Arbeit von Menschen nebst 4 Pferden während eines Tages berechnet. Die Umgebung von Strante und Slaweek zeichnet sich nicht durch Steinreichthum aus, daher sie ziemlich weit hergebracht werden mussten; was wohl nur im Winter möglich war auf Schlitten oder Schleifen. Die ältere Reimchronik (sogenannte Alnpeke) sagt vers 342: „Die sint Letten genannt. Die heidenschaft hat spehe win. Sie wonet note in ander mite, sie buwen besonder im' manchen walt. Ir wib sint wunderlich gestalt und habene selzene kleit; Sie riten, als ir uater reit": und auch die noch lebende Volkssage betont, dass die Letten nie gefahren, sondern nur geritten seien, Mann wie Weib. Da nun die Normannen schwerlich bei ihren Durchzügen

_____

1 Meter über der Erde hervor; in der Mitte sind Steine ausgehoben, wobei man in 1,50 Meter Tiefe noch nicht Erde fand. Die Ecken sind abgerundet. In 6,34 Meter Entfernung liegt ein zweiter Steinhaufen, 33,94 Meter lang, in der Richtung von Ost 8° südlich, nach West 8° nördlich und 16,10 Meter breit, er erhebt sich über 2 Meter über die Erdoberfläche. In etwa 7—8 Werst Entfernung soll auf dem Waktekaln (höchster Berg der Umgegend, heisst Wachenberg) und westlich bei der Forstei Wihkschne (Ulme) ein ebensolcher Steinhaufen sein, an dem die Querreihen zu sehen, und mehrere kleinere*). Am Strante See selbst ist auch eine Steinsetzung fast in Form eines Hauses, 24,00 Meter lang und 5,22 Meter breit, mit sehr grossen Steinen zwischen 2 Querreihen in der Mitte angefüllt. Ohnweit dieser letztern Steinsetzung befindet sich ein alter, von Jegor v. Sivers Raudenhof, Professor am Technologicum in Riga, untersuchter Begräbnissplatz, welcher insbesondere dadurch interessant ist, dass er an einer Leiche daselbst eine silberne Armspange fand, von so roher Arbeit, dass sie wahrscheinlich hier im Lande gemacht ist. Desgleichen einen massiven silbernen gegossenen Schwertknauf von höchst roher Arbeit. Von Jegor v. Sivers Raudenhof, der mich zuerst auf diese Gegend aufmerksam gemacht und vor mir seine Forschungen im Leichenfelde daselbst begonnen hat, rührt auch der Nachweis her, dass unter dem Slawka der Urkunde über die Theilung Tolowas zwischen dem Bischof Albert und dem Orden, 1224, wahrscheinlich die Gegend von Slaweek nm den Strante See zu verstehen sei.

[1]) G. Rathlef, Verhältnisse des livländischen Ordens zu den Landesbischöfen und Riga, hebt hervor, dass die Dänen jederzeit ganz Livland, im Verein mit Estland, Estland genannt haben. Es mag dies vielleicht nicht blos Folge ihrer Ansiedelungen in Reval etc, sondern vielleicht schon alter Gebrauch gewesen sein. —

*) Nachträgliche Bemerkung: Im laufenden Monat in den ersten Tagen war ich bei dem Ronneburg'schen Förster Whikschne, um mir den dortigen Steinhaufen näher anzusehen. Ein Schiffsgrab ist er nicht. Er hat nur 30 Fuss Durchmesser und bildet einen ziemlich hohen, fast kreisrunden Haufen. Genau ihn zu untersuchen, fehlte es an Zeit. Von einer Seite her hineinarbeitend, fand ich concentrische Kreise grosser Steine und die Zwischenräume mit kleinen, fast nur faustgrossen Steinen ausgefüllt; in der halben Höhe zwischen den Steinen reichliche Kohlen, calcinirte Knochen, und ein Paar Spiralringe und ein Bronce-Armband, ziemlich defect. Daher wohl ein Grab dort zu finden sein dürfte.

nach Byzanz oder ihren Kriegszügen im Lande Wagen mit sich geführt, so kann diese Arbeit nicht von einem durchziehenden Heere nach einer Schlacht ausgeführt sein, vollends da sowohl zum nächsten Seestrande wie zur Düna eine gerade Entfernung von circa 70 Werst zu rechnen ist. Gegen ein Grabdenkmal nach einer Schlacht spricht auch der Mangel an Waffen. Nimmt man aber einen Herrschersitz der Normannen in jener Gegend an, so liegt es sehr nahe zu vermuthen, dass hierher die Normannen, als sie von den Russen vertrieben wurden, sich zurückzogen, und dass von hier aus Rurik und sein Gefolge nach Russland berufen wurden, indem schwerlich die Russen über's Meer nach Scandinavien gezogen sein dürften, sich Herrscher zu holen, sie, die keinen Seehandel hatten und schwerlich von den Esten friedliche Ueberfahrt erlangt haben dürften, und dass von daher die Abhängigkeit Livland's von den russischen Theilfürsten datirt, welche die Deutschen hier vorfanden. —

Ende Juni alten Styls kam ich endlich dazu, die Untersuchung des im vorigen Jahre erwähnten Rinne-Hügels zu beginnen. Derselbe liegt dort, wo die Ufer des Burtneek-Sees so nahe zusammentreten, dass die Strömung in dem daraus hervorgehenden, den Abfluss bildenden Salisflusse deutlich hervortritt. Da der See bis nahe heran 11 Fuss Tiefe hat bei niedrigstem Wasserstande, und ohnweit des Rinne-Hügels unterhalb der Boden sich auf 5 Fuss Wassertiefe hebt, so mischen sich die sich herandrängenden, tiefer liegenden, wärmeren Wasserschichten mit den oberen und kälteren, und es friert diese Stelle nur bei sehr strenger Kälte, geht aber nach 3 bis 4 Tagen jedesmal wieder auf, so dass den ganzen Winter hindurch dort offenes Wasser vorhanden ist, und eine bequeme Gelegenheit zur Fischerei mit Reusen und Körben, aus Ruthen geflochten, sich bietet, vollends Leuten, denen die Mittel fehlen, zu solchem Zwecke Löcher durch dickes Eis zu schlagen, während auch die Fische sich dort im Winter in grösserer Menge sammeln. Auf dem rechten Ufer liegt der unbedeutende Hügel Kaulerkaln (Knochenberg), aus welchem ich vor 2 Jahren mehrere Leichen aus der Zeit der polnischen oder schwedischen Herrschaft, also zwischen 1561 und 1710, ausgrub, die dicht auf einander ohne Särge lagen, mit ein Paar Münzen, zwischen denen und um die herum die Erde schwarz gefärbt und voll von alten menschlichen und Thierknochen, alten Topfscherben und Muschelresten sich zeigte, so dass man folgern darf, dass in dem für heilig gehaltenen Ort bis in die neuere Zeit hinein immer wieder Todte (mit heidnischen Gebräuchen) beerdigt und dabei die früheren Grabstätten zerstört wurden. —

Auf dem linken Ufer liegt, ziemlich steil vom Wasser her aufsteigend, nach dem Lande zu im sanften Abfall sich weiter ausbreitend, der 2,35 Meter hohe Rinne-Hügel (auch Krewetsch? genannt), auf welchem vor etwa 40 Jahren ein Fischerhaus erbaut worden, das seit 8 Jahren abgebrannt ist, und von dem nebst zweien Nebengebäuden die Fundamente noch vorhanden sind. Von diesem Hügel war auf meine Bitte gemäss Anordnung des Besitzers, des Grafen Nicolai v. Sievers Alt-Oltenhof, ein dem Wasser zunächst liegender Streifen in diesem Jahr nicht bearbeitet und besät worden, von welchem ich einen Theil untersucht habe. Nachdem ich durch Winkelmessung und Distanz-Aufnahme diesen Landstreifen aufgemessen, bildete ich mittelst parallel gezogener Schnüre, die durch quer hinüber gezogene, an jene angebundene Schnüre verbunden und an eingerammten Pfählen befestigt waren, Quadrate von je 1 Meter Länge und 2 Meter Breite. Jeder der Arbeiter hatte ein in Centimeter eingetheiltes Messband von Wachsleinen (wie die Schneider es gebrauchen), um die Tiefe der Lage seines Fundstückes zu bestimmen, und es wurde die Erde, nachdem durch Abgraben eine senkrechte Wand gebildet war, mit kleinen Kinderschaufeln mit kurzem Stiele oder einem breiten kurzen Messer losgekratzt und durchsucht; erst, sobald ein grösseres Quantum sich angesammelt hatte, wurde es mit der grossen Schaufel hinausgeworfen. Ich selbst, mit einem grossen Korbe zum Aufnehmen der Fundstücke, sass beobachtend hinter den Arbeitern, band an jedes interessantere Fundstück einen Zettel mit fortlaufender Nummer, trug diese in das betreffende Quadrat der Karte, möglichst genau der Fundstelle entsprechend, ein, und machte nebenan auf dem Kartenrande Bemerkungen über die Tiefe, die Schichtungen etc.; später hatte ich auf einer Rolle Bindfaden aufgereihte Zettel mit fortlaufender Nummer vorbereitet, und ein Blatt mit derselben fortlaufenden Nummerreihe daneben, so dass ich nach Eintragung der Fundstelle auf der Karte die Bemerkung auf dem Blatte bei der betreffenden Zahl rasch eintragen konnte, wodurch die Arbeit sehr an Präcision und Schnelligkeit gewann. Die Arbeit wurde während der ersten 3 Tage mit 5 Arbeitern, von denen 2 schon auf allen meinen Nachgrabungen und der dritte auf mehreren derselben mich begleitet hatten, gemacht; später erhielt ich noch 4 Mann zur Hülfe, deren guten Willen und Fleiss ich nur loben kann.

Die Arbeit begann in solcher Weise von dem unteren Theile hinauf zur Mitte hin, zuerst von Westen und Nordwesten her, dann, als im Vorschreiten gegen die Mitte hin die Erträge geringer wurden, in derselben Weise von Osten her gegen die Mitte zu, dort beginnend, wo ich unter der Obererde auf die ersten Muschelschichtungen stiess. Nachdem ich in solcher Art 6½ Tage lang gearbeitet, gab ich diese Arbeitsweise mit der kleinen Schaufel auf, weil die mir zur Verfügung stehende Zeit aufhörte, ich bald wegreisen musste, und ich ein Durchwühlen von unberufenen Händen und damit den Verlust von vielleicht wichtigen Fundstücken befürchtete, insbesondere auch, weil ich den grösseren Knochen einen höheren Werth beilegte, als kleinen Artefacten und zerbrechlichen Bernsteinstückchen. Ich liess den Rest des in Angriff genommenen Hügeltheils mit der grossen Schaufel, horizontal hineingreifend, abgraben und jeden Schaufelstich in der Art, wie beim Worfeln des Getreides, breit auswerfen, wodurch bei der völligen Trockenheit des Terrains jedes grössere Stück gesehen und aufgelesen werden konnte, jedoch auch eine Menge kleinerer Sachen noch gefunden wurden. Diese Arbeit dauerte noch 1½ Tage. Die beifolgenden Photographien (Taf. XIV) zeigen die interessantesten Fundstücke:

No. 1, 2, 8, 9, 10. Harpunen.

No. 5, 19. Gerade Fischangeln und Pfeile.

No. 4, 23, 22, 21, 20, 24. Pfriemen verschiedener Grösse.

No. 7. Dreiseitige Pfeilspitze aus dem Rückenstachel eines alten Fisches gemacht, wie sie im Burtneek-See mehrfach gefunden werden.

No. 11, 12, 13. Theile eines Schmuckes, die nahe bei einander lagen und in den Bruchflächen zusammenpassen.

No. 6. Schmuck auf der Brust eines Skeletes, dessen Schädel vorhanden ist, gefunden. (No. 258).

No. 14, 15. Perlen von Knochen, nahe No. 11 etc. gefunden.

No. 16, 17. Offenbar zusammengehörig; an 17 verläuft im unteren breiteren Theile eine nach innen gekehrte schmale Rinne, die auf die Zusammenstellung dieser Stücke mit anderen deutet.

Alle diese Sachen sind von Knochen gemacht, No. 20 offenbar ein Vogelknochen.

No. 3, 25. Feuersteinstückchen, deren überhaupt nur vier gefunden sind.

No. 26. Ein zu einer Art Thierkopf verarbeiteter Knochen.

No. 27, 29. 2 Schleifsteine; auf 29 sind die Rillen sichtlich, die beim Schleifen von spitzen Gegenständen entstehen.

No. 31, 33, 34, 35. Pfeilspitzen von Knochen[1]).

No. 30. Eine Pfeilspitze, sehr hübsch von Rosenquarz gearbeitet; wohlerhalten.

No. 32. Eine Pfeilspitze aus Glimmerschiefer.

No. 44—47. Waffen von Knochen. Die Lanzenspitzen No. 44, 45, 46 haben tiefe Blutrinnen und lanzettförmig zugeschliffene Spitzen. No. 47 ist an der Spitze scharf zugeschliffen. Waffe?

Im Ganzen sind von mir eingesammelt worden:

332 Stück bearbeitete Knochen und Zähne. Von letzteren 26 und 1 Knochen zum Schmucke durchbohrt, sowie Eberhauer, zu messerartigen Instrumenten verarbeitet.

1 Hohlmeissel von Knochen.

1 Pfeilspitze von Rosenquarz.

1 Pfeilspitze von Glimmerschiefer.

1 Steinbeil ohne Schaftloch, an die Formen der Pfahlbauten erinnernd, gefunden in der Obererde beim Beginn der Muschellagerung.

12 Schleifsteine, darunter einer mit einem Loche und einer mit eingeschliffenen Rillen.

1 Mahlstein, an dem beide Seiten zum Mahlen mit der Hand im Kreise mit einem kleineren Steine gebraucht worden, wodurch die Mitte erhaben vorsteht, desgleichen mehrere abgeriebene Steine, die scheinbar zum Mahlen gebraucht worden (ziemlich in der Mitte der Muschellagerung).

12 Bernsteinstücke, darunter eines mit einem Loche.

488 Stücke zerbrochener Knochen diverser Grösse, unbearbeitet.

157 Knochen mit Gelenkflächen.

1 vollständig erhaltener grosser Thierknochen.

165 Unterkieferstücke, meist mit Zähnen, darunter 83 Stück vom Bieber, unter denen jedoch nur eines noch den Nagezahn enthält. Dann ein Vordertheil eines Unterkiefers mit langer Zahnlücke und Löchern für 8 Vorderzähne, falls jeder Vorderzahn nur eine Wurzel hat; zum Theil stammen die Unterkieferstücke von Fleischfressern, theils von Pflanzenfressern her.

5 Oberkieferstücke.

413 lose Zähne, darunter 7 Stück kurzer dicker Zähne, die aus dem Oberkiefer eines Schweines zu stammen scheinen; gerade Linie von einem Ende zum andern 5 Centimeter, vordere Breite des Zahnes 2½ Centimeter.

12 Geräthe aus Geweihstücken, darunter ein Stück eines Rehgeweihes, welches dadurch interessant wird, dass früher in Livland keine Rehe lebten, dieselben erst von Kurland her im Jahre 1831 einwanderten, und noch jetzt im nördlichsten Theile Livlands und in Estland fehlen. —

1½ Reisszähne vom Bären.

1 Stück eines Hornzapfens vom Stier, das sich auf einen Gesammtumfang von 182 Mm. berechnen lässt.

7 Stück rother Erde; dieselbe wurde in einer ziemlich in der Mitte der Höhe der Muschellagerung sich hinziehenden, schwarzbraun gefärbten Erdschicht gefunden. —

Ueber die Schichtungen geben die folgenden 6 Durchschnitte Aufschluss:

---

[1]) No. 31 lag am Schädel, dessen ich bei No. 6 erwähnte, beinahe flach an dem Schädel dache an. Neben den Füssen desselben Skelets lagen No. 32 und No 34 und ohnweit davon mehrere grosse Thierknochen.

Durchschnitt f.

Obererde mit wenig Muscheln . . 0,35
weisse kalkartige Schicht 0,02
Muscheln 0,12
schwarze Erde mit Kohlen, Schuppen
   und rother Kreide 0,01
Muscheln 0,06
Schuppen und Gräten 0,01
Muscheln 0,03
Schuppen und Gräten 0,03
Muscheln . . , ... 0,10
schwarze Erde, kohlenhaltig . . . 0,03
Schuppen und Gräten 0,04
Muscheln . . . . . . : . . . 0,08
schwarzer Untergrund. Gesammt-Tiefe
   0,85 Meter.

Durchschnitt g

Durchgrabene, mit Muscheln dicht
   durchmengte Erde, in deren Grunde
   ein Skelet lag 0,65
Asche, durchgehende Schicht . . . 0,09
Schuppen, in denen schmale Streifen
   Muscheln liegen 0,21
   zusammen 0,97 Meter.

Durchschnitt h.

Gemischte Obererde 0,15
Muscheln 0,21
braune Erde mit Muscheln . . 0,14
Kohlen, Erde, rothe Kreide . . 0,01
Muscheln 0,02
Kohlen mit Muscheln 0,06
Asche 0,09
Gräten, Schuppen 0,03
Kohlen 0,01
gemischte Kohlen und Muscheln . 0,02
Schuppen 0,01
Muscheln 0,01
Schuppen 0,03
Gräten 0,03
Muscheln 0,03
Schuppen 0,02
Muscheln 0,04
Schuppen 0,02
Muscheln 0,02
   zusammen 0,95 Meter.

Schwarze Erde mit Kohlen gemischt
darunter. Diese Schichtungen waren bis
auf den Grund durchgegraben und ein

Skelet (No. 66) auf den Untergrund gelegt, auf angebrannte Fichtenrinde und
Kohlen, gleich daneben lag in 0,58 Meter
Tiefe in der geschichteten Erde das Gelenk-
stück No. 36.

Durchschnitt i.

Obererde mit Muscheln gemischt . 0,15
Schuppen und Gräten 0,15
kalkartige weisse Schicht 0,05
rothbraune Schicht 0,05
Kalk 0,02
rothbraune Schicht, enthaltend Kohle,
   Muscheln, rothe Kreide 0,08
Muscheln mit Schuppen 0,22
Schuppen 0,03
Muscheln allein 0,08
gemischte Schicht, Muscheln, braune
   Masse (Gräten?), Schuppen und
   Gräten enthaltend 0,25
   zzusammen 1,12 Meter.
Darunter schwarzer sandiger Thon . 0,06
brauner sandiger Thon 0,13
gelbbrauner Sand.

Durchschnitt k.

Obererde 0,12
Muscheln 0,08
Kohlen 0,01
Muscheln 0,12
Schuppen, Gräten, Kohlen 0,08
Fischschuppen 0,02
Muscheln, Fischschuppen 0,04
Muscheln 0,01
Schuppen 0,02
Muscheln 0,08
Fischschuppen 0,03
   zusammen 0,67 Meter.
   Schwarzer Untergrund mit Kohlen, in
der untersten Schicht das Rehgeweih No.
277 und Fischkiefer No. 278.

Durchschnitt l.

Obererde 0,11
Schichtenweise wechselnd Muscheln
   und Erde 0,34
braune Schicht, Kohlen, Erde,
   Schuppen, wenig Muscheln und
   rothe Kreide oder Torfasche . . 0,05

graue Muscheln, nicht Unio pict., sehr
  zerbrechlich, daher ich überhaupt
  nur 2 vollständig aufheben konnte 0,18
Fischgräten , ... , ... 0,02
Muschelschicht, Unio pict., in unge-
  rührter Lage 0,26
Fischgräten mit Muscheln untermischt,
  ungerührt durchgehend 0,05

Muscheln mit schwarzer Erde vom
  Untergrunde durchmischt, durchgegraben 0,26
Darunter folgt die schwarze Erde, in
welcher das Skelet lag, über dem Kopf
und der Brust in ein Paar Centimeter
Abstand eine sehr dünne Schicht Fischschuppen und Gräten liegend.

Anmerkung. In dem Heuschlag gegenüber findet sich, wie mehrfach sonst an den See-
ufern, ein Lager Muschelmergel, aus kleinsten Schneckenhaufen bestehend. In den Grenzen des
angrenzenden Gutes Neu Ottenhof habe ich vor Jahren gehört, dass dort ein Lager rothen Ockers
sei (wohl Torfasche?), 15 Werst entfernt unter Idwen desgleichen. — Unterhalb an der Salis,
wo der Nukke-Mühlenbach einmündet, durchschneidet er ein mächtiges Mergellager.

Von Einfluss auf die Erhaltung der Gegenstände ist wesentlich der Umstand gewesen, dass der hier landesübliche Hakenpflug nur ein Pflügen von 4—6 Zoll höchstens, d. h.
von circa 10—15 Centimeter tief gestattet, falls man nicht zu der Künstelei sich verstieg,
2 Pflüge, einen hinter dem andern, in derselben Furche gehen zu lassen, die Künstelei,
die erst mit der Einführung deutscher u. a. Pflüge hie und da in den letzten 20—30 Jahren
im Kleinen stattgefunden hat, wozu jedoch bei diesem Ackerstücke keinerlei Anlass
vorlag, da es auch ohne jede Düngung noch jetzt gute Ernten giebt, wo abwechselnd
nur Erbsen und Gerste darauf gesäet werden; auch auf dem für meine Arbeit un-
beackert gebliebenen Theile hatte sich ein dichter Bestand von Disteln, untermischt
mit Gerste, vom vorjährigen Korne entwickelt, der mir bis an die Hüfte reichte,
als ich um Johanni hinkam.

Durchgängig fand ich die Süsswassermuscheln in den oberen Schichtungen viel
mehr durch Witterungseinflüsse zerstört, als in den unteren, wo sie (die Unio pictorum
meist) noch so fest waren, dass sie beim Hinauswerfen mit der Schaufel einen klin-
genden Ton von sich gaben und von jedem Schaufelstiche eine Menge vollständig
erhaltener Muscheln aufgelesen werden konnte, während ich beim Nachgraben im
vorigen Jahre nur mit Mühe einzelne einigermassen erhaltene finden konnte, die mir
meist zwischen den Fingern auseinanderfielen. Dagegen habe ich in den unteren
Schichten nichts davon bemerken können, dass Muscheln, in einander geschichtet mit
zwischengelegten Fischgräten und Schuppen, vorhanden seien, wie ich sie im vorigen
Jahre und auch jetzt auf der Mitte des Hügels in den höheren Schichten gefunden
habe. — Von grösseren Knochen habe ich nur 1 Stück auf der Oberfläche freiliegend
gefunden. Es mögen aber viele weggebracht sein, da auch hier der Knochenhandel
begonnen hat, und mir schon vor circa 25 Jahren erzählt wurde, dass sich dort viel
Knochen fänden. — Von menschlichen Skeletten, die im schwarzen Untergrund unter
regelmässiger Schichtung mehr als einen Meter tief lagen, fand ich drei, nehmlich eines
in 1,27 Meter Tiefe, bei dessen Losarbeitung ein unmittelbar aufliegender Schädel
und mehrere Knochen zerstört wurden; das dritte hatte einen zerquetschten Schädel
und zerfallende Knochen. Dann fand ich in 0,74 Meter Tiefe ein Skelet, von dem
ich den Schädel wohlerhalten besitze, unter regelmässiger Schichtung; ich that desselben bei den Pfeilspitzen Erwähnung.

Offenbar aus einer sehr viel späteren Zeit und leicht von den unter geschichteter
Erde liegenden Skeletten unterscheidbar durch die über ihnen befindliche Schicht
durchgrabener Lagen, wo die zerbrochenen, gleichmässig vertheilten Muschelstücke
der aufliegenden Erde ein gleichmässiges Aussehen ertheilten, befand sich eine
Menge Skelette, von denen ich 24 Schädel, meist wohlerhalten, herausgenommne

habe. Bei jedem derselben befand sich ein Messer, meist an der Hüfte, bei einigen Münzen, die auf die Ordenszeit und auf die polnische, wie schwedische Herrschaft hinweisen, und ein Paar einfache Brustschnallen. Die meisten lagen in einer Tiefe von 30—60 Centimeter, eines davon hatte eine Menge Kauris in der Halsgegend und eines war bis auf den Untergrund hineingelegt auf eine Schicht von Kohlen und von Fichtenrinde.

Wie das Special-Verzeichniss der Fundstücke ausweiset, sind die meisten feiner gearbeiteten Sachen in mittlerer Tiefe von 25—60 Ctm. gefunden worden, zusammen mit den meisten Bernsteinstückchen, die sich auf einen ziemlich kleinen Umkreis concentrirten. —

Insbesondere in die Augen springend war auch die scharfe Absonderung der verschiedenen Schichten, die auch nicht gleichmässig im Detail durch den ganzen Hügel verlaufen; daher dem Beschauer sich als Gesammtresultat der Eindruck aufdrängt, dass hier ein bis in weit entfernte Zeiten zurückweisender Wohnsitz von Menschen gefunden und von mir durchforscht ist. Menschen, die nicht bloss kein Metall besassen, sondern auch noch keine Steinwaffen, die nomadisirend von Fischen, Muscheln und Wild lebten, das zu erlegen ihnen die Keule, der Speer und der Pfeil mit Knochenspitze, die sie mühsam durch Spalten der Knochen und Abschleifen auf Steinen herstellten, sowie der Wurfpfeil mit Harpunenspitze und die Knochenangel dienten. Auf Kleidung aus Fellen deutet die grosse Menge von pfriemenförmigen Knochen verschiedenster Grösse. Dass sie nomadisirten, beweist die scharfe Abgrenzung der diversen Schichten und das Vorkommen von Bernstein in den tiefsten Schichten, wenngleich er am meisten in den mittleren vertreten ist, dort auch ein Stück mit einem Loche vorkam. Mit der steigenden Culturentwickelung treten Schmucksachen auf, erst eine blattförmige Figur, eine vogelförmige, dann ein einem geschlungenen Bande nachgeahmter Schmuck von Knochen. Erst jetzt und mit diesen findet sich eine Pfeilspitze von Rosenquarz, ein wahres Kunstwerk der grössten Geschicklichkeit und Ausdauer, wenn man die Sprödigkeit des Materials, die Mangelhaftigkeit der Werkzeuge berücksichtigt. Mit diesen Erzeugnissen höchsten Kunstfleisses findet sich auch das Stück durchbohrter Bernstein; in gleicher Höhe zwei Skelette, deren einem zwei Knochen und ein Steinpfeil aus Glimmerschiefer mitgegeben sind. Erste Andeutung des Begriffs eines Fortlebens der Seele nach dem Tode. In noch höheren Schichten endlich finden sich mehrere Muscheln, in einander geschachtelt und mit zwischenliegenden kleinen Fischschuppen und Gräten, Anzeichen der Anbetung eines höchsten Wesens durch Opferdarbringung. Mit dem Eintritte höherer Cultur, dem Anbau von Culturgewächsen, auf welche der Mahlstein deutet, also von Cerealien, verlor der Hügel mehr und mehr seine Bedeutung als Ernährungsstätte in Zeiten des Mangels durch den Fischreichthum des Sees; Ansiedelungen dehnten sich in der fruchtbaren Umgegend aus, wie das Vorkommen der Steinbeile[1]) und die Werkstätte der Feuersteingeräthe am Seeufer beweisen. — Dagegen erhielt der Ort der ältesten Ansiedelung, die Begräbnissstätte vielleicht hervorragender Persönlichkeiten den Werth eines heiligen Ortes, einer vielleicht an bestimmte Zeiträume sich anschliessenden Versammlung des Stammes zu Cultuszwecken, welche die Erinnerung an jene ersten Culturzustände in Darbringung der damaligen Nahrungsmittel von Muscheln und Fischen sich wohl unbewusst forthielten. — Dieser den Ort mit einem Nimbus der Heiligkeit umgebende Cultus führte endlich in den Zeiten des ersten Christenthums zu heimlichen vielfachen Beerdigungen mit

---

[1]) In Ostrominsky zwei, darunter eines ohne Loch, in Ahlershof ein Steinbeil, vide Grewingk, Steinalter der Ostseeprovinzen, 1865. Fig. 1 und 16.

heidnischen Gebräuchen. — Die Neuzeit hat die Erinnerungen verwischt. Sagen knüpften sich nicht an den Ort; wenigstens ist es mir nicht gelungen, deren zu ermitteln. Auch das Gedächtniss an die Beerdigungen war geschwunden. Die Leute wunderten sich über die Menge der Skelette, die aufgedeckt wurden, und meinten, die gefundenen Thierknochen stammten wahrscheinlich vom dort verscharrten Aase her. —

Von Neuhall aus, wo ich während der Arbeit im Rinne-Hügel wohnte, machte ich auch einen Ausflug zu der Teufelshöhle bei Salisburg (Wellapagaba, nicht Wellaklepis, welches der Name eines Steinhaufens bei Schloss Pürkeln ist). — Da der, der Höhle vorliegende Grund nebst der sich von dort zur Salis hinziehenden Einsenkung auf mich den Eindruck machten, dass sie früher, in Folge der Erosion durch die darunter fortfliessende und unterhalb der Höhle hervorbrechende Quelle eingestürzte alte Theile der Höhle seien, so bohrte ich mit einem Erdbohrer an 2 Stellen hinein. An der untern Stelle, näher dem Heuschlage zu, der zwischen dem Flusse und dem Berge die Niederung einnimmt und einem alten Wasserlaufe seine Existenz zu verdanken scheint, stiess ich in 1½ Meter Tiefe auf Kohlen und braungefärbten Sand. Bei dem höheren Loche kam ich in der Tiefe von 2,30 Meter desgleichen auf Kohlen und braungefärbten Sand, so dass auch dort die Hoffnung geboten scheint, bei weiterer Nachforschung auf Spuren menschlichen Thuns und Lebens zu stossen. —

Hr. Virchow bemerkt dazu, dass er gleichzeitig von dem Hrn. Grafen Sievers eine Einladung erhalten habe, selbst die Fundstellen mit ihm zu untersuchen. Da jedoch diese Einladung ihn erst am Starnberger See erreicht habe, so sei er genöthigt gewesen, trotz seiner Bereitwilligkeit abzulehnen. Darauf sei ihm d. d. 29. Sept./11. Oct. ein weiterer Bericht des Grafen Sievers zugegangen über Untersuchungen desselben

am Rinnehügel und am Opferhügel von Strante.
(Hierzu Tafel XIII. B. Fig. a—h).

Vor 4 Tagen bin ich erst von der, 14 Tage dauernden, Fahrt nach Wilsenhof und zum Rinnehügel zurückgekehrt. Das Wetter war so schlecht, fast beständiger Sturm und Regen, dass ich von diesen 14 Tagen nur 5 zu den Ausgrabungen verwenden konnte. Ausserdem hatte ich die Leistungsfähigkeit meiner Leute überschätzt. Ich habe in diesen 5 Tagen nur die Fundamente der beiden kleinen Gebäude zunächst den Weidenbäumen ausheben und die umliegende und zwischen den Steinen liegende Erde untersuchen können: ich fand dort mehrere interessante Artefacte, Harpunen, Messer aus Eberhauern, Feuerstein-Pfeilspitzen, falzbeinartige Nadeln, darunter die eine 90 Mm. lang, 12 Mm. breit, 2 Mm. dick, mit einem Loch 24 Mm. von der Spitze, Lochlänge 3½ Mm.; die andere 155 Mm. lang, 18 Mm. breit, 2½ Mm. dick, vollständig erhalten, mit einem Knopfe am breiten Ende, hatte in der Mitte, etwa da, wo man, die Nadel in der Hand haltend, die Spitze nach vorn, mit dem Daumen drücken konnte, mit einer Menge theils quer hinüberlaufender, theils nur an den Kanten beginnender schmaler Rillen, die durch anhaltendes Scheuern eines Fadens zu entstehen pflegen, so dass ich dieses Instrument für eine Netzstricker-Nadel halte. Dann fand ich auf dem Untergrunde unter ungerührten Schichten ein durchbohrtes Stück Bernstein, so dass ich wenigstens das sehr beschränken muss, was ich über den niedrigen Culturzustand der ersten Anwohner dieses Erdfleckes gesagt habe.

Endlich fand ich ein zweites weibliches Skelet, fast vollständig bis auf die kleinsten Fingerknochen, nur der Schädel zersprungen, der jedoch so vollständig wie möglich herausgehoben wurde, und der mit dem ganzen Skelet, jeder Theil mehrfach in Papier eingewickelt, der Expedition harrt. Die Lage ist genau südwestlich von dem Weidenbaum 9,34 Meter entfernt, der Kopf nach Nordost, Füsse Südwest. Gesammtlänge inclusive der ausgestreckten Füsse von den Zehenenden an bis zum Rückgratende gemessen 1, 31 Meter. Bei diesem Skelet lag auf den Beckenknochen, wo das freie Rückgrat aufhört, ein Klumpen Fischschuppen und Gräten, die rechte Hand war darüber gelegt. Ein Theil dieser Fischschuppen ist gesondert herausgenommen und eingepackt. Der Rest haftet den Knochen an.

Vor der Fahrt nach Wilsenhof musste ich noch auf einen Tag nach Strante in Ronneburg, in der Nähe des Grabes mit Steinsetzung in Schiffsform (normännisch?), fahren, weil dort in einem Leichenfelde am See 2 Gräber mit reichem Schmucke geöffnet worden waren. Die Fundstücke (Taf. XIII B. Fig. a—h) habe ich ziemlich vollständig ankaufen können, weil die Juden, die mit den Bronzesachen schlechte Geschäfte gemacht hatten, mir keine Concurrenz mehr bereiteten. Sehr wichtig war mir dieser Fund, weil an der einen Leiche 4 silberne Münzen als Schmuck gefunden wurden, von denen eine deutlich ein Ethelred, die zweite wahrscheinlich dasselbe, die dritte ein Bracteat ist. Bei der zweiten Leiche, die in derselben Aschenschicht mit der ersten zwischen den Resten eines Trogsarges lag, fand sich ein reicher emaillirter Schmuck von Bronze, darunter 5 Kreuzchen, in ihrer Form den griechischen Kreuzen

Fig. 1.

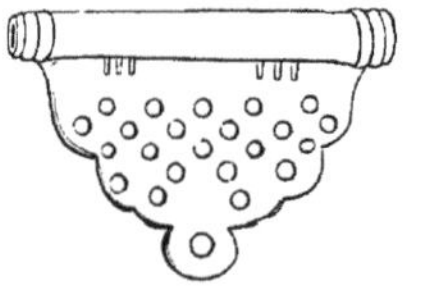

Fig. 1. grün emaillirt, glatt, die Löcher durchgeschlagen. Durch das Rohr läuft ein Loch.

Fig. 2.

Fig 2. Hellgrün emaillirt, die Löcher und das Mittelkreuz durchgeschlagen.

Fig. 3.

Fig. 3. Am Kreuz die Kisten minder schwarz. Die Kisten scheinen verschiedenfarbig ausgefüllt gewesen zu sein, wie nach der theilweise erhaltenen Füllung anzunehmen.

sich nähernd, bei denen nicht blos die Kästchen mit Email-Masse ausgefüllt, sondern die vorstehenden Kistenränder ebenfalls mit andersgefärbtem Email, gleich andern Theilen des Schmuckes, überzogen waren. Dadurch bin ich erst mittels Vergleichung dazu gekommen zu erkennen, dass die 2 Armbänder des Schiffsgrabes, von denen eines unter No. 99 photographirt ist, ebenfalls mit hellgrünem Email, nicht mit feiner Patina, überzogen sind, und dass ein Halsring in Schlangenköpfe ausläuft. — An beiden Leichen fand ich Fibeln, die mit den im Schiffsgrabe, wie in dem Strante Opferberge gefundenen identisch sind. Auch Jegor von Sivers-Raudenhof hat in einem, ohnweit des Strante Opferberges gelegenen, mit Steinen überdeckten Grabe ebenfalls eine dergleichen Fibel gefunden. So ist diese im vorigen Jahre von mir zuerst gefundene Fibelform jetzt schon in einer Menge von Exemplaren und von verschiedenen Stellen vorhanden, und damit die Zusammengehörigkeit dieser Fundstätten nachgewiesen.

Weitere Beläge für eine langandauernde herrschende Anwesenheit der Normannen hieselbst traten jetzt noch hinzu, wo ich kaum erst auf Grund des Schiffsgrabes diese Hypothese aufgestellt habe. Der Runenstein bei Ohlershof, ohnweit des Burtneek Sees, ist jetzt von einem Gelehrten in Christiania entziffert. Desgleichen hat ein Dr. W e s k e, von Geburt ein Este, Lector der estnischen Sprache in Dorpat, während seiner Sommerreisen einen alten estnischen, dem finnischen nahe verwandten Dialect gefunden, dem gegen 300 altgothische Worte beigemengt sind. Desgleichen hat er eine alte Colonie katholischer Esten im Witepskyschen entdeckt, deren alte unvermischte Sprache eine Menge altgothischer Worte enthält.

Noch muss ich etwas, die beiden Gräber am Strante See Betreffendes nachholen. An der einen Leiche fanden sich an der Stelle des Oberkörpers Reste einer ausnehmend reichen Kleidung aus einem dicken geköperten Wollenstoff mit reicher zackenförmiger Einfassung von Bronzeringen an den Kanten, während das ganze Zeug mit Sternchen aus flachen Bronzeringen besetzt ist. Dabei sind mehrfarbig garnirte Borden und Bänder, Frangen u. s. w. erhalten. Dieses Kleidungsstück muss mit einem Bärenpelz überdeckt gewesen sein, weil es mit Bärenhaaren, bei denen das Wollhaar nach aussen lag, bedeckt war. Dazwischen lag eine Menge Preisselbeerenblätter. Auffallender Weise sind von den Knochen nur pergamentartige Partikeln erhalten. Bei der zweiten Leiche war der Schädel erhalten, der aber bei einer Prügelei, die unter den Findern (4 Knaben von 12—16 Jahren, die mir früher bei meinen Arbeiten geholfen hatten) im Grabe sich über den Besitz der Sachen entwickelt hatte, zertrümmert und so im Grabe gelassen wurde.

(15) Es erfolgt die Vorstellung der von Hrn. Karl Hagenbeck nach Berlin gebrachten

Lappen.

Hr. Virchow bemerkt dazu Folgendes:

Die Leute sind aus dem schwedischen Lappland, von Karesuando. Der Ort liegt zwischen 68—69° nördl. Breite in 40° östl. Länge an der Köngämä Elf, einem nördlichen Zuflusse der Torne Elf, in Enontekis, dem äussersten Bezirke des schwedischen Lapplands, da wo sich eine Spitze des russischen Lapplands tief nach Westen hinein erstreckt und wo Russland nahezu einen der Fjorde der Westküste (Alten und Lyngen Fjord) erreicht. Sie gehören demnach einem viel mehr nördlichen Bezirke an, als die in den Sitzungen vom 16. Januar und 20. Februar vorgestellten und besprochenen Lappen von Malå.

Es sind im Ganzen 6 Individuen, die zwei Familien angehören, nehmlich Rasmus Petersen mit seiner Frau Ella Maria Josefsen und zwei, noch ganz kleinen Kindern (2½ Jahr und 5 Monate), von denen eines noch an der Mutterbrust ist, sowie Lars Nilsson mit seinem erwachsenen Sohne Jacob Larsson. Die physischen Merkmale der Erwachsenen werden in nachstehender Tabelle übersichtlich hervortreten:

	Alter.	Augen.	Farbe. Haare.	Haut.	Körperlänge.	Armlänge rechts.	Beinlänge rechts.	Grösste Kopflänge.	Grösste Kopfbreite.	Scheitelhöhe am Ohrloch.	Jochbogenbreite.	Gesichts (Wangen) Breite.	Gesichtshöhe.	Nasenhöhe.	Untere Nasenbreite.
					Centm.					Millm.					
Lars Nilsson	56	lichtbraun mit bläul. Schimmer	dunkelbraun	bräunlich	153	64,0	82,5	195	160	118	151	127	105	46,8	37
Jacob Larsson	18	lichtbraun	braun mit gelbl. Glanz	leicht bräunlich	161	66,5	80,5	189	166	116	147	117	111	45	33
Rasmus Petersen	37	hellbraun	schwärzlich	bräunlich	153	64,5	77,5	178,5	156	122	141	119	104	48	33
Ella Maria Josefsen	34	dunkelbraun	dunkelbraun	bräunlich	139	54,5	80	180	151	113	131	115	95	52	37

Ich will zunächst darauf aufmerksam machen, dass auch diese Leute keineswegs durchgehends jene dunklen Farben darbieten, wie man sie in Büchern von den Lappen beschrieben findet, dass namentlich der jüngere Mann braunes Haar hat, welches sehr ins Lichte geht und dass das kleinste Kind vollständig blond ist. Was die Farbe der Augen betrifft, so ist diese allerdings durchgehends braun, indessen sehen Sie, dass Lars Nilsson und sein Sohn mehr lichtbraune Augen haben, deren Farbe schon bläuliche Nuancen darbietet; bei dem Vater steht die Farbe auf der Grenze zwischen blau und braun. Bei den Kindern sind die Augen verhältnissmässig dunkelbraun; ihre Augenfarbe erscheint um so mehr dunkel, als ihre Hautfarbe durchscheinend weiss ist. Bei den Erwachsenen ist die Haut durchweg bräunlich und zugleich faltig.

Was die Grösse betrifft, so gehören sie sämmtlich, namentlich die Frau, zu den kleinen Leuten. Nur Jacob Larsson erreicht mit 1,61 Meter nahezu das europäische Mittelmaass. In Bezug auf die Gesichtsbildung lässt sich nicht verkennen, dass das Gesicht der Frau durch seine Breite und Niedrigkeit an mongolische Formen erinnert. Bei den Männern ist dies aber gar nicht der Fall, namentlich zeigt sich im Bau der Augen nicht jene Schlitzäugigkeit, welche die mongolische Rasse in Asien charakterisirt. Besonders bei den Kindern ist es auffallend, wie gross und offen ihre Augen sind und wie sehr sie den Eindruck einer runden und entschieden europäischen Gestaltung darbieten. Das kann man also auch hier constatiren, dass die Beziehungen der Lappen zu den Mongolen cum grano salis aufzunehmen sind und dass viel dazu gehören wird, ehe man sich überzeugt, dass die Verwandtschaft eine so nahe ist, wie sie von Manchen als unzweifelhaft angenommen wird.

In Bezug auf weitere Einzelheiten will ich mich möglichst auf Zahlen beschränken. Es ergeben sich für die Erwachsenen folgende Indices:

	Lars Nilsson.	Jacob Larsson.	Rasmus Petersen.	Ella Maria Josefsen.
Breitenindex des Schädels	82,0	87,8	87,3	83,8
Ohrhöhenindex	60,5	61,3	68,3	62,7
Nasenindex	79,0	73,3	68,7	71,1
Gesichtsnasenindex	44,5	40,5	46,1	54,7
Gesichtsbreitenindex	69,5	75,5	73,7	72,5

Diese Verhältnisse stimmen im Ganzen mit dem, was ich in der Sitzung vom 20. Februar über die Leute von Malå mitgetheilt habe, ziemlich gut überein. Nur in der Höhe des Schädels fand sich damals in der Mehrzahl ein höheres Maass: das gegenwärtige dürfte vielleicht dem herrschenden Typus mehr entsprechen. Nächstdem variiren am meisten die Verhältnisse der Nase: obwohl durchweg niedrig, sind ihre Beziehungen zum Gesicht und dem entsprechend ihre Formen recht verschieden. Nur bei der Frau ist der Rücken stärker eingebogen und die Nase leicht aufgeworfen. Immerhin dominiren auch hier überall die Breitenverhältnisse.

Zur Vergleichung der Körperverhältnisse entnehme ich der Kürze wegen einige Vergleichungszahlen aus Krause (Handbuch der menschl. Anatomie, Hann. 1841 I. S. 225). Seine in Zollen gegebenen Maasse bei Europäern betragen in Millimetern:

	Mann.	Frau.
die Höhe des Körpers	1670	1565
die Länge des ganzen Armes	76,5	69,5
„ „ „ „ Beines	89	76

Daraus berechnet sich das Verhältniss von

	Mann.	Frau.
Arm : Bein (= 100)	85,9	91,4
Arm : Körper (= 100)	4,5	4,4
Bein : Körper (= 100)	5,3	4,8

Für die Lappen erhalte ich folgende Verhältnisse:

	Lars Nilsson.	Jacob Larsson	Rasmus Petersen.	Ella Maria Josefsen.
Arm : Bein	77,5	82,6	83,2	68,1
Arm : Körper	4,1	4,1	4,2	4,7
Bein : Körper	5,3	5,0	5,0	6,9

Hieraus folgt, was auch schon der äussere Augenschein lehrt, dass die Extremitäten verhältnissmässig kurz sind, namentlich bei den Männern. Ganz besonders und ganz durchgehends ist dies der Fall bei den Oberextremitäten (Schulter bis Spitze des Mittelfingers), welche bei den Männern im Mittel nur 81,1 pCt. von der Länge der Unterextremitäten (Trochanter bis Ferse), bei der Frau sogar nur 68,1 pCt. ausmachen. Es erinnert das wiederum an rachitische Verhältnisse, obwohl ich eigentliche Verkrümmungen der Röhrenknochen an den Leuten nicht bemerkt habe.

Die äussere Erscheinung oder sagen wir lieber, das Costüm dieser Leute unterscheidet sich von demjenigen der Lappen von Malå, die früher hier waren, nicht unwesentlich, aber nach Allem, was ich weiss, entspricht diese Bekleidung mehr derjenigen, welche in der grössten Ausdehnung in den zugänglichen Theilen des lappischen Gebietes gesehen wird. Ich selbst habe früher nur in Bergen (Norwegen) einmal Gelegenheit gehabt, einen lebenden Lappen zu sehen, aber ich habe mich nachher vielfach in der Literatur umgethan und zahlreiche Abbildungen verglichen. Sie geben alle dieses Costüm als das gewöhnliche an; namentlich entspricht die Kopfbedeckung viel mehr demjenigen, was als gebräuchliche lappische Mode erscheint, als die der früher hier vorgeführten Lappen. Eins will ich dabei hervorheben, was mir besonders bemerkenswerth erscheint, das ist unter dem wenigen Schmuck, den sie an sich haben, die Silberspange, welche die Frau (ausser einem breiten silbernen Fingerring) am Wamse trägt. Sie entspricht demjenigen Typus, der nach meinen Erkundigungen in Finland die weiteste Verbreitung unter der finnischen und lappischen Bevölkerung hat.

Ich hatte, um archäologische Beziehungen zwischen den Lappen und andern

15*

modernen oder prähistorischen Stämmen zu finden, bei meinem Besuch in Finland meine besondere Aufmerksamkeit dahin gerichtet, ob nicht Schmuck getragen wird, der irgend eine Verwandtschaft mit demjenigen Schmuck hat, den man in Gräbern findet. Ich habe aber gesehen, dass davon eigentlich nichts vorhanden ist. Das einzige Schmuckstück, welches sich zugleich in weitester Verbreitung vorfindet, ist diese Art Spange (wenn ich nicht irre, saljo genannt). In Finland trägt fast jede wohlsituirte Bauersfrau eine Silberspange vor der Brust und zwar zum Theil in sehr bedeutenden Dimensionen, so dass einzelne Stücke bis zu 14 Rthlr. im Werth haben. In der Regel sind es grosse, flachgewölbte, runde Scheiben mit sehr einfacher, mehr linearer Verzierung. Diese durchbrochene Form habe ich nicht gesehen, aber sie gehört doch ihrer Gestalt nach in dieselbe Ordnung. Es ist dies, wie es scheint, in der That ein national finnischer Schmuck, aber in der Besonderheit, wie er jetzt getragen wird, dürfte er kaum in den Alterthumsfunden jener Gegenden vorkommen. Auch im südlichen Schweden findet sich nichts in der Weise, so zahlreich dort, namentlich in Schonen, von den Frauen Schmucksachen getragen werden.

Ich constatire endlich, dass das sogenannte lappische Ohr, welches durch den Mangel eines abgesetzten Ohrläppchens charakterisirt sein soll, sich bei keinem dieser Leute in ausgesprochenem Maasse findet. —

(16) Im Anschluss an die Vorstellung der Lappen legt Hr. Virchow einen kürzlich an ihn gelangten, von Savitaipal, südwestlich am Saima-See, unter dem 13. August abgesendeten Brief des Hrn. Dr. Europaeus vor, betreffend

die Verbreitung der Finnen in älterer Zeit und die russischen Lappen.

Ich habe die Ehre, Ihnen hierbei ein Exemplar meiner bis jetzt nur russisch herausgekommenen Abhandlung: Ueber das ugrische (ostjakisch-wogulisch-ungarische) Volk im mittleren und nördlichen Russland, Finland und dem nördlichen Theile Skandinaviens bis zu der Ankunft der jetzigen Einwohner zu übersenden. Das mit blau bezeichnete Feld auf der ersten Karte ist nach Tausenden von zusammengesetzten Ortsnamen und nach historischen, antiquarischen und, so weit geforscht worden ist, auch nach craniologischen Forschungen (nach Kurganenschädeln) als alt-ugrisch bestimmt worden. Das mit roth bezeichnete in der Umgegend vom Ladoga- und Onega See ist aus ähnlichen Gründen die Urheimath der Finnen und Esten gewesen, und diese Gegend ist zugleich, wie abgeschnitten, ohne alle Spuren von ugrischen Ortsnamen, zusammengesetzten und nichtzusammengesetzten. Die Verbreitung der Nord- und Ostfinnen und der Südwestfinnen und Esten ist auf der Karte anschaulich gemacht. Alle nord- und ostfinnischen Dialektvariationen sind unter dem Karelischen subordinirt, einer älteren Dialektverzweigung von dem Onegaseeischen und Tichwinschen, Tschudischen oder Wepsischen (Wepsän kieli), von welchem das Südwestfinnische und Estnische unmittelbare, spätere Verzweigungen sind, das letztere schon von Anfang an halb karelisirt und wohl älteren Ursprungs, als das südwestfinnische oder tawastländische, auch Jämisch genannt, nach dem Russischen, aus dem finnischen Hämehen maa (Land) l. kansa (Volk) l. kieli (Sprache).

Die Dialektgrenze zwischen dem Nord- und Ostfinnischen und dem Südwestfinnischen ist von Hrn. A. Warelius im XIII. Band der Beiträge zur Kenntniss des russischen Reiches, von Baer und Helmersen 1849, in einem längeren Artikel beschrieben und mit Karte beleuchtet. Nur näher an dem Bottenmeerbusen ist die Grenze bis zu dem Kirchspiele Lochteå, finnisch oder eigentlich alt-ugrisch Lochtaja (Lochta-joga = Buchtfluss), weiter hinaufzurücken. Die Abhandlnng von

Warelius ist deutsch geschrieben. In Uebereinstimmung mit derselben habe ich auf der ersten Karte diese Grenze gezogen. Die jetzige Völkergrenze zwischen den Finnen und Schweden ist mit dem rothen Strich zunächst westlich von dem Torneå Flusse, finnisch Tornio (eigentlich alt-ugrisch Torn-joga = Grasfluss), bezeichnet. Der zweite Strich westlicher ist die alte Grenze für die Verbreitung der Finnen, nach den entferntesten, echt finnischen, zusammengesetzten Ortsnamen. Die überwiegende Anzahl der finnischen Ortsnamen schliesst jedoch schon mit der Umgebung des Kalix-Flusses, finnisch Kainuun joki. Nach diesem Flussnamen heissen die Finnen um den mittlern Lauf des Kalix-Flusses und auch die schon sweticirten am unteren Lauf Kainuulainen, plur. Kainuulaiset, woher die Normannen und die isländischen Sagen die Finnen Quänen nennen. Der Name Finn bedeutet im Norwegischen und in den isländischen Sagen eigentlich Lappe, nicht aus Loppu herzuleiten. Aus dem lappischen Kalas-joga ist schwedisch Kalix-elf entstanden.

Die russischen Lappen, nördlich von dem Weissen Meere, hatte ich Gelegenheit 1857—58 zu besuchen und zu studiren. Sie sind ohne Ausnahme schwarzhaarig, obgleich nicht so schwarz, wie die Zigeuner, und reichen einem gewöhnlichen Manne bis zur Achsel.

Das nördlichste Dorf im russischen Karelien, Tuntsa, nicht weit von der finnischen Grenze, etwas nördlich von dem Polarkreis und Pääjärvi, war nach der Erzählung eines von dort gebürtigen Mannes vor zwei und zum Theil vor einem Mannesalter noch lappisch. Jetzt aber, nachdem das Volk ansässig und ackerbautreibend geworden und also mit kräftigerer Kost versehen ist, sind sie, so viele ich von ihnen (drei Mann) selbst sah und nachfragte, jetzt bis zu gewöhnlicher Manneshöhe herangewachsen. Nur das schwarze Haar hatte sich bei allen drei gut erhalten. Ein geborner Lappe, welcher in dem Pastorshause der nördlichsten Lappengemeinde Finnlands, Utsjoki, aufgewachsen und dadurch veranlasst wurde, neben dem Finnischen und Lappischen auch Schwedisch und Norwegisch durch Bücher zu studiren, hielt sich vor einigen Jahren, um seine Studien an der Universität fortzusetzen, in Helsingfors auf. Auch er ist schwarzhaarig und erzählte mir, dass auch in seiner Heimath diese Farbe des Haares durchschnittlich bei den Lappen vorkommt. Auch er ist, vielleicht weil er beim Pastor in wachsenden Jahren kräftige Kost bekam, beinahe von gewöhnlicher Manneslänge. Er hat seit drei Jahren jetzt Anstellung als Canalaufseher und Kassirer beim Canal zwischen dem Südende des Paijänne-Sees (altugrisch, nach dem Biegungsstamm Paijän-teh = Donner-See) und Wesijärvi. Die Frau eines meiner Vettern, welche in der Gegend der Mordwinen — die roth bezeichnete Gegend im SO. — aufgewachsen ist und gewohnt hat, erzählte mir, dass die Mordwinen dagegen meistentheils ganz lichthaarig sind. Das Mordwinische ist auch dem Finnischen von allen finnisch-ungarischen Sprachen in jeder Hinsicht am nächsten verwandt. Meine finnisch-ungarischen Zahlwörtertabellen sind, glaube ich, bei Calvary & Co. noch zu haben.

Ich hoffe, Sie haben von Hrn. Dr. Hjelt die craniologische Tabelle des Hrn. Dr. Iwanofsky über die von mir auf dem blauen Felde von der Stadt Bjeshetzk im Twerschen Gouv. nach Tichwin zu aufgegrabenen Kurganenschädel schon bekommen. Hierbei folgt die Photographie des am meisten dolichocephalen unter ihnen. Nach einem Briefe von Hrn. Akademiker Hrn. v. Baer sind die Wogulen und Ostjaken noch jetzt sehr entschieden dolichocephal. —

Hr. Virchow macht besonders darauf aufmerksam, dass die von Hrn. Europaeus mitgetheilte Thatsache über die russischen Lappen stark für die schon seit längerer Zeit von ihm vertheidigte Ansicht spricht, dass die physische Beschaffenheit der Lappen durch Klima und schlechte Nahrung seit Jahrtausenden verschlechtert und der Stamm im Ganzen als ein verkümmerter anzusehen sei. —

(17) Hr. **Hartmann** spricht über den

Anthropoiden-Affen Mafuca des zoologischen Gartens zu Dresden.

Einer unbestimmten Angabe nach soll bereits vor fast zwei Jahren der londoner Thierhändler Mr. R i c e das von dem verstorbenen Kaufmann J e h n aus Loango mitgebrachte, aus dem Waldlande Mayombe stammende Thier für einen Gorilla gehalten und dem zeitigen Director des dresdener zoologischen Gartens, Hrn. A l w i n S c h o e p f, dafür eine erhebliche, die Ankaufssumme weit übersteigende Geldmenge geboten haben. S c h o e p f, ein ausgezeichneter Thierpfleger, behielt jedoch Mafuca nnd sprach sich über die Eigenthümlichkeiten dieses Geschöpfes im „zoologischen Garten", Jahrgang 1874, S. 91 in sehr anregender Weise aus. Im Juni dieses Jahres forderte der rühmlichst bekannte Thierhändler und Thierkenner, Hr. K. H a g e n b e c k, den Vortragenden auf, das auch von ihm für einen Gorilla gehaltene Thier persönlich in Augenschein zu nehmen und die Stellung desselben im System zu beurtheilen. Zunächst begab sich nun, nach vorheriger genauer Informirung über den Bau der anthropoiden Affen, Hr. Dr. C a r l N i s s l e, nach Dresden und kehrte nach mehrtägigem Aufenthalte daselbst, mit der Nachricht zurück, dasselbe sei unzweifelhaft ein noch nicht ausgewachsener, weiblicher Gorilla. Auch der Vortragende gewann später aus eigener Anschauung d i e s e l b e Ueberzeugung. Dr. Brehm soll sich in gleicher Weise ausgesprochen haben.

Die Sache nahm nunmehr ihren Weg in die öffentlichen Blätter, fand aber viele Gegner. Zuerst wandte sich Hr. Dr. B o l a u, Director des zoologischen Gartens zu Hamburg, dagegen, indem er Mafuca für einen ganz gewöhnlichen, nur ausgewachsenen und schön entwickelten Chimpanse (Troglodytes niger) erklärte. Hr. Dr. A. B. M e y e r, Director des Hofnaturalienkabinetes zu Dresden, sprach sich in einem offenen Briefe an Director S c h o e p f in ähnlichem Sinne aus. Sprecher unterzog nun zunächst die von Hrn. B o l a u beliebte Deduktion einer scharfen Kritik. Er schloss mit der Versicherung, dass er gern Anderen den Anspruch auf die Priorität der Klarlegung der eigentlichen Natur Mafucas überlasse. Die ganze Angelegenheit habe für ihn nur ein r e i n s a c h l i c h e s, durchaus nicht ein p e r s ö n l i c h e s Interesse.

(18) Angekauft für die Bibliothek der Gesellschaft:
S c h u l t h e i s s: Kurze Uebersicht und Nachricht von den in der Wollmirstädter Gegend gefundenen Alterthümern, nebst Atlas, Photographien enthaltend.

(19) Geschenke:
1) S c h w e i n f u r t h: Artes Africanae, 4.
2) F. O h l e n s c h l a e g e r: Verzeichniss der Fundorte zur praehistorischen Karte Bayerns. Mänchen 1875.
3) E. M o r s e l l i: Sul peso del cranio e della mandibola in rapporto del sesso, Firenze 1875.
4) Derselbe: Sullo Scafocefalismo.
5) Derselbe: Il suicidio nei delinquenti.
6) K r o e n i g: Das Dasein Gottes, Berlin 1874.

Vorsitzender Hr. **Virchow.**

(1) Hr. **Caesar Godeffroy** zu Hambnrg ist zum Ehrenmitgliede der Gesellschaft ernannt worden in Anbetracht der grossen Verdienste, welche er sich um die deutsche Anthropologie durch die umfangreichen und höchst kostbaren Erforschungen Polynesiens und Australiens erworben hat.

Zu correspondirenden Mitgliedern werden ernannt:

General **Cunningham**,
Colonel **Edward Tuite Dalton** zu Chotia Nagpore ⎰ Ostindien.

Als ordentliche Mitglieder werden angezeigt:

Hr. Geh. Commerzienrath **Ravené**,
  „ Kaufmann **Eschwege** zu Berlin,
  „ Hofspediteur **Ernst Arheidt** zu Carlsruhe.

(2) Die Wittwe des verstorbenen Dr. **Bleek**, Capstadt, hat dem Vorsitzenden, unter Uebersendung der letzten Schrift ihres Gatten (A brief account of Bushman folk-lore and other texts. 1875), Mittheilungen über ihre Pläne in Betreff der weiteren Veröffentlichung der literarischen Hinterlassenschaft ihres Mannes gemacht. Darnach würde die Schwester der Wittwe, Miss **Lucy Lloyd**, welche den Verstorbenen schon lange in seinen Arbeiten unterstützt hat, seiner testamentarischen Bestimmung gemäss die Herausgabe besorgen, und es handelt sich jetzt zunächst darum, die nöthigen Geldmittel dafür zusammenzubringen. Unsere Gesellschaft wird, so sehr sie sich für ein so wichtiges Unternehmen interessirt, kaum in der Lage sein, demselben materiell eine wesentliche Beihülfe gewähren zu können.

(3) Hr. Ober-Kammerherr **v. Alten** zu Oldenburg sandte photographische Darstellungen der

römischen Statuetten und einen Gyps-Abguss des Bronze-Postaments,

welche bei **Marren** gefunden wurden (Sitzung vom 14. Mai. S 92).

In einem Briefe an den Vorsitzenden vom 17. October erwähnt er, dass er noch einige Eisenstücke von derselben Stelle erhalten habe, sowie dass ein gleicher Greifenkopf aus einem Moorfunde der Insel Fünen bekannt sei.

Er theilt ferner mit, dass er im letzten August am Zwischen-Ahner See (Station an der Oldenburg-Leerer Bahn), ganz in der Nähe von Rötrop, einen sogenannten **Einbaum** von Eichenholz ausgegraben habe, der mit Feuer und stumpfen Instrumenten ausgehöhlt sei. Ausserdem erhalte er die Nachricht, dass in jener Gegend sehr wahrscheinlich ein **Gräberfeld** gefunden, das erste im sogenannten **Ammerland**; es sind 14 Hügel.

Ferner bemerkt er in Bezug auf die Mittheilungen des Hrn. **Voss** (Sitzung vom

14. Mai. S. 93), Kinderspielzeuge in Vogelfigur betreffend, dass „diese Art Kinderspielzeuges, bei uns zu Lande fast auf jedem Markte in den Dörfern noch heute zu kaufen ist; sehr häufig sind diese Spielzeuge als Atrappe eingerichtet, indem auf dem Rücken oder am Schwanze des Vogels ein feines Loch angebracht ist; wird nun der Vogel mit Wasser gefüllt, und in die Pfeife geblasen, so spritzt sich der Pfeifer das Wasser zum Gelächter der umstehenden Kinder in das Gesicht. Diese Vögel sind meistens gelb glasirt, mit Pünktchen, weiss oder dunkel auf den Flügeln.

„Wann mag das Glasiren im Norden Deutschlands allgemein geworden sein? Diese Frage scheint mir nicht unwichtig“. —

Hr. Virchow glaubt die letzte Frage dahin beantworten zu können, dass eine eigentliche Glasur auf Thongeräthen im nördlichen Deutschland wohl kaum vor dem 13. Jahrhundert üblich geworden sei. Wenigstens sind ihm keine früheren Funde bekannt, obwohl weit ältere Thongefässe äusserlich mit einem glatten, glänzenden Ueberzuge versehen sind. Die thönernen Vogelpfeifen sind auch in Pommern auf Jahrmärkten sehr gewöhnlich. —

In einem Briefe vom 16. November berichtet Hr. v. Alten ferner über einen

Halsschmuck aus der Gegend von Lehmden.
(Hierzu Taf. XVI. Fig. 1)

Derselbe ist gefunden in der Gegend von Lehmden von G. Wencken zu Wenckendorf. Dort, südlich von den Lehmder Büschen, östlich von der Eisenbahn, ist ein Moor, genannt in der Strot, dasselbe grenzt an die Ausläufer des hohen Geestrandes, hier Liet genannt; dieses Moor, ein sogenanntes Holzmoor, ist seit mehr als 30 Jahren gebrannt, wodurch es 10—12 Fuss niedriger geworden. Wenn man nun durch das Brennen den unteren Holzschichten nahe gekommen, sie theilweise mit verbrannt sind, so erreicht man zugleich den Sand; sobald dies geschehen, hört das Brennen auf und das Ackern beginnt. Nachdem nun dies einige Jahre geschehen, hat der Sohn des Besitzers des fraglichen Stückes, welches am östlichsten Punkte des Lehmder Busches (Gehölz) liegt, den Schmuck nebst einem zweiten Halsringe gefunden, welcher letztere geriefelt und schwerer ist. Der Durchmesser beträgt 21 Ctm. am Schnitt und 21,5 Ctm. an der dicksten Stelle. Die Riefelung ist nicht spiralförmig, sondern es ist Kreis neben Kreis.

Ich fand die Ringe in einander gehängt, aber der Finder konnte mir nicht sagen, ob er sie so gefunden; er meinte, es sei wahrscheinlich, dass er sie selbst erst in einander gehängt. Nicht unwichtig erscheint mir, dass dies bereits der vierte Fund von Bronzen ist, der in derselben Richtung, nämlich stets an dem hohen Geestrande, gegen das Moor, von Südwesten nach Nordwesten, also in der Richtung von Oldenberg nach Varel und zwar im Ipweger Moor, Loyermoor und in der Strot. Diese Moore waren früher tief einschneidende Buchten der Ausflüsse der Weser (Liene, Dornebbe u. s. w.), die erst mit dem Ende des 15. und Anfang des 16. Jahrhunderts aufhörten. Unwillkürlich wird man dadurch auf den Gedanken an Küstenschifffahrt und Strandungen gebracht. Boote sind indess noch nicht gefunden, wohl natürlich, da beim Brennen des Moors diese eben mit verbrennen.

(4) Hr. Candid. philos. Emil Marcus aus Güstrow hat dem Vorsitzenden, unter Uebersendung einer grossen Kiste mit Steinsachen, Bericht erstattet über

vermeintlich bearbeitete Feuersteine aus dem Diluvium und vom Ufer des Brunnensees bei Güstrow.

Hr. Virchow hat die Sachen einer Durchsicht unterzogen, sich jedoch nur bei
den am Brunnensee gefundenen Feuersteinen von ihrer unzweifelhaften Bearbeitung
überzeugen können. Eine Anzahl kleiner „Messerchen" und ein vortrefflicher Nucleus
von da lassen keinen Zweifel darüber, dass hier Artefakte vorliegen.

Alle übrigen Gegenstände sind nach den Mittheilungen des Hrn. Marcus theils
an dem, 30—40 Fuss hohen Schneiderberge bei der Burg, etwa ¹/₃ Meile von Güstrow,
theils im Kiessande bei Gutow und der ziemlich tiefen Lehmgrube vor dem Hage-
bocker Thor gefunden worden. Er sieht darin Hammer, Keile, Quetschsteine, Mörser-
keulen, Schleudersteine u. s. w. und glaubt dadurch die Existenz des Menschen in
diluvialer Zeit in Mecklenburg beweisen zu können. Zugleich erwähnt er, dass in
einer Sandgrube am Schneiderberge ein Mammuthzahn — ein für Mecklenburg fast
einziger Fund — ausgegraben sei.

Hr. Virchow bestätigt diesen letzteren Fund und zugleich die Bedeutung desselben für Mecklenburg, wo in der That, wie er erst neuerlich zu seinem Erstaunen
sich bei einem Besuche im Schweriner Museum überzeugt habe, Mammuthfunde
nur ganz ausnahmsweise gemacht sind. Er erkennt ferner an, dass einzelne der Feuersteine sehr verführerische Formen darbieten und recht wohl mit den viel besprochenen
Funden des Abbé Bourgeois parallelisirt werden können. Wenn er sich aber gegen
diese in der internationalen Commission zu Brüssel skeptisch habe verhalten müssen,
so sei es auch hier der Fall. Er verweist auf seinen Vortrag in der Sitzung vom
14. Januar 1871. Seit jener Zeit habe er auf zahlreichen Excursionen das Verhalten
der Feuersteine in diluvialen Schichten, welche noch ganz unangebrochen waren, verfolgt und die zahlreichsten Beispiele für natürliche Sprünge und Absplitterungen gesammelt, welche den von Hrn Marcus übersendeten so ähnlich waren, dass er kein
Bedenken trägt, auch die letzteren für natürliche Bildungen zu erklären. Dem grossen
Eifer des Einsenders spendet er das gebührende Lob.

(5) Der Vorsitzende zeigt ferner Abbildungen des Hrn. Lehrer **Rabe** zu Biere
bei Schönebeck an der Elbe vor, gleichfalls betreffend

diluviale Feuersteine.

Dieselben stammen grosstentheils aus Kiesgruben auf der Feldmark Biere, und
der Einsender hält dieselben, im Anschlusse an die Abbildungen in dem bekannten
Werke des Hrn. Lubbock, für Artefakte. Nach den eingesendeten Abbildungen ist
es allerdings nicht möglich, ein absprechendes Urtheil über sämmtliche Funde zu
geben, da in der That manche von ihnen den Eindruck machen, als seien Schlag-
spuren an ihnen. Die Mehrzahl gehört indess unzweifelhaft gleichfalls in das Gebiet
der natürlichen Sprungstücke, und bis auf weiteren Beweis wird auch für die
übrigen angenommen werden können, dass sie in dieselbe Kategorie gehören.
Der Vorsitzende glaubt nicht genug davor warnen zu können, dieser Art von
Nachforschungen mit dem Präjudiz, dass man etwas finden werde, sich hinzugeben.
Schon die erste Bildung der Feuerstein-Knollen liefert so bizarre und scheinbar absichtlich
hergestellte Formen, dass es nur einer geringen Phantasie bedarf, um sich von irgend
einer Art von Aehnlichkeit zu überzeugen und bald Thier- oder Menschengestalten,
bald Werkzeuge darin zu sehen. Die Sprünge, welche durch Temperatur- und Druck-
differenzen an den einzelnen Theilen der Blöcke eintreten, oder welche durch zufäl-
liges Zusammenstossen mit andern Steinen oder Herabfallen entstehen, sind oft den
Schlagflächen so ähnlich, dass selbst die sogenannten Schlagmarken (bulbi) und die
concentrischen Ringe um dieselben nicht fehlen. Nur die grösste Vorsicht, ja die
äusserste Skepsis kann hier vor falschen Deutungen schützen. —

(6) Hr. Magistratsrath **Sippel** zu Bamberg hat dem Vorsitzenden die Photographie eines unter der Schicht von Rannenholz im Flussbette der Regnitz dieser Tage aufgefundenen

Schädelstückes von Bos primigenius

übersendet. Dasselbe

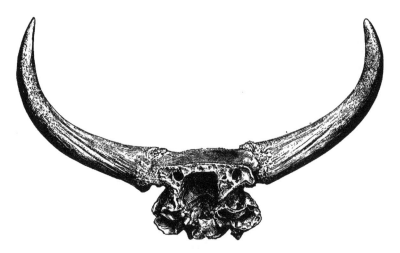

zeigt den hintern und oberen Theil des Schädels mit sehr schön erhaltenen Hörnern. Nach der Angabe betrug

    a) die Hörnerlänge . . . . 0,51 Meter.
    b) Spannweite der Hörner . . . . 0,76 „
    c) der Umfang der Hörner vor der Krone . . 0,315 „
    d) die Stirnbreite . . . . 0,222 „

Zugleich überschickt Hr. Si ppel einen Bericht des Hrn. v. **Theodori** über

das Rannenholz und die fossilen Knochen im Regnitz- und im Maingrunde bei Bamberg.

Es ist eine längst bekannte Sache, dass in der Gegend von Bamberg, in der Thalebene, welche einst ein von Südosten herströmendes Wasser durchfloss und von welchem die Regnitz wohl jetzt noch ein Ueberbleibsel ist, so wie im dortigen Maingrunde, ein verschütteter Wald einige Schuh unter der Bodenoberfläche begraben liegt. Hochwasser entblössen nicht selten in den Flussbetten, oder sonst an ausgewühlten Stellen der genannten Thalebene mächtige Stämme dieses umgestürzten Waldes, welche in der dortigen Gegend nach Ueberschwemmungen von den Fischern ausgehoben, gesammelt und als Brennmaterial benützt werden. Die schwarze oder braungraue Farbe, die dieses sogenannte Rannenholz durch das Liegen im Boden und im Wasser erhalten hat, lässt auf den ersten Anblick darauf schliessen, dass es Eichenholz ist; aber es ist dasselbe, meines Wissens wenigstens, noch nicht wissenschaftlich untersucht und bestimmt, was es wohl schon an und für sich verdiente, besonders aber auch wegen der thierischen Ueberreste, welche zuweilen zugleich mit demselben gefunden werden und die entschieden von einer Fauna Zeugniss geben, die zum

Theile in unsern Gegenden gar nicht mehr existirt, theils nur noch durch andere von den früheren verschiedene Species repräsentirt wird.

Der verstorbene eifrige Forscher in der fränkischen, besonders in der Bambergschen Geschichte, Joseph Heller, fand bei seinem mühevollen Durchsehen alter Akten und Papiere in einer fürstbischöflichen Kammerrechnung ein für die damalige Zeit sehr bedeutendes Geldgeschenk für einen in der Regnitz aufgefundenen Elephantenzahn verrechnet. Ich selbst hatte die Freude, vor mehr als 20 Jahren nach einem Hochwasser in einem verlassenen Rinnsal des wieder zurückgetretenen Maines, in der Gegend von Gaustadt, einen theils schwarz, theils braun-grau gefärbten grossen Eberkopf zu finden, dessen einer noch im Kiefer steckender, auf der ganzen Oberfläche des Schmelzes mit feinen, schwarzen Rissen durchzogener Hauer wenigstens 1″ dick ist. Ich schenkte denselben zur Kreissammlung zu Bayreuth, in deren splendid gedrucktem Verzeichniss vom Jahre 1840 pg. 88 er als Sus priscus, Goldf., von Bamberg, aufgeführt ist. Aus der Gegend von Bamberg zählt ferner dasselbe Verzeichniss noch auf: Cervus Elaphus L., Cervus Eurycerus Kaup und Cervus priscus Kaup. Viel reicher an grösstentheils noch nicht bestimmten fossilen Säugthierknochen aus den Flussbetten der Regnitz und des Maines ist aber die grosse, noch immer einer endlichen Bestimmung harrende mineralogisch-petrefactologische Sammlung des vor einigen Jahren zu Bamberg verstorbenen herzoglich bayerischen Kanzlei-Directors Hard. Besonders viel hielt derselbe auf einen Theil eines Löwenkopfes aus der Gegend des Keipershofes bei Bamberg, vielleicht von einer der Arten von Felis, welche auch in den Höhlen der sogenannten fränkischen Schweiz vorkommen. Leider ist diese Sammlung noch zur Zeit nicht zugänglich.

(7) Hr. Prof. **Liebe** zu Gera berichtet über ein

Hügelgrab am Collisberg.

Auf dem sogenannten Collisberg beim Dorfe Collis unweit Gera befindet sich ein Hügel und zwar an dem höchstgelegenen Rande der Ebene, die den Gipfel dieses Berges bildet und von der aus sich die aus Rothliegendem bestehenden Bergflanken sehr steil zu der 150 Fuss tiefer gelegenen Thalsohle niederziehen. Seine langgcstreckte Form, seine Lage am Rande eines Feldes und seine Bedeckung mit kleinen vom Feld abgelesenen Steinen machten es wahrscheinlich, dass es nur ein Haufe vom Feld abgelesener Steine sei. Gleichwohl machte jüngst Hr. G. Korn in Gera, der ihn näher zu untersuchen beschloss, die Entdeckung, dass es ein, allerdings mit abgelesenen Feldsteinen später überdeckter, alter Grabhügel sci. Der Befund ist folgender: Der Hügel ist in der Horizontalprojektion 60 Schritt lang und 14 Schritt breit, — von lang elliptischer Form, von Ost nach West gestreckt. In der Mitte unter diesem Hügel befand sich ein ovaler gepflasterter Raum, dessen grösster von Ost nach West gelegener Durchmesser 4½ Mtr. und dessen kleinerer 3½ Mtr. betrug. Das Pflaster befand sich unmittelbar auf dem Zechsteinconglomerat, von dem vorher vielleicht eine Humusschicht abgeräumt worden war und bestand aus rohen Kalksteinbruchstücken, wie sie rings um das Gipfel-Plateau des Collisberges zu Tage treten, — aus Bruchstücken der Kalksteinlagen des unteren Zechsteins. Das Pflaster war in der Art hergestellt, dass ganz grosse Steine aufrecht neben einander, meist mit der Spitze nach oben, hingestellt, und dann die Zwischenräume und Unebenheiten mit kleineren Kalkstücken ausgefüllt worden waren. Dies Oval war umgeben mit einem grossen Wall von Steinen derselben Art von ¾ bis 1 Meter Höhe. Das Pflaster selbst lag 1³/₄ Meter unter der Oberfläche. Auf dem Pflaster standen im Kreis um den Wall herum etwa 10 bis 12 Urnen, welche jedoch mit Ausnahme einer einzigen zerdrückt waren und nur Asche enthielten. Die eine, eben erwähnte, war merkwürdiger Weise zu Dreiviertheil leer und nur unten mit Asche gefüllt, trotzdem wohl erhalten. Die Urnen sind ohne Drehscheibe gefertigt, haben unterhalb des Halses je zwei kleine, nur zur Aufnahme von Schnüren geeignete Henkel und haben als Verzierung zu verschiedenen Mustern zusammengestellte Linien, welche vermittelst einer Schnur eingedrückt sind. Die eine erhaltene Urne ist 15½ Centm. hoch und hat am Hals 6½, am Bauch 13½ und am Boden 6 Centm. Durchmesser. In dieser Urne lehnte eine flache Schale, welche so gut gebrannt ist, dass sie auf der Innenseite eine Art, wenn auch schwacher Glasur zeigt. Dieselbe ist kreisrund und hat 17½ Centm. Durchmesser und 3½ Centm. Tiefe. Sie steht auf 5 rohen, fast 2 Cntm. langen Füsschen. Dazu fand sich noch ein eben so roh gearbeitetes Gefäss mit nur einem Henkel, durch den man aber den Finger stecken kann, — ein Gefäss, welches abgesehen von der Rohheit der Arbeit, den Obertassen der alten kugligen Meissener Façon auf's Haar gleicht. 7½ Ctm. dick und 6 Ctm. hoch. Die Masse dieser Urnen ist roth oder schwarz und zwar theilweis recht schwach gebrannt, reichlich mit grobem Quarz- oder Lyditsand versetzt. Letzterer scheint derselbe zu sein, den der Regen aus dem Rothliegenden der Flanken des Colliser Berges herabwäscht. Innerhalb des Urnenkreises und, wie die Urnen, durch eine 3 bis 6 Ctm. dicke Aschenschicht vom Pflaster getrennt, lagen 4 menschliche Gerippe, in der Richtung von Ost nach West horizontal ausgestreckt, eins mit dem Kopfe nach Westen und drei mit dem Kopfe nach Osten, und zwar auf dem Rücken, mit dem Gesicht nach oben. Die Gerippe waren sehr zerstört, und nur da besser erhalten, wo oben darüber an der Oberfläche grössere Steine lagen. (Durch Steinplatten war die Grabhalle nicht abgedeckt.) Dass die Knochen durch Brand zur leichteren Zerstörung disponirt waren, lässt sich nicht leicht vermuthen; wenigstens sind die Knochenbruchstücke (mit Ausnahme des einen Schädels vielleicht) inwendig nicht geschwärzt, was sie bei theilweiser Verbrennung doch sein müssten. Die einzelnen Knochen deuten auf einen recht hohen Wuchs hin: Ein Femur misst in seiner grössten Dimension (vom caput zum cond. extr.) 49 Ctm, und eine Tibia 43 Ctm. Die Muskelansatzleiste am Oberschenkelknochen ist scharf und sehr kräftig entwickelt; das Schienbein ist sehr kantig, so dass die flache Seite desselben rinnig wird. Die mittleren Theile der Gerippe sind am meisten zerstört, so dass man das Geschlecht der hier Beigesetzten nicht bestimmen kann; indess scheint, nach einigen Beckenresten zu schliessen, ein Skelet von einem Weibe herzurühren. Die drei mit dem Kopfe nach Osten gerichteten Gerippe stammen von Erwachsenen. Leider ist von den 3 Köpfen nichts übrig, als 2 Fragmente des Stirnbeins mit noch ansitzenden Partikeln der Scheitelbeine, sowie ein Stück Scheitelbein mit noch ansitzenden Bruchstücken des Hinterhaupts- und Schläfenbeins. Diese Bruchstücke gehören, wenn auch die Stirnen nicht sehr hoch sind, doch durchaus nicht einem tiefstehenden Typus an. Auch scheint Dolichocephalie angedeutet zu sein. — Dabei lag ein Unterkiefer mit zugehörigem, leidlich erhaltenem Oberkiefer eines älteren Individuums, welche Stücke jedenfalls zum Schädelfragment No. 3 gehörten.

Die Zähne sind stark und ebenflächig abgekaut, aber gesund. Die oberen Schneidezähne greifen nicht über die unteren weg, sondern passen mit der Schneide genau auf die untern, und sie sind daher so stark und quer abgenützt, wie die übrigen Zähne. Diese Zahnlage findet man ab und zu auch jetzt in unsrer Gegend, wenn auch nicht häufig. Gleichwohl ist das Gebiss nicht prognathisch vorstehend, sondern von edler Art, da eine gerade Linie gezogen von der Spitze des Kinns nach der Spitze der rechtwinklig vortretenden, gut entwickelten Spina nasalis inferior, noch einen Millimeter hoch frei über die vordere Fläche der Schneidezähne wegläuft. Uebrigens ist hier noch zu bemerken, dass im Unterkiefer die beiden vorletzten

Backenzähne fehlten. Sie haben aber dem Individuum offenbar von Hause aus gefehlt, denn einerseits sieht man an den übrigen Zähnen keine Spur von Krankheit
und an dem Kiefer keine Spur,. die auf eine nachträgliche Ausfüllung der Alveolen
hindeutet, anderseits sind die beiden letzten Zähne (Weisheitszähne) stark nach
vorn geneigt. Es hat auch diese Erscheinung nichts besonders Auffallendes, da sie
auch heutzutage hie und da vorkommt. — Das vierte Gerippe gehörte einem jüngeren
Individuum von zarterem Knochenbau, dessen Eckzähne und Backenzähne grade im
Wechsel begriffen waren. Hier gelang es, aus den Stücken den Schädel theilweis
wieder zusammenzusetzen, so dass Maasse genommen werden konnten, wenn auch,
wegen Fehlens verschiedener Stücke, nicht in der sonst üblichen und vorgeschriebenen
Weise. Die langschädlige Form tritt klar hervor: der Schädel misst in seinem
längsten Durchmesser (von der Glabella aus) 17,9 Ctm. und im grössten Querdurchschnitt (zwischen den Scheitelbeinen) 11,9 Ctm. Die Stirn ist an diesem, wie an den
beiden zuerst erwähnten Schädeln etwas schmal, zeigt aber keine besondere Auftreibung oberhalb der Nasenwurzel und der Augenhöhlenränder, während von jenen beiden,
älteren angehörigen Schädeln allerdings der eine oberhalb der Nasenwurzel eine ziemlich starke Aufwulstung zeigt, die sich zu beiden Seiten bis gegen
die Stelle oberhalb der Mitte des obern Augenhöhlenrandes erstreckt. Es ist aber
diese Aufwulstung, soviel ich zu sehen im Stande bin, nicht stärker als man sie vielfach jetzt auch sieht, und ausserdem ist bei dem andern der beiden Schädel die
Auftreibung eine weit schwächere.

Innerhalb der Grabstätte lagen noch eine Anzahl Steingeräthe und ein Werkzeug
aus Hirschhorn, und ebenso wurden auch ausserhalb der Umwallung noch einige Steingeräthe gefunden, aber keine Urnen und Gebeine. Das Werkzeug aus Hirschhorn
besteht in einer gelochten Gabelsprosse vom Geweih eines starken Edelhirsches, deren
Spitze leider beim Bergen abgebrochen wurde und nicht wieder aufzufinden war.
Am dicken Ende der etwa 15 Ctm. langen Sprosse war auf sehr rohe Weise ein
Loch angebracht worden, indem man erst von den beiden entgegengesetzten Seiten
mittesst eines Steinmessers oder einer Steinsäge durch flache Einkerbung die äussere
härtere Knochenschicht weggenommen und dann ein rechtwinkliges Loch von 0,22
Ctm. Länge und 0,09 Ctm. Breite durch die porösere innere Knochenmasse hindurch
gearbeitet hatte. Die Lochung gleicht, abgesehen von der Kerbung, der in unsern
kleinen Hämmern, und das Werkzeug ist zu vergleichen mit dem als Hammer gedeuteten in S. Nilson's Steinalter (übersetzt von Mestorf 1868) pag. 56, Fig. 171,
nur dass die Einkerbung auf beiden Seiten an userm Exemplar nicht eckig, sondern
flach und viel roher gearbeitet ist.

Die „Steinwerkzeuge" bestehen zuerst in einer Anzahl von Feuersteinmessern,
theils zweischneidig und im Querschnitte ganz flach dreieckig, theils aber auch ein-
schneidig und mit flachem Rücken (Sägeblätter) — die längeren 7 bis 9½ Ctm. lang.
Sodann fanden sich Schaber und sehr rohe Pfeilspitzen aus Feuerstein, deren Material
recht gut aus dem Blocklehm und dem zugehörigen Lager nordischer Gerölle, welches
sich von der Fundstätte aus nord- und nordostwärts ausbreitet, herstammen kann. —
Dazu kommen noch geschliffene, vorn schneidige, hinten stumpfe Streithämmer aus
denselben theilweis quarzführenden und etwas schiefrigen Diabasen des Voigtlands,
deren Geschiebe bei Gera im Elsteralluvium liegen. Von diesen war einer gelocht,
aber an der Bohrstelle durchbrochen; ein zweiter ebenfalls und zwar etwas schräg
gelochter war 8½ Ctm. lang und 4 Ctm. breit (am Loch) und hoch mit 1,8 Ctm. im
Durchmesser haltendem Loche. Die anderen waren ungelocht, von Keilform und
schmal, 8½ bis 15 Ctm. lang, hinten 4 bis 5 Ctm. hoch, 1¼ bis 2½ Ctm. breit und
vorn an der Schneide 4½ bis 6½ Ctm. hoch. — Endlich ist auch ein derartiger äusserst

fein und geschmackvoll gearbeiteter und schön geschliffener Keil mit grüngrauem metamorphischem Wetzschiefer mit weisslichen Einsprenglingen aufzuführen, welcher 7 Ctm. lang, hinten 3 und vorn 4 Ctm. hoch und 2 Ctm. dick ist. Diese Schiefer finden sich in unmittelbarer Nähe (Contakt) von voigtländischen Diabasen.

Zum Schlusse noch die Bemerkung, dass sich auch ein Schneidezahn vom Biber (Castor fiber) vorfand. Der unten am Berge vorüber fliessende Bach führt seit geschichtlicher Zeit keine Biber mehr und ist jetzt zur Sommerzeit fast ausgetrocknet. Von Bronzegeräthen oder gar von Eisengeräthen fand sich keine Spur, nicht einmal ein grünlich oder rothbraun gefärbtes Klümpchen Erde. Der Tumulus auf dem Colliser Berge entspricht vielfach denen im Braunshainer Walde, welcher 2 Meilen in nordöstlicher Richtung entfernt zu dem osterländischen Hügelland (Altenburger Ostkreis) gehört. Die Funde beider Begräbnissstätten stimmen überein in der Form der Urnen und in dem Vorkommen von geschliffenen Steinäxten oder Keilen aus Diabas. Der Colliser Fund unterscheidet sich aber vornehmlich durch die Pflasterung und Umwallung des innern Grabraums und durch die Anwesenheit von Gerippen innerhalb des Urnenkreises.

(8) Hr. Rentier **Rühe** hat dem Vorsitzenden eine Reihe von

Topfscherben aus einem Gräberfelde bei Berlin

eingesendet. Er schreibt darüber:

Fragmente wie die beifolgenden lenkten schon vor Monaten meine Aufmerksamkeit auf ein bis jetzt noch wüstes Feld in meiner Nähe — zwischen Schönholz, Reinickendorf und Rosenthal an einer Waldecke. — Neuerdings wiederholte oberflächliche Nachsuchungen ergaben die Trümmer von 8 bis 9 Urnen mit Knochenresten gefüllt. Die Gefässe sind von sehr verschiedener, zum Theil äusserst roher Arbeit, theils mit, theils ohne Töpferscheibe hervorgebracht. —

Leider ist anscheinend schon früher die Bodenoberfläche (vielleicht ein Hügel) weggenommen und dabei Alles zerstört. Die Scherben liegen und stecken ganz oberflächlich, nahe bei einander in der Erde, und ergiebt jede Gruppe derselben immer nur den kleinsten Theil einer Urne, das Meiste muss also verschleppt sein. — Brandspuren, Asche, schwarzgebrannte Feldsteine, in der Erde so beisammen, dass sie vielleicht einen Opferheerd andeuten — das ist Alles. — Unzerstörte Urnen sind wohl kaum noch zu hoffen. —

Der Vorsitzende dankt Hrn. Rühe, der unsere noch so magere Localkenntniss der nächsten Umgebung durch eine neue Fundstelle bereichert hat. Leider sind die Urnenscherben so roh und ohne alle Verzierung, dass sich chronologisch aus ihnen nichts machen lässt. Sie werden dem Märkischen Provinzialmuseum überwiesen.

(9) Der Vorsitzende legt einen Brief des Hrn. Dr. **Europaeus** zu Petersburg d. d. 11. Novbr. vor, betreffend

altfinnische (ugrische) Verhältnisse.

Bald wird ein Artikel von mir in der Russischen Revue erscheinen mit neuen Notizen über Funde dolichocephaler Kurganenschädel im nördlichen Russland. Es werden darin einige dolichocephale Schädel näher beschrieben, welche im diesjährigen Sommer 28 Werst nördlich von der Stadt Jaroslavl, also etwas südöstlich von der nordwestlichen Biegung der Wolga, gefunden wurden. Diese Schädel sollen das Eigenthümliche haben, dass die untere Hälfte des Nackens halbkugelförmig aufgetrieben ist. Sie sollen nicht in Kurganen, sondern in Gräbern und zusammen mit beinahe lauter Steingeräthen gefunden worden sein. Nur ein Ring von Bronzedraht soll dabei gewesen sein, ein Zeichen, dass das Bronzealter zur Zeit dieser Leute hier im Norden schon eingetreten war und bis zu der Gegend von Jaroslavl sich verbreitet hatte.

In der Russischen Revue, Heft 3, werden Sie eine deutsche Uebersetzung des Verzeichnisses alt-ugrischer Ortsnamenendungen und ihrer Bedeutung finden. In dem jetzt beigegebenen Abdruck werden Sie einige Berichtigungen dazu finden. Es ist zu erinnern, dass die Hauptmasse der alten Ugrier, die Un-ugaren = Gross-Ugrier aus dem nördlichen Russland im Jahre 884 nach Pannonien zogen; die Nachgebliebenen wurden hauptsächlich durch den tatarisch-mongolischen Einfall aus einander gesprengt und zogen nach dem Ural und dem Ob-Flusse zurück, wo sie jetzt unter dem Namen der Ostjaken (As-jach = Ob-Leute) und Wogulen, nach dem Flusse Wogulka so genannt, leben. Die Wogulka fällt bei der Stadt Berosoff in den Ob. Die Hunnen waren Mongolen aus Hochasien und hiessen so zu der Zeit der Chanfamilie Hunnu, im Nankin Dialekte bei Duguigne Hiongnu genannt. Im Jahre 95 n. Chr. wurden die westlichen Hunnu, wie der russische Sinolog Hyakinth in seiner aus altchinesischen Quellen zusammengestellten russischen Arbeit Ueber die Völker Hochasiens zeigt, von den Chinesen nach dem nordwestlichen Sibirien verdrängt; zuletzt stiessen sie auf die Ugrier und zogen sie mit sich, so dass die Ugrier zuletzt überhand nahmen und ein bis jetzt bestehendes Reich in Ungarn stifteten. Die tatarisch-altaische (türkisch-tatarisch-mongolisch-samojedisch-mandzutungusische) Sprachfamilie steht in keiner unmittelbaren Verwandtschaft mit der finnisch-ungarischen, sondern schliesst sich näher an die semitisch-ostafrikanischen Sprachen. Die den tatarisch-altaischen am nächsten liegenden Sprachen unter den letztern sind jedoch bis jetzt noch sehr lückenhaft bekannt. Ueber diese Sprachverhältnisse habe ich jetzt eine umfassendere comparativ-philologische Arbeit, deutsch, unter der Hand. Die finnisch-ungarische Sprachfamilie dagegen schliesst sich am nächsten zu der indo-europäischen Ursprache, wie sie von Bopp und besonders von Schleicher dargestellt worden ist. Alle indo-europäischen Zahlwörter z. B. lassen sich durch die Zusammenstellung mit den finnisch-ungarischen etymologisch erklären. Zu meiner auch in Berlin vorhandenen Zahlwörtertabelle setze ich hier ganz kurz nur die Grundform kat vâr, femin. katasar 4, aus kata-vâra (-kata) = zwei-mal (zwei), femin. mit dem vorhergehenden tisar(i) 3 assimilirt aus katasû-vârakatasû; sâ ist die feminine Endung des Nominativs. Auch die Grundform von acht, aktâu, ist aus a-k(a)tâu (dakama) = ohne 2(10) erklärt durch das finnisch-ungarische a-kaktak-dakamans = ohne 2 10. Der Zusammenhang zwischen dem alten, in 4 und 8 noch erhaltenen kata und dem finnisch-ungarischen reduplicirten ka-ka-ta 2, finnischer Stamm kakt, ist in die Augen fallend.

Gleichzeitig ist von Hrn. Hjelt aus Helsingfors auf den Wunsch des Hrn. Europaeus folgende Maasstabelle über

altfinnische Kurganen-Funde

eingegangen:

	1	2	3	4	5	6	7	8	9	10	11	12	13	14	15	16	17	18	19	20
Fundort, Geschlecht.	Schädel-Umfang. (Horizontaler)	Stirn-Umfang. (Horizontaler)	= 100.	nb.	nc.	cl.	lb.	nclb.	nb : nclb = 100 :	Basale Linie	Obere Bogenlinie	d. Quer-Umfangs. = 100 :	L.	Q.	H.	L : Q = 100 :	L : H = 100 :	Breite der Augen-Scheidewand.	bx.	nx.
Staraja¹).																				
M.	542	170	31,3	110	140	140	160	440	400	127	330	259	193	145	147	75,1	76,1	30	102	56
M.	520	160	30,7	103	130	140	145	415	402	127	310	244	183	141	141	77	77	26	95	56
def. M.	520	160	30,7	104	135	140	155	430	413	121	310	256	185	135	143	72,9	77,2	29	—	—
. M.	515	165	32	103	130	140	160	430	417	116	320	275	185	135	147	72,9	79,4	28	95	53
Beschetsk²).																				
g 1. No. 1	532	180	35,6	100	130	140	150	420	420	128	315	246	184	145	142	78,8	77,1	30	90	50
g 1. No. 2	485	160	33	—	115	115	140	370	—	115	280	243	167	134	120	80,2	71,2	—	—	—
g 1. No. 3	520	170	32,6	98	135	150	150	435	443	120	310	258	187	133	139	71,9	74,3	29	90	54
g 3.	532	175	32,8	101	135	135	165	435	430	118	320	271	187	139	139	74,3	74,3	25	96	54
g 4. No. 1	540	185	34	110	140	140	150	430	390	124	305	246	191	132	132	69,1	69,1	29	98	53
g 4. No. 2	525	165	31,4	101	130	130	145	405	400	126	295	234	182	140	130	76,9	71,7	25	—	—
Bjeluja Kresty³).																				
. No. 1	500	150	30	105	110	125	145	380	361	123	305	248	174	140	134	80,4	77	—	—	—
. No. 2	540	170	31,4	110	130	140	165	435	395	125	305	244	197	137	145	69,5	73,6	30	100	55
No. 3	510	164	32,1	98	130	130	155	415	423	111	300	270	183	126	136	68,8	74,3	26	86	54
Saljuschik⁴).																				
	530	165	31,1	108	125	135	155	415	384	124	320	258	187	138	142	73,7	78	26	99	63

¹) Staraja liegt 20 Werst westlich von der Stadt Besjezensk.
²) Im Twer'schen Gouvernement.
³) Im Nowgorod'schen Gouvernement.
⁴) Der Tichwinsche Kreis im Nowgorod'schen Gouvernement.
Die Messungen sind von Hrn. Prof. Ivanowski gemacht.

21	22	23	24	25	26	27	28	29	30	31	32	33	34	35	36	37	38	39	40	41	42	43	44	45	46	47	48	49
Winkel an der Nasenwurzel. °	Winkel am Euhippium.	ff.	zz.	mm.	pp.	fp.	fz.	mp.	mz.	fm.	pz.	po.	mo.	nk.	bk.	o bnk.	o aka.	zg.	gg.	gk.	ma.	sa.	ak.	mg.	ga.	az.	jj.	k.
66	—	59	112	112	138	118	58	112	100	143	115	120	106	—	—	—	—	50	101	—	—	84	—	—	—	—	135	—
66	—	64	102	109	126	116	48	109	95	130	115	112	101	111	120	68	73	45	99	89	60	112	94	78	68	108	127	63
—	—	63	110	104	121	115	53	112	100	129	116	110	104	—	—	—	—	—	—	—	—	—	—	—	—	—	—	—
67	—	55	110	104	131	115	50	108	98	134	114	114	104	—	—	—	—	50	102	—	—	76	—	—	—	—	118	—
64	—	63	104	112	131	118	46	102	92	126	112	113	102	—	—	—	—	42	86	—	—	74	—	—	—	—	132	—
—	—	—	—	—	—	—	—	—	—	—	—	—	—	—	—	—	—	—	—	—	—	—	—	—	—	—	—	—
66	—	57	104	104	128	125	50	92	97	134	114	109	84	—	—	—	—	46	86	—	—	74	—	—	—	—	132	—
68,5	—	59	102	102	132	121	50	111	99	139	114	113	105	119	107	57	72	50	96	82	51	95	76	77	67	111	123	61
63	—	56	102	102	125	117	51	105	105	144	109	110	109	—	—	—	—	—	—	—	—	—	—	—	—	—	120	—
—	—	55	97	106	131	122	50	96	92	128	107	108	102	—	—	—	—	—	—	—	—	—	—	—	—	—	120	—
—	—	55	108	110	131	98	50	100	97	130	98	115	88	—	—	—	—	—	—	—	—	—	—	—	—	—	130	—
65	—	50	105	110	129	123	53	104	108	143	120	113	106	128	119	60	71	50	94	92	68	91	79	91	70	111	115	69
61	—	64	100	100	120	110	43	106	90	130	105	111	102	105	102	63	67	48	90	73	49	81	73	78	55	92	122	51
64	—	55	101	101	128	121	52	117	110	148	117	104	108	131	121	60	—	52	100	—	—	90	—	—	—	—	120	—

(10) Der Gesandte der Eidgenossenschaft zu Wien, Hr. v. **Tschudi,** unser correspondirendes Mitglied, schreibt dem Vorsitzenden

über das Os Incae an Peruanerschädeln.

Ich beehre mich Ihnen meinen verbindlichsten Dank für die so freundliche Uebersendung Ihrer Abhandlung „Ueber einige Merkmale niederer Menschenrassen am Schädel" auszudrücken. Sie werden leicht begreifen, dass mich der Abschnitt über das Os Incae s. epactale ganz speciell interessirte. In hohem Grade haben mich dabei Ihre Mittheilungen über das Procentverhältniss des Vorkommens des Os Incae bei Peruanerschädeln überrascht, da es im strictesten Gegensatze zu meinen eigenen Untersuchungen steht. Ich habe viele Hunderte von Peruanerschädeln untersucht und kann Sie versichern, dass diejenigen, bei denen die mehr oder weniger tiefe Rinne, die das Os Incae vom Os occipitale trennte (oder bei denen die Sutur nicht noch ein Stück von jeder Seite in die Furche hineinragte), fehlte, zu den A u s n a h - m e n gehörten. Die meisten Schädel untersuchte ich in Mittelperú (Gebirge), sehr viele an der südperuanischen Küste.

Als ich 1844 die kleine Abhandlung für Müller's Archiv schrieb, hatte ich 19 Peruanerschädel bei mir in Berlin und der unvergessliche J o h a n n e s M ü l l e r, der diese Schädel bei mir untersuchte, munterte mich noch auf, das enorme Os epactale mit dem von mir proponirten Namen Os Ingae zu bezeichnen.

Im Jahre 1859 wollte man mir in Calama in der Wüste von Atacama vier wohlerhaltene Mumien schenken, die ich aber wegen der Schwierigkeit des Transportes nicht annehmen konnte. Ich notirte mir aber darnach, dass bei allen vier Schädeln das Os Ingae vorhanden sei und bei einem davon die Naht linkerseits ganz verwachsen, rechterseits aber in der grössten Ausdehnung noch unverwachsen erscheine.

(11) Herr **E. Friedel** bemerkte unter Vorlegung einer Anzahl

dem Märkischen Museum gehöriger Gefässe

zur Erklärung derselben Folgendes:

Die hier vorgestellte Töpferwaare gehört den Typen und der Technik nach zu den drei Hauptepochen unserer alten Keramik. Sie sehen znnächst eine T o d t e n - u r n e (No. 16 der Zeitschrift „Der Bär", Berlin Jahrgang I 1875) unter Fig. a in

b

a

¹/₃ der natürlichen Grösse abgebildet, im Jahre 1780 in Berlin auf dem Hof des jetzigen Hauses Alexander Strasse No. 9 nahe dem Königsgraben gefunden, damals mit gebrannten Knochen gefüllt und mit einem Deckelstein verschlossen, welche aus grobem, mit Steingrus gemengtem, unglasirtem, schwach gebranntem Thon besteht, dickwandig und nahe dem obern Rande mit 3 Knöpfen versehen ist, also den nicht ungewöhnlichen Befund unserer heidnischen Töpferwaaren anfweist. Es folgt eine Reihe von Kesselurnen und Kesseltöpfen, welche von Kloster Chorin, von Cottbus, aus dem Kreise Zeitz, von Lübtow B aus dem früher zur Neumark gehörigen Theile des Kreises Pyritz, und von Berlin stammen. Zahlreiche Fragmente z. B. im Garten des Heiligen Geisthospitals hierselbst, vom Bärenkasten bei Oderberg i/M., von dieser Stadt selbst, von Spandow, Potsdam, Cöpenick und anderen sehr alten märkischen Städten sehen Sie ebenfalls. Alle diese Reste gehören einem Typus und einer Modellirung an, die von unserer ächtheidnischen, slavischen und germanischen Töpferwaare vollständig verschieden ist, aber auch mit der modernen Bauerntöpferei oder dem Steingut kaum eine Aehnlichkeit hat.

Die Diagnose dieser Kesselurnen oder Kesseltöpfe ist etwa folgende: Sie sind dünner als die heidnischen Urnen, ebenfalls ohne Glasur, aber viel stärker, schon fast klingend gebrannt. In der Regel ohne künstlerische Bemalung, grau oder schwärzlich gefärbt. Die Technik ist gegen früher darin fortgeschritten, dass die Beimengung von Steingrus fortgefallen, der Thon besser gereinigt und auf der Drehscheibe bearbeitet ist. Der Boden ist bauchig (convex), derselbe und der Bauch des Gefässes überhaupt gewöhnlich hie und da beim Brennen blasig aufgetrieben, was noch von einer Unvollkommenheit des Handwerks gegenüber den spätmittelalterlichen Gefässen zeugt. Die Formen dieser Kesselurnen variiren in plumper unschöner Weise eigentlich immer dasselbe Thema: einen kesselartig aufgetriebenen Bauch mit einem meist kurzen und mit Reifen verzierten, eingeschnürten Halse und kräftig übergebogenen Randlippen. Die Profile dieser Töpfe sind anscheinend mit dem Modellirholz behandelt. Denkt man sich diese Urnen, z. B. die in Figur b abgebildete, mit 2 Henkeln am Rande und mit 3 Füsschen versehen, (solche Stücke sind gefunden und bei „Friederich, Abbildungen von mittelalterlichen Alterthümern aus Halberstadt, Wernigerode, 1872," dargestellt), so erhält man Formen, welche an die nicht minder räthselhaften Bronzegrapen erinnern, über deren Zeitstellung noch so viel Divergenz herrscht, die aber höchst wahrscheinlich, wenigstens theilweise, mit den Kesselurnen chronologisch gleichzustellen sind, woneben sie natürlich, weil aus solidem Metall, Jahrhunderte länger gedient haben und hie und da noch wirthschaftlich benutzt werden. (Vgl. meinen Artikel: Märkische Kesselurnen und Krusen im Bär, Jahrgang II, S. 24 u. 25.)

Ueber das Alter der Kesselurnen so viel.

Die Kesselurnen müssen in der letzten Zeit des wendischen Heidenthums durch christliche Deutsche eingeführt worden sein. Man findet in den der spätesten Eisenzeit angehörigen Burgwällen und Borchelten in den obersten Schichten die ersten und ältesten Scherben der Kesselurnen. So in dem Borchelt von Kohlhasenbrück bei Potsdam, der hier und da noch slavische Scherben, Steine, Beile und dergleichen heidnische Reminiscenzen liefert. Mitunter findet man rohe Nachahmungen, iudem man die massenhaft importirte Waare äusserlich, aber noch ohne Drehscheibe nachgeahmt, hart gebrannt, hie und da auch wohl wendisch, d. h. mit Flämmchen, Schlangenlinien und anderen unruhigen Figuren ornamentirt hat. Dergleichen Versuche sind aber selten.

Mit dem Vorrücken der Deutschen seit dem 10. Jahrhundert ostwärts dringt das Christenthum unter den Slaven ein. Die Leichenverbrennung und die Beisetzung

16*

des Leichenbrandes in Todtentöpfen wird bei den härtesten Strafen verboten. Der Todtencultus hat nun, das beweisen unsere heidnischen Urnenfriedhöfe, die Technik der Töpferei getragen, künstlerisch entwickelt und nationalisirt. Durch jene Verbote erhält die heidnische Töpferkunst, die in den lausitzischen Theilen der Mark eine bewundernswürdige Vervollkommnung gewonnen hatte, miteins den Todesstoss. Gleichzeitig wird alles Wendische und Slavische, alles Nichtdeutsche geächtet, verpönt und gewaltsam unterdrückt. So verschwindet, wie es scheint, binnen wenigen Jahrzehnten, die glänzende Keramik unserer Slaven gänzlich, und an die Stelle der vieltausendfach gestalteten, fast nie identischen Urnen treten die plumpen Formen der deutschen Topfkessel, als Vorläufer der bald nachher vom Rhein einwandernden Steingutgefässe.

Nach meiner Auffassung sind die Kesselurnen und Kesseltöpfe vorläufig in die Gränze zwischen dem 10. und 14. Jahrhundert zu setzen. Sehr möglich, dass sie noch weiter und bis über Bonifaz zurückreichen. Hier fehlen uns aber noch die Beweise, welche in Mittel- und Westdeutschland gesucht und durch Münzfunde bestätigt werden müssten, wobei zu beklagen bleibt, dass bei Münzfunden fast regelmässig, zum grössten Schaden der Wissenschaft, die Töpfe, in denen die Münzen häufig liegen, fortgeworfen werden.

Mitunter haben die Kesselurnen noch zur Todtenbestattung gedient, wie dies die eine vorgezeigte, mit geglühten Menschenknochen theilweis gefüllte, zeigt. Erwägt man, dass die Kämpfe mit den Slaven in den jetzt verdeutschten Theilen unseres Vaterlandes mehre Jahrhunderte gedauert haben, in denen die Deutschen mitunter nach jahrelanger Herrschaft in einem slavischen Gau wieder aus demselben auf Jahre vertrieben wurden, so kann dergleichen nicht befremden.

Die Kesselurne, unter b dargestellt, ist von dem Baurath Wäsemann, zusammen mit der Steingut-Kruse Figur c, unter dem alten Berliner Rathhause

c

ausgegraben worden und bekundet den fortdauernden Gebrauch der Kesselurnen bis in's 14. Jahrhundert, in welches Dr. J. B. Dornbusch in Köln, einer der auszeichnetsten Kenner mittelalterlicher Keramik, die Kruse versetzt. Diese Krause oder Kruse ist klingend und steinhart auf dem Bruch gebrannt, braun glänzend glasirt, mit vier Ausbuchtungen des Randes, für den Umtrunk bestimmt, ohne Henkel. Der Fuss ist gefältelt (kraus), daher der Name Krause (plattdeutsch Kruse oder Krus). Diese Gefässe müssen, obwohl in unserer Märkischen Bauerntöpferei nicht mehr vorkommend, hier einst sehr gewöhnlich gewesen sein, denn noch jetzt ist im Berliner und überhaupt im Märkischen Plattdeutsch Krus mit Krug identisch und der eine Ausdruck im Volksmunde gerade so geläufig als der andere.

Der technische Grund des gefältelten, an die Halskrause erinnernden Fusses ist nach Hrn. v. Cohausen wahrscheinlich der, dass das Gefäss nicht mit der vollen Fussplatte, sondern möglichst nur mit einzelnen Punkten im Ofen aufstehen, auch bei der starken, durch Salz bis zum Schmelzpunkt gebrachten Hitze nicht schmelzen und der Fuss, ohne Gefährdung des Gefässes, leicht ablösbar bleiben sollte.

Die Herkunft dieser Gefässe ist rheinisch. Am Rhein war das nordische Heidenthum mit seiner nationalen Keramik schon viele Jahrhunderte früher durch das Römerthum beseitigt worden. Das Römerthum selbst mit seiner klassischen Stylistik ging im Wirrsal der Völkerwanderung unter. Die neu auflebende christlich germanische Bevölkerung hatte zwar den klassischen Formensinn der eingebornen Römer nicht, der in der frühmittelalterlichen Verwilderung abhanden gekommen war, überkam und übernahm aber die bessere römische Technik, insbesondere die Drehscheibe, gelangte solchergestalt zu den, aus gereinigtem steinfreiem Thon geformten, hartgebrannten Gefässen und verbreitete diese Producte, unter welche die Kesselurnen und Krusen gehören, mit dem Christenthum und den politischen Erfolgen der Deutschen immer mehr nach Osten bis in unsere Gegend und noch beträchtlich weiter in das Slavische hinein.

Zum Schluss gestatte ich mir die angelegentliche Bitte, das Vorkommen der Kesselurnen auch in den übrigen Theilen Deutschlands und seiner Nachbarländer möglichst genau zu verzeichnen und mitzutheilen. —

(12) Hr. Dr. **Hans Virchow** legt

Topfscherben und Feuersteinsplitter vom Sandwerder und vom Kälberwerder,

zwei Inseln in der Havel bei Wannsee und bei der Pfaueninsel, vor.

Die Stücke vom Sandwerder gleichen den von derselben Lokalität durch Hrn. Stadtrath Friedel (Sitzung vom 17. October 1874, S. 198) beschriebenen. Der Fund vom Kälberwerder besteht aus

1) groben Scherben mit eingesprengten zerschlagenen Steinstückchen;
2) einem Randstück, welches der Thonmischung und der Form nach mittelalterlich ist;
3) einer Feuersteinpfeilspitze, welche auf der einen Fläche fast plan, auf der

andern convex, seitlich aber symmetrisch ist;
4) einem dreikantigen Feuersteinsplitter.

Die Pfeilspitze zeigt flache Druckmarken und leicht sägenartige Ränder. — Es wird die Vermuthung ausgesprochen, dass die Pfeilspitze derselben Periode angehöre, wie die groben Thonscherben, in Analogie mit den Splittern und Scherben vom Sandwerder, die bunt vermischt gefunden wurden, dass dagegen das feinere Randstück einer späteren Periode angehöre.

(13) Hr. **Fritsch** übergiebt von Hrn. Dr. Seidlitz eingesandte Abbildungen kaukasischer Macrocephalen-Schädel.

(14) Hr. O. Liebreich sprach

über eine stahlgraue Bronze.

Unter verschiedenen Bronzen, welche Hr. Prof. Virchow die Freundlichkeit hatte mir behufs chemischer Untersuchung anzuvertrauen, befanden sich einige Stücke, welche von dem Hrn. Vorsitzenden der Gesellschaft bereits vorgezeigt worden sind.[1]) Nach dem Abschleifen einer in sich ziemlich dichten, in sehr dünner Schicht angelagerten grünen Patina, sahen die Stücke polirtem Stahle vollkommen ähnlich. Stahlarbeiten, welchen diese Stücke vorgelegt wurden, erklärten sie nach dem Anfeilen für Gussstahl, und wenn nicht die grüne Patina als Verräther gedient hätte, so würden, in polirtem Zustande diese Stücke den Eisen-Sammlungen zugestellt worden sein. Meine Bemühungen, aus Sammlungen Stücke ähnlichen Aussehens zu erhalten, sind missglückt und vielleicht dienen diese Zeilen dazu, die Inhaber von Bronzesammlungen auf diese eigenthümliche Bronze aufmerksam zu machen, die möglicherweise unter dem Eisen eingereiht ist, da solche Bronze statt einer grünen Patina einen schwarzen Belag von Schwefelkupfer haben könnte; die Härte des Feilstriches und vor allem die Wirkungslosigkeit des Magneten würde zur vorläufigen Absonderung des Materials dienen können.[2])

Bei dieser merkwürdigen äusseren Beschaffenheit des Materials musste ich natürlich auf die chemische Beschaffenheit desselben sehr gespannt sein.

Es ergab sich beim Auflösen in Königswasser, dass es sich hier wirklich um eine Bronze handele. Die qualitativen Proben zeigten folgende Bestandtheile: Kupfer, Zinn, Cobalt, Nickel, Arsen, Antimon, Eisen und Schwefel.

Leider liegen der Trennung dieser Metalle und Metalloïde neben einander bis jetzt unüberwindliche Schwierigkeiten im Wege und trotz der zahlreichsten Versuche, neue Wege einzuschlagen, musste ich mich begnügen, approximative Werthe zu finden. Eine Analyse mit nahezu 12 pCt. Verlust gehört unter allen Umständen zu den unbrauchbaren, wenn es sich darum handeln soll, ein Bild der Zusammensetzung zu haben. Ich habe aber, trotzdem ein solcher Verlust sich ergab, die Analysen wiederholt, um wenigstens nachweisen zu können, wieviel von jeder Substanz in minimo vorhanden sei, und um die Frage zu lösen, wodurch die merkwürdige äussere Beschaffenheit dieses Metallgemisches bedingt sei. —

Der Kupfer-Gehalt fand sich zu 56 pCt., der Zinn-Gehalt zu 1,5.

Neben diesen als Basis für die Bronzen dienenden Metallen zeigten sich 4 pCt. Cobalt und 14 pCt. Nickel; einen ganz untergeordneten Werth nahm das Eisen, 0,4 pCt., ein, während Arsen 12 pCt. und Antimon 1,5 pCt. vorhanden waren. Schwefel zeigte sich zu 0,75 pCt.

Diese Zahlen geben an, wieviel gereinigtes Material bei der Analyse gefunden wurde; bei welchem der Bestandtheile die Genauigkeit am grössten ist, dürfte sich nicht mit Bestimmtheit angeben lassen. —

Wenn nun die äussere Beschaffenheit dieser Bronze als Unicum bis jetzt betrachtet werden muss, so entspricht die complicirte Zusammensetzung, das Vorwiegen der sonst nur gering vorhandenen Bestandtheile der Seltenheit der äusseren Erscheinung.

Der niedrige Kupfergehalt wird durch Substanzen ersetzt, welche in den sonst aufgefundenen Bronzen nur als kleine Beimengungen auftreten Unter den von Wibel zusammengestellten Bronzen zeigt den höchsten Nickel-Cobalt-Gehalt No. 94,

---

[1]) Sitzung vom 14. Mai 1875. Ausgrabungen bei Zaborowo.

[2]) Sollte mir eine solche Bronze übersandt werden, so würde ich gern bereit sein, die Untersuchung auszuführen. —

nehmlich 2,48. Diese Bronze ist arsenfrei. Der höchste Arsen-Gehalt, als Schwefel-arsen 1,72 aufgeführt, ist in No. 104 enthalten, welche Bronze wiederum keinen Cobalt und kein Nickel enthält.

Eine Bronze, welche einen so hohen Arsengehalt aufweist, wie die stahlgraue, ist mir überhaupt nicht bekannt und es scheint, dass die bisher gefundenen mit hohem Arsengehalt nur Spuren oder gar kein Cobalt und Nickel enthalten. Auch in der neuerlich von Hrn. Carl Virchow analysirten Bronze aus Zaborowo ist bei 1,83 pCt. Arsen keine Spur von Cobalt und Nickel vorhanden. —

Der Schwefelgehalt der Bronze kann von Anfang der Bronze beigemengt gewesen sein, oder auch später in dieselbe hineingetreten sein. Durch die schönen Analysen von Priwosneck (vorgelegt in der K. Oester. Acad. der Wissensch. 14. Mai 1872. Anzeiger d. K. Acad. d. Wiss. 1872, S. 50) wissen wir, dass das Kupfer bis zur Sättigung Schwefel aufnehmen kann, um in Covallin überzugehen; auf 66,77 Kupfer fand sich 33,22 Schwefel. Neben dem indigblauen Covallin zeigte sich schwarzes Halbschwefel-kupfer.

Die Farbe der stahlgrauen Bronze hätte sich vielleicht durch die Aufnahme des Schwefels erklären lassen; um jedoch Klarheit darüber zu haben, wurde ein Guss von Bronze veranstaltet, welcher der Zusammensetzung der Analyse ungefähr entsprach. Hr. Dr. Siemens hatte die Freundlichkeit, diese nicht ganz ungefährliche Schmelzung vorzunehmen. Es wurden

499,5 Gramm Kupfer
126,8 „ Nickel
36,0 „ Cobalt

zusammengeschmolzen, ferner

18,0 „ Antimon
9,0 „ Zinn;

nach der Vereinigung dieser Legirung und einer weiteren Erniedrigung der Temperatur 102,6 Gramm Arsen hinzugefügt, von welchem ein Theil sich verflüchtigte.

Die auf diese Weise dargestellte Bronze ist der alten ausserordentlich ähnlich. Es zeigen sich die gleichen physikalischen Eigenschaften, Härte, Sprödigkeit und vor allem, die Farbe ist fast dieselbe, nur geht bei der imitirten Bronze der Ton ein wenig in's Röthliche über.

Ueber die weiteren Resultate der Bronze-Analysen gedenke ich demnächst Mit-theilung zu machen. —

Hr. Virchow theilt, im Anschlusse an diesen Bericht, einige von seinem Sohne Carl im Laboratorium des Hrn. Bunsen in Heidelberg ausgeführte

Analysen märkischer und posener Bronzen

mit. Es beziehen sich dieselben auf folgende Fundstellen:

1) Gräberfeld von Blossin bei Königs-Wusterhausen in der Mark (Sitzung vom 13. Juli 1872. S. 229).

2) Gräberfeld von Seelow in der Mark (Sitzungen vom 17. April und 14. Mai 1875. S. 87 u. 113).

3 u. 4) Gräberfeld von Zaborowo in der Provinz Posen; von hier gelangten Bruchstücke von Ringen, und zwar wahrscheinlich Haarringen, zur Unter-suchung.

Das Ergebniss der Analysen war folgendes:

1. Blossin (Metallklumpen, stark
      oxydirt).

91,0904 pCt. Kupfer
8,7160 „ Zinn
0,1914 „ Eisen
0,0022 „ Nickel und Cobalt.
Spur   Arsenik

2. Seelow (stark oxydirt).

90,7818 pCt. Kupfer
4,1250 „ Zinn (mit Antimon)
2,8450 „ Arsenik
0,4799 „ Silber
0,7213 „ Eisen
1,0470 „ Nickel
Spur   Wismuth

3. Zaborowo, dicker Ring.

94,4724 pCt. Kupfer
3,715 „ Zinn (mit Antimon)
1,830 „ Arsenik
0,0826 „ Silber
Spur   Eisen
Spur   Wismuth.

4. Zaborowo, dünner Ring.

95,5965 pCt. Kupfer
4,3650 „ Zinn (mit Arsenik)
0,0385 „ Eisen
Spur   Silber
Spur   Wismuth.
Eine Perle aus derselben Fundstelle ist
durch Kupfer blau gefärbt.

Eine Vergleichung dieser Analysen mit den in der letzten Sitzung mitgetheilten des Hrn. Salkowski lässt mancherlei Abweichungen hervortreten. Von den durch letzteren untersuchten Bronzen von Zaborowo zeigt nur eine, nehmlich diejenige, welche das Bronzemesser betrifft, in Bezug auf den Gehalt an Kupfer und Zinn verwandte Mischungsverhältnisse, nehmlich 93,66 Kupfer und 6,14 Zinn. Es ergiebt sich daher für dieses eine Gräberfeld, für welches schon Hr. Salkowski so verschiedenartige Zusammensetzungen der einzelnen Bronzen nachgewiesen hatte, eine ungemein grosse Mannichfaltigkeit der Mischungsverhältnisse. Nimmt man dazu das Ergebniss des Hrn. Liebreich, so ersieht man leicht, wie wenig zutreffend die bisher meistentheils eingehaltene Methode, nur ein einziges Stück aus einem grösseren Funde zum Gegenstande der Analyse zu machen, sein kann. Uebrigens ergiebt sich für alle die aufgeführten Fundstellen wenigstens die Uebereinstimmung, dass keine der römischen oder späteren Bronze analoge Mischung aufgefunden ist. — Speciell für die Bronze von Seelow nnd die unter No. 3 aufgeführte Bronze von Zaborowo treten in Betreff der geringeren Mischungsantheile (Arsenik, Silber u. s. w.) bemerkenswerthe Verwandtschaften hervor.

(15) Hr. Liebreich bespricht ferner die

toxischen Wirkungen der N'Kassa-Rinde.

Durch Hrn. Dr. Boehr wurden mir im Auftrage der Afrikanischen Gesellschaft einige Stücke N'Kassa Rinde übergeben. Dieselbe kennzeichnet sich durch ein ungemein hohes spez. Gewicht, ohne sonst äusserlich besonders charakteristische Merkmale darzubieten.

Da für die chemische Untersuchung, besonders für die Darstellung der in ihr enthaltenen alcaloiden Substanz, die Quantität nicht ausreichte, so wurden nur einige chemisch präparative Versuche gemacht, deren Resultate für die Beurtheilung der Identität von neu übersandtem Materiale zur Vergleichung nützlich sein können. Es konnten 20 pCt. wässrigen Extractes dargestellt werden, welches zu einer braunen, spröden, zerbröckelnden Masse trocknete. Die Quantität des alcoholischen Extractes betrug 28 pCt., letzteres stellte eine syrupöse Masse dar. Beide Extracte sind giftig, jedoch zeigt der alcoholische eine überwiegend stärkere Wirkung und es ist nicht unwahrscheinlich, dass die aus letzterem sich abscheidenden feinen Krystalle das in der Rinde enthaltene wirksame Alcoloid sind. —

Um dieselben möglichst zu isoliren, wurde folgendermassen verfahren: 11,5 Gramm der fein gepulverten und gesiebten Rinde wurde mit einigen Tropfen verdünnter Schwefelsäure versetzt und so lange mit Wasser ausgekocht, bis das Filtrat beim Veraschen keinen festen Rückstand mehr hinterliess. Die vereinigten Filtrate wurden mit basisch-essigsaurem Blei gefällt. Das nun erhaltene Filtrat wurde durch Schwefelwasserstoff von überschüssigem Blei befreit, bei gelinder Wärme auf dem Wasserbade abgedampft und der Krystallisation überlassen. Es lieferten die 11,5 Rinde 0,39 einer zum grossen Theil krystallisirenden essigsauren Verbindung. — Der Bleiniederschlag gab, nach der Zersetzung mit Schwefelwasserstoff, keine wirksame Substanz.

Die auf diese Weise dargestellte Masse zeigte, wie es zu erwarten war, die grösste Wirkung. Ein qualitativer Unterschied in der Wirkung der verschiedenen Extracte konnte nicht beobachtet werden. —

Die Versuche, welche für die Auffassung der Wirkung am entschiedensten waren, wurden an Hunden gemacht. Es zeigte sich, dass mittelgrosse Hunde bei subcutaner Injection von 0,018 der zuletzt präparirten Massen, — diese Zahl würde etwa 0,5 Gramm der Rinde entsprechen — zu Grunde gingen. Der Verlauf, welchen die Vergiftung nahm, war in allen Versuchen genau derselbe. Zuerst trat wiederholtes Gähnen auf, demselben folgten heftige Brechbewegungen und Defaecation, nach kurzer Andauer dieses Zustandes fiel das Thier um, weder Lähmungs- noch Krampferscheinungen wurden beobachtet. Bis zum Momente des Todes, der unter Dyspnoë erfolgte, wedelte das Thier beim Anrufen mit dem Schwanze, woraus sich wohl schliessen lässt, dass das Sensorium durch das Gift der N'Kassa nicht beeinträchtigt wird. Die sofort angestellte Section ergab, dass alle Schleimhäute sich in ausserordentlich anämischem Zustande befanden. Die Milz dagegen, Leber und Niere zeigten sich strotzend mit Blut überfüllt. Das Herz bot stets das Bild der Lähmung dar. Beide Ventrikel zeigten sich mit Blut stark gefüllt. Die electrische Erregbarkeit war bei der gleich nach dem Tode vorgenommenen Section stets vorhanden.

Wir sehen also, dass wir es mit einem ausserordentlich heftigen Herzgift zu thun haben, das gleichzeitig als Brechen erregendes Mittel wirkt.

Die Rinde, welche von den eingebornen Fetisch-Priestern zum Gottes-Gericht benutzt wird, soll die Eigenschaft besitzen, bei Unschuldigen die Wirkung zu versagen; man hat dieses dadurch zu erklären versucht, dass die Priester eine genaue Kenntniss von der Rinde hätten und vorher beurtheilen könnten, dass gewisse Theile keine Wirkung zeigen sollten. Ich glaube diese Erklärung verwerfen zu müssen, da bisher keine solche Pflanzenrinde bekannt ist, welche an einzelnen Stellen gar keine, der sonst in ihr enthaltenen Stoffe enthält. Dass unter gewissen Umständen die furchtbare Wirkung der Rinde nicht zur Geltung zu kommen braucht, kann nach meiner Auffassung nur dadurch erklärt werden, dass die Brechen erregende Wirkung so schnell auftritt, dass die Rinde aus dem Magen wieder entleert wird. Das Erbrechen ist ein Vorgang, den wir bei Aufnahme anderer giftiger Substanzen durch geeignete Brechmittel zu erreichen suchen. Es ist nicht unwahrscheinlich, dass gerade etwas grössere Quantitäten, besonders in nicht zu fein zerbröckeltem Zustand, das Leben eher erhalten können, als kleinere Quantitäten, welche vielleicht fein vertheilt, durch die im Magen enthaltene Flüssigkeit schnell ausgelaugt werden und nach der Resorption den Tod durch Herzlähmung unfehlbar bewirken. — Es ist bis jetzt keine Substanz bekannt, welche in so kleiner Dose diese Art der Symptome hervorruft. In Jamaika ist ein von der Pflanzenfamilie der Asclepiadeen stammendes Gift, das Echitin mit ähnlicher Wirkung bekannt, und es ist nicht unwahrscheinlich, dass die N'Kassa Rinde von einer Pflanze jener Familie herstammt. —

(16) Hr. **Hartmann** besprach den

Anthropoiden Mafuca des Dresdener zoologischen Gartens.

(vergl. Sitzungsbericht vom Oktober).

Das Thier stammt, wie sichere Nachrichten beweisen, aus dem von Herrn Dr. Güssfeldt so malerisch geschilderten Waldlande Mayombe. Hier haust, in dichten tropischen Forsten der riesige N'Pungu oder Gorilla (N'Djina der Gabun-Völker), sein Gebiet in entschiedener Oberherrlichkeit behauptend. Gegen die Küste hin findet sich auch der in Westafrika N'Djeko, N'Schego oder N'ziko genannte Chimpanse (Troglodytes niger), von welchem man nach höchst unzureichendem Material mehrere gesonderte Arten hat aufstellen wollen.

Mafuca, so wurde das Thier nach einem in Loango üblichen Titel genannt, kam jung und kränkelnd nach Deutschland, gedieh aber unter der sorgfältigen Behandlung seines trefflichen Pflegers, Directors A. Schoepf, ausserordentlich. Letzterer zeigt Kleider, d. h. Jäckchen und Hosen, welche der Mafuca vor 1½ Jahren noch recht gut passten. Zur Zeit ihrer Besichtigung durch den Vortragenden (2.—4. Septbr. 1875) konnte dieselbe freilich nicht einen Arm mehr in das Bein ihrer früheren Pumphose einbringen. Mafuca ist eine Zeit lang stark gewachsen. Man hat nun hämischerweise die Wahrheitsliebe des Hrn. Schoepf anzweifeln wollen, indem man vorgab, die gezeigten, zu eng gewordenen Kleider seien niemals auf dem Körper des Affen gewesen. Man hat dadurch die Beobachtungen über das schnelle Wachsthum des schönen, energischen Thieres zu entwerthen gesucht. Aber einmal sei es, betont Vortragender, abscheulich, ohne Grund die Angaben eines nur seiner Sache lebenden, als durchaus ehrenhaft bekannten Mannes, wie Schoepf, aus egoistischem Parteiinteresse zu verdächtigen, zum anderen Male nun habe Hr. C. Hagenbeck mehrmals versichert, er könne es eidlich erhärten, die angeführten Kleidungsstücke auf dem Körper des Affen gesehen und sich durch wiederholte Autopsie über dessen rapide Entwicklung unterrichtet zu haben. Vortragender überlässt es dem Dr. Nissle, die von ihm sehr fleissig gesammelten authentischen Berichte über die Herkunft der Mafuca zu veröffentlichen. Dies soll im ersten Heft des VIII. Jahrganges dieser Zeitschrift geschehen. Herr van Bemmelen, Director des zoologischen Gartens zu Rotterdam, hat die Behauptung aufgestellt, Mafuca sei ein von der Goldküste stammender gewöhnlicher Chimpanse, dessen Schwesterindividuum in dem erwähnten Garten eine Zeit lang gelebt habe. Diese durch zuverlässige Nachrichten gänzlich entkräftete, völlig aus der Luft gegriffene Angabe zeigt neben vielen anderen, wie geschäftig Fama war, die von Berlin aus behauptete Gorilla-Natur der Mafuca in tendenziöser Weise zu bekämpfen.

Vortragender erklärt nun, er hätte die ganze Mafuca-Angelegenheit gern bis zum einstmals erfolgten Tode des Thieres auf sich beruhen lassen. Es hätte jedoch der Indifferenz der dresdener Zoologen gegenüber nicht verhindert werden können, dass der in Berlin erfolgte Ausspruch, „Mafuca sei entschieden **kein** Chimpanse, sie könne vielmehr wohl ein Gorilla sein", als wahre Sensationsnachricht ihren Weg in die Oeffentlichkeit nahm. Auch der Name des Vortragenden, eines vielfach anerkannten Bearbeiters der Anthropoiden, wurde unvermeidlicher Weise mit der Angelegenheit verknüpft. Die Mitglieder der Gesellschaft haben von der sich nunmehr entwickelnden Streiterei für und wider „Gorilla" wohl hinreichende Kenntniss genommen.

Trotzdem erklärt Vortragender, er hätte die Sache am liebsten in suspenso gelassen, wäre er nicht durch gehässige, in Dresden und selbst in Berlin hinter seinem Rücken vorgebrachte Anschuldigungen wider seine, im Hinblick auf Mafuca entwickelte Thätigkeit dazu gereizt worden, die von ihm versuchte Beweisführung in öffentlicher Sitzung darzustellen. Ein guter Theil seiner Gegner sei eingeständig, den dresdener Affen gar nicht mit eigenen Augen gesehen zu haben, trotzdem glaubten jene Leute, aus den vorhandenen Abbildungen von Gorillas, von Chimpanses und der Mafuca wohl ersehen zu können, dass letztere nicht der ersteren Art Anthropoider angehöre.

Vortragender unterzog nun zunächst diese, ihm höchst sonderbar erscheinende Art und Weise, eine so schwierig zu lösende Frage par distance behandeln zu wollen, einer scharfen Kritik. Die von seinen Gegnern hauptsächlich citirten Abbildungen männlicher und weiblicher Gorillas durch Wolf in Owen's Memoir on the Gorillas (London 1865) gehörten seiner Meinung nach entschieden zu den schlechtesten Leistungen des übrigens so genialen und vom Vortragenden besonders hochgeschätzten Künstlers. Das in Front view abgebildete Gorilla-Männchen, welche Figur leider auch in die Abhandlungen von Huxley und seinen Nachbetern übergegangen sei, gleiche zwar einem Bären, auch wohl einem Faulthiere, nicht aber einem Affen. Wolf's Abbildung des Weibchens und Jungen a. a. O. sei ebenso plump, wie technisch unvollkommen gearbeitet. Diese Darstellungen wären weit unnatürlicher, als selbst die in London, Paris und Wien aufgestellten gestopften Häute. Der in Isid. Geoffroy St. Hilaire's Abhandlung abgebildete enthaarte, in Weingeist aufbewahrte (?) Kopf gehöre einem alten Männchen an und dürfe als Vergleichungsobject mit der Mafuca nur höchst vorsichtig gebraucht werden. Die von Owen in oben citirten Memoirs abgebildete Gorilla-Leiche sei die eines sehr jungen Thieres und durch cadaveröse Emphysembildung, wie durch andere Fäulnissvorgänge, endlich auch durch starke Einwirkung von Alkohol, in fast karrikaturenhafter Weise entstellt. Du Chaillu's und Winwood Reade's Abbildungen seien fast durchgehends nur werthlose Fiktionen.

Die dem Verfasser wohlbekannten und von ihm in der Sitzung vorgezeigten Photographien und Heliotypien der lübecker Exemplare zeigten mit nur mässigem Kunstaufwande montirte Bälge und könnten daher sehr wenig in Betracht kommen. Einigermassen brauchbar erwiesen sich nur folgende bis jetzt vorhandene Gorillabilder: 1) In Wood's Illustrated Natural History of Mammals p. 15 (Zeichnung von Wolf), 2) in Isidore Geoffroy St. Hilaire's Quatrième Mémoire, Singes, Archives du Muséum T. X pl. l., 3) in P. Gervais Histoire Naturelle des Mammifères T. I, p. XXIV, p. 27, 4) in Devéria und Rousseau: Photographie zoologique, Paris 1853. Die dargestellten Thiere seien ausgewachsene Männchen. Ein junges Männchen bilde I. Geoffroy St. Hilaire l. s. c. pl. VII Fig. 1, 2, nach einem in Weingeist aufbewahrten Cadaver ab Die Bäuche seien aber an den gestopften Bälgen zu fassartig aufbebauscht. Das stimme nicht mit einer, von dem Afrikareisenden Herrn von Koppenfels (nach frisch getödtetem Exemplar) entworfenen, über Sta Fé de Bogotá von Hrn. Bastian neuerlich eingesandten Skizze eines alten Männchen, dessen Bauch, wie bei Mafuca, sehr eingezogen sei. Letzteres fände sich übrigens auch an dem in Hamburg befindlichen, von Hrn. Wörmann geschenkten Weingeistexemplare. In der Gesichtsbildung böten oben erwähnte bessere Gorilla-Darstellungen jedenfalls vieles an Mafuca Erinnernde dar.

Vortragender hat sich die Mühe genommen, eine von ihm verfertigte Skizze nach

dem Balge des Lübecker Weibchens, unter Controle durch die photographische Aufnahme desselben mehr der Natur entsprechend zu restauriren, d. h. den Nasenknorpel
gewölbter, als an dem eingetrockneten Original, zu zeichnen und die Oberlippe unmerklich zu verlängern. Das so entstandene Portrait gleiche der Mafuca täuschend,
wie auch in der Sitzung selbst von mehreren Mitgliedern der Gesellschaft aus eigener
Anschauung zugegeben worden sei.

Man müsse nun, wolle man die Mafuca mit anderen Anthropoiden in Vergleich
ziehen, wohl daran denken, dass erstere ein Weibchen sei. Man dürfe an dies
Thier nicht mit den Vorstellungen herantreten, welche man sich nach den von alten
Männchen existirenden besseren oder schlechteren Abbildungen und Bälgen zurecht
gemacht habe. Die weiblichen Anthropoiden wichen in ihrer Körpergestalt sowohl,
wie auch in ihrem Skeletbau sehr wesentlich von den männlichen Individuen ab.
Nirgend sei dies so aufgefallen, als beim Gorilla, dessen männlicher Schädel im Vergleich mit dem weiblichen u. A. eine beträchtlichere Grösse, einen mächtigeren Zahn-
bau und eine ganz abweichende, durch hohen Pfeilnahtkamm hervorstechende Hinter-
hauptbildung zeige. Es lasse sich wohl sagen, dass in craniologischer Hinsicht
der alte weibliche Gorilla dem alten männlichen Chimpanse ähnlicher
wäre, als der erstere dem alten männlichen Gorilla.

Mafuca sei nun, so berichtete Vortragender weiter, in ihrer Entwicklung noch
lange nicht vollendet. Man habe fälschlicherweise die Nachricht ausgesprengt, sie
sei schon ein altes Thier, denn sie habe periodische sexuelle Regungen, indessen
sei letztere Angabe für die Beurtheilung des vermeintlichen Alters des Thieres keineswegs massgebend. Dergleichen Erscheinungen liessen sich schon an noch recht jungen
Chimpanses, Magots, Meerkatzen, sehr jungen Pavianen und ausnahmsweise selbst
bei Kindern wahrnehmen., Mafuca's Zahnwechsel sei noch nicht beendet.

Verfolge man die sorgfältigen von Owen, Lucae, Bischoff, Magitot, Giglioli
und noch Anderen, auch die vom Verfasser angestellten Untersuchungen über den Zahnwechsel der Anthropoiden, so gewinne auch dadurch die Ueberzeugung Raum, dass Mafuca nur zwischen 4—5 Jahr sein könne. Man wisse zwar bis jetzt nichts Sicheres
über das höchste Alter, welches Anthropoiden erreichen könnten, indessen ergebe
sich aus mancherlei bisher gesammelten Indicien, sowie aus vergleichend-osteologischen
Untersuchungen, dass solche Thiere doch fast Menschenalter erreichen möchten. Dem
Dr. Nissle müsse es überlassen bleiben, die von ihm mit grossem Fleisse zusammengebrachten Notizen über die bisherigen Stadien des Zahnwechsels der Mafuca an
geeigneter Stelle zu veröffentlichen.

Vortragender bemerkt an diesem Orte, man habe gegen ihn die angebliche
Thatsache zu constatiren gesucht, es sei von alten Chimpansemännchen noch
so gut wie gar nichts bekannt. Derartige Angaben beruhten indess entweder
auf absichtlicher, gehässiger Entstellung der Wahrheit oder auf gröblicher Unwissen-
heit. Denn Jedem, welcher sich ernstlich mit dem Studium der anthropomorphen
Affen befasse, müssten die Mittheilungen und bildlichen Darstellungen der Herren
Owen, Dahlbom, Js. Geoffroy St. Hilaire, Th. L. Bischoff und des Vortragenden über alte Chimpanse-Männchen wohl bekannt sein. Mafuca habe aber
mit letzteren gar nichts zu schaffen.

Mafuca sei bereits jetzt grösser und stärker, als ein etwa gleichaltriger weiblicher
Chimpanse, z. B. als das prächtige Thier letzterer Art im zoologischen Garten zu
Hamburg. Obwohl nicht alle Chimpanses das bei manchen kränkelnden Individuen
derselben aufgefallene, zwar häufig heitere, aber doch dabei milde, duldende Be-
nehmen zeigten, obwohl z. B. das Hamburger Thier manchmal starke Gaukeleien und
Sprünge mache, so sei alles das doch nichts gegen die unbändige Wildheit, die

markige Lebendigkeit der plötzlich einmal recht liebenswürdig sich zeigenden, an ihre Pfleger sich innig schliessenden Mafuca. Wie die vor Aufgeregtheit halb rasenden jungen Negersoldaten, welche sich im oberen Sennar an starkem Durrah-Bier betranken und dann in paradoxem Uebermuth unglaubliche Proben der Tollheit ablegten, so etwa käme Mafuca dem Sprechenden in ihrem gewöhnlichen Dasein vor. Eine durchaus ungezügelte, unberechenbare Natur repräsentire dieselbe. Im Augenblick den Pfleger süss liebkosend, kratze sie ihn ohne Veranlassung im unmittelbar folgenden Moment, nehme dann Sätze wie ein angeschossener Panther und klaube darauf wieder ganz manierlich Nüsse auf. Jetzt seinen Spielkameraden, ein munteres Aeffchen anderer Art, zärtlich streicheln, in den nächsten Minuten bei tobendem Gewitter dasselbe ergreifen und gegen die Gitter des Käfigs schmettern, bis es im Tode röchelnd da liege, das seien Wandlungen, wie sie sich in dieses Anthropoiden Benehmen in unheimlich kurzer Zeitdauer vollzögen. In diesem ganzen Gebahren finde man aber keinerlei Züge, wie man sie in demjenigen der Chimpanses beobachtete.

Dr. Bolau, so berichtete Vortragender weiter, habe behauptet, der weibliche Chimpanse des zoologischen Gartens zu Hamburg gebe an Lebhaftigkeit und Kraft der Mafuca wohl kaum etwas nach. Indessen sei doch der Unterschied darin nach Meinung des Redners ein immer noch sehr grosser. Das der Mafuca an Alter wenigstens nachstehende Hamburger Thier sei zwar prognather, als die meisten bis jetzt gesehenen jüngeren Chimpanses, allein die sonstige Kopfbildung, der physiognomische Habitus, die Rumpf- und Gliederbildung des Elb-Chimpanse wichen sehr beträchtlich von den Formen des Dresdener Affen ab.

Letzterer habe einen im Verhältniss zur Schulterbreite kleinen Kopf. In der Scheitelmitte zeige sich ein in sagittaler Richtung verlaufender, mit einem Haarkamme bedeckter Kiel. An weiblichen Gorillaschädeln zeige sich oftmals ein niedriger sagittaler Knochenkiel. Höchst selten, und alsdann ungemein viel schwächer, zeige sich derselbe an alten weiblichen Chimpanse-Schädeln. Die Augenhöhlenbögen der Mafuca ragten stark wulstig hervor, wie beim Gorilla, und seien mit dicker, warziger Haut bedeckt Dieses Verhalten, welches sich bei Chimpanses niemals in so hohem Grade zeige, gebe dem Kopfe Mafuca's ein sehr charakteristisches Aussehen. Bei alten männlichen und weiblichen Gorillas müssten diese Augenhöhlenbögen, der Entwickelung ihrer knöchernen Grundlage nach zu urtheilen, wahrhaft monströs werden. Von krankhafter Entartung lasse sich an den vorhandenen Schädeln durchaus nichts wahrnehmen. Die Nase Mafuca's sei nur durch einen geringen Zwischenraum von den inneren Augenwinkeln getrennt. Das könne an die bei den Chimpanses gewöhnliche Bildung erinnern. Allein auch bei Gorillas sei der Raum zwischen Apertura pyriformis und Innenwand der Augenhöhlen bei gleichzeitiger tieferer Einsattelung des Nasenrückens ein nur sehr kurzer. — Vortragender könne dies an verschiedenen, z. Z. vor ihm liegenden männlichen und weiblichen Gorillaschädeln nachweisen. Das individuelle Variiren müsse daher auch hierin sehr gross sein. Mafuca's äussere Nase sei sehr hervorragend, gewölbt, mit einer tiefen mittleren Längsfurche und mit grossen Löchern versehen. Das sei die echte Gorilla-Nase. Bei Chimpanses sei diese weit kleiner, flacher, ohne die tiefe mittlere Furche. Bei letzteren Affen gehe eine wohl bemerkbare Hautfurche vom Hinterrande des Nasenrückenknorpels aussen um die Nasenlöcher und die Nasenscheidewand herum. Bei Mafuca und den Gorillas reiche eine ähnliche tiefere Furche nur bis zu gleicher Höhe der Mitte der Löcher herab.

Mafuca habe eine lange Oberlippe, dieselbe sei der Länge und Quere nach gefurcht, warzig, voll steifer Haare und könne ebenso weit schnutenförmig vorgestreckt, wie auch unter starkem Zähnefletschen sehr weit zurückgezogen werden. Sei das Thier gut gelaunt, so ziehe dasselbe, Grimassen schneidend, öfter die Oberlippe ganz

ein, wie das auch andere Affen und selbst Menschen gelegentlich thäten. Die Oberlippe erscheine alsdann völlig kurz und die Aehnlichkeit mit den Bildern von Gorillas
werde dann noch grösser. Man behaupte, die Kürze der Oberlippe bei letzteren gebe
einen beträchtlichen physiognomischen Unterschied mit Hinsicht auf die langlippige Mafuca
ab. Bei dem Wörmann'schen, in Weingeist stark zusammengeschrumpften Gorilla-
Exemplare sei die Oberlippe sammt der Unterlippe gewaltsam über die geschlossenen
Zähne gezogen worden, gerade, als man eine photographische Ansicht des Kopfes
anfertigen wollte. Nun sei bekannt, dass auch die Gorillas ihre Lippen beim Fressen,
Saufen, Schmunzeln, Grollen u. s. w. löffelförmig verlängern und vorstrecken könnten.

Alle Affen besässen, so fährt Redner weiter fort, einen stark entwickelten Schliess-
muskel des Mundes, ferner stark entwickelte Längsmuskeln der Lippen, welche letzteren Organen eine ungemein grosse Beweglichkeit gestatteten. Indessen sehe man
auch Gorilla-Schädel männlichen und weiblichen Geschlechtes, an denen der Zwischenraum zwischen Augenhöhlen und Nasenapertur sehr kurz, die Prognathie aber sehr
beträchtlich, die Alveolarfortsätze der Oberkieferbeine mit den gewaltigen schief
stehenden Zähnen aber sehr lang seien. Demgemäss müsse doch auch die Oberlippe
solcher Individuen sehr lang sein. An anderen Schädeln finde man grosse Zwischenräume zwischen Orbitae und Apertura pyriformis, sowie sehr kurze Alveolarfortsätze
der Oberkieferbeine. Individuen von derartiger Schädelbildung müssten einen langen
Nasenrücken und niedrigere Oberlippen haben. Solche Unterschiede liessen sich
leicht an den vorliegenden, vom Gabun, Ogöwe und aus Mayombe stammenden Gorillaschädeln ungefähr gleichen Alters nachweisen. Denn Schädel abweichenden Alters
lasse Sprecher bei diesen Untersuchungen absichtlich ausser Acht. Er habe Schädel
von Männchen und Weibchen differenter Bildung mit dem Lucae'schen Apparat gezeichnet und um die Umrisse die Weichtheile reconstruirt, dies nach der bei der
Gesichtszergliederung von Chimpanses und Orangs gewonnenen Erfahrung über Haut-
dicke, physiognomische Muskellagen u. s. w. Diese Versuche ergäben nun eine für
den Beschauer wahrhaft komisch wirkende individuelle Verschiedenheit. Da könne
man sich nun kaum wundern, wenn Redner schon nach dem Vorhergesagten sich
gemüssigt gefühlt habe, Mafuca für einen Gorilla mit kurzem, stark eingesatteltem
Nasenrücken und langer Oberlippe zu halten.

Das Thier habe breite Schultern, eine breite Brust mit vorstehenden Warzen,
eingezogene Flanken, nicht aber den Tonnenbauch der Chimpanses und viel kräftigere
Extremitäten. Die Musculatur der letzteren und des Rumpfes trete plastisch hervor,
wiewohl sie nicht so stark entwickelt sich zeige, wie an den sonst schönen, aber in
dieser Hinsicht etwas übertriebenen, in der Sitzung vorgelegten Zeichnungen G. Mützel's. Finger und Zehen zeigten Bindehäute bis etwa zur Mitte der ersten Phalangen.
Sie seien dicker wie die der Chimpanses, aber nicht so dick, wie die übertrieben
aufgeblähten, hydropisch erscheinenden auf Wolf's und Bocourt's Abbildungen,
an den gestopften Bälgen u. s. w. Beim Wörmann'schen Gorilla, einem Männchen,
seien Finger und Zehen durchaus nicht so dick, wie man gewöhnlich angebe. Das
gehe u. A. aus den in Hamburg verfertigten Photographien hervor. Die Gorilla-
Weibchen hätten, wie dies schon am Skelet nachweisbar sei, überhaupt schlankere
Finger und Zehen als die Männchen. Daher verstosse die verhältnissmässige Schlank-
heit der Phalangen Mafuca's ebenfalls nicht gegen die Annahme, sie sei ein Gorilla.
In Mützel's Bildern sei Mafuca's Hand entschieden zu schmächtig dargestellt. Dagegen seien die von demselben Künstler abgebildeten Füsse (namentlich an einem
Holzschnitt grossen Formates, welcher eine Abhandlung Dr. Brehm's im Jahrgang
1876 der Gartenlaube begleiten solle) eher diejenigen einer Gorilla.

Die seitlich weit abstehenden Ohren Mafuca's seien, wie dies zuerst von Hrn.

Dr. O. Hermes beobachtet worden, auf beiden Seiten etwas ungleich gebildet. Im Allgemeinen ähnelten diese Theile denen der Gorilla und damit zugleich denen des Menschen ungleich mehr, als denjenigen des Chimpanse. Mafuca's Ohren zeigten eine rechts schwächer, links stärker entwickelte Krempe oder Leiste. Rechterseits beginne dieselbe mit einem deutlich abgesetzten Schenkel (crus), welcher linkerseits am Ober-ende des Einschnittes zwischen Ecke und Gegenecke verlaufe. Die Ecke sei auf beiden Seiten ganz gut entwickelt, die Gegenecke sei links besser abgesetzt, als rechts. Je ein tiefer Einschnitt (Incisura intertragica) trenne die beiden zuletzt erwähnten Vorsprünge.

Jedes der Ohren habe Läppchen von allerdings nur geringer Grösse. Die Gegen-leisten seien breit und flach, die zwischen beiden Schenkeln derselben eingeschlossene, dreieckige Grube sei nur rechts einigermaassen zu erkennen. An Gorillaohren fänden sich Leiste, Gegenleiste, Ecke und Gegenecke, sowie auch Läppchen meist deutlich aus-geprägt. Die Gegenleiste sei auch hier flach, die zwischen ihr und der Leiste befind-liche Rinne sei breit. An Chimpanseohren fände sich bald ein deutlicheres, bald ein weniger deutliches Läppchen. Ecke und Gegenecke seien nicht selten gut entwickelt, die Leiste sei gewöhnlich umgekrämpt, ohne abgesetzten Schenkel. Die deutlich ent-wickelte schmale Gegenleiste werde durch eine zwei bis drei Centimeter weite Rinne (Fossa scaphoidea) von der Leiste getrennt. Am Ohrknorpel der Chimpanses fänden sich überdies noch mancherlei Vorsprünge, welche dem Menschen- und Gorillaohre nicht zukämen. Das Orang-Ohr sei klein (cca. 5 Ctm. lang) und menschenähnlich. Das Ohr der Gibbons habe gar keine Aehnlichkeit mit demjenigen des Menschen und der anderen Anthropomorphen. Darwin's „vorspringender Punkt" an der Ohrkrempe finde sich angedeutet an Mafuca's rechtem Ohr, manchmal sehr aus-geprägt bei Gorillas, nur selten angedeutet bei Chimpanses und Orangs. Dies wenigstens, soweit die Erfahrungen des Vortragenden reichten.

Wenn man nun Mafuca's Ohr genau in der Profilansicht des Kopfes visire, so betrage die Länge desselben etwas weniger als ein Drittel der Kopfhöhe, diese vom Scheitel bis zur Basis des Unterkiefers gemessen. Bei Gorillas betrage die Ohrlänge durchschnittlich weniger als ein Drittel der in gleicher Weise genommenen Kopfhöhe. Beim Chimpanse gingen gewöhnlich zwei Ohrlängen auf die Kopfhöhe. Mafuca's Ohr werde zu 7 Centm. Länge geschätzt. Hr. Dr. Nissle, welcher bei Abschätzung dieses Maasses zugegen gewesen, erkläre die dabei angewendete Methode wegen Un-gebehrdigkeit des Thieres für eine gänzlich rohe und unzuverlässige. Dem Vortra-genden kämen jene angeblichen 7 Centm. übertrieben vor. Die Ohrlänge alter männnlicher Gorillas (an Häuten in Soda aufgeweicht) habe Vortragender zu 6 bis 6,3—6,5 Centm. Länge gemessen. Chimpanse-Ohren wären durchschnittlich 6—7,5 Centm. lang. Sie wären breiter und anders gestaltet als diejenigen Mafuca's. Vor-tragender meint schliesslich, man dürfe auf die individuell ungemein schwankende Länge dieses „rudimentären Organes" nicht zu viel geben. Er überlasse den Calcul um etliche Millimeter mehr oder weniger ganz solchen Zoologen, welche daraus Capital für ihre Specieskrämerei zu schlagen suchten.

Jedenfalls sei in den Zeichnungen G. Mützel's, welche im Buntdruck dem I. Heft des Jahrganges 1876 der Zeitschrift für Ethnologie beigefügt werden sollten, das Ohr nicht naturgetreu genug dargestellt worden. Als zuverlässiger bewährten sich in dieser Hinsicht jene Skizzen des Dr. O. Hermes und die eigene des Vortragenden.

Endlich komme noch die Farbe in Betracht. Mafuca sei schwarz mit Stich in braun und mit fuchsigem Lüstre, um den After her seien die Haare schmutzig weiss. Letzteres zeige sich auch beim Gorilla. Dieser wäre meist über Rücken, Brust, Schultern und Lenden graubraun melirt, indem jedes der langen, schmutzig-aschfarbenen Haare erwähnter Theile ein bis zwei schwarz- oder rothbraune Ringeln zeigte. Der

Scheitel sei oft fuchsroth, die Extremitäten seien gewöhnlich schwärzlich braun, in Fuchsig oder Sammetschwarz schillernd. Es gebe aber auch ganz schwarze Individuen. Manche in der Jugend schwarze oder schwarzbraune Gorillas würden im Alter heller, melirt. Mafuca's Pelz-Farbe gäbe kein Criterium für die Stellung derselben im System ab. Ebenso wenig ihre Gesichtsfarbe. Diese sei dunkel-, schmutzig fleischfarben mit Stich in Rothbräunlich, russschwarz überflogen. Schwärzliche Färbung bilde sich aber auch im Antlitz vieler anfänglich daselbst sehr hell, fleischfarben erscheinender Chimpanses.

Vortragender legte eine grosse Menge Zeichnungen, Photographien, Steindrücke und Stiche von Gorillas, Chimpanses und Orang-Utan's vor. Es waren darunter viele von ihm selbst nach dem Leben aufgenommene Aquarell- und Bleistiftbilder. Er glaubte das von ihm herrührende Portrait der Mafuca als möglichst naturgetreu vorstellen zu können, dies besonders gegenüber den von G. Mützel, H. Leutemann und E. Reichenheim zwar recht schön gezeichneten, aber doch auch einzelnes Fehlerhafte enthaltenden Bildern des vielbewunderten Thieres. Sehr befriedigend seien auch von dem genialen Paul Meyerheim genommene Skizzen. Das Beste repräsentire freilich die von E. Gessner aufgenommene, durch Lichtdruck vervielfältigte Studie der ihren Kakaotrank behaglich auslöffelnden Mafuca. Die vorgelegten Exemplare dieses vortrefflichen Bildchens sind ein Geschenk des Mitgliedes Dr. M. Bartels.

Zum Schluss forderte Vortragender seine Gegner auf, ihm mit mindestens entsprechendem Rüstzeuge entgegenzutreten und im Interesse der Sache lieber von hinter dem Rücken erfolgenden, kleinlichen Nörgeleien abzustehen. Dr. Bolau sei in dieser Hinsicht wenigstens mit rühmenswerther Offenheit verfahren.

(17) Hr. Direktor **W. Schwartz** übersendet d. d. Posen, 22. October,

Nachträge zu den Posener Materialien zu einer prähistorischen Karte.

Cerekwice* (Kreis Posen), Gräberfeld, (u. A. kleine, hübsch verzierte, tassenartige Schöpflöffel). Un. mit Schüsseln zugedeckt. Posener Ztg. 1875. Nr. 433.

Dochanowo bei Exin (Kr. Wongrowitz), Steinkistengrab. 18 Un. (ohne Nebengefässe). Die Un. mit flachen Knöpfen statt der Buckeln und mit Deckeln (eine mit nicht überragendem, sondern eingefügtem Deckel). Br. E. Glasschmelz.

Gorzyce (Kr. Pleschen), Un. mit einer Fülle kleiner Gefässe (4 hutartige Deckel), Br. E. Glasschmelz. cf. Globus XXVIII. Nr. 1. In der Nähe am linken Ufer der Prosna auf den Territorien von Gorzyce und Robaków „Pfeilspitzen, kleine Messer und eine Menge Splitter von Feuerstein". Dziennik Pozn. vom 24. Juli 1875.

Luban bei Posen. „Mammuth-Back- und Stosszahn".

Krzyzownica (Kr. Mogilno), Un. in einem mit Scherben bedeckten Sandhügel am See; in derselben 3 Bronze-Spangen in der Form wie bei Worsaae, Nordiske Oldsager. Nr. 389„ nur etwas kürzer und mit breiterem Schilde.

Syzdlowo (Kr. Mogilno), eine eigenthümliche Axt von Serpentin (in einen dicken Knopf oberhalb des Bohrlochs endend, der diese Seite als Hammer erscheinen lässt).

---

[1]) Die mit einem Stern bezeichneten Ausgrabungen sind von dem Berichterstatter selbst vorgenommen worden.

[2]) In dem hiesigen Museum hat sich übrigens auch von dem bei W. No. 319 abgebildeten Trinkhorn der Beschlag nebst Kette und Spitze des Griffs vorgefunden, freilich ohne dass der Fundort genauer zu bestimmen ist. Jedenfalls gehört er aber der Provinz an.

Oberowo* (Kr. Samter) Gräberfeld, hier und dicht daneben auf der Stepanowoer
Feldmark Un. (mit Schüsseln zugedeckt) nebst den üblichen Beigefässen.

Mlynow (Kr. Adelnau) Gräberfeld, Br. Fragmente. Hr. Zenkteller.

Bobrowniki (Kr. Schilberg), Un. Hr. Zenkteller.

Owinsk (Kr. Posen). Un. in einer Steinkiste. In der Nähe zwei Feuersteinmesser
und ein Hammer. Hr. Schulinspector Laskowski.

Pierwszewo (Kr. Samter), 2 Steinkisten Br. Hr. Schulinspector Laskowski.

Kicin (Kr. Posen), 2 Bronze-Spangen wie in Krzyzownica. Hr. Witt-Bogdanowo.
Un. verloren gegangen.

Ocieszyn (Kr. Obornik) Steinkistengrab. Hr. Witt-Bogdanowo.

Uscikowo (Kr. Obornik), Un. Eisennadel mit Br. Hr. Witt-Bogdanowo.

Wierzchaczewo (Kr. Samter), Steinkistengräber, etwa 5' lang und 4' breit, noch
umgeben von einem im Viereck liegenden Steinkranz, der etwa 20 Schritt breit
und 30 Schritt lang war. Hr. Ober-Regierungsrath v. Massenbach.

Bialokosz (Kr. Birnbaum), Un. inmitten von Steinen, mit rohen unregelmässigen
Steinblöcken auch über der Erde. Hr. Ober-Regierungsrath v. Massenbach.

Neubrück bei Wronke, Gräber wie bei Bialokosz. Hr. Ober-Regierungsrath v. Massenbach.

Komerowo, in einem Theil des Bythiner See's, Insel mit Gemäuer und Urnenscherben. Pfahlbau? Hr. Ingenieur Meyer.

Jarogniewice* (Kr. Kosten), Gräberfeld. Un. von Steinen umgeben (u. A. schwarze
Buckelurne). Gefässe in der verschiedensten Grösse und Form, meist vasen-
artig, in einen Hals oben auslaufend. Ein Topf ganz mit Lineamenten bedeckt.
Auch ein sogenanntes Räuchergefäss.

Obornik*, an der schon früher mehrfach untersuchten Stelle in der städtischen Schonung förderten zwei neue Ausgrabungen wieder viele Un. (mit Schüsseln
zugedeckt) und mannichfache Gefässe zu Tage. In einer Un. eine bronzene
Nadel von 6 Centm. Länge. Dziennik Poznanski 1875. 10. Aug. — Steinkistengräber auf dem Roznower Abbau No. 10. Sitzungsbericht der Anthropol.'
Gesellschaft zu Berlin vom 17. April 1875. Die Gräber enthielten, wie auch
der Bericht hervorhebt, nur Urnen (meist mit Deckeln) ohne kleinere Beigefässe. Die Urnen, die ich gesehen, ähneln sich sehr unter einander und
unterscheiden sich (bis auf die aus Bentschen erwähnte) schon in der Masse
sofort von den andern, die hier gefunden worden. Die Grösse der Steinkisten
ist von der Zahl von Urnen, die sie birgt, abhängig. Der Typus eines derartigen Grabes wie der Urnen ist im Ganzen derselbe, wie beim Steingrabe von
Osnica in der Gegend von Plock, von dem der Globus Bd. XXVIII. Nr. 14 nach
dem Wiadomosci Archeologiczke I eine Abbildung giebt.

Bentschen (Bahnhof), Steinkiste mit 3 grösseren und 3 kleineren Urnen. (Eine
aus einem feinen gelblichen, nur schwach gebrannten Thon mit eingefügtem Deckel wurde eingesandt.) Hr. Bahnmeister Dworzaczeck.

Kujawki bei Gollancz, Un in einer hügligen Erhöhung, sogenannte Mergelkuppe
ohne Steine; in einer ein kleines, eisernes Messer mit dem Ueberrest einer
Scheide und eine ebendenartige Spange in Form einer Sicherheitsnadel, 10
Ctm. lang; schön erhalten, mit voller Federkraft.

Aus derselben Mergelgrube wurde ein Steinhammer, fast 1 Kilo schwer, ausgegraben, von dem aber die eine Hälfte, gerade in der Mitte des Bohrlochs, ab-
gesprungen. Hr. Gutspächter Hoffmeyer.

Ujazd (Kr. Kosten), „eine alterthümliche Hand-Getreidemühle von Granit, polnisch
Zarna."

Koninko, „langes, zweihändiges, eisernes Schwert".

Schroda, in einem Kiesschacht eisernes, ziemlich langes Jagdmesser.

Liszkowo (bei Inowrazlaw), ein sogenanntes Riesengrab wurde beim Abtragen eines Hügels bei dem Schlossgarten daselbst entdeckt und enthielt ausser Knochenüberresten Sporen und Waffentheile. Damaliger Besitzer Hr. Oberamtmann Nordmann. — Hr. Lehrer· Reder in Samter.

(18) Hr. **Schwartz** schickt ferner unter dem 13. d. M. einen Bericht

über einen chronologisch gut bestimmten Gräberfund bei Ruszcza.
(Hierzu Taf. XVI. Fig 2—6.)

Als historische Anhaltpunkte sind die Gräber besonders interessant, bei denen sich Münzen finden. So berichtet Lelewel im Polska Wiekòw Średnich. Posnań 1846. Tom. 1 p. 413 von einem Grabhügel bei Ruscza zwischen Sandomir und Staszow Folgendes. Als der Sand verweht, wurden Menschengebeine sichtbar. Beim näheren Nachsuchen fand man eine Anzahl Skelette mit auffallend grossen Schädeln; die Skelette lagen auf dem Rücken in der Richtung des Hügels von W. nach O. Gefässe fanden sich nicht, aber eine grosse Anzahl Scherben bei jedem Skelet, sowie auch Messer und Haken („wie man sie zum Einschlagen in die Wände gebraucht, um etwas daran zu hängen"), desgleichen silberne Blechstücke, Ringe von Zinn (nicht in einander gefügt). Bei einem Skelet lag eine Medaille oder Amulet, wie beifolgende Zeichnung (zwischen Messer und Haken) zeigt, mit einem Thierbilde und einer Oese (vergoldet). Wichtiger war aber noch der Fund eines zerbrochenen Geldstücks, das gleichfallls abgebildet ist und zu denen gehört, wie sie vielfach hier in Polen aus der Zeit der fränkischen Heinriche sich finden. Hiernach vindicirt Lelewel das Grab der betreffenden christlichen Zeit, in der Medaille findet er Beziehungen zu Skandinavien.

Aus den weiteren Ausführungen wäre noch hervorzuheben Folgendes:

1) dass ähnliche Grabhügel sich in der Nähe von Krakau und Sandomirz sowie in Samogitien und in der Gegend von Nowgorod fänden (bei letzterem Orte gelte einer als speciell zu Ehren des Gostomysl, des ersten Colonisten von Nowgorod geschüttet).

2) Masovien aber und die Umgegend von Warschau, ebenso Podlachien kenne derlei Hügel, welche ganze Skelette enthalten, nicht. Dagegen fänden sich auch hier, wie in ganz Polen, zahlreiche Urnen mit Asche u. s. w. Im Krakauischen und in der Gegend am Bug finde man neben den Gebeinen oft römische Münzen der Kaiser Hadrian, Trajan und der Antonine.

3) Auffallend sei in den Grabhügeln der ersten Art, dass man überall eine Schicht Flusssand finde, den man oft nachweislich ein Paar Werst weit herbeigeholt habe.

(19) Das correspondirende Mitglied, Hr. Resident **Riedel** berichtet in einem Briefe, d. d. Gorontalo, 10. August, unter Uebersendung einer prächtigen Photographie

Ueber die Tiwnkars oder steinernen Gräber auf Nord-Selebes.

Die Leichname der Abgeschiedenen unter den Minahasa-Alifurus werden vorher eingewickelt in der ausgeklopften Rinde des Lahendongs, einer Art Sponia, und sorgfältig auf dem höchsten Baume an unzugänglichen Orten der Vernichtung preisgegeben. Später, kurz vor der Ankunft der Spanier, führte der Taunahas oder Aeltere von dem

Taumbuluh-Stamme, mit Name Tangkere den Gebrauch ein, die Todten in Tiwukars zu begraben. In der von sandartigem Gestein verfertigten Kiste werden nach der Entbindung successive die Leichname von mehreren Mitgliedern einer Familie, mit feinen Kleidern und Kelana — Korallen von Gold und Silbercomposition — umhangen, in hockender Stellung bewahrt. Die Tiwurkas werden dem Ansehen der Verstorbenen gemäss architectonisch geschmückt, mit Abbildungen von Cercopithecus niger, Anoa depressicornis, Python sp., etc. Von zwei dieser Tiwukars geht hierbei eine Photographie mit. Der Gebrauch, die Leichname in Tiwukars zu bestatten, ist nach der Einführung des Christenthums aufgegeben, und viele dieser Gräber sind nach 1840 bei der Verschönerung der Negarien oder Kampungs zerstört. —

(20) **Hr. F. Jagor** übersendet Zeichnungen von

indischen Altsachen:

1) Umrisszeichnungen des grössten Steinbeiles (aus Kieselschiefer) vom Savoy Districte im Museum der Geologie zu Calcutta, von dem sich eine Zeichnung in halber Grösse in den Memoirs of the Geolog. Survey of India (Vol. X. P. 2) befindet.

2) Zeichnungen von Gefässen aus gebranntem Thon, aus alten Gräbern in Sindh, im Museum zu Bombay. Eigenthümliche, unten abgerundete, meist kegelförmig zugespitzte, nach oben in cylindrische, durch Quereinschnitte abgetheilte Hälse übergehend.

3) Zeichnungen von allerlei Thierköpfen (Affen, Büffel u. s. w.) aus gebranntem Thon, welche in alten Gräbern von Sindh gefunden sind und im Victoria Museum zu Bombay aufbewahrt werden.

Von Hrn. Jagor sind ferner eingegangen

Maasstabellen und Photographien[1]) von Andamanesen.
(Taf. XV Fig. 1—2.)

---

[1]) Die auf derselben Tafel (Fig. 3—5) gelieferten Abbildungen von Nicobaresen stammen gleichfalls von Hrn. Jagor. Von den Photographien der Andamanesen sind zunächst der Vergleichung wegen nur zwei geliefert, bei denen sich ein Maassstab befindet. Letzterer ist von

Die Photographien sind von E. H. Man Esq. aufgenommen.

Die Messungen haben in Viper Island nnd Chatham Island, Port Blair, statt-gefunden.

Die Maasse sind mit folgenden Instrumenten genommen:

P. Planche graduée⎫ Broca's Instructions p. 39.
dE. double Equerre ⎭

Tz. Tastzickel⎫ der gewöhnlichen Zimmerleute.
Z. Zickel ⎭

B. Stahlmessband.

Bestimmung der Farbe nach Broca's Skala.

Die Millimeter in allen Fällen nur geschätzt.

Anmerkungen zu den Tabellen.

1. Das Alter bei allen Individuen geschätzt.
2. Haut sehr gleichmässig gefärbt, sehr rein, gesund, ziemlich genau 41 der Farbentafel.
3. Zahnfleisch licht rosa, vielleicht heller als bei Europäern, häufig mit hell violettgrauen Flecken.
4. Bindehaut schmutzig weiss, ins grünliche schillernd, mit kleinen rothen unregelmässig vertheilten Strichen, oft sehr unrein.
5. Der Kopf ist bei den Männern gewöhnlich rasirt oder mit Pfefferkorngrosssen Haarbüscheln bedeckt, im ersten Fall bleibt häufig auf der Mittellinie des Hinterhauptes eine Reihe solcher kleiner Haarbüschel stehen, die oben in einen Stern endigen A, oder es bleiben 2 Reihen stehn, die ein Hufeisen bilden B. Bei den Frauen wird das Haar ringsum am Rande abrasirt, so dass nur eine runde Kappe von 200 Mm. Bogen stehen bleibt. Ueber Pfefferkorngrösse tragen ☿ selten ihr Haar (ich sah nur 2 oder 3 Ausnahmen), ♀ lassen es wohl etwas länger werden. Wird das Haar zu lang, so wird es bei ☿♀ und Kindern abrasirt. Ein Mann hatte sein Haar, wie die Weiber, ringsum und ausserdem einen breiten Streifen von vorn nach hinten geschoren, so dass nur 2 muschelförmige Stellen ungeschoren blieben.

   Ein am Tage vor meiner Abreise gebornes Kind war am Kopfe völlig behaart. Das Haar war länger, als Erwachsene es zu tragen pflegen. Leider durfte ich wegen abergläubischer Bedenken keine Probe nehmen.
6. Augenbrauen kaum vorhanden, immer glatt rasirt, nur durch Tasten wahrzunehmen. Bart (Schnurrbart) zuweilen, aber sehr spärlich vorhanden. Backenbart fehlt; am Kinn sehr selten einige vereinzelte Haarbüschel, 3, 4 bis 5. Ebenso an den Schamtheilen der ☿, vielleicht auch der ♀.
7. Zähne, ausgenommen bei einigen alten Weibern, sehr gesund, schön, weiss, vollzählig. Bei einem (nicht gemessenen) Individuum die beiden Eckzähne im Unterkiefer nach einwärts gerichtet.

Holz und in englische Fusse getheilt; darüber hängt ein Rollmaass mit Centimeter-Eintheilung. Von den zahlreichen Zeichnungen und Skizzen, welche gleichzeitig eingegangen sind, kann leider noch nichts mitgetheilt werden.

8. No. II, auf der Haut viele kleine Flecke, wie Schuppen, mit der Lupe betrachtet erscheinen sie meist als weisse Ringe um einen schwarzen Punkt.

9. No. IX, Häuptling, gross, intelligent, hat Schnurrbart, trägt sein Haar verhältnissmässig lang.

10. Unterkiefer bei einem Sturz vom Baume gebrochen, gut aber schief geheilt. Blind auf einem Auge, Folge einer Kinderkrankheit.

11. Da bei Messungen des Gesichtsdreieckes (No. 48/51) der Kopf sich in einer anderen als der gewohnten Lage befindet, so ist bei den No. XV bis XXVIII die senkrechte Höhe bei dieser Kopfstellung noch besonders verzeichnet (No. 59). Bei den Messungen I—XIV ist dies übersehen.

Die Augenwimpern bei Allen am untern Augenlide sehr kurz, kaum wahrnehmbar, am obern Augenlide nach oben gebogen.

(Siehe die Tabellen S. 262—267.)

(21) Hr. O. Hermes übergab mehrere, auf seine Veranlassung angefertigte photographische Aufnahmen des zur Zeit im Aquarium lebenden Gibbon (Hylobates Lar?) als Geschenke.

No.	Anmerkungen	I	II	III	IV	V	VI	VII	VIII	IX	X
1	Name	Lepa	Olaga	Charpo	Aura	Olaga Dale	Hira	Olaga	Olaga	Munchibida	Punga, ist Sohn von IX
2	Geschlecht [1]	♂	♂	♀	♀	♂	♂	♂	♂	♂	♂
3	Alter (geschätzt)	16	20	22	20	20	16	14	22	40	16—18
4	Geburtsort [1]	Balghat	Lagrabarra	Brigade Creek	Brigade Creek	Brig. Cr.	Brig. Cr.	Jerrigille	—	Kalepahar = Rutlandisland	Kalepahar
5	Körperbeschaffenheit	mittel	mager	mittel	etwas fett	mittel	etwas mager	mittel	—	mager	schöngewachsen.
6	Gewicht	—	Anm. 8	—	—	—	—	—	—	117 ℔ Engl.	85 ℔ Engl.
7	Farbe der Haut [2]	41 / 27—28	41 / 35?	41 / 27	41 / 41	41 / 41	41 / 41	41 / 41	41 / 41	41 / 41	41
8	„ „ Lippen	rosa mit dunkeln Flecken	rosa Flecken	rosa, Flecken	rosa, Flecken	rosa, Flecken	rosa	rosa	rosa	rosa	einige grosse Flecken
9	„ des Zahnfleisches [3]	kein Flecken	—	—	—	—	—	—	—	—	—
10	„ der Iris	schmutz. weiss ins grünliche	grünlich und röthlich	ziemlich weiss	ziemlich weiss	zieml. weiss	—	—	—	—	1—2
11	„ Bindehaut [4]	—	röthlich	1—2, Rand geschoren	1—2, Rand geschrn.	1	1	1—2	1	1	1—2
12	„ des Haares	geschoren	—	—	—	—	—	—	—	—	—
13	Beschaffenheit des Haares [5]	—	Spuren am Penis	—	—	—	—	—	Pfefferkörner	s. Probe, unge-wöhnlich lang B. 93	—
14	„ „ Bartes [6]	fehlt, einige Haare an den Achselhöhlen	—	—	—	—	—	—	Spuren am Penis und den Achselhöhlen	7—8 Spiralen am Kinn	—
15	„ der Nase	stumpf, mässig breit	—	stumpf. flach, breit	stumpf, flach, breit	Stumpfnase, breit	—	—	—	—	—
16	„ der Zähne [7]	weiss, gesund, grade	—	—	etwas gelb, sonst gesund	—	—	schön	gelblich, un-gesund	schön	schön
	Höhe über dem Boden:										
17	des Scheitels	1435	1533	1425	1350	1505	1600	1436	1526	1636	1525
18	„ äussern Gehörganges	1315	1410	1293	1230	1338	1460	1295	1408	1507	1397
19	„ Kinnes	1245	1338	1230	1155	1256	1390	1245	1350	1436	1324
20	„ Oberarmgelenks an der Schulter	1188	1283	1186	1100	1194	1345	1460	1290, 1275	1357	1237
21	der Ellenbeuge	915	1010	910	850	935	1061	895	995	1048	945
22	des Handgelenkes	690	760	720	660	692	790	666	702	773	698
23	der Spitze des Mittelfingers	510	587	545	500	495	592	534	545	605	570
24	der Halsgrube (Brustbein ob. R.)	1183	1250	1162	1094	1187	1320	1173	1265	1343	1237
25	der Brustwarzen	1068	1135	Hängebrüste	993	1106	1224	1075	1170	1217	1127
26	des Nabels	843	953	872	793	843	964	845	943	975	905
27	des obern Rand der Schambeinfuge	700?	887?	725?	745	835	988	—	—	—	—

	C1	C2	C3	C4	C5	C6	C7	C8	C9	C10
28 ob. vord. Rand d. Darmbeinkammes	805	902	815	—	—	854	855	806?	905?	815?
29 ob. Umfang des grossen Trochanter	705?	803	—		750		—	—	—	—
30 äuss. Vorsprg. des Oberschenkelknns	400	415	405	366	402	470	415	423	470	447
am Knie	70	70	85	63	74	69	72	—	—	—
31 Fussknöchel	714	777	710	691	750	773	727	800	750	720
32 Rumpflänge, si ctnd	1490	1555	1450	1360	—	1605	1475	610	675	1540
Kopf										
34 grösster Längsdurchmesser	165?	175	170	168	174	174	170	175	180	170
35 gte Breite	139	147	140	140	144	142	136	146	146	140
36 geringste Stirnbreite	110	120	115	110	109	117	104	122	112	113
37 Jochbreite	117	126	120	120			114	136	128	125
38 Bogen Htrhpt.Glabella üb.d.Nsnwrzl.	312	340	325	335			346	340	340	340
39 Umfang	405	513	490	497			50	542	535	500
40 oben äuss. Ohr zu desgl.	330	365	325	345				345	362	340
41 Stirnhöhe Haar bis Glabella	64	70	62	60				68	85	67
42 Nasenwurzel bis Nasenscheidewand	44	46	41	34				49	47	47
43 Nasenscheidewand bis Mundspalte	21	19	23	23				25	24	25
44 Mundspalte bis Kinn	40	49	37	43				42	40	40
45 Nasenwurzel bis äuss Gehörgang	105	112	10	95				10	13	106
46 Scheitelwand bis „	102	110	102	95				15	10	106
47 Mundspalte bis „	118 bis Spalte, 123 bis Vorderrand d. Unterlippe	115	112	—				25	18	116
Gesichtsdreieck nach Broca										
48 AD	185	200	190	185				05	05	197
49 CD	85	100	100	85				05	90	87
50 BE	164	185	180	180				180	190	182
51 DE	1355-1302	1456-1390	1362-1312	1255-1212				5-1	5-1 =5	1446-1395 =51
52 Brustumfang									800	710
53 Lendenumfang										630
54 Beckenumfang									290	290
55 Schulterbreite vorn?									80	170
56 Hstwarzenabstand										
57 Fussrücken bis zur 2. Zehe										
58 Fusssohle bis zur 2. Zehe										237; 90

No.		XI	XII	XIII	XIV	XV	XVII	XVIII	XIX	XX
1	Name	Reacharoga	Kala	Biala	Baleya	Biacola	Kalola	Chagra	Prunga	Baleh
2	Geschlecht	♂	♂	♂		♂	♀	♀	♂	♂
3	Alter	45	18	24	13	15	17	16	23	19
4	Geburtsort		Kalapahar			Gokelabang	Gokelabang	Middle Anda-man	South Andaman	
5	Körperbeschaffenheit	mittel	mittel	mittel	mittel	mittel	etwas fett	mittel	mittel	mittel
6	Gewicht	98½ ℔	78½ ℔	98½ ℔	80 ℔					
7	Farbe der Haut	41	41	41	41	41	41	41	41	41
8	" des Zähnfleisches / der Lippen	41	41	41	41	34—41	34—41	41	41	41
9	" der Iris	rs, Flecken	rosa	rsa	Flecken	rosa, Flecken	rosa Flecken	1	rosa	1
10	" der Bindehaut	1—2	1—2	1—2	1—2	1—2	1—2		1—2	
11	" des Haares	ziemlich weiss				geschoren bis auf ∩	weiss, rein		grünlich und röthlich	grünlich
12	" des Haares	. ime weisse Haare			kl. kuglige Büschel, drch. nackte Räume getrennt		Pfefferkörner Rand ringsum geschrn.		rasirt	rasirt
13	Beschaffenheit des Haares								fehlt	fehlt
14	" Bartes	fehlt			fehlt am Penis	fehlt	fehlt	fehlt		
15	" der Nase	beit	beit	am Penis	flach, breit	stumpf	klein	niedrig, beit	etwas gewölbt	
16	" der Zähne	gesund, weiss	gesund, weiss	vorragend n. hint.		sehr schön, weiss	weiss, gesund	ime stehen	weiss, gesund	
	Höhe über dem Boden:									
17	des Scheitels	1550	1465	1545	1410	1447	410	1410	1490	430
18	des obern Gehörganges	1477	1347	1425	1295	1327	1278	97	1377	1360
19	des Kinnes	1350	1270	1355	1224	1257	1217	23	1315	1290
20	des Oberarmgelenks an der Schulter	1300	1205	1283	1165	1180	1150	1165	1220	1240
21	der Ellenbeuge	943	98	1025	910	965	917	95	975	972
22	des Handgelenkes	694?	734	790	684	715	695	63	720	726
23	der Spitze des Mittelfingers		69	586	530	560	560	52	580	570
24	der Halsgrube (Brustbein ob. R.)		1190	1282	1155	1183	1158	1140	1225	1233
25	der Brustwarzen	zu dumm zm. Messen, auf dem linken Auge blind	1085	1175	90	1102	hängen	hängen	1130	1115
26	des Nabels		65	908	860	862	830	833	926	875
27	des obern Randes der Schambeinfuge		731	786	732	725	704	704	784	736

	830 / 795?	864 / 784?	793	785	827	825	895	830
P 28 … Randes d. Darmbein- …			—	—	—	—	—	—
29 … Umfang des gr. …								
30 … äussern Vorspr. d. … knochens am Kie …	84	455	394	90	414	427	40	446
31 … Fussknöchel	78	72	68	70	70′	74	78	68
32 der Rumpflänge, sitzend	750	737	736	36	750	685	793	775
33 der Spannweite	1475	1540	1445	1430	1 40	1460	1590	1 60 (?)
Kopf								
Tr 34 grösster Längsdurchmesser	173	170	165	170	170	178	178	170
35 … Breite	144	140	135	137	101	150	150	143
B 36 geringste Stirnbreite	112	105	110	110	101	118	122	108
37 Jochbreite	133	123	122	122	118	122	130	120
38 Bogen d. … bis Glabella üb.	335	315	320	333	327	325	335	337
39 … bis Nasenwurzel	495	485	490	500	85	520	525	60 (?)
40 Bogen d. … Ohr zu desgl.	335	315	334	323	35	340	340	340
41 Stirnhöhe, Haar bis …	63	48	52	65	73	63	80?	54
42 Nasenwurzel bis Nasenscheidewand	46	48	46	40	45	42	50	47
43 Nasenscheidewand bis …	20	20	19	18	22,5	23	30	23
Z 44 Mundspalte bis Kinn	42	36	40	37	40	32	38	40
45 Nasenwurzel bis … Gehörgang	102	102	98	102	100	108	110	100
46 Nasenwurzel bis …	108	112	105	108	106	110	113	103
47 … bis …	115	115	115	115	112	114	123	110
48 Gesichtsdreieck … AD	195	200	190	190	195	195	202	195
49 … CD	97	97	105	103	110	103	100	105
50 … BE	176	167	177	180	180	180	175	173
51 … DE	1414–1358 =56	1424–1372 =52	1342–1295 =47	1334–1285 =49	1360–1304 =56	1340–1284 =56	1477–1422 =55	1388–1340 =48
B 52 Brustumfang	720	710	—	690	700	720	730	730
53 Lendenumfang	650	630	—	655	650	630	630	630?
54 Beckenumfang	730	690	285	760	700	280	340	285
55 Schulterbreite vorn?	320	335	—	290	300	160	190	170
56 Brustwarzenabstand	175	170	—	—	162	—	—	—
Z 57 Fussrücken bis zur 2. Zehe	30 . 95	930 . 90	—	—	—	—	—	—

zu dmm zum Messen, auf dem linken Auge blind

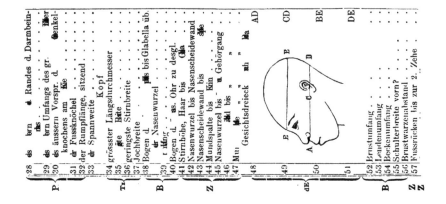

	XXI	XXII	XXIII	XXIV	XXV	XXVI	XXVII	XXVIII[¹]
	Rkabia	Channa punga	Moda punga	Bongamoda	uta	Zoe	Kapritaura	Birma
	♀ 18	♀ 24	♀ 20	♀ 20	♀ 15	♀ 18	☿ 25	♂ 24
				Brigade Creek				
1 die ...								
2 (Ahl eht)								
3 Pter ort	fett		Balghal nicht fett	mager	v... ett	... fett	mittel	mittel
5 Körperbeschaffenheit								
6 Gewicht								
7 der Haut	41	41	41	41	rält	41	41—49	41
8 Lippen	41	41	41	41	sa	41		
9 Zahnflei...	rosa		1	... 1—2	... 1—2	rosa	rosa, Flecken 2	rosa, Flecken 1
10 der Iris						1—2		
11 Bindehaut			grünlich weiss	tw. grünlich, etwas grünlich	etwas grünlich	fast weiss	grünlich, roth geädert	roth etwasgrünlich
12 des Haares			—	sih rein, Rand ringsum	rasirt	rasirt	rasirt	rasirt
13 Beschaffenheit des Haares	fehlt	fehlt	fehlt	fehlt	fehlt	fehlt	fehlt	fehlt
14 " Bartes		stumpf	etwas gewölbt	mässig breit				
15 " der Nase				sehr schön, weiss				
16 " Zähne		gesund	ziemlich weiss		gesund, weiss	gesund, weiss	gesund, weiss	gesund, weiss
17 Höhe	145	1320	1423	64	1353	336	1474	435
18 äussern Gehörganges	1290	165	1317	35	1236	1242	1 56	1373
19 Kinnes	1213	1130	1224	193	1167	1165	186	1327
20 Oberarmgelenks an der Schulter	138	1082	1170	1243	1097	1121	1212	123
21 Ellenbenge	904	843	97	97	65	890	965	607
22 Handgelenkes	672	630	702	35	62	670	709	707
23 Spie der Mittelfinger	522	484	186	578	530	535	543	54
24 Halsgrube	1178	1087	1150	35	95	1116	135	1228
25 Brustwarzen								1107
26 Nabis	858	hängen 627	nügen 847	62	90	1025	90	900
27 brn ads der Schambeinfuge	698?	717?	—	—	793	835	-885	790
28 brn vordern ads	772	782	767	823	710?	745?	750	873
29 brn Umfangs d grossen	—	—	735	786	—	—	845	—

Anm. 5.

	395	350	30	410	370	80	30	415
30 ... am Vorsp. ... d. Oberschenkel- ... bis am Knie	395	350	30	410	370	80	30	415
31 der Fussknöchel	65	63	70	73	62	60	74	70
32 der Rumpflänge, sitzend	720	702	734	743	694	674	734	737
33 der Spannweite	1485	1370	1420	1 30	130	1374	1 35	1570
34	170	170	160	162	172	163	172	170
35 grösste Breite	142	140	135	138	142	132	141	140
36 geringste Stirnbreite	115	108	106	108	113	112	110	118
37 Jochbreite	130	125	122	125	125	115	125	130
38 Bogen des Hinterhaupts bis Glabella über d. Nasenwurzel	340	310	330	320	345	335	30	327
39 Umfang	65	487	460	472	65	170	40	60
40 Bogen u. Ohr zu desgl.	335	323	327	35	30	323	35	327
41 Stirnhöhe, Haar bis Glabella	82	74	60	70	56	48	62	60
42 Nasenwurzel bis Nasenscheidewand	44	38	46	47	33	40	45	44
43 Nasenscheidewand bis Mundspalte	20	20	18	19	22	22	22	18
44 Mundspalte bis Kinn	36	33	37	38	36	36	38	38
45 bis äuss. Gehörgang	65	108	92	102	100	95	106	102
46 Scheidewand bis "	118	110	104	107	102	103	111	112
47 Mund bis " nh Broca	120	118	108	115	112	111	117	115
48 Gesichtsdrei ek ... Broca AD	192	185	192	191	30	187	200	195
49 CD	97	95	100	—	102	108	108	103
50 BE	183	174	170	167	180	170	185	175
51 DE	1330-1280 =50	1257-1200 =57	1360-1304 =56	1425-1370 =55	1265-1222 =43	1290-1240 =50	1413-1360 =53	1 =57
52 Brustumfang	810?	795?	640				650	85
53 Lendenumfang			620				65	40
54 Beckenumfang	320	275	280		280		35	715
55 Schulterbreite vorn?							302?	320
56 Brustwarzenabstand							190	175
57/58 Fussrücken / Fusssohle bis zur 2. Zehe	220, Brte. 85	204; 85	202; 87		205; 90	210; 88	237; 110	230; 105
59 Gesichtsdreieck, senkrechte Höhe	1400	1305	1415	1483	1332	1347		1495

siehe Holzschnitt S. 265.

Sitzung vom 18. Dezember 1875.

Vorsitzender Hr. **Virchow.**

(1) Der Vorsitzende erstattet den statutenmässigen

Verwaltungs-Bericht für das verflossene Gesellschafts-Jahr.

Ich darf wohl, ohne ruhmredig zu sein, vorausschicken, dass wir im Allgemeinen mit dem Zustande unseres Vereins in den verschiedenen Richtungen, in denen er entwickelt worden ist, zufrieden sein können. Es sind gegenwärtig ordentliche, zahlende Mitglieder eingeschrieben 242. Ausserdem haben wir eine gewisse Zahl von Mitgliedern, welche sich in der Ferne befinden oder auf längeren Reisen sind; wir führen sie stillschweigend als Mitglieder fort, obwohl die Zeit ihrer Rückkehr nicht genau geschätzt werden kann, zumal da von Manchen derselben, z. B. von den Herren, die in Japan angestellt sind, nicht einmal mit Sicherheit feststeht, ob sie überhaupt und wann sie wiederkehren werden.

Wir haben dann 64 correspondirende Mitglieder und 4 Ehrenmitglieder, nachdem auch das zuletzt ernannte Hr. Caesar Godeffroy, wie ich hiermit gleich anzeigen kann, seinen Dank für diese Ernennung ausgesprochen und seine Bereitwilligkeit erklärt hat, seine Beziehungen zur Gesellschaft fleissig und dauernd aufrecht zu erhalten. Er schreibt, es sei ihm sehr erfreulich gewesen, und er wisse diese Auszeichnung im vollsten Maasse zu schätzen. „Ich wünsche nichts mehr, als dass es mir vergönnt sein möge, noch manches Interessante vorlegen zu können."

Ich darf wohl noch besonders hinzufügen, dass unsere Gesellschaft stolz darauf sein darf, eine verhältnissmässig so grosse Zahl von Mitgliedern auf Reisen zu haben. Denn es ist selbstverständlich, dass in dem Maasse, als dieser Gebrauch sich bei uns erhält, wir eben auch immer in regelmässigen Beziehungen mit der gesammten äussern Welt bleiben und dass wir unsere Aufgaben in einem ganz anderen Sinne praktisch werden ausüben können, als wenn wir nur von hier aus auf dem Wege der Correspondenz unsere Beziehungen fortführen würden. Ich erwähne in dieser Beziehung, dass auch unser gegenwärtiger stellvertretender Vorsitzender Hr. Bastian seit längerer Zeit sich in Südamerika befindet, in diesem Augenblick wahrscheinlich in Bogota, und dass er reiche Erwerbungen gemacht hat sowohl für das Museum, als für uns selbst. Er hat für uns 10 Dutzend Peruanerschädel angekündigt, die schon auf dem Wasser schwimmen. Hoffentlich werden wir aus seinem eigenen Munde manche interessante Mittheilung über jene Gegenden und die zum Theil noch wenig besuchten Völkerstämme erhalten, welche namentlich die Aequatorialbezirke bewohnen, denn er hat in mehrfachen Richtungen Kreuz- und Querzüge der alleranstrengendsten Art unternommen. Seine Absicht geht dahin, von Bogota aus sich nach Mittelamerika

zu wenden und über Nordamerika heimzukehren. Ebenso darf ich an unsern Freund
J a g o r erinnern, der in diesem Augenblicke von Madras aus eine Excursion in die
Gebirge zu der drawidischen Urbevölkerung unternommen hat und von dem eben
heute eine speziell für die Gesellschaft bestimmte Sendung von 4 Kisten mit Schädeln
von Madras angekommen ist. Hr. J. M. H i l d e b r a n d t, dessen grosse Ausdauer und
Geschicklichkeit uns grosse Hoffnungen einflösst, hat seine neue afrikanische Reise
durch einen Theil des Somal-Landes nach Zanzibar und von da zu den Comoren begonnen und wird nunmehr auf den Continent übergehen. Ich will ferner erwähnen,
wie ein Theil unserer Mitglieder, und gerade recht eifriger Mitglieder, in Japan die
Standarte der deutschen Wissenschaft aufrecht erhält, und wie Hr. S c h w e i n f u r t h in
Kairo an die Spitze der neu gegründeten ägyptischen geographischen Gesellschaft getreten ist. Ein Theil der auf Reisen gegangenen Mitglieder ist inzwischen zurückgekehrt.
Hr. G. F r i t s c h hat Ihnen schon wiederholt über seine persischen Erlebnisse berichtet,
Hr. G ü s s f e l d t wird in nächster Zeit über die Völker der Loango-Küste Mittheilungen
machen, — genug, wir bekommen eine immer grössere Reihe von lebenden Zeugen,
welche die verschiedenen Gesichtspunkte der Gesellschaft an Ort und Stelle verfolgen
und danach neue Untersuchungen anstellen.

Was uns hier persönlich anbetrifft, so haben wir keine Sitzung ausfallen lassen,
im Gegentheil, wir haben noch eine Extra-Sitzung im Juni abgehalten. Selten waren
wir in der Lage, das reiche Material, das uns vorlag, vollständig bewältigen zu können.
Vielerlei Sachen sind zurückgestellt worden, weil sie hinsichtlich der Wichtigkeit
anderer Gegenstände nicht eine so hervorragende Stellung in Anspruch nehmen konnten, und ich denke, Sie werden alle den Eindruck haben, dass wenig Stroh gedroschen
worden ist, am allerwenigsten leeres, sondern dass meistentheils recht volle und reife
Früchte hier zu Markte gebracht worden sind. Unsere Sitzungen haben, wie in
früheren Jahren, einige Male besonders an Frische dadurch gewonnen, dass auch
lebende Specimina auswärtiger Stämme zu uns gekommen sind. Im vorigen Jahre
war uns durch den Grafen Z i c h y, der leider in dem letzten abessinischen Feldzuge
der Aegypter einen frühen Tod gefunden hat, ein Galla vorgestellt worden. Dieses
Jahr war das Jahr der Lappen Bei dem grossen Interesse, welches sich gerade
in der letzten Zeit an das Studium der finnischen Stämme geknüpft hat, ist es gewiss für Sie Alle eine sichere Unterlage Ihrer Anschauungen geworden, dass wir
im Laufe dieses Jahres zweimal in der Lage waren, Lappenfamilien hier zu haben,
und so nach jeder Richtung hin eine eigene Anschauung von der physischen Natur
dieses Volkes zu gewinnen. Ich hoffe, Ihnen nächstens noch einige kolorirte Portraits von der letzten Gruppe vorlegen zu können, die ausserordentlich gelungen sind.

Im Anschluss an die Sommer-Sitzungen ist in üblicher Weise im Juni eine Ex-
kursion veranstaltet worden, an der eine grössere Zahl der Mitglieder Theil genommen
hat. Sie war nach Kottbus gerichtet und hatte als spezielle Aufgabe die Ausgrabung
des Burgwalles von Zahsow. Ueber die Ergebnisse ist seiner Zeit berichtet worden.
Es handelte sich dabei um die wichtige Entdeckung, dass einer jener alten lausitzer
Burgwälle auf einem Pfahlbau errichtet worden ist. Jedenfalls hat sich dabei wieder
gezeigt, wie nützlich es ist, solche praktischen Exerzitien, welche die Gesellschaft
auch in der Nähe veranstalten kann, zu halten. Mancherlei Anregungen sind dadurch
in den verschiedenen Richtungen unseren Aufgaben gegeben worden.

Was unsere Leistungen nach Aussen anbetrifft, so haben wir in den gedruckten „Verhandlungen“, zum Theil in der Zeitschrift für Ethnologie, die unser
Organ ist, unsere Ergebnisse niedergelegt, und das Publikum kann darüber urtheilen.
Ich will nur hervorheben, dass gegenüber den Vorjahren sich die Zahl der Abbildungen, welche auf Kosten der Gesellschaft diesen Publikationen zugefügt worden sind,

erheblich vermehrt hat, und dass dadurch namentlich für die vergleichende Archäologie recht werthvolle Unterlagen geschaffen worden sind. Ich weiss auch, dass
gerade diese Seite unserer Leistungen von den auswärtigen Gesellschaften besonders
hoch geschätzt wird, da es überaus schwer ist, aus blossen Beschreibungen sich ein
ausreichendes Bild von der Natur der Gegenstände zu machen, um die es sich
handelt, während eine Abbildung, selbst wenn die Beschreibung defekt ist, gestattet,
mit Präzision Schlüsse zu ziehen. Da nun aber die ganze Richtung der modernen
Forschung in der prähistorischen Archäologie sich ganz wesentlich darauf stützt, die
Identität oder wenigstens den inneren Zusammenhang der Formen festzustellen und
auf diese Weise Handels- und Kulturwege zu ermitteln, so werden wir uns wohl ent-
schliessen müssen, nach wir vor eine beträchtlichere Quote unseren Einnahmen für
diesen Zweck zu verwenden. Ich darf nicht verhehlen, dass die Sache ziemlich kost-
spielig ist, und ich würde wohl wünschen, dass wir eine grössere Summe für anderweitige Verwendungen übrig behielten; immerhin erinnere ich, dass es eine sehr
nützliche und nach allen Richtungen hin werthvolle Leistung ist.

Unsere Sammlungen sind nicht unerheblich gewachsen und zwar, wie ich mit besonderem Danke hervorheben muss, ganz überwiegend durch Schenkungen. — Wir
würden in der That nicht in der Lage gewesen sein, grosse Summen, auch nicht
einmal so mässige, wie im Vorjahr, auf diese Seite unseres Besitzthums zu verwenden. Es sind allerdings Ankäufe gemacht worden, aber in sehr beschränktem Maasse,
und zwar in Beziehung auf Schädel, ferner auf einzelne, mit diesen Schädeln zusammenhängende, archäologische Objekte und auf Photographien. Letztere sind allerdings in
reicher Weise gesammelt worden. Manche Gelegenheit zu Erwerbungen, die sich
sonst wohl bieten würde, müssen wir vorbeigehen lassen. Gerade jetzt wären verschiedene Schädelsammlungen zu erwerben. Die grosse Sammlung von Jan van
der Hoeven soll nächstens verkauft werden, und ich wünschte wohl, dass wir in
der Lage wären, sie ankaufen zu können; indessen fürchte ich, dass wir nicht im
Stande sein werden, ein annehmbares Gebot zu stellen, da unsere Mittel weit unter
dem sind, was dafür verwendet werden müsste. Und doch bietet sich hier eine Gelegenheit
dar, die wahrscheinlich in längerer Zeit nicht in ähnlicher Weise sich wiederholen dürfte.

Unter den Geschenkgebern will ich neben den Herren, die ich schon genannt
habe, unsere correspondirenden Mitglieder, die Herren Burmeister,
(Buenos Ayres), Müller (Melbourn) und Philippi (St. Jago de Chile) hervorheben.
Ganz besonders muss ich wegen der Zahl und der Güte der Gegenstände, welche
er uns darbietet, Herrn Riedel, den holländischen Residenten zu Gorontalo (Celebes) erwähnen, der selten einige Monate ausfallen lässt, ohne uns etwas zuzusenden; ich wünsche
wohl, dass wir ihm in vollkommenerer Weise unsere Dankbarkeit ausdrücken könnten,
als es eben geschehen ist. Hätten wir an vielen Orten so eifrige und thätige korre-
spondirende Mitglieder, so würden wir wahrscheinlich in kürzester Frist die schätz-
barsten und ausgedehntesten Sammlungen aufweisen können.

Unter unseren einzelnen Sammlungen hat sich am meisten die Schädelsammlung
vermehrt. Abgesehen von den durch Ankauf von Hrn. Schetelig erworbenen und
zum Theil durch ihn schon beschriebenen andalusischen und Formosa-Schädeln, sowie eines westgrönländischen Schädels, ist besonders zu nennen die reiche Sammlung
alter Schädel von Ophrynium, die wir Hrn. Calvert verdanken, sowie eine Reihe von
altgriechischen Schädeln, welche die Herren Hirschfeld und von Heldreich gesammelt haben. Ueber all' diese wird erst noch zu berichten sein. Es ist das ein
umfangreiches und schwieriges Unternehmen, und obwohl ich persönlich sehr gern
bereit bin, mich demselben späterhin zu unterziehen, so reichte bis jetzt meine Zeit
doch nicht aus, um ein ausreichendes Urtheil zu geben. Ich will für jetzt nur er-

wähnen, dass sich darunter wieder ein Schädel aus Laurion befindet, der wesentlich verschieden ist von den früheren; während wir früher, wie Sie wissen, aus den tiefsten Schichten der alten Bergwerks-Schlacken auffallend brachycephale Schädel erhielten, ist dies ein ausgemacht dolichocephaler Schädel. Weiterhin haben wir Celtenschädel aus Irland von Herrn Fröhlich bekommen, Türkenschädel von Hrn. Weissbach aus Konstantinopel, einen prähistorischen sicilianischen Schädel von Selinunt durch Hrn. Künne, zwei altperuanische Schädel durch den Hrn. Generalconsul Lührssen in Lima.

Ich darf hier wohl des schönen Geschenkes Seiner Majestät des Kaisers von Brasilien gedenken, der mir auf meine Bitte um Indianer-Schädel sofort aus dem National-Museum zu Rio eine Reihe von Schädeln brasilianischer Eingeborner übersenden liess. Ich habe über diese Schädel schon einen besonderen Bericht erstattet, jedoch möchte ich diese Gelegenheit nicht vorübergehen lassen, ohne noch einmal dem erhabenen Geber meinen Dank auszusprechen. Die Gesellschaft hat geglaubt, Seine Majestät unter ihre Ehrenmitglieder aufnehmen zu sollen, als ein äusseres Zeichen, wie sehr sie wünscht, auch fernerhin die Verbindung mit der brasilianischen Regierung zu erhalten.

Nächstdem ist besondere Sorgfalt verwendet worden auf unsre photographische Sammlung. Herr Kuhn, unser eifriger Sekretär, wird alsbald die Zahlen angeben, welche unsere Fortschritte in den Erwerbungen darlegen; Sie werden daraus ersehen, dass unsre Sammlung schon einen recht beständigen Character angenommen hat. Es wird vielleicht zweckmässig sein, in einer der nächsten Sitzungen unsern Bestand an Photographien den Augen der Mitglieder vorzuführen, damit Sie sehen, was wir vor uns gebracht haben. Ich erwähne bei dieser Gelegenheit, dass ein wichtiges, unter unseren Auspicien begonnenes Unternehmen, der grosse photographische Atlas des Herrn Dammann in Hamburg, mit dem Tode des Unternehmers einen Stillstand erfahren hat. Wir selbst haben uns bemüht, den Bruder des Hrn. Dammann, der das Geschäft fortsetzt und der gleichfalls ein geschickter Photograph ist, zu veranlassen, gegenwärtig nicht vorzugehen mit einer weiteren Vermehrung dieser Hefte, da offenbar die ungünstigen Zeitverhältnisse solche wissenschaftlichen Werke, die grössere Kosten machen, nicht mehr als dem Publikum annehmbare Objekte erscheinen lassen. Unser Atlas kostet über 100 Thaler und es giebt sehr wenige Liebhaber, die in der Lage sind, jetzt so viel auf ein einzelnes Werk verwenden zu können.

Was die Sammlung der ethnologischen und archäologischen Gegenstände betrifft, so wissen Sie, dass wir diese Seite nicht gerade als eine hervorragende und für uns bestimmende angesehen haben. Wir haben niemals Geldmittel auf dergleichen Anschaffungen verwendet, wir haben auch niemals auf den Besitz solcher Dinge gedrängt, indessen, da uns von verschiedenen Seiten derartige Sachen gegeben werden, so haben wir natürlich auch eine Sammlung der Art angelegt, und sie hat sich allmählig vermehrt. Auch im Laufe des verflossenen Jahres haben wir eine Reihe recht interessanter Gegenstände in dieser Richtung erlangt. Herr von Frantzius hat uns archäologische Objekte von Costa-Rica, Herr Philippi solche von Chile, Herr Rohlfs solche aus den Oasen, namentlich von den Gräbern von Dachel, Herr Karsten Copien von der Rennthierhöhle im Freudenthal bei Schaffhausen geschenkt. Herr Voss wird Ihnen eine kurze Uebersicht geben von dem, was jetzt da ist.

Was endlich die Bibliothek anbetrifft, so haben wir auch nach dieser Richtung hin bis jetzt niemals Geld aufgewendet, es ist noch nie ein Buch gekauft worden; alles, was wir besitzen, sind entweder Geschenke oder Tauschobjekte. Trotzdem haben wir in jeder Sitzung eine gewisse Zahl neuer Drucksachen vorzulegen und ich muss dankbar anerkennen, dass unsere korrespondirenden Mitglieder ihre Beziehungen zur Gesellschaft in dieser Richtung sehr eifrig aufrecht erhalten. Der Vorstand hat beschlossen, von jetzt ab nach einer Richtung hin eine wirkliche Geldaufwendung eintreten zu lassen, nämlich das Archiv für Anthropologie regelmässig zu halten und die früheren Jahrgänge zu erwerben, da wir es für eine Pflicht halten, dass ein Zweigverein der deutschen anthropologischen Gesellschaft in seiner Bibliothek das Archiv hat, und die Möglichkeit gesichert wird, die direkten Verbindungen mit den allgemeinen Bestrebungen der Hauptgesellschaft aufrecht zu erhalten. Der Herr Bibliothekar ist beauftragt, vom nächsten Jahre ab in dieser Richtung eine Geldverwendung eintreten zu lassen; es wird aber auch die einzige sein, die wir für Bücheranschaffung machen. Sonst ist nur das Buchbinderlohn in Betracht zu ziehen.

Hr. Voss: Der Katalog der ethnologisch-archäologischen Gegenstände zählt 156 Nummern gegen 108 Nummern des Vorjahres; der Zuwachs beträgt also 48.

Hr. Kuhn: Die Bibliothek zählte im Dezember v. J. 250 Nummern. Sie ist vermehrt worden um 50 Nummern, hauptsächlich Geschenke von unsern auswärtigen Mitgliedern Pereira da Costa, Philippi, Reiss, Stübel, Haast, Hartt u. a. Die Photographiensammlung zählte 704 Nummern und ist angewachsen auf 813 Nummern, theils in Quart-, theils in Visitenkartenformat, also gegen das Vorjahr mehr 109 Nummern. Die Lithographien, Zeichnungen und Kupferstiche haben sich um eine Nummer vermehrt; es sind im Ganzen 17.

Hr. Virchow: Nunmehr, meine Herren, habe ich noch zu sprechen über die Beziehungen unserer Gesellschaft nach Aussen hin.

Unserer korrespondirenden Mitglieder habe ich schon wiederholt gedacht; ich muss anerkennen, dass mit Ausnahme von einigen Wenigen, die allerdings gar keine Zeichen der Theilnahme von sich gegeben haben, die Mehrzahl in der allerliebenswürdigsten und freundlichsten Weise unsre Zwecke fördert. Es handelt sich in der That hier um keine nominellen Mitglieder, sondern es sind wirkliche und ernstliche Mitglieder, solche, die für die Zwecke der Gesellschaft arbeiten.

Was dann die deutsche Gesellschaft anbetrifft, deren Zweigverein wir sind, so ist, wie Sie wissen, die letzte Generalversammlung in München abgehalten worden. Der Bericht über dieselbe ist inzwischen schon erschienen, — ein sehr umfangreicher Bericht, der grösste, der bisher über eine unserer Generalversammlungen abgestattet worden ist. Es ist gewiss eine schöne Leistung, dass man einen Bericht, der 7 grosse Druckbogen füllt, vom August bis jetzt vollkommen zur Publikation hergestellt hat. Sie werden sich überzeugen, dass die Verhandlungen überaus reichhaltiger Natur gewesen sind. Zum ersten Mal ist dabei wieder eine Frage auf die Tagesordnung gestellt worden, die sonderbarer Weise eine Zeit lang wie durch ein allgemeines Einverständniss davon verschwunden schien, nämlich die Frage der Celten in Deutschland. Ich will das hier besonders signalisiren, weil es mir erwünscht ist, wie es scheint, dass die Mitglieder unserer Gesellschaft sich auch einmal etwas dafür erwärmen möchten, und dass wir in einiger Zeit einmal auf diese Frage speziell zurückkämen. Ich sehe, dass gerade in diesem Augenblick die Frage der Celten auch in der pariser ethnologischen Gesellschaft wieder mit neuer Wärme aufgenommen worden ist, und ich denke, dass Jeder von Ihnen, der sich einmal mit der Angelegenheit eingehender beschäftigt, die Ueberzeugung gewinnen wird, dass es absolut nothwendig ist, über die Celten endlich einmal zu einer gewissen Verständigung zu kommen. Die Gegensätze, welche in München auftraten, waren so schroff, wie möglich, so dass sie sogar bis zu einer vollständigen Negation der Celten überhaupt gingen, eine Auffassung, die zu der Meinung führen würde, dass schliesslich der Rassenunterschied zwischen Franzosen und Deutschen gänzlich beseitigt werden müsste. Von dem Identitäts-

Standpunkt aus würde in der That die ganze celtische Bevölkerung nichts Anderes als eine germanische, oder die germanische nichts Anderes als eine celtische sein.

Ebenso schnell, wie der Generalversammlungsbericht in diesem Jahr zu Stande gekommen ist, hat der gegenwärtige Generalsekretair der deutschen Gesellschaft, Hr. Prof. Kollmann in München, auch die Correspondenzblätter gefördert. Es ist jetzt schon das letzte Correspondenzblatt dieses Jahres, Nr. 12, erschienen.

In München sind, abgesehen von den Vorträgen und Debatten in der Gesellschaft, namentlich Berichte erstattet worden über den Fortgang jener grossen Arbeiten, an welchen alle deutschen Zweigvereine betheiligt sind, und von denen wir ein nicht ganz kleines Stück auf uns haben. Dahin gehört zunächst die prähistorische Kartographie. Wir waren in der Lage, meine Herren, durch die eifrigen Bemühungen des Herrn Direktor Schwartz in Posen, des Herrn Stadtrath Friedel und des Herrn Dr. Voss hier die gesammten archäologischen Karten für das Grossherzogthum Posen, den grösseren Theil der märkischen Kreise und einen grossen Theil der pommerschen Kreise vorzulegen. Diese waren so weit bearbeitet, wie das Material im Augenblick zugänglich war. Natürlich, jede Woche bringt gewisse Fortschritte; wir werden darin niemals ein bestimmtes Ende haben, aber wir sind wenigstens bis zu dem Punkte mit der Sammlung und Aufzeichnung des Materials gelangt, dass jetzt überwiegend nur noch die Zugänge einzutragen sind. In Beziehung auf die Ausführung der Karten selbst ist inzwischen der Bericht der internationalen Commission erschienen, welche auf dem Congress in Stockholm niedergesetzt worden war, um die Zeichen festzustellen, welche für die Karten gebraucht werden sollen. Sie werden darüber in den beiden letzten Correspondenzblättern der deutschen Gesellschaft, in Nr. 11 und 12, vorläufige Mittheilungen finden; es sind daselbst die Hauptzeichen angegeben und die Art der Combinationen auseinandergesetzt, — allerdings ein etwas complicirtes System, von dem sich erst durch die Praxis wird zeigen müssen, ob es durchführbar sein wird. Es setzt eine grosse Sorgfalt in der Zeichnung voraus; sonst werden die Zeichen leicht unverständlich sein. Auch in der wirklichen Kartirung ist ein grosser Theil von Deutschland bereits so weit vorgerückt, dass factische Leistungen aufgewiesen werden konnten. In Bayern ist man sogar soweit, dass für das ganze Land die Kartographie nach den gegenwärtig bekannten Fundorten abgeschlossen ist Wir wollen hoffen, dass wir spätestens im Jahre 1877 mit der wirklichen Publikation dieser Karten werden vorgehen können.

Was dann die zweite grosse Aufgabe der deutschen Gesellschaft anbetrifft, nämlich die Statistik der braunen und der blonden Rasse in Deutschland, welche zunächst durch die Schulerhebungen in Angriff genommen ist, so sind nur noch ganz wenige deutsche Länder und zwar überwiegend kleinere im Rückstand. In Württemberg ist man im Augenblick mit der Erhebung beschäftigt; die Erhebungen in Baden sind vor 8 Tagen in meine Hände gelangt; die bayrischen sind, wie Sie wissen, vollkommen fertig; die preussischen sind ganz abgeschlossen. Auch mehrere der kleineren Nachbarstaaten, Braunschweig, Bremen, die Reussischen Herzogthümer, Meiningen, haben ihre Sachen eingesandt. Es fehlt nur noch hier und da ein Stück in Deutschland, vor Allem das Königreich Sachsen. Für die preussischen und badischen Erhebungen hat auf Veranlassung des Vorstandes das königlich preussische statistische Bureau die Bearbeitung übernommen. Unser Mitglied, Herr Dr. Guttstadt hat sich persönlich der Leitung der Arbeiten unterzogen. Der Direktor des statistischen Bureaus, Hr. Engel, hat für einen Beitrag, der aus den Mitteln der Gesammt-Gesellschaft geleistet ist, einen besonderen Bureauarbeiter angestellt, der er seit einer Reihe von Monaten beschäftigt ist, und wir werden hoffentlich in kurzer Zeit in der Lage sein, eine Uebersicht der Ergebnisse zu gewinnen.

Ich habe schon früher mitgetheilt, m. H., dass die bayrischen Erhebungen zur Zeit der Münchener Versammlung vollständig fertig waren, und dass auch eine besondere Karte dazu geliefert worden ist, welche die Ergebnisse übersichtlich darstellte. Ich habe auch darauf aufmerksam gemacht, dass dieser Bericht in der Zeitschrift des statistischen Bureau's von Bayern erscheinen wird, und dass Separatabdrücke davon zum Preise von 1 Mark zu beziehen sind. Ich hatte geglaubt, dass die Sache mehr Theilnahme bei uns finden würde; es haben sich aber aus unserer Gesellschaft nur 6 Abonnenten gefunden, was in München einiges Erstaunen erregt hat. Ich will nicht verfehlen, nochmals darauf aufmerksam zu machen, dass, wenn derartige Bestellungen gemacht werden sollen, sie nur ausführbar sind, falls sie in kürzester Frist nach München gelangen, da die Separatabdrücke nur in der Zahl abgezogen werden, in welcher spezielle Bestellungen vorhanden sind, dass sie aber nachher nicht mehr durch Kauf erlangt werden können.

Der dritte Gegenstand, der nach dieser Richtung vorliegt, ist eine Privatarbeit unseres Schriftführers, des Herrn Dr. Voss. Er hat sich der Mühe unterzogen, sämmtliche in Deutschland existirende Sammlungen, sowohl die öffentlichen als die Privatsammlungen, zu verzeichnen in eine grosse Liste, so dass Jedermann die genaue Adresse und die Art der Sammlung aus derselben ersehen kann. Die Absicht besteht, auch dieses Verzeichniss publiziren zu lassen, um auf diese Weise ohne Mühe Jedermann die Möglichkeit zu geben, sich in Kürze an die richtige Stelle zu wenden, wenn es sich um Lokalforschungen handelt.

Das wäre das, was ich über die deutsche Gesellschaft zu sagen habe. Unsere Beziehungen zu derselben sind vollständig geordnete und durch regelmässiges Zusammenarbeiten gesichert.

Ebenso günstig sind unsere Beziehungen zu den Behörden. Vor allen Dingen habe ich wieder hervorzuheben, dass der Herr Cultusminister das lebhafte Interesse, welches er an dem Gedeihen unserer Gesellschaft genommen hat, nach wie vor durch die Bewilligung eines Staatszuschusses und durch Zusendung von Berichten aus seiner Verwaltung uns hat zu erkennen gegeben. Leider ist dasjenige, was uns am meisten Noth thut und worauf wir am meisten gehofft hatten, bis jetzt nicht nur nicht erfüllt, sondern ich muss sagen, dass ich vorläufig kaum eine rechte Aussicht erblicke, wie es sich erfüllen wird: nämlich der Bau eines neuen ethnologischen Museums. Sie werden sich erinnern, dass uns durch den Herrn Cultusminister schon vor zwei Jahren eine Cabinetsordre Seiner Majestät vom 27. Dezember 1873 mitgetheilt worden ist, in welcher die Absicht festgestellt wurde, ein neues und zwar ein besonderes ethnologisches Museum zu bauen. Nach den damals getroffenen Verabredungen bestand die Absicht, dass, wenn ein solches Museum gebaut würde, auch unsere Gesellschaft ihre Sammlungen dahin transferiren und dem öffentlichen Gebrauch zuwenden würde, dass wir dagegen für unsere Sitzungen und andere Gelegenheiten einen Platz in den Räumen des neuen Museums erhalten könnten. Unsere Sammlungen sollten gewissermassen ein Bestandtheil des öffentlichen Museums werden. Alle diese schönen Hoffnungen sind durch den Raum- und Platzmangel unserer Stadt verschoben worden und zwar so sehr, dass in diesem Augenblick nicht einmal, so viel ich wenigstens habe ermitteln können, ein bestimmter Plan darüber besteht, an welcher Stelle die neue Anstalt zu gründen ist. Wir werden daher immer wieder von Neuem von Seiten der Gesellschaft darauf drängen müssen, dass der Bau ausgeführt werde. Denn allmählich ist das königliche Museum in seiner jetzigen Gestalt eigentlich eine Unmöglichkeit geworden; die Räume sind so voll gestopft, dass die neuen Gegenstände, die ankommen, nicht nur nicht aufgestellt, sondern nicht einmal mehr regelmässig ausgepackt werden können. Es tritt also jetzt genau das ein, was jahrelang im brittischen Museum der Fall war, wo die Kisten liegen blieben in Kellern und offenen Räumen und wo keine Möglichkeit war, eine Benutzung auch nur der aller- oberflächlichsten Art eintreten zu lassen. Dass dieser Zustand ein unhaltbarer ist und dass er nothwendigerweise in kürzester Frist beseitigt werden muss, davon wird sich Jeder überzeugen, der näher an die Sache herangeht; ich kann nur annehmen, dass man sich in den entscheidenden Instanzen unserer Regierung noch nicht durch den Augenschein überzeugt hat, wie die Sache wirklich liegt, sonst kann ich mir nicht vorstellen, dass man einen so langen Zeitraum vergehen lassen sollte, ehe man einem so grossen und dringenden Bedürfnisse abhilft.

Dem gegenüber müssen wir es als ein besonderes Glück bezeichnen, dass durch die einflussreiche und energische Thätigkeit unseres Mitgliedes, des Hrn. Stadtraths Friedel, die städtischen Behörden bestimmt worden sind, Raum und Geld in frei- lich zunächst noch mässigem Umfange herzugeben, um ein speziell märkisches Museum zu begründen. Dasselbe soll die Archäologie von Berlin und zugleich die der Mark Brandenburg, sowie einige historische Abtheilungen umfassen. Ich habe heut erst Gelegenheit gehabt, die neue Aufstellung zu sehen; dieselbe ist für die eigentlich archäologische Abtheilung beendet. Da die Absicht besteht, schon im Januar die Säle dem Publikum zu eröffnen, so werden Sie ja bald Alle Gelegenheit haben, zu sehen, was man in relativ kurzer Zeit mit Ernst und Anstrengung erreichen kann. Ich kann nur wünschen, dass die Eröffnung dieses Museums einen neuen Antrieb ge- währen möge, dass man auch von Staatswegen in grösserem Massstabe die Her- stellung eines würdigen ethnologisch-archäologischen oder ethnologisch-prähistorischen Museums in Angriff nehme.

Auf den Wegen unserer auswärtigen Beziehungen sind wir oft genug genöthigt, die Hülfe der Reichsorgane in Anspruch zu nehmen. Obwohl wir niemals soweit gegangen sind, allgemeine Anforderungen an die Centralinstanzen des Reichs oder an die peri- pherischen Organe desselben zu richten, so können wir doch nur dankbar anerkennen, dass, wo wir die Hülfe dieser Instanzen und Organe in einzelnen Fällen in Anspruch genommen haben, diese Hülfe stets mit Bereitwilligkeit gewährt ist. So haben wir wiederholt Nachrichten von Sr. Majestät Schiff Arcona erhalten, welches an sehr ver- schiedenen Orten Geschenke für uns aufgenommen hat. Wir erwarten in Kurzem die Ankunft desselben. Ebenso verpflichtet sind wir einer grösseren Reihe von Con- suln und Geschäftsträgern des Reichs in fernen Gegenden, von denen manche ganz unaufgefordert uns durch Mittheilungen und Zusendungen erfreut haben.

Endlich möchte ich nicht schliessen, ohne der freundlichen Beziehungen zu ge- denken, in welche wir zu der hiesigen evangelischen Missionsanstalt und zu manchen einzelnen Missionären getreten sind. Ich denke, dass der Vortheil dieser Einwirkungen ein gegenseitiger sein wird.

Das ist das, meine Herren, was ich Ihnen über unsere Verwaltung mitzutheilen hatte. Es soll nun der Kassenbericht über das verflossene Jahr erstattet werden. Leider ist unser Schatzmeister, Herr Henckel durch einen schweren Typhus heim- gesucht gewesen, und obwohl wir neulich in seiner Wohnung diejenige Sitzung ab- gehalten haben, in welcher die Rechnung zu prüfen war und welche nothwendig dieser Jahres-Sitzung vorausgehen musste, so ist er selbst doch noch ausser Stande, das Haus zu verlassen. Die Prüfungskommission, welche vom Ausschuss erwählt war, hat die Rechnungen in Ordnung gefunden und Decharge ertheilt. Es handelt sich gegenwärtig darum, dass auch Sie Ihrerseits von den allgemeinen Resultaten unserer Finanzgebahrung Kenntniss nehmen. —

Herr Voss erstattet im Namen des abwesenden Schatzmeisters, Herrn Hencke

13*

den Kassenbericht, nnd die Versammlung erklärt ihre Zustimmung zu der Entlastung des Schatzmeisters. —

(2) Es erfolgen sodann die

Neuwahlen der Vorstandsmitglieder für das Jahr 1876.

Es werden gewählt als
Vorsitzender: Hr. Bastian,
Stellvertreter: Hr. Virchow und Hr. Alex. Braun,
Schriftführer: Hr. Hartmann,
Stellvertreter: Hr. M. Kuhn und Hr. Voss.
Schatzmeister: Hr. G. Henckel.

(3) Als correspondirendes Mitglied ist ernannt:
Hr. Generalconsul Dr. Lührssen zu Lima.

Als neue Mitglieder werden angemeldet:
Hr. Dr. Roch zu Senftenberg,
Hr. Oberstabsarzt Dr. Paul Börner und
Hr. Dr. Fürstenheim zu Berlin.

(4) Hr. **Frank Calvert**, unser correspondirendes Mitglied, übersendet einen Zeitungsabschnitt des Levant Herald vom 8. September, enthaltend eine Auseinandersetzung mit Dr. **Schliemann**

über Troja.

Im Eingange des Artikels wird auf frühere Publikationen (Levant Herald vom 28. Oct. 1874, Athenaeum etc.) verwiesen. Hr. Calvert zeigt dann, dass er von Anfang an die Aechtheit des Schliemann'schen Goldfundes anerkannt habe, und er führt dafür die Thatsache an, dass Arbeiter, welche bei den Ausgrabungen von Hissarlik beschäftigt waren, im Besitz goldner Altsachen, denen des Dr. Schliemann ähnlich, betroffen worden sind. Dagegen weist Hr. Calvert nach, dass er zuerst in Hissarlik gegraben und die Fundamente des Apollo-Tempels, den er damals für den Minerva-Tempel gehalten hat, aufgedeckt habe, sowie dass erst durch ihn Hr. Schliemann überhaupt auf Hissarlik, als die Stelle des alten Troja, aufmerksam gemacht sei.

(5) Hr. Dr. **Ludwig Knoth** in New-York hat dem Vorsitzenden ein mystisches, in sonderbaren Charakteren geschriebenes, umfangreiches Manuscript zugeschickt, welches in der Bibliothek vorläufig deponirt wird.

(6) Hr. **A. Müller** übersendet eine Druckschrift über einen Fund

vorgeschichtlicher Steingeräthe bei Basel.

Der Verfasser glaubt im Diluvium menschliche Artefakte und Steine gefunden zu haben. Er giebt eine photographische Abbildung davon.

Der Vorsitzende ist der Meinung, dass diese Steine, soweit sich aus der Abbildung ersehen lässt, den Schluss des Verfassers nicht rechtfertigen. Aehnliche Steine finden sich auch bei uns an mehreren Orten, z. B. auf einem Gräberfelde bei Branitz in der Lausitz; sie gehören aber wahrscheinlich in dasselbe Gebiet natürlicher Bildungen, denen auf der letzten Generalversammlung der deutschen geologischen

Gesellschaft zu München allgemein der Charakter bearbeiteter Gesteine bestritten wurde.

(7) Hr. W. Schwartz in Posen übersendet das

Gutachten eines Töpfermeisters aus dem Posenschen in Betreff der dortigen Urnen.

Endlich ist es mir gelungen, einen Sachverständigen in hiesiger Gegend zu finden, der mit der Anfertigung von Töpferwaaren Bescheid weiss. Es ist ein Töpfermeister aus Moschin, einem seit alten Zeiten berühmten Hauptfabrikort von Töpfergeschirr allerhand Art. Im Allgemeinen, sagte er, unterscheide man in der Masse den gewöhnlichen Lehm und den Schluff. Die Fabrikate aus dem letzteren erkenne man sofort an der grösseren Leichtigkeit. Als aus Schluff gefertigt bezeichnete er z. B. eine kleine helle Henkelschale aus Neudorf bei Priment. Von einer ähnlichen, zierlichen, die bei Cerekwice gefunden, und einer schwarz gefärbten grösseren Schale von Jarogniewice behauptete er, dass sie von einer Masse seien, wie sie sich nicht im Posenschen, wohl aber bei Freistadt in Schlesien fände und dort noch verarbeitet wurde und mit unter dem Namen Bunzlauer Geschirr ginge. Die Masse sei nämlich in verschiedenen Gegenden verschieden, wozu dann noch besondere Gewohnheit und Zuthat käme. Bei Strzelno fände sich z. B. ein sehr scharfer Kiessand, ähnlich dem, wie man ihn für die Sandfässer auch wegen seines Glanzes liebe; durch Beimischung desselben bekämen die Gefässe mehr Halt. Um diesen Kies zu ersetzen (denn etwas Aehnliches sei immer gut dazu [1]) könne man sich auch der Eisenfeilspähne bedienen. In der Nähe von Grätz fände man einen Lehm, der beim Brennen in der ganzen Masse schwarz würde. [2]) Als dahingehörig bezeichnete er Scherben einer schwarzen grossen Urne von Jarogniewice. Eine zweite Art schwarzer Gefässe erklärte er als durch Rauch im Brennofen geschwärzt, wie ich es auch bei der Ruppiner Ausgrabung schon constatirt hatte und Schliemann es auch in Betreff der von ihm aufgefundenen schwarzen Urnen annimmt. Eine dritte Art dieses Genre erklärte er für entschieden gefärbt, mit welcher Masse aber wusste er es nicht.

Auch in Betreff der Geräthe selbst machte er einige Angaben, indem man nicht blos zu Dlugosz Zeiten, wie dieser erwähnt, sondern noch heutzutage derartige fabricirt, ja er selbst theilweise noch welche anfertigt. Die tassenartigen Gefässe, meinte er, würden noch heutzutage als Butterbüchsen von den Bauern gebraucht, die kleineren Henkelschalen als Salzfässer, die grösseren Henkelschalen seien die noch üblichen sogenannten Pletschen [3]), in welche man das Essen thäte oder aus welchen man ässe, wenn man weder einen Topf noch einen Teller dazu benutzen wolle, sondern eben ein Gefäss, was weder zu tief noch zu flach sei. Als ich ihn fragte, ob die verhältnissmässig kleinen Henkel auch bei grösseren Krügen gestattet hätten, dass man das Gefäss, auch wenn es voll gewesen, daran hätte heben können, bejahte er es unbedingt. Wie ich ihm Töpfe mit kleinen öhsenartigen Henkeln zeigte und fragte, wozu diese wohl gedient, meinte er, um eine Schnur hindurch zu ziehen und sie an derselben aufzuhängen, was man jetzt durch einen übergebogenen Rand erreiche, unter dem man den Halter herumschleife. Und als ich ihm nun sagte, dass in dem hiesigen Museum sich auch solche Töpfe fänden mit einem Drahtgehänge

---

[1]) Die Masse sei oft so weich, dass man sie sonst nur mit Handschuhen verarbeiten könne, da sie an den Fingern klebe.

[2]) Diese Gefässe seien deshalb auch nicht recht beliebt und würden nicht eben in weiteren Kreisen verkauft.

[3]) Auch in Ober-Schlesien sollen diese noch unter demselben, nur etwas modificirten Namen nach anderer Angabe üblich sein.

von Bronze, wozu man diese wohl gebraucht habe, antwortete er, um sie über dem Feuer aufzuhängen und darin etwas zu schmelzen. Er habe als Junge gesehen, dass sein Vater in einem solchen Topfe auf diese Weise selbst häufig Metall, namentlich Blei geschmolzen habe.

Darauf zeigte ich ihm eine in einem Steingrabe gefundene Urne und fragte ihn, ob er einen Unterschied zwischen ihr und den anderen in der Fabrikation fände; er meinte, nein, nur dass etwas mehr Kiessand dazu genommen sei und sie schärfer gebrannt wäre. Sie sei aber jedenfalls viel älter als die anderen Gefässe, das zeige, dass sie so rauh sei, das sei die an ihr allmählich eingetretene Verwitterung (bis zum Halse ist sie nämlich ganz rauh wie verwittert).

Ich habe die Unterredung vollständig wiedergegeben, da sie neben einzelnen interessanten Bemerkungen auch im Verein mit anderen mir gewordenen Mittheilungen gewisse Verhältnisse und Perspectiven immer klarer legt. Als solche hebe ich neben der Erklärung der verschiedenen Arten von schwarzen Gefässen besonders hervor: 1) den Bezug der Gefässe eines Grabes von verschiedenen Fabrikstätten, selbst aus Schlesien, und das darin liegende, bedeutsame, culturhistorische Moment. 2) die Continuität im Gebrauche der Gefässe, welche ein Moment sein dürfte, sie in eine historische Verbindung mit den Vorfahren der jetzigen Bevölkerung zu bringen und, wozu auch noch manches andere stimmt, die Gräberfelder mit den mannichfachen kleinen Gefässen für slavisch zu halten, während die Steingräber wohl der deutschen Vorzeit angehören dürften, worauf ich schon in den letzten Nachträgen zu den Materialien etc. hingedeutet habe.

(8) Hr. Kreisphysikus **Dr. Koch** zu Wollstein schreibt dem Vorsitzenden

über posensche Alterthümer und birmanische Münzen.

Von dem Burgwall auf dem Territorium Karne, dessen Beschreibung Sie auf S. 100 der Verh. der Ges. f. Anthrop. gegeben haben, westlich gelegen und zwar auf der nördlichen Seite des Scharker Grabens (Entwässerungs-Canal) befindet sich ein zweiter Burgwall. Derselbe ist von jenem Wall ungefähr 3 Kilom. entfernt, zeigt genau dieselben Grössenverhältnisse und Bauart und ist nur dadurch unterschieden, dass der Wall nicht so hoch, der Ringgraben aber tiefer ist. Ich habe in beiden Wällen nachgegraben, aber ausser Knochen von Hausthieren und groben, bisweilen mit parallelen Streifen versehenen Scherben nichts Besonderes gefunden. Namentlich fand sich nicht eine einzige Scherbe mit dem Wellenornament. Das Volk nennt diesen Wall „Schwedenschanze."

Ueber den Burgwall bei Wollstein erfuhr ich, dass derselbe seit Menschengedenken eine einfache Hügelform und niemals Wallform hatte. Erst seit dem Jahre 1858, als zuerst Theile desselben abgefahren wurden und hierbei Knochen, eiserne Gegenstände und Scherben nebst Thongefässen zum Vorschein kamen, nannte man ihn Schwedenschanze. Eines der Gefässe, welche damals gefunden wurden, habe ich vom Apotheker Knechtel sen., der es bis jetzt conservirt hat, erhalten. Es ist klein, glatt, mit umgebogenem Rand, ohne Henkel oder Griff und scheint nicht auf einer Scheibe angefertigt zu sein.

An verschiedenen Orten, nämlich in Alt-Kramzig, Obra, Adamowo, Tarnowo, Neudorf sind einzelne oder mehrere Urnen gefunden, welche dem Zaborower Typus angehören.

Bei Lehfelde stiessen die Arbeiter beim Auswerfen von Kartoffelgruben auf mehrere Skelette und förderten einen Schädel zu Tage, der zerschlagen wurde. Ich untersuchte die Fundstelle möglichst genau und legte in einer Tiefe von zwei Fuss ein vollständiges Skelet blos, dessen Knochen sehr mürbe waren. Metallgegenstände. Scherben, Sargreste oder dergl. waren trotz eifrigen Suchens nicht zu entdecken. Den Schädel konnte ich vollkommen erhalten aus der Erde herausheben. Ausser dem von mir ausgegrabenen und dem von den Arbeitern zerstörten Gerippe liegt noch ein drittes, dessen Oberkörper noch gut erhalten sein wird, unter einer Kartoffelgrube und kann erst im Frühjahr ausgegraben werden. Ich möchte diesem Funde deshalb einigen Werth beilegen, weil man vor etwa 10 Jahren, als man in der Nähe dieser Stelle nach Steinen zum Chausseebau suchte, ebenfalls mehrere Gerippe und daneben Urnen gefunden haben soll; ein Begräbnissplatz, Kirche oder dergl. sind an dieser Stelle niemals vorhanden gewesen. Vielleicht finden sich bei später vorzunehmenden weiteren Nachgrabungen noch Andeutungen über das Alter dieser Gerippe.

Auch bin ich im Besitze mehrerer grosser zinnener und bleierner Münzen, welche bei Tenasserim im britischen Birma beim Goldgraben im Schwemmsand, zwei bis drei Fuss tief, gefunden sind. Mein Bruder, welcher längere Zeit in Birma einen Zinn-Bergbau leitete, hat dieselben aus Indien mitgebracht und mir zur Uebermittlnng an eine Sammlung oder Museum gegeben. Diese Münzen haben einen Durchmesser von 6—8 Centim., sind mit eigenthümlichen Schriftzeichen und Thiergestalten versehen, welche weder den Indiern noch den Birmesen bekannt waren. Da dieselben vielleicht ein hohes Alter besitzen und für die Sammlung der anthropologischen Gesellschaft von Werth sein könnten, so stelle ich sie zur Disposition.

(9) Hr. Dr. **Bernhard Ornstein,** Chefarzt der griechischen Armee, übersendet d. d. Athen, 4 Dezbr. einen weiteren Bericht über den griechischen Soldaten mit

sacraler Trichose.
(Hierzu Taf. XVII Fig. 1.)

Da, wie ich mit Vergnügen aus dem Berichte über die Sitzung vom 14. Mai ersehe, meine Mittheilung d. d. Athen 10 April, die eigenthümliche Behaarung der Sacralgegend beim Demeter Karas betreffend, in demselben Aufnahme gefunden hat, so erlaube ich mir, im Anschluss an dieselbe, Ihnen heute beifolgende, nicht übel gelungene Photographie der in Rede stehenden Partie, sowie eine zweite, die ganze Figur des seitdem dem hies. 9. Inf.-Bataillon als Rekrut zugetheilten Mannes wiedergebende zu übersenden. Ich will hier bemerken, dass die nach unten gerichteten und über die Gegend der Kreuzbeinspitze herabhängenden Haare, welche weniger gekräuselt erscheinen, als die die Basis und den grössten Theil der hintern Fläche dieses Knochens bedeckenden, jetzt ca. 16 Ctm. lang und folglich seit meiner ersten Messung derselben im März d. J. um 8 Ctm. gewachsen sind. Dieses auffallend schnelle Wachsthum bestimmt mich, der Angabe des Karas, dass er dieselben früher geflochten und auf der Nabelgegend zusammengebunden habe, um ihrer Verunreinigung durch die Stuhlausleerungen vorzubeugen, Glauben zu schenken. Er will durch die Langweiligkeit dieser Procedur veranlasst worden sein, sie später von Zeit zu Zeit abzuschneiden. Jetzt ist er von mir angewiesen, die Haare wachsen zu lassen, sodass ich nächstes Jahr Gelegenheit haben dürfte, die Wahrheit seiner Aussage zu controliren. Eines in Ansehung auf Sitz und Form analogen Falles von Trichose erinnert sich der pensionirte Generalarzt Dr. Treiber, der Nestor der Philhellenen und der hiesigen Deutschen überhaupt, vor Jahren beobachtet zu haben, doch erreichte in demselben der Haarwuchs keine solche Länge.

Hr. **Virchow** bemerkt dazu Folgendes:

Es besteht seit langer Zeit in der pathologischen Anatomie, — Sie mögen es einen Aberglauben nennen, — eine Erfahrung, welche man das Gesetz der Duplizität der

Fälle genannt hat. An demselben Morgen, wo ich den Brief aus Athen bekam, wurde mir gemeldet, dass im pathologischen Institut eine Leiche vorhanden sei, welche auf dem Rücken eine ungewöhnliche Behaarung zeige. Ich lege Ihnen hier eine Abbildung davon vor (Taf. XVII. Fig. 2.). Es handelte sich in diesem Falle um ein weibliches, 24jähriges Individuum und allerdings um eine Stelle des Rückens, welche nicht mehr ganz auf die Theorie von einem Schwanze passt, denn sie entspricht der eigentlichen Lendengegend, nicht der Kreuz- oder Steissbeingegend, welche bei dem Griechen in Frage kommt. Trotzdem ist die Aehnlichkeit nicht gering. Es war eine durch lange Krankheit (Peritonitis nach Typhus) abgemagerte Frau von schlankem, etwas männlichem Körperbau, weisser Haut und röthlichem Haar. Die behaarte Stelle auf dem Rücken war von rundlicher Gestalt, etwa 10 Cent. im Durchmesser, wenig scharf begrenzt. Die auch hier röthlichen Haare waren 6—7 Cent. lang, ziemlich glatt und weich, standen jedoch nicht sehr dicht. Die Haut selbst zeigte an dieser Stelle nichts Abweichendes.

Der Fall ist nun insofern von einem besonderen Interesse, als, durch einige Merkmale aufmerksam gemacht, ich dahin gekommen bin, weitere Beziehungen aufzufinden, welche einen bestimmten Anhalt für das genetische Verständniss darbieten. Es zeigte sich nämlich, — was in der Zeichnung nicht deutlich ist, weil es gerade durch die Haare verdeckt wird, — eine ungwöhnliche Vertiefung des Rückens an dieser Stelle, so dass schon beim äusseren Zufühlen es den Anschein hatte, wie wenn da ein Loch in der Wirbelsäule vorhanden sei. Die weitere Untersuchung ergab, dass, entsprechend der behaarten Hautstelle, eine ungewöhnlich starke Vorwölbung der Wirbelkörper nach vorn stattfand. Der letzte Lendenwirbel war mit seiner Vorderfläche nicht, wie sonst, nach vorn, sondern nach unten gegen die Beckenhöhle gerichtet. Als ich nunmehr den Rücken präparirte, stellte sich sonderbarerweise heraus, dass unmittelbar unter der behaarten Stelle eine Spina bifida occulta lag, d. h. dass an dieser Stelle die Wirbel an ihrem hinteren Umfange nicht geschlossen waren. An der Stelle der Dornfortsätze der oberen Kreuzbeinwirbel befand sich eine harte Membran; nachdem dieselbe eingeschnitten war, sah ich unmittelbar die Dura mater spinalis vor mir. Auch die vier unteren Lendenwirbel waren nicht ganz geschlossen; bei dem 5. waren die beiden Schenkel des Dornfortsatzes durch eine 6 Mm. breite Spalte von einander getrennt; bei dem 2.—4. war die Spalte nur 1—2 Mm. breit und durch eine Art Faserknorpel geschlossen, aber die einzelnen Schenkel der Dornfortsätze waren von sehr ungleicher Grösse und gegen einander verschoben.

Es ist also klar, dass die haarige Stelle in diesem Falle den Ort einer Spina bifida occulta bezeichnet. Wenn man sich fragt, wie das zusammenhängen kann, so ergiebt sich mit Hinzunahme anderweitiger Erfahrungen eine durchaus plausible Erklärung. Diese Art der Rückgratspaltung entsteht durch örtliche, entzündliche Prozesse, welche zu einer Zeit, wo die Knochenbildung, d. h. die Bildung der Wirbel-Anlagen noch nicht vollendet ist, eine Unterbrechung derselben herbeiführen. Wenn an derselben Stelle die Haut eine vermehrte Entwicklung ihrer natürlichen Elemente zeigt, (und nur um eine solche handelt es sich bei diesen Behaarungen,) so heisst das eben auch nichts anderes, als dass frühzeitig ein Reiz eingewirkt hat, der eine verstärkte Form des Haarwuchses herbeigeführt hat. Wir haben für eine solche Erklärung mancherlei andere Anhaltspunkte.

Ich glaube auf Grund dieser höchst ungewöhnlichen und überraschenden Beobachtung auf das Bestimmteste aussagen zu können, dass in meinem Falle es sich nicht um eine Schwanzbildung und damit um einen Atavismus, sondern nm ein eminent pathologisches Ereigniss handelt. Diese Haarbildung ist nichts anderes, als ein behaartes Muttermal, ein Naevus pilosus, wie deren an vielen anderen Stellen des Körpers auch vorkommen können. Ich will damit nicht sagen, dass der Schopf des griechischen Soldaten dasselbe ist, denn er sitzt etwas tiefer und er entspricht allerdings mehr der Steissgegend. Die Haare sind auch sehr viel länger, als in meinem Fall. Andrerseits ist zu erwähnen, dass in der Litteratur eine gewisse Zahl von Fällen verzeichnet ist, in denen eine Behaarung der Haut in dieser Gegend fehlte, dagegen eine Vermehrung der Wirbel durch Apposition neuer Wirbel am Steiss beobachtet ist. Schon der ältere Meckel[1]) hat eine Reihe solcher Fälle zusammengestellt; Förster[2]) hat nachher noch mehrere gesammelt. In einzelnen Fällen bilden diese vermehrten Wirbel einen langen, von Haut und Fettgewebe umkleideten Fortsatz. Die Thatsache müssen wir also anerkennen, dass es eine Art von Homines caudati giebt. Wie man das im Einzelnen interpretiren will, ist im Augenblick noch der Willkür der Interpreten überlassen. Dass die Versuchung sehr nahe liegt, solche Fälle als Theromorphie und Atavismus anzusehen, erkenne ich vollständig an. Auch will ich die Möglichkeit nicht einfach bestreiten, dass es eine Schwanzbildung ohne Vermehrung der Wirbel geben könne. Nur halte ich sie noch nicht für erwiesen. Die 4 Fälle, welche Meckel davon mittheilt, lassen sämmtlich eine andere Erklärung zu, da sich auch sonst zahlreiche und zum Theil sogar ähnliche Missbildungen an anderen Stellen des Körpers fanden. Nur in einem, und gerade in einem Berliner Fall[3]), wird ein solcher „Schwanz" zugleich als behaart geschildert. In allen anderen Fällen, wo von einer Schwanzbildung berichtet wird, scheint keine Behaarung vorhanden gewesen zu sein.

Ich muss also davor warnen, dass in Fällen, in denen keine Wirbelvermehrung und keine Protuberanz der Weichtheile stattgefunden hat, nur aus der Behaarung eine Schwanzbildung deducirt wird. Dazu gehören doch noch etwas mehr Beweise. Insofern muss ich sagen, ist auch die griechische Beobachtung nicht vollständig genug; sie kann möglicherweise auf ein ähnliches Verhältniss zurückgeführt werden, als dasjenige, worauf ich meinen Fall zurückführen muss, nämlich auf eine lokale Reizung, welche zugleich die Haut und die unterliegenden Theile getroffen hat. Immerhin ist es eine ganz interessante Frage; sie wird wahrscheinlich bei Gelegenheit wieder aufgenommen werden. Man muss diese Fälle sorgfältig sammeln; es wird sich dann herausstellen, wie viel oder wie wenig sich daraus für die Ableitung des Menschen vom Affen deduziren lässt. Das aber begreift sich leicht, dass die Phantasie der Alten beim Anblick solcher Erscheinungen zu wunderbaren Deutungen angeregt werden musste, und es ist unschwer zu verstehen, dass die Mythen bildende Ueberlieferung derartige Anschauungen zu den Bildern geschwänzter Satyrn verarbeitete. Sollte sich herausstellen, dass Griechenland noch heutigen Tages häufiger solche Missbildungen hervorbringt, so wird das Bedürfniss der Alten, eine Art von mythologischer Formel für sie herzustellen, um so mehr verständlich.

(10) Hr. v. Richthofen bespricht den kühnen Entdeckungszug des Lieutenant Cameron von der afrikanischen Ostküste bis São Paulo de Loanda an der Westküste, von dessen glücklichem Gelingen so eben die erste Kunde angelangt ist.

Der Vorsitzende giebt in lebhaften Ausdrücken der Freude über diesen Triumph der Forscherenergie Ausdruck.

(11) Hr. E. Friedel legt 4 dem Märkischen Museum gehörige Bronzen vor:
a) eine Lanzenspitze, jetzt noch 19 Centm. lang, mit der fehlenden Spitze

---

[1]) Joh. Friedr. Meckel. Handbuch der pathol. Anatomie. Leipzig 1812. I, 385.
[2]) August Förster. Die Missbildungen des Menschen Jena 1861. S. 44.
[3]) Elsholz. De conceptione tubaria et de puella monstrosa. Col. Brand. 1669.

und Tülle etwa 24 Centm. lang gewesen, ein Rasirmesser, 14 Centm. lang, eine Bartzange, 8 Centm. lang. Hr. Pastor Ramdohr in Kuhsdorf, Secretär des landwirthschaftlichen Vereins zu Pritzwalk, Ostpriegnitz, sendet dieselben als Geschenk des Bauergutsbesitzers August Schleiff zu Beveringen, ½ Stunde östlich von Pritzwalk, ein. Hr. Schleiff schreibt dabei: „Die Alterthümer habe ich am 11. Juni d. J. auf meinem Acker links am Wege von hier nach Sadenbeck, 600 Schritt vom Dorf entfernt, beim Abfahren einer kleinen Anhöhe gefunden. Sie befanden sich in einer Urne, die in der·Weise gefüllt war, dass zu unterst gebrannte Knochen lagen, darauf die Gegenstände, alsdann Erde, welche durch den zerbrochenen Deckeltopf, der auf die Urne gut passte, im Lauf der Zeit hindurch gefallen war. Die Urne befand sich zwei Fuss tief in der Erde, mit flachen Steinen umstellt. Die Pincette ist später zerbrochen, ein noch weiter gefundener Ring (von Bronze) weggekommen".

Hr. Friedel bemerkt, wie das Bartscheermesser dem Typus nach den bei Worsaae: Nordiske Oldsager. Kopenhagen, 1859 unter No. 171 bis 175 abgebildeten entspräche, ebenso der Fig. 34 bei Montelius: La Suède préhistorique, Stockholm, 1874; die Bartzange ähnelt No. 271 und 272 bei Worsaae, die Lanzenspitze No. 187 ebendaselbst. Nach der Terminologie von Montelius a. a. O. S. 41 würden die Objecte dem „second âge du bronze" angehören. Uebrigens sind sie aus feiner Bronze gefertigt und mit schönem glänzendem dunkelgrünem Rost, der nicht abfärbt und nicht übel riecht, also als aerugo nobilis anzusprechen ist, bedeckt.

b) eine Bronzegussform, welche unten in natürlicher Grösse dargestellt ist. Sie soll aus dem Kreise Ruppin stammen, der nächst den beiden Priegnitzer mit die schönsten Bronzen der Mark liefert. Sie stammt aus der hiesigen Alterthümersammlung des Prinzen Karl von Preussen, aus welcher derselbe eine reiche und schöne Auswahl dem Märkischen Museum vor Kurzem geschenkt hat. In der Form sind augenscheinlich kleine, wahrscheinlich als Schmuck verwendete Bleche gegossen worden. Die Gussöffnungen sind deutlich zu ersehen.

Ausserdem macht der Vortragende bekannt, dass die Direction des Märkischen Museums beschlossen habe, die erste Abtheilung desselben, welche im Wesentlichen die vorgeschichtichen Gegenstände umfasst, vom 3. Januar 1876 ab für den Besuch zu öffnen. Als Besuchszeiten sind vorläufig gewählt die Stunden von 12 bis 2 Uhr Nachmittags am Montag und Donnerstag. Den Mitgliedern gelehrter Gesellschaften, den durchreisenden Fremden und Allen, welche die Sammlung für das Studium oder zu ähnlichen Zwecken zu benutzen wünschen, steht die Sammlung ausserdem werktäglich von 9 bis 2 Uhr zur Verfügung.

(12) Hr. Voss hält einen Vortrag über eine, von Hrn. Generalconsul Dr. Lührsen für das Königliche Museum eingesendete und auf der Stelle eines alten Sonnentempels (?) gefundene peruanische Vase von Truxillo. (Derselbe wird später in der Zeitschrift für Ethnologie erscheinen.)

(13) Hr. Hartmann behandelt im Anschlusse an seine Mittheilungen in der vorigen Sitzung die Frage über die systematische Stellung der

Aeffin Mafuca.

Von mehreren Seiten ist die Behauptung aufgestellt worden, Mafuca könne mit Duvernoy's Troglodytes Tchégo und mit Du Chaillu's Nschiēgo-Mbūwe (Troglodytes calvus Chaillu) identisch sein. Ersterer sei aber, wie sich Vortragender nach wiederholter Prüfung — selbst an dem pariser Originalskelet — überzeugt habe, nur ein altes Chimpansemännchen. Der Nschiēgo-Mbūwe sei nichts als die Fiktion eines in der Zoologie nicht über das erste Dilettantenthum hinausgelangten Reisenden, wie dies Verfasser bereits früher hinlänglich glaube nachgewiesen zu haben. (Man vergl. dessen Arbeit über den Bam-Chimpanse im Archiv für Anatomie, Physiologie u. s. w. Jahrgang 1872 S. 107 u. s. w.) N'śe-ēqo, (daraus N'zēqō, Anzico der älteren Geographen) N'śēqō bedeute in den westafrikanischen, vom Gabun bis nach Loango gesprochenen Idiomen den Chimpanse überhaupt, wogegen der Gorilla dort N'gína oder Engína, G'īna, hier N'Púngu (Pongo Andrew Battel's in Purchas His Pilgrimes II, p. 982) genannt werde. Auch mit Du Chaillu's Kūlū-Kāmba (Troglodytes Kooloo-Kamba Chaillu) habe Mafuca nichts zu thun.

Vortragender bemerkt, es sei ihm in den Augen hochachtbarer Zoologen vollständig gelungen, auch diese angebliche, noch von anderen Seiten beanstandete Art aus dem System zu beseitigen. Von den durch Du Chaillu in seinen „Voyages and adventures" etc. gegebenen Abbildungen des Kūlū-Kāmba beziehe sich die eine auf den schlecht gestopften Balg eines weiblichen Gorilla, die andere auf den ebenfalls schlecht gestopften Balg eines Chimpanse. (Vergl. auch die oben citirte Arbeit im Archiv für Anatomie u. s. w. S. 114 ff.).

Gray's Troglodytes vellerosus sei bis jetzt noch von Niemand weiter, als von seinem Urheber anerkannt worden. Der Troglodytes Aubryi von Alix und Gratiolet erweise sich als ein nicht mehr ganz junges, kräftiges Chimpanseweibchen. Der centralafrikanische Bām, Mangarūma oder Ráña (Giglioli's Troglodytes Schweinfurthii) sei von dem gewöhnlichen Chimpanse (Troglodytes niger J. Geoffr.) nicht zu trennen. Vortragender, welcher bis jetzt nur letzterem und dem Gorilla (Tr. Gorilla Sav.) die Artselbstständigkeit zugestehen will, muss hinsichtlich des weiteren, diese Fragen betreffenden Details auf seine ausführlichen, im Archiv für Anatomie u. s. w. noch forterscheinenden Abhandlungen verweisen.

Derselbe erwähnte nun des Todes der Mafuca und der in Dresden behufs Erlangung ihres Cadavers gepflogenen, zum Theil sehr peinlichen Verhandlungen. Sogleich nach Empfang der Nachricht von der Erkrankung des schönen Thieres habe sich Hr. Dr. Carl Nissle nach Dresden begeben und in völlig selbstloser Weise sich alle erdenkliche Mühe gegeben, das Cadaver für das anatomische Museum in Berlin zu erwerben, woselbst alle nur mögliche Vorkehrungen zur photographischen Portraitirung, farbigen Abzeichnung, plastischen Abformung und methodischen Zergliederung aller Körperorgane Mafuca's getroffen waren. Allein trotz mehrfacher, von Mitgliedern der Verwaltung des dresdener zoologischen Gartens gegebener feierlicher Zusicherungen, das Cadaver solle für den ausbedungenen Preis nach Berlin, habe man dem nachträglich erfolgten Mehrgebote des Dr. A. B. Meyer zu Dresden nachgegeben und das Thier dem dortigen naturhistorischen Museum überlassen. Hr. A. B. Meyer und der Verwaltungsrath des zoologischen Gartens zu Dresden haben sich jedoch verpflichtet, sechs Wochen nach eingetretenem Tode Mafuca's die sämmtlichen, das Thier betreffenden Reste auf 14 Tage leihweise nach Berlin zu schicken. Vortragender verlas die hierauf bezüg·

lichen Stellen des ihm abschriftlich zugesendeten Protokolles einer Sitzung des Dresdener Verwaltungsrathes vom 14. Dezember d. J.

Hr. Hartmann zeigte behufs Erläuterung seines Vortrages die photographische Darstellung des Duvernoy'schen Tschégo-Skeletes, ferner eine reichliche Collection von neuen Gorilla- und Chimpansebildern in verschiedener Manier der Herstellung. Derselbe hatte auch Schädel alter männlicher und weiblicher Gorillas aus dem Ogowegebiete (Dr. O. Lenz) und aus Mayombe (Dr. P. Güssfeldt) ausgestellt. Um jeden Zweifel über die Natur dieser Specimina zu nehmen, wies Vortragender zur Ausübung einer Jedermann möglichen Controle die schönen Abbildungen Th. Bischoff's von Gorilla- und Chimpanseschädeln vor. Der Vortragende machte nun auf die sehr in die Augen fallenden individuellen Verschiedenheiten zwischen jenen ungefähr gleichaltrigen Schädeln aufmerksam, suchte dabei auch an Hand der Präparate jede von gewisser Seite her versuchte Bemerkung, es könnten hier artliche oder klimatische Unterschiede obwalten, zurückzuweisen. —

Hr. Virchow bemerkte hierzu, dass ihm von Hrn. Emil Ulrici in Dresden unter dem 3. d. M. das nachstehende Schreiben zugegangen sei:

Wie ich aus den Zeitungen erfahre, ist auch in Berlin in wissenschaftlichen Kreisen die Frage aufgetaucht, ob der im hiesigen zoologischen Garten befindliche Anthropoide ein Chimpanse oder Gorilla sei; da ich das Thier seit seiner ersten Ankunft hier fast täglich beobachtet habe, so erlaube ich mir, Ihnen umstehend das von mir in dieser Angelegenheit gesammelte Material zur Disposition zu stellen und bemerke zugleich, dass die umstehenden Maasse theils von mir selbst, theils vom Direktor des hiesigen zoologischen Gartens genommen wurden.

Als das Thier hier ankam, glaubte ich einen alten Chimpanse vor mir zu haben: Das Thier hatte nicht das kindlich Komische der jungen Chimpansen, sondern machte den Eindruck eines älteren Geschöpfes, die Conturen des Gesichtes waren damals bereits hart und eckig, der Gesichtsausdruck diabolisch, der Gesichtswinkel weit kleiner wie bei jungen Thieren, die Augenwülste fehlten fast vollständig, ebenso die Knochenleiste in der Mitte des Schädels, letzteres beides ist erst im Laufe der letzten 9 Monate energisch hervorgetreten, so dass augenblicklich Gesichts- und Schädelbildung vollständig die eines Gorilla sind, wogegen der Affe in jeder anderen Beziehung: Farbe, Extremitäten, Fusssohle, Finger etc. ein reiner Chimpanse zu sein scheint. Ich erlaube mir nur noch die Bemerkung, dass ich in hiesigen wissenschaftlichen Vereinen stets die Ansicht vertheidigt habe und auch noch jetzt festhalte, dass unser hiesiger Anthropoide ein Bastard von Gorilla und Chimpanse sein dürfte.

Maasse und sonstige Beschreibung des Pseudo-Gorilla im zoologischen Garten zu Dresden:

Kopf. Hinterkopf stark behaart, eine Erhöhung läuft in der Mitte entlang bis zur Stirn uud ist dieselbe in der Nähe der Stirn stärker behaart, wie die zu beiden Seiten liegenden Theile des Vorderkopfes.

Gesicht fleischfarben, schwarz punktirt und gefleckt, eine Art Backenbart an den Seiten ziemlich weit zurück, Stirn fast haarlos, Nase eingedrückt, Nasenlöcher stehen in einem Winkel von 45° ($\diagdown\diagup$). — Lippen lassen sich röhrenartig vorstrecken, Länge der Oberlippe ca. 4½ Centm. Unterlippe etwas vorstehend. — Ohren schmutzig fleischfarben, Ohrläppchen fehlen. — Augen gelblich braun, proportionirt — über den Augen ca. 2 Ctm. hohe Knochenbogen (Augenwülste, die über der Nase verbunden sind und an den Seiten bis zur Höhe des Auges herablaufen) — Augenbrauen kaum vorhanden.

Hals fleischfarben, wenig behaart, zwischen Kinn und Hals eine Art Bart.
Haar schwarz — dick am Rücken und Hinterkopf, ziemlich lang.
After fleischfarben, mit schwarzen Flecken und wenigen weisslichen dünnen Haaren.
Arme. Oberarm starker Muskel, die Hände lang — innere Fläche schwärzlich grau,
    die Finger oben schwarz, in den Hautfalten fleischfarben; der Daumen
    sehr kurz und dünn, kaum halb so dick wie die anderen Finger,
    reicht nur bis zur Fingerwurzel, Zeigefinger kürzer wie die zunächststehenden
    Finger.
Füsse proportionirt — Daumen dick und mässig lang, Sohle schwärzlich grau, vor-
    letzte Finger am längsten.

Ganze Höhe 1,20 — Vorderhandtellerlänge 0,125 — Mittelfinger der Vorderhand
0,095 — Vorderhandbreite 0,08 — Hinterhandtellerlänge 0,165 — Mittelfinger der
Hinterhand 0,065 — Ohrhöhe 0,07 — Ohrbreite 0,045 — Vom Kinnbackenknochen
bis Scheitelhöhe höchste Projectionshöhe 0,143 — Oberarm, Achsel bis Ellenbogen
0,285 — Ellenbogen bis Handwurzel 0,150 — Oberschenkel 0,243 — Unterschenkel
0,265 (Alles innen gemessen). Ganza Armlänge aussen, Schulter bis Handwurzel
0,515 — Rückenbreite 0,315 — Oberarm-Umfang 0,272 — Unterarm-Umfang 0,24 —
von der Nasenspitze bis zum inneren Augenwinkel 0,05 — Hinterhand, Ferse bis
Daumspitze 0,19. —

Ausserdem machte Hr. Virchow darauf aufmerksam, dass sich unter den von Hrn.
Hartmann vorgelegten Gorillaschädeln ein weiblicher befinde, der so sehr von
den übrigen abweiche, dass, falls es wirklich ein Gorilla-Schädel sein sollte, die
Variabilität dieses Thieres eine ungemein grosse sein müsse. Er bemerkt darüber:
Wenn dies in der That zwei weibliche Gorillaschädel sind, so kann die Differenz
gar nicht grösser ausfallen. Es sind namentlich zwei Punkte, worin diese Schädel in
der äussersten Weise verschieden sind, nähmlich in der Bildung der Schädelcapsel
als solcher und in der Bildung der Nase. In dem einen Falle sehen wir eine äusserste
Schmalheit des oberen Abschnittes der Nasenbeine, während in dem anderen die
Nasenwurzel ganz breit ist. Diese Form ist ganz ungewöhnlich und von der Gorilla-
nase abweichend, indem diese sonst mit einer schmalen, aber langen Zacke bis in
das Stirnbein hinaufreicht und dadurch bestimmend wird für die Stellung und Bildung der Orbitaltheile. Wenn das wirklich Schädel derselben Thierart sind, so würde
diese kolossale Verschiedenheit um so mehr überraschen, als die Schädel aus derselben Gegend Afrika's herstammen.

(14) Herr Bergrath a. D. v. Dücker aus Bückeburg legte einige

vorhistorische Alterthümer vom Teufelsdamme bei Fürstensee am Plönesee in Pommern

vor. Es waren Topfscherben der rohen Art, wie sie sich bei unseren Pfahlbauten
und auf den Aschenplätzen finden, sowie Knochenreste, worunter einer mit Spuren
roher Bearbeitung, und schwarze bituminöse Holzstücke von Pfählen.

Redner erzählte, dass er die Topfscherben zum Theil schon vor 8 Jahren auf
dem sogenannten Teufelsdamme gefunden habe, welcher eine flache Landzunge in
dem südöstlich Theile des Plönesee's bilde, desselben See's, an dessen nordwest-
lichem Ende durch Hrn. v. Schöning, sowie durch Hrn. Professor Virchow Pfahl-
baureste bei Lüptow nachgewiesen seien. Der Teufelsdamm habe in Folge der bekannten künstlichen Senkung des Seespiegels eine beträchtlich grössere Ausdehnung
angenommen, wie früher, und bei einem vorigjährigen Besuche habe Redner Gelegenheit gehabt, in Gesellschaft mit Hrn. v. Wedell-Fürstensee eine grössere

Anzahl von Pfahlköpfen zu constatiren, welche in Folge des Austrocknens des Moor-
bodens zu Tage getreten waren. Es wurden im Ganzen einige zwanzig Pfähle bemerkt, welche in länglicher Erstreckung von 20—30 Metern zum Vorschein kamen
nnd welche zum Theil in Abständen von $1\frac{1}{2}$—2 Metern standen. An einer sehr
nahen Stelle, wo offenbar schon früher fester Boden gewesen war, fanden sich die
obigen Knochen- und Topfreste. Ein vorhistorischer Pfahlbau dürfte an der erwähnten Stelle als nachgewiesen zu erachten sein.

Hr. Virchow erinnert an seine Mittheilungen über die Pfahlbauten von Lüptow
(Sitzung vom 11. Dezbr. 1869. Zeitschr. für Ethnologie I. 403. 410), sowie an die
sonderbare Thatsache, dass an einen andern Stelle in Pommern, nehmlich am Lüptow-
See bei Cöslin, sich gleichfalls nicht nur ein Pfahlbau, sondern auch ein Teufelsdamm
im See und ein Burgwall am See (Sitzung vom 27. April 1872. S. 165) fände, —
eine Combination von Anlagen und von Bezeichnungen, die bei der relativ grossen
Entfernung beider Fundstellen gewiss zu denken gebe.

(15) Geschenke sind eingegangen:
1) J. Kopernicki: Czaski z Kurhanow Pokuckich. W Krakowie 1875. 4. Vom
   Verfasser.
2) Evans: Adress delivered at the anniversary meeting of the Geological Society
   of London. 1875. Vom Verfasser.
3) Aspelin: Suomalais-Ugrilaisen. Muina istutkinnon Alkeita Helsingissa 1875.
   Vom Verfasser.
4) Verzeichniss der Lübeck'schen Kunstalterthümer. Von Hrn. Virchow.
5) Lucae: Zur Morphologie des Säugethierschädels. Frankfurt a/M. Von Hrn.
   Virchow.
6) A. Müller: Ein Fund vorgeschichtlicher Steingeräthe bei Basel. 1875. Vom
   Verfasser.

Chronologisches Inhaltsverzeichniss.

Lindenthal bei Gera. **Liebe** S. 127. — Burgwall von Zahsow (Lausitz).
Virchow S. 127. — Wendische Bevölkerung. **Virchow** S. 131. — Alterthums-
funde aus der Gegend von Cottbus. **Voss** S. 133. — Kirchenmarken. **Woldt**
S. 135. **Rosenberg** S. 136. — Schädel der heiligen Cordula. **Virchow** S. 136 —
Reliquienkasten der heiligen Cordula. **Voss** S. 140. — Mammuthfund. **Liebe**
S. 142. — Geschenke. S. 142.

Ausserordentliche Sitzung vom 28. Juni 1875. Neue Mitglieder. Geschäftliches.
S. 143. — Sendung des Herrn **Hildebrandt** aus Africa. S. 143. — Braun-
schweiger ethnologisches Museum. **Noack** S. 143. (Hierzu Taf. X.) — Knochen-
reste aus der Höhle von Ferrajeh und Bärenreste aus vorgeschichtlicher Zeit.
Hartmann S. 149. — Ausgrabungen von Samthawro und Kertsch. **Fritsch** S. 149,
Virchow S. 154. — Pflanzensamen aus dem Burgwall von Priment. **Ascherson**
S. 154. — Funde von Zaborowo, namentlich ein Pferdegebiss von Bronze
und Pferdezeichnungen an einer Urne. (Hierzu Taf. XI.) **Virchow** S. 154. —
Brasilianische Indianerschädel (Hierzu Holzschnitte und Tafel XII). **Virchow**
S. 159. — Geschenke S. 181.

Sitzung vom 17. Juli 1875. Geschäftliches S. 182. -- Prähistorische Ruinenstädte
im Thale des Mancos River, Territ. Colorado. **Hayden** S. 182. — Flossenstrahl eines Wels im Diluvium bei Embden. **Prestel, Virchow** S. 182. —
Märkische Alterthümer (Mit Holzschnitt). **Friedel** S. 183. **Hartmann, Virchow**
S. 185. — Bronzestatuette aus Ostasien. **Liebreich** S. 185. — Nicobaresen
(Hierzu Taf. XV. Fig, 3—5). **H. Vogel** S. 185. — Bären der quaternären
und der Jetztzeit. **Hartmann** S. 195. — Schwanzquaste der Atherura africana
bei den Monbuttu. **Hartmann** S. 196. — Gerippter Bronzeeimer von Fraore.
Virchow S. 197. — Bronze-Analysen. **E. Salkowski** S. 197. **Virchow** S. 199. —
Neues Mitglied. Geschenke S. 200.

Sitzung vom 16. October 1875. Tod des Dr. **Bleek** S. 201. — Neues Mitglied. —
Generalversammlung der deutschen anthropologischen Gesellschaft in München.
Virchow S. 201. — Bayrische Photographien. **F. S. Hartmann** S. 204. — Hoch-
äcker oder Bifange. **Meitzen** S. 204. **Virchow** S. 206. — Diluviale Thiere von
Westeregeln bei Oschersleben. **Nehring** S. 206. — Funde beim Bau der
Kreischaussee Laucha-Nebra. **Werner** S. 208. — Alter Wohnplatz und Fels-
zeichnungen aus dem Somal-Lande (Mit Holzschnitt). **J. M. Hildebrandt** S.
209. — Japanesische Photographien. **Toselowski** S. 210. — Ruinen des alten
Raghae bei Teheran und Guebern-Kirchhof daselbst. **Fritsch** S. 210. —
Burgwall bei Zahsow. **R. Andrée, Virchow** S. 213. — Peruanerschädel von
Ancon. **Bastian** S. 213. — Sendungen von den Andamanen, Rangun und
Amritsar. **Jagor** S. 213. — Normännisches Schiffsgrab bei Ronneburg und
Ausgrabung des Rinne-Hügels am Burtneek-See und des Opferhügels von
Strante, Livland. Graf **Sievers** S .214 (Mit Holzschnitt und Taf. XIII—XIV.) —
Lappen. **Hagenbeck, Virchow** S. 225. — Verbreitung der Finnen in älterer Zeit
und russische Lappen. **Europaeus** S. 228. **Virchow** S. 229. — Anthropoiden-
Affe Mafuca im zoologischen Garten zu Dresden. **Hartmann** S. 230. —
Erwerbungen und Geschenke S. 230.

Sitzung vom 20. November 1875. Neue Mitglieder S. 231. — Schreiben der Frau
Bleek S. 231. — Römische Alterthümer und thönerne Spielsachen aus Olden-

Namen- und Sachregister.

(Dr. Voss.)

Druck von Gebr. Unger (Th. Grimm) in Berlin, Schönebergerstr. 17a.

A.

B.

W. A. Meyn Lith Inst.

Verlag v Wiegandt Hempel & Parey in Berlin

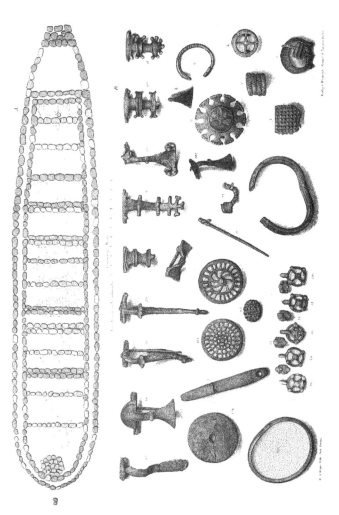

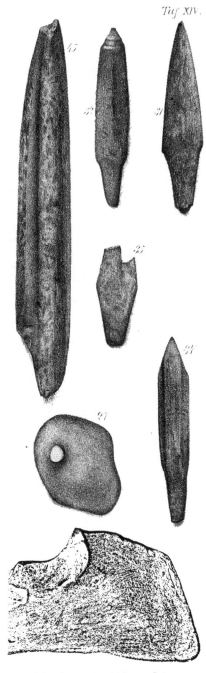

Verlag v. Wiegandt, Hempel & Parey in Berlin

Zeitschrift f. Ethnologie · Anthropolog. Gesellschaft

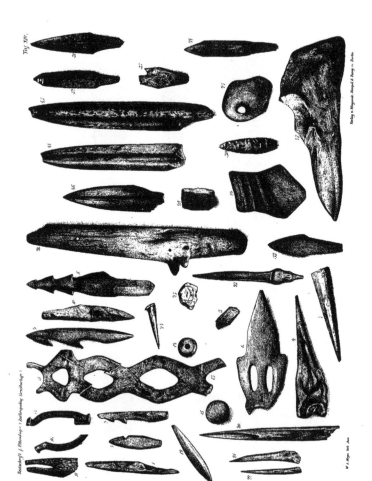

Verlag v. Wiegandt, Hempel & Parey in Berlin.

W. A. Meyn lith. Anst.

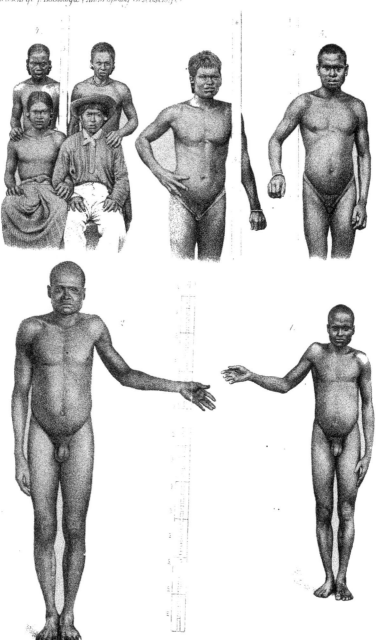

W. A. Meyn Lith. Inst.

Verlag v. Wiegandt, Hempel & Parey in Berlin

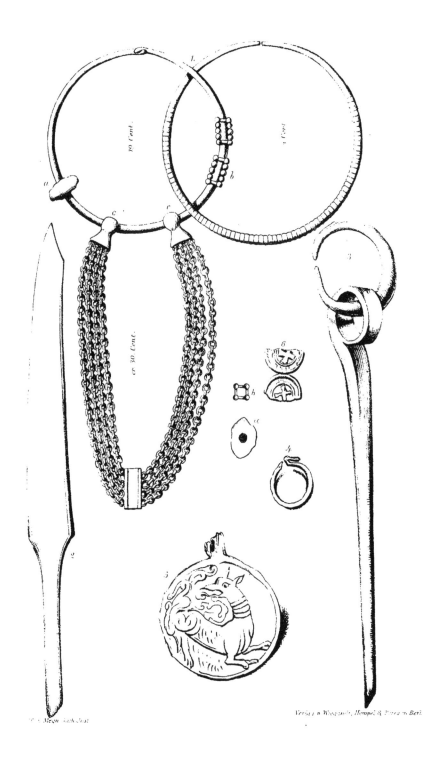

Verlag von Wiegandt, Hempel & Parey in Berl.

Zeitschrift f. Ethnologie. (Anthropolog. Gesellschaft.)

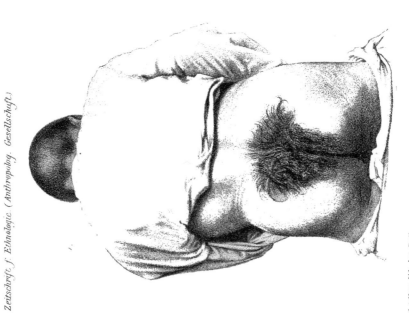

Verlag v Wiegandt, Hempel & Parey in Berlin.

F A Meyn. Lith. Inst. Berlin.

Infolge nicht deutlichen Manuscripts und der Unmöglichkeit, dem Autor Correctur der Druckbogen zu senden, hat sich leider in die

Dalton-Flex'sche Ethnologie Bengalens

eine ungewöhnliche grosse Anzahl Druckfehler eingeschlichen, deren Verzeichniss wir nachstehend publiciren.

Seite 2 Zeile 11 v. u. statt Dravidische Race lies Dravidischen Race
- „ 2 „ 1 v. u. „ hrer lies ihrer
- „ 3 „ 4 v. o. „ Sontals lies Santals
- „ 3 „ 14 Mitte „ Fengapani lies Tengapani
- „ 3 „ 16 Mitte „ Padiga lies Sadiya
- „ 4 „ 5 v. u. „ Tipperoh lies Tipperah
- „ 4 „ 5 v. u. „ iune lies inne
- „ 4 „ Mitte „ Khanti-chiefs lies Khamti chiefs
- „ 5 „ 7 v. o. „ Qautama lies Gautama
- „ 5 „ 14 v. u. „ Dav lies Dao
- „ 8 „ Mitte „ Erdhanfen lies Erdhaufen
- „ 9 „ Mitte „ Msgr. lies Monsr
- „ 9 „ unten „ Msgr. lies Monsr
- „ 10 „ 15 v. o. „ Linie lies Leine
- „ 14 „ Mitte „ unabhöngig lies unabhängig
- „ 14 „ unten „ Mimbus lies Membus
- „ 15 „ Mitte „ Hauptordner lies Hauptredner
- „ 15 „ unten „ ausrufen lies ausriefen
- „ 16 „ Mitte „ Geachaffenem lies Geschaffenem
- „ 18 „ 14 v. u. „ Khunds lies Khands
- „ 19 „ 6 v. o. „ Lakhinpur lies Lakhimpur
- „ 19 „ 8 v. o. „ Pamibotia lies Panibotia
- „ 19 „ Mitte „ gehandhobt lies gehandhabt
- „ 20 „ 4 v. o. „ ruheuden lies ruhenden
- „ 20 „ Mitte „ sei lies sie
- „ 21 „ 12 v. o. „ eine Nichte lies seine Nichte
- „ 21 „ 9 v. u. „ die das Tödten lies auf das Tödten
- „ 23 „ 11 v. o. „ Baumwollenfedern lies Baumwollenfeldern
- „ 23 „ 4 v. u. „ Shastos lies Shastrs
- „ 24 „ 2 v. u. „ danoben lies daneben
- „ 26 „ Mitte „ Viela lies Viele
- „ 31 „ Mitte „ Zaum lies Zaun
- „ 32 „ 7 v. u. „ Brotfahren lies Bootfahren
- „ 32 „ 6 v. u. „ augeuscheinlich lies augenscheinlich
- „ 33 „ Mitte „ verbrannt lies verbannt
- „ 35 „ Mitte „ Katschares lies Katscharis
- „ 37 „ 1 v. u. „ Hebraphat lies Habraghat
- „ 38 „ 7 v. o. „ aber so lies ebenso
- „ 39 „ 10 v. o. „ Begrabnissn lies Begräbnissen
- „ 39 „ 12 v. o. „ frühar lies früher

Seite 40 Zeile 12 v. o. statt berichtenden lies berühmten
„ 40 „ 10 v. u. „ Mnnd lies Mund
„ 41 „ 14 v. o. „ Dar lies Dao
„ 41 „ Mitte „ Pipol lies Pipal
„ 43 „ 12 v. u. „ Sadiga lies Sadiya'
„ 44 „ Mitte „ Kolilas lies Kolitas
„ 44 „ Mitte „ Kamrnps lies Kamrups
„ 46 „ 3 v. o. „ Kafi lies Kasi
„ 46 „ 1 v. u. „ Södsch lies Sidsch
„. 47 „ 3 v. o. „ Södsch lies Sidsch
„ 47 „ 10 v. u. „ Fraueu lies Frauen
„ 47 „ 2 v. u. eines solchen — ‚solchen' muss in die nächste Zeile hinter
‚eines' kommen
„ 48 „ 1 v. o. „ hlattes lies Blattes
„ 48 „ 16 Mitte „ Herrn lies Heroen
„ 48 „ 8 v. u. „ Ralchas lies Rabhas
„ 49 „ 7 v. o. „ lebrn lies leben
„ 49 „ 11 v. u. „ Ahams lies Ahoms
„ 50 „ 10 v. u. „ schwarzhaarigem lies schwarzhaarigen
„ 51 „ 10 v. u. „ Kamruz lies Kamrup.
„ 51 „ 9 v. u. „ Bewilligung lies Bescheinigung
„ 51 „ 1 v. u. „ wollen lies wollten
„ 54 „ 17 v. u. „ Dinadschzur lies·Dinadschpur
„ 54 „ 10 v. u. muss heissen: 3. Arun bis Metschi ⎱ limbuisch
dem Singilela Rücken⎰
„ 55 „ 6 v. o. „ Kolariff lies Kolarisch
„ 57 „ 4 v. u. „ Trilotscham lies Trilotschan
„ 58 „ 1 v. o. „ Kadschbaesis lies Radschbansis
„ 58 „ 1 v. o. „ Nowatzass lies Nowatyahs
„ 58 „ 4 v. o. „ Todschäis lies Todschais
„ 58 „ 2 v. u. „ Kakir lies Kukis
„ 59 „ 13 v. u. „ Buschais lies Luschais
„ 59 „ 13 v. u. „ Yomdoug lies Yomdong
„ 59 „ 11 v. u. „ Bushais lies Luschais
„ 62 „ 8 v. u. „ Insovah lies Jehovah
„ 62 „ 15 v. o. „ Bukso lies Bukho
„ 62 „ Mitte „ diesem Alter lies diesem alter ego
„ 62 „ 8 v. u. „ Muksas lies Mukhas
„ 63 „ 7. v. o. „ Mitnain lies Mitnam
„ 64 „ 13 v. o. „ den Dialekt lies dem Dialekt
„ 64 „ Mitte „ Kambroschans lies Kambodschans
„ 65 „ 8 v. o. „ Noaus lies Uraus
„ 65 „ 9 v. o. „ Radschnasal lies Radschmahal
„ 65 „ Mitte „ Madhydich lies Madhydesh
„ 65 „ 4 v. u. „ Tschero lies Tschota Nagpur
„ 67 „ 4 v. o. „ Kehahi lies Kshatri
„ 67 „ 4 v. o. „ Pharmi lies Bharni
„ 67 „ 7 v. o. „ Kiratio lies Kiratis
„ 68 „ 9 v. o. „ Phalboys lies Thalboys
„ 68 „ 8 v. u. „ bindet lies bildet
„ 69 „ 7 v. u. „ Rusa lies Rewa
„ 70 „ 2 v. o. „ Phalgna ltes Phalgun
„ 70 „ Mitte „ Jle lies Jb
„ 72 „ 14 v. o. „ Haetïnaqurs lies Hastinapurs
„ 72 „ Mitte. „ Palamowo lies Palamos

Seite 72	Zeile 3 v. u.	statt	Bhagaepur	lies	Bhagalpur
„ 73	„ 13 v. u.	„	Lauka	lies	Lanka
„ 78	„ 5 v. u.	„	Mahnabaums	lies	Mahuabaums
„ 79	„ Mitte	„	Beuskars	lies	Bendkars
„ 80	„ 3 v. o.	„	Logau	lies	Logan
„ 80	„ 3 v. o.	„	Simaugdialekte	lies	Simangdialekte
„ 80	„ Mitte	„	Frissa	lies	Orissa
„ 80	„ 4 v. u.	„	Gevalas	lies	Gwalas
„ 86	„ 13 v. o.	„	Nuasis	lies	Muasis
„ 86	„ 13 v. u.	„	Mnasis	lies	Muasis
„ 87	„ 2 v. o.	„	Mahwani	Mahwasi	
„ 87	„ 3 v. o.	„	Kanandsch	lies	Kanaudsch
„ 93	„ Mitte	„	Muasirs	lies	Muasis
„ 94	„ 3 v. o.	„	Gondo	lies	Gonds
„ 94	„ 10 v. o.	„	Dhanzars	lies	Dhangrs
„ 94	„ Mitte.	„	Patua	lies	Patna
„ 94	„ 10 v. u.	„	Teluzus	lies	Telugus
„ 95	„ 6 v. o.	„	Dschomherpa	lies	Dschoncherpa
„ 95	„ 13 v. o.	„	Dschomherpa	lies	Dschoncherpa
„ 95	„ 13 v. o.	„	Jirgudscha	lies	Sirgudscha
„ 96	„ 14 v. u.	„	din	lies	die
„ 97	„ 13 v. o.	„	qui	lies	jui
„ 98	„ 5 v. o.	„	Rispotas	lies	Kispotas
„ 99	„ 1 v. u.	„	Geoogical	lies	Geological
„ 99	„ 1 v. u.	„	ha aber	lies	hat aber
„ 100	„ 7 v. u.	„	skales	lies	shales
„ 100	„ 7 v. u.	„	agee	lies	age
„ 103	„ Mitte	„	aufgsstellt	lies	aufgestellt
„ 105	„ Mitte	„	Bhiko	lies	Bhils
„ 105	„ 16 v. u.	„	Bhilo	lies	Bhils
„ 109	„ 7 v. o.	„	von den	lies	an den
„ 109	„ 11 v. o.	„	sind deu	lies	sind den
„ 111	„ 15 v. u.	„	erschienen	lies	erscheinen
„ 112	„ 2 v. o.	„	Stylur	lies	stylus
„ 112	„ 11 v. o.	„	Pfosteu	lies	Pfosten
„ 112	„ Mitte	„	Maniksoco	lies	Maniksoro
„ 115	„ 6 v. u.	„	Gazur	lies	Garur
„ 115	„ 4 v. o.	„	Ureinwohuern	lies	Ureinwohnern
„ 115	„ 4 v. u.	„	Mahabharas	lies	Mahabharat
„ 118	„ 3 v. o.	„	Tschihgupta	lies	Tschitrgupta
„ 120	„ 14 v. o.	„	Gudscbrab	lies	Gudschrat
„ 121	„ 10 v. o.	„	Nrauns	lies	Uraus
„ 121	„ 17 v. o.	„	Dschahag	lies	Dschadsch
„ 122	„ 7 v. o.	„	gehöreu	lies	gehören
„ 122	„ 8 v. o.	„	Mahadec	lies	Mahadeo